생물안보 핸드북

- 식물위생 -

The Handbook of Plant Biosecurity

1893년 유럽계통 매미나방(EGM)의 검사자들이 매사추세츠 Malden의 Dexter mansion에서 수많은 느릅나무 가로수에서 알무더기를 찾고 있다. 약 25년 전, EGM은 의도적으로 미국에 도입되었고, 배양기를 탈출하여 재앙을 초래하는 산림해충이 되고 있다(Forbush and Fernald 1896. The Gypsy Moth. A report of the work of destroying the insect in the commonwealth of Massachusetts, together with an account of its history and habits both in Massachusetts and Europe, PLATE XXXVI: Men at work on the Dexter elm, Malden. From a photograph. *Porthetria dispar* (Linn.). Wright & Potter Printing, Boston, 495 pp.). (사진제공 미 농무부 APHIS PPQ의 David Lance)

편　　집 Gordon Gordh · Simon McKirdy
대표역자 홍기정

생물안보 핸드북
– 식물위생 –

The Handbook of Plant Biosecurity

Principles and Practices
for the Identification, Containment
and Control of Organisms that
Threaten Agriculture and the
Environment Globally

세계적으로 농업과 환경을 위협하는
생물체의 동정 및 봉쇄, 방제를
위한 원리 및 실제

Springer

머리말

이 책은 다음의 두 가지 중요한 현상을 염두에 두고 집필되었습니다.

- 전 세계 약 10억의 인구가 오늘 밤에도 배고픔을 안고 잠자리에 들 것이며, 이중 1억 5천명이 어린이라는 사실과, 우리에겐 70억 이상의 인구를 먹여 살리는데 충분한 식량 생산 능력이 있음에도 불구하고 여전히 기아와 영양부족이 존재하고 있다는 사실.
- 인류의 식량안보를 위하여 선진국과 개도국 모두 생물적으로 안전한 식물 및 동물성 산물의 무역 그리고 대규모로 이루어지는 식료품 이외의 물품 이동시 위험성을 낮추는 것이 점점 더 중요해지고 있다는 사실.

지난 50년간 과학, 기술, 통신 및 운송의 비약적인 발달로, 식량을 생산하고 이를 가장 필요로 하는 지역에 공급할 수 있는 능력이 향상되어 왔습니다. 곡물 생산은 2배 이상, 가축 생산은 3배가 증가하였습니다.

앞으로 40년 이내에 전세계 인구는 90억을 넘어서게 될 것이며, 이는 우리가 추가로 20억 이상의 인구를 더 먹여 살려야 한다는 것을 의미합니다. 이는 평균 칼로리 섭취량 증가, 식습관 변화 및 개도국에서의 육류 섭취 증가와도 맞물려 있습니다.

유감스럽게도 매년 30억의 인구를 먹일 수 있는 식량이 손실 또는 낭비되고 있는데, 이중 상당한 비율이 병해충 문제로 인한 것입니다. 벼 도열병(*Magnaporthe oryzae*)의 경우만 하더라도 인구 6천만명을 먹일 수 있는 양의 식량손실을 발생시키는 것으로 추산되고 있습니다. 일부 개도국에서는 저장 곡물의 10~15%가 손실되는 것이 흔한 일이고, 외래병해충과 부패로 인한 수확 후 작물 손실은 50%를 넘기기도 합니다.

연구에 따르면, 밀의 저장 및 운송 중 발생하는 손실률을 5% 감축시킬 경우, 전세계적으로 30년간에 걸쳐 미화 1,350억불을 능가하는 이득이 발생할 것이라고 합니다. 또한 세계 주요 밀 생산지역에서 밀 줄기녹병(*Puccinia graminis*)의 *Ug99* 계통이 확산될 가능성을 낮추기 위해 국경을 넘기 전 생물안보 조치를 취하면 해마다 미화 7억불 이상의 이득이 발생할 수 있을 것입니다.

외래병해충으로 인하여 발생하는 비용은 전세계적으로 해마다 미화 1조 4천억불을 넘어서는 것으로 추산되고 있으며, 이로 인한 사회적 손실은 기아와 빈곤이 주요 현안인 개도국에서 불균형적으로 크게 발생하고 있습니다. 외래병해충의 침입으로 인해 생산량이 손실될 뿐만 아니라, 무역이 제한되어 일반적으로 낮은 이윤폭을 가진 식품 및 농업 분야의 사업 지속성에 심각한 영향을 주게 되는 경우도 많습니다.

식량 생산 지역과 전체적인 식량 공급망이 병해충의 위험에 보다 노출되어 있고, 특히 식량 생산에 필요한 경작 가능 토지, 물, 양분이 부족한 환경이라는 점을 생각해 볼 때, 세계 식량안보를 지속적인 작물 수확량 개선에만 심하게 의존해서는 불가능할 것으로 보입니다. 작물 수확량 향상은 반드시 병해충으로 인한 수확 전과 후의 손실을 최소화하기 위한 생물안보 전략이 뒷받침되어야만 할 것입니다.

세계 인구 및 무역과 여행의 증가에 따라, 사람과 상품의 이동이 증가하면서 식량생산과 관련하여 외래생물로 인한 위험이 확대되었습니다. 잠재적으로 유해한 생물체가 확산되는 양과 빈도가 심각하게 증가하고 있으며, 생물안보상의 위험성에 대한 생태계와 식량 공급망의 취약성이 증가하고 있음이 명백하게 나타나고 있습니다.

10억의 인구가 다른 나라를 여행하면서 잠재적인 생물안보상의 위험을 내포하고 있는 상품의 이동도 기하급수적으로 증가하고 있고, 운송 기술의 발달로 여행시간이 단축되면서 생물안보상의 위험에 대한 국가들의 취약성이 증가하고 있으며, 다른 나라에서의 위험 상태로 인해 영향을 받고 있습니다. 생물안보상의 위험성을 관리하는 것이 국제사회의 중요한 공익으로 대두되었다는 점은 의심의 여지가 없습니다. 병해충이 확산되면 국제사회는 고통을 받게 됩니다.

식량의 생산과 분배가 세계화되면서 유해한 생물체가 새로운 지역으로 확산될 가능성도 증가해 왔습니다. 비효율적인 생물안보시스템을 가지고 있는 개도국에서는 부의 창출과 삶의 질 향상을 위해 무역을 도모하는 동시에 끊임없이 증가하는 생물안보상의 위협에 대처해야 하는 심각한 난관에 직면하고 있습니다.

어떤 생물체들은 식품안전에 영향을 주는 반면, 어떤 것들은 자연계의 생물다양성을 손상시킵니다. 외래병해충의 확산은 생물다양성을 가장 심각하게 위협하는 요소로 널리 알려져 있습니다. 이러한 병해충들은 지역사회에서 높은 가치를 지니며, 복원이 불가능한 자생 식물이나 동물을 억제하고 멸종시킬 수 있습니다. 토착 환경에 무해한 유입 생물체라 할지라도 유입된 환경에 심각한 피해를 줄 수 있는 잠재적인 가능성을 가질 수 있습니다.

세계화 및 상호 연결된 세상에서 생물안보의 중요성–생물적 위협으로부터 자원을 보호하는 것–은 결코 과소평가 될 수 없습니다. 자국과 개도국의 이득을 위해, 그리고 생물적으로 보다 안전한 무역을 위해 생물안보관련 전문지식에 대해 국가 및 국제기구들 사이에 협력할 필요성도 마찬가지입니다.

이러한 맥락에서, 세계의 식량안보시스템, 자연계의 생물다양성, 생활방식 및 인류의 건강과 복지가 생물안보상의 위험성에 노출되는 것을 최소화하기 위해 전 세계적으로 적절한 생물안보 전략을 수립할 필요성이 대두되어 왔습니다. 전세계의 생물안보를 위한 추진력, 상호 합의 및 법적 규제 시스템의 지속적이고 보다 증진된 협력이 요구되고 있는데, 이는 세계의 식량안보, 생물적으로 안전한 무역과 사업, 그리고 삶의 질을 유지하고 향상시키는데 있어서도 지속적으로 중요할 것입니다.

이 책은 이러한 방향을 추구하는데 있어서 매우 중요한 초석이 될 것입니다. 85명의 저자가 참여한 이 책은 생물안보에 관한 폭넓은 분야를 700페이지, 22개의 장에서 심도 있게 다루고 있습니다. '핸드북'이라고 표현하였지만 국제적으로 생물안보를 공부하는 학생들, 특히 호주, 뉴질랜드, 미국에서는 유용한 교과서가 될 것이며, 생물안보 분야에 종사하는 사람들과 기타 생물안보상의 위험성을 경감시키는데 역할을 하거나 관심이 있는 사람들에게는 업무 참고서가 될 것입니다.

이 책에서 다루고 있는 광범위한 주제 및 저자들 각각의 다양한 전문지식으로 인해 이 책은 유용한 교재가 될 것입니다.

식물위생(Phytosanitary)과 관련하여 현재까지 출판된 것 중에서 가장 종합적이면서 훌륭한 원고를 집대성한 이 책의 편집자인 Gordon Gordh과 Simon McKirdy의 비전, 리더쉽과 헌신에 대해 축하를 보냅니다. 또한 이 분야에서 일하는 모든 사람들에게 필요한 중요한 자료를 제공하고, 헌신적으로 노력한 모든 사람들에게 축하를 보냅니다.

앞으로 전세계의 생물안보 관련 과학자, 학자, 학생, 정책 입안가, 행정관료 및 현장인력들에게 이 책이 매우 가치 있는 정보원이 될 것입니다.

저는 이 책이 전 인류의 미래에 혜택과 안녕을 가져다 줄 것이라는 것을 확신합니다.

Rob Delane
Director General
Department of Agriculture and Food, Western Australia
Former Deputy Secretary, Biosecurity Service Group
Department of Agriculture, Fisheries and Forestry, Australia

서문

이 책의 표지를 보고 있노라면 "한 장의 그림이 천 마디 말보다 낫다(A picture is worth a thousand words)"라는 격언이 여러모로 적절하다는 생각을 하게 된다.

1. 침입 병해충은 끈질기고 치명적일 수 있음
2. 인간의 개입은 웃기는 것일 수 있음
3. 120년 후에도 생물안보 담당자는 어떤 병해충의 발생을 조사하고 경감시키기 위해 여전히 나무에 오르는 기술을 사용할 것임
4. 생물안보를 위한 규제 업무는 도전적이고 위험하지만, 또한 효과적이고 보람있는 일임 – 북미에서의 유럽계통 매미나방과 유리알락하늘소에 관한 경험을 비교(제16장)

이 책은 선진 과학기술에서 얻은 정보를 어떻게 침입 식물병해충의 관리를 뒷받침하는데 사용할 것인지에 관해 호주, 캐나다, 뉴질랜드, 미국의 규제담당 공무원, 편집자들 및 학자들 사이에 있었던 토론으로부터 시작되었다. 또한 우리는 규제에 관한 국가간 의사소통의 중요성과 방법, 그리고 원하지 않는 (병을 초래하고 잡초를 야기하는) 식물병해충의 이동을 최소화하기 위한 지속적인 노력에 관해서도 논의하였다.

지난 20년간 우리는 모든 국가에서 농업과 자연자원에 대한 침입외래종의 영향력이 극적으로 증가하는 것을 목격해 왔다. 이러한 침입외래종의 증가는 국제 무역과 여행이 기하급수적으로 증가 한데서 원인을 찾을 수 있을 것이다. 우리는 또한 많은 국가의 중앙정부 및 지방정부들이 침입외래종을 억제하고 박멸하기 위한 노력을 배가해 오고 있지만, 대중은 보편적으로 이런 종들이 갖는 위험성과 방제나 박멸에 관한 규제 행위의 중요도를 인식하지 못하고 있다는 점에 주목하였다.

이에 우리는 국가 및 지방 공무원들이 수행하고 있는 식물분야 생물안보 규제 행위를 전체적으로 검토할 필요성을 인식하게 되었다. 일반 대중, 규제 공무원/행정관료, 과학자, 업계, 정치적 지도자들이 이 책을 참고자료로 활용하기를 바라는 마음에서 이 책을 "핸드북"이라고 칭하였다. 또한 식물의 생물안보 분야 진로를 희망하는 학생들에게도 교과서가 될 수 있기를 바란다.

감사의 글

이 책을 집필하는데 많은 국가의 여러 저자들로부터 기술적인 지원과 정보를 제공받았습니다. 80분 이상의 저자들이 참여하였으며, 기술적인 사안에 대해 도움을 주신 분들은 각 장의 감사의 글에 언급되어 있습니다. 이 책이 나오기까지 큰 도움을 주신 몇몇 분들에게 지극한 감사의 말씀을 전합니다. 특히 원고와 그림을 편집해 수신 Ms. Ashley Jackson (CPHST APHIS USDA)께 감사드립니다. Ms. Bronwyn Jones (Australian Plant Biosecurity Cooperative Research Centre, Canberra)께서는 각 장의 참고문헌을 검토하고 편집해 주셨습니다. 또한 Dr. Christina Devorshak (CPHST APHIS USDA)께서는 제7장에 대해 핵심적인 평가를 해 주셨습니다. 마지막으로 Dr. Jennifer Nicholson (CPHST APHIS USDA)께서는 APHIS의 Handbook for Plant Protection and Quarantine의 주요 사안에 대해 분석해 주셨습니다.

Raleigh, North Carolina에서 — Gordon Gordh

Perth, Western Australia에서 — Simon McKirdy

역자 머리말

작년 봄 이 책을 접하면서, 식물검역을 생물안보라는 새로운 패러다임으로 전환하고, 생물안보와 관련된 폭 넓은 분야를 심도 있게 다루고 있는 책이 출판되었음에 흥분을 가라앉힐 수가 없었습니다.

개항 이후부터 숱은 우리나라의 농업과 자연환경이 외래 침입생물종의 심각한 영향력을 받아 왔다는 것은 주지의 사실입니다. 계속된 경제성장과 함께 꾸준히 해외 무역량의 증가는, 다른 한편으로는 우리 농업과 자연환경에 외래병해충이라는 불청객의 피해를 경험하게 하였고, 특히 1990년대에 들어서면서 우리 농업과 자연환경은 많은 외래병해충들로 인한 막대한 피해를 입었습니다. 현재도, 소나무재선충, 미국선녀벌레, 갈색날개매미충 등 많은 침입종들의 방제에 국가, 지자체, 농민 등 다양한 차원에서 부단한 노력을 기울이고 있습니다. 그러나 여전히 많은 부분에서 생물적 위협으로부터 농업 및 자연 자원을 보호하는 생물안보의 중요성이 과소평가되고 있는 편이 현실이라고 생각합니다. 지금이 바로 우리의 농업과 생물다양성, 국민의 삶의 질이 생물안보상의 위험에 노출되는 것을 최소화하기 위한 적절한 생물안보 시스템과 전략을 수립하고, 이를 실행하고자 하는 합의를 이루어야 할 적기라고 생각합니다.

전 세계 생물안보전문가 80여명이 참여하여 집필한 식물의 생물안보 관련 '핸드북'의 번역서가 우리나라의 생물안보 전략 수립과 발전에 유용한 지침서가 될 것으로 믿어 의심치 않습니다. 이 책이 생물안보를 공부하는 학생들에게 유용한 교과서가 되고, 생물안보상의 위험을 경감시키는 데 역할을 하거나 관심이 있는 사람들에게 활용도 높은 업무 참고서가 되기를 희망합니다. 또한, 일반인들에게도 생물안보의 개념을 이해하는 데 도움을 줄 수 있는 도서로 활용되기도 기대합니다.

번역을 하면서 원본 그대로 정확하게 번역하려고 노력하였으나, 일부 정확한 한글 표현의 부재로 인한 어려움 때문에 번역이 매끄럽지 못한 부분도 없지 않을 것이며, 모든 전문적인 사항에 대한 부연 설명을 부기하지도 못하였습니다. 그러한 부분을 독자의 몫으로 남겨두고자 하는 아쉬움이 남습니다.

먼저 이 책을 집필한 80여명의 저자들에게 깊은 감사를 드립니다. 다음으로 번역하자는 데 선뜻 해보자고 응해주어 이렇게 결실을 맺게 해 준 이종호 박사, 누구보다 많은 시간을 할애하여 번역해 준 신현경 검역관, 번역 의뢰에 귀찮은 내색 없이 적극적으로 작업해 준 최준열 박사, 이홍식 박사, 최현정 박사, 이원훈 박사에게 이 지면을 통해 대표역자로서 감사의 말을 전합니다. 마지막으로 번역한 글들이 "곤충학 · 식물병리학 · 잡초학" 및 "식물위생의 생물안보" 분야 발전을 위하여 번역본으로 출판되어 세상의 빛을 보게 해 주신 아카데미출판사 주성필 사장님께 깊은 감사의 말씀을 드립니다.

2015년 7월 어느 무더운 여름날 번역원고 2차 수정을 마치면서
역자대표

추천사

기후변화와 더불어 국제 교역 및 여행의 증가는 새로운 지역으로의 병해충의 침입, 정착, 확산 가능성을 꾸준히 증가시키고 있습니다. 이는 국경에서의 식물검역은 물론 국경 이전과 이후까지를 망라하는 엄격한 생물안보(Biosecurity) 조치를 요구하고 있습니다.

우리나라의 식물검역(Plant Quarantine)은 1961년 제정된 식물방역법에 따라 식물에 해를 끼치는 병해충을 차단하고, 이를 방제함으로서 국내 농림업 생산의 안전과 증진에 이바지하고, 자연환경을 보호하기 위한 목적을 갖습니다. 최근 제기되고 있는 생물안보는 기존 식물검역의 한계를 극복함과 동시에 외래생물종의 침입을 효과적으로 차단하기 위한 보다 진전된 시스템이라 할 수 있다. 특히, 현행 국경에서만의 방어적인 측면에서 벗어나, 국경 이전과 이후를 포괄(예찰과 방제 포함)하는 선제적이고 다각적인 접근으로의 전환은 식물검역을 책임지는 한 사람으로서 가슴을 두근거리게 합니다.

최근 생물안보는 더 나아가 정부, 시민사회, 공 · 사 조직의 긴밀하고 유기적인 연결을 통한 네트워크식 국정관리를 필요로 하는 '생물안보 거버넌스(Biosecurity Governance)'로 발전하고 있습니다. 이는 총체적이고 지속적인 접근을 통해 생물침입의 위험을 적극적으로 차단하고 관리하기 위해서는 관련된 모든 주체들이 상호 협력적으로 역할을 분담할 필요가 있다는 선진국의 인식전환에 기인한다고 볼 수 있습니다.

따라서, 이번 식물위생분야의 '생물안보 핸드북' 번역서 출간이 국내 생물안보망을 튼튼하게 하는 계기가 될 수 있기를 희망합니다. 특히 이 책을 통해 생물안보의 중요성과 필요성을 공감하는 대학의 우수한 젊은 인재들이 많이 육성되어 활동할 수 있기를 기대한다.

끝으로 이 책의 출간을 위해 노력한 농림축산검역본부 직원을 포함하여 순천대학교 홍기정 교수님 등 역자 모두에게 감사의 인사를 드립니다.

농림축산검역본부 식물검역부장 노 수 현

추천사

1990년대부터 검역과 관련된 분야에서 Biosecurity라는 용어가 등장하면서 검역관련 종사자나 관련 학계로부터 많은 주목을 받기 시작하였습니다. 국내에는 이를 생물안보로 번역하여 사용하고 있는데 "인간이나 동식물에 심각한 피해를 줄 수 있는 전염성 병원체, 식물 병해충, 잡초와 같은 외래종, 유전자 변형 생물체 등의 확산으로 인한 위험을 최소화하기 위한 계획된 일련의 예방적 조치들"로 개념 정의가 되고 있습니다. 이러한 의미에서 국내로 유입 시 피해를 줄 수 있는 전염병이나 식물 병해충 등을 차단하기 위해 국경에서 사람이나 수입화물을 검사하고, 격리하며, 소독하거나 폐기하는데 방점을 두고 있는 검역보다는 훨씬 포괄적이고 적극적이면서 광범위한 개념이라고 할 수 있습니다.

그럼 이 시점에서 국내외적으로 생물안보(Biosecurity)가 왜 주목을 받고 있는지를 따져볼 필요가 있습니다. 과학기술과 산업이 발전하면서 사람이나 상품의 국가 간 이동이 급격히 늘어나면서 그에 수반하여 원하지 않는 질병이나 병해충의 유입위험이 지속적으로 커져가고 있습니다. 물론 그러한 위험을 최소화하기 위해 각국이 검역에 많은 노력을 기울이고는 있습니다만 이러한 위험을 원천적으로 제거하는 것이 불가능한 것으로 증명되고 있습니다.

식물병해충만 보더라도 우리나라의 경우 1960년부터 본격적인 검역을 실시하고 있으나 국내로 유입되어 지금도 많은 피해를 주는 병해충이 한둘이 아닙니다. 그러한 식물병해충의 경우 사람이나 동물에 피해를 주는 질병과 달리 한번 유입되어 정착하게 되면 현실적으로 박멸이 불가능한 특징이 있습니다.

이러한 특징은 예방이 얼마나 중요한가를 보여주고 있다고 봅니다. 이미 호주, 뉴질랜드, 미국 등 검역을 중요하게 다루고 있는 국가들이 '식물검역(Plant Quarantine)'에서 '생물안보(Biosecurity)' 체제로 전환하고 있듯이 우리도 포괄적이면서 적극적이고 예방에 방점을 둔 생물안보 체제로의 전환을 심각하게 고민해야 할 때가 아닌가 생각해 봅니다.

이러한 시점에 외국의 전문가들에 의해 집필된 식물위생분야의 '생물안보(Biosecurity) 핸드북'이라는 책이 출판되고, 국내 전문가들이 이를 다시 번역하여 출간하게 된 것은 매우 반가운 일이라 생각합니다. 번역서 출간을 계기로 생물안보의 필요성을 이해하고, 적극적으로 참여하는 사람들이 더 많아지기를 소망해 봅니다.

국제식물검역인증원장 김 희 열

목차

제1장 식물의 생물안보 입문: 과거, 현재 그리고 미래
An Introduction to Plant Biosecurity: Past, Present and Future

Philip E. Hulme
번역: 이종호(농림축산검역본부)

1.1 범세계적 농업 및 환경에 대한 병해충 위협

외래종(alien species)은 인간의 활동을 통해 새로운 지역으로 도입된 식물, 동물 및 미생물병원체이며, 식물의 생물안보(plant biosecurity)로 불리어지는 갖가지 규제활동(regulatory activities)의 핵심 대상이 된다(표 1.1). 외래종은 더 빠르게 또는 더 크게 자랄 수 있다는 이유 때문에(경제적인 소득 증대를 가져다 줌), 종종 농경, 산림, 수산양식 및 레저 활동을 목적으로 의도적으로 도입 · 소비되거나, 다른 종을 대체 또는 억제하기 위한 수단(생물적 방제)으로 활용되거나, 인간의 기호품으로 이용되기도 한다(애완동물 및 관상식물). 무역은 또한 외래종 확산의 직접적인 촉진수단이 되기도 하는데, 다양한 국제 무역 기작을 통해 화물에 오염된 상태 또는 밀항하듯 몰래 비의도적으로 유입되기도 한다(Hulme 2009a). 대부분의 외래종은 제한적인 위협만을 줄 뿐이며, 오히려 농업생산의 초석이 되고 있다. 그러나 몇몇 종들이 경제적 · 환경적 문제를 일으키고 있으며, 이들을 침입병해충(invasive pests)으로 구분한다[용어정의는 표1.1과 제2장 참조, 규제활동과 관련된 용어정의는 식물위생조치에 관한 국제기준 제5호(International Standard for Phytosanitary Measures; ISPM No. 5) 참조]. 침입병해충은 농산물 및 토착 식물자원을 먹어 치우거나 부정적인 영향을 초래하는 잡초, 식물 병원균 및 동물(무척추동물 및 척추동물)을 말한다. 국제식물보호협약(International Plant Protection Convention; IPPC)에서 사용하는 용어정의상 "병해충(pest)"이라 함은 식물에 해로운 모든 범주의 유기체(organisms)를 지칭한다. 쓰는 사람마다 가끔은 서로 다른 의미로 사용되기도 하지만, 서로간의 합의를 바탕으로 한 식물위생조치와 관련한 규제활동에서 사용하는 용어는 ISPM No. 5(용어집)를 통해서 확인할 수 있다.

점차적으로 침입외래종은 인간에 의한 범지구적 환경변화의 중요한 요소로 인식되고 있

P.E. Hulme (✉)
The Bio-Protection Research Centre, Lincoln University,
PO Box 84, Christchurch, New Zealand
e-mail: philip.hulme@lincoln.ac.nz

표 1.1. 생물침입과 관련된 용어 정의(Hulme 2007에서 인용)

용 어	설 명
"유입" (Introduction)	사람에 의한 어떤 생물 종, 아종 또는 그 이하 분류군[생존 및 생식 가능한 그 일부분(any part), 생식체(gametes) 또는 번식체(propagule)를 포함]의 토착 지역 밖으로의 이동(과거 또는 현재)
"의도적인 도입" (Intentional introduction)	어떤 생물종이 토착 지역 또는 자연적인 분산 범위를 벗어난 의도적인 이동을 포함하여 사람에 의해 의도적으로 이루어진 이동
"비의도적 유입" (Unintentional introduction)	사람 또는 사람의 분배(delivery)시스템을 매개체로 이용하여 어떤 생물종이 토착 지역 밖으로 분산하여 이루어진 비의도적인 유입
"외래종" (Alien species)	생물 종, 아종 또는 그 이하의 분류군으로 토착지역(과거 또는 현재) 및 자연적인 분산범위를 벗어나(사람에 의한 직 · 간접적인 도입이나 보살핌 없이는 살아갈 수 없거나 자연적으로는 살 수 없는 범위를 벗어남) 유입된 것으로 생존 및 생식 가능한 그 일부분, 생식체 및 번식체도 포함함. 비슷한 용어로 비자생(non-native), 비토착(non-indigenous) 및 외래종(exotic species)이 있음
"귀화종" (Naturalised species)	사람의 보살핌이나 도움 없이 스스로 살아갈 수 있는 개체군으로 자연적 또는 반자연적 생태계에서 정착한 외래종
"야생회귀종" (Feral species)	사육되던 집단으로부터 다시 야생으로 되돌아간 귀화종(naturalised species)을 말하며, 인위적인 선발로 인하여 형태(phenotype), 유전자(genotype) 및/또는 행동의 변화로 인함
"침입외래종" (Invasive alien species)	사람의 건강, 경제 및/또는 토착 생물의 다양성을 위협하고 변화시키는 주체가 되는 귀화한 외래종(naturalized alien species)
"해충" (Pest)	가축, 작물, 사람 또는 환경에 피해를 주는 무척추 또는 척추 생물체
"잡초" (Weed)	바람직하지 않거나 문제를 일으키는 것으로 여겨지는 식물로 그것이 발견되는 곳에서 가치가 없거나 원하지 않는 식물로 보다 더 바람직한 종을 배제하고 해를 끼지는 식물
"병원체" (Pathogen)	동물이나 식물 기주에 병을 일으키는 미생물체(바이러스, 세균, 프리온, 또는 곰팡이)

으며, 종종 심각한 경제적 손실과 함께 인류의 건강, 생물다양성 및 생태계의 공익적 기능에 심각한 손실을 안겨주고 있다(Mack 등 2000; Pimentel 등 2005; Vilà 등 2010). 국제적으로도 이러한 위협을 예방하고 절감하는 것을 우선시 하고 있다(McNeely 등 2001; Simberloff & Rejmánek 2011).

외래병해충 때문에 발생하는 농업에 대한 위험은 비교적 잘 알려져 있다. 가장 처음이면서 가장 극적인 사례 중에는 포도뿌리혹벌레[*Viteus vitifoliae* (Fitch)]가 있다. 이 자그마한 흡즙성 곤충은 포도나무 뿌리와 잎을 가해하여 물과 양분의 공급을 감소시킨다. 북미지역이 원산인 포도뿌리혹벌레는 19세기 중반에 미국산 포도나무와 함께 우연히 유럽에 유입되었다. 최소한 북미지역의 포도나무는 부분적으로 이 해충에 대한 저항성을 갖고 있었지만, 유럽의 포도나무는 포도밭 대부분이 황폐화될 정도의 높은 감수성을 갖고 있었다. 19세기 말엽에는 유럽 전체 포도밭의 65-90%가 파괴되었다. 포도뿌리혹벌레 및 이와 유사한 병해충의 대발생(outbreaks)으로 인하여 많은 국가들이 범국가적인 검역 및 식물보호 기관을 창설하였다. 예를 들어 네덜란드 식물검역원(Netherlands Plant Protection Service)은 1899년에 창설되었으며, 호주 연방 검역원(Commonwealth Quarantine Service)은 1908년에 활동을 시작하였고, 미국 연방 원예위원회(Federal Horticultural Board)는 1912년에 창설되어 검역조치를 개시하였다(Ebbels 2003).

포도뿌리혹벌레처럼 병해충 때문에 발생하는 농업에 대한 위협(20장 참조)을 어떻게 효과적으로 설명할 수 있을까? 생산 부분(농업, 원예 및 산림)에서 볼 때, 병해충의 영향은 일반적으로 재정적 비용(financial cost)으로 설명된다. 비용 손실은 수확량 감소, 추가적인 방제 및/또는 시장상실로 인한 기회비용감소 때문일 수 있다. 그동안 수많은 연구들이 외래병해충으로 인한 관리비용 및 생산 감소와 같은 금전적인 가치에 중점을 두어 이루어져왔다(Pimentel 등 2001, 2005; Colautti & Bailey 2003; Vilà 등 2010). 그러나 비용을 산정하기 위한 추정방식에 있어서 각각의 연구들 간에 상당한 차이가 존재하였고, 그렇기 때문에 그들의 연구결과를 상호 · 직접 비교하기에는 어려움이 있다. 예를 들어 캐나다에서 상위 10위 안에 포함되는 심각한 외래종으로 인한 비용은 연간 175백만 달러로 추정되었다(Colautti & Bailey 2003). 하지만 같은 수의 외래종에 대한 유럽에서의 추정치는 26.5백만 달러였다(Vilà 등 2010). 시장 접근 기회의 상실로 인한 기회비용은 종종 직접적인 생산감소나 관리비 증가보다 과하게 산정되는 경향이 있다(Hulme 2011a).

해충(대부분 작물을 가해하는 절지동물), 잡초(빛, 물, 양분에 대하여 작물과 경쟁하는 일년생 잡초 및 초본) 및 병원체(곰팡이, 세균, 바이러스, 마이코플라즈마 같은 유기체, 바이로이드 및 스피로플라즈마 등 작물의 생장률을 감소시키는 다양한 그룹의 미생물체)로 인한 수확 손실은 작물과 관리방안(어떻게 관리할 것인가)과 관련된 함수이다. 북미에서 널리 이용되는 10가지 작물의 경우 연간 발생하는 수확 손실이 8-20%인데, 식물병원체에 의한 수확 손실이 가장 큰 비중을 차지한다(그림 1.1). 병해충 관리를 하지 않을 때 손실은 51%에서 82% 정도이고, 완전히 방임하는 경우에는 잡초가 수확량 손실에 가장 큰 영향을 미친다. 이러한 사실은 안정적인 식량공급을 위해서는 병해충 관리가 결정적이라는 것을 설명하고 있으며, 특히 잡초를 대상으로 한 병해충 관리의 중요성을 부각시키고 있다. 관리를 제대로 하는 것이 이익이 된다는 것은 모든 작물에서 나타나는데, 목화의 경우에 그 효과가 최대로 나타나고(관리를 하는 경우 작물손실을 90% 줄일 수 있음), 밀의 경우에 가장 적게(65%) 나타난다(그림. 1.1). 이러한 병해충 관리로 인한 효과는 미국의 경우 작물 재배 시 잡초관리와 관련된 연간비용 30억불, 해충 및 병원체가 각각 5억불로 계산할 때 발생한다(Pimentel 등 2005). 외래종에 의한 수확 손실 및 방제비용 측면에서 전체 비용을 추정하는 경우, 선진국 및 개발도상국에서는 외래잡초와 병원균이 가장 부정적인 영향을 주고 있는 것으로 나타나고 있다(그림 1.2). 외래종이 미국, 영국, 남아프리카공화국, 브라질 및 인도에서 작물에 미치는 경제적 손실을 비교할 경우에 우리가 알게 되는 사실은, 해당국의 경제에 있어서 농업이 차지하는 비중에 따라 외래병해충에 노출되는 수준도 각각 다르다는 것이다(Pimentel 등 2001). 외래 농업 병해충이 수확에

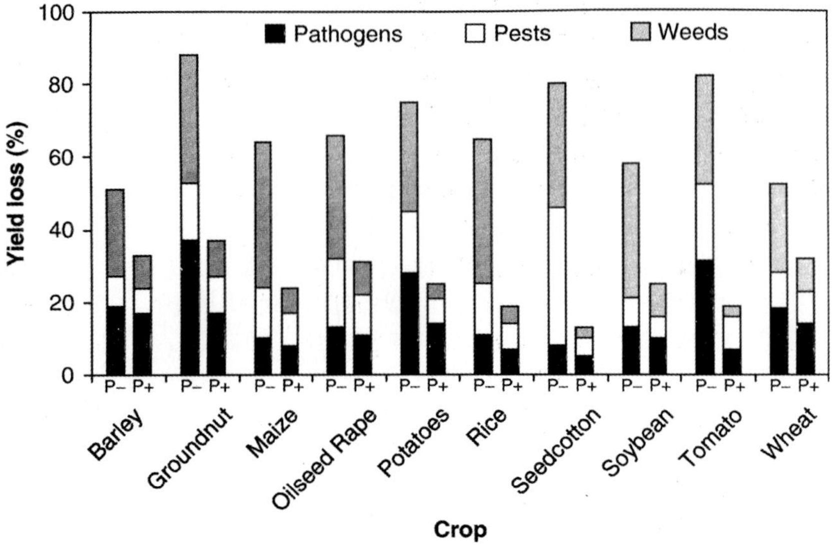

그림 1.1 보호조치가 있을 때(P+)와 없을 때(P–)의 미국 내 10대 작물에서 잡초, 해충 및 병원체로 인한 수확손실(%) (보호조치는 제초제, 살충제, 살균제를 말함) (자료출처는 CABI crop protection compendium, www.cabi.org/cpc/ 2009년 2월 접속)

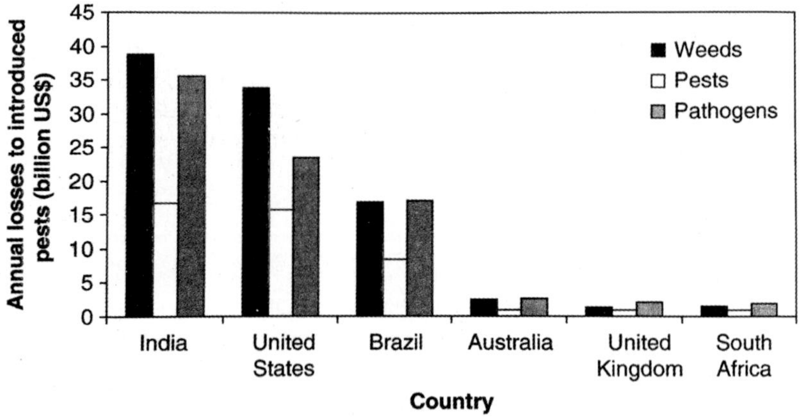

그림 1.2 미국, 인도, 남아프리카공화국, 영국 및 호주에서 작물에 대한 외래 잡초, 해충 및 병원체로 인한 경제적인 손실 (자료출처는 Pimentel 등 2001)

미치는 영향은 최빈국에서는 50% 정도이다(Oerke 등 1994). Perings 등(2010)은 세계에서 최고로 빈곤한 지역(아프리카 사하라 이남 지역)에서 작물의 수확에 특별히 심각한 영향을 미치는 병해충 사례를 들었는데, 잎반점병 일종[Grey Leat Spot, *Circosporda zeae-maydis* (Tehon & Daniels)), 악마의 풀(Witchweed, *Striga hermontheca* (Delile) Benth.), 카사바가루깍지벌레(Cassava Mealybug, *Phenacoccus manihoti* Matile-Ferrero) 및 개나무좀 일종인[Large Grain Borer, *Prostephanus truncatus* (Horn)]이 포함된다.

Pimentel 등(2001)의 자료는 외래 척추동물이 작물 손실에 있어서 미미한 역할만을 한다고 알려져 있는데, 이들에 대한 영향은 의심스러울 정도로 과소평가 되고 있다는 사실을 나타낸다. 종자를 먹이로 하는 새, 특히 외래종 흰점찌르레기(starlings, *Sturnus vulgaris* Linn)와 집참새(sparows, *Passer domesticus* Linn.)는 연간 미국에서 약 10억불의 작물손실을 유발한다. 굴토끼(*Oryctolagus cuniculus* Linn.)가 연간 경작지에서 작물을 뜯어먹어 발생하는 경제적인 손실은 영국에서만 연간 12억불이다(Pimentel 등 2001). 세계 다른 나라에서 척추동물과 관련한 비교할 만한 자료를 구하기 어렵다. 아울러 위의 3종류 척추동물이 호주로 유입되기는 하였으나 이들이 작물에 미치는 영향에 대한 믿을 만한 추정치는 아직 알려진 바 없다(Bomford & Hart 2002).

농업에 대한 경제적인 비용손실은 잡초 또는 식식성 무척추동물이 경쟁을 통해 수확량을 떨어뜨리게 되는 직접적인 영향 때문만은 아니다. 잡초 종자는 수확 시에 작물에 오염되어 품질을 감소시키고 추가적인 세척 또는 선별에 필요한 비용 지출을 요구한다(21장 참조). 외래 절지동물은 간접적인 영향을 주기도 하는데, 화분 매개충의 수를 감소시키기거나(예: 꿀벌응애 *Varroa destructor* Anderson & Trueman), 작물의 수확을 방해한다(예: 불개미 일종인 Red Imported Fire Ant, *Solenopsis invicta* Buren가 쌓아올린 흙더미 때문에 수확을 방해) (7장 참조). 또한 많은 곤충 종이 식물 병원균을 매개하기도 한다. 체관부 흡즙 곤충인 진딧물, 매미충 및 멸구류는 150가지 이상의 식물 바이러스를 전파한다. 옥수수벼룩잎벌레 일종인(Corn Flea Beetle) *Chaetocnema pulicaria* Melsheimer는 옥수수 잎마름병 일종(Stewart's Disease)의 원인 세균인 *Bacterium stewarti* (Smith)의 확산에 관여한다. 고자리파리 일종인 Cabbage Root Fly [*Delia radicum* (Linn.)]는 기름용 유채(oilseed rape)에서 곰팡이병인 검은뿌리썩음병[Blackleg, *Phoma lingam* (Tode ex Fr.) Desm.)]을 확산시킨다.

외래병해충이 더 이상의 박멸 또는 지역적 봉쇄조치가 불가능한 어떤 지역에 널리 정착하는 경우, 해당 병해충에 대한 관리는 통상적으로 토지 소유자가 감당하게 된다. 생산자가 이미 정착한 외래종의 방제비용을 감당해야하는 지역에서는 작물생산 감소 및 화학적 방제가 불가피해진다. 반면에, 정부는 새로운 문제를 예방하고 또는 침입외래종들이 영원히 정착하기 전에 이들을 박멸하기 위해 자원을 적절히 배분하게 된다. 따라서 우선순위는 해당 지역에 아직 유입되지 않은 종에 두게 되며, 이들에 대한 잠재비용은 미리 계산해 두어야 한다. 그러한 비용 추정은 이미 정착된 종에 대한 비용 추정보다 종종 더 높게 계산되는 측면이 있다(표 1.2). 현재 호주 농작물에 정착한 모든 절지동물 해충으로 인한 총 지출비용(10억원 이상; Pimentel 등 2001)은 단 3종의 잠재적인 미래 위협 종으로 인한 추정 비용의 2배 내외일 뿐이다(표 1.2). 잠재적인 위험이 보다 더 중요하게 여겨지는 이유는 이미 정착한 종에 대한 금전적인 추정 시에는 관리 및 생산손실로 인한 비용은 포함되지만 시장접근성 변화로 인한 영향은 계산되지 않기 때문이다. 예를 들어, 1996년에 밀의 곰팡이병인 밀 줄기녹병(Karnal Bunt; *Tilletia indica* Mitra)이 미국 남서부지역에서 발견되었다(Gullino 등 2008). 그러자 세계 50개국 이상이 미국에 대한 식물위생적 무역제한 조치를 단행하였다. 비록 박멸조치(clean-up measures)의 영향이나 투입된 비용은 적었으나, 밀 수출 손실액은 250백만 불 이상 되었다. 이것도 심각한 비용이지만, 만일 이병이 호주에서 발생한다고 추정하는 경우 계산되는 잠재적인 경제적 손실액의 절반에도 못 미칠 것이다(표 1.2). 영국의 감자(*Solanum tuberosum* Linn.)에서 발생하는 두 가지 병해충이 시장가치 평가의 중요성을 부각시키고 있다. 콜로라도잎벌레(Colorado Potato Beetle, *Leptinotarsa decemlineata* Say)와 감자 둘레썩음병[Potato Ring Rot, *Clavibacter michiganensis* subsp. *sepedonicus* (Spieckermann & Kotthoff) Davies et al.]은 감자의 수확 감소를 일으킨다. 오직 감자 둘레썩음병 세균만이 감자에서 쉽게 확산되기 때문에 감자 종서(tuber) 수출에 심각한 영향을 준다(표 1.2). 이러한 사례는 현재의 관리비용을

표 1.2 식물위생에 위협이 되는 몇 가지 생물종에 대한 연평균 잠재비용 추정치

종명	일반명	지역	연평균 영향 (백만US$)	참고문헌
Leptinotarsa decemlineata	Colorado Potato Beetle	영국	0.2	Waage 등 (2005)
Clavibacter michiganensis subsp. *sepedonicus*	Potato Root Rot	영국	3.0	Waage 등 (2005)
Solenopsis invicta	Red Imported Fire Ant	호주	251.1	Beale 등 (2008)
Tilletia indica	Karnal Bunt	호주	448.0	Plant Health Australia (2009)
Toxotrypana curvicauda	Papay Fruit Fly	호주	69.0	Plant Health Australia (2009)
Varroa destructor	Varroa Mite	호주	103.2	Beale 등 (2008)
Varroa destructor	Varroa Mite	뉴질랜드	15.4	Taylor & Gobbie (2000)
Teia anartoides	Painted Apple Moth	뉴질랜드	1.6	Taylor & Gobbie (2000)

토대로 미래의 위험에 대한 비용을 추정(extrapolation)하는 것이 현명하지만은 않다는 것을 나타낸다.

침입외래종이 토착 식물 및 생태계에 미치는 영향으로는 다음과 같은 것들이 있다. 즉 멸종 위기종 또는 토착종의 개체군 감소(때로는 멸종되기도 함), 식물 및 동물 군집 구조 변화, 생태계 편의성 변화(예를 들어 화분매개, 탄소 흡수) 및 활력 변화(예를 들어 홍수로 인한 범람 및 산불의 빈도), 토착종과의 교잡 및 유전자 교환, 병원균의 전파 등이 해당된다(Levine & D'Antonio 2003; Hulme 2007; Kenis 등 2009; Vilà 등 2011). 몇몇 사례는 외래병해충이 토착종에 대해 심각한 위협을 가하고 있음을 보여준다. 영국에서 꿩의비름 일종인 aquatic swamp stonecrop [*Crassula helmsii* (Kirk) Cockayne]이 지역적으로 멸종 중에 있는 몇몇 희귀종[예를 들어 starfruit(*Damsonium alism* Miller), Hampshire Purslane (*Ludwigia palustris* (Linn.) Elliott), Pilwort (*Pilularia globifera* Linn.)]을 위협하고 있다. 상록관목인 무늬폰티쿰만병초(*Rhododendron ponticum* Linn)는 영국에서 아주 희귀한 Lundy Cabbage (*Coincya wrightii* (O.E. Schulz) Stace))를 위협하고 있다(Hulme 2005). 일본 원산의 등에잎벌류인 Hamlock Woolly Adelgid (*Adelges tsugae*)는 1951년에 미국 농무에서 처음으로 보고되었지만, 지금은 광범위한 지역에서 햄록(솔송나무류; Hemlock)을 죽게 하여 독특한 숲 생태계를 위협하고 있는데, 그 때문에 햄록이 점진적으로 다른 수종으로 교체되고 있다 특히 *A. tsugae*는 아팔라치산맥(Appalchian mountains)에서 아주 드문 토착 나무 종인 Carolina Hemlock (*Tsuga caroliniana* Engelmann)의 활력에 중요한 위협을 가한다(Kenis 등 2009). 외래 염소(Alien goat, *Capra hircus* Linn.)는 전세계 여러 섬지역의 토착 식생에 중요한 위협이 되고 있다. 세인트헬레나(St. Helena)의 대서양 남쪽 섬(south Atlantic island)에서는 염소들이 최소 10종 이상의 섬에 사는 토착 식물을 절멸시켜 버렸다(Lever 1994). 미국밤나무[Amiercan Chestnut; *Castanea dentata* (Marshall) Borkhausen)]는 북미 동부지역에서 가장 중요한 산림 수종의 하나였다. 그러나 밤나무 줄기마름병[Chestnut Blight Fungus, *Cryphonectria parasitica* (Murrill) Barr)]이 아시아 지역으로부터 수입된 밤나무에 묻어 들어와, 1904년에 처음으로 미국밤나무를 죽이는 것이 목격되었다. 1940에는 무려 35억 그루의 밤나무가 이 곰팡이 때문에 고사되어 한때 우점종이었던 미국밤나무를 한순간 멸종 위기종으로 만들어버렸다(Loo 2009).

외래종은 그들의 토대가 되는 생물지리화학적(biogeochemical), 수문학(hydrological) 및/또는 지형학(geomorphological)적인 과정을 변화시켜 생태계를 변형시킬 수 있는 잠재력을 가지고 있다(Hulme 2007). 아카시아속(*Acasia*) 식물 종이 아프리카 남부 황야지에 정착한 이후 대대적인 생태계 변형이 일어났다. 이러한 변화에는 토양 양분의 집적(augmentation), 토양 수분의 변화, 토착 식물의 대체 및 다른 외래 잡초 발생 조장(facilitation)이 포함된다(Yelenik 등, 2004). 스페인에서는 아르헨티나불개미(Argentine Ant; *Linepithema humile* (Mayr))가 토착인 척추동물 및 무척추동물을 쫓아내는 것은 물론 개미의 도움을 받아 일어나는 종자 확산과 같은 상호공생 작용(myrmecochorous seed dispersal mutualisms)을 교란시켜 결국 식물에도 영향을 준다(Kenis 등 2009). 뉴질랜드 숲에 사는 사슴 일종(Red Deer, *Cervus elaphus* Linn.)의 선택적인 어린 잎 뜯어먹기(selective browsing)도 수종의 변화를 초래하고, 그로 인해 부엽토의 질, 분해율 및 부엽토 내의 생물상에 영향을 주는 등 지하부의 조성에도 변화를 일으켰다(Wardle 등 2001). 유라시아지역에서 유래한 잣나무 털녹병(White Pine Blister Rust Fungus, *Cronartium ribicola* J.C. Fischer)은 북미 서부지역에 사는 잣나무(five-needle pines)에 영향을 주어 산지 생태계의 상하 계층관계를 변화시킨다. 소나무 식물종은 서부지역 생태계에서 중대한 생태적 지위(niche)를 점유하고 있으며, 110가지 동물의 먹이사슬뿐만 아니라 경사면의 안정성(slope stability), 강설 및 강수 저장(snow retention and watershed hydrology)을 위해서도 중요하다. 소나무류를 잃게 되면 숲이 단순하고 균일해지며, 산불통제체계(fire regimes)도 교란될 뿐만 아니라, 야생생물의 다양성도 감소하게 될 것이다(Loo 2009).

외래종과 토착종 사이의 교잡은 생물다양성 뿐만 아니라 길들여진 식물 및 동물에 대해서도 심각한 잠재적 위험이 되고 있다. 교잡을 통해 새로운 특성(traits)이 만들어지게 되고, 이를 통해 각각의 부모들은 생존하지 못한 새로운 생태계까지도 점령하게 해준다. 예를 들어, 화본과 잡초인 North American cordgrass (*Spartina alterniflora* Loisel)는 영국과 프랑스로 유입된 이후 유럽의 *S. maritima* (Curtis) Fernald와 교잡되었다. 이성질사배체(allotetraploid)가 된 *S. anglica* C.E. Hubbard가 보다 폭넓은 환경조건에서 번식하게 되면서 해안 갯벌(coastal mudflat)의 심각한 침입외래종이 되어버렸다(Hulme 2007). 대신에 교잡이 유전적 오염(genetic pollution) 결과를 초래하여 토착종의 순결함(integrity)에 위협이 되기도 한다. 적응력이 떨어지는 유전자가 확산되는 경우에, 낮은 교잡 성과(performance)는 점진적으로 토착 개체군의 쇄락으로까지 이어진다. 북서 유럽에 서양종 꿀벌 2개 아종(*Apis mellifera ligustica* Spinosa와 *A. m. carnica* Pollman)이 도입되어 이들 2개 아종과 토착 흑색종 꿀벌(black honeybee, *A. m. mellifera* Linn.) 사이에 엄청난 규모의 유전자 흐름(gene flow) 및 유전자 이입(introgression)이 일어나 북서 유럽에서 토착 꿀벌이 멸종 위협을 받게 되었다(Kenis 등 2009). 궁극적으로 교잡종은 느릅나무 입고병(Dutch Elm Disease)을 유발하는 진균(*Ophiostoma ova-ulmi* Brasier & Mehotra)의 경우처럼 각각의 부모들보다 더 활력이 있다. 이 병원균은 이미 존재하던 저병원성 곰팡이인 *O. ulmi* (Buisman) Melin & Nannf.와 신종인 *O. himal-ulmi*의 교잡으로 인해 출현한 종으로 여겨지고 있다(Brasier 2001).

기생자(기생충 또는 병원균)가 외래종과 함께 유입되는 경우, 이들은 그들의 외래 기주에는 영향을 주지 않으면서 토착 개체군에게만 영향을 주기도 한다. 예를 들어, 꿀벌응애(Varroa mite)는 꿀벌의 심각한 해충으로 인도네시아 자바 섬의 동양종 꿀벌(*Apis cerana* Fabricius)의 유충방(brood cell)에서 최초로 기록된 바 있다. 이어 꿀벌응애는 동양종 꿀벌에서 서양종 꿀벌(*A. mellifera* Linn)로 넘어와 유럽의 서양종 꿀벌에 심각한 피해를 일으키고 있다. 마찬가지 결과가 외래 뒤영벌로 인해 유입된 꿀벌기문응애(tracheal parasitic mite, *Acarapis woodi* Rennie)의 경우에도 나타나는데, 이들 꿀벌기문응애는 원래 토착종인 서양뒤영벌(*Bombus terrestris* (Linn.))에 기생하던 종이었다. 외래 관목인 *Rhododendron ponticum* Linnaeus는 미국에서 참나무 역병(Sudden Oak Death)을 일으키는 *Phytophthora ramorum* Werres et al.의 기주식물이다(17장 참조). 철쭉류(rhododendron)에 정착한 개체군은 참나무 역병의 확산을 촉진하여 영국 토착 너도밤나무인 *Fagus sylvatica* Linn.에까지 확산되었다(Hulme 2007).

생물의 침입으로 인한 환경영향을 평가하는 것은 보다 더 복잡한 일이며, 특히 금전적인 가치를 평가하는 데에 있어서는 더욱 그러하다. 비시장적인 피해(non-market damage)를 정량화하기에는 종종 어려움이 있는데, 그 이유는 한 생태계 내에서 종간의 복잡한 상호작용과 변화하는 생태적 환경에 대한 대중의 선호도와 관련한 부족한 정보 때문이다. 때문에 외래 침입종으로 인한 비시장적 피해를 추정하여 제시한 연구는 거의 없다(Hoagland & Jin 2006). 그러나 생물의 침입으로 인한 환경비용 문제는 이제 정책 결정자들도 인식하게 될 것인데, 이들 정책 결정자들이 나고 자란 농촌(1차 생산지역)에서의 환경비용이 방제 및 박멸 비용과 같아지는 등 여러 가지 문제점들이 발생하는 것을 알게 되면서 비롯되었다(Smith & Petley 2009). 예를 들어, 잡초류는 뉴질랜드 모든 멸종위기 식물종의 1/3을 위협하고 있다. 추정하기로는 이들 잡초들이 적게 잡아 뉴질랜드 전체 토착 생물다양성 손실액인 44억불의 17%를 차지한다(Williams와 Timmins 2011). 한편 좀 많이 계산하는 경우, 목초지 잡초가 뉴질랜드에 미치는 연간 비용의 두 배와 맞먹는다(Bourdôt 등, 2007). 그럼에도 불구하고 한번 사라진 것들은 결코 다시 부활하지 못하는 상황에서, 우리가 생물다양성의 손실 가치를 제대로 평가를 할 수 있을까? 다양성 손실에 대한 경제적인 가치를 단순히 추가하는 것만으로는 위험하다. 이러한 불일치는 의심할 여지없이 현재 생물다양성과 자연환경의 가치가 평가될 수 있으며, 그러하기 때문에 경제학자들이 자연을 보다 더 적절하게 평가하기 시작하였다는 식의 불충분함 때문에 발생한다(Dasqupta 2007).

앞에서 기술한 내용은 식물의 생물안보에 대한 영향 모두를 포괄적으로 제시하지는 못한다. 다만 강조하고자 하는 것은 평가 방식의 차이로 인해 실제 경제적, 환경적 및 사회적 영향은 거의 포함되지 않는다는 것이다(예: 재정적, 생물종 손실, 사람의 가치 등; 9장 참조). 종들은 한 가지 영역 이상에서 영향을 미치는 경향을 갖고 있으며, 어떤 경우에는 한 영역에서는 긍정적 이지만 다른 곳에서는 부정적인 경우도 있다. 예를 들어, 농업과 환경 부분에서 병해충 사이의 상호관계는 오랜 역사를 지니고 있다. 북미지역으로 밀을 도입한 것이 줄기녹병(Step Rust, *Puccinia graminis* C.H. Persoon)의 비의도적 유입으로 이어지고, 후에는 줄기녹병의 기주인 매자나무류(*Barberis vulgaris* Linn.)를 울타리로 사용하기 위해 의도적으로 도입하기에 이르렀다. 매자나무가 18세기에 부분적으로는 의도적인 재식과 조류에 의한 종자 전파를 통해 북미 동부지역으로 확산되었기 때문에, 외래식물과 밀 줄기녹병 창궐 사이의 관계는 더욱 더 명확해지게 되었다. 1726-1772년 사이에 뉴잉글랜드(New England) 정복자들에 의해 법적인 조치가 단행되어, 코네티컷주, 매사츄세츠주 그리고 로드아일랜드주에서는 매자나무 덤불을 제거하도록 허가하거나 제거를 명하게 되었다(Ebbels 2003). 19세기 말에 과학적으로 매자나무와 줄기녹병의 관계가 밝혀지기는 하였으나, 중요한 밀 재배지역에서 밀 줄기녹병이 위협을 주기 전까지는 방제조치라는 것은 전무하였다(Mack 2005). 1918년에 매자나무 박멸법(barberry eradication laws)이 제정되어 매자나무 박멸지역이 설정되었고, 실제 미국 내 모든 봄밀 재배지역이 박멸지역으로 포함되기도 하였다(Ebbels 2003). 광범위한 예찰감시, 모니터링 및 방제 결과, 14백만 그루의 매자나무가 제거되었고, 그러한 성공을 통해 환경 잡초, 병원균 및 작물을 통합한 전체의 한 부분으로 이해해야 할 필요성이 있다는 것을 중요하게 깨닫게 되었다(Mak 2005). 농업 및 자연환경에 대해 식물에 미친 오랜 위협의 역사는 물론 그러한 위협과 맞서 싸우기 위한 국가적인 법률 제정이 있었음에도 불구하고, 왜 세계는 여전히 날로 늘어나는 침입외래병해충 문제를 안고 있는 것일까?

1.2 무역, 여행, 수송과 병해충 위협

외래종이란 의도적이던 비의도적이던 간에 사람 및 "자연적인(natural)"경로(pathway)를 통해 그들의 토착지역을 벗어나 새로운 지역에 유입된 생물 그룹을 말한다(표 1.1). 범세계적인 외래종 집단 및 지리적 · 분류학적 생물침입 사례로 볼 때, 외래종은 인간에 의한 무역 및 운송 기작의 변화와 강한 경향성을 보이고 있다(Perrings 등 2005; Meyerson & Mooney 2007). 인간은 수백년 동안 식물과 동물 종을 수송하고 상호 교역해 왔으나, 실제로 생물침입이 일어나기 시작한 확실한 시기는 서기 1500년경으로 볼 수 있다. 이 시기는 유럽 중세 말기로 유럽인들이 아메리카 신대륙을 다시 발견하고, 세계 탐험 및 식민지가 탄생하기 시작하였으며, 인구 · 농업 · 교역 및 공업의 양상이 급격하기 변화한 시기였다(Preston 등 2004). 18세기와 19세기 사이의 산업혁명(Industrial Revolution)은 대륙을 넘나드는 국제교역을 증가키시고, 운하 · 고속도로 · 철로의 건설은 물론 증기선의 도입을 촉진하였다(Findlay & O'Rourke 2007). 유럽 생물종의 세계적인 확산은 5천만 명의 유럽인들에 의해 촉진되었는데, 1820년에서부터 1930년까지 유럽인들이 이역만리 머나 먼 나라까지 이민을 가게 되면서 의도적이건 비의도적이건 수많은 생물종을 실어 날랐다(McNeely 2006). 반면 새로운 생물종이 유럽에 가장 많이 유입된 시기는 지난 25년 동안이었다(Hulme 등 2009).

최근 식물의 생물안보와 관련된 위협이 증가하는 것은 드라마틱하게 변화하는 국제적인 교역을 반영한다. 예를 들어, 1960년대 이후, 특히 1990년대 이후부터 상품의 국제적인 교역 가치가 급증하였다(그림 1.3a). 이러한 교역의 급증은 가공품 교역 때문이며, 가공품 교역은 현재도 역시 국제적인 상품수출에서 우위를 점하고 있다. 반면에 농산물 원자재 및 식품의 교역은 상대적으로 느리게 증가하여 국제적인 상품 수출에서 차지하는 비율은 미미했다. 원료 농산물 및 식품의 품질과 관련한 국제적인 기준이 있었음에도 불구하고, 대부분의 가공상품이 갖고 있는 이질적인 특성은 외래 생물종의 유입에 있어서 가장 큰 위협이 된다. 2006년에는 국제교역의 90% 이상이 적재중량 100만 톤 이상을 수송하는 5만 척 이상의 선단이 수송하는 선박화물을 통해 이루어졌다(IMO 2008). 국제적으로 교역되는 선박화물의 크기, 속도 및 건수는 수입량을 기준으로 할 때 1970년대 이후 4배 증가하였다(Hulme 2009a). 1973년 컨테이너 선박은 4백만 TEU(1 TEU는 약 20톤 정도)를 수송하였으나, 10년 뒤인 1983년에는 12백만 TEU로 증가하였고, 2007년에는 140백만 TEU에 달하는 것으로 추정되었다(UNCTAD 2007). 컨테이너는 새로운 문제를 발생시키기도 한다. 외래병해충은 수송되는 상품은 물론 컨테이너 안이나 바깥 표면에 숨어있을 수 있다(Hulme 등 2008). 때문에 원치 않는 생물종의 유입 위험을 판단하기 위해서는 컨테이너의 원산지는 물론 운송 이력(컨테이너를 통해 운송되는 상품의 원산지와 운송이력과는 다름)도 알아야 할 필요가 있다.

비록 화물 수송 측면에서는 미미하지만 국제적인 승객 수송에 있어서는 항공산업이 이미 해운산업을 앞질렀다. 2006년에는 44억 명의 사람들이 세계의 주요 공항을 통해 출입하였다

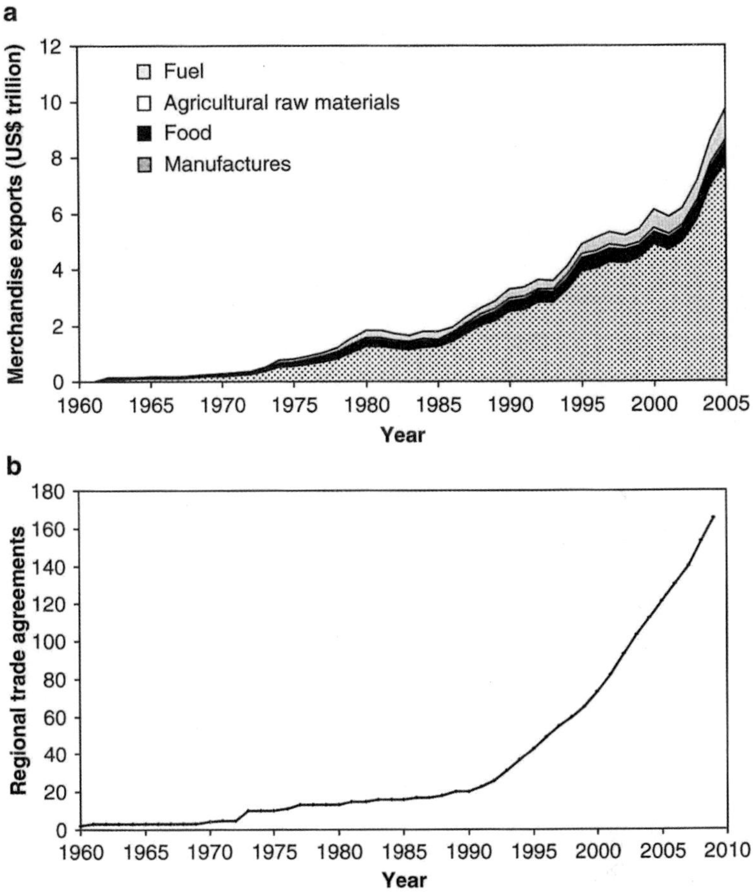

그림 1.3. 1960년 이후 무역의 세계화와 관련한 주요 시기별 경향: 다양한 범주의 상품 수출로 인한 세계적으로 가치의 증가(a) 및 지역적인 무역협정의 증가 수(b)를 나타냄(World Bank 2008년 자료)

(ACI 2007). 공항은 한편 항구보다 더 내륙지역 깊숙이 들어갈 수 있기에, 세계적으로 공항의 수는 항구 수보다 20배 이상 더 많아졌다(Hulme 2009a). 새로운 증거들은 항공운송이 화물수송만을 근거로 계산된 것보다도 병해충 유입에 있어서 더 중요한 경로가 된다는 사실을 보여주고 있다. 1984년과 2000년 사이에 미국 반입항(공항만)에서 검출된 725,000건의 병해충 검출 건수 중, 9%는 항구에서 검출된 것이지만 73%는 공항에서 검출된 것이었다. 아울러 화물보다는 여행객들의 가방에서 더 많은 병해충(2배)이 검출되었다(McCullogh 등 2006). 비록 국제적으로 교역되고 있는 상품의 일부분만이 항공운송을 통해 이루어지고 있기는 하지만, 항공운송의 속도로 볼 때는 항공화물에 오염된 많은 생물들이 장거리 운송에도 불구하고 충분

히 살아남아 유입될 수 있음을 알 수 있다.

국제적인 교역의 증가와 더불어 세계화에 따른 국가 간 연합도 강화되고 있으며, 이는 세계를 하나의 경제로 통합하고 새로운 시장 및 동반자 관계를 만들어 내고 있다(Hulme 2009a). 국제교역시스템에서의 중요한 경향은 국가 간 관세를 줄이고 무역제한을 완화하기 위한 국가 및 지역적인 무역협정이 증가하고 있다는 것이다. 지역무역협정(Regional Trade Agreements; RTAs)의 수는 1990년 이후 4배나 증가하였고, 현재 세계 교역의 40%를 차지한다(그림 1.3b). 그 결과, 대부분의 무역이 특정 지역 내 회원국 사이에서만 일어나게 되면서 세계 무역 분포에 차이를 나타내고 있다. 예를 들어, 미국, 캐나다, 또는 멕시코 수입의 44%는 한개 내지 다른 두 개의 북대서양자유무역협정(NAFTA) 회원국에서 유래한 것이고, 한편 유럽연합 내 교역이 전체 수입의 66%를 차지하기도 한다(Perrings 2007). 이러한 협정은 국제간 교역을 촉진하기도 하지만, 한편으로는 병해충의 잠재적인 확산도 촉진한다. 캐나다 국경에서 검출되는 대부분의 병해충은 미국에서 유래한 것이며, 유럽에서 발생하는 대부분의 외래종은 유럽 내 다른 국가에서 온 것이다(Hulme 등 2009).

최근의 교역증가는 생물침입으로 이어지고 있다. 상품의 수입 규모는 다양한 생물의 유입종수(Westphal 등 2008; Desprez-Loustau 2009; Roques 등 2009) 및 유입률(Levine & D'Antonio 2003)을 결정하는 중요한 결정인자가 되었다. 국내총생산(Gross Domestic Product, GDP)과 같은 무역 및 통상 규모를 측정하는 기준은 외래종의 풍부도와 관련이 있는데, 외래거미(Kobelt & Netwig 2008), 유럽의 식물, 조류, 어류 및 포유동물(Hulme 2007), 중국의 식물(Liu 등 2005) 및 강에서의 어류(Leprieur 등 2008) 풍부도와 관련이 밝혀진 바 있다. 외래 식물의 경우, 대륙에 위치한 국가보다 섬나라에서 종의 풍부도와 GDP 사의의 관계가 더 크게 나타나는데, 이는 GDP 계산에 포함되는 상품의 수입비율이 섬나라에서 더 높게(38.0% 대 26.8%) 나타나는 것을 반영한다(Hylme 2009a). 게다가 세계적으로 섬 생태계는 대륙지역보다 생물침입 및 위협에 더 취약하다(Donlan & Wilcos 2008). 국제적인 무역이 미치는 직접적인 영향과 관련하여 특별한 상품그룹별로 밝혀진 증거도 있는데; 화훼류를 통해 외래종의 연이은 정착(Lambdon 등 2008), 야생조류의 교역(Carrete & Tella 2008), 곡물 수송(Shimono & Konuma 2008) 및 수족관용 관상어류(Gertzen 등 2008) 등이 그 예이다. 아마도 수입량 · 빈도 · 원산지 · 목적지는 물론 상품이 운송되는 기작을 알아야 해당 위험의 특성을 좀 더 잘 이해할 수 있을 것이다. 실제로 병해충의 유입을 방지하기 위한 시도로서 무역의 특성까지도 생물학적인 측면에서 종합되고 있다(Hulme 2009a). 그러나 실제 벨기에로 수입되는 목재와 관련하여 자세한 정보 분석을 실시해 본 결과, 연도별 교역량 및 정치 · 경제적 변수들 간의 변이로 인해, 그러한 교역정보들이 병해충위험분석에 실제 이용되기에는 제한적일 수 있다는 사실이 드러난 바 있다(Piel 등 2008). 따라서 이를 대신하여 외래종의 침입 위험을 관리하기 위한 대체 방법으로 외래종이 어떻게 세계적으로 이동하는지와 관련한 기작 및 역사적인 경향을 확인해 보는 것이 있다.

일반적으로 경로(pathways)라고 하는 것은 외래종이 한 지역으로부터 다른 지역으로 이동하는 과정을 설명해 준다. 최근에 이러한 경로를 6가지로 구분하고 있는데, 인위적 방사(release), 탈출(escape), 오염(contaminant), 밀항(stowaway), 회랑(corridor) 및 자력(unaided)

경로로 구분해 볼 수 있다(Hulme 등, 2008). 많은 농업해충이 초기에는 제한적인 방사를 목적으로 한 상품의 형태로 유입되거나(예: 미국에서의 찌르레기 일종, *Sturnus vulgaris* Linnaeus), 유입 이후 해당 지역을 탈출하는(예: 체코공화국의 사향뒤쥐 일종, *Ondatra zibethicus* Linnaeus) 과정을 보인다. 전세계적으로 재배되고 있는 대부분의 주요 작물은 도입된 외래종이라고 할 수 있는데, 예를 들어 유채(oil seed rape, *Brassica napus* Linnaeus), 밀(wheat, *Triticum aestivum* Linnaeus), 감자(*Solanum tuberosum* Linnaeus), 귀리(*Avena sativa* Linnaeus) 등이 그러하다. 게다가, 많은 외래식물들이 목초지 개량을 위해 도입되기도 했는데, 예를 들어 Alsike Clover (*Trifolium hybridum* Linnaeus), 알팔파(*Midicargo sativa* Linnaeus), Swamp Meadow Grass (*Poa palustris* Linnaes) 등이 있다. 영국제도(British Isles)에 정착한 외래 식물의 약 7%는 야생식물(feral plants)이며, 이 중 몇 가지는 광범위하게 분포한다(Hulme 2005).

많은 종들은 의도적인 도입보다는 상품에 오염(contaminant)되어 유입되는데, 특정 기주식물에 특이적인 병원균 및 절지동물 해충이 그러하다. 예를 들어, 미국으로 유입된 밤나무 줄기마름병(Chestnut Blight, *Cryphonectria parasitica* (Murrill) Barr)은 수입된 밤나무 목재나 묘목을 통해 유입되었고, 파파야과실파리(Papaya Fruit Fly, *Toxotrypana curvicauda* Gerstaecker)는 미국 플로리다로 수입된 외국산 생과실을 통해 유입되었다. 원목은 국제적으로 매우 가치있고 중요한 임산물이기는 하지만 외래종의 중요한 유입원이며, 특히 곤충과 병원체의 주요 유입원이다((Hulme 2009a). 또한 식용 및 사료용 곡물은 여기에 오염된 외래 식물종의 다양한 유입경로가 되고 있으며, 그로 인한 문제를 해결하기 위해 국제적으로 종자의 순도와 관련한 기준이 제정되기도 하였다. 영국제도에서 약 14%의 외래식물이 종자에 오염된 형태로 유입되었다(Hulme 2005). 게다가 현재도 여전히 곡물종자에는 외래종자가 오염되어 있다. 종자오염은 대개 1% 이하이지만, 파종을 위해 매년 수많은 종자들이 요구되는 만큼 그 수입규모로 볼 때 종자는 외래식물의 중요한 유입원이라고 할 수 있다. 영국의 경우 일반적으로 곡물에 오염되는 두 종의 식물, 즉 야생귀리(*Avena fatua* Linnaeus)와 꼬리풀 일종(Field Speedwell, *Veronica persica* Poiret)은 심각한 농경지 잡초이며, 이를 방제하기 위해 매년 1억 파운드가 소요된다(Hulme 2005).

밀항(stowaway)을 통한 유입은 사람의 이동과 직접적으로 관련이 되기도 하지만, 특별한 경로, 즉 선박화물이나 항공화물로 수송되는 상품을 통한 간접적인 방법으로도 이루어져 왔다. 호주에서는 5년 동안 무려 5,500건 이상의 무척추동물이 컨테이너와 선박화물에 붙어있는 것이 발견되었다(Stanaway 등 2001). 대부분의 밀항 곤충은 저장곡물해충으로 쌀도둑거저리류(flour beetles), 바구미류, 머리대장류(grain beetles) 등이며, 이전에 선적된 화물의 잔재물이 남아있는 빈 컨테이너에서 발견된다. 호주와 뉴질랜드에서 선박용 컨테이너를 조사한 결과, 10-68%(원산지별로 다름)의 컨테이너 표면에 아시아계통 매미나방(Asian Gypsy Moth, *Lymantria dispar* Linnaeus)과 같은 검역적으로 위험한 종이 발견되었고, 39%의 컨테이너 내부에서는 개미류, 말벌류(wasp) 및 딱정벌레류 곤충들이 발견되었다(Stanaway 등 2001). 뉴질랜드에서 발생한 Painted Apple Moth (*Teia anartoides* Walker)는 선박용 컨테이너 내부에서 알 상태로 유입되어 발생한 것으로 여겨지고 있다(Cook 등 2002).

회랑(corridor)을 통한 유입은 운송 관련 기반시설이 외래 생물종 유입에 중요한 역할을 한다는 것을 강조한다. 강, 수로, 도로 및 철길과 같은 육상 연결은 생물체의 이동통로(habitat corridor)가 되어 생물종의 직접적인 이동 경로가 되며, 외래생물종의 확산을 촉진한다. 캐나다에서는 외래 지렁이(earthworm)와 갈대(alien common reed; *Phragmites austalis* (Cav.) Trin ex Steud)가 도로 및 그 주변를 따라 확산되는 것이 확인되었다(Hulme 2009a). 도로 밀도(road density)는 외래 생물종의 공간적 분포패턴과 중요한 상관관계를 갖고 있으며, 중국의 외래 침입식물과 유럽의 곤충(Roques 등 2009), 호주의 Cane Toad (*Bufo marinus* (Linnaeus))(Urban 등, 2008)의 사례로 확인할 수 있다.

자력(unaided)을 통한 자연적인 확산은 어떤 외래 생물종이 해당 지역을 벗어나 다시 새로운 지역으로 이동하는 것을 말한다. 사실 모든 생물군에서 가능한 이동 경로이기는 하지만, 특히 식물병원균의 경우에 더욱 더 가능성 있는 경로가 되고 있는데 그 이유는 병원균의 포자가 상당한 거리를 이동할 수 있기 때문이다. 예를 들어 커피 녹병(Coffee Rust, *Hemileia vastatrix* Berk. & Broome)은 원래 동아프리카가 원산이지만, 앙골라(Angola)에서 브라질로 대서양을 횡단하는 바람(tamsatlantic wind)을 통해 확산되었다. 호주에서 뉴질랜드로 불어가는 상층부 기류를 타고 두 종의 녹병균이 확산되었고, 밀 줄기녹병(Wheat Stem Rust)이 멕시코에서부터 캐나다로 확산되는 과정에서는 세 가지의 계절적인 패턴이 있었다(Viljanen-Rollingson 등 2007). 진딧물 일종인 *Nasonovia ribis-nigri* Mosley (Currant-Lettuce Aphi)는 2004년 1월에 뉴질랜드에서부터 호주 타즈마니아주로 제트기류를 타고 운반된 뒤, 다시 호주 본토로 급속히 확산되었다(Cole와 Horne 2006). 척추동물의 경우에도 인간의 직접적인 도움없이도 정치적 · 생물지리학적인 경계를 넘어 확산되기도 하는데, 외래 찌르레기류(starling)가 미국에서 캐나다로 이동한 사례와 사향뒤쥐류(muskrat)가 갇혀있던 체코공화국에서 탈출하여 중앙 유럽의 여러 나라를 넘어 확산한 사례 등을 들 수 있다(Hulme 2011a).

특정한 유입경로의 중요성은 해당 생물군의 생물적이고 생태적인 특성에 좌우된다(Hulme 등 2008). 척추동물 해충은 기본적으로는 사냥용 또는 생물적 방제용으로 의도적으로 도입되어 방사되는 형태로 유입되었다. 환경적인 면에서 잡초의 대부분은 정원이나 원예단지로부터 유출된다(Hulme 2011b). 곤충류의 해충인 경우에는 일차적으로는 국제적으로 교역되는 상품에 오염된 형태로 유입되고, 병원성 미생물과 곰팡이는 그들의 기주식물에 오염되어 유입된다(Hulme 등 2008). 그러나 단일한 경로 및 생물군이라 해도, 유입가능성은 원산지에서 해당 생물의 풍부도, 도착지의 수와 위치 등에 따라 좌우대며, 아울러 운송기간이 해당 생물체가 발육을 마칠 수 있는 충분한 기간인지 여부도 관여한다(Hulme 2009a). 사실 각각의 종이 유입되는 비율과 관련한 자세한 정보는 없다. 다만 생물 칩입이 종 및 생태계에 미치는 역할을 이해하고 미래의 경향을 예측하여 적절한 관리방안을 찾아가기 위해서는 생물종의 유입경로를 밝히는 것이 필수적이다.

국제적인 교역의 중요성이 점차 증대되는 상황에서, 식물 병해충의 효과적인 관리를 위해 이전의 독립적이던 국가들이 상호 의존적인 모습으로 변화하고 있다. 이러한 변화는 각국 정부로 하여금 사람, 동물 또는 식물 위생을 보호하기 위해 국제적인 교역에 어떠한 영향력을 행사하도록 하게 하면서, 한편으로는 국가 간 차별은 물론 위장된 보호무역 조치 행사를 못하도록 하고 있다. 위생 및 식물위생협정(The Agreement on the Application of Sanitary and Phytosanitary Measures; SPS Agreement)은 1995년 1월 세계무역기구(World Trade Organization; WTO)의 창립과 함께 발효되었다. 이러한 법적 구속력 있는 국제협약은 세계적으로 병해충 관리를 위해 보다 더 의미 있는 것들을 할 수 있게 하였다(2장 참조). 즉, 같은 기간 동안 세계화에 따른 환경 영향을 인식하게 되면서 생물다양성협약(Convention on Biological Diversity; CBD)이 체결되었고, 이 협약을 통해 "각각의 체약국들은 가능하고 적절한 방법을 사용하여 생태계, 서식처 또는 생물종에게 위협이 되는 외래 생물종의 유입을 방지하고, 방제하며, 박멸해야 한다"(CBD 1992). 비록 생물다양성협약이 법적 구속력이 있는 협약은 아니지만, 생물보전을 위한 노력 및 국가 정책수립에 있어서 중요한 영향력을 행사해 왔다(Le Prestre 2002). 또한 이러한 시각은 SPS 협정에 의해 설립된 식물위생기준(phytosanitary regulations)에도 영향을 주어 식물병해충 위험분석과 관련한 국제기준을 통해 비농업적인 생태계에 대한 위험까지도 평가할 수 있도록 하고 있다(Shine 2007). 잡초, 해충 및 병원체의 유입과 관련한 국제적인 교역의 영향, 글로벌 경제화, 환경 및 경제 분야의 상관관계 등에 대한 인식 증대는 각국 정부로 하여금 식물보호에 대한 위협을 느끼게 하고 있다. 과거 일부 검역 및 식물보호 공무원만의 책임이었던 것이 지난 10년 만에 하나의 학문분야로 진화하였는바 이것이 다름 아닌 식물의 생물안보인 것이다.

1.3 식물의 생물안보: 식물보호 기치 아래 경제, 환경 및 정치적 견해의 통합

"생물안보(biosecurity)" 라는 용어는 외래 식물, 동물 병해충, 수인성 동물 질병, 유전자변형체 및 그 산물, 그리고 침입외래종 또는 유전형(genotype)이 일으키는 위험을 배제(exclusion), 박멸(eradication)하거나 효과적으로 관리(management)하기 위한 제반 연구, 절차 및 정책을 말한다(Biosecurity Council 2003; Beale 등 2008). 일부 지역(특히 미국)에서는 생물테러리즘이 가장 중요한 생물안보 위험이 되고 있으며, 생물안보를 "생물무기(biological weapons)의 개발 · 생산 · 적재 · 사용은 물론 불시에 발생하는 전염병의 자연적 대발생과 같은 잠재적으로 위험한 생물적 인자(biological agents) 또는 생물공학을 부주의, 부적절 또는 의도적으로 부당하고 악의적으로 사용하는 것"으로 정의하고 있다(NRC 2006). 그러나 개념적으로 볼 때 생물테러리즘은 원치 않은 병해충 및 생물종의 유입과 관련하여 또 다른 경로에 불과하지만, 내포된 의미는 아주 다르며, 특히 병원성 인자가 개선된 보급, 확산 및 영향으로 "무기화(weaponised)"될 경우 그 피해 규모는 거의 재앙(catastrophic) 수준이 될 수 있다(Gullion 등 2008).

생물안보는 전략적이고 통합적인 접근방법으로서 환경에 대한 위험을 포함하여 식품안전, 인축위생 및 식물위생 분야에서 위험을 분석하고 관리하는 정책적이고 법적인 하부구조를 모두 아우른다. 넓게 보면 생물안보는 특정한 지역으로 외래종이 유입되는 것을 관리하고, 이에 따른 영향을 줄이기 위해 요구되는 모든 활동이라고 말할 수 있다. 이는 의도적(불법적인 것 포함) 또는 비의도적 유입 규제는 물론 중앙정부, 지방정부, 산업계 및 이해당사자 모두에 의한 잡초, 해충 및 병원체 관리를 포함한다. 이전에는 생물안보에서 제기되는 문제들이 서로 다른 분야, 즉 식물위생, 동물위생, 보건 및 환경보호 분야에서 각각 다루어져 왔다. 각각의 분야는 식품안전법, 동식물검역법, 농약규제법 등 고유의 법적인 틀을 가지고 있다. 세계보건기구(World Health Organization; WHO), 국제식품규격위원회(Codex Alimentarius Commission), 국제식물보호협약(International Plant Protection Convention; IPPC), 국제수역사무국(World Organisation for Animal Helath; OIE)은 각각 보건, 식품안전, 식물위생 및 동물위생과 관련한 국제기준을 제공하고 있다. 국제식품규격위원회(Codex)는 세계보건기구(WHO)와 세계식량기구(FAO)가 함께 설립하였다. 국제식물보호협약(IPPC), 국제식품규격위원회(Codex), 국제수역사무국(OIE)은 모두 WTO의 SPS 협정을 통한 국제기준을 설정하는 기구들이다. 생물다양성협약(CBD)은 카르타헤나의정서(Cartagena Protocol)와 같은 법적 구속력이 없는 의정서를 체택하였다(CBD 1992). 생물안전(Biosafety)과 관련한 카르타헤나의정서는 특히 현대 생물공학의 결과로 인한 유전적 변형 생물체(Genetically Modified Organisms; GMO)로 인해 일어날 수 있는 위험으로부터 생물다양성을 보호하기 위하여 개발되었다(CBD 2000). 이러한 국제기구들은 서로 다른 역사, 목적, 회원국 및 법적 지위를 갖는다. 이와 같은 풍부한 이슈들은 결국 과도한 투자와 재투자를 필요로 하는 중복 규제활동 시스템으로 이어진다. 효율을 높이기 위해서는, 보다 일관적이고 전체적인 접근이 가능한 생물안보(biosecurity)가 대안이 될 수 있다. 생물안보를 통해 국내는 물론 국제적으로 제 분야들 간의 시너지 효과를 창출하고, 전통적으로 개별 기관이나 분야만을 통제하던 것에서 종합적으로 위험을 관리할 수 있는 토대를 구축하는 방향으로 전환이 가능할 것이다. 이와 같은 효과 및 효율 개선을 추구하고자 재분야들 간에 규제 기능을 합리화하고자 하는 시도가 몇몇 국가들에서 나타나기 시작했는데, 대표적인 국가가 뉴질랜드(Biosecurity Council 2003)와 호주(Beale 등 2008) 이다.

관련 국제기준, 개인기업, 연구단체 및 이해당사자들 간에는 강력한 분야별 고유성이 존재한다. 사람의 생물안보(human biosecurity)는 인수공통(zoonotic) 질병의 진단 및 조사를 담당하고; 동물의 생물안보(animal biosecurity)는 가축생산 시설, 목장, 어장 및 저장시설에서의 질병 차단 및 방제를 다루며; 식물의 생물안보는 안정적인 식물보호 및 작물생산을 목적으로 하며; 환경의 생물안보(environmental biosecurity)는 외래 침입종으로 인한 부정적인 영향으로부터 환경적이고 사회적인 쾌적함(amenity)의 보호에 관여한다. 그러나 그림에서 설명하고 있는 것처럼 동물위생, 식물위생, 보건 및 환경이라는 이전의 영역을 넘어서 하나의 통일된 체제가 요구된다(그림 1.4)

유대류 일종인 주머니여우[Common Brushtail Possum, *Trichosurus vulpecula* (Kerr)]는 뉴질랜드에서 가장 심각한 척추동물 해충으로 토착 동식물을 먹어치우기 때문에 토착생물의 다양성에 중요한 생태적인 위협이 되고 있으며, 소 결핵병(Bovine Tuberculosis; *Mycobacterium bovis* Karlson & Lessel)을 매개하는 등 역시 경제적으로도 중요한 위협이 되고 있다(McDowell 등 2006). 소의 결핵병을 방제하기 위해 뉴질랜드에서 지출하는 비용은 연간 약 83백만 뉴질랜드달러(NZD)에 달하며, 주로 주머니여우(possum)를 솎아내고 생물다양성을 회복시키는 노력에 투입되는 비용이다. 아플라톡신을 생성하는 *Aspergillus* 곰팡이는 자연에 널리 퍼져 있으며, 수확 전이나 저장 중에 곡물, 유지 종자, 향신료 및 견과류에 감염되거나 오염될 수 있다. 감염이 되면 종자의 활력감소 및 수확량 손실은 물론, 고농도의 아플라톡신에 노출될 경

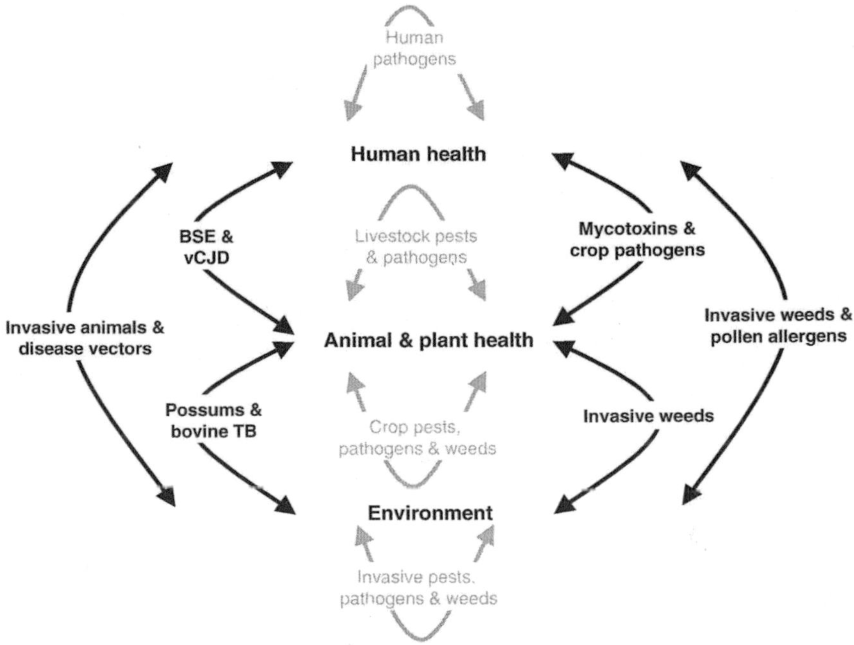

그림 1.4 서로 다른 생물안보 분야 사이의 복합적인 연결 체계(회색선은 전통적인 임무를 나타내고, 흑색선은 상호 연관된 위협을 나타냄)

우에는 급성 간 괴사(acute hepatic necrosis) 및/또는 간암(liver carcinoma)을 유발하기 때문에 사람의 건강에서 위험을 야기한다(D'Mello 2003). 1977과 1980년 동안, 미국 남동부 지역의 옥수수에 오염된 아플라톡신으로 인한 모든 개인, 회사 및 공적 비용 손실은 약 200백만 USD 와 238백만 USD였다(Nichols 1983). 가축의 질병, 예를 들어 소 해면상뇌증(Bovine Spongiform Encephalophay; BSE)은 사람의 건강에 심각한 영향을 초래할 수 있다. 예를 들어 오염된 식품을 소비함으로써 변형 크로이츠펠트 야콥병(variant Creutzfeldt-Jacob Disease; vCJD)에 걸릴 수 있다(Prusiner 1997). 소 해면상뇌증(BSE)과 관련한 누적 예산은 35억 파운드로 추정되고 있지만(DTZ Pieda Consulting 1998), 장기간에 걸친 사회경제적 비용은 계산하기 어려운 상황이다. 몇몇 외래 잡초가 자연식생에서 토착화하고 정착하게 되면서 토착종을 대체함은 물론 알러지를 유발하는 꽃가루를 생산하기도 하는데, 이는 천식(asthma)과 건초열(hay-fever)의 중요한 원인 물질이 되며, 예를 들어 자작나무의 일종인 *Betula pendula* Roth, 돼지풀(*Ambrosia artemisifolia* Linnaes)이 그러하다(D'Amato 등 2007). 다른 잡초는 생물다양성을 감소시키면서 한편으로는 농업생산에 영향을 준다. 흰대극(Leafty Spurge; *Euphorbia esula* Linnaesus)은 북미 지역에서 2백만 ha의 방목지(rangeland), 목초지(pastures), 비탈지(hillsides)와 하천부지(riparian)에 발생하여 식물 종의 풍부도 및 다양성을 감소시키는 한편, 동시에 어린 가축에 독성이 있어 목초지의 가치를 감소시킨다(Belcher & Wilson 1989). 단풍잎돼지풀로 인한 농업부문에서의 연간 손실은 미국 노스다코타 지역에서만도 75백만 불이었다(Leistritz 등 1992). 마지막으로 일부 분류군은 환경, 식물, 동물 및 보건에 중요한 위험을 준다. 세계적으로 가장 일반적인 두 종의 설치류는 곰쥐(Black Rat; *Rattus rattus* (Linnaeus))와 집쥐[Brown Rat; *Rattus norvegicus* (Berkenhout)]이다. 쥐가 매개하는 질병은 그 동안의 모든 전쟁으로 인한 영향보다 더 많은 인간의 목숨을 앗아갔다(Meerburg 등 2009). 쥐의 잡식성 먹이습성은 또한 작물의 손실을 유발함은 물론, 작은 포유류, 조류, 파충류 및 무척추동물의 수적 감소를 일으킨다. 이들의 영향은 특히 세이셸(Seychelles)과 같은 섬에서 더욱 심했는데, 이곳에서 쥐들은 다른 요소들보다 토착생물에 더 많은 영향을 주어왔다(Singleton 등 2003).

생물안보는 식품안전을 추구하고, 동식물 및 인체의 건강을 지키며, 환경을 보호하고 이를 지속적으로 이용할 수 있도록 하기 위한 종합적인 생물학적 위험관리를 포함한다. 각각의 정부는 미래의 외래종 위험 및 그 본질을 알려하고, 그 위해 정도 및 크기를 추정하려 하며, 아울러 이를 예측하여 효과적으로 자원을 배분하고자 한다. 잠재적인 위험의 다양성, 어떤 종의 잠재적인 위험 예측의 어려움 및 그러한 종들의 유입 및 확산의 속도와 은밀함은 각각의 잠재

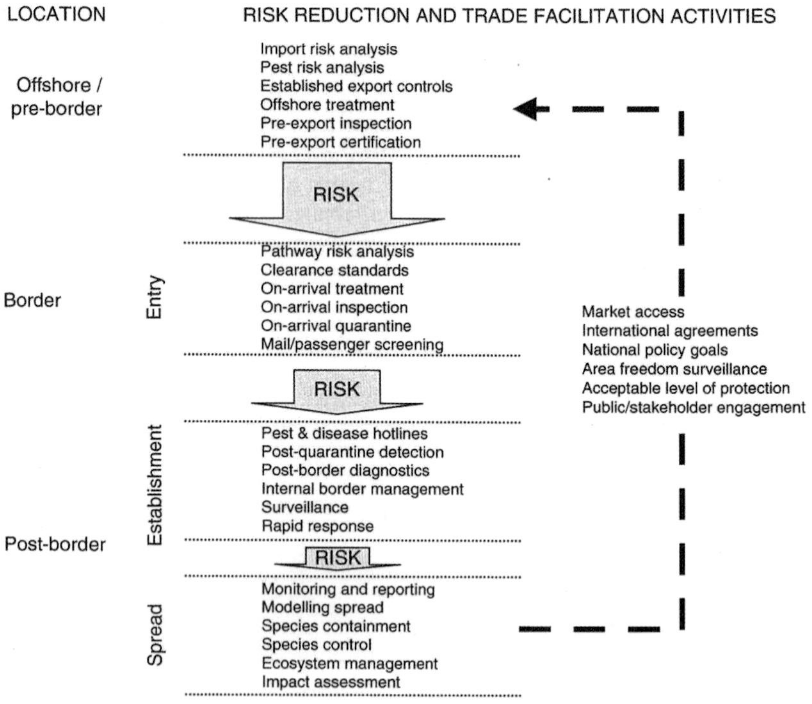

그림 1.5 생물안보 연속체의 주요 특성에 대한 설명, 국경이전 · 국경 · 국경이후에서의 활동과 책임을 나타냄

적인 외래침입 병해충에 대한 개별적인 생물안보 전략을 수립하는데 있어서 중요한 어려움이 되고 있다(Hulme 2011a). 그러나 우편물에 외래침입 잡초 종자나 탄저균 포자가 포함되건, 생물학적 용도로 곤충이 방사되거나 검역시설에서 탈출하건 간에, 환경 및 경제에 미치는 이러한 위협들은 생물안보 연속체(biosecurity contumuum)라고 하는 일반적인 하나의 틀을 통해 이해할 수 있다(그림 1.5). 이러한 연속체는 다른 나라로부터 유입되어 생기게 될 위험을 사전에 줄이기 위한 해외(offshore) 또는 국경이전(pre-border)의 생물안보 활동(5장), 특정 지역에 병해충이 유입되는 것을 막기 위한 한 국가 또는 지역 경계에서의 생물안보 활동(6장) 및 이미 국경을 넘어 특정 지역에 정착하고 있는 생물체를 탐색, 박멸 또는 관리하기 위한 목적으로 수행되는 지역 내 또는 국경이후(post-border)의 생물안보 활동까지 모두를 포괄한다. 최적의 생물안보를 달성하기 위해서는 이러한 일련의 과정 속에서 나타나는 다양성과 복잡성에 대한 충분한 지식과 정확한 분석이 요구되는데, 시종일관 위험을 지속적으로 줄여나가기 위하여 위험을 확인하고, 우선순위를 설정하고 적절한 조치를 적용하는 것이다.

국경이전에서의 활동으로는 무역에 미치는 영향은 최소화하면서 안전한 상품이 수입될 수 있도록 하기 위해 생물안보 정책을 개발하고 검토하는 일련의 활동이 포함된다(5장). 세계보건기구(WHO), 국제수역사무국(OIE), 국제식품규격위원회(Codex), 지역식물보호기구(RPPOs)와 같은 국제적인 단체들과의 협력을 통해 국가들은 인체 및 동식물 건강과 관련되어 새롭게 나타나는 병해충에 대한 정보를 입수할 수 있다. 수입위험분석(Import Risk Analysis; IRA)은 새로운 상품의 수입과 관련된 위험을 공식적이고 투명한 방법으로 검토할 수 있도록 해 준다(9장). 위험분석은 점점 국제적으로 조화로운 용어 및 방법을 사용하게 되면서 생물안보에서 중요한 역할을 할 뿐만 아니라, 한편으로는 사적부분에서도 관련된 위험을 분석하기 위한 위험분석절차 마련의 필요성을 느끼게 해주고 있다(Hulme 2011a). 수입위험분석은 일반적으로 생물학적이고 경제적인 증거를 평가하여 어떤 병해충이 규제되어야 하는지, 규제되어야 한다면 그 조치의 수준을 결정하도록 한다(Murray 2002; DAFF 2009). 만약 위험이 허용 가능한 위험수준을 넘어선다고 여겨지는 경우, 해당 상품의 수입은 적정한 수준으로 위험을 줄일 수 있는 위험관리조치가 적용되고 이행되기 전까지는 허용되지 않는다. 생물안보에서의 위험평가와 관련해서 크게 세 가지 접근방법이 있다: 정량통계적 모델(quantitative statistical model), 반정량적 채점방식(semi-quantitative scoring) 및 정성적 전문가 평가방식(qualitative expert assessment)이 그것이다(Hulme 2011a). 불행하게도 외래종에 의해 발생하는 위해(hazards)의 객관적인 측정값 획득이 어렵게 되면서, 복잡한 계층관계 및 비선형적인 시스템 예측도 어렵고, 불확실성(uncertainty) 및 변이성(variability)을 정량적으로 나타내기도 어렵게 할 뿐만 아니라 전문가의 경험적 판단에서도 일종의 편향성(bias)을 내포하는 등 현행 위험평가방법이 가진 적용상의 한계점을 드러내고 있다(Hulme 2012).

모든 생물안보적인 위험이 사전에 즉, 국경이전에서부터 쉽게 확인되는 것은 아니다. 따라서 국경에서의 검사(inspection)가 필요하게 된다(6장 참조). 우리가 해야 할 엄청난 규모의 과업은 종종 우리를 좌절시키기도 한다. 1년에 호주 검역검사청(AQIS)은 137백만 건의 우편물, 12.7백만 명의 항공여행객, 2백만 건의 화물컨테이너, 10.5백만 건의 항공화물, 13,000척의 국제운송 선박을 조사한다(Plant Health Australia 2009). 탐지견(detector dog)과 엑스레이 기기가 국제공항, 항구, 우체국 및 컨테이너 야적장에서 검사를 도와주고 있으며, 해당 장소에서 고위험 상품으로 간주되는 것은 폐기되거나 소독된다. 고위험 및 고가의 동물(예: 애완동물) 및 식물(예: 난초 생화)은 격리검역을 통해 추가적인 조사의 대상이 되어 수입자에게 전달되기 전에 병해충의 무발생상태가 확인되기도 한다. 그러나 국경을 넘어 이동하는 상품 및 사람의 규모로 볼 때 국경검사만으로는 내포되어 있는 모든 위험의 극히 일부만을 검출하는 정도에 지나지 않는다. 뉴욕 및 뉴저지의 항구에서 현행 2%의 컨테이너 검사를 5%로 상향하기 위해서는 400명의 검역관과 매월 1.2백만불의 비용이 추가로 투입되어야 하는 것으로 추정되었다(Van Weele & Ramirez-Marquez 2011). 마찬가지로 해상운송시스템이 갖는 불확실성과 수량의 증가와 관련된 간접적인 비용 또한 심각한 수준으로 연간 약 1500억불로 추정된다. 결론적으로 효과적인 검사를 위해 필요한 도구를 개선하기 위해 투자되어야 하는 비용이나 노력이 상당하다는 것이다(Van Weele & Ramirez-Marquez 2011).

국경이전 및 국경에서의 활동이 성공적이건 아니건 간에 규제를 통해서 제로의 위험을 보장할 수는 없는 바, 병해충이 검출되어 발생하게 될 위험을 제한하기 위해서는 일정 정도의 국경이후 조치가 요구된다. 많은 사례에서 볼 때, 어떤 해충이 널리 확인되기 전에 검출되는 경우에만 박멸이 가능하기도 하다(Rejmanek & Pitcairn 2002). 조기탐지 및 신속대응(Early Detection and Rapid Response; EDRR)은 반입항(entry port) 이후의 탐지활동을 포함하며, 생물안보의 위협이 있을 것으로 판단되는 지역을 대상으로 한 탐지활동을 포함한다. 조기검출은 병해충의 정착 및 확산을 방지하기 위한 활동을 가능하게 함으로써 장기적인 영향 및 이와 관련한 대응 및 관리 비용을 절감시킨다. 긴급대응시스템은 병해충의 대발생이나 침입 시 산업이나 지역사회에 미치는 영향을 최소화하면서 신속하고도 효과적으로 다루어질 수 있도록 해야 한다. 병해충진단 · 동정서비스는 이러한 활동을 지원하고, 정확한 병해충 동정을 바탕으로 한 적절한 대응방안을 선택할 수 있도록 한다(12장 참조). 분자생물학 및 생물정보학의 진보는 더 신속하면서도 값싼 방법으로 생물안보상 위험이 되는 생물체의 유전자 서열분석을 가능하도록 하고 있으며, 이러한 유전자 서열정보는 또한 병해충의 시간적 및 공간적 기원 및 이동경로 분석에 필요한 긴요한 정보를 제공하기도 한다(Cross 등 2011). 또한 지속적인 예찰감시(surveillance and monitoring)는 정착된 병해충의 관리에 있어서 중요하다(11장 참조). 가능한 확산경로와 침입외래 병해충의 영향을 예측하는 능력은 비용대비 효과적인 관리프로그램의 개발 및 이행에 있어 중요하다(Hulme 2006).

생물안보 연속체라는 것은 침입외래 병해충의 유입만을 방지하는 것이라는 전통적인 견해가 있기는 하지만, 자국산 상품의 수출 관련 시장접근 협상 및 지속적인 유지를 위해서도 뚜렷한 역할을 담당하고 있다(그림 1.5). 병해충을 검출하는 것뿐만 아니라 제대로 된 예찰감시 기능은 병해충 무발생을 증명하는데 이용된다. 중요한 세계시장 접근을 위해서 이와 같은 것들이 점점 더 요구되고 있다. 마찬가지로 교역상대국은 수출국의 생물안보 관리 실태에 대한 이른바 "실사(due diligence)"를 요구하기도 하고(예: 수출 전 증명, 수출 통제 등), 자국 내에서도 그와 동등한 수준의 예찰감시시스템이 적용되기를 원한다. 중요한 점은 생물안보 연속체는 국제적인 교역을 촉진하고자 하는 것이지, 정당하지 않은 무역장벽을 쌓으려는 것은 아니다. 생물안보는 정치적, 법적 및 대중적으로 직면하는 현안을 해결하기 위해 관련된 분류학자, 개체군 생태학자, 통계학자, 모델개발자, 경제학자, 화학자, 엔지니어 및 사회학자 모두가 함께 협력할 것을 요구한다. 생물안보는 아직 미숙하며 여전히 진화 중인 분야로서, 증가하는 세계 경제의 글로벌화 및 환경변화로 인해 여러 가지 난제를 갖고 있다. 환경변화, 특히 공해, 토지 이용 및 기후적인 환경변화는 크나 큰 직접적이고도 경제적 · 지리적인 상호연결성을 가지며, 식물의 생물안보에서 중요한 결과를 야기한다. 무역과 관광의 기회증대로 인하여 경제가 성장하여 왔고, 반면에 인류는 새로운 서식처로 확산하게 되면서, 병해충이 자연환경으로 확산하는 위험을 초래하였다. 기후변화는 이에 더하여 병해충이 원래의 분포 가능한 지역이나 서식치를 넘어서 확산 가능하도록 하였고, 이주 패턴을 변화시키고 매개생물(vector)의 확산을 지원하는 기후적인 사건의 발생가능성도 증가시킨다. 이러한 작물과 병해충 사이의 상호작용은 기후변화의 관점에서 볼 때, 복잡다단하며, 여전히 잘 이해되지 못하고 있다(Gregory & Johnson 2009). 게다가 토지이용의 변화는 미래의 생물안보 위협을 가져 올 중요한 요인으로 여기지기도 한다(Hulme 2009b).

농장 및 경작지 규모의 증가와 더불어 발생하는 농업의 집약화, 즉 소수의 품종 및 동질적인 환경은 병해충의 침입으로 인한 영향을 증가시켜 왔으며, 단일 지역에 한 종의 병해충만이 존재할 가능성을 확대시켜 왔다. 유전자 변형 기술은 작물의 병해충 저항성을 증가시키는데 작용해 왔다. 그러나 유전자 변형 작물의 재배가 확대되면서 해당 변형 유전자가 잡초로 확산되는 것과 같은 또 다른 잠재적인 위협을 초래하고 있다(Warwick 등 2009). 농업의 집약화뿐만 아니라 다양화는 새로운 작물, 특히 생물연료(biofuel) 식물로 옮겨가고 있는데, 이 또한 환경에 대한 새로운 위험을 초래하게 될 것이다. 새로운 작물이 갖는 특성은 자연환경으로 확산을 촉진하며(Raghu 등 2006), 작물 병해충의 새로운 대체 기주식물로 작용할 수도 있다(Spencer & Raghu 2009).

이러한 복합적이면서 충분히 이해되고 있지 못하는 과제를 접하고 있는 상황에서, 미래의 위협을 예측하고, 예방하고 관리하기 위해 필요한 자원과 함께 효과적인 생물안보 전략을 수립하는 것이 한 국가의 식품안전 및 환경보호를 위해서 중요하다. 이러한 것은 특히 농작물 병해충에 더 많이 노출되고, 또한 해당 병해충의 위협을 예방하거나 적절히 관리하기 위한 생물안보시스템이 약한 개발도상국의 경우에 더욱 더 그러하다(Perrings 2007). 이러한 도전 과제는 미국(Lodge 등 2006), 유럽(Hulme 등 2007)에도 적용가능한데, 이들 지역에서도 생물안보 연속체 속에서 좀 더 큰 정부의 투자가 요구되고 있다.

참고문헌

ACI (2007) Annual report 2006. Airports Council International, Geneva

Beale R, Fairbrother J, Inglis A, Trebeck D (2008) One biosecurity: a working partnership. Commonwealth of Australia, Barton ACR

Belcher JW, Wilson SD (1989) Leafy spurge and the species composition of a mixed grass prairie. J Range Manage 42: 172-175

Biosecurity Council (2003) Protect New Zealand. The biosecurity strategy for New Zealand. MAF, Wellington

Bomford M, Hart Q (2002) Non-indigenous vertebrates in Australia. in: Pimentel D (ed) Biological invasions: economic and environmental costs of alien plant, animal, and microbe species. CRC Press, New York, pp 25-44

Bourdôt GW, Fowler SV, Edwards GR, Kriticos DJ, Kean JM, Rahman A, Parsons AJ (2007) Pastoral weeds in New Zealand: status and potential solutions, NZ J Agric Res 50: 139-161

Brasier CM (2001) Rapid evolution of introduced plant pathogens bia interspecific hybridization. Bioscience 51: 123-133

Carrete M, Tella JL (2008) Wild-bird trade and exotic invasions: a new link of conservation concern? Front Ecol Environ 6: 207-211

CBD (1992) Convention on biological diversity. Secretariat of the Convention on Biological Diversity, Montreal

CBD (2000) Cartagena protocol on biosafety to the convention on biological diversity. Secretariat of the Convention on Biological Diversity, Montreal

Colautti RI, Bailey SA (2003) Characterised and projected costs of nonindigenous species in Canada. Biol Invasions 8: 45-59

Cole PG, Horne PA (2006) The impact of aphicide drenches on *Micromus tasmaniae* (Walker) (Neuroptera: Hemerobiidae) and the implications for pest control in lettuce crops. Aust J Entomol 45: 244-248

Cook A, Weinstein P, Woodward A (2002) The impact of exotic insects in New Zealand. In: Pimentel D (ed) Environmental and economic costs of alien plant, animal and microbe invasions. CRC Press, Boca Raton, pp 217-239

Cross HB, Lowe AJ, Gurgel EF (2011) DNA barcoding of invasive species. In: Richardson DM (ed) Fifty years of invasion ecology - the legacy of Charles Elton, Blackwell, Oxford, pp 289-299

D'Amato G, Cecchi L, Bonini S, Nunes C, Annesi-Maesano I, Behrendt H, Liccardi G, Popov T, van Cauwenberge P (2007) Allergenic pollen and pollen allergy in Europe. Allergy 62(9): 976-990

D'Mello JPF (2003) Mycotoxins in cereal grains, nuts and other plant products. In: D'Mello JPF (ed) Food and safety: contaminants and toxins, CABI, Wallingford, pp 65-90

DAFF (2009) Import risk analysis handbook 2007 (update 2009). Australian Government Department of Agriculture, Fisheries and Forestry, Canberra

Dasgupta P (2007) Nature and the economy. J Appl Ecol 44: 475-487

Desprez-Loustau ML (2009) The alien of Europe. In:DAISIE (ed) Handbook of alien species in Europe. Springer, Berlin, pp 15-28

Donlan CJ, Wilcox C (2008) Diversity, invasive species and extinctions in insular ecosystems. J Appl Ecol 45: 1114-1123

DTZ Pieda Consulting (1998) Economic impact of BSE on the UK economy. DTZ Pieda Consulting, Manchester

Ebbels DL (2003) Principes of plant health and quarantine. CABI, Wallingford

Findlay R, O'Rourke KH (2007) Power and plenty: trade, war, and the world economy in the second millennium. Princeton University Press, Princeton

Gertzen E, Familiar O, Leung B (2008) Quantifying invasion pathways: fish introductions from the aquarium trade. Can J Fish Aquat Sci 65: 1265-1273

Gregory PJ, Johnson SN (2009) Integrating pests and pathogens into the climate change/food security debate. J Exp Bot 60: 2827-2838

Gulllino ML, Fletcher J, Stack JP (2008) Crop biosecurity: definitions and role in food safety and food security. In: Gullino ML, Fletcher J, Gamliel A, Stack JP (eds) Crop biosecurity - assuring our global food supply. Springer, Dordrecht, pp 1-11

Hoagland P, Jin D (2006) Science and economics in the management of an invasive species. Bioscience 56: 931-935

Hulme PE (2005) Nursery crimes: agriculture as victim and perpetrator in the spread of invasive species. In: Crop science and technology. British Crop Protection Council, pp 733-740

Hulme PE (2006) Beyond control: wider implications for the management of biological invasions, J Appl Ecol 43: 835-847

Hulme PE (2007). Biological invasions in Europe: Drivers, pressures, states, impacts and responses. In: Hester R, Harrison RM (eds) Biodiversity under threat. Issues in Environmental Science and Technology, 2007, 25, Royal Society of Chemistry, Cambridge, pp 56-80

Hulme PE (2009a) Trade, transport and trouble: managing invasive species pathways in an era of globalisation. J Appl Ecol 46: 10-18

Hulme PE (2009b) Relative roles of life-form, land use and climate in recent dynamics of alien pant distributions in the British Isles. Weed Res 49:19-28

Hulme PE (2011a) Biosecurity: the changing face of invasion biology. In: Richardson DM (ed) Fifty years of invasion ecology - the legacy of Charles Elton. Blackwell, Oxford, pp 301-314

Hulme PE (2011b) Addressing the threat to biodiversity from botanic gardens, Trends Ecol Evol 26: 168-174

Hulme PE (2012) Weed risk assessment: a way forward or a waste of time? J Appl Ecol 49: 10-19

Hulme PE, Bacher S, Kenis M, Klotz S, Kuhn I, Minchin D, Nentwig W, Olenin S, Panov V, Pergl J, Pyšek P, Roques A, Sol D, Solarz W, Vila M (2008) Grasping at the routes of biological invasions: a framework for integrating pathways into policy. J Appl Ecol 45: 403-414

Hulme PE, Pyšek P, Nentwig W, Vilà M (2009) Will threat of biological invasions unite the European Union? Science 324: 40-41

IMO (2008) International shipping and world trade: facts and figures. International Maritime Organisation, Maritime Knowledge Centre, London

Kenis M, Auger-Rozenberg MA, Roques A, Timms L, Péré C, Cock MJW, Settele J, Augustin S, Lopez-Vaamonde C (2009) Ecological effects of invasive alien insects. Biol Invasions 11: 21-45

Kobelt M, Nentwig W (2008) Alien spider introductions to Europe supported by global trade. Divers Distrib 14: 273-280

Lambdon PW, Lloret F, Hulme PE (2008) How do introduction characteristics influence the invasion success of Mediterranean alien plants? Perspect Plant Ecol Evol System 10: 143-159

Le Prestre PG (2002) Governing global biodiversity: the evolution and implementation of the convention on biological diversity. Ashgate, Vermont

Leistritz FL, Thompson FM, Leitch JA (1992) Economic impact of leafy spurge (*Euphorbia esula*) in North Dakota. Weed Sci 40: 275-280

Leprieur F, Beauchard O, Blanchet S, Oberdorff T, Brosse S (2008) Fish invasions in the world's river systems: when natural processes are blurred by human activities. Plos Biol 6: 404-410

Lever C (1994) Naturalised animals. London

Levine JM, D'Antonio CM (2003) Forecasting biological invasions with increasing international trade. Conserv Biol 17: 322-326

Liu J, Liang SC, Liu FH, Wang RQ, Dong M (2005) Invasive alien plant species in China: regional distribution patterns. Divers Distrib 11: 341-347

Lodge DM, Williams S, MacIsaac HJ, Hayes KR, Leung B, Reichard S, Mack RN, Moyle PB, Smith M, Andow DA, Carlton JT, McMichael A (2006) Biological invasions: recommendations for US policy and management. Ecol Appl 16: 2035-2054

Loo JA (2009) Ecological impacts of non-indigenous invasive fungi as forest pathogens. Biol Invasions 11: 81-96

Mack RN (2005) Assessing biotic invasions in time and space: the second imperative. In: Mooney HA, Mack RN, McNeely JA, Neville L, Schei PJ, Waage JK (eds) Invasive alien species: a new synthesis. Island Press, Washington, DC, pp 179-208

McCullough DG, Work TT, Cavey JF, Liebhold AM, Marshall D (2006) Interceptions of nonindigenous plant pests at US ports of entry and border crossings over a 17-year period. Biol Invasions 8: 611-630

McDowell A, McLeod BJ, Rades T, Tucker IG (2006) Application of pharmaceutical drug delivery systems for biological control of the common brushtail possum in New Zealand - a review. Wildl Res 33: 679-689

McNeely JA (2006) As the world gets smaller, the chances of invasion grow. Euphytica 148: 5-15

McNeely JA, Mooney HA, Neville LE, Schei P, Waage JK (2001) Global strategy on invasive alien species. IUCN on behalf of the Global Invasive Species Programme, Gland/Cambridge

Meerburg BG, Singleton GR, Kijlstra A (2009) Rodent-borne diseases and their risks for public health. Crit Rev Micrcbil 35: 221-270

Meyerson LA, Mooney HA (2007) Invasive alien species in an era of globalization. Front Ecol Environ 5: 199-208

Murray N (2002) Import risk analysis. Animals and animal products. New Zealand Ministry of Agriculture and Forestry, Wellington

Nichols TE (1983) Economic impact of aflatoxin in corn. In: Diener UL, Asquith RL, Dickens JW (eds) Aflatoxin and *Aspergillus flavus* in corn. Alabama Agricultural Experiment Station, Auburn, pp 67-71

NRC (2006) Globalization, biosecurity, and the future of the life sciences. National Academies Press, Washington, DC

Oerke E-C, Dehne H-W, Schönbeck F, Weber A (1994) Crop production and crop protection: estimated losses in major food and cash crops. Elsvier, Amsterdam

Perrings C (2007) Pests, pathogens and poverty: biological invasions and agricultural dependence. In: Kontoleon A, Pascual U, Swanson T (eds) Biodiversity economics: principles, methods and applications. Cambridge University Press, Cambridge, pp 133-165

Perrings C, Dehnen-Schmutz K, Touza J, Williamson M (2005) How to manage biological invasions under globalization. Trends Ecol Evol 20: 212-215

Perrigs C, Monny H, Williamson M (2010) The problem of biological invasions. In: Perrings C, Mooney H, Williamson M (eds) Glovalization and bioinvasions: ecology, economics, management and policy. Oxford University Press, Oxford, pp 1-18

Piel F, Gilbery M, De Canniere C, Gregoire JC (2008) Coniferous round wood imports from Russia and Baltic countries to Belgium, A pathway analysis for assessing risks of exotic pest inscet introductions. Divers Distrib 14: 318-328

Pimentel D, McNair S, Janecka J, Wightman J, Simmonds C, O'Connell C, Wong E, Russel L, Werm J, Aquino T, Tsomondo T (2001) Exonomic and environmental threats of alien plant, animal, and microbe invasions. Agr Ecosyst Environ 84: 1-20

Pimentel D, Zuniga R, Morrison D (2005) Update on the environmental and economic costs associated with alien-invasive species in the United States. Ecol Econ 52: 273-288

Plant Health Australia (2009) National plant health status report (08/09). Plant Health Australia, Canberra

Preston CD, Pearman DA, Hall AR (2004) Archaeophytes in Britain. Bot J Linn Soc 145: 257-294

Prusiner SB (1997) Prion diseases and the BSE crisis. Science 278: 245-251

Raghu S, Anderson RC, Daehler CC, Davis AS, Wiedenmann RN Simberloff D, Mack RN (2006) Adding biofuels to the invasive species fire? Science 313: 1742

Rejmanek M, Pitcairn MJ (2002) When is eradication of exotic plant pests a realisric goal. In: Veitch CR. Clout MN (eds) Turning the tide: the eradication of invasive species. IUCN, Gland/Cambridge, pp 249-253

Roques A, Rabitsch W, Rasplus J-Y, Lopez-Vamonde C, Nentwig W, Kenis M (2009) Alien terrestrial invertebrates of Europe. In: DAISIE (ed) Handbook of alien species in Europe. Springer, Berlin, pp 63-79

Shimono Y, Konuma A (2008) Effects of human-mediated processes on weed species composition in internationally traded grain commodities. Weed Res 48: 10-18

Shine C (2007) Invasive species in an international context: IPPC, CBD, European strategy on invasive alien species and other legal instruments. EPPO Bull 37: 103-113

Simberloff D, Rejmanek M (2011) Encyclopedia of biological invasions. University of California Press, Berkeley

Singleton GR, Hinds LA, Krebs CJ, Spratt DM (2003) Rats, mice and people: rodent biology and management. Australian Centre for International Agricultural Research, Canberra

Smith K, Petley DN (2009) Environmental hazards. Assessing risk and reducing disaster, 5th edn. Taylor & Francis, Hoboken

Spencer JL. Raghu S (2009) Refuge or reservoir? The potential impacts of the biofuel crop *Miscanthus x giganteus* on a major pest of maize. PLoS ONE 4(12): e8336

Stanaway MA, Zalucki MP, Gillespie PS, Rodriguez CM, Maynard GV (2001) pest risk assessment of insects in sea cargo containers. Aust J Entomol 40: 180-192

Taylor B, Geddie E (2000) New Zealand under siege: a review of the managemant of biosecurity risks to the environment. Parliamentary Commissioner for the Environment, Wellington

UNCTAD (2007) Review of maritime transport. United Nations conference on trade and development, Geneva

Urban MC, Phillips BL. Skelly DK, Shine R (2008) A toad more travelled: the heterogeneous invasion dynamics of cane toads in Australia. Am Nat 171: E134-E148

Van Weele S, Ramirez-Marquez JE (2011) Optimization of container inspection strategy via a genetic algorithm. Ann Oper Res 187: 229-247

Vila M, Basnou C, Pysek P, Josefsson M, Genovesi P, Gollasch S, Nentwig W, Olenin S, Roques A, Roy D, Hulme PE, DAISIE partners (2010) How well do we understand the impacts of alien species on ecosystem services? A pan-European cross-taxa assessment. Front Ecol Environ 8: 135-144

Vila M, Espinar JL, Hejda M, Hulme PE, Jarosik V, Maron JL, Pergl J, Schaffner U, Sun Y, Pysek P (2011) Ecological impacts of invasive alien plants: a meta-analysis of their effects on species, communities and ecosystem. Ecol Lett 14: 702-708

Viljanen-Rollinson SLH, Parr EL, Marroni MV (2007) Monitoring long-distance spore dispersal by wind- a review. NZ Plant Protect 60: 291-296

Waage JK. Fraser RW, Mumford JD, Cook DC, Wilby A (2005) A new agenda for biosecurity. Horizon scanning programme, Department for Environment, Food and Rural Affairs

Wardle DA, Barker GM, Yeates GW, Bonner KI, Ghani A (2001) Introduces browsing mammals in New Zealand natural forests: aboveground and belowground consequences . Ecol Monogr 71: 587-614

Warwick SI, Beckie HJ, Hall LM, (2009) Gene flow, invasiveness, and ecological impack of genetically modified crops. Ann N Y Acad Sci 168: 72-99

Westphal MI, Browne M, MacKinnon K, Noble I (2008) The link between international trade and the global distribution of invasive alien species. Biol Invasions 10: 391-398

Williams PA, Timmins S (2011) Economic impacts of weeds in New Zealand: Some examples. In: Pimentel D (ed) Biological invasions: economic and environmental costs if alien plant, animal, and microbe species. CRC Press, Boca Raton, pp 273-291

World Bank (2008) 2008 World development indicators online. The World Bank, Washington, DC. http://go.worldbank.org/U0FSM7AQ40

Yelenik SG, Stock WD, Richardson DM (2004) Ecosystem-level impacts of invasive *Acacia saligna* in the South African fynbos. Restor Ecol 12: 44-51

제2장 국제적인 규제 체계
The International Regulatory Framework

Lottie Erikson and Robert Griffin
번역: 신현경(농림축산검역본부)

약어 및 약자

APPPC	아시아태평양식물보호위원회(Asia and Pacific Plant Protection Commission)
CA	안데스공동체(Comunidad Andina)
CBD	생물다양성협약(Convention on Biological Diversity)
CEPM	식물위생조치전문가위원회(Committee of Experts on Phytosanitary Measures)
COSAVE	남미식물보호위원회(Comite Regional de Sanidad Vegetal Para el Cono Sur)
CPM	식물위생조치위원회(Commission on Phytosanitary Measures)
CPPC	카리브식물보호위원회(Caribbean Plant Protection Commission)
EPPO	유럽지중해식물보호기구(European and Mediterranean Plant Protection Organization)
FAO	세계식량농업기구(Food and Agricultural Organization of the United Nation)
IAPSC	범아프리카식물위생평의회(Inter-African Phytosanitary Council)
IPPC	국제식물보호협약(International Plant Protection Convention)
ISPM	식물위생조치에 관한 국제기준(International Standard for Phytosanitary Measures)
NAPPO	북미식물보호기구(North American Phytosanitary Organization)
NPPO	국가식물보호기구(National Plant Protection Organization)
OIE	국제수역사무국(Office International des Épizooties - the World Animal Health Organization)
OIRSA	중미식물보호기구(Organismo Internacional Regional de Sanidad Agropecuaria)

L. Erikson (✉) · R. Griffin
Plant Epidermiology and Risk Analysis Laboratory, Center for Plant Health Science and Technology, USDA-APHIS Plant Protection and Quarantine, Raleigh, NC 27606, USA
e-mail: Lottie.L.Erikson@aphis.usda.gov

PFA	병해충무발생지역(Pest Free Area) - 어떤 지역에서 특정 병해충이 발생하지 않으며, 이러한 상태가 공식적으로 유지되는 지역
PPPO	태평양식물보호기구(Pacific Plant Protection Organization)
PRA	병해충위험분석(Pest Risk Analysis) - 어떤 병해충이 규제되어야 할 것인지의 여부와 그에 대해 취해야 할 조치의 강도를 결정하기 위해 과학적 · 경제적 근거를 검토하는 절차
RPPO	지역식물보호기구(Regional Plant Protection Organization)
SPS	(WTO-SPS 위원회에서와 같이) 위생 및 식물위생(Sanitary and Phytosanitary)
TCP	기술협력프로그램(Technical Cooperation Programme)
WTO	세계무역기구(World Trade Organization)

2.1 국제식물보호협정(International Plant Protection Agreements)

해충과 병은 농업이 시작되면서부터 피해를 주어 왔지만, 해충과 병의 유입을 저지하거나 늦추기 위해서 각 국 정부들이 협력하여 법적인 조치를 취하기 시작한 것은 비교적 최근의 일이다(3.1절 참조). 19세기 후반 유럽에서 병해충의 유입으로 인한 경제적 재앙 수준의 피해가 몇 차례 발생한 이후, 특히 지정학적 경계와 병해충의 기주범위가 일치하지 않는 경우에 대해 식물 병해충의 이동을 제한하기 위하여 각 국 정부들이 자발적으로 조직화하고 협조해야 할 필요성이 뚜렷하게 대두되었다. 이러한 예로 1845년에 발생한 감자 역병(*Phytophthora infestans* (Mont.) de Bary), 1861년에 발생한 포도뿌리혹벌레(*Phylloxera*), 1875년에 발생한 포도 노균병(*Plasmopara viticola* (Berk. & M.A. Curtis) Berl. & De Toni) 및 1888년에 발생한 포도 흑부병(*Guignardia bidwellii* (Ellis) Viala & Ravaz, (1892)) 등이 있다(Berg, 1991).

식물위생에 관한 최초의 협정문은 미국에서 수입된 감염된 포도 묘목을 통해 프랑스로 우연히 유입된 포도의 해충을 관리하기 위하여 1878년 오스트리아, 헝가리, 독일, 프랑스, 벨기에, 포르투갈과 스위스가 체결한 "*Phylloxera vastatrix* (현재 *Daktulosphaira vitifoliae* (Fitch) [노린재목: 뿌리혹벌레과]) 에 대해 취해야 할 조치에 관한 국제협약(The International Convention on Measures to be taken against *Phylloxera vastatrix*)"인데(MacLeod 등 2010), 한 종의 병해충에 초점을 둔 것이 특징이다. 이 협약의 최초 버전에서는 (1) 국제적으로 거래되는 포도 묘목의 병해충 무감염 상태에 관한 서면 보증 (2) 국경에서 검사를 실시하여 요건에 부합하지 않는 경우 조치를 취할 권리 (3) 이러한 시스템을 감시하기 위한 공식적인 정부기관의 설립에 관한 내용을 다루고 있으며, 1881년과 1889년에 각각 개정되었다.

1929년에 마련된 "식물보호에 관한 국제협약(International Convention for the Protection of Plants)"에서는 뿌리혹벌레 이외의 병해충을 포함시켜 이보다 넓은 적용범위를 갖도록 하였다. 이 협약을 마련하는데 46개국이 참여하였으나 서명국은 26개국에 그쳤으며, 궁극적으로 비준을 받은 국가는 12개국에 불과하였다. 이 협약은 2차 세계대전이 발발하기 이전 및 전쟁기간 동안 제대로 이행되지 못하였다. 하지만 1954년 전쟁이 종식되고 UN 산하에 세계식량농업기구(FAO)가 창설되면서 회원국들은 FAO에 국제식물보호협약의 창설을 제안하게 되었다.

2.2 국제식물보호협약(International Plant Protection Convention)

국제식물호보협약(International Plant Protection Convention; IPPC)은 1951년 세계식량농업기구(UN/FAO) 총회 제6차 회기에서 채택되어, 1952년 3개 서명국(스리랑카, 스페인, 칠레)이 비준함에 따라, 위에서 논의된 기존의 국제식물보호협정[1]을 대체하면서 1952년 설립되었다.

IPPC는 FAO 사무총장에게 공탁된 다자간 조약으로서 제반 행정사항은 FAO의 Plant Protection Service에 소속된 IPPC 사무국에서 담당하고 있다. 2013년 1월 현재 IPPC에 서명한 국가는 179개국(IPPC 회원국 목록은 http://www.ippc.int 참조)이다. IPPC는 지역 및 국가의 식물보호기구들과 공조하여 국제협력, 조화 및 기술교류를 위한 기본 체계와 대화의 장을 제공하는 역할을 수행하고 있다.

IPPC의 목적은 "식물 및 식물성 산물에 대한 병해충의 유입 및 확산을 방지하기 위하여 효과적이고 공통의 행동방안을 확보하고, 이들 병해충의 방제를 촉진(IPPC, 1997 제1조)"하는데 있다. IPPC의 목적을 달성하는데 있어서 국제적인 협력이 핵심인데, IPPC에서는 체약국들에게 병해충의 발생 및 확산에 관한 정보를 공유하고, 중요한 병해충을 방제하기 위해 국제적인 행동이 필요한 경우 특별히 마련된 캠페인에 협조하며, 병해충위험분석에 관한 정보를 제공하고, 지역식물보호기구(RPPO)를 설립하며, 기준을 설정하고, 이 협약에서 다루는 사안과 관련하여 다른 국제기구와 협조할 것을 장려하고 있다.

이 협약에서 정의하는 병해충에는 식물이나 식물성 산물에 피해를 주는 식물, 동물 또는 병원체의 모든 종(species), 계통(strain) 및 생태형(biotype)이 포함되며, 식물에는 살아있는 식물체, 종자 및 생식질(germ plasm)이 포함되어 있다(IPPC 1997 제2조). IPPC는 재배되는 식물 및 식물성 산물에 대한 보호뿐만 아니라 자연 상태 식물군의 보호, 잡초 같은 침입종을 포함하여 식물에 간접적인 피해를 줄 수 있는 생물체에도 적용된다. IPPC와 유사한 사명을 갖는 다른 국제기구들과의 관계는 이 장의 뒷부분에서 다루고 있다.

국제운송과 연관되어 있는 경우, IPPC의 조항들은 식물 병해충이 은닉하거나 확산될 수 있는 저장장소, 포장재, 운송수단, 용기, 흙과 기타 생물체, 물체 및 물질에도 적용된다. IPPC는 용어를 보강하고 식물검역증명서 양식의 변경사항을 반영하기 위해 1979년에 개정되었으며, 1997년에는 세계무역기구의 위생 및 식물위생조치의 적용에 관한 협정(WTO-SPS Agreement)과 공조하고, 식물위생조치에 관한 국제기준의 개발과 채택을 위한 방법을 제공하기 위해 다시 개정되었다.

WTO-SPS 협정을 마련하기 위한 협상은 1985년에 시작되어 1993년에 완결되었으며, 그 결과에 따라 IPPC 협약도 개정되었다(WTO 1994). 국제무역에 관한 기본 규칙들은 1948년 WTO

1 1881년 11월 3일 포도뿌리혹벌레(*Phylloxera vasatrix*)에 대해 취할 조치에 관한 국제협약, 1889년 4월 15일 베른에서 서명된 추가 협약, 1929년 4월 16일에 로마에서 서명된 식물보호에 관한 국제협약 포함. IPPC 제10조, 이전 협정의 대체(FAO, 1979)

의 관세 및 무역에 관한 일반협정(General Agreement on Tariff and Trade; GATT)에 따라 협상되었다. GATT에서는 회원국들이 인간, 동물 및 식물의 삶과 건강을 보호하기 위해 필요한 조치를 도입할 권리를 인정하고 있는데, WTO-SPS 협정은 이러한 권리가 오용되지 않고 국제 무역에 불필요한 장벽을 형성하지 않도록 보장하는데 목적을 두고 있다. WTO-SPS 협정에서는 회원국들이 국내에서 취하는 SPS 조치들이 국제기준, 지침 및 권고에 기반 할 것을 권장하고 있다. WTO-SPS 협정에서 말하는 기준이란 식물위생에 관해서는 IPPC에서 개발한 기준을, 인간의 건강에 관해서는 FAO/WHO의 국제식품규격위원회(*Codex Alimentarius* Commission)에서 개발한 기준을, 동물의 건강에 관해서는 국제수역사무국(World Organization for Animal Health; 과거의 Office International des Epizooties)에서 개발한 기준을 의미한다.

1986년 WTO-SPS 협정에 관한 협상이 시작되었을 당시, IPPC는 사무국을 설치하거나 국제기준을 개발할 소명을 갖고 있지 않았었다. 하지만 SPS 협정에 의거, FAO는 1992년 IPPC 사무국을 신설하고, 1993년에는 식물위생조치전문가위원회(CEPM)를 구성하여 국제기준 개발 업무를 담당하게 하였다. 1995에는 IPPC 협약을 개정하기 위한 협상이 시작되어 1997년 FAO 총회에서 새롭게 개정된 IPPC 협약이 채택되었다. 개정된 협약은 체약국의 2/3가 수락한 2005년 10월 2일부터 발효되었다.

2.2.1 국제식물보호협약(IPPC)의 1997년 개정내용

1997년에 개정된 IPPC는 국제기준을 개발, 채택하기 위한 방법을 마련하고, WTO-SPS 협정문과 용어 및 개념을 일치시킴으로서 기존의 협약을 갱신하고 강화하였다. 또한 용어를 대폭 강화하고 정확한 의미를 부여하였으며, 유럽공동체(European Community)가 서명국이 될 수 있는 방안을 마련하였다. 한편 식물위생조치위원회(Commission on Phytosanitary Measures)를 구성하고, IPPC 사무국 설치 및 IPPC의 국제기준 설정 의무를 인정하였으며, 각 회원국들에게 공식 연락처를 제공하도록 요구하였다. 또한 병해충위험분석(Pest Risk Analysis; PRA)이 기술적으로 타당한 조치의 기반이라는 점을 인정하고, 식물검역증명서의 양식을 개선하였다. 그밖에도 전자증명서의 사용 가능성 제시, 분쟁해결 방법 개선, 정보공유 증진, 규제비검역병해충의 개념을 도입하였으며, 다른 국제협정문과의 관계를 규정하고 위험분석, 예찰, 정보공유 의무를 명확히 규정하도록 개정되었다.

2.2.2 핵심 원칙

IPPC 협약에는 기본 원칙에 대한 별도의 조항이 마련되어 있지 않다. 하지만 IPPC에서 제정한 첫 번째 국제기준(ISPM No.1, 2011)에는 체약국들이 식물위생조치를 적용함에 있어 준수해야 할 원칙들이 제시되어 있다. 여기에는 필요성(Necessity, 규제조치는 식물위생의 측면에서 필요한 경우에 한해서만 적용되어야 함), 기술적 정당성(Technical Justification, 식물위생

조치는 건실한 과학에 기반 하여야 함), 투명성(Transparency, 식물위생조치는 즉시 공표되어야 하며, 요청 시 상대편에 근거를 제공하여야 함), 최소한의 영향(Minimal Impact, 식물위생조치는 위험성과 상응하여야 하며, 사람과 물품의 국제적 이동에 최소한의 장애만을 주어야 함), 비차별(Non-Discrimination, 기술적으로 타당하지 않는 한, 무역상대국 간의 차별, 국내 생산자들과의 차별 및 동일하거나 유사한 조건에 있는 무역상대국과 차별하지 않아야 함) 등이 있다.

2.2.3 IPPC의 조직 및 기능

IPPC의 운영기구는 식물위생조치위원회(Commission on Phytosanitary Measures; CPM)로서, 협약의 이행을 증진하는데 목적을 두고 있다. CPM은 식물보호를 위해 전 세계적으로 필요사항을 검토하고, 식물위생조치에 관한 국제기준(ISPMs)을 채택하며, 분쟁 해결을 위한 절차를 마련하는 한편, 식물위생 역량을 구축하기 위한 기술지원을 촉구하기 위해 매년 회의를 개최한다. CPM 회의의 각 세션에서는 자문, 행정사항의 처리 및 의사결정과 관련하여 의장단(Bureau)의 지휘를 받게 된다. CPM의 업무 프로그램에 필요한 기본적인 예산과 자원은 FAO의 예산과 체약국들의 기부 및 현물공여를 통해 충당된다.

IPPC 사무국의 임무는 CPM에서 결정된 사항을 이행하고, 식물검역 국제기준 개발에 중점을 둔 IPPC의 업무 프로그램의 조정, 공식적인 정보 교류, 역량 강화, 회원국들이 IPPC 협약과 ISPM을 이행하는데 필요한 식물위생 역량을 구축하도록 기술을 지원하는데 있다.

CPM에는 기준위원회(Standard Committee; SC)와 분쟁해결 보조기구(Subsidiary Body on Dispute Settlement; SBDS), 이렇게 두 개의 보조기구가 조직되어 있다(그림 2.1). SC는 국제기준 제정 절차를 총괄하고, 국제기준의 초안을 작성하는 기술위원(Technical Panel)와 전문가 작업단(Expert Working Group)을 지도 · 감독한다. SC는 7개의 FAO 지역에서 선출한 25명(아프리카, 아시아, 유럽, 라틴아메리카와 카리브 및 근동 지역에서 각 4명, 북미에서 2명, 남서태평양지역에서 3명)으로 구성된다.

SBDS는 IPPC의 해석이나 적용에 관해 체약국들 간에 발생하는 분쟁의 해소를 지원하기 위해 2005년에 설립되었다. IPPC의 분쟁해결 절차는 식물위생과 관련한 분쟁의 기술적 측면에 중점을 두고 있으며, WTO의 분쟁해결 절차와는 달리 구속력이 없다(즉, 회원국들에게 분쟁해결 절차에서 제시된 권고사항을 이행하도록 강요할 방법이 존재하지 않음). 그 동안 체약국들로부터 수많은 질의가 있었지만 아직까지 SBDS의 절차를 통해 분쟁이 해결된 사례는 없다.

전략기획 및 기술지원 그룹(Strategic Planning and Technical Assistance Group (SPTA)은 비공식 작업단으로서 업무 프로그램을 수립하고 우선순위를 검토하기 위해 매년 회의를 개최한다.

국가식물보호기구(NPPO)와 지역식물보호기구(RPPO)는 개별국가 및 지역 수준에서 IPPC의 목적을 달성하는데 있어서 중요한 파트너이다. IPPC에서는 체약국들에게 NPPO를 설립하고, 식물위생증명, 예찰, 화물의 검사 및 소독, 병해충위험분석, 위험지역의 보호를 이들의 의

그림 2.1 국제식물보호협약(IPPC)의 국제기준 제정 기구

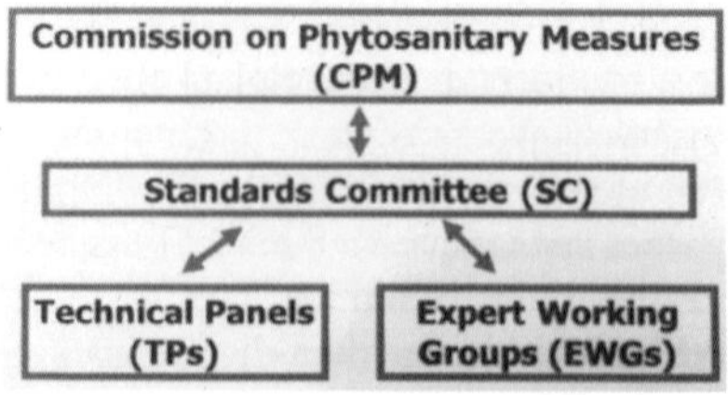

무로 명시하도록 요구하고 있다.

RPPO는 국제기준의 개발과 이행을 위해 IPPC 및 지역 내 국가들과 협력하여 IPPC의 목적을 달성할 수 있도록 NPPO들의 참여를 조정하는 정부 간 기구이다. 현재 RPPO에는 아시아태평양식물보호위원회(Asia and Pacific Plant Protection Commission; APPPC), 안데스공동체(Comunidad Andina; CA), 남미식물보호위원회(Comite de Sanidad Vegetal del Cono Sur; COSAVE), 카리브식물보호위원회(Caribbean Plant Protection Commission; CPPC), 유럽지중해식물보호기구(European and Mediterranean Plant Protection Organization; EPPO), 범아프리카식물위생평의회(Inter-African Phytosanitary Council; IAPSC), 북미식물보호기구(North American Plant Protection Organization; NAPPO), 중미식물보호기구(Organismo Internacional Regional de Sanidad Agropecuaria; OIRSA), 태평양식물보호기구(Pacific Plant Protection Organization; PPPO), 그리고 근동식물보호기구(Near East Plant Protection Organization; NEPPO), 이렇게 모두 10개가 있다. NEPPO는 2010년 10월 모로코 Rabat에서 처음 회의를 개최했는데, 여기에는 알제리, 이집트, 이라크, 요르단, 쿠웨이트, 리비아, 모로코, 오만, 파키스탄, 수단, 시리아, 튀니지, 예멘, 사이프러스, 레바논, 사우디아라비아 이렇게 16개 근동지역 국가들이 참여하였다.

2.2.4 규제활동에 있어서 국가식물보호기구(NPPO)의 역할

NPPO는 IPPC에서 요구하는 것 이외에도 식물위생과 관련된 무역장벽 해소, 농산물의 해외시장 진입에 영향을 주는 식물위생 현안에 대하여 무역 상대국과의 협상 등의 양자 및 다자간 의무를 갖으며, 특히 다음과 같은 활동에 참여하게 된다.

- IPPC와 WTO-SPS 협정문에 의거, 국가식물보호기구로서 외국산 농산물의 안전한 수입을 위한 위험경감 방안을 협상
- 식물위생과 관련된 무역장벽을 해결하기 위한 기술적 조건들을 협상하는 공식기관으로 활동
- 농산물에 대한 시장 접근, 확대 및 유지를 위한 협상

- 식물위생 현안에 대한 기관 간 협력을 주선하는데 필요한 기술자원 제공
- 수출증명을 위해 해외 수입국의 요건을 조사 · 수집 할 수 있도록 과학적인 데이터 시스템을 개발, 유지 및 사용

2.2.5 식물위생조치에 관한 국제기준(International Standards for Phytosanitary Measures; ISPMs)

식물위생조치에 관한 국제기준(ISPM)은 WTO-SPS 협정에 의거하여 WTO 회원국들이 취하는 식물위생조치의 기본으로 인정되는 기준이다. ISPM은 CPM을 통해 IPPC 체약국들이 채택하는데, 비체약국들도 이를 준수할 것이 권장된다. ISPM 자체는 구속력을 갖는 규정이 아니지만, 국가들이 자국의 법령 체제 하에서 식물위생조치로 도입하여 이행하게 된다. 국가들은 기술적으로 타당한 경우에 한해서 ISPM에서 제시된 것 보다 높은 보호 수준으로 식물위생 규정을 도입할 수 있다. 국가들이 도입하는 조치가 IPPC의 기준과 부합하는 경우에는 WTO-SPS 협정문의 의무사항을 충족하는 것으로 법률상의 추정을 받는다는 장점이 있다. 이러한 추정에 대해서 이의를 제기할 수도 있지만, 이의를 제기하는 쪽에서는 해당 조치가 기술적으로 타당하지 않으며 식물위생을 보호하는데 필요한 것 이상으로 무역 제한적이라는 점을 입증해야만 한다. 반대로 어떤 국가의 식물위생조치가 IPPC의 기준과 부합하지 않는 경우, 해당 국가는 자국의 조치가 기술적으로 정당하며 WTO-SPS 협정과 완전히 부합함을 입증해야 한다(Stanton 2007).

특히 병해충 관리시스템 및 규제와 관련된 의사결정이 국제무역에 중대한 영향을 미치는 경우, NPPO는 ISPM을 유용하게 사용할 수 있다. 2011년 현재 총 34개의 ISPM이 채택(표 2.1 참조)되었으며, 이보다 훨씬 더 많은 수가 준비 중에 있다. 채택된 국제기준은 절차 및 참고자료, 병해충 예찰, 수입 규제, 준수 절차, 병해충 관리, 외래 병해충에 대한 대응 및 수출증명의 범주로 구분할 수 있다(Hedley 2013). 식물위생용어집(ISPM No. 5)이나 규제병해충에 대한 식물위생 소독처리(ISPM No. 28)와 같은 기준은 정기적으로 갱신되고 있다. ISPM No. 28에는 현재까지 14개의 부속서가 딸려 있는데, 각각의 부속서에는 식물검역 소독처리 방법들이 제시되어 있다. 또한 IPPC에서는 회원국들이 ISPM을 이해하고 이행하는 것을 돕기 위한 설명서를 개발하는 작업에도 착수하여, 체약국 간 정보교환, LMO, 생물다양성에 대한 위협, IPPC의 공식적인 연락창구의 역할, 메칠브로마이드(methyl bromide)의 사용량 감축, 이렇게 5개의 권고사항을 채택하였다.

2008년 IPPC는 “식물위생조치로서 메칠브로마이드 사용의 대체 또는 감축(IPPC 2008a)”이라는 권고를 채택하였다. 메칠브로마이드는 해충, 선충, 잡초 및 병원체 방제에 광범위하게 사용할 수 있기 때문에 병해충 방제 소독처리용으로 널리 사용되어 왔다(10.3.2 참조). 1992년 코펜하겐에서 개정된 몬트리올 의정서(Montreal Protocol)에서는 메칠브로마이드를 오존층 파괴물질로 지정하고, 검역 및 선적 전 처리 목적으로 사용하는 경우를 제외하고는 단계적으로 사용을 중지하도록 하였다. IPPC 권고문의 전반적인 목적은 메칠브로마이드의 대기 방출

표 2.1 2012년 8월 현재 식물검역 관련 국제기준 및 채택 연도

ISPM no. 및 년도	제 목
ISPM 01:2006	Phytosanitary principles for the protection of plants and the application of phytosanitary measures in international trade (originally adopted 1993, revised 2006)
ISPM 02:2007	Framework for Pest Risk Analysis (adopted 1995, revised 2007)
ISPM 03:2005	Guidelines for the export, shipment, import and release of biological control agents and other beneficial organisms (originally adopted 1996, revised 2005)
ISPM 04:1995	Requirements for the establishment of pest free areas
ISPM 05	Glossary of phytosanitary terms (updated as needed) Supplement 1 (2012) - guidelines on the interpretation and application of the concept of official control for regulated pests Supplement 2 (2003) - guidelines on the understanding of potential economic importance and related terms including reference to environmental considerations Appendix 1 (2009) - terminology of the Convention on Biological Diversity in relation to the Glossary of phytosanitary terms
ISPM 06:1997	Guidelines for surveillance
ISPM 07:2011	Phytosanitary certification system (originally adopted 1997, revised 2011)
ISPM 08:1998	Determination of pest status in an area
ISPM 09:1998	Guidelines for pest eradication programmes
ISPM 10:1999	Requirements for the establishment of pest free places of production and pest free production sites
ISPM 11:2004	Pest risk analysis for quarantine pests, including analysis of environmental risks and living modified organisms (originally adopted 2001, with supplements integrated 2003 and 2004)
ISPM 12:2011	Phytosanitary certificates (originally adopted 2001, revised 2001 by CPM-6)
ISPM 13:2001	Guidelines for the notification of non-compliance and emergency action
ISPM 14:2002	The use of integrated measures in a systems approach for pest risk management
ISPM 15:2009	Regulation of wood packaging material in international trade (originally adopted 2002, revised 2009) Annex 1 (2006) - approved measures associated with wood packaging materials (methyl bromide fumigation schedule modified in 2006)
ISPM 16:2002	Regulated non-quarantine pests: concept and application
ISPM 17:2002	Pest reporting
ISPM 18:2003	Guidelines for the use of irradiation as a phytosanitary measure
ISPM 19:2003	Guidelines on lists of regulated pests
ISPM 20:2004	Guidelines for a phytosanitary import regulatory system
ISPM 21:2004	Pest risk analysis for regulated non-quarantine pests
ISPM 22:2005	Requirements for the establishment of areas of low pest prevalence

(계속)

표 2.1 (계속)

ISPM no. 및 년도	제 목
ISPM 23:2005	Guidelines for inspection
ISPM 24:2005	Guidelines for the determination and recognition of equivalence of phytosanitary measures
ISPM 25:2006	Consignments in transit
ISPM 26:2006	Establishment of pest free areas for fruit flies (Tephritidae) Appendix 1 (2011) - Fruit fly trapping
ISPM 27:2006	Diagnostic protocols for regulated pests DP 1:2010 - diagnostic protocol for *Thrips palmi* Karny DP 2:2012 - diagnostic protocol for Plum pox virus DP 3:2012 - diagnostic protocol for *Trogoderma granaium* Everts
ISPM 28:2007	Phytosanitary treatments for regulated pests PT 1:2009 - irradiation treatment for *Anastrepha ludens* PT 2:2009 - irradiation treatment for *Anastrepha obliqua* PT 3:2009 - irradiation treatment for *Anastrepha serpentina* PT 4:2009 - irradiation treatment for *Bactrocera jarvisi* PT 5:2009 - irradiation treatment for *Bactrocera tryoni* PT 6:2009 - irradiation treatment for *Cydia pomonella* PT 7:2009 - irradiation treatment for Family Tephritidae (generic) PT 8:2009 - irradiation treatment for *Rhagoletis pomonella* PT 9:2010 - irradiation treatment for *Conotrachelus nenuphar* PT 10:2010 - irradiation treatment for *Grapholita molesta* PT 11:2010 - irradiation treatment for *Grapholita molesta* under hypoxia PT 12:2011 - irradiation Treatment for *Cylas formicarius elegantulus* PT 13:2011 - irradiation Treatment for Euscepes postfasciatus PT 14:2011 - irradiation Treatment for Ceratitis capitata
ISPM 29:2007	Recognition of pest free areas and areas of low pest prevalence
ISPM 30:2008	Establishment of areas of low pest prevalence for fruit flies (Tephritidae)
ISPM 31:2008	Methodologies for sampling of consignments
ISPM 32:2009	Categorization of commodities according to their pest risk
ISPM 33:2010	Pest free potato (*Solanum* spp.) micropropagative material and minitubers for international trade
ISPM 34:2010	Design and operation of post-entry quarantine stations for plants
ISPM 35:2012	Systems approach for pest risk management of fruit flies (Tephritidae)
ISPM 36:2012	Integrated measures for plants for planting

을 감축하고, IPPC 회원국들에게 메칠브로마이드 사용 대체, 메칠브로마이드 사용 감축, 방출되는 메칠브로마이드의 물리적 감축, 사용된 메칠브로마이드의 정밀한 기록에 관한 국내 정책을 개발하도록 촉구하는데 있다(IPPC 2008b).

기본적인 식물위생절차에 관하여 채택된 ISPM은 다음과 같다.

- ISPM No. 1: 국제교역과 관련된 식물검역원칙
- ISPM No. 2: 병해충위험분석의 기본체계
- ISPM No. 5: 식물위생용어집
- ISPM No. 6: 병해충예찰지침
- ISPM No. 7: 수출증명시스템(개정 검토 중)
- ISPM No.12: 식물위생증명서 지침(개정 검토 중)
- ISPM No. 9: 병해충 박멸프로그램 지침
- ISPM No.11: 병해충위험분석 지침(위험평가에 관한 사항은 9장에 있음). 환경에 관한 검토에 대해서 3개의 부속서를 추가하도록 개정되었으며, 현재 검역병해충으로서의 식물에 관한 네 번째 부속서를 준비 중임
- ISPM No.15: 국제교역에 사용되는 목재포장재의 규제
- ISPM No.23: 검사 지침

2.2.6 식물위생조치에 관한 국제기준(ISPM)의 개발 절차

ISPM은 회원국들의 참여와 투명성이 보장된 여러 단계의 절차를 통해 개발된다. 회원국들은 개발해야 할 ISPM의 주제를 제출하고, 초안을 작성하기 위한 전문가를 지명하며, ISPM의 초안에 대한 의견을 제출하도록 권장된다. ISPM의 초안을 작성해서 최종 승인을 받기까지 사안의 우선순위, 복잡성, 회원국들 간 의견일치에 도달할 가능성, IPPC 사무국의 업무 부하량 등의 요인에 따라 2년 또는 그 이상의 기간이 소요되기도 한다. 최근 IPPC의 업무 프로그램에 다양한 단계로 개발 중에 있는 ISPM의 주제가 거의 100개에 달하고 있다.

ISPM을 개발하는 첫 번째 단계는 IPPC 사무국이 회원국들에게 식물위생을 증진하고 보다 공평한 무역환경을 조성하기 위해 도움이 될 만한 ISPM의 주제를 제출하도록 요청하는 것으로 시작된다. 주제를 제출하고자 하는 국가들은 국제기준 개발서 초안을 제출해야 한다. 통상적으로 IPPC 사무국은 2년마다 6월 중에 회원국들의 NPPO에 주제 제출을 요청하게 되는데, 제출된 주제에 대해서는 기준위원회(SC)에서 검토하여 우선순위를 정하게 된다.

다음 단계로, IPPC 사무국은 회원국들에게 ISPM 초안을 작성할 전문가 추천을 요청하게 된다. 기준위원회에서는 회원국들이 추천한 전문가 중 해당 사안에 대해 충분한 자격을 갖춘 자를 선정하여 초안 작성을 의뢰하며, 작성된 초안은 기준위원회에서 검토 후 승인을 받게 된다.

승인된 초안은 매년 3개월 동안(통상 6월에서 9월 사이) 회원국 의견수렴을 실시하는데, 최근에는 1년에 최대 5개의 초안이 상정되기도 하였다. 의견수렴기간이 종료되면 제시된 의견을 취합하여 기준위원회에서 검토하고, 적절한 경우 초안에 반영시킨다. 이렇게 마련된 초안은 회원국들에게 최종 의견수렴을 실시한 후, CPM에 상정하여 ISPM으로 채택하게 되는데, 여기서 채택되지 못한 기준은 기준위원회로 회부하여 국제기준 제정절차를 계속 실시할지 아니면 업무 프로그램에서 삭제할지의 여부를 결정하게 된다.

마지막으로 CPM에서 채택된 국제기준은 IPPC 사무국이 국제식물위생포털(International Phytosanitary Portal)에 게재하는데, 지금까지 채택된 모든 국제기준은 http://ippc.int/id/ ispm 에서 찾아볼 수 있다.

2.2.7 국제식물보호협약(IPPC)과 다른 국제협정과의 관계

IPPC는 WTO-SPS 협정, 생물다양성협약(Convention on Biological Diversity), 바이오안전성에 대한 카르타헤나 의정서(Cartagena Protocol on Biosafety) 등의 기타 국제 협정 및 조약과 보완적인 관계에 있거나 및/또는 소명이 중첩되는 경우도 있는데, 식물보호의 목적을 달성하기 위해 이들과 협조하고 있다(그림 2.2).

2.2.8 국제식물보호협약(IPPC)과 WTO-SPS 협정의 관계

SPS 협정에는 국가들이 국제무역에 직 · 간접적으로 영향을 줄 수 있는 위생 및 안전성 관련 기준을 제정 및 시행함에 있어 준수해야 할 조건들이 제시되어 있다. 이는 위생 및 식물위

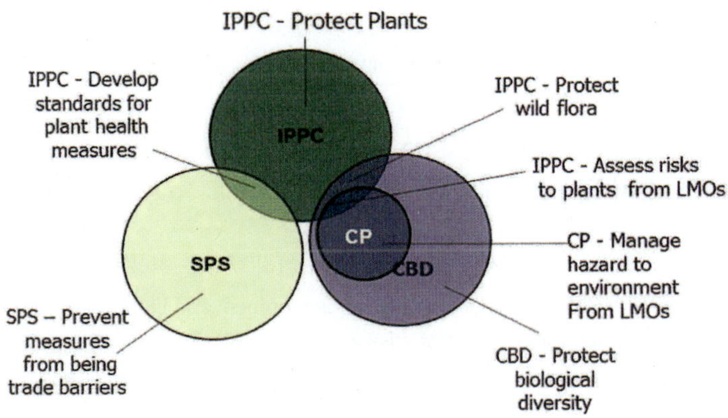

그림 2.2 국제식물보호협약(IPPC)과 다른 국제기구와의 관계

생 조치가 과학에 근거하고, 인간과 동·식물의 삶과 건강을 보호하는데 필요한 수준으로만 적용되도록 보장하여 무역에 위장된 제한을 가하지 못하도록 하기 위함이다. 위험평가(PRA)는 국가들이 취하는 모든 SPS 조치에 필수적으로 기본이 되어야 하고, 어떤 SPS 조치가 타당하고 필요한 것인지를 판정하는 기준이 된다. 어떤 속성의 위험성이 어느 정도로 인지되었는지를 명확히 규명하여 위험도에 상응하는 식물위생조치가 취해지도록 해야 한다. 또한 동일하거나 유사한 조건 하에 있는 국가들을 임의적으로 차별해서는 안 된다. SPS 조치를 도입하고자 할 경우 이를 교역 상대국들에 통보하고 제안된 법령안에 대해 의견을 수렴해야 한다. SPS 협정문에 제시된 주요 원칙에는 조화(Harmonization), 동등성(Equivalency), 위험평가(Risk Assessment), 해충 또는 병의 무발생 상태(Pest or Disease Free Status), 투명성(Transparency), 방제(Control), 검사 및 승인 절차(Inspection and Approval Procedure), 기술지원(Technical Assistance), 특별 및 차등 대우(Special and Differential Treatment), 협의(Consultation), 분쟁해결(Dispute Settlement), 행정(Administration) 및 이행(Implementation) 등이 있다(Stanton 2007).

IPPC와 WTO-SPS 협정의 관계는 이 장의 앞부분에서도 어느 정도 설명되었다. IPPC는 WTO-SPS 협정이 채택(1993)되기 이전인 1952년에 발효되었으며, 1997년 개정을 통해 WTO-SPS 협정과 용어 및 개념을 일치시키고, ISPM의 개발 및 채택 방법을 갖추게 되었다. IPPC 협약의 적용범위는 무역과 관련된 것뿐만 아니라 식물보호라는 광범위한 소명을 아우르고 있으며, WTO나 SPS 협정의 관할권 하에 있지 않다. 그러나 WTO-SPS 협정은 무역에 영향을 주는 ISPM의 개발에 관하여 IPPC에 중대한 영향력을 갖고 있다.

WTO-SPS 협정은 회원국들의 식물위생조치가 조화를 이루도록, 즉 국제기준에 기반할 것을 요구한다. WTO-SPS 협정에서 IPPC를 식물보호와 관련된 기준을 설정할 국제기구로 인정함에 따라 IPPC는 식물위생조치에 관한 국제기준을 개발해 오고 있다. WTO-SPS 협정에 명시된 많은 개념(필요성, 기술적 타당성, 투명성, 최소한의 영향, 비차별)들은 ISPM No. 1 국제무역과 관련된 식물검역원칙에서도 찾아 볼 수 있다. 또한 ISPM No. 2(병해충위험분석의 기본체계)나 ISPM No. 4(병해충무발생지역 설정을 위한 요건)처럼 기초적 성격을 갖는 많은 ISPM들은 WTO-SPS 협정과 연관이 되어 있는데, 이러한 예로는 위험평가에 기초한 식물위생조치(제5조), 병해충 무발생지역이나 저발생지역 개념의 인정(제6조)이 있다.

2.3 임시적 조치 및 사전예방주의 원칙

"사전예방(precaution)"이란 피해를 방지하기 위해 미리 행동을 취하는 개념을 말한다. 환경과 개발에 관한 리우 선언문(Rio Declaration on Environment and Development)(1992)에 제시된 사전예방적 접근방식에서는 완전한 과학적인 확실성이 없는 상태에서도 환경에 대한 위험성을 예방하기 위해 정부가 조치를 취하는 것을 허용하고 있다. SPS 협정이나 IPPC에서는 "*precaution*", "*precautionary approach*", "*precautionary principle*", "*precautionary measure*"라는 용어가 사용되고 있지는 않다. 하지만 SPS 협정의 서문과 제3.3조에는 회원국들이 자국의 적정보호수준(국제기준보다 더 높거나 신중할 수 있음)을 설정할 권리를 명백하게 인정하고 있으며, 회원국의 적정보호수준을 반영한 SPS 조치를 설계 및 이행함에 있어서 반드시 위험성에 대한 과학적 평가에 기초하도록 요구하고 있다. SPS 협정은 불확실성이 존재하는 경우, 특히 관련된 과학적 증거가 충분치 않을 경우, 무역을 촉진하기 위해 임시조치(*provisional measures*)를 사용(제5.7조)하도록 하고 있다. 또한 건강 보호와 관련하여 시급한 문제가 발생하는 경우 긴급조치(*emergency measure*)를 발동할 수 있게 되어 있다(부속서 B). IPPC 협약에서는 병해충 검출에 근거하여 긴급조치를 취한 경우, 이 조치가 타당한 것인지 가능한 신속히 평가하도록 규정하고 있다. ISPM No.13에서는 식물위생과 관련하여 새로운 또는 예상치 못한 상황이 발생한 경우 예비위험평가(preliminary PRA)에 근거하여 긴급조치를 취하도록 규정하고 있다(Griffin 2000).

WTO-SPS 협정에서는 임시조치를 취한 회원국들이 반드시 준수해야 할 엄격한 조건을 제시하고 있는데, 여기에는 위험도를 보다 객관적으로 평가하기 위해 필요한 추가정보를 탐색하고, 합리적인 기한 내에 취해진 조치를 재평가하는 것이 포함된다. WTO의 분쟁해결 절차에 회부될 경우, 임시조치를 도입한 회원국은 협정문 제5.7조에 제시된 조건을 충족하였음을 반드시 입증하여야 한다. SPS 협정문 제5.7조와 관련되어 WTO에 제기된 식물위생 관련 분쟁은 두 건(품종 및 사과)이 있었는데, 두 건 모두에서 패널은 임시조치를 취하기 위한 조건이 충족되지 않았다고 판정하였다. "합리적인 기한"은 개별 사안 별로 임시조치를 재검토하기 위해 추가정보를 확보하는 것이 얼마나 어려운지에 따라 정해지게 된다(Stanton 2007).

호르몬 관련 분쟁의 경우, EC측은 SPS 협정문 제5조의 위험평가 요건을 준수하지 않은 당위성으로 "사전예방주의 원칙(*precautionary principle*)"을 제시하였다. SPS 협정과 관련하여 WTO의 분쟁해결 패널에 제기된 최초의 분쟁 사례는 성장호르몬을 처리한 육류의 수입을 금지한 EC에 대해 미국과 캐나다가 불만을 제기한 것이었다. EC측은 "사전예방주의 원칙"이 국제법상 관행적이라는 점을 주장하며 수입금지조치를 옹호하였다. SPS 협정문의 제5.7조에서는 연관된 과학적 정보가 이용 불가능한 경우 회원국들이 임시조치를 도입하는 것을 허용하고 있지만, EC측은 자신들이 취한 수입금지조치가 제 5.7조에 의한 것이 아니며 임시조치가 아니라는 점을 명백히 하였다. 항소기구(Appellate Body)에서는 국제법상 "사전예방주의 원칙"에 관해 특정한 입장을 제시하지는 않았으나, 다만 정부가 신중한 관점에서 행위를 취할 수 있으며 "사전예방주의 원칙"자체가 SPS 협정의 조항(제5.1조 및 제5.2조)을 무효화하는 것은 아니라고 판정하였다(Stanton 2003) (사전예방주의 원칙과 관련하여 더 자세한 논의는 5장을 참조).

2.3.1 국제식물보호협약(IPPC)과 생물다양성협약(CBD)과의 관계

IPPC와 생물다양성협약(Convention on Biological Diversity; CBD) 사이에는 상당한 부분의 공통 영역이 존재하고 있다. CBD는 생물다양성을 보전하고, 특히 침입외래종(잡초 포함)으로부터 생태계, 서식처 및 종을 보호하기 위한 목적으로 1992년 채택되었다. IPPC에서 추구하는 식물보호의 영역에는 경작되는 식물에 직접적인 영향을 주는 병해충뿐만 아니라, 자연상태 식물군에 대한 보호 및 침입외래 식물이나 잡초같이 식물체에 간접적인 피해를 주는 생물체에까지 확장되어 있다.

1992년 이후로는 작업단을 통해서나, 국제기준 개정, 침입외래종과 식물병해충에 대한 조화로운 접근을 위한 IPPC와 CBD 간 공식협정을 통해 환경보호, 침입외래종 및 LMO에 관한 IPPC의 소명, CBD와 관련된 IPPC의 역할에 대해서 정리가 이루어졌다(IPPC 1999, 2003) (표 2.2 참조).

ISPM No.11의 부속서 1에서는 IPPC의 식물보호 범주에 해당되는 환경관련 위험성의 유형을 (1) 산림병해충(예: Dutch Elm Disease (*Ophiostoma novo-ulmi* (Brasier))의 경우와 같이 경작되지 않거나 관리되지 않는 식물에 직접적인 영향을 주는 병해충으로 인한 위험; (2) 경쟁 등을 통해 작물이나 자연계의 식물에 영향을 줄 수 있는 잡초(예: Purple Loosestrife (*Lythrum sallicaria* Linnaeus))처럼 식물에 간접적인 영향을 주는 병해충으로 인한 위험; (3) 유용생물의 기생체 같이 다른 생물체에 대한 영향을 통해 식물에 간접적인 영향을 주는 병해충으로 인한 위험으로 정의하고 있다. 또한 이 부속서 1에서는 무역에 위장된 장벽을 형성하지 않으면서 환경과 생물다양성을 보호하기 위해서 PRA를 통해 환경 및 생물다양성에 대한 위험성을 분석하도록 제시하고 있다.

표 2.2 환경 및 침입종, 생물다양성을 고려하여 개정된 국제식물보호협약의 국제기준(ISPM)[a]

ISPM 5 (2010)	Glossary of phytosanitary terms
	Supplement 2: 2002. Guidelines on the understanding of potential economic importance and related terms including reference to environmental considerations
	Appendix 1: 2009. Terminology of the convention on biological diversity in relation to the glossary of phytosanitary terms
ISPM 11 (2004)	
	Annex 1 of ISPM 11, Comments on the scope of the IPPC in regard to environmental risks
	Annex 2 of ISPM 11, Comments on the scope of the IPPC in regard to Pest Risk Analysis for living modified organisms
	Annex 3 of ISPM 11, Determining the potential for a living modified organism to be a pest
	Annex 4 of ISPM 11 currently under development, Pest Risk Analysis for intentionally imported plants as quarantine pests

[a]채택된 ISPMs는 IPPC 웹사이트(https://www.ippc.int/id/ispms)로부터 내려 받을 수 있음

2.3.2 국제식물보호협약(IPPC)과 카르타헤나의정서(Cartagena Protocol)와의 관계

생물다양성협약(CBD) 체약국들은 바이오안전성에 대한 카르타헤나의정서(Cartagena Protocol on Biosafety)라는 부속협정을 채택하여 2003년부터 시행하고 있다. 이 의정서의 목

적은 생명공학을 통해 생산되어, 생물다양성에 영향을 줄 수 있는 환경적 영향력을 가진 살아있는 유전자변형 생물체(LMO, 예: 즉시 소비 목적이 아닌 재식용 종자)와 연관된 위험성을 관리하는데 있다. 유럽연합과 유럽공동체 회원국들은 이 의정서를 비준한 반면, 미국은 생물다양성협약 체약국이 아니기 때문에 이 의정서에 서명할 수 없는 상황이다.

카르타헤나의정서에서는 회원국들이 LMO를 수입하기 전, 수입여부를 결정하는데 필요한 정보를 제공받을 수 있도록 사전통보합의(Advance Informed Agreement)에 의한 접근방식을 사용하고 있다. 또한 과학적 확실성이 완전히 확보되지 않은 경우 환경 파괴를 예방하기 위한 조치와 관련하여 사전예방적인 접근방식을 언급하고, 환경 및 개발에 관한 리우선언문(Rio Declaration on Environment and Development 1992) 제15원칙에 사용된 사전예방 관련 사항을 재확인하였다.

LMO와 연관된 위험성에 대한 IPPC의 적용범위 및 LMO에 대한 PRA에 관해서는 ISPM No.11의 부속서 2와 3에 제시되어 있다. ISPM No.11는 PRA에 관한 사항을 다루고 있는데, LMO에 대해서는 IPPC의 적용범위를 넘어선 위험도(즉, 인간과 동물의 건강 또는 환경에 관련된 것)에 대한 평가가 필요할 것이라고 부속서 2에 언급되어 있다. 부속서 3에서는 식물위생과 관련된 LMO의 잠재적 위험성 11가지(적응력의 변화로 인한 유입 및 확산 가능성의 증가, 유전자 이동(gene flow)이나 유전자 도입(gene transfer)의 부작용, 비표적 생물체에 대한 부작용, 유전자형과 표현형의 불안정성 등)와 위험평가 시 추가로 검토되어야 할 사항(PRA 대상지역과 유사한 환경에서 LMO의 행동양식에 대한 자료가 충분치 못한 점 등), 어떤 LMO가 잠재적인 병해충이 아닌 것으로 결론내리기 위한 요건(시험연구를 통한 경험 또는 다른 국가에서의 경험 등)이 제시되어 있다.

2.3.3 국제식물보호협약(IPPC)과 세계식량농업기구(FAO)와의 관계

IPPC는 1951년 채택된 후 UN의 세계식량농업기구(FAO)의 장에게 기탁되었다. FAO는 UN 산하에서 농업, 임업, 수산업 및 농촌 개발과 관련된 업무를 주도하는 기관으로서, 농업 개발, 영양상태 개선 및 식량안보 증진을 통해 빈곤과 기아를 해소하기 위해 일하고 있다. Plant Protection Service는 FAO의 농업부에 속해 있다. FAO는 IPPC 사무국(Plant Protection Service를 통해서)과 일부 예산지원, 법률자문, 기술지원 사업에 대한 보조 및 사무실 공간과 회의 서비스를 제공하고 있다. 반대로 IPPC 사무국은 식물위생역량을 평가하기 위해 개도국들과 공조, 식물보호 인프라 강화 및 전략기획 수립을 위한 지원, 법률 현행화, 비상프로그램 개발 등을 통해 FAO의 기술협력 사업 및 FAO가 주관하는 프로젝트를 지원하고 있다.

또한 IPPC는 "필요 시" FAO의 다른 프로그램과 협조하고 있는데, 이러한 예로는 FAO 산림 가이드라인과의 공조, FAO의 소독처리 매뉴얼의 재검토 및 개정을 위한 공조 등을 들 수 있다.

그림 2.3 이탈리아 로마에서 회의에 참석 중인 국제식물보호협약(IPPC) 회원국 대표단

2.4 전망

IPPC 사무국과 CPM은 식물위생조치의 조화를 이루고 국제기준을 개발하는데 있어서 중요한 역할을 담당해 왔으며, 국제적 수준에서 식물위생시스템을 개선해 나가는데 있어서 식물위생 관련 커뮤니티의 참여를 지속적으로 증진시켜 왔다(그림 2.3).

국제기준 제정 절차가 마련됨에 따라 채택 및 제안되는 기준의 수도 늘어나는 동시에 환경 및 생물안보 현안에 있어서 IPPC와의 연관성과 상호 협조적 정보교환의 중요성에 대한 인식이 제고되어 왔다.

회원국들은 개도국들이 IPPC의 국제기준 제정 절차와 작업단 회의에 온전히 참여하고, 개도국들의 식물위생역량 향상을 위한 기술지원 프로그램을 늘리기 위해서는 식물위생 커뮤니티 이외에서 ISPM에 대한 인식이 향상되어야 할 필요가 있을 것으로 생각하고 있다. 하지만 현재 IPPC의 여건 상 연간 업무 프로그램을 온전히 이행하고 영역을 확장해 나가는 데 만성적인 자원부족(인력 및 예산)으로 제한을 받고 있다.

참고문헌

Berg GH (1991) Plant quarantine, theory and practice. Oganismo Internacional Regional de Sanidad Agripecuaria (OIRSA), San Salvador

FAO (1979) International plant protection convention. FAO, Rome

Griffin RL (2000) The precautionary approach and phytosanitary measures (Unpublished)

Hedley J (2013) IPPC. Framework for standards, recommendations and procedures of the commission on phytosanitary measures. FAO, Rome

IPPC (1997) International plant protection convention (New revised text). FAO, Rome

IPPC (1999) Open-ended working group on phytosanitary aspects of GMOs, biosafety, and invasive species (CPM2). FAO, Rome

IPPC (2003) Workshop on invasive alien species and the IPPC (Brauschweig). FAO, Rome

IPPC (2008a) CPM recommendation CPM-3/2008- replacement or reduction of the use of methyl bromide as a phytosanitary measure. FAO, Rome

IPPC (2008b) Proposal by Canada in relation to the draft ISPM on the replacement or reduction of methyl bromide as a phytosanitary measure, CPM 2008/INF/21. FAO, Rome

ISPM (2011) 1, Phytosanitary principles for the protection of plants and the application of phytosanitary measures in international trade

MacLeod A, Pautasso M, Jeger MJ, Haines-Young R (2010) Evolution of the international regulation of plant pests and challenges for the future. Food Security 2:49-70, Springer

Stanton G (2003) The WTO dispute settlement framework and operation. In: Anderson et al. The economics of quarantine and the SPS agreement, pp 56-61

Stanton G (2007) The IPPC and the SPS agreement. Michigan State University, Institute for Food Laws and Regulation, pp 4-7

WTO (1994) Agreement on the application of sanitary and phytosanitary measures SPS committee (G/SPS/7 Rev 1). WTO, Geneva

제3장 중국의 국내 규제 체계 및 침입외래종
Domestic Regulatory Framework and Invasive Alien Species in China

Zhi-Hong Li, Shui-Fang Zhu and Fang-Hao Wan
번역: 이종호(농림축산검역본부)

편집자 주: 중국은 과거 15년 동안 국제 농업 통상 분야에서 중요한 국가가 되었다. 중국의 식물검역과 관련한 활동은 국제적인 농산물 교역과 여행 증가에도 불구하고 널리 알려지지 않았다. 그러나 중국은 국제적인 식물의 생물안보 분야에서 해야 할 중요한 역할을 하고 있다. 이 장에서는 중국의 식물 생물안보와 관련한 핵심적인 요소 및 관료적 시스템 내에서 이루어지는 국내 규제활동에 대하여 소개한다. 각국은 자국의 고유한 여건에 근거하여 자체적인 국내 프로그램을 구축해야만 한다. 이러한 프로그램의 구조 및 집행은 국가마다 매우 다양할 수 있다. 모든 국내 프로그램의 규제 담당 공무원은 해당 교역 상대국의 규제프로그램에 대한 복잡성을 이해하고 평가할 수 있어야 하며, 침입외래종에 대한 관리방법을 개선하기 위해 상호 협력하여야만 한다.

Z.-H. Li (✉)
Colleage of Agriculture and Biotechnology, China Agricultural University,
Beijing 100193, P. R. China
e-mail: lizh.ento@263.net

S.-F. Zhu
Institute of Animal and Plant Quarantine, Chinese Academy of Inspection and Quarantine,
Beijing 100029, P. R. China

F.-H. Wan
State Key Laboratory for Biology of Plant Diseases and Insect Pests, Institute of Plant
Protection, Chinese Academy of Agricultural Sciences, Beijing 100193, P. R. China

3.1 공적 방제: 규정 및 담당조직

3.1.1 서론

식물 병해충을 방제하기 위한 법적 수단이 처음으로 사용된 것은 1660년이었다. 그 당시 프랑스 레옹 정부(Leon, France)는 밀 줄기녹병(*Puccinia graminis* Pers.)을 방지하기 위하여 매자나무(barberry)의 박멸을 시도하였다(Xia 2002; Li 등 2004; Xu 2008). 중국의 식물검역은 1916년에 Bingwen Zou 박사에 의해 처음으로 제안되었는데, Zou 박사는 중국에서 식물병리학을 창시한 선구자이기도 하다(Chen & Huang 1992). Zou 박사는 식물검역의 중요성을 설파하면서 식물 병의 관리를 위한 네 가지 요소, 즉 '배제(exclusion), 박멸(eradication), 보호(protection) 및 면역(immunization)'을 강조하였다(Chen & Huang 1992). 1927년부터 1929년 사이에 Fengmei Zhu 박사에 의해 "식물검역(Plant Quarantine)"이라는 학술지가 3개 분야로 나누어 출판되었다(Chen & Huang 1992). 이 학술지는 식물검역의 중요성과 기본적인 방법을 강조하였다. Zhu 박사는 식물 병해충의 유입을 방지하고 국내 농업 및 임업을 보호하기 위해 수입검역이 필요하다는 것을 강조하였다. 그는 또한 수출검역이 해외 소비자의 신뢰를 증진시키고 국제적인 교역을 증가시킬 것이라는 것을 강조하였다. 이러한 종합적인 접근이 중국 식물검역의 과학적인 기반이 되었다. 1928년 12월 중국 농업광물부(Ministry of Agriculture and Minerals)는 목화다래나방(*Pectinophora gossypiella* (Saunders))이 중국에 정착하는 것을 방지하기 위하여 '농산물검사규정(Regulation for Agricultural Products Inspection)'을 공표하였는데, 이는 중국 식물검역에 있어 최초의 공식적인 규정이었다(Chen & Huang 1992). 1928년에 농산물검사소(Agricultural Products Inspection Services)가 상하이(Shanghai), 광저우(Guangzhou) 및 톈진(Tianjin)에 설립되었다. 검사소는 목화의 수입검역은 물론 영국과 미국으로 수출되는 식물성 산물의 수출검역을 주로 담당하였다.

"식물검역(Plant Quarantine)"은 검역병해충의 중국내 유입 및/또는 확산을 방지하기 위한 활동이다. 중국에서 식물검역 및 침입종 관리를 위한 활동은 지난 80년 동안 발전되어 왔다. 3개의 정부 부처와 산하 기관들이 식물검역규정을 이행하는 책임을 맡고 있다(아래 참조)

3.1.2 법적 체계

국가 법령, 국제협약 및 양자 · 다자간 협정이 중국의 식물검역과 관련한 법적 체계를 구성하고 있다. 국가 법령 중에 "중화인민공화국 수출입 동식물 검역법(Law of the People's Republic of China on the Entry and Exit Animal and Plant Quarantine)"에 따른 검역병해충 목록이 국내외 식물위생활동에서 가장 중요한 역할을 차지한다. 국제연합 식량농업기구(FAO) 및 세계무역기구(WTO) 회원국인 중국은 국제적인 협약과 관련하여 국제식물보호협약(IPPC), 위생 및 식물위생조치의 적용에 관한 협정(SPS) 및 무역기술장벽에 관한 협정(Technical Barriers to Trade; TBT)의 원칙을 따르고 있다(2장 및 9장 참조). 지난 10년 동안, 중국은 세계무역기구 회원국으로서 위생 및 식물위생(SPS) 그리고 무역기술장벽(TBT) 조치와 관련하여 600건 이상의 양자 또는 다자간 협정을 이행하고 있다.

"중화인민공화국 수출입 동식물검역법"은 1992년에 발효되었다. 현재 이 법은 총 8장으로 구성되는데, "총칙(General Provisions)", "수입검역(Entry Quarantine)", "수출검역(Exit Quarantine)", "경유검역(Transit Quarantine)", "휴대 · 우편물 검역(Quarantine of Material Carried by Passengers or by Post)", "운송수단 검역(Quarantine of Means of Transport)", "법적 책임(Legal Responsibility)"및 "보칙(Supplementary Provisions)"으로 이루어져 있다. 총칙에서 이 법은 감염 또는 기생성 동물 질병, 식물에 해로운 병, 곤충 및 잡초, 기타 해로운 생물체가 중국 내외로 확산되는 것을 예방하기 위한 것을 목적으로 한다고 밝히고 있다. 또한 이 법은 작물 생산, 임업, 축산업, 어업 및 국민의 건강을 보호하고, 외국과의 경제적 관계 및 무역을 증진하는 것을 목적으로 한다. 이러한 법을 효과적으로 이행하기 위하여 "중화인민공화국 수출입 동식물 검역법 시행규칙(Regulations for the Implementation of the Law of the People's Republic of China on the Entry and Exit Animal and Plant Quarantine)"이 1997년에 발효되었다. 이 시행규칙에는 수출입 및 경유 검역의 허가, 휴대 및 우편물 검역, 운송수단 검역 및 검역검사 감독(Quarantine Inspection Supervision)에 대한 것들이 자세히 규정되어 있다.

"식물검역규칙(Regulations on Plant Quarantine)"은 1983년에 중국 국무원(State Council)에서 제정되어 1992년에 개정되었다. 이 규칙은 24개의 조항으로 구성되어 있으며, 국무원 산하의 농업 및 임업국(Agriculture and Forestry Department)이 중국 전역의 식물검역을 담당한다는 것을 밝히고 있다. 성(Province), 자치구(Autonomous) 및 시(Municipalities)의 농업 및 임업국은 각 지역에서의 식물검역 업무를 총괄한다. 각 성, 자치 구, 시의 농업 및 임업국은 자체적인 검역병해충 목록을 개발하기도 한다. 수입된 종자, 묘목 및 기타 번식용 식물은 격리된 시설에서 격리재배 되어야만 한다. 격리재배를 통한 관찰, 실험을 통해 검역병해충이 없다는 것이 증명된 이후에만 재식용으로 허가된다.

중국은 3가지의 국가 검역병해충 목록을 보유하고 있다. 이 목록은 주기적으로 개정되고 검역관들이 이용한다. 모든 목록은 FAO, WTO 및 관련된 국제기구의 모든 회원국들에게 회람된다. 각 목록의 분류군별 검역병해충 종수는 표 3.1과 같다.

표 3.1

중국의 목록	년도	전체 병해충	병원균	곤충 및 달팽이	잡초
수입검역병해충	2007	435	242	152	41
농업검역병해충	2009	29	17	9	3
임업검역병해충	2008	21	7	13	1

3.1.3 AQSIQ, MOA, SFA 및 산하 기관

중국의 식물검역은 국무원 산하에 1개의 부와 2개의 외청으로 구성된다. 국가질량감독검험검역총국(General Administration of Quality Supervision, Inspection and Quarantine of the PRC; AQSIQ)과 그 산하 조직이 전국 공·항만에서의 식물검역을 담당한다. 농업부(Ministry of Agriculture; MOA)와 국가임업국(State Forestry Administrations; SFA) 및 산하 조직은 국내 농산물 및 임산물의 식물검역을 각각 담당한다.

국가질량감독검험검역총국(AQSIQ)은 생산물의 품질, 도량 표준, 수출입 상품 검사, 수출입 위생 검역, 수출입 동식물 검역, 수출입 식품안전, 증명 및 허가, 표준화를 감시함은 물론 관리감독을 담당한다(http://english.aqsiq.gov.cn/). 국가질량감독검험검역총국(AQSIQ)은 동식물검역국(Department of Supervision on Animal and Plant Quarantine)을 포함하여 총 19개의 부서로 구성된다. 동식물검역국의 임무는 다음과 같다; (1) 수출입 동식물과 관련된 연구 및 규정 제정, (2) 금지 동식물 연구 및 목록 작성, (3) 수출입 동식물 및 그 산물의 검사, 검역 및 감독체계 구축, (4) 수출입 유전자변형생물체(GMOs) 및 그 산물의 검사 및 검역 집행, (5) 중국 밖에서의 동식물 전염병에 관한 정보 수집, 위험평가 및 비상경계조치를 이행하기 위한 조직화, (6) 수출입 동식물 검사 및 검역의 등록 및 승인 집행. 국가질량감독검험검역총국(AQSIQ)은 중국의 각 성, 자치구 및 시에 35개의 수출입 검험검역국(Entry-Exit Inspection and Quarantine Bureaus; CIQs)을 두고 있으며, 약 300개의 지국(branches)과 200개 이상의 지역사무소(local offices)를 가지고 있다. 국가질량감독검험검역총국(AQSIQ)에는 30,000명 이상의 직원이 있으며, 해상 및 육상 반입항 및 공항에 있는 상품분배소(commodity distribution centres)에서 임무를 수행하고 있다. 중국의 WTO/TBT 및 WTO/SPS 관련 연락창구(National Enquiry Points)도 국가질량감독검험검역총국(AQSIQ) 내에 있다.

중국농업부(MOA)는 국내 농업 및 지방 경제 발전을 담당한다. 농업부는 11개 사(司, Department), 6개 국(局, Bureau) 및 국제연합 식량농업기구 대표부를 포함하고 있다(http://english.argi.gov.cn). 작물경작관리사(Department of Crop Farming Administration; DCFA)는 국내 농산물의 검역을 담당한다. 작물경작관리사(DCFA)의 주요 기능은 다음을 포함한다: (1) 식물검역 관리, (2) 식물검역과 관련한 법령, 규정 및 관련 기준의 제정과 이행, (3) 국제식물보호협약(IPPC) 이행, (4) 식물검역에 대한 정부 간 합의문 제정 및 협상, (5) 금지식물의 지정 및 회람. 각 성(Province), 자지구 및 시에 소속된 식물보호 및/또는 검역소(station)에서는 지역적인 농산물 검역과 관련한 업무를 담당한다.

국가임업국(SFA)은 국가적인 산림 및 산림 경제 발전을 담당한다. 임업국은 8개 사(司, Department)와 1개 국(局, Bureau)으로 구성된다(http://english.forestry.gov.cn/). 산림녹화사(Department of Afforestation and Greening; Office the National Afforestation and Greening Committee)가 국내 산림의 식물검역을 담당한다. 산림녹화사의 기능은 7가지이다: 즉, (1) 종묘 및 종자의 품질관리, 산림녹화, 국가 종자 및 산림사업 관리, (2) 수목 및 초본 식재와 같은 생물학적인 방법을 통한 수분고갈 및 토양침식 방지사업, (3) 다양한 종류의 공유림 및 사유림 경작 감시, (4) 산림 병해충 방제, 식물검역 및 발생예측의 지도 및 조직화, (5) 국가적인 나무

심기 및 도농 녹화사업 지도 감독, (6) 기후변화에 대응하기 위한 산림 분야에서의 정책 및 규정 제정, 이행 감독, (7) 국가산림녹화위원회(National Afforestation Committee)에서 부여한 기타 업무 수행. 각 성, 자치구 및 시의 산림보호소(station)에서는 산림의 식물검역과 관련된 업무를 담당한다.

중국 환경보호부(Ministry of Environmental Protection; MEP)는 생물다양성 및 침입종 관리와 관련하여 환경보호를 담당한다(http://english.mep.gov.cn/). 환경보호부는 생태계 보전 및 생물종 관리를 지도, 조정하고 감독한다. 생물다양성 보전을 위한 조직화 및 업무 조정을 담당한다. 환경보호부의 자연생태사(Department of Nature and Ecology Conservation)는 생물다양성 및 국가 생물안전관리를 담당하는 부서이다.

3.1.4 요약

중국은 식물검역분야에 있어서 80년 이상의 경험을 갖고 있다. 중국 정부는 중화인민공화국 개국 이후부터 언제나 농업 발전을 최우선시 하고 있다. 원예 및 식물성 상품의 국제적인 교역 증대와 함께 중국은 식물의 생물안보에 대해 이전보다 더 높은 관심을 두고 있다. 이러한 우선순위는 침입종과 관련된 식물검역의 관리에 두고 있다. 중국의 3단계 법체계에 근거하여, 중국과 다른 WTO 및 FAO 회원국들과의 국제적인 협력 및 AQSIQ, MOA, SFA 및 MEP간의 국내적인 협력을 통해 식물의 생물안보 관리는 좀 더 투명하고 조화로운 성과를 내고 있다.

3.2 기술지원: 학술원 및 대학교

3.2.1 서론

식물검역과 침임종 관리는 기술적인 지원에 바탕을 두어야만 하는데, 특히 병해충 위험평가, 검사 및 동정, 박멸 및 소독처리, 감시 및 모니터링에 있어서는 더 그러하다. 중국에서는 최소한 3개의 학술원과 50개 이상의 대학이 식물의 생물안보와 관련한 기술을 연구하며, 학생들을 가르치고 있다. 이러한 연구기관 중에서 주목할 만한 것은 중국검험검역과학원(Academy of Inspection and Quarantine; CAIQ), 중국농업과학원(Academy of Agricultural Sciences; CAAS), 중국임업과학원(Academy of Forestry; CAF), 중국농업대학교(China Agricultural University; CAU), 저장대학교(Zhejiang University; ZU), 난징농업대학교(Nanjing Agricultural University; NAU), 베이징임업대학교(Beijing Forestry University; BFU) 등이다. 식물검역 및 침입종 관리를 위한 기술지원 및 전문교육은 이들 연구기관에서 제공되고 있다.

3.2.2 검험검역과학원(CAIQ), 농업과학원(CAAS), 임업과학원(CAF)

중국검험검역과학원(CAIQ)은 국가과학연구단의 일원이다. CAIQ는 국무원의 승인으로 2004년에 설립되었다. CAIQ는 이전 2개의 연구소를 기반으로 만들어졌는데, 중국 수출입상품검험기술원(Import and Export Commodity Inspection Technology Institute)과 국가질량감독검험검역총국(AQSIQ)의 동식물검역원(Animal and Plant Quarantine Institute)을 통합하여 만들어졌다. CAIQ는 검역검사와 관련한 과학기술 개발과 이와 관련된 기초・응용과학은 물

표 3.2 중국검험검역과학원(CAIQ)의 연구소 및 연구센터

연구소/센터	약어	임무
식품안전연구소 (Institute of Food Safety)	IFS	유해성분 분석 및 대사기작, 종 동정 및 유전자변형생물(GMO) 안전, 식품안전 정보 및 기술 지원
식물검역연구소 (Institute of Plant Quarantine)	IPQ	식물 병원성 미생물 및 검역병해충의 조기경보 및 비상대응, 역학조사
동물검역연구소 (Institute of Animal Quarantine)	IAQ	동물병원성 질병 및 역학조사
위생검역연구소 (Institite of Health Quarantine)	IHQ	외래 감염성 질병, 공항만 안전, 병원성 미생물
공산품 및 소비재 안전연구소 (Institute of Industrial and Consumer Product Safety)	IICPS	경공업제품, 완구 및 섬유재품에 대한 안전 및 품질관리
화학안전연구소 (Institute of Chemical Safety)	ICS	일상생활용 화학제품의 안전 및 품질관리
기계 및 전자제품 안전연구소 (Institute of Mechanical and Electrical Products Safety)	IMEPS	전기전자 제품의 안전 및 품질관리
장비기술연구소 (Institute of Equipment Technology)	IET	검역소독 및 장비, 현장 검사 장비 및 검역 기술
담배 안전 및 방제연구소 (Institute of Tobacco Safety and Control)	ITSC	담배 제품의 안전 및 품질 관리
식품위해관리 및 적용연구소 (Institute of Food Risk Management and Application)	IFRMA	식품안전 위험관리 정책 및 기술적 기준
검험검역전략연구소 (Institute of Strategy for Inspection and Quarantine)	ISIQ	종합적, 미래지향적 기초과학 이론, 전략 개발 및 관련된 장기적 기작
농산물안전연구소 (Agro-product Safety Research Centre)	ASRC	농산물 안전 및 품질관리
검험검역자료센타 (Data Centre of Inspection and Quarantine)	DC	검역・검사관련 정보 수집 및 분석
농업과학원시험소 (CAIQ Test Centre)	TEST	국제품질인증기준(ISO/IEC17025)에 따른 인증기관의 검역・검사 시험

론 사회과학(soft science)적인 연구를 담당한다. 시급하고 기본적인 과학적인 문제를 해결하는데 집중한다. CAIQ는 또한 정부의 검역·검사에 관한 정책을 결정하는데 기술적인 지원을 제공하고 있다. 11개 연구소와 3개 센터가 소속되어 있다(표 3.2)

중국의 CAIQ 내에는 최소한 35개 이상의 기술센터가 있다. 이들 가운데 식물검역연구소(Institute of Plant Quarantine)와 장비기술연구소(Institute of Equipment Technology)가 식물검역과 침입종 관리를 위해 중요한 기술적인 지원을 담당한다. "식물검역(Plant Quarantine)" 학술지(1979년 창간)가 CAIQ에서 발간되고 있다. "식물검역(Plant Quarantine)"에서 발표되는 논문들은 수출입 검역 및 국내 농업과 임업의 식물검역 현안과 관련된 새로운 보고 및 연구개발을 포함하고 있다.

CAAS(중국농업과학원)는 1957년에 설립되었다. 국립농업연구기관으로서 농업부에 직속되어 있다. CAAS는 과학기술분야에 있어서 국가적인 농업, 지역개발 및 농업인의 능력개발을 전략적인 목표로 하고 있다(http://www.caas.net.cn/engforcaas/index.htm). CAAS는 국가 및 지역적으로 중요한 과학적인 문제를 해결하기 위한 전략적이고 응용적인 연구에 집중한다. CAAS는 17개 성, 자치구 및 시에 위치한 38개의 연구소를 갖고 있다. 식물보호원(Institute of Plant Protection; IPP)이 침입종 관리, 특히 최근에 침입한 종과 관련한 중요한 기술적 지원을 담당한다(http://www.ippcass.cn/ippc/ippcass_e/ippcass_e.htm). IPP의 임무는 식물 병해충 및 농약과 관련된 이론적이며 경제적으로 중요한 문제를 해결하기 위한 연구·규명이다. 중국식물보호학회(Chinese Society of Plant Protection)는 IPP를 책임지고 있으며, 증가하는 식물의 생물안보 필요성을 반영하여 생물침입소위원회(Sub-society of Biology Invasion)를 2009년에 설립하였다.

임업과학원(CAF; 1958년 설립)은 국립연구기관으로 국가임업국(SAF)의 직속기관이며, 이전의 중앙임업연구소(Central Research Institute of Forestry; 1953년 설립)를 토대로 이루어졌다. 임업과학원은 29개의 연구소, 센터 및 조직을 포함하며, 18개 성, 자치 주 및 시에 위치한다. 이들 연구소 중에 산림생태·환경 및 보호 연구소(Research Institute of Forest Ecology, Environment and Protection; RIFEEP)가 산림식물의 생물안보와 관련한 연구를 수행한다. RIFEEP는 산림검역관련 기술적인 지원을 담당하고 근래에는 침입외래종 관리에 집중하고 있다(http://www.ifeep.cn/).

3.2.3 식물보호 및 임학 관련 고등교육

중국의 농업과 관련한 고등교육은 1905년으로 거슬러 올라간다. 식물보호 분야는 지속적인 발전을 위한 기본이며, 중요한 고등교육 분야로 여겨지고 있다. 식물보호와 임업은 학부 및 대학원 수준에서 식물의 생물안보와 밀접한 관련을 가지고 있다. 식물의 생물안보 및 사회적인 요구를 받아들여, 식물검역 및 침입병해충 관리는 이제 중국의 고등교육에서 보다 더 많은 관심의 대상이 되고 있다. 식물보호와 임학을 가르치고 있는 대부분의 대학은 학부 및/또는 대학원 과정에서 식물검역 및 침입병해충 관리를 중요하게 다루고 있다.

표 3.3 중국 일류 대학의 식물의 생물안보와 관련된 2010년 학과 및 전공

대학교	프로젝트 211 지원	프로젝트 985 지원	학부과정	석사과정	박사과정
중국농업대학 (China Agricultural University)	지원	지원	식물보호학	식물병리학 농업곤충학 및 해충방제론 농약학 (식물검역 중심의) 식물검역학 및 농업생태보호론	식물병리학 농업곤충학 및 해충방제론 농약학 (병해충위험분석, 분류동정, 소독처리 중심의)식물검역학 및 농업생태보호론
저장(浙江)대학 (Zhejiang University)	지원	지원	식물보호학	식물병리학 (생물안보 및 관리 중심의) 농업곤충학 및 해충방제론 농약학	(식물검역, 침입생물학 중심의) 식물병리학 (식물검역, 침입생물학 중심의) 농업곤충학 및 해충방제론 농약학
서북(西北)농림과기대학 (Northwest Agricultural and Forest University)	지원	지원	식물보호학 임학	식물병리학 농업곤충학 및 해충방제론 농약학 식물보호자원이용론 병해충관리생태공학 산림보호학	식물병리학 농업곤충학 및 해충방제론 농약학 식물보호자원이용론 병해충관리생태공학 산림보호학
쑨얏센(中山)대학 (Sun Yat-Sen University)	지원	지원	생물과학	(생물 침입 및 방제 중심의) 농업곤충학 및 해충방제론	농업곤충학 및 해충방제론
상하이교퉁(上海交通)대학 (Shanghai Jiaotong University)	지원	지원	식물생물공학	식물병리학 농약학	미정
란저우(蘭州)대학 (Lanzhou University)	지원	지원	초본식물학	식물병리학	미정

(계속)

지린(吉林)대학 (Jilin University)	지원	지원	식물보호학	식물 병리학 농업 곤충학 및 해충 방제 농약학	미정
난징(南京)농업대학 (Nanjing Agricultural University)	지원	미지원	식물보호학	(식물검역 및 침입생물학 중심의) 식물 병리학 (침입생물학 및 생물적 방제 중심의) 농업곤충학 및 해충방제론 농약학	식물병리학 농업곤충학 및 해충방제론 농약학 (외래침입병원균의 검역 및 방제, 외래침입종의 위험평가, 외래해충의 침입생태학, 외래해충의 방제, 외래병원균 방제, GMO 검사 및 안전성 평가 중심의) 식물검역학 및 생물안보학
화중(華中)농업대학 (Huazhong Agricultural University)	지원	미지원	동식물검역학	(식물검역 중심의) 식물병리학 농업곤충학 및 해충방제론 농약학	(식물검역 중심의) 식물병리학 농업곤충학 및 해충방제론 농약학
서남(西南)대학 (Southwest University)	지원	미지원	식물보호학	식물병리학 농업곤충학 및 해충방제론 농약학 (생물의 침입, 위해병 진단기술, 병해충 모니터링 및 방제, GMO생물 위험평가 중심의) 생물안보학	식물병리학 농업곤충학 및 해충방제론 농약학 (생물의 침입, 위해병 진단기술, 병해충 모니터링 및 방제, GMO생물 위험평가 중심의) 생물안보학
하이난(海南)대학 (Hainan University)	지원	미지원	식물보호학	식물병리학 (침입종 예방 및 방제 중심의) 농업곤충학 및 해충방제론 농약학 산림보호학	분자식물병리학 (곤충생태 및 침입생물학 중심의) 작물해충학
광시(廣西)대학 (Guangxi University)	지원	미지원	(식물검역 중심의) 식물보호학	식물병리학 농업곤충학 및 해충방제론 농약학	식물병리학 농업곤충학 및 해충방제론 농약학

표 3.3 (계속)

대학교	프로젝트 211 지원	프로젝트 985 지원	학부과정	석사과정	박사과정
구이저우(貴州)대학 (Guizhou University)	지원	미지원	식물보호학	식물병리학 농업곤충학 및 해충방제론	식물병리학 농업곤충학 및 해충방제론
베이징임업대학 (Beijing Forestry University)	지원	미지원	임학 산림자원보존 및 휴양학	산림보호학(산림검역)	산림보호(산림검역)
동북(東北)임업대학 (Northeast Forestry University)	지원	미지원	임학 산림자원보전 및 휴양학	산림보호학	산림보호학
동북(東北)농업대학 (Northeast Agricultural University)	지원	미지원	식물보호학	식물병리학 농업곤충학 및 해충방제론 농약학	미정
수저우(蘇州)대학 (Suzhou University)	지원	미지원	원예학	농업곤충학 및 해충방제론	미정
화중사범(華中師范)대학 (Huazhong Normal University)	지원	미지원	생물과학	농업곤충학 및 해충방제론	미정
쓰촨(四川)농업대학 (Sichuan Agricultural University)	지원	미지원	식물보호학 임학 산림자원보존 및 휴양학	식물병리학 농업곤충학 및 해충방제론 농약학 산림보호학	미정
닝시아(貯夏)대학 (Ningxia University)	지원	미지원	식물보호학	농업곤충학 및 해충방제론 농약학	미정
스허쯔(石河)대학 (Shihezi University)	지원	미지원	식물보호학	식물병리학 농업곤충학 및 해충방제론 농약학	미정

고등교육을 증진시키기 위한 '프로젝트 211'와 '프로젝트 985'가 1995년에 중국 교육부(Ministry of Education; MOE)에 의해 추진되었다. '프로젝트 211'은 21세기 동안 거의 100여 개 대학교를 세우는 사업이다. 중요한 목적은 21세기 동안 고등연구원과 핵심교육 분야(Key Disciplines)를 설립하는 것이다. '프로젝트 211'은 교육품질, 과학적 연구, 관리기준 및 경영효율을 증진시켜왔다. '프로젝트 985'는 일류대학을 건설하고, 세계적인 수준의 연구그룹을 육성하며, 새로운 관리 및 경영 기법을 개발하는 것을 목적으로 한다. 현재 113개의 대학이 프로젝트 211의 지원을 받고 있으며, 39개의 우수 대학이 프로젝트 985의 지원을 받는다. 이는 중국에 있는 총 1,700개 이상의 대학, 단과대학, 연구소 중 각각 6.6%와 2.3%를 차지하고 있다.

표 3.3은 프로젝트 211에 의해 지원을 받은 대학의 식물의 생물안보와 관련된 2010년 교과 및/또는 전공을 나타낸다. 3가지 경향이 두드러진다: (1) 식물보호 및 임학은 학부과정에서 매우 유명한 교과목이다. (2) 식물병리학, 농업곤충학 및 해충방제론, 농약학, 산림보호학은 대학원 과정의 전통적인 교과목이다. (3) 일부 대학에서는 식물검역, 산림검역 및/또는 침입종 관리와 관련한 교과목 또는 전공을 학부생 및 대학원생을 위해 개설하고 있는데, 즉 중국농업대학, 저장대학, 난징농업대학, 서남대학, 베이징임업대학이 그러하다.

3.2.4 연구사업

중국에서 식물의 생물안보와 관련된 대부분의 연구사업은 정부의 지원을 받고 있다. 과거 10년 동안 중국은 식물검역과 침입종 관리를 위한 연구비를 현저하게 증가시켜 왔다. 관련되어 다음과 같은 사업들이 있는데, 국가기초연구개발프로그램(973) (National Basic Research and Development Programme (973)) (http://www.973.gov.cn/English/Index.aspx), 국가첨단기술연구개발프로그램(863) (National High-Tech Research and Development Programme (863)), 국가핵심기술연구개발프로그램(National Key Technological Research and Development Programme), 공공산업연구프로젝트(Public industry research), 중국자연과학재단(Natural Science Foundation; NSFC) 프로젝트, 정부 부처 및 지방 성의 연구사업 및 국제적인 협력프로그램 등이 있다. 검험검역과학원(CAIQ)의 홈페이지 자료(2004-2008)에 따르면, 고등학술분야에서 총 222개, 160백만 위안 규모로 국가적인 연구사업이 수행되고 있다.

3.2.5 요약

검험검역과학원(CAIQ), 농업과학원(CAAS), 임업과학원(CAF) 그리고 많은 대학(중국농업대학, 저장대학, 난징농업대학, 베이징임업대학)의 검역 및 침입종 관리를 위한 지원은 중국의 중요한 연구 및 고등교육을 견인해 왔다. 정부의 지속적인 지원에 힘입어 식물검역 및 침입종 관리를 중요시 하는 식물의 생물안보 분야는 침입외래종(Invasive Alien Species; IAS)을 배제 · 관리 · 박멸하기 위한 중요한 생물적 · 생태적 정보를 획득하며 발전하고 있다.

3.3 검역 기술, 기준 및 적용

3.3.1 서론

병해충위험분석(Pest Risk Analysis)은 식물 및 식물성 산물의 수입을 포함하여 국내에서의 검역 업무를 지원한다(9장). 검출 및 동정은 최일선 항구검역(port quarantine)에 있어서는 일상적인 업무이다(12장 및 13장). 외래 병해충 · 잡초의 검출 및 동정은 병해충위험분석은 물론 필요한 검역정책을 수립하는데 중요한 토대가 된다. 또한 침입외래병해충(IAS)을 정확하게 동정하는 것은 검역적인 소독을 위해서도 필수적인데, 그 이유는 보통의 경우 특정 외래종이 검출되어 동정된 이후에 해당종에 대해 특이적인 소독방법이 적용되기 때문이다. 검역적인 소독처리는 검역병해충을 사멸, 제거 또는 불임시키기 위한 목적으로 공식적인 허가 하에 이루어진다(10장). 소독처리는 다양한 과정을 포함하고 있는데, 병해충에 감염된 물품/생산품/상품/운반수단이 대상이 된다. 검역적인 조치는 살균 · 살충, 반송, 폐기, 수입항 변경, 용도변경 및 용도제한을 포함한다. 식물검역은 해당 국가, 시도 또는 지역 내에서 새로운 전염인자를 감시하여 탐지해야 하고, 새롭게 발견된 침입외래종의 발생을 봉쇄하거나 박멸하기 위한 비상계획을 수립해야만 한다. 검역적인 활동은 또한 해당 국가 또는 특정 지역의 일부에만 존재하는 검역병해충의 분포상황을 감시해야 하며, 이를 통해 수출입 식물검역 및 특정한 병해충의 발생 및 재발생을 방지하기 위한 의사결정의 과학적인 근거를 제공해야 한다. 오늘날 경제적인 세계화를 접하면서, 국경검역은 외래병해충의 유입과 정착을 방지하는 것은 물론, 효율적인 농산물 수출입을 보장해야하는 이중의 책임을 가지고 있다(Zhu 등 2004a, b).

3.3.2 병해충위험분석 및 병해충 목록

1981년 초 농업부 식물검역원(Plant Quarantine Institute; 현 중국검험검역과학원의 전신)은 위험한 병해충에 대한 검역적인 평가를 수행했었다. 뒤이어 검역원은 '검역병해충 위험분석 연구'를 마쳤으며, 곧바로 '정량적인 병해충 위험평가'를 완성하였으며, 중요한 검역병해충이 중국에 정착가능한 지를 분석하는 과정에서 농업기후상이거리기법(agroclimatic analogical distance), 생태기후평가모델(ecoclimatic assessment model), 지리정보시스템(geographical information system), 몬테카를로시뮬레이션(Monte-Carlo simulation) 및 위험도시뮬레이션 연구를 도입하였다. 이들 검역병해충 중 일부는 지중해과실파리(*Ceratitis capitata* (Wiedemann)), 밀 줄기녹병(*Tilletia controvesa* Khn), 소나무재선충(*Bursaphelenchus xylophilus* (Steiner & Bhrer) Nickle), 화상병(*Erwinia amylovora* (Burrill) Winslow et al.)과 시리아수수새(*Sorghum halepense* (L.))가 포함되어 있다. 검역병해충에 대해 적용된 이러한 평가방법은 식물검역에 있어서 거시적인 의사결정(macro decision-making)을 위한 과학적인 근거를 제공하였다.

'중국수출입동식물검역위험분석위원회(Chinese Entry and Exit Animal and Plant

Quarantine Risk Analysis Committee)'가 2002년 4월에 창립되었다. 위원회는 국무원, 과학원, 연구소, 검사 · 검역 및 관련된 사회단체의 선임급 전문가들로 구성된다. 위원회는 중국내 수출입 동식물의 위험분석과 관련된 중요 사안에 대하여 연구하고 토의한다. 위원회는 또한 수출입 동식물 검역과 관련한 중요한 위험분석보고서를 심의한다. 위험분석과 관련한 2개의 국내 기준인 '수출입 식물 및 식물성 산물에 대한 병해충 위험분석을 위한 기술적 요건(Technical Requirements for Pest Risk Analysis of Entry and Exit Plants and Plant Products (GB/T 20879-2007))'과 '수출입 식물 및 식물성 산물의 병해충 위험분석을 위한 작업 지침(Work Guidelines for Pest Risk Analysis of Entry and Exit Plants and Plant Products)'은 각각 2007년과 2008년에 제정되어 이행되었다. 이들 2가지 국내 기준의 기본적인 원칙은 ISPM No. 2, 11, 19 및 21 등 관련 국제기준과 동등하게 채택되었다.

병해충위험분석(9장)은 (1) 검역병해충 목록을 작성하고 개정하는 경우; (2) 식물 및 관련 산물이 수출입 되는 경우; (3) 특정한 목적을 위해 특정 병해충을 수입하는 경우; (4) 새로운 외래생물체가 검출되는 경우에 주로 개시한다. '수입식물의 검역병해충 목록 개정(Revision of Quarantine Pest List of Entry Plants)'은 2006년에 완료되었다. 2007년에는 새로운 '중국의 규제 식물 병해충 목록(Regulated Plant Pest List of P.R. China)'이 제정되었으며, 검역병해충의 수가 87개에서 436개로 증가되었다(Bulletin MOA, 2010; Chen 2009). 현재 홍콩과 마카오의 식물 검역병해충 목록이 작성 중에 있다. 1993년에는 이전의 농업부 식물검역원이 중국 최초의 병해충위험분석보고서인 '미국산 수입 자두의 위험분석보고서(Risk analysis report of importing American plum)'를 담당하였다. 뒤이어, 200편 이상의 병해충위험분석보고서가 완성되었다. 수출입 교역이 확대됨에 따라, 착수해야 할 위험분석보고서의 수도 매년 증가하고 있다. 위험분석은 외국과의 식물검역 협상 및 관련된 의사결정을 위한 과학적인 기반을 제공한다.

3.3.3 병해충 검사 및 시험

중국에서 검출되는 외래병해충의 수는 매년 증가하고 있다(Wan 등 2009a, b). 외래 병해충의 예방 및 방제는 경제적인 세계화와 더불어 전 지구적인 안보 관련 쟁점이 되고 있다. 2005년에 중국의 수입항에서는 십만 건 이상의 화물(consignments)에서 2,000종(또는 속) 이상의 식물병해충이 검출되었다. 2012년에는 30만 건 정도의 화물에서 4,300개의 IAS 종(또는 속)이 검출되었다. 수입항에서의 식물검역을 효율적으로 수행하고, 평가와 감시 · 감독을 강화하기 위하여, 국가질량감독검험검역총국(AQSIQ)의 동식물검역국은 '식물 전염병 검출 평가 지표 시스템(Assessment Index System of Plant Epidemic Situation Interception)'을 발표하였다. 이 시스템은 수입관련 병해충 검출, 수출 협정 위반사항 및 외래병해충 검출 효율을 강화하기 위하여 요구되는 중요한 평가를 포함하고 있다.

최전방의 수입항에서 외래병해충 검출의 지속적인 증가는 검출 기법을 개선하고, 표준화하는 것에 달려 있다. 현재 동정 작업(identification)은 주로 곤충, 잡초 종자, 선충 및 일부 곰팡이에 한정되어 있다. 해당 동정 작업은 현미경 검경 및 전산시스템을 활용한 원격진단 등 형태적인 동정에 치중되어 있다. 검험검역과학원(CAIQ)은 병해충에 대한 원격진단시스템을 연구·개발하였는데, 이 시스템은 현미경 영상촬영 장비, 다초점(multifocus) 영상 합성기법, 원격화상회의, 보조진단시스템 및 동정기록 관리시스템 등 수입항에서의 검역과 관련된 다양한 소프트웨어 및 하드웨어 자원을 종합화하였다. 이 시스템은 병해충 동정과 관련되어 다양하고 실질적인 기능을 수행하는데, 현미경 영상을 토대로 한 실시간 원격화상회의, 온라인을 통한 전문가의 음향/영상 동정, 컴퓨터를 이용한 보조 동정 및 동정기록 관리시스템 등이며; 또한 관찰, 동정 및 재확인에서부터 검출된 전염병의 보고 및 자료 관리까지 수입항에서의 검역업무 수행에 필요한 사업적인 요구를 충족시키기도 한다(12장).

세균, 바이러스, 곰팡이, 곤충의 알 및 유충, 자매종(sibling species), 아종 및 생태형(ecotypes)의 검출 및 동정은 혈청학적인 기술(serological techniques), 다양한 PCR 기술, 칩 기술(chip technology), 유전자 클로닝 기술 및 염기서열 분석기술과 같은 분자적인 기술에 의존하고 있다(Zhu 등 2004c; Chen & Zhu 2008; Huang 등 2011; Zhao 등 2011; Zhang 등 2010, 2011)(13장).

중국은 '수입식물의 검역병해충'과 관련하여 300개 이상의 국가 및 업계 표준을 제정하여 발표하였다. 게다가 중국의 전문가들은 몇몇 식물검역과 관련된 국제기준(ISPMs)의 개발 및 개정에도 적극적으로 참여하고 있다.

3.3.4 병해충 소독처리(Pest treatment)

검역적 소독처리(quarantine treatment)는 유출입 되는 IAS를 예방하기 위한 중요한 역할뿐만 아니라, 수출입 무역이 잘 되도록 보장하는 역할을 한다(10장). 중국에서 적용되고 있는 일차적인 검역적 소독처리 기술은 훈증소독, 열 및 저온 처리, 방사선 처리, 격리검역(isolated quarantine), 무독화 처리(detoxification treatment), 약제 처리뿐만 아니라, 병해충 무발생지역 또는 무발생 생산 장소를 병행하는 특별한 설비(equipments) 등이다. 대부분의 수출입 상품에 대한 검역적 소독처리 요건이 대부분 마련되어 있다. 그럼에도 불구하고 새로운 검역처리 기준은 항상 재검토되며, 연구개발을 통해 만들어진다.

3.3.5 병해충 조사, 모니터링, 경보 대응

조사 및 모니터링(survey and monitoring)은 IAS가 중국에 정착하는 것을 방지하기 위하여 요구되는 적시 탐지, 효과적인 예방·방제 조치의 수립 및 발생상황 보고를 위한 기본이 된다. 매년 정부에서는 수출입 식물검역 담당부서에 특별한 예산을 배분하여 일상적인 조사(routine survey)는 물론 국내외적으로 관심대상이 되는 병해충을 모니터링하도록 하고 있다. 대상곤충으로는 코드린나방(*Cydia pomonella* (L.)), 아메리카잎굴파리(*Liriomyza trifolii* (Burgess)), 과실파리과(Tephritidae)를 포함한다. 모니터링은 수입된 상품과 수출 시설이 집중적으로 분포하는 수입항 근처에서 이루어진다. 이러한 노력은 중국의 국가 모니터링 시스템(China's national monitoring system)의 기반이 된다. 중국에서 과실파리류(Tephritidae) 모니터링은 1994년에 시작되었으며, '국가 과실파리 모니터링 기술지침(State Technical Guide for Tephritidae Monitoring)'이 제정되어 여러 번 개정되었다. 과실파리류 모니터링은 지중해과실파리와 같은 검역적으로 관심대상이 되는 다양한 과실파리가 중국에는 아직 정착하고 있지 않다는 것을 보여준다. 이러한 조사 활동은 중국내 과실파리과 해충의 분포 여부를 밝히고, 다른 나라와의 식물검역 협상을 위한 과학적 기반을 제공하며, 중국 북부지역을 과실파리과 무발생지역으로 설정하기 위한 토대를 제공한다.

중국은 지속적으로 다른 나라의 병해충 발생상황과 관련 정보를 실시간으로 평가하고 있다. 이러한 정보는 중국의 항구에서 검출되는 병해충 정보와 병해충위험분석 정보를 종합하여 얻어진다. 이러한 감시시스템(surveillance system)은 중국이 새로운 병해충 발생 시 경보를 발령할 수 있도록 도와준다.

과거 수년 동안, 중국은 병해충 모니터링과 경보를 위해 주목할 만한 업적을 가진 과학적이고 기술적인 연구를 수행하여 왔다(11장).

3.3.6 요약

중국의 검역 · 검사(inspection and quarantine)는 외래병해충의 위험평가, 탐지, 모니터링, 비상경보, 검역적 처리를 포함하는 기술적인 지원시스템을 구축하여 왔다. 검역당국은 수출입 병해충을 예방하기 위한 중요한 역할을 수행하고 있으며, 수출입 교역을 증진시키기 위해 노력하여 왔다. 그럼에도 불구하고, 많은 문제들이 남아 있기 때문에 과학기술분야에서의 투자는 증가되어야만 하고, 교역상대국들 간의 협력이 강화되어야 한다.

3.4 중국에서의 침입외래종 및 연구

3.4.1 서론

중국에서 침입외래종(IAS)의 확산은 중요한 국가적인 문제가 되고 있으며, 환경 파괴, 농업 생산성 감소, 위생 문제 증가 및 예방과 박멸을 위한 값비싼 노력 등으로 인해 수조 위안(RMB)의 국민세금이 사용되게 된다(Wan 등 2008a). 일부 IAS는 의도적으로 유입되고 있으며, 고부가가치를 지닌 것들도 있다(예: 농업, 양어 · 양식 및 관상 종). 그럼에도 불구하고 많은 종들이 사람의 활동에 의해 부가적으로 유입되는데, 특히 국제적인 교역과 여행의 증가로 인해 유입된다. 중국이 세계무역기구(WTO)에 가입한 2001년 이후, 침입외래종과 관련된 문제는 인적 · 생태적으로 점차 더 예민한 문제가 되고 있다.

IAS에 대한 효과적인 예방 및 방제 시스템을 구축하기 위하여, 중국 내 많은 곤충학자 및

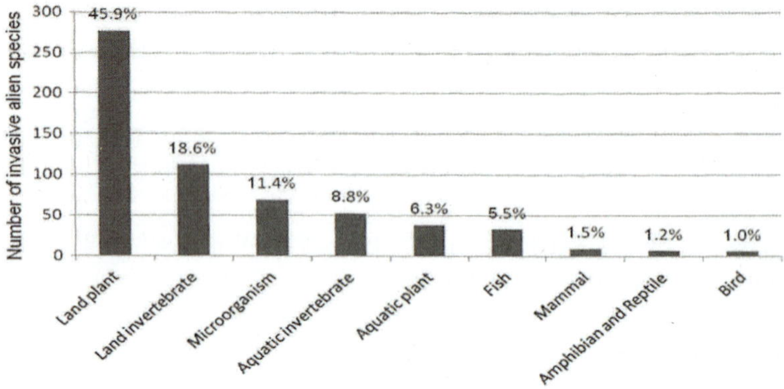

그림 3.1 중국내 침입외래종의 분류군별 종수 및 비율(Wan, 미발표)

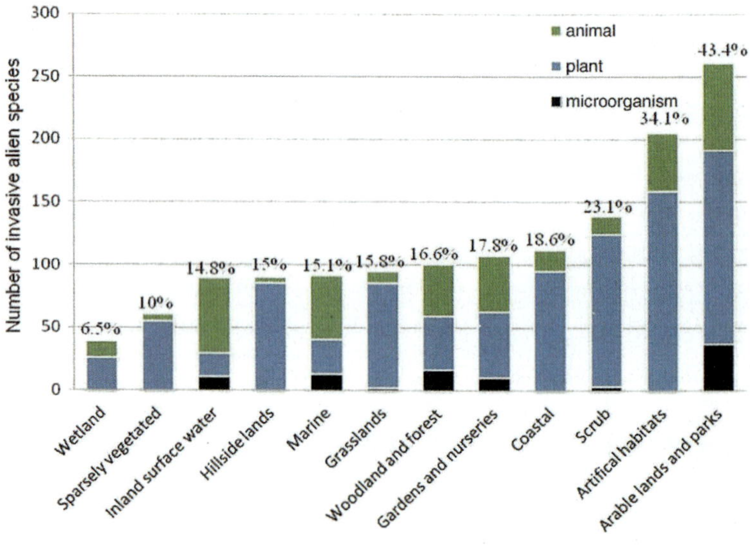

그림 3.2 중국으로 유입된 미생물, 식물, 동물의 종수 및 전체 침입 종수 대비 서식처별 발생 비율. 서식처 전체로 합산된 비율은 100% 이상인데, 이는 일부종이 1가지 이상의 서식처에서 발견되기 때문임

생태학자들이 중국 정부의 강력한 지원에 힘입어 침입외래종과 관련한 기초 및 응용 연구에 더 많은 관심을 기울이고 있다. 과거 10년 동안 과학자들은 중국 내 IAS에 대한 의미 있는 진전을 이루어왔다. 여기서 우리는 현재 침입종의 발생 및 과학적 연구 경향에 대하여 소개하고자 한다.

3.4.2 중국에서의 침입외래종: 현재 발생 상태 및 경향

종의 유형 및 서식처 분포: 2012년까지의 문헌 및 현장자료는 중국 내 농림수산 생태계에 600종 이상의 외래종이 분포한다고 밝히고 있다. 이들 IAS는 277종의 육상식물(45.9%), 112종의 육상 무척추동물(18.6%) 뿐만 아니라, 미생물, 수서 무척추동물, 수생식물, 어류, 포유류, 양서 파충류 및 조류를 포함하고 있다(그림 3.1).

외래종은 중국 내 대부분의 생태계에 침입하는데, 농지, 산지, 초지, 관목지대, 습지, 내륙 수계, 해양 및 사람의 거주지를 포함한다(그림 3.2). 대부분의 침입종은 인위적인 서식처에 흔하게 번성하는 것 같다. 약 43.4%의 침입종이 경작지와 식물원에 발생하고, 34.1%는 건물 및 도로 공사 지역과 같은 서식처와 같이 심하게 교란된 지역에 발생하며, 17.8%는 과수원 및 양묘장에서 발생하고, 나머지는 천연적인 육상생태계 및 수생생태계에서 발생한다.

우리의 자료는 다양한 IAS(미생물, 식물 및 동물)가 독특한 분포 양상을 보인다는 것을 밝혀주고 있다. 잡초는 침입외래식물의 대부분을 차지하며, 특징적으로 인위적으로 교란된 서식처에서 발생한다. 곤충은 침입 동물 중 최다수를 차지하며, 농지, 산지 및 과수원에서 전형적으로 발생한다.

3.4.3 중국의 검역병해충 및 중요한 침입외래종 목록 및 데이터베이스

중국의 수출입 식물검역 병해충 목록은 1954년 이래 6번 개정되었으며, 대부분은 2007년에 개정되었다. 목록에는 435종의 검역병해충이 포함되어 있으며, 146종(또는 속 수준)의 곤충류, 6종의 달팽이류, 125종(또는 race)의 곰팡이, 58종(또는 race)의 원핵생물(prokaryotes), 20종(또는 속 수준)의 선충, 39종의 바이러스 및 바이로이드 및 41종(속)의 잡초를 포함한다(중국 농업부 발간자료 862호 참조). 새로운 검역병해충 목록에 있는 34종의 식물병원균에 대한 검출 기법 및 국가/업계 표준이 만들어졌으며, 여기에는 5종의 세균병, 12종의 곰팡이병, 6종의 선충 및 11종의 세균병이 포함되어 있다(표 3.4, Wan 등 2009a, b).

점점 중요해지는 IAS와 관련하여 소수의 주목할 만한 데이터베이스가 중국의 연구소 및 대학에 의해 개발되어 있다. 이들 중에는 중국 IAS 데이터베이스(www.invasivespecies.org.cn/wzjs/index.asp), 중국 농업병해충 정보시스템(www.agripests.cn), 중국 침입외래식물 정보시스템(www.weed.njau.edu.cn/exowort/exoweeds.htm) 등 이다. 중국 IAS 데이터베이스는 중국 농업과학원(CAAS)의 식물보호연구소(IPP)와 농업부(MOA)의 IAS 관리센터에서 개발되었다. IAS 데이터베이스는 중국내 600종 이상의 IAS에 대한 세부정보를 제공하는 광범위하고 중요한 데이터베이스이다. 중국 일반명, 학명, 영문 일반명, 분류학적 위치, 형태적 특징, 생물적 특성, 사진, 유입시기 및 장소, 유입경로, 침입경로, 잠재적인 분포/확산 지역, 예방 방법, 방제 및 관리 방법 등을 포함한다. IAS 데이터베이스는 인터넷게시판을 가지고 있으며, 누구든지 사용자 등록을 거쳐 관련된 정보를 검색하거나 내려 받을 수 있다.

IAS의 방제 및 관리를 효율화하기 위하여, IAS 목록이 농업과학원 식물보호연구소에 의해

표 3.4 중국에서 탐지기법과 관련된 표준이 작성된 검역병 목록

병원균 유형	병원체	탐지표준코드
세균	*Curtobacterium flaccumfaciens* pv. *flaccumfaciens*	SN/T1586.1-2005
	Acidovorax avenae subsp. *citrulli*	SN/T1465-2004
	Ralstonia solanacearum race 2	SN/T1390-2004
	Pantoea stewartii pv. *stewartii*	SN/T1375-2004
	Xanthomonas axonopodis pv. *vasculorum*	SN/T1400-2004
곰팡이	*Tilletia controversa* Kuhn, TCK	SN/T18085-2000
	Tilletia indica	SN/T1127-2002
	Verticullium albo-atrum	SN/T1145-2002
	Peronospora hyoscyani f.sp. *tabacina*	SN/T18086-2000
	Ceratocystis fagacearum	SN/T1271-2003
	Ophiostoma novo-ulmi	SN/T1272-2003
	Cephalosporium maydis	SN/T1900-2007
	Diaporthe phaseolorum var. *meridionalis*	SN/T1899-2007
	Monilinia fructicola	SN/T1871-2007
	Peronosclerospora (Ito)	SN/T1155-2002
	Mycosphaerella fijiensis	SN/T1822-2006
	Phytophthora sojae	
선충	*Radopholus similis*	SN/T1505-2005
	Globodera rostochiensis	SN/T1723.2-2006
	Globodera pallida	SN/T1723.1-2006
	Bursaphelenchus xylophilus	SN/T1132-2002
	Heterodera schachtii	SN/T1140-2002
	Ditylenchus angustus	SN/T1136-2002
바이러스/바이로이드	Prunus necrotic ringstpot virus, PNRSV	SN/T1618-2005
	Cacao swollen shoot virus, CSSV	SN/T1617-2005
	African cassava mosaic virus, ACMY	SN/T1616-2005
	Carnation ringstpot virus, CRSV	SN/T1612-2005
	Southern bean mosaic virus, SBMV	SN/T1611-2005
	Potato mop-top virus, PMTV	SN/T1135.3-2003
	Arabis mosaic virus, ArMV	SN/T1150-2002
	Tobacco ringspot virus, TRSV	SN/T1146-2002
	Potato yellow dwarf nucleorhabdovirus	SN/T1135.2-2003
	Coconut lethal yellowing phytoplasma	SN/T1579-2005
	Coconut cadang-cadang viroid, CCCVd	SN/T1580-2005

표 3.5 중국에서 가장 중요한 침입외래종 목록

학명	일반명
곤충(Insect)	
Aleurodicus dispersus Russell	Sprialing Whitefly
Bactrocera cucurbitae (Coquillett)	Melon Fly
Bemisia tabaci (Gennadius)	Tobacco Whitefly
Carpomya vesuviana Costa	Ber Fruit Fly
Cosmopolites sordidus (Germer)	Banana Root Borer
Cylas formicarius (Fabricius)	Sweet Potato Weevil
Dendroctonus valens LeConte	Red Turpentine Beetle
Frankliniella occidentalis (Pergande)	Western Flower Thrips
Hemiberlesia pitysophila Takagi	Japanese Pine Needle Scale
Leptocybe invasa Fisher & LaSalle	Blue Gum Chalcid
Liriomyza huidobrenisis (Blanchard)	South American Leaf Miner
Liriomyza sativae Blanchard	American Serpentine Leaf Miner
Oracella acuta (Lobdell) Ferris	Loblolly Pine Mealybug
Quadrastichus erythrinae Kim	Erythrina Gall Wasp
Rhabdoscelus lineaticollis (Heller)	Asiatic Palm Weevil
Rhynchophorus ferrugineus (Olivier)	Red Palm Weevil
Trialeurodes vaporarium Westwood	Greenhouse Whitefly
기타 동물(Other animals)	
Achatina fulica Bowdich	Giant African Snail
Pomacea canaliculata (Lamarck)	Golden Apple Sanil
Trachemys scripta (Thunberg)	Brazilian Slider
세균(Bacterium)	
Clavibacter michiganensis subsp. *sepedonicus* (Spieckermann et Kotthoff) Davis et al.	Bacterial Ring Rot of Potato
곰팡이(Fungi)	
Cronatium ribicola J.C. Fischer	Soft-pine Stem Blister Rust
Phytophthora infestans (Mont.) de Bary	Soybean Blight
바이러스(Virus)	
Sothern rice black-streaked dwarf virus	SRBSDV
선충(Nematode)	
Burshaphenchus xylophilus (Steiner et Bührer) Nickle	Pine Wood Nematode

학명	일반명
식물(Plants)	
Aegilops squarrosa L.	Tausch's Goatgrass
Alternathera philoxeroides (Mart.) Griseb.	Alligator Weed
Ambrosia artemissifolia L.	Ragweed
Ambrosia trifida L.	Giant Ragweed
Cenchrus pauciflorus Bentham	Field Sandbu
Eichhornia crassipes (Martius) Solms-Laubach	Water Hyancinth
Eupatorium adenophora Spreng.	Crofton Weed
Eupatorium catarium Veldkamp (*Praxelis clematidea* R.M.King)	Praxelis
Flaveria bidentis (L.) Kuntze	Coastal Plain Yellowtops
Mikania micrantha Humboldt, Bonpland et Kunth	Mile-a-minute Weed
Parthenium hysterophorus L.	Grayule Parthenium
Solanum rostratum Dunal	Buffalo Bur Nightshade
Solidago canadensis L.	Canana Goldenrod
Spartina alterniflora Loiseleur	Smooth Cord-grass
Spartina anglica C.E. Hubbar	Common Cord-grass

작성되었다. 그 중에서 가장 관심있는 것은 '중국의 악성침입외래종 목록(List of the Worst IAS in China)'이며(표 3.5), 반드시 방제해야만 하는 종을 제시하고 있다. 이 목록에는 농업, 산림, 습지 및 담수 생태계의 악성침입외래종을 포함한다. 가장 주목할 만한 IAS는 붉은색으로 강조하였다.

3.4.4 중국의 침입종에 대한 과학적 연구

대부분의 분야에서 과학적인 연구는 '기초연구(이론 또는 기작에 대한 연구 포함)'와 '응용연구(새로운 방법, 기술 또는 규정 포함)'로 구분할 수 있다. 서로 다른 침입 과정(유입, 정착, 시간지체(lag phase), 분산 및 대발생)에 따라 중국에서의 IAS 연구는 다음의 5가지로 정리해 볼 수 있다:

- 조기경보 및 침입경로(early-warning and invasion pathways)
- 개체군 형성 및 발달(population formation and development)
- 침입외래종과 기주 또는 토착종 사이 상호작용 및 경쟁(interaction and competition

between IAS and host or native species)

- 생태계 반응기작(response mechanism of ecosystem)
- 침입외래종의 예방과 방제를 위한 기술 및 방법(technologies and methods for prevention and control of IAS)

기초연구. 기초연구는 근본적인 원리에 대한 이해 증진 활동을 포함한다. 기초연구는 즉각적인 상업적인 이득 달성을 목적으로 하지는 않는다. 그러나 장기적으로는 많은 상업적인 연구결과 및 응용연구의 원천이 된다. 따라서 새로운 연구 분야로서 중국에서 IAS에 대한 기초연구가 필요하다. 과거 10년 동안, 중국 정부는 침입종에 대한 기초연구를 지원하기 위해 많은 사업에 연구비를 지원하고 다양한 사업을 발주하였다. 이러한 작업은 4가지 주요한 과학적인 사항에 초점을 맞추고 있는데, 여기에는 IAS의 침입 잠재력과 성공적인 침입 사이의 상호작용, IAS 개체군의 분포범위 확장 및 확산, IAS의 생태적 적응 및 진화, 생태계에 대한 IAS의 반응기작이 포함된다. 이러한 연구사업의 대부분은 중국 국립자연과학재단(National Natural Science Foundation of China; NSFC)과 국가기초연구개발사업(National Basic Research and Development Programme) ("973" 프로그램)의 지원을 받는다.

중국 국립자연과학재단(NSFC). 이 재단은 국무원의 비준을 받아 1986년에 설립되었으며, 중국의 자연과학 연구를 지원하는 중요한 정부기금이다. 이 재단은 일반적으로 젊은 과학자(Young Scientist; 48,000 USD 지원), 일반사업(General Programme; 95,000-130,000 USD 지원) 및 핵심사업(Key Programme; 320.000 USD 이상 지원)을 포함하는 연구사업을 지원한다. 2010년까지 약 300건의 침입생물 연구사업이 이 재단의 지원을 받았으며, 누적연구비만 14백

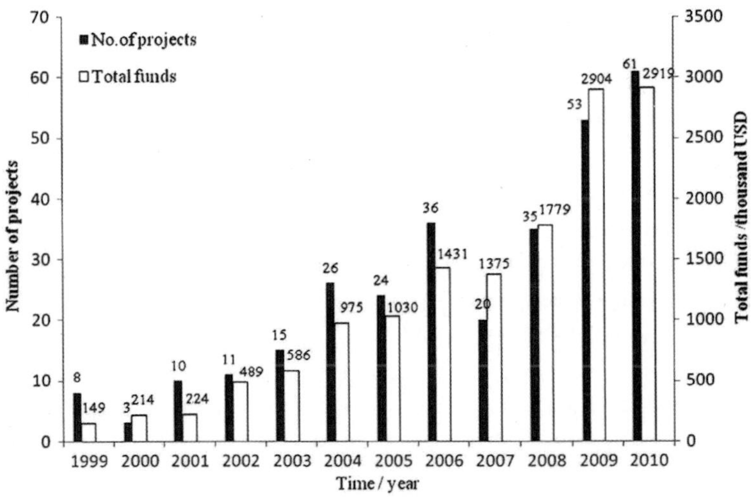

그림 3.3 1999년부터 2010년까지 중국 국립자연과학재단(NSFC)에서 지원하는 생물침입과 관련한 연구사업 건수 및 연구비

만 USD를 넘는다. 이 재단에서 출판된 자료를 분석해 보면(1999-2010), 재단의 연구비를 지원받는 사업 중, 생물의 침입에 대한 기초연구 분야가 급격하게 증가하고 있음을 알 수 있다. 2008년에는 35건의 사업이 1.8백만 USD의 규모로 수행되었다. 2010년에는 61건의 사업이 2.9백만 USD의 연구비 지원을 받아 수행되었다(그림 3.3.).

국가기초연구개발사업("973" 프로그램). 이 사업은 중국에서 현재 초석이 되는 기초연구사업이다. 1997년에 중국 정부로부터 승인을 받아 과학기술부(MOST)에 의해 조직되어 수행되고 있다. 973 프로그램의 전략목표는 창의적인 혁신(original innovation)을 강화하고, 중국의 독자적인 혁신능력을 개선하기 위한 보다 깊고 넓은 범위에서 사회 · 경제 개발 관련 중요한 과학적인 문제를 제기하며, 국가의 미래 개발을 위한 과학적인 지원을 제공하는 것이다. 일반적으로 모든 사업은 각각 5년간 3.2-4.8백만 USD의 지원을 받을 수 있다.

2003년 이후, "973 프로그램"의 일부는 IAS의 침입기작에 대한 기초연구와 IAS를 방지하고 관리하는 기법과 관련된 응용연구를 수행하였다. 총 예산은 16백만 USD를 넘었다. 가장 의미있는 작업은 2단계 10개년 연구사업으로 "농업 및 임업의 외래종 침입생물학 및 방제전략(Invasive biology and control strategy of alien species in agriculture and forestry)"이다. 2단계 사업인 "주요 외래종의 침입기작 및 관리(Invasive mechanism and management of major alien species)"는 다음의 핵심적인 과학적인 사안을 포함한다: (a) IAS 개체군 정착 및 영역 확장(State Council 2003; Wan 등 2002); (b) IAS의 생태적인 적응 및 급격한 진화(Wan & Guo 2007); (c) 생태계 구조 및 기능에 미치는 침입의 영향(Wan 등 2005, 2009a, b, 2011b, c). 이러한 사업은 "최고로 위험한(great risk)" IAS를 순차적으로 포함하며, 다음과 같다: 담배가루이 B type (Liu 등 2007; Luan 등 2008; Lü & Wan 2008; Jiu 등 2007; Li 등 2010; Wang 등 2010; Xu 등 2010; De Barro 등 2011), 벼물바구미(Rice Water Weevil; Jiang 등 2004; Shi 등 2007), 귤과실파리(Oriental Fruit Fly; Shen 등 2010, 2011), 잎벌레 일종인 *Brontispa longissima* (Coconut Leaf Beetle; Lu 등 2006, 2008), 나무좀 일종인 *Dendroctonus valens* (Red Turpentine Beetle (Sun 등 2004; Yan 등 2005; Liu 등 2008), 코드린나방(Codling Moth; Yan 등 1999; Wang 등 2004), 소나무재선충(Cheng 등 2008, 2010; Robinet 등 2009), *Eupatorium adenophora* (Crofton Weed; Wang & Wang 2006; Niu 등 2007; Feng 등 2007, 2009; Feng 2008a, b; Li 등 2008; Gong 등 2009; Li & Feng 2009; Wang 등 2011).

응용연구(Applied Research). 최근 중국 정부는 점차 IAS에 대한 관심을 갖기 시작하였고, 중국 내에서 IAS를 지속적으로 관리하는데 중점을 둔 일련의 사업에 착수하여 왔다. 예를 들어, 국가핵심기술연구개발사업(National Key Technologies R & D Programme; 중국의 11번째 5개년 계획), 국가첨단기술연구개발사업("973" 프로그램), 공공분야 농업과학연구특별기금(Special Fund for Agroscientific Research in the Public Interest) 등이다. 이러한 사업은 주로 농업 또는 임업과 관련하여 중요한 IAS의 예방, 조기경보, 탐지 및 모니터링, 긴급방제, 생태적인 규제, 지속적 관리를 위한 신기술을 조사하고 지원한다(Wan 등 2011c).

응용 연구의 주제는 다음의 4가지 영역으로 나누어 볼 수 있다:

1. **조기경보 및 위험평가 기술**. 아직 유입되지 않았으나 유입위험이 높은 종, 유입되었지만

아직 널리 발생하지 않는 종, 은폐되고 대발생 가능성이 높은 외래종을 대상으로 함. 현재까지 64종의 악성침입종의 지리적인 분포 가능성 예측을 완료하였다.

2. **신속 탐지 및 감시망 기술**. 형태적으로 동정이 어렵거나 또는 모니터링을 위해 많은 비용과 노동력이 요구되는 침입종을 중점 대상으로 한다. 잠재적으로 중요한 IAS를 검사하고, 탐지하기 위한 신속 탐지 방법을 개발하고 개선하는 것은 직접적으로 국경, 각 성 · 자치구 · 시에서의 수출입(또는 유출입) 과정에서의 신속한 탐지를 가능하게 한다. 게다가 신속한 탐지 방법과 야외 감시 도구를 적용하기 위하여, Wan 등(2011b)은 순차적으로 39종의 침입작물병원균, 농업 및 산림 IAS에 대한 탐지 및 감시 기법을 개발하였다.
3. **효과적인 봉쇄 및 신속한 박멸 기술**. 새롭게 유입되어 비상조치가 요구되는 침입외래종을 대상으로 한다. 효과적인 방제 및 관리를 위하여, Wan 등(2008b)은 고전적인 생물적 방제 원리와 최신의 기술적 성과물을 도입하고, 농업, 임업 및 자연보존 생태계에 발생하는 19종의 중요한 침입외래 잡초 및 곤충의 생물적 방제 성과를 정리하였다.
4. **광역 방제 및 지속적 관리 기술**. 환경, 농업 또는 임업 생산에 심각한 피해를 유발하는 널리 분포하는 IAS를 대상으로 함(Wan 등 1993). 생물의 침입은 중국에서 새로운 연구 주제이며, 방제와 관리에 대한 경험이 한정되어 있다. Wan 등(2008a)은 일부 선진국 및 개발도상국의 국제적인 IAS 관리전략, 국가적인 법 규정 및 국가적인 예방 및 관리 지침을 소개하였다. 그 다음으로 Wan 등(2011a)은 침입종의 특성, 침입종과 토착종의 상화작용, 생태계의 침입종에 대한 반응 및 침입 잠재력을 다루는 방법, 개체군의 정착 및 확산, 생태적 적응 및 진화, 생태계의 저항 및 침입력 등에 대하여 기술하였다.

요약. IAS는 중국 전역에 걸쳐 심각한 위협을 주고 있으며, 생태적인 환경, 국가 경제 및 국민 복지에 영향을 준다. 정부 및 민간으로부터 큰 비용지출은 국가를 현재 및 미래의 피해로부터 보호하기 위해 비용대비 효과적이어야 한다. IAS로 인해 늘어나는 손실은 정부로 하여금 이러한 위협을 좀 더 효과적으로 관리할 수 있도록 압력을 주고 있다. 그러므로 중국에서 IAS에 대한 연구 및 관리 전략은 다음의 6가지 요소에 집중해야만 한다: (1) 연구 및 관리 지침; (2) 필수적인 업무 및 인프라 구축; (3) 기초연구 및 응용 혁신 기술; (4) 침입생물 연구의 증진 및 유능한 연구팀 모집; (5) 과학적 지식의 전파, 대중홍보 및 교육; (6) 국제적이고 지역적인 협력. 정부 부처 간 조화로운 지침 하에 IAS에 대한 연구 및 관리가 점진적으로 이루어질 수 있어야 한다.

3.5 결론

국제적인 교역의 발달과 IPPC 및 SPS 협정에 따른 요구에 따라, 중국은 식물검역과 IAS 관리에 좀 더 관심을 두고 있다. 국내 법규 및 기술적인 지원에 근거하여 보다 더 투명함과 조화로움을 창출하고 있다. 3가지 수준의 중국 법적시스템, 중국과 WTO 및 FAO 회원국들과의 국제적인 협력, 그리고 AQSIQ, MOA, SFA, MEP 및 관련된 학술원 및 대학들 사이에서의 국내적인 협력이 중국에서 식물검역 및 IAS 관리에 중요하게 기여하고 있다. 외래 병해충에 대한 위험평가, IAS 탐지, 모니터링, 비상경보 및 검역적 처리는 식물검역 및 침입종 관리의 틀을 이루고 있다. 정부로부터 지속적인 지원에 힘입어 중요한 생물적이고 생태적인 정보를 입수하고, 이를 토대로 침입외래종을 배제하고, 관리하며, 박멸하는 데 있어 진전을 이루고 있다.

감사의 글. 저자들은 중국농업대학의 식물검역실험실원 모두의 지원에 감사를 표한다. Fang-Hao Wan은 Ying Yan, Lu Peng, Nian-Wan Yang, Xiao-Qing Xian, Yi-Bo Zhang과 중국농업과학원 식물보호연구소 모두에게 감사하다.

참고 문헌

Chen Naizhong (ed) (2009) Entry plant quarantine pests for China. China Agriculture Press, Beijing, 561 pp

Chen ZM, Huang GS (1992) The important events of plant quarantine in China (1914-1991). Plant Quar 6(3):226-236

Chen H, Zhu S (2008) Real time TaqMan RT-PCR assay for the detection of cucumber green mottle mosaic virus. J Virolog Meth 149:326-329

Cheng XY, Xie PZ, Cheng FX, Xu RM, Xie BY (2008) Competitive displacement of the native species *Bursaphelenchus mucronatus* by an alien species *Bursaphelenchus xylophilus* (Nematoda: Aphelenchida: Aphelenchoididae) - a case of successful invasion. Biol Invasions 11:205-213

Cheng XY, Dai SM, Xiao L, Xie BY (2010) Influence of cellulase gene knockdown by dsRNA interference on the development and reproduction of the pine wood nematode, *Bursaphelenchus xylophilus*. Nematology 12(2):225-233

De Barro PJ, Liu SS, Boykin LM, Dinsdale A (2011) *Bemisia tabaci*: a statement of species status. Annu Rev Entomol 56:1-19

Document of the state Council of P. R. China, No.19 (2003) Notification of strengthening the work against the alien invasive species by state council, 13 Apr 2003

Feng YL (2008a) Nitrogen allocation and partitioning in invasive and native *Eupatorium* species. Physiol Plant 132:350-358

Feng YL (2008b) Photosynthesis, nitrogen allocation and specific leaf area in invasive *Eupatorium adenophorum* and native *Eupatorium japonicum* grown at different irradiances. Physiol Plant 133:318-326

Feng YL, Wang JF, Sang WG (2007) Biomass allocation, morphology and photosynthesis of invasive and noninvasive exotic species grown at four irradiance levels. Acta Oecol 31:40-47

Feng YL, Lie YB, Wang RF, Callaway RM, Valiente-Banuet A, Inderjit, LI YP, Zheng YL (2009) Evolutionary tradeoffs for nitrogen allocation to photosynthesis versus cell walls in an invasive plant. Proc Natl Acad Sci USA 106:1853-1856

Gong WN, Yue M, Xie BY, Wan FH, Guo JY (2009) Inhibition of citrate synthase thermal aggregation in vitro by recombinant small heat shock proteins. J Microbiol Biotechnol 19:1628-1634

http://english.agri.gov.cn/

http://english.aqsiq.gov.cn/

http://english.forestry.gov.cn/
http://english.mep.gov.cn/
http://www.973.gov.cn/English/index.aspx
http://www,caas.net.cn/engforcaas/index.htm
http://www.caiq.com.cn/caiq/aboutcaiq/index.shtml
http://www.ifeep.cn/
http://www.ippcaas.cn/ippc_e/ippcaas_e.htm

Huang X, Hou L, Xu X, Chen H, Ji H, Zhu S (2011) One-PCR-tube approach for in situ DNA isolation and detection. Analyst 136(20):4254-4259

Jiang MX, Zhang WJ, Cheng JA (2004) Reproductive capacity of first-generation adults of the rice water weevil *Lissorhoptrus oryzophilus* Kuschel (Coleoptera: Curculionidae) in Zhejiang, China. J Pest Sci 77(3):145-150

Jiu M, Zhou XP, Tong L, Xu H, Yang X, Wan FH, Liu SS (2007) Vector-virus mutualism accelerates population increase of an invasive whitefly. PLoS ONE 2(1):e182. doi:10,1371/journal.pone.0000182

Li YP, Feng YL (2009) Differences in seed morphometric and germination traits of crofton weed (*Eupatorium adenophorum*) from different elevations. Weed Sci 57:26-30

Li ZH, Yang HC, Shen ZR (2004) Qutline of animal and plant quarantine. China Agricultural University Press, Beijing

Li H, Qiang S, Qian YL (2008) Physiological response of different crofton weed (*Eupatorium adenophorum*) populations to low temperature. Weed Sci 56:196-202

Li M, Hu J, Xu FC, Liu SS (2010) Transmission of tomato yellow leaf curl virus by two invasive biotypes and a Chinese indigenous biotype of the whitefly *Bemisia tabaci*. Int J Pest Manage 56:275-280

Liu SS, De Barro PJ, XU J, Luan JB, Zang LS, Ruan YM, Wan FH (2007) Asymmetric mating interaction drive widespread invasion and displacement in a whitefly. Science 318:1769-1772

Liu ZD, Zhang LW, Shi ZH, Wang B, Tao WQ, Sun JH (2008) Colonization patterns of the red turpentine beetle, *Dendroctonus valens* (Coleoptera: Curculionidae), in the Luliang Mountains, China. Insect Sci 15:349-354

Lu ZC, Wan FH (2008) Differential gene expression in whitefly (*Bemisia tabaci)* B-biotype females and males under heat-shock condition. Comp Biochem Physiol D Genomics Proteomics 3:257-262

Lu BQ, Peng ZQ, Xu CA, Tang C, Fu YG, Du YZ, Wan FH (2006) Biological characteristics of *Tetrastichus brontispae* Ferriere (Hymenoptera: Eulophidae), a parasitoid of *Brontispa longissima* (Gestro) (Coleoptera: Hispidae). Acta Entomol Sin 49:12-19

Lu BQ, Tang C, Peng ZQ, La Salle J, Wan FH (2008) Biological assessment in quarantine of *Asecodes hispinarum* Boucek (Hymenoptera: Eulophidae) as an imported biological control agent of *Brontispa longissima* (Gestro) (Coleoptera: Hispidae) in Hainan, China. Biol Control 45:29-35

Luan JB, Ruan YM, Zhang L, Liu SS (2008) Pre-copulation intervals, copulation frequencies, and initial progeny sex ratios in two biotypes of whitefly, *Bemisia tabaci*. Entomol Exp Appl 129:316-324

MOA 2009 year report of intercepted alien invasive species by AQSIQ (2010) Bulletin of Ministry of Agriculture of P. R. China, NO. 862. Regulated plant pest list of P. R. China, 29 May 2007

Niu HB, Liu WX, Wan FH, Liu B (2007) An invasive aster (*Ageratina adenophora*) invades and dominates forest understories in China: altered soil microbial communities facilitate the invader and inhibit natives. Plant Soil 294:73-85

Robinet C, Roques A, Pan HY, Fang GF, Ye JR, Zhang YZ, Sun JH (2009) Role of human-mediated dispersal in the spread of the pinewood nematode in China. PLoS ONE 4(2):e4646. doi:10.1371/journal.pone.0004646

Shen GM, Jiang HB, Wang XN, Wang JJ (2010) Evaluation of endogenous references for gene expression profiling in different tissues of the oriental fruit fly *Bactrocera dorsalis* (Diptera: Tephritidae). BMC Mol Biol 11:76

Shen GM, Dou W, Niu JZ, Jiang HB, Yang WJ, Jia FX, Hu F, Cong L, Wang JJ (2011) Transcriptome analysis of the oriental Fruit Fly (*Bactrocera dorsalis*). PLoS ONE 6(12):e29127

Shi SW, Jiang MX, Shang HW, Lv HP,Cheng JA (2007) Oogenesis in summer females of the rice water weevil, *Lissorhoptrus oryzophilus* Kuschel (Coleoptera: Curculionidae), in southern Zhejiang, China. J Zhejiang Univ Sci B 8(1):33-38

Sun JH, Miao ZW, Zhang Z, Zh ang ZN, Gillette NE (2004) Red turpentine beetle, *Dendroctonus valens* LeConte (Coleoptera: Scolytidae), response to host semiochemicals in China. Environ Entomol 33(2):206-212

Wan FH, Guo JY (2007) Advances in invasion biology and control strategy of alien species in agriculture and forestry in China. China Basic Sci 5:8-14

Wan FH, Guan GQ, Wang R (1993) Ragweed and its integrated management in China. China Science and Technology Press, Beijing, 321 pp

Wan FH, Guo JY, Wang DH (2002) Alien invasive species in China: their damages and management strategies. Biodiversity 10(1):119-125

Wan FH, Zheng XB, Guo JY (2005) Biology and management of alien invasive species in agriculture and forestry. Science Press, Beijing, 820pp

Wan FH, Li BP, Guo JY (2008a) Biological invasions: biological control. Science Press, Beijing, 596 pp

Wan FH, Xie BY, Chu D (2008b) Biological invasions: legislations and management strategies. Science Press, Beijing, 316 pp

Wan FH, Gyo JY, Zhang F (2009a) Research on biological invasion in China. Science Press, Beijing, 302 pp

Wan FH, Peng DL, Wang R (2009b) Biological invasions: risk analysis and early prevention. Science Press, Beijing, 757 pp

Wan FH, Feng J, Xu J (2011a) Biological invasions: detection, surveillance and monitoring. Science Press, Beijing, 589 pp

Wan FH, Xie BY, Yang GQ (2011b) Invasion biology. Science Press, Beijing, 515 pp

Wan FH, Yan Y, Wang R, Yang GQ (2011c) Invasion biology: development and perspective in China. J Biosafety 20(1):1-19 (in Chinese with English abstract)

Wang R, Wang YZ (2006) Invasion dynamics and potential spread of invasive alien plant species, *Ageratina adenophora*, in China. Divers Distrib 12(4):397-408

Wang S, Yin X, Tang J, Hansen JD (2004) Thermal resistance of different life stages of codling moth (Lepidoptera: Tortricidae). J Stored Prod Res 40(5):565-574

Wang XW, Luan JB, Li JM, Bao YY, Zhang CX, Liu SS (2010) De novo characterization of a whitefly transcriptome and analysis of its gene expression during development. BMC Genomics 11:400

Wang R, Wang JF, Qiu ZJ, Meng B, Wan FH, Wang YZ (2011) Multiple mechanisms underlie rapid expansion of an invasive alien plant. New Phytol. doi: 10.111/j. 1469-8137. 2011. 03720. X

Xiu HM (2002) Illustrated book of animal and plant quarantine. New World Press, Beijing

Xu ZG (2008) Plant quarantine. High Education Press, Beijing

Xu J, De Barro PJ, Liu SS (2010) Reproductive incompatibility among genetic groups of *Bemisia tabaci* supports the proposition that the whitefly is a cryptic species complex. Bull Entomol Res 100:359-366

Yan FM, Bengtsson M, Witzgall P (1999) Behavioral response of female codling moths, *Cydia pomonella*, to apple volatiles. J Chem Ecol 25(6):1343-1351

Yan ZL, Sun JH, Don O, Zhang ZN (2005) The red turpentine beetle, *Dendroctonus valens* LeConte (Scolytidae): an exotic invasive pest of pine in China. Biodivers Conserv 14(7):1735-1760

Zhang YJ, Yin J, Li GF, Li MF, Huang X, Chen HJ, Zhao WJ, Zhu s (2010) Oligonucleotide microarray with minimal number of probes for the detection and identification of thirteen of plant virus. J Virol Methods 167:53-60

Zhang YJ, Yin J, Li MF, Huang X, Chen HJ, Zhu S, Fan ZF (2011) Real-time Taqman detection of maize chlorotic mottle virus in maize seeds. J Virol Methods 171:292-294

Zhao WJ, Lu J, Ma WW, Xu CL, Kuang H, Zhu S (2011) Rapid on-site detection of *Acidovorax avenae* subsp. *citrulli* by gold-labeled DNA strip sensor. Biosens Bioelectron 26(10):4241-4244

Zhu S, Liu X, Lu H (2004a) Framework of standardization of plant quarantine in China. J Plant Quar 18(4):240-241

Zhu S, Chen N, Li W, Z hang I (2004b) The ideal border control network against alien invasive species. J Plant Quar 18(1):32-36

Zhu ZD, Huo YL, Wang XM, Huang JB, Wu XF (2004c) Analysis of simple sequence repeats markers derived from *Phytophthora sojae* expressed sequence tags. Chinese Sci Bull 49:2041-2046

제4장 식물의 생물안보에서 핵심적인 생물학의 중요성
The Importance of Core Biological Disciplines in Plant Biosecurity

Susan P. Worner, Robert C. Venette, Mark Braithwaite, and Erhard Dobesberger
번역: 홍기정(순천대학교)

4.1 서론

4.1.1 병해충위험분석을 수행하는데 필요한 생물학적 지식의 개요

여행과 무역의 증가는 기후변화와 결합되어 외래 침입종으로부터 생물다양성의 손실 및 문서화되지 않은 해로운 경제적, 사회적, 환경적 영향을 초래하고 있다. 관리되고 있는 생태계나 자연 생태계 모두 위험에 처해 있으며, 모든 국가의 경제적, 사회적, 환경적 복지가 위협을 받고 있다. 생물안보 프로그램은 식물과 식물성 산물의 이동과 관련된 위험을 분석하고, 다양한 위험관리 방법들을 통해 그러한 위험을 관리함으로써 무역을 촉진하는데 있다. 신뢰할 수 있는 올바른 병해충위험분석을 수행하는데 적절한 생물학적 지식이 필수적인 것이다(9장).

식물에 있어서 생물안보 프로그램은 대량의 무역량과 수반된 종 수, 관련된 생물다양성 때문에 자생이 아닌 종을 완전하게(*all*) 배제할 수 없다. 무역을 통한 경제적 이득을 침입외래종에 부과된 위험성과 비교 검토해 보면 종종 수입과 관련된 의사결정에 영향을 미치게 된다. 여기서 우리는 각각의 핵심적인 생물학 분야에서 공통적인 주제를 강조할 것이며, 이러한 학문분야의 이해를 통해 무역 및 여행과 관련된 한 국가의 생물안보를 어떻게 증진할 것인가를 설명

S.P. Worner(✉) · M. Braithwaite
Bio-Protection Research Centre, Lincoln University, P.O. Box 85084, Canterbury, New Zealand
e-mail: susan.worner@lincoln.ac.nz

R.C. Venette
Northern Research Station, USDA Forest Service, 1561 Lindig Street, St. Paul, MN 55108, USA

E. Dobesberger
906-1300 Pinecrest Road, Ottawa K2C 3M5, Canada

하고자 한다.

사람들의 많은 활동(항공여행, 국제우편, 교역)은 원하지 않는 병해충을 자생이 아닌 곳으로 이동시켜 그들이 정착한 곳에서 농업 및 자연 자원에 중요한 피해를 일으킬 가능성이 있다. 무역 및 여행과 관련된 사람들의 일부 활동의 부정적인 결과는 이익을 훨씬 초과할 수도 있다. 식물의 생물안보 측면에서 그러한 일부 활동들은 생태적, 경제적 또는 사회적으로 중요한 손해를 일으킬 가능성을 지닌 종의 침입을 더 쉽게 유도하고 있다. 생물안보를 담당하는 관리자들에게 직면한 문제는 순이익을 나는 활동을 허용하는 것과 해로움이 될 수 있는 활동을 금지하거나 엄격하게 규제하는 것이다. 우리는 병해충위험분석을 통하여 원하지 않는 생물로부터 잠재적인 위협과 피해를 완화하며, "가장 위험한(most danderous)"종을 식별하고자 하는 것이다.

종이 지닌 위협의 정확한 평가는 종 및 그들을 관리하는데 있어서의 반응에 관한 종합적인 지식을 필요로 한다. 우리는 각 종의 분류, 분포, 생태, 환경적 요구조건, 침입경로, 관련 생태계에 대한 잠재적 영향을 평가해야 한다. 한 국가의 생물안보 담당기관 내 의사결정자들은 그들의 결정을 알리고, 식물에 있어서 적절한 생물안보 정책의 개발을 지도하며, 식물위생 측면에서 무역을 조장하기 위해 위험완화조치방안을 고안하고 실행하며, 관련된 생물안보 활동의 진행사항에 접근하고, 정보 격차를 인지하는데 올바른 과학적 지식과 신뢰할 만한 권고사항을 필요로 한다(NZ Biosecurity Science Strategy 2007).

침입외래종의 해로운 영향으로부터 그 나라의 경제적, 환경적, 사회적, 문화적 가치를 보호할 책임을 지닌 생물안보기관은 병해충위험분석을 완료할 필요가 있다(9장). 병해충위험분석을 포함한 진행과정과 의사결정은 적절한 생물학에 의해 알려지고 안내되어야만 한다.

식물과 병해충 관계의 전체적인 범위는 종종 자료나 정보의 한정된 환경과 자주 쉽게 접근할 수 없는 언어에서 노출되어야만 한다. 우리가 식물의 생물안보를 최고의 노력으로 대비함에도 불구하고 수많은/빈번한 유입이 증명한 것과 같이 방어가 항상 가능하지는 않다(McCullough 등 2006). 자생이 아닌 새로운 침입종의 유입이 발생하면, 감시(surveillance) 또는 봉쇄(containment), 관리(management), 박멸(eradication)에 관한 통합된 대응프로그램이 고안되고 실행되어야만 한다.

효과적인 감시 전략을 결정하는데 있어서 병해충의 생태에 관한 완벽한 이해를 필요로 한다. 대상지역에서의 감시는 외래병해충의 조기탐지가 필수적이다(11장). 감시의 목적은 검역적으로 중요한 병해충이 존재하는가를 결정하고, 개체군의 양을 추정하며, 계절적 · 공간적 분포를 모니터링하고, 이러한 변수들이 시간이 지남에 따라 어떻게 변화하는지를 평가하는 것으로 다방면에 걸쳐 있다.

가장 대규모적인 감시 프로그램으로는 매미나방(*Lymantria dispar* (Linnaeus)), 지중해과실파리(*Ceratitis capitata* (Wiedemann)), 별수시렁이(*Trogoderma granarum* Everts), 감자씨스트선충(*Globodera rostochiensis* (Wollenweber)), 콩 녹병(*Phakopsora pachyrhizi* Sydow & Sydow 및 *P. meibomiae* Arthur)과 같은 침입종에 대하여 미농무부 동식물위생검사청(USDA APHIS)에 의해서 수행되었다. 이러한 종들은 세계적으로 중요한 병해충이며, 많은 나라에서 규제되고 있다. 조사에 있어서는 적어도 대상종의 생활사를 고려해야만 한다. 또한 대규모 감시프로그램은 특정 종내에서 종의 반응이나 환경적 실마리에 관한 우리의 지식을 활용하고 있다.

곤충의 감시 도구(유아등, 페로몬 유인제 등)는 종의 행동학적 특성에 바탕을 둔다. 식물 병원체에 대해서는 예를 들어 진균을 탐지하기 위한 포자 포획기의 효율성이 진균이 공기 중으로 분산하는 포자를 생산하는지와 포자 방출시 온도와 습도의 영향에 부분적으로나마 의존하게 된다. 식물병해충의 다양한 생활사 단계를 모니터링하거나 포획하는데 이용되는 탐지도구는 훌륭한 병해충 관리 교본에서 잘 설명되어 있다.

4.1.2 4장의 목표

생물학 분야, 특히 곤충학(응애학 포함), 식물병학(세균학, 균학, 선충학, 바이러스학 포함), 연체동물학, 잡초학은 병해충 및 병해충 관리에 관해 연구된 지식을 필요로 한다. 우리는 이러한 분야를 식물에 있어서 생물안보의 다양한 관점 및 특히 병해충위험분석의 수행을 위한 "핵심(core)"으로 생각한다. 이러한 분야의 이해는 생물안보를 담당하는 관리자들에게 생물안보 활동을 예견하여 수행하고, 전형적으로 위험평가과정과 관련된 상당한 불확실성에 대처하며, 미래 연구에 대한 정보 격차를 인지하는데 도움을 줄 것이다. 이 장은 생물안보를 담당하는 관리자가 필요로 할 수 있는 필수적인 모든 바탕을 제공할 수는 없지만, 각각의 핵심적인 분야에 대한 상식적인 주제를 인지하고, 이들 주제에 관한 더 많은 이해가 한 국가의 생물안보를 어떻게 증진할 것인가를 설명하고자 한다. 여기에서 제공되는 정보는 하나 이상의 이러한 분야를 공부하는 학생들에게 구름판으로 제공될 수 있을 것이다. 부가적으로 그것은 핵심 분야에 전문성을 지닌 과학자들이 그들의 연구와 식물에 있어서 생물안보와의 타당성을 결정하는데 도움을 줄 수 있을 것이다.

4.2 생물안보관련 분야

사람은 다양한 환경 속에서 가치가 있고, 지속가능하며, 다양한 식물자원에 대한 식물병해충과 전지구적으로 경쟁하고 있다. 경제적으로 중요한 식물은 종자, 곡물, 과일 및 뿌리, 그들의 일부에서 줄기나 수간, 가지, 꽃, 심지어 배양을 위한 잎이나 식물체 조직까지 식물체의 일부를 포함한 다양한 상품으로 사람들에 의해 세계적으로 무역되고 있다. 선적하는 상품을 위한 선적용 용기 및 팔레트와 수화물 지지대(짐깔개)는 재목이나 목재로 만들어지며, 식물병해충의 은신처가 된다(Zahid 등 2008).

다양한 식물성 상품의 무역은 식물의 생물안보 관점에서부터 수입하는 국가까지 중요한 문제들이 부과되어 있다. 대부분의 식물병해충은 식물체 속에서 먹고 지내며, 식물체를 서식처로 이용하며, 극심한 추위나 가뭄과 같은 혹독한 환경 조건 하에 식물체 속에서 쉬는데 적응되어 있다. 또한 병해충은 종자나 꽃, 잎, 싹, 뿌리, 줄기 부분, 나무의 형성층과 체관부 조직

그림 4.1 1994년부터 2000년까지 미국 항구에서 검출된 다양한 생물(McCullough 등 2006의 자료로부터 그려냄)

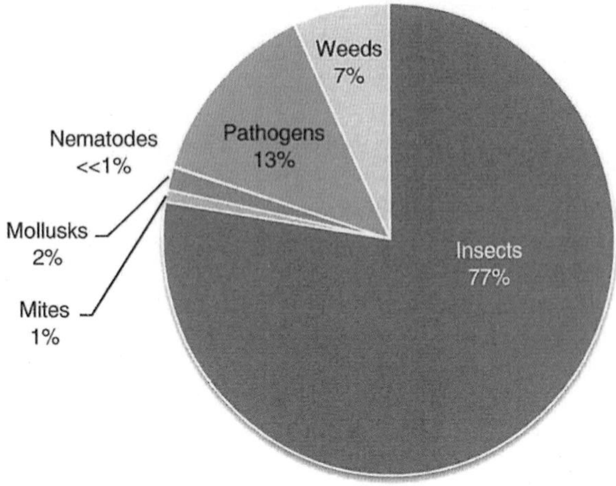

과 같은 특정한 식물체 부위를 이용하는데 적응되어 있다. 많은 곤충들은 수많은 식물병원균을 매개한다. 결과적으로 병해충은 위험완화 노력이 없는 곳에서 특히 식물체 또는 식물체 일부, 식물성 산물과 함께 이동하게 된다. 다양한 식물체(또는 식물체 일부)에서 병해충의 생태를 이해하는 것은 식물체의 이동과 무역을 촉진하기 위해 적절한 생물안보 조치를 개발하는데 필수적이다(그림 4.1).

핵심적인 생물학인 곤충학(곤충에 관한 연구), 거미학(응애에 관한 연구), 식물병학(진균, 세균, 바이러스를 포함한 병원체에 관한 연구), 선충학(선충에 관한 연구), 연체동물학(달팽이에 관한 연구), 잡초학(어떤 환경에서 원하지 않는 식물에 관한 연구)은 식물체와 그들의 생태계에서 있을 수 있는 병해충의 영향을 이해하는 것이 중요하다. 이러한 핵심 분야는 일부가 다른 것보다 더 잘 이해되었을지라도 중요하다. 규제 담당자는 규제 작업을 수행하고, 식물의 생물안보를 보장하기 위해 생물학적 지식이 요구되며, 핵심적인 생물학 원리의 전문가에게 접근하게 된다. 생물학 분야의 전문지식은 과학적인 정보의 출처에 대해 세계적으로 확실하게 검색하는 것이 필수적이며, 생물안보 관점에서 국가식물보호기구(NPPO)에게 통찰력을 제공할 것이다.

항구에서 검출되는 병해충은 다양하다. 미국에서 1994~2000년 동안 식물병해충의 검출은 곤충(〉75%)이 우점이었고, 병원체(13%)와 잡초(7%)가 뒤따랐다(McCullough 등 2006). 검출된 대부분의 곤충(37%)은 매미목과 나비목, 파리목에 속하는 곤충이 21%, 딱정벌레목이 13%를 차지하였다(McCullough 등 2006). 즉, 효과적인 생물안보 프로그램은 각각의 핵심적인 생물학 분야의 대표가 필요하다.

병해충의 생태를 이해하는 것은 다양한 관점의 생물안보 활동이 수행될 수 있도록 병해충의 행동 및 활동에 관한 지식을 제공하게 된다. 이것은 병해충에 의해 부과된 위험 수준과 봉쇄 또는 억제, 박멸, 배제와 같은 위험완화 조치의 계획과 실현가능성을 결정하는 것을 포함하고 있다. 특정한 생물학적 정보는 (1) 탐지 및 감시의 도구와 프로그램 설계, (2) 공격에 대한 기주의 취약성 평가 및 새로운 환경에서 병해충의 생존과 정착에 관한 기후의 영향 평가, (3) 병해충의 활동 또는 휴지 및 휴면에 관한 시기의 결정, (4) 경로의 확인, (5) 병해충의 분산능력 예견, (6) 병해충을 제거하기 위한 특정한 처리(예를 들어 열 또는 훈증, 목재 가공)의 설계에 도움을 준다. 종종 정보의 격차가 확인될 것이며, 또한 적절한 연구가 수행될 수 있다. 생물학 분야의 종합적인 리뷰는 식물의 생물안보와 관계가 있으며, 식물보호 및 검역 활동에서의 관련된 이슈들은 예들과 함께 Kahn (1989a, b, c)에서 찾아 볼 수 있을 것이다.

4.2.1 곤충학

곤충학은 곤충에 대한 연구이며, 식물의 생물안보를 위해 중요한 분야이다. 규제 프로그램의 절반 이상이 침입해충 또는 침입식물병원체의 매개자로써 곤충이 관여되고 있다. 곤충은 침입 후 심각한 경제적 · 생태적 피해를 자주 일으키기 때문에 중요한 관심 대상이다. 피해가 수십 년 또는 수 세기에 걸쳐 발생할 수 있다. 예를 들어 목화의 다래바구미(Boll weevil; 1890년대에 멕시코로부터 들어옴)로 인해 미국에서 누적된 비용은 500억 달러를 초과한다 (Simberloff 1996). 유럽계통 매미나방(European gypsy moth; 1868년 미국의 동부 삼림에 침입한 해충)에 의한 손실은 1981년 한 해에만 7억 64백만 달러였다(Simberloff 1996). 1991년부터 1996년까지 북서태평양 해안지역에서 아시아계통 매미나방(Asian gypsy moth)을 제거하기 위한 박멸 캠페인으로 20백만 달러의 비용이 지불되었다(Simberloff 1996). 미국에서 침입외래 해충 및 응애의 피해로 인한 손실과 방제 비용으로 매년 약 180억 달러가 발생하지만 (Pimental 등 2000), 이러한 피해 추정액은 생태계의 서비스 기능에 대한 영향을 완전하게 계산하지 않았다는 것이다. Chales & Dukes (2007)는 브라질에서 식물체를 먹이로 하고, 바이러스를 매개하는 담배가루이(*Bemisia tabaci*)가 식품과 섬유의 운송을 포함하여 잃어버릴 생태계 서비스 면에서 5~6년 이상 50억 달러의 비용을 발생시킬 것으로 추정하였다.

곤충은 가재, 게, 바다가재, 쥐며느리, 지네, 거미, 응애, 진드기와 관련된 절지동물(관절을 이룬 다리를 지닌 동물)이다. 절지동물의 특징으로 (1) 마디를 이룬 몸, (2) 몸 바깥쪽이 단단한 골격으로, 안쪽이 부드러운 부분으로 됨, (3) 쌍을 이룬 관절로 된 부속지, (4) 배쪽에 위치한 세로 신경색, (5) 등쪽에 위치한 심장을 포함하고 있다. 절지동물은 약 4~6백만 종을 포함하고 있으며, 거의 2백만 종의 곤충이 명명되어 있다. 기재된 모든 동물의 약 70%가 곤충이다. 또한 곤충은 우리가 식물해충이라 부르는 생물의 대부분을 차지하고 있다. 잘 알려진 수천 종과 새롭게 기재된 종(신종)이 곤충인 식물해충이다. 이러한 종은 세계의 모든 지역에서 중요한 경제적 · 환경적 피해 및 궁핍하게 할 가능성이 있다.

곤충은 몸의 형태와 기능면에서 다양성을 나타낸다. 많은 곤충들이 해충인 반면, 나머지 곤충은 우리의 생태계에서 중요한 서비스를 제공하는 중요한 구성요소이다. 예를 들어 곤충(벌, 파리, 나비와 같이)은 대부분의 현화식물과 식량작물을 화분매개를 하고 있다. 다른 곤충들은 포식이나 기생을 통해 수많은 해충들을 죽임으로써 식물해충의 자연적 방제를 제공하고 있다(DeBach & Rosen 1991). 많은 곤충들은 식물과 동물의 병원균을 매개하고 있다(Purcell &

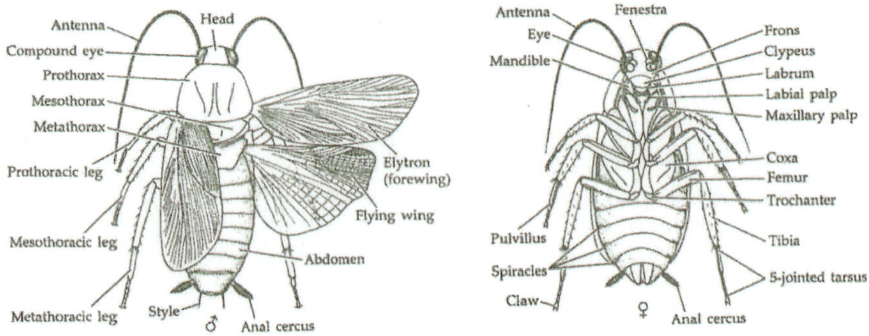

그림 4.2 바퀴 성충(Richard C. Brusca and Gary J. Brusca의 *Invertebrates*, 2판에서 Sinauer Associates 출판사로부터 허가를 받아 수록)

그림 4.3 번데기에서 우화 중인 모나크나비(monarch butterfly)의 모습(iStockphoto/Cathy Keifer 이미지 제공)

Almeida 2005; Lounibos 2002).

곤충은 몇 가지 해부학적 특징으로 인지할 수 있다. 모든 곤충은 3쌍의 다리와 3부분으로 구별되는 몸(머리, 가슴, 배), 1쌍의 더듬이가 있고, 대부분의 성충에서 날개를 가지며, 그림 4.3을 참조하기 바란다.

미성숙한 곤충은 외부 골격을 벗고 새로운 골격이 형성되는 연속적인 탈피(ecdyses)를 하면서 자란다. 새로운 골격은 몸을 팽창하는 동안 부드러우며, 그 후 경화된다. 모든 곤충은 변태를 보이며, 생활사 과정 중 몸의 모양이 변한다(그림 4.2). 실제로 그 변화는 너무 극적이어서 약간의 사전 지식 없이 동일종에 속하는 다양한 모양을 인지하기에는 어려움이 있다. 이러한 모습은 종종 생명체가 해충으로 인지되지 않을 때 식물의 생물안보에 있어 문제를 일으키게 된다. 생활사의 2가지 형태를 아래에서 논의하고자 한다. 곤충의 해부 및 생태와 관련된 부가적인 정보는 일부 훌륭한 곤충학 교본에서 찾아 볼 수 있을 것이다. 곤충이 일으키는 피해의 형태는 아래에서 확인할 수 있다(4.11.11절).

4.2.2 거미학

거미학은 응애에 관한 연구이다. 응애 또한 절지동물이며, 거미와 밀접하게 관련된다. 응애는 지구상의 분포 및 그들이 점령한 서식처의 관점에서 곤충과 경쟁자이다. 일부 응애들은 농작물, 관상수, 저장물의 심각한 해충이 될 수 있다. 다른 응애들은 동물과 사람에 질병과 죽음을 일으키기도 한다(Jeppson 등 1975). 때때로 응애의 경제적 영향은 더욱 잘 알려진 곤충(해충)보다 더 클 수 있다. 생물안보 당사국들은 많은 응애들을 규제하고 있다. 응애는 몸이 작거나 미세하고, 운반되기 쉬우며, 탐지하기 어렵다. 그러나 작물을 훼손하는 능력은 그들의 크기와 상반된다. 예를 들어 몇몇 응애는 그들의 종소명에 "destructor"라는 형용어를 가진다. Redlegged earth mite인 *Halotydeus destructor* (Tucker)는 호주, 남아프리카공화국, 뉴질랜드

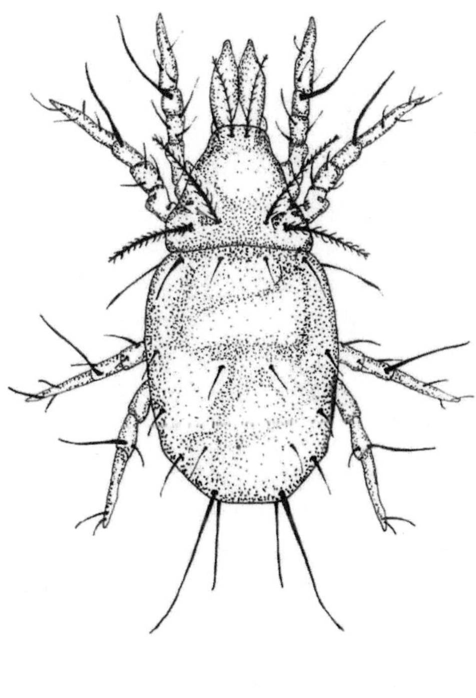

그림 4.4 가루응애(*Acarus siro*) 성충(© Lincoln University, Natural Sciences Image Library)

지역에서 목초, 작물, 채소의 주요 해충이다(Ridsdill-Smith 1997). *Varroa destructor* (Anderson and Truemen 2000)는 많은 식물에서 그들의 중요한 화분매개자인 벌 집단을 죽임으로써 크지만 간접적인 영향을 가지고 있다. 또한 응애는 식물병원체의 효율적인 매개자이다. 그렇지만, 일부 응애는 유익하며, 곤충(해충)을 방제하는데 이용될 수 있다.

응애는 거미강(Class Acarina)에 속한다. 응애를 연구하는 사람들은 거미학자(Acaologist)라 부른다. 응애는 곤충이 아니지만, 일부 곤충학자(특히 식물해충에 관심이 있는 학자)들은 이들의 생태에 관한 광범위한 지식을 가지고 있다. 응애는 성충일 때 4쌍의 다리를 가지며, 뚜렷한 몸의 구분이 없다(그림 4.4).

신기하게도 응애는 그들이 알 단계에서 (유충(larvae)으로) 부화할 때 3쌍의 다리를 가지고 있다. 유충이 탈피할 때, 4번째 쌍의 다리를 가지며, 그것을 약충(nymph)이라 부른다. 많은 원예학자들은 잎을 섭식하는 응애에 관심을 가지고 있으며, 일부 응애는 식물체에 혹이나 물집을 유발할 수 있으며, 그로 인해 미적인 피해를 일으키게 된다. 여러 "혹응애(bud mites)"는 식물체의 싹을 커지게 하여 어린 줄기가 나오지 않거나 약한 성장만을 보이게 한다. 싹을 갈라보면, 현미경으로 확인할 수 있는 많은 수의 작은 기다란 응애를 볼 수 있을 것이다.

4.2.3 식물병학

식물병학은 식물의 병에 관한 연구이다. 식물체의 정상적인 생리 기능이 무생물적 또는 생물적 요인들에 의해 변경될 때 병이 들게 된다. 또한 식물병원균으로 알려진 식물병의 생물적 원인들이 생물안보 당국의 관심거리가 되게 된다. 적절한 조건 하에서 식물병원균은 빠르게 정착하고, 심각한 피해를 일으킬 수 있다. 병원균은 바람, 물, 농작업 장비, 곤충 매개자, 식물잔재물, 종자, 재식용 재료, 동물, 농작업자에 의해 빠르게 확산될 수 있다(Gamliel 2008). 그러므로 병해충위험평가는 어떠한 식물병원균이 큰 영향을 미치는지를 결정하는 것이 중요하다. 전형적으로 고위험의 식물병원균은 (1) 밀 또는 옥수수, 벼, 감자(4가지 주요 농산물)의 병원균, (2) 환금작물과 이차적인 작물의 병원균, (3) 비식용 작물의 병원균, (4) 야생식물의 병원균으로 나눌 수 있다(Anderson 등 2004). Pimental 등(2000)은 침입외래 식물병원균이 미국에서 연간 약 210억 달러의 작물 손실을 일으킨다고 추정하고 있다. 미국에 밤나무 줄기마름병(Chestnut blight) 및 느릅나무 입고병(Dutch elm disease)을 일으키는 병원균의 침입은 미국 동부지역 삼림의 구조와 기능에 중대한 효과를 가져왔다(8.2.1절을 참조). 보다 최근에는 참나무 역병(Sudden oak death)을 일으키는 병원균의 침입으로 미국 서부지역의 삼림이 변화하고 있다.

식물병은 식량작물의 수확량 감소, 관상용 식물과 과일의 미적 가치 하락, 사람과 동물의 식품에 독소 생산과 같은 다양한 효과를 가지고 있다(Schumann & D'Arcy 2010). 진균 및 세균, 바이러스(19장), 선충(17장), 식물기생성 식물에 의해 식물병을 일으키게 된다(Brooks 2004). 영양결핍과 같은 무생물적 요인 또한 식물병의 증상을 일으킨다. 식물병은 (1) 모잘록, (2) 잎, 꽃, 과실의 반점 및 얼룩, (3) 도관의 시들음, (4) 궤양, (5) 혹, (6) 뿌리썩음, (7) 목재 부후, (8) 수확 후 부패와 같은 많은 다양한 증상을 초래할 수 있다. 모든 진균과 세균의 단지 일부분만이 식물병을 일으킬 수 있다. 대부분의 진균과 세균은 죽은 세포의 분해를 통해 영양원의 재순환에 기여하는 것과 같이 생태적인 이로움을 가지고 있다. 다른 것 들은 예를 들어 식물체의 뿌리와 밀접한 공생관계로 살아가는 균근균(mycorrhizal fungi)과 같이 식물 및 동물과 밀접한 이로움의 관계를 가지고 있다. 진균과 세균은 실질적으로 지구상의 모든 생태계 및 생태적 지위(niches)에 적응되어 정주하고 있다. 그러나 바이러스는 생존과 생식을 위한 기주를 필요로 함으로써 상당히 더 전문화되어 있다. 많은 병원균들은 매개자로서 역할하는 곤충과 응애에 의존하고 있다(Brunt 등 2006; Harris & Maramorosch 1980).

4.2.4 선충학

선충(eelworms 또는 roundworm)은 다세포 동물 중 분화된 그룹으로 아마도 지구상에서 가장 많은 종류의 동물일 것이다(17장). 선충은 가장 깊은 바다에서부터 독일의 어느 술집에 있는 맥주잔 받침에서 사는 것까지 있다(Boucher & Lambshead 2002; Ferris 2009). 선충은 크기가 1mm 이하에서 몇 m까지 다양하다(Ferris 2009). 식물에 피해를 일으키는 선충은 일반적으로 미세하며, 연구를 위해서 현미경이 필요하다. 그들을 동정하기 위해서는 실제로 상당한 기술이 요구되고 있다. 선충은 기다란 모양(적어도 생활사의 일부 동안), 양쪽이 대칭, 물결모양으로 이동, 대부분 단백질로 된 큐티클에 의해 다른 동물과 구별될 수 있다. 선충은 또한 눈에 띄는 구조가 없는 것이 주목할 만하다. 선충은 체강(즉, 근육으로 경계를 이룬 몸의 빈 공간), 호흡계, 순환계가 없으며, 가장 중요하게 진정한 마디화가 없다는 것이다. 모든 선충은 필수적으로 물에 사는 생물이다. 많은 종들이 민물이나 해양 환경에서 나타나는 반면, 다른 것들은 토양입자 및 뿌리를 둘러싼 수막을 지닌 토양에서 살고 있다. 그 밖의 선충들은 식물체나 동물 조직 속에서 기생자로 살아가기도 한다(Ferris 2011).

일부 선충은 식물이나 동물에 해로움을 주는 반면, 일부는 식물체 영양원을 광물화하고, 식물병원균을 조절함으로써 이로움을 준다. 식물체를 먹는 선충은 식물체의 뿌리를 가해하여 즉, 영양분과 물의 흡수를 지체시키고, 식물병원체나 들어갈 수 있는 상처를 만들며, 식물바이러스의 매개로 인해 식물체의 성장을 나쁘게 하고, 수확량을 떨어뜨릴 수 있다. 일부 선충은 곤충에 의해 매개되기도 한다(Kobayashi 등 1984). 식물체에 대한 선충의 피해는 영양결핍과 같은 다른 원인으로 빈번하게 오인되기도 한다. 일부 선충의 암컷은 알과 함께 부풀어 죽고, 강한 바깥 덮개로 큐티클이 경화된다(씨스트). 씨스트는 건조에 높은 저항성이 있으며, 씨스트 내의 알은 수년 동안 생명력을 유지할 수 있다. 선충의 전염은 천천히 발전하지만, 많은 선충들은 생물안보상 중요하다. 선충은 작아 탐지하기 힘들고, 공간적으로 모여 있는 경향이 있을 뿐만 아니라 동정하기도 어렵다. 많은 것들이 식물체나 토양에 살며, 종종 새로운 유입 가능성이 높은 수입농산물 상품과 관련되기도 한다. 감자의 중요한 해충인 감자씨스트선충(*Globodera rostochiensis* (Wollenweber) Behrens), 포도의 해충인 검선충(*Xiphinema index* Thorne & Allen), 사탕무씨스트선충(*Heterodera schachtii* A. Schmidt), 감귤선충(*Tylenchulus semipenetrans* Cobb)과 같은 일부 선충들은 새로운 지역에 침입한 역사가 있으며, 상당한 경제적 영향을 주고 있다.

4.2.5 연체동물학

민달팽이와 달팽이는 식물의 중요한 해충이다. 달팽이는 무역에서 종종 검출되며, 침입외래 달팽이는 자국 내 농업에 부정적으로 영향을 줄 수 있다. 예를 들어 호주 남부에서 적어도 5종의 외래 달팽이가 확인되었으며, 밀과 보리, 콩, 목초, 포도의 중요한 해충이다(Baker 1989, 2002, 2004, 2008). 달팽이는 종종 비정상적으로 높은 밀도(540마리/m²)에 도달하여 농기계의 작동을 방해하고, 수확물에 혼입되며, 어린 묘를 훼손한다(Baker 2002, 2004, 2008). 목초지에서 많은 수의 달팽이가 내는 점액질로 인해 가축이 목초를 거부하는 원인이 될 것이다(Baker 1989, 2008). 달팽이는 또한 사람이나 동물의 병원균에 대해 중간숙주가 될 수 있다(Baker 2008). 동식물위생검사청(APHIS)의 검사 매뉴얼에는 직원들에게 병에 오염될 가능성이 있기 때문에 달팽이를 다룰 때 장갑을 착용하도록 주의를 주고 있다.

민달팽이는 미국의 콩 포장에서 어린 식물체를 갈기갈기 망가뜨리거나 벗겨버림으로써 심각한 피해를 주는 해충이다. 달팽이는 본성적으로 "아주 느릿느릿하게(snail's pace)"움직이지만, 사람들(사람과 공생)의 이동과 관계되어 남극을 제외한 세계 전역으로 침입되어 있다(Grimm 등 2009). 침입한 달팽이는 원산지의 생태계에 잘 알려지지 않은 해로운 영향과 함께 종종 자생종을 대체하기도 한다(Grimm 등 2009). 추운 온대지역에서 침입한 달팽이의 생물학적 특성은 (1) 넓은 범위의 기주 식물, (2) 넓은 서식처 내성, (3) 효율적인 분산을 포함하고 있다(Grimm 등 2009).

미국은 빈번하게 아프리카왕달팽이(*Achatina fulica* (Férussac); GAS)의 감염을 경험하고 있다. 이들 달팽이는 길이가 8인치(20cm)까지 자라며, 식물체 및 석고벽, 회반죽을 씹어 먹는다. 아프리카왕달팽이(GAS)는 사람에게 치명적이지 않은 계통의 수막염을 감염시킬 수 있는 기생자를 가지고 있을 수 있다. 달팽이는 자웅동체이며(각각의 달팽이는 수컷과 암컷의 생식기관을 지님), 연간 1,200개의 알을 낳을 수 있어 빠르게 증식할 수 있다. 최근에 마이애미 지역에서 적어도 5개로 구분된 인근지역에 수천 마리의 아프리카왕달팽이가 발생하였다(Capinera & White 2011). 아프리카왕달팽이는 아프리카 동부가 자생지로 현재는 환태평양 지역, 하와이, 몇몇 카리브해 섬들에서 나타나고 있다(Raut & Barker 2002). 미국으로의 반입이 미농무부의 허가 없이는 금지되어 있으며, 수년 동안 허가서가 발급되지 않았다. 이상발생이 처음 있었던 곳에 정착이 되지 않았지만, 달팽이가 종교의식이나 애완동물로 밀수입될 수 있을 것이다.

4.2.6 잡초학

잡초학은 "장소에 어울리지 않는(out of place)"(즉, 원하지 않는 곳에; 다른 장소(ex situ)) 식물체에 관한 연구이다. 잡초(21장)는 가장 중요한 침입종 중 하나이다. 식물체는 일차적인 생산자이기 때문에, 새로운 식물의 침입은 궁극적으로 생태계의 구조와 기능을 변경시킬 수 있다. 침입외래 잡초의 경제적 영향은 미국에서 피해 및 방제비용으로 연간 적어도 340억 달러에 달한다. 이 영향의 대부분(230억 달러)은 농업상 작물의 잡초에 의해 일어난 손실에서 나온다(Pimental 등 2000). 이러한 피해 추정액은 몇몇 생태계 서비스에 대한 역효과적인 영향을 계산하지 않고 있다. 자연생태계는 이러한 지역에서 잡초를 방제하는 것이 특히 어렵게 될 수 있기 때문에 특별히 취약하다. 비표적 식물체로 제초제의 표류는 바람직하지 않은 것이다. 침입한 잡초를 방제하기 위해 의도적으로 초식곤충 또는 병원균을 도입하려는 활동은 자생 식물에 대해 의도되지 않는 결과를 초래할 수도 있지만, 생물적 방제인자에 대한 개선된 위험평가는 생물적 방제를 실행하는 동안 환경적 안전성을 증가시켜 줄 것이다(Cruttwell McFayden 1998).

이 분야는 특정 식물체가 문제가 될 수 있는 상황과 그들의 방제나 제거를 달성하기 위한 방법에 초점이 맞춰져 있다. Pimental 등(2000)은 잡초가 작물 수확량의 12%를 감소시키며, 연간 생산손실액으로 대략 320억 달러에 이른다고 보고하였다. 그림 4.1은 미국 항구에서 잡초가 7%로 검출되고 있음을 보여주고 있다. 일반적으로 잡초는 다른 값어치 있는 식물의 생장을 간섭하고, 미적인 것에 악영향을 미치며, 생태계를 변화시키고, 공기 중으로 알레르기 항원을 내놓으며, 식물병원균과 다른 병해충의 대체기주로 제공되고, 가축에게 독성이 될 수 있다. 미국에서 2,000종 이상의 식물이 잡초로 기재되어 있다. "가죽나무(tree of heaven)"인 *Ailanthus altissima* (Mill.) Swingle 같은 몇몇 중요한 잡초는 원래 관상수로 도입되었지만, 재배지에서 벗어나게 되었다. 칡(*Pueraria montana* (Lour.) Merr.) 및 노박덩굴(*Celastrus orbiculatus* Thumb.도 의도적으로 도입되었지만, 지금은 자생의 식생을 덮어 감춰버리고 있다(20장 참조).

4.3 분류학 및 계통학

4.3.1 개요. 병해충위험분석에서 분류학 및 계통분류학의 역할

"분류학(taxonomy)"과 "계통분류학(systematics)"이란 용어는 일부 과학 분야에서 상호 교환적으로 이용되고 있다. 여기서 분류학은 생물을 이름짓고, 동정하는 것으로 언급하는 반면, 계통분류학은 생물의 분류체계를 수반하고 있다. 일부 생물학자들은 잇따르는 모든 다른 정보로부터 동정에 관한 중요한 기본적인 정보를 제공하기 때문에 분류학을 생물학의 "봉사자(servant)"로 특징짓기도 한다(Sivarajan 등 1991). 일부 생물은 식물을 매우 훼손시킬 수 있는 반면, 밀접하게 관련된 분류군이 무해하게 될 수 있기 때문에 생물의 정확한 동정과 올바른 배열은 식물의 생물안보에 있어서 중요하다. 의심스런 해충 또는 잡초, 병원균의 오동정은 생물안보 조치를 취하거나 조치가 규정되어 있지 않을 때 대응하는 것이 실패를 초래할 수 있다. 어떠한 이유에서건 의사결정에 있어서 실수는 매우 비싼 대가를 치룰 수 있다.

특정한 생물의 올바른 이름과 관련하여 우리는 그의 해부학 및 생물학, 생태학, 지리적 분포에 대한 정보를 모으게 된다. 수천 종의 곤충과 식물병원균, 잡초는 전지구적으로 관리되는 생태계 및 고유의 생태계에 잠재적인 영향을 가지고 있다. 생물안보를 위험스럽게 위협하는 비의도적인 침입과 정착은 박멸 또는 봉쇄, 방제를 위한 직접적인 비용과 간접적인 비용을 포함한 상당한 비용을 초래할 수 있다. 중요하면서 빠르게 깨닫게 되는 간접적인 비용은 영향을 받은 상품에 관여하는 양자간 무역의 손실인 것이다. 만약 병해충이 박멸될 수 없다면, 규제당국은 또한 방제 및 병해충 관리에 관한 지속적인 비용을 부담하게 된다. 지속적인 방제 비용은 새로운 살충제, 생물농약, 새로운 생물적 방제인자에 관한 연구, 페로몬이나 미끼와 같은 새로운 방제기술에 관한 연구, 상품의 운송을 촉진하기 위한 완화조치에 관한 연구와 같은 새로운 방제 조치의 개발과 관련된 비용을 포함할 수 있다. 하나의 종에 관한 환경적 피해 및 방제 비용은 지속적으로 될 수 있다. 미국에서 불개미인 *Solenopsis invicta* Buren (벌목: 개미과)에 대해서 4~6억 달러의 비용을 지불하고 있다(Pimental 등 2005). 뉴질랜드에서 토착이 아닌 침입한 무척추동물 해충이 목초 및 사료 생산에 8억에서 20억 뉴질랜드 달러의 경제적 영향을 야기하고 있다(Goldson 등 2005). 단지 4백만 명의 인구를 가진 국가에 있어서 그것은 GDP의 중요한 부분을 차지하는 것이다.

외래 침입종의 오동정은 한 국가에 있어서 매우 비싼 대가를 치룰 수 있는 폭포수와 같은 해로운 결과로 안착될 수 있다. 일부 생물학자들은 2007년 캘리포니아에서 오동정으로 인해 심각한 과수해충인 연갈색사과잎말이나방(LBAM, *Epiphyas postvittana* (Walker))(나비목: 잎말이나방과)의 정착을 초래하였다고 믿는다(Suckling & Brockerhoff 2010). 이 나방은 연갈색잎말이나방(LBAM)이 아닌 다른 무해한 종으로 동정이 잘못되었기 때문에 캘리포니아에 정착하였으며, 영국에 퍼져 심각한 경제적 손실을 야기하였다(Fountain & Cross 2007; Suckling & Brockerhoff 2010).

잘못된 동정은 아프리카에서 카사바 해충인 카사바가루깍지벌레(*Phenacoccus manihoti* Matile-Ferrero)에 의해 막대한 피해를 일으켰다. 카사바는 가뭄에 저항성이며, 아프리카 사하라 인근지역에서 200백만 명 이상의 사람들을 위한 기본적인 식량작물이다. 과학계에 알려져 있지 않던 이 가루깍지벌레는 1973년 콩고에서 상당한 피해로 인해 발견되었다. 1980년대 초반에 카사바 생산에서 이 해충의 영향은 열대 아프리카의 사하라 인근 전역을 통해 널리 퍼졌다. 수천만 명의 사람들이 영향을 받게 되었다. 불행하게도 이 가루깍지벌레는 오동정되어 있었다. 잘못된 동정의 결과로 계속된 모든 생물적 방제의 시도는 비효과적이었다. 이것은 여러 해 연구 활동의 헛수고 및 수십억 달러의 작물 손실을 초래하였다(Zeddies 등 2001). 카사바가루깍지벌레가 정확하게 동정되었을 때 상당히 효과적인 생물적 방제 인자가 확인되었으며, 아프리카로 도입되어 27개국에서 카사바가루깍지벌레를 방제할 수 있게 되었다(Zaddies 등 2001).

캐나다 노바스코샤에서 갈색가문비하늘소(*Tetropium fuscum* (Fabricius)) 또한 관련된 같은 속의 종(*Tetropium cinnamopterum* Kirby)으로 1990년에 오동정되었다. 이미 상당한 피해를 인지하였을 때인 2000년까지 공식적으로 확증되지 않았다(Smith & Hurley 2000). 시간이 지남에 따라 박멸이 더 이상 실현가능하지 않게 되었으며, 이 해충은 이웃의 뉴브런즈윅으로 확산되게 되었다. 현재 해충 관리 및 방제 전략은 이 해충의 확산을 느리게 하거나 막는 것이 목적이 되었다. 비슷하게 아시아호리비단벌레(*Agrilus planipennis* Fairmaire)는 미시간의 디트로이트와 인접한 캐나다의 Windsor에서 2002년에 확증되기 전인 아마도 적어도 10년 동안 낮은 밀도의 개체군으로 탐지되지 않고 있었다. 정확하고 즉각적인 동정은 병해충위험평가의 수행에 있어 개선 및 효과적인 위험완화 조치의 조기 개발을 유도하게 될 것이다. 왜 분류가 문제인지 다른 예들을 다음 사이트에서 찾아 볼 수 있을 것이다: http://www.bionetintl.org/opencms/ operncms/caseStudues/

4.3.2 이명법 및 린네의 분류체계

해충, 병원균, 잡초의 정확한 분류체계 및 동정은 중요하다. 명명법은 규제 당국에게 모호함이 없이 명확하게 종에 대한 의사전달을 할 수 있도록 하고 있다. 린네의 체계는 각각의 생물은 단지 하나의 정확한 학명을 가지며, 두 생물은 정확하게 같은 학명을 가질 수 없다는 분류체계를 제공하고 있다. 즉, 우리는 각각의 해충과 병에 대하여 위험정보교환을 용이하게 할 수 있는 도구를 가지고 있는 것이다(Brusca & Brusca 2003). 1758년에 Carolus Linnaeus는 이명법이라는 체계를 제안하였다. 이 명명체계를 바탕으로 린네는 모든 생물이 속명에 종소명이 뒤따르는 두 부분으로 된 이름을 가지는 것으로 제안하였다. 이 종소명은 속에 속하는 개개의 종을 구별하게 한다. 예를 들어 연갈색사과잎말이나방의 학명은 *Epiphyas postvittana* (Walker)이다. 많은 종들이 *Epiphyas*속에 할당되어 있지만, 단지 한 종은 종소명을 "*postvittana*"로 가지고 있으며, 그러므로 그의 이름이 *Epiphyas postvittana*이다.

종명은 두 가지 목적을 제공하고 있다. (1) 종명은 생물학적 정보를 정리하는 방법을 제공하며, (2) 종명은 종을 특정한 그룹의 생물과 연결해 준다. 그래서 호주 멜버른에서 *Epiphyas postvittana*에 대하여 수집된 정보가 뉴질랜드 Nelson이나 미국 캘리포니아에서 *E. postvittana*와 관련되어야 한다. 둘째로 종명은 다른 종과의 관계성에 관한 우리의 이해를 성문화하는 방법을 제공해 준다. 분류체계는 린네에 의해 발전되었고, 그가 알고 있는 모든 동물에 대해 종명을 제공하였으며, 동물을 명명하는 일부 지침을 제안한 그의 *Systema Naturae* (1758) 10판으로 출판되었다. 린네는 또한 종의 분류체계를 다른 점에 바탕을 두기 보다는 오히려 유사성에 바탕을 둔 첫 번째 분류학자 중의 한 사람이었다(Brusca & Brusca 2003). 그는 진화 역사와 종 사이의 유연관계를 반영한 분류체계의 계층에 바탕을 제공하였다. 린네의 뒤를 이어 분류체계는 적당한 분야에서 몇 번 변형이 이루어졌다. 현재 그 체계는 8개의 주요한 분류학적 범주를 포함하고 있다. 예를 들면,

범주(Category)	분류군(Taxon)
域 Domain	Eukarya 진핵생물역
界 Kingdom	Animalia 동물계
門 Phylum	Arthropoda 절지동물문
綱 Class	Insecta 곤충강
目 Order	Lepidoptera 나비목
科 Family	Tortricidae 잎말이나방과
屬 Genus	*Epiphyas*
種 Specie	*Epiphyas postvittana* (Walker)

종명(속명 + 종소명) 뒤에 사람의 이름을 붙인다. 그것은 그 생물을 처음 기재한 사람의 이름이며, 그의 이름이 부여된다. 동물의 분류체계에서 그 종이 근원적으로 다른 속으로 할당될 때 저자의 이름을 괄호로 묶는다. 저자의 이름이 괄호로 묶이지 않았을 때는 그 종이 "올바른(correct)" 속에 놓여 있음을 의미한다.

이 체계를 이용하면, 곤충은 *Epiphyas pulla* (Turner)로 동정된 것보다 서로 더 유사한 *E. postvittana*로 동정되었다. 이 유사성은 일반적으로 물리적 닮음을 수반하게 된다. 즉, 서로 밀접하게 관련되어 있지만, 다른 속의 나방인 *Amorbia emigratella* (Busck)보다 *Epiphyas postvittana*와 *E. pulla*는 상호간에 더 유사할 것이다. 이들 3종 모두는 잎말이나방과(흔히 leafroller 또는 Olethreutine moths로 알려짐)에 속하며, 예를 들면 누에나방(누에나방과)보다 형태적으로나 행동학적으로 서로 더 유사한 것이다. 모든 나방(나비목)은 딱정벌레(딱정벌레목)보다 서로 더 유사하다, 등등. 모든 생물학 분야는 종을 명명할 때(비록 진균에 있어서 분류학은 일부 두드러진 예외를 가지지만) 이러한 같은 접근방식을 사용하려고 한다.

분류군 사이의 분류학적 유연관계는 하나의 종에 대한 정보가 거의 알려져 있지 않을 때, 생물학자는 종종 밀접하게 관련된 종에 대해 알려진 것에 의지하며, 빈약하게 연구된 종을 해부학적, 행동학적, 생물학적 측면에서 유사한 것으로 추측하기 때문에 중요하다. 만약 분류학이 그 그룹의 진화 역사를 정확하게 반영하지 못한다면, 그런 가정은 빈약하게 될 것이다. 이 일반화에 예외가 있지만, 그 원리는 가정을 작동함으로써 가치를 가지게 되는 것이다.

4.4 중요한 식물해충의 해부학적 특성

곤충강은 대략 25개 목(order, 目)의 곤충을 포함하고 있다. 새로운 분류군이 발견되고, 더 많은 생물학적 정보가 유용하게 됨으로써 분류학자들이 그들의 분류체계를 계속적으로 개정하기 때문에 "대략"이란 단어가 이용되었다. 중요한 식물해충과 관련하여 가장 주목할 만한 종들은 7개의 큰 곤충 목에서 나타난다. 그림 4.5는 주요 목을 분류하는데 기초가 되는 일반적인 해부학적 특징을 도식화한 일반적인 곤충의 해부학적 특징을 나타내고 있다. 식물의 생물

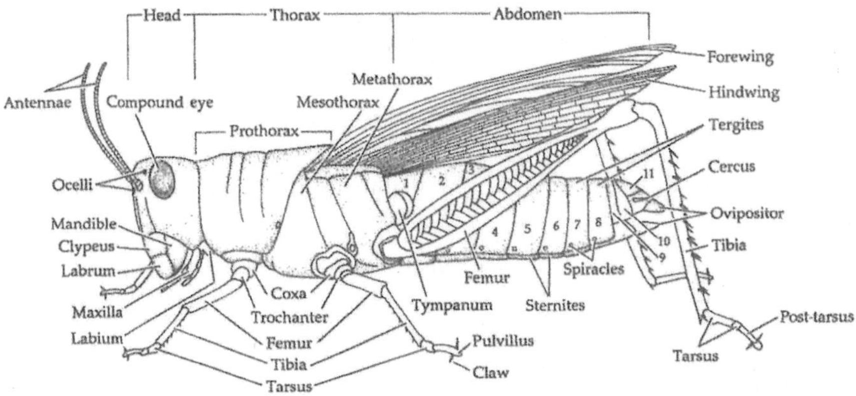

그림 4.5 메뚜기(메뚜기목)의 외부 해부도(Richard C. Brusca and Gary J. Brusca의 *Invertebrates*, 2판에서 Sinauer Associates 출판사로부터 허가를 받아 수록)

안보에서 종종 관심이 되는 7개의 주요 목에 대한 간단한 진단은 다음과 같다.

4.4.1 생물안보에서 중요한 곤충의 목

딱정벌레목(Coleoptera): 더듬이는 11마디보다 적다. 홑눈이 없다. 입틀은 씹는형이다. 앞가슴이 보통 크고, 구별된다. 앞날개는 복부 전체나 일부를 덮는 초시(elytra, 방패)로 단단하게 되어 있다. 초시는 몸 중앙을 따라 서로 접한다. 뒷날개는 막질이며, 앞날개보다 크다. 예: 유리알락하늘소(Asian longhorned Beetle, *Anoplophora glabripennis* (Motschulsky)).

파리목(Diptera): 머리가 가동적이다. 겹눈이 크다. 2~3개의 홑눈이 있다. 1쌍의 막질인 앞날개가 있다. 뒷날개는 축소되어 평균곤(halteres)이라 부르는 1쌍의 작은 균형기관을 이룬다. 가운데가슴마디가 커져 있다. 예: 지중해과실파리(Mediterranean fruit fly, *Ceratitis capitata* (Wiedemann)).

노린재목(Hemiptera; 노린재, 진딧물, 매미, 매미충, 깍지벌레): 입틀은 찔러 흡수하기 위한 침과 같은 기다란 주둥이를 이루며, 사용하지 않을 때는 몸 아래 뒤쪽으로 향해 있다. 보통 2쌍의 날개가 있다. 앞날개는 뒤쪽 부분이나 전체가 막질로 두터워져 있다. 예: 매미충 일종(Glassy winged sharpshooter, *Homalodisca vitripennis* (Germar)).

나비목(Lepidoptera; 나방과 나비): 몸과 날개 양쪽은 보통 작은 중첩된 인편이나 털로 덮여있다. 겹눈은 크다. 입틀은 전형적으로 코일로 된 주둥이를 이루며, 성충이 섭식을 하지 않는 일부 종에는 없다. 예: 매미나방(Gypsy moth, *Lymantria dispar* (Linnaeus)).

벌목(Hymenoptera; 말벌, 벌, 개미): 더듬이는 실과 같으며, 다수의 마디로 되어있다. 겹눈이 잘 발달되어 있다. 3개의 홑눈이 전형적이다. 입틀은 씹는형이며, 많은 종에서 즙액을 흡입하는데 적응되어 있다. 막질인 2쌍의 날개는 날개걸쇠(hamuli)로 불리는 갈고리와 같은 구조로 비행하는 동안 서로 연결된다. 잎벌류를 제외하고, 뚜렷하게 "잘록한 허리(waisted)"를 이룬다. 암컷은 종종 톱과 같은 또는 침과 같은 두드러진 산란관이나 침을 지닌다. 예: 송곳벌 일종(Wood wasp, *Sirex noctilio* Fabricius).

메뚜기목(Orthoptera; 메뚜기, 귀뚜라미): 몸은 기다랗다. 겹눈이 잘 발달되어 있다. 홑눈은 있거나 없다. 입틀은 씹는형으로 아래쪽을 향한다. 앞가슴이 넓어져 말안장이나 방패모양을 한다. 앞날개는 단단하게 되어 있으며, 종종 뒷날개보다 좁다. 뒷날개는 훨씬 크며, 종종 세로주름으로 접혀있다. 일부 종은 날개가 없다. 뒷다리는 크고, 도약하도록 변형되어 있다. 복부는 쌍을 이룬 짧은 꼬리돌기를 지닌다. 예: 이주형 메뚜기(*Melanoplus sanguinipes* (Fabricius)); 이주형 풀무치(*Locusta migratoria* (Linnaeus)).

총채벌레목(Thysanoptera): 매우 작거나 미세한 곤충이다. 앞날개는 가늘며, 가시털로 연모를 이룬다. 뒷날개는 크기, 모양, 가시털 패턴에서 앞날개와 닮았다. 더듬이는 짧다. 입틀은 긁어서 흡수하는 형이다. 예: 볼록총채벌레(Chili thrips, *Scirtothrips dorsalis* Hood).

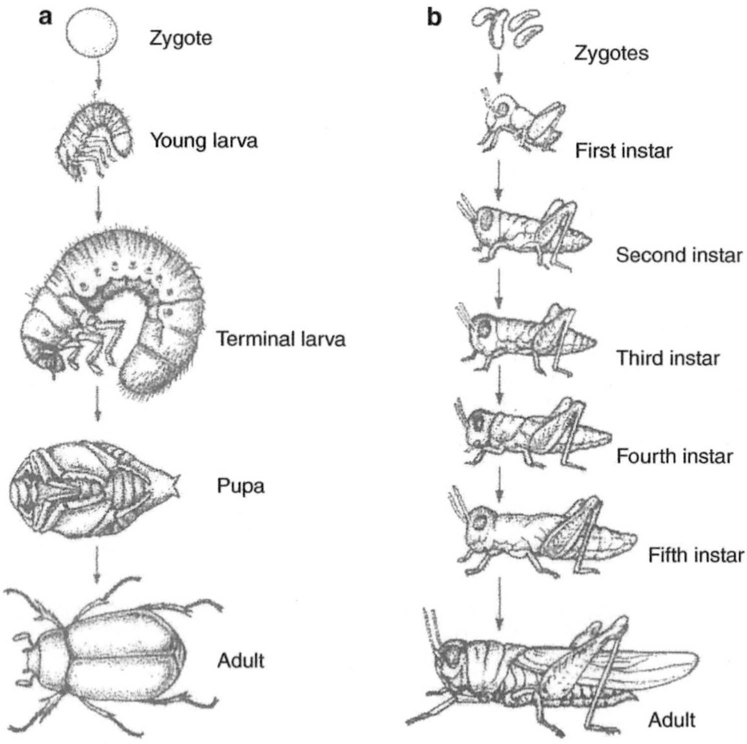

그림 4.6 (a) 완전변태류의 생활사. (b) 불완전변태류의 생활사(Richard C. Brusca and Gary J. Brusca의 *Invertebrates*, 2판에서 Sinauer Associates 출판사로부터 허가를 받아 수록)

4.4.2 곤충의 생활사

곤충은 그들의 생활사를 통해 진전해가면서 상당한 물리적 변화를 겪는다. 생활사는 알로 시작하여 알을 낳는 성충으로 끝난다. 알과 성충단계 사이에 우리는 식물에 가장 피해를 주는 미성숙단계를 볼 수 있다. 곤충은 완전한 생활사(완진변태; 그림 4.6a)와 불완전한 생활사(불완전변태; 그림 4.6b)로 불리는 2개의 주요 생활사를 가진다. 완전한 생활사에 있어서는 알이 1~8개의 령을 완성하는 유충으로 부화한다. 이들 령은 번데기 단계로 이어지며, 그 후 볼품없는 번데기에서 딱정벌레나 나비와 같이 성충으로 극적이지만 친숙한 변태를 겪는다. "씹는형(chewing)"의 생활사를 가진 많은 해로운 곤충은 이러한 생활사를 가진다. 나방, 나비, 딱정벌레, 바구미, 파리는 주로 완전한 생활사를 이룬다.

불완전한(불완전변태) 생활사는 생식기관이나 잘 발달된 날개가 없는 성충과 같이 보이는 약충 형태로 부화하는 알에서 시작한다. 몇몇 약충 령(전이적 성장)이 이어지고, 잘 발달된 날개와 생식기관을 지닌 성충으로 점진적으로 발육한다. 이러한 변태를 지닌 종은 찔러 흡수하는 입틀을 가진 많은 "노린재"를 포함하며, 식물의 심각한 해충들이다. 불완전변태 곤충은 메뚜기, 진딧물, 총채벌레, 깍지벌레, 멸구를 포함한다.

4.5 식물병원체의 해부학적 특성 및 생활사

4.5.1 진균

거의 모든 진균은 생장하고 기주에 정착할 수 있는 균사체(mycelia, 가는 실)를 가진다. 진균은 부생(saprophytic, 죽은 유기물로부터 영양분을 얻음)이거나 사물기생(necrotrophic, 영양분을 얻기 위해 기주세포를 죽임) 또는 활물기생(biotrophic, 기주의 살아있는 세포에서 영양분을 얻음)을 한다. 진균은 대개 각 염색체 쌍의 단지 한 copy (1N)만을 지닌 반수체 세포로 구성되는 균사체로 존재한다. 단순화된 유성 생활사는 2개의 다른 핵을 가진 쌍핵세포를 만들기 위해 세포융합(세포질융합, plasmogamy)으로 구성된다. 이것은 배수체 세포(2N)를 만들기 위해 핵융합(세포핵융합, karyogamy)으로 이어지며, 그 후 반수체 상태로 돌아가기 위해 감수분열(meiosis)을 한다.

진균은 종종 현대적인 분자적 데이터를 이용하여 분류학적 체계의 재편을 계속적으로 겪고 있다. 진정한 진균으로 분류된 생물은 현재 다른 분류학적 그룹들과 동등한 위치에 맞춰져 있다. 예를 들어 Plasmodiophora는 현재 Cerocozoa (대개 토양에 사는 원생생물)로 분류된다. 십자화과 채소의 중요한 Plasmodiophora 식물병원균은 "뿌리혹병(club root)"을 일으키는 무사마귀병균(*Plasmodiophora brassicae* Woronin)이다. 난균강(Oomycetes)은 Stramenopiles (2개의 편모를 지닌 편모세포)로 그룹을 이루거나 그들의 생활사 일부 단계에서 편모세포가 나온다. 예로는 갈조류 및 규조류를 포함한다. 난균문(Oomycota)은 *Phytophthora* spp. (역병균), *Peronospora* spp. (노균병균), *Albugo* spp. (흰녹가루병균)을 포함한다(그림 4.7).

그림 4.7 *Peronospora viciae*에 의한 완두 노균병(좌) 및 *Albugo* sp.에 의한 배추 흰녹가루병(우)(M. Braithwaite의 이미지를 뉴질랜드 MPI에서 제공)

진정균류 내에서 4개의 주요 그룹인 담자균문(Basidiomycota), 자낭균문(Ascomycota), 접합균문(Zygomycota), 병꼴균문(Chytridiomycota)이 식물병원균을 포함한다. 그 밖의 그룹(취균문, Glomeromycota)은 arbuscular mycorrhiza 진균(식물의 뿌리 속에서 자라는 진균으로 식물에게 부가적인 수분과 영양분을 공급하는 공생관계를 형성함)과 그의 인척들을 포함한다.

담자균문(Basidiomycota): 모든 진정균류의 약 1/3은 이 그룹에 속하며, 흔히 보는 버섯류, 녹병균, 깜부기병균, 말뚝버섯류, 목도리흙밤버섯류, 말불버섯류, 일부 효모들을 포함하고 있다. 이 그룹은 하나의 뚜렷한 형태가 없고, 다양하다. 아마도 가장 일반적인 진단 특징은 반수체의 유성 담자포자를 내는 담자기(basidia; 곤봉모양의 세포)의 생성이다. 담자균류는 일반적으로 균사세포에 융합하지 않은 2개의 반수체 핵이 존재하는 긴 쌍핵의 생활사 상을 가진다. 담자기를 생산할 때만 융합이 일어난다. 감수분열이 빠르게 이어지고, 담자포자가 생성된다. 담자균류는 별개의 기주에서 다른 형태를 나타내는 복잡한 생활사를 가질 수 있다. 예를 들어, 중요한 검역병인 사과 붉은별무늬병(Apple cedar rust, *Gymnosporangium juniperi-virginianae* Schweinitz)은 향나무속(*Juniperus* spp.) 및 사과속(*Malus* spp.)에서 생활사를 완성한다. 한 기주에서 생산된 포자가 다른 기주에만 감염될 수 있기 때문에 두 기주는 생활사를 완성하는데 필수적이다.

자낭균문(Ascomycota): 이 그룹은 기재된 진균의 대부분을 차지하며, 많은 식물병원균을 포함한다. 자낭균류는 자낭포자(ascospore, 유성포자)가 이 그룹을 정의하는 자루와 같은 자낭(ascus)속에 만들어지기 때문에 "자낭균(sack fungi)"으로 부른다. 자낭균류는 또한 그들의 생활사에서 2차적인 부분을 가지는데, 무성포자 또는 분생포자(conidia)의 생성 및 분생포자를 생산하며, 또한 유성생식의 형태적 증거가 없는 많은 진균(예전에 Deuteromyceres)이 이 그룹에 포함된다. 분생포자는 종종 봄과 여름철에 만들며, 급속하게 곰팡이를 증식시킬 수 있다. 자낭균류는 대부분 유성생식이 일어날 때까지 반수체의 균사체로 존재한다. 자실체(자낭과, ascocarp)는 배수체 상태를 형성하기 위해 접합하는 2가지 형태의 전문화된 균사(자실층, hymenium)를 보호한다. 반수체의 자낭포자를 형성하기 위해 감수분열이 보통 빠르게 일어

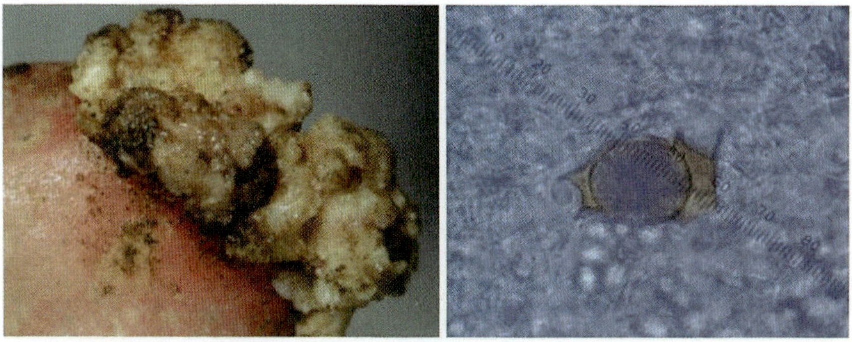

그림 4.8 *Sychytrium endobitium*에 의해 괴경에 혹을 만드는 감자 암종병(좌) 및 오래 생존하는 저항성 난포자(우)(M. Braithwaite의 이미지를 뉴질랜드 MPI에서 제공)

난다. 이들 자실체는 폐쇄될 수 있거나(자낭구, cleistothecium), 좁게 열려져 있거나(자낭각, perithecium), 컵모양으로 될 수 있다(자낭반, apothecium). 자낭균류 병원균의 예로는 북미에서 밤나무를 몰살시킨 병을 일으키는 밤나무 줄기마름병균(*Cryphonectria parasitica* (Murrill))이다(8.2.1절 참조).

접합균문(Zygomycota): 배우체 접합(gametangial fusion)을 통한 유성접합포자(zygospore)와 무성포자낭(sporangia)의 생성으로 구별되는 작은 진균 그룹이다. 예로는 무름병균(Black bread mould)이라 불리는 *Rhizopus stolonifer* (Ehrenberg) Vuillemin이다. 이 진균은 또한 저장 중인 과일 및 채소를 상하게 할 수 있다.

병꼴균문(Chytridiomycota): 해부학에 바탕을 둔 진균의 조상인 병꼴균류는 주로 수생성이다. 그들의 배우체(생식세포)는 진균에 특징적인 편모를 지닌다. 그들의 생활사는 복잡하며, 하나의 기주세포 속에서 일어난다. 예로는 상당히 저항성인 토양전염성 포자(포자낭포자, sporangiospores)를 가지고 감자의 심각한 병을 일으키는 검역병원체인 감자 암종병균(Potato wart, *Sychytrium endoboticum* (Schilbersky) Percival)이다(그림 4.8). 감염된 감자 조직이 썩을 때 포자가 토양으로 방출되며, 기주인 감자가 심겨질 때까지 휴면상태로 남아있다. 이들 포자는 수십 년 동안 생명력이 남아있으며, 실제로 그들의 수명은 모른다(Hampson 1993).

4.5.2 세균

세균은 하나의 원핵세포로 구성된 생물로 정의한다. 그들의 유전자 DNA는 진정 핵을 형성하는 핵막 속에 포함되어 있지 않다. 세균의 세포는 진균에서 볼 수 없는 주로 peptidoglycan으로 구성된 세포벽으로 에워싸여 있다. 세균은 감수분열이 아닌 이분법(binary fission)을 통해 생식한다. 세균은 다양한 세포 형태를 가지고 있다. 4개의 기본적인 형태로 cocci (구형), bacilli (막대형), spirochaete (나선형), vibrio (콤마모양)가 있다. 세균은 다양한 범위의 생태적

그림 4.9 *Pseudomonas savastonoi* pv. *savastonoi*에 의해 줄기에 혹을 만드는 올리브 혹병(M. Braithwaite의 이미지를 뉴질랜드 MPI에서 제공)

지위를 점한다. 식물병원성세균의 생활사는 그들의 기주와 강하게 관련되어 있다. 세균 개체군은 병의 임계점이 도달될 때까지 봄과 여름철에 빠르게 형성된다. 세균은 감염조건이 적합해질 때까지 식물체의 잔재물 또는 중간기주, 식물체 표면에 착생하여 생존할 수 있다. 예로는 *Pseudomonas savastonoi* (Janse) pv. *savastanoi*가 올리브의 혹병을 일으키며, 잎, 가지, 과실의 표면에서 부생적으로 살아간다(그림 4.9). 이들 세균 개체군은 식물체가 감염에 가장 민감할 때인 봄철에 가장 높은 밀도에 도달한다. 파이토플라즈마라 부르는 세균의 특수 그룹은 세포벽이 없다. 이들은 식물체의 체관부 조직에 순활물기생균(obligate parasites)이며, 곤충에 의해 매개될 수 있다. 이들은 최근에 심각한 검역대상 생물로 되고 있다.

4.5.3 바이러스

바이러스는 단백질 껍질에 의해 둘러싸인 핵산으로 구성된 거의 현미경으로 관찰되는 입자이다. 복제는 바이러스가 세포의 복제과정을 조절하는 기주세포에서만 일어난다. 식물바이러스의 가장 일반적인 형태는 isometric (원형으로 직경 26nm), 막대형(길이 100~300nm), 실모양(길이 1,000nm까지), geminate (2개의 isometric 입자가 서로 결합), bacilliform (끝이 둥근 짧은 막대형, 길이 300nm까지)이다. 식물바이러스는 도움 없이 단단한 식물의 세포벽을 침투할 수 없다. 결과적으로 그들의 생활사는 상처(전정이나 접목하는 동안)를 통한 식물즙액의 직접적인 전염이나 여러 매개체와 관련되는 것을 포함하고 있다. 식물바이러스는 기주에서 또는 중간기주에서, 그들의 매개체에서 생존한다. 가장 일반적인 매개체는 곤충 및 선충, 응애, 진균을 포함한다. 자두 곰보병(*Plum pox virus* (Sharka))은 중요한 복숭아속(*Prunus*) 나무에 감염하는 식물바이러스(실모양의 바이러스)이며, 상당한 수확량의 손실을 일으킬 수 있다(19장). PPV는 일반적으로 접목에 의하거나 매개충인 진딧물에 의해 식물체로 전파된다.

4.6 선충의 해부학적 특성 및 생활사

17장 참조

4.7 해부학적 구조 및 병해충위험평가와의 관계

4.7.1 곤충

입틀은 식물해충으로 살아가는 곤충의 중요한 특징이다. 입틀은 기계적 손상, 조직 섭식, 병의 운반을 통해 식물체에 중요한 해를 일으킨다. 식물체를 가해하는 곤충은 일반적으로 그들의 입틀로 초래하는 피해의 특징에 따라 3개의 주요 그룹으로 나눌 수 있다. 또한 섭식하는 동안 전염된 세균, 바이러스, 진균 병은 일부 곤충의 입틀에 의해 초래된 피해를 확대할 수 있다. 식물해충인 곤충은 씹는 형의 입틀을 지닌 곤충(그림 4.10a)과 찔러 빠는 전문화된 형의

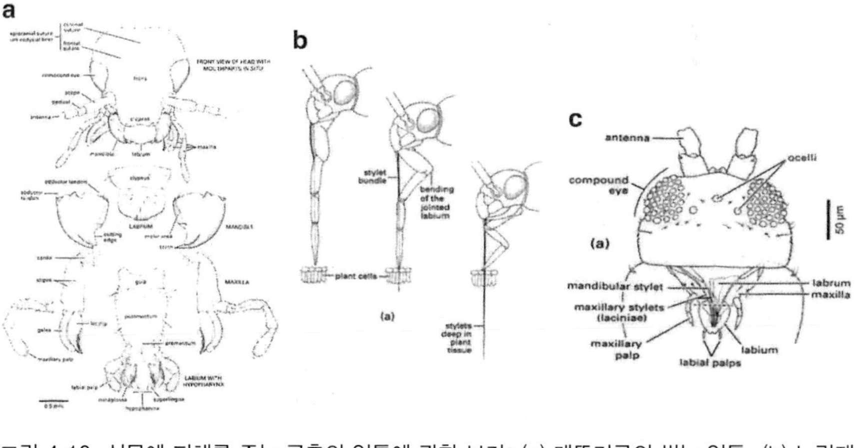

그림 4.10 식물에 피해를 주는 곤충의 입틀에 관한 보기: (a) 메뚜기류의 씹는 입틀, (b) 노린재류의 찔러 빠는 입틀, (c) 총채벌레류의 전문화가 덜 된 찔러 빠는 입틀(P.J. Gullan and P.S. Cranston의 *The Insects*에서 John Wiley 출판사로부터 허가를 받아 수록)

입틀을 지닌 곤충(그림 4.10b), 찔러 빠는 전문화가 덜 된 형의 입틀을 지닌 곤충(그림 4.10c)으로 나눌 수 있다.

씹는형 곤충(chewing insect). 씹는형 곤충은 메뚜기, 딱정벌레, 나방 유충, 집게벌레를 포함한다. 씹는형 해충은 그들의 기주 식물체의 외부나 내부에 있을 것이다. 식물체의 외부에서 피해를 주는 예로는 십자화과 채소를 섭식하는 흰나비 유충이 씹는 것이다. 먹는 것을 그대로 두면, 그 유충은 엽맥을 제외한 잎의 모든 조직을 먹을 것이다. 이러한 범주의 중요한 검역해충은 가장 피해를 일으키는 유충 단계의 딱정벌레와 나방이 포함된다. 식물체의 내부를 씹어 피해를 주는 해충은 식물체의 줄기와 가지, 과실에 터널을 뚫는 천공충(borer)을 포함한다. 예로는 줄기천공충, 과수천공충, 수목에 피해를 주는 천공충을 포함한다. 송곳벌 일종(Steel blue sawfly, *Sirex noctilio* Fabricius)은 미국에 최근 침입한 산림해충의 한 예이다. 암컷은 활력있는 나무의 수간에 산란관으로 구멍을 내고 알을 낳는다. 각각의 구멍에 곰팡이 포자가 침적되어 나무에 피해를 일으킨다. 이 천공성 송곳벌 유충은 나무 전체로 곰팡이를 확산한다. 목재를 소화할 때 곰팡이가 셀룰로오스를 분해하기 때문에 이 유충에게는 중요하다. 목재 1입방 피트 당 *Sirex* 유충이 700마리까지 기록된 경우도 있다(Rawlings 1949). 암컷 송곳벌은 산란관을 주입 시 매번 단지 1개의 알을 낳는다. 이것은 각각의 산란 건마다 곰팡이 포자의 많은 감염이 일어날 것임을 암시하는 것이다. 다른 예로는 생리적인 피해를 일으켜 결국 그의 기주를 죽게 만드는 딱정벌레류이다. 예로는 아시아호리비단벌레(*Agrilus planipennis* Fairmaire)와 갈색가문비하늘소(*Tetropium fuscum* (Fabricius))를 포함한다.

찔러 빠는 전문화된 형의 입틀을 지닌 곤충. 이러한 형태의 입틀은 씹는형에서 파생되었다. 원시적인 입틀이 즙액을 흡수하기 위해 식물체의 표피를 쉽게 찌를 수 있는 빠는 주둥이 형태로 변형되었다. 이들 곤충에 의해 피해받은 식물체는 "건강하지 않은(unhealthy)"상태로 나타나며, 시들거나 식물체의 일부가 뒤틀리거나 비정상적인 성장을 보인다. 진딧물, 매미, 매미충, 깍지벌레가 찔러 빠는 입틀을 가진다. 즙액의 흐름과 소화를 촉진하기 위해 곤충은 식물체에 적은 양의 침을 주입한다. 찔러 빠는 종의 일부는 또한 섭식하는 동안에 바이러스와 다른 미생물을 식물체에 주입한다. 매미충 일종(Glassy winged sharpshooter, *Homalodisca vitripennis* (Germar))은 캘리포니아의 몇몇 계곡에 있는 넓은 면적의 포도원을 훼손시키고 있다. 이 매미충은 130종 이상의 기주식물에서 섭식할 수 있으며, 해충과 병원균의 매개충으로써 특별히 위험성을 가지고 있다. 이 매미충은 포도 피어스병(Pierce's disease)을 매개한다. 감염된 식물체는 1~2년 내에 죽을 수 있다.

찔러 빠는 전문화가 덜 된 형의 입틀을 지닌 곤충. 긁어 흡수하는 입틀은 찔러 빠는 입틀의 원시적인 형태가 변형된 것으로 총채벌레에서 볼 수 있다. 총채벌레는 그들의 주둥이를 즙액이 베어 나오도록 식물체 조직을 긁고 찌르는데 이용한다. 그러면 즙액이 털과 같은 탐침을 통해 흡입된다. 총채벌레의 피해는 뚜렷하다. 파열된 세포의 전체 내용물을 먹어 없앤다. 피해받은 표면은 특징적인 은색화 또는 백화 현상을 보인다. 가해가 심하면, 식물체는 곧 건강하지 않은 상태를 나타낼 것이다. 총채벌레는 양파, 멜론, 배, 화훼, 목화, 밀, 콩, 감귤, 딸기, 온실식물의 해충이다. 총채벌레가 일으키는 물리적인 피해는 종종 유묘시기에 더 심각하다. 또한 총채벌레는 바이러스를 매개할 수 있다. 볼록총채벌레(*Scirtothrips dorsalis* Hood))는 1987년 하와이에서 처음 발견되었으며, 이어서 2005년 플로리다에서 발견되었다. 이 총채벌레는 고추, 차나무, 딸기, 토마토를 포함한 100종 이상의 작물을 가해하여 낙엽 및 작물체 손실을 초래하고 있다.

4.7.2 응애 피해

응애는 빠는 입틀을 가지며, 총채벌레와 비슷한 피해를 일으킨다. 그러나 응애는 피해받은 잎에 은색화를 일으키지 않는다. 응애는 세포를 파열하고 내용물을 흡입하여 잎을 바래지게 하거나 갈변시킨다. 결정적인 시기에 즙액의 잃음은 특히, 과실이 맺히는 시기에 작물의 심각한 손실을 초래할 수 있다. 사과응애(European red mite)는 20세기 초 많은 나라에 나타난 전지구적인 해충으로 (오늘날처럼) 사과, 배, 서양자두, 양벚, 복숭아 과원에서 상당한 경제적 손실을 일으키고 있다.

4.7.3 식물병원균

식물병원성 진균에 의한 구조적 적응은 균사(hyphae, 균사체 mycelia) 및 포자(spore)이다. 균사는 진균을 기주식물체에 콜로니를 형성하고, 침투하여 감염시킬 수 있도록 한다. 균사는 또한 정교한 자실체(버섯)와 장기간 생존을 위한 균핵(sclerotia)과 같은 저항성 구조를 형성한다. 포자는 진균을 분산하고 생존할 수 있도록 하는 구조이다. 예를 들어 많은 진균은 공기 중으로 분산하는 포자를 가지며, 장거리를 이동할 수 있다. 또 다른 진균은 물의 튀김, 곤충, 종자에 의해 분산하거나 물에서 운동할 수 있는 포자를 가진다. 불리한 환경조건에서 높은 저항성을 가진 포자는 오랜 기간 동안 병원균의 생존력을 간직할 수 있다.

식물병원성 세균은 기주가 존재하고 환경조건이 호적할 때, 세포분열에 의해 밀도를 급속히 증가시키는 단세포 생물이다. 잎의 기공이나 상처를 통해 감염이 일어날 수 있으며, 세균이 분비하는 효소나 독소에 의해 조장될 수 있다. 곤충은 일부 식물병원성 세균을 매개한다.

곤충 또는 응애, 선충은 대부분의 식물바이러스를 매개한다. 식물바이러스는 단순하고, 전형적으로 단백질 껍질로 덮여진 핵산으로 구성된다. 작은 크기, 매개체와의 연관성, 자신의 복제를 위해 식물세포를 조정하는 능력은 그들이 번성하는데 기여한 특징이다.

4.7.4 선충

토양선충의 섭식 전략은 종종 그들의 입틀 구조에 의해 좌우된다. 세균을 섭식하는 선충은 종종 붕괴하는 관모양 또는 터널 모양을 이룬 작은 구멍이나 입틀로 나타날 것이다. 진균이나 뿌리털을 먹는 선충은 그들의 음식물을 찌르기 위해 내밀 수 있는 예리한 침과 같은 구침(stylet)을 이용할 것이다. 식물체 부분을 먹는 또 다른 선충은 내밀 수 있는 강한 구침(stylet) 또는 창(spear)을 가지고 있다. 창을 지닌 일부 선충은 다른 선충을 포함한 토양 동물상(fauna)을 섭식한다. 그 밖의 포식성 선충은 하나 이상의 큰 이를 지닌 넓은 구강을 가지고 있다. 규제활동에 있어서 선충의 개요를 이해하려면 17장을 참조하기 바란다.

4.8 위험평가 및 생물의 생리, 온도와 습도에 대한 반응

병해충위험평가는 생명력을 지닌 개체군이 새로운 지역에 정착하기 위한 생물이 지닌 잠재력을 평가하는데 이용된다. 평가자는 중요한 환경요인 특히, 온도 및 습도와 관련된 종의 반응을 이해하여야만 한다(4.11.4절을 참조하기 바람).

대부분의 식물 해충 및 병원균(잡초를 포함하며, 고등의 척추동물은 제외)은 그 자신의 체온에 대하여 제한적인 내부조절 능력을 가지고 있다. 정의에 따르면, 변온동물의 체온은 일차적으로 외부 환경에 의해 결정된다. 성장과 발육을 위한 효소는 단지 한정된 범위의 온도에서만 기능을 한다. 전형적으로 변온동물의 생존범위는 약 0~50℃이지만, 예외도 있다. 예를 들어 어떠한 파리 유충은 55℃보다 더 높은 온도에서 생존할 수 있다(Bruca와 Bruca 2003). 일부 세균과 진균은 더욱 극단적인 온도에서도 생존할 수 있다.

변온동물의 모든 생명과정은 온도에 의해 지배된다. 추운 온대지역에 사는 많은 종들에 있어서 개체군의 정착은 종종 그러한 요소들로부터 단열된 적합한 겨울철 서식처를 찾아서 그 추위에 노출되어 생존할 수 있는 개체의 수에 의존한다(Cloudsley-Thompson 1962). 절지동물의 분포에 대한 미세기상의 효과를 조사한 논문에서 Cloudsley-Thompson (1962)은 토양, 잔재물, 살아있는 나무껍질, 눈이 실질적으로 극단적인 추위로부터의 훌륭한 단열제라고 지적하였다. 확실히 체온은 생리적인 면에서 개체군 밀도까지 변온동물의 활동에 영향을 미친다. 온도의 내성범위에서 중요한 점을 주목해야 한다. 이러한 내성은 종마다 다르며, 같은 종의 생육단계마다도 다를 수 있다. 한 종의 온도 내성이 결정되어 있다면 그들이 새로운 지역에 정착할 가능성이 있는지를 평가하는데 도움을 줄 수 있다. 이것이 병해충위험평가의 핵심적인 평가인 것이다.

그림 4.11은 곤충의 일반적인 발육률 곡선을 보였지만, 동일한 곡선이 다른 변온동물에도 적용할 수 있다. 이 곡선은 (1) 단백질의 변성, (2) 대사과정의 방해 및 독소 축적, (3) 음식물의 고갈, (4) 건조에 의해 사망의 원인이 되는 치명적인 최대온도를 포함한 몇몇 지점을 통과하게 된다. 최대임계온도에서 생명과정(발육률 및 생식률)은 무시할 수 있다. 다음으로 최적온도범위는 생명과정이 가장 호적하게 또는 최대로 진행되는 그 안에 존재한다. 개체군 수준에서 발육의 촉진은 연간(시즌) 더 많은 곤충의 세대수를 의미하며, 결과적으로 농작물 군집에 더 많은 피해와 영향을 의미한다. 발육률 곡선의 아래쪽 부분에서 우리는 가장 중요한 지표 중 하나인 발육이 거의 무시할 정도로 느린 발육최저임계온도를 볼 수 있다. 그러면 그 아래는 (볼 수는 없지만) 곤충이 죽는 최저치사한계인 것이다. 고온에서 죽음을 야기하는 것과 동일한 많은 요인들인 세포내 액의 동결로 세포의 융해나 세포외 액의 동결로 세포의 건조 또는 내부 에

그림 4.11 일반화된 발육률 곡선

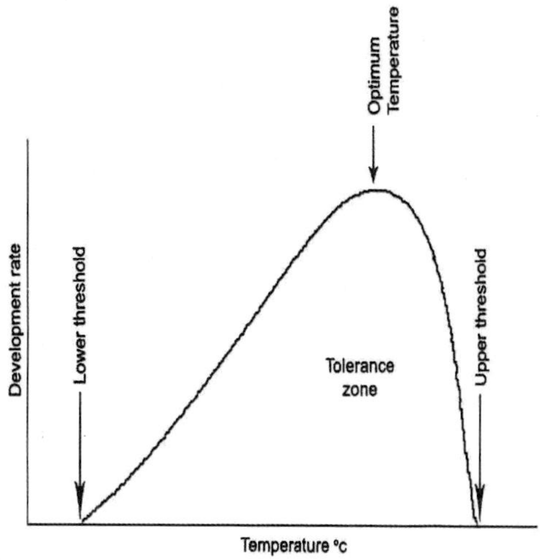

너지 저장원의 고갈로 인해 죽음이 초래될 수 있다.

4.9 수분의 균형

수분은 많은 해충과 병의 분포와 활동에 영향을 주는 두 번째로 중요한 치명적인 환경적 지표이다. 생물이 존재할 수 있음을 의미하는 이용할 수 있는 물의 양에 대한 수분의 균형은 생리과정을 유지하는데 필요하다. 너무 많거나 너무 적은 수분은 해롭다. 수분의 균형은 생물학적으로 정의된 범위 내로 유지되어야만 한다. 우리는 야외에서 식물체와 관련된 수분의 균형을 생각해야 한다. 식물체는 직접적으로 초식동물에게 물을 제공하며, 증발을 통해 미세기상의 상대습도를 높이게 된다. 우리는 또한 화물 운송(예를 들어 화물선의 컨테이너)과 저장시설에서 수분의 균형을 고려해야만 한다. 이들은 일부 해충이 발생할 수 없는 지역에서 생존하고, 생식하며, 침입할 수 있는 특별한 서식처인 것이다.

곤충과 많은 병원균은 그들의 행동을 통해 살펴 본 바와 같이 선호하는 습도 범위를 가진다. 일부 진균은 포자가 발아하여 감염을 시작하기 전에 잎 표면에 있는 자유수나 높은 습도(상대습도 >90%)를 필요로 할 수 있다. 일반적으로 곤충은 그들이 선호하는 습도 범위에서는 상대적으로 비활동적이며, 그들이 선호하는 습도 범위 밖에서는 보다 활동적이다(Gillot 1995). 일부 곤충은 매우 건조한 범위를 선호한다. 내건성에 적응한 예로는 저장곡물해충(*Tenbrio* 및 *Tribolium*속의 거저리류)이다. 이들 종은 사막과 같은 조건에서 살아가며 생식한다. 이들은 단지 15%의 수분 및 상대습도 50%인 곡물가루에서 그들의 생활사를 완성할 수 있다. 딱정벌레류는 자유수를 얻을 수 없는 이러한 조건 하에 존재할 수 있다. 모든 수분은 음식물로부터 직접적으로 얻거나, 단백질의 산화 대사과정으로부터 간접적으로 얻게 된다(Chapman 2003). 많은 식식성 곤충은 음식물의 수분함량이 낮을 때 죽게 된다. 다른 곤충들은 젖을 정도의 습도 범위를 선호한다. 그러나 곤충이 잃어버린 수분을 대체할 수 있다면(즉, 식물체로부터 즙액을 흡수하여), 그것을 통해 그 자신의 수분함량 수준을 유지하여 아마도 극한의 건조에서 견딜 수 있게 된다. 그러나 그것은 한계가 있으며, 단순히 수분의 균형을 유지하는데 필요한 에너지 때문에 낮은 습도(수분의 충분한 공급이 있을지라도)에서 사망률이 압도적으로 높아질 것이다. 거꾸로 말하면, 곤충이 빠르게 수분을 제거할 수 없기 때문에 높은 습도에서 죽음이 일어날 수 있다. 불행하게도 많은 곤충이나 병원균에 있어서 온도만큼 수분 내성에 대한 한계가 명확하게 밝혀져 있지 않다.

4.10 생리와 생명활동 및 위험평가

4.10.1 생리

앞 절에서 우리는 생물이 잠재적인 생물안보의 위험이 있는지와 위험에 처한 지역에 정착할 가능성이 있는지를 판단하기 위해 위험평가자에 의해 온도와 습도의 반응이 이용된다는 것을 주목하였다. 우리는 또한 어떻게 그러한 반응들이 서식처의 적합성과 정착을 결정하는데 이용되는지를 논의하고자 한다(4.11.4절 참조). 그러나 온도와 습도 두 가지의 반응에 관한 지식은 또한 생물의 이입이나 정착을 완화하기 위한 어떤 종류의 검역적 처리가 가능한지를 평가하는데 필요하게 된다. 이런 처리는 저온 및 열의 적용을 포함하고 있다. 종의 반응에 관한 지식은 또한 무역되는 상품에서 수송과 저장 시 생존가능성을 평가하는데 이용되고 있다. 그러나 한 가지 어려움은 상품 그 자체(예를 들어 많은 과일들)가 그런 처리에 의해 불리하게 영향을 줄 수 있다는 것이다. 적절한 프로토콜을 개발하는데 있어 주의 깊은 연구가 필요한 것이다. 예를 들어 지중해과실파리는 다양한 종류의 과실을 가해하는 해충이며, 이 종이 분포하지 않는 세계의 많은 나라들에 의해 규제되고 있다(15장). Gould (1994)는 2.22℃ 또는 그 이하에서 16일간 저온처리로 이 과실파리를 사멸시킬 수 있다고 보고하였다. 습도가 높인 조건에서 데운 공기(증열) 및 수분이 없는 조건에서 데운 공기(건열)가 또한 널리 다양한 해충에 대해 검역처리기술로 이용되고 있다. 예를 들어 고구마는 뿌리혹선충류인 *Meloidogyne*을 사멸하기 위해 39.4℃에서 30시간 동안 놓아둔다(Hallman & Armstrong 1994). 온탕침지 또한 수확 후 검역처리기술로 이용될 수 있다. 매년 미국으로 수입되는 3억 톤의 망고 중 거의 모두가 과실파리 유충을 구제하기 위해 46.1℃에서 65~110분 동안 침지처리 되고 있다(Hallman 2011). 그러나 Hallman (2011)은 이온화 방사선을 이용하는 처리로 급속하게 대체되면서 온탕침지가 더 이상 널리 이용되지 않고 있다고 지적한다.

4.10.2 생활사 및 생식, 분산

생물의 생활사 그 자체 및 생식전략, 생식능력을 포함한 또 다른 생명과정이 병해충위험평가과정에서 중요하게 고려되고 있다. 얼마나 종이 빠르게 확산할 수 있으며, 그 영향이 어떠할지 알 수 있는 분산과 조합된 생식 특성이 정착의 성공을 암시할 수 있을 것이다. 관련된 시간의 틀 속에서 분산 방법과 확산 가능성의 평가는 항상 병해충위험평가의 일부이다. 확산 가능성이 높은 종은 자원과 잠재적인 짝을 빠르게 찾을 수 있기 때문에 정착 가능성이 높을 것으로 보인다.

곤충과 식물병원균은 생식 전략의 형태가 다양하며, 매우 높은 잠재적인 생식력을 가지고 있다. 예를 들어 많은 진딧물들은 높은 생식능력을 가지고 있을 뿐만 아니라, 종종 무성생식단계와 유성생식단계를 지닌 복잡한 생활사를 가지고 있다. 진딧물의 생활사 중 무성생식단계는 어미 진딧물이 자신의 복제물을 낳는 처녀생식을 한다. 그 어미는 50~100개체의 복제물을 낳는다. 그 어미의 자손은 심지어 자손이 태어나기 전에 이미 그 어미의 몸속에 형성된 미성숙한 진딧물을 가지고 있기도 하다(Dixon 1987). 집안의 정원에서 종종 목격하는 것과 같이 진딧물의 비정상적인 생식능력을 상상해 보라. 진딧물은 경제적으로 매우 심각한 해충 중 하나이며, 또한 생물안보의 위협 중 하나이다.

(1년에 수세대를 발생하는 것과 같이) 생식의 또 다른 관점은 위험에 처해있는 지역에서 종의 잠재적인 영향과 얼마나 빠르게 확산할 수 있는가를 암시할 수 있다. 정착 가능성은 종종 한 지역에서 자손의 수 또는 감염원의 수뿐만 아니라 세대수에 바탕을 두게 된다. 예를 들어 벗초파리(Spotted winged drosophila, *Drosophila suzukii* (Matsumura))는 일본에서 1년에 15세대를 완성할 수 있으며, 하나의 양벚에서 65마리 정도의 성충이 우화할 수 있다(Kanzawa 1939). 넓은 기주범위와 함께 완전히 온전한 과일에 감염할 수 있는 능력은 이 종을 현재 정착하지 않는 많은 나라들에 있어서 중요한 생물안보의 위협이 되고 있는 것이다.

기주와 관련된 해충의 중요한 생활사 단계의 타이밍 또한 해충에 노출되는 위험을 평가하는데 중요한 고려사항이다. 예를 들어 귤과실파리(*Bactrocera dorsalis* (Hendel))는 다식성이며, 정착된 많은 나라에서는 연중 대부분 유용한 기주식물이 부족하지 않을 것이다. 그러나 성숙한 과일이 유용하지 않은 초봄에 온대지역에 들어간 귤과실파리의 정착을 위한 한계요인은 산란할 수 있는 과실의 존재일 것이다.

참나무 역병(Sudden oak death, *Phytophora ramorum* Werre et al.)은 1995년에 캘리포니아에서 많은 tan oak (*Lithocarpus densiflora*)를 갑작스레 죽게 한 전염병이 발병한 후 붙여진 이름이다. SOD는 생활사 중에서 공기전염하고, 높은 밀도의 감염원을 생산하며, 높은 병원성을 지니고, 대체되는 유묘 기주를 통해 먼 거리로 운송될 수 있다(Kelly & Meentemeyer 2002). SOD는 매우 중요한 병원균으로 간주되고 있다. *Phytophthora ramorum*은 2가지 형태의 감염원인 (유주자를 방출하는) 포자낭(sporangia) 및 토양이나 식물체 잔재물에서 몇 년 동안 생존할 수 있는 후막포자(chlamydospore)를 생산한다(20장). 포자낭은 물, 물 튀김, 바람에 의해 분산될 수 있거나 토양으로 씻겨 내려가 식물체 뿌리에 감염될 수 있다. 유주자는 생명력이 짧고, 물에서 운동성이 있으며, 직접적으로 감수성인 기주에 감염한다. 후막포자는 이 진균의 휴지상태이며, 토양이나 식물체 잔재물에서 어떠한 기주가 없이도 연속된 몇 시즌동안 생존할 수 있다. 이전에 감염된 토양에서 식물체를 재배하는데 어려움을 이 휴지 전략으로 설명할 수 있을 것이다(Kelly & Meentemeyer 2002).

방대한 기주범위를 가지고, 빠르게 감염원을 만들 수 있으며, 기주가 없이도 몇 시즌동안 생존할 수 있고, 대체되는 기주의 유묘 대목을 통해 먼 거리로 쉽게 운송될 수 있기 때문에 *P. ramorum*의 봉쇄 및 박멸은 어렵다. 넓은 지역의 기주 수목들이 감염된 후에는 이 병원균에 대한 효과적인 방제 전략이 없다.

4.11 생태 및 역학

4.11.1 개요

어떠한 종이 침입되면, 정착하는 것을 막거나 그들을 박멸하거나 관리하기 위해서 우리는 환경과 관련된 지식을 필요로 하게 된다. 생태학은 종과 환경과의 관계를 연구하게 된다. 생태학은 몇 가지로 구성된 수준에서 조사될 수 있다. 개개의 생물체가 기본적인 연구단위이다. 병해충위험분석(9장)과 식물의 생물안보 활동을 위해서 우리는 개체군 수준에서 연구해야 한다. 예를 들어 개개의 생물체는 좀처럼 위협이 되지 못한다. 개체가 심각한 병의 매개체일지라도 그 병은 기주 개체군을 통해 전반되고, 활력을 유지하기 위해서는 근본적으로 많은 매개체/개체(접종원)가 필요하다. 예를 들어 개별적인 곤충, 식물병원균 및 선충은 한 지역에 정착할 수 있지만, 영구적이고 활력있는 개체군을 형성하지 않으면 영향을 줄 가능성이 없다. 특정 종의 개체군이 탐지 또는 경계지역 설정, 모니터링, 봉쇄, 방제, 박멸될 수 있는 것이다.

군집은 생태학에서 그 다음 수준의 구성을 이루며, 서로 공존하는 상호의존적인 종 개체군을 포함한다(Price 1997). 이러한 구성 수준이 식물의 생물안보에서 중요해 보이지 않지만, 토착 생태계를 고려해 볼 때 종이 풍부한 군집에 어떻게 일부 종이 정착할 것인지가 의문의 중심이 될 것이다. 종간경쟁은 군집생태학자들이 선호하는 주제이다. 어떤 침입종이 현재 정착되어 있는 종과 경쟁에서 이길 때만 심각한 병해충이 될 것이다. 북미 자생종인 Eastern larch borer (*Tetropium cinnamopterum* Kirby)와 같은 토착 하늘소와의 그러한 경쟁 가능성을 생각해 보자. 이 하늘소는 캐나다의 노바스코샤에서 Brown spruce longhorn beetle (*Tetropium fuscum* (Fabricius))의 고밀도 수준으로 발육을 지연시켰을 것이다(Flaherty 등 2011). 노바스코샤에서 *Tetropium fuscum*의 피해가 명확하게 판명되었을 때인 1999년에 탐지된 것보다 적어도 10년 전에 존재하였을 가능성이 있다(Smith & Hurley 2000). 즉, 침입종과 거주하는 식물상 및 동물상 사이의 복잡한 상호관계는 침입의 과정과 극복에 대한 중요한 결과물일 것이다.

4.11.2 개체군 생태학, 생명표, 내적증가율

개체군 생태학은 우리가 관심있는 종에 관한 "생명 욕구(life needs)"를 아는 것을 필요로 한다. 종이 활력있는 개체군으로 정착하는데 필요한 조건과 그러한 조건이 어디에 놓여있는지에 관한 지식은 식물의 생물안보관련 과학자에게 병해충이 그렇게 할 수 있는 기회를 가지기 전에 그들이 만일 어디에 정착할 것인지를 예견하는 방법들을 알려준다. 종이 정착하기에 좋은 서식처를 찾을 수 있는 지식은 새로운 병해충의 만연을 탐지하고, 조기경보를 제공하기 위한 병해충 감시지역을 확인시켜 준다. 관리자는 개체군 동태 및 개체군이 성장하고, 발육하며, 감소하는 이유가 무엇인지에 대해 알아야만 한다. 그것을 위해서는 개체군의 특별한 지표를 측정할 필요가 있다. 개체군 변동을 일으키는 지표는 개체군 수의 증가(출생/산란능력/이입) 및 개체군 수의 감소(죽음/사망률/전출)이다. 이입과 전출은 서로 균형을 유지할 것이다. 개체군 변동을 일으키는 중요한 출생률 및 사망률은 개체 당이라 불리는 하나의 지표와 증가율이 조합된 것이다. 이 증가율을 측정하는 2가지 방법은 (1) 그 비율이 종종 내적 증가율(r)로 언급되는 일시적인 또는 연속적인 시간과 (2) 한정된 증가율(λ)로 언급되는 불연속적인 시간(분, 일, 년 등)이다. r이 0보다 클 때(또는 $\lambda > 1$) 개체군에서 개체수가 증가하는 것이고, r이 0과 같을 때(또는 $\lambda = 1$) 개체수가 일정하게 유지되고 있는 것이며, r이 0보다 작을 때(또는 $\lambda < 1$) 개체수가 감소하는 것으로 개체군이 지역적으로 절멸 중에 있는 것이다.

이런 지표의 기원은 종의 일생동안이나 생활사 단계를 통해 연구되어 구축된 생명표를 필요로 한다. 생명표의 예는 일부 생태학 교과서에서 찾아 볼 수 있다. 그러한 지표를 아는 것은 식물의 생물안보관련 과학자들에게 개체군 성장의 모델을 이용한 개체군의 성장과 감소를 예견할 수 있도록 해 준다. 개체군 성장으로 한정하여 병합된 보다 단순한 모델 중의 하나가 Ricker 등식으로 표현할 수 있는 논리함수이다.

$$N_{t+1} = N_t e^{r(1-\frac{Nt}{K})}$$

여기서

N_{t+1}은 다음 시간 단계에서의 개체군 크기

N_t는 현재 시간에서의 개체군 크기

r은 내적자연증가율

t는 시간

e는 자연로그

K는 환경 수용력

한정된 증가율 $\lambda = e^r$이기 때문에 우리는 $N_{t+1} = N_t \lambda^{(1-Nt/K)}$인 더 확실하게 불연속적인 시간에 바탕을 둔 모델을 파생시킬 수 있도록 등식에 넣을 수 있다. 종은 시간이 지남에 따라 개체군을 유지하기 위해 즉, $r > 0$을 유지하기 위해 다양한 전략을 이용한다. 일부는 자손의 수를 최대로 생산하는 생식에 강하게 투자한다. 극단적인 경우에 종은 수컷의 필요성을 제거하고, 암컷이 생산하는 모든 자손이 그 자신의 자손을 생산하는 능력을 지니게 된다. 생식에 강한 투자는 넓은 지역에서 군데군데 있는 서식처를 찾아야만 하는 종에 있어서는 흔하다. 예를 들어 진딧물류는 그런 "위험한(risky)"생활사로 살아간다. 진딧물에 대한 적합한 기주식물은 공간적으로 넓은 규모에서 종종 좀처럼 찾기 어렵다. 적합한 기주식물을 찾았을 때, 진딧물은 높은 생식능력과 종종 무성단계와 유성단계를 지니는 복잡한 생활사를 가지게 된다. 진딧물의 생활사 중 무성단계는 어미 진딧물이 그 자신과 동일한 자손을 생산하는 처녀생식을 수반하게 된다. 그들은 50~100마리의 새끼를 생산할 수 있다. 4.10절에서 기술한 바와 같이, 그들의 자손은 심지어 그들이 태어나기 전에 이미 그들의 몸속에 형성된 미성숙한 진딧물을 지니고 있다. 유사하게 많은 선충이나 잡초들이 수백이나 수천의 자손을 생산할 수 있지만, 단지 작은 일부분만이 적합한 환경 속에서 개체군을 영속시킬 수 있는 기주를 발견할 것이다.

시간이 지남에 따라 개체군을 유지하기 위한 또 다른 전략은 연간 세대수를 증가시키는 것이다. 연간 1세대를 완성하는 곤충은 1화성(univoltine)이고, 연간 2세대를 완성하는 곤충은 2화성(bivoltine)이며, 연간 몇 세대를 완성하는 곤충은 다화성(multivoltine)이다. 연갈색사과잎말이나방(LBAM)은 각 세대가 적은 개월 수로 완성될 수 있어 연간 4세대까지 다화성이 될 수 있다(Suckling and Brockerhoff 2010). 침입한 지중해과실파리는 32일에 한 세대를 완성할 수 있다(Vargas 등 1984). 화상병을 일으키는 세균(*Erwinia amylovora*)은 적합한 조건일 때 1시간 안에 그의 개체군 크기를 2배로 증가시킬 수 있다(Billing 1974).

종이 상승적인 성장률을 유지하는데 이용하는 세 번째 전략은 자손의 수명을 증가시키는 것이다. 일반적으로 보다 긴 수명을 가진 종은 발육이 더 느리고 더 적게 낳지만, 보다 큰 자손을 가진다.

개체군 성장률이 증가하는 것과 같이 그의 분산 잠재력도 그러하다. 높은 분산 능력은 침입한 종이 적합한 먹이, 미세기상, 배우자에 접근할 기회가 증가하기 때문에 성공적인 침입가능성에 기여할 수 있다. 높은 분산 잠재력을 지닌 종은 또한 낮은 분산 잠재력을 지닌 종보다 광범위한 지역에 영향을 미치기가 더 쉽다.

내적자연증가율이 침입자가 가지는 영향의 항상 중요한 지표가 되지는 않는다. 보다 유용한 지표는 병의 진전 곡선으로 반영되는 시간이 지남에 따라 영향을 받은 식물체의 수가 될 수 있다. 병의 진전 곡선 하에 있는 지역(Area under the disease progress curve)의 분석은 시간이 지남에 따라 영향을 받은 식물체의 "성장(growth)"을 측정한 값을 세공하게 된다. 특별하게 그 증가율은 다음과 같이 계산될 수 있다.

$$r = \frac{\ln\left(\frac{y_t}{1-y_t}\right) - \ln\left(\frac{y_0}{1-y_0}\right)}{\mathrm{t}}$$

여기서 r은 증가율이고, y_t는 시간 t에서 영향을 받은 식물체의 비율이며, y_0는 영향을 받은 식물체의 초기 비율이다. 어느 시점에서 영향을 받은 식물체의 기대되는 비율은 다음과 같다.

$$y_t = \frac{1}{1+Ae^{-rt}}$$

여기서 A는 $(1-y_0)/y_0$이다.

병의 진전 곡선 하에 있는 지역(AUDPC)은 다음과 같이 경험적인 관찰로부터 종종 편의적으로 추정될 수 있다.

$$AUDPC = \sum_{i=0}^{n-1} \frac{(y_i + y_{i+1})}{2} (t_{i+1} - t_i)$$

여기서 n은 전체 관찰 수이고, y는 관찰 i에서 영향을 받은 식물체의 비율이며, t는 관찰 i가 기록된 시간(종종 시간 또는 일, 주, 년으로 측정됨)이다(Madden 등 2007). 처음 관찰은 0으로 계산된다. AUDPC는 병원균에 대해서 가장 광범위하게 이용되고 있다.

4.11.3 정착가능성

비토착성인 침입종의 정착가능성은 기주적합성 및 기후조건에 대한 종의 반응, 그의 환경내성, 대상지역에서 현재 조건에 적응할 수 있는 그의 가능성, 월동 시 생존이나 휴면하는 방법, 예전의 정착 기록, 병해충위험평가 지역에서 얼마나 풍부하게 될 것인지, 그의 원산지에서 분포, 대상지역에서 확산 가능성, 유용한 방제방법의 평가를 요구하게 된다. 다시 말해, 많은 생물학적 및 생태학적 지식이 이러한 기준들을 평가하는데 필요로 하게 된다. 예를 들어, 우리는 상품 및 운송과 함께 이동의 가능성을 완전하게 평가하기 위하여 병해충의 생활사와 생태를 고려해야만 한다. 일부 병해충은 확실하게 특정 상품과 관련되어 있다. 다른 종에 대한 특정한 생활사의 관점은 다른 형태의 상품과 더 쉽게 관련될 수 있음을 의미할 수 있다. 일부 종은 "편승자(hitchhiker)"로 불리기도 한다. 예를 들어, 일본에서 아시아매미나방은 산란 시 항구 주변 및 그의 서식처 가까이에 정박한 선박의 불빛에 유인된다. 해외로 선적된 자동차 및 중장비에 종종 알을 낳게 된다. 뉴질랜드는 많은 일본산 자동차를 수입하고 있기 때문에 아시아매미나방은 뉴질랜드에서 심각한 위협 요소이며, 이 다식성 종이 정착한다면, 수백만 달러의 피해를 일으킬 가능성을 가지고 있다고 판단하고 있다.

일부 식물병원균은 높은 기주 특이성이 있는 반면, 다른 것들은 넓은 범위의 기주에 감염한다. 예를 들어, 구아바 또는 유칼립투스의 녹병균인 *Puccinia psiclii* (Winter)는 호주와 뉴질랜드에서 특별히 관심이 있다. 남미 원산인 이 녹병균은 호주 및 뉴질랜드 각각의 원산인 *Eucalyptus* 및 *Metrosideros*를 포함한 도금양과(Myrtaceae; 70종 이상이 알려짐) 내의 주목할 만한 기주범위를 가진다.

기후조건에 대한 종의 반응, 그의 환경적 내성, 대상지역에서 현재 조건에 적응할 수 있는 그의 가능성, 월동 시 생존하는 방법은 모두 서식처 적합성의 평가와 관련된다.

4.11.4 서식처 적합성

대상종의 정착에 대한 환경의 적합성을 결정하는데 상당한 정보를 필요로 한다. 대상종의 알려진 온도와 습도 내성을 평가하는 것은 위험평가과정의 중요한 성분이다. 만일 종이 병해충위험평가 지역에서 활력있는 개체군을 지속할 수 없다고 판단되면, 무시될 수 있다. 그러한 평가를 위한 정보는 실험실 수준의 연구결과에 바탕을 둘 수 있다. 만일 그러한 연구가 유용하지 않다면, 서식처와 기후의 접목에 바탕을 둔 대체방법이 많은 양의 데이터 수집을 요구하게 될 것이다.

곤충과 진균은 상대적으로 좁은 범위의 최적 온도 및 습도 조건에 적응되어 있지만, 넓은 범위의 온도 범위에서 발육할 수 있다. 종의 발육임계 및 사망임계, 발육의 최적범위에 관한 지식은 평가자에게 만약에 특정한 장소에서 얼마나 많은 세대수가 완성될 수 있는가를 추정하도록 해 준다. 곤충에 있어서는 습도 조건에 대한 반응보다 온도에 대한 반응에 대하여 훨씬 더 많이 알려져 있다. 두 반응에 대하여 그러한 데이터는 수년 동안 실험실 연구를 통해 얻어질 수 있다.

4.11.5 온도

곤충학자들은 온도가 곤충에 영향을 주는 우세적인 환경지표라는데 동의한다. 병해충위험평가자는 최소한 곤충에 대한 발육률 곡선을 필요로 한다(그림 4.11). 곤충의 발육과 온도 사이 관련성을 기술한 양적인 관계를 이용하여 우리는 종종 “온일도(degree-days)”로 언급되는 생리적인 시간의 용어로 종의 발육조건을 결정할 수 있다. 특정 생육단계의 발육을 위해 요구되는 온일도 값의 계산은 완전한 발육을 위해 축적된 것에서 필요로 하는 온일도의 값을 계산할 수 있게 한다. 이런 데이터로부터 우리는 위험에 처한 병해충위험평가지역과 관련된 기후에서 병해충의 발육을 위한 타당성을 결정할 수 있다.

환경적인 요인에 대한 종의 반응에 관한 자세한 데이터가 유용하지 않을 때, 우리는 현재 분포지로부터 그의 서식처 조건을 추론할 수 있다. 다시 말해 우리는 발생한다고 알려진 지역의 조건 범위를 특징화하는 분석방법이나 모델을 이용할 수 있다. 그 추론은 그들이 적응하고 있는 그러한 조건을 나타내는 조건 범위이므로 종에 대한 적합한 서식처를 나타낸다고 볼 수 있다. 몇몇 양적인 방법들은 종이 최근에 정착하지 않은 다른 지역으로 그러한 데이터를 투영할 수 있도록 해 준다. 그러한 방법들을 종분포모델이라 부르며, 그 결과의 공간적 지도가 병해충위험지도로 불린다(Elith & Leathwick 2009; Venette 등 2010). 전형적인 종분포지도를 그림 4.12로 나타내었다.

일부 식물병원균은 넓은 온도범위에서 성장하고 발육할 수 있는 반면, 다른 병원균은 특정한 조건을 가진다. 예를 들어 *Tilletia controversa* J.G. Kuhn (Dwarf Bunt of Wheat)의 겨울포자(teliospore)는 발아를 위해 빛에 노출 및 적어도 약 5℃에서 3~5주의 선결조건을 요구한다(일반적으로 영구적으로 눈이 덮인 곳에서 볼 수 있는 조건). 0~8℃ 온도(최대 10~12℃)

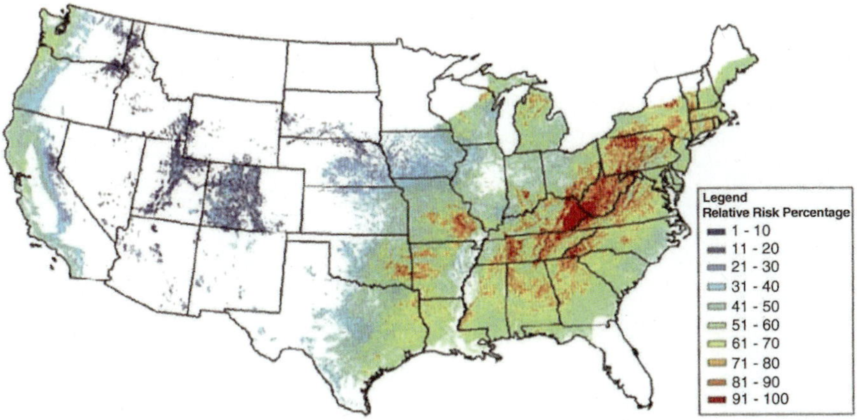

그림 4.12 감염 빈도 및 극한 저온, 기주범위에 바탕을 둔 참나무 역병(*Phytophora ramorum*)이 상대적 위험성. 지도는 10년간의 기상자료에 바탕을 둠(미국식물병리학회로부터 허가를 받아 Magarey 등 (2007)에서 수록)

가 감염을 나타내는데 최적인 반면, 15℃의 온도는 포자의 발아를 강하게 억제한다(Hoffmann 1982).

4.11.6 습도

불행하게도 습도 내성의 한계는 많은 곤충에 있어서 온도에 대한 것만큼 명확하게 결정되어 있지 않다. 환경적인 극한 습도는 온도가 적합할 때 곤충에 영향을 주는 주요한 요인이 된다. 온도가 적합할 때 환경적인 수분양은 직접적으로 곤충의 많은 활동에 영향을 준다. 예를 들어 일부 나비목 유충은 공기 중에 수분이 농축될 때(100% 습도) 섭식을 멈춘다. 그러므로 습도는 특정한 온도에서 비섭식기간이 기대치보다 발육이 더 느릴 때 곤충의 발육에 영향을 줄 수 있다.

대부분의 곤충에 있어서 낮은 습도(상대습도 약 40% 이하)는 일반적으로 산란율을 억제한다. 예를 들어 세계의 많은 지역에서 심각한 해충인 새롭게 우화한 이주형 메뚜기 성충은 상대습도 약 40% 이하에서는 알을 낳지 않는다. 또한 습도의 수준이 병이나 기생봉의 공격에 감수성을 조장할 수 있다. 곤충은 날씨가 온난하고, 습도가 높을 때 바이러스에 더 쉽게 감염된다. 장마는 특히 토양에서 월동하는 번데기가 물에 잠김으로써 심각한 사망률의 원인이 될 수 있다. 비는 이주를 억제함으로써 분산에 영향을 줄 수 있거나, 겨울철 추위의 효과를 증가시키거나 토양의 수분 양에 영향을 줄 수 있으며, 그로 인해 토양에 서식하는 곤충의 분포를 제한할 수 있다. 토양의 수분 양에 영향을 줌으로써 비는 성공적인 용화나 성충의 우화에 영향

그림 4.13 *Venturia inaequalis*에 의해 잎(좌) 및 과실(우)에 생긴 사과 검은별무늬병(M. Braithwaite의 이미지를 뉴질랜드 MPI에서 제공)

을 줄 수 있다. 그의 영향으로 인한 기주식물의 질 또한 곤충의 분포에 영향을 미칠 것이다.

가뭄은 몸의 수분을 잃게 함으로써 직접적으로 곤충과 천적을 죽인다. 그러나 가뭄의 효과는 아마도 보다 간접적일 것이다. 가뭄은 또한 확실하게 기주식물의 질에 영향을 미친다. 수분스트레스 하에서 생존율 및 생장률의 감소와 목초지를 망가뜨림으로 인한 식식성 곤충에 영향을 미치는 잎에 타닌(tannin) 성분의 증가로 인해 식물의 항생적 활동은 증가하게 된다(Mochida 등 1987). 그러나 상대적으로 가뭄은 종종 나무에서 가뭄의 효과에 잘 반응하는 나무좀류가 그 기간 동안 기주의 자연방어 체계를 극복하도록 함으로써 집중적인 공격을 유도한다(Price 1997). 이러한 지식은 종의 서식처 적합성을 평가하는데 확실히 중요하다.

잎이 젖어 있는 상태의 습도는 일부 진균의 감염과정동안 결정적일 수 있다. 예를 들어 사과 검은별무늬병균인 *Venturia inaequalis* (Cooke) Wint.에서 잎이 젖어 있는 기간이 감염의 양과 이어지는 병의 강도를 결정한다(그림 4.13). 감염의 임계점은 온도에 따라 결정된다. 1℃와 10℃, 25℃에서 사과 검은별무늬병의 감염에 필요한 시간은 각각 48시간과 11시간, 8시간으로 나타났다(Gadoury & Seem 1997). 또 다른 병원균은 자유수에 따라 반응할 수 있다. 예를 들어 높은 상대습도가 사과 흰가루병균인 *Podosphaera leucotricha* (Ellis &Everh.) E.S. Salmon의 감염을 위해 필요하지만, 자유수가 포자 발아를 멈추게 하며, 비가 포자의 고리를 끊어 잎 표면에서 포자를 씻어낸다(Sivapalan 1993).

4.11.7 계절적 활동

새로운 지역에 정착하기 위해 종은 부적합하거나 혹독한 조건을 피해야만 한다. 대부분의 곤충은 월동을 위해 휴면하거나 혹독한 여름 조건을 피하기 위해 하면한다. 휴면과 우화는 종종 광주기의 지배를 받는다(Tauber & Tauber 1976). 이것은 더 가능성이 있는 호적한 조건일 때 곤충의 우화를 보장하는 적응적 이점이며, 비호적한 조건을 피하는데 도움을 준다. 그러나 휴면에서 광주기의 영향은 보통 온도와 연합되어 작동되므로 일부 종에 있어서 측정하기 어렵다. 명백하게 온도는 휴면유기에 있어 두 번째로 중요한 요소이다(Tauber & Tauber 1976). 온대지역에서 높은 온도(짧은 광주기와 결합될 때)는 일반적으로 휴면을 억제하는 반면, 낮은 온도는 그러한 경향을 조장한다. 그러나 이러한 반응은 종들 간에 매우 다양하다. 일반적으로 종의 생활사가 보통 그들이 살고 있는 특정 서식처에서 계절적 변동과 동시성을 이루며, 기후적 조건이 지리적으로 다양하여 보통 계절적 적응계에 수반되는 생리적 특질에 일부 변이가 있을 수 있다. 지리적으로 휴면에 변이는 종종 기후적 조건에서 지리적 구배와 밀접하게 상관되어 있다. 예를 들어 유럽계통 매미나방인 *Lymantria dispar*는 생활사 중 발육에 있어서 적당한 냉랭한 조건을 제공하지 않은 따뜻한 온도지역인 플로리다 남부 및 중미에 정착할 가능성이 없다(Allen 등 1993). 즉, 열대에서 중미에 이르는 지역으로 크리스마스트리인 *Abies balsamifera* (L.) Mill.의 선적은 이 경로를 통해 이들 국가들로 매미나방의 유입 위험성을 거의 제기할 수 없을 것이다.

식물병원균은 그들의 생활사에서 계절적 복잡성 및 높은 저항적 생존 구조, 대체 기주, 식물 잔재물에서 불활성화와 같은 기작을 통해 반대적인 조건에서 생존하는데 적응되어 있다. 예를 들어 자낭균류(Ascomycetes)는 종종 그들 기주의 계절적 생장 패턴과 동시성을 이루는 생활사 중 유성단계를 가진다. 예를 들어 *Monilinia* spp. (사과 잿빛무늬병인 *M. fructigena* Honey 및 복숭아 잿빛무늬병인 *M. fructicola* (G. Winter) Honey)를 생각해 보자. 이들 진균은 땅으로 떨어진 과일의 머미에서 월동한다. 봄 동안 그들의 기주에서 새롭게 나오는 어린 순 및 꽃과 일치시킨 습한 조건 하에서 방출되는 자낭반(apothecia)과 자낭포자(ascospore)를 생산한다.

4.11.8 분포 및 확산

위험에 처한 지역에서 병해충의 잠재적 분포를 예견하거나 정확하게 기술하기 위해서는 기주 적합성의 모델링을 위한 위에서 논의된 모든 정보가 필요하다. 앞에서 우리는 종이 정착하지 않은 다른 지역에 서식처 적합성에 관한 우리의 지역을 투영하기 위해서 몇몇 양적인 방법이 있음을 지적하였다. 이들 방법들은 문헌상에서 많은 이름을 가지고 있다. 목적에 맞춰 우리는 그들을 "생물기후적 평가방법(bioclimatic assessment methods)"및 때때로 "종분포모델(species distribution models)"로 언급하고자 한다. 종종 연구대상이 된 종의 분포에 관한 공간적 지도가 만들어 진다. 우리는 그 결과로 이루어진 공간적 지도를 병해충위험지도로 언급하고자 한다. 우리가 서식처 적합성 및 종이 잠재적으로 정착할 수 있는 곳에 관한 약간의 아이디어를 가질 때, 우리는 그의 잠재적인 확산을 모델링할 수 있다.

정착 후, 침입한 병해충은 거의 기하급수적으로 그의 개체군을 증가시키는 것을 관찰할 수 있으며, 확산하기 시작한다. 개체군의 수와 밀도가 한 지역에서 증가하면 할수록 그 침입은 환경관리자에게 더 눈에 띄게 된다. 점유 면적의 증가를 유도하는 종 분포의 공간적 변화 패턴은 종종 세 단계인 개척기(pioneering), 팽창기(expansion), 포화기(saturation)로 분할될 수 있다(Shigesada 등 1995). 개척기는 개체군이 새로운 서식처로 팽창하는 것과 같이 급속한 증가가 나타나는 중간 단계가 뒤따르는 새로운 개체군의 정착이라는 특징을 나타낸다. 마지막으로 포화기 또는 충만기(fill-in)는 새로운 유용한 서식처 및 자원이 부족해 질 때 나타난다. 확실하게 종이 확산할 수 있는 곳의 일부 예견은 집중적인 모니터링 및 감시 프로그램으로 할 수 있을 것이다. 만일 종이 박멸되거나 봉쇄되어야 한다면, 고해상도에서 적합한 서식처의 예견 및 종이 가능한 시간에 그 지역에 도달할 수 있는지를 효과적인 대응 프로그램이 알아 낼 수 있을 것이다. 실제로 그러한 동일한 정보가 또한 보다 더 정확한 영향의 예견을 알릴 수 있을 것이다. 곤충의 확산에 관한 많은 이론적 모델이 출판되어 있지만, 이질적인 지역에서 곤충의 확산을 보여주는 자세한 모델은 거의 없다. 후자를 위해 우리는 또한 서식처 적합성 및 개체군 생장과 확산을 관련시켜야만 한다.

생물기후모델이나 종분포모델에서 파생된 서식지 적합성에 관한 정보 외에, 확산을 예견하기 위한 필수적인 정보는 종의 일반적인 확산 수단 및 시간 단위에서 얼마나 멀리 이동하는가(m/일, km/년)를 포함하게 된다. 곤충의 이동에 관한 많은 연구들이 있으며, 최근 연구들은 곤충의 확산을 모니터링하기 위해 극저주파(micro-radio) 안테나를 이용하고 있다. 그러나 확산 거리는 드물게 기록되고 있으며, 이것은 병해충의 확산을 나타내는 특정한 모델이 거의 없기 때문이다.

날개를 지닌 성충이 대부분의 곤충에 있어 일반적인 확산 시기이다. 일부 곤충은 하루 동안에 종종 몇 미터 이하인 짧은 거리만을 이동할 수 있다(Speight 등 1999). 다른 곤충들은 장거리 거리를 이동한다. 호주에서 군무를 이룬 메뚜기는 하루 동안 20km 이상을 확산할 수 있다. 적합한 환경조건에 반응하여 호주의 메뚜기 종은 이상발생하여 방대한 지역의 작물을 황폐화시킬 수 있다. 아프리카에서 군무하는 Plague locust도 국가 간 또는 바다를 횡단하는 훨씬 더 먼 거리를 이동하는데 대형의 개관적인 기상사건을 활용할 수 있다(Gillot 1995).

이주에 도움을 주는 바람은 특히 곤충이 장거리를 이동할 수 있을 때 생물안보의 문제가 될 수 있다. 진딧물에서 1,000km 이상을 이동한 기록이 있다(Irwin & Thresh 1988). 아프리카 북부 및 중부에서 유충이 농작물 해충이며, 매년 영국에서 작은 수가 발견되고 있는 작은 Willow moth (*Laphygyma exiguia* Hubner)는 영국으로 대량 이주가 흔하지 않다. 그러나 주기적으로 큰 피해를 주는 수가 나타날 수 있다. 이주를 보인 조사에서 적합한 개관적인 기상사건과 상관되어 있다. 비정상적으로 만연한 남남서풍의 대기흐름과 그 나방이 북아프리카에서 떠날 때와 정확하게 일치함을 지적할 수 있다. 다른 예는 Tropical grass webworm인 *Herpetogramma licarsisalis* (Walker)이다. 뉴질랜드의 북부 아열대 지역에서 이 목초해충의 유충은 48시간 내에 5ha의 방목지를 완전히 훼손시킬 수 있다. 이 종은 호주, 아시아, 일부 태평

그림 4.14 *Xanthomonas axonopodis* pv. *citri*에 의해 과실(좌) 및 잎(우)에 나타나는 감귤 궤양병(호주 DRRDI의 Cherie Gambley 박사 촬영)

양 국가들의 열대 지역에서 발견되며, 하와이에서 심각한 해충이다. 그것은 호주에서 범 태즈메이니아 제트기류의 이동에 의해 도착되었고, 아마도 그렇게 계속 되었을 것으로 생각된다. Golden twin spot (*Chryosodeixis chalcites* (Esper)) 및 Green semi-looper (*Chrysodeixis eriosoma* (Doubleday))는 또한 아프리카 북부에서 유럽과 북미로 장거리 대량 이주를 할 수 있다. 그들은 유럽 북부의 대부분 지역에서 성공적으로 월동을 할 수 없을지라도 온실 환경에 침입할 수 있다. 이들 종은 또한 동정이 어려우며, 분류학적 해결과제로 남아 있다.

식물병원균의 장거리 확산은 일반적으로 공기로 운반되는 포자나 종자나 유묘 대목, 산물과 같은 식물성 물질에 의해 나타난다. 또한 식물체 일부나 장비와 용기의 이동과 관련되어 토양으로의 확산 위험이 있다. 단거리로 확산은 보통 바람 및 물 튀김, 농기계, 매개곤충과 같은 기작에 의한다. Stripe 또는 Yellow Rust인 *Puccinia striiformis* Westend는 1980년 호주에서 뉴질랜드로 침입하였다. 이 녹병은 1979년에 만연하는 서풍 기류로 호주에서 뉴질랜드로 운반되었다. 그런 포자의 확산에 도움이 되는 조건은 단지 1년에 약 6번 일어난다고 생각된다 (Viljanen-Rollinson & Cromey 2002).

감귤의 중요한 검역병원균인 *Xanthomonas axonopodis* pv. *citri* (감귤궤양병균)는 비바람이나 공중관수에 의해 단거리로 확산한다(그림 4.14; 18장). 장거리 확산은 감염된 식물성 물질의 이동에 의한다(Crop Protection Compendium 2010). 포도의 심각한 세균성 병원균인 Pierce's Disease (*Xylella fastidiosa* Wells et al.에 의해 발병)은 Glassy-winged sharpshooter인 *Homalodisca coagulata*를 포함한 매개곤충(매미목)의 목질부 섭식에 의해 확산된다(Purcell & Hopkins 1996). 분포 및 확산은 비행에 의한 짧은 거리건 식물성 물질의 수송과 관련된 장거리건 매개자의 이동과 강하게 관련되어 있다.

4.11.9 영향 및 수확량 손실

병해충은 농업 및 산림, 도심, 원예 작물의 성장과 발육에 다양한 방법으로 부정적인 영향을 미친다. 특정 병해충에 관한 생태의 세부적인 이해가 그의 잠재적인 침입능력에 관한 통찰력을 제공할 것이며, 식물성 산물이 식물위생 면에서 무역될 수 있기 위한 위험완화조치를 만들 수 있는 기회를 제공할 것이다. 병해충 가해의 방법과 양상은 보통 수확량 손실로 감정한 손실한 생체량이나 직접적이건 간접적이건 외관적인 피해의 결과로써 식물성 산물의 시장가치의 감소에 영향을 주거나 결정하게 된다.

병해충관리전문가에 의한 논의는 잠재적인 작물 병해충으로부터 경제적 피해를 결정하는 것이 수반된다. 원예작물, 곡물류 및 축산은 재배자에게 가치있는 산물을 제공한다. 유용한 산물의 양은 "수확물(yield)"로 언급된다. 예를 들어 곡물의 중량 또는 과일, 토지 단위당 괴경, 목재의 체적, 생장 증가분 손실, 식물체의 무게, 동물의 무게, 양모의 무게, 피해받지 않은 산물의 비율인 것이다. 작물의 실제 수확량은 재배자의 가용할 수 있는 투입의 종류 및 수준과, 그 투입과 날씨 및 해충과의 상호작용에 따라 달라질 것이다. 다시 말해 실제 수확량과 잠재 수확량 사이 차이는 이러한 모든 요소의 상호작용에 의할 것이다.

식물병원균에 의한 감염은 다른 방법으로 수확량에 영향을 줄 수 있다. 예를 들어 곡물에서 수확량 손실은 광범위하게 연구되었으며, 병은 근본적으로 곡물의 크기와 품질을 감소시켜 건물생산량을 감소시킨다. 인위적으로 감염시킨 실험에서 Jordan 등(1985)은 보리의 그물무늬병균(*Pyrenophora teres* Drechs.)이 이삭수 15%, 곡립/년 20%, 곡립중량 48%를 포함한 수확량의 여러 지표를 감소시켰다.

4.11.10 피해에 대한 작물 또는 식물의 감수성

피해를 일으키는 식물병해충의 형태를 고려할 때 우리는 피해에 반응하는 식물의 대처 방법을 고려해야만 한다. 일반적으로 초식동물은 기주 식물에 "해로운"피해를 일으킨다. 그러나 많은 식물들은 피해에 대한 보상작용을 할 수 있거나, 피해가 단기적으로 다른 쪽에서 이익이 될 수조차 있다(Delaney & Macedo 2001). 이러한 고려사항들은 어떤 영향의 평가에서 결정적이 될 수 있다. 생물안보의 목적에 있어서 2개의 중요한 요소인 피해시간 및 피해받은 식물체 일부가 피해와 식물의 반응과의 연관관계에서 고려되어야만 한다. 피해시간은 명백한 요소이다. 유묘가 가장 감수성인 반면, 보다 자란 식물체는 피해에 대하여 내성이나 보상작용을 할 수 있다. 또한 식물체는 수확물을 생산하는 기관이 형성될 때 매우 감수성으로 어린 과일이나 어린잎에 병이나 섭식피해가 매우 피해를 받게 될 수 있다. 피해받은 식물체 일부의 관점에서 보통 직접적인 피해와 간접적인 피해 사이 구별이 생긴다. 수확물 형성, 저장 및 생식기관에 피해는 직접적인 피해이다. 간접적인 피해는 식물의 구조나 성장 및 발육의 왜곡, 품질의 손실이나 외관, 기계적 감염이나 매개곤충에 의한 병원체의 감염과 같은 효과와 관계한다. Hill (2008)은 직접적인 식물체 피해와 간접적인 식물체 피해의 다양한 형태를 조사하였다.

생물안보의 설정에서 수확물의 양적인 손실은 쉽게 결정할 수 없으며, 피해의 평가는 종종 질적인 기준에 바탕을 두게 된다. 다음 절에서 적절한 병해충위험평가의 수행에 관한 열쇠인 피해 평가에 대한 생물학적 바탕을 설명할 것이다.

4.11.11 곤충에 의한 손상 및 피해

식물해충은 수확물 감소를 일으키는 방법에 바탕을 둔 6가지 범주에 넣을 수 있다(Pedigo & Rice 2006; Mill 2008: Peterson & Higley 2001).

1. 생체량 감소자(stand reducers) – 많은 나비목 곤충(어린 유묘를 자르는 야도충)은 생체량에 갑작스런 손실을 일으키며, 결과적으로 선 채로 감소된다.
2. 잎의 대량 소비자(leaf-mass consumers) – 잎을 소비하는 곤충이 식물체 천개의 전체 광합성에 영향을 준다. 많은 식물해충이 이 범주에 들어간다.
3. 수액 흡수자(assimilate sappers) – 찌르고, 빨고, 긁는 곤충들은 식물체 조직으로 개조되기 전에 식물체의 탄수화물과 영양분을 제거한다. 일부 해충이 섭식하는 동안 식물체에 독성물질을 주입함으로써 피해 수준을 증가시킬 수 있다. 예로는 복숭아에서 섭식하는 Tarnished plant bug이다.
4. 팽압 감소자(turgor reducers) – 식물체의 뿌리를 먹는 토양곤충과 줄기 섭식자는 식물체의 섭식장소에서 물과 영양분의 균형에 영향을 준다. 예를 들어 corn rootworm인 *Diabrotica* spp.는 옥수수의 뿌리를 잘라내 그의 수와 크기를 감소시킨다. 또 다른 곤충은 식물체의 줄기를 환상박피하여 잎과 줄기, 과일로 물을 수송하는 수단을 파괴함으로써 완전하게 팽창하지 못하게 할 수 있다. 또한 광합성이 감소될 수 있다. 아시아호리비단벌레는 위에서 기술된 것과 같은 생리적인 피해를 일으키는 해충이다.
5. 과실 섭식자(fruit feeders) – 직접적으로 과실에 피해를 줘 모양이나 수확량 또는 둘 모두의 측면에서 품질에 감소를 일으킨다. 좋은 예로는 지중해과실파리이다. Blueberry maggot (*Rhagoletis mendax* Curran)는 과실의 수확량과 품질 모두에 영향을 준다.
6. 구조 변형자(architecture modifiers) - 줄기 천공충(stem borer)과 같은 곤충은 식물체의 모양이나 해부구조를 변화하여 수확량을 감소시킨다. 대부분의 주요 식엽해충들이 누적된 해를 통해 낙엽 피해를 일으킨다(예, *Lymantria monacha* (Linnaeus), *Ditula angustiorana* (Haworth) 및 많은 다른 곤충들). 그 밖의 종들은 성장하는 끝부분에 손실을 일으키며, 분얼과 낮은 수확량이나 불모지 식물의 원인이 된다.

4.11.12 식물병원체에 의한 손상 및 피해

수확량에 있어서 식물병원균의 영향은 또한 생체량 감소자, 광합성률 감소자, 노화 가속자, 빛 도둑, 수액 흡수자, 조직 소비자 및 팽압 감소자로 범주화 할 수 있다(Gaunt 1995). 그러나 이러한 범주는 일반적으로 식물체에 의해 받아들여지는 광량 및 이들 에너지를 이용할 수 있는 식물체의 효율에 감소를 일으키는 주요한 효과와 관계한다. 예를 들어, 감자의 역병인 *Phytophthora infestans* (Mont.) de Bary와 같은 입고병은 죽거나 괴사된 잎 조직의 양이 증가함으로 인해 광합성을 할 수 있는 잎의 면적이 효과적으로 감소한다. 반대로 세균성 풋마름병인 *Ralstonia solanacearum* (Smith)같은 병원균은 식물체에 스트레스를 주고, 에너지 전환의 효율을 감소시켜 영양분과 물의 흡수를 심각하게 제한하는 식물체 관다발 조직을 붕괴시킨다. 담배모자이크바이러스와 같은 식물바이러스는 식물이 정상적으로 이용하는 세포내 물질과 영양분에 대해 직접적으로 서로 경쟁함으로써 식물세포의 정상적인 기능을 붕괴시킨다. 이것은 모자이크 및 백화, 윤문, 괴사와 같은 바이러스가 일으키는 증상의 배열을 유도한다.

4.11.13 선충에 의한 손상 및 피해

식물기생성선충의 섭식습성은 종종 식물체 조직의 측면에서 어디를 섭식하는가, 그들이 어떤 조직을 섭식하는가, 이주하거나 정주하는 경향에 바탕을 두고 분류한다(Ferris 2011). 내부기생자는 식물체 조직으로 완전하게 들어간다. 그들은 각각 잎, 종자, 구근과 줄기, 뿌리에 영향을 주는 내부기생성 선충이다. 뿌리의 이주형 내부기생자는 뿌리를 통해 이동하면서 식물체 세포에서 섭식하며, 그들의 전 생애동안 운동성이 남아있다. 정주형 내부기생자는 발육하는 선충을 보호하는 상당히 변형된 식물체 세포의 형성을 유발한다. 이들 선충은 발육하자마자 운동할 수 있는 능력을 잃는다. 반내부기생자는 단지 앞쪽 부분만이 뿌리로 들어갈 것이다. 외부기생자는 섭식할 때 식물체 조직의 외부에 남아있다.

이주형 외부기생자는 그들의 생애를 통해 움직일 수 있는 능력을 지니며, 피층이나 약간 더 깊은 뿌리 세포에서 섭식한다. 정주형 외부기생자는 그들의 전 생애동안 뿌리의 외부에 남아있으나, 발육하자마자 움직일 수 있는 능력을 잃는다. 수확량이나 다른 식물체 기능에서 이들의 다른 섭식 전략의 효과는 같은 종의 선충이 하나의 피해 형태보다 더 많이 일으킬 수 있기 때문에 구별되는 범주로 쉽게 나눌 수 없다. 섭식하는 선충은 뿌리에서 3종류의 증상을 일으킬 수 있다(Ruehle 1973). 괴사성 피해는 뿌리의 표면에서 식물체 세포의 죽음을 초래한다. 괴사성 피해는 뿌리가 갈라지고, 뿌리 전체가 검게 되는 것으로 진행될 수 있다. 미국검선충(*Xiphinema americanum* Cobb 1913)은 이주형 외부기생자이며, laurel oak에서 섭식할 때 그런 피해를 일으킨다. 세포이상생장의 증상은 선충이 뿌리에 혹을 형성할 때 발전한다. 뿌리의 정주형 내부기생자인 뿌리혹선충류(*Meloidogyne* spp.)의 섭식에 의해 유발된 혹은 전형적인 예이다. 내배엽 증상은 선충이 뿌리 끝에 생명력을 없게 하거나 끝의 생장을 억제할 때 일어난다. 예를 들어 이주형 외부기생자인 *Paratrichodorus minor* (Colbran)는 많은 소나무류(*Pinus* spp.)에서 뿌리 끝을 섭식하여 근계의 발육부전을 일으킨다. 3가지 형태의 모든 피해는 식물체에서 물과 영양분의 이동에 간섭으로 나타난다. 선충의 피해는 영양결핍이나 가뭄, 다른 뿌리 병원균의 증상과 혼동되기 쉽다.

4.12 결론

핵심적인 생물학적 원리의 종합적인 이해는 식물보호정책의 개발을 위해 필수적이며, 한 국가의 식물의 생물안보를 보증하기 위한 선견을 더해 줄 것이다. 기본적인 생물학적 지식이 신뢰할 만한 병해충위험분석의 수행에 기여하며, 불확실성을 최소화한다. 다양한 생물학적 상호작용에 관한 통찰력은 특정한 병해충의 잠재적인 침입능력을 예견하고, 확인하며, 특징 짓는 정보를 제공해 줄 것이다. 다양한 다른 관련된 분야와 공동으로 생물학은 병해충위험분석 과정의 대부분 관점을 통해 필수적인 정보를 제공하게 된다. 종종 생물학적 지식의 발전은 역동적이며, 정보 격차 및 즉각적인 우려와 불확실성을 해결하기 위해 개선된 연구가 필요하다.

식물위생 측면에서 식물체 또는 식물성 산물의 이동을 촉진하기 위해 생물학에 바탕을 둔 위험완화방법의 개선이 요구되고 있다. 또한 식물병해충의 잠재적인 침입능력을 특징짓기 위한 연구에 개선도 필요하다. 많은 경우에 심각한 피해를 확인할 때까지 어떤 해충/병의 활동에 관한 생식능력이나 식욕이 알려지지 않는다. 감시 및 탐지 방법의 향상은 개선된 조기경보를 제공할 것이다. 병해충위험분석 과정이 종종 최소한의 정보에 바탕을 둠으로써 보다 훌륭한 예견 모델이 요구되며, 시나리오를 탐색하거나 만약의 질문에 대답할 수 있는 다수의 모델링 방법론의 개발에 대한 투자로부터 혜택을 누릴 수 있을 것이다. 다시 말해, 그러한 모델들은 적절한 생물학적 지식에 바탕을 두어야만 한다.

연구의 강화는 병해충 및 식물 모두의 개체군 수준에서 식물-초식동물 상호작용을 이해하기 위해 필요하다(Peterson & Higley 2001). 또한 식물체, 특히 다년생 식물체에서 병해충의 영향에 관한 본질과 다수의 해충과 병 및 그들의 상호작용에 의해 일어난 연속적인 피해 양상 및 영향은 식물체의 개체 수준에서와 개체군 수준에서 설명되어져야 한다. 자연생태계 및 관리되는 생태계 모두 조사되어야 하며, 그 과정에서 산림에서 나타나는 것과 같이 오래 사는 다년생 식물체에 대한 연구 과제를 제시하고자 한다.

참고문헌

A Biosecurity Science Strategy for New Zealand (2007) MAF Biosecurity, Wellington, New Zealand ISBN: 978-0-478-31134-1 (Online)

Allen JC, Foltz JL, Dixon WN, Liebhold AM, Colbert JJ, Regniere J, Gray R, Wilder JW, Chrisrie I (1993) Will the Gypsy moth vecome a pest in Florida? Fla Entomol 76: 102-113

Anderson DL, Truman JWH (2000) *Varroa jacobsoni* (Acari: Varroidae) is more than one species. Exp Appl Acarol 24: 165-189

Andercon PK, Cunningham AA, Pater NG, Morales FJ, Epstein PR, Daszak P (2004) Emerging infectious diseases of plants: pathogen pollution, climate change, and agrotechnology. BCPC Monograph No 41 BCPC, Thornton Heath

Baker GH (2002) Helicidae and Hygromiidae as pests in cereal crops and pastures in southern Australia. In:

Barker GM (ed) Molluscs as crop pests. CAB International, Wallingford

Baker GH (2004) The population dynamics of the Mediterranean snail, *Cernuella virgata* (Hygromiidae), in pasture-cereal rotations in South Australia. In: Winder LM, Goldson SL (eds) Proceedings of the 8th Australasian conference on Grassland invertebrate ecology. AgResearch, Lincoln

Baker GH (2008) The population dynamics of the mediterranean snails *Cernuella virgata*, *Cochlicella acuta* (Hygromiidae) and *Theba pisana* (Helicidae) in pasture-cereal rotations in South Australia: a 20-year study.Aust J Exp Agric 48(12): 1514-1522

Billing E (19774) The effect of temperature on the growth of the fierblight pathogen, *Erwinia amylovora*. J Appl Microbiol 37: 643-648

Boucher G, Lambshead PJD (2002) Ecological biodiversity of marine nematodes in samples from temperate, tropical, and deep-sea regions. Conserv Biol 9: 1594-1604

Brooks FE (2004) Plant-parasitic algae (Chlorophyta: Trentepohliales) in American Samoa. Pac Sci 58: 419-428

Brunt AA, Crabtree K, Dallwitz MJ, Gibbs AJ, Watson L (eds) (2006) Viruses of plants: descriptions and lists from the VIDE database. CAB International, Wallingford

Brusca RC, Brusca GJ (2003) The invertebrates, 2nd edn. Sinauer Associates, Sunderland

Capinera JL, White J (2011) Terrestrial plants affecting snails in Florida. http://entomoligy.ifas.ufl.edu/creatures

ChapmanRF (2003) The insects. Cambridge University Press, Cambridge

Charles H, Dukes JS (2007) Impacts of invasive species on ecosystem services. In: Nentwig W (ed) Biological invasions. Springer-Verlag, Berlin

Cloudsley-Thompson JL (1962) Microclimates and the distribution of terrestrial arthropods. Annu Rev Entomol 7: 199-222

Crop Protection Compendium (2010) *Xanthomonas axonopodis* pv. *Citri* datasheet. Reproduced from the Crop Protection Compendium 2010 edn. CAB International, Wallingford

Cruttwell McFayden RE (1998) Biological control of weeds. Annu Rev Entomol 43: 369-393

DeBach P, Rosen D (1991) Biological control by natural enemies, 2nd edn. Cambridge University Press, Cambridge

Delaney KJ, Macedo TB (2001) The impact of herbivory on plants: yield, fitness, and population dynamics. In: Peterson RKD, Higley LG (des) Biotic stress and yield loss. CRC Press, New York

Dixon AFG (1987) Parthenogenetic reproduction and the rate of increase in aphids. In: Minks AK, Harrewijn P (eds) Aphids, their biology, natural enemies and control. Elsevier, Amsterdam

Elith J, Leathwick JR (2009) Species distribution models: ecological explanation and prodiction across space and time. Ann Rev Ecol Evol Syst 40: 677-697

Ferris H (2009) The beer mat nematode, *Panagrellus redivivus*: a study of the connectedness of scientific discovery. J Nematode Morphol Syst 12: 19-25

Ferris H (2011) The nematode-plant expert information system: a virtual encyclopedia on soil and plant nematodes. University of California. Davis. http://plpnemweb.ucdavis.edu/nemaplex/

Flaherty L. Sweeneyu JD, Pureswaran D, Quiring DT (2011) Influence of host tree condition on the performance or *Terropium fuscum* (Coleoptera: Cerambycidae). Environ Entomol 40: 1200-1209

Fountain MT, Cross JV (2007) The light brown apple moth, *Epiphas postvittana* (Walker) (Lepidoptera: Tortricidae), in UK pome and stone fruit orchards. IOBC 30(4): 51-60

Gadoury D, Seem RC (1997) Mills Redux: the latest revisions of the infection period table for primary apple scab. Scaffolds Fruit J 4: 2-4, http://www.nysaes.cornell.edu/ent/scaffolds/1997/scaffolds_0414.html

Gamliel A (2008) High consequence plant pathogens. In: Guillino ML, Fletcher J, Gamliel A, Stak JP (eds) Crop biosecurity: assuring our global food supply. Springer, Dordrecht

Gaunt RE (1995) The relationship between plant disease severity and yield. Annu Rev Phytopathol 33: 119-144

Gillot C (1995) Entomology, 2nd edn. Plenum Press, New York

Goldson SL, Rowarth JS, Caradus JR (2005) The impact of invasive invertebrate pests in pastoral agriculture: a review. N Z J Agric Res 48: 401-415

Gould WP (1994) Cold storage. In: Sharp JL, Hallman GJ (eds) Quarantine treatments for pests of food plants. Westview Press, Colorado

Grimm FW, Forsyth RG, Schueler FW, Karstad A (2009) Identifying land snails and slugs in Canada. Canadian Food Inspection Agency, CFIA Po656E-09, 168 pp

Hallman GJ (2011) Phytosanitary applications of irradiation. Compr Rev Food Sci Food Saf 10: 143-151

Hallman GJ, Armstrong JW (1994) Heated air treatments. In: Sharp JL, Hallman GJ (eds) Quarantine treatments for pests of food plants. Westview Press, Colorado

Hampson MC (1993) History, biology and control of potato wart disease in Canada. Can J Plant Pathol 15: 223-244

Harris KF, Maramorosch K (eds) (1980) Vectors of plant pathogens. Academic Press, New York

Hill DS (2008) Pests of crops in warmer climates and their control. Springer Science and Business Media BV

Hoffmann JA (1982) Bunt of wheat. Plant Dis 66: 979-986

Irwin ME, Thresh JM (1988) Long range aerial dispersal of cereal aphids as virus vectors in North America. Phil Trans Roy Soc Lond B321:421-446

Jeppson LR, Keifer HH, Baker EW (1975) Mites injurious to economic plants. University of California Press, Berkeley

Jordan VWL, Best GR, Allen EC (1985) Effects of *Pyrenophora teres* on dry matter production and yield components of winter barley. Plant Pathol 34: 200-206

Kahn RP (1989a) Plant protection and quarantine, voll, Biological concepts. CRC Press, Boca Raton

Kahn RP (1989b) Plant protection and quarantine, vol II, Selected pests and pathogens of quarantine significance. CRC Press, Boca Raton

Kahn RP (1989c) Plant protection and quarantine, vol III, Special topics. CRC Press, Boca Raton Kanzawa T (1939) Studies on *Drosophita suzukii* Mats. Kofu Rev Appl Entomol 29: 622

Kelly NM. Meentemeyer R (2002) Landscape dynamics of the spread of sudden oak death. Photogramm Eng Remote Sens 68: 1001-1009

Kobayashi F, Yamane A, Ikeda T (1984) The Japanese pine sawyer beetle as the vector of pine wilt disease. Ann Rev Entomol 29: 115-135

Lounibos LP (2002) Invasions by insect vectors of human disease. Annu Rev Entomol 47: 233-266

Madden LV, Hughes G, van den Bosch F (2007) The study of plant disease epidemics. APS Press, St. Paul

Magarey RD, Fowler GA, Borchert DM, Sutton TB, Colunga-Garcia M, Simpson JA (2007) NAPPFAST: an Internet system for the weather-based mapping of plant pathogens. Plant Dis 91: 336-345

McCullough DG, Work IT, Cavey JF, Liebhold AM, Marshall D (2006) Interceptions of nonin-digenous plant pests at US ports of entry and border crossings over a 17-year period. Biol lnvasons 8: 611-630

Mochida O, Joshi RC, Litsinger JA (1987) Climatic factors affecting the occurrence of insect pests. In: Weather and rice. In: Proceedings of the international workshop on the effect of weather parameters on growth and yield of rice, 7-10 Apr 1986, International Rice research Institute Philippines, Manila

Patterson DT (1976) History and distribution of five exotic weeds in North Carolina. Castanea 41: 177-180

Pedigo L, Rice ME (2006) Entomology and pest management. Pearson Prentice Hall, Upper Saddle River

Peterson RKD, Higley LG (2001) Biotic stress and yield loss. CRC Press, New York

Pimentel D, Lach L, Zuniga R, Morrison D (2000) Environmental and economic costs of non-indigenous species in the United States. BioScience 50: 53-65

Pimentel D, Zuniga R, Morrison D (2005) Update on the environmental and economic costs associated with alien-invasive species in the United States. Ecol Econ 52: 273-288

Price PW (1997) Insect ecology-Wiley, Canada

Purcell AH, Almeida RPP (2005) Insects as vectors of disease agents. In: Goodman RM (ed) Encyclopedia of plant and crop science. Marcel Dekker, 5 pp. doi: 10.1081/E-EPCS-120010496

Purcell AH, Hopkins DL (1996) Fastidious xylem-limited bacterial plant pathogens. Annu Rev Phytopathol 34: 131-151

RauL SK, Barker GM (2002) *Achatina fulica* Bowdich and other Achatinidae as pests in tropical agriculture. In: Barker GM (ed) Molluscs as crop pests. CABI, Wallingford

Rawlings GB (1949) Recent observations on the *Sirex noctilio* populations in the *Pinus radiata* forests in New Zealand. Pacific Science Congress February, 1949 Auckland. www.fabinet.up.ac.za/sirexweb/sirexlit/Rawlings1948NZJFor.pdf

Ridsdill-Smith TJ (1997) Biology and control of *Halotydeus destructor* (Tucker) (Acarina: Penthaleidae): a review. Exp Appl Acarol 21: 195-224

Ruehle JL (1973) Nematodes and forest trees-types of damage to tree roots. Ann Rev Phytopathol 11: 99-118

Schumann GL, D'Arcy CL (2010) Essential plant pathology, 2nd edn. APS Press, Minnesota

Shigesada N, Kawasaki K, Takeda Y (1995) Modeling stratified diffusion in biological invasions. Am Nat 146: 229-254

Simberloff D (1996) Impacts of introduced species in the United States. Consequences: the nature and implications of environmental change, vol 2 http://www.gcrio.org/

Sivapalan A (1993) Effects of water on germination of powdery mildew conidia. Mycol Res 97: 71-76

Sivarajan VV, Robson NK, Manilal KS (1991) Introduction to the principals of plant taxonomy. Cambridge University Press, Cambridge

Smith GA, Hurley JE (2000) First North American record of the Palearctic species. *Tetropium fuscum* (Fabricius) (Coleoptera: Cerambycidae). Coleopt Bul1 54: 540

Speight MR, Hunter MD, Watt AD (1999) Ecology of insects: concepts and applications. Blackwell Science, Victoria

Suckling DM, Brockerhoff EG (2010) Invasion biology, ecology and management of the light brown apple moth (Tortricidae). Annu Rev Entomol 55:285-306

Tauber MJ, Tauber CA (1976) Insect seasonality: diapauses maintenance, termination, and post diapauses development. Annu Rev Entomol 21:81-107

Vargas RI, Miyashita D, Nishida T (1984) Life history and demographic parameters of three laboratory-reared tephritids (Diptera : Tephritidae). Ann Entomol Soc Am 77: 651-656

Venette RC, Kriticos DJ, Magarey R, Koch F, Baker RHA, Womer SP, Gómez NN, McKenney D, Dobesberger EJ, Yemshanov D, De Barro P, Hutchison WD, Fowler G, Kalaris T, Pedlar J (2010) Pest risk maps for invasive alien species: a roadmap for improvement. Bioscience 60: 350-362

Viljanen-Rollinson SLH, Cromey MG (2002) Pathways of entry and spread of rust pathogens: implications for

New Zealand's biosecurity. N Z Plant Prot 55: 13-15

Zahid MI, Grgurinovic CA, Walsh DJ (2008) Quarantine risks associated with solid wood packaging materials receiving ISPM 15 treatments. Aust For 71: 287-293

Zeddies J, Schaab RP, Neuenschwander P, Herren HR (2001) Economics of biological control of cassava mealybug in Africa. Agric Econ 24: 209-219

제5장 생물안보의 연속체와 무역: 국경 이전의 활동
The Biosecurity Continuum and Trade: Pre-border Operations

Ron Sequeira and Robert Griffin
번역: 신현경(농림축산검역본부)

5.1 서론

국경 이전에 이루어지는 활동과 이러한 활동을 담당하는 기관의 구조는 역사적으로 병해충의 배제(exclusion)를 위한 프로그램과 정책에 초점을 두어 왔다. 국가적 차원에서의 식물보호 프로그램 저변에 깔린 철학은 (1) 국경이 일차적인 방어선이며, (2) 이미 정착한 병해충에 대응하는 것보다는 병해충의 유입을 차단하는 것이 훨씬 더 효과적인 전략이라는 두 가지의 강력한 믿음에 근거하고 있다.

유해한 병해충이 유입되어 발생할 수 있는 재앙스러운 잠재적 결과들을 감안, 병해충을 차단하기 위해 크게 투자를 하는 것은 항상 쉽게 정당성을 인정받았고, 그 결과 수십 년간 반입항에서의 활동에 중점을 둔 규제 및 프로그램에 대한 투자가 증가해 왔다. 검사프로그램의 핵심역할이 방지조치라는 인식은 더욱 신중한 방식으로 지속되어 왔는데, 그 이유 중 하나는 이 일에 필요한 자원이 대개 변동이 없거나 감소해왔기 때문이다. 그러나 SPS 협정이 발효되면서 이러한 인식에 지대한 영향을 미치게 되었는데, 일반적으로 만연해 있던 "의심스러울 때는 못 들어오게 하라(when in doubt, keep it out)"는 관념은 "위험도에 상응하는 식물위생조치의 적용"이라는 SPS 철학으로 대체되었다. 그 결과 정책과 운영에 사용된 조치의 강도에 대하여 기술적 타당성과 위험분석을 훨씬 더 강조하게 되었으며, 동시에 검사 절차는 단지 위험경감의 수단일 뿐만이 아니라 보다 나은 분석을 통해 의사결정을 돕기 위한 중요한 정보원으로 간주되게 되었다.

R. Sequeira
Center for Plant Health Science and Technology, Plant Protection and Quarantine,
APHIS, USDA, Raleigh, NC 27606, USA

R. Griffin (✉)
Pest Epidemiology and Risk Assessment Laboratory, Plant Protection and Quarantine,
APHIS, USDA, Raleigh, NC 27606, USA
e-mail: Robert.L.Griffin@aphis.usda.gov

국경 이전의 시스템이 계속해서 발전하고 SPS 협정 체결 이후의 환경에 적응해감에 따라, 정책 및 운영과 위험성의 연관관계에 대한 심도 깊은 이해가 신속하게 발전해 오고 있다. 정책 결정자들은 단순히 병해충을 차단하는데 집중하는 것이 아니라 안전한 무역을 위해서 위험성에 기반한 정책을 결정하고, 위험성에 기반한 프로그램을 디자인하는데 있어서 증거와 불확실성이 어떤 역할을 하는지를 점점 더 인식하게 되었다.

이 장에서는 SPS 이후 시대로의 전환이라는 관점에서 차단에 관한 역사적인 관점과 조치의 강도에 관한 현 시대의 기술적 타당성을 결부시켜 생물안보에 있어서 국경 이전의 시스템에 대해 논의하고자 한다.

5.2 무역과 식물보호

2차 세계대전 후, 관세 및 무역에 관한 일반협정(General Agreements on Tariffs and Trade; GATT)은 무역의 세계화를 위해 규칙에 기반한 자발적인 시스템을 통해 경제적 풍요를 증진시켜 정치적 마찰을 감소시킨다는 원대한 포부를 가지고 체결되었다. 그 이후 수십 년 동안 농업협상은 자유무역의 시작(관세 축소 및 철폐), 그 다음으로는 공정무역(기술적 장벽의 축소 및 철폐), 그리고 마지막으로는 SPS 협정에서 다루고 있는 안전한 무역이라는 세 단계를 거쳐 진행되어 왔다. 1995년 GATT의 우루과이라운드 협상 결과 구속력이 있는 분쟁해결 시스템을 갖춘 세계무역기구(WTO)가 창설되고 SPS 협정(Agreement on the Application of Sanitary and Phytosanitary Measures)이 채택된 이후로, SPS 협정은 식물보호시스템의 발전에 있어서 독보적인 위치를 차지해 왔다.

국제식물보호협약(International Plant Protection Convention, IPPC)은 SPS 협정을 보완하기 위해 개정되었는데, 가장 중요한 것은 국제기준 제정 체계를 마련하는 것과, FAO/UN의 식물보호프로그램과 공조하는 것으로부터 무역 현안에 대한 국가식물보호기관(NPPO)들의 협력을 이끌어내는 쪽으로 기능의 초점을 옮기는 것이었다. 하지만 이러한 초점의 이동은 무역에 대한 적용보다는 보다 광범위한 적용범위를 갖도록 구상된 IPPC의 원래 취지와 완벽하게 부합하지는 않는 것이었다.

IPPC 협약은 무역과의 연관 여부와 관계없이 일반적인 식물자원의 보호를 위해 협력하는데 적용된다. 따라서 이렇게 무역을 강조함으로써 무역을 제한하는 조치에 정당성을 부여하는 것이 단지 무역을 촉진하기 위해서 보호를 희생하는 것으로 해석될 여지가 있다는 점에서 불편한 감을 조성하였다. 하지만 SPS 협정의 의도는 보호를 포기하는 대가로 무역을 촉진하기보다 과학적 원칙과 증거를 토대로 '안전한 무역(safe trade)'을 추구하는데 있다.

안전한 무역은 SPS 협정과 IPPC 협약 모두에서 추구하는 사명이다. SPS 협정과 IPPC 협약은 모두 모든 무역파트너들이 거래하는 생산물의 안전성을 공동의 책임으로 인정하고, 무역제한적 조치의 바탕이 되는 기술적 타당성에 대한 입증책임(burden of proof)을 공유하도록 요구하고 있다. SPS 협정은 'give'와 'take'를 토대로 하고 있는데, 이는 편리하긴 하지만 과학적 근거가 없는 조치에 문제를 제기하고 철폐시킬 수 있다는 점에서 때로는 보호를 잠식하는 것으로 인식되기도 한다.

NPPO가 당면한 모든 무역 현안들은 기존부터 있던 것이던, 새로운 것이던, 어느 정도는 과거 관계, 정책 및 인식(perception)과 연관되어 있다. 또한 상업적 이득을 위해 NPPO를 압박하는 민간부문 이해당사자로부터의 압력도 항상 존재한다. 이러한 문제를 SPS-IPPC 체계에서 다룬다는 것은 NPPO가 무역에 대한 정책 결정에 있어서 전진과 후퇴를 통해 SPS-IPPC 체계와 맞지 않는 과거와 현재의 무역 방해요소를 해결하는 한편, 과거의 정책이 현재와 미래의 의사결정에 부정적인 영향을 주지 못하도록 노력하고, 이해당사자들의 우려를 개선하는 것을 의미한다. 국가의 정책을 SPS-IPPC 체제에 맞추어 가게 되면 조치를 강화하거나 추가하기보다는 축소하고 철폐하게 되는 경우가 많기 때문에, 일반 이해당사자나 정치인들의 입장에서는 보호기능을 상실한다는 인상을 받게 된다.

이상적인 조건에서라면, 병해충 위험성을 관리하는데 가장 최적의 접근방식을 향한 투명성과 협력이 우선시 되면서, 불신, 선례, 사전예방의 영향력은 최소화될 것이다. 그 결과 양측 무역 파트너 모두 최선의 노력을 바탕으로 무역의 성공 가능성은 극대화 될 것이다. 성공적인 프로그램을 통해 경제적 이득은 증가하고, 무역마찰은 감소하며, 더 좋은 관계로 발전하게 된다. 반면, 바람직하지 못한 환경에서는 과도하게 제한적이거나 위험한 방식으로 무역이 이루어 질 가능성이 크며, 이는 불신, 부당한 절차의 증가, 사전예방적인 조치를 촉구하는 결과를 가져올 것이다.

정책 결정가들은 이러한 균형을 이해하는 것이 필수적이다. 고의로 정보를 감추거나, 수입국과 기술적 대화를 통해 협력하지 못한다면 수출국은 시장접근으로 인한 단기적 성과는 거둘 수 있을 것이다. 하지만 예상치 못하게 위험성이 관리되지 못한 병해충 때문에 프로그램이 실패하게 되면서 장기적인 신용과 양국 관계는 손상될 것이며, 그 결과 생물안보는 약화될 것이다.

5.3 법령과 규정

규제권한은 모든 국가의 식물위생시스템에 있어서 기본사항이다. 1995년 SPS 협정이 발효되면서 국가들은 자국의 법령과 규정이 국제법상의 의무사항과 일치하는지 보다 신경을 쓰게 되었다. SPS-IPPC의 체계와 부합하지 않거나 불완전한 식물위생 구조를 뒷받침하는 법령은 비효율적이거나 이의가 제기될 가능성이 높기 때문에 1997년 개정된 IPPC 협약에서는 식물위생시스템에 대한 이러한 우려를 깊이 강조하였다.

동시에, 국가들은 자국 식물위생시스템의 효과를 평가하고, 효율을 증진시킬 기회를 탐색하며, 자원을 확보할 다른 방안을 모색하는 한편, 의사결정 방식을 향상시키고, 타 분야 및 학문과의 연계를 강화할 목적으로 조직 개편을 추구해 오고 있다. 법령과 규제 분야의 대규모 변화를 포함한 이러한 새로운 환경은 소비자의 관심사항에 보다 강력히 중점을 두기 위해 동·식물 위생과 식품안전성 규제기관을 통합하는 추세에서도 찾아볼 수 있다.

SPS 협정과 IPPC 협약은 법령과 규제를 어떻게 설계할 것인지에 대한 국제적인 체계를 제시하고 있는데, 이러한 체계는 준수하는 것이 바람직하다고 국가들이 동의한 의무사항과도 일치한다. 이러한 조약에서 규정하고 있는 의무가 법적인 지위를 갖기 위해서는 정부가 동일한 개념과 요건을 국내 법령과 규정에 반영하고, 실무 차원에서의 요건 및 정책, 행위로 만들어야만 가능하다. 이러한 수직적 관계는 표 5.1에 요약되어 있다.

규제권한을 개선하기 위한 전략은 NPPO의 핵심 요소와 의무사항을 이해하는 것으로부터 시작된다. IPPC 협약의 제4조 및 제7조와 ISPM No. 20 식물위생 규제시스템에 관한 지침에는 이에 관한 유용한 지침이 제시되어 있다. 국가의 법령시스템 내에서 현행 규제권한의 강점과 약점을 규명한 후, 법령 재정비로부터 시작하여 현재와 미래에 요구되는 규제제도 개혁에 착수할 수 있다.

법령(Legislation)은 국가의 정부(의회 또는 이와 유사한 기구)로부터 부여된 권한(Enabling Authority)이다. 법령에는 프로그램의 세부사항, 특히 역동적인 현안에 관한 사항은 대개 포함되어 있지 않다. 법령은 규제당국이 준수해야 할 조항과 권한을 제시하도록 구성되어 있으며, 법령에서 요구하는 행위의 세부 사항과 집행에 관한 사항은 규정(Regulation)에서 제시하게 된다.

표 5.1 식물위생 권한의 수직 구조

국제협정 WTO-SPS IPPC ISPMs[a]	법적 권한 (statutory authority)	법령, 법규 등 (acts, laws, statutes, promulgating legislation, enabling legislation	국가 정부가 제정; 일반적인 책무 부여, 규정을 공포하고 시행할 권한을 승인
	규제적 권한 (regulatory authority)	규정(regulation), 훈령(directives)	NPPO[c]가 공포하는 법적 문서; 시행을 위한 요건과 체계를 기술; 의견수렴 등 행정절차를 통해 공표됨
	정책 권한 (policy authority)	정책, 매뉴얼, 시행계획, 이행동의서, 양해각서(MOU), 양자 검역협정(BQAs[b]), 허가서, 병해충 목록	문서화된 요건, 결정, 또는 특정 상황 상황에서의 세부사항과 관련된 규정의 해석
	재량 권한 (discretionary authority)	행위(일상적 및 비상 시)	일상적인 활동 중에 내리는 결정, 현행 권한에 대한 해석과 일관됨, 법적 근거가 있으며 건실한 검역적 판단에 기초하는 것으로 여겨짐

[a] SPS: 위생 및 식물위생 조치(Sanitary and Phytosanitary Measures)의 적용에 관한 세계무역기구(World Trade Organisation)의 협정이며; IPPC: 국제식물보호협약(International Plant Protection Convention); ISPMs: IPPC에서 채택된 식물위생조치에 관한 국제기준(International Standaards for Phtosanitary Measures).

[b] MOU: Memorandum of Understanding, BQA: Bilateral Qurantine Agreement.

[c] NPPO: IPPC에 인정한 식물보호에 관한 국가의 공식적인 권한을 지닌 기관 또는 기구로 언급되는 국가식물보호기구(National Plant Protection Organisation).

표 5.2 수입허용 절차와 연관된 권한의 단계

국제협정 (International agreemets):	SPS 협정: 방제 및 검사, 승인 절차(부속서 C) IPPC: 수입과 관련된 요건(제7조) ISPMs: 식물위생 수입규제 시스템에 관한 지침(ISPM 20)
법령 (Legislation):	적정한 식물위생 보호수준을 확보할 목적으로 NPPO에게 규제할 물품과 수입허용 조건을 지정할 권한을 부여
규정 (Regulations):	규제물품의 규명, 허가 받은 수입에 대한 승인 절차(예, 필요한 양식, 정보 등)를 설명
정책(Policies):	허가서 양식 및 유효기간, 처리를 위한 사무실의 성격, 위치, 직원구성, 우선순위 등에 관한 실무적 사항

정책(Policy)은 이상적으로는 규정의 집행과 직접적으로 연관되어 있다. 하지만 발생할 수 있는 모든 상황에 대한 세부사항이 규정에 포함될 수는 없기 때문에 규정과는 달리 정책에서는 실무선에서 어느 정도의 융통성을 부여하고 있으며, 법적 절차를 통해서만 개정될 수 있다. 표 5.2에서는 수입허용 절차를 예로 들어 정책 및 규정, 법령, 국제조약의 공통점이 설명되어 있다.

국내 규정이 어느 정도로 세밀한 가는 권한의 범위 및 프로그램의 규모, 정부의 정치적 우선순위에 따라 크게 달라진다. 일반적인 원칙에 따라, 국가는 SPS와 IPPC의 의무사항과 부합하도록 식물위생규정에 대한 높은 수준의 투명성을 확보하고, 무역상대국, 이해당사자 및 규정의 집행을 책임지는 인력과 효과적인 의사소통 및 집행 도구를 갖추도록 노력해야 한다.

투명성의 수준이 매우 높아지면 두 가지의 문제가 발생하게 된다. 첫째는 법적 · 행정적 번거로움이고, 둘째는 규정을 끊임없이 개정해야 하기 때문에 프로그램을 효과적으로 추진하는데 필요한 유연성이 제한을 받는다는 것이다. 투명성과 유연성 사이에서 최선의 균형을 추구하기 위해서는 각 국가가 처한 환경에서 자원 및 의사결정이 이루어지는 당국의 수준에 대한 심도 있는 분석이 필요하다.

여기서 강조되어야 할 것은 승인절차(SPS 협정 부속서 C)와 수입승인(ISPM No. 20의 4.2.2)에 있어서 규정 및 정책과의 관계이다. 규정에서 일반적으로 승인되어 있는 경우에는 개별 사안에 대해 따로 승인을 할 필요가 없다(다만 세관에서는 다른 이유로 이것이 필요할 수도 있음). 특별한 경우에만 허가 제도를 유지하고, 일상적인 수입은 일반적 승인으로 처리한다면 NPPO는 식물위생 안전성의 증진과는 거의 관련 없으면서 부당한 행정적 장벽으로 지목될 수 있는 불필요한 관료주의적 요건을 회피할 수 있게 된다.

법령에서 규정 및 정책에 이르기까지, 모든 규제 권한은 끊임없이 진행되는 작업으로 간주되어야 한다. 이들의 전반적인 목표는 효과적인 식물위생프로그램을 위해 필요한 변화를 만드는데 있지만, 필요한 권한 및 투명성, 실행력을 제공하는 가장 낮은 단계에 초점을 두고 있다.

많은 국가의 국내 규정 도입 시스템에는 국내 의견수렴 절차가 포함되어 있다. WTO 회원국들은 자국의 공식 연락처(official enquiry point)(부속서 B 제5단락)를 통해서 WTO에 새로운 조치를 반드시 보고해야 하는데, 이러한 노력은 투명성을 증진시키는데 크게 기여한다. 무역상대국과 업계, 전문가들로부터 제시된 의견은 규정을 개정하거나 이행 시 발생할 수 있는 문제에 관해서도 유용하다.

종종 간과되기도 하는 사항으로, NPPO가 양자 간 합의를 체결하거나 정부를 대신하여 RPPO나 IPPC의 기준 제정 활동에 기여할 권한에 관한 것이다. 이러한 권한을 통해 식물위생 관련 공직자는 현행 식물위생 관념과 부합하는 의사결정을 내리는데 있어서 유리한 위치를 차지할 수 있다. 또한 내부의 갈등과 혼란을 피할 수 있도록 식물위생 관련 공직자가 넓은 관점에서 자국 정부의 정치적 전략을 보다 예리하게 인식할 필요성이 강조되고 있다.

5.4 협력과 의사소통

무역을 통해 이동하는 유해 병해충을 방지하는 능력은 무역상대국이 병해충과 그들의 이동경로를 효과적으로 관리하는 능력과 강하게 연관되어 있다. 어떤 새로운 지역에 병해충이 정착하게 되면 이를 둘러싼 전체 지역에 위험요소가 된다. 일정 수준의 국내·외 협조와 의사소통 없이 병해충 문제를 성공적으로 해결할 수 있는 국가는 없다.

효과적인 국내 프로그램을 개발하고 이행하는데 있어서 이해당사자 및 다른 단체, 공조기관(대학, 국내의 하위 규제 당국 등)은 필수적인 요소이다. 이러한 관계는 정부가 부여한 NPPO의 조직 구조, 권한, 자원에 크게 영향을 받으며, 나라에 따라 다르다. 하지만 한 국가 내에서는 비교적 안정적이며, 일차적으로는 정치적 변동에 의해서 바뀌게 된다.

국가 간의 협력과 의사소통도 정치적 변동, 특히 무역관계에 민감하다. 국가들은 이러한 관계에 있어서 다자간 조화를 지지하는 한편, 양자 간 합의에 계속적으로 심하게 의존하는 이원적 접근방식을 채택하는 것이 일반적이다.

무역에 강한 영향력을 갖는 SPS 협정이 체결되고, 구속력 있는 분쟁 해결 절차를 갖춘 WTO가 설립되면서 최근 다자간 협정의 중요성이 증가해 왔다. 마찬가지로 적극적으로 조화에 참여하는 것이 이롭다는 것을 인식하면서 국가들이 국제·지역기구의 활동에 참여하는 것도 증가하였다. 이런 협정들과 연관된 국가 간 협력 및 의사소통은 비교적 공식적이고, 고정적이며, 모든 당사자들이 준수해야 할 기본 의무를 정하고, 조화를 추구하여 일반적으로 더 나은 관계를 추구한다는 장기적 관점을 가지고 있다.

조화의 양과 질, 그리고 이를 지속적으로 수용하려는 무역상대국들의 노력 여하에 따라서 조화는 무역을 보다 예측 가능하게 만든다. 급변하는 정치여건을 가지고 있거나 다자간 협력과 의사소통에 소극적인 국가에서는 예측가능성이 낮으며, 구조적 단점을 해결하기 위해 기술지원을 이끌어 낼 수 있지 않는 한 이러한 협정을 통해 얻는 혜택이 적다.

조화와 예측가능성이 장기적으로 모든 국가에 유익할 것으로 기대되고 있긴 하지만, 대부분의 무역 현안에 있어서 효과적인 단기 해결책은 양자 간 협정을 통해 얻어진다. 이러한 양자적인 절차의 일차적 목표는 조화가 아니며, 역사 및 지리, 정치적, 경제적 제휴, 그리고 무역 파트너들의 단기적 이익으로부터 발전하게 된다. 따라서 양자협정은 비공식적이고, 역동적이며, 상황에 따른 의사결정과 융통성으로부터 비롯되고, 대개 강력한 정치적 함축이 담겨져 있다.

불행히도, 양자관계는 특정 요구사항과 단기적 결과에 집중하는 경향이 있다. 이러한 관계는 시간에 지나면서 무역 상대국간 양측의 필요 및 특정 시점에 당사국이 직면한 정치적, 경제적, 기술적 현안에 따라 심하게 변할 수 있다. 그 결과 양자협력 및 의사소통의 유형과 질은 부정적인 분위기를 갖기 시작하거나 보상적 성격의 요소를 포함하게 될 수 있다.

이렇듯 역동적이고 가변적인 속성 때문에 양자협정은 예측이 불가능하고, 거의 모든 것이 가능하다는 말 밖에는 구체적으로 특징을 정의하기가 어렵다. 하지만 세계화를 경제적 성공에 이용하려 골몰해 있던 민간부문의 압력으로 인해 국가들이 상업의 예측가능성을 확보하도록 점점 더 압박을 받게 됨에 따라, 협력과 의사소통에 있어서 다자간 협정의 구조와 안정성이 갖는 중요성과 영향력은 점점 커져왔다. 이러한 관점에서 식물위생 분야에서의 협력과 의사소통은 두 가지 사건과 연계되어 크나큰 변혁을 겪게 되었는데, 하나는 1994년 SPS 협정의 발효이고 다른 하나는 1997년 IPPC 협약의 개정이었다.

최종적으로 채택된 SPS 협정문에서는 수입국과 수출국의 의무, 특히 협력과 의사소통에 관한 의무 사이에 균형을 이루도록 하였다. 협정문의 핵심은 수입국이 국제기준이나 위험평가에 근거하여 자국이 취한 SPS 조치를 정당화 할 수 있도록 한 것(제3조 및 제5조)이었다. SPS 협정에서는 기준 제정과 관련된 기구를 명백히 정하고 있는데, 식품안전성에 대해서는 국제식품규격위원회(Codex Alimentarius Commission), 동물위생에 대해서는 국제수역사무국(OIE), 식물위생에 대해서는 국제식물보호협약(IPPC)을 지정하였다.

SPS 협정이 발효될 당시 IPPC는 국가 간 조화에 관한 구조나 근간이 거의 없는 상태였다. IPPC 협약의 기본 구조 상 무역과 관련된 일부 핵심개념과 조항이 마련되어 있기는 했지만, 주로 식물위생증명에 초점을 두고 있었다. 조화의 목적이나 조화를 추구하기 위한 광범위한 체제는 미미하였고, 1952년 기탁된 이후로 주로 FAO/UN에 구속되어 있었다. IPPC 협약의 개정은 1997년 완료되었는데, 기준 제정 체제를 마련하였고, 협력과 의사소통을 FAO에 의존하던 과거에서 벗어나 체약국들이 무역과 관련된 사항을 직접 협의하고 협조하도록 전환하였다.

협력과 관련된 주요 개정내용은 다음과 같다.

- 제1조제1항: 식물 및 식물성 산물의 병해충 유입과 확산을 막기 위한 효과적이고 공동의 조치를 모색하고, 이들 병해충의 방제를 위해 적절한 조치를 촉진
- 제6조제2i항: 규제병해충 목록을 작성하고 갱신하며....이러한 목록을 사무국과 자신이 소속되어 있는 지역식물보호기구 및 요청이 있는 경우 다른 체약국에 제공
- 제8조(국제협력): 체약국들은 동 협약의 목적을 달성하기 위해 서로 실행 가능한 한 최대한 협력해야 한다. 특히,

(a) 위원회에서 정한 절차에 따라 식물병해충에 관한 정보, 특히 즉각적이거나 잠재적인 위협이 될 수 있는 병해충의 발생, 대발생 및 확산에 관한 정보를 교환

(b) 작물 생산에 심각한 위협을 줄 수 있으며 비상상황을 해결하는데 국제적인 조치가 필요한 병해충에 대항하기 위해 특별히 마련된 캠페인에 가능한 한 참여

(c) 병해충위험분석에 필요한 기술적, 생물학적 정보를 제공하는데 가능한 한 협력

각 체약국들은 이 협약의 이행과 관련된 정보 교환을 위해 연락처를 지정하여야 한다.

- 제9.1조: 체약국들은 적절한 지역에 지역식물보호기구를 설립하기 위해 서로 협조하도록 착수한다.
- 제10.1조: 체약국들은 위원회에서 정한 절차에 따라 국제기준을 개발하기위해 협조하기로 동의한다.
- 제11조: 체약국들은 FAO/UN의 체제 하에 식물위생조치위원회를 구성하기로 동의한다.
- 제20조(기술지원): 체약국들은 이 협약의 이행을 촉진할 목적으로 양자간 또는 적절한 국제기구를 통하여 체약국들, 특히 개도국들에게 기술지원을 제공하는 것을 촉진하기로 동의한다.

IPPC 협약에서는 체약국들 간에 및 IPPC 사무국과 공식 연락을 위한 연락처(official contact point)를 지정하도록 요구하고 있다. SPS 협정에서도 WTO 회원국들에게 같은 목적으로 문의처(enquiry point)를 지정하도록 규정하고 있으나, 이 경우에는 식품안전성 및 동물위생에 관한 공식 연락을 위해서도 사용되기 때문에 적용범위는 더 넓다. IPPC와 SPS 공식연락처는 동일한 사람/사무실일 수도 있고 다를 수 있다. SPS 협정에서 따로 구분되어 있지는 않지만, 국가들은 혼란을 줄이고 편의성 및 일관성을 위해서 통합하여 운영하는 경우가 대부분이다.

의사소통과 관련하여 1997년에 개정된 주요 사항은 다음과 같다.

- 제3조2b항: 병해충의 발생, 대발생 및 확산을 보고
- 제3조3a항: 영토 내에서 규제병해충과 그들의 예방 및 방제수단에 관한 정보 배포
- 제6.2b항: 식물위생 요건, 제한 및 금지사항을 공표하고 전파
- 제6.2f항: 식물위생증명과 관련된 심각한 위반사항을 수출국에 통보하고, 필요시 조사결과를 제공
- 제6.2j항: 병해충의 분류(categorization)를 놓기 위해 병해충의 상태에 관한 적절한 정보를 개발, 유지하고..... 요청이 있는 경우 체약국들에게 제공
- 제8.1a항: 식물병해충에 관한 정보, 특히 즉각적이거나 잠재적인 위험이 될 수 있는 병해충의 발생 또는 돌발, 확산에 관한 정보교환
- 제8.1c항: 병해충위험분석에 필요한 기술적 및 생물학적 정보 제공

의사소통과 관련된 조항들의 목적은 첫째, 효과적인 NPPO를 위해 필요한 정보의 기대치에 관한 기준선을 설정하는 것이고, 둘째, 무역상대국들이 무역에 관한 의문사항에 대해서 투명하고 의미있는 대화를 하는데 필요한 정보를 교환하도록 장려, 즉 시장에서의 현안을 협상하는데 있어 불확실성을 감소시키는데 있다.

병해충위험분석(PRA)의 정의와 관련하여 IPPC 협약에서는 "이용 가능한"과학적 정보라고 한데 반하여, SPS 협정에서는 "과학적 원칙"과 "증거"라고 표현한 점에 주목할 필요가 있다. 이 둘 간의 차이는 미묘하지만, IPPC에서 분명하게 차이점을 두고자 했던 핵심은 바로 정보의 이용가능성 및 체약국들이 정보를 획득하는 능력은 가변적이며, 정보 역시 역동적이라는 점을 인정하는데 있다. 따라서 IPPC에서는 정보의 간극에서 오는 불확실성이 정상적이고, 예측가능한 상황이며, 언제든 바뀔 수 있다는 점을 인정하고 있다. 또한 IPPC는 모든 국가들의 정보 접근성이 동일하지는 않기 때문에 어떤 시점에서의 불확실성은 자연스럽고 상황적인 것으로 간주한다. 따라서 이용 가능한 정보의 속성 및 연관된 불확실성의 유형을 이해하기 위해 무역 상대국들이 기술적 측면에서 대화할 필요성을 강조하고 있다.

IPPC 협약과 SPS 협정 모두 기술지원에 관한 보완 조항이 마련되어 있는데(IPPC 제20조 및 SPS 협정 제9조), SPS 협정에서는 개도국에 초점을 둔데 반해, IPPC에서는 이에 대해 구체적으로 언급하지 않았다는 차이가 있다. 이것은 해당 국가의 경제적 지위와 관계없이 식물병해충 문제에 대한 국제적 공조를 장려하기 위해 의도적으로 계획된 것이었다.

기술지원이나 역량배양은 양자 간 관계, 다자간 이니셔티브 또는 다자 기구를 통해 이루어질 수 있다.

양자 간 관계에서 정보 및 경험, 자원을 공유하는 것은 특정 무역현안과 직접 관련(예, 우려 병해충의 진단 기술에 대한 훈련 제공) 될 수도 있고, 또는 보다 이타적인 목적을 갖거나 일반적인 관계 증진을 위한 것일 수 있다. 이러한 성격의 역량배양은 일반적으로 정부 대 정부 간 공여를 통해 이루어지지만, 때로는 공여자나 수여자 중 한쪽에 민간부문의 자원이 포함될 수도 있다. 예를 들어, 미국의 병해충 위험관리 전문가가 수출국으로 가서 농가의 병해충 관리 전략을 도와 미국과 다른 국가로의 수출을 촉진해 줄 수도 있고, 미국이 민간 컨설턴트나 대학과 접촉하여 GAP에 관한 훈련을 제공해 줄 수도 있다.

다자간 이니셔티브에 의한 기술지원은 이보다 보편적이지 않다. 다자간 협력과 의사소통의 사례로 Quads (캐나다 및 뉴질랜드, 호주, 미국이 참여하는 동・식물위생 협력체제)를 들 수 있다. Quads의 목적은 조화를 추구하거나 자원을 공유하기보다는 공동의 문제에 대해 공동의 해결책을 모색하는데 있다.

다자간 기술지원과 역량배양은 일차적으로 국제기구나 지역기구를 통해서 이루어지며, 다음과 같은 예가 있다.

- FAO: IPPC Trust Fund 및 FAO Capacity Development Programmes
- WTO: Standards and Trade Development Facility
- World Bank: Country Assistance Strategies
- IICA: Cooperative Programmes
- GIZ (Deutsche Gesellschaft für Internationale Zusammenarbeit) : Private- government programmes

위의 예는 기술지원과 역량배양을 주목적으로 하거나 이러한 서비스를 업무의 일부로 포함하고 있는 수많은 다자기구의 일부 예에 불과하다. GIZ는 빈곤 극복을 목표로 개도국들의 다양한 문제를 해결하기 위해 정부가 민간기구와 긴밀하게 협력한 사례이다. 이러한 기구들과 NPPO의 관계는 대개 정부가 이들 기구에 가입하는 것으로 시작되며, 그 이후에는 공여자나 수혜자로 어떤 역할을 하는지에 따라 달려있다. 최근 경제적으로 도약하고 있는 국가(예, 브라질)들 중에는 이런 기구에서 공여자인 동시에 수혜자인 경우가 점점 증가하고 있다.

다자기구를 효과적으로 운영하기 위해서는 수요를 규명하여 이에 관심과 자원이 있는 공여자와 연결시켜주는 것이 핵심이다. 각각의 기구에는 프로젝트 진행 여부를 결정하기 위한 고유의 적용범위 및 목적, 우선순위, 절차, 원칙이 마련되어 있는데, 이러한 절차는 보통 수혜국에서 요청하거나 초청하는 것으로부터 시작된다. NPPO는 이러한 차이를 이해하고, 명확한 목적과 효과를 증명하기 위한 체계를 가지고 프로젝트를 구상하며, 우선순위를 부여함으로써 국가적 차원의 목적을 달성하기 위해 다양한 분야의 기구와 전략적으로 공조하여야 한다.

5.5 병해충위험분석

병해충위험분석(Pest Risk Analysis; PRA)은 어떤 병해충을 규제할 것인지, 그 병해충에 대해 어떤 강도의 식물위생조치를 취해야 할지를 결정하기 위해 생물학적 또는 기타 과학적 및 경제적 증거를 평가하는 과정이다(IPPC 협정 제2조) (제9장 참조). 따라서 규제행위가 타당한지의 여부와 어느 정도로 적용되어야 하는지를 결정하기 위한 PRA의 핵심 요소는 위험성이다. 식물위생에 있어서 NPPO가 회피, 감소 또는 제거하기를 원하는 위험요소는 유해한 식물병해충의 유입(침입 및 정착)이다. 국경 이전의 규제프로그램(pre-border regulatory programmes)의 일차적인 목표는 병해충의 유입위험을 경감시키는 것이다.

병해충 유입위험에는 가능성(likelihood)과 결과(consequence) 모두 개입되는데, 이 두 가지 요소에는 어느 정도의 불확실성이 존재하게 된다. 병해충의 유입가능성은 경로, 또는 정착에 이르기까지 일련의 사건에 따라 달라진다. 경로 상에 존재하는 각 사건에는 어느 정도의 개연성(probability)이 있으며, 어떤 필요한 사건이 일어나지 않을 경우 정착은 불가능해진다. 대부분의 경우에 있어서 병해충 유입의 결과는 심미적, 사회적, 환경적인 것과 같이 비시장성 성질을 갖거나 또는 시장에 대한 직접적인 영향으로 측정할 수 없는 기타 영향이라 할지라도 일차적으로는 경제적 용어로 표현된다. IPPC는 식물위생에 있어서 위험성의 이러한 요소를 이해하는데 상당한 영향을 주었는데, 이는 IPPC가 모든 결과를 경제적 용어로 표현하도록 요구하고 있기 때문이다. 또한 IPPC는 비시장성(non-market) 결과를 경제용어로 표현하기 위한 다양한 분석방법을 제시하고 있다(ISPM 11).

유입가능성과 유입결과의 또 다른 중요한 차이점은, 잠재적 결과에 대한 예측이 대개 문제가 되는 병해충이 최대한 확산되어 최대한의 영향력을 가지게 될 경우를 가정한 최악의 시나리오에 기반한다는 점이다. 대부분의 경우에 있어서 어떤 시나리오가 가장 개연성이 있는가에 대한 논의는 여기에 포함되지 않으며, 위험을 감수할 경우 어떤 이득을 얻을 수 있는가도 고려하지 않는다. 식물위생에 있어서 위험성을 바라보는 시각을 정립하는데 SPS 협정의 역할이 중요한 요소가 되는 또 다른 지점은 바로 여기이다. SPS 협정 뒤에 숨겨진 핵심 가정은 모든 WTO 회원국들이 SPS 협정의 규범을 공평하게 적용함으로서 이득을 보게 된다는 것인데, 고려하여야 할 특정 결과는 여기에 포함되지만(이에 국한되지는 않음), 특정 이득은 포함되지 않는다.

가능성과 결과 모두에는 어느 정도의 불확실성, 때로는 상당한 수준의 불확실성이 연관되어 있다. 불확실성은 다양한 형태로 나타날 수 있지만, 불완전하거나 상충되는 정보, 언어적인 부정확성, 편견, 부적절한 방법론, 그리고 부정확한 가정의 형태인 경우가 많다. 불확실성이 존재하는 상태에서 내려진 규제 결정은 무언가 찜찜하다. 불확실성이 클수록 이런 찜찜함도 커지며, 자연히 사전예방적 경향이 더 커지게 된다. 정책 결정을 내리는 사람은 새로운 병해충의 위험성을 관리하기 위해 독특한 시도를 해야 하거나 수 백 가지의 상품과 수천가지 잠재적 병해충의 위험성에 대해 새로운 시도를 해야 하는 상황과 대비하여, 수용 가능한 결과가 도출된 과거 경력이 있는 일상적인 상황에서 가장 편안함을 느끼게 된다. 이러한 관점에서 볼 때 증거를 이해하는 것만큼이나 불확실성을 이해하는데 있어서도 위험분석이 매우 중요할 수 있으며, 정책 결정은 증거보다 불확실성에 더 초점을 두는 경우가 많이 있다.

SPS 협정에서는 어떤 조치가 과학적 원칙과 증거에 기반하도록 요구하고 있다. 따라서 PRA를 실시함에 있어서 결과를 과학적 원칙 및 증거와 연계시키는 한편, 정책적 해석과 일관성을 위해 불확실성을 구분해 놓는 것이 매우 중요하다. 의사결정의 시급성과 의사결정을 내리는 사람이 불확실성에 대해 어느 정도 불편하게 느끼는가에 따라, 병해충의 유입이 쉽게 관리될 수 있는 경우 수용 가능한 것으로, 아니면 관리할 수 있는 실질적인 방법이 없는 경우에는 반드시 수용하도록 결론 내려질 수 있다. 반면, 위험성이 수용 불가능하다고 판정된 경우에는 병해충 유입으로 인한 위험을 감소 또는 회피, 제거하기 위한 방법을 규명하기 위해 위험경감방안에 대한 분석이 필요하게 된다.

위험분석 절차는 증거에 대한 판정뿐만 아니라 시간이 지나면서 다른 조건과 관념에 따라 변할 수 있는 불확실성에 대한 판정이 포함되어 있다는 점에 유의해야 한다. 따라서 위험분석을 완료하는 것은 그 문제와 연관된 정보 및 판정, 분석, 결론을 다루는 그 시점에서의 스냅사진과 같다. 따라서 더 좋은 정보가 더 많이 확보되고, 조건이 변하게 되면 위험분석과 그 결과도 바뀔 수 있다.

또 한 가지 주목해야 할 것은 정량분석(quantitative analysis)이 정성분석(qualitative analysis) 보다 자료가 더 많이 필요하고, 더 정확하다는 흔한 오해이다. 실제로는 어떤 위험분석이 순수하게 정량적이거나 순수하게 정성적일 수는 없다(Devorshak 2012). 병해충 유입 결과에 대한 평가는 경제적 용어로 표현할 수 있는 한 거의 대부분이 정량적이다. 하지만 그러한 결과에 대한 수용가능 여부에 대해서는 궁극적으로 정성적 분석을 사용하게 된다. 대개 정량분석은 가능성(likelihood)에 대한 확률적 평가를 의미하는데, 위험성이 나타나기까지 시나리오 상 발생하는 각 사건의 확률을 계산하게 된다. 전문가의 의견은 시나리오에 대한 확률적 분포에 매우 중요하게 사용된다. 배경정보(background data)에는 수많은 정성적 요인들이 연관되어 있을 수 있다. 이러한 분석방법의 커다란 장점 가운데 하나는 확률곡선이 자료와 가정을 나타내는 곳에서 추측과 연관된 불확실성이 명백하게 나타난다는 점이다.

분석을 잘 하기 위해서는 일정량 및 일정 품질의 자료가 필요하다는 것은 흔한 오해 중의 하나이다. 일부 관찰자들은 자료가 어떤 한계수준(대개 구체적으로 정해지지 않음)에 도달하지 않으면 위험분석을 실시할 수 없다고 주장한다. 하지만 실제로 분석에 사용할 수 있는 자료의 양이나 종류는 분석의 품질과는 아무런 상관이 없으며, 중요한 것은 결과와 연관된 불확실성이다. 훌륭한 자료를 가지고 형편없는 분석을 할 수 있듯이, 빈약한 자료를 가지고 훌륭한 분석을 하는 것도 가능하다. 중요한 것은 투명성과 일관성, 특히 불확실성을 어떻게 처리하는가이며, 이것에 의해 차이가 결정된다. 무역과 관련된 병해충의 위험성뿐만 아니라 위험분석을 응용할 수 있는 분야는 아주 많다. 국내 병해충 관리프로그램 및 규제 정책의 구상과 개정, 예찰 우선순위, 기타 국가 식물보호 프로그램의 모든 측면에 있어서 위험분석이 유용하다. 위험분석은 프로그램의 평가와 우선순위 결정 및 자원 배분, 연구 우선순위 결정, 무역상대국과 이해당사자들에게 기술적 차이점에 집중하게 하는데 있어서 특히 강력한 도구로 사용될 수 있다.

위험분석의 가장 중요한 이점은 과학적 교류와 대화에 참여하여 형성 및 강화되는 관계라고 볼 수 있다. 정책 입안가들은 연구의 중요성을 더 잘 인식하게 되고, 규제 당국은 연구 집단과 보다 긴밀한 협조를 통해 더 효과적일 수 있다. 무역상대국 및 이해당사자, 시민사회 모두는 적법한 보호 수요를 충족하기 위해 정치보다는 과학에 중점을 둠으로서 혜택을 받게 된다.

5.6 위험에 근거한 의사결정

위험관리(risk management)에는 NPPO가 어떤 병해충의 위험성을 경감시키기 위해 하나 또는 그 이상의 조치를 적용함에 있어서 무엇을 할 것인지 결정하는 것이 포함되어 있다(9.3절 참조). 위험관리의 개념은 엄격하게 분석적인 것은 아니며, 정책 결정 및 프로그램의 이행에 관련된 사항과도 폭넓게 연관되어 있다. 어떤 경우에는 이미 시행 중인 조치가 적합한지의 여부와 조정이 필요한지의 여부를 평가하는 것이 위험관리에 포함되기도 한다. 이러한 모니터링과 되먹임 절차는 PRA의 위험관리단계에서 분석절차의 일부로 간주되는지의 여부에 상관없이, 분석절차와 실제 상황에서의 정보를 연결시켜서 PRA를 검증하고 향상시키는데 매우 중요하다.

위험관리에서 가장 중요한 원칙은 "**투명성(transparency)**"과 "**일관성(consistency)**"이다. 투명성 원칙은 위험관리 분석 결과를 관계자들에게 전달하는데 중요한 역할을 한다. 일관성의 원칙은 조치를 선정하고 이행하는데 있어서 다른 원칙들과 함께 적용된다. 이 밖에도 "**필요성(necessity)**"의 원칙에서는 국가들이 자신을 보호할 주권적인 권한을 갖고 있다는 점을 인정하고 있지만, 이러한 보호를 정당화할 만한 잠재적 위험성이 존재한다는 것을 우선 입증해야 한다고 규정하고 있다. 동시에 위험성 제로는 현실적인 목표가 아니라는 점을 깨닫고, "**관리되는 위험(managed risk)**"의 정책은 반드시 적정보호수준(또는 허용 가능한 위험수준)에 근거하여 채택되어야 한다. 이러한 정책으로부터 취해지는 조치들은 이용 가능한 것 중에서 가장 덜 제한적이고, 무역에 최소한의 장애만을 주도록 "**최소한의 영향(minimal impact)**"을 갖는 것을 목표로 해야 한다. 또한 이러한 조치는 무역상대국 간에 또는 무역상대국과 동일한 위험성을 갖는 국내 생산자들(내국민 대우; national treatment)간에 "차별하지 않아야(not discriminate)" 한다. 과학적 원칙과 증거에 근거하며, 국제기준과 부합하는 합당한 PRA에서는 취하려는 조치가 국제기준에 근거하지 않거나 국제기준과 차이가 있는 경우, 이에 대한 "기술적 타당성(technical justification)"을 제시해야 한다. 새로운 또는 더 좋은 정보가 확보되어 그럴 필요성이 제시되는 경우, 지체 없이 부당한 PRA를 수정(modified)하고, 조치를 조정하여야 한다. 또한 기술적 타당성과 적절한 통보 없이 조치를 변경해서는 안 된다.

"동등성(equivalence)"역시 위험관리에서 중요한 역할을 한다. SPS 협정과 IPPC 협약에 제시된 동등성의 개념은 동등하거나 더 좋은 효과를 가지면서 또한 실행이 가능한 위험경감 방안을 고려함으로써 부당한 조치를 회피하도록 고안되었다. 현실에서 동등성 원칙을 적용하는데 흔히 발생하는 어려움 중의 하나는, 국가들이 가지고 있는 많은 요건들이 SPS 협정이 발효되기 전부터 시행되고 있거나, 조치의 강도가 병해충의 위험수준과 직접 연관되지 않고 양자 간 협정에 근거하는 경우 기존의 조치가 적정한 강도라고 간주하는 관행이다. ISPM No.24 (식물위생조치의 동등성을 규정하고 인정하기 위한 지침)에서는 동등성 인허에 대한 추가적인 설명과 실제 적용방법이 설명되어 있다.

IPPC 협약과 SPS 협정에 원칙으로 제시되어 있지는 않지만, 고려해야 할 또 다른 중요한 개념은 "합리적 연관성(rational relationship)"이다. 이 개념은 SPS 협정의 법리적 측면에서 중심 현안으로 대두되었는데, 문제의 조치가 위험성을 경감시키는데 효과적이어야 하며, 조치의 강도는 위험도에 비례해야 한다고 요구하고 있다(Devorshak 2012). 어떤 상황에서 조치의 강도는 위험성의 정도와 조치의 유형에 따라 달라진다. 긴급조치나 임시조치가 아닌 한, 더 높은 위험성에 상응하는 더 강한 조치 또는 더 낮은 위험성에 상응하는 더 약한 조치가 존재하는 경우 위험성의 정도는 신축적(sliding scale)이라고 표현할 수 있다. 이러한 차이 때문에 수립된 조치(established measure) 및 임시조치(provisional measure), 비상조치(emergency measure)의 차이점을 이해하는 것이 중요하다.

"수립된 조치(established measure)"에서는 위험성의 범위와 조치의 강도에 따라 적정보호수준을 규정한다. 또한 조치가 수용 가능한 위험수준과 연관되어 있는 경우 동등성의 기준점을 제시한다. 수립된 조치는 PRA나 국제기준에 근거하여야 한다.

"임시조치(provisional measure)"는 어떤 생산물이나 생산 공정의 안전성에 대해 최종 판정을 내리기 위한 과학적 증거가 불충분할 경우 (긴급 상황일 수도 있고, 아닐 수도 있음) 취해진다. 임시조치는 과도하게 제한적일 수 있는 조치를 도입하는 것을 허용하되, 나중에 새로운 또는 더 좋은 정보가 확보되면 조정하도록 함으로써 무역을 촉진하기 위한 목적으로 고안되었다. 임시조치를 도입한 국가에서는 합리적인 시한 내에 위험을 좀 더 객관적으로 평가하고, 조치를 재검토하기 위해 적극적으로 정보를 수집해야 한다는 점을 명심해야 한다. 이렇듯 입증 책무(burden of proof)가 어느 한쪽에만 부과되는 것은 SPS 협정에서 일반적이지는 않다. 다른 대부분의 상황에 있어서는 수입국과 수출국 모두 적절한 조치를 평가하고, 이에 동의하기 위해 정보를 제공할 의무를 공유한다.

"비상조치(emergency measure)"는 새롭거나 예기치 못한 상황이 발생한 경우에 취하게 된다

(임시적일 수도, 아닐 수도 있음). SPS 협정에 명시되어 있지는 않지만, 부속서 B(긴급한 문제)로부터 유래한 비상조치와 그로 인한 긴급 통보 양식이 SPS 위원회에서 채택되었다(G/SPS/7/Rev.1). IPPC 협약에서는 병해충 검출에 근거한 비상조치를 명시하고 있는데, 이러한 조치가 타당한지 가능한 신속히 평가하도록(제 7.6조) 규정하고 있다. ISPM No.1(제 2.1.1조)에서는 비상조치를 예비 PRA에 근거한 새로운 또는 예기치 못한 식물위생 상황으로 정의하고, 이러한 조치는 일시적이며, 가능한 신속히 정밀한 PRA를 실시해야 한다고 규정하고 있다.

임시조치가 반드시 비상조치일 필요는 없다. 즉, 임시조치가 반드시 즉각적인 위협에 대한 것일 필요는 없다. 마찬가지로, 비상조치가 반드시 추가 정보와 재검토가 필요한 임시조치일 필요는 없다.

사전예방적 조치(precautionary measure)는 SPS 협정과 IPPC 협약 어디에도 언급되어 있지 않다. 이 용어는 다양하게 해석되는데, 주로 '사전예방적 접근방식(precautionary approach)'을 적용하는 것과 관련되어 있다. 하지만 식물위생조치의 본질 상, 허용 가능한 위험성의 판정에 관한 불확실성의 영향에 따라 다소간 사전예방적일 수 있다는 점에 대해서는 이견이 있을 수 있다. 임시조치 개념의 해석과 적용과 연관된 SPS 분쟁에서 이와 관련된 의문이 제기된 바 있다. 이러한 맥락에서 심사숙고한 결과, WTO 분쟁해결기구에서는 임시조치에 사전예방적인 측면이 있긴 하지만, 사전예방적 조치로서의 의도를 가지고 있지는 않는다는 입장을 밝혔다.

병해충의 만연 정도나 생존력을 감소시켜서 어떤 병해충에 직접적 영향을 주는 식물위생조치(예, 소독처리)를 종종 "**완화(mitigation)**"이라고 한다. 반면 병해충의 만연 정도나 생존력에는 영향을 주지 않으면서 식물위생상의 안전성이나 화물의 완전성(integrity)를 증진시키는 조치(예, 방충 포장)는 "**보호조치(safeguards)**"라고 한다. 병해충의 만연 정도나 생존에 영향을 주지 않고, 식물위생상의 안전성이나 완전성에도 기여하지 않으며, 다만 위험관리 효과를 보완하거나 증진시키는 다른 모든 조치(예, 검사, 증명)는 "**절차(procedure)**"라고 한다.

위험경감 방안에는 다양한 범위의 가능성과 다양한 수준의 효과가 있을 수 있다. 조치의 효과 평가를 시작하기 위해서는 업계 관행의 역할과 효과를 규명하고, 위험성을 감소시키기 위해 사용되는 일차적 경감조치를 확인하는 것이 필요하다. 위험관리에 가장 흔하게 사용되는 세 가지 조치는 **금지(prohibition)** 및 **검사(inspection)**, **소독처리(treatment)**이다.

금지(Prohibition). SPS 협정에서는 (식물위생조치로서의) **금지됨(prohibited)**과 (절차를 발동시키는) "**승인되지 않음(not authorized)**"을 명확하게 구분하고 있다. 금지하는 것은 조치이기 때문에 SPS 협정에 따라 국제기준이나 PRA에 근거하여야 한다. 하지만 SPS 협정에서는 부속서 C의 조항과 관련하여 행정상의 승인 절차를 마련할 필요성도 역시 인정하고 있는데, 이것은 조치를 결정하기 위해서 반드시 평가되어야 할(즉, PRA가 완료되어야 하는) "승인되지 않은(not authorized)"물품의 범주에 대한 기초가 되고 있다. 비록 (물품이 수입될 수 없다는) 궁극적인 결과가 같을지라도, 조건 뒤의 이론적 근거와 권한은 무역파트너가 실제 상태를 결정하는데 있어서는 매우 중요하다.

일반적으로 금지는 매우 효과적인 조치로 간주되고 있는데, 이것은 흔한 오해 중 하나이다. 보통 금지를 하게 되면 경로가 폐쇄될 것으로 가정하는데, 최소한 다음의 두 경우에 있어서는 반드시 그런 것이 아니다. 첫째는 자연적 확산이 경로가 되는 경우인데, 이 경우 규제 전략은 자연적인 유입(예, 곤충이 국경을 넘어 이동) 가능성에 무게를 두어야 할 것이다. 둘째는 경로가 존재할 만한 강력한 동기가 있는 경우이다. 이런 경우 금지조치는 밀수 가능성을 증가시켜 위험성을 키우는데 일조하게 된다. 때때로 규제당국은 침입경로에 대한 관리 가능성을 향상시키기 위해서 꺼림칙한 수준의 위험을 내포한 물품이나 행위를 승인할 수도 있다.

소독처리(Treatment). 식물검역 상 소독처리란 병해충을 해로운 조건이나 물질에 노출시켜서 활력과 만연 정도를 감소시키는 경감방안을 의미한다. 소독처리의 일차적인 목표는 물품에 대한 손상은 최소화 하면서 병해충에 대해서는 특정한 효과를 보장하는데 있다. 역사적으로 기본이 되는 소독처리는 수출 전 또는 수입 직후에 한번 처리하여 높은 치사율을 내는 방식이었다. 가장 잘 알려져 있고, 아마도 가장 널리 사용되는 수확 후 식물위생 소독처리는 메칠브로마이드(methyl bromide) 훈증일 것이다. 하지만 메칠브로마이드 대체 방법에 대한 탐색과 SPS 협정에 제시된 원칙의 실제 적용을 위한 해석이 지속되면서 소독처리 기술의 유연성과 창의력도 증가하고 있다. 복합처리(combination treatment), 저용량처리(low-dose treatment), 비치사처리(non-mortality treatment) 및 시스템적 접근방식(systems approach)의 한 요소로 처리하는 것이 점점 더 흔해지고 있으며, 위험경감 방안으로 고려될 수 있는 방안도 빠르게 증가하고 있다.

소독방법을 규명, 평가, 선정하는 과정에서는 반드시 효과와 실행가능성을 모두 고려해야 한다. 효과는 ISPM No. 18 (식물검역 소독처리로서 방사선조사의 사용 지침)에 제시되어 있는 개념인 "요구반응(required response)"으로 나타낼 수 있다. 요구반응은 (1) 요구반응에 대한 정확한 설명(치사율, 불임률 등), (2) 반응의 통계적 수준(계량적 및 방법론적), 이 두 가지 요소를 갖추어야 한다. 또한 어떤 방법으로 측정할 것인지에 대한 설명 없이 단지 반응을 지정해 놓는 것만으로는 충분치 않다. "Probit 9 치사율"은 치사율을 사용하여 반응을 기술하는 예로서, Probit 9은 반응의 수준 및 적용되는 통계적 분석 방법을 나타낸다.

어떤 소독처리(예, 방사선조사)에서는 치사율 외에 다양한 정도의 다른 반응(예, 불임률)을 이끌어 내기도 한다. 소독방법을 선택하고 요구반응을 지정하는 것은 다루고자 하는 위험성, 생물체의 생물적 특성, 처리할 상품의 내성, 그리고 현장에서의 이행 현실을 이해하는 것에서부터 시작되어야 한다. 어떤 소독처리의 실행가능성과 관련해서는 약해(phytotoxicity), 시설 및 장비의 이용 가능성, 사용이나 표시와 관련된 제한사항 등을 고려해야 한다.

고치사율의 소독처리는 위험성과 감염율이 모두 잠재적으로 높은 경우에 주로 사용된다. Probit 9 소독처리(99.9968%의 요구반응)는 대개 고위험 상황과 동의어로 간주된다. 대부분의 경우에 있어서 소독처리 수준은 병해충의 만연정도 또는 감염정도, 정착가능성에 대해 자세히 시간을 들여 자료를 수집하는 과정 없이 결정되고 있다. Probit 9 소독처리는 모든 상황에 있어서 바람직한 수준의 일관성이 보장되지는 않지만, 보수적인 수준의 검역적 안전성을 보장한다는 점에서 매력적인 병해충 위험관리 방안으로 간주되고 있다(Liquido 등 1997).

Probit 9 소독처리가 편리한 주된 이유는 저항성 있는 기주에 대해 비교적 신속하게 개발 및 시험, 시행할 수 있기 때문이다(Liquido 등 1997). 그 결과, 무역을 촉진할 목적으로 상당한 수준의 "과잉효과(overkill)"가 있을 것으로 생각되는 어떤 조치에 관한 양자 간 합의에 실질적으로 근거하고 있는 경우, 기존에 설정된 많은 소독처리기준들을 위험관리 기준으로 간주하도록 인정받게 되었다. 이러한 소독처리는 위험의 임계치에 대한 일관성의 원칙이나 동등성에 대한 논쟁과 연결되지 않으며, "가장 덜 제한적인 조치(least restrictive measure)"의 원칙을 일반적으로 위반하는 것이다. 따라서 이러한 소독처리의 합법성은 양자간 합의 되었다는 점에서 오는 것이지, 기술적으로 정당해서가 아니다.

위험성의 측면에서 볼 때, 치사율은 중요하지 않으며, 생존율이 중요하다. 소독처리의 효과를 어느 정도의 위험성에 연관시키기 위해서는, 비록 임계치라 할지라도, 생존율을 예측하기 위해 감염정도를 추정하는 것이 필요하다. 뿐만 아니라, 그 소독처리방법이 위험성과 합리적인 연관관계를 갖기 위해서는 정착가능성을 추정하는데 있어 생물학적 및 기타 중요한 변수들을 고려해야 한다.

식물위생 상 안전성을 위해 Probit 9 수준의 소독처리를 사용하는 것은 과학적 연구에 근거하고 있지는 않지만, 여전히 효과적인 소독 수단으로 사용되고 있다. 하지만 앞으로 Probit 9 수준의 소독처리를 사용하기 위해서는 PRA와 연관된 소독처리 모델을 통해 타당성을 인정받아야 할 것이며, 사실상의 기준(de facto standard)으로 모든 검역현장에서 사용되지는 않아야 할 것이다.

검사(Inspection). 검사는 가장 널리 사용되는 식물위생조치로서, 역사적으로 거의 모든 위험관리 전략에 있어서 기본 요소로 사용되어 왔다. 식물검역 공무원들은 검사를 통해 하루에도 수백 건의 결정을 내리고 있지만, 위험관리 방안으로서 이 절차의 기술적인 의미는 잘못 이해되고 있는 경우가 많다.

검사란 다양한 목적을 위해 사용되는 넓은 범위의 활동 및 절차, 방법으로 해석될 수 있다. 어떤 장소나 시설에 대해 식물위생요건의 준수 여부나 적합 여부를 검토하는 것과 마찬가지로, 서류를 확인하는 것도 식물위생검사와 연관된 흔한 활동이다. 또한 정보를 수집하거나 감시, 식물위생 프로그램의 감사를 위해서도 검사를 사용할 수 있다. 위험관리를 위한 식물위생조치로 검사를 실시한 시점에서 위험성이 어떻게 변하였는지는 검사결과 취해지는 행위에 의해 결정되는데, 허용(조치 불필요), 거부, 또는 다른 조치(예, 소독처리)의 적용 등이 될 수 있다. 위험성에 기반한 의사결정에서는 허용 가능한 검출수준 및 병해충, 경로 및 상황의 특성에 따른 가장 적절한 행위와 검사를 연계시키게 된다. ISPM No.23 (검사 지침)에서는 수입 및 수출 시스템에 있어서 검사의 역할과 적용에 관해 자세한 설명이 제시되어 있다.

검사를 위험성에 기반하기 위해서는 해당 병해충이 반드시 검출 가능한 종이어야 한다. 해당 생물체 또는 그 생물체의 표징/증상은 반드시 시각적으로 식별할 수 있어야 하고, 병해충이 아닌 종이나 다른 상태와 혼동될 가능성이 최소화 될 만큼 충분히 뚜렷해야 한다. 검출이 어려운 병해충이면서 상품을 검사하는 것이 어렵고 안전하지 못한 경우, 또는 위험성이 높으면서 소수의 개체만으로 쉽게 정착할 수 있는 병해충의 경우 검사는 적절한 방법이 아니다.

일반적인 상황에서, 규제 물품의 100%를 검사하지는 않으며, 검사가 100% 효과적인 것도 아니다. 검사에는 (1) 검사 결과는 시료에 대한 것이며, (2) 어느 정도의 위험성과 불확실성은 수용할 수 있다는 두 가지 핵심 가정이 연관되어 있다. 병해충이 검사를 피해 갈 확률은 항상 존재한다. 검출이 될 만한 수준의 병해충 만연정도를 검출수준(detection level) 또는 검출한계(detection tolerance)라고 표현한다. 예를 들어, 과일 10상자 중 2상자에서 병해충이 발견되지 않았다고 해서 10상자 모두에 병해충이 없다는 것을 절대적으로 보장하지는 않는다. 나머지 상자에 병해충이 있을 가능성이 있으며, 검사를 한 2 상자에 대해서도 어느 정도의 불확실성이 존재한다. 시료 2상자에 대한 검출수준과 검출한계는 지정된 신뢰수준(주로 95%)에 따라 계산할 수 있다. 검사라는 절차에는 한계치(tolerance)가 내재되어 있기 때문에 병해충 무감염이 목적인 경우에는 검사를 사용하는 것이 적절하지 않다.

위험성에 기반한 검사에서는 "**승인할 수 있는 시료추출**(acceptance sampling)"을 사용한다. 이 개념은 병해충 위험성을 관리하는데 사용할 식물위생 절차 중 검사가 가장 적절한 것인지의 여부와 적합한 검사방법을 결정하는 것을 돕기 위해 적용된다. 위험성에 기반한 검사에서는 검출될 병해충 만연정도의 수준과 요구되는 신뢰수준이 정해져 있다.

일반적으로 식물위생 검사는 모집단의 백분율(예, 화물의 2%)에 따라 이루어진다. 이러한 관행은 모집단에 대한 시료 크기의 비율이 고정되면 검출 수준도 고정될 것이라는 잘못된 인식에 기반하고 있다. 하지만 확률 법칙에서는 다르게 설명하고 있다. 위험성에 기반한 검사를 위해 통계적으로 가장 타당한 설계를 규명하기 위해서는 이러한 수학적 관계를 반드시 이해해야 한다. ISPM No. 31 (화물의 시료추출 방법)에서는 적절한 검사방법의 설계 및 선택에 관한 상세한 지침과 연관되는 통계적 및 운영상의 매개변수(parameter)가 제시되어 있다.

위험성에 기반한 검사프로그램을 개발하여 채택함으로써 공무원들은 검사자원에 대한 우선순위를 설정할 능력과, 무역상대국과 민간부문에 투명하고 예측 가능한 검사프로그램을 설계할 능력을 향상시키게 된다. 기준점(reference point)을 설정(위험성에 기반한 검사의 목적)하고, 그 결과를 측정할 방법을 정함으로써 검사자원이 가장 필요한 곳이 어디이며, 필요한 자원의 수준을 규명할 수 있게 된다. 그 다음 이러한 결정은 허용 가능한 위험수준 및 적용할 조치의 강도와 연계된다.

시스템적 접근(systems approach). 시스템적 접근은 명백하게 다른 병해충 위험경감 조치 및 절차, 식물위생 보호조치(safeguard)를 복합적으로 사용하여 이들의 효과가 단계적으로 누적되면서 원하는 수준의 식물위생 안전성에 도달하는 것을 말한다. 시스템적 접근은 단일 경감조치를 사용하는 것보다는 훨씬 복잡하고 어려운 경우가 많다. 하지만 정해진 효과를 갖는 조치를 복합적으로 사용함으로써 위험관리 가능성을 크게 향상시키고, 조치의 강도를 조정하는데 있어서 훨씬 큰 유연성을 가지고 있다.

시스템적 접근의 큰 장점 중의 하나는 생산지, 선과장, 수송 중 및 유통과정에서 사용할 수 있는 모든 범주의 위험경감 조치 – 현존하는 조치로서 식물위생 상 안전성을 증가시키는 – 를 포함시킬 수 있다는 점이다. 병해충의 쇠락에 도움이 되는 경감조치나 보호조치로 확인될 수 있는 재배 관행 및 생산지 방제, 수확 후 소독처리, 검사와 기타 절차 또는 이벤트는 잠재적으로 시스템적 접근의 구성요소가 될 수 있다(그림 5.1 참조). 병해충 예찰 및 트랩조사, 시료조사도 시스템적 접근의 구성요소가 될 수 있다. 모집단의 무결성(integrity)을 유지하기 위한 보호조치, 수확기나 선적 기간의 지정, 성숙도 제한, 저항성 기주 사용, 도착지에서 제한적인 유통 등은 시스템적 접근의 핵심 요소가 될 수 있다. 재배자 및 선과장 관계자, 기타 관련자들이 식물위생 공무원과 협력하여 실행 가능한 프로그램을 개발하고, 이를 지원하는데 필요한 관리지점과 관리방법을 찾아낼 기회는 열려 있다. 마찬가지로 다른 대안이 있는 경우 동등성

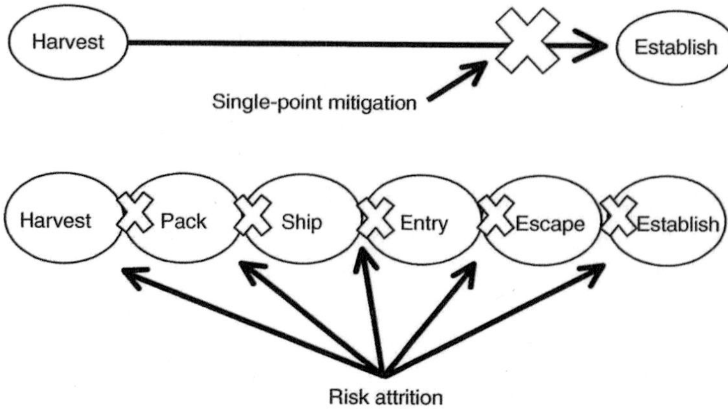

그림 5.1 단일 지점에서의 위험경감과 시스템적 접근을 통한 위험성 감소 비교

을 인정받는데 있어 상당한 유연성과 가능성이 보장된다.

하지만 시스템적 접근은 단일 위험경감(예, 소독)보다 복잡하고, 개발과 이행에 더 많은 노력이 필요하기 때문에 평가와 관리가 어렵다(그림 5.1). 특히, 시스템적 접근은 기주-병해충 관계와 관련된 상대적으로 높은 수준의 지식과 확신 및 재배와 수확, 선과, 유통 시스템에 관한 다양한 요소들을 관리할 수 있는 능력이 있어야 한다. 시스템적 접근을 사용하는데 있어서 일차적인 제약요인은 조치의 효과에 대한 자료의 이용가능성과 특정 조건에서 현실적 이행 가능성이다.

99.9968%의 개체를 사멸시키는데 충분한 정도의 메칠브로마이드 훈증(즉, Probit 9 치사율)과 같은 식물검역 소독처리도 식물위생 안전성을 결정하는데 있어서 유사한 기본틀을 제공한다. 하지만 소독처리가 포함되지 않은 시스템적 접근을 식물위생조치로 사용한다면 이러한 기본 틀이 상실되어 버리기 때문에 조치의 효과를 평가하기 위한 다른 방법이 필요하다. 또한 둘 이상의 서로 다른 요소로 구성된 시스템적 접근에서는 각각의 구성 요소가 병해충 위험을 경감시키는 정도와 이들의 총 합을 공통된 용어로 표현하는데 어려움이 있다.

시스템적 접근에 사용된 개별 위험경감 조치의 효과를 공통의 용어로 표현될 수 있는 경우는 거의 없으며, 소독 용어로 표현하는 것도 거의 불가능하다. 예를 들어, 살충 소독은 검증된 수준의 치사율로 표현되는 반면, 재배지에서 실시하는 방제는 병해충 발생이 감소한 것을 트랩이나 과실 절개검사에서 검출이 감소한 것으로 표현하게 된다. 선과장에서는 선별(culling)을 통해 육안으로 검출할 수 있는 병해충을 거의 100% 제거할 수 있지만, 보이지 않는 병해충은 일부만 제거할 수 있다. 또한, 시스템적 접근의 어떤 요소는 위험경감조치와는 전혀 상관없이 병해충의 만연정도를 감시하고 입증하는 수단으로 사용된다(예, 트랩조사, 생체측정 검사(biometrically based inspection)). 요컨대, 시스템적 접근의 식물위생상 안전성을 평가하기 위해서는 더 복잡한 방법이 필요하다.

시스템적 접근의 전체적인 효과를 표현하기 위해서는 "공통의 표현방식(common

currency)"이 필요하다. 식물위생 상 안전성이 어떻게 표현되는지는 종료지점(endpoint)을 어디로 선정하느냐에 영향을 받게 된다. 종료지점의 예는 다음과 같다.

- 화물 내 병해충의 만연정도 또는 제거된 병해충의 비율;
- 유입 빈도(즉, 단위시간 동안 유입된 병해충의 수);
- 유입 가능성(예, 수입된 화물의 단위별로 병해충이 유입될 가능성);
- 정착 빈도 또는 정착 가능성
- 병해충 돌발의 빈도 또는 가능성

조치에 대한 평가는 종료점과 상관없이 PRA 차원에서 이루어져야 하며, 종료지점과의 일관성을 향하도록 해야 한다. 이것은 시스템을 개별 구성요소로 분해해서 각 구성요소가 식물위생 상 안전성에 기여하는 정도를 평가하는 방식으로 이루어진다. 추정치를 산출하고, 강점 및 약점과 중복되는 부분을 규명하는데 있어서 정성적, 정량적 또는 이들이 혼합된 분석 방식을 사용할 수 있다.

시스템적 접근을 수용하기 위한 핵심은 병해충 위험관리에 대한 객관적이고 분석적인 시각이다. 효과를 평가하는데 있어 사용되는 전통적인 가정(assumption)과 기준(benchmark)이 항상 최선은 아니다. 마찬가지로 동등성의 원칙에서는 요구되는 식물위생 상 안전성의 수준을 확실히 정하고, 이 수준을 달성하는 것으로 증명되었으며, 실현 가능한 조치를 고려할 것을 요구하고 있다. 이 원칙에 대해 사람들이 실제로 인식하게 되면서 비전통적인 대안들이 사용될 가능성도 증가할 것이다. 시스템적 접근은 유연성과 다양한 범위의 선택이 가능하다는 점 때문에 이러한 대안들 중 가장 선두에 서 있다.

중복(redundancy). 가장 균형 잡힌 조치의 강도는 조치를 전혀 취하지 않는 것과 가장 규제적인 조치 사이 어딘가에 적정보호수준을 충족하는 위험성과 함께 존재할 것이다. 하지만 위험관리 절차에서는 어느 정도의 불확실성이 존재하여, 조치의 강도를 결정하는데 있어 보수적인 가정과 최악의 상황에서의 데이터에 의존함으로써 실수를 하게 될 수 있다는 우려를 발생시키게 된다. 결과적으로 이러한 대부분의 경우, 조치는 실패하고 효과는 최소한으로 나타나며, 병해충으로 인한 위험은 극대화된 상황에 대비한 위험관리 전략이 만들어 지게 된다. 불확실성을 보완하기 위해 조치의 강도를 더하거나 조치를 추가하는 것을 중복(redundancy)이라고 한다. ISPM No.14에서는 다음과 같이 규정하고 있다.

> 시스템적 접근에서는 자료의 간극(data gap), 변동성(variability), 절차 적용에 관한 경험 부족 등의 사유로 불확실성을 보완하기 위해 추가되거나 강화되는 조치를 포함할 수 있다.

여기서 언급된 불확실성이 그 개념을 설명해 주고 있지는 않지만, 식물위생조치의 효과와 일관성을 측정하는 것과 관련하여 불확실성에는 변동성(개선될 수 없음)과 오류(개선될 수 있음)가 모두 포함되어 있다는 것을 일반적으로 유추할 수 있다. 이는 각 식물위생조치의 효과에는 어떤 특정한 수준의 불확실성이 연관되어 있다는 것을 의미한다. 시스템적 접근의 경우,

각각의 조치가 갖는 불확실성이 누적되므로, 결과적으로 전체 시스템의 불확실성은 더 높은 수준이 된다.

ISPM No. 14는 조치의 강도를 어느 정도나 증가시킬 수 있는지, 또는 증가시켜야 하는지에 대한 판단기준을 제시하고 있지는 않다. 아마도 효과가 최소한인 상황(즉, 각각의 조치가 최소한의 효과를 내고 있고, 조치들의 불확실성은 상한선에 도달)에서 적어도 적정보호수준을 충족하도록 조치의 강도를 올리는 것은 타당할 것이다. 하지만 규정되지 않은 만일의 사태와 알려지지 않은 또는 실제로 존재한다는 증거(즉, 확률이 아닌 가능성) 없이 예상되지 않는 불확실성에 대비하기 위해 중복되는 조치를 추가하여 조치의 강도를 강화한 경우에는 어려움이 발생할 것이다. 이러한 추가 중복조치는 기술적으로나 운영상 타당성이 명백하지 않으며, 기준에 대한 근거도 없을 것이다. 이러한 중복은 빈번하게 발생하기는 하지만 무역을 심각하게 제한하지 않는 이상 비판을 받는 경우는 별로 없다.

시스템적 접근에서의 중복 문제를 검토하는 다른 방법은 해당 시스템적 접근의 핵심으로 인정되는 조치부터 시작하여 병해충 위험경감 효과를 갖는 기타 조건, 절차 등 전체 경로에 대해 전체론적(holistic) 관점을 취하는 것이다.

예를 들어, 생과일을 수출하는 경우 (1) 특정 비선호 기주 사용, (2) 정해진 수준의 저 발생상태를 보장하기 위해 재배지 예찰 및 방제, (3) 특정 조건에 따른 저온 보관을 가정해 볼 수 있다. 여기서 사용된 각각의 조치들은 서로 독립적이고, 어떤 수준으로 효과와 불확실성이 있는지 알려져 있다. 또한 수출용 과일은 선과장에서 선별 및 등급 구별, 세척, 왁스처리 될 것이다. 선과장에서의 이러한 절차는 우려 병해충의 만연정도를 상당 수준 감소시키기는 하지만, 시스템적 접근의 요소로는 공식 인정되지 않는다. 이 밖의 다른 요소들도 시스템적 접근의 공식 요소는 아니지만, 전체 시스템의 '친근감(comfort level)'을 더하는 방식으로 병해충의 만연정도나 생존력을 감소시키는데 기여할 수 있다.

이런 경우 시스템적 접근의 비공식적 요인들은 중복을 통해서 공식 요소들과 연관된 불확실성을 일부 또는 완전히 보완하는 것으로 느슨한 의미에서 간주된다. 이러한 가능성은 일부 전문가들에 의해 타당한 것으로 생각되었으나, 비공식 요인들을 적법한 것으로 간주할 것인가 아닌가에 관한 철학적인 관점 차이로부터 논란이 발생하고 있다. 일부 전문가들은 중복이 공식 조치의 효과를 점진적으로 증진시키는 데에만 제한되어야 한다고 보는 반면, 다른 전문가들은 비공식적 요인들이 시스템의 전체적인 효과에 기여하는 것을 인정하는 것이 전체론적인 관점에서 가치가 있다고 믿고 있다. ISPM No. 14에서는 후자가 아닌 전자의 관점을 지지하고 있다. 전체론적인 관점에서 설계된 시스템적 접근은 기준에 근거할 수 없으므로 비공식적인 위험경감 요소에 대해 양측이 분명하게 이해할 필요가 있다.

5.7 수출입 프로그램

위에 제시된 설명에서는 효과적인 국경 이전의 의사결정(pre-border decision making)을 위한 근본 개념의 대부분이 다루어졌다. ISPM은 중요한 지침들을 제공하고 있으며, 조화를 위해 향후 더 노력한다면 안전한 무역을 향한 공통의 시도를 더 증진하게 될 것이다. 국경 이전의 생물안보시스템에 대한 국가 내부의 상황은 법 및 정부 조직, 자원, 우선순위에 따라 국가마다 다르지만, 역사적으로 모든 NPPO들의 수출입 프로그램은 식물위생증명(phytosanitary certification)과 연결되어 있다.

식물위생증명은 IPPC에서만 다루고 있는 개념인데, 1952년 체결된 최초 협약의 중심 교리로 채택되어, 식물보호와 무역이 연관된 곳에서 전 세계적으로 가장 널리 인정되는 조화의 사례이다. 국가들은 SPS 협정이 체결되기 수십 년 전부터 식물위생증명을 위한 절차와 문서를 인정하고, 수용해 왔다. 식물위생증명은 수입과 수출 모두에 있어서 위에서 논의된 SPS-IPPC의 기본체계와 일관되며, NPPO가 직접 관리하는 인프라와 지원시스템이 필요한 절차이다. 수입 시스템은 요건을 개발하고, 수입 시 그 요건이 충족되는지를 검증하기 위해 설계된다. 예상치 못한 위험요인에 대한 비상조치와 함께 일상적 승인을 위한 정책과 운영상의 인프라가 필요하다. 수출 시스템은 무역상대국의 요건을 중심으로 무역상대국의 요건과 부합함을 증명하기 위한 믿을만한 시스템과 비농산물을 포함한 일반적 관점에서 수출의 전체적인 무결성(integrity)을 보장하기 위해 생산자 및 국내 당국과 연결된 인프라에 따라 설계된다.

특히, 교역할 물품이 농산물이 아니거나(예, 빈 컨테이너), 특별한 조건이 없는(도착지에서 검사만 받으면 되는 경우) 경우처럼 식물검역증명서가 항상 필요한 것은 아니지만, 수출입 시스템의 정책 및 운영 상의 구성요소는 동일하다. 이런 관점에서 볼 때, 실제 증명서가 필요하던 안하던 식물위생증명 절차를 생각해 보는 것이 편리하다. 증명서 발급절차는 점점 자동화, 전산화되는 추세이기 때문에 실제 문서 자체의 중요성은 감소하고 있으며, 문서의 본질인 보장을 제공하기 위한 절차와 인프라가 더 중요해지고 있다.

식물검역증명서 발급과 직접 연관된 절차를 제외하고, 수출에 필요한 기본 인프라 요건은 수입에서도 마찬가지로 필요하다. 여기에는 다음과 같은 것들이 포함된다.

- 규정 및 정책
- 집행
- 위험분석 및 과학적 정보
- 병해충 동정
- 검사 및 소독
- 예찰
- 이해당사자 및 국제관계

이러한 인프라는 전적으로 NPPO의 책임이며, 다른 사항들은 다른 기관 및 기구와의 공조를 활용할 수 있을 것이다. 예를 들어, 공식 규정이나 정책을 수립하는 것은 NPPO만의 권한이지만, 분석을 위해 대학과 공조할 수 있고, 예찰에 관해서는 지도기관과, 집행을 위해서는 세관의 협조를 구할 수 있다. IPPC 협약 제4조에서는 NPPO가 갖추어야 할 기본조직의 준비사항을, 제7조에서는 수입과 관련된 특정요건에 관한 개요를 제시하고 있는데, 국가마다 상황이 다르기 때문에 기본체계에 관한 일반적인 지침일 뿐이다. 다음에 제시될 논의에서는 각각의 기능에 있어서의 핵심 사항과 다른 기능과의 관계 및 위에서 제시된 논의에 대해 추가적으로 고찰하고자 한다.

5.7.1 규정 및 정책

규정과 정책에 있어서 일차적인 문제는 예상치 못한 조건의 변화에 대해 유연하고 즉각적으로 반응하기 위한 NPPO의 능력을 저해하지 않으면서, 적정한 수준의 투명성과 집행이 가능하도록 균형을 잡는 것이다. 예를 들어, 규정에 규제병해충 목록이 포함되어 있다면 우려병해충의 대부분 또는 전부가 알려져 있고 예측할 수 있다는 것을 의미한다. 예상치 못한 새로운 병해충에 대해서는 비상조치가 필요하며, 미래에도 지속적으로 발견된다면 규정을 개정하여 목록에 추가해야 할 것이다. 규정을 개정하는 것은 행정적, 법적 자원과 노력, 시간이 필요한데, 만약 이 병해충 목록이 좀 더 유연하고 즉각 대응할 수 있는 양식의 정책에 포함되어 있다면 이러한 과정이 필요치 않을 것이다. 따라서 정책의 양식은 공개적으로 이용 가능하면서 법적으로 방어할 수 있는 것이 바람직하다.

기능은 집행 및 위험분석, 국제 관계, 이해관계자들과의 관계를 포함하여 규정 및 정책과 강력하게 연결되어 있다. 긴급조치의 전반적인 권한 외에도, 규정은 해당 국가의 법률적 구조에 따라 적절한 수준의 집행 권한을 제공할 필요가 있는데, 국가마다 상당히 다르며 공유하거나 위임되어 있는 경우도 있다. 예를 들어, 반입항에서의 일부 또는 모든 조치에 관한 권한은 세관에 있을 수 있고, 국내에서 취해지는 조치는 지방 기관의 책임이 될 수 있다.

규정과 정책을 법적으로 방어할 수 있으려면 다음의 두 가지 법적 질문에 대해 필요시 자문과 지원을 구할 수 있도록 NPPO의 내부에 법률 고문이 마련되어 있거나 또는 NPPO가 이용할 수 있어야 한다. 첫째는 국내 법 체계(권한을 부여하는 법령)와의 일관성 및 시행가능성을 보장하는 것이다. 둘째는 ISPM과 관련하여 WTO-SPS 협정 및 IPPC 협약을 포함한 국제적 의무에 대해서도 법률 자문이 필요하다. 이 경우, 일차적인 목적은 분쟁을 야기할 수 있는 비판을 회피하고, 국내의 법률 체계 상 관심이 필요한 분야에 대한 우선순위와 약점을 규명하는 데 있다. 법률적 관점에서 WTO와 IPPC는 NPPO와 강하게 연관되어 있지만, 정부는 다른 조약, 무역 협정, 국방 정책 등 국가의 생물안보시스템에 영향을 줄 수 있으며, 법률적 자문이 필요한 다른 많은 국제적 책무와도 연관이 되어 있을 수 있다. 이러한 예 중 한 가지가 식물검역 소독용 메칠브로마이드의 사용에 영향을 주는 "오존층 파괴 물질에 관한 몬트리올 의정서(the Montreal Protocol on Substances that Deplete the Ozone Layer)"이다.

규정 및 정책이 기술적 및 과학적 방어력을 갖기 위해서는 규제의 기능이 위험분석과 정보관리에 연결되어 있어야 한다. 규제 행위에 대한 과학적 정당성을 보장하겠다는 정치권의 지속적인 의지가 있는 한, 이것은 비교적 단순한 관계이다. 하지만 분석을 사용하지 않거나, 모순되게 사용하거나, 특히 결과를 미리 정해 놓은 상태에서 정책적으로 분석을 추진한 경우에는 문제가 발생한다. 또 다른 중요한 어려움은 "증거 불충분"으로 인한 사전 예방적 접근의 영향력을 완전히 회피하여 분석을 실시하는 것이다. 이 경우의 약점은 우려가 발생하게 된 불확실성을 극복하기 위해 필요한 증거(과학적 또는 기타)의 종류, 양과 질이 명확하지 않다는 것이다. 달리 말하면, 사전 예방적인 접근을 채택함으로서 합리적인 확실성에 대한 임의적이고 투명하지 않은 한계치가 설정된다. 적정하게 실시된 위험분석의 결과물에서는 불확실성이 규명되어 특징화되어 나타난다. 이러한 분석이 없으면 불확실성 극복을 위한 전략을 이해하는 것이 불가능해진다.

규정과 정책은 국제관계에 두 단계로 연결되어 있다. 첫째는 NPPO 간 직접적인 관계로서 협상과 통보에 있어서 중요한 양자관계의 기초가 된다. 개발 중이거나 논쟁 중인 새로운 규정에 관한 공식 정보교환 체제를 구축하고, 무역상대국들이 규정 비적합을 인지하도록 해주는 수단을 마련하는 것이 중요하다. 다른 하나는 특히 IPPC와 기준 제정을 포함하여 생물안보 규정과 관련된 다른 국제 및 지역기구, 이니셔티브와 연관된 다자관계에 관한 것이다. 규정의 변화가 있는 경우, WTO 회원국들로부터 일정기간 의견을 수렴하기 위해 WTO에 통보하는 것을 예로 들 수 있다.

이해당사자들과의 관계가 어느 정도로 공식적일지는 규제 시스템과 문화에 따라 크게 달라진다. 많은 국가들이 규제 절차에 관한 이해당사자들과의 협의에 있어서 여러 단계에서 다양한 방법으로 극도로 투명하게 실시하고 있는 반면, 일부 국가들은 상대적으로 단순한 체제로 운영하거나 아예 없는 경우도 있다. 중요한 것은 식물안보를 책임지는 당국이 이해당사자들의 우려사항과 대중과 민간부문에서 입수할 수 있는 정보를 인식하여, 규정 및 정책의 개발이나 유지에 영향을 주거나 정보를 제공하는 것이다. 미국과 같이 규정을 변경할 때 대중의 의견을 수렴하는 것이 법적 요건으로 되어 있는 국가에서는 통보와 의견제출 절차가 문서와 온라인 시스템 모두를 통해서 대중에게 제공된다.

5.7.2 집행(Enforcement)

위에서 언급했듯이, 집행은 규정 및 정책과 가장 강하게 연관되어 있으나, NPPO가 완벽하게 관리하지 않을 수도 있다. NPPO가 다른 기관(주로 세관)과 집행을 공유하거나 아예 위임하는 것은 흔한 일이다.

일반적으로 집행은 도착항에서의 위반사항이나 반입 후 (국내에서의) 위반사항에 초점을 두게 된다. 비상조치 및 개인 소유물에 대한 반입, 조사, 압류, 안전보장과 같은 일상적인 업무에 필요한 광범위한 권한 이외에도 벌금 같은 처벌조항에까지 권한이 반드시 확대되어야 한다. 또한 집행을 통한 요건 미준수를 통보하는 과정에서 외국 및 이해당사자들과의 관계를 연결시키게 된다. 예를 들어, 어떤 수입자의 화물에 금지된 물품이 들어 있어서 불합격 된 경우, 그 수입자는 처벌(예, 벌금)을 받고, 수출국의 NPPO에게는 특히 수출국의 NPPO가 그 화물을 승인하였음을 의미하는 식물검역증명서가 관련이 되어 있는 경우, 불합격 사실에 대한 통보를 하게 된다.

국제무역에는 수출자, 선사, 수입자를 포함하여 여러 당사자들이 개입하게 되므로, 민간인들이 어떤 점에서 책임을 져야 하고, 따라서 어떤 경우에 처벌을 받게 되는지 규정과 정책에 명확히 제시하는 것이 중요하다. 동시에 NPPO는 넓은 권한에 대해 취하게 되는 행위에 관해 명확하고 일관성 있는 정책을 가지고 있어야 하는데, 이는 어떤 화물에 대한 집행 행위를 그 화물에 대한 수입 승인 전체를 취소하는 것과는 구분하기 위해서이다. 후자는 엄밀하게 말해서 집행 행위가 아니며, 특히 기술적으로 타당하지 않은 경우 법적 파장을 가져올 수 있다. 어떤 한 수입자가 수입한 특정 화물이 증명서에 존재하지 않는 것으로 기재된 병해충 때문에 불합격 되었다고 가정해 보자. 그 결과 화물은 반입이 거부되거나 소독처리 될 것이다. 이번에는 동일한 물품이 동일한 국가로부터 여러 수입자들에 의해 여러 화물로 수입되어 장기간 반복적으로 불합격 되었다고 가정해 보자. 이 경우 화물들을 반입 거부하는 것에 더하여 위반사항 통보에 대해 수출국에서 어떤 변화를 시도하지 않은 이상 수입국은 수입 승인을 취소하게 될 것이다.

5.7.3 위험분석 및 과학적 정보

위험분석의 역할은 SPS 협정의 수출입 시스템에 견고하게 접합되어, IPPC 협약 및 위험분석에 관한 몇 가지 특정 기준을 포함한 관련 기준에 의해 강화되었다. 무역에 있어서 생물안보와 관련된 병해충의 위험성과 연관된 다양한 분야의 이슈에 대해 과학적 정보를 수집하고 사용하는 능력은 NPPO의 효과에 있어서 핵심적이다. 위에서 다룬 위험분석과 규정의 관계는 SPS 협정의 목적과 일치하는지를 입증하는데 있어 가장 핵심적인 관계를 형성한다. 과학적 증거의 중요성을 강조하면서 발생하게 된 유감스러운 파장은 불확실성을 다루는데 있어서 주의가 부족하게 된 것이다. 많은 경우에 있어서 정책 결정가들이 우려한 것은 증거가 아니라 불확실성에 대해서였으며, 불확실성에 대한 대응방법을 개발하는데 있어서 지침이 거의 없는 상황이다.

NPPO는 정보관리시스템에서 조사(investigating)의 중요성을 반드시 이해해야 한다. 예찰 결과 같은 현장 데이터를 포함한 과학적 정보는 규정 및 정책, 프로그램을 뒷받침하는 분석의 원재료이다. 때때로 수입에 사용하는 정보와 수출에 사용하는 정보를 구분하는 경향을 볼 수 있다. 차이가 있긴 하지만, 이 두 경우에 있어서 필요한 기본은 병해충의 생물적 특성과 분포에 관한 정보이다. 예를 들어, NPPO가 외래병해충에 대한 검역 상태를 정확하게 판단하기 위해서는 국내에 발생하는 병해충에 대한 정확한 동정과 믿을 만한 예찰 결과가 필요하다. 판단이 내려지고 분석이 완료되면, 분석내용과 근거 자료들을 효과적으로 수집, 보관, 검색, 배포하는 것이 실질적인 문제가 되는데, 임시 문서보관소나 기억에 의존하기 보다는 효과적인 문서관리를 위한 전용 프로그램을 갖추는 것이 좋다.

5.7.4 병해충 동정

병해충 동정 능력은 검사 및 소독, 예찰과 직접적으로 연관되어 있다. 가장 중요한 문제는 동정 서비스를, 특히 부패할 수 있는 화물(수입 또는 수출)과 연관된 병해충의 경우 가능한 신속하고 정확하게 제공하는 것이다. 예찰을 위한 동정 역시 높은 수준의 정확성이 요구되지만, 프로그램의 성격에 따라 시급성이 있을 수도 있고, 아닐 수도 있다. 예를 들어, 방제 프로그램의 경계설정이나 모니터링을 위한 예찰과 연관된 새로운 병해충의 검출 및 동정은 보다 긴급한 처리가 필요할 수 있는 반면, 일반적인 예찰과 어떤 지역에서 수출 증명을 위해 존재 여부를 확인하는 것과 연관된 경우에는 우선순위가 낮을 것이다.

동정과 관련해서 이해해야 될 핵심은, NPPO가 종종 대학과 연구소의 전문가, 심지어는 신뢰할만한 전문성이 있는 경우 "일반"대중과 외국의 전문가를 포함한 외부 전문가에 의존한다는 점이다. 하지만 여기에는 관리의 연속성(chain of custody)과 증거표본(voucher specimen)에 관한 법적 문제가 연관되어 있으므로, NPPO는 이 문제에 대해 선사, 수출자, 수출국들이 불만을 제기할 가능성을 최소화하기 위해 정책을 마련할 필요가 있다.

분자생물학적 진단기법을 사용한 동정이 빠르게 발전하고 중요해지고 있다(제13장). 전통적인 방법으로 동정할 수 없는 생물체를 동정하거나, 특히 병원체처럼 형태적으로 유사한 생물체를 구분하는데 있어서 분자생물학적 기법은 핵심적인 도구이다. 주목할 것은, 규제 목적으로 새로운 종을 지정할 때 분자생물학적 특성을 어느 정도까지 사용할 것인지에 관해 NPPO가 참고할 수 있는 국제적으로 합의된 지침이 마련되지 않았다는 것이다. 병해충을 구분하는데 있어 유전적인 특징과 행동적인 특징은 모두 중요하지만, 규제 목적으로 적용하기 위한 원칙은 아직 분명하지 않고, 이 기술이 기존의 정책에 미칠 잠재력을 감안할 때 향후 조화의 핵심적인 영역이 될 가능성이 있다.

5.7.5 검사 및 소독

이 장의 서두에서 언급하였듯, 검사는 식물안보를 위한 수출입 시스템의 1차 구성요인이다. 역사적으로, 수입검사는 문서의 정확성 및 병해충 무감염의 측면에서 식물위생증명요건과의 부합성을 확인하기 위해 사용되었다. 수출검사는 수입국의 증명요건을 충족하기 위해 계획되었다는 점을 제외하고는 수입검사와 유사하게 운영된다. 어떤 국가(예, 칠레)에서는 수출에 관한 국내 규정이 마련되어 있기도 하다. 이러한 요건은 대개 품질에 초점을 두고 있으나, 때로는 검역과 관련된 사항을 다루기도 한다.

수입검사는 문제가 될 수 있는 예기치 못한 병해충이나 금지된 물품(예, 흙)을 검출해 내기 위한 방안이기도 하다. 또한 여행자나 그들의 소지품에 대해서도 수입검사를 실시하기도 하는데, 이 경우 병해충보다는 금지된 물품을 찾는데 중점을 두게 된다. 운송 수단이나 기타 물품도 검사를 받을 수 있다. ISPM No. 23 검사지침(2011)과 ISPM No. 31 화물의 시료추출 방법(2011)에는 검사에 관한 중요한 개념 및 방법에 관한 지침이 제시되어 있다.

물품에 대한 전형적인 수입검사는 도착 시 적당한 시료에 대해 육안검사를 실시하는 것이지만, 방법은 매우 다양하다. 통계적으로 설계된 검사에서는 정해진 검출 수준에 도달할 수 있도록 계산된 크기의 시료를 사용하는데, 이는 전통적으로 사용되는 방법보다 기술적으로 보다 진보한 접근방식이다. 실험실 검사를 위해 시료를 채취하는 것도 일종의 변형된 수입검사이다.

상품에 대한 전형적인 반입항 검사에서 가장 폭넓게 인정되고 자주 사용되는 방법은 생산지 사전허가(preclearance 또는 pre-inspection)일 것이다. 이 방법은 생산지에서 검사를 받는 것에 이점이 있다는 것을 무역상대국이 인정해야 한다(세관 검사하고는 별개임). 또한 다른 방법으로는 실행이 불가능한 프로그램을 이행하여, 이를 바탕으로 다른 프로그램을 수립할 역량을 배양하고, 신뢰도를 증진시킬 기회를 제공하기도 한다. RSPM 2. 사전허가 프로그램에 대한 지침에서는 사전허가의 개념과 적용에 관한 유용한 지침이 제공되어 있다(NAPPO 2008).

"사전허가(preclearance)"라는 용어는 검사 결과뿐만 아니라 정해진 소독처리에 근거하여 합격시키는 것을 의미한다. 사전허가 프로그램을 도입하기 위한 기준은 다음과 같다.

- 병해충 위험성이 높음
- 상품의 양이 많음
- 도착지 검사가 용이하지 못함
- 도착지에서 소독이 용이하지 못함; 그리고
- 생산지에서 검사 능력이 부족함

비용에 관한 사항을 포함, 사전허가 프로그램을 준비하는 것은 양자 간 합의에 따른다. 사전허가 프로그램을 이행하는데 가장 큰 장벽은 검역관 훈련 및 장기간의 여행으로 인한 비용 문제이다.

소독은 NPPO들이 위험관리를 위해 사용하는 세 가지 기본 방법(금지, 소독, 검사) 중 하나로서, NPPO들은 소독에 대해 (1) 반입 조건으로서의 소독, (2) 긴급 조치로서의 소독, 이렇게 두 가지 기본 접근방식을 가지고 있다.

반입 조건으로 소독이 지정되어 있는 경우, 소독은 생산지 또는 수송 중, 도착지에서 실시할 수 있으며, 각각의 경우에 있어서 효과를 보장하기 위해 지켜야 할 조건을 지정하게 된다. 수출을 위해 소독하는 경우, 그 화물에 대한 식물검역증명서에 소독 사항을 기재하거나 공식 소독증명서를 발급하게 된다. 수입 시 소독은 요건 위반에 따른 비상조치로 실시될 수도 있고, 미리 설정된 요건에 따라 실시할 수도 있다. 생산지에서 소독을 실시할 경우 사전허가를 병행하는 경우가 많다. 수송 중 실시하는 소독에서는 소독 매개변수들이 충족됨을 입증하기 위해 승인된 장비와 체계가 필요하다. 화학적 소독일 경우 표시 및 잔류기준에 대한 검토가 필요할 수 있는데, 이는 국가마다 차이가 있다.

5.7.6 예찰

ISPM No. 6 예찰 지침(IPPC 1997)에서는 일반예찰과 특별예찰 두 가지를 제시하고 있다.

두 가지 모두 수입과 수출에 관한 의사결정에 있어서 핵심적이고, 다른 모든 기능과 직·간접적으로 연관되어 있는 병해충의 존재여부, 분포에 관한 기본 정보를 제공한다.

IPPC 협약 제4.2b항에서는 다음과 같이 규정하고 있다...... 공식 국가식물보호기관의 임무에는 다음과 같은 것들이 포함된다...... 경작지(그 중에서도 포장 및 농장, 양묘장, 정원, 온실, 실험실)와 야생 식물군을 포함하여 자라는 식물, 저장 중이거나 수송 중에 있는 식물 및 식물성 산물에 대한 예찰, 제8.1(a)항과 관련된 보고를 포함하여, 특히 병해충의 발생 및 돌발, 확산과 이러한 병해충의 방제 사항을 보고할 목적으로;

제7.2.항에서는 다음과 같이 규정하고 있다...... 병해충 분류를 지원하고 적절한 식물위생조치를 개발하기 위한 목적으로 체약국들은 최선을 다해 병해충 예찰을 실시하고, 병해충 상태에 대한 적절한 정보를 개발, 유지하여야 한다. 이 정보는 요청이 있는 경우 체약국들에 제공되어야 한다.

협약의 이러한 조항에서는 모든 NPPO들의 기본 기능으로서 예찰의 중요성을 강조하고 있다. 프로그램의 관점에서 볼 때, 예찰은 다음과 같은 경우에 사용된다.

- 공식적인 병해충 상태를 결정하는데 도움(존재/비존재)
- NPPO의 병해충 무발생 또는 저발생 선언에 대한 근거
- 새로운 병해충의 조기 검출
- 규제병해충 확산의 경계설정 또는 모니터링
- 검역병해충의 지정 요건에 부합하는 병해충 판정
- 병해충 분포 기록의 작성 및 갱신

예찰을 실시하거나 다른 기관이나 문헌으로부터 예찰 데이터를 수집할 때, NPPO는 데이터 보유 및 분석 체계를 가지고 있어야 한다. 이 또한 다른 기관, 기구, 또는 조직과의 공조를 통해 마련할 수 있으나, 새로운 병해충의 돌발과 같은 정보를 통지하는 것은 NPPO의 책임이다.

5.7.7 이해당사자 및 국제 관계

이 장의 첫 부분에서는 이해당사자 및 무역 상대국, 관련 국제기구와의 관계의 중요성과 관련하여 협력 및 의사소통에 대해 논의하였다. 무역의 측면에서 볼 때, 위험관리 방안의 우선순위와 적용가능성을 이해하는데 있어 이해당사자와의 관계는 핵심적이다. 많은 경우에 있어서 민간 부문의 이해당사자들이 연구를 진행하거나 널리 알려지지 않은 과학적 정보를 알고 있는 경우가 있다. 마찬가지로 이해당사자들은 NPPO가 의사결정에 사용하는 정보와 근거에 대해 알지 못하는 경우도 있다.

수출입과 관련된 국제관계는 조화(기준 설정) 및 기술역량 배양과 관련된 국제관계와는 다르다. 무역관계는 항상 긴장의 요소를 가지고 있고, 역동적이며, NPPO의 관할권 밖에 있는 정치적·경제적 요인의 변화에 따라 바뀌는 경우가 많다. 여기서 강조하고자 하는 핵심은 이러한 관계를 강화하고, 불필요한 마찰을 피하기 위해서 정책을 꾸준히 유지하는 것이 중요하다

는 점이다. 이러한 지속성을 갖기 위한 가장 좋은 방법 중 하나는 특정 국가, 지역, 상품과 같이 무역의 특정 분야를 전담하는 개인 또는 부서를 지정하는 것이다.

참고문헌

Devorshak C (ed) (2012) Plant pest risk analysis: concepts and application. CABI. 296 pp

IPPC (1997) International plant protection convention(New Revised Text)

ISPM 1, Phytosanitary principles for the protection of plants and the application of phytosanitary measures in international trade (2011)

ISPM 5, Glossary of phytosanutary terms (2011)

ISPM 6, Guidelines for surveillance (2011)

ISPM 7, Phytosanutary certification system (2011)

ISPM 11, Pest risk analysis for quarantine pests including analysis of environmental risks and living modified organisms (2011)

ISPM 12, Phytosanutary vertificates (2011)

ISPM 14, The use of integrated measures in a systems approach for pest risk management (2011)

ISPM 18, Guidelines for the use of irradiation as a phytosanitary treatment (2011)

ISPM 20, Guidelines for a phytosanitary import regulatory system (2011)

ISPM 23, Guidelines for inspection (2011)

ISPM 24, Guidelines for the determination and recognition of equivalence of phytosanitary measures

ISPM 31, Methodologies for sampling consignments (2011)

Liquido NJ, Griffin RL, Vick KW (1997) Quarantine security for commodities: current approaches and potential strategies. USDA ARS Publication Series 1996-20045a. USDA, Agricultural Research Service, Beltsville, USA

NAPPO (2008) RSPM No.2 Guidelines for pre-clearance programs

WTO (1994) Agreement on the application of sanitary and phytosanitary measures SPS committee (G/SPS/7 Rev 1)

제6장 생물안보의 연속체와 무역: 국경에서의 활동
The Biosecurity Continuum and Trade: Border Operations

Mark Whattam, Gerard Clover, Michael Firko, and Tom Kalaris
번역: 신현경(농림축산검역본부)

6.1 서론

신속한 운송 시스템이 발전하면서 원산지로부터 식물 및 식물성 산물의 국제적 이동이 비약적으로 증가해 왔다. 전 세계 인구는 2050년까지 90억에 도달할 것으로 예측되고 있다 (Anon 2009a). 이렇게 되면 전 세계 인구를 먹여 살리기 위해 필요한 식량은 현재의 두 배가 될 것이며, 식량을 자급할 수 없는 국가가 많기 때문에 식물과 식물성 산물의 국제무역은 필연적으로 대폭 증가하게 될 것이다. 이렇게 식물과 식물성 산물이 국가 간에 대규모로 이동하게 되면 무척추동물, 잡초, 미생물(세균, 진균, 바이러스)을 포함한 많은 식물 병해충이 장거리를 빠르게 이동하는 경로가 된다. 어떤 지역에 기존에 존재하지 않던 새로운 병해충이 유입되는 경우, 생태적, 경제적, 심미적/사회적으로 심각하게 부정적인 영향을 끼칠 수 있다. 원래의 환경에서 경쟁종과 같은 길항요소(antagonistic factor)가 없이 유입된 병해충(또는 원래 서식처에서는 상대적으로 중요하지 않은 병해충)들은 다른 국가의 환경이나 식물상에 더 쉽게 적응해서 병해충으로 더 문제가 되기도 한다. 그 종이 없는 환경에서 진화해 온 토착 기주식물

M. Whattam (✉)
Department of Agriculture, PMB 19, Ferntree Gully
Delivery Centre, Melbourne, VIC 3156, Victoria, Australia
e-mail: mark.whattam@daff.gov.au

G. Clover
Ministry of Agricultural and Forestry, PO Box 2095, Auckland 1140, New Zealand

M. Firko
Animal and Plant Health Inspection Service, 4700 River Road, Riverdale,
MD 20737, USA

T. Kalaris
Center for Plant Health Science and Technology, 2301 Research Blvd, Fort Collins,
CO 80526, USA

들은 그 병해충에 대한 저항성을 발전시킬 기회가 없었기 때문에 훨씬 더 취약한 것이 일반적이다. 반대로, 어떤 지역에 원래 존재하던 토착 병해충들이 새로 도입된 작물을 감염시키거나 피해를 줄 수도 있다. 현대의 농업시스템은 필수적으로 세계적인 8~9개의 유전자원 중심지로부터 진화되어 왔다(Harlan 1971). 유전적으로 단조로운 단일한 품종을 집약적으로(필요에 의해서, 부자연스럽게) 재배하는 현대의 농업은 유행성 병해충으로 피해를 입는 경우가 종종 있다(Jones 2009).

외래병해충의 침입과 정착으로 인하여 발생한 최악의 식물병해충 유행 사례에서 볼 수 있듯이 식물 병해충은 인류 역사에서 중요한 역할을 해왔다. 고대 그리스와 로마는 특히 밀 붉은녹병(red rust)과 같은 식물병으로 인하여 뼈아픈 경험을 가지고 있다. 로마인들은 작물에 피해가 발생하지 않기를 기원하기 위해 연례 축제 행사(the Robigalia)에서 와인을 바치고, 향을 사르면서 붉은 개를 제물로 바쳤다. 중세의 집단 환각과 잔 다르크의 환영, 세일럼의 마녀사냥은 귀리 등의 곡물이 맥각병(ergot fungus; *Claviceps purpurea* (Fr.) Tul.)에 감염되어 빵에 유사 LSD 물질이 오염된 것이 원인이었을 수 있다(Agrios 2005). 1840년대 아일랜드의 감자 대기근은 진균인 감자 역병(*Phytophthora infestans* (Mont.) de Bary)에 의해 발생했는데, 이 균은 원산지인 남미의 춥고 건조한 산악지역에서보다는 아일랜드의 온화하고 습한 기후에서 보다 쉽게 창궐한 것으로 확인되었다. 이 병으로 인해 150만 명 이상의 아일랜드인이 아사했고, 동일한 수의 사람들이 미국으로 이주하게 되었다(Agrios 2005). 오늘날 미국과 유럽, 개발도상국에서 이 병을 방제하는데 연간 약 10억불이 사용되고 있다(Forbes & Lizarraga 2010). 영국인들이 차를 좋아하게 된 것은 1875년 영국의 식민지였던 스리랑카의 커피 농장이 커피 녹병(*Hemilia vastatrix* Berk. & Broome)으로 붕괴된 탓이 크다. 이 병으로 인해 농장에서는 커피 대신 저항성이 강한 차 재배로 전환하게 되었다. 북미에서는 1904년 아시아에서 수입된 목재와 재식용 식물을 통해 밤나무 줄기마름병(*Cryphonectria parasitica* (Murrill) Barr)이 유입되면서 큰 피해를 입었다. 35년 사이 34억 주의 밤나무가 이 진균으로 인해 고사되었고, 이 병으로 인해 1940년까지 미국의 밤나무 성목을 사실상 모두 제거하는 지경에 이르렀다(Agrios 2005, 8장 2.1절).

식물 병해충이 유입되어 극심한 피해를 준 사례로는 매미나방(*Lymantria dispar* (Linnaeus))을 들 수 있다. 매미나방(Gypsy Moth; GM)은 활엽수림과 관상용 차광수에 특히 피해를 주는데, 아마추어 곤충학자인 Leopold Trouvelt가 1868/1869년 프랑스에서 미국 매사추세츠로 들여왔다. 미농무부(USDA)는 매미나방의 확산을 늦추기 위해 연간 1,200만 달러를 사용하고 있는데(Lodge 등 2009), 방제노력에도 불구하고 1924년 이래 미국에서는 $>34 \times 10^6$ha 이상의 활엽수림이 매미나방 유충으로 파괴되어 오고 있다.

매미나방은 주로 기류를 통한 유충의 비산과 선박 및 화물에 붙은 난괴가 인간에 의해 이동하여 점차 남쪽과 서쪽으로 범위를 확장해 가고 있다. 매미나방의 아시아계통인 AGM이 북미에 정착할 경우, 관리 비용은 훨씬 더 증가하게 될 것이다. 유럽계통인 매미나방(EGM)의 암컷은 비행능력이 없는 반면, AGM 암컷은 100km까지 비행할 수 있다(Rozkov & Vasilyeva 1982). 또한 AGM은 기주범위도 더 넓어서 유충은 600종 이상의 식물을 섭식할 수 있다(Baranchikov 1989). 최근 수십 년 사이 러시아 극동지역과 일본에서 출발한 선박과 화물에 붙어 있는 난괴를 통해 AGM이 여러 차례 북미로 유입되었는데, 매번 공격적인 박멸프로그램을 실시하여 정착되는 것을 방지해 왔다. 많은 국가들이 AGM이 유입될 위험성을 최소화하기 위해 엄격한 식물위생조치를 취하고 있는데, 여기에는 AGM의 비산 시즌 중 고위험 항구를 방문한 선박에 대한 검사 및 증명, 그리고 항구 지역을 감시하기 위한 검사와 트랩설치 등이 있다.

주목할 만한 또 다른 유입 사례로는 활엽수를 가해하는 다식성 해충인 유리알락하늘소(Asian Longhorn Beetle; *Anoplophora glabripennis* (Motschulsky))(16장 참조)를 들 수 있다. 이 해충은 1996년 뉴욕 브루클린에서 노르웨이단풍나무를 가해하고 있는 것이 처음 발견되었는데, 목재포장재를 통해 중국에서 유입되었을 것으로 생각되고 있다(Smith 등 2001). Nowak 등(2001)은 이 해충으로 인한 미국 도심지역에서의 잠정적 최대 피해규모는 나무의 30%(12억주)가 고사하는 등 전체 수관(canopy)의 35%가 손실되는 것으로 인하여 6,690억불이 될 것으로 추산하였다.

외래 식물 병해충으로 인한 전 세계의 생태적, 경제적 영향은 충격적인 수준이다. 오늘날 전체 식물 병해충(병원균, 무척추동물 및 잡초 포함)으로 인하여 전 세계적으로 매년 31~42%의 작물 생산량이 파괴되거나 영향을 받는 것으로 줄잡아 추산되고 있다(Agrios 2005). 식물병으로 인한 전 세계 작물 손실은 연간 약 2,200억불이며, 유럽과 미국에서는 식물 병해충을 방제하기 위해 매년 대략 380억불의 농약(살균제, 살충제 및 제초제 포함)을 사용한다. 이러한 방제 노력에도 불구하고 매년 미국에서만 병으로 인해 91억불, 무척추동물로 인해 77억불, 잡초로 인해 62억불의 작물 손실이 발생하고 있으며(Agrios 2005), 수확 후 발생하는 병에 의해 추가로 6~12%가 손실되고 있다. 이러한 손실은 대개 식량을 가장 필요로 하는 개발도상국에서 높게 발생한다. 따라서 식물 병해충의 유입을 방지하거나 최소화하기 위한 조치는 국가의 경제적, 사회적 안녕에 극도로 중요하다.

규제병해충[1]의 유입으로부터 농업 생산자와 자연 생태계를 보호하고 지원하기 위해서는 효과적인 생물안보 관리시스템이 필수적이다. 심각한 피해를 줄 수 있는 많은 식물 병해충이 아직 전 세계적으로 정착하지는 않았는데, 성공적인 생물안보전략의 일차 요소는 탄탄한 국경검역시스템이다.

호주와 뉴질랜드, 미국의 경우, 국경 검역은 생물안보 연속체의 한 부분으로서 수입규제와 수출증명이라는 두 개의 기본 기능을 수행한다. 이 두 기능은 상호 의존적으로 상부상조에 의한 결과를 달성하기 위해 서로 의존해야 하므로 서로 긴밀하게 연결되어 있다. 이 장에서는 식물 및 식물성 산물의 교역과 연관된 다양한 식물위생상의 위험성과 이러한 위험성을 관리하기 위해 국경에서 취하는 위험경감시스템에 대해 설명하였으며, 식물이나 식물성 산물의 수출에 있어서 국경검역기관들이 어떠한 역할을 해야 하는지에 관해 간략히 논하였다.

1 IPPC에서는 규제병해충을 검역병해충 또는 규제비검역병해충으로 정의하고 있다. "검역병해충"이라는 용어에는 '위험지역에 잠재적인 경제적 중요성이 있는 병해충으로서 현재 거기에 존재하지 않거나, 존재하지만 널리 분포하지는 않으며 공식적으로 방제되는(ISPM No. 5 2009) 해충, 식물병 및 잡초로 인한 위협이 내포되어 있다. 규제비검역병해충이란 재식용 식물에 존재할 경우 의도된 사용 목적에 경제적으로 허용 불가능한 영향을 주기 때문에 수입국의 영토 내에서 규제되는 병해충을 말한다(ISPM No. 5 2009).

6.2 식물검역의 간략한 역사

"검역(quarantine)"이라는 용어는 40을 의미하는 라틴어 "quarantum (이탈리아어로는 quarantina)"에서 유래되었다. 원래 검역은 1347년 유럽에 흑사병이 퍼진 이후 다른 나라에서 온 배를 격리시키는 기간을 뜻하였다(Morschel 1971). 승객이 육지에 상륙하는 것을 허용하기 전 잠복된 병이 나타날 수 있도록 배와 승객들을 40일간 격리하였는데, 오늘날 동물과 식물의 수입 시에도 이와 유사한 개념이 적용되고 있다. 식물위생시스템의 발전 초기에는 림프절흑사병, 콜레라와 천연두로부터 인간의 건강을 보호하는데 초점을 두었지만, 20세기 초·중반에는 동물과 식물에게로 초점이 확산되었다. 역사적으로 동물검역에 보다 강하게 중점을 두려는 경향이 있었는데, 이는 경제적으로 중요한 가축의 종 수가 적었고, 외래 질병이 기주 동물에 미치는 영향이 극적이라는 점, 그리고 사람들이 식물의 병에 비해 동물의 병에 좀 더 감정적으로 반응하기 때문이라고 볼 수 있다. 현재 대부분의 농산업 선진 국가에서는 잘 정비된 국경시스템을 운영하고 있는데, 식물위생에 관한 규제를 담당하는 사람이 수입된 식물 및 식물성 산물에 내포된 위험성을 관리할 수 있도록 적절한 법적 권한을 부여하여 이러한 활동을 뒷받침해 주고 있다.

오늘날 '식물위생' 또는 '식물검역', '식물보호'는 식물위생 병해충의 유입과 확산을 최소화하기 위해 마련된 법률과 규제조치 및 이와 연관된 활동을 의미한다. 가장 오래된 식물위생 법령 중 하나는 콜로라도잎벌레(*Leptinotarsa decemlineata* Say)의 유입을 방지하기 위해 미국으로부터 식물 및 식물성 산물의 수입을 금지하는 법령으로 1873년 독일에서 통과되었다. 미국에서는 1891년 캘리포니아 산페드로 항구에 검사장소를 지정한 것이 최초의 식물위생조치이며(Mathys & Baker 1980), 연방정부의 식물검역법령은 1912년에 발효되었다. 미국의 국가식물보호기관(National Plant Protection Oragnization; NPPO)은 농무부(USDA) 동식물위생검사청(Animal and Plant Health Inspection Service, APHIS) 산하의 식물보호 및 검역부(Plant Protection and Quarantine (PPQ) Programme)이다. 호주에서는 1908년 검역법(Quarantine Act)이 제정된 이후 1909년 7월 1일 식물위생규정이 최초로 시행되었는데, 이 검역법은 지금도 현행 식물위생규정의 근간을 이루고 있다.

뉴질랜드에서는 현재 생물안보법(Biosecurity Act, 1993)이 규제병해충의 배제, 박멸 및 관리에 대한 법적 근거를 이루고 있는데, 식물위생규정에 관해서는 오랜 역사를 가지고 있다. 1884년 코드린나방이 대발생하여 과일 생산이 위협을 받은 후 Codling Moth Act가 통과되었다. 이후 Orchard and Garden Pests Act (1896)가 채택되었고, 1897년에는 코드린나방, 깍지벌레, 퀸즐랜드과실파리에 감염된 과일과 뿌리혹벌레(*Phylloxera* sp.)에 감염된 포도나무 삽수의 수입을 금지하였다. 뉴질랜드 농업부는 1896년 법령에 따라 1890년대부터 주요 항구에서 수입 과일을 검사하기 시작하였다. 수입국의 규제요건을 준수하는 것뿐만 아니라 과다한 상업적 남획으로 위협받는 종을 보호하기 위해서 다른 국제협정(멸종위기에 처한 야생동식물의 국제거래에 관한 협약인 CITES 포함)도 반드시 준수되어야 한다. CITES에 관한 추가 정보는 http://www.cites.org에서 찾아 볼 수 있다.

6.3 식물위생 규제시스템의 목적과 원칙

식물위생 규제시스템의 목적은 규제병해충의 유입은 최소화하면서 무역을 가장 덜 제한하는 방법으로 식물 및 식물성 산물의 교역을 촉진하기 위하여 적절한 규제를 이행하는 것이다(2장 참조). 식물위생시스템은 (1) 법령 및 규정, 절차에 관한 법적 체계, (2) 국제적 의무에 따라 서비스를 제공할 책임을 갖는 공식 조직, 이렇게 두 가지 요소로 구성된다(ISPM No. 20 2004). 규제당국에 필요한 법적 권한에는 (1) 수입된 화물이나 규제병해충이 존재할 수 있는 장소에 들어갈 권한, (2) 규제물품을 유치, 검사, 소독 및 시험할 권한, (3) 규제물품을 폐기 또는 재수출할 권한이 있다. 대개 국경에 소재하는 기관의 직원들에게 수입규제시스템을 운영하도록 위임되는데, 이들을 대신하여 이들 기관의 감독 하에 정해진 기능을 수행하도록 다른 정부기관이나 업계 단체, 개인을 승인하기도 한다.

국경검역 프로그램이 최대한의 효과를 갖기 위해서는 국가적 차원에서 조직되어, 국내 및 국제 규정에 부합하도록 일관성, 투명성 및 과학적 타당성을 갖춘 정책에 따라 개발되어야 한다. 국가마다 식물 및 식물성 산물과 연관된 위험성을 관리하는 방법은 다르지만, 기본원칙(Morschel (1917)이 열거했듯이)은 거의 비슷하다.

1. 건실하고 투명한 과학적 분석에 근거하여 수입 상품 및 경로와 연관된 식물위생 병해충의 위험성을 규명
2. 병해충의 유입과 정착을 최소화하기 위한 위험경감 전략은 무역에 가장 덜 제한적이고 국제협정과 부합
3. 적절한 정부 당국이 적절한 법령과 규정을 개발 및 채택하고, 주로 국가식물보호기관(NPPO)이 이러한 규정을 공포
4. 규정은 병해충 상황의 변화에 따라 재검토 및 개정 또는 다른 위험 품목이나 새로운 기주를 포함하도록 확장

세계식량농업기구(FAO)는 국제무역에서 식물위생조치의 적용에 관련된 원칙에 대해 상세한 설명을 제공하고 있다(ISPM No. 1 2006).

식물병해충의 국제적 이동에 관한 기본 협정은 국제식물보호협약(IPPC)이다(2장 2.3절 참조). 이 협약에서는 침입 병해충의 국제적 이동과 유입을 방지하고 이들을 방제하기 위한 효과적인 조치를 권장하고 있다. IPPC 협약의 적용범위는 자연상태의 식물을 보호하는 것에까지 연장되며, 병해충에 의한 직 · 간접적 영향을 다루고 있다.

식물검역에 있어서 위험성이 전혀 없다는 것은 "무역/관광을 전혀 하지 않음"을 의미하기 때문에 "위험성 없는(no risk)" 식물위생 정책은 실행이 불가능하다. 또한 자연적인(관리될 수 없는) 위험경로를 통해 외래 병해충이 침입할 수도 있다. 따라서 국가들이 취할 수 있는 최선은 "관리된 위험(risk managed)"의 접근방식을 통해 '적정보호수준(appropriate level of protection; ALOP)' 또는 "허용 가능한 위험수준(acceptable level of risk)"까지 위험성을 낮추도록 계산된 경로에서 방제를 실시하는 것이다. 식물위생의 목적에 있어서 적정보호수준

(ALOP)이란 어떤 국가가 외래 병해충의 해로운 영향으로부터 식물의 건강을 보호하는데 필요한 것으로 결정한 보호수준을 의미한다. 위험성이 적정보호수준(ALOP) 이상인 경우 수입국은 위험성을 허용 가능한 특정 수준까지 낮추기 위한 조치를 적용하도록 요구할 수 있다. 이러한 조치는 병해충 위험성 감소 목적의 소독, 검사 및 기타 절차 등이 있다(2장 2.5절 참조). 조치를 선정하고 적용함에 있어, 국가들은 반드시 IPPC에 제시된 필요성, 동등성 및 조화의 원칙을 준수하여야 한다. 무역을 완전히 금지시키면 병해충의 위험성은 감소하지만 고의적으로 검역을 회피하거나 밀수를 조장하여 잠재적으로는 더 큰 위험을 야기하기도 한다. 이는 또한 무역에 가장 덜 제한적인 조치를 사용하여 무역자유화를 이루려는 국제사회의 노력에 반하는 것이기도 하다. 규제는 무역상대국의 보복조치를 야기할 수도 있다. 때문에 국제사회는 농산물과 식품의 교역이 식물위생조치로 위장된 무역장벽에 의해 방해받지 않도록 WTO/SPS 협정을 체결하게 되었다(WTO 1994; 2장 2절 참조).

6.4 식물검역관의 역할

식물검역관은 식물 및 식물성 산물, 선박, 국제 우편물, 여행객과 수하물 등 수입된 물품을 검사하여 통관시킨다. 식물검역관은 공항, 항만, 육상의 국경 교차점, 우편집중국, 화물 보관소, 격리재배시설 등 주요 국경 반입지점에 상주하게 된다. 식물검역관의 판단은 병해충의 잠재적인 유입에 영향을 줄 수 있기 때문에 상당한 책임감을 가져야 한다. 검역관은 특정 화물이나 여행객의 소지품이 국가의 식물위생규정에 부합하는지, 추가적인 개입과 소독이 필요한지를 매일 판단하게 된다. 이러한 업무를 효과적으로 수행하기 위해서 식물검역관은 다양한 규제물품을 인식할 수 있는 능력, 식물위생 및 주요 우려 규제병해충에 대한 기본지식을 반드시 가지고 있어야 한다.

검역관은 검사기법과 규제병해충이 검출되었을 경우의 압류, 양도 및 소독에 능숙해야 한다. 또한 관련된 국내 식물위생 규정, 정책에 해박한 지식이 있어야 하며, 법에 규정된 권한과 제한사항을 이해하고 있어야 한다. 높은 수준의 청렴성과 고객 서비스 기술 역시 권장사항인데, 검역관은 적절한 규정을 집행하는 동시에 대중에게 친절하고 정중해야 한다. 특히 외국으로부터 장기리를 여행하여 지쳐있고 식물위생 절차에 대해 잘 모르는 사람들은 규정이 혼란스럽게 느껴질 수 있다.

식물검역관의 또 다른 임무는 수출되는 식물류에 대해 증명서를 발급하는 것인데, 검역관들은 수입국에서 문제가 될 수 있는 지역 병해충에 대해 해박한 지식이 있어야 한다.

6.5 식물위생 위험품목

수입된 식물 및 식물성 산물(살아있는 식물체, 종자, 식물 생산물, 목재 및 흙 포함)과 그 포장재는 외래 식물병해충에 감염되어 있거나, 이들을 전파 또는 이동시킬 가능성이 있기 때문에 식물위생상의 위험성이 있다.

무척추동물에 속하는 해충은 식물체를 직접 가해하거나 식물 바이러스 같은 중요한 식물 병원체를 매개할 수 있다. 짧은 시간(몇 시간)동안만 병원균을 전파할 수 있는 매개충은 수주 또는 그 이상의 기간 동안 지속적으로 병원균을 전파하는 매개자에 비해 위험도가 낮다(Purcell & Almeida 2005). 병해충의 번식 주기 역시 침입 위험성에 영향을 줄 수 있다. 예를 들어, 단위생식을 하는 (무성) 곤충의 암컷은 수컷이 없이도 후대를 생산할 수 있기 때문에 암컷 한 마리가 유입되어도 큰 집단으로 발전할 가능성이 있다. 이미 수입국에 존재하는 매개충(선충, 진딧물, 총채벌레, 응애, 매미충, 가루이, 가루깍지벌레 및 딱정벌레)이라 하더라도 이들이 식물 병원체를 전파할 가능성이 있기 때문에 국경검역기관의 표적이 된다. 식물위생 상 위험 그룹에 대한 간단한 설명은 다음과 같다.

6.5.1 살아있는 식물체

식물검역기관이 흔히 "영양번식체(nursery stock)"라고 부르는 수입된 살아있는 식물체는 재배할 목적으로 수입되는 식물의 전체 또는 일부분을 말한다. 영양번식체에는 삽수(cutting) 및 눈접용 접가지(budwood), 뿌리(root), 구근(bulb), 알줄기(구경, corm), 뿌리줄기(근경, rhizome), 조직배양묘(tissue culture plantlet) 등이 포함된다(종자는 다음에 별도로 다루었음). 살아있는 식물체는 규제병해충을 유입시킬 수 있는 이상적인 운송수단이면서 잡초로서의 잠재적 위험성도 있기 때문에 식물위생 상 위험성이 가장 높다. 살아있는 식물체를 교환하는 일차 목적은 증식시키는 것이기 때문에, 적당한 기주에서 생활사를 완성시킬 가능성을 감안하면 병해충이 정착하여 확산하게 될 가능성은 더 높을 것이다.

외래 식물병해충을 유입시킬 위험성 이외에도 살아있는 식물체는 그 자체가 잠재적인 식물 병해충(즉, 잡초)으로 간주되고 있다. 유입된 식물은 새로운 환경에서 재빠르게 대량 서식할 수 있고, 자연적인 경쟁 압력이 없이 토착 식물을 대체하며, 수로를 가로막고, 작물과 양분, 물, 빛을 경쟁하게 될 수 있다. 세계적으로 잡초로 인한 작물 손실은 연간 대략 1,500억불에 달하는 것으로 추산되고 있다(Agrios 2005; 20장). 유입된 식물이 자연생태계에 줄 수 있는 잠정적인 피해는 1839년 남미에서 호주로 유입된 부채선인장류인 Prickly Pear Cactus (*Optunia inermis* de Candolle)의 사례에서 찾아볼 수 있다. 이 식물은 호주의 건조한 조건에 쉽게 적응해서 2,400만ha 이상에서 토착식물을 빠르게 대체하였는데, 1925년 세계에서 가장 성공한 생물적 방제 프로그램이 시작되어 *Cactoblastis cactorum* (Berg)이라는 선인장명나방류가 투입되기 전까지 연간 40만 ha의 속도로 영역을 확장하였다(Kwong 2004). 지금은 많은 NPPO가 새로운 식물 종에 대한 수입조건으로 종합적인 잡초위험평가(Weed Risk Assessment; WRA)를 실시하여, 새로 도입되는 식물이 식물위생 상 병해충이 아닌지 확인하고 있다. 호주의 국경검역기관에서 사용하는 WRA 시스템에 대한 상세자료는 www.daff.gov.au/ba/reviews/weeds에서 찾아 볼 수 있다.

6.5.2 종자와 곡물

종자와 곡물은 단단하고 내구성이 있기 때문에 수천 년 전부터 국경을 넘어 교환되어져 왔다(5장). 종자와 곡물의 위험성은 종, 수입국, 반입 유형에 따라 달라지는데, NPPO는 여기에 덧붙여 최종 사용 목적을 추가적으로 고려하게 된다. 파종 및 번식용으로 수입된 종자와 곡물은 가공 및 소비용으로 수입된 것보다 더 높은 위험성을 갖는데, 이는 가공 및 소비용의 경우 혹시 존재할지 모르는 병해충을 제거하거나 및/또는 활력을 감소시킬 만한 방법으로 처리되고 가공되기 때문이다. 화훼종자와 채소종자를 포함한 많은 종의 종자류는 식물위생 상 중요한 병해충의 기주가 아니고, 식물위생적인 개입이 전혀 없이 또는 최소한의 개입만으로 안전하게 수입될 수 있기 때문에 위험성이 낮다. 이는 종자와 곡물이 수많은 무역 상대국 사이에서 오랜 역사를 두고 거래되어 온 것을 생각해 보면 알 수 있다. 오랜 기간 동안 교역되었다는 것은 병해충이 정착할 수많은 기회가 있었다는 것을 의미한다. 그럼에도 불구하고 전 세계에 제한적으로 분포하면서 종자 및 곡물과 연관된 중요한 병해충들이 있는데, 그 예로는 별수시렁이(*Trogoderma granarium* Everts), 밀 깜부기병(*Tilletia indica* Mirta), 개나무좀 일종인 *Prostephanus truncatus* (Horn), 해바라기 노균병(*Plasmopara halstedii* (Farlow) Berlese & de Toni) 등이 있다. 일부 국경검역기관에서는 이러한 종들의 기주를 제한하거나 엄격한 식물위생조치를 요구하고 있다.

6.5.3 목재와 목제품

목재포장재(침목(skids), 마루재(flooring), 팔레트(pallet), 짐깔개(dunnage)), 원목, 우드칩, 제재목과 목재가공품 같은 목재 및 목제품들은 다양한 종류의 중요한 병해충에 감염되어 있을 수 있기 때문에 식물위생 상 위험성을 내포하고 있다. 짐깔개나 목재포장재로 종종 사용되는 부후된 피해목은 병해충이 감염하기에 이상적인 환경이 된다. 목재와 목재포장재의 과다한 수피에는 많은 곤충과 진균 병원체가 쉽게 서식할 수 있기 때문에 잠재적 위험성이 증가하게 된다. 많은 목재 병해충들은 목재 내부에서 섭식하면서 수개월 또는 수 년 후 성숙하여 기주를 탈출할 때까지 그들이 존재한다는 증거를 거의 보이지 않는다.

많은 목재 해충들은 은신성이며, 목재에 서식하는 해충들은 목재포장재를 통해 의도치 않게 전 세계로 이동되어 왔다. Mattson 등(1994)은 미국의 산림에 368종 이상의 외래 해충이 존재하는 것으로 추산하였다. 이들 침입종들이 정확하게 어떻게 반입되었는지는 알려져 있지 않지만, 대다수는 목재포장재를 통하여 들어왔을 것으로 예측되고 있다(Haack 등 2007). 미국에서는 유리알락하늘소(*Anoplophora glabripennis* (Motschulsky))(16장)와 아시아호리비단벌레(*Agrilus planipennis* Fairmaire)가 모두 아시아에서 수입된 화물의 목재포장재를 통해 유입되었을 것이라고 추측되고 있다(http://www.asian longhorned-beetle.com 및 http://www.emerald ashborer.info). 이 두 종 모두 유충이 나무의 안쪽 표피에서 섭식하여 물과 양분의 수송 능력을 방해시키는 방법으로 산림 수목에 피해를 준다. 유리알락하늘소는 많은 종의 낙엽성 활엽수에 대해 심각한 위협이 되고 있는데, 미국에서는 감염지역 주변에서 방제를 실시하여 감염목 수천 그루를 제거하였다. 아시아호리비단벌레는 북미 전역에서 물푸레나무 5,000만 주 이상을 고사시켰다(Kovacs 등 2000).

많은 식물 병원체들이 목재를 통해 직접적으로 또는 매개충을 통해 전파될 수 있는데, 중요한 예로는 밤나무 줄기마름병(*Cryphonectria parasitica* Murrill) Barr), 참나무 역병(*Phytophthora ramorum* Werres et al.), 소나무재선충(*Bursaphelenchus xylophilus* (Steiner & Buhrer) Nickle) 등이 있다. 2004년 호주에서는 남미에서 수입된 유칼립투스 목재에서 구아바 녹병(*Puccinia psidii* Winter)의 포자가 발견되었는데, 이로 인해 구아바 녹병이 발생하는 국가로부터의 목재 수입을 전면 중단하였다(Lawson 2007).

새로 제조한 합판이나 베니어, 또는 파티클보드, 칩보드, 중밀도 및 고밀도 섬유판(MDF 및 HDF)과 같은 목재 재생품은 고도로 가공되어 식물검역 병해충의 기주가 될 가능성이 없기 때문에 대개 식물위생 상 위험도가 아주 낮다.

6.5.4 신선식물 및 건조식물

신선식물이란 재식이나 재배용이 아닌 소비용 생과일, 생채소, 절화, 허브 및 양념류를 말한다. 신선식물은 쉽게 변질되기 때문에 일반적으로 살아있는 식물체나 종자류보다 위험성이 낮다. 하지만 이런 품목들도 특히 무척추동물(예: 과실파리, 총채벌레, 진딧물 등)과 감귤궤양병(*Xanthomonas axonopodis* pathovar *citri* (Hase)가 유발)(18.3 및 18.4 참조) 등의 식물병과 연관되어 높은 위험성을 가질 수 있다. 종자가 들어 있거나 번식 가능한 신선식물은 위험성이 더 높기 때문에 추가적인 위험평가와 위험경감이 필요하다.

내구성이 있는 건조식물(종자, 곡물, 목제품 제외)로는 (1) 식물로 만든 건조식품, 건화, 건조된 잎, 건조된 허브나 향신료, (2) 식물성 재료 및 대나무, 등나무, 갈대, 수수대, 버드나무 등과 같은 번식시킬 수 없는 가지로 만든 돗자리, 가방, 바구니 등 기념품이나 공예품, (3) 솔방울 등 크리스마스 장식품, 화환, (4) 식물성 사료 등이 있다.

대부분의 식물 병원체가 활력을 유지하기 위해서는 살아있는 기주가 필요하기 때문에, 건조식물의 위험성은 일반적으로 낮은 편이다. 그러나 건조식물도 휴면 상태의 식물 병원체나 흙, 종자에 감염 또는 오염될 수 있고, 살아있는 해충이 감염되어 있을 수 있다. 볏짚, 코코넛 섬유, 왕겨 또는 유사한 식물질을 포함한 건조된 식물성 포장재에는 외래 해충, 병원체, 잡초 종자가 섞여 있을 수 있으므로 상품을 국가 간 운송하는 데에는 사용되지 않아야 한다.

6.5.5 고도로 가공된 식물

상품이 가공된 정도와 방법, 의도된 최종 사용목적에 따라 이들 물품의 식물위생 상 위험성은 상당히 달라진다(ISPM No. 32 2009). "고도로" 가공된 식물은 대개 가공처리 중 병해충의 활력이 제거되기 때문에 위험성이 거의 없다. 따라서 냉동, 제분, 살균, 발효, 조리, 퓌레, 피클, 또는 적절한 보존처리(예: 결정화, 젤리화, 염장) 등 상업적으로 가공, 포장, 라벨링 된 식물은 대개 요건에 부합하는지 서류 확인 후 통관된다.

6.5.6 흙

흙은 다양한 발육단계의 무척추동물, 균핵, 세균의 포자, 휴면상태의 선충과 식물위생 상 중요한 잡초의 종자 등 많은 식물 병해충의 운송 매체가 될 수 있기 때문에 별도의 설명이 필요하다. 예를 들어 감자씨스트선충(*Globodera rostochiensis* (Wollenweber) Behrens 및 *G. pallida* (Stone) Behrens)은 흙 속에서 30년 이상 생존 가능하다(Eyres 등 2005). 흙은 뿌리가 달린 식물체를 통해서나 화물 컨테이너의 외부에 오염되어서, 그리고 중고차, 농기구, 군사용 장비와 흙을 나르는 장비 등의 운송수단에 의해 쉽게 이동될 수 있다. 또한 장화, 텐트, 자전거 등 여행객 개인용품에도 오염되어 있을 수 있다. 대부분의 NPPO는 허용 가능한 수준까지 위험성을 낮추도록 소독되지 않은 흙은 대량으로 이동시키는 것을 금지하고 있다(Anon 2011).

농업용이나 구근 포장용으로 토탄(peat)을 수입하는 경우가 종종 있는데, 토탄은 식물질이 부식된 것으로 대개 산성이기 때문에(병해충이 생존하기에는 척박한 환경) 이론적으로 최소한의 식물위생 상 위험성을 내포하고 있다. 그러나 국제무역을 위해서 토탄을 채취하는 경우에는 흙이나 기타 식물위생 상 위험물질이 섞이지 않도록 해야 한다.

6.6 식물위생 상 위험경로

철새, 무역풍, 해양 조류 등 자연적인 경로를 통해서 외래 병해충이 침입할 위험성은 항상 존재하기 때문에 "위험성 제로(zero risk)"를 목표로 한 식물위생 정책은 실행이 불가능하다. 특히 녹병이나 깜부기병 같이 공기로 전염되는 곰팡이 병에 있어서는 더욱 그러하다. 공기로 전염되는 식물 병원체가 호주에 도착하면 이어서 뉴질랜드에서도 발견되는 경우가 종종 있다(Sheridan 1989). 이런 현상은 이 두 나라 사이에서 무역풍이 태스먼 해를 거쳐 서쪽에서 동쪽으로 부는 경향이 강하기 때문인 것으로 생각되고 있다. 포플러 잎녹병을 일으키는 *Melampsora medusa* Thümen과 *M. larici-populina* Klebahn가 뉴질랜드에서 1973년 발견되었고(Dingley 1977), Oxalis rust (*Puccinia oxalidis* Dietel & Ellis)는 1977년에(Versluys 1977), 그리고 밀 줄녹병(*Puccinia striiformis* Westendorp)은 1980년에 발견(Harvey & Beresford 1982)되었는데, 이들 모두 호주에서 1년 전에 발견된 병이었다. 이런 현상의 많은 경우가 녹병 포자가 바람을 타고 태즈먼 해를 건너 장거리 이동한 것이 원인이라는 설명이 일반적으로 인정되고 있다(Close 등 1978).

어떤 국가들은 사막, 산, 바다 등 외래 병해충의 침입에 대한 자연적인 지리적 방어물을 가지고 있기도 하다. 하지만 국제무역의 자유화 추세와 결합된 현대적인 선박 및 항공 운송수단의 발전으로 식물과 식물성 산물의 국제적 이동이 대폭 증가하게 되면서 이러한 자연적 장벽의 효과는 감소하게 되었다.

식물위생 상 중요한 병해충이 국경을 넘어 이동하는 주요 위험경로는 (1) 중고 농기계, 군용 장비, 토양작업 장비 등 잠재적으로 오염된 물품을 포함한 식물 및 식물성 산물의 교역 등 수입 화물, (2) 공항, 항만에서의 여행객 이동과 그로 인한 개인적인 영향 및 선박이나 항공기 그 자체, (3) 국제 우편물, (4) 규제를 받지 않고 국가 간의 국경을 이동하는 것에 의해 발생한다.

6.6.1 수입 화물

상업적, 비상업적 화물을 컨테이너, 선박, 항공기를 이용하여 국가 간에 운송하는 것은 비용 면에서 효과적이고 확고히 정착되어 있다. 전 세계에서 사용되는 해양 컨테이너의 수는 지난 십년간 배 이상으로 증가한 것으로 나타났다. 2004년 전 세계 상품 교역액은 미화 8.9조 달러 규모로 10년 전에는 이것의 절반 이하였으며, 1948년에는 580억불에 불과하였다(Anon 2006). 국제적으로 거래되는 물품의 80% 이상이 해상으로 운송되는데, 2008년 전 세계 해상 교역량은 3.6% 증가하여 80억톤의 기록을 넘어섰다(Anon 2009b). 국경검역기관은 운송되는 수입 화물, 포장재(특히 목재포장재), 컨테이너의 내·외부 표면으로 인한 위험성을 관리해야 한다. 화물, 포장재 및 컨테이너는 별수시렁이, 아시아계통 매미나방, 아프리카왕달팽이 및 기타 교차감염(오염)되는 많은 중요한 병해충의 잠재적인 이동경로가 될 수 있다.

선박 컨테이너는 특히 흙에 오염되어 있거나 다른 식물위생 상 위험물질이 외부에 붙어서 위험한 경로가 될 수 있다. 수입된 컨테이너가 반입항을 지나 도심지로 이동하는 경우가 종종 있는데, 주로 단단한 바닥에 세워두고 근처에는 기주식물이 제한되어 있기 때문에 병해충이 정착하게 될 가능성은 낮다. 빈 컨테이너에는 다시 짐을 실어서 수출항으로 돌아가게 된다. 하지만 일부가 시골의 창고로 이동하기도 하는데, 운송 과정에서 흙이나 다른 오염물질이 떨어지기도 하고, 주변에 적당한 기주식물이 있을 가능성이 높다는 점에서 병해충의 위험한 경로가 될 수도 있다. Stanaway 등(2001)은 호주로 외래 해충이 유입될 검역적 위험성을 추정하기 위해 3,000개 이상의 빈 선박 컨테이너 바닥을 조사하였는데, 1,174개의 컨테이너에서 7,400마리 이상의 살아있는 혹은 죽은 곤충을 발견하였다. 목재 가해 해충이 살아있는 상태로 발견되지는 않았지만, 죽은 곤충이 있는 것으로 봐서 컨테이너가 목재 해충, 농업 해충 및 위생 해충 등 경제적으로 중요한 규제해충에 정기적으로 노출된다는 것을 알 수 있다. 저장물 해충은 10% 이상의 컨테이너에서 발견되었다.

크루즈 선박, 여러 항구를 순회하는 요트, 화물선 등을 포함하여 국가 간에 이동하는 선박과 항공기에는 음식물 쓰레기, 주방과 저장고에 있는 폐기물, 벌크로 수입된 곡물, 목재류, 사료, 심지어는 살아있는 식물류도 싣고 있을 수 있기 때문에 위험한 경로가 된다. 또한 선박이나 항공기 자체를 통해 편승하는 해충(hitchhiking pest)이 유입될 수도 있다. 중요한 산림 해충인 아시아계통 매미나방(AGM)과 Burnt Pine Longicorn Beetle (*Arhopalus ferus* (Mulsant))은 이들의 비산시기에 고위험 항구를 경유한 선박에서 자주 발견되고 있다. 암컷 AGM은 7월에서 9월 사이 극동러시아, 중국, 한국 및 일본에서 활발하게 비산하는데, 선박의 불빛에 유인되어 선박의 구조물에 산란한다(Walsh 1993). Burnt Pine Longicorn Beetle의 성충도 이와 유사하게 주로 여름 성충의 비산기간 동안 선박에 올라타서 수입된 목재나 화물을 감염시킨다(http://www.daff.gov.au/aqis/quarantine/pests-diseases/forests-timber/burnt-pine-longicorn).

마찬가지로 항공기도 전 세계에 병해충을 운송하는 경로가 될 수 있다(http://www. pnas.org/content/103/16/6242.full). 짐을 적재하기 위해 홀드를 열어 놓는 동안 곤충이 항공기에 쉽게 접근할 수 있으며, 또는 화물을 통해서 운반되거나 승객의 수하물 또는 승객 자체를 통해 부지불식간에 운반되기도 한다. 계절, 화물의 유형, 출발 시간(낮 또는 밤)과 같은 요인에 따라 항공기가 오염될 위험성이 달라진다. Caton 등(2006)이 마이애미 국제공항에서 1998년부터 1999년까지 항공기의 국제화물에서 편승하는 해충을 조사한 결과, 원산지에서 우기 중 밤에 출발할 경우 오염률이 가장 높은 것으로 나타났다. 전 세계적인 무역의 변화와 인구 이동으로 인해 연관된 병해충에 대한 충분한 생물학적 지식 없이 새로운 식물 및 식물성 산물을 새로운 무역상대국으로부터 수입하고자 하는 수요가 증가하고 있다. 예를 들어 최근 10년간 절화류의 국제 교역량이 월등히 증가하면서 수출국의 수도 증가하였다. 10년 전 이런 품목들은 대부분 유럽 국가들이 수출하였지만 현재는 새로운 국가들이 시장에 진입하고 있다. 아프리카 국가들은 현재 전 세계 절화 수출의 약 8%를 차지하면서 주요 공급자로 부상하였고, 절화류 무역은 계속 성장할 것으로 예상되고 있다(Areal 등 2008). 이러한 아프리카 지역의 수출 급등으로 인하여 과학계에 알려지지 않은 병해충의 화물 경로와 연관된 다양하고 새로운 범주의 식물위생 상 위험성이 발생하게 될 수 있다. 최근 케냐와 에티오피아에서 호주로 수입된 식물에서 과학계에 알려지지 않은 속의 총채벌레가 검출된 것이 이러한 예로 볼 수 있다(Mound 2009).

6.6.2 공항만에서 여행객의 이동

선박과 항공기를 통한 여행이 증가하면서 식물위생 상 위험성도 빠르게 증가하고 있다. 국제공항협의회(Airport Council International)에 따르면 2010년에 48억명 이상의 여행객이 179개 국가의 1,633개 공항으로 여행했다. 공항과 항만의 여행객들은 시장에서 구입한 독특한 목공예품이나 외국에서 수집한 외래 식물의 종자와 연관된 잠재적 위험성을 무시하는 경우가 많기 때문에 식물위생 상 위험한 경로가 된다.

여행객들의 의복, 신발, 텐트나 자전거 같은 개인용품을 통해서도 부지불식간에 식물위생 상 위험성이 전파될 수 있다. 일례로 지난 몇 년간 호주의 NPPO는 동남아지역에서 온 여행객의 가방에 든 신발에서 Black-Spined Toad (*Bufo melanosticus* (Schneider))를 빈번하게 발견해 왔으며(Anon 2008), Baker (1966)는 호놀룰루 국제공항에 도착한 항공기 승객들의 신발에서 진균을 배양하여 65종을 확인하였다. 마찬가지로 Gadgil & Flint (1983)는 오클랜드 국제공항에 도착한 승객들이 가지고 온 45개의 텐트를 조사하여 살아있는 곤충 몇몇 종과 다양한 병원성 진균을 발견하였다. Sheridan (1989)은 호주에서 출발하여 웰링턴 국제공항에 도착한 승객들의 의복을 조사하여 35개 속의 진균을 찾아내었는데, 이 중 대부분이 녹병균의 여름포자(Urediniospores)와 깜부기병의 겨울포자(Teliospores)로 확인되었다. 이 중 약 10%의 포자는 활력이 있는 상태였고, 농장이나 휴양지를 방문한 승객들에게서는 도심지를 방문한 승객들보다 더 많은 수의 진균 포자가 발견되었다. 이런 경로를 규제하는 것은 어렵지만, 특히 식물 과학자, 원예학자, 농업인, 그리고 농촌지역을 방문한 기타 여행객들은 적어도 이러한 잠재적 위험성을 인식하고 의복 세탁, 신발과 장비 세척 등 적절한 예방조치를 취해야 할 것이다.

6.6.3 국제우편

인터넷과 전자상거래를 통한 상품의 국제적 이동이 빠르게 증가하면서 우편물로 보내지는 식물성 물품이 중요한 위험경로가 되고 있다. 이러한 물품에는 심각한 위험성이 있을 수 있는 외국의 병해충이나 종자, 번식용 식물체 등이 포함되어 있을 수 있기 때문에 위험성이 높은 경로이다. 예를 들어, 연간 137백만 건의 국제우편물이 호주에 도착하는데, 우편주문과 전자상거래를 통해 구매된 40만 건 이상에서 검역대상물품이 검출되어 전체 압류 건수의 상당 부분을 차지하고 있다(Anon 2010c).

6.6.4 국가 간 경계(규제받는 및 규제받지 않는 사람의 이동)

어떤 국가들은 식물위생 상의 국경 관리에 있어서 자연 지형적, 계절적 및 역사적 이점을 가지고 있는 경우가 있다. 호주나 뉴질랜드는 바다로 둘러싸여 있기 때문에 국경을 공유하는 국가들보다 지정된 항구를 통해 사람과 상품이 이동하는 것을 규제하는 것이 더 용이하다. 상업적 관광목적의 이동은 규제한다 할지라도, 규제되지 않은 식물 및 식물성 물품을 소지한 사람들이 불법으로 국경을 넘는 것은 식물위생 상 중요한 위험경로가 될 수 있다.

남반구와 북반구의 기후 및 재배기간의 차이를 감안하면 병해충이 적절한 환경 조건 하에서 감수성 기주에 정착할 가능성은 상당히 줄어든다. 어느 한쪽 지역에서 생산된 신선 과일이 다른 국가(다른 쪽 반구)에 수출되었다고 가정해 볼 때, 이 기주식물은 휴면상태일 가능성이 있기 때문에 식물위생 상 위험한 경로가 될 가능성은 줄어든다. 또한 호주와 뉴질랜드에서는 비교적 최근에 국제무역이 시작되었기 때문에 수세기 동안 교역을 해왔던 아시아나 유럽에 비해 식물위생 상 중요한 병해충의 정착이 역사적으로 적었다.

6.6.5 기후변화

기후조건은 작물 생산, 인구 변화 및 병해충 분포에 중요한 영향을 미치기 때문에 현존하는 병해충 위험경로에도 영향을 준다(21장, Scherm & Coakley 2003, Coakley 등 1999). 지구는 온난화 단계에 있으며, 1860년 관측이 시작된 이래 2000-2010년은 가장 더운 기간이었다(Norse & Gommes 2003). 기후변화는 특히 병해충무발생지역으로부터 수입되는 식물성 산물과 관련된 병해충의 이동에 있어서 중요한 의미를 갖는다. 이산화탄소(CO_2), 메탄가스(CH_4), 아산화질소(NO_2), 오존(O_3) 등 온실가스의 증가는 온도 및 강우량의 변화와 맞물려 작물과 병해충의 분포에 영향을 주게 된다(21장). 서늘한 지역은 식물의 성장에 더 적합해지는 반면, 건조한 지역은 더 부적절해지게 된다. 연간 발생하는 세대수가 증가하고(다화성, Multivoltine), 가장 많은 개체수가 나타나는 계절도 바뀌면서 병해충의 생활사도 변할 것으로 예측된다. 이로써 병원체의 이동, 특히 진딧물, 선충, 총채벌레, 응애 및 가루이 종과 연관된 매개충의 활동이 증가하면서 식물 바이러스의 전파가 증가할 것으로 보인다(Jones 2009).

또한 기후변화로 인해 극단적인 날씨가 발생하는 빈도 및 정도가 증가할 것으로 예상되는데, 이로써 국가 간 또는 국내의 경계선에서 병해충 침입이 발생할 가능성이 증가하고, 병해충무발생지역에도 영향을 줄 것이다. 예를 들어 감귤궤양병이 존재하는 지역에서 사이클론의 활동이 증가하게 되면 이 병을 일으키는 바이러스의 분포지역이 확장될 것이다(18장). 특히 개도국에서 자연재해(예: 해일, 홍수, 기아) 발생 시 대개 신속한 식량지원이 이루어지게 되는데, 이것이 외래 병해충의 이동 경로가 될 수 있다는 점에서 중요한 문제가 될 수 있다.

6.6.6 기타 고려사항

위험경로 관리를 위해 국경검역기관이 반드시 고려해야 할 사항으로는 (1) 오랜 기간 정착된 병해충 방제관행(농약 및 훈증제)을 없애면 국제적으로 이동하는 식물 및 식물성 산물에 병해충이 존재할 가능성이 증가할 수 있음, (2) 경제적 어려움(숙련된 인력의 손실, 병원체 검사 프로그램에 대한 재정 중단)으로 인해 위생 상태가 양호한 재배용 식물을 이용할 수 있는 가능성이 감소함, (3) 외래 병해충을 고의적으로 유입하려는 바이오테러리즘 위협, (4) 새로운 식물 병해충 발생을 관리하는 비용이 급증하는 상황에서 예산이 감소하면 더 많은 병해충의 침입을 허용하게 됨, (5) 군사적 충돌로 인해 생물안보시스템이 붕괴될 수 있음, 등이 있다.

6.7 위험경감: 식물위생 상 위험성의 관리

NPPO는 식물 및 식물성 산물의 국제 무역을 통해 발생하는 위험성을 관리하기 위해 여러 가지 위험경감절차를 사용한다. 위험경감 전략은 상품이 반입되기 전 적용할 수도 있고, 국경에서, 또는 반입된 이후에 적용할 수도 있다. 이러한 관리시스템은 한 가지 접근방식을 사용할 수도, 두 가지 이상의 절차를 결합한 "시스템적 접근(systems approach)" 방식을 사용할 수도 있다. 시스템적 접근에서는 위험성을 낮추어 적정 식물위생 보호수준을 충족시키도록 하는데, 각각의 절차는 서로 독립적이기 때문에 어느 한 시스템이 실패하더라도 "보완" 방안이 존재하여 추가적인 수준의 보호를 제공하기 때문에 위험을 허용 가능한 수준까지 낮추게 된다.

수입되는 식물 및 식물성 산물과 연관된 위험경로를 관리하기 위해 흔히 사용되는 규제조치는 문서 및 정보 관리; 병해충무발생지역 및 사전허가; 검사 및 검출 시스템; 소독; 재수출 및/또는 폐기; 격리재배 검역; 이해당사자에 대한 홍보 및 참여; 집행 및 준수; 기타 (여러 가지) 조치(5.6절 참조)로 나눌 수 있다.

6.7.1 문서 및 정보관리: PPO가 식물위생상 위험성을 경감하기 위한 중요 요소

문서요건과 정보관리는 상품과 국가에 따라 다르며, (1) 수입허가 및 식물검역증명서; (2) 도착 승객 카드; (3) 전자적 데이터 분석 및 리스크 프로파일링 등이 포함될 수 있다.

국경검역기관은 수입되는 식물 및 식물성 산물에 대해 대개 수입허가서와 식물검역증명서(5.7절 참조)를 요구한다(ISPM No. 12 2001). 수입허가서란 어떤 상품의 수입조건을 기재한 법적 문서로 법적 구속력이 있으며, 수입국의 NPPO가 발행한다. 식물검역증명서는 해당 상품이 적절한 절차에 따라 검사되었으며, 식물검역병해충이 실질적으로 없다는 것을 증명하는 정부 대 정부 간의 공식 문서이다. 해당 수입품이 공식적으로 검사, 시험, 소독, 또는 병해충무발생지역에서 생산되었으며, 수입국의 식물검역규정에 부합함을 보장하기 위해서 식물검역증명서에 특정 부기사항(additional declaration)을 요구하기도 한다.

공항이나 항만을 통해 입국하는 여행객과 그들의 소지품에 대한 위험성을 관리하는 것은 복잡하고 어려운 일이다. 많은 국가식물보호기관들은 "최초 반입항(first ports of entry)"을 지정하여 국경 관리들이 국제 항공기 및 선박(승객, 승무원, 물품, 수하물 포함)을 통관시키도록 하고 있다. 항공기가 착륙하기 전 기내 방송을 통해 탑승객들에게 검역의 중요성과 규정을 준수하기 위해 따라야 할 절차를 고지할 수 있다. 어떤 국가에서는 비행기에서 내리는 승무원과 승객들에게 입국자 카드나 이와 유사한 종류의 법적 서류를 작성하여 식품, 식물, 식물의 일부분, 전통 약품과 약재, 종자, 목제품, 흙 또는 흙이 묻어있는 물품(예: 운동용품, 신발) 등 식물검역대상물품을 가지고 있는지 신고하도록 하고 있다. 또한 승객들은 식물위생 상 위험한 물품을 취득할 수 있는 농장 등의 고위험지역 방문 여부를 신고하여야 한다. 이러한 방법으로 식물검역관은 승객들이 소지한 물품에 대한 위험평가를 실시하여 추가 평가나 소독을 지시하게 된다(9장).

어떤 국가에서는 효과적인 여행객 통관을 촉진하기 위해서 위험평가 전문담당관을 국제공항에 배치하고 있다. 이들은 여러 경로 및 비행편과 연관된 위험성을 평가하여 위험도가 낮은 비행편/승객들은 더 이상의 지체 없이 통관할 수 있도록 한다. 이로써 국경검역기관은 표적으로 삼은 위험성에 제한된 자원을 보다 효과적으로 사용할 수 있게 된다. 여기에는 위험성이 높은 물품을 소지하고 있거나 품목을 부정확하게 신고한 여행객에게 수하물 검색이나 x-ray 검사를 받도록 지시하는 것이 포함된다. 이러한 위험평가 담당관은 여행객들에게 식물검역규정을 준수하는 것의 중요성을 설명하고, 허위신고로 인해 위반 통보, 벌금 또는 법원 기소 등으로 이어질 수 있다는 점을 교육하는 역할도 담당한다.

국경에서 실시하는 식물위생 활동의 결과로 방대한 자료가 발생하게 되는데, 규제당국은 정밀한 컴퓨터 기술을 통한 현대적인 전산 시스템을 사용하여 식물 및 식물성 산물의 수입과 연관된 위험경감을 지원할 수 있다. 대부분의 NPPO들은 식물 및 식물성 산물의 무역과 관련된 식물검역정보를 담고 있는 데이터베이스를 보유하고 있다. 수입/수출을 하려는 사람은 이 데이터베이스를 통해 어떤 수입조건이 필요하며, 수입허가서나 식물검역증명서, 또는 소독처리가 필요한지의 여부, 및 수입국의 요건에 관한 기타 정보를 확인할 수 있다. 호주의 NPPO는 수천가지 품목의 수입조건에 대한 데이터베이스(ICON) (www.daff.gov.au/icon)를 보유하고 있다. 뉴질랜드의 식물류 수입요건은 수입식물위생기준(Import Plant Health Standard)으로 문서화되어 있으며(http://www.biosecurity.govt.nz /enter/plants), 종자와 묘목류의 상세한 수입조건에 관한 전자 데이터베이스(Plants Biosecurity Index)가 식물의 속/종별로 정리되어 있다(http://1.maf.govt.nz/cgi-bin/bioindex/ bioindex.pl). 미국은 식물 및 식물성 산물에 대한 수입/수출 조건 데이터베이스를 보유하고 있다(http://aphis.usda.gov/ favir/ 및 http://www.aphis.usda.gov/import_export/plants/plant_imports/plant_inspection_ station.shtml).

수입 상품에서의 병해충 검출기록을 컴퓨터 시스템에 상세히 보관할 수 있고, 데이터 분석을 통해 위험경로를 규명하며, 리스크 프로파일을 실시할 수 있다. 국경검역기관에서는 이런 정보에 유연한 개입 전략을 결합하여 가장 위험성이 큰 분야에 자원을 집중하고, 위험이 낮은 활동에는 자원을 덜 쓰도록 조정할 수 있게 된다. 국경검역기관은 자료 수집과 리스크 모델링을 통해 식물위생 리스크 프로파일을 개발할 수 있다.

프로파일링은 주로 국제공항, 항만 및 우편집중국에서 고위험 승객, 상품, 경로, 공급자, 수입자를 규명하는 방법으로 사용된다. 프로파일이란 식물위생 상 위험물질의 유발 및/또는 규정의 준수에 관한 과거 데이터를 분석하여 얻은 특징들의 집합체를 말한다. 예를 들어, 특정 시기에 발생하는 사건(예: AGM의 비산 최성기)이나 NPPO가 알고 있는 문화적 행사를 목표로 하는 경우에는 시기별 프로파일을 사용할 수 있다. 대학 학기의 시작과 같은 연례행사(학생들이 외국에서 음식 등 위험 물품을 가지고 귀국)나 종교적 또는 문화적 행사(크리스마스, 설날, 부활절, 라마단, 초막절) 및 "일회성" 행사(운동경기 또는 컨퍼런스)는 프로파일의 전형적인 표적이다.

또 다른 프로파일링 모델로는 어쩌나 한번 여행을 하여 식물검역규정에 대해 잘 모를 수 있는 승객 그룹을 목표로 하는 것이다. 이 방법은 과거에 위험 물품에 대한 위반(미신고) 경향을 보인 여행객을 목표로 할 때 특히 효과적이다. 마찬가지로 과거에 요건을 제대로 준수하지 않은 경력이 있는 상업적 수입자도 검사 강화나 의무소독과 같은 더 높은 수준의 식물위생 상 개입 표적이 될 수 있다. 같은 방법으로, 과거 낮은 위험성을 보인 특정 유형의 수입 화물에 대해서는 이러한 개입을 줄이기 위해 리스크 프로파일을 사용할 수 있다. 프로파일은 정기적인 분석과 재검토를 실시하여 위험 상태를 변경시킬 수 있는 새로운 정보의 관점에서 여전히 유효한지 확인하여야 한다.

6.7.2 병해충무발생지역 및 사전허가

식물검역기관은 병해충 무발생지역(Pest-Free Area; PFA)과 저발생지역(Areas of Low Pest Prevalence)을 인정한다. PFA는 과학적 증거에 의해 특정 병해충이 존재하지 않는 것으로 입증된 지역을 의미하며, 발생 상태를 입증하기 위한 확인 및/또는 무발생 상태를 유지하기 위한 식물위생조치에 의해 공식적으로 유지된다(ISPM No. 4 1996). PFA를 통해 특정 식물성 산물에 특정 규제병해충이 없다는 것을 증명하면 수입국에서 보다 효과적으로 통관될 수 있기 때문에 낮은 수준의 식물위생 상 간섭만으로 수출할 수 있게 된다. "병해충 무발생지역"이라는 용어에는 한 국가의 전체(무발생 국가) 또는 한 국가의 일부(무발생 지역) 모두가 포함된다. 병해충 무발생지역이나 저발생지역을 설정하기 위한 요건은 ISPM No. 4 (1996) 및 ISPM No. 10 (1999)에 제시되어 있으며, 이들 국제기준에 대한 보다 상세한 정보는 IPPC 웹사이트에서 찾아 볼 수 있다.

사전허가(pre-clearance)에는 수출 전 생산국에서 병해충 검사, 시험, 소독 등을 실시하는 것이다. 사전허가는 1914년 로마에서 개최된 국제식물병리학회에서 처음으로 제안(Morschel 1971) 되었으며, 지금은 전 세계의 국경검역기관에서 사용하고 있다. 수출국은 감사가 가능한 승인된 시스템 하에서 또는 수입국 식물검역기관 공무원의 감독 하에서 사전허가를 위한 검사와 시험을 실시한다. 원산국에서 재배 중인 작물에 대해 재배지 검사를 실시하는 것은 휴면상태나 잠복성 식물병으로 인한 위험성을 관리하는데 특히 효과적인 수단이다. 예를 들어, 미농무부는 (많은 국가식물보호기관과 협력하여) 1951년부터 화훼구근류에 대한 사전허가를 실시 해 오고 있으며(Santacroche 2008), 호주는 메칠브로마이드로 소독되는 품목에 대해 일부 무역상대국들과 사전허가 프로그램을 수립하였다(10.3.2절 참조). 호주의 훈증 인증 프로그램(Australian Fumigation Accreditation Scheme; AFAS)에 의거, 해외의 훈증회사들은 메칠브로마이드 훈증을 실시하기 위한 훈련 및 인증을 받고 있는데, 이는 메칠브로마이드 훈증의 효과에 도움이 되고 있다.

국제적으로 널리 채택된 또 다른 사전허가 협정은 목재포장재의 이동을 관리하는 것이다(ISPM No. 15 2002: 국제교역에 사용되는 목재포장재의 규제에 관한 지침). ISPM No. 15는 국제무역에 사용되는 목재 포장재와 연관되어 목재의 병해충이 유입되는 것을 최소화하기 위한 중요한 진전이었다. 일부 국가(호주, 뉴질랜드 포함)에서는 식물위생 상 중요한 수많은 병해충이 수피에 은신할 수 있고, 훈증 후 재감염 될 수 있다는 점을 감안하여 목재포장재의 수피를 반드시 제거하도록 추가로 요구하고 있다. Haack 등(2007)은 목재포장재에 남아있는 수피의 위험성을 조사한 결과, 수피의 크기가 "신용카드"보다 클 경우 수피에 사는 딱정벌레류가 생활사를 완성할 수 있는 것으로 확인하였다. 그 결과 2009년에는 ISPM No 15를 개정하여 "수피가 없는(bark free)" 목재의 정의를 '옹이 주변에서 안쪽으로 자란 것과 나이테 사이의 수피낭에 있는 것을 제외한 모든 수피를 제거한 목재'로 정의하였다. 이 기준에서는 수피제거 작업 후 잔재물로 남은 수피가 있을 수 있다고 인정하고 이에 대한 허용치를 설정하였다.

병해충무발생지역과 사전허가에 관한 협정은 수입국과 수출국 모두에게 유익하다. 수입국은 식물병해충을 조기에 검출하여 제거함으로써 식물위생 상 위험성이 국경을 통과할 가능성을 낮추게 된다. 수출국은 수입국의 요건에 맞지 않는 상품을 수출 절차 초기에 제거하여 비용을 절감할 수 있다. 사전허가 협정은 시간과 비용이 많이 소요되는 도착지 검사 필요성을 낮추어서 국경에서의 절차가 보다 효과적으로 진행되게 할 수 있다.

6.7.3 검사 및 검출 시스템

규제물품에 대한 검사는 수입요건에 부합하는지를 판단하고 병해충을 검출해 내기 위해 전 세계적으로 사용되는 식물검역 절차이다(ISPM No. 23 2005). 화물을 검사하여 규제병해충과 관련된 수입 또는 수출 요건에 부합하는지를 확인하게 된다. 수입검사를 통해 수입국의 식물검역요건과 부합하는지를 검증하고, 식물위생 상 중요한 병해충을 검출하게 된다. 수입/수출품에 대한 검사는 (1) 화물에 첨부된 서류 검토, (2) 화물의 상태(동일성(identity) 및 위장(integrity) 여부) 확인, (3) 병해충과 기타 식물위생 상 위험물질 검사, 이렇게 3가지 절차로 구성된다(ISPM No. 23 2005).

화물에 첨부되는 서류에는 식물검역증명서, 수입허가서, 소독증명서, 적하목록, 항공운송장, 재배지검사 보고서 및 기타 국가별 지정 보고서 등이 있다. 검역관은 해당 서류와 물품을 명확하게 구분할 수 있는지, 물품의 포장상태가 온전하며 식물검역요건과 부합하는지 검토 및 확인을 한다. 그 다음 화물에서 적정한 시료를 채취해서 규제병해충과 기타 식물위생 상 위험물질이 있는지 검사한다. ISPM No. 31 (2008)에서는 화물이 식물검역요건에 부합하는지를 확인하기 위한 검사 또는 시험 시 가장 적절한 시료추출 방법을 선택하는데 필요한 지침을 제공하고 있다. 검역관은 미생물과 크기가 작은 무척추동물 및 이들의 여러 생활사 단계(예: 응애, 곤충의 알)를 검출하기 위해 현미경 장비를 사용할 수 있다. 현미경 하에서 검사하기 어려운 일부 수입 식물류(절화 및 절지 포함)에 대해서는 다른 검사기법(예: 흰색 바탕지 위에서 털거나 흔들기)을 사용한다. 규제요건에 부합하는 경우 해당 화물을 통관시키거나 수출을 위해 식물검역증명서를 발급하게 된다. 식물검역요건이 충족되지 않은 경우에는 미준수 요건의 성격에 따라서 추가적인 위험경감 절차가 요구될 수 있다. 규제병해충이 발견된 경우, 검역관은 전문가(곤충학자, 병리학자 등)에게 자문을 구하거나 화물에 적절한 소독처리 및 기타 수입요건에 부합하는 식물위생 위험경감조치를 취하도록 지시하게 된다.

육안검사(Visual Inspections): 국경검역기관들은 여행객, 국제우편물, 수입화물을 통해 식물위생 상 위험한 물품이 반입되는 것을 관리하기 위해 육안검사와 물리적 검사를 사용한다. 검사는 단순한 것(여행객들이 작성한 신고서를 검토하고 규정에 부합하는지 평가)일 수도 있고, 보다 복잡한 것(여행객의 가방을 검사)일 수도 있다. 국제우편물은 시기적 요인, 포장재에 신고된 내용, 원산국, 식물이나 식물성 산물이 들어있을 가능성 등을 감안한 위험정도에 따라 국경에서 검사를 받게 된다. 물품이 병해충, 흙 또는 기타 식물위생 상 위험물질에 오염된 것으로 나타나면, 해당 물품은 추가적인 소독 또는 폐기, 재수출 및/또는 기소 등 기타 위험경감조치를 적용 받게 된다.

국제화물 장치장에서는 수입된 물품, 장비, 목재 및 기타 교역품에 식물위생 상 위험징후가 있는지 육안으로 평가한다. 해상 컨테이너는 전 세계를 돌며 운송되기 때문에 일부 국가식물보호기관들은 특히 컨테이너의 청결도와 목재 해충이나 진균이 은닉할 수 있는 목재포장재를 사용하고 있는지의 여부 등 수입 컨테이너와 화물에 대한 요건을 설정하고 있다. 수입된 컨테이너의 내·외부 표면에 오염 병해충(예: 달팽이), 종자, 허용할 수 없는 수준의 오염물(예: 흙) 등의 식물위생 상 위험물질이 있는지 검사하기도 하는데 만일 이러한 것들이 발견된다면, 통관 전 세척이나 재검사를 위해 통관이 지연될 수 있다.

식물이나 식물성 산물이 대규모 화물로 수입된 경우에는 화물 전체를 육안으로 검사하는 것은 불가능하므로 일반적으로 대표 시료를 채취하여 검사하게 된다. 규제병해충을 검출하고 규제요건이 충족되었는지 확인하는데 있어 시료추출은 비용적으로 가장 효과적이고 자원-효율적인 방법이다. ISPM No. 31에는 시료추출의 목표와 한계점에 대한 개략적인 내용이 제시되어 있으며, 시료의 크기, 선발, 검사효율, 무작위 시료추출과 표적 시료추출의 비교 등이 검토되어 있다. 상품의 종류에 따라 시료추출 전략도 달라져야 한다. 호주와 뉴질랜드에서는 균일하게 구성된 신선 농산물(과일, 채소, 절화류 포함)에 대해서 일반적으로 화물 당 무작위로 600-unit의 시료를 채취한다. 이러한 시료추출 방법은 대부분의 큰 규모 화물에 있어서 화물 당 감염이 0.5%를 넘지 않는다는 것을 95%의 신뢰도로 보장한다. 미국에서는 화물 당 무조건 2%, 초기하학적 시료추출(hypergeometric sampling), 무작위 시료추출(random sampling) 등 여러 방법으로 수입 물품에서 시료를 채취한다. 미농무부(USDA)의 Agricultural Quarantine Inspection Monitoring (AQIM) 프로그램은 초기하학적 시료추출에 기반하고 있는데, 이 방법은 검사단위가 10% 이상 감염되었을 경우 95%의 신뢰수준으로 한 개 이상의 시료단위가 선정되도록 적절한 수의 '시료단위(sample unit)'를 선정하여 검사단위(Lots)를 선정한다. 재식용 식물에 대해서는 초기하학확률분포(hypergeometric probability distribution)에 기반한 시료추출 방법을 적용하고 있는데, 수입 전 위험 등급(고, 중, 저, 및 위험 모니터링)을 배정받아 그에 따라 시료를 채취하고 검사하게 된다.

종자류 검사에 있어서는 주로 국제종자검사소(International Seed Testing Authority)의 절차를 사용하여 부시료(subsample)을 채취하는데, 대개 화물 전체를 통틀어 포대/컨테이너의 상단, 중간, 하단에서 무작위로 여러 번 시료를 채취한 후 이를 모두 섞는다. 이렇게 추출한 부시료에서 무척추동물의 표징이나 병징, 잡초 종자 및 기타 식물위생 상 위험물질이 있는지 철저한 육안검사를 실시한다. NPPO는 수입된 물품의 종류와 허용 가능한 보호수준에 따라 어떤 검사기법을 사용할 것인지를 규정하게 된다. 통계학에 기반한 시료추출 방법을 사용한 검사에서는 병해충의 발생정도가 특정 수준 이하라는 점을 특정 신뢰수준으로 보장해 주지만, 화물에 병해충이 없다고 보장해 주는 것은 아니다(ISPM No. 31 2008).

식물검역관은 검사 시 병해충을 검출 가능한 크기로 확대하도록 광학기기를 자주 사용하게 된다. 이러한 기기의 형태와 기능은 다양한데, 어떤 장소에서 어떤 기능을 수행하는가에 따라 적합성이 달라진다. 비교적 크기가 큰 무척추동물의 표본이나 병징은 확대할 필요가 없거나 저배율로도 검출할 수 있다. 미소 무척추동물이나 발육단계(알, 선충의 씨스트 등)에 대해서는 10~30배율의 확대경이나 현미경이 필요할 것이다.

검사 시 광원(1차 검사 시 최소한 600 룩스 이상)도 흔히 사용된다. 백열등보다는 광섬유나 무열광원(cold light source)이 더 밝고 열을 발산하지 않기 때문에 (표본이 건조해지거나 손상되는 것을 최소화) 선호된다. 배율을 높이기 위해서는 복합현미경을 사용한다. 하지만 표본을 제작하여 검경하려면 높은 전문성이 필요하기 때문에 전문 곤충학자나 병리학자에게 의뢰하는 것이 일반적이다(12.2 및 13.5, 13.6절 참조).

이밖에 식물검역에서 흔히 사용하는 도구로는 (1) 검사 시 무척추동물을 보다 쉽게 검출하고 수집할 수 있도록 배경과 대비되는 흰색 종이, (2) 과일의 꽃받침 주변과 같은 틈새에서 표본을 들어 올리거나 수집하기 위한 트레이, 체, 미술용 붓, 핀셋, 탐침, (3) 검사 도중 발견된 표본을 보존하기 위한 70% 에탄올 또는 기타 보존액이 들어 있는 바이알, (4) 병징이 있는 식물조직을 수집하기 위한 지퍼백, (5) 위험경로에 대한 자료 수집을 위해 수입 물품에서 발견된 병해충 상세사항을 기록하는 병해충검출보고서 양식 등이 있다.

무척추동물과 병은 표본이 손상되면 동정이 어렵기 때문에 채집할 때 표본 취급 및 보존 절차를 정확히 준수해야 한다. 또한 동정에 도움이 되도록 무척추동물의 가급적 모든 발육태(예; 알, 유충/약충, 번데기, 성충)를 채집한다. 무척추동물의 표본은 일부 예외인 경우를 제외하고는 일반적으로 70% 에탄올이나 프로필렌글리콜(1,2-propanediol)에 보관한다. 하지만 대부분의 국가에서 70% 에탄올은 '위험물'로 간주되기 때문에 표본을 70% 에탄올에 넣어 우편으로 발송하는 것은 금지되어 있다. 내부 가해자(딱정벌레 또는 나방의 유충이나 "굼벵이")가 검출되면 표본을 원래 상태(식물체 위에)로 남겨 두고 곤충학자의 자문을 구해야 한다. 또한 가루깍지벌레나 깍지벌레도 식물체에서 분리하게 되면 입틀 부분(mouth part)이 파손되어 동정이 어려워지므로 식물조직에 붙어 있는 상태로 유지해야 한다. 대신 곤충 주위의 잎 조직을 조심스럽게 잘라서 빈 바이알이나 70% 에탄올에 보관한다. 나방 성충이나 모기류는 에탄올이나 다른 액체에 보관하면 동정에 필요한 몸통과 날개의 인편이 떨어져 나가기 때문에 빈 바이알에 담아서 냉동고에 보관해야 한다. 활동력이 있는 병해충이 검출되면 병해충과 물품의 종류에 따라 대개 훈증 및/또는 살충제 침지 등의 의무적 소독처리를 명하게 된다.

수입된 식물이나 식물성 산물에서 병징으로 의심되는 것이 발견되면 식물병리학자의 자문을 구할 때까지 화물을 "대기(on hold)"시키고, 전체 범위의 병징을 보여주는 대표시료를 채취해서 지퍼백에 담아 식물병리학자에게 제출해야 한다. 심하게 감염된 시료는 부패균(사체나 부패하고 있는 유기물에서 영양분을 취해 자라는 진균이나 세균)때문에 원인 병원체를 분리해 내는데 적합하지 않은 경우가 많다. 따라서 건강한 조직과 병든 조직이 함께 있는 시료가 가장 바람직하다. 잎 하나만으로는 원인 병원체를 판정하거나 식물의 건강 상태를 평가하는데 충분하지 않다. 살아있는 식물체에서 병 표본을 채취할 때에는 식물체가 손상되거나 질병의 2차 감염이 일어나지 않도록 주의를 기울여야 한다. 병든 시료를 채집할 때에는 전정가위나 날카로운 칼을 사용하되, 각 시료추출 간에 도구를 세척하고 70% 에탄올이나 기타 적절한 소독제로 살균하여야 한다.

채취한 시료는 건조한 종이 타월에 감싸서 지퍼백에 밀봉하는 방식으로 조심스럽게 포장해서 명확히 라벨링 해야 한다. 재배지나 격리재배시설에서 채취한 시료는 가급적 신속히 병리학자에게 전달해야 한다. 식물 조직은 매우 빨리 변질되기 때문에 필요한 경우 냉장고(냉동고가 아님)에 보관하여야 한다. 변질이 발생하면 원인 병원체를 분리하고 동정하는 것이 어려워진다. 식물 병 시료를 우편이나 해외로 송부하는 경우에는 운송 중 파손과 손실을 최소화하기 위해 시료를 마개가 있는 플라스틱 병에 담는 등 추가적인 예방조치를 해야 한다. 활동성이 있는 병이 발견될 경우, 병의 위험 상태에 따라 화물에 소독처리, 재수출, 폐기 등을 요구하게 된다. 식물위생 상 중요한 병이 의심되거나 격리재배시설에서 이러한 병이 확인된 경우 감수성 기주의 폐기, 해당 시설과 장비의 오염제거 등 추가적인 예방조치가 필요하다.

탐지견(Detector Dogs). 일부 NPPO는 식물위생 상 위험경로를 관리하기 위한 또 다른 검사도구로 탐지견을 이용하고 있다. 식물위생 상 위험물품을 검출하기 위해 개를 사용하는 것은 1970년대 멕시코에서 처음 시작되었으며, 지금은 여러 국가에서 사용하고 있다(http://www.aphis.usda.gov/import_export/plants/manuals/ports/downloads/detector_dog.pdf).

탐지견은 국제우편물, 여행객의 수하물과 수입화물을 검색하여 신고하지 않은 식물위생 상 위험물품을 찾아내도록 훈련을 받는데, 특히 육안이나 X-선으로 찾기 어려운 살아있는 식물체, 종자, 식물 제품, 흙 등을 찾아내는데 효과적이다. 1984년 미농무부는 NPPO 중 최초로 비글(beagle)을 훈련시켜 국제공항의 수하물 수취대에서 여행객들 사이에서 활동하도록 하였다. 비글은 후각능력이 뛰어나고 친근한 성품 때문에 여행객들에게 인기가 있으며, 현재 국경검역기관들이 대중들에게 검역의 중요성을 홍보하는데 자주 사용되고 있다.

NPPO가 일반적으로 사용하는 탐지견에는 두 가지 종류가 있다. 수동적 탐지견(passive dog)은 식물위생 상 위험품목이 탐지되는 승객이나 가방 옆에 앉아서 상으로 먹이를 받을 때까지 기다리도록 훈련되는데, 국제공항의 수하물 수취대에서 주로 사용한다. 능동적 탐지견(active dog)은 목표물을 발이나 입으로 비비고, 줄다리기 게임으로 보상받도록 훈련되는데, 국제우편물 집중국, 화물센터 및 국제공항의 보이지 않는 곳에서 사용한다.

호주 등의 국가에서는 목제품과 고위험 선박(예: 목재로 제작되어 위험성이 있는 항구를 방문한 요트)에서 흰개미를 검색하는데에도 탐지견을 사용하고 있다. 흰개미, 특히 건조목재의 흰개미는 외부에 감염된 흔적을 거의 남기지 않기 때문에 검출이 어렵고, 육안검사만으로는 발견하지 못하는 경우가 많다.

X-선 영상. 살아있는 식물체와 흙 등의 유기물을 탐지하는데 X-선 영상 전송장비가 사용된다. X-선 기술은 공항만에서 여행객의 수하물 선별, 우편물 센터와 화물검사 장소에서 주로 사용되는데 식물검역대상물품을 찾아내는데 효과적이다.

국경검역기관에서는 훈련된 검역관, X-선 장비와 탐지견을 활용한 검사를 널리 사용하고 있다. 하지만 여기에는 식물 및 식물성 산물을 통해 운송될 수 있는 병해충의 위협을 모두 탐지할 수는 없다는 한계점이 있다. 무척추동물류는 너무 작아서 검출하기 어렵거나 수피나 물품 내부에 숨어 있는(예: 목재 심식충) 경우가 많다. 또한 수입된 상품에 표적 병해충의 감염률이 너무 낮을 수도 있다. 검사나 시험에 시료추출 절차를 사용하기 때문에 병해충을 놓칠 확률도 태생적으로 존재한다. 식물과 종자의 내부를 가해하는 병원체의 경우에도 뚜렷한 병징이 나타나지 않아 반입항에서 검출되지 않는 경우가 있다. 따라서 국경검역기관에서는 수입 상품과 연관된 식물위생 상 위험성을 최소화하기 위해 여러 다른 위험경감조치를 사용하게 된다.

6.7.4 소독처리

식물 및 식물성 산물과 연관된 식물위생 상 위험성을 관리하기 위해 수입품에 적용하는 소독처리에는 화학적 소독, 물리적 소독, 방사선 조사 및 CA (controlled atmosphere) 처리 등이 있다(10.2절 참조). 가장 적절한 소독처리 방법은 병해충과 화물의 종류, 의도된 사용 목적에 따라 달라진다. 소독처리에 적용되는 약량, 처리시간, 온도범위는 국가 간 차이가 있기 때문에 여기서는 구체적으로 다루지 않았다(구체적 정보는 각국의 국경검역기관 웹사이트에서 확인 가능).

화학적 소독(Chemical Treatments). 위험경감 목적으로 사용되는 화학적 소독에는 훈증 및 살충제와 살균제 처리(10.3절 참조) 등이 있다. 훈증은 수입품에서 특히 식물 및 식물성 산물의 무척추동물에 대해서 가장 일반적으로 사용되는 소독방법 중의 하나이다. 훈증제는 대상 병해충의 치사량에 도달하도록 정해진 농도와 시간 동안 주로 가스 상태로 사용하는데, 훈증제의 독성은 온도와 대상 병해충의 호흡률에 따라 달라진다. 일반적으로 주변 온도가 낮을수록, 대상 생물체의 호흡률이 낮을수록 훈증제에 대한 병해충의 감수성이 낮아지는 경향이 있다. 온도가 낮은 상태에서 훈증하려면 온도가 높을 때보다 더 높은 약량으로 더 오랜 시간 노출하는 것이 일반적이다(Anon 2010a). 국경검역기관에서는 메칠브로마이드(methyl bromide), 인화수소(phosphine), 에틸렌옥사이드(ethylene oxide), sulphuryl fluoride, 이 4가지 훈증제를 주로 사용한다(10.3.2절 참조).

*메칠브로마이드(Methyl Bromide, CH_3Br)*는 다양한 식물 해충(곤충, 응애, 진드기, 선충, 달팽이 포함)에 효과적이고, 침투성이 좋으며, 신속하게 작용하기 때문에 식물검역용 훈증제로 가장 자주 사용된다(10.3.2절 참조). 메칠브로마이드는 살아있는 식물체와 생과일, 채소, 절화류와 같이 변질될 수 있는 품목뿐만 아니라 벌크 상태의 곡물, 건조식품, 목재포장재, 목재 및 원목과 같은 내구성 품목에도 흔하게 사용된다. 식물류는 일반적으로 메칠브로마이드에 대한 내성이 좋지만, 그 정도는 종, 생육단계, 식물체의 상태에 따라 달라진다. 식물체의 상태가 안 좋은 경우에는 메칠브로마이드에 의해 부패가 촉진되기도 하고, 유리수(free water)가 과다한 경우 메칠브로마이드와 반응하여 식물과 식물성 산물에 피해를 줄 수 있는 메칠브롬화산(methyl bromic acid)을 생성하기도 한다. 일반적으로 메칠브로마이드는 비닐 랩핑, 라커나 페인트 같은 불투성 마감재를 침투할 수 없다. 또한 지질 함량이 높은 식품 그룹(예: 견과류)에서는 잔류될 수 있기 때문에 이런 품목에는 사용하지 말아야 한다. 메칠브로마이드는 오존층 파괴물질로 구분되어 있다. 오존층 파괴 물질에 관한 몬트리올 의정서(1987)에서는 의무적인

시한에 따라 메칠브로마이드의 사용을 단계적으로 감축하도록 하고 있으나, 식물위생이나 선적 전 처리 목적으로 국가식물보호기관이 사용하는 것은 현재 여기에서 제외되어 있다. 훈증상에서 방출된 활성 탄소를 회수하는 기술과 함께 메칠브로마이드를 대체하기 위한 여러 소독 방법이 개발되어 오고 있다(10.3.2절 참조).

*에틸렌옥사이드(Ethylene Oxide, CH_2OCH_2)*는 약재나 향신료 같은 건조된 식물성 산물을 훈증하는데 사용되지만, 살아있는 식물체는 이 약품에 죽기 때문에 종자에 사용하는 것은 권장되지 않는다. 에틸렌옥사이드는 광범위한 훈증제로서, 메칠브로마이드와 달리 비닐 포장재, 광택제나 래커가 칠해진 목제품에도 침투할 수 있다. 이 물질은 강염기성이기 때문에 불안정 수소(Labile Hydrogen)를 Hydroxyl, Carboxyl, Sulfhydryl, Amino 및 Phenolic 그룹의 알킬그룹과 치환시킨다. 이러한 화합물의 알킬화 반응은 세포의 구조와 기능에 영향을 주어 궁극적으로는 세포의 기능을 불활성화시켜 병해충을 사멸시킨다. 열이나 증기에 노출시킬 수 없는 물질을 소독할 경우에는 일차적으로 진공상태에서의 에틸렌옥사이드 훈증(최소 50kPa에서 1,500g/㎥으로 50℃에서 4시간, 또는 1,500g/㎥으로 21℃에서 24시간)을 사용한다. 이 물질은 식물검역병해충을 사멸하는데 매우 효과적이다.

*인화수소(Phosphine, PH_3)*는 독성이 강하고 빠르게 확산하여 깊이 침투하기 때문에 벌크 상태의 곡물에서 저장성 해충을 소독하는 훈증제로 흔히 사용한다(10.3.2절 참조). 인화수소는 천천히 작용하기 때문에 필요한 노출시간도 길어 해충을 방제하는데 대개 7일 이상이 소요된다(온도에 따라 다름). 해충의 생육단계에 따라 인화수수에 대한 저항성이 달라지는데(알과 번데기가 가장 죽이기 어려움), 유충과 성충은 비교적 쉽게 사멸된다.

*Sulphuryl Fluoride (SO_2F_2)*는 건조목재의 흰개미나 목재와 목제품에 서식하는 기타 해충을 방제하는데 주로 사용된다. 이 물질은 분산력과 침투력이 좋기 때문에 흰개미의 터널과 좁은 틈을 파고 들어가 해충을 죽일 수 있다. 그러나 사람이나 동물이 사용할 식품, 살아있는 식물체나 의약품에는 일반적으로 사용되지 않으며(10.3.2절 참조), 온실가스로 구분되어 있다.

기타 소독처리. 일부 국가에서는 수입된 식물과 식물성 산물에서 무척추동물을 제거하기 위해 일상적으로 훈증을 사용하지만, 다른 방법을 통해서도 동일한 효과를 달성할 수 있다. 뉴질랜드에서는 수입된 묘목류에서 곤충과 응애를 제거하기 위해 메칠브로마이드 훈증, 온탕처리(휴면상태의 식물에 대해서만)(10.5.2절 참조), 또는 혼합 살충제(http://www.biosecurity.govt.nz/files/ihs/155-02-06.pdf)를 사용한다. 진균 병원체 때문에 식물 전체를 소독하는 경우에는 온탕처리 및/또는 광범위 살균제를 사용한다.

식물 및 식물성 산물과 연관된 기타 식물위생 상 위험성을 관리하기 위해 다른 종류의 화학적 소독을 사용하기도 한다. 호주와 뉴질랜드에서는 증식 가능한 특정 절화류, 절지와 경엽(장미, 안개꽃, 국화, 카네이션 포함)에 대해 반드시 불활성화 처리를 하도록 요구하는데, 제초제인 Glyphosate가 주로 사용된다. 이와 유사하게 수입 절화류에 존재하는 진균병을 관리하기 위해 살균제를 사용하기도 한다.

일부 국가에서는 세계보건기구(WHO)의 지침에 따라 국제선 여객기를 통해 해충과 식물병의 매개체가 의도치 않게 운송되어 유입, 확산될 위험을 최소화하기 위하여 다음과 같은 방법으로 기체를 살균 및/또는 살충하도록 요구하고 있다.

1. 객실과 화물칸의 내부 표면에 8주 이내의 간격으로 잔류성 소독약 분무(승객이 없는 상태에서 실시)
2. 1회 비행 시간동안 지속되도록 비행 전 객실 소독(승객이 탑승하기 전 실시)
3. 비행 전 객실 소독 및 최고하강지점(Top of Descent) 분무(비행 전 소독을 실시한 후 최고하강지점에서 기체가 하강을 시작할 때 비잔류성 살충제를 기내에 추가로 살포)
4. 도착 시 객실과 화물칸 소독(승객과 승무원이 하선하기 전에 실시)

이와 관련한 추가정보는 WHO 웹사이트 참조(http://www.who.int/docstore/bulletin / pdf/2000/issue8/99-0285.pdf).

살균제(Disinfectants). 식물 및 식물성 산물의 위험 경로를 관리하기 위해 다양한 살균제가 사용된다. 수입 종자, 살아있는 식물체의 표면, 검사대와 장비를 살균하는데 알코올, 염소, 제4급 암모늄 화합물(quaternary ammonium compound)이 사용된다. 알코올은 황-수소 작용기(sulphur-hydrogen functional group)에 직접 작용해서 세포막을 파괴하고 지질을 용해시키며 단백질 변성을 일으킨다. 식물의 세포벽은 소수성이 매우 커서 순수한 알코올이 세포 안으로 침입하는 것을 방해하기 때문에 알코올은 60~90%에서 가장 항균력이 높다. 알코올은 식물성 세균, 진균과 일부 바이러스를 살균하는데 광범위하게 사용되지만 포자를 죽이지는 못한다. 차아염소산나트륨(sodium hypochlorite)과 같은 염소제는 특히 종자와 증식용으로 수입된 식물의 외부 감염을 소독하는데 사용되는 광범위 살균제이다. 염소는 매우 강력한 산화제로 세포 내 단백질의 활동을 파괴한다. 컨테이너와 차량에서 식물위생 상 위험품목을 세척하는데 염소와 암모니아계 소독제를 고압수와 함께 사용한다.

Controlled Atmosphere (CA). 식물검역병해충 방제에 사용하는 훈증가스 이외에도 수입된 식물을 저장하기 위해 산소, 질소, 이산화탄소와 같은 대기 중 가스를 조절할 수 있는데, 이러한 과정을 "조절된(controlled)" 또는 "변형된(modified)" 대기 중 저장이라고 한다. CA 기술은 변질될 수 있는 식물류의 저장 시 후숙을 억제하고, 식물성 미생물로 인한 부패를 감소시키며, 일부 해충을 방제하기 위해 널리 사용된다(Morgan & Gaunce 1975, Aharoni 등 1981). 규제 목적으로 CA를 가장 많이 사용하는 곳은 곡류 및 이와 유사한 상품에서 이다. CA는 산소를 결핍시키거나 이산화탄소의 농도를 증가시켜 생물체를 질식시키는 방식으로 작용하는데, 해충의 경우 일반적으로 산소 결핍보다는 이산화탄소 증가에 의해서 보다 빨리 사멸된다.

물리적 소독(Physical Treatment). 수입 식물류와 연관된 식물위생 상 위험성을 관리하기 위

해 일부 국가에서는 물리적 소독(열, 냉각, 재조정(reconditioning) 등)을 사용한다(10.4절 및 10.5절 참조). 무척추동물을 일차 대상으로 하는 훈증과 달리, 물리적 소독은 일반적으로 보다 광범위한 식물검역병해충에 작용한다.

살균과 살충을 위해 사용되는 열처리(heat treatment)로는 소각, 121℃에서 15~30분간 습열처리(autoclaving), 건열처리(주로 160℃에서 2시간 또는 85℃에서 8시간) 등이 있다. 열은 세포막을 파괴하고 단백질과 핵산을 변성시키는데, 대부분의 식물기생성 선충은 약 50℃에서 사멸되는 반면, 대부분의 진균과 세균을 사멸시키기 위해서는 60~72℃가 필요하다(Agrios 2005). 약 82℃에서는 대부분의 잡초, 곤충, 식물성 바이러스와 나머지 식물 병원성 세균이 사멸된다. 열처리는 목재와 목제품 및 식물검역 폐기물을 소독하는데 주로 사용된다. 하와이에서는 과실파리에 대한 파파야의 소독처리로 고온강제순환(high-temperature forced air)을 사용한다(Armstrong 1989). 과일 중심부의 온도가 47.2℃에 도달한 후 3~7시간 동안 더운 공기를 강제로 순환하여 파파야를 가열하는데, 이 온도에서 지중해과실파리 및 오이과실파리, 귤과실파리의 알과 유충이 생존할 수 없다. 과실에 손상을 방지하기 위해서는 처리 중 상대습도가 40~60%로 유지되어야 하며, 열처리 후 품질을 보존하기 위해서 과육 온도가 30℃ 이하가 되도록 신속히 냉각시킨다. 열처리는 인화성이 있는 물품이 발화하거나 접착제와 플라스틱 포장재가 녹거나 밀짚모자와 같은 품목은 열처리 후 부스러지기 쉬워지는 등 물품에 손상을 줄 수 있다.

*온탕침지(Hot-Water Immersion)*는 과실파리 기주식물의 과일, 종자 등 번식용 물질, 삽수나 구근 같은 휴면 식물체를 소독하는데 사용되는데(10.5.2절 참조), 다양한 기주-병원체 조합에 대해서 35~45℃ 범위의 온탕에 수 분에서 수 시간 처리하게 된다(Agrios 2005). 호주에서는 피어스병(*Xylella fastidiosa* Wells et al.)과 파이토플라즈마의 위험성을 제거하기 위해 휴면상태로 수입된 포도나무 삽수를 의무적으로 50℃에서 30분간 처리하도록 하고 있다. 온탕처리는 수년간 종자전염병의 유일한 방제방법이었으며, 지금도 널리 사용되고 있다. 관상식물의 구근에서 선충을 제거하는데 43℃에서 3시간 온탕처리가 사용되고 있는데, 휴면중인 식물체는 온탕처리의 처리온도를 견딜 수 있는데 반해 선충은 살아남지 못한다.

*열 요법(Heat Therapy)*은 번식용 식물에서 바이러스를 제거하기 위해 사용하는 또 다른 방법이다. 바이러스에 감염된 상태로 활발하게 생장하는 식물체를 비교적 높은 온도(약 38℃)의 생육상에 6~12주간 넣어 둔다. 이 온도에서 식물체는 비록 느린 속도이긴 하지만 계속 생장하는 반면, 대부분의 바이러스 증식은 일시적으로 중지된다. 그러면 분열조직의 선단부를 무균 절단하여 배양시키거나 절편조직(explant tissue)의 작은 조각을 채취해 바이러스 검정용 대목에 접을 붙여 생육 시킨 후, 바이러스 검정을 실시하여 바이러스가 없는지 확인하게 된다.

저온처리(Cold Treatment, Refrigeration)(10.4절 참조)는 신선 농산물의 수확 후 병과 해충을 방제하기 위해 널리 사용되고 있으며, 오래전부터 사용되어 왔다. 저온처리는 느리게 진행

되기 때문에 물품을 저온 상태에서 장기간 유지시킬 수 있도록 "reefers"나 냉장컨테이너를 사용하여 선박으로 수송되는 상품에 주로 사용된다. 저온으로 인해 식물위생 상 위험성이 반드시 모두 제거되는 것은 아니지만 병해충으로 인한 많은 위험성을 경감시키는 것은 확실하다. 영하 18℃에서 7일간 냉동하는 것은 효과적인 병해충 소독방법이기 때문에 목제품이나 식물표본 같은 건조식물을 소독하는데 사용된다.

*화물의 세척(Cleaning)/재조정(Reconditioning)*은 식물위생 상 위험한 오염물을 제거하기 위해 사용되는 물리적 소독의 한 가지로, 위험성의 유형과 정도에 따라 달라진다. 예를 들어 수입된 컨테이너, 차량, 농기계, 토양 운반도구에서 흙과 잔재물을 제거하는데 세척이나 고압 증기 처리를 자주 사용한다. 여기서 나온 잔재물은 모아서 식물위생 상 "승인된" 방법으로 폐기하게 된다. 다른 재조정(reconditioning) 방법으로는 다음과 같은 것들이 있다.

1. 도착 시 위험성을 제거하기 위한 상품 가공절차 시작(예: 밀가루 제분)
2. 호주의 검역기관은 수입된 감자의 증식력을 억제시키기 위해 감자 괴경의 선단부와 말단부를 절단
3. 절화, 절지 및 건조식물에 달린 열매는 활력이 있는 종자가 들어 있거나 내부 가해 해충에 감염되어 있을 수 있기 때문에 일반적으로 허용되지 않음

방사선 조사(Irradiation). 이온화 방사선(ionizing radiation, irradiation)은 식물의 위험경로를 경감시켜 병해충으로 인한 위험성을 관리하기 위해 사용되는 또 다른 소독처리 방법이다(ISPM No.18 2003 및 10.6절 참조). 소독처리용으로 사용되는 이온화 방사선에는 다음의 세 가지가 있다.

1. 기계장치로 최대 10MeV까지 생성되는 전자(eBeam)
2. 방사성 동위원소(예, 코발트-60이나 세슘-137에서 방출되는 감마선)
3. X-선(최대 5 MeV)

식물위생조치로서 방사선 조사의 일차적인 목적은 규제병해충의 유입이나 확산을 방지하는 것이다. 또한 식물의 불활성화 처리에도 방사선 조사가 사용되는데, 예를 들면 종자의 경우 발아는 하지만 묘로 자라지는 않고, 괴경과 구근, 삽수는 싹을 트지 않게 한다(ISPM No. 23 2005).

방사선 조사는 다른 소독방법에 비해 몇 가지 장점이 있다. 열과 훈증제를 사용하는 소독처리에서는 각각의 과일-병해충 조합에 대해 자료가 있어야 하지만, 방사선 조사 처리에서는 상품의 종류와는 관계없이 각각의 병해충 종에 대하여 개발된다(Anon 2002). 방사선 조사를 하게 되면 단파장의 에너지가 생성되어 처리물을 관통하면서 세포가 파괴되고 기능이 상실된다. 식물검역 소독처리로 사용된 방사선 조사는 다음과 같은 결과를 가져오게 된다.

1. 표적 병해충의 사멸;
2. 병해충의 불임화(번식 불가능);
3. 병해충의 우화/비행 불능; 또는
4. 종자, 괴경, 구근, 삽수 등이 번식할 수 없도록 불활성화

표적 병해충을 사멸시키는 화학적 소독이나 물리적 소독과 달리 식물검역용으로 사용되는 방사선 조사는 병해충의 완전 사멸이라는 전통적인 식물위생 기준을 달성하지 못할 수 있다는 점에서 국경검역기관에 새로운 패러다임을 제시한다. 방사선 조사는 병해충의 번식을 불가능하게 하거나(불임화), 생활사를 완성하지 못하게 하거나, 성충이 출현하지 못하게 하지만 병해충은 여전히 살아있게 된다. 이 때문에 병해충 검사를 실시한 검역관은 딜레마에 빠질 수 있고, 살아있는 병해충이 존재한다는 이유로 화물을 불합격시킬 수 있다. 방사선 조사를 수용하기 위해서는 규제기관이 이러한 결과를 받아들일 수 있도록 건실하고 입증 가능한 연구가 뒷받침되어야 한다.

이러한 어려움에도 불구하고, 식물검역 소독처리로 방사선 조사를 인정하는 국가들은 증가하고 있다(Anon 2002). 미농무부는 1997년 미국 본토로 수출되는 하와이산 파파야에 대해 최초로 방사선 조사를 승인한데 이어 괌, 푸에르토리코, 미국령 버진 아일랜드까지 확대하였다(Anon 2010a). 2002년에는 허용되어 있는 모든 국가 산 생과일과 채소에 대해 방사선 조사를 허용하였다. 뉴질랜드는 호주산 망고, 파파야, 여지에 대해 방사선 조사를 허용하였다.

6.7.5 격리재배(Post Entry Plant Quarantine)

육종과 작물 개량을 위해 살아있는 식물체(화분에 심긴 식물, 뿌리가 노출된 식물, 휴면상태의 삽수, 조직배양체 등)와 종자를 통해 생식질이 국제적으로 이동한 것이 전 세계 농업 시스템 발전에 기여한 것은 확실하다. 그러나 살아있는 식물체를 교역하는 것은 (1) 규제병해충을 유입시킬 수 있는 살아있는 기주로서의 가능성이 있으나 반입 시에는 뚜렷이 나타나지 않고, (2) 소독처리가 어렵다는 점에 생물안보 상 잠재적인 위험성을 내포하고 있다. 따라서 대부분의 NPPO들은 살아있는 식물체와 종자의 수입을 엄격하게 규제하게 된다. 식물의 생식질을 아무런 규제 없이 교환하여 발생한 위험의 좋은 사례로 1880년대 중반 다른 병해충을 관리하려는 과정에서 유럽으로 뿌리혹벌레(*Daktulosphaira vitifoliae* Fitch)가 의도치 않게 유입된 것을 들 수 있다. 당시 연구를 위해 북미에서 유럽으로 수입된 포도나무 삽수에 우연히도 흰가루병(Powdery Mildew)이 감염되어 있었는데, 유럽의 포도나무는 이 병에 극도로 감수성이었기 때문에 포도밭이 모두 폐원될 위기에 처하게 되었다. 반면 북미의 포도나무는 이 병에 저항성이었기 때문에 유럽 품종과 교배를 위해 미국산 포도나무 수천 주를 수입하게 되었으며, 이 과정에서 뿌리에 서식하는 뿌리혹벌레와 진균병인 노균병(Downy Mildew) 및 흑색썩음병(Black Rot)이 함께 유입되었다. 그 결과 수백만 ha에서 포도나무가 폐기되었고, 프랑스에서는 거의 모든 포도밭이 폐원되고 말았다(Mathys & Baker 1980).

많은 국가에서 번식용으로 수입되는 살아있는 식물체와 종자에 대해 수입허가서를 요구하고 있다. 수입허가서에는 병해충의 위험성과 재식용 식물체의 유형에 따라 구체적인 수입조건이 기재되는데, 위험도가 낮은 일부 종자와 조직배양 된 관상식물에 대해 도착 시 육안으로 간단하게 스크리닝 하는 것부터 의무소독과 격리재배시설(미국의 경우 식물검역소, Plant Quarantine Station)에서 집중적으로 병원체를 검정하는 것까지 다양하다. 격리재배시설의 목적은 격리를 해제하기 전 식물체가 한 생장기간을 거치는 동안 국가식물보호기관이 식물체의 질병을 스크리닝 및/또는 검정하는데 있다. 특별히 정해진 요건과 별개로, 살아있는 식물체 수입 시에는 속명과 종명을 명확히 기재하고, 뚜렷한 병징이 없어야 하는 등 기본적인 수입조건을 반드시 준수해야 한다. 살아있는 식물체가 수입되면 대개 도착지에서 의무적인 검사를 받고, 해충으로 인한 위험성을 관리하기 위해 소독처리를 실시하게 된다.

살아있는 식물체로 인한 식물위생 상 위험성은 (1) 식물위생 상 중요한 병해충에 대한 기주-감수성, (2) 작물과 자연 상태의 식물에 미치는 경제적 · 생태적 영향, (3) 원산국 및 출처(예, 야생에서 채취한 것인지, 상업적으로 유통되는 것인지), (4) 식물체의 연령, (5) 수입된 식물의 유형(예, 조직배양묘, 뿌리가 달린 식물) 등 몇 가지 요인에 따라 달라진다.

살아있는 식물체. 수입된 살아있는 식물체는 위험도에 따라 대개 두 가지 범주로 구분된다. 저위험 식물에는 중요한 식물병해충의 기주가 아닌 많은 관상식물 종이 포함되는데, 이들은 살균 상태에서 조직배양체로 수입되고, 규제병해충이 존재할 가능성이 대부분 제거되므로 도착 시 간단한 육안검사만 요구되며, 병해충이 확실히 존재하지 않는 한 더 이상의 식물검역절차 없이 통관될 수 있다. 하지만 같은 종류의 식물이 뿌리가 있는 삽수 상태로 수입되었다면 병해충이 존재할 위험성은 훨씬 높아지므로 소독처리나 격리재배 등의 추가적인 조치가 필요하게 될 것이다. 이러한 절차는 국가에서 관리하는 격리재배시설 또는 보다 일반적으로는 정해진 기준에 부합하고 적절한 수준의 보안과 격리가 제공되는 승인된 사설 양묘장에서 이루어지게 된다. 이렇게 하면 공간이 제한된 국가격리재배시설에서만 검사하는 것 보다 더 많은 수입물량을 처리할 수 있기 때문에 수입자에게 유리하다.

고위험 식물에는 일반적으로 병해충의 기주식물, 특히 업계, 환경 또는 그 종이 잡초로 심각한 위협이 될 수 있는 장소에 중요한 영향을 줄 수 있는 해로운 병해충의 기주가 되는 종들이 포함된다. 호주의 경우 고위험 식물의 예로 많은 상업적 작물(예: *Citrus, Fragaria, Malus, Prunus, Solanum, Triticum, Vitis* spp.) 및 수목(예: *Eucalyptus, Pinus, Quercus, Ulmus* spp.), 중요한 식물병의 기주가 되는 관상식물(예: 참나무 역병의 기주식물)이 포함된다. 고위험 식물은 대개 이런 병의 원인체에 대한 적극적인 검사가 요구되며, 이러한 검사에 필요한 고도의 전문지식과 격리가 가능한 국가격리재배시설에 보내진다.

NPPO들이 최고 수준으로 인정하는 건강한 재식용 식물의 보급시설이 전 세계에 몇 군데 존재하는데, 이러한 시설들은 과학적인 병해충 스크리닝과 기타 생물안보 절차 등 규제요건을 엄격히 준수한다. 이러한 시설에서 공급받는 식물에 대해서는 격리재배검역요건이 상당히 간소화될 것이며, 승인된 이런 시설은 식물안보에 중요한 역할을 수행하게 될 것이다. 하지만 이런 시설에서 수입국의 규정이 지속적으로 준수되는지를 보장하려면 서류 및/또는 현지조사를 통해 정기적으로 감사를 받아야 한다.

살아있는 식물체를 국제적으로 운송하는 것(특히 뿌리가 있는 삽수를 북반구의 어떤 기후대에서 남반구로 이동하거나, 그 반대의 경우)은 식물의 생존에 해로울 수 있다. 식물체의 건강상태는 운송 중 빠르게 악화되는데, 여기에 소독처리까지 더해지면 번식의 성공여부는 수입 전 식물체를 적절하게 선발하고, 준비하여 운송하는데 크게 달려있게 된다. 식물체는 가급적 건강상태가 양호한 출처에서 유래한 것이어야 하고, 병원체 검정을 받은 곳이면 더욱 바람직하다.

출처와 상관없이 식물체에는 뚜렷한 병징이 없어야 한다. 조직배양묘가 불가능한 경우, 낙엽수는 활력 있는 식물병의 위험성을 줄이기 위해 어리고 완전히 휴면상태의 활엽수 또는 침엽수의 삽수로 운송해야 한다. 1년생 삽수는 전지 작업으로 상처를 입을 가능성이 적기 때문에 상처로 침입하는 병원체의 감염 장소가 적다. 마찬가지로 뿌리를 가해하는 대부분의 진균은 뿌리, 몸통, 가지의 오래된 중심부에 한정되며, 대개 어린 조직에서 병징이 더 선명하게 나타난다. 상록수를 보낼 때에는 탈수를 줄이기 위해 과도한 경엽을 제거하고, 뿌리의 흙을 모두 제거 한 후 젖은 종이로 감싼다. 식물체의 전체 학명을 명확하게 기재하고, 견고한 박스에 종이나 폴리스티렌 완충제를 사용하여 느슨하게 포장한다. 상자의 외부에 수입허가서 사본을 붙이고 "LIVE PLANT MATERIAL"이라고 표시해야 한다.

수입국에 도착하면 즉시 검사시설로 옮겨서 검역관이 식물병해충의 유무를 세밀하게 검사하고, 필요한 경우 소독처리를 실시해야 한다. 식물체의 생존에 있어서 소독처리 후 관리(특히 훈증한 경우)가 극히 중요하다. 메칠브로마이드로 훈증한 식물은 가스가 빠져나가도록 몇 시간 동안 환기시키고 뿌리는 마르지 않도록 촉촉한 상태를 유지해야 한다. 남아있는 훈증가스가 물과 반응할 수 있으므로 24시간 동안은 잎에 물을 주지 않아야 하며, 2~3일간은 강한 햇빛과 바람을 피해서 보관한다. 휴면식물은 0.5~1% 차아염소산나트륨(sodium hypochlorite)을 0.1% 습윤제와 함께 10분간 사용하여 표면 살균을 실시한 뒤 수돗물로 3차례 세척하여 소독제를 씻어내는 것이 바람직하다.

삽수(Cuttings)는 이런 과정을 거친 후 번식시키거나 눈(bud)을 채취하여 병원체 검정을 받은 대목에 접을 붙인 후 격리재배시설에 보관하게 된다. 증식된 삽수가 활착하면 지표식물(초본 및 목본 식물)이나 현미경(광학 및 전자현미경), 세균 및 진균 배양, 혈청학적 검사(ELISA) 및 분자생물학적 검사(PCR) 등 수입국의 규정에 따라 바이러스와 기타 전염성 병원체에 대한 검정을 실시한다.

조직배양묘(Tissue Culture Plantlets). 수입된 식물체와 마찬가지로 조직배양(in-vitro) 묘는 위생상태가 양호한 시설에서 생산된 것이어야 한다. 조직배양체는 일반적으로 생물안보의 위험성이 낮고, 살아있는 식물체보다 운송에 강하기 때문에 식물의 생식질을 운반하는 방법으로 선호된다. 기내 배양(in-vitro) 묘는 도착 시 검사를 받을 수 있도록 투명한 용기에 밀폐시키고 명확하게 라벨링한다. 재배매체에는 항생제가 없어야 하며, 운송 중 묘를 단단하게 지탱할 수 있도록 한천을 충분히 사용한다. 위험도가 낮은 관상식물의 조직배양묘는 도착 시 간단한 육안검사 만으로 통관될 수 있으며, 고위험 식물은 격리재배시설에서 일정기간 생육 및 평가를 받게 될 수도 있다.

종자(Seed). 재식용 종자는 묘목과 동일한 원칙에 따라 수입될 수 있다. 수입이 허용된 종자 중 일부 종은 병해충에 대한 간단한 육안검사 후 추가적인 절차 없이 통관될 수 있다. 반면 어떤 종들은 금지나 제한될 수 있고, 격리재배시설에서 집중적인 병 검정 등의 엄격한 수입조건을 적용받을 수도 있다. 종자는 과육이 없는 상태로 건조되어 뚜렷한 해충이나 병징이 없어야 한다. 수입된 종자는 의무적인 온탕침지 처리나 표면살균(0.5~1% 차아염소산나트륨(sodium hypochlorite)을 0.1% 습윤제와 함께 10분간 사용하여 표면 살균을 실시한 뒤 수돗물로 3차례 세척하여 소독제를 씻어냄)을 실시할 수 있다. 종자로 전염되는 많은 병들은 뚜렷한 병징을 나타내지 않기 때문에 격리재배시설에서 재배하면서 관찰 및 병원체 검정을 실시해야 할 수도 있다. 여기에는 종자를 물에 적신 종이에 올려놓고 특정 온도에서 배양한 후 진균의 포자기관이 생성되는지를 현미경으로 관찰하는 습지배양(moist incubation), 종자를 선택배지(주로 malt extract와 potato dextrose agar) 위에 올려놓고 현미경 하에서 관찰되는 콜로니의 특징에 따라 병원체를 동정하는 고체배양법(agar plating method) 등이 있다. 검정을 마치고 나면 식물체를 수입자에게 반환하거나 식물체에서 종자를 수확하여 다시 검사한 후 수입자에게 반환하게 된다.

화분(Pollen). 다래속(*Actinidia*)이나 배나무속(*Pyrus*)과 같이 무역을 통해 거래되는 일부 속을 제외하고는 화분을 국제적으로 교환하는 일은 흔하지 않다. 화분은 병원체 검정을 받은 식물체에서 채취하여 ELISA 및/또는 PCR을 통해 화분으로 전염되는 바이러스나 바이러스 유사 생물체에 대해 검정을 실시하여야 한다. 또한 꽃의 일부분이나 절지동물 해충, 꿀벌의 진균 병원체가 없어야 한다.

격리재배는 병의 유입 방지에 중요한 역할을 수행한다. 호주에서는 자두 곰보병(Plum Pox Virus) 및 사과 붉은별무늬병(*Gymnosporangium juniperi-virginianae*), 밤나무 줄기마름병(*Cryphonectria parasitica*), Grapevine Corky Bark Virus, Grapevine Fan Leaf Virus, 깜부기병(cereal smut)과 같은 중요한 식물병이 격리재배시설에서 검출되었다.

6.7.6 재수출 및 폐기

규제병해충이 검출되거나 수입품이 규정을 충족하지 못했는데 적당한 소독처리나 다른 위험경감 대체방안이 없는 경우, 해당 화물은 승인된 절차에 따라 폐기되거나 재수출된다. NPPO가 사용하는 폐기방법으로는 (1) 승인된 장소에서 2m 이상의 깊이로 매립, (2) 열처리 및 방사선 조사, (3) 소각, (4) 고압살균(autoclaving) 등이 있다. 수입이 금지된 고가의 상품이거나 수입자가 소독처리나 폐기를 원하지 않는 경우에는 물품을 재수출하게 된다.

6.7.7 대중의 참여와 홍보

효과적인 생물안보 프로그램에서는 정부, 업계, 대중을 포함한 모든 이해당사자의 인식과 참여가 필수적이다. 식물위생규정에 대한 적극적인 홍보와 국경검역기관의 지원이 없으면 규정의 위반과 몰이해가 발생하게 된다. 성공적인 주민참여의 핵심은 식물위생정책의 개발에 이해당사자를 참여시켜 그들의 입장과 우려를 감안하는 것이다. 일부 국가에서는 개인이 국경검역기관에 등록하여 식물위생 정책과 규정 개발에 참여할 수 있게 되어 있다. 국경검역기관의 활동과 정책에 대한 신속한 의견수렴을 위하여 수입/수출 위원회 등의 업계 자문위원회도 구성되고 있다. 호주의 국경검역기관에서는 식물위생 상 중요한 병해충에 대한 인식 제고를 위하여 화물 수입업계를 대상으로 하는 워크샵을 개최하고 있다. 수입화물 장치장, 부두 및 기타 위험장소에서 일하는 업계 인력을 대상으로 주요 식물위생 상 위험경로와 병해충에 대한 인식을 제고하고, 병해충이 검출될 경우 무엇을 해야 하는지를 무료로 교육하고 있다.

식물위생에 대한 인식을 증진시키기 위한 대중 홍보캠페인은 다음과 같은 다양한 방식으로 진행될 수 있다.

1. 다양한 외국어로 제작된 인터넷, 포스터, 홍보물을 통해 식물위생의 중요성을 강조하고, 병해충이 농업과 환경에 미칠 수 있는 영향을 보여주는 것;
2. 식물위생 프로그램의 중요성을 고취하기 위해 모자, 필기구 등을 무료로 배포. 어떤 국가에서는 특정 집단에 대해 식물위생 프로그램에 대한 인식을 향상시키기 위해 차량의 가림막이나 요트의 돛에 식물위생 홍보문을 표기하기도 함
3. 식물위생에 기여한 개인이나 업계 단체에 대한 포상 수여. 호주에서는 구매자와 판매자들에게 식물이나 식물성 산물을 거래하는데 수반되는 법적 의무를 강조한 노력을 인정하여 2006년 국제적인 전자상거래 기업인 "e-Bay"에게 식물위생 포상을 수여함
4. 어린이와 부모들에게 식물위생 원칙의 중요성을 상기시키기 위한 학교 프로그램
5. 해외여행청이나 국제여행박람회에서 여행사나 선사를 대상으로 전시 및 식물위생규정을 홍보하고 식물위생 현안에 관한 정보 배포
6. 농업박람회나 원예박람회에서 식물류를 수입하는데 관심 있는 대중 등 핵심 위험그룹을 대상으로 전시하고, 농촌 관계자들에게 식물검역병해충이 농업에 미칠 수 있는 잠재적 피해를 강조
7. 텔레비전은 광범위한 시청자들에게 식물위생 상 메시지를 전달하는데 특히 유용한 매체임. 몇몇 국가에서는 국경에서 식물위생 상 위험성을 다루는데 있어 국경검역기관들이 처한 어려움에 대하여 성공적인 다큐멘터리를 방영

대중 홍보캠페인에서는 위험경로를 관리하는 것의 복잡성과 어려움, 그리고 관리될 위험이나 수용 가능한 보호수준의 개념이 핵심 메시지로 반드시 포함되어야 한다. 그렇지 않으면 국민들은 NPPO에게 비현실적인 기대치를 갖게 되거나 외래병해충이 불가피하게 유입되었을 경우 불필요하게 비판적이 될 수 있기 때문에 이는 매우 중요하다.

6.7.8 집행과 준수

수입자와 수출자는 수입/수출 과정 전과 후 NPPO의 모든 규제요건을 인지하고 준수할 책임이 있다. 대개 NPPO에는 조사와 집행활동을 통해 국경 운영에 대한 일관성을 높일 수 있도록 집행 및 준수 담당부서가 마련되어 있다. 또한 일반적으로 NPPO는 검역관이 식물위생규정을 위반한 개인에게 벌금을 부과(일부 국가에서는 "위반 통보(infringement notice)"라고 부름)할 수 있도록 법적 권한과 규제 기구를 갖추고 있다. 식물위생 위반 통보는 공항만에서 승객들이 식물검역 대상물품을 신고하지 않은 경우나 경미한 위반행위에 대해 사용된다. 금지된 물품을 의도적으로 밀수하거나 식물검역증명서의 위조, 컨테이너/포장상자의 식물위생 봉인 파손 등 보다 중요한 위반에 대해서는 대개 준수 담당 부서에서 추적하여 법원 기소 등 보다 심각한 결과로 이어질 수 있다.

많은 NPPO들은 제 삼자와 이행협정을 통해 그들을 대신하여 낮은 단계의 활동을 수행하도록 승인하고 있다. 이러한 협정에 대해서는 정기적인 감사를 통해 제대로 이행되고 있는지, 조건이 위반되었을 경우 적절한 제재조치가 취해지고 있는지를 확인하는데, 문제가 확인된 경우 준수 담당부서에서 기소, 식물위생 승인기관 등록 취소 등의 조치를 취하게 된다.

6.7.9 전문가의 접근성

국경에서의 효과적인 활동을 위해서는 적시에 정확히 병해충을 동정하고 위험경감에 관한 자문을 구할 수 있어야 한다. 국제협정에 따라, 규제 행위는 식물위생 상 중요한 병해충에 대해서만 정당화 될 수 있다. 곤충학자 및 식물병리학자, 식물학자 등 진단전문가에 대한 접근성은 해충, 병, 잡초종자를 동정하고, 검사 및 증명 서비스를 실행함에 있어서 적시에 자문을 받고, 과학에 기반한 의사결정을 유지하고 향상시키는데 있어서 핵심적인 요인이다.

분류동정전문가와의 접촉이 감소하고, 자문요청에 대한 답변이 지연되면 생물안보 위험성이 증가하게 된다. 국경에서는 국내·외의 전문가들과 손쉽게 연락할 수 있도록 원격진단 등의 기술 사용이 증가하고 있다(12.4절 참조). 원격진단은 현미경 플랫폼을 카메라 장치를 통해 컴퓨터에 연결하여 검역관이 발견한 살아있는 병해충의 고해상도 이미지를 인터넷으로 신속하게 전송하여 외부의 전문가들과 공유할 수 있게 해 준다(12.5절 참조). 멀리 떨어져 있는 동정자는 전화로 동정에 관한 의견을 나누고, 동정에 필요한 특징에 관해 지시를 내릴 수 있다. 이로써 일차적으로 발견된 사항들을 신속하게 전달하고, 수시간/수일에 달하는 대기시간을 몇 분으로 줄여서 적절한 조치를 취할 수 있게 된다. 또한 휴대용 현미경 장비와 휴대 전화를 사용하여 현장의 검역관이 분류동정전문가에게 이미지를 전송하는 기술을 개발하고 상용화하기 위한 시도가 계속되고 있다. 한편, 원격진단은 전문가와 훈련생이 직접 만나지 않고도 훈련을 실시하는 방안으로도 사용되고 있다.

검역관이 수입/수출된 식물을 효과적으로 검사하고 통관시키기 위해서는 어디를 검사하고(검사기법), 무엇을 찾고(병해충을 인지할 수 있는 능력), 병해충이 검출되면 어떤 조치를 취할 것인지를 알고 있다는 자신감과 능력이 매우 중요하다. 규제 관련 의사결정이 일관성 있고 합법적이기 위해서는 업무 지시, 표준 운영 절차, 지침, 병해충 데이터시트, 매뉴얼과 포스터에 대한 접근성이 핵심적이다. 마찬가지로 검역관의 업무 효율성을 위해서는 병해충 인식, 검사기법, 소독처리 요령에 관하여 전문가로부터 기술적인 훈련을 받는 것이 중요하다. 일부 국가에서는 전국에 분산되어 있는 검역관들에게 이러한 정보를 전달하기 위해 e-러닝 패키지를 개발하고 있다.

6.8 수출에 있어서 국경 검역관의 역할

효과적인 수입규제시스템은 수출자에게 무엇보다 중요하다. 해외의 무역상대국들은 국경검역을 통해 과학에 기반한 식물위생조치를 사용하여 병해충 확산을 방지한다는 사명을 신뢰할 수 있게 된다. 또한 검사는 다른 국가들이 수출국의 병해충 무발생 상태를 신뢰할 수 있게 해 준다. 중요한 병해충이 존재하지 않으면 국제무역에서 확실한 이점이므로 이는 한 국가의 수출에 있어서 중요한 사항이다.

자국의 식물위생요건을 준수해야 하는 수입자와 달리, 수출자는 다른 국가의 요건을 준수해야 한다. 상품이 수입국의 요건을 충족함을 보장하기 위한 일환으로 국가식물보호기관은 수출품이 안전하고, 정확하게 기재되었으며, 외국 정부의 요건을 충족하는지를 검증한다. 국가식물보호기관은 수출품이 검사를 받고 병해충이 없는 것으로 확인되었음을 증명하기 위해 식물검역증명서를 발행한다. 수입국에서는 식물이나 식물성 산물의 식물위생 상태에 관한 정부의 공식적인 보장을 위해 증명서에 특정 부기사항을 요구할 수도 있다. 이 경우 수입국은 부기사항을 뒷받침할 근거로 예찰, 특정병해충에 대한 검사나 시험을 실시할 수도 있다. 이에 필요한 검사와 문서 요건은 상품의 종류와 수출국의 요건에 따라 달라진다.

많은 NPPO들은 무역 상대국과의 협정을 통해 물품에 대한 '최종 도착지 검사(end-point inspection)'에서 "품질 보증"에 기반한 시스템으로 이동하고 있는 추세이다. 수출자들은 이제 물품의 품질과 외국 정부의 요건을 준수하는데 더 큰 책임을 지고, 이행 여부를 입증하기 위해 NPPO의 감사를 받는다. 이러한 협정에서는 수입국의 식물위생요건에 따라 물품의 위해성을 규명하고, 이를 제어 및 제거하기 위해 업계나 수출회사가 위해성 보장체제를 구축해야 한다. 이러한 시스템에서는 최종 검사 등 정해진 역할을 수행하도록 승인된 사람이나 관할 직원의 역할이 중요하다. NPPO의 역할은 수입국과의 협정을 조율하고, 참여자들과 함께 절차가 제대로 진행되도록 증명서의 입증, 승인된 협정의 감사 등 승인 및 감독하는 것이다.

이 장에서는 국경에서의 식물위생/생물안보를 위한 규제가 복잡하고 이를 개발 · 유지하데 대개 많은 비용이 소요된다는 것을 보여주었다. 그러나 효과적인 생물안보시스템이 갖는 환경적, 경제적, 사회적 이득은 특히 식물 생산과 생물다양성에 미치는 비용과 손실을 감안하면 쉽게 입증될 수 있다.

6.9 유용한 사이트

식물 및 식물성 산물의 수입과 수출요건에 관한 추가 정보는 다음의 사이트에서 찾아볼 수 있다.

1. 호주
   식물, 곡물 및 원예산물의 수입 요건: http://www.daff.gov.au/aqis/import/plants-grains-hort
   식물, 곡물 및 원예산물의 수출 요건: http://www.daff.gov.au/aqis/export/plants-grains-hort

2. 캐나다
   식물류의 수입 요건: http://www.inspection.gc.ca/english/plaveg/plaveg.shtml
   식물류의 수출 요건: http://www.inspection.gc.ca/english/plaveg/expe.shtml

3. 뉴질랜드
   식물/임산물의 수입 요건: http://www.biosecurity.govt.nz/enter/plants
   식물/임산물의 수출 요건: http://www.biosecurity.govt.nz/regs/exports/plants

4. 미국
   http://www.aphis.usda.gov/import_export/plants/plant_import/plant_inspection_stations.shtml
   http://www.aphis.usda.gov/favir/ (과실 및 채소류 데이터베이스)
   http://www.aphis.usda.gov/import_export/plants/plant_imports/Q37.shtml
   http://www.aphis.usda.gov/permits/ (동식물위생검사청 식물보호 및 검역부(APHIS PPQ)에 의해 허가서 발급)
   http://www.aphis.usda.gov/import_export/plants/manual/index.shtml (식물보호 및 검역부(PPQ) 매뉴얼)

참고문헌

Agrios GN (2005) Plant pathology. 5th edn. Elsevier Academic Press, Burlington, Massachusetts, USA

Aharoni Y, Stewart JK, Guadagni DG (1981) Modified atmospheres to control western flower thrips on harvested strawberries. J Econ Entomol 74: 338-340

Anon (2002) Irradiation as a phytosanitary treatment of food and agricultural commodities. In: Proceedings of the final research co-ordination meeting organized by thc Joint FAO/IAEA Division of Nuclear

Techniques in Food and Agriculture. Vienna. http://www-pub.iaea. org/MTCD/publications/PDF/te-1427_web.pdf

Anon (2006) Creating our future: agriculture and food policy for the next generation. Report to the Minister for Agriculture, Fisheries and Forestry, Canberra, February. http://www.agfoodgroup.gov.au/. Accessed 21 May 2010

Anon (2008) *Bufo melanosrictus* - black-spined toad. AQIS Bull. January/February issue. http://www.daff.gov.au/_data/assets/pdf_file/0011/593363/bulletin-janfeb08.pdf. Accessed 21 Aug 2009

Anon (2009a) World population prospects: the 2008 revision. Pop. Newsletter. June 2009: 87. http://www.un.org/esa/population/publications/popnews/Newsltr_87.pdf

Anon (2009b) Review of Maritime transport 2009. United Nations conference on trade and development. http://www.unctad.org/Templates/Page.asp?intItemID=5242&lang=1. Accessed 1 July 2010

Anon (2010a) United states Department of Agriculture Treatments manual. http://www.aphis.usda.gov/impact_export/plants/manuals/ports/downloads/treatment_pdf/05_02_t100schedules.pdf. Accessed 17 Sept 2009

Anon (2010b) ACI world report-passenger and freight traffic, pp 11-12. http://www.aci.aero/aci/file/World%20Report/2010/WorldReprtJune2010-.pdf. Accessed 11 May 2009

Anon (2010c) International mail into Australia. http://www.daff.gov.au/aqis/mail. Accessed 21 Oct 2009

Anon (2011) NAPPO position on soil movement. http://www.nappo.org/en/data /files/download/PDF/Soil%20Movement03-e.pdf. Accessed 3 Dec 2011.

Areal FJ, Touza J, MacLeod A, Dehnen-Schmutz KD, Perrings C, Palmieri MG, Spence NJ (2008) Integrating drivers influencing the detection of plant pests carried in the international cut flower trade. J Env Manage 89: 300-307

Armstrong JW (1989) High temperature forced air phytosanitary treatments for fresh fruits infested by tephritid fruit flies. ISHS Acta Horticulturae 269: Symposium on tropical fruit in international trade, Honolulu, Hawaii (USA)

Baker EG (1966) Inadvertent distribution of fungi. Can J Microbiol 12: 109-112

Baranchikov YN (1989) Ecological basis of the evolution of host relationships in Eurasian gypsy moth populations, pp 319-338. In: Proceedings, Lymantriidae:a comparison of features of new and old world tussock moths. U.S. Department of Agriculture, general technical report NE-123

Caton BP, Dobbs TT, Brodel CF (2006) Arrivals of hitchhiking insect pests on international cargo aircraft at Miami International Airport. Biol Invasions 8: 765-785

Close RC, Moar NT, Tomlinson AI, Lowe AD (1978) Aerial dispersal of biological material from Australia to New Zealand. Int J Biometeorol 22(1): 1-9

Coakley SM, Scherm H, Chakraborty S (1999) Climate change and plant disease. Ann Rev Phytopathol 37: 399-426

Dingley JM (1977) Records of plant diseases in New Zealand. NZ Dept Scientific and Industrial Research Bull, 192

Eyres N, Vanstone V, Taylor A (2005) Potato cyst nematode *Globodera rostochiensis* and *G. pallida*: exotic threats to Western Australia. Factsheet no. 10, WA Department of Agriculture. http://www.agric.wa.gov.au/objtwr/ imported_assets/content/pw/ph/par /potato_csyt_fs.pdf. Accessed 2 Apr 2010

Forbes GA, Lizarraga C (2010) The impact of potato late blight management on poverty and hunger. https://research.cip.cgiar.org/confluence/download/attachments/16679037 jrhe+lmpact+of+potato+Late+Blight+Management+on+poverty+and+Hunger.doc. Accessed 2 Apr 2010

Gadgil PD, Flint TN (1983) Assessment of the risk of introduction of exotic forest insects and diseases with imported tents. NZ J Forestry 28(1): 58-67

Haack RA. Petrice TR, Nzokou P, Kamdem DP (2007) Do insects infest wood packaging material with bark following heat treatment? In: Evans H, Oszako T (eds) Alien invasive species and international trade. Forest Research Institute, Warsaw, pp 145-149

Harlan JR (1971) Agricultural origins: centres and non-centres. Science 174: 468-474, http://www.actahort.org/members/showpdf?booknramr=269_59. Accessed 11 May 2010

Harvey IC, Beresford RM (1982) Stripe rust of wheat: symptoms, epidemiology and host range in New Zealand. In: Proceedings of the 35th New Zealand weed and pest control conference, Hamilton, New Zealand, vol 35, pp 173-176

ISPM 1 (2006) Phytosanitary principles for the protection of plants and the application of phytosanitary measures in international trade. ISPM No. 1. FAO, Rome

ISPM 4 (1996) Requirements for the establishment of pest free areas. ISPM No. 4. FAO, Rome

ISPM 10 (1999) Requirements for the establishment of pest free places of production and pest free production sites. ISPM No. 10. FAO, Rome

ISPM 12 (2001) Guidelines for phytosanitary certificates. ISPM No. 12. FAO, Rome

ISPM 15 (2002) Guidelines for regulating wood packaging material in international trade. ISPM No. 15. FAO, Rome

ISPM 18 (2003) Guidelines for the use of irradiation as a phytosanitary measure. ISPM No. 18. FAO, Rome

ISPM 20 (2004) Guidelines for a phytosanitary import regulatory system. ISPM No. 20. FAO, Rome

ISPM 23 (2005) Guidelines for inspection. ISPM No. 23. FAO, Rome

ISPM 31 (2008) Methodologies for sampling of consignments. ISPM No. 31. FAO, Rome

ISPM 32 (2009) Categorisation of commodities according to their pest risk. ISPM No. 32. FAO, Rome

Jones RAC (2009) Plant virus emergence and evolution: origins, new encounter scenarios, factors driving emergence, effects of changing world conditions and prospects for control. Virus Res 141: 113-130

Kovacs KF, Haight RG, McCullough DG, Mercader RJ, Siegert NW, Liebhotd AM (2010) Cost of potential emerald ash borer damage in U.S. communities, 2009-2019. Ecol Econ 69: 569-578

Kwong R (2004) Biological control of weeds in Victoria. http://www.dpi.vicgov.au/ CA256F310024B628/0/0CF0070C2DDE34FCCA25705B00227BA8/$File/UC27+Biocontrol+ Supplement.pdf. Accessed 1 June 2010

Lawson SA (2007) Eucalyptus source and sink for invasive pests and diseases. In: Evans H, Oszako T (eds) Alien invasive species and international trade. Forest Research Institute, Warsaw, pp 133-144

Lodge DM, Lewis MA, Shogren JF, Keller RP (2009) Introduction to biological invasions: biological, economic and social perspectives. In: Kelter R, Lodge D, Lewis M, Shogren J (eds) Bioeconomics of invasive species - integrating ecology, economics, policy, and management. Oxford University Press, Oxford/New York, pp 1-24

Mathys G, Baker EA (1980) An appraisal of the effectiveness of quarantines. Ann Rev Phytopathol 18: 85-101

Mattson WJ, Niemela P, Millers I, Inguanzo Y (1994) Immigrant phytophagous insects on woody plants in the United States and Canada: an annotated list. General technical report, NC, 169, USDA, St Paul

Morgan CVG, Gaunce AP (1975) Carbon dioxide as a fumigant against the San Jose scale (Homoptera: Diaspididae) on harvested apples. Can Entomol 107: 935-936

Morschel JR (1971) Introduction to plant phytosanitary. Australian Government Publishing Service, Canberra, 72 pp

Mound LA (2009) A new genus and species of *Scirtothrips* genus-group (Thysanoptera: Thripidae) from Kenya, intercepted by Australian quarantine. Zootaxa 2210: 65-68

Norse D, Gommes R (2003) Climate change and agriculture: physical and human dimensions. In: Bruinsma J (ed) World agriculture towards 2015/2030: an FAO perspective. Earthscan, London, pp 357-372

Nowak DJ, Pasek JE, Sequeira RA, Crane DE, Mastro VC (2001) Potential effect of *Anoplophora glabripennis* (Coleoptera: Cerambycidae) on unban trees in the United States. J Econ Entomol 94: 116-122

Purcell AH, Almeida RP (2005) Insects as vectors of disease agents. In: Goodman, RM Encyclopedia of plant and crop science, Marcel Dekker, Berkeley 10(1081): 1-5

Rozkhov AS, Vasilyeva TG (1982) Gypsy moth in middle and eastern Siberia. In: Neparny Shelkoprayo v srednai I Vostochnoi Sibiti. Nanka, Russian Academy of Sciences Siberian Branch, Novosibirsk, pp 4-19 (in Russian)

Santacroche NG (2008) An evaluation of the USDA pre-shipment clearance program for propagative material. Bull OEPP EPPO Bull 8(1): 67-72

Scherm H. Coakley SM (2003) Plant pathogens in a changing world. Aust Plant Pathol 32: 157-165

Sheridan JE (1989) Phytosanitary risks imposed by overseas passengers. NZ J Forestry Sci 19: 338-346

Smith MT, Bancroft J, Li G, Gao R, Teale S (2001) Dispersal of *Anoplophora glabripennis* (Cerambycidae). Environ Entomol 30: 1036-1040

Stanaway MA, Zalucki MP, Gillespie PS, Rodriguez CM, Maynard GV (2001) Pest risk assessment of insects in sea cargo containers. Aust J Entomol 40: 180-192

Versluys WS (1977) New plant disease record in New Zealand. *Puccinia oxalis* on *Oxalis*. NZ J Agric Res 20: 429-430

Walsh PJ (1993) Asian gypsy moth: the risk to New Zealand. N Z Forestry, August, pp 41-43

WTO (1994) Agreement on the application of sanitary and phytosanitary measures. In: Agreement establishing the world trade organization: annex 1A - multilateral agreements on trade in goods, pp 69-83. http://www.wto.org/english/docs_e/ legal_e/l5-sps.pdf. Accessed 21 may 2010

제7장
생물안보의 연속체와 무역: 국경 이후 생물안보 방안
The Biosecurity Continuum and Trade: Tools for Post-border Biosecurity

Shashi Sharma, Simon McKirdy, and Fiona Macbeth
번역: 신현경(농림축산검역본부)

7.1 서론

기후변화와 맞물린 신속한 운송 시스템의 발달 및 사람과 물품의 이동 증가로 인하여 병해충이 새로운 지역으로 분산되고, 새로운 매개체와 새로운 기주, 새로운 환경, 해로운 종과 계통으로 진화할 수 있는 새로운 기회를 찾을 가능성이 증가해 오고 있다(Sharma 2012). 이러한 세계화 시대에 국경 이전, 국경에서, 국경 이후를 망라한 엄격한 생물안보의 위험관리 조치를 적용하지 않는다면 국가들은 외래병해충의 침입을 받게 될 높은 가능성에 영구적으로 노출되어 있다.

세계적으로 작물에 피해를 주는 병해충은 약 70,000종이 알려져 있다(Pimental 2009). 모든 국가식물보호기관(NPPO)의 기본 기능은 외래병해충의 유입과 정착, 확산을 방지하고, 토착병해충의 확산을 최소화하며, 다른 국가들에게 자국의 병해충 상황에 대한 정보를 제공하는 것이다. NPPO는 어떤 정해진 구역 또는 지역, 국가에서 어떤 병해충이 존재하지 않는다는 증거를 제공하는데, 이러한 정보는 수출시장 접근을 요청, 획득, 유지하는데 필요하다.

국경 이전, 그리고 국경에서 외래병해충의 위험성을 관리하기 위한 방안으로는 검역, 소독, 검사로부터 여러 가지 다양한 식물위생조치 등이 있다. 그러나 국경 이전, 그리고 국경에서 생물안보를 위한 위험관리 조치를 시행하더라도 어떤 병해충은 여전히 새로운 지역에 침입하

S. Sharma
Centre for Biosecurity and Food Security, Murdoch University, 90 South Street, Murdoch, WA 6150, Australia
e-mail: s.sharma@murdoch.edu.au

S. McKirdy (✉)
Chevron Australia, QV1 Building, 250 St Georges Tce, Perth, WA 6000, Australia
e-mail: SMcKirdy@chevron.com

F. Macbeth
Blackwood and Kemp Pty Ltd, Canberra, ACT 2611, Australia

여 정착할 수 있는데, 이러한 병해충에는 검역당국이 식물 분야, 지역사회, 경제와 환경에 심각한 위협이 될 것으로 간주하는 종이나 계통이 포함된다. "1온스의 예방은 1파운드의 치료와 맞 먹는다"라는 옛말은 생물안보에서도 통한다. 유입[1](즉, 새로운 또는 외래 병해충이 침입하여 정착하는 것)을 방지하는 것은 병해충이 정착한 뒤 문제를 "치료"하는 것보다 효율적이고 효과적이다.

국경 이후의 생물안보는 생물안보의 연속체를 구성하는 필수요소로서 새로운 생물적인 위협을 항상 경계하고, 새로운 또는 외래 병해충을 조기에 검출할 수 있도록 최선의 병해충 모니터링 절차와 수단을 사용하여 비용 대비 효과적인 박멸 또는 봉쇄, 방제라는 결과를 달성하는 것이다. 여기에는 생물안보적으로 위험한 물품의 이동을 모니터하고 제한하기 위해 지역 경계선을 사용하고, 병해충 검출 및 병해충무발생지역 유지를 위한 예찰과 모니터링 활동, 그리고 침입에 대비한 계획을 수립하는 것이 포함된다. 새로운 지역으로 병해충의 침입, 확산, 정착을 감시하고 예찰하는 것은 국경 이후 생물안보 프로그램의 핵심 활동이다(McKirdy 등 출판 중).

어떤 지역이나 국가에서 병해충무발생 상태를 선언하기 위해서는 국경 이후의 생물안보 활동이 필수적이다. 이는 성공적인 병해충 박멸을 입증하는 것뿐만 아니라 무역상대국의 요건을 충족하기 위해 무발생지역을 입증하기 위해서도 필요하다.

병해충 예찰 프로그램에는 주로 병해충 전문가들이 목표를 정해서 수행하는 능동적인 예찰과 농민이나 일반 지역사회가 병해충이 의심되는 경우 관련기관에 보고하는 것이 주가 되는 수동적 예찰이 있다. 수동적 예찰의 성공여부는 농민과 일반 대중이 비정상적인 병해충이나 병징을 목격하고 이를 보고하는데 어느 정도의 인식과 관심을 갖고 있느냐에 달려있다. 국경 이후의 병해충을 성공적으로 봉쇄하고 박멸시키는 것은 어려운 일이며, 세심한 계획과 준비가 필요하다.

이 장에서는 병해충무발생지역을 유지하고, NPPO의 준비성을 향상시키며, 병해충 침입 시 적기에 대응하도록 지원하기 위하여 국경 이후 적용할 수 있는 다양한 생물안보 방안에 대해 설명하고자 하였다. 각 절에는 국제식물보호협약(IPPC)에서 제정한 국제기준으로부터 지역사회의 정보교환까지 다양한 활동들이 이러한 방안으로 제시되어 있다.

7.2 국제식물보호협약(IPPC)의 기준

국제식물보호협약(IPPC)은 식물위생에 관한 국제협정으로 현재 178개 국가가 서명하였다. IPPC의 목적은 병해충의 유입과 확산을 방지하여 작물과 야생식물을 보호하는데 있다. IPPC는 식물병해충을 "식물이나 식물성 산물에 피해를 주는 식물 또는 동물, 병원체의 종(species) 또는 계통(strain), 생태형(biotype)"으로 정의하고 있다. '식물병해충'에 해당되는 종이 유입되면, 유입된 종이 경제적 피해를 유발할 수 있다는 불안과 우려를 일으키게 된다. 이러한 병해

1 이 장에 사용된 용어는 IPPC의 식물검역용어집(ISPM No.5, IPPC 2010)(http://www.ippc.int)을 따르고 있다.

충에 대한 경제적 영향 분석은 예측적 성격을 지니며 대개 기존의 연구결과 및 이 병해충이 원래 분포하는 국가에서 실시한 영향 분석에 근거하는 경우가 많다.

식물위생조치에 관한 국제기준(ISPM)은 IPPC에서 제정한다. ISPM은 위생 및 식물위생 협정(SPS)에 의거, 세계무역기구(WTO)의 회원국들이 적용하는 식물위생조치의 기본으로 인정되는 기준 및 지침, 권고이다. ISPM 중 일부는 국경 이후의 생물안보 운영체계를 구축하는데 적용할 수 있으며, 프로그램의 수립 방향을 제시해 준다. 아래의 ISPM은 특히 새로운 지역으로 어떤 병해충이 유입되었을 경우 국경 이후의 활동에 필요한 지침을 제공하고 있다(ISPM에 관한 보다 상세한 정보는 2장을 참조).

- ISPM No. 3: 생물적 방제제와 기타 유용생물의 수출 및 선적, 수입, 방사에 관한 지침
- ISPM No. 4: 병해충무발생지역에 관한 지침
- ISPM No. 6: 예찰에 관한 지침
- ISPM No. 8: 지역 내 병해충 발생상태 결정
- ISPM No. 9: 병해충 박멸프로그램에 관한 지침
- ISPM No. 17: 병해충 보고
- ISPM No. 29: 병해충무발생지역 및 저발생지역의 인정

국경 이후의 생물안보에서 병해충위험분석은 중요한 요소이다. 다음의 두 ISPM은 국가 및 지역에서 실시하는 병해충위험분석에 관한 지침을 제공하고 있다.

- ISPM No. 2: 병해충위험분석의 체계
- ISPM No. 11: 환경적 위험 및 살아있는 유전자 변형 생물체에 대한 분석을 포함한 검역 병해충에 대한 병해충위험분석

IPPC뿐만 아니라 국제원자력기구(IAEA) 및 지역식물보호기구(RPPO)도 국경 이후의 병해충 관리에 관한 표준 절차와 지침을 제공하고 있다. RPPO는 지역 차원에서 NPPO를 조율하는 역할을 하는 정부 간 기구로, RPPO에 관한 정보는 IPPC 웹사이트(http://www. ippc.int)에서 찾아 볼 수 있다.

불임충 기술과 과실파리 관리방안에 관해서는 IAEA에서 마련한 자료가 유용하다(http://www-naweb.iaea.org/nafa/ipc/public/manuals-ipc.html).

7.3 생물안보 법령

어떤 국가의 생물안보시스템이 사람과 물품의 이동수요 증가에 부응하고, 병해충 발생 증가에 대응하며, 외래병해충의 무발생 상태를 유지하는데 효과적이기 위해서는 현대적이고 강건한 생물안보 법령이 필수적이다.

표 7.1 병해충의 위협을 관리하는 것과 관련된 생물안보 법령의 예

국가	법령 제목	적용범위
호주	검역법(Quarantine Act)(개정 중)	이 법에서 검역이란 인간, 동물, 식물 및 환경이나 경제활동에 중요한 피해를 줄 수 있는 병해충의 유입, 정착, 확산을 방지 또는 관리하기 위한 조치 등을 말한다.
캐나다	식물보호법(Plant Protection Act)	병해충의 수입과 수출을 방지하고, 캐나다에서 병해충의 방제나 박멸을 통해 식물의 삶과 캐나다 경제에서 농업 및 산림 부문을 보호
뉴질랜드	생물안보법(Biosecurity Act)	병해충 및 원치 않는 생물체의 효과적인 관리 또는 박멸
미국	식물보호법(Plant Protection Act)	미국의 농업, 환경 및 경제를 보호하기 위해 식물병해충이나 유해 잡초의 검출, 방제, 박멸, 억제, 방지, 또는 확산 저지

생물안보 법령은 생물안보 상의 위협이 유입될 가능성을 낮추고, 생물안보 비상상황에 대비하며, 업계 및 환경, 지역사회를 보호하는데 필요한 합법적인 권한을 NPPO에게 부여한다. 국가 차원에서 시행하는 생물안보 법령을 제1단계 법령이라고 한다. 어떤 국가에서는 주(state)나 준주(territory)에서 추가로 제2단계 법령을 시행하기도 하는데, 제1단계와 제2단계의 생물안보 프로그램 운영을 조정하는데 상당한 양해가 필요하다. 호주에서는 연방정부와 주정부/준주정부 간의 공조를 강화하기 위해 연방정부(제1단계 책임)와 대부분의 주정부 및 준주정부(제2단계 책임)가 생물안보에 관한 정부 간 협정을 체결하고 있다(IGAB 2012).

국가의 생물안보 법령 및 규정은 WTO의 SPS 협정 및 IPPC 협약에 제시된 국제요건에 반드시 부합하여야 한다. 규제 행위는 다양하고, 무역 촉진 조치나 어떤 지역으로 병해충의 유입 위험을 낮추기 위한 이동제한, 또는 규제병해충에 대한 예찰과 연계될 수도 있다. 규정은 병해충의 잠재적인 이동매체가 되는 인간과 물품의 "생물적으로 안전한(biosecure)" 이동을 촉진하도록 개발 및 개정된다. 예를 들어, 규제병해충을 유입할 위험성을 허용 불가능한 수준으로 내포하고 있는 물품에 대해 규정을 통해 반입을 제한하거나, 이를 시험, 검사, 예찰하기 위한 표준 운영절차를 마련할 수 있는데, 이러한 조치는 3장에 설명되어 있다. 표 7.1에는 생물안보와 관련된 법령의 예가 제시되어 있다.

7.4 새로운 또는 외래 병해충의 검출에 대한 조직 차원의 대응방안

새로운 병해충 또는 외래 병해충의 검출에 대응하기 위해서는 대개 상당한 자원(시간, 돈, 인력, 기술 등)의 투입이 요구된다. 박멸 작업의 성패를 결정하는데 있어서 병해충의 생물적 특성과 환경적 특성은 중요한 요소이다. 또한 비용, 편익, 이해당사자들의 지지와 같은 요소들도 박멸 작업의 성공에 중요하다. NPPO는 대개 산불, 홍수, 태풍, 화산 폭발, 지진과 같은 여러 가지 국가적 또는 지역적 비상사태에 대비한 표준운영절차(SOP)나 행동강령(protocol)을 채택한다. 위험성과 비상사태를 관리하기 위한 접근방식 및 병해충의 침입에 대한 대응책을 실

행하는데 필요한 조직의 구조 역시 이와 유사하며, 다음과 같은 요소로 구성되어 있다(Murray & Koob 2004).

- 비상 계획(Emergency Planing) – 높은 수준의 준비 태세가 가능하도록 비상관리와 연관된 정책 및 전략, 계획, 절차
- 예방 및 완화(Prevention and Mitigation) – 이웃 국가와의 공조, 수입위험분석 실시 및 국경 검역조치를 통해 위험을 최소화하고, 비상사태를 예방하거나 영향력을 완화시키기 위한 규제조치와 물리적 조치
- 평가 및 훈련(Assessment and Training) – 개개인에 부여된 책무를 수행할 능력 보유
- 예찰 및 경고, 경보(Surveillance, Warning and Alerting) – 잠재적인 비상사태를 예측, 감지, 경고, 경보하는 시스템
- 협조(Co-ordination) – 정부와 업계(영향을 받는 재배자) 전체가 범국가적인 의사결정에 참여하도록 보장하기 위한 메커니즘
- 비상사태 대응(Emergency Response) – 비상사태로 인한 영향이 최소화 되도록 비상사태가 예측될 때, 발생하는 도중 및 발생 직후 신속하게 취하는 행위
- 정보교환(Communication) – 비상사태 발생을 전・후로 정부와 정부기관, 업계, 지역사회 간의 적시 정보교환
- 위험평가(Risk Assessment) – 위해성, 노출, 취약성에 관한 체계적인 규명 및 분석
- 지식관리(Knowledge Management) – 정보의 수집 및 보관, 접근성, 적용
- 법령(Legislation) – 뒷받침하는 법률과 규정
- 자원확보(Resourcing) – 적절하게 훈련된 인력, 적당한 도구와 시설, 필요한 재정에 대한 준비
- 비상사태 회복(Emergency Recovery) – 비상사태로 영향을 받은 지역사회가 물리적 인프라를 재건하고, 감정적, 사회적, 경제적, 물리적 안녕을 회복하도록 지원하는 협력 절차
- 지속적인 개선(Continuous Improvement) – 훈련, 감사, 벤치마킹, 비상사태 이후의 복명 등을 통해 기존의 시스템을 향상

호주에서는 외래 식물병해충의 습격에 대비하기 위해 이러한 접근방식을 채택하여, 업계 및 정부, 기타 이해당사자의 승인을 받은 국가적 차원의 매뉴얼을 개발하였다. 식물 관련 업계 기구와 호주의 주정부 및 준주정부는 식물위생의 핵심 현안에 대해 동반자적관계를 구축하고, 식물병해충에 대한 호주 정부의 대응력을 향상시키기 위하여 2000년 4월 Plant Health Australia를 설립하였다(Donovan 2004).

Plant Health Australia는 식물병해충에 대응 시 업계와 정부의 동등한 의사결정 참여를 보장하기 위하여 '세계 최초'로 식물병해충 비상대응계획(DEED)을 수립하였다. DEED는 식물 관련 업계의 비상사태 대비 및 대응 계획인 PLANTPLAN(www.planthealthaustralia. com.au/plantplan)에 바탕을 두고 있는데, PLANTPLAN에서는 다음과 같은 4단계의 대응 상황이 제시되어 있다.

1. 조사(Investigation) – 주정부/준주정부의 농업부 수석에게 새로운 것으로 의심되는 병해충의 존재가 보고되어, 전문가에게 동정을 확인하는 절차를 시작한다. 추가적인 추적 분석을 통해 어떻게 유입되었는지를 확인하고, 관련 이해당사자의 기관에 이러한 사실을 통보한다.

2. 경보(Alert) – 지역 전문가와 독자적인 전문가를 통해 병해충 동정 결과를 확정하고, 발생을 선언한다. 이해당사자의 대표자로 구성된 위원회를 개최하여 해당 병해충이 비상 식물병해충(Emergency Plant Pest)[2]의 조건을 충족하는지 판단하는 동안, 위원회는 박멸이 가능할 것인지를 검토한다. 필요하다고 확인될 경우 업계 대표와 정부로 구성된 고위급관리위원회에 동 사안을 회부한다. 고위급 관리위원회는 사실관계를 검토하여 필요한 조치를 취할 책임이 있으며, 박멸 및 이에 필요한 자원을 승인할 권한이 있다.

PLANTPAN에 따라 구체적인 대응계획을 마련하고, 이를 '영향을 받는' 관할구역으로 회부한다. 여기에는 필요한 기술적, 경제적 자원의 예상치가 포함되는데, 고위급 관리위원회에서는 이를 검토하여 문제가 없는 경우 박멸활동을 승인한다. 박멸활동을 주관할 기관을 정하고, 비용분담 계획을 수립한다.

3. 운영(Operational) – 주관기관은 대응계획을 이행 및 관리하고, 식물병해충 비상자문위원회에 보고한다. 자문위원회는 고위급관리위원회에 정기적으로 보고한다. 필요시 과학 자문패널이 대응 내용의 기술적 효과를 평가하고, 독자적 감사관이 프로그램의 재정 관계를 평가할 수 있다.

4. 중단(Shut Down) – 박멸이 완료되거나 검토결과 박멸작업이 더 이상 가능하지 않을 경우 프로그램을 중단한다. 지출 내역과 기술보고서를 제출하여 분담할 비용을 계산한다. 대응조치로 발생한 결과와 이것이 병해충 침입에 미친 영향을 요약하여 공식 보고하고, 이를 관련 국제기구와 시장 등 이해당사자들과 공유한다. 도심지역이나 도심 주변지역은 높은 인구밀도, 다양성, 좁은 필지, 화학물질 사용에 대한 반대, 박멸활동 중 다시 방문해야 할 필요성 때문에 농촌지역에서 발생하는 생물안보의 비상사태보다 대개 복잡하다.

표 7.2에는 호주 농림수산부(DAFF)가 새로운 병해충과 외래 병해충에 대한 박멸프로그램을 추진할 것인지의 여부를 결정할 때 고려하는 요소들이 제시되어 있다. 만약 어떤 병해충에 대해 효과적이면서, 비용을 감당할 수 있거나 이행 가능한 방안이 없는 경우, NPPO는 그 병해충을 관리하지 않는 방안을 선택할 수 있다. 여기에는 병해충이 중요한 영향을 주지 않을 것으로 예상되는 경우도 포함된다. 박멸하는 것과 아무것도 하지 않는 양 극단 사이에는 예찰,

---

2 비상 식물병해충(Emergency Plant Pest)이란,

(a) 외래 식물병해충으로서, 발생할 경우 호주에 경제적으로 또는 다른 방법으로 해로우며, 무발생 상태를 유지하는 것이 국가적 및 지역적으로 득이 될 것으로 간주되는 것으로 알려진 병해충

(b) 이미 정착한 식물병해충과 다른 형태이고, 적절한 조사 및 동정 기법을 통해 구분할 수 있으며, 호주에 정착할 경우 국가적 및 지역적으로 영향을 주는 병해충

(c) 원산지가 알려져 있지 않거나 불확실한 중요한 식물병해충으로서, 해당 시점에서 이용 가능한 증거에 입각하여 완전히 새로운 병해충이고, 호주에 정착할 경우 국가 및 지역에 경제적으로 부정적인 영향을 줄 수 있다고 간주되는 병해충

(d) 해당 지역에 잠재적인 경제적 중요성이 있으며, 그 지역에 존재하지 않거나 널리 분포하더라도 공식적으로 방제되고 있으며, 갑작스럽게 대 발생하고 있어 국가 및 지역에 대규모로 유행하거나 심각한 시장 손실이 발생하지 않도록 비상대응이 필요한 식물병해충

표 7.2 전면적인 병해충 박멸프로그램을 실시할지의 여부를 결정하기 위해 고려할 요소

박멸을 선호하게 되는 요소	다른 대안을 선호하게 되는 요소
비용/편익분석 결과, 당해 생물체가 정착될 경우 업계나 지역사회에 중대한 경제적 손실을 초래할 것으로 나타남	비용/편익분석 결과, 당해 생물체가 정착될 경우 업계나 지역사회에 미치는 영향이 상대적으로 낮은 것으로 나타남
생산구역간 물리적 장벽 및/또는 기주식물이 불연속적으로 존재함	기주식물이 연속적으로 생산되는 주요 지역임
비용적으로 효과적인 방제가 어려움(예: 보호제나 치료제의 이용가능성이 제한적임)	비용적으로 효과적인 방제가 가능함
생물체의 세대기간, 개체군 동태 및 분산 특성 상 제한적인 지역과 분포를 선호함	짧은 세대기간, 개체군이 신속하게 증가할 가능성, 장거리 비산으로 인해 신속한 정착 및 확산 발생
생물적 방제요인이 호주에 알려져 있지 않거나 기록되어 있지 않음	생물적 방제요인으로 알려진 개체군이 호주에 광범위하게 존재함
매개자가 불연속적으로 존재하며 효과적으로 방제할 수 있음	매개자가 알려져 있지 않거나, 연속적으로 존재하거나 또는 방제하기 어려움
대발생이 거의 없고 제한적임	대발생 사례가 많고 널리 퍼져있음
추적조사 결과 이차 확산이 일어날 기회가 거의 없는 것으로 나타남	추적조사 결과 이차 확산이 일어날 기회가 아주 많은 것으로 나타남
기후가 병해충 성장에 적합하지 않은 것으로 기록되어 있음	기후가 병해충 성장에 적합한 것으로 기록되어 있음
대발생 지점 및 대체기주에 접근하기 쉬움	기주식물의 위치를 파악하거나 기주식물에 접근하는데 있어 지형적인 어려움 및/또는 문제가 있음

방제, 억제, 봉쇄, 광역 병해충 관리와 같은 여러 다른 조치와 대안이 존재한다.

7.4.1 자원의 우선순위 결정과 병해충 침입 위험성 평가

의사결정에 필요한 자원, 자료, 시간이 충분하지 않으면, 병해충 침입을 다루는데 불확실성이 존재하게 될 가능성이 크다. 불확실하고 자원이 한정된 상황에서는 우선순위의 도구를 사용하는 것은 점점 더 중요해지고 있다. 이러한 도구는 NPPO들이 새로운 병해충으로 인한 문제에 직면하여 감소하고 있는 자원을 어떻게 사용해야 최선인지를 판단하는데 도움을 준다.

다기준의사결정(Multi-Criteria Decision Making) 기법은 의사결정 과정에 다양한 관점을 제공한다는 점에서 유용하고, 일치된 위치에서의 협상에 사용된다(Liu 등 2011). 의사결정자들은 병해충의 침입에 대응하는 과정에서 자신들이 내린 결정이 일부 이해당사자들에게는 긍정적인 결과를 가져오지만, 다른 이해당사자들에게는 부정적인 결과를 가져오게 되는 복잡한 상황에 거의 예외 없이 직면하게 되는데, 이러한 도구는 정성적 및/또는 정량적으로 이용 가

능한 정보에 근거해서 가장 최선의 결정을 내리도록 도와준다. 각각의 결정된 대안들은 여러 기준 하에서의 성과로 표시되어 가장 최선의 또는 바람직한 대안들을 찾는데 도움을 준다. 예를 들어, 다기준분석을 사용하여 병해충의 우선순위를 정하고, 고 영향 또는 저 영향으로 순위를 매길 수 있다. 이렇게 우선순위를 부여하는 절차를 사용하게 되면 다른 병해충에 대해서도 동일한 평가 방법과 기준을 사용하게 되므로, 평가가 좀 더 객관적이고 비교가 가능해진다. 이러한 절차를 문서화하면 이해당사자들과의 정보교환에 대한 투명성이 증진된다.

계층화분석기법(Analytical Hierarchy Process: AHP)은 다기준분석방법의 한 종류로서, 중요성에 따라 비중을 둔 평가기준을 사용하여 문제를 평가하는 방식이다(Saaty 2008). 미 농무부는 미국의 농업과 환경에 위험성이 높고 중요한 것으로 순위가 매겨진 새로운 병해충을 검출하기 위해 농작물병해충합동조사프로그램(Cooperative Agricultural Pest Survey Programme; CAPS)을 운영하고 있는데, 여기서 AHP를 사용하여 외래병해충의 우선순위를 정하고 있다. 우선순위를 정하게 되면 어떤 병해충을 검출하는데 가장 많은 자원이 필요할 것인지가 규명된다(USDA APHIS 2003). AHP는 이미 도입된 병해충에 대해 우선순위를 정하고 자원 배분에 대한 결정을 내리는 데에도 사용되고 있는데, 호주 빅토리아주의 일차산업부는 이 방법을 사용하여 방제프로그램에 포함될 잡초의 순서를 정하고 있다(Weiss & McLaren 2002).

병해충의 유입 및 정착, 확산 위험성과 그로 인한 결과를 평가하고 관리하는데 위험분석과 위협우선순위결정(Threat Prioritisation) 기법을 사용한다. 외래병해충이나 새로운 병해충은 대개 예찰을 통해서 검출된다. 많은 경우에 있어서, NPPO는 기존의 지식을 바탕으로 정기적인 예찰대상 병해충을 지정하고 있으며, 이러한 병해충이 검출될 경우 취해야 할 조치를 분명히 정하고 있다. 호주의 업계 생물안보 계획에는 영향력이 큰 위협요소에 대한 예찰과 모니터링 방안이 요약되어 있고, 병해충의 침입 시 대응 및 봉쇄, 박멸, 기타 관리조치와 연구, 우선순위 지정, 생물안보에 관한 정보교환, 훈련 수요와 같은 사항들이 포함되어 있다.

다루어 본 경험이 거의 없는 외래병해충과 유입 전 대응방안이 미리 마련되어 있는 외래병해충 간에는 차이가 있다. 외래병해충은 수동적인 예찰(예: 지역 주민이나 재배자들의 보고)을 통해 우연히 발견되는 경우가 많고, 영향력이 크지 않은 것으로 규명된 병해충에 대해서는 특별한 준비가 되어 있지 않은 경우가 많다. NPPO는 병해충의 종류와 잠재적인 영향력을 고려하여 다음 중 한 가지를 선택할 수 있다.

- 아무 조치도 취하지 않음
- 예찰
- 해당 병해충을 억제 또는 봉쇄
- 해당 병해충을 관리
- 해당 병해충을 박멸

예를 들어, 과실파리는 많은 국가에서 경제적으로 중요한 병해충 분류군으로 간주되고 있다(15장 참조). 따라서 과실파리에 대해서는 이미 분석이 되어 있고, 박멸활동을 위한 대응계획도 준비되어 있기 때문에 과실파리 종이 침입한 것으로 감지되면, 그 상황의 중요성이 잘 이해를 받는 편이다. 이해가 잘 된 병해충에 대해서는 잠재적인 영향력, 관리 전략, 여러 조치를 취하는데 따르는 비용과 편익에 대해서도 전반적으로 이해를 받기 때문에 불확실성의 정도가 훨씬 낮은 것이 보통이다.

반면, 잘 알려지지 않은 병해충의 경우에는 그 병해충이 새로운 지역에 정착 및 확산하여 중요한 영향을 미칠 것인지의 여부가 불확실하다. 이러한 예로는 전체 기주범위 및 기타 중요한 생물학적 정보가 알려져 있지 않은 새로운 종의 목재천공성 딱정벌레를 들 수 있는데, 결과적으로 훨씬 높은 수준의 불확실성이 존재하게 되므로 의사결정은 더 어려워지게 된다. 현재 진행상황과 관련된 의사결정이나 프로그램의 성공과 관련된 의사결정은 완벽한 정보가 갖추어지지 않은 상태에서 내려질 수 밖에 없다. 이러한 상황은 종종 '해도 비난받고 하지 않아도 비난받는 시나리오(damned if you do and damned if you don't scenarios)'로 묘사되는데, 고전적인 의사결정 이론에서 말하는 "불확실성 하에서의 선택(choice under uncertainty)"의 범주에 들어간다.

더 중요한 것은, 의사결정이론의 원칙을 이해함으로써 그릇된 결정으로 인한 위험성을 경감시킬 수 있다는 점이다. 자료가 없는 상황에서는 자료가 존재하는 상황에서 적용하게 될 조치와 동등한 수준의 누적효과를 갖는 몇 가지 조치나 제한을 사용하여 원하는 결과를 얻게 될 수도 있다. 또한 이러한 조치를 통해 박멸조치가 계속 실행 가능함을 보장하는데 필요한 수준의 신뢰도를 얻게 될 수도 있다. 이러한 것을 토대로 내려진 결정은 제대로 문서화하여 기록하여야 한다. 또한 완벽한 자료 없이 내려진 결정에 대해서는 가능한 광범위한 의견수렴을 거쳐야 한다. 이 과정에 직접적으로 관여하지 않은 이해당사자들에게도 그러한 결정이 내려지게 된 전체적인 논리를 제공하여야 한다. 차선의 환경에서 취해진 의사결정 내용을 기록하고, 실증적인 증거가 없는 상황에서 취한 논리를 충분히 설명해 놓을 것이 권장된다.

7.5 병해충 진단 및 예찰을 위한 도구

외래병해충과 관련하여 핵심적으로 필요한 두 가지는 진단과 예찰이다. 이 둘은 서로 밀접하게 연관되어 있으며, 병해충 침입에 대응하는 전체 과정에서 의사결정가들이 필요로 하는 최신 자료를 생성하는데 사용된다.

7.5.1 진단 도구의 유형

이 절에서는 곤충학, 세균학, 진균학, 선충학 및 바이러스학에서 병해충의 종과 계통을 진단하는데 사용되는 구체적인 방법보다는 이러한 진단 도구의 유형에 대해 설명하고자 한다(분자생물학적 진단의 상세 내용은 13장을 참조).

진단 도구 사이트의 한 예로 Australian Cooperative Research Centre for National Plant

Biosecurity에서 개발한 Plant Biosecurity Toolbox (PBT) (www.padil.gov.au/pbt)를 들 수 있다. PBT는 병해충이 침입한 경우 외래 식물병해충을 신속하게 동정하는 것을 돕기 위해 웹에 기반하여 구체적인 진단 관련 정보를 제공하고 있다. PBT는 NPPO의 승인을 받은 정확한 진단정보를 쉽고 빠르게 이용하고자 하는 진단전문가들과 식물위생 관련 종사자들의 수요에 부응하여 진단에 관련된 정보를 집중화시켰다.

PBT에서 이용할 수 있는 자료로는

- 병해충의 생물적, 분류학적 정보
- 형태학적, 생화학적, 분자생물학적 진단검사법
- 병해충, 기주식물에 나타나는 피해 및 병징의 이미지

국경 이후의 생물안보에서는 새로운 병해충이나 외래 병해충의 피해 및 병징, 동정을 위한 구체적인 방법을 지정해야 하기 때문에 진단과학은 중요한 도구이다. NPPO는 오동정의 위험성이 최소화되도록 실험실들이 최선의 표준운영절차를 채택하도록 해야 한다. 생물안보프로그램에 관여하는 진단실험실에서는 병해충을 진단할 때 승인된 프로토콜을 사용하게 되는데, 이 프로토콜에는 (1) 병징 및 병해충의 피해 인식, (2) 병해충의 분리 및 동정, 이 두 가지 요소가 포함되게 된다(디지털 동정 기법에 대해서는 11장을 참조).

때로는 해충의 피해 흔적이나 병징을 인식하는 것이 깜짝 놀랄 정도로 어려운 경우가 있는데, 이는 식물체의 부위, 품종, 식물 종 간에 병징이 다양하게 나타날 수 있기 때문이다. 이 경우 병에 걸리거나 피해를 받은 식물체의 고해상도 이미지가 도움이 된다. 하지만 이러한 차이를 보여주는 고품질의 이미지를 찾는 것이 어려울 수도 있는데, PBT, Pest and Disease Image Library (PaDIL) (www.padil.gov.au), Bugwood (www.bugwood.org) 등의 진단 도구들이 개발되어 유용한 자료를 제공해 주고 있다(12.3.6절 참조). 현장예찰팀들은 영향을 받은 기주식물을 구별해 내고, 식물체의 부위, 종 및 변종에서 다양하게 나타나는 피해 흔적을 인식할 수 있도록 사전에 훈련을 받아야 한다. 새로운 병해충의 검출에 대응해야 하는 현장인력들에게는 병징의 인쇄물이나 이미지 라이브러리에 접속할 수 있는 모바일 디지털기술 등의 도구가 필수적이다.

연구실에서 새로운 병해충이나 외래 병해충을 동정하기 위해서는 단단하고, 신뢰할 수 있으며, 정확한 방법론을 사용할 수 있어야 한다. 병해충을 동정하는데 사용되는 특이적인 DNA나 RNA 염기서열을 찾아내는 분자생물학적 접근 방법이 점점 더 높게 평가되고 있다(13장을 참조). 새로운 병해충이나 외래 병해충을 진단하는데 있어 분자생물학적 기법이 순조롭게 사용되고 있는 한편, 전통적인 방법도 여전히 유용하게 사용되고 있다. 분자생물학적 접근 방법을 사용하게 되면 진단전문가들이 정확하고 반복 가능한 결과물을 얻을 수 있으며, 의사결정을 내리는 사람은 그 결과물을 사용하여 어떤 조치를 취할지 결정하고, 그러한 행위에 타당성을 부여할 수 있다. 분자생물학적 기법(13장)과 형태학적 기법(12장)을 서로 연계하여 사용함으로써 의심되는 병해충에 대해 신뢰할 수 있는 진단을 내릴 수 있게 된다.

새로운 병해충이나 외래 병해충의 동정 결과를 확인하기 위해서는 진단의 확증

(confirmatory diagnosis)이 중요하다. 병해충의 동정결과를 확정하고, 거짓양성(false positive) 또는 거짓음성(false negative)의 결과가 나오는 것을 방지하기 위해 국제적으로 인정 및 승인된 방법을 사용해야 한다. 병해충을 동정할 때 적어도 두 군데의 독자적인 실험실에 의뢰하는 것이 일반적으로 권장되며, 필요한 경우 그 병해충이 만연한 지역에 위치한 독자적인 실험실을 참여시키는 것도 고려해야 한다. 일상적인 진단은 신속하게 이루어지도록 선발된 검사에 중점을 둔 확증진단의 축소판인 경우가 많다.

7.5.2 병해충 예찰 도구

병해충 예찰은 모든 NPPO가 국내에서 수행하는 핵심적인 기능이자 국경 이후의 생물안보 계획에서 첫 번째 단계 중 하나이다(11장의 예찰에 관한 상세한 내용 및 ISPM No. 8을 참조). 예찰을 통해 새로운 병해충과 병해충의 침입을 검출할 수 있고, 병해충의 확산 정도, 박멸을 위한 모니터링 프로그램, 공식 봉쇄 및 방제의 정도를 결정할 수 있으며, 병해충 무발생지역 및 저발생지역 유지, 박멸조치 후 병해충 무발생 상태를 확인할 수 있다.

외국산 식물성 산물에 대한 검역규제의 타당성을 포함, 국내에서 취하는 식물위생조치의 근거는 예찰을 통해 마련된다. 국가 및 주, 준주는 최신의 예찰자료를 통해 병해충 상태를 '알려짐 또는 발생하지 않는 것으로 알려짐'이나 '발생하는 것으로 알려지지 않음'과 같이 지정할 수 있다. 어떤 병해충의 분포상황은 기후 및 기주, 생태적 영향을 감안하여 확산 정도를 규명하는 경계설정조사(delimiting survey)를 통해서 정하게 된다. 예찰 방법은 수동적인 예찰에서 목표설정 예찰까지 다양한데, 이런 방법들을 통해서 어떤 생물체가 존재할 때 그것을 검색해 내는 능력이 향상된다. 영향력이 큰 위협요소를 검색하는데 실패하거나 거짓양성으로 검색하게 되는 경우에는 심각하고 수용 불가능한 위험을 초래할 수 있다.

국경 이후의 예찰(11장을 참조)에는 구조화된 조사(structured survey), 수동적인 예찰, 여러 곳에서 수집한 정보의 정성적 평가, 조사계획 수립에 유용한 수학식으로부터 확률적 시나리오 트리(stochastic scenario tree)와 bayesian belief networks까지 다양한 수학적 방법의 도움을 받는 수동적 예찰 등이 포함된다. 자기조직화 지도(self-organizing map)는 유입될 경우 정착할 가능성이 있는 종을 규명하는데 사용되는 신경망(neural network)의 한 종류이다(Worner & Gevrey 2006; Paini 등 2010). 이러한 지도는 전 세계 여러 지역에서 병해충의 분포상황을 비교하여 보여주는데, 두 지역 간에 높은 유사성이 나타나는 경우에는 한 지역에 이미 정착되어 있는 병해충 종이 다른 지역으로 유입되게 되면 정착할 가능성이 높을 것으로 예측할 수 있다.

감시초소조사(sentinel site survey) 결과는 병해충 무발생 상태를 주장하기 위한 근거로 중요한데(Boland 2005; McMaugh 2005), 감시초소는 병해충의 침입이 일어날 가능성이 높은 곳에 지정해야 한다.

병해충 분포에 관한 데이터는 상황에 개입하는 것이 실현 가능할 것인지를 평가하는데 중요한 정보를 제공해준다. 또한 봉쇄나 박멸 프로그램의 진행상황을 모니터링하는 경우 일반적으로 경계설정조사를 실시하도록 요구된다(어떤 지역에서 병해충의 발생상태 결정에 관한 구체적인 사항은 ISPM No. 8을 참조). 병해충 조사를 실시할 지점을 선정할 때에는 무작위 추출(random sampling), 계층화 추출법(stratified random sampling), 계통시료추출(systematic sampling), 비행곤충 트랩핑(flying insect trapping) 등의 방법을 사용할 수 있다(McMaugh 2005).

병해충이 박멸되었음을 확인하고, 박멸된 상태를 국제적으로 인증받기 위해서도 예찰이 필요하다. 병해충 침입에 대한 대응조치들은 병해충이 존재하는 지역에 집중되는 경향이 있는데, 영향을 받지 않는 지역에 병해충이 존재하지 않거나 '무발생(freedom)' 상태임을 확인하는 것도 마찬가지로 중요한 문제이다. 이러한 정보는 국내 및 국제 무역에 참여하는 업계에서 필요로 한다.

생물안보의 예찰에 사용할 수 있는 여러 도구들이 개발되어 있는데, 현장팀들이 필요로 하는 도구로는 주로 다음과 같은 것들이 있다.

- 기주식물, 병징, 해충 피해흔적과 생육단계를 구별할 수 있는 이미지(12장을 참조)
- 농촌, 도심 주변 및 도심지에서 어떻게 조사를 실시할 것인지에 관한 조사 전략, 그리고 표적 조사를 위해 수정된 전략(11장)
- 차량, 조사복장, 인식표 및 정확한 위치 파악을 위한 GPS 등의 장비
- GPS 지점이 포함된 디지털 지도 등 직접적인 정보통신기술의 투입을 향상시키는 데이터 저장 방법
- 조사팀장과 토지 소유자/관리자와의 정보교환 방법
- 조사구역으로 이동 및 떠날 때 준수해야 할 위생수칙(18.3절 및 18.4절 참조)

서호주 농업식품국(DAFWA)은 표적 예찰프로그램과 지역사회 예찰프로그램을 운영하고 있다. 표적 예찰프로그램에서는 주 내에서 핵심 외래병해충의 존재, 미존재 또는 오염 수준을 기록한다. 지역사회 예찰프로그램에는 일반 대중들이 자유롭게 표본을 제시하면 무료로 동정해 주는 일반예찰이 포함되어 있다. 여기서 얻게 되는 정보는 주 내에서 검역적으로 중요한 표적 병해충의 무발생 상태를 확인하는데 사용된다. 또한 박멸이나 봉쇄 프로그램이 진행 중인 병해충의 상태를 예찰을 통해 모니터링 할 수 있다. DAFWA는 병해충정보서비스(Pest and Disease Information Service; PaDIS)를 통해 예찰 활동에 대한 대중의 인식과 지역사회의 참여도를 증진시키고 있다. PaDIS는 표본 동정과 이상 징후 발견 시 이에 대한 처리를 도와주는 무료 서비스이다. 도시는 대부분의 외래병해충 유입경로가 되는 도로, 철도, 항공 및 선박의 '운송 종착점'이기 때문에 외래병해충을 탐지하는데 대중의 참여가 중요하다.

7.6 병해충 위험성 및 경제성 분석 도구

병해충위험분석(PRA)에 대해서는 9장에서 자세히 다루고 있다. PRA는 어떤 지역에 새로운

병해충이 정착한 경우, 그러한 상황에 개입하기 위한 방안을 결정하기 위해 생물학적 및 기타 연관된 요소를 검토하게 되며, 경제성 분석과 연계되는 경우도 자주 있다. 이 둘은 정보에 바탕을 둔 결정을 내리기 위해 사용되며, 모두 필요하다. PRA는 어떤 병해충이 유입된 후, 어떤 단계를 취해야 할지 결정하는데 도움이 되는 생물학적 및 기술적 정보를 제공해 준다. PRA에서는 일반적으로 유입가능성과 그로 인한 결과의 파장력을 평가하게 된다. 하지만 새로운 병해충이 검출된 경우, 이미 유입이 된 상태이기 때문에 유입가능성을 평가하는 것은 불필요하다. 예를 들어, 어떤 항구에 설치된 유아등(light trap)에서 새로운 생물체가 발견되었는데, PRA 결과 그 국가의 기후가 이 병해충이 생존하기에 적당하지 않아서 위험성이 무시할만한 수준인 것으로 나타난 경우 NPPO는 그 병해충에 대해 더 이상의 조치를 취하지 않기로 결정할 수 있다. 반면, 어떤 과수원에서 새로운 병해충이 발견되었고, 위험분석 결과 그 병해충의 생존능력과 잠재적인 경제적 영향을 통해 볼 때 정착가능성이 높은 것으로 나타났다면, NPPO는 이에 대한 대응계획을 실행하게 될 것이다. 바람직한 대응계획을 개발하고 이행하는데 있어서 다음의 사항을 고려하는 것이 도움이 될 것이다.

- 잠재적인 분포 및 풍부도
- 존재하는 기간
- 기주범위
- 잠재적 기주의 분포
- 생활사 길이, 활력 등 그 병해충의 생물학적 정보
- 기후의 영향
- 매개체의 역량, 매개체의 존재 여부
- 실험실 및 현장에서의 동정 난이도
- 적절한 대응에 필요한 법령
- 제안된 소독처리 방법의 효과

새롭게 유입된 병해충에 대한 의사결정에서 경제성 분석은 중요한 요인이다. 어떤 병해충에 대한 경제성 분석은 그 자체로 독립된 하나의 문서가 될 수도 있고, PRA의 한 부분으로 편입될 수도 있다. 병해충의 유입으로 인한 영향으로는 농업 생산에 미치는 직접적인 영향, 수출에 미치는 영향(예: 수출시장 상실), 환경에 대한 영향 및 사회적, 심미적, 정치적 영향 등이 있다. 직접적으로 체감할 수 있는 금전적 영향은 생활방식이나 생물다양성 같은 비체감적 영향보다 평가가 용이한 것이 일반적인데, 비체감적 영향도 체감적 영향만큼이나 중요하다.

NPPO는 새로운 병해충을 관리 또는 박멸하는 것과 연관된 경제적 영향을 결정하는데, 여기에는 여러 조치를 취할 경우에 대한 상대적인 비용과 편익이 포함된다. 비용편익분석(cost benefit analysis)은 경제성 평가를 실시하는데 도움이 되며, 어떤 프로그램(예, 어떤 병해충에 대한 박멸 또는 봉쇄 또는 저발생 상태 유지 프로그램)에 소요되는 비용이 잠재적인 편익을 능가하는지를 판단하는데 유용한 정보를 제공해 준다. 어떤 경우에 있어서는 박멸이 실행가능하긴 하지만 박멸에 소요되는 비용이 장기적인 편익을 능가하는 경우가 있다. 이런 경우

NPPO는 박멸 대신 다른 대안(기존의 병해충 종합방제(IPM) 시스템 이용 또는 저항성 품종 식재 등)을 채택하는 것을 고려할 수 있다.

수출업계에 있어서 경제성 분석에는 잠재적인 시장 손실로 인한 비용과 추가적인 소독처리 및 증명 필요성이 포함되게 된다. 때로는 박멸 대신 병해충무발생 생산장소(pest free place of production)(ISPM No. 10)를 고려하기도 하는데, 이를 설정하고 유지하기 위해 반복적으로 소요되는 비용을 감안하여야 한다.

이에 관한 자세한 정보는 ISPM No. 2 "병해충위험분석 체계", ISPM No. 11 "경제적 위험성과 살아있는 유전자 변형 생물체를 포함한 검역병해충에 대한 병해충위험분석" 및 ISPM No. 5 "식물위생용어집"에 제공되어 있으며, 위험분석 시 고려되어야 할 경제적 영향의 유형에 대해서도 자세한 정보가 제시되어 있다.

7.7 박멸 및 병해충 관리 도구

병해충의 박멸을 위한 도구 및 절차는 병해충 관리를 위한 것과 차이가 있다. 관리 도구는 일반적으로 기주에 대한 경제적 영향을 최소화 하는 수준으로 병해충 개체군을 감소시키는 것을 목표로 하는 반면, 박멸 도구는 병해충 개체군을 완전히 제거하는 것을 목표로 한다. 병해충이 존재하지 않으며, 더 이상 검출되지 않는다는 것을 확인하기 위해서는 예찰과 진단이 필요하다.

PRA와 경제성 분석에서 박멸을 권장하는 경우, 그의 성공 여부는 그 병해충이 생존하고 번식할 수 있는 감수성 기주에서 그 병해충을 없애는데 달려있는 경우가 많다. 이를 위해서는 감염지역 주변에서 기주를 제거하고 폐기하기 위한 프로그램과 도구가 준비되어야 한다. (i) 기주식물을 제거한 지역, (ii) 감염지역 주변의 기주가 없는 완충지역, (iii) 기주식물로부터 가장 인접한 지점을 확인하고 처리하기 위해 추가적인 예찰과 병해충 관리를 실시하게 되는데, 위생관리, 농약살포 등 여러 가지 전략을 사용할 수 있다.

특히, 병해충이 천천히 생장하거나(예, 목재가해 병해충), 전정 등의 관리 관행을 통해 기주를 관리하는 것이 가능한 경우 등 일부 경우에는 덜 엄격한 박멸 전략을 사용하게 될 수도 있나. 감염된 목재를 그 병해충이 생존할 수 없는 지점으로 이동시킬 수도 있는데, 이것이 성공하기 위해서는 영향을 받은 식물성 물질을 신중하게 이동시켜서 폐기하고, 엄선된 병해충 관리 도구를 사용해야 한다. 이러한 접근방식의 장점은 기주식물을 계속 유지할 수 있다는 것인데, 특히 농가에서 많은 투자를 한 다년생 작물에 대해서 적합한 전략이다.

박멸이 권장되지 않는 경우, 봉쇄나 방제를 대안으로 선택할 수 있다. 이러한 대안은 전염성 병해충에 대해 사용되는 것과 유사할 수 있다. 봉쇄 전략은 병해충을 단기간 내 박멸하는 것이 불가능하다는 것을 인정하여, 그 병해충을 제한된 지역에만 한정되도록 효과적으로 봉쇄하는 도구를 사용하여 국가의 나머지 지역은 '무발생' 상태를 유지하는 것이다. 수출 시장들은 그러한 '병해충 무발생' 상태의 타당성을 입증하는 예찰과 방제 수준에 근거하여 결정하게 될 것이다. 병해충이 감염된 지역과 감염되지 않은 지역을 확정하기 위해서 예찰 및 진단, 규제 도구를 사용하게 된다.

어떤 경우에 있어서는 넓은 지역에 걸쳐 여러 기관과 이해당사자 그룹이 참여하는 병해충 관리프로그램을 적용하게 될 수도 있다. 이러한 프로그램을 '광역 병해충관리(Area-Wide pest Management)'라고 하는데, 특정 과실파리 종과 같이 중요한 병해충이나 대중의 위생에 중요한 병해충(예, 모기)에 대해 주로 적용된다. 새로운 병해충이 정착하게 되면 다른 병해충과 생물적 방제제에 미치는 영향이 충분히 알려지지 않은 새로운 화학물질이 필요하게 될 가능성 때문에 기존의 병해충 관리프로그램을 조정하게 될 수 있다.

감염지역이나 병해충무발생지역을 보호하기 위해서 규제 도구가 사용되는 경우가 많은데, 병해충이 의도치 않게 이동할 위험성을 최소화하기 위해서 인간이나 물품의 이동을 제한하는 경우가 많다. 또한 병해충이 확산하는 것을 제한하기 위해서 감염지역에 이동제한조치가 적용될 수도 있다. 예를 들어, 과실파리가 어떤 지역에 유입되면, 발견된 지역 밖으로 기주식물을 이동시키는 것을 제한하게 될 수 있으며, 감염된 기주식물을 통해 병해충이 확산하는 것을 막기 위해 주변에 완충지역을 설정하게 될 수도 있다(18.4절 참조). 이러한 조치의 강도와 유지 기간은 병해충의 종류, 소독이 성공할 가능성 및 이용 가능한 자원에 대한 분석을 통해 결정된다.

"농장에서의 생물안보 접근방식(Farm Biosecurity Approach)"은 농민들이 병해충무발생 상태를 유지하기 위해 적용하는 간단한 국경 이후의 조치로서, 농장 안으로 외래병해충이 유입되는 것을 방지하기 위해 필요한 농장위생을 강조하고 있다. 농민들이 농장에서 생물안보조치를 적용하게 되면, 향후 그 농장에서의 생산물뿐만 아니라 더 넓은 수준에 대해서 중요한 영향을 미칠 수 있다. 농장에서의 생물안보조치는 병해충의 유입과 확산을 최소화하기 위한 다음과 같은 간단한 조치로 구성되어 있다.

- 농장을 방문하는 사람들이 농장 안으로 들어오기 전 모든 기계, 차량, 장화, 도구, 바구니, 상자를 반드시 세척하도록 알리는 표시판 설치
- 주 출입문 근처에 병해충과 잡초의 흔적을 쉽게 검사할 수 있도록 배수조가 있는 세척장 마련
- 종자나 곡물을 농장 안으로 반입하기 전 청결도와 품질 확인
- 부지 내로 들어오는 가축을 통해 감염원, 토양전염성 병과 잡초가 확산되는 것을 방지
- 농기계 및 식물, 장비를 다른 작업 지점으로 이동시키기 전 식물성 물질과 흙을 대부분 제거
- 양묘장과 종자 수확지에서 작업할 때 고위험 작업 지점으로 들어가거나 나오기 전 신발과 장비를 세척
- 방문자들이 농장을 떠나기 전 기계 및 장비, 신발을 쉽게 세척하도록 준비

7.8 의사소통 도구

국경 이후의 생물안보에서 소통 전략은 아주 중요한 도구이다(8장 참조). 새로운 병해충이 침입하게 되면 국경 이전 및 이후의 다양한 이해당사자 모두에게 영향을 미칠 수 있다. 이러한 이해당사자들의 다양성과 복잡성으로 인해, 연관된 모든 사람들이 진행 상황을 공유할 수 있도록 보장하기 위해서는 세심하게 계획된 소통 전략이 필요하다. 새로운 병해충의 검출로 인한 영향력은 경제적, 사회적, 환경적 결과를 가질 수 있는데, 전용전화선, 라디오, 텔레비전, 인터넷, 인쇄물과 뉴스미디어 등을 소통의 도구로 사용할 수 있다.

중요한 이해당사자로는 해외시장 및 수출자, 대중, 정부, 소비자, 업계 지도자, 농민, 환경단체, 규제기관, 기술관련 단체, 언론 등이 있다. 모든 이해당사자들이 진행 상황에 관심을 갖고 있지만, 필요로 하는 정보는 서로 다르다. 소통계획에서는 의사 전달자가 서로 다른 청중에게 복잡한 기술적 사항들을 해석하고 요약할 시간을 주어야 한다. 예를 들어, 병해충의 침입으로 인해 수출이 위협을 받는 경우, 수출자들과 해외시장 국가의 대표자들간의 소통이 필요하게 된다. 이 두 이해당사자들은 규제병해충이 무역에 어떤 영향을 줄 것이며, 구제 방안은 무엇인지, 그리고 (만일 박멸이 승인된다면) 언제 무역을 재개할 수 있을지에 관한 정보를 필요로 한다.

도심지역에 병해충이 침입하게 되면 의사 전달자는 농약 사용, 영향을 받는 지역 내 여러 토지 소유자들로부터의 요구사항, 기주식물 제거 및 이동제한 등의 독특한 과제들을 수행해야 한다. 여기서 성공적인 소통의 핵심은 메시지를 간결하고 명확하게 전달하는데 있다(18장의 감귤류 관련 사례 참조). 이러한 침입에 대한 대응방안에서는 각 대응계획의 단계별로 특정 청중이 필요로 하는 정보를 개괄적으로 정리한 체크리스트를 작성해야 한다.

다음의 두 가지 예에서는 사안의 복잡성과 이해당사자들이 이해를 공유하는 것의 어려움을 찾아볼 수 있다.

유리알락하늘소를 방제하기 위해 개인 소유지에 있는 나무를 제거하려는 NPPO의 결정은 저항에 부딪히게 되었다(16.5절 참조). 이런 경우 손실 보상에 대한 복잡한 문제가 제기되는 경우가 많다. 이러한 문제는 소유지 경계선을 훨씬 넘어서는 경우가 많은데, 영향을 받는 소유주를 포함한 이해당사자들이 문제에 대한 이해를 공유하기 위해서는 효과적인 소통 전략이 필수적이다.

소통전략과 도구에 있어서 협력과 지지는 필수적인 요소이다. 재배지에서의 병해충 관리를 수행하는 것부터 감염지역으로 기주식물의 이동제한 같은 검역조치를 감시하는 것까지, 병해충 관리프로그램의 거의 모든 사안에 있어서 이해당사자들이 중심적이고 능동적인 역할을 맡는 경우가 많다. 이런 경우, NPPO는 프로그램의 목적과 특정 행위의 목표, 그리고 NPPO와 이해당사자들의 역할을 명확하게 규정하기 위해서 이해당사자들과 정보를 교환하고 공조해야 한다.

또 다른 예로는 감귤 과수원에서 감귤 과일을 가해하는 새로운 과실파리 종이 발견되었다고 재배자가 보고한 경우를 들 수 있다. 이 사안은 지역 농업부의 자문을 거쳐 NPPO에 보고되었다. 과실파리는 수확 최성기에 발견되었으며, 초기 검출지역에서 수확된 감귤은 국내 시장

(신선 과일 및 주스 가공용)과 수출시장용이었다.

검출 초기, NPPO가 첫 번째로 취한 조치(지방 정부와 협력하여)는 예찰을 통해 감염지역의 경계를 설정하고, 감염된 지역에서 병해충을 옮기는 것과 연관된 물품을 격리하는 것이었다. 이러한 격리조치는 그 지역 내 상업적 재배자, 기타 토지 소유자(예, 정원에 나무가 있는 가정집 등) 및 감귤 관련 업계(예, 선과장, 주스 가공시설, 지역 시장, 트럭이나 기차 등 기주식물을 운송하는 운송회사)에 영향을 주게 되며, 이러한 모든 것은 전체적인 방제나 박멸 프로그램이 이행되기 전에 발생하게 된다. 이후에 검역지역 밖으로 생산물을 이동시키고자 하는 재배자들은 재배지 위생조치, 수확 전·후의 소독 프로그램과 같은 특정요건을 이행하게 될 것이다(18.3절 및 18.4절 참조). 기타 이해당사자(예, 주스 가공시설, 선과장, 지역 시장, 운송회사)들은 폐기물(예, 썩은 과일)을 정해진 방법으로 폐기하도록 요구될 것이다.

위의 예는 하나의 병해충이 유입되어 많은 여러 이해당사자들에게 영향을 미치는 시나리오를 비교적 간단하게 보여주고 있는데, 다른 많은 개인 또는 업계, 조직들도 마찬가지로 영향을 받을 수 있다.

7.9 결론

급격하게 변화하는 전 세계적인 운영 환경과 현대의 생물안보 상 위험관리 전략에서 지속적인 경계와 현대화는 필수적이다. 한 국가의 생물안보 상태를 보존한다는 것은 고정적이지 않은 표적을 갖고 있는 것이다. 병해충의 침입으로 인한 영향은 병해충의 위해능력 및 기주범위, 피해 속성, 확산 속도, 기후 등의 요인에 따라 달라진다. NPPO는 특정 침입과 관계되는 기술적, 정치적, 규제적 관련 사항에 대한 지도력을 발휘해야 하지만, 자료를 생성하고 위험성을 해석 및 관리하는데 도움을 주는 도구의 사용 없이 새로운 병해충에 타당한 대응을 하기는 어렵다.

이 장에서는 병해충의 침입과 병해충무발생지역의 유지로 인한 생물학적 및 경제적 의미를 평가하기 위해 NPPO가 흔히 사용하는 중요한 도구가 무엇인지를 규명하였다. NPPO 간에는 병해충의 위험성을 해석하는데 지침이 되는 표준화된 절차를 사용하도록 일반적인 합의가 이루어져 있다. 현재 국경 이후의 생물안보에서 사용되고 있는 도구들은 지속적으로 개선되고 있으며, 보다 효과적이고 효율적인 도구가 확보되면 언제라도 변할 수 있다는 점을 인정하는 것이 중요하다.

혁신적인 도구 개발에 대한 끊임없는 요구로 인해 국경 이후의 생물안보 위험관리 계획의 수립과 이행은 시기적절하게, 전문적이고, 효과적이며, 지속적인 개선을 보장받을 수 있다. 국경 이후의 생물안보에 관한 사안은 모든 이해당사자로부터 적절한 관심이 필요하다. 그렇지 않으면 병해충의 유입으로 인한 비용은 감당할 수 없는 수준이 되고, 경제 및 환경, 농업, 생물다양성에 대한 손실은 지속 불가능해질 것이다.

참고문헌

Boland P (2005) A review of the National Sentinel Hive Programme in Queensland, New South Wales, Victoria, Western Australia and the Northern Territory. Biosecurity Australia, Canberra, Australia

Donovan G (2004) Emergency plant pest response deed. Aust J Emerg Manage 19: 32-35

IGAB (Intergovernmental Agreement on Biosecurity) (2012) Australian Government - Department of Agriculture. Fisheries and Forestry, Canberra

Liu S, Sheppard A, Kriticos D, Cook D (2011) Incorporating uncertainty and social values in managing invasive alien species : a deliberative multi-criteria evaluation approach. Biol Invasions 13: 2323-2337

McKirdy SJ, Sharma SB, Bayliss KL (in press) Quarantine and biosecurity. Encyclopaedia of agriculture and food systems. Amsterdam, Netherlands

McMaugh T (2005) Guidelines for surveillance for plant pests in Asia and the Pacific, vol 119, ACIAR monograph. ACIAR, Canberra

Murray G, Koob P (2004) Biosecurity in Australian agriculture. Aust J Emerg Manage 19: 5-8

Paini DR, Worner SP, Cook DC, De Barro PJ, Thomas MB (2010) Using a self-organizing map to predict invasive species : sensitivity to data errors and a comparison with expert opinion. J Appl Ecol. doi: 10.111/j/1365-2664.2010.01782.x

Pimentel D (2009) Pesticides and pest control. In: Peshin R, Dhawan AK (eds) Integrated pest management: innovation-development process. Springer Science+Business Media B. V, Dordrecht, pp 83-87

Saaty TL (2008) Decision making with the analytic hierarchy process. Int J Serv Sci 1: 83-98

Sharma, S (2012) Global food security issues. In : Khan MR, Jha S. Sen C. Banerjee H. Biswas T (eds) Proceedings of international symposium on food security dilemma: plant health and climate change issues, pp 3-4. Association for Advancement in Plant Protection, Plant Health Clinic Laboratory, Directorate of Research, Bidhan Chandra Krishi Vishwavidyalaya, Kalyani, 741235, India: West Bengal

USDA APHIS (2003) CAPS program guidebook. United States Department of Agriculture, Animal and Plant Health Inspection Service, Plant Protection Quarantine, Riverdale

Weiss J. McLaren D (2002) Victoria's pest plant prioritisation process. In: Spafford Jacob H, Dodd J. Moore JH (eds) Proceedings of the 13th Australian weeds conference. Plant Protection Society of Western Australia, Perth, pp 509-512

Worner SP, Gevrey M (2006) Modelling global insect pest species assemblages to determine risk of invasion. J Appl Ecol 43: 858-867

제8장 농업에서 생물안보의 정보교환 및 봉사활동
Agricultural Biosecurity Communications and Outreach

Michael Tadle and Paula Henstridge
번역: 최준열(농촌진흥청 국립식량과학원)

8.1 서론

성공적인 모든 생물안보 프로그램에 있어서 효과적인 정보교환이 관건이다. 정보교환은 구조적이고, 모호하지 않으며, 시기적절해야 한다. 식물위생이라는 문제에 있어서 국가식물보호기구(National Plant Protection Organisation, NPPO)는 식물보호와 관련된 문제들에 대해 주권정부를 대표하여 활동할 수 있는 법적 권한과 운영 책임을 가진다. NPPO는 업무에 걸맞은 적절한 수준의 전문지식과 주어진 지위에 대한 책임감을 가진 사람들로 구성되어야만 한다. NPPO에는 식물위생증명서의 발행과 관련된 목적을 위해 식물 및 식물산물, 기타 규제물품들의 검사를 수행함에 있어 훈련되고 경험이 있는 직원들이 있어야 하고, 식물과 식물산물에 대해 신뢰할 만한 동정 능력을 지닌 직원들이 있어야 한다. 또한, NPPO의 직원들은 병해충을 찾아내고, 동정할 수 있어야만 한다. 부수적으로 증명서에 필요한 식물위생조치들을 수행하거나 감독하고; 식물위생증명과 관련된 병해충 조사 및 예찰, 방제활동을 하며; 수입국의 식물위생조건에 맞는 적절한 증명체계를 구축하고 교본을 제작하고; 적절한 경우에 직원과 증명체계를 감사할 수 있어야만 한다. 이러한 다양한 활동을 수행하면서 NPPO는 정보교환에 관한 자체 능력에 특별한 관심을 기울여야만 한다.

M. Tadle (✉)
Policy and Program Development, APHIS, USDA, 4700 River Road, Riverdale, MD 20737, USA
e-mail: michael.a.tadle@aphis.usda.gov

P. Henstridge
PPQ, USDA, 302-E, J.L. Whitten Building, 14th & Independence Ave, S.W., Washington, DC 20250, USA
e-mail: paula.henstridge@aphis.usda.gov

표 8.1 지역식물보호기구(RPPO)

식물보호기구	약자	회원국
Asia and Pacific Plant Protection Commission 아시아태평양식물보호위원회	APPPC	아시아/태평양 연안 23개국과 프랑스
Comunidad Andina 안데스공동체	CA	볼리비아, 콜롬비아, 에콰도르, 페루, 베네수엘라
Caribbean Plant Protection Commission 카리브식물보호위원회	CPPC	카리브해, 중앙아메리카 연안 22개국과 프랑스, 미국
Comité de Sanidad Vegetal del Cono Sur 남미식물보호위원회	COSAVE	아르헨티나, 브라질, 칠레, 파라과이, 우루과이
European and Mediterranean Plant Protection Commission 유럽지중해식물보호위원회	EPPO	유럽 48개국
Inter-African Phytosanitary Council 범아프리카식물위생평의회	IAPSC	아프리카 51개국
North American Plant Protection Organisation 북미식물보호기구	NAPPO	캐나다, 멕시코, 미국
Organismo Internacional Regional de Sanidad Agropecuaria 중미식물보호기구	OIRSA	벨리즈, 코스타리카, 엘살바도르, 과테말라, 온두라스, 멕시코, 니카라과, 파나마
Pacific Plant Protection Organisation 태평양식물보호기구	PPPO	태평양 연안 27개국과 프랑스, 영국, 미국

식물의 생물안보 활동을 효과적으로 수행하기 위한 NPPO의 역량은 효율적이고 체계적인 정보교환 전략을 유지하는데 달려 있다. 그렇게 한다면 NPPO는 한 국가의 식량 생산, 자연 자원 및 전체 경제에 있어 침략적인 식물병해충의 유입으로 인한 잠재적인 결과들을 대중에게 명확하게 전달할 수 있을 것이다.

호주의 NPPO는 농림수산생물안보부(Department of Agriculture, Fisheries and Forestry, Biosecurity Australia; DAFF)이다. 뉴질랜드의 NPPO는 1차산업부(Ministry of Primary Industries; MPI)이다. 미국의 NPPO는 농업부(United States Department of Agriculture; USDA), 동식물위생검사청(Animal and Plant Health Inspection Service; APHIS)이다. NPPO들 사이의 정보교환은 지역식물보호기구(Regional Plant Protection Organisation; RPPO)를 통해 강화된다. 1952년 채택된 국제식물위생협정인 국제식물보호협약(International Plant Protection Convention; IPPC)은 현재 주변국 간에 식물보호에 있어서 정보교환과 협력을 담당하는 8개의 정부 간 기구를 인정하고 있다(표 8.1) (RPPO).

식물병해충의 위험성에 대한 대중의 인식은 정부 내 공공정책 입안자들에게 굳건하고 효과적인 식물의 생물안보 체계를 유지하는 것이 계속적으로 공공적인 우선순위임을 확인하는데 영향을 준다(글상자 8.1).

글상자 8.1 식물의 생물안보

식물의 생물안보란 국가적, 지역적, 또는 개인 농장 수준에서 긴급하게 대처할 식물병해충에 대해 한 작물, 여러 작물, 또는 일정 작물군을 보호하기 위해 만들어진 수단들의 집합체이다(Cooperative Research Center for National Plant Biosecurity 2009-2012).

생물안보란 식량, 농업, 수산, 임업에 대한 정책과 규제 체계를 증진하고, 개발하며, 집행하는데 있어서 국제연합(UN)의 식량농업기구(FAO)가 지지하고, 국제식물보호협약(IPPC)이 포용하는 중요 원칙이다. 생물안보는 식량 안전, (생물다양성을 포함한) 환경보전과 농업의 지속성과 직접적으로 관련된다(국제식물보호협약).

식물의 생물안보에 관한 정보교환의 역동성은 꾸준히 변동하고 있다. 선진국에서는 시민들이 농업 관련 분야에서 더 많이 이탈하고 있다. 예를 들어, 2011년 농업에 종사하는 미국인은 1% 미만이었으며, 호주의 경우에는 단지 3.6%이었다(CIA 2012a 및 CIA 2012d). 이 수치들은 양국의 사람들 대부분이 농업 생산과 거의 직접적으로 연계되어 있지 않다는 것을 시사한다. 농업 생산이 두 나라 국민을 먹여 살리는 바탕이 될지라도(양국 경제의 중요한 구성인자라 할지라도), 호주와 미국 국민의 95% 이상은 농업으로 먹고 사는 사람들이 지키는 식물위생의 생물안보에 대해 인식 수준이 부족하다. 이러한 사실은 정책적 지원과 공공자원을 찾기 위해 다른 많은 공공정책들과 우선순위를 점하고자 경쟁하는 사회적 환경 속에서 식물의 생물안보 활동을 수행하도록 대중적 지지를 모으는데 노력해야하기 때문에 두 나라의 NPPO에게 커다란 도전을 안겨주고 있다. 그러한 도전은 때때로 대중들 사이에서 자기가 먹는 음식에 사용되고, 그들 주변의 자연환경에 뿌려지는 농약의 안전성에 대한 인식과 걱정이 늘어남에 따라 커지게 된다.

한 국가의 농업 및 자연 자원과 생물다양성에 있어서 식물병해충이 가하는 생물안보의 위험성을 완화시키는 것은 NPPO가 다음 세 가지 조건의 유효성을 (대중을 포함한) 이해당사자들에게 설득력 있게 입증할 수 있을 때에만 가능하다.

1. 우려하는 식물병해충이 경제적으로나 환경적으로 상당한 위협을 줄 때;
2. NPPO가 보호적인 생물안보 활동을 할 수 있는 법적인 권한을 가지고 있을 때;
3. 학문이 병해충의 위협과 그 위협을 완화시키기 위한 병해충 제거 및 관리 활동의 효율성, 실효성, 안전성을 입증할 때이다. 일부 상황에서 이것은 독립적인 과학적 입증을 요구할 수도 있다.

NPPO는 자신의 법적 권한에만 독점적으로 의존할 수는 없다. 예를 들어, 식물병해충의 유입이나 정착의 위험성을 경감시키기 위한 검역이나 다른 생물안보 활동을 수행하는데 있어서 APHIS는 식물보호법 2000을 통해 법적 권한을(United States GPO 2012), MPI는 생물안보

글상자 8.2 이해당사자는 누구인가?

이해당사자들은 NPPO의 활동, 정책, 규제에 확정적인 관심을 가진 개인들이다. 이해당사자는 사람, 단체 또는 조직일 수 있다(Thomas 2010).

전통적으로 NPPO는 이해당사자에게 NPPO의 활동, 정책, 규제에 의해 직접적으로 영향을 받는 산업계를 포함하는 것으로 간주되었다. 예를 들어, South Australia의 밀 생산업자; 뉴질랜드 농장임업협회; (국경에서 잠재적으로 금지된 농산물을) 미국행 국제항공편을 운영하는 상업 항공운송업자. 이해당사자에 대한 현재의 개념은 유기 작물이나 특수 작물의 생산자, 상품의 판매자와 사용자, 상품의 소비자단체, 보존에 관심을 가진 사람이나 조직들까지 포함하는 보다 광범위한 범위의 개인이나 단체를 포함하는 것으로 확대되어 있다. 전자통신 수단이나 사회관계망(social networking)을 통한 즉각적인 정보교환으로 NPPO는 국가의 일반적인 대중들을 그들의 이해당사자로 적절하게 고려하고 있다.

법 1993을 통해 법적 권한을 얻었다(Parliamentary Counsel Office). NPPO는 이해당사자들에게 보호적인 생물안보 활동이 그들의 개별이나 상호 관심에 포함되어 있음을 납득시킬 수 있는 효과적인 정보교환 전략을 가지고 있어야만 한다. 그렇지 않으면, NPPO가 경제적으로나 환경적으로 중요한 병해충을 안전하고 효과적으로 관리할 수 있음을 보여주는 학문적으로 유효한 증거를 제시하더라도 이해당사자들은 납득하지 못하고 NPPO의 활동 능력을 방해할 방안을 찾을 것이다.

이해당사자들이 식물병해충의 위험성을 경감시키는 보호적인 생물안보 조치의 실행을 받아들이도록 설득하는 NPPO의 능력은 대중들에게 NPPO가 대중의 관심을 뒷받침하는 과학적으로 신뢰할 수 있는 기관으로 받아들여지는데 달려있다. NPPO의 (공개성, 정보교환성, 책임성을 촉진하는 형태로 사업을 수행하는) '투명 의무(commitment to transparency)'와 대중에게 정책의 개발과 실행에 영향을 줄 수 있는 환류를 제공할 수 있는 기회를 주려는 '의지(willingness)'를 통해 신뢰성과 대중의 믿음이 일어지고 유지되게 된다.

대중의 믿음을 유지하고, 투명성을 보장하며, 의미 있는 방법으로 이해당사자들이 참여하려면 NPPO가 자신들의 의도가 이해될 수 있도록 해야만 한다. 그것이 쉽지만은 않다. NPPO는 일반적으로 학문적 또는 농업적 기초 지식이 부족한 다양한 상대방들에게 (대체로 기술적, 학문적, 농업 특이적 개념들을 포함한) 메시지를 명백하게 전달해야만 한다.

식물의 생물안보 임무를 수행하는데 필요한 지속적인 정보교환 전략에 대한 NPPO의 의존은 특히 장거리 통신과 대중매체(예를 들어 인터넷과 사회관계망(social networking))의 발전과 관련된다. 환경과 화학농약의 사용에 대한 대중의 관심이 고조됨에 따라 효과적인 정보교환의 중요성을 증대시킨다. 이러한 분위기에서 NPPO는 전통적인 이해당사자들(농민, 농산업단체, 상품수입자 및 수출자, 연방 또는 지방, 지역의 정부, 식물병해충으로부터 영향이나 위협을 받는 집단의 구성원)에게 집중된 정보교환 전략이 충분하지 않음을 파악하고 있다. 또한, 이해당사자의 기반은 직·간접적으로 영향을 받는 관심을 가진 개인과 단체들이 포함되어야 한다.

8.2 무엇이 시급한가?

농민과 농산업 종사자, 자연주의자, 환경보호론자는 외래침입식물병해충의 유입이 유발할 수 있는 잠재적인 경제적, 환경적 영향을 알고 있을 수도 있다. 생계를 작물의 수확과 판매에 직접적으로 의존하지 않는 사람들이나 환경과 생물다양성 보호에 기초지식이 없는 사람들은 식물병해충이 유발할 수 있는 피해 가능성에 대해 한정된 지식을 가지고 있다. 그러나 역사는 식물병해충이 한 국가의 환경, 경제, 사회적 관습을 장기적으로 황폐화시킬 수 있음을 명백하게 보여주고 있다. 여기서 우리는 식물병해충의 침입, 정착, 확산이 한 국가를 얼마나 황폐화시켰는지를 보여주는 두 가지 사례연구에 대해 알아보도록 하자.

8.2.1 밤나무 역병과 미국밤나무의 감소

오늘날, 미국 동부와 캐나다 온타리오 남부에서 미국밤나무(*Castanea dentate* (Marshall))가 생태적으로 우점하였다는 것을 기억하는 북미 사람들은 거의 없다. 20세기 초반 이전에 메인 주부터 대서양 중부 연안을 따라 조지아 주까지와 오하이오 계곡을 거쳐 온타리오 남부에 이르기까지 미국밤나무 숲이 펼쳐져 있었다. 밤나무 역병이 뜻하지 않게 유입된 지 40년 만에 이 모든 곳에서 미국밤나무 숲이 거의 제거되었다(Eliperin 2010).

아시아산 밤나무 줄기마름병균(*Cryphonectria parasitica* (Murrill) Barr.)에 의해 발병하는 밤나무 역병은 1900년에서 1904년 사이에 북미로 유입되어 뉴욕시의 죽어가는 미국밤나무 숲에서 처음으로 동정되고 보고되었다(1904). 이 곰팡이는 포자 형태로 공기, 빗방울 또는 동물에 의해 옮겨져 확산되며, 나무껍질의 상처 부위를 통해 밤나무로 들어간다. 껍질과 그 밑에 있는 물관, 부름켜와 심재로 곰팡이가 뻗어나가고, 진전됨에 따라 이 조직들이 죽게 된다. 결국 나무의 영양분 흐름이 감염 부위 위쪽에서 중단되므로 나무가 죽게 된다. 나무의 뿌리 부분과 둥치 부분만이 역병에 꽤 저항성이다. 결과적으로 굉장히 많은 숫자의 작은 미국밤나무들이 남아있는 뿌리의 기부에서 신초 형태로 여전히 존재하고 있다. 하지만 그 신초들은 역병이 공격하기 전에 생식할 수 있을 만큼 자랄 수 없다(Freinkel 2007).

밤나무 역병의 유입이 사회경제적으로 미친 영향은 발병지역에서는 매우 중요하였다. 연간 밤 생산에 의존하는 농촌 사회에서는 가축을 사육하기 위한 환금성 작물로 수확한다. 게다가 밤나무 목재산업은 농촌경제의 중요한 부문이었다. 밤나무 목재는 다루기 쉽고, 가벼우며, 잘 썩지 않으므로 고급 가구나 악기뿐만 아니라 울타리 목재, 철도 침목, 차고 골조, 집 건축에 좋은 자재이다. 실제로 밤나무 역병이 유입되기 전 3세기 동안 미시시피 강 동쪽의 미국에서는 헛간과 집들 대부분을 미국밤나무 목재로 지었다(Eliperin 2010).

밤나무 역병으로 인한 북미의 경험으로부터 얻은 기본 지식은 식물병해충이 생태적으로, 경제적으로, 그리고 사회-정치적으로 판세를 뒤바꿀 수 있는 잠재력을 가지고 있다는 것이다. 그러므로 동부의 숲의 천개에서 눈에 띌 만큼 미국밤나무의 급속한 제거는 정부의 집행력 측면에 존재하는 공백의 상징이 되었다. 밤나무 역병의 사례는 감염되거나 피해받은 식물체와 묘목의 수입에 있어서 보호 수단의 부재에 대한 미국 의회 청문회와 심의위원회에서 다른 몇 가지 병해충과 함께 다루어졌다. 그 결과 1913년에 식물검역법이 통과되었다.

미국은 밤나무 역병과의 전쟁에서 확실히 패했지만, 이 패배가 그 이후 식물병해충의 돌발을 방지하기 위한 식물위생규제의 초석을 놓게 되었다. 그러나 미국밤나무 사례는 아직도 끝나지 않고 있다. 교배육종과 생명공학에 있어 최근의 발전은 남아있는 미국밤나무의 생식질로부터 언젠가는 원래 살던 범위까지 나무를 회복시키는데 도움을 줄 수 있는 저항성 품종을 개발할 수 있을 것이다(Shepherd 2009).

8.2.2 뉴질랜드에서 감자나무이

식물병해충이 황폐화시켰다는 최근 사례는 여기저기 널려 있다. 감자나무이(Tomato Potato Psyllid, TPP, *Bactericera cockerelli* Sulc)가 2006년 5월 뉴질랜드에서 처음 보고되었을 때, 뉴질랜드의 원예환경에 대한 그의 잠재적인 효과에 대해서 알려진 것이 거의 없었다. 더욱이, 나무이 매개체로 *Liberibacter*의 존재나 효과에 대해서 아무 것도 알려지지 않았다(Gill 2010).

TPP는 온실의 토마토에서 처음 발견되었으며, 이후 북섬 오클랜드 지역 내 독립된 4개 장소의 온실 고추와 노지 감자에서도 발견되었다. 이 장소들 중 몇몇 곳의 야외 개체군들은 빠르고 넓게 확산할 수 있다는 그들의 능력이 입증되었다. 뉴질랜드의 MPI는 TPP를 방제하고 관리할 수 있는 가장 적절한 방법이 개별 작물/농장 단위로 산업적 차원에서 나무이를 관리하는 것으로 결론지었다. 이 전략을 촉진하기 위해 MPI는 산업체와 자문을 얻어 factsheet를 만들었고, 병해충 관리에 도움을 주고 병해충에 대한 산업체의 경각심 제고하기 위해 이를 재배자에게 배포하였다(MPI 2009).

2007년에 TPP는 남섬으로까지 퍼져나가 넬슨 지역에서도 발견되었다. 2008년에 북섬 호크스(Hawkes) 만과 기스본(Gisborne) 지역의 노지 토마토에서도 발견되었다. 궁극적으로 이 해충은 온도가 0℃ 이하인 곳에서는 생존할 수 없어 TPP의 분포범위는 겨울철 온도가 0℃ 이상인 지역에 한정될 것이다(New Zealand Fresh Vegetable Industry 2007).

이 문제를 더 복잡하게 한 것은 2008년에 토마토와 고추의 비정상적인 황화의 원인을 조사하던 중 예전에 발견되지 않았던 병원균으로 나중에 명명된 *Candidatus Liberibacter solanacearum*이 온실 토마토에서 검출된 것이다(Liefting 2009). 같은 시기에, 미국에서 감자 재배자이 만든 보고서에서 "zebra chip"으로 알려진 증상으로 고민하는 감자 이야기가 언급되었다(Crosslin 2010).

이러한 증상은 감자를 가공하고 판매할 수 없도록 만들었다. 뉴질랜드 감자에서 관찰된 비슷한 증상은 그와 동일한 신종 세균으로 밝혀졌다. *Candidatus Liberibacter solanacearum*은 TPP에 의해 매개된다는 것이 연구를 통해 밝혀졌다(The New Zealand Institute for Plant and Food Research).

처음에 *Candidatus L. solanacearum*은 신선 토마토와 고추의 수출 시장에 영향을 주었다. MPI는 국제식물보호협약의 보고 의무에 따라 이 생물체의 발견을 즉시 보고하였다(EMPPO 2009). 연구자들이 *C. L. solanacearum*의 전파 기작과 관련된 문제들을 밝혀낸 이후, 대부분의 시장에서 수개월 이내에 수출 교역이 재개되었다. 일부 소규모 업체들이 크게 영향을 받았지만, 그 산업은 상대적으로 영향을 받지 않았다. 하지만 얼마 되지 않아 감자 재배자들이 심각하게 영향을 받는 더 큰 규모의 타격이 명백해졌다(Gill 2010). 뉴질랜드의 감자 산업은 괴경의 발아가 약 23% 감소하고, 상품가치가 있는 수확물에 30-40% 정도까지 심각한 손실을 경험하였다(Pitman 2011). TPP와 더 나아가 세균의 영향을 방제하기 위한 시도로서 재배자들이 강력한 농약을 사용할 수밖에 없었기 때문에 감자 산업의 병해충종합관리(IPM) 프로그램은 비효과적으로 되게 되었다(Gill 2010).

감자 생산량 손실의 추정액은 경제적으로 막대한 것으로 알려졌지만, 부분과 계절에 따라 달랐다. 일부 감자 재배자들은 생산을 포기하거나 다른 작물을 선택해야만 했다. 온실 토마토나 고추 재배자들은 TPP를 회피하기 위한 물리적 배제 방법을 사용할 수 있었기 때문에 크게 영향을 받지 않았다(Gill 2010). 뉴질랜드의 감자 생산은 새로운 접근방법의 채택과 새로운 병해충관리 수단의 적용에 따라 서서히 회복되고 있다(Potatoes New Zealand 2011).

앞의 두 가지 사례 연구는 식물병해충의 유입에 대한 완전한 정보의 결여가 감염을 효과적으로 제거하거나 관리하려는 NPPO의 능력을 자주 위협하고 있다는 것을 명백하게 보여주고 있다. 20세기 초반에는 밤나무 역병의 위협에 대해 캐나다와 미국에서 알려진 것이 거의 없었다. 뉴질랜드에서 TPP와 *C. L. solanacearum*의 최근 사례는 제한된 정보를 가지고 일을 할 때 어려운 결정을 하는 21세기 생물안보 대응 관리자들의 얼굴을 묘사하고 있다. 필요성을 떠나서, 그들은 불확실한 환경에서 일해야만 하며, 가능한 한 논리적으로 위험성을 평가하고, 그에 따른 자원의 우선순위를 정해야만 한다. 뉴질랜드의 TPP와 *C. L. solanacearum* 사례에서 입증되었듯이 그렇게 성공적하기 위해서는 NPPO 및 식물위생연구자, 영향을 받는 재배자들 간의 밀접한 협력이 요구된다. MPI는 산업계와 다음과 같이 밀접하게 협력하였다;

- 국가적으로 TPP와 *C. L. solanacearum*의 영향에 관한 모니터링;
- 학계와 재배자들에게 관찰된 영향을 알림;
- 영향, 전파경로, 병해충관리 성과를 조사하기 위한 연구 프로그램의 개발을 지도;
- 재배자들에게 학문적 성과들을 계속적으로 제공;
- 재배자 수준에서 관리할 수 있는 권고안을 개발하고 정보교환;
- 재배자들의 권장하는 관리방법의 실행과 방제 진행상황을 모니터링(Potatoes New Zealand 2010)

그런 정보교환 전략은 특히 새롭게 발견된 외래식물병해충과 관련된 잠재적 분포범위, 기주 특이성, 피해 정도에 대해 많은 것이 알려지지 않은 상황에서 특징적으로 MPI 및 뉴질랜드의 원예재배업자들에게 효과적이란 것이다. 뉴질랜드는 현재 농작물 병해충의 유입을 배제함에 있어서 MPI의 성공 사례에 대한 논쟁에 빠져 있다. 또 다른 문제들로 2008년부터 2012년 사이에 뉴질랜드가 전체 해외여행자 및 관광객이 14% 증가한데 비해, MPI는 입국장에서 이런 여행자들을 검사해야 할 일선 생물안보 직원들의 12% 감축을 받아들였다는 것이다. 그럼에도 불구하고, MPI는 재배자, 업계, 원예연구자들과의 성공적인 정보교환을 유지하고 있다. 더욱이 MPI는 뉴질랜드의 중요한 농업 경제와 일반 대중에게 생물안보의 중요성을 강조하고 있다(Lancashire 2012). 최근의 경제 실태와 증가된 국제 교역 및 여행 측면에서 TPP와 *C. L. solanacearum*, 더 최근의 퀸즐랜드과실파리 같이 MPI의 병해충 긴급대응 노력에 이용된 정보교환 전략은 병해충 유입이 일어났을 때 생물안보의 경계심을 확보할 필요가 있는 재배자 및 그 밖의 사람들과 정보교환 및 협력할 정도를 고려하게 한다.

8.2.3 병해충을 안전하게 관리할 수 있음을 보장하기 위한 대중과의 정보교환

식물병해충의 영향에 대한 대중들의 인식을 높이는 것은 돌발을 경험하고 있는 집단/이해당사자들과 정보를 교환하는 것이 수반된다. 이해당사자들은 병해충을 관리하거나 제거하기 위해 사용되는 수단이 공공의 건강이나 환경에 위험하지 않다는 것을 알아야만 한다. 이것은 NPPO에게 중요한 1차 메시지가 되며, 메시지의 일관성을 보장하기 위해 산업체와 학자들과 효과적으로 협력해야만 하는 것이다. 일부 대중들은 외래식물병해충들이 경관, 정원, 작물에의 피해를 넘어 심각한 경제적, 환경적 손실을 유발할 수 있다는 것을 인식하지 못할 수도 있다. 대부분의 대중들은 과거에 병해충을 방제하기 위해 사용했던 화학 농약들이 사람과 환경에 안전하지 않다는 것을 알고 있다. 따라서 병해충의 돌발에 대응하는 NPPO 직원들은 대중/이해당사자의 관심을 파악하고, 이러한 관심들을 설명할 수 있는 메시지를 개발해야만 한다. 일부 대중/이해당사자의 관심이 사실보다 오히려 직관에 기초할 수 있기 때문에 NPPO 직원들은 오로지 과학에만 의존해서는 안 된다. NPPO 직원들은 "믿을만한 출처의 정보"가 있을 것이라고 생각하는 대상이 되는 청중들로부터 특별히 배워야만 한다. NPPO 직원들은 어떻게 과학적인 사실을 대상이 되는 청중의 관심과 동기부여와 일치시켜서 믿을만한 출처의 관심거리에 맞게 메시지들을 만들 수 있을 것인가를 이해해야만 한다. 이러한 행동은 상황의 "인간적인 차원"을 설명하는 것으로서 자주 언급되고 있다.

환경보존에 대한 높은 관심 수준이 대부분의 도시와 교외 사회에 존재한다. 병해충 돌발에 대응해 사용된 관리 수단 및 조치의 안전성에 대한 오해나 잘못된 정보는 사회 안에서 불신을 일으키고, 해로운 식물병해충의 효과적인 관리가 불가능해질 수 있다. 만약 NPPO가 돌발에 대해 효과적으로 정보교환하고 투명하게 대응하는데 실패한다면, 환경적인 문제(및 정부가 인증한 화학적/생물적 병해충 방제수단의 안전성에 대한 잠재적으로 깔려 있는 불신)에 대해 대중의 관심이 사회 안에서 높아질 수 있다.

NPPO는 정부에 대한 내재된 일반적인 불신에 의해 도전받는 경우가 잦다. 국가 차원의 정부에 대한 이런 불신은 다른 나라보다 미국에서 더 일반적인 것으로 보이지만, 특히 국가 정부에게 불신과 역사적 불만의 전통을 지닌 경우가 잦은 농촌 사회 및 원주민/1차 부족 사회에 대개 깔려 있는 것처럼, 각 나라에서 여전히 나타날 수 있다. 불신을 극복하는데 도움이 되기 위해서 NPPO 직원들은 그 사회 안에서 가장 믿을 수 있다고 종종 받아들여지는 지방 또는 부족의 관료들과 사귈 기회를 항상 찾아야만 한다.

8.2.4 병해충관리 수단의 안전성에 대한 대중적 회의론의 기원

레이첼 카슨(Rachel Carson)의 책, 「침묵의 봄(Silent Spring)」이 1962년에 출판되었다. 이는 해충을 방제하기 위해 화학농약을 규제 없이 사용하는 것이 특히 조류를 비롯한 동물과 사람들의 건강과 생존에 부정적인 영향을 준다는 것을 문서화하고 경각심을 높이게 했다. 이 책은 뉴욕타임지의 베스트셀러가 되었고, 1940년대 초반 이후 화학농약과 인류가 만든 또 다른 오염물질들에 의해 야기된 환경 피해에 대해 광범위하게 대중의 관심을 불러 일으켰다. 카슨이 미국의 국가적 상징인 미국대머리독수리를 포함하여 농약에 노출된 조류들에서 알 껍질이 얇아짐으로 인해 생식 문제와 죽음을 초래한다고 지적함으로서 살충제인 DDT가 특히 관심을 받게 되었다(Graham 1978).

'침묵의 봄'은 또한 DDT 노출로부터 해로운 효과에 대한 증거를 숨긴 것에 대해 화학물질 생산업계 및 DDT의 안전성에 대한 업계의 주장을 비판 없이 받아들인 공무원들을 강하게 비판하였다. '침묵의 봄'은 DDT와 또 다른 유해한 화학농약의 금지를 주장하였다. 카슨은 살충제를 책임성 있게 사용하며, 그들의 안전성이 사용하기 전에 과학적으로 검증되고, 살포 이후에 환경에의 비의도적 영향을 정밀하게 조사하여야 하는 유용한 살충제에 대한 필요성과 역할을 인식하였다(Lewis 1985).

'침묵의 봄'의 국제적인 인지도(및 환경에 미치는 농약의 영향에 관한 자세한 중요한 이야기)가 틀림없이 생물안보상 정보교환의 중요성을 일깨우는 계기가 되었을 것이다. '침묵의 봄'을 읽음에 따라 대중들은 농업상 병해충관리의 광범위한 영향에 대해 즉각적인 경각심을 일으켰다. 불행히도, DDT 및 그와 유사한 해로운 화합물들의 사용에 대한 대중들의 경각심은 농업상 병해충 관리기술(특히, 고수익 작물 생산과 관련된)에 대한 불신과 농약의 사용을 효과적이고 안전하게 규제하는 정부의 능력에 대한 회의론으로 이어졌다. 괜찮은 상황의 경우, 이런 불신은 농약이 안전하고 책임 있게 사용되며, 인류의 건강이나 환경에 어떠한 중요한 위험도 끼치지 않는다는 것을 확신시켜 주는 정부의 빈틈없는 감독을 요구하는 대중과 환경이익단체들에서 드러난다. 최악의 경우, 이들 단체는 정부가 승인한 농약의 사용에서 낮거나 0인 내성 수준이 원래 보호하려던 작물의 위생과 활력을 위협할 수 있다는 점으로 대중적인 공포를 부채질 할 수 있다.

8.2.5 환경보호에서 국가 정부 역할의 태동

'침묵의 봄' 출간 이후, 환경에 관한 새로운 전지구적 경각심이 형성되었고, 현대적인 환경운동의 기원을 이룩하였다. 카슨의 책은 미국에서 1963년의 청정공기법(Clean Air Act)을 포함하여 미국의 자연환경을 보존하기 위한 직접적인 정부의 활동에 대해 대중들의 항의를 이끌어냈다. 이후, 미국 의회는 1969년 국가환경정책법(National Environmental Policy Act, NEPA)을 통과시켜 "인류와 자연이 생산적인 조화 속에서 공존할 수 있는 조건을 만들고 유지하도록", 또한 "모든 미국인에게 안전하고, 건강하며, 생산적이고, 심미적으로도 문화적으로 좋은 주변 환경을 보장할 수 있도록" 연방 정부가 승인하였다. NEPA에 따르면, 환경에 영향을 미칠 가능성이 있는 프로젝트를 기획하는 모든 연방정부기관들은 각 프로젝트가 가져올 수 있는 결과들을 설명하는 "환경영향평가서(Environmental Impact Statements, EISs)"로 알려진 보고서를 정식적으로 제출하도록 하였다. 1970년 7월에 미국 연방정부는 여러 연방정부기관의 작은 단위들을 모아 환경보호국(Environmental Protection Agency, EPA)을 출범시켰다. EPA는 인류의 건강을 해치고, 환경을 악화시키는 오염물질들을 포괄적으로 규제하는 독립된 기관으로 일을 하고 있다. 1972년 6월 EPA는 미국 내에서 DDT의 사용을 근본적으로 금지하는 DDT 산물의 사용에 대한 남아있는 모든 연방정부의 등록을 거의 취소시켰다(Lewis 1985).

1972년 UN은 인류의 환경을 다루는 스톡홀름 회의를 소집했다. 이 회의는 지구환경의 보호 및 보존과 관련된 정부 차원의 첫 번째 다자간 협의를 표방했다. 회의 결과, "영속적인 유기오염물질"로 분류된 DDT 및 그 밖의 화학물질에 대한 세계적 금지나 규제를 규정한 국제조약인 스톡홀름 협약이 제정되었다. 그러나 이 협약은 개발도상국에서 말라리아 매개자인 곤충과 맞서 싸우는 활동들을 지원코자 모기 방제를 위해 DDT의 사용 규제를 배제하였다(United States Environmental Protection Agency 2012a).

다른 정부들 역시 자신들의 환경보호기관을 설립하였다. 예를 들어, 1971년 호주 연방정부는 (William McMahon 총리 산하에) 첫 번째 환경부를 출범시켰다. 이어지는 정부의 몇 차례 변동을 거쳐 지속가능 · 환경 · 물 · 인구 · 지역사회부(Department of Sustainability, Environment, Water, Population and Communities, DSEWPC)가 출범되었다(2010년 9월 14일). DSEWPC는 환경보호 및 생물다양성 보존법 1999 (Environmental Protection and Biodiversity Conservation Act 1999)의 시행을 포함하여 국가 환경정책과 프로그램들을 개발하고 실행하고 있다(DSEWPC 2012). 이 법은 호주의 환경 관련 법안의 핵심이다. 이는 국가적인 환경적 중요성의 문제로서 법에 명시된 국가적으로나 세계적으로 중요한 식물상, 동물상, 생태공동체, 유적지들을 보호하고 관리하는 법적근거를 제공하고 있다(DSEWPC 2010).

DSEWPC는 또한 호주 농약 및 수의약품청(Australian Pesticides and Veterinary Medicines Authority, APVMA)의 자문기관으로서 일을 한다. APVMA는 법령에 규정된 기관으로 1993년 설립되었으며, 호주 시장에서 모든 농축산 화학제품의 등록을 담당하는 중심기관이다(APVMA 2008).

이런 기관들과 그 밖의 국가적 환경보존 법안들(표 8.2) 및 그들의 주/지역에 상응하는 기관들 모두 NPPOs로 하여금 인류의 건강, 환경, 생물다양성을 보호하기 위해 과학적으로 설계

표 8.2 식물의 생물안보와 관련된 환경보호법안

호주
환경보호 및 생물다양성 보존법(Environmental Protection and Biodiversity Conservation Act)
농축산화합물(등록)법(Agricultural and Veterinary Chemicals (Administration) Act)
캐나다
병해충 방제용 생산물법(Pest Control Products Act)
캐나다 환경보호법(Canadian Environmental Protection Act)
뉴질랜드
자원관리법(Resource Management Act)
유해물질 및 신규생물법(Hazardous Substances and New Organisms Act)
농업화합물과 축산의약품법(Agricultural Compounds and Veterinary Medicines Act)
미국
국가환경정책법(National Environment Policy Act)
연방 살충제, 살균제, 살서제법(Federal Insecticide, Fungicide, and Rodenticide Act)
멸종위기종법(Endangered Species Act)

된 법적요건들을 엄수하도록 강요하며, 병해충관리 수단이 법으로 규정된 조건이나 한계에 적합하거나 넘어선다는 증거를 제공하고 있다.

종종, 법령은 NPPOs가 환경보호 법령을 엄수하고, 병해충관리 프로젝트의 영향을 조사하는데 있어서 투명하도록 강요하는 공시 요건들을 제공하고 있다. 이는 적용된 병해충관리 수단의 안전성에 대한 대중의 회의론을 극복하는데 도움을 주지만, 어떤 경우에는 그렇지 않을 수도 있다. 병해충관리가 환경보고(environmental quality)에 최소한의 영향을 미치면서 인간과 동물의 건강에 최대한의 안전성을 보장하는 관련 환경보호 법안을 NPPOs가 어떻게 엄수하는가를 보여주기 위해서 추가적인 현장출장서비스와 정보교환이 필요할 수도 있다. 환경법안을 엄수함에 있어 적절하게 정보교환을 하는데 실패하면 NPPOs 활동의 안전성과 영향에 대한 대중적인 회의론을 가져올 수 있다. 이는 투명성과 책임을 증진하기 위한 정부나 법적인 명령서를 초래할 수 있으며 즉, 고정화된 대중적인 회의론을 극복하기 위해 더 많은 자원과 수고를 요구하게 될 수 있다. 극단적인 경우에는 병해충 예방과 대응 노력을 방해하는 정부나 법적 제한을 초래할 수도 있다.

8.3 메시지

NPPO는 이해당사자들과 정보를 교환해야 하고, 공적인 현장출장서비스를 통해 식물의 생물안보에 대한 경각심을 높여야 하며, 공공적인 정책결정에 영향을 미쳐야 한다(표 8.3). 단순하면서도 강요할 수 있는 메시지가 효과적인 정보교환의 기본이다. 메시지를 만드는 데는 청

표 8.3 효과적인 이해당사자간 정보교환 요소들

청중을 인지

어떠한 이해당사자들과 정보교환을 하고 있는가?

이들 이해당사자가 알고 싶거나 알 필요가 있는 것을 당신이 알고 있는가?

메시지의 목적을 결정

이 정보교환의 목적은 무엇인가?

이해당사자들로부터 얻고 싶은 아이디어가 무엇인가?

이 정보교환을 통해 이해당사자의 행동을 바꾸고자 하는가?

조심스럽게 메시지 다듬기

메시지가 명확하고 간결한가?

메시지가 의도한 청중들에게 맞는가?

이해당사자들이 당신이 사용한 용어를 이해하는가?

최상의 메시지 전달방법을 결정

메시지에 적합한 전달매체를 결정하였는가?

당신은 정보 제공에 있어 주도적인가? 또는 전달되는 이 정보가 사안이나 사건에 어울리는가?

이해당사자의 환류를 확보

메시지가 이해되었는가?

메시지가 당신의 목적을 달성하였는가?

이해당사자가 메시지에 어떻게 반응하였는가?

중을 인지하고, 메시지의 목적을 결정하며, 메시지의 이구를 다듬고, 메시지를 전달하는 네 기지 요소가 필요하다(Curlett 2010). 때로는 메시지를 전달한 뒤에 목적했던 청중으로부터의 환류를 받는 추가 단계가 필요하다. 환류는 정책결정을 이끌고, 다음 메시지를 전파하는데 중요하다(Zimmers 2011).

NPPO가 메시지를 만드는 과정에서 성공을 결정하는 중요한 측면은 직업종사자, 정책과 법적 자문위원, 기술전문가들과의 공적 연계와 메시지 제작 과정에서의 리더십 사이에서 밀접한 협력관계를 유지하는 능력에 달려 있다. 메시지는 정확하고, 적절하며, 명확하고, 간결하며, 지속적이어야 한다(Curlett 2010).

다음 정보들은 식물의 생물안보와 관련된 문제에 대해 정보를 교환하기 위해 NAPPOs에 의해 사용된 핵심 메시지를 만들고 전달하는데 사용되는 과정에 관한 기본적인 이해를 제공하고 있다. 이 요소들을 사용하는 것은 (NAPPO의 대표자, 협력자, 또는 이해당사자로서) 식물의 생물안보를 지지하기 위한 메시지를 작성하는데 사용되는 미래의 어떤 역할도 전달 과정에서 정보교환의 효율성을 최대화하고, 그 목적을 달성할 것임을 보장한다.

8.3.1 청중을 인지

효과적인 메시지를 만드는데 있어서 첫 번째 단계는 메시지의 목적이 되는 청중을 인지하는 것이다. 넓고, 명확하지 않거나 일반적인 조건("일반 대중" 또는 "농장들")에서 청중을 인지하는 것은 피하라. 보다 명확한 단체(예를 들어, 휴양지 숙박자들, 감귤 포장작업자들, 북서부 사과 재배자들, 절화류 수입자들)에서 청중을 인지하라.

메시지는 청중이 요구하고, 선호하며, 관심 있어 하는 것을 이야기해야 한다. 메시지를 만드는 사람은 목적으로 하는 청중들과 명확히 이해하며 밀접한 사무적인 관계를 가진 개인이나 기관들과 만남을 가져야만 한다. 만남은 지역 수준의 NPPO 담당자, 주나 지역정부의 담당자, 또는 산업계나 연합체 대표자들을 포함한다. 온라인 정보나 사회관계망(social network)도 목표로 하는 청중을 이해하는데 유용한 참고자료가 될 수 있다. 추가적으로 가용한 시간과 자원에 따라 목적으로 하는 청중과 그들의 선호, 관심, 핵심가치들을 더 잘 이해하기 위해 조사를 하거나 그룹을 정하는데 있어서 NPPO는 내・외부 홍보전문가들과 같이 일할 수 있다 (Curlett 2010).

8.3.2 메시지의 목적을 결정

목적으로 하는 청중이 확인된 이후에, NPPO는 의도된 메시지를 전달함으로써 얻고자하는 목적이 무엇인지 결정해야 한다. 한 가지 목적은 특정한 식물병해충의 위협에 관해 이해당사자들 사이에 경각심을 불러일으키고자 하는 것이다. 그 메시지는 병해충의 속성과 영향을 설명하고, 기재문을 제공하며, 이해당사자들에게 그런 병해충이 발견되었을 때 어떻게 보고할 것인가를 알려줄 수 있다. 메시지는 또한 이해당사자들에게 그들의 작물, 정원, 경관, 또는 재산에 피해를 주는 병해충을 막는데 사용할 수 있는 적절한 생물안보 수단에 대한 지식을 제공한다(Curlett 2010).

또 다른 목적은 식물병해충의 돌발을 관리하거나 제거할 수 있도록 NPPO와 조력자들에 의해 계획되거나 실행되고 있는 특정한 생물안보 대응활동을 설명하는 것이다. 이 목적의 대상은 활동의 투명성을 통한 신뢰를 구축하기 위한 것이다. 이는 병해충관리 수단들과 수단이 안전하고 효과적이라는 과학적 증거의 사용과 관련된 모든 적합한 환경 법안들이 지켜지고 있다는 보장을 포함하고 있다. 메시지는 언제 어디서 수단들이 사용되는지 구체적이어야 하며, 농약이 살포된 지역에서 사람들이 추가적인 정보를 찾을 수 있도록 접촉 정보를 포함해야 한다.

추가적인 목적으로는 식물위생의 생물안보를 증진하고자 힘쓰는 산업계나 사회공동체 안에서 행동 변화에 영향을 주거나 촉진할 수 있을 것이다. NPPO는 대상이 되는 청중들에게 자신들의 이익을 위해 병해충의 위험성을 경감시키려는 관심에서 자발적으로 행동을 변화시키도록 요구할 수도 있다. 즉, NPPO는 전체 이해관계자들의 더 큰 이익을 위해서 행동변화가 규제요소들로 명기됨을 청중들에게 알려줄 수 있다. 그런 메시지는 찾아 볼 수 있는 행동 변화,

표 8.4 이해당사자와의 정보교환에서 주요 당사자들의 책임

홍보 전문가: 홍보전문가들은 메시지가 의도된 청중들에게 명확하고 간결하며, 적절하게 맞춰졌음을 보장한다. 이들 전문가는 이목을 끌고, 기억하기 쉬우며, 목적이 되는 청중들의 견해와 행동에 가장 쉽게 영향을 줄 수 있는 메시지를 만드는데 있어 전문이다. 외부 청중들(이해당사자 단체, 매체, 대중)과 첫 접촉창구로서 그들의 역할을 통해 홍보전문가들은 또한 NPPO의 메시지가 지속적으로 정보교환되는 것을 보장한다.

정책 및 법률 고문: 정책 및 법률 고문들은 NPPO의 메시지가 NPPO에 부과된 모든 상응한 법적권한 및 정책들과 일치한다는 것을 보장한다.

기술전문가: 기술전문가들은 메시지의 목적, 의도된 청중, 메시지의 내용에 담긴 특정 정보를 결정하는데 사용되는 정보에 대해 작동가능하고 과학적인 기반을 제공한다. 기술전문가들은 메시지의 정확성을 보장한다.

NPPO 지도자: NPPO 지도자는 NPPO 정책과 임무의 광범위한 목표라는 맥락에 메시지를 맞출 뿐만 아니라, 의도된 청중들의 요구와 관심에 적절하게 들어맞게 메시지를 가공하는데 기여하는 정치적 이해를 제공한다. NPPO 지도자는 메시지가 적절하고, 의도된 목적대로 작동될 것임을 결정하는데 있어서 최종 결정자이다. 만약 지도자가 메시지를 승인한다면 그 후 정보교환될 것이다. 그렇지 않으면 메시지는 NPPO 지도자의 기대에 미칠 때까지 재가공되어야 한다.

행동 변화가 이루어짐으로서의 이익들, 대상이 되는 청중들 중에서 개개인들이 변화하지 못했을 때 예상되는 결과들을 명확하게 명시해야 한다. 변화가 규제요소로서 NPPO에 의해 요구되었을 경우, 따르지 않으면 집행조치 및 가능한 공적 처벌을 초래할 것임을 메시지에 명백하게 나타내야 한다(Zimmers 2011).

단독이든, 전체든 또는 조합되었든 이들의 목적은 NPPO에 의해 식물의 생물안보 활동에서 이해당사자들과 대중들의 이해와 지원, 참여를 조장하는 방식으로 메시지를 통해서 실행해 나갈 수 있다. 하지만, 식물위생의 긴급 상황에서 메시지는 시기적절하고 일관된 정보교환을 통해서 이런 모든 목적을 나타내야 한다. 주요 병해충의 돌발, 식물의 생물안보에서 그 밖의 중요한 위반, 또는 식물의 생물안보 활동에 대한 반발에 대응하여 (대중을 포함하여) 이해당사자들 사이의 불확실성, 공포감, 분노를 경감시키는데 있어서 위기상황의 정보교환이 필요하다.

8.3.3 메시지 다듬기

효과적인 메시지 만들기는 NPPO의 홍보전문가, 정책 및 법률 고문, 기술전문가, 지도자가 포함되어야 하는 협동 과정이다. 각각의 조력자들은 효과적인 메시지로 다듬기 위해 필요한 중요한 기술이나 지식 수준을 제공한다(표 8.4).

식물의 생물안보 기반은 과학에 근거하며, NPPO들의 대부분 메시지는 과학적 또는 기술적 개념을 담을 것이다. 호주, 뉴질랜드, 미국의 기초문맹률은 비슷하다(15세 이상의 99% 국민이

읽고 쓰는 능력의 기본 요건을 충족). 그럼에도 불구하고, 식물의 생물안보에 있어서 많은 과학적 측면은 일반 대중의 읽기와 과학적 이해 수준을 넘고 있다(CIA 2012a, c, d). 즉, 메시지가 (대중을 포함한) 모든 이해당사자들이 포함된 사안과 그들의 영향을 쉽게 이해할 수 있도록 정보교환이 되어야 한다. 이러한 수준의 일반적 이해와 명쾌함을 달성하기 위해서 NPPO의 기술전문가들은 홍보전문가들과 함께 일하면서 그들의 충고를 따라야 한다.

메시지 맵은 명확하고 간결하며, 효과적인 메시지를 다듬는데 유용한 수단이다. 메시지 맵은 사안이나 정책, 행동에 대한 세 가지 핵심 메시지를 규정짓는다. 이후 각각의 핵심 메시지는 세 가지 지원 메시지로 보강된다. 메시지 맵 만들기는 이해당사자들 중 특정 대상 청중의 모든 의문과 관심의 95%를 예상할 수 있다고 가정한다. 세 가지 핵심 메시지가 예상되는 각각의 의문/관심의 기본적인 (무엇보다 중요한) 측면을 설명하도록 개발될 수 있다. 세 가지 핵심 메시지가 중요도에 따라 순위가 정해져야 한다. 시청각 매체의 소리가 끌리게 하는 것처럼 간결성과 유용성을 보장하기 위해 각각의 핵심 메시지는 전체 27개 단어 이하로 한정되어야 한다. 각각의 핵심 메시지는 초등학교 6학년 수준의 읽기 능력을 지닌 누구에게나 쉽게 이해되어야 한다. 각각의 핵심 메시지는 자체로도 충분히 뜻을 드러내야 한다. 각각의 핵심 메시지는 절대적이고 불필요하게 부정적인 표현을 피해야 한다(Covello 2005).

메시지 맵 만들기의 다음 단계는 각각의 핵심 메시지에 대해 세 개의 지원 메시지를 개발한다. 지원 메시지는 이상적으로 믿을만한 제3자들에게 전할 수 있거나 추가정보를 얻을 수 있는 출처를 포함하는 실제적인 정보들로 구성되어야 한다. 시각적인 도구들이 또한 지원 메시지에서 강력한 증거로서 사용될 수 있다. 핵심 메시지처럼, 각각의 지원 메시지도 27개 단어를 넘지 않도록 제한되어야 하며, 절대적이고 불필요하게 부정적인 표현을 피해야 한다(Covello 2005).

메시지 맵 만들기의 예를 보면:

예상되는 의문이나 관심 – 여름 동안에 도착하는 해외 여행자/관광객 수가 증가함에 따라 침략적인 병해충의 유입위험성이 고조되는 것에 대한 우리나라의 NPPO는 어떻게 보호할 것인가?

핵심 메시지 #1 – 여름철 여행자들에게 그들의 짐이나 옷을 통해 병해충을 가져오지 않는 것으로 침략적인 병해충과의 싸움에서 우리와 함께 하도록 요구한다.

지원 메시지 #1-A – 외국산 농산물들이 매력적인 기념품이 되지만, 침략적인 병해충들이 과일, 채소, 고기, 가공식품, 식물체, 수공예품에 편승할 수 있다.

지원 메시지 #1-B – 만약 침략적인 병해충이 정착되었다면, 이후 그들은 손실보상과 박멸활동에 잠재적으로 수십 억 달러가 소요될 만큼 도시와 농촌의 경관을 황폐화시킬 수 있다.

지원 메시지 #1-C – 우리나라 농림수산업의 총 가치는 약 1,570억 달러 정도이다. 이 자원들이 보호되어야 한다.

핵심 메시지 #2 – 침략적인 병해충의 유입을 방지하기 위해서 외국으로부터 특정 농산물의 유입을 제한하거나 금지하는 권한을 행사한다.

지원 메시지 #2-A – 당신이 우리나라에 도착할 때 당신이 소지한 모든 농산물 품목이 우리의 생물안보규정 하에서 허용될 수 있음을 보증하기 위하여 당신 짐을 검사할 것이다.

지원 메시지 #2-B – 침략적인 병해충에 대한 보호조치 상황에서 우리를 돕기 위해 첫 이입항에서 당신의 짐으로 가져오는 모든 농산물 품목들을 신고해야 한다.

지원 메시지 #2-C – 식품을 신고하지 않으면 벌금과 처벌을 받을 수 있다.

핵심 메시지 #3 – 여행자들이 우리나라에 입국하기 전에 농산물에 딸린 규제들을 알고, 기념품을 구입할 때 이런 것들을 지침으로 사용하도록 조장한다.

지원 메시지 #3-A – 품목이나 그의 원산지 국가에 따라 특정 과일, 채소, 동물성산물, 식물과 식물성 물품들을 들여오는 것이 허락될 수도 있다.

지원 메시지 #3-B – 허용가능한 모든 농산물들도 검사를 위해 농업 생물안보 전문가나 세관원에게 신고되고, 제출되어야 한다.

지원 메시지 #3-C – 개인적으로 사용하기 위해 수입하는 농산물 품목에 대한 포괄적인 정보를 얻기 위해서는 해외여행자를 위한 농업정보를 담은 우리의 웹페이지를 방문하십시오.

8.3.4 메시지 전파

청중이 파악되고, 메시지의 목적이 결정되며, 메시지가 다듬어진 후에, NPPO는 메시지를 어떻게 전파하는 것이 최선인가 결정할 수 있다. 메시지 전파에는 선택 가능한 많은 기술들이 존재한다. 이 기술들은 반응이 빠른(reactive), 주도적인(proactive), 지속적인(sustained) 정보교환의 세 가지 범주로 구분될 수 있다(글상자 8.3) (Curlett 2010).

'반응이 빠른 정보교환'은 식물병해충의 돌발이나 식물위생 상 고려해야 할 자국산 수출품의 폐기와 같은 중요한 사건의 발생이 뒤따를 수 있다. 반응이 빠른 정보교환은 NPPO가 사건과 관련된 정보들을 명백히 하거나, 설명하거나, 해석하는 메시지나 메시지들을 만드는 것이 포함된다. 전형적으로 반응이 빠른 메시지들은 인쇄물 배포, 매체를 통한 경고, 기자회견, 주나 지방, 지역의 농업단속공무원들에게 공문으로 전파된다.

'주도적인 정보교환'은 NPPO가 그의 목적을 달성할 수 있도록 설계된 메시지들을 통해 정보를 전파하는데 있어서 기획되고 전략적으로 조율된 노력들을 포함한다. 이런 범주의 정보교환은 사건에 의해 주도되지 않기 때문에 NPPO는 특정 청중을 목표로 삼아 적절한 메시지를 설계하고, 통합된 여러 가지 다른 기술들을 이용하여 그 메시지를 전달하는데 더 많은 시간을 가진다. 주도적 정보교환은 대상 청중 내에서 행동 변화를 촉진하는데 더 도움이 된다.

주도적인 정보교환은 다음 사례들을 포함한다: (1) 새로운 외래병해충의 경로 위협에 대해 수입자들과 항만에 경고, (2) 이해당사자들에게 규제정책의 변경에 대한 고지, (3) 침략적인 식물병해충에 대한 대중의 경각심을 높이기 위한 일반적인 노력. 현장출동서비스캠페인은 특정 대상 청중이나 일반 대중들에게 경각심을 높이고, 민감한 사안에 관한 활동에 영향을 줄 목

글상자 8.3 정보교환의 범주

- 반응이 빠른 정보교환
- 주도적인 정보교환
- 지속적인 정보교환

적으로 직접적으로 메시지를 전달하는 합의된 노력이다. 현장출동서비스캠페인은 특히 주도적인 정보교환의 유용한 형태이다.

'지속적인 정보교환'은 NPPO의 이해당사자나 협력자, 지속적인 기반에서의 국제적인 상대방들에게 주기적이거나 일상적인 메시지 전달로 구성된다. 지속적인 정보교환은 정기적으로 예정된 모임이나 쌍방간 접촉, 뉴스레터, 주기적으로 현행화되는 전용 웹사이트와 블로그를 통해 수행될 수 있다.

주도적이고 지속적인 정보교환은 전략적인 식물의 생물안보 목표와 목적들을 달성하기 위해 설계된 지원활동에 이해당사자, 무역 상대자, 대중들이 성공적으로 참여할 수 있도록 하는데 가장 효과적이고 바람직한 범주의 정보교환이다. 반응이 빠른 정보교환은 NPPO들에게 메시지를 만들어 빠르고 효과적으로 전달할 필요 때문에 가장 큰 난제로 주어진다. 만약 반응이 빠른 정보교환이 성공적으로 수행된다면, NPPO는 영향을 받는 이해당사자들과 공공의 구성원들 사이에 신뢰를 구축할 것이다. 이러한 신뢰는 식물위생 상의 비상사태와 그 밖의 중요한 사건들에 대해 효과적으로 대응하는데 필요하다. 그렇지 않으면 NPPO는 이해당사자들과 공공의 신뢰와 지지를 잃을 것이다.

8.3.5 환류 확보

환류(feedback)는 메시지가 목적으로 삼은 청중에게 도착하고, 그들 사이에 울려 퍼짐을 보증하고자 의도된 중요한 추가 단계이다. 적절한 시간에 환류를 확보하는 것은 NPPO의 정보교환 노력들이 전략적 수준에서 식물의 생물안보 목표와 목적들을 맞추는데 있어서 그들의 목적이 달성되었는지, NPPO를 지원하고 있는지를 판단하는데 중요하다. NPPO는 메시지 전파 이후 일상적으로 환류를 확보하기 위해 노력해야 한다. 환류는 최근 NPPO의 정보교환 효과를 측정하며, 정책 결정과 그 이후의 메시지 정보교환에 관한 방향을 제시할 수 있다 (Zimmers 2011).

환류를 확보하는 것은 메시지 개발과 전파 과정의 끝이 되어서는 안 된다. 환류는 프로그램 관리자와 직원들로 하여금 이해당사자들과 공공의 요구를 이해하고 대응할 수 있도록 한다. 환류 확보는 NPPO의 적절한 뒷받침이 필요하다. 환류는 미래의 정보교환 노력을 안내하고, 전략적으로 정책 결정에 영향을 주도록 수집되고, 분석되며, 전술적으로 사용되어야 한다. 뒷받침이 없는 환류는 의미 없는 과정일 뿐이다.

NPPO는 그들의 이해당사자들과 일반 대중들로부터 많은 기술들을 이용하여 환류를 이끌어낼 수 있다. 관심 그룹을 구성하거나 이해당사자들의 단면에서 환류를 찾는 조사를 함에 있어서 홍보전문가와의 협력은 증명된 참여방법이다. 웹페이지나 블로그 같은 인터넷 기반의 체재들을 사용하는 것은 방문자들로 하여금 환류를 제공할 수 있게 하는 연계고리를 제공하는 경우가 잦다(Curlett 2010). 미국의 행정절차법이나 캐나다의 연방규제정책과 같은 규제과정을 운영하는 법들은 신규 규제나 기존 규제의 개정이 최종적으로 마무리되기 전에 대중들에게 의견을 개진할 기회를 주도록 요구한다. 호주와 뉴질랜드에서 이러한 동일한 개념으로 입안 과정에서 공개적 협의 의무가 들어 있다. 또한 캐나다에서는 연방규제정책 이외에 입안과정의 한 요소로 협의회를 이용한다(Gill 2010).

환류는 또한 이해당사자들과의 일상적인 접촉과 정보교환을 통해 덜 공식적으로도 확보할 수 있다. 환류를 확보하는 또 다른 중요한 방법에는 관련된 이해당사자들과 선거구내 대중들의 구성원들을 대표하는 선출직 임원들과의 정보교환이 간접적으로 포함한다.

8.4 이해당사자

이해당사자들은 기업에 지분(관심, 책임감)을 가졌거나 행위 과정에 참여하거나 영향을 받는 사람들로 정의된다. NPPO의 관점에서 이해당사자들의 목록은 매우 길다. 그 목록은 농업의 생산부문(과일, 채소, 곡물, 화훼, 묘목, 목재를 키우는)를 대표하는 농부와 그 외의 재배자들로부터 시작한다. 다음으로 생산에 가치를 옮기거나 더하는 다양한 지원 산업(과일 포장업자, 곡물승강기 운전자, 가공업자, 운송업자, 중개업자, 수출업자, 수입업자)을 고려한다. 마지막으로는 농산물을 궁극적으로 소비자에게 판매하는 소매시장과 농산물의 위생을 보호하려는 NPPO의 생물안보 활동에 관심을 가진 (소비자, 세금납부자, 활동가로) 일반 대중의 구성원들을 고려하라. 이러한 이해당사자들과 관계하는 모든 연결고리에는 (월급에 의존하는 가족들과 상업과 과세에 의존하는 집단들을 포함하여) 식물체 생산에 직간접적으로 의존하거나 거기서 이득을 내는 파생된 서비스 제공자들이 있다(Zimmers 2011).

8.4.1 농업부문의 경제적 역할

농업분야 이해당사자로 고려되는 사람들의 범위를 알기 위해서는 국가경제에 있어서 농업부문의 중요성에 관한 영역을 이해해야만 한다. 예를 들어, 호주, 캐나다, 뉴질랜드, 미국을 고려해 보자. 통계적으로 농업은 네 나라 모두의 경제에 있어서 중요한 부분을 차지한다. 2011년 네 나라의 농업부문을 모두 합하면 2,810억 $에 이를 것으로 추정되며(표 8.5), 2백만명 이상의 노동자들을 고용하고 있다(표 8.6).

표 8.5 국가별 국내총생산 중 농업부분의 비율(2011 추정)

국가	국내총생산(GDP; %)	가치(1억 US$)
호주	4.0	595
캐나다	1.9	330
뉴질랜드	4.8	78
미국	1.2	1,810
합계		2,813

출처: (CIA 2012a, b, c, d)

표 8.6 전체 노동력 중 농업 분야의 구성(2011 추정)

국가	노동력(%)	노동자수(천명)
호주	3.6	434
캐나다	2.0	373
뉴질랜드	7.0	165
미국	0.7	1,075
합계		2,047

출처: (CIA 2012a, b, c, d)

표 8.7 2009년 전체 농산물 수출액

국가	가치(1억 US$)
호주	218
캐나다	311
뉴질랜드	130
미국	1,010
합계	1,669

출처: (FAO UN 2012b)

세계적으로 캐나다와 미국은 많은 주요 농산물 상품의 상위 생산자로서 자리매김한다. 예를 들어, 2010년 미국은 신선 우유, 소고기, 닭고기, 옥수수, 콩, 딸기 외에도 다른 8개 주요 상품의 최대 생산자였다. 캐나다는 2010년에 겨자씨, 렌즈콩, 귀리 외에 다른 4가지 주요 상품의 최대 생산자였다. 더욱이, 호주와 뉴질랜드를 추가하여 뉴질랜드의 참다래와 양고기부터 캐나다의 블루베리와 크랜베리, 호주의 병아리콩과 기름진 양모, 미국의 사과와 오렌지에 이르기까지 이들 네 나라는 다른 71개 주요 품목의 세계 상위 5개 생산국 중에 포함된다(FAO UN 2012a).

2009년에 전체 농산물 중 네 나라의 수출액은 1,669억$에 이른다(표 8.7). 작물 품목에 한정해서 호주, 캐나다, 뉴질랜드, 미국은 세계 상위 수출자로 나타난다(표 8.8). 사실상, 미국의 콩 수출은 전체 165억$를 상회할 만큼 세계 제일의 수출품목으로 기록된다.

이들 통계는 네 나라들의 경제, 일자리 창출, 사회 유지에 있어서 농업부문의 중요성을 보여주고 있다.

표 8.8 2009년 금액으로 본 상위 작물 품목 수출

국가	품목	가치(1억 US$)
미국	콩	165
캐나다	밀	53
호주	뼈를 제거한 소고기, 송아지 고기	33
뉴질랜드	전분유	19

출처: (FAO UN 2012b)

8.4.2 산업의 이해당사자

취미로 하는 농부건 전업농이건 집약적인 농장 소유자이건 생산자는 농업경제의 기반이다. 생산자는 작물생산과 일상적인 농장의 생물안보(예를 들어 건전한 작물을 기르고, 병해충에 대해 방어하는 최선의 활동)를 책임진다. 게다가 생산자는 식물위생의 위협에 직면하여 가장 위태로운 자신의 사업과 생활을 하고 있다.

생산자는 자신의 입장에서 이익을 증진하고 지키려 행동한다. 생산자들은 그들이 재배하는 작물의 유형이나 그들의 생산지가 위치한 지리적 지역(예를 들어, 군, 주, 지방, 영역)을 바탕으로 자신들의 공동 이익을 대변하는 산업협회에 가입하는 경우가 잦다. 이런 공동적 산업협회는 생산자 회원에게 공동의 이익을 지키는데 있어서 개인적으로 행동할 때보다 더 정치적 영향력을 제공하며, 특히 집약적이거나 고소득의 영농활동을 하는 생산자가 아닌 경우에 그러하다. 산업협회의 기능은 호주, 뉴질랜드, 캐나다, 미국에서 비슷하지만, 행동 유형은 나라의 크기, 농업 생산의 영역과 다양성, 정책입안자와 접촉하고 영향을 미치는데 있어서 법적 요건에 따라 다르다.

호주에서 1차산업계는 그들 구성원을 대표하여 대변하는 전국 단위의 조직과 주/영역 단위의 조직이 있다. 게다가 전국 단위의 많은 조직들은 주/영역 단위의 하부조직을 가지고 있다. 전국, 주, 또는 영역 단위의 조직들은 또한 생산부문의 연계에 따라 구성될 수도 있다(Gill 2010).

뉴질랜드에서 1차산업계는 구성원들을 대표하여 대변하는 전국 단위의 조직들이 있다. 이런 전국 단위의 많은 조직들은 지방 또는 지역 단위의 하부조직을 가지고 있다. 전국 단위의 조직들은 또한 생산부문의 연계에 따라 구성될 수도 있다. 게다가 여러 토착산업 단체들이 마오리 산업 관계자들의 이익을 돌보기 위해 존재한다(Gill 2010).

대표적인 호주 산업계 조직들의 예를 보면,

전국농민연합(National Farmers Federation);
호주 사탕수수재배자 협회(Canegrowers Australia);
호주 건과류 협회(Australian Dried Fruits Association);
호주 벼재배자 협회(Ricegrowers'Association of Australia);
호주 목화재배자 협회(Cotton Australia);
뉴사우스웨일스 농민협회(NSW Farmers Association);

태즈메이니아 농민 · 목축업자 협회(Tasmanian Farmers and Graziers Association);
호주 곡물생산자 협회(Grain Producers Australia);
퀸즐랜드 화훼생산자 협회(Growcom (Queensland Horticulture))

대표적인 뉴질랜드 산업계 조직들의 예를 보면,

아보카도 산업 유한 평의회(Avocado Industry Council Ltd.);
뉴질랜드 농민연합(Federated Farmers of New Zealand Inc.);
뉴질랜드 화훼협회(Horticulture New Zealand);
뉴질랜드 감귤재배자 협회 (New Zealand Citrus growers);
뉴질랜드 임업협회(New Zealand Farm Forestry Association);
뉴질랜드 산림소유자 협회(New Zealand Forest Owners Association);
뉴질랜드 참다래재배자 유한 협회(New Zealand Kiwifruit Growers Inc.);
뉴질랜드 포도주제조자 협회 (New Zealand Winegrowers);
뉴질랜드 사과 · 배생산자 협회(Pipfruit New Zealand Inc.);
뉴질랜드 핵과류재배자 협회(Summerfruit New Zealand).
(Gill 2010)

미국에서 1차산업계는 구성원들을 대표하여 대변하는 전국, 지역, 주, 마을 단위의 조직들이 있다. 게다가 전국 단위의 많은 조직들은 주 단위의 하부조직을 가지고 있다. 미국에서 산업계 단체의 다층 구조는 이들 단체들이 탈중심화 하려는 경향과 같은 산업에서도 지역 단위마다 그들의 관점이 다를 수 있기 때문에 정보교환의 복잡성을 증가시킨다. 전국, 지역, 주, 마을 단위의 조직들은 또한 생산부문의 연계를 따라 구성될 수도 있다. 게다가 미국 정부는 토착 원주민들에게 준수해야만 하는 의무가 있으며, 연방에서 인정하는 많은 부족들이 부족의 특정 이익을 지키기 위해 존재하는 부족들간의 단체에 참여한다(Zimmers 2011).

미국 산업계 주요 단체들

나파 밸리 포도재배자 협회(Napa Valley Grape Growers Association)
미국 농장사무소(American Farm Bureau)
플로리다 감귤 조합(Florida Citrus Mutual)
미국 신선물 생산협회(United Fresh Produce Association)
미국 육묘 · 조경 협회(American Nursery and Landscaping Association)
미국 감자 평의회 (National Potato Council)
뉴욕 사과 협회(New York Apple Association)
캘리포니아 아보카도 협의회(California Avocado Commission)
서부 재배자 협회(Western Growers Association)

8.4.3 공공의 이해당사자

농업 생산자들이 NPPO의 첫 번째 이해당사자일 수 있지만, 민주국가인 호주, 캐나다, 뉴질랜드, 미국에서 일반 대중은 최종 유권자이다. 식물의 생물안보 활동에 관련된 분야에서 이런 대중들은 상업과 무역, 환경 보호, 인류 건강, 교통과 여행, 가정의 조경과 경관 유지, 직업들을 포함한 농업 생산 이외의 공적인 생활의 많은 면과 관련되기 때문에 정책에 영향을 주는 주요하고, 확산적이며, 가끔은 벗어나는 역할을 한다.

농촌지역에서는 생산자들이 농촌사회 속에서 살며, 농촌경제에 유의하게 기여하므로 생산자 단체들이 대중 여론에 대체로 높은 수준의 영향력을 행사한다. 하지만 도시와 교외 사회의 대중들 사이에서 생산자의 영향은 유의하게 제한될 수 있으며, 특히 식물의 생물안보 활동과 관련된 환경과 공공의 위생문제에 대해서는 그러하다. 그 후에 식물병해충을 관리함에 있어서 생산자 단체들이 NPPO와 지역, 주, 지방, 시 협조자들의 활동을 압도적으로 지지하는 사례들이 있지만, 인류의 건강과 환경에 미치는 활동의 영향에 대한 폭넓은 대중적 의문과 관심들이 감염으로 인한 경제적 결과물들보다 선행할 수 있다(Curlett 2010).

8.4.4 사회적 매체와 관계망

식물의 생물안보 활동을 지지하거나 반대하는 대중적 지원을 만들거나 없애기 위해 대중들의 중요한 부분을 조직화하는 능력이 이제 온라인의 사회관계망을 통해 촉진되고 복잡해진다. 과거에는 소규모 행동가 단체들이 편지캠페인, 시위, 공개회의 참여, 매스컴의 보도를 통해 자기들의 견해를 듣게 하기 위해 밑바닥에서 조직할 수 있었다. 하지만 오늘날 신속하고 광범위하게 조직하고, 사회관계망을 이용하여 자신들의 메시지를 표출하기 위한 이들 단체의 능력은 전례가 없었다.

미국에서 연갈색사과잎말이나방(Light brown Apple Moth, LBAM)인 *Epiphyas postvittana* (Walker)의 유입에 대응한 경험은 강력한 사회관계망이 침략적인 병해충의 관리에 대한 생물안보 정책에 영향을 준 사례로 제시된다. 2006년에 캘리포니아 주에서 LBAM을 처음 발견한 것에 대응하여 APHIS와 캘리포니아주 식품농업부(California Department of Food and Agriculture, CDFA)가 협조하여 넓은 주거 지역을 포함하여 심하게 발생한 지역에 페로몬 공중살포를 포함한 관리전략을 개시하였다. 이 곧은 사슬형 나비목 페로몬은 생활사를 몇 차례 거친 뒤에 LBAM 개체군을 제거할 수 있도록 LBAM의 교미능력을 독점적으로 단절시킬 수 있게 개발되었다(USDA APHIS PPQ 2008).

APHIS와 CDFA는 호주와 뉴질랜드에서 10여 년 동안 안전하게 사용된 LBAM 페로몬이 인류의 건강이나 환경에 아무런 위험이 없음을 보여주는 광범위한 연구들의 지원을 받았다. 따라서 APHIS와 CDFA가 페로몬 전략을 전통적인 살충제보다 해충 관리의 적절한 해결책으로 고려하였다(USDA APHIS PPQ 2008). 하지만, 페로몬의 화학적 성분과 포장재가 생분해될 때 가질 수 있는 건강에 대한 잠재적인 영향을 우려하는 주민, 환경운동가, 선출직 지역관료들 사이로 LBAM 페로몬의 공중 살포에 대한 반감이 급속하게 번졌다. 이러한 반대는 인터넷과 사회적 매체들의 효과적인 이용을 통해 급속하게 연합되었다. 반대는 페로몬의 공중 살포가 사람들에게 무해하다는 결정적인 증거를 요구하였다(Wood 2008).

몬테레이 카운티에 기반을 둔 환경옹호단체인 "캘리포니아 반도의 환경 도우미(Helping Our Peninsula's Environment, HOPE)"와 같은 웹사이트들이 페로몬 공중 살포 반대를 지지하는 정보를 모아 배포하였다. 이 정보에는 몬테레이와 산타크루즈 카운티에서 실행된 초기 페로몬 공중 살포 이후 대중들에 의해 제기된 건강상 부작용(예를 들어, 피부발진, 두통, 메스꺼움, 가슴통증, 천식)에 대한 민원들이 포함되었다. HOPE는 또한 2006년 캘리포니아에서 처음 발견되기 전까지 미국에 LBAM이 없었으며, LBAM은 농업상 해로운 해충이라는 APHIS와 CDFA가 받아드린 증거에 반대하는 민원도 제기하였다. 이런 웹사이트들은 LBAM 페로몬의 사용에 반대하는 선출직 지역 관료들을 지지하였고, 추종자들에게 그 사안에 대해 토론하는 공개회의 일정을 알려주었으며, 편지캠페인과 청원 활동을 조직하고, 환경보호 차원으로 민사재판에서 APHIS와 CDFA의 전략에 반대하는 법적 투쟁을 성공적으로 지원하기 위한 기금을 설립했다(Helping Our Peninsula's Environment 2011). 페로몬 공중 살포에 대한 법원명령과 국민들의 반대는 캘리포니아에서 LBAM의 광범위한 확산을 초래하였다. 새로운 해충 관리 수단(불임충 기술과 같은; 14.4장를 보라)이 완벽하게 개발되어 광범위하게 사용되도록 준비되기 전인 2010년까지 APHIS와 CDFA에 의해 박멸작업이 더 이상 실행할 수 없을 것으로 생각되었다. 따라서 APHIS는 LBAM이 다른 주나 외국의 무역상대국으로 확산할 수 없음을 보증하기 위한 방제 및 밀도억제 전략으로 방향을 전환하였다.

사회관계망은 식물의 생물안보 규제자에게 중요한 의미를 가진다. 인터넷의 정보는 빠르게 퍼지지만, 정부의 훨씬 느린 체계의 홍보활동이 대응하기 전에 건잡을 수 없게 되는 부정확하고 잘못된 정보를 담을 수 있다. 소셜 미디어가 정부의 활동에 반대하도록 사람들을 움직이는데 사용되는 경우가 잦지만, 정부가 긍정적인 방향으로 사람들을 이끄는 데는 효과적으로 사용되지 않는다. 그러나 이런 상황은 NPPO들이 정보교환 수단으로서 소셜 미디어를 이용하는 방법과 기회를 찾음에 따라 바뀌고 있다(Curlett 2010).

생물안보와 병해충관리의 정보교환에 대한 연계를 지원하는 소셜 미디어의 사용 사례들로 APHIS의 'Hungry pests (http://www.hungrypests.com/)', 'Beetle Busters (http://beetlebusters.info/)', 'Save our Citrus (http://www.saveourcitrus.org/)'와 같은 웹사이트(그림 8.1, 8.2, 8.3)가 있다. 이 사이트들은 질 좋은 공공부문의 공지(public service announcement, PSA) 비디오, 시각적 수단을 담은 병해충의 설명, 검역 지도, 최신 소식, 다른 주제를 다룬 웹사이트로의 연계, 추가적인 PSA와 페이스북이나 트위터의 팔로어가 되기 위한 유튜브 접속 능력을 제공한다(USDA APHIS 2012a, b, c; APHIS 2010).

이 웹사이트들은 개인들에게 미국에 위협이 되는 주요 병해충(16장의 유리알락하늘소(Asian Longhorned Beetle)와 18장의 감귤병해충을 포함한 모든 침입종)에 대해 다양하고, 때로는 대화형 형태로 정보를 얻을 수 있는 기회를 제공한다. 웹사이트들은 또한 개인들이 (새로운 정보 게시물을 알 수 있도록 해주며) 전자 소식지를 구독함으로써 그 사이트의 팔로어가 될 수 있으며, 스마트폰 앱을 이용하여 잠재적인 병해충의 사진을 찍어 APHIS에 직접 알릴 수

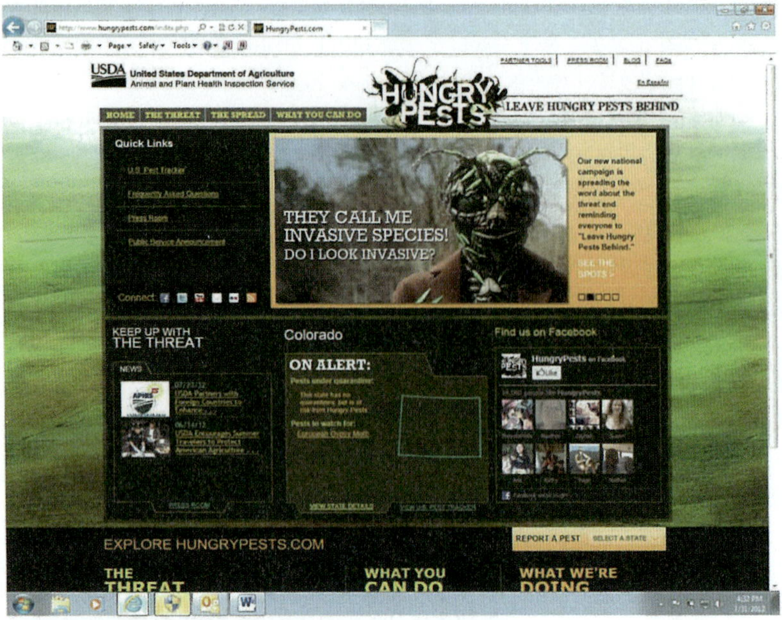

그림 8.1 Hungry pests 웹사이트(출처: USDA APHIS 2012b)

그림 8.2 Beetle Busters 웹사이트(출처: USDA APHIS 2012a)

그림 8.3 Save our Citrus 웹사이트(출처: USDA APHIS 2012c)

있는 기회를 제공하였다.

소셜 미디어와 네트워킹 기술은 NPPO에게 대중과 직접적으로 연결할 기회를 제공하여, 다양한 형태로 침략적인 병해충의 위협과 생물안보 및 병해충관리의 중요성에 대해 확실하게 정보교환을 한다. 이는 특히 농장일이나 다른 어떤 형태로의 농업 생산과 아무런 직접적인 연관이 없는 사람들을 포함한 보통 사람들에게 매우 복잡한 주제를 단순화시키는데 도움을 줄 수 있다. 그럼에도 불구하고, 소셜 미디어의 NPPO 이용자들에게 제공되는 정보의 정확성과 명확성을 보장하는데 있어서 최대한 살펴보도록 주의해야만 한다. 이 정보가 네트워크상에 공개될 때, 그것은 인터넷을 통해 다른 많은 네트워크로 확실하게 퍼져나갈 것이다(Curlett 2010).

소셜 미디어와 네트워킹의 막대한 이점과 잠재적 위험성이 메시지 전달의 기본적인 중요성을 강조한다. 메시지의 결정적인 요소(대상으로 하는 청중의 인지, 메시지가 지닌 목적의 결정, 메시지의 세심한 다듬기, 최상의 메시지 전달방법 결정, 이해당사자의 환류 확보)는 NPPO가 농업의 생물안보 정보를 명확하게, 간결하게, 그리고 효과적으로 교환할 수 있도록 항상 점검되어야만 한다. 정보교환이 꾸준히 성공적으로 이루어지도록 NPPO의 직원들은 NPPO의 정책과 법률자문가, 기술전문가, NPPO 지도자와 협력하여 홍보전문가들과 함께 밀접하게 일해야만 한다. 호주, 뉴질랜드, 미국의 NPPO는 산업계나 대중을 통해서나 그들의 유권자들에게 투명하게 행동한다. 이런 의무는 상호간이나 무역상대국의 NPPO들과의 정보교환으로까지 확장하고 있다. 정보교환과 현장출동서비스는 농업의 생물안보를 효과적으로 보장하는데 있어서 NPPO의 필수 역할이다.

참고문헌

Animal and Plant Health Inspection Service (2010) News Release-APHIS seeks comment on response to petitions to deregulate light brown apple moth. Retrieved 28 Sept 2011, from Animal and Plant Health Inspection Service: http://www.aphis.usda.gov/newsroom/content/2010/03/Ibampeti.shtml

Australian Government (2011) Agricultural and Veterinary Chemicals (Administration) Act 1992. Retrieved l7 apr 2012, from ComLaw: http://www.comlaw.gov.au/details/C2012C00092

Australian Pesticides and Veterinary Medicines Authority (2008) FACTSHEET - about the APVMA. Retrieved 15 Apr 2012, from Australian Government - Australian Pesticides and veterinary medicines authority: http://www.apvma.gov.au/publications/fact_sheets/docs/about_apvma.pdf

Central Intelligence Agency (2012a) Australia. Retrieved 27 June 2012, from The World Fact Book: https://www.cia.gov/library/publications/the-world-factbook/geos/as.html

Central Intelligence Agency (2012b) Canada. Retrieved 27 June 2012, from The World Factbook: https://www.cia.gov/library/publications/the-world-factbook/geos/ca.html

Central Intelligence Agency (2012c) New Zealand-People and Society. Retrieved 20 July 2012, from The World Factbook: https://www.cia.gov/library/publications/the-world-factbook/geos/nz.html

Central Intelligence Agency (2012d) The United States. Retrieved 27 June 2012, from The World Factbook: https://www.cia.gov/librarytpublications/the-world-factbook/geos/us.html

Cooperative Research Centre for National Plant Biosecurity (2009-2012) Plant biosecurity. retrieved 22 july 2011, from CRCPlantBiosecurity: www.crcplantbiosecurity.com.au/aboutus/plant-biosecurity

Covello V (2005) Developing and using message maps. In: Message mapping workshop. Center for Risk Communication, Madison

Crosslin J (E. A.) (2010) A history of the making : potato zebra chip disease associated with a new psyllid-borne bacterium - a tale of striped potatoes. Retrieved 19 Jan 2012, from APSnet: http://www.apsnet.org/publications/apsnetfeatures/Pages/PotatoZebraChip.aspx

Curlett E (2010) Director of Public Affairs, U. S. Animal and Plant Health Inspection Service.

Department of Sustainability, Environment, Water, Population and Communities (2010) EPBC Act-frequently asked questions. Retrieved 15 Apr 2012, from Australian Government - Department of Sustainability, Environment, Water, Population and Communities: http://www.environment.gov.au/epbc/publications/pubs/epbc-act-fact-sheet.pdf

Department of Sustainability, Environment, Water, Population and Communities (2011) About the EPBC Act. Retrieved 15 Apr 2012, from Australian Government - Department of sustainability, environment, water, population and communities: http://www.environment.gov.au/epbc/about/index.html

Department of Sustainability, Environment, Water, Population and Communities (2012) About the Department. Retrieved 15 Apr 20 13, from Australia Government - Department of Sustainability,

Environment, Water, Population and Communities: http://www.environment.gov.au/about/index.html

Eilperin J (2010) The mighty American chestnut tree, poised for a comeback. Retrieved 26 Dec 2010. from the washington post: http://www.washingtonpost.com/wp-dyn/content/article/2010/10/17/AR2010101703320.html?sid=ST2010101703356

European and Mediterranean Plant Protection Organisation (2009) Candidatus Liberibacter solanacearum. Retrieved 26 June 2012, from European and Mediterranean Plant Protection Organisation: http://www.eppo.int/QUARANTINE/Alert_List/bacteria/Liberibacter_psyllaurous.htm

Food and Agriculture Organisation of the United Nations (2012a) Food and agricultural commodities production - Country rank in the world by commodity. Retrieved 30 July 2012, from FAOSTAT: http://faostat.fao.org/site/339/default.aspx

Food and Agriculture Organisation of the United Nations (2012b) Trade - crops and livestock products. Retrieved 30 july 2012. from FAOSTAT: http://faostat.fao.org/site/535/default.aspx#ancor

Freinkel S (2007) American chestnut : the life, death, and rebirth of a perfect tree. University of California Press, Berkeley/Los Angeles

Gill G (2010) Senior Advisor, MAF Biosecurity New Zealand. (M. Tadle, Interviewer)

Graham F (1978) Rachel Carson. Retrieved 20 Dec 2011, from United States Environmental protection agency: http://www.epa.gov/aboutepa/history/topics/perspect/carson.html

Health Canada (2011) Consumer Product Safety-Acts and Regulations. Retrieved 27 Mar 2012, from Health Canada: http://www.hc-sc.gc.ca/cps-spc/legislation/acts-lois/index-eng.php

Helping Our Peninsula's Environment (2011) Illegal and unscientific aerial spraying of untested, secret pesticides on children and cities of Monterey Peninsula and Santa Cruz by Gov. Schwarzenegger's CDFA & Pres. Bush's USDA-2007-2009. Retrieved 3 Oct 2011, from Helping Our Peninsula's Environment: http:/1hope.org/chkmate.htm

International Plant Protection Convention (n.d.) Biosecurity in food and agriculture. Retrieved 1 Aug 2011, from International Plant Protection Convention: http://www.ippc.int/index.php?id=1110487&no_cache=1

Lancashire J (2012) High risk security threats. Rural News, p. 23

Lewis J (1985) The birth of EPA. Retrieved 20 Dec 2011, from The United States Environmental protection agency: http://www.epa.gov/aboutepa/history/topics/epa/15c.html

Liefting L (E.A.) (2009) A new "Candidatus Liberibacter" species associated with disease of solanacearum. Plant Dis 93: 208-214

Ministry of Primary Industries (2009) Pests and diseases. Retrieved 3 June 2011, from Potato/Tomato Psyllid Bactericera cockerelli: http://www.biosecurity.govt.nz/pests/potato-tomato-psyllid

New Zealand Fresh Vegetable Industry (2007) Reports-potato & tomato psyllid monitoring. retrieved 23 Apr 2012, from Vegetables New Zealand: http://www.freshvegetables.co.nz/research/reports_public.html

New Zealand Ministry for Primary Industries (2012) Overview-ACVM, agricultural compounds & veterinary medicines. Retrieved 26 July 2012, from Ministry for Primary Industries: http://www.foodsafety.govt.nz/industry/acvm/overview/

New Zealand Ministry for the Environment (2011) Hazardous substances and new organisms (HSNO) Act 1996. Retrieved 24 Feb 2012, from ministry for the Environment: http://www.mfe.govt.nz/laws/hsno.html

New Zealand Ministry for the Environment (2012) Resource Management Act. Retrieved 25 July 2012, from Ministry for the Environment: http://www.mfe.govt.nz/rma/index.html

Parliamentary Counsel Office (n.d.) Biosecurity Act 1993. Retrieved 12 July 2011, from New Zealand Legislation: http://www.legislation.govt.nz/act/public/1993/0095/latest/DLM314623.html

Pitman A (2011) Psyllid news - impact of Ca. Liberibacter infected seed tubers. Retrieved 29 June 2012, from Potatoes New Zealand: http://www.potatoesnz.co.nz/users/Image/Downloads/PDFs/Psyllid%20 December%202011final.pdf

Potatoes New Zealand (2010) Phyllid news - phyllid coordinator. Retrieved 29 June 2012, from Potatoes New Zealand: http://www.potatoesnz.co.nz/users/Image/Downloads/PDFs/Psyllid%20News%20 Feb%202010%20lowres.pdf

Potatoes New Zealand (2011) Psyllid News. Retrieved 29 June 2012, from Potatoes New Zealand - Need for Vigilance: http://www.potatoesnz.co.nz/users/image/downloads/PDFs/Psyllid%20News%20 December%202011final,pdf

Shepherd V (2009) Pursuing an American dream : restoring the American chestnut to our forest-and our wildlife. Virginia Wildlife, pp 4-9

The New Zealand Institute for Plant and Food Research (n.d.) Controlling to tomato/potato psyllid in the home garden. Retrieved 15 Mar 2012, from Ministry for Primary Industries: http://www.biosecurity-govt. nz/files/pests/potato-tomato-psyllid/psyillid-factsheet.pdf

Thomas K (2010) Controlling project stakeholders influence. Retrieved 15 Feb 2011, from The Project Management Hut: www.pmhut.com/controlling-project-stakeholders-influence

USDA Animal and Plant Health Inspection Service-Plant Protection and Quarantine (2008) Questions and answers : light brown apple moth. Retrieved 24 June 2012, from U. S. Animal and Plant Health Inspection service: http://www.aphis.usda.gov/publications/plant_health/content/printable_version/ faq-lbam.pdf

USDA Animal and Plant Health Inspection Service (2012a) Beetle busters. Retrieved 25 June 2012, from U.S. Animal and Plant Health Inspection Service: http ://beetlebusters.info/

USDA Animal and Plant Health Inspection Service (2012b) Hungry pests. Retrieved 25 June 2012, from U.S. Animal and Plant Health Inspection Service: http://www.hungrypests.com/index.php

USDA Animal and Plant Health Inspection Service (2012c) Save our Citrus. Retrieved 26 June 2012, from U.S. Animal and Plant Health Inspection service: http ://www.saveourcitrus.org/

United States Environmental Protection Agency (2012a) DDT - a brief history and status. Retrieved 27 May 2012, from Pesticides: Topical & Chemical Fact Sheets: http://www.epa.gov/pesticides/factsheets/ chemicals/ddt-brief-history-status.htm

United States Environmental Protection Agency (2012b) Laws and executive orders. Retrieved 15 July 2012, from United States Environmental Protection Agency: http://www.epa.gov/lawsregs/laws/index.html

United States Government Printing Office (2012) Title 7 - Agriculture, Chapter 104 - Plant Protection §7701-7786. Retrieved 10 May 2012, from United States Department of Agriculture, Animal and Plant Health Inspection Service: http://www.aphis.usda.gov/brs/pdf/PlantProtAct2000.pdf

Wood J (2008) Small pest, huge controversy Retrieved 28 June 2012, from marinemagazine.com: http:// www.marinmagazine.com/Marin-Magazine/May-2008/Small-Pest-Huge-Controversy/

Zimmers H (2011) National Stakeholder Liaison, U. S. Animal and Plant Health Inspection Service. (M. Tadle, Interviewer)

제9장 식물의 생물안보에서 병해충위험분석의 역할
The Role of Pest Risk Analysis in Plant Biosecurity

Mark Burgman, Bill Roberts, Claire Sansford, Robert Griffin, and Kerrie Mengersen
번역: 이종호(농림축산검역본부)

9.1 병해충위험분석과 관련된 국제 동향

국제식물보호협약(International Plant Protection Convention; 이하 "IPPC")은 국제적인 무역과 관련된 식물 병해충의 위험을 줄이기 위한 목적으로 1951년에 제정된 식물위생분야의 국제조약이다. 국제식물보호위원회(IPPC Commission)는 식물위생조치에 관한 국제기준(International Standard for Phytosanitary Measures; 이하 "ISPMs")을 채택하고, 정보 교환을 촉진하며, 법적 구속력은 없으나 분쟁을 조정함과 동시에 식물위생분야의 역량강화를 증진한다(협약 2.2.4절). ISPMs은 기준, 지침 및 권고로서 IPPC 체약국들 간에 적용되는 식물위생조치의 근본으로 사용된다. 또한 이러한 기준들은 위생 및 식물위생조치 협정(이하 "SPS 협정")의 형태로 세계무역기구(World Trade Organization)에 의해서도 인정되고 있는데, SPS 협정은 국

M. Burgman(✉)
Centre of Excellence for Biosecurity Risk Analysis, School of Botany, University of Melbourne, Parkville 3010, Australia
email: markab@unimelb.edu.au

B. Roberts
Plant Biosecurity Cooperative Research Centre, Bruce, ACT 2617, Australia

C. Sansford
Plant Protection Programme, The Food and Environment Research Agency, Sand Hutton, York YO41 1LZ, UK

R. Griffin
Pest Epidemiology and Risk Assessment Laboratory, Center for Plant Health Science and Technology, Plant Protection and Quarantine, APHIS, USDA, Raleigh, NC 27606, USA

K. Mengersen
Mathematical Sciences, Queensland Institute of Technology, Brisbane, Australia

가 간에 적용되는 식물위생조치는 국제적인 기준이나 위험평가에 근거해야만 한다는 것을 기술하고 있다(SPS 협정, WTO 1995). ISPMs은 각 국이 무역 과정을 통해 이동 가능한 '병해충'으로부터 식물 및 식물성 산물을 보호하기 위한 조치를 적용하기 위해 필요한 지침을 제공한다(Hulme 2011). 병해충위험분석(Pest Risk Analysis; 이하 "PRA")과 가장 관련 있는 ISPMs은 제2호(병해충위험분석 체제, FAO 2007)와 제11호(환경적인 위험 및 살아있는 유전자 변형생물체의 분석을 포함한 검역병해충 위험분석, FAO 2004a) 및 제21호(규제비검역병해충의 병해충위험분석, FAO 2007)이다. 이와 관련해서는 그림 9.1에서 다시 설명되며, 다음 장의 'PRA 방법'에서 좀 더 자세히 설명된다. ISPMs에서 사용하는 용어들은 ISPM 제5호(식물위생용어정의, FAO 2010, 표 2.1)에 정의되어 있다.

SPS 협정은 세 가지 국제 기준 제정 기구를 인정하고 있는데, 식품안전과 관련한 국제식품규격위원회(Codex Alimentarius Commission), 동물 위생과 관련한 국제수역사무국((World Organisation for Animal Health; 이하 "OIE") 및 식물위생과 관련한 국제식물보호협약(IPPC)이 그것이다. SPS 협정의 핵심 목적은 안전한 무역의 증진이며, 이는 국가가 식물, 동물 및 사람의 생명과 건강을 보호하기 위하여 국제적인 교역 시 적용하는 제반 조치들이 합리적이며 과학적인 근거에 의해 이루어질 수 있도록 보장한다. 이러한 목적과 관련하여 위생 및 식물위생조치(SPS 조치)를 사용함에 있어서 몇 가지 중요한 원칙들이 있는데, 무역에 미치는 영향을 최소화하기 위한 비차별(non-discriminatory), 비보호주의(non-protectionist), 투명성(transparent) 및 조화(harmonization)의 원칙이다. 이러한 맥락에서 무역 제한적인 조치인 경우 해당 조치는 반드시 과학적으로 정당해야만 한다. SPS 협정(부록 1) 제5장은 위험평가(risk assessment)와 적정한 수준의 병해충 위험에 대한 위생(사람 및 동물 건강) 및 식물위생 보호를 언급하고 있다. 협정은 식물 병해충에 의해 초래되는 위험을 평가하기 위해서 고려해야만 하는 요소들에 대한 일반적인 지침을 제공한다. SPS 협정에서는 위험평가에 바탕을 둔 조치를 마련하기 위한 접근방법을 제시하고 있는데, 다음의 세 가지를 포함한다; (1)관심 대상 병해충 확인, (2)병해충의 유입(entry), 정착(establishment)과 확산(spread), 및 그로인한 잠재적인 영향(potential consequences) 확인, (3)잠재적인 위생 및 식물위생 조치에 대한 가능성 및 그 영향에 대한 재평가이다.

적용되어야할 조치('보호조치')를 선택함에 있어서, SPS 협정은 적정보호수준(Appropriate Level of Protection, ALP 또는 ALOP)을 제시한다. 적정보호수준은 SPS 협정 부속서 A를 통해 "회원국이 자국의 영토 내에서 사람, 동물 또는 식물의 생명과 건강을 지키기 위해 제정하는 위생 또는 식물위생조치와 관련하여 적절하다고 간주되는 보호수준"으로 정의되고 있다. 때때로 일부 국가에서는 이러한 개념을 허용 가능한 위험수준(acceptable level of risk, ALR)으로 간주하기도 한다. 허용 가능한 위험수준(ALR)이라는 용어는 SPS 협정을 논의하던 초기에 사용되었으나, 이후에는 부속서 A에 이에 대한 배경을 설명하는 주석을 달아놓은 것을 제외하고는 모두 적정보호수준(ALP)으로 대체되었다. SPS 협정 아래에서 각 국가는 제반 SPS 원칙들 내에서 어느 정도의 위험을 감수할 수 있는지(즉 적정 위험수준)에 따라 각자의 정책(즉 적정보호수준)을 결정할 주권을 갖는다. 적정보호수준은 무역과 관련하여 발생 가능한 제반 규제정책이 일관성 및 정당성에 근거한 조치가 될 수 있는 지침을 제공한다.

또한 SPS 협정에서는 필요한 검역조치의 강도는 평가된 위험수준에 따를 때만 정당화될 수 있다는 점을 강조한다(Sansford 1998, 출판 중비 중; EPPO 1998). 이러한 맥락에서 세계무역기구(WTO) 회원국들은 위험 및 그에 따라 요구되는 조치 사이의 합리적인 관계 설정을 요구받으며, 관련 조치가 사람, 동물 또는 식물의 생명이나 건강을 보호하는 한편, 무역에 미치는 부정적인 영향도 최소화 할 수 있어야 한다는 요구를 받는다.

9.2 개념 및 용어

국제적인 검역(quarantine)과 관련된 식물위생분야에서(일부 국가에서는 '식물의 생물안보(plant biosecurity)'로 일컬어지기도 한다), 병해충(pest)이라는 용어는 IPPC에서 유래하였는데(IPPC 협약은 1951년에 처음 출판되었음; FAO 2007 개정안 참조; FAO 2010), "식물이나 식물성 산물에 해로운 식물, 동물 또는 식물 병원체의 종, 계통 또는 생태형"으로 정의된다. 이러한 광범위한 정의는 식물 또는 식물성 산물에 유해한 영향을 줄 수 있는 곤충, 선충, 달팽이, 곰팡이, 크로미스트(chromists), 바이러스, 바이로이드, 파이토플라즈마 및 식물(예: 잡초)을 포함한다.

식물의 생물안보에서 위험(risk)이란 용어는 어떠한 사건이 발생하고 그 사건으로 인해 어떤 결과가 발생할 가능성(probability 또는 likelihood)을 말한다(WTO 1995; IPPC 1997). 병해충위험분석(PRA)은 "어떤 병해충이 규제되어야 하는지의 여부 및 그 병해충에 대해 취해질 식물위생조치의 강도를 결정하기 위해 생물학적 및 여타의 과학적 · 경제적 증거를 평가하는 절차"로 정의된다(FAO 2010). 이는 병해충위험분석이란 어떤 생물체의 잠재적인 상태를 결정하기도 하며(검역병해충 정의에 적합한지), 위험 추정치를 제공하고, 해당 위험이 수용 가능한지를 결정하고, 아울러 그렇지 않다면 어떻게 그러한 위험을 잘 관리할 수 있는지를 결정하는 것을 의미한다. 위험관리방안의 강도는 다양한데, 이러한 방안들에 대해서는 병해충위험분석 중 위험관리 영역이나 별도의 위험관리 문서를 통해 평가된다. 병해충위험분석의 결과는 정책 결정자들에게 권고되어 해당 병해충으로 인해 발생 가능한 위험을 관리하기 위한 식물위생조치를 도입하거나 변경하는데 활용된다. 뒤집어 말하면, 위험분석의 결과는 사정에 따라서는 기존의 조치를 수정하는데 활용되지 않거나 어떤 필요한 조치로서 권고되지 않을 수도 있다.

병해충위험평가(Pest Risk Assessment)는 때때로 병해충위험분석(Pest Risk Analysis)과 혼동되어 사용되어지기도 한다. 그러나 (검역병해충에 대한) 병해충위험평가는 "어떤 병해충의 유입과 확산 그리고 이와 관련한 잠재적인 경제적 영향 가능성 평가"로 정의된다(FAO 2010). 따라서 병해충위험분석(PRA)과 다르게 병해충위험평가는 병해충에 의해 발생될 위험을 어떻게 잘 관리할 것 인가하는 문제는 고려하지 않는다.

검역병해충(Quarantine pest)은 IPPC(1997)에서 "위험지역에 잠재적인 경제적 중요성이 있으며, 그 곳에 아직 존재하지 않거나, 존재하지만 광범위하게 분포하고 있지 않으며 공식적으로 방제되고 있는 병해충"으로 정의된다. 다른 말로 하면 만약 유입된다면 잠재적으로 영향을 미칠 수 있는 병해충이라는 말이다. FAO(2010)에 따르면, 유입(Introduction)이란 "병해충 정착을 야기하는 어떤 병해충의 침입(entry)"으로 정의되고, 정착(Establishment)이란 "예견할 수 있는 미래에, 어떤 병해충이 어떤 지역 내에 유입된 후 영구적으로 존재하게 됨"이라고 정의된다.

9.3 방법론

SPS 협정은 국제무역에서 병해충위험분석(PRA)을 적용하기 위한 포괄적인 토대(broad framework)를 제시하고 있지만, 실제 PRA를 수행하기 위해 필요한 자세한 방법은 기술하지 않는다(Baker & MacLeod 2005). SPS 협정 제5조에 따르면, 회원국들은 '상응하는 국제기구에 의해 개발된 위험평가 기법을 고려하여야' 한다(첨부 1 참조). 식물위생분야에서는 ISPMs이 IPPC에 의해서 제정되었다. ISPMs은 개략적인 지침을 제공한다. PRA를 실제 수행하기 위한 자세한 지침은 ISPMs을 바탕으로 각각의 국가식물보호기구(NPPO) 또는 지역식물보호기구(RPPO)에 의해 법제화되어 마련된다. PRA의 흐름도(그림 9.1)는 각각의 중요한 단계를 나타내고 있으며 다음과 같다:

1. 착수(Initiation: 1단계)
2. 병해충위험평가(Pest Risk Assessment: 2단계)
   (a) 병해충 범주화(categorization), 검역병해충에 해당될 것인지 아닌지를 결정
   (b) 유입(entry), 정착 및 확산 가능성 평가

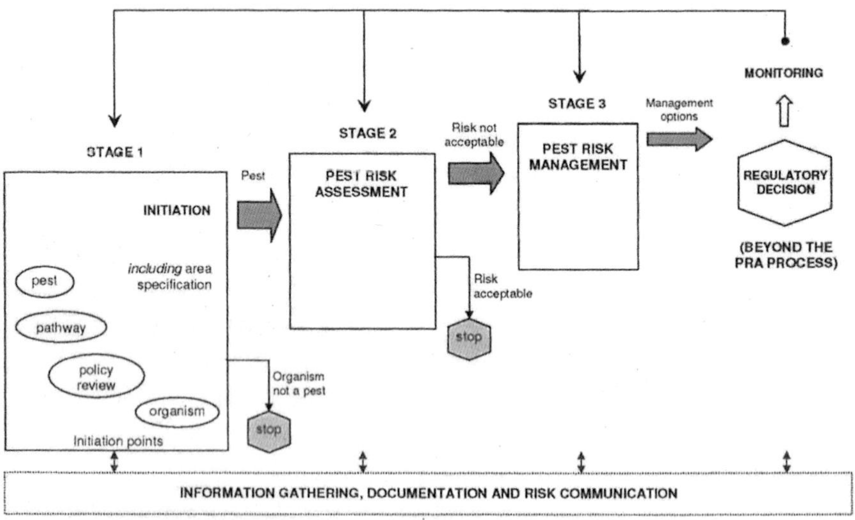

그림 9.1 병해충위험분석 흐름도(ISPM 2, FAO 2007)

(c) 잠재적인 경제적 영향 또는 결과(economic impact or consequences[1])의 평가
(d) 종합적인 위험추정, 가능성(likelihood)과 영향(consequence)의 조합

3. 병해충위험관리(Pest Risk Management: 3단계)

9.3.1 착수(initiation) 및 병해충 범주화(categorization)

식물 병해충에 대한 위험분석을 시작하게 되는 데에는 여러 가지 이유가 있을 수 있다: (1) 잠재적인 병해충 위험을 포함하는 경로(pathway)가 확인된 경우, (2)식물위생조치가 요구될 수 있는 어떤 병해충이 확인된 경우, 또는 (3)식물위생 기준, 정책 및 우선순위를 마련하고 재검토하려는 경우이다.

이제부터는 상품 수입을 위한 PRA와 관련되어 개별적인 병해충위험평가 및 병해충위험관리에 대해 집중적으로 논의하고자 한다. ISPM 11호(FAO 2004a)는 착수단계에 관해 좀 더 자세한 설명을 제공한다. 착수단계의 결과(산물)는 어떤 생물체(organism)가 병해충(a pest)인지 아닌지를 결정하고, 해당 병해충에 의한 위험을 받게 될 PRA 지역(PRA area)의 범위를 결정하는 것이다.

PRA 과정이 특정 경로(pathway)에 대한 검토 요청(역주: 특정 상품의 수입 허용 요청시)에 따라 착수된 경우(일반적으로 식물 또는 식물성 산물로 된 상품), 해당 경로와 관련되는 것으로 여겨질 수 있는 생물체의 종합적인 목록을 작성하는 것부터가 시작이다(FAO 2007; 그림 9.1에서는 드러나지 않은 단계임). 즉, 분석가는 병해충이 해당 화물의 원료가 되는 식물 종과 관련이 있는지 여부를 결정한다. 예를 들어, 만약 유럽너도밤나무(*Fagus sylvatica* Linnaeus) 목재를 수출입하기 위해 그와 관련한 위험분석이 요청된 경우에는 전 세계적으로 너도밤나무에서 기록된 생물체의 목록을 취합하는 것이 필요할 수 있다. 이 병해충 목록은 검역에서의 검출 기록이나 원산지에서의 발생 기록 등에 근거하는데, 공식적인 정보 출처, 출판된 문헌 및 식물 병해충의 분포 또는 미분포와 관련한 데이터베이스 등을 통한다.

수출국은 요청된 상품과 관련된 병해충에 대한 정보를 가장 잘 제공할 수 있는 처지에 있다. 그러나 SPS 협정이나 IPPC 협약 모두가 정보 제공을 의무화하고 있음에도 불구하고, 수출국은 그러한 자세한 정보의 공유를 원하지 않는다. 관련된 병해충 정보 제공을 의도적으로 지연하는 것은 위험분석의 가치를 감소시키며, 수출국과 수입국 간의 신뢰를 떨어뜨리고, 실제 양국간에 적용되는 프로그램의 활성화(viability)에 위기를 초래할 수 있다. 마찬가지로, 수입국은 취합된 병해충 목록을 정확하게 범주화하기 위하여 어떤 병해충이 그 나라에 분포하는지에 대한 충분한 정보를 수출국에 요구한다. IPPC(1997, VII.2.j 장)는 범주화의 선행조건으로 병해충 예찰(survey) 의무를 기술하고 있다. VIII장은 또한 그러한 정보의 교환(share) 의무를 기술하고 있다. 만약 특정한 국가 산 특정 산물에 집중하는 경우에는 해당 국가 산 생물체에 대해서만 목록화가 이루어질 수 있다.

---

1 경제적 영향 및 결과는 멸종위기 종 또는 생태계에 대한 영향뿐만 아니라 사회적인 영향과 같은 환경적인 영향도 포함함. 본문에서 자세히 설명되고 있으며, PRA에서 보건(human health)은 평가되지 않음

이러한 종 목록은 추가적인 검토과정을 통해 어떤 생물체가 수입국에 존재하는지를 결정한다. 만약 어떤 생물체가 수입국에 널리 분포하면서 공적 방제 대상이 아닌 경우(박멸이나 봉쇄의 대상이 되지 않는)에 해당 생물체는 검역적인 우려 대상이 되지 않아 추가적인 평가의 대상이 되지 않는바, 해당 생물체에 대한 검역조치의 정당성이 없기 때문에 검역조치와 관련된 검토 대상 병해충 목록에서 제외 될 수 있다. 수출국에서 해당 식물과 관련된 가능한 모든 병해충이 목록으로 작성된 것이기 때문에, 만일 고려되는 특정 경로가 가공품 이거나 소비용 또는 가공용(예를 들어 재식용 식물이 아닌 생과실)인 경우 해당 병해충 목록은 쉽게 줄어들 수 있다. 이러한 것은 추가적인 검토 대상 생물체를 효과적으로 줄여나갈 수 있게 한다. 예를 들어, 뿌리에 감염되는 병원균은 과실과 관련될 가능성이 낮으며, 과실을 가해하지만 과실에 산란하지 않는 곤충은 과실에 묻어 들어올 가능성이 없으며(편승 가능성은 제외), 부생성 생물체(saprophytic organisms)는 살아 있는 식물과 관련된 병해충이 아닐 수 있다. 마찬가지로, 수출하는 상품을 취급하는 업계의 일반적인 절차가 특정 병해충을 제거하는 것으로 알려진 경우에는 해당 절차도 고려되어야 한다. 수액(sap)을 제거하기 위해 망고 생과실을 세척하는 것이 하나의 좋은 예가 될 수 있는데, 상품의 품질을 향상시키기 위한 업계의 상업적인 절차는 궁극적으로 검역적으로 중요한 일부 외부 부착 병해충이나 오염물질을 제거하는 결과를 가져오기도 한다.

목록에 여전히 남아있는 병해충들 중에는 상품에 대한 수확 후 처리과정을 통해 제거될 수도 있다. 그러나 분석가들이 이들 병해충들이 정착하지 못할 것 같다거나, 수용할 수 없는 영향을 유발할 것 같지 않다거나, 수입국에서의 가공처리가 효과적인 비생물적 위생조치가 될 것으로 간주된다는 등의 평가를 내리기 전 까지는 PRA 절차상 여전히 추가적인 평가가 필요할 수 있다. 예를 들어, 감귤류가 자라지 않는 어떤 국가에서 제한된 조건에서 주스용으로 가공될 감귤류 과실의 관심병해충(pest of concern)은 더 이상의 위험을 초래하지 않을 것이다. 이러한 과정은 범주화될 병해충 목록을 작성하도록 한다. PRA는 또한 식물위생조치가 요구될 수 있는 어떤 병해충이 확인된 경우에 촉발될 수 있다. 만약 그러한 경우에 PRA 과정은 병해충 범주화(pest categorization)부터 바로 시작하게 된다.

병해충 범주화의 목적은 관심병해충의 분류학적인 정체성을 확인하고, 해당 병해충이 PRA 지역에 분포하는지 분포하지 않는지 여부를 결정하고(착수단계에서 이점이 명확하게 확인되지 않은 경우), 규제상태(regulatory status)를 기술하며(즉, 법적으로 정해진 규제상태 또는 권장되는 규제), 잠재적인 경로를 확인하고(경로 PRA인 경우에는 추가적인 경로가 존재하는지 여부에 대해 확인되어질 수 있다), 해당 병해충이 PRA 지역에서 정착하고 확산될 것인지를 결정하고, 만약 정착 확산 한다면 수용할 수 없는 잠재적인 경제적 영향(환경 및 사회적인 영향도 포함)을 초래할 것인지 결정하는 것이다. 범주화는 자세한 과정은 아니지만, 전형적으로 축약된 병해충위험평가라고 할 수 있다. 범주화 결과, 해당 병해충이 검역병해충 정의를 충족하는지 여부가 결정되고, 만약 그러한 경우에는 좀 더 자세하고 종합적인 정식 PRA(다음 장에서 설명) 대상이 되어 위험 수준(level of risk)이 결정되고, 필요한 경우 해당 수입국의 적정보호수준(ALP) 또는 적정위험수준(ALR)을 달성하기 위한 위생조치의 강도가 결정되게 된다.

9.3.2 유입, 정착 및 확산 가능성

유입가능성(Probability of entry). 유입가능성은 어떤 병해충이 특정 경로에서 생존 가능한(viable)한 상태로 PRA 지역에 도착할 가능성(likelihood)을 말한다. 병해충은 기주가 되는 상품에 묻어 유입되거나, 기계류, 여행객 또는 컨테이너에 편승하여 유입되거나, 또는 자연적으로도 유입될 수 있다(ISPM 11의 2.2.1.1.절; FAO 2004a, b). 일부 수입 PRA(즉 수입위험분석; IRA)에서는 착수단계에서 특정한 병해충에 대하여 관련될 수 있는 모든 경로가 확인되며, 가능한 경우 따로따로 분리되어 고려된다. PRA 지역으로의 병해충 침입 가능성에 미치는 요인들은 다음과 같다:

- 병해충이 원산지에서 해당 경로와 관련될 가능성(원산지에서 해당 병해충의 발육단계, 계절적 및 환경적 조건)
- 병해충의 해당 경로에서의 발생정도(원산지에서의 재배 및 상업적 관행, 기존에 적용되고 있는 식물위생조치- 문제되는 병해충의 침입 가능성을 줄이기 위해 특별히 고안된 것은 아니지만 해당 병해충에 효과적이고 일상적으로 적용되는 것, 다른 병해충에 대해 적용되고 있는 조치)
- 해당 상품의 교역 량 및 빈도
- 수출 전 · 후 저장 또는 수송기간 동안의 생존 및 번식과 관련된 생물학적 특성(저장 및 수종 조건)
- 원산지 또는 도착지에서 감염 또는 가해 받은 상품에서 병해충의 검출가능성(상품에서 눈에 보이는 피해나 증상 포함여부)
- 병해충이 해당 상품의 경로와 관련하여 적절한 기주로 옮겨갈 가능성(해당 상품이 PRA 지역 내에서 얼마나 멀리 배포되는지, 년 중 적합한 시즌에 도착하는지 및 상품의 용도)

유입(뿐만 아니라 정착 및 확산도 포함)은 일반적으로 관련된 일련의 사건이 발생할 가능성으로 여겨진다. 만약 사건들이 독립적이라면, 가능성은 서로 곱해져 종합적으로 평가된다. 예를 들어, 만약 어떤 한 가지 사건이 일어날 가능성이 무시할만한(negligible) 수준이라면, 이 사건 이후에 해당 경로에서 발생하는 사건의 가능성도 대부분 무시할 만한 것이 된다. 그러나 모든 국가에서 이처럼 간단한 통계학적인 규칙을 적용하고 있지는 않다. 독립적인 사건들에 대한 가정은 이후 다시 설명하겠다.

유입가능성을 측정하는 한 가지 방법은 시나리오 트리(scenario tree)를 작성하는 것인데, 상품 수입에 있어서 핵심적인 단계(key step) 및 관련된 병해충의 이동을 나타낸다. 병해충의 이동은 상품의 생산, 가공, 운송 및 반입지점에서의 제거까지를 포함하며 궁극적으로는 수입지까지의 이동을 말한다. 이러한 기법은 또한 위험관리를 수월하게 하는 이점을 가져다 주는데, 그 이유는 시나리오별로 위험경감방안이 적용될 수 있는 각각의 지점(point)이 보다 쉽게 확인되어 분석될 수 있기 때문이다. 자료는 상품의 수출검사에서 얻어질 수 있고 또한 같은 상품을 수입하는 다른 나라의 경험으로부터 얻어질 수 있다. 그러나 특정 상품에서 어

글상자 9.1 누적 위험(Cumulative Risk)

어떤 PRA의 경우에는 병해충 및 경로가 각각 따로따로 분리되어 고려된다. 일부 국가에서는 다수의 경로에서의 병해충 유입위험(또는 정착) 또는 각각의 위험은 낮지만 여러 병해충을 포함하고 있는 어떤 상품과 관련된 모든 위험 평가를 묶어서 하기 위한 구체적인 방법을 뚜렷하게 제시하고 있지는 않다. 즉, 대부분의 PRA에서 누적 위험은 간과되고 있다. 유럽에서는 EPPO 체계(scheme)에 따라 개개의 병해충이 PRA 지역으로 유입될 가능성을 가진 모든 경로를 조사한다. 분석가들은 각각의 경로를 따로따로 등급화 하지만, 정착위험을 결정하기 전, 종합적인 침입위험(정성적인 기준)으로 작용한다. 그러나 이러한 작업을 수행하기 위한 방법은 구체적으로 제시되어 있지는 않다.

새로이 교역되는 경로에 의해 촉발된 PRA(즉 IRA)를 실시할 때, 하나의 저위험 병해충의 기주가 되는 상품은 여러 종의 저위험 병해충의 기주가 되는 상품보다는 덜 위험하다. 보다 공식적으로 얘기한다면, 예를 들어 특정한 경로에서 어떤 한 종의 병해충의 침입 가능성이 낮으면(말하자면 교역량기준으로 연간 유입확률이 0.001; Pentry=0.001), 해당 병해충을 포함하는 상품을 통한 유입가능성은 연간 0.001이다. 그러나 50가지의 다른 병해충을 가진 상품이 있다고 가정하면, 각각의 침입 가능성은 0.001이지만, 독립확률로 계산할 때, 적어도 한 종이상의 병해충이 침입할 가능성은 0.049이다(p=1-(1-pentry)n =0.049). 마찬가지 논리가 여러 가지 경로에서 한 종의 병해충 침입(또는 정착)가능성을 평가할 때 적용되어질 수 있다.

위에서 제시된 생각을 명확하게 적용하는 것은 사실 불가능하다, 그 이유는 만약 누적 위험이 평가되는 경우 어떤 한 가지 PRA의 결정은 다른 여러 가지 PRA 결과에도 영향을 미칠 수 있기 때문이다. 모든 상품, 시간, 변화하는 교역량 등과 관련하여 모든 병해충 위험을 추적하는 것은 실질적으로 어렵기 때문에 보다 쉬운 방법으로 각각의 병해충 및 경로에 집중하는 것이다.

떤 병해충의 발생정도(prevalence)와 교역량은 종종 추정되는 것이고, 전문가의 판단에 의존하게 된다.

어떤 조건에서는 다른 병해충에 대하여 수출국 또는 수입국에서 이미 적용되고 있는 식물위생조치(아래 참조)와 업계의 절차를 통해 해당 경로에서 우려되는 병해충의 위험도 동시에 무시할 만한 정도가 되기도 한다. 만약 그러하다면, 그러한 경로들은 제거될 수 있다.

그림 9.2는 일반적으로 생물안보연속체(biosecurity continuum)에서 기대되는 병해충의 발생 정도를 일반적인 관점에서 설명하고 있다. 병해충 발생정도와 다양성(variability)은 원산지에서부터 반입지역으로 갈수록 줄어들 수 있다. 그 이유는 개체군의 출생과 사망과 관련된 자연적인 현상이기도 하고, 해당 생물체에 영향을 줄 수 있는 검역적인 조치(검역조치가 이미 시행되고 있다고 보면), 상업적인 생산, 위생 및 운송과 관련되어 일반적으로 발생하는 역경들 때문일 수 있다. 국경 이후(post-border)에 만약 접하게 될 환경이 비집고 들어갈 만하다면,

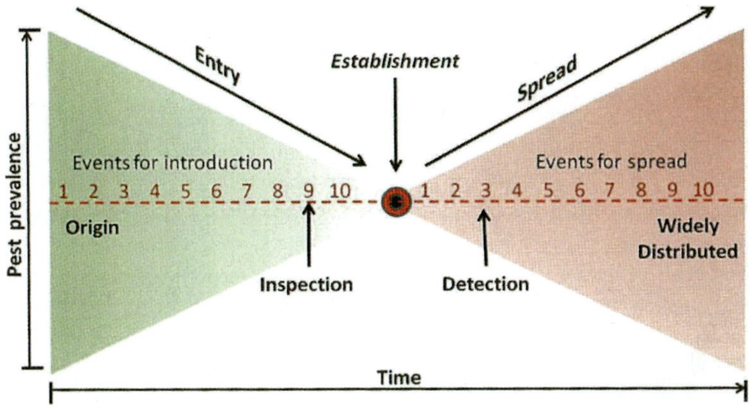

그림 9.2. 경로 연속체(pathway continuum). 여러 가지 경로에 있어서 기대되는 병해충의 발생 정도를 나타낸다.

병해충은 새로운 서식처 또는 새로운 기주식물에서 정착가능하게 되고, 자연적이던 인위적이건 가능한 서식처로 분산·확산하게 되어 발생이 증가할 수 있기도 하다. 이러한 것은 정착 및 확산 가능성을 평가하는 과정에서 고려된다. 그림 9.2의 중심점을 기준으로 양쪽 1-10 지점은 위험수준 및/또는 그로 인한 영향의 정도를 결정하는데 이용될 수 있으며, 뿐만 아니라 검사(inspection) 및 검출(detection)과 같은 중대한 통제지점을 결정하는데 이용될 수 있다.

유입평가의 종료시점에서, 우려되는 병해충의 종합적인 유입가능성이 기술되어야하며 각각의 서로 다른 경로에서의 유입가능성이 관련된 불확실성(uncertainties)과 함께 나타내어져야 한다. 만약 해당 경로와 관련되어 생존 가능한 하나의 병해충 또는 여러 병해충이 PRA 지역으로 침입할 가능성이 무실할만한 정도이면(즉, 수용 가능한 위험), PRA는 중지될 수 있다.

정착가능성(Probability of establishment). PRA 지역에서 어떤 병해충의 정착 가능성에 미치는 요인들은 다음을 포함한다:

1. 이용할 만한 적당한 기주, 서식처, 대체 기주 및 매개체(필요한 경우)
2. 병해충의 생물학적 특성 및 생활사와 관련된 환경 적합성, 기후조건(야외 및 온실을 포함), 비생물적인 요소(예: 토양조건, 지형조건)를 포함함
3. 천적의 존재 및 잠재적인 효과
4. 관행적인 병해충 관리 절차
5. 병해충이 원래 분포하고 있는 지역을 벗어나 새로운 지역으로 유입된 빈도
6. 박멸프로그램에서도 살아남을 잠재성

정착가능성 평가에서는 지리정보시스템(Geographic Information System; GIS) 자료가 이

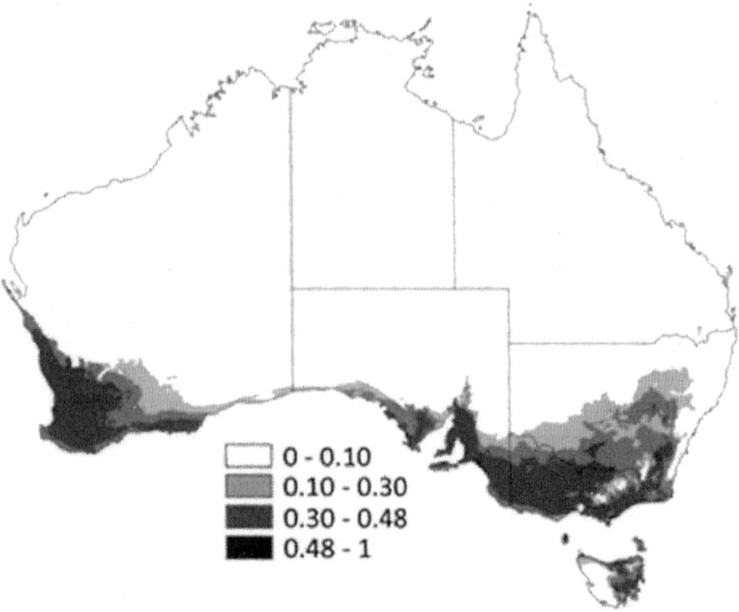

그림 9.3. 식물의 중요한 침입해충인 reg-legged earth mite (*Halotydeus destructor* (Tucker))의 종 분포 지도

용될 수 있다. 환경적인 변수와 기주식물 분포 데이터베이스(통계적이거나 자동학습법을 이용한)를 토대로 해당 병해충의 정착과 관련하여 원산지와 PRA 지역이 얼마만큼 유사한지를 결정할 수 있다. 이러한 도구들은 해당 병해충이 정착하거나 확산할 수 있는 곳이 어디인지를 나타내주는 지도작성에 이용될 수 있다(그림 9.3). 다른 사례로는 유럽 내에서 참나무 역병(*Phytophthora ramorum* Werres et al.)의 정착 가능 지역을 표시하는 지도를 들 수 있는데, 이 지도는 유럽연합(EU)의 6번째 토대구축 프로젝트인 RAPRA를 통해 만들어 졌다(Sansford 등 2009).

검게 칠해진 지역은 해당 서식지가 이 종에 적합한 정도를 확률로 표시한다. 이 모델은 관련 기후자료와 이 종의 분포 정보를 서로 연결하여 개발되었으며, 모델개발 프로그램인 Maxent를 이용하여 개발되었다(Elith & Graham 2009). 최근 이 종의 분포 변화는 기후변화, 농업관행의 변화 또는 적응 진화 때문일 수 있다.

정착가능성을 평가하는 경우, 만약 수입하는 지역에 적당한 기주가 없고, 환경도 해당 병해충의 생존이나 번식을 위해 확실히 적합하지 않은 경우(비록 어떤 경우에는 해당 병해충이 이미 병해충 범주화 과정에서 걸러지지만)에 해당 분석은 그 단계에서 종료될 수 있다. 정착가능성 평가 종료시점에서, 종합적인 유입가능성(유입 및 정착)이 평가되어야 한다. 이상적인 평가는 각각의 가능성과 이를 토대로 한 종합적인 결과와 관련되어 있는 불확실성(uncertainties)에 대한 평가도 포함되어야 한다.

확산가능성(Probability of Spread). 확산은 "어떤 지역 내에서 어떤 병해충의 지리적인 분포 확장"으로 정의된다(FAO 2010). 확산 가능성 평가는 얼마나 빨리 어떤 영향이 발생할 것이며 뿐만 아니라 얼마나 쉽게 해당 병해충을 유입지역 내에서 봉쇄할 수 있는지를 결정하는데 도움을 준다. 이러한 질문들은 특별히 병해충 관리와 관련되는 것들이며, 다음에 다시 토의될 것이다. 확산 잠재력은 폭넓은 요인에 의해 좌우되는데, 적당한 기주의 분포처럼 대부분의 요인들이 정착 가능성에도 영향을 미친다. 자연적인 확산은 일정 부분 해당 병해충의 분산 능력에 영향을 받기도 한다(예: 바람에 날리는 곰팡이 포자, 곤충의 비행능력, 매개충). 사람에 의한 확산은 상품의 이동(재식용 식물, 식물성 산물, 과실 등) 및 비의도적인 확산(예: 기계, 자동차 또는 신발 등에 묻은 흙의 이동)과 관련된다.

9.3.2.1 **종합적인 유입, 정착, 확산 가능성 평가 요약** (Summarizing the Overall Probability of Entry, Establishment and Spread)

PRA에서 가능성 평가단계의 종료시점에서 분석가들은 유입 및 정착 가능성(= 유입(introduction); FAO 2010)을 추정하지만, 확산가능성도 포함될 수 있다. 해당 분석은 생태학적인 요인들에 근거하여 해당 병해충에 의한 위험을 겪게 될 PRA 지역 일부를 한정하게 된다. '위험지역(endangered area)'은 '생태학적인 요인들이 해당 지역에 존재하는 병해충의 정착에 좋은 조건으로 경제적인 영향을 받는 특정 지역'으로 정의된다.

유입, 정착 및 확산 가능성을 평가하고 결합하는 방법에는 서술적 방법(narrative methods), 득점기록법(point-scoring systems), 규칙근거법(rule-based methods) 및 정량적(확률적) 방법(quantitative methods)이 있다. 이러한 방법들 중 한 가지 또는 모두는 병해충위험분석의 특정 요소(elements)로 이용되어질 수 있다. 대부분의 경우에, 어떤 방법을 선택할 지는 이용할 수 있는 정보, 도구 및 숙련도, 관련된 국가식물호기구 또는 지역식물보호기구의 규칙이나 규약, PRA 목적에 맞게 활용 가능한 자원에 따라 결정된다. 어떤 방법이나 방법들이 사용되어지던 간에 불확실성의 종류 및 그 정도가 명시되어야 한다.

9.3.3 PRA 방법 및 체계(Tools and Schemes for PRA)

PRA에 사용되고 있는 방법에는 시나리오 전개도(Scenario Trees), 발생 가능성 및 영향(결과) 분석표(Likelihood-Consequence Tables), 득점기록시스템(Point-Scoring Systems) 및 몬테카를로 분석(Monte Carlo Analysis)이 포함된다(이들 중 몇 가지에 대해서는 글상자 9.2에 설명된다). 일상적인 분석을 위해서 호주 생물안보청(Biosecurity Australia; 2008)과 미국 농무부(USDA 2000)에서는 발생 가능성을 구간별로 나누어 구체적인 수치로 표현하고, 해당 수치가 나타내는 확률(가능성)을 조합하는 규칙을 제공하고 있다.

PRA 체계(scheme)는 기본적으로 정성적일 수 있으나 일부는 정량적인 방법으로 전개될

글상자 9.2 PRA 방법(Tools for PRA)

시나리오 전개도(Scenario Trees). 뉴질랜드 생물안보청(Biosecurity New Zealand 20076)이 PRA시 사용하도록 권장하고 있는 시나리오 전개도는 논리전개도(Logic Trees), 결정수(Decision Trees) 및 인식지도(Cognitive Maps)와 밀접하게 관련되어 있다. 시나리오 전개도는 복잡한 '노출(exposure) 경로를 지도로 작성하고, 효과적으로 개입할 수 있는 전략을 구사할 수 있는 중요한 통제점(critical control points)을 확인하는데 이용될 수 있다(Hayes 2002). 또한 결정수(decision trees) 작성은 구조화된 심문절차(structured question protocols)와도 연계될 수 있다(아래 참조). 시나리오 전개도 및 이와 관련된 구조들은 주변 및 조건부 확률(marginal and conditional probability)이 더해지는 경우 확률계통수(probability trees) 및 베이어즈 그물망(Bayer's Nets)으로도 변환될 수 있다. 이들 전개도는 관심이 되고 있는 시스템 내에서 가장 중요한 변수들 사이에서의 원인과 효과관계(cause-effect relationship)를 분석가가 이해할 수 있도록 해준다(그림 9.4).

정성적인 범주화(Qualitative categories). 다수의 PRA 체계는 사건의 발생 가능성을 나타내기 위해 정성적인(또는 서술적인) 범주화(구분)를 사용한다. 일반적으로 사용되는 용어들로 순서화되고 각각의 가능성은 주관적인 관점에서 종합적으로 계산되거나 위험행렬(risk matrix)로 정의되는 규칙에 따라 종합된다. 때때로 각각의 범주들은 각각의 발생 가능 구간과(probability range) 일대일 대응한다(예. 표 9.1)

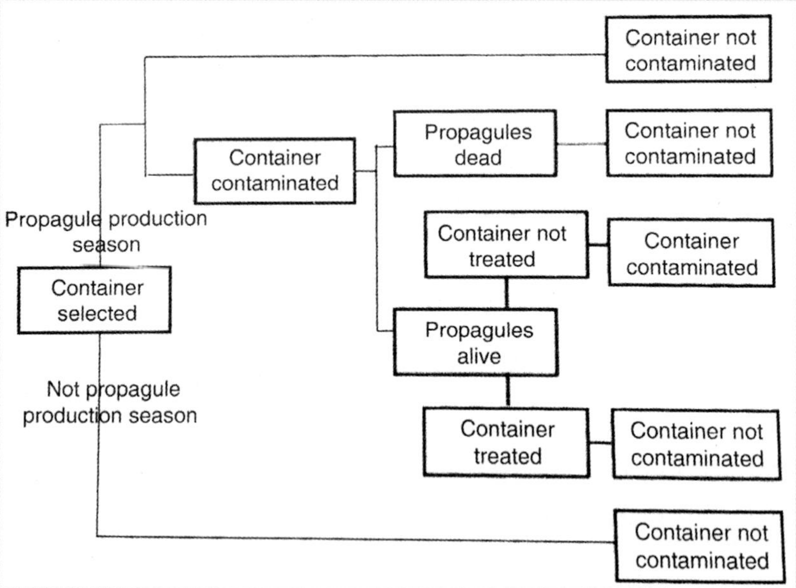

그림 9.4 식물병해충에 의한 화물컨테이너의 오염에 대한 시나리오 전개도

글상자 9.2 (계속)

표 9.1 미국 농무부(USDA 2000)에서 사용하고 있는 발생 가능성별 수치. 호주생물안보청(Biosecurity Australia 2007)은 6개의 계급구간을 사용하는데 비해 미농무부(USDA 2000)는 3개의 계급구간을 사용한다.

범주(Category)	확률 구간(Probability interval)	점수(Score)
낮음(Low)	<0.01	1
중간(Medium)	0.01–0.1	2
높음(High)	>0.1	3

또 다른 접근방법에서 분석가는 정량적인 범위에 대한 특별한 언급 없이 구분자(범주를 표시하는 단어)를 사용하기도 한다. 예를 들어 가장 최근에 출판된 EPPO PRA 체계(EPPO 2009)는 두 가지 영역으로 구분된다. A 영역(평가)은 이원결정수(binary decision tree)를 사용하여 일련의 질문형태로 이루어진다. 위험분석가에 의해 어떤 생물체가 검역병해충으로 결정되는 경우, 해당 병해충은 다음 B 영역에서 좀 더 자세하게 평가된다. 각각의 유입 경로는 별도로 평가된다. 분석가들은 B 영역에서 각각의 질문에 대한 해답을 찾기 위해 필요한 정보 및 자료를 제공하고, 해당 해답이 발생할 가능성을 5가지 범주(구간)로 할당하여 표시한다. 5가지 범주는 '매우 희박함(very unlikely)'에서부터 '매우 가능함(very likely)', 또는 '최소(minimal)'에서부터 '최대(massive)'로 표시된다. 과거 EPPO 체계에서는 이러한 구분자들이 특이적인 발생 가능성 또는 범주(구간)와 직접적으로 연결되지는 않았었다.

베이지안 네트워크(Bayesian Networks). 시나리오전개도와 마찬가지로 베이지안 네트워크도 원인과 그에 따른 영향(결과)의 관계를 도식화하는 것으로 시작한다. 베이지안 네트워크에서는 시스템 변수들이 '노드(nodes)'로 불리고, 변수들 사이의 종속 관계는 화살표로 표시된다. 그러나 정성적인 모델과는 다르게, 변수들 간의 관계는 순전히 일방적이다. 그 이유는 '자녀 노드(child note; 화살표의 끝)'의 각 값(발생가능성)은 '부모 노드(parent nodes; 화살표의 시작)' 값들이 조합된 조건부 확률분포를 나타내기 때문이다(그림 9.5).

하나의 경로는 한번 이상 통과할 수 없다. 따라서 베이지 그물망은 되먹임시스템을 쉽게 표현할 수 없다. 게다가 베이지 그물망 이면에 존재하는 조건부 확률 표에서 모수(parameter)를 추정하는 것은 어려울 수 있으며, 특히 부모 노드가 많이 존재하는 경우에는 더 더욱 그러하다. 이 방법의 이점은 전문가의 판단이나 자료를 이용할 수 있다는 것과, 노출경로와 같은 시스템 관련 모델을 상대적으로 빠르고 직관적으로 구축할 수 있는 점과, 새로운 정보에 따라 갱신이 가능하다는 점이다.

글상자 9.2 (계속)

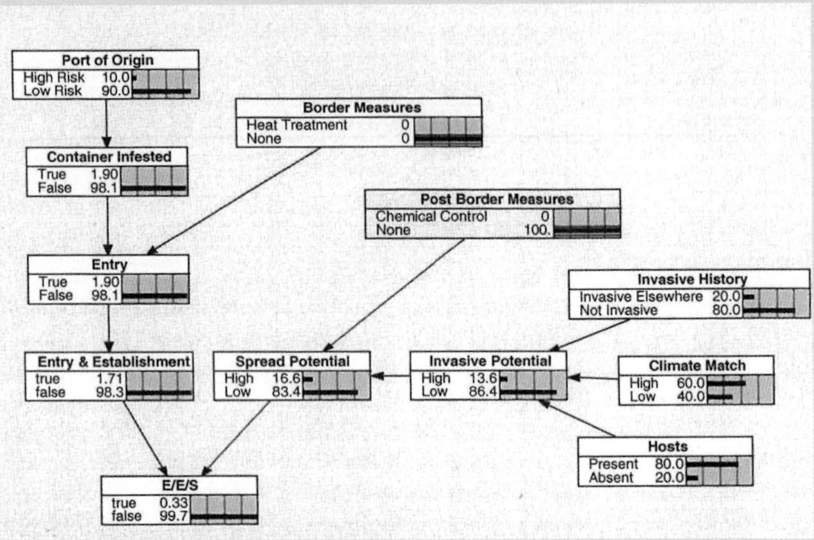

그림 9.5 유입, 정착 및 확산(E/E/S) 가능성을 평가하기 위한 베이지안 네트워크이며, 해상 컨테이너와 관련될 수 있는 병해충에 대한 국경 및 국경이후의 처리 효과를 평가한다.

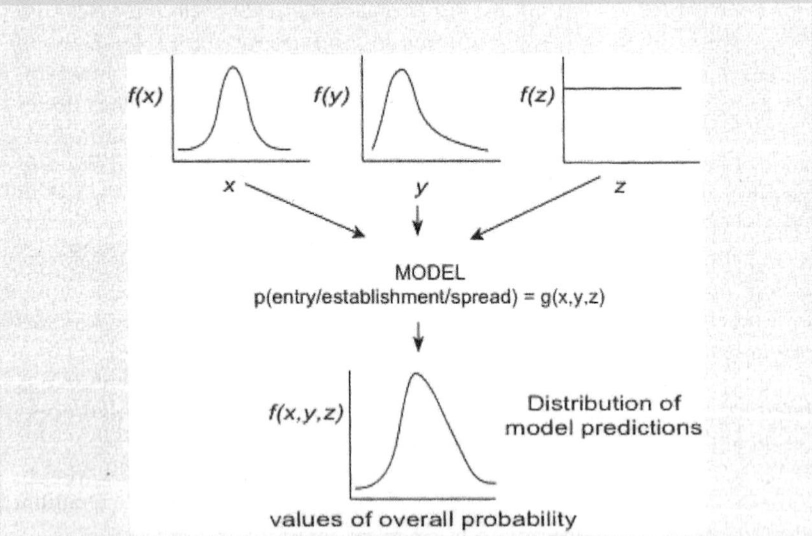

그림 9.6 PRA를 위한 1차 순위 몬테카를로 시뮬레이션(first-order Monter Carlo Simulation) 설명(representation)

글상자 9.2 (계속)

몬테카를로 시뮬레이션(Monte Carlo). 각각의 노출 경로단계별로 존재하는 병해충의 발생 가능성에 대한 평가가 가능하다. 몬테카를로 시뮬레이션은 확률밀도함수(probability density function)를 조합하는 방법을 제공하고, 무작위적인 복잡계(arbitrarily complex situation)인 경우에도 조합을 통해 종합적인 계산이 가능하도록 한다(그림 9.6). 가설적인 사례에서 보면, 병해충의 종합적인 유입, 정착 및 확산 가능성은 세 가지 독립적인 변수들의 조합니다. 모델은 수천 번 되풀이 된다. 각각의 경우에, 변량은 분석가에 의해 선택된 분포로부터 무작위로 선택되어진다. 독립적인 분포들은 서로 곱해진다. 결과들은 히스토그램(막대그래프)으로 합쳐져서 확률추정치의 종합적인 변이정도를 보여준다(Burgman 2005).

수 있다. 정성적인 EPPO 체계에서 분석가는 어떻게 점수를 매기며, 해당 점수가 무엇을 의미하는 지, 또는 어떻게 해당 점수를 제시할 것인지를 결정한다. 분석가는 또한 종합적인 위험을 추정한다. EPPO는 현재 이러한 방법을 구체적으로 제시하고 있지는 않다: 그러나 PRA를 위한 체계 및 방법은 현재 유럽연합(EU)의 병해충위험분석 개선사업(EU Seventh Framework Project Pratique)을 통해 개발 중에 있다(Baker 등 2009; https://secure.fera.defra.gov.uk/pratique/).

몇몇 유럽 국가들은 신속한 위험평가가 가능한 시스템을 개발했다. 2010년에 영국과 웨일즈는 특정한 조건에서는 PRA 절차를 빨리 진행할 수 있도록 신속평가 체계(단순평가체계: 역주)를 채택한 바 있다. 이는 영국식 PRA 체계에 기반을 두고 있으며, 위험관리자가 새로운 병해충 또는 재평가가 필요한 병해충에 대한 위험을 상대적으로 빨리 결정할 수 있도록 도움을 준다. 단순 PRA는 종합적이고 완벽한 PRA(full PRA)는 아니지만, 다음과 같은 일부 유익한 점을 제공한다. 즉 종합 PRA를 해야 할지 말지를 결정하는 것은 물론, 종합 PRA를 해야 한다면 PRA 대상지역을 영국으로 한정할 것인지 유럽연합(EU) 전체로 할 것인지를 결정하는데도 도움을 준다. 또한 PRA 방법으로 영국식 PRA 체계를 사용할 것인지 또는 EPPO PRA 체계를 사용할 것인지에 대한 조언도 제시할 수 있다. 이론적으로 이 방법은 영국 국가식물보호기구(NPPO)에서 염려하는 모든 병해충에 대해 불필요하게 종합 PRA를 해야하는 수고를 덜어주는 역할을 한다. 뉴질랜드 생물안보청(Biosecurity New Zealand)의 체계(Biosecurity New Zealand 2006)는 EPPO 체계 보다는 덜 규범적이다(prescriptive). 사건이 일어날 가능성(확률)과 관련한 용어를 명확하게 정의(제시)하지 않으며 해당 가능성을 조합하여 종합하는 규칙을 포함하고 있지도 않다.

PRA에 사용되는 단어나 문구는 종종 국가마다 다른 의미로 사용된다. 예를 들어, 미국 농무부(USDA 2000, 표 1)에서 사용하는 '낮은(low)' 위험은 발생 확률이 0.01 이하를 의미한다. 그러나 호주 생물안보청(Biosecurity Australia, 2008)의 '낮은' 위험은 0.05와 0.3 사이의 확률을 의미한다. 각 계급 간에 중첩은 허용되지 않는다. 이러한 잠재적인 모순은 어떤 한 국가 내에서라면 크게 문제되지 않을 수 있다. 즉 해당 용어가 일관되게 정의되어 사용되고, 해당 분석결과에 따라 검역조치들이 이루어지는 경우에는 크게 문제되지 않을 수 있다. 만일 위험분석가들이 국제기준에 따른 식물위생용어상의 정의(FAO 2010)에 충실하고, 그들이 사용하는 방법을 명확하게 숙지하고 있는 경우에는 각 국가별(NPPO) 및 지역별(RPPO)로 일관된 PRA가 될 수 있을 것이며, 검토자들이 각각의 PRA 결과의 일치성 여부를 평가하는데 도움이 될 텐데 말이다.

서로 다른 국가식물보호기구/지역식물보호기구에서 이루어진 PRA를 상호 비교해보기란 쉽지 않다. 그럼에도 불구하고, 만약 국제적인 표준방식을 따른다면 제반 식물위생조치의 결정에 있어 투명성(transparency)이 증대될 수 있다.

분석가는 해당 위험 범주를 기술하는 단어(구분자)를 서로 다르게 해석할 수 있으며, 특히 만약 해당 단어들이 구체적인 확률 척도로 정의되지 않을 경우에는 더욱 그러하다. 불행하게도 많은 국가에서는 해당 구분자에 대한 명확한 정의 없이 분석가의 해석에 맡기고 있다. 그러한 상황에서는 경험이 많은 분석가조차도 확률적인 용어를 서로 다르게 내지는 상반되게 해석하기도 한다(Budescu 등 2009). MacLeod (2010)은 구체적인 확률 척도는 서로 다른 분석가로 하여금 일관된 결론을 내릴 수 있도록 하며, 심지어 동일한 분석가가 다른 시기에 동일한 정보를 사용하는 경우에 역시 같은 결론에 도달 할 수 있도록 도와준다고 언급하였다. 경험적으로 볼 때, 확률 척도는 보다 일관되고 정확한 평가를 가능하게 해주는데, 그 이유는 서로 다른 단어에 대한 이해로 인해 발생할 수 있는 인위적인 오해의 소지를 제거하기 때문이다.

침입, 정착 및 확산 가능성 평가는 분석가들에 의해 종합적으로 판단 · 통합되어져야 한다. 해당 발생 가능성을 조합하는 방법은 각 국가별로 다르다. 예를 들어, 사모아로부터 수입된 감귤류(Citrus) 과실의 Squash bugs (*Leptoglossus goagra* (Fabricius))에 대한 뉴질랜드의 '유입', '노출', '정착' 가능성 평가는 각각 '매우 낮음', '높음' 및 '낮음'으로 나타나고, 잠재적인 경제적 영향(결과)은 '낮음'으로 나타났다(Biosecurity New Zealand 2008, pp. 124-125). 이러한 평가를 통해 분석가들은 해당 위험이 뉴질랜드의 적정보호수준을 만족시키지 못할 수준 이상으로 충분히 높기 때문에 적절한 위험관리조치가 필요하다는 결론에 이르렀다. 그러나 만약 같은 용어(구분자)가 호주의 시스템에서 사용된다면, 분석결과는 '매우 낮은' 위험으로 나타나고, 이는 곧 호주의 적정보호수준을 만족시키는 수준이기 때문에 별다른 검역조치가 요구되지 않게 된다. 이러한 모순적인 결과는 해당 분야별 평가결과를 조합하는 방법이 다르기 때문에 나타나는 결과이거나 또는 서로 다른 용어 정의를 사용하기 때문에 나타나는 결과이다.

유입, 정착 및 확산과 관련된 발생 가능성 평가와 관련해서, 만약 해당 발생 가능성을 조합하는 절차가 명확하게 정의되고 일관성 있게 적용된다면 그러한 잠재적인 모순을 줄어들게 된다. 특히 위험분석가들이 해당 방법을 확실하게 알고 적용하는 경우에는 일관된 PRA가 가능하고, 아울러 각각의 결정에 대한 검토자들의 일관된 평가도 가능하게 된다. 일관되지 않은 결정은 변호할 여지가 없는(indefensible) 결과를 양산하고, 이에 대한 이의가 제기되는 경우에 보다 더 취약할 수 있다. 이러한 절차를 문서화하는 등 투명성을 확보하기 위한 노력은 각 국가마다 다르며, 일부 국가에서는 해당 가능성을 조합하는 절차를 특별하게 제시하지도 뚜렷하게 제시하지도 않는다.

9.3.4 영향(또는 결과 Consequences)

병해충의 유입 또는 확산으로 인한 경제적인 영향(결과)은 적용되어질(또는 적용되지 않을) 조치의 영향(impact)과는 별개이다. SPS 협정 제5조는 WTO 회원국들이 고려해야할 경제적인 요소를 다음과 같이 제시한다: (1)해충 및 병의 유입, 정착, 또는 확산 사건으로 인한 생산 또는 판매 감소와 관련된 잠재적인 피해; (2)수입국가 영토 내에서의 방제 또는 박멸 비용; (3)위험을 제한하기위한 선택적인 조치들의 상대적인 비용 대비 효과. 영향 평가를 위한 추가적인 지침은 ISPMs에서 제시되고 있는데, 해당 위험지역 내에서 병해충의 정착 및 확산과 관련된 경제적, 환경적 및 사회적인 영향을 다룬다.

최악의 시나리오를 가정하는 것과 관련하여 투명성이 보장되어야 한다는 점을 명심하여야 하는데, 최악의 시나리오를 통해 해당 영향이 과장되거나 편향될 수 있다. 마찬가지로 경제적 영향 분석은 해당 영향의 크기(magnitude of impacts)와 그 심각성(severity) 간에 균형을 유지해야 한다. 예를 들어, 협소한 지역에서 나타나는 심각한 영향은 그보다 넓은 지역에서는 그리 중요하지 않을 수 있으나, 더 폭넓은 영향을 줄 수 있다. 만약 어떤 특별한 부분이 영향을 받는 경우(심지어 매우 좁은 영향)에는 이것이 확산되어 나타날 영향에 대해서는 허용 가능하지 않을 수 있다. 이와 관련한 한 가지 사례는 곰팡이 균인 *Ciborinia camelliase* L. M. Kohn에 의해 발생하는 Camellia Flower Blight가 있는데; 이 병은 오직 동백나무 재배자에게만 영향을 주지만, 동백나무는 일부 국가 또는 특정 산업에서는 높은 가치를 가진 특별한 식물이기 때문에 대발생하는 경우 국가 전체적으로는 심각한 영향을 받을 수 있다.

일부 경우에 경제적인 영향(economic consequences)에 대해 자세한 분석이 필요하지 않을 수 있다. 때때로 기본적인 정보만으로도 충분하기도 하다. 심지어 자료가 불충분한 경우에(특히 평가하기는 어렵지만 어떤 병해충이 환경적인 영향을 미칠 잠재성을 가진 경우)도, 우리는 해당 되는 부정적인 결과에 대해 수용할 수 없다고 평가할 수 있다.

예를 들어, 최근(2009년에 처음 발견) 영국의 목재용 수목 재배지에서 확산되고 있는 참나무 역병(*P. ramorum*)(Webber 등 2010)과 연이어 발생하는 일본잎갈나무(Japanese larch; *Larix kaempferii* (Lamb.) Carriere) 고사병은 그것만으로도 영국(해당 병이 영국에 존재하지만, 야외 환경에 정착한 것은 아님에도 불구하고) 밖 다른 유럽국가 일부 지역에서는 수용할 수 없는 영향을 미칠 잠재성을 갖는다고 여겨질 수 있게 된다. 비슷한 환경을 가진 어떤 국가에서 이미 발생한 유사한 병해충 정보가 해당 영향을 평가하는데 사용될 수 있다. 분석가들은 그러한 병해충은 이미 존재하는 유사한 다른 병해충에 의해 발생하는 피해를 가중시킬 수 있는 것으로 평가할 수 있다. 예를 들어, 만약 어떤 과실파리가(fruit fly)가 비슷한 기주범위와 생물학적인 특성을 가진 수입국에 존재하고, 효과적으로 방제되고 있는 상황에서, 같은 방제조치들이 적용되어질 것임에도 불구하고, 새로운 과실파리의 영향은 심각한 것이 될 수 있겠는가?

잠재적이고 부정적인 영향은 다양한 요소들로 구분하여 볼 수 있는데, 직접적인 농업·원예·임업 생산에 미치는 영향, 환경적이고 사회적인 영향 및 시장의 손실과 관련된 영향 등이 그것이다. 이러한 요소들은 따로따로 계산될 수 있으며, 그다음 서로 결합되어 종합적인 영향으로 추정될 수 있다. 국가식물보호기구(NPPOs)는 다음과 같은 분야에서 해당 영향을 최소화하는 방안을 탐색하게 되는데, 사적인 분야에서의 이익(식물의 생산 또는 품질, 비식물 위생적인 방제 비용 및 시장 손실과 관련하여 미치는 직접적인 영향의 잠재성을 평가), 공적인 분야에서의 비용(박멸 및 봉쇄와 관련된 비용, 연구·행정처리·대국민 홍보 등과 관련된 비용 평가), 환경적인 분야에서의 가치(생태적으로 중요한 생물종에 대한 영향 및 침식, 산불의 빈도, 영양분의 불균형, 오염 및 지하수의 질과 량과 같은 생태계 전반에 미치는 영향 평가), 사람의 건강에 대한 영향(평가 가능한 경우) 및 사회적인 영향(관광 및 고용에 미치는 것과 같은 영향) 등이다. 서로 다른 법률 체계에서 적용되는 방법들(글상자 9.3)은 실제적인 판단기준을 제시하고, 이들을 어떻게 측정하며, 이를 다시 종합적인 판단결과로 결합하는지에 대한 몇 가지 가정들을 포함하고 있다. 어떤 접근방법이 타당한지는 우선적으로 해당 적용 및 그에 따른 결론의 일치성 여부로 판단되게 된다.

서로 다른 종류의 영향들을 결합하기 위한 경제적인 방법들에는 비용편익분석(cost-benefit analysis), 비용효과분석(cost effectiveness analysis), 다기준 의사결정분석(multi-criteria decision analysis) 및 단순평점 시스템(simple scoring system)이 있다(ISPM 11; FAO 2004a). SPS 협정은 어떤 병해충으로 인한 부정적인 영향들을 평가하도록 한정하고 있으며, 국가의 이익을 심사(national interest test)할 수 있는 것은 아니다. 공식적인 경제적 또는 환경적 분석에서 이루어지는 구조화된 의사결정(structured decision)은 상대적으로 거의 사용되고 있지 않으며, 심지어 확고한 논쟁 사례에서도 그래왔다. 위에서 기술한 체계(frameworks) 내에서, 대부분 국가의 법체계은 전문가의 주관적인 판단에 의해 영향의 심각성을 추정하는 방법을 사용한다. 이는 어떤 병해충으로 인한 부정적인 영향이 발생할 가능성에 관한 자료가 부족하기 때문이고, 현존하는 식물위생조치들로 인해 진정한 영향을 측정하기 어렵기 때문이며, 아울러 교역 특이적인(trade-specific) 자료들이 부족하기 때문이다. Beale 등은(2008; pp. 108-109) 해충 및 병원균의 침입으로 인한 영향을 정량화하기 위해서는 정형화된 경제성 분석을 대폭 사용해야한다고 주장하였다(즉, Abdalla 등 2005). 그들은 다속성 분석(multi-attribute analyses)에 있어서 비시장적 가치를 명백하게 취급해야할 필요성을 인정하였다. 그들은 해당 영향을 평가하는데 있어서, 반드시 해당 사건(event)속에서 병해충의 침입으로 인해 영향을 받은 생산자가 활용할 수 있는 선택 가능한 대안(adjustment options)을 반드시 고려해야만 하고, 해당 영향의 지나친 과장을 피하기 위해서는 순영향(net consequences)에 집중해야 한다고 조언하였다. 이러한 관점은 국가적인 위협 및 생물안보 우선순위를 설정하는데 있어서 많은 NPPOs에 의해 받아들여지고 있으며, 본 저자도 이를 지지한다.

일부 법체계에서 극소수의 확실한 병해충 몇 종이 보다 자세한 경제성 분석의 대상이 되어 왔는데, 여기에는 현재 분포하지 않는 어떤 병해충의 침입을 방지하거나 또는 관리하기 위해 요구되는 최적의 수단을 결정하기 위한 식물위생조치의 효과에 대한 비용편인 분석을 포함한다. 한 가지 예를 들면, EU의 제5차 '밀 줄기녹병위험(Karnal bunt risks)' 구조 개선 프로젝

글상자 9.3 영향 평가 적용 사례(Example Applications of Consequence Estimation)

뉴질랜드의 정성적 방법(Qualitative methods; NZ). 뉴질랜드 생물안보청(Biosecurity New Zealand 2006)은 영향평가는 확산, 생물학적, 환경적, 경제적 및 보건에 미치는 잠재적인 영향 및 이러한 영향이 일어날 가능성을 평가해야만 한다고 제안한다. 만약 어떤 위해(hazard)의 유입이 수용할 수 없는 부정적인 영향을 주게 될 것이라는 것과 관련하여 '충분한 증거'가 있거나 '널리 공감되는'경우에는 자세한 영향 분석이 필요하지는 않다. 그렇지 않은 경우에 뉴질랜드 생물안보청은 잠재적인 경제적 영향 분석을 위해 전문가 자문에 의한 분석기법 사용을 권장한다. 비상업적이고 환경적인 영향에 대해서는 해당 영향에 대한 정성적인 정보 이용을 제안하고, 아울러 평가에 있어서 불확실성의 정도를 문서화하고, 어느 부분에서 전문가의 판단이 사용되었는지를 문서화하도록 제안한다. 경제적 및 환경적 영향은 각각 따로 따로 평가되고, 종합적으로는 해당 영향의 심각성에 대한 주관적인 판단이 PRA의 결과로 제공된다.

EPPO의 주관적인 등급지정 방법(Subjective assignment of ratings; EPPO). EPPO의 의사결정지원체계(decision-support scheme; EPPO 2009)는 일련의 질문에 대하여 증거에 입각한 해답을 제시하는 과정을 통해 경제적인 영향을 평가하며, 다음 5가지 등급 중 한 가지를 선택한다: '최소(minimal), 작음(minor), 중간(moderate), 큼(major), 최대(massive)'. 수출시장 손실 가능성을 평가하는 경우에, 분석가들은 다음 5가지 등급 중 한 가지를 선택한다: '불가능(impossible)/매우 그러하지 않음(very unlikely), 그러하지 않음(unlikely), 어느 정도 그러함(moderately likely), 그러함(likely), 매우 그러함(very likely)/확실함(certain)'. 분석가는 각각의 질문에 대하여 3가지 수준 중 한가지로 불확실성을 명시한다. PRA 분야에서 방제조치의 효과가 '매우 쉬움(very easily)'에서 '영향 평가(Assess Consequences)'라는 단계와 함께 '불가능함(impossible)' 사이의 5가지 범주에서 평가된다. 종합적인 병해충 영향은 해당 구분자로 표현되며 위험지역과 관련되어 표현된다(병해충이 정착할 수 있는). EPPO 체계 내에서, 분석가들은 문자로 된 점수를 어떻게 선택할 것인지, 어떻게 이것들은 독자들에게 전달할 것인지를 결정한다. 현재 EPPO는 이것들을 하기 위한 절차를 규정하고 있지는 않으나, 다만 최근 연구결과는 불확실성을 좀 더 자세히 명시하도록 유도하게 될 것이다(Baker 등, 2009).

미국의 점수 부여 방식(Point-scoring; USA). 미국의 식물 병해충위험분석 프로토콜(USDA, 2000)은 착수 및 범주화(categorization)와 함께 '영향 평가(Assess Consequences)'라는 단계를 갖는다. 병해충의 정착, 확산 및 경제적이고 환경적인 영향 잠재성 지표로 여겨지는 누적위험등급(cumulative risk rating)이라는 점수로 산정된다(일부 PRA에서는 '위험평가(Risk Assessment)'로 불리워 지기도함. 예를 들어 USDA 2007). 그러한 영향(결과)은 5가지 '위험요소(Risk Elements)'에 대하여 주관적으로 평가되는데, 각각에 할당된 점수는 1에서 3사이이다. 이들은 다음을 포함한다:

글상자 9.3 (계속)

1. 미국 내에 적절한 기주와 기후의 존재
2. 기주 범위(단일 식물 종 관련 병해충은 1점, 여러 과의 식물 관련 병해충은 3점)
3. 분산(확산) 잠재성(생식력 및 운동능력도 포함)
4. 경제적인 영향(기주 작물, 상품가치 또는 시장 손실에 미치는 영향)
5. 환경적인 영향(생태계 교란, 위기 종 또는 서식지에 대한 영향 또는 방제활동으로 인한 간접적인 영향 포함)

만약 미국 내에 적당한 기주식물이나 기후가 존재하지 않는 경우, PRA는 중지한다. 그렇지 않은 경우에는, 각 위험요소에 대한 점수들이 서로 더해져 다음과 같이 누적위험등급으로 산정된다.

- 낮음(Low): 5-8점
- 중간(Medium): 9-12점
- 높음(High): 13-15점

호주의 규칙에 근거한 평가(Rule-based assessment; Australia). 호주 생물안보청(Biosecurity Australia, 2007)은 PRA는 직접적이고 간접적인 경제적 및 환경적인 영향을 고려해야 한다고 제안한다. 병해충으로 인한 직접적인 효과는 식물 또는 동물의 생명이나 건강에 미치는 영향과 '기타(other)' 환경적인 측면에서의 영향을 포함한다. 간접적인 영향은 박멸이나 방제를 위한 조치, 국내 및 국제적인 교역 및 환경에 미치는 영향을 포함한다. 각각의 판단 기준별도, 해당 영향의 정도나 범위는 4가지 지리적인 수준에서 추정된다: 즉 지방적(Local), 지구적(District), 지역적(Regional), 또는 전국적(National)이냐는 것이고, 그 잠재적인 영향의 심각성은 다시 4가지 범주의 등급으로 표시되는데, '드러나지 않음(indiscernible; 병해충의 영향이 나타나지 않을 것 같음)'에서부터 '대단히 심각한(major significance; 기주의 대량 죽음, 생산량의 대폭 감소, 비상업적인 척도로 볼 때 고유의 '가치(value)'에 대한 심각하거나 돌이킬 수 없는 피해 등이 기대되는 수준의 위험)'까지이다. 그러한 가치(value)는 정성적인 영향으로 점수화 될 수 있다. 그러한 영향의 추정은 확산이 최대한 일어날 수 있다는 것을 가정한다. 각각의 병해충에 대한 종합적인 영향은 각각의 직접적이고 간접적인 영향에 대한 점수를 정성적인 영향 점수로 결합하여 얻어진 게 되며, 이때 일련의 결정규칙(decision rules)을 이용하게 된다. 이러한 규칙은 상호 배타적이며 수적인 순서로 평가된다.

트(Fifth Framework project)를 들 수 있는데, 해당 프로젝트 내에서 분석가들은 EU내에서 밀 줄기녹병(*T. indica*)이 영국의 밀 재배지역에서 소규모로 발생하는 경우와 대발생하는 경우의 시나리오를 토대로 이에 대한 잠재적인 사회경제적 영향을 평가하였다(Brennan 등, 2004a, b). 그들은 밀 줄기녹병이 대발생한 후 억제 또는 봉쇄하는 것보다 원천적으로 대발생을 방지하는 것이 더 효과적이라는 결론을 내렸다(이는 현행 EU의 밀 줄기녹병에 대한 식물위생조치를 정당화한다; Anon, 2000).

9.3.5 위험평가, 적정보호수준 및 허용가능위험수준(Risk Estimation, ALP and ALR)

위험은 어떤 사건이 일어날 가능성과 그 사건에 의한 영향(결과)의 심각성에 대한 고려를 포함한다. 전형적으로 확률적인 PRA에 있어서, 위험분석가들은 위험정도(measure of risk)를 일어날 가능성(일정 기간을 한정하여)에 그 영향의 정도(measure of consequence)를 곱하여 계산한다. 즉, 위험의 수용여부에 대한 결정들은 종합적인 영향에 의존하게 되고, 이들 영향은 발생가능성에 따라 좌우된다. EPPO 체계(scheme)는 현재 언제까지 발생가능 할지에 대한 기한설정을 하지 않고 있지만 이와 관련하여 현재 진행되는 유럽연합의 PRATIQUE 프로젝트에서 다루고 있다(Baker 등 2009).

위험분석과 관련한 국제기준들(ISO 31000, 2009)은 상대적인 위험의 정도를 요약하고 설명하기 위한 수단으로 가능성 및 영향 표(likelihood-consequence tables)를 사용한다. 이러한 체계는 호주에서 확실하게 채택하여 사용하고 있으며(그림 9.7), 다른 나라에서 사용하는 프로토콜에서 사실상 내포되어 있다. 현재 EPPO 체계는 위험요소들을 서로 결합하는 구조화된 메커니즘을 갖고 있지 않다. 위험과 관련하여 다양한 세부분야별로 점수를 매기면서 대부분은 5가지 척도의 점수를 부여하고(글상자 9.2와 9.3), 이는 평가자로 하여금 평가 및 도출된 결론을 재검토 하도록 하면서, 궁극적으로는 서술적인 결론(narrative conclusion)으로 종합적인 위험을 표시한다. 이러한 사안에 대해서는 유럽연합의 PRATIQUE 프로젝트에서도 다루어지고 있다(Schrader 등, 2010).

Likelihood of pest entry, establishment and spread \ Consequences of pest entry, establishment and spread	Negligible	Very low	Low	Moderate	High	Extreme
High	Negligible risk	Very low risk	Low risk	Moderate risk	High risk	Extreme risk
Moderate	Negligible risk	Very low risk	Low risk	Moderate risk	High risk	Extreme risk
Low	Negligible risk	Negligible risk	Very low risk	Low risk	Moderate risk	High risk
Very low	Negligible risk	Negligible risk	Negligible risk	Very low risk	Low risk	Moderate risk
Extremely low	Negligible risk	Negligible risk	Negligible risk	Negligible risk	Very low risk	Low risk
Negligible	Negligible risk	Negligible risk	Negligible risk	Negligible risk	Negligible risk	Very low risk

그림 9.7 위험판단행렬(Risk estimation matrix; 호주생물안보청, 2007, 2009)

미국에서는 잠재적인 경제적 영향(consequence)을 먼저 평가한다. 만약 평가결과가 허용치를 넘는 경우에는 유입, 정착 및 확산 가능성(probability)에 집중한다. 만약 평가된 잠재적인 영향이 허용치 이하인 경우, 더 이상의 분석은 필요로 하지 않는다(즉, 수입과 관련한 위험은 적정보호수준(ALP)을 초과하지 않는다). 유럽, 뉴질랜드 및 호주에서는 일반적으로 착수 및 범주화 다음의 본격적인 PRA 과정에서 유입, 정착 그리고 잠재적인 영향과 관련한 위험을 먼저 결정하는데, 만약 유입(침입 및 확산)이 있고, 그 영향(consequence, impact)이 수용할 수 없는 수준(허용가능위험수준 이상)인 경우, 분석가는 어떤 조치들이 해당 위험을 허용가능 위험수준(ALR) 이하로 낮출 수 있을지 및 어떤 경우에 무역제한조치들이 가능할 수 있는지 등을 결정한다.

유럽에서 허용 가능한 위험수준이라는 것은 항상 낮지도 않지만 명확하게는 정의되어 있지 않다. 영향을 받는 부분이 어디인지에 따라 다양하고, 해당 병해충이 이미 일부 지역에 존재하는지 여부 및 별도의 식물위생조치 없이도 관리될 수 있는지 여부 등에 따라 다르다.

대부분의 결정들은 어떤 사건이 일어날 가능성 또는 그 영향(결과)에 대하여 복잡하고 자세한 분석을 요구하지 않는데, 그 경우에는 가능성 및 영향은 허용 가능한 수준 이상 또는 그 이하라는 것이 확실하거나, 또는 비슷하게 기대되는 결과가 이미 과거에 수용 가능한 것으로 확인된 경우에 그러하다. 일부 소수의 사례에서는 다소 모호하기 때문에 보다 주의 깊은 분석이 요구되기도 한다. 대부분의 국가들은 계층적인 분석 시스템을 갖추고 있는데, 동일하거나 유사한 상품에 대하여 이미 개발된 위험관리 정책이 있는 경우에는 신속하게 결정짓는 방법을 적용하고, 어떤 아슬아슬한 경계선에 있거나 민감한 경우에는 좀 더 신중하게 분석한다.

적정 보호수준(ALP)/허용가능위험수준(ALR)은 각 국가의 법체계와 관련된 상황에 따라 결정된다. 기술적인 정당성과 각각의 법체계에서 적용되는 기준 및 절차에 입각할 때에 일치성(consistency)을 획득할 수 있다. 적정보호수준/허용가능 위험수준은 임시적이거나 일시적일 수는 없으나 합리적인 정당화는 가능하다, 특히 문제가 제기되는 경우 세계무역기구(WTO)의 반대심문(cross examination)을 견뎌낼 수 있다면 가능하다.

9.4 위험관리(Risk Management)

위험관리는 위험을 줄이는 대안을 모색한다. 이 단계에서는 수출국으로 하여금 해당 상품(commodity)이 병해충 무발생 지역(pest-free area)이나 무발생 생산 장소(place of production)에서 생산된 것임을 보증하도록 요구하는 것과 같은 PRA 지역으로의 유입을 방지하기 위한 시도들이 종종 포함된다(예를 들어 EU의 경우, Anon 2000). 병해충 관리는 훈증, 방사선 조사, 화학약품, 고온/저온 또는 검사(inspection) 및 선별 · 제거와 같은 특별한 처리방법을 포함하기도 한다. 수출국은 동등한 보호수준을 제공할 수 있는 대체 가능하고 과학적으로 입증 가능한 조치들을 제안하게 된다. 수입국에 의해 요구되는 조치들은 실현 가능성(feasible)이 있어야만 한다(즉, 실질적으로 적용가능하고 비용 대비 효과적이어야 함).

수출국이 수입국의 요구조건을 충족시키기 위해 취해지는 조치들에는 일련의 시스템즈어 프로치(예: 화학적 소독처리, 경종적인 방법, 저항성 품종, 화물의 소독)를 통해 작물에서의 감염을 줄이는 것과, 검사 · 시험을 통해 경로(pathway)상 서로 다른 지점에서 오염 및 감염(infection/infestation) 여부를 확인하는 것을 통해 작물에서의 감염을 줄이는 것을 포함한다. 다른 조치들은 상품의 역추적성(traceability)을 확보할 수 있는 방법을 포함하기도 하는데, 해당 상품의 생산지역이나 가공지역을 규명해내고, 특정한 생산지역을 수출 가능지역(검역적으로 문제없는)으로 등록하게 한다거나, 수입 후 병해충 검사 및 최종 사용 목적(end use)을 제한하는 등이 포함된다.

어떤 제안되는 조치의(또는 여러 조치의 조합) 효과는 그러한 조치가 해당 병해충을 어떤 국가 또는 지역의 적정보호수준(ALP; 호주/뉴질랜드) 또는 허용가능 위험수준(ALR; 유럽)에 충족하는 수준으로 줄일 수 있는지 여부로 평가된다. ISPM 11호(FAO, 2004a)는 적절한 위험관리 방안과 주안점에 대하여 자세히 설명하고 있는데, 해당 조치의 선택은 병해충의 유입가능성 절감과 관련한 효과에 근거하여야만 하고, 최소한의 무역제한적인 조치여야 한다는 것 등이다. 조치의 효과 분석은 해당 조치로 인해 어느 수준까지 위험 수준이 감소하였는지 여부가 반영되어야만 한다. 분석가(또는 위험관리자)는 각각의 조치에 대한 효과를 감시 · 감독(audit)함으로써 해당 조치가 지속적으로 필요한지에 대해 재검토해야만 한다. 어떠한 경우에, 예를 들어 수출국이 수입국의 요구조건을 충족시킬 수 없는 것이 명확한 경우, 해당 경로에 대한 상품의 수입을 금지할 필요가 있기도 하다. 위험관리 조치의 특성은 사례 중심적(case-specific)일 필요가 있으며, 병해충에 의해 제기되는 위험에 의존적이어야 하고, 수출국 및 상품의 특성상 실현가능한 규제 및 절차가 되어야 한다.

9.5 불확실성의 취급(Dealing with Uncertainty)

SPS 협정은 과학적인 원리와 증거에 입각한 식물위생 조치가 되어야 한다는 입장은 명확하게 제시하고 있지만, 불확실성(uncertainty)을 다루기 위한 지침은 거의 제공하지 못하고 있다. 엄밀히 말하면, 불확실성은 SPS 체계 내에서 이루어지는 제반 위험분석과 관련한 기본적인 요소이지만 한편 중심사항(central aspects) 이기도 하다. SPS 체계에서는 증거에 입각한 위험을 평가하도록 하며, 불확실성은 별도로 취급한다. 이는 어떤 조치들이 어느 정도 증거에 근거하고 있는지 및 의사 결정 과정에서 어떠한 불확실성이 관여되는지를 이해할 수 있도록 하기 위해서다. 그 결과, PRA에서 불확실성을 다루는 것은 다차원적 접근(multifaceted approaches)을 가진 하나의 독립된 절차가 되어버렸고, 그러한 다차원적인 접근방법은 증거에 입각한 분석 시 적용한 것과 동일한 분야(disciplines) 및 기준(criteria)이 되기 쉽다.

세 가지 종류의 불확실성이 PRA에 영향을 준다. 불확실(incertitude; 인식론적 불확실성)은 지식이나 자료의 부족 때문에 발생한다. 정보의 결함이란 병해충의 생물학적 특성, 무역 량, 작물의 생산, 보호조치의 효과 또는 생물안보시스템상의 제반 요소들 그 자체이다. 불확실(incertitude)은 추가적인 연구 및 시료추출을 통해 감소될 수도 있다(Burgman 2005). 이는 자연적인 다양성(variation)과 대조되는데, 자연적인 다양성이란 생물학적이고 물리학적인 과정에서 전혀 예측할 수 없는 변이들이다. 이는 추가적인 연구를 통해 더 잘 이해될 수는 있지만 원천적으로 줄이지는 못한다.

최종적으로 PRA는 언어적인 불확실성(linguistic uncertainty)에 의해 영향을 받는데, 이는 단어가 애매하거나, 모호하고, 문맥에 따라 달라지거나, 확실히 정의되지 않을 수 있기 때문에 발생하는 용어에 대한 오해로부터 발생한다(Regan 등 2002). 많은 PRA는 언어에 바탕을 둔 분석에 심하게 의존하고 있으며, 위에서 살펴 본 것과 같이 어떤 사건일 일어날 가능성 및 그 잠재적인 영향과 관련한 영어들은 서로 다르게 해설될 여지가 많다. 잠재적인 영향과 관련하여 각각의 분석가들은 서로 다르게 위험을 판단할 수 있으며, 심지어 동일한 자료를 가진 동일한 위험분석시스템에서도 그러하다. 이러한 문제는 대폭적인 용어 정의, 엄밀히 정의된 용어의 사용, 일률적인 지침을 통한 문맥의 정확한 이해 및 일률적 정보 해석, 제3자에 의한 독립적인 평가 검증 등의 방법을 통해 줄여나갈 수 있다(Regan 등 2002).

ISPM 2(FAO 2007)는 PRA를 하는 경우에 불확실성이 고려되어야 한다고만 언급하고 있다. 특히 '*분석에 있어서 불확실성의 본질과 그 정도에 대해서 문서화를 통해 의사소통되어야만 하고, 전문가의 판단(expert judgement)이 사용되었는지 여부가 표시되어야 한다... 불확실성에 대한 문서화는 무엇보다 투명성 확보에 기여하며, 추가적인 연구의 필요성 및 우선순위를 확인하는데 유용하게 이용될 수 있다...*'고 권장하고 있다. PRA에 있어서 불확실성의 근본 원인이 ISPM 2에 나열되어 있는데, 여기에는 자료의 분실 · 부족 · 불일치 · 상충, 생물계의 자연적인 가변성(variability), 분석의 주관성 및 시료추출의 무작위성이 포함된다.

이러한 권고에도 불구하고, PRA에서 불확실성은 거의 적절히 다루어지고 있지는 않다. 많은 PRA는 불확실성을 피상적으로만 다루거나 아예 다루지 않는다. ISPM 2는 자연적인 변이성(variability), 인식론적인 불확실싱(incertitude; 지식의 결함에서 발생하는), 및 언어적 불확실성(linguistic uncertainty) 사이를 확실하게 구분할 수 있는 특성을 제시하지는 않는다. 이러한 오류의 원인을 구분하는 것이 도움이 될 수 있는데, 그 이유는 서로 다른 종류의 불확실성은 서로 다른 종류의 분석방법이 필요하다는 것을 정당화할 수 있기 때문이다(Regan 등 2002).

일반적으로, 뉴질랜드 생물안보청(2006)은 국제수역사무국(OIE 2010)에서 사용하고 있는 것과 비슷한 '반정량적(semi-quantitative)'인 접근방법을 채택하고 있다. 다양한 수량적 판단을 종합하는 일반적인 방법을 통해 불확실성을 수치화 하는 것이다(확률범위 또는 점수등급의 형태로). 이러한 시스템은 호주, 캐나다, 미국에서도 다양한 방식으로 적용되고 있다. 국제수역사무국(OIE 2010)은 수치, 범위, 가중치 및 이를 종합하는 방법은 임의적인 것일 수 있으므로 이에 대한 신중한 정당화가 요구된다고 언급하고 있다. 국제수역사무국은 반정략적인 평가는 종종 객관적이며 정밀하다는 잘못된 인식을 줄 수 있으며, 아울러 '충분히 검토되고, 전문 동료 평가된(peer review) 정성적인 접근 방법에 비해 크나 큰 이점을 제공하지는 못할 수 있다고' 주장하기도 한다(OIE 2010, p. 36).

하나의 노출 경로(또는 유입경로; exposure pathway)에 있어서 몇몇 단계에서는 좋은 정보가 충분히 존재할 수 있으나, 다른 단계에서는 아예 정보가 없거나 불충분할 수 있다. 뉴질랜드 생물안보청(Biosecurity New Zealand, 2006, p.28.)은 위험평가에 있어서 '*심각한 불확실성(significant uncertainty)*'이 존재하는 경우, '*위험을 관리하기 위한 예방적 조치가 적용될 수는*

*있다. 그렇지만 어쨌거나 해당 조치는 활용 가능한 과학적인 정보를 토대로 한 위험평가에 근거해야한다'*고 *제안한다*. SPS협정 5.7항은 식물위생 조치들은 과학적인 증거를 바탕으로 하여야 한다고 자세히 기술하고 있으며, 적절한 과학적인 증거가 불충분한 경우, '*회원국은 가능한 타당한 정보를 토대로 한 조치를 .... 잠정적으로 채택할 수 있다*'고 규정하고 있다. 불확실성을 취급하는 방법에 대한 특별한 권고나 지침이 없는 경우에, 분석가들은 때때로 보수적인 입장을 견지하게 된다. 불행하게도, 이러한 보수적인 입장은 일반적인 PRA 절차에서는 드러나지 않은 채, 구체화되지 않은 수준의 보수주의를 양산하고, 다른 사람들이 해당 PRA 결과를 이해하고 해석하는데 어려움을 주고 있다.

EPPO 의사결정 지원시스템(EPPO Decision-support Scheme; EPPO 2009)에서 분석가들은 모든 질문과 관련된 각각의 불확실성을 나열하고, 각 부분(section)의 말미에서 이를 요약한다. 마찬가지로, 영국 PRA 체계에서는 불확실성 표(table of uncertainties)가 문서의 끝에 제시되고, 향후 어떤 과업들이 필요한지에 대한 권고사항도 나열한다. 예를 들어, 병해충 분포에 대한 불확실성이 있는 경우, 예찰감시(surveillance)가 필요하다고 제안할 수 있다. 그러므로 불확실성이 확인되도록 하고, 필요한 경우 해당 경로별로 발생할 수 있는 위험을 반영하여 필요한 위험관리방안이 마련될 수 있도록 한다. 이러한 지침들은 해당 문제를 부분적으로는 경감시키기는 하지만, 불확실성을 철저히 다룰 수 있는 어떤 방법을 기술하고 있지는 않다(아래 참조). MacLeod (2010)는 현재 EPPO 체계를 사용하는데 있어서 어려움을 제시하였는데, 즉 잠재적인 사용자들이 질문별로 점수를 매기거나 해당 결론을 도출하기 위한 위험요소를 조합하는 과정에서, 기본적으로 내재되어 있는 주관성을 인식하게 된다는 것이다. 이러한 주관적인 요소를 줄이기 위한 방안들이 PRATIQUE 틀 내에서 고려되고 있다(Baker 등 2009).

주관적인 판단은 개인적, 정신적 및 문맥상 편향 정도에 따라 달라진다(Kahneman 등 1982; Slovic 1999; Burgman 2005). 많은 연구를 통해 분석가가 매기는 등급(범주)들 간에는 아주 중요한 차이가 발생하고, 이 차이는 동일한 정보를 갖고 있음에도 불구하고 사람들(분석가) 각각의 위험에 대한 인식(perception) 및 언어적인 불확실성이 반영되어 나타난다는 것이 밝혀져 왔다(Burgman 2005). 판단결과의 주관적인 조합 규칙은 PRA 각 단계별 평가시 보수적인 경향을 강화하는데 기여할 수 있다. 이러한 것은 궁극적으로 과도한 수준의 보수적인 결론이 도출될 수 있도록 한다(미지의 범위까지도 위험을 확대해석하는).

불확실성이 PRA에서 확인될 때마다, 논리적 · 일관적 · 반복적으로 표현되어야 하며, 최종적으로는 종합적인 평가와 함께 제시될 수 있어야만 한다. 이것은 다양한 법체계별로 서로 다른 방법론에 따라 다르게 이루어질 수 있다(글상자 9.4의 예를 보라). 불확실성이 확인되었을 때, 해당 불활실성의 중요성도 평가되어야만 한다.

민감도 분석(sensitivity analysis)은 불확실성이 체계적으로 조사될 수 있는 분석 모델이나 방법(models or procedures)에서는 표준적인 분석방법이다. 매개변수(parameters) 또는 투입량(inputs)은 분석모델이나 방법을 통해 해당 산출물(outputs)이 투입량의 변화에 따라 얼마나 반응하는지를 조사함으로써 검증될 수도 있다. PRA에 있어서 이것은 만약 분석가의 평가결과에 변화가 있거나 해당 판정결과를 조합하는 규칙에 변화가 발생하는 경우, 어떤 병해충에 대한 수용 여부 결정에도 얼마나 민감하게 변화할 수 있는지를 조사해보는 것과 같은 의미이다.

글상자 9.4 PRA를 위한 민감도(sensitivity)와 불확실성(uncertainty) 분석

호주의 PRA. 호주의 수입위험분석에서 생물안보청은 유입, 정착 및 확산 가능성을 총 4단계로 평가한다(무시할 수 있음에서 높음 사이): (1)수입(importation), (2)분배(distribution), (3)정착(establishment), 그리고 (4)확산(spread). 만약 나머지 단계는 동일하지만 어느 한 단계에서의 평가치로 인해 해당 병해충에 대해서 다른 결정이 내려지게 되는 경우, 해당 단계에서 부여되는 가치(value)를 '민감하다(sensitive)'라고 말할 수 있다. 예를 들어, 만약 어떤 병해충의 수입가능성이 '매우 낮음(very low)'에서부터 '낮음(low)'으로 변화하는 경우 PRA 결과를 매우 낮음 보다는 낮음으로 결정하도록 하고, 이는 결국 호주의 적정보호수준(ALP)을 충족시키지 못하고 초과하게 되는 경우를 말한다. 우리는 이 단계에서 해당 병해충의 등급 판정이 잘못될 가능성이 낮지 않다고 말할 수 있다. 아래의 예로 볼 때, 해당 병해충의 수입 가능성이 잘못 판정될 가능성은 낮지만(단일 범주에 의해서), 분배 가능성의 평가는 잘 못 판정될 가능성이 높다.

한 종의 경우;

1단계. 위험에 대한 최적의 평가 결과를 제시
위험 = 가능성(수입, 분배, 정착, 확산) × 잠재적인 영향
= (중간×낮음×낮음×중간) × 중간
= 매우 낮음(호주의 적정보호수준을 충족)

2단계. 각각의 범주에 대하여 평가 결과를 상향 또는 하향시켜 변화를 준 다음, 서로 다른 결과에 이르도록 함
1a 단계: 수입가능성 평가를 증가시키는 경우
위험 = 유입 · 정착 · 확산 가능성 × 잠재적인 영향
= (높음×낮음×낮음×중간) × 중간
= 매우 낮음(호주의 적정보호수준을 충족)
1b 단계: 분배가능성 평가를 증가시켜라
위험 = 유입 · 정착 · 확산 가능성 × 잠재적인 영향
= (중간×중간×낮음×중간) × 중간
= 낮음(호주의 적정보호수준을 충족시키지 못함)

... 이하 계속(and so on)

미국의 PRA. 미농무부(USDA 2000)는 2개의 누적 위험등급치(Cumulative Risk Rating scores)를 합산하여 유입 · 정착 · 확산 및 잠재적인 영향을 평가하는데, 각각의 누적 위험등급치는 몇 가지 요소별로 1부터 3사이의 단위로 부여되는 점수에 의해 결정된다. 다음의 척도에 따라 "병해충 위험성 잠재성(Pest Risk Potential)"이라 불리는 채점방식을 적용한다:

낮음: 11−18점
중간: 19−26점
높음: 27−33점

글상자 9.4 (계속)

'낮음'으로 평가된 경우에는 검역적인 조치가 요구되지 않을 수 있다. 민감도 분석을 수행하기 위하여 분석가는 각각의 발생 가능성 및 잠재적인 영향 범주에서 평가치를 한 단계 조정해볼 수 있다. 18점 또는 19점을 나타내는 어떠한 평가도 한 가지 요소(single element)에 의해 잘못 판정될 수 있는 민감성을 갖고 있다. 17 또는 20점을 나타내는 평가는 두 가지 요소에 의해 잘못 판정될 수 있으며, 이후에도 마찬가지이다. 그 다음에 분석가는 각각의 평가에서 사용된 신빙성(reliability)을 고려하면서, 어떤 잘못된 판정이 그럴싸한지를 결정하고, 어떤 정보가 그것들을 신빙성 있게 하는데 필요한지를 결정한다.

불확실성 분석(Uncertainty analyses). 민감도 분석은 보다 종합적인 불확실성 분석(comprehensive uncertainty analyses)에 의해 보강될 수 있다. 만약 발생 가능성(probability)이나 잠재적인 영향(consequence) 평가에 불확실성이 있는 경우, 분석가들은 가능한 전체 등급범위를 기록하고, 투명하면서 반복적인 방법으로 정해진 절차에 따라 종합적인 불확실성 분석을 수행한다.

예를 들어, 호주의 시스템 하에서 침입 가능성에 대한 판정이 '매우 낮음' 과 '낮음' 사이 경계에 지점에 머무르게 될 수 있다(말하자면 그 판정 값이 0.04가 될 수 있다). 이러한 평가에서 발생하는 불확실성은 진정한 평가치는 최대 0.06 또는 최소 0.01일 수 있다는 것을 말해준다(즉 90% 신뢰한계에서). 현재 분석가의 이해정도 및 제반 자료를 토대로 볼 때, '매우 낮음'에 대한 판정이 최선의 추정일 수 있겠으나, 여전히 '낮음'으로 판정될 가능성은 남아있다. 그러나 우리는 다음의 사실을 인정해야만 한다. 어떤 판정 값의 범위를 설정하는 것이 그럴싸해 보이기는 하지만, 전형적으로 가장자리 값 보다는 중간 값에 치우치는 경향이 더 크게 나타날 가능성이 있다는 것이다.

석가는 이 단계에서 판정등급을 '[매우 낮음, 낮음]'으로 기록할 수 있다. 호주와 미국 시스템에서, 각 범주의 경계에 있는 불확실성은 유사하게 표시될 수 있다. 그다음 분석가는 이들 판정 값을 조합하기 위해 해당 분석을 반복하고 잠재적인 영향에 대한 평가를 실시한다. 만약 이에 대한 판정결과가 호주의 적정보호수준과 관련된, 다른 등급으로 판정되는 경우 해당 불확실성이 문제가 된다. 분석가는 이러한 불확실성을 줄이기 위하여 추가적인 정보를 수집하는 노력이 필요한지 여부를 결정하거나, 해당 위험을 회피하기(risk averse) 위한 투명하면서도 잠정적인 조치를 결정하거나, 해당 잠정적인 결정을 해소하기 위해 요구되는 자료가 무엇인지를 지적하기도 한다. 만약 불확실성에도 불구하고, 평가결과가 동일하다면, 불확실성은 무시될 수 있다.

일부 법체계에서는 절차상 아날로그적 방법이 사용되기도 한다. 일반적으로 발생 가능성 및 그 잠재적인 영향에 대한 주관적인 판단(신뢰한계와 함께)을 통해, 해당 불확실성에 대해 확실하고 투명한 처리가 가능하도록 급간연산(interval arithmetic) 규칙을 이용하여 종합할 수 있다(Burgman 2005). 불확실성의 확률분포 및 그 의존성(dependency)을 파악할 만큼의 충분한 자료가 있는 일부 극소수 사례에서는 몬테카를로 기법(Monte Carlo techniques)이 더 적절할 수도 있다.

좀 더 일반적으로 말하면, 이것은 다음과 같이 질문해보는 것과 동일하다. 즉, "최적의 평가결과를 도출하기 위해, 투입량이 아주 조금만 변화되는 경우, 그로 인한 산출물의 변화는 어느 정도인가?"를 묻는 것과 같다. 민감도 분석과 관련한 이러한 관점은 어떤 투입량이 보다 더 강력하게 산출물의 결과를 결정짓는지에 관한 이해를 증진시킬 수 있다. 분석가는 추가적인 현장 연구가 필요한지 여부에 대해 조언할 요량으로 민감도를 분석하는데, 특히 추가적인 연구를 통해 수정 가능한 매개변수에 집중하기도 한다. 일반적으로 분석과 관련한 세부 사항은 분석의 종류, 문제의 맥락 및 고려할 위험의 종류에 따라 다르다.

우리는 어떤 위험평가에 반영되는 '예방적인(precautionary)' 추정치(estimates)와 실제 위험관리 방안과 관련된 '예방책(precaution)'과는 구별할 수 있어야 한다. SPS협정은 식물위생 조치들은 과학적인 증거에 기반을 두어야 한다고 자세히 언급하고 있으나, 5.7항을 통해 위험평가에 상당한 불확실성(substantial uncertainty)이 존재하는 경우에는 잠정적인 조치의 채택을 허용하기도 한다. 즉 '*적절한 과학적인 증거가 부족한 경우, 회원국은 가능한 적절한 정보에 근거한 잠정적인 조치를 채택할 수 있다*'라고 명시하고 있다. 이 조항은 위험평가에서는 해결해야할 불확실성을 반드시 밝혀야 한다는 것을 언급한다. 또한 잠정적인 조치를 적용하는 회원국은 해당 조치를 재평가하기 위해 필요한 정보를 수집할 책임도 갖는다는 것을 지적한다.

뉴질랜드 생물안보청(2006)은 위험평가 과정의 일부분으로 차후의 추가적인 연구가 필요한 중요한 불확실성(critical uncertainties)을 확인하도록 하고 있지만, 위험관리방안 결정에서는 반드시 SPS 협정의 요구조건에 충족해야한다는 것을 제시하고 있다. 그러나 위험평가에서 보수적인 평가를 내리는 것과 위험관리방안 결정에서 잠정적인 조치를 결정하는 것과의 차이는 특별히 명확하지는 않다.

불확실성을 다루는 명확한 시시나 지침이 없는 상황에서, 모든 분석가들은 때때로 보수적인 입장을 견지한다. 위험평가 자체가 보수적인 접근법인 상황에서, 이러한 입장은 항상 일반적인 PRA 절차 내면에 상존하며, 적절히 통제되지도 않으며, 뭐라고 딱 꼬집어 말할 수도 없는 정도의 보수성을 나타낸다.

관례적으로, PRA는 위에서 언급한 것과 같이 유입, 정착 및 확산 가능성을 판정하고, 이들 판정 값들을 조합하여 종합한다. 그러한 법체계 내에서 모든 가능성을 종합하기 위한 단계가 확실한 경우, 해당 가능성을 추정하는 방법은 상호 독립적이다.

위험평가를 보든 다른 관점은, 위험평가라는 것은 분석가가 어떤 경로에 원하지 않는 생물체(unwanted organisms)가 얼마나 많은지(prevalence 또는 abundance)를 예측하는 것이라는 것이다. 이러한 관점은 그림 9.2에 함축되어 있다. 그러한 관점은 해당 경로에 있어서 각 단계별 사건 발생 가능성(probability)이 서로서로 독립적이지 않을 수 있다고 여겨지게 하다. 그 이유는 다음과 같다. 우선적으로 생물체(organism)의 풍부도(abundances)는 서로 관련이 있는 단계들 사이에서 해당 가능성을 생성하기 때문이다. 가장 높은 번식력을 가진 병해충의 동향을 고려해보자. 원산지에서 많은 생물체들이 발생하고 있을 때, 만일 이들이 적절히 방제되지 않으면 선과장(packing facilities)에도 많이 발생할 수 있으며, 만일 화물이 소독처리 되지 않은 경우 상대적으로 많은 화물이 병해충위험지역으로 이동될 수도 있다. 즉, 특정한 년도에 병해충의 유입가능성이 높은 경우, PRA 지역에 좋은 조건이 주어진다면 해당 병해충 정착 및 확산 가능성도 상대적으로 높아질 수 있다. 독립적이지 않을 수 있다는 그 다음의 이유로는 유입 및 정착가능성에 영향을 미치는 다양한 생물학적인 요소들이 확산 가능성에도 같은 영향을 미친다는 사실 때문이다. 예를 들어, 우리는 위에서 확산 가능성은 여러 가지 요인에 따라 영향을 받는다고 언급하였는데, 그러한 요인 중 기주식물의 이용 가능성, 기후적합성, 및 천적의 존재여부와 같은 몇 가지 요인들은 정착 가능성에도 영향을 미친다. PRA는 병해충의 유입, 정착 및 확산 가능성 보다는 예상되는 수만큼의 병해충 분포를 평가함으로써 개선되기도 한다(PRA may be improved by assessing the distribution of the expected numbers of pest organisms, rather than the probability of entry, establishment and spread).

9.6 정성 위험평가 대 정량 위험평가(Qualitative versus Quantitative PRAs)

일부 생물안보와 관련한 문헌에서 불쾌하고 부자연스러운 이분법이 횡행하고 있는데, 그것은 다름 아니라 PRA에서 '정성적(qualitative)'인 방법은 매우 주관적이고, '정량적(quantitative)'인 방법은 자료에만 의존한다는 것이다. 사실, 모든 정량적인 방법은 모델을 구축하고 매개변수(parameters)를 예측하기 위해 주관적인 판단에 의존하는데 말이다. 마찬가지로 모든 정상적인 정성적 방법(sound qualitative methods)은 자료 및 기본적인 확률 그리고 견고한 논리를 바탕으로 한다. 다양한 정량 및 정성적 체계(scheme)나 방법들이 PRA에 이용되는데, 생물적 시스템, 교역 경로 및 영향에 대한 지식을 바탕으로 한 주관적인 추론(subjective reasoning)에서부터 점수부여방식(point-scoring systems), 논리규칙(logical rules) 및 몬테카를로 시뮬레이션과 같이 정성적으로 표현되지만 정량적인 시스템에 바탕을 둔 방법까지 이용된다(그림 9.8). 따라서 우리는 함축적 형식추론(implicit formal reasoning)부터 외현적 형식추론(explicit formal reasoning)까지 다양한 범위를 갖는 연속체(continuum)를 보게 되며, 그러한 추론의 각 요소들은 다양한 수적 표현을 가진 투입량(inputs), 결과물(outputs) 및 불확실성(uncertainty)을 표시하는 방법(tools)이나 체계(scheme)와 관련되기도 한다. Sansford (2002)는 이 주제에 대한 고찰을 통해 WTO SPS 협정은(WTO 1995)은 이용될 어떤 방법론을 제시하지 않는다고 결론 내렸다. 대신에 PRA의 관리, 생산, 개발 및 의사소통은 합목적적이어야 하고, 복잡하지 말아야 하며 기술적으로 정당해야만 한다는 것을 언급한다. 비수리적 분석에 기반을 둔 PRA는 본 장에서 언급하는 모든 국가의 의사결정에 사용되는 가장 일반적인 PRA이다.

뉴질랜드 생물안보청(Biosecurity New Zealand 2006)의 지침은 정성적인 위험분석 방법이 대부분의 PRA에 적합하다는 입장을 견지한다(정성적인 위험분석이란 관련된 상품 요인 및 위해의 역학에 대한 합리적이고 논리적인 검토로서, 해당 사건의 발생 가능성 및 그 영향은 비수치적인 용어인 높음, 무시할만함 또는 무시할 수 없음 등과 같이 표현된다). 본 장에서 언급하고 있는 뉴질랜드 생물안보청의 PRA는 수적인 표현을 사용하지 않는다.

뉴질랜드 생물안보청(Biosecurity New Zealand 2006)과 미국 농무부(USDA 2000)는 어떤 조건에서는 정량적인 위험평가가 바람직할 수도 있다고 지적한다. 예를 들어, 평가자가 특정

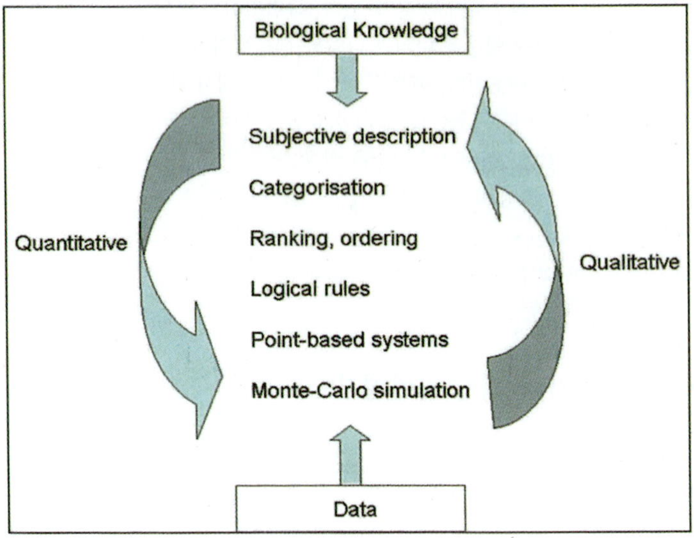

그림 9.8 자료 및 생물학적 지식에 대하여 서로 다른 주안점을 두고 있는 정량적 · 정성적 체계 및 방법 연속체

한 문제에 대해서 보다 깊이 이해하기를 원하거나, 결정적인 단계를 확인하기를 원하거나, 식물위생 조치들을 비교하기를 원하거나, 불확실성을 좀 더 명확하게 규명하기를 원하는 경우이다. 정량화(quantification)는 병해충의 다양한 역학적 측면과 연결된 수학적인 모델(수치로 표현되는) 개발을 포함하기도 한다. 그 결과(수치로 표현되는)를 해석하고 의사소통하는 데에는 변함없이 심각한 어려움이 존재한다.

OIE(2010)의 '반정량적(semi-quantitative)' 방법론은 개략적인 위생조치를

조치(summary measure)를 결정하기 위하여 정성적인 평가에 수치를 할당한다(확률분포 또는 점수부여의 형태로). 이와 같은 시스템은 호주, 캐나다 및 미국에서 다양한 형태로 활용되고 있다. OIE(2010)는 숫자, 범위, 가중치 및 조합방법(combination methods)은 일반적으로 임의적이며 투명성을 보장하기 위한 주의 깊은 정당화가 요구된다고 언급하고 있다. 게다가, 반정략적인 평가는 객관적이고 정확하다는 잘못된 인식을 종종 갖게 한다. 아울러 이러한 방법은 *충분히 연구된 투명하고, 동료 검토된 정성적 접근방법에 비해 별다른 이점을 제공하지도 않는다*(OIE 2010 p.36; Biosecurity New Zealand 2006 p. 27).

범주(category)와 척도(scale)가 명확하게 연결되지 않은 범주화 방법을 사용하는 시스템은 분석가로 하여금 모호하고 일관되지 않은 판단을 하도록 하기도 한다(예를 들어 Budescu 등 2009). Aven & Renn (2009)은 자료가 부족한 경우, 분석가들의 주관적인 평가에 있어서 더 심각한 편차가 발생하고, 참여자들은 다수의 있음직하지 않은 원인들(unlikely causes)에 의해 바라지 않는 결과들(undesired result)이 양산된다고 제안한다. 그들의 의견에 따르

면, 주관적 · 정성적 평가 이외에 다른 위험평가방법에서는 이러한 사실이 불가피하게 포함된다. 그들은 사안별 시나리오 작성, 다른 관련 분야로부터의 유추(analogies), 브레인스토밍(brainstorming) 및/또는 델파이 방식의 이행(Delphi-type excercises; 의견제시, 회람, 정리의 순서를 되풀이해 총의를 얻는 의사결정방식; 역주)을 포함하는 반정량적 방법을 권장한다.

우리의 관점에서 볼 때, 위험분석의 방법론과 관련하여 이분법적인 의견이 양산된다는 것이다. 일반적으로 우리는 모든 다양성 및 불확실성의 출처를 정량화할 수 없기 때문에, 대부분의 PRA는 정성적이며 정량적인 방법이 혼재될 수 밖에 없다. 적절한 방법의 선택은 상황, 자료, 기술, 시간 및 가용 자원에 따라 결정되어야만 한다. 위에서 지적한 것과 같이, 심지어 사건의 발생 가능성 및 그 영향을 순전히 언어적으로만 나타내는 방법도 산술적, 확률적 및 논리적 규칙과 일치해야한다. 아마 대부분의 중요하고도 일반적인 관점 상, 모든 PRA는 다양성과 불확실성이 얼마나 결과에 영향을 미치는 지를 평가하기 위해서는 해당 다양성과 불확실성 모두(정량화되건 그렇지 않건 간에)를 고려해야만 한다. 우리의 경험에 의하면, PRA에 사용되는 어떤 방법이나 체계를 선택함에 있어서, 불확실성과 다양성을 철저하고도 투명하게 다루는 방법을 배제하지는 않는다.

9.7 바람직한 PRA의 특성(Desirable properties of a PRA)

분석가와 이해당사자는 PRA에 있어서 해당 예측(predictions)이 정확한 것인지 및 어떤 제안된 관리방안이(이행되는 경우에) 제대로 작동할 것인지에 대해 알고자 원한다. PRA의 효과를 측정하는 것은 어려운데, 그 이유는 어떤 새로운 병해충이 정착하고 이를 발견하기까지 발생하는 시간지체(time lags) 때문이다. 종종 우리는 해당 발생 원인을 역추적할 수 없다. 그러나 PRA가 현재 분포하게 될 것으로 기대되는 생물체의 수를 유입경로를 따라 다른 시점에서 예측하는 것이라고 여겨질 때, 유효성 확인을 가능하다. 생물안보 조치의 효과를 평가하는 것은 일반적으로 가능하지 않을 수 있는 반면, 각각의 PRA는 생물안보 연속체(biosecurity continuum) 상의 각 단계에서 기대되는 생물체의 수와 관련하여 검증 가능한 예측을 한다(MacLeod 등 2005). 전략적으로 수집되는 감시감독 및 점검 자료가 PRA를 검증하는데 사용되어질 수 있다.

우리는 ISPM 11(FAO 2004a)의 권고사항과 우리의 경험을 바탕으로 하여 바람직한 PRA란 무엇인지를 나열하면서 마무리 하고자 한다:

- PRA는 평가 될 경로를 명확하게 확인해야만 하며 얼마나 자주 그리고 얼마나 많은 양의 교역이 일어나게 될 것이지를 명확하게 기술할 수 있어야한다.
- PRA 지침은 발생 가능성(likelihood)과 그 영향(consequence)을 표현하기 사용되는 용어를 가능한 엄밀하게 정의하는데 신경을 써야만 한다.
- 가능성을 조합하는 규칙은 확률규칙과 일치되어야만 한다.
- 분석은 투명한 경제적, 사회적 및 환경적 영향 평가를 포함하여야 한다.

- PRA 지침은 불확실성을 어떻게 다룰 것인지와 관련된 사례를 권고하고 제시하여야 한다.
- 민감도 분석(sensitivity analyses)은 병해충위험평가의 일반적인 요소도 아니고 정성적 또는 정량적인 요소도 아니지만, 미래의 활용을 위해 고려될 수도 있다.
- 분석가는 증거가 없는 경우 '보수적(conservative)', 예방적 또는 위험회피적(risk-averse)인 판단을 피해야하며(분석의 본체 내에서), 분석의 말미에 투명한 단계로서 적절한 설명을 남겨야한다.
- 수입국의 불확실성에 대한 입장은 적정보호수준(ALP)이나 적정위험수준(ALR)과 관련되어 가능성과 그 영향과 연계된 설명으로 제시될 수 있다
- 적정보호수준(ALP)에 대한 명백한 표시는 이해당사자들이 해당 PRA를 이해하고 해석하는데 도움을 주게 된다.

감사의 글: 우리는 많은 유용한 논평과 제안을 아끼지 않은 Neil Grant, Alan MacLeod, Melanie Newfield, Francoise Petter와 Christine Reed에게 감사한다.

부록 1: SPS 협정 제5조, 위험평가 그리고 위생 또는 식물위생 보호의 적정수준 결정 (Assessment of Risk and Determination of the Appropriate Level of Sanitary or Phytosanitary Protection)

1. 회원국은 자기나라의 위생 또는 식물위생조치가 가능한 한, 관련 국제기구에 의해 개발된 위험평가 기술을 고려하여 인간, 동물 또는 식물의 생명이나 건강에 대한 위험평가에 근거하도록 보장한다.
2. 위험평가에 있어서 회원국은 이용 가능한 과학적 증거, 관련 가공 및 생산 방법, 관련 검사, 시료추출 및 시험방법, 특정 병해충의 발생률, 병해충 무발생지역의 존재, 관련 생태 및 환경 조건, 그리고 검역 또는 기타 소독처리를 고려한다.
3. 동물 또는 식물의 생명 또는 건강에 대한 위험을 평가하고, 이러한 위험으로부터 위생 또는 식물위생 보호의 적정수준을 달성하기 위해 적용되는 조치를 결정함에 있어서, 회원국은 관련되는 경제적 요소를 고려한다: 병해충이 유입, 정착 또는 확산될 경우 생산 또는 판매에 미치는 손실을 기준으로 한 잠재적 피해, 수입 회원국 영토 내에서의 방제 및 박멸 비용, 위험을 제한하기 위한 대체 접근방법의 상대적 비용 효율성
4. 위생 또는 식물위생 보호의 적정수준 결정시, 회원국은 무역에 미치는 부정적 영향을 최소화하는 목표를 고려하여야 한다.
5. 인간, 동물 또는 식물의 생명 또는 건강에 대한 위험으로부터의 위생 또는 식물위생 보호의 적정수준이라는 개념의 적용에 있어서 일관성을 달성할 목적으로, 각 회원국은 상이한 상황에서 적절한 것으로 판단되는 수준의 구별이 국제무역에 대한 차별적 또는 위장된 제한을 초래하는 경우에는 자의적 또는 부당한 차별을 회피한다. 회원국은 이 협정

제12조 제1항, 제2항 및 제3항에 따라, 위원회에서 이 규정의 실제 이행을 촉진하기 위한 지침을 개발하는 것에 협력한다. 동 지침을 개발함에 있어서, 위원회는 사람들이 자발적으로 자신을 노출하는 인간의 건강상 위험의 예외적 특성을 포함한 모든 관련 요소를 고려한다.

6. 제3조 제2항을 저해함이 없이, 위생 또는 식물위생 보호의 적정수준을 달성하기 위하여 위생 또는 식물위생 조치를 수립 또는 유지하는 때에는, 회원국은 기술적 및 경제적인 타당성을 고려하여, 동 조치가 위생 또는 식물위생 보호의 적정수준을 달성하는데 필요한 정도 이상의 무역제한적인 조치가 되지 않도록 보장한다.
7. 관련 과학적 증거가 불충분한 경우, 회원국은 관련 국제기구로부터의 정보 및 다른 회원국이 적용하는 위생 또는 식물위생에 대한 정보를 포함한 입수 가능한 적절한 정보에 근거하여, 잠정적으로 위생 또는 식물위생 조치를 채택할 수 있다. 이러한 경우, 회원국은 좀 더 객관적으로 위험을 평가하고, 이에 따라 합리적인 기간 내에 위생 또는 식물위생 조치를 재검토하기 위하여 필요한 추가정보를 수집하기 위해 노력한다.
8. 다른 회원국이 도입 또는 유지하는 특정 위생 또는 식물위생 조치가 자기나라의 수출을 제한하거나 제한할 잠재력이 있으며, 동 조치가 관련 국제기준, 지침 또는 권고에 근거하지 않거나, 그러한 기준, 지침 또는 권고가 존재하지 않을 때에는, 동 위생 또는 식물위생 조치에 대한 해명이 요구될 수 있으며, 동 조치를 유지하는 회원국에 의해 해명이 제공되어야 한다.

참고문헌

Abdalla A, Beare S. Cao L. Garner G, Heaney A (2005) Foot and mouth disease: evaluating alternatives for controlling a possible outbreak in Australia. ABARE eReport 05.6, Canberra

Anon (2000) Council Directive 2000/29/EC of 8 May 2000 on protective measures against the introduction into the Community of organisms harmful to plants or plant products and against their spread within the Community. Off J Eur Communities L 169: 1-112

Aven T, Renn O (2009) The role of quantitative risk assessments for characterizing risk and uncertainty and delineating appropriate risk management options, with special emphasis on terrorism risk. Risk Anal 29: 587-600

Baker R, MacLeod A (2005) Pest risk assessments: tools, Resources and key challenges, In: IPPC Secretariat Identification of risks and management of invasive alien species using the IPPC framework, Proceedings of the workshop on alien species and the International Plant Protection Convention, Braunschweig, Germany, 22-26 September 2003. FAO Rome

Baker RHA, Battisti A, Bremmer J, Kenis M, Mumford J, Petter F, Schrader G, Bacher S, De Barro P. Hulme PE, Karadjova O, Lansink AO, Pruvost O, Pyek P, Roques A, Baranchikov Y, Sun J-H (2009) PRATIQUE: a research project to enhance pest risk analysis techniques in the European Union. EPPO Bull 39: 87-93

Beale R. Fairbrother J, Inglis A, Trebeck D (2008) One biosecurity - a working partnership. Commonwealth of Australia, Canberra

Biosecurity Australia (2007) Import risk analysis handbook. Biosecurity Australia, Department of Agriculture, Fisheries and Forestry, Canberra

Biosecurity Australia (2008) Provisional final import risk analysis report for fresh mango fruit from India. Department of Agriculture, Fisheries and Forestry, Canberra

Biosecurity Australia (2009) Final import risk analysis report for fresh greenhouse-grown capsicum (paprika) fruit from the Republic of Korea. Department of Agriculture, Fisheries and Forestry, Canberra

Biosecurity New Zealand (2006) Risk analysis procedures version 1. Ministry of Agriculture and Forestry, Wellington

Biosecurity New Zealand (2008) Import risk analysis: fresh *Citrus* fruit (7 species) from Samoa. Ministry or Agriculture and Forestry, Wellington

Brennan JP, Kelly PW, Thorne F (2004a) Report on socio-economic costs of Karnal bunt in the European Union. *EU Karnal Bunt Risks Project*. Deliverable Report 5 · 1. http://karnalpublic.pestrisk.net/

Brennan JP, Thorne FS, Kelly PW, Murray GM (2004b) Defining the costs of an outbreak of Karnal bunt or wheat. In: Proceedings or the 48th annual conference or the Australian agricultural and resource economics society. Melbourne, 11-13 Feb 2004. http://www.aares.info/files/AARES/rest2004/Brennan_et_al.pdf

Burgman MA (2005) Risks and decisions for conservation and environmental management. Cambridge University Press, Cambridge

Budescu DV, Broomell S, Por HH (2009) Improving communication of uncertainty in the reports of the intergovernmental panel on climate change. Psychol Sci 20: 299-308

Elith J, Graham C (2009) Do they? How do they? Why do they differ? On finding reasons for differing performances of species distribution models. Ecography 32: 66-77

EPPO (1998) EPPO position on appropriate level of protection (paper 97/6167, PRP Point 9.1). In: 30th meeting of the EPPO panel on phytosanitary regulations, Paris, 20-23 Jan 1998

EPPO (2009) Guidelines on pest risk analysis. Decision-support scheme for quarantine pests. 09-15190. Version 4

FAO (2004a) International standards for phytosanitary measures publication no. 11: pest risk analysis for quarantine pests, including analysis of environmenta risks and living modified organisms. Secretariat of the International Plant Protection Convention, Food and Agriculture Organisation of the United Nations, Rome

FAO (2004b) International standards for phytosanitary measures publication no. 21: pest risk analysis for regulated non-quarantine pests. Secretariat of the International Plant Protection Convention, Food and Agriculture Organisation of the United Nations, Rome

FAO (2007) International standards for phytosanitary measures publication no. 2: guidelines for pest risk analysis. Secretariat of the International Plant Protection Convention, Food and Agriculture Organisation, United Nations, Rome

FAO (2010) International standards for phytosanitary measures publication no. 5. Glossary of phytosanitary terms. Secretariat of the International Plant Protection Convention, Food and Agriculture Organisation of the United Nations, Rome

Hayes KR (2002) Identifying hazards in complex ecological systems, part 1: fault tree analysis for biological invasions. Biol Invasions 4: 235-249

Hulme PE (2011) Biosecurity: the changing face of invasion biology. In: DM Richardson (ed) Fifty years of invasion ecology: the legacy of Charles Elton, lst edn. Blackwell, Oxford

Kahneman D, Slovic P, Tversky A (1982) Judgment under uncertainty: heuristics and biases. Cambridge University Press, Cambridge

MacLeod A, Baker RHA, Hoddinott R (2005) The analysis of detections in consignments to identify and target pests' entry pathways. In: Proceedings of the British crop protection council international congress, crop science and technology, Glasgow, October 31-November 2, 2005, 1013-1018

MacLeod A (2010) The EPPO pest risk analysis scheme: comments on using risk scales. OEPP/ EPPO Bull 40: 131-138

OIE (2010) Handbook on import risk analysis for animals and animal products, vol 1. Introduction and qualitative risk analysis, 2nd edn. Office International des Epizooties, Paris

IPPC (1997) International plant protection convention (New revised text). FAO, Rome

ISO 31000 (2009) Risk management-principles and guidelines on implementation. International Organization for Standardization

Regan HM, Colyvan M. Burgman MA (2002) A taxonomy and treatment of uncertainty for ecology and conservation biology. Ecol Appl 12: 618-628

Sansford C (1998)(unpublished) The strength of phytosanitary measures for regulated pests which have a minor biological impact-case study Karnal bunt: Discussion paper for IPPC consultation on Low Impact Pests; FAO, Rome, 2-5 June 1998. 12pp

Sansford C (2002) Quantitative versus qualitative: pest risk analysis in the UK and Europe including the European and Mediterranean Plant Protection (EPPO) system. NAPPO international symposium on pest risk analysis Puerto Vallarta, Mexico, 2002. http://www.nappo.org/PRA-Symposium/PDF-Final/Sansford.pdf

Sansford CE, Inman AJ, Baker R, Brasier C, Frankel S, de Gruyter J, Husson C, Kehlenbeck H, Kessel G, Moralejo E, Steeghs M, Webber J, Werres S (2009) Report on the risk of entry, establishment, spread and socio-economic loss and environmental impact and the appropriate level of management for *Phytophthora ramorum* for the EU. Deliverable Report 28. EU Sixth framework Project RAPRA. http://rapra.csl.gov.uk/RAPRA-PRA_26feb09.pdf

Schrader G, MacLeod A, Mittinty M, Brunel S, Kaminski K, Kehlenbeck H, Petter F, Baker RHA (2010) Enhancements of pest risk analysis techniques: enhancing techniques for standardising and summarising pest risk assessments - review of best practice in enhancing consistency. EPPO Bull 40: 107-120

Slovic P (1999) Trust, emotion, sex, politics, and science: surveying the risk-assessment battlefield. Risk Anal 19: 689-701

USDA (2000) Guidelines for pathway-initiated pest risk assessments, version 5.02. Animal and Plant Health Inspection Service, US Department of Agriculture, Riverdale

USDA (2007) Importation of fresh commercial sweet orange (*Citrus sinensis* [L.] Osbeck) and grapefruit (*Cirrus x paradisi* Macfad.) Fruit from Chile into the continental United States. A pathway-initiated plant pest risk analysis. Department of Agriculture, Animal and Plant Health Inspection Service, Raleigh

Webber JF, Mullett M, Brasier CM (2010) Dieback and mortality of plantation Japanese larch (*Larix kaempferi*) associated with infection by *Phytophthora ramorum*. New Dis Rep 22: 19. doi: 10.5197/j.2044-0588.2010.022.019 http://www.ndrs.org.uk/article.php?id=022019

WTO (1995) SPS Agreement. World Trade Organisation agreement on the application of sanitary and phytosanitary measures. World Trade Organisation, Geneva, Switzerland

제10장 식물위생 소독처리
Phytosanitary treatment

M.K. Hennessey, L. Jeffers, D. Nendick, Ken Glassy, L. Floyd, J.D. Hansen, W.D. Bailey, I. Winborne, D. Bartels, C. Ramsey, and C. Devorshak
번역: 이흥식(농림축산검역본부)

10.1 서론

식물위생 소독처리(Phytosanitary treatment)는 해충의 사멸, 불활성화 또는 제거를 위해서나, 해충을 불임화 내지 무기력화 시키기 위한 공식 절차이다(FAO 2009). 이러한 처리들은 식물 또는 식물성 물질에 적용된다. 화학적 처리(침지 또는 살포, 훈증), 물리적 방법(저온, 열, 방사선 처리)을 포함한 가용한 많은 처리 방안들이 있다. 이상적으로, 식물검역을 목적으로 사용되는 식물위생 소독처리는 probit 9 (5장 6절 및 11장 2절 참조)과 동등하거나 더 높은 효과를 보여야 한다. probit 9은 Baker (1939)에 의해 개발된 개념으로, 상품과 연관된 해충의 사망률을 최소 99.9968%로 허용하는 것이다. 다시 말하면, 95% 신뢰수준에서 93,600마리의 해충에 대해 처리 후 한 마리의 생존도 없는 것이다(Heather & Hallman 2008b).

일반적으로 probit 9은 독립적인 식물위생 소독처리에 대한 효과로 요구되며, 과실파리 사망률 연구에서 기원된 처리효과에 대한 기준이다(15장 3절). 이 기준은 경제적으로 중요한 과실파리와 기타 해충에 대하여 미 농무부(USDA) 및 다른 나라들에 의해 채택되어 왔다. 이것의 수용에 따라 probit-9은 많은 국제적인 검역상 처리의 척도로서 이용되어 왔다(Johnson & Hansen 2008; Schortemeyer 등 2011).

그러나 probit 9은 처리효과에 대한 국제기준이나 바람직한 종점이 아니다. ISPM 11에 따르면(FAO 2004), *병해충위험평가에 따른 결론은 위험관리가 필요한지 아닌지와 사용되는 조치*

LM.K. Hennessey(✉) · L. Jeffers · L. Floyd · J.D. Hansen · W.D. Bailey · I. Winborne · D. Bartels · C. Ramsey · C. Devorshak
Center for Plant Health Science and Technology, Plant Protection and Quarantine, Animal Plant Health Inspection Services, United States Department of Agriculture, Raleigh, NC, USA
e-mail: michael.k.hemmessey@aphis.usda.gov

D. Nendick · Ken Glassy
Plant, Food & Environment Directorate, Standards Branch, Ministry for Primary Industries (MPI), Pastoral House 25 The Terrace, PO Box 2526, Wellington, New Zealand

의 강도를 결정하는데 이용된다. 제로 위험은 합리적인 대안이 아니기 때문에 위험관리를 위한 권장 원칙은 정의될 수 있을 정도의 필요한 안전 정도를 달성하기 위한 위험관리여야만 하고, 가용한 대안이나 자원의 한계 내에서 실현가능해야만 한다. 병해충 위험관리(분석적 의미에서)는 인지되는 위험에 반응하는 방법을 확인하고, 이들 조치의 효과를 평가하며, 가장 적절한 방안을 확인하는 절차이다. 경제적 중요성과 유입 가능성 평가에서 지적된 불확실성 또한 병해충 관리 대안의 선택에서 고려하고 포함하여야만 한다.

조치의 강도는 요구되는 효과의 수준에 상응한다. 요구되는 효과의 수준이 높을수록 더 강한 조치가 요구된다. 처리에 대해 요구되는 안전성 수준은 대상 해충의 정착이나 분산을 방지할 것이다. 안전성 수준은 해충에 대하여 반복적인 실험실 및 야외 실험 방법으로 증명된다. 처리 후 허용되는 생존 수준은 정착될 수 있는 초기 개체군으로 얼마나 많은 해충이 또는 어떤 생육단계의 해충이 필요한지에 따라 결정된다. 95%의 신뢰수준에서 Probit 9 수준의 처리는 매우 강력한 처리이다. 처리 전 감염률이 예외적으로 높다면, Probit 9 수준의 처리조차도 효과적이지만은 않을 것이다. Powell (2003)은 요건이며 증명된 Probit 9의 저온처리를 받아 수입된 "클레멘타인"(만다린오렌지, *Citrus reticulata* Blanco)의 지중해과실파리(*Ceratitis capitata* (Wiedemann))에서 처리 후에 살아있는 구더기 또는 "애벌레(wiggler)"가 검출됨으로써 처리의 실패라는 관점에서 이것을 논의하였다. 이 사례에서, 기주체에서 감염률이 100%에 달하면, Probit 9 수준으로 처리한 방제수준 조차도 대상생물이 기주체에서 탈출하여 새로운 지역에 정착할 가능성을 막기가 부적합하다고 생각할 수 있을 것이다.

다음의 연구는 요구되는 조치의 강력함을 이해하는데 도움이 되기에 읽기를 권고한다: Mangan 등 (1997)은 Probit 9 처리가 과실파리의 증식 개체군이 정착하는 것을 막는데 효과적이리고 주장하고 있다; Follett & Mcquate (2001)는 해충의 정착을 막기 위해 낮은 감염과 상품의 양이 Probit 9의 효과보다 더 낮게 적용된 처리를 허용할 수 있을 것으로 기술하고 있다; 또한, Follett & Neven (2006)은 Probit 9 효과의 독립적인 처리보다 위험도에 기반을 둔 시스템적 접근(systems approach)을 옹호하고 있다. 시스템적 접근은 또한 이 장의 뒷부분에서 논의되어 있다. 시스템적 접근은 서로 독립적인 두 가지 이상의 조치들을 요구하며, 상호 의존적인 꽤 많은 수의 조치들을 포함할 수 있다(FAO, 2009). 처리로 작용할 수 있는 과정은 시스템적 접근의 부분들이 될 것이다. 이들은 해충을 제거하기 위해 과실이나 상품을 세척하는 것을 포함할 수 있으며, 이 장의 뒷부분에서 논의되어 있다.

미 농무부에 의해 사용되는 검사는 시스템적 접근의 부분들이 되도록 고안되었다. 시스템적 접근의 장점은 적절한 식물위생상 보호수준 및 신뢰수준과 합치할 수 있는 조치의 수와 강도를 조절함으로써 변이성과 불확실성을 이해할 수 있는 능력이다. 국가식물보호기구(NPPO)들이 공식적인 식물위생 절차의 준수를 감독하고 보장할 수 있는 능력을 가지지만, 시스템적 접근에서 사용되는 조치는 수확 전이나 후 또는 모두에 적용될 수 있다. 즉, 시스템적 접근은 생산지에서, 수확 후 기간 동안, 선과장에서, 또는 상품의 선적과 배송하는 동안에 적용되는 조치들을 포함할 수 있다(FAO, 2002). 이런 방식으로 수출입 검사지점, 그리고 이어지는 어떠한 요구되는 처리들은 우수한 농업 관행방식, 사전소독처리(preclearance treatment), 재배기간 동안 농약의 살포 등과 함께 해충을 관리하기 위한 시스템적 접근의 필수적인 한 부분으로 역할을 할 수 있다. 시스템적 접근의 한 가지 장점은 여분의 안전조치를 과정 중에 만들어 낼 수 있다는 것이다. 즉, 만약 하나의 경감 조치가 실패하면, 위험이 효과적으로 감소되고 관리되는 것이 계속될 수 있도록 다른 안전조치가 적소에 위치하게 된다(Miller 등 1995).

해충의 사망률이 항상 검역 처리의 종점인 것은 아니다. 방사선 처리에서 해충의 불임은 식물검역의 관점에서 동등한 효과이다. 실제로, 세계식량농업기구(FAO)는 요구되는 반응이 해충의 생식 불능이라고 명시될 수 있는 대안의 범위를 열거하였다. 여기에는 다음과 같은 것들이 포함된다: 완전한 불임; 한쪽성만으로 한정된 수정능력; 추가 발육이 불가능한 산란 또는 부화; 변화된 행동; F1 세대의 불임(FAO, 2003).

이 장에서 모든 유형의 처리를 자세히 다루지는 않지만, 독자들에게 널리 사용되는 처리를 소개한다. 미국에서 처리가 농무부에 의해 승인되었는지를 확인하기 위해 최근의 공식적인 미 농무부 출판물을 참고하라.

10.2 국제적인 처리기준(International Treatment Standards)

10.2.1 식물위생조치에 관한 국제기준

국제식물호보협약(International Plant Protection Convention; IPPC)은 병해충의 침입과 확산을 방지함으로써 식물을 보호하는 것을 목표로 하는 식물위생에 관한 국제조약이다(2.1, 2.2장 참조). ISPMs은 IPPC의 집행부인 식물위생조치위원회(Commission on Phytosanitary Measures; CPM)를 통해 채택된다. 채택된 기준들은 식물보호의 많은 측면과 관련된 지침과 권고사항들을 포함하고 있지만, 3개 기준은 특히 식물위생조치와 관련되어 있다. 이 중 2개의 예(ISPM 15: 국제교역에서 목재포장재의 규정 및 ISPM 28: 규제병해충에 대한 식물위생처리)가 여기서 기술될 것이다.

10.2.2 ISPM 28: 규제병해충에 대한 식물위생처리

IPPC는 조화를 달성하고, 국가식물보호기구(NPPOs)에 의한 처리효과의 상호 인정을 강화하며, 교역을 촉진하기 위한 노력으로 특정한 식물위생처리를 국제기준으로 인정하고 있다. NPPOs와 지역식물보호기구(Regional Plant Protection Organisation; RPPOs)는 처리의 평가를 위한 데이터와 다른 정보를 IPPC 사무국에 제출할 수 있다. 처리한 연구 데이터 및 다른 정보를 제출하기 위한 요건은 ISPM 28에 자세히 기술되어 있다.

기준으로 인정되기 위해 제출된 처리는 이미 국가적으로 이용이 승인되어야만 한다. 제출물은 식물위생조치위원회(CPM)에서 권고안을 만들기 위해 식물위생조치기술위원(TPPT)에 의해 검토된다. CPM은 국제기준으로서 그 처리를 채택하거나 거부하게 된다. 만약 처리가 기준으로 채택된다면, ISPM 28의 부속서로 첨부되게 된다. 하지만, NPPOs는 국제기준으로 채택된 처리의 사용을 강요받지 않으며, 대신에 동일 병해충이나 규제되는 물품이더라도 다른 처리의 사용을 요구할 수 있다.

모든 제출물은 처리에 대한 상세한 내용, 효능 데이터, 제출 타당성 또는 사유를 포함하여야 한다. 연락담당자가 지정되어야 하고, 연구를 수행한 사람들의 자격증명이 제공되어야만 한다. 실행가능성 및 적용성과 관련된 정보도 역시 포함되어야만 한다. 처리 데이터는 실험실 또는 제어된 설정으로 수행된 연구에 근거해야 하거나, 운용 조건 하에서 수행된 시도에 근거해야 한다. 이상적으로는 연구가 제어된 조건 하에 수행되었을 때, 운용 조건 하에서 수행된 검증에 의해서도 입증되어야만 한다. 제어된 조건 하에서 수행된 연구에 기초한 처리 데이터 및 다른 정보에 관한 제출물들은 아래 유형의 정보가 포함되어야만 한다:

요약한 정보는 NNPOs 또는 RPPOs에 의해 사무국에 제출되어야만 하며, 다음을 포함하여야만 한다:

- 처리명;
- NPPO/RPPO 연락처 정보;
- 연락담당자;
- 처리 내용 – 상품, 대상병해충, 조건;
- 제출 사유;
- 연구 수행자의 자격.

제출물은 식물위생처리를 지지하는 모든 효능 데이터를 포함하여야만 하며, 내용은 다음과 같다:

- 자료 출처;
- 대상 병해충의 생활환/발육태;
- 통계적 신뢰수준;

이용된 통계처리 방법;
- (적용가능하다면) 약량/효능곡선;
- (적용가능하다면) 외삽법(extrapolation)[1]을 지지하는 추가적인 정보.

대상병해충에 대한 아래 정보가 포함되어야만 한다:

- (적용가능하다면) 종(species), 계통(strain), 생태형(biotype), 레이스(race) 등;
- 병해충이 배양된/사육된 조건;
- 체중;
- 발육단계;

1 외삽법 (Extrapolation)이란 이전의 경험에 비추어, 보다 과학적인 맥락에서는 이전의 실험으로부터 얻은 데이터들에 비추어, 아직 경험/실험하지 못한 경우를 예측해 보는 기법.

- 건강;
- 만연(infestation)/전염(infection) 방법;
- 가장 저항성인 생육단계(life stage).

제출물은 또한 규제대상 물품(article)/품목(commodity)과 관련된 정보를 포함해야만 한다:

- 규제대상 물품의 유형;
- 의도하는 이용;
- 크기/모양/중량;
- (적용가능하다면) 성숙단계;
- (적용가능하다면) 수확 후 저장조건/품질.

실험설계의 모든 조건은 자세하게 기재되어야만 한다; 이 정보는 다음의 것들을 포함하지만 이것에 제한받지는 않는다:

- 사용된 시설;
- 사용된 장비;
- 장비의 보정(calibration) 및 측정 정확도;
- 실험설계;
- 신뢰수준;
- 조건;
- 결정적인 변수;
- 효능을 측정하는 방법;
- 약해를 측정하는 방법;
- (방사선조사라면) 선량측정방법.

운용조건 하에서만 수행된 연구에 기초한 처리 데이타의 제출물은 아래 열거된 정보를 포함하여야만 한다. 추가로, 처리의 효능에 영향을 미치는 요인(상품을 포장하거나 적재하는 방법과 같은)이 포함되어야만 한다. 정보는 노출시간, 약량, 온도와 같은 결정적인 변수들의 모니터링에 관한 것이 제공되어야만 한다. 예를 들어, 적용가능하다면 온도계나 습도계의 위치 또는 가스를 시료추출하는 선의 위치를 덧붙여야만 한다. 만약 특별한 절차가 상품의 품질을 유지하는데 필요하다면, 그것들 또한 설명되어야만 한다.

모든 제출물은 처리의 실현가능성과 적용가능성에 대한 정보를 포함하여야만 한다. 이런 종류의 정보는 다음의 예가 있다:

- 이용의 용이성;
- 운용자에 위험성;

- 기술적 복잡성;
- 훈련/전문성 요구;
- 장비/시설의 요구;
- 처리시설의 비용;
- 상업적 타당성;
- 처리의 유연성(versatility);
- 약해 데이터;
- 사람, 비표적 생물, 환경에 대한 영향;
- 저항성을 어떻게 관리할 것인가에 관한 정보;
- 다른 NPPOs가 처리를 인정할 것인지 여부;
- 처리를 단독으로 할 것인지, 시스템적 접근의 일부분으로 할 것인지 여부.

IPPC 사무국으로 제출하는 것에 포함되는 데이터와 그 밖의 정보는 그 전에 전문가에 의해 평가가 이루어지는 학술잡지에 출판되어야만 한다. 통계적인 검토 방법은 재현 가능해야 하고, 국제적인 실행으로 인식되거나 인정되어야만 한다. 처리는 약해나 기타 부정적인 효과가 있어서는 안 되며, 국제 교역상 실제적인 이용에서 실현 가능하고 적용 가능해야만 한다. 처리는 상품과 대상병해충(들)에만 채택되며, 추가적인 충분한 데이터가 있지 않다면 그것이 검정될 때의 조건만 채택된다.

10.2.3 ISPM 15: 국제 교역상 목재포장재의 규정

나무상자(crate), 상자(box), 팔레트(pallet), 짐깔개(dunnage) 등과 같은 물품인 목재포장재(wood packaging materials; WPM)는 종종 국제 교역상 상품을 지지하거나, 보호하거나, 운반하는데 사용된다. WPM을 통한 검역해충의 확산가능성은 특별한 도전에 직면하고 있다. 종종 목재포장재로 사용된 목재의 원산지를 밝히는 것은 어렵다. 더구나, 이 재료는 대부분 위험분석과정을 어렵게 만드는 상대적으로 낮은 가치인 것이다. 이러한 문제를 해결하기 위해, 식물위생조치위원회(CPM)는 ISPM 15인 *국제 교역상 목재포장재 규정(Regulation of Wood Packaging Material in International Trade)*을 채택하였다. ISPM 15에서 요구하는 조치들은 원목으로부터 만드는 목재포장재에 적용한다. 이들 조치는 검역해충에 무감염이고, 검역해충이 재감염될 가능성이 거의 없는 방법으로, 이미 가공된 합판과 같은 재료로 만들어진 목재포장재에는 적용하지 않는다. 그 밖의 예외는 파티클보드, 톱밥, 전체가 얇은 목재(≤6mm)로 만들어진 목재포장재, 화물차량이나 컨테이너에 영구적으로 부착된 목재로 구성된 부분이 포함된다. ISPM 15에서 기술된 조치는 "편승자(hitchhiker)"와 같은 부착된 해충을 대상으로 하지는 않는다.

국제 교역상 이용되는 목재포장재에 대해 두 가지 기본적인 조치인 나무껍질 벗기기(debarking) 및 처리(treatment)가 요구되고 있다. 목재포장재는 껍질이 제거된 목재로 구성되

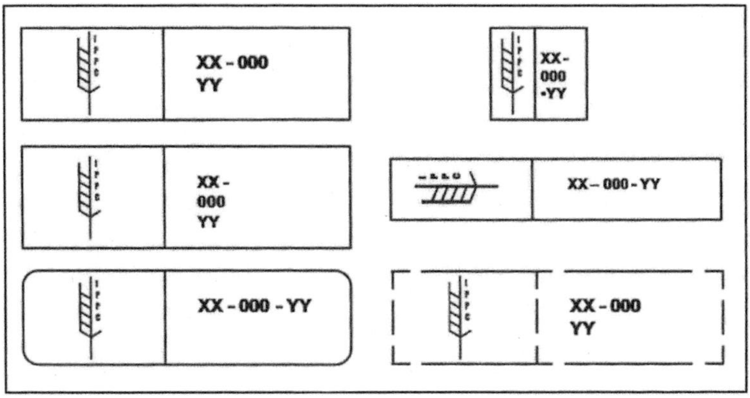

그림 10.1 ISPM 15에 따라 처리되었음을 나타내는데 이용되는 승인된 다양한 표식들의 예

어야만 한다. 나무껍질 벗기기에 추가적으로 목재포장재는 열처리 또는 MB훈증처리를 받아야만 한다. 열처리된 목재포장재는 적어도 56℃에서 30분 동안 지속적으로 열처리되어야 한다. 처리온도는 목재의 전체 면을 통해 도달되어야 한다. 고열건조(kiln drying), 화학적 가압 포화(pressure impregnation), 마이크로파(microwaving)를 포함한 다중처리는 필요한 온도가 적절한 시간 동안 유지된다면 수용될 수 있다.

훈증된 목재포장재는 적어도 24시간 동안 지속적으로 MB의 특정 농도로 처리되어야 한다. 정확한 가스농도는 처리된 목재포장재에서 온도에 따라 다양할 것이다. 환기, 처리구역의 적절한 밀폐와 같은 화학적 훈증을 수행하는 동안 일반적인 고려사항들이 해결되어야만 한다.

ISPM 15에서 기술된 조치는 수입국의 NPPO에 의해 추가적인 요건없이 수용되어야만 한다. 추가적인 요건은 기술적으로 정의되어야만 한다. 만약 목재포장재가 ISPM 15에 서술된 조치와 일치하지 않는 것으로 간주된다면, 수입국의 NPPO는 적절한 당사자에게 고지하고, 부적절한 목재포장재를 안전하게 폐기할 책임이 있다. 가능한 폐기 방법은 소각, 깊은 매립, 가공처리, 반송을 포함한다.

껍질이 제거되고, ISPM 15에 따라 처리된 모든 목재포장재는 표식을 마킹해야 한다(그림 10.1). 표식은 국가코드, 생산자코드, 처리코드를 포함하고 있다. 국가코드는 2글자이고, 국제표준화기구(International Organisation for Standardisation; ISO)에 의해 인정되어 있다. 생산자코드는 목재포장재가 생산되고 처리된 곳을 나타낸다. 이들 코드는 NPPO에 의해 할당된다. 처리코드는 열처리된 목재포장재에 대해서는 "HT" 또는 메칠브로마이드로 훈증된 목재포장재에 대해서는 "MB"이다.

10.3 훈증처리

10.3.1 처리 개요

훈증제는 지정된 시간 동안 밀폐된 공간에서 처리되었을 때 해충이 사멸되는 충분한 농도에서 기체 상태로 존재하는 물질이다. 훈증제는 기체이기 때문에 그 분자는 상품의 내부로 침투할 수 있고, 그 다음 훈증 후 상품에서 빠져나온다. 훈증제의 독성은 대상 해충의 호흡률에 달려있다. 온도가 올라감에 따라 해충의 호흡량이 증가하고, 결과적으로 그 해충은 더 영향을 받기 쉽게 된다. 훈증처리 일람표는 훈증제의 약량과 처리시간으로 명시된다(그림 10.2). 훈증제는 반입처리 조건 및 대상이 아닌 검역해충이 검출되었을 때 비상조치로 사용된다.

10.3.2 훈증제

미국에는 단지 3가지 훈증제만이 검역처리용으로 허가되어 있다: 메칠브로마이드(methyl bormide), 포스핀(phosphine), 황화불소(sulfuryl fluoride) (6.7.4절 참조).

Methyl bromide (CH_3Br) (bromomethane)는 끓는점 3.6℃ (40.1°F), 비중 3.27인 무색, 무취, 불연성 기체이다. 메칠브로마이드는 다양한 품목과 관련된 폭넓고 다양한 식물 해충을 처리하는데 사용되는 적용범위가 넓고 높은 효과를 지닌 훈증제이다. 최근에 메칠브로마이드는 가장 흔히 사용되는 검역용 훈증제이다. 이 약제는 금속 실린더에 액체 상태로 압축되어 보관된다. 액체 메칠브로마이드는 가스로의 전환을 빠르게 하기 위해 휘발기(volatiliser)로 가열된다. 이 화합물은 공기보다 약 3배 무거워 위쪽으로 이동과 기체의 고른 분포를 가능하게 하기 위해 팬을 필요로 한다. "오존층 *파괴물질에 관한 몬트리올 의정서(The Montreal Protocol on Substances that Deplete the Ozone Layer)*"의 국제적인 채택 이후, 메칠브로마이드 생산과 세계적인 이용의 점진적인 감소가 시작되었다. 그러한 진전이 이루어짐에도 불구하고, 국제사회는 수입상품과 관련된 해충의 위험성을 완화시키기 위하여 여전히 메칠브로마이드에 크게

T101-a-1

Apple and Pear[1]

Pest: External feeders

Treatment: **T101-a-1** MB at NAP—tarpaulin or chamber

Temperature	Dosage Rate (lb/1000 ft^3)	Minimum Concentration Readings (ounces) At: 0.5 hr	2 hrs
80 °F or above	1.5 lbs	19	14
70-79 °F	2 lbs	26	19
60-69 °F	2.5 lbs	32	24
50-59 °F	3 lbs	38	29
40-49 °F	4 lbs	48	38

그림 10.2 처리 일람표 T101-a-1. 일부 국가로부터 사과 또는 배를 수입 시 미국이 요구하는 메칠브로마이드 훈증 반입조건

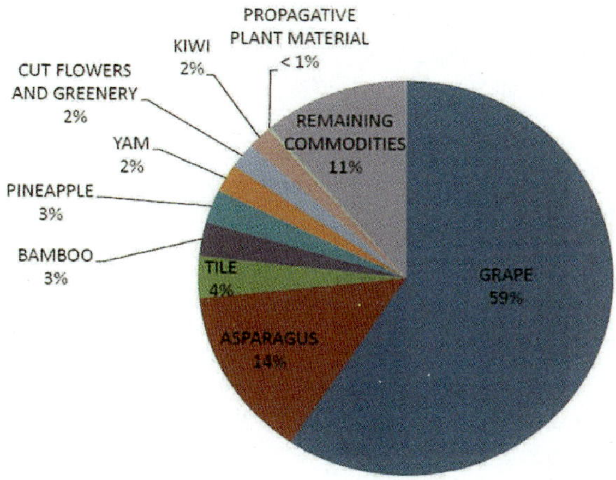

그림 10.3 PPQ에 의해 모니터에 따르면 2010년에 수입된 상품에 대하여 680,000 파운드 이상의 메칠브로마이드 훈증이 이루어짐

의존하고 있다. 2010년에 50만 파운드 이상의 메칠브로마이드가 PPQ에 의해 모니터된 약 100개국으로부터 거의 150개 상품에 대하여 반입항의 훈증에서 사용되었다(그림 10.3).

Phosphine (PH_3) (phosphorous hydride)는 끓는점 −87.4℃ (−126°F), 비중 1.214인 무색, 무취의 기체이다. 순수한 포스핀은 무취이지만, 종종 diphosphine 같은 불순물 때문에 마늘향 같은 냄새가 있다. 18,000ppm 이상의 농도에서 포스핀은 공기와 섞여 폭발성이 있고, 자연발화성인 혼합물이다. 포스핀은 훈증 공간을 통해 쉽게 순환되며, 빠르게 환기될 수 있다. 그러나 포스핀은 구리, 황동, 금, 은에 높은 부식성이 있으며, 높은 습도에서 다른 금속들에 약한 부식성이 있다.

Sulfuryl fuloride (SO_2F_2)는 끓는점 −55.2℃ (−67°F), 비중 2.88인 무색, 무취, 불연성 기체이다. 황화불소는 많은 목재 해충에 효과적이지만, 생식물에는 사용등록이 되어 있지 않다. 목재에 잘 침투하며, 금속에 대한 부식성이 없다.

10.3.3 표기

법에 의해, 살충제의 이용은 상품의 라벨에서 볼 수 있는 모든 사용법에 따라야만 한다. 훈증제의 경우, 각 라벨은 그 제품이 사용될 수 있는 상품이 명시되어 있다. 라벨은 또한 각 제품에 허용된 약량과 지속시간이 명시되어 있다. 이들 비율은 농약의 사용을 감독하는 각국의 규제기관에 의해 승인되어 있다. 미 환경보호국(Environment Protection Agency; EPA)에 의해 관리되는 살충제, 살균제, 살서제 연방법(Federal Insecticide, fungicide and Rodenticide Act; FIFRA)은 미국 연방 살충제 프로그램을 위한 전체적인 틀을 제공하고 있다.

만약 훈증제에 대해 표기되지 않은 사용이 일어난다면, 몇 가지 유형의 예외상황에서 사용이 허용될 수 있다. 미국에서 가장 일반적인 이런 예는 FIFRA 18장 검역상 예외(Quarantine

Exemption)이다. 이 18장의 예외는 연방의 검역해충을 운반할 위험성이 있는 상품의 처리에 허용된다. 그 예외는 미국으로 수입되는 상품만 아니라, 검역지역에서 재배된 자국 상품에도 적용되고 있다.

10.3.4 밀폐 형태

훈증처리를 위해서는 밀폐 공간이 요구된다. 요구되는 환경을 제공하는 가장 일반적인 훈증 방법은 다음과 같다:

- 훈증상(일반공기압(NAP) 및 진공)(그림 10.4);
- 방수천막(야적)(그림 10.5);
- 방수천막(컨테이너)(그림 10.6).

10.3.5 훈증장소 및 훈증상의 인증

뉴질랜드(NZ)에서 검역 및 선적 전 처리(QPS)를 제공하는 훈증요원(fumigator)의 인증은 엄격하게 규제된다. 훈증요원은 농림부(MAF) 및 뉴질랜드 처리 공급자 프로그램의 기준에 합치해야만 한다. 훈증요원은 이 프로그램 하에서 엄격하게 자격을 심사받고 평가받는다. 이 프

그림 10.4 훈증상(fumigation chamber)

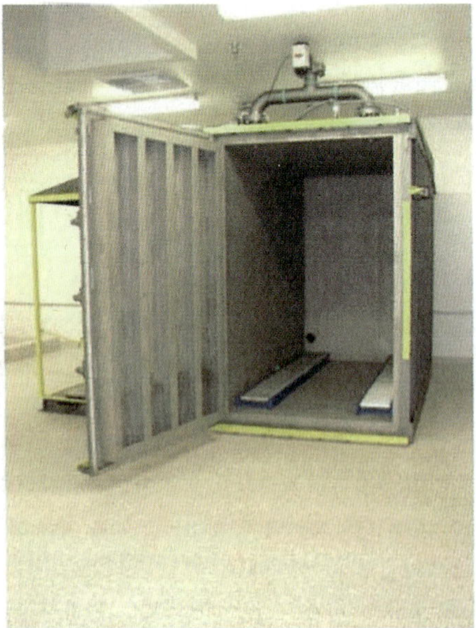

그림 10.5 야적된 상품에 대한 방수천막 훈증(tarpaulin fumigation)

그림 10.6 원목에 대한 컨테이너 방수천막 훈증 전 모니터링 리드선 및 온도 센서의 설치

로그램은 수출과 수입 상품 모두를 대상으로 한다. 모든 당사자에 대한 역할과 책임이 이 프로그램에 약술되어 있으며, 요구될 때 상세한 작업지시서가 포함된다. QPS 시설의 인증은 훈증요원의 인증이 승인된 후에 실시하며, 그 위치는 농림부(MAF)의 계류시설(TF)로서 등록되어 있다.

뉴질랜드의 도착항은 QPS 훈증을 위해 설정된 구역이 포함되어 있으며, 그 곳에서 수입된 물품이 국내로 반입을 허가받기 전에 처리되어야만 한다. 교차 감염을 막기 위해 처리된 상품과 처리되지 않은 상품을 분리하여야 한다. 만약 훈증이 첫 도착항에서 실시되지 않는다면, 수입 물품은 농림부로부터 특별한 지시 하에 순차적인 처리를 위하여 승인된 운영자의 계류시설로 안전하게 운송되어야만 한다.

처리 공급자는 또한 취급자 인증 요건, QPS 처리 구역과 관련된 특별한 완충지역의 설치 및 특별한 완충지역 내 및 주변에서 최대 훈증제 농도 수준과 같은 뉴질랜드 환경보호국(NZ Environmental Protection Agency; NZ EPA)의 위해물질 사용 조건과 합치할 것이 요구된다. 뉴질랜드 환경청의 지침은 특히 메칠브로마이드 훈증제(컨테이너 안, 선창(ship hold), 방수천막 아래)에 대하여 다음과 같은 것들이 관련되어 있다:

- 공기청정도 모니터링 및 내성노출기준(Tolerable Exposure Limits; TELs)과 비교;
- 완충지역;
- 훈증 알림;
- 내성노출기준(TEL) 요건이 초과되는 곳의 보고;
- 연간 사용량 보고

10.3.6 운용절차

훈증 운용절차는 각국의 NPPO에 의해 약술되어 있다. 예를 들어, 미국의 운용절차는 PPQ 처리 매뉴얼에 열거되어 있다. 이 문서는 다음의 인터넷 사이트에서 이용할 수 있다:

http://www.aphis.usda.gov/import_export/plants/manuals/ports/downloads/treatment.pdf

추가로 뉴질랜드의 훈증 운용절차는 승인된 생물안보 처리(the Approved Biosecurity Treatments)에 열거되어 있다. 이 문서는 다음의 인터넷 사이트에서 이용할 수 있다:

http://www.biosecurity.govt.nz/files/regs/stds/bnz-std-abtrt.pdf

모니터링(monitoring). 효과적인 처리를 보증하기 위해, 훈증실 내 훈증제 농도는 처리 과정 동안 모니터 되어야 한다. 사용된 훈증제에 따라 훈증제 농도를 측정하기 위하여 3가지 유형의 모니터링 기법이 이용된다: (1) 열전도식 가스분석기, (2) 적외선 가스농도 측정 장치, (3)

가스 검출 시험관. 만약 요구된다면, 훈증처리 일람표에 최소 농도가 열거되어 있다. 보통 가스농도 판독은 훈증상에서 요구되지 않는다.

환기(aeration). 훈증 후, 소독실 내 훈증제 농도는 상품이 출고되기 전에 안전한 수준까지 감소해야만 한다; 이것은 보관 및 운송 동안 상품 취급 시 안전함을 보증하기 위함이다. 예를 들어, 상품이 책임당사자에게 출고되기 전에 훈증실 내 메칠브로마이드의 농도는 5ppm 이하가 되어야만 한다. 훈증실과 상품에 따라 환기 절차는 다르게 요구된다. 미국에서는 사설 훈증회사가 대부분의 훈증제를 모니터한다. USDA-PPQ는 상품이 18장의 위기적인 예외 상황 하에서 훈증된 것이 아니거나, USDA-PPQ 식물검역소에서 훈증한 것이 아니라면, 대개 상품의 환기를 감독하지 않는다.

10.3.7 포장 요건

상품의 포장은 처리하는 동안 훈증제의 순환, 침투, 환기를 간섭하지 않아야만 한다. 기체의 이동이 가능하도록, 대부분의 국가는 승인된 포장 유형의 목록을 유지하고 있다. 예를 들어, 다음의 포장 유형이 미국에서 메칠브로마이드 훈증에 허용되어 있다:

- 마른 천;
- 마른 왁스코팅되지 않거나 페인팅되지 않은 골판지;
- 마른, 왁스코팅되지 않고, 페인팅되지 않거나 광택이 없는 종이;
- 마른 직물(woven fabric) 및 플라스틱;
- 모든 면에 구멍이 고르게 분포하고, 표면의 0.93%가 뚫린 천공된 플라스틱;
- 모든 면에 구멍이 고르게 분포하고 표면의 0.93%가 뚫린 플라스틱 용기(clamshell).

10.3.8 처리 데이터 시스템

종이문서 기반 시스템을 대체하기 위한 노력으로 일부 국가들은 전자처리데이터시스템으로 전환하려 하고 있다. 미국에서 상품처리정보시스템(Commodity Treatment Information System; CTSI; http://treatments.chhst.org/tqau/)은 식물위생처리로부터 보고서를 수집・저장・생산하는 보안 온라인 웹을 활용한 데이터 시스템이다. Fumigation Form 429 데이터베이스는 미국에서 PPQ가 모니터하는 훈증제로부터 처리 데이터를 수집하고 있다.

10.4 저온처리

10.4.1 처리 개요

1900년대 초반 이후로, 지중해과실파리(*C. capitata*)를 방제하기 위하여 지속적인 저온처리가 사용되어 왔다(Heather & Hallman 20008b). 그 때부터, 저온처리는 다양한 상품과 관련된 해충의 위험도를 완화하기 위해 채택되어 왔다. 저온처리 일람표는 처리 온도와 기간이 명시되어 있다(6.7.4절 참조; 그림 10.7). 저온처리는 일반적으로 반입조건부 처리로 이용되고 있다. 드문 경우로, 저온처리가 대상이 아닌 검역해충이 검출되었을 때 비상조치로 이용되기도 한다. 가장 빈번하게 저온처리의 대상이 되는 해충은 *Ceratitis, Bactrocera, Anastrepha* 속의 과실파리이다. 미국은 또한 유사코드린나방(*Thaumatrotibia (Cryptophlebia) leucotreta* (Meyrick); false codling moth)과 여지잎말이나방(*Conopomorpha sinesis* (Bradley); litchi fruit borer)의 나방류 및 소나무좀(*Tomicus piniperda* (Linnaeus); coomon pine shoot beetle)과 피칸밤바구미(*Curculio caryae* (Horn); pecan weevil)의 딱정벌레류 뿐만 아니라 몇 개 과의 달팽이류에 대한 저온처리 일람표를 가지고 있다.

대부분의 절지동물은 얼음의 형성으로 인한 피해를 막기 위해 생리적 반응을 진화시켜 왔다. 얼음 결정으로 인한 기계적 피해, 얼지 않은 세포내 물의 삼투압적 탈수, 그 결과로 세포 내 탈수 및 세포막의 파괴는 사망의 일차적인 원인이다. 그러나 냉동과 관련되지 않는 대부분의 검역적 저온처리 및 냉동에 가까운 저온처리의 작용기작은 잘 이해되지 않고 있다. Denlinger & Lee (1998)는 세포액의 냉각이 막의 삼투압에 변화를 초래하고, 막에 결합된 효소의 활성을 저하시키며, 막의 단백질과 지질을 분리시켜 피해와 죽음에 이르게 한다고 주장하고 있다.

T107-d **Apple, Grapefruit, Kiwi, Orange, Pear, Tangerine (includes Clementine)**

Pest: *Bactrocera tryoni* (Queensland fruit fly)

Treatment: **T107-d** Cold treatment

Temperature	Exposure Period
32 °F (0 °C) or below	13 days
33 °F (0.56 °C) or below	14 days
34 °F (1.11 °C) or below	18 days
35 °F (1.67 °C) or below	20 days
36 °F (2.22 °C) or below	22 days

그림 10.7 처리 일람표(Treatment Schedule) T107–d. 미국은 퀸즐랜드과실파리(*Bactrocera tryoni*)가 발생하는 것으로 알려진 국가로부터 사과나 자몽, 키위, 오렌지, 배, 탄제린을 수입할 때 몇몇 처리 조건 중의 하나에 맞추도록 요구

10.4.2 운송 중 선박 및 컨테이너 저온처리

비동결 저온처리의 중요한 결점은 긴 처리기간이다. 이 문제를 회피하기 위해 상품이 목적지 국가로 운송되는 동안 자체냉동 컨테이너나 선박의 냉동격실에서 저온처리가 종종 수행되고 있다. 이러한 실행은 운송 중 저온처리로 알려져 있다. 운송 중 저온처리는 며칠에서 몇 주까지 지속될 수 있다.

10.4.3 저온처리를 위한 선박의 승인 및 인증

미 농무부의 수입 요건에 따르면, 모든 선박은 저온처리를 수행하기 전에 미 농무부로부터 승인과 인증을 받아야만 한다. 선박 건조 시작 전에 다음의 규격들이 선박의 승인 과정에서 수집된다:

- 냉동격실의 모식도;
- 온도기록시스템에서 출력물(시간 단위로 출력되어야 하며, 날자, 시간, 온도 단위, 선박명이 포함되어야 한다);
- 각 격실의 공기 중과 과육용 온도 센서 모식도;
- 냉동장치의 제조사 및 모델;
- 온도기록계/조절장치의 제조사 및 모델;
- 센서의 제조사 및 모델(각 격실용 공기 중 및 과육 센서의 모식도 포함, 센서의 수는 면적에 따라 변동).

선박 승인 및 선박 건조에 이어, 현장 검증이 승인 과정 동안 수집된 명세서를 확인할 것이다. 냉동격실에서 센서의 위치와 수에 특별한 주의가 필요하다. 각 온도 센서는 얼음물을 사용하여 영점을 조정한다. 선박 인증은 매 3년마다 실시하여야 한다. 미 농무부로부터 인증받은 모든 선박은 품목처리정보시스템(Commodity Treatment Information System; CTIS)의 일부인 선박 및 컨테이너 데이터베이스에 등재된다. 이것은 다음 웹사이트에 공개되어 있다:

http://treatments.cphst.org/vessels/

10.4.4 저온처리를 위한 컨테이너 인증

선박과 함께, 모든 냉동 컨테이너는 저온처리를 수행하기 전에 미 농무부에 의해 인증되어야만 한다. 다음의 요건들이 컨테이너 인증 과정 동안에 입수된다:

- 컨테이너 소유자/제조사의 연락처 정보;
- 컨테이너 BIC 번호, 각 선박용 컨테이너에 추적 목적으로 부여된 국제적으로 인식되는 표식(소유자 및 컨테이너 유형의 식별);
- 공기흐름 량;
- 컨테이너 크기;
- 냉동장치의 제조사와 모델;
- 온도기록계/조절장치의 제조사와 모델;
- 센서의 제조사 및 모델(각 컨테이너 당 3개의 센서가 요구됨);
- 컨테이너 인증은 15년간 유효하다. 컨테이너는 재인증되지 않는다. 미 농무부가 인증한 모든 컨테이너는 선박 및 컨테이너 데이터베이스에 등재되어 있다.

10.4.5 창고의 저온처리

운송 중 저온처리는 저온처리 창고에서 수행되지 않는다. 창고의 저온처리는 대개 운송시간이 필수 처리 기간에 맞출 수 없을 때 요구된다. 창고의 저온처리는 또한 운송 중 저온처리의 실패 후나 복합처리(예, 수입 훈증과 저온처리 조건을 요구하는 상품) 또는 원산지 국가에서 선소독 프로그램의 일환으로 이용된다. 미국에서 모든 창고는 저온처리를 수행하기 전에 미 농무부에 의해 승인과 인증을 받아야만 한다. 창고 건축을 시작하기 전에 다음의 요건들이 창고의 승인 과정 중에 입수된다:

- 창고 위치;
- 창고 소유자의 연락처 정보;
- 처리 구역의 모식도(규모, 가용 공간, 출입구 위치 포함);
- 각 격실의 공기 중 및 과육용 센서 모식도;
- 냉동장치의 제조사 및 모델;
- 온도기록계/조절장치의 제조사 및 모델;
- 공기순환시스템의 제조사 및 모델(공기변환기 수/공기흐름의 시간 및 방향의 단위를 포함);
- 센서의 제조사 및 모델(센서의 위치 모식도 포함);
- 다른 외국산 및 국내산 물품으로부터 처리한 과일을 분리해 놓는 방법.

창고 승인 및 창고 건축에 이어, 현장 인증은 승인 과정 동안 입수된 명세서를 확인할 것이다. 처리 구역에서 센서의 위치와 수에 특별한 주의가 필요하다. 각 온도 센서는 얼음물을 사용하여 영점을 조정한다. 창고 인증은 매년 실시되어야 한다. 추가적으로 많은 국가에서는 그들 자체의 저온처리 프로그램을 위해 미 농무부의 선박, 컨테이너, 창고 승인 및 인증 기준을 이용하고 있다.

10.4.6 운용 절차

저온처리 운용 절차는 각 국가의 NPPO에 의해 약술되어 있다. 예를 들어, 미국의 운용절차는 PPQ 처리 매뉴얼에 등재되어 있다. 이 문서는 아래의 웹사이트에서 이용할 수 있다:

http://www.aphis.usda.gov/import_export/plants/manuals/ports/downloads/treatment.pdf

예냉(precooling). 운송 중 또는 창고 저온처리를 시작하기에 앞서, 상품의 내부온도가 규정된 처리온도에 도달해야만 한다. 상품의 내부온도는 과육온도의 검침기로 모니터된다. 상품의 크기, 밀도, 온도에 따라, 규정된 처리온도에 도달하기까지 수일에서 몇 주까지 요구되기 때문에 예냉은 중요하다. 상품이 선적되어 수송하는 과정에서 예냉되어서는 안 된다. 상품의 급속 예냉은 곤충의 생리적 적응을 최소화하는데 필수적이다.

온도기록장치의 검사(Inspection of temperature recording equipment). 온도기록장치는 상품을 선적하기 전에 검사되어야만 한다. 각각의 저온처리 전에 온도 센서는 얼음물을 사용하여 영점을 조정하여야 한다.

상품 선적(Commodity Loading). 상품은 옮기는 도중에 내부 온도가 유의하게 올라가지 않도록 예냉 구역에서 컨테이너나 선박으로 바로 선적되어야 한다. 각 컨테이너나 저온처리 격실은 한 종류의 포장에 한 종류의 과일만을 포함하여야 한다. 컨테이너나 격실에 선적이 되면, 온도검침기를 상품 속에 설치한다(그림 10.8). 온도검침기는 큰 과일의 경우 중심이나, 작은

그림 10.8 감귤을 운송 중 저온처리하기에 앞서 과육센서 설치(이미지 제공 CPHST, APHIS, USDA)

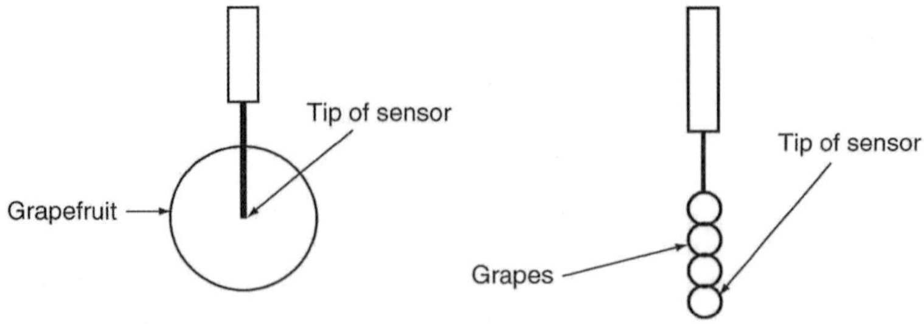

그림 10.9 큰 과일 및 작은 과일에 과육센서 설치방법

과일의 경우 몇 개를 관통하여 꽂아 둔다(그림 10.9). 모든 온도검침기가 처리 일람표의 규정된 온도에 도달할 때까지는 처리가 시작된 것이 아니다(그림 10.7).

처리 요건(Treatment requirements). 저온처리 일람표에 약술된 조건에서나 그 이하의 온도를 유지하는 것에 더하여, 일부 국가는 1시간 또는 그 이하 간격으로 온도가 기록될 것을 요구한다. 추가로, 일부 국가는 또한 컨테이너나 선박의 격실 내 온도검침기 사이의 차이를 최소화를 요구한다. 예를 들어, 미 농무부는 과육온도센서 간 차이가 0.39℃ (0.7°F)를 넘는 것을 허용하지 않고 있다.

서류준비(Document preparation). 저온처리를 하는 동안, 미 농무부는 다음과 같은 생성되는 몇 가지 유형의 서류를 포함하지만, 제한은 없다:

- 온도검침기의 영점 조정;
- 선정에 대한 교육;
- 온도센서의 위치;
- 외국 현지의 인증서;
- 선적 목록;
- PPQ 양식 556 (운송중).

10.4.7 처리 데이터 시스템

미국은 556 운송 중 저온처리 데이터베이스(CTIS의 여러 데이터베이스 중 하나)를 사용하고 있다. 556은 상품 수입용 저온처리 데이터를 관리하기 위하여 설계되었다. 전자시스템의 출현과 함께 저온처리 데이터의 자동 분석은 인증 공무원의 생산성을 크게 증가시키고 있다.

10.5 열처리

10.5.1 처리 개요

열처리는 공식적인 기술명세서에 따라 최소 시간 동안 최소 온도에 도달할 때까지 상품을 가열하는 과정이다(FAO 2009). 가열은 수확 후 상품에서 농업해충을 방제하는 물리적 방법이다. 열처리는 해충과 그 기주 사이 생물적인 감수성의 차이를 이용하고 있다. 열처리는 열대 과일과 채소 또는 표면 해충에 대하여 이상적이다. 일부 경우에 효과 및 상품의 내성에 관한 허용범위가 좁아 높은 수준의 정밀성을 요구한다.

열로 인한 사망의 기작은 알려진 것이 거의 없으며, 대상 해충에 따라 다양하다. 특정 기작으로 단백질의 변성, 세포벽의 손상, 독성물질의 축적, 질식을 포함하고 있다. 해충의 사망은 즉각적(급성)이거나 지연적(만성)일 수 있다. 일부 경우에 가열은 불임이나 포식자 및 병원균에 대하여 해충이 감수성이 되는 허약한 상태를 유도할 수 있다.

처리효과는 해충의 생리적 상태와 그 위치(예, 내부 또는 외부 섭식자)에 따라 의존적이다. 해충을 약하게 할 수 있는 요인은 환경적 전제조건(예, 냉장저장), 습도, 기아, 온도 순응의 결여, 연령이다. 만약 이러한 요인들이 처리와 병합될 수 있다면, 상품에 대한 잠재적인 열 손상이 감소될 수 있다.

열처리에 대한 제약은 복잡성, 비용, 시간, 취급, 상품의 온도 민감성에 따라 좌우된다. 단순함이 목표이지만, 일부 처리는 정교한 컴퓨터 프로그램에 의해 조절되는 복잡한 장치에 의해 정밀한 관리가 요구될 수 있다. 명백하게 상품이 시장성이 없게 될 만큼 처리비용이 높을 수는 없다. 일부 경우에 보유하는데 제한이 있거나 시장 전략 상 냉장과 같은 장기간의 전처리를 배제하고 신속한 처리를 요구하는데 이용되고 있다. 취급 단계를 줄이는 것이 일반적으로 선호되지만, 일부 처리는 가열이 균일하게 될 수 있도록 상품의 움직임을 요구한다.

T102-e **Limes**

Pest: Mealybugs (Pseudococcidae) and other surface pests

Treatment: **T102-e** Hot water immersion

1. Fruit must be treated in a certified hot water immersion treatment tank, and the treatment must be monitored by an inspector.
   - A. Fruit must be submerged at least 4 inches below the water's surface.
   - B. Water must circulate continually and be kept at 120.2 °F (or above) for 20 minutes. Treatment time begins when the water temperature reaches at least 120.2 °F in all locations of the tank.
2. Cooling and waxing the fruit are both optional, and are the sole responsibility of the processor.

NOTICE — Phytotoxic damage (increased yellowing) may occur if the temperature reaches 125.6 °F or if the treatment duration significantly exceeds 20 minutes.

그림 10.10 처리 일람표(Treatment Schedule) T102-e. 표면 해충에 대한 열수처리

10.5.2 열처리의 접근방법

열수(Hot Water) (>40℃) 중탕(bath) 및 침지(dip)는 단순한 열처리이다. 상품은 요구되는 중심온도에 이르기 까지 특정시간 동안 물에 잠기게 된다(그림 10.10). 다른 온도에서 일련의 침지는 하와이산 파파야의 과실파리에 대한 것처럼, 표면이 델 정도로 뜨거워짐을 막도록 하였다. 열수 침지는 구근, 도토리, 열대/아열대 과일에 사용된다(Couey & Hayes 1986). 미국은

그림 10.11 망고 열수처리시설(이미지 제공 CPHST, APHIS, USDA)

T106-f **Litchi from Hawaii**

Pest: *Ceratitis capitata* (Mediterranean fruit fly), and *Bactrocera dorsalis* (Oriental fruit fly)

Treatment: T106-f Vapor heat

Heat Up Time:	1 hour
Heat Up Recording Interval:	5 minutes
Minimum Air Temperature:	N/A
Minimum Pulp Temperature at End of Heat Up:	47.2 °C/117.0 °F
Dwell Time:	20 minutes
Dwell Recording Interval:	5 minutes
Cooling Method:	Cool water spray

그림 10.12 처리 일람표(Treatment Schedule) T106-f. 하와이산 여지에 대한 증열처리

중남미 및 카리브 연안 국가들로부터 수입되는 망고에 대하여 광범위한 열수 프로그램을 운용하고 있다(그림 10.11).

증열(Vapour Heat) (그림 10.12) 및 송풍열기(Forced Hot Air; 그림 10.13) 처리는 대상해충, 일차적으로 과실파리에 치명적인 온도까지 과일을 데우는데 가열된 공기를 이용한다. 증열처리는 처리상 내 공기의 상대습도만 송풍열기처리와 차이가 있다. 증열처리는 증기(steam)와 혼

T103-c-1 **Mango from Mexico**

Pest: *Anastrepha ludens* (Mexican fruit fly), *Anastrepha obliqua* (West Indian fruit fly), and *Anastrepha serpentina* (black fruit fly)

Treatment: T103-c-1 High temperature forced air

Heat Up Time:	N/A
Heat Up Recording Interval:	2 minutes
Minimum Air Temperature:	50.0 °C/122.0 °F
Minimum Pulp Temperature at End of Heat Up:	48.0 °C/118.0 °F
Dwell Time:	2 minutes
Dwell Recording Interval:	2 minutes
Cooling Method:	Forced air or Hydrocooling
Size Restrictions:	Fruit weight must not exceed 1 1/2 lbs. (700 grams)

그림 10.13 처리 일람표(Treatment Schedule) T103-c-1. 멕시코산 망고에 관한 고온의 송풍열기처리

그림 10.14 엉겅퀴류 종자(Niger seed) 처리시설(이미지 제공 CPHST, APHIS, USDA)

돈되지 않아야 하며, 1930년대 초에 시작된 지중해과실파리에 대한 과일 및 채소의 처리를 포함하여 긴 역사를 가지고 있다. 송풍열기처리는 온대산 상품보다 열대/아열대산 상품에 더 적용할 수 있다.

건열(Dry Heat). 건열은 주로 곡물이나 건과류와 같은 저장산물해충을 방제하기 위해 낮은 습도의 열기(〈100℃)를 이용한다. 건열은 프랑스에서 1792년 즈음에 저장곡물에 적용되었다(Fields & White 2002). 또한, 저장시설을 소독하고, 에티오피아와 인도에서 미국으로 수입되는 새모이 상품인 니제르 종자(*Guizotia abyssinica* (L. f.) Cass.)에 혼입된 잡초 종자를 불활성화하는데 이용되고 있다(그림 10.14).

일광소독(Solarization). 태양열은 가장 단순한 열처리이다. 직사광선을 이용하는 것 외에, 이 방법은 종종 열을 흡수하고 잡아두는 플라스틱을 이용한다. 곡물과 콩과 렌즈콩 같은 건조 산물은 저장하는 동안에 처리할 수 있다. 태양열은 농촌지역이나 개발도상국에서 가능성을 가지지만, 온도조절과 일관성을 유지하는 문제가 존재한다.

전자파에너지(Electromagnetic Energy). 전자파에너지 또한 열원으로 이용될 수 있다. 적외선(infrared; 0.3-430THz)은 저장산물의 해충에 대한 효과가 시험되었지만, 지난 20년간 인기를 끌지 못하고 있다. 마이크로파(microwave; 1-100GHz)는 토양 및 박물관의 유물에서 신선 과일까지 넓은 범위의 산물에 적용되고 있다. 최근의 노력으로 곡물과 저장산물의 해충을 방제하고 있다(Wang & Tang 2001). 고주파(radio frequency; 13.56MHz, 27.12MHz, 40.68MHz)는 분자 극성의 매우 빠른 변화로부터 저항에 의하여 내부 열을 발생한다. 이 처리는 매우 빠르고, 긴 파장 때문에 대상 물체에 깊숙이 침투할 수 있으며, 산물과 해충 사이 가열을 다르게 할 수 있고, 독성 잔류물을 생성하지 않는다. 고주파에 적절한 산물로는 담배, 종자와 곡물, 곡물가루, 조반용 시리얼 인스턴트식품, 견과류로 이들 물품은 낮은 습도 함량을 가지기 때문이다

그림 10.15 상부 전극판과 과일 회전을 보여주는 고주파 가열실(이미지 제공 James Hansen, ARS, USDA)

(Wang and Tang 2001)(그림 10.15).

열처리에 대한 추가정보는 다음을 참고한다: Paull & Amstrong (1994), Sharp & Hallman (1994), Mangan & Hallman (1998), Tang 등 (2007), Vincent 등 (2003), Yahia (2006).

10.6 방사선조사

방사선 처리는 일종의 이온화 방사선과 관련된다(FAO 2009). 방사선조사는 식물위생처리를 위한 안전하고 효과적인 방법이다(6.7.4절 참조). 일부 형태의 방사선조사는 식품생산 시 미생물의 양을 감소시키기 위하여 수십 년 동안 이용되어 왔다. 식물위생처리를 위한 방사선조사의 이용은 보다 최근으로 갈수록 적용이 증가하고 있다. 메칠브로마이드의 적절한 대체제이며, 식물위생의 잠재적인 무역장벽을 제거하는 도구가 되고 있는 방사선조사에 의해 병해충의 광범위한 분포가 무력화되고 있다. 결과적으로, 전세계의 NPPO들은 식물위생처리로서 방사선조사의 이용을 지지하는 공동의 기준, 규정, 정책을 개발 중에 있다(ASTM 2004, 2006; IPPC 2003).

식물위생처리로 방사선조사의 이용은 지난 10년 동안 의미있게 증가해 왔다. 2000년에 식물위생 목적의 방사선 조사기가 최초로 하와이의 힐로(Hilo)에 건설되었다. 이 시설은 하와이의 섬에서 재배된 열대 과일 및 고구마에 처리를 계속하고 있다. 2007년에 미국은 인도에서 방사선조사를 이용한 최초의 사전허가 프로그램(preclearance programme)을 개시하였다. 인도산 망고 프로그램에 이어, 태국, 베트남, 멕시코가 2010년 말경 16백만 Kg이 넘는 과일을 처리함으로서 프로그램이 정착되었다. 미국에서 하나의 시설이 자국의 검역구역 내에서 제한된 양의 열대 과일을 선적하기 위해 방사선조사를 이용하고 있다. 호주 역시 뉴질랜드로 방사선이 조사된 망고를 선적하고 있다.

10.6.1 처리 개요

방사선의 유형은 열, 가시광선, 전파를 포함한다. 노출된 유기체 내에서 화학적 결합을 끊는 이온화 방사선이 식물위생처리를 위해 이용된다. 식물위생상 방사선조사 처리는 식품안전이나 살균처리와 비교하여 상대적으로 낮은 선량을 필요로 한다(그림 10.16). 대부분의 식물위생처리는 최종적으로 곤충의 급성 사망을 목적으로 한다. 방사선 처리는 불임이나 발육정지, (알이나 번데기로부터) 충분히 기능을 못하는 우화, 사망을 초래할 수 있는 생물체의 무력화를 목적으로 한다. 식물위생상 방사선 처리의 작용기작은 DNA에 직접적인 돌연변이 효과 및 처리하는 동안 생성되는 유리산소기(free oxygen radicals)에 의해 초래되는 일반조직의 손상이 조합된 것이다. 아직 완전하게 이해되지는 않았지만, 방사선 처리의 성공에 있어 유리기(free radicals)의 발생이 중요하다(Hallman 2004).

이온화 방사선은 물리적 반응의 결과로서, 1차 또는 2차 과정에 의해 이온을 생성하는 전하

T105-a-2 **Various Commodities**

Treatment: T105-a-2 (IR @ 400 Gy)

Pests: Fruit flies from the family Tephritidae and all insect pests except adults and pupae of the order Lepidoptera

Treat using a minimum absorbed dose of 400 Gy, not to exceed 1000 Gy.

Table 5-2-14 Origin and Approved Commodity List for 400 Gy

Origin	Commodity
Ghana	Eggplant, Okra, Pepper
Hawaii	Banana, Breadfruit, Cowpea (pod), Curry Leaf, Dragon fruit, Guava, Jackfruit, Mangosteen, Melon, Moringa pods (Drumstick), and Sweet Potato
India	Mango
Malaysia	Papaya, Rambutan
Mexico	Guava
Pakistan	Mango
South Africa	Grape, Persimmon
Thailand	Dragon Fruit, Litchi, Longan, Mango, Mangosteen, Pineapple, Rambutan
Viet Nam	Dragon Fruit, Rambutan

그림 10.16 처리 일람표(Treatment Schedule) T105-1-2. 여러가지 상품에 대한 방사선 조사

입자와 전자파이다(FAO 2009). 방사성 동위원소 또는 기계장치가 이온화 방사선을 생성한다. 방사선 동위원소는 보다 안정한 상태로 붕괴될 때 감마선을 방출한다. 코발트(Cobalt)-60은 상업적인 방사선 처리시설을 위한 방사성 동위원소의 1차 원료이다. 세슘(Cesium)-137은 안전성과 관련된 것 때문에 덜 자주 이용되지만, 일부 불임충 방사를 위한 방사선 처리시설에서 볼 수 있다. 기계장치는 목적물에 직접 적용하거나 X선으로 전환하여 높은 원소번호의 원자로 구성된 물질에 적용할 수 있는 전자빔(e-beam)을 발생한다. 코발트-60, 전자빔, X선은 모두 현재 식물위생상 방사선조사에 이용되고 있다. 기계장치와 방사선 동위원소 사이의 가장 큰 차이점은 동위원소는 계속적으로 방사선을 방출하는 반면, 기계장치는 스위치를 켰다 끌 수 있다. 이것은 처리시설의 방출원을 선택할 때 중요하게 고려해야만 하는 많은 요인 중 하나인 것이다.

방출원의 유형과 상관없이, 방사선은 그레이(Gy) 단위로 측정된다. Gy는 킬로그램 당 1J의 흡수량과 같은 흡수된 선량의 단위이다(1Gy = 1J/kg)(FAO 2009). 방사선은 흡수된 선량으로 표현된다. 흡수된 선량은 특정한 목적물의 질량 단위당 흡수된 방사성 에너지의 양(Gy)이다(FAO 2009). 그러므로 400Gy의 흡수된 선량은 1kg의 물질에 전달된 400J과 같다. 선량계(dosimeter)는 흡수된 선량을 간접적으로 측정하는데 이용된다. 많은 유형의 선량계가 존재하고, 각 유형은 방사선에 노출되었을 때 간단한 일차방정식을 이용하여 흡수된 선량과 관련될 수 있는 알려진 측정 가능한 방법으로 작동된다. 간접적인 측정 방식은 세심한 영점조정이 요구되며, 미국의 국립표준기술연구소(NIST) 및 국립물리학실험실(NPL)과 같은 국가 연구실은 이런 목적을 위해 영점조정 서비스를 제공한다.

방사선은 매체를 통과하면 약해진다. 상품에 방사선이 조사되면, 화물의 바깥 구역은 안쪽 구역보다 더 높은 선량을 받게 된다. 더구나, 일부 방사선 방출원은 균일하지 않은 분포로 선

량을 전달한다. 가장 낮은 선량을 받은 화물 내의 지점은 D_{min}이라는 용어를 사용하며, 반면 가장 높은 선량을 받은 지점은 D_{max}이라는 용어를 사용한다. D_{min}에서 흡수된 선량은 식물위생상의 요건을 만족시키기 위해서 규제하는 NPPO에 의해 설정된 최소 선량과 같거나 보다 높아야만 한다. D_{min}은 처리화물 내 구역화된 최소 흡수선량이다(FAO 2009).

상업적인 처리에 앞서, 각 화물의 배치는 선량의 분포인 D_{min} 및 D_{max}를 결정하기 위해 선량의 지도화가 이루어져야만 한다. 선량의 지도화는 처리화물 내 특정 위치에 배치한 선량계를 사용하여 처리화물 내 흡수된 선량 분포의 측정인 것이다(FAO 2009). 선량을 지도화하는 과정 중에 선량계는 화물 전체에 배치되고, 화물에 방사선을 조사한다.

선량계는 방사선이 조사되었을 때, 적절한 분석 장치나 기술을 이용하여 주어진 물질에서 흡수된 선량과 관련될 수 있는 장비 내 특정 성분에서 정량적인 변화를 나타내주는 장비이다(FAO 2009). 선량계가 분석한 다음, 선량분포가 측정된다. D_{min} 위치는 반복적인 처리로 직접적으로 관측될 수 있거나, D_{min} 값이 참조율을 이용하여 추정될 수 있다. 선량측정법은 흡수선량 측정, 선량계의 구성, 측정도구 및 그와 관련된 참조 기준, 시스템의 사용 절차에 이용된 하나의 시스템이다(FAO 2009).

10.6.2 처리 시설

방사선 처리시설은 일반적으로 처리 대기 중인 상품, 보호원을 지닌 구역, 그리고 처리 후 선적을 기다리는 상품을 가지고 있는 창고와 닮아있다. 처리운영절차는 시설과 방출원의 종류에 따라 다양하지만, 대부분의 방사선조사 시설은 일부 공통 절차를 공유하고 있다. 고준위의 방사선 때문에 방출원은 대개 수 미터 두께의 콘크리트로 만들어진 벙커 또는 "방(cell)"에 보호되어 있다. 처리되지 않은 산물이 컨베이어 또는 운반기에 올려 적재되고(또한 "운반기(totes)"로 언급됨), 위험에 처할 작업자들이 없으면 상품이 노출되도록 허용된다(그림 10.17). 선량계가 선량을 조사하기 위해 화물 내 또는 위에 설치되고, 산물이 벙커로 운반되어 방출원에 노출된다. 처리 후 산물은 벙커에서 나와 하역되게 된다.

방사선 처리의 입증은 다른 식물위생처리의 입증과 다르다. 이 차이는 두 가지 이유가 있다. 방사선 처리는 다른 물질에서 방사능을 나타내주지 않으며, 그래서 처리하는 동안 상품에 잔류가 되지 않고, 대상 해충의 급성 치사는 대개 처리 종료점에서 나타나지 않는다. 이것은 해충의 사망을 검증하기 위한 과일의 절개나 잔류 측정과 같은 다른 처리 형태를 검증하기 위해 이용되는 방법이 방사선이 조사된 상품에 적합하지 않다는 것을 의미한다.

처리가 효과적으로 적용되었다는 신뢰를 제공하기 위해 시스템적 접근이 이용되어야만 한다. 이 체계는 다음을 포함한다: 처리되지 않은 해충을 배제하기 위해 해충 증명 패키지 사용; 낮은 감염률을 보증하기 위한 처리 전 해충 검사; 처리되지 않은 상품이 처리된 것과 섞이지 않도록 하기 위해 처리된 상품과 처리되지 않은 상품 사이에 물리적 장벽; 효과적으로 처리를 적용하기 위한 장소에서 이루어지는 절차를 보증하기 위해 방사선 시설에 대한 엄격한 검사와 인증; 각 처리된 패키지별 역추적 정보의 표식; 처리 기록에 빠르게 접근할 수 있게 하는

그림 10.17 망고가 들어차 있는 "운반기(totes)"가 컨베이어를 따라 코발트(cobalt)-60 방출원이 위치한 보호된 방(cell; 왼쪽)으로 이동하는 방사선조사 시설(이미지 제공 CPHST, APHIS, USDA)

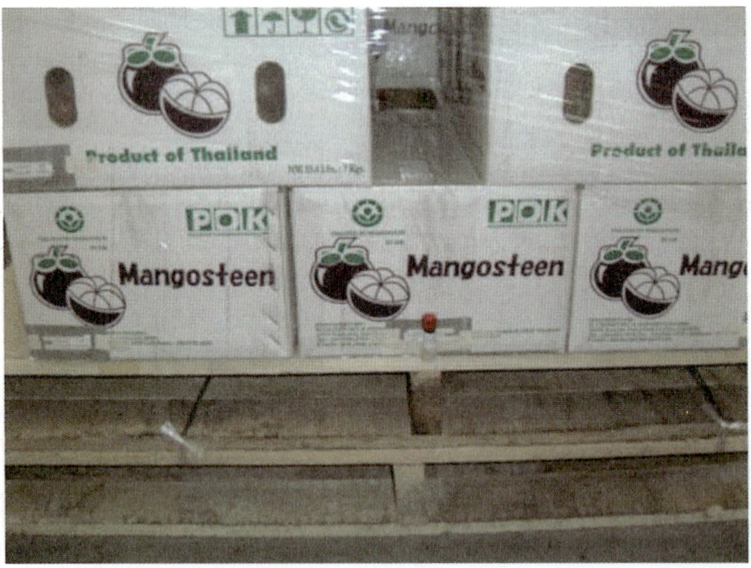

그림 10.18 방사선조사를 기다리는 망고스틴 팔레트. 각 상자에 빨간색의 덮개가 있는 선량계인 래듀라(Radura)를 주목해 보라. 래듀라는 식품에 방사선이 조사되었다는 것을 알리는 국제적인 표식이다(이미지 제공 CPHST, APHIS, USDA)

자료 관리 체계. 기록들의 검사에 의한 처리의 검증을 제공하는데 있어 부가적으로 이 체계는 검증을 필요로 하는 규제적인 대응이 필요할 때 예시의 수가 감소한다.

10.6.3 메칠브로마이드 대체제로서 방사선조사

방사선 처리의 이용을 확장함으로서 상당한 이익이 나타난다. 몬트리올 의정서 하에 메칠브로마이드의 국제적인 점진적 감축은 방사선조사를 포함한 대체제의 성장을 필요로 하고 있다. 방사선의 식물위생처리는 미래가 밝은 반면에 도전에도 직면해 있다. 이들은 시설의 건립과 방사선조사와 관련된 비용, 방사선조사 산물에 대한 소비자의 수용에 관한 우려, 사전허가(licensing issue)를 포함하고 있다. 식물위생상 방사선 처리에 대한 개요를 더 깊이 알아보려면 Heather & Hallman (2008c) 및 Sommers & Fan (2006)을 참고하면 된다.

10.7 과실의 외부 해충 제거

10.7.1 처리 개요

대부분의 과일 및 채소 상품은 최종 목적지로 선적되기 전에 선과장을 거치게 된다. 선과장의 주요 목적은 시장으로 선적하기 위해 생산물을 세척, 선별, 포장하기 위함이다. 최근에 선과장의 장비는 피해받거나 변색된 산물의 제거하는데 있어 더 정교해지고 있다. 시각적 선별 시스템이 피해받은 산물을 제거하는 과정과 결합되고 있다. 일부 적외선 시스템은 사람의 눈에 보이지 않는 멍을 찾아낼 수도 있다. 해충과 과일의 종류에 따라 상당히 영향을 받지만, 세척과 포장 과정은 많은 원하지 않는 해충을 상품의 겉에서 제거하는데 이상적인 기회를 제공하고 있다.

전형적인 선과장의 절차는 작업 상자의 하역과 함께 시작한다. 보통 커다란 가림막이나 선별기가 나뭇가지나 잎과 같은 야외에서의 부스러기를 제거할 것이다. 초기 선별 후, 산물은 세척수조, 세척액을 사용하거나 사용하지 않는 솔질, 압력 세척의 일부 조합으로 옮겨질 수 있다. 세척 단계 이후, 고르기 단계에서 피해받거나 보기 흉한 산물을 제거하게 된다. 이 단계는 보통 수작업으로 이루어지지만, 전산화된 시각적 선별 시스템도 이용되고 있다. 고르기에 이어서, 산물은 마지막 포장 전에 왁스 코팅되고, 라벨을 붙이며, 크기 또는 등급별로 구분될 것이다.

일련의 기술들(Jamieson 등 2009에서 검토)이 물리적으로 과일에서 곤충을 제거하는데 이용되고 있다. 곤충을 제거하는 처리의 상당한 잇점(간단하게 곤충을 죽이는 것과 비교하여)은 해외 시장에 도착 시 곤충이 없다는 것이 공식적인 식물위생검사에서 훨씬 더 쉽게 통과할 수 있음을 의미하고 있다.

10.7.2 솔질

포장하는 동안(일반적으로 품질 확인 및 등급매기기 전) 회전하는 솔의 이용은 대부분의 과수 작물에서 공통적으로 실시되고 있다. 이것은 마른 솔이나 약간 젖은 솔로 이루어진다. 이 처리는 과일에서 먼지와 이물질을 제거하며, 그 과정에서 또한 총채벌레, 응애, 딱정벌레, 톡토기와 같은 노출된 해충을 제거하게 된다(Stevens & McKenna 1997). 그러나 그들은 곤충 자체의 구조(예, 깍지벌레 또는 표면에 단단히 고정된 고치 속의 곤충)에 의해 잘 보호받거나 과실의 구조(예, 꽃받침 아래)에 의해 보호받기 때문에 곤충과 응애를 제거하지 못할 것이다.

10.7.3 압력세척

과일 산물에 대한 물 분사(또는 압력 세척) 시스템과 관련되어 몇 가지가 개발되어 있다. 이들은 회전솔로 보다 긴 시간 동안(10-20초) 또는 솔질 없이 매우 짧은 시간 동안 수행될 수 있다. 발표된 정보로는 과일에 대한 첫 번째 물 분사가 1970년대 L.J.K. Theron에 의해 남아프리카공화국에서 개발되었다고 한다(Honiball 등 1979). 그 후, 이 과정이 다른 나라들에서 받아들여졌고, 미국에서 더 진전된 연구가 발표되었다(Walker 등 1996, 1999).

중간정도 압력/다량 세척(moderate pressure/high volume washing). 중간정도 압력/다량의 물 시스템은 감귤류에서 깍지벌레를 제거하기 위해 성공적으로 개발되었고, 미국, 뉴질랜드, 이스라엘, 남아프리카공화국을 포함한 몇몇 나라에서 이용되고 있다. Walker 등 (1999)은 325psi (pounds per square inch; 제곱인치 당 파운드)에서 20초간 처리하는 것이 캘리포니아붉은깍지벌레, *Aoniella aurantii* (Maskell)를 제거하는데 적합하다는 것을 발견하였다. 더 높은 압력은 과일에 용납할 수 없는 외부적인 피해를 초래하였다. 50-120psi에서 10-15초 동안 회전솔과 함께 운용되는 유사한 시스템이 워싱턴주에서 사과의 병을 감소시키는데 성공적이었다(Bai 등 2006).

뉴질랜드에서 중간정도 압력의 세척 처리법은 거의 모두 사과 수출에 이용되고 있다. 이러한 처리는 사과에 피해를 주지 않고 가루깍지벌레를 90% 이상 제거하였을 뿐만 아니라, 사과면충(*Eriosoma lanigerum* (Hausmann)), 깍지벌레, 혹파리, 응애류, 잎말이나방류, 바구미류와 거미류 같은 일련의 편승자들을 감소시키는 성과를 얻었다(Walker 개인의견 2005). 최근의 연구는 이 처리를 표준화하는데 목적을 두고 있으며, 그 대상은 80-120psi에서 13-17초 동안 회전솔과 함께 이용하는 것이다(Patterson 등 2006).

고압력/소량 세척(High pressure/low volume washing). 1990년대 연구에서 뉴질랜드의 사과, 참다래, 아보카도 수출에 고압력(400-2,000psi) 물 세척기를 사용하여 실험하였다(Whiting 등 1998a, c; Jamieson 등 2000). 즉, 매우 정확한 적용범위와 해충 제거 효과를 보장하도록 과일이 정밀하게 회전하였다. 고압력(500 및 800psi에서 1-2초)의 이용은 인위적인 높은 감염에도 불구하고 사과에서 연갈색사과잎말이나방(*Epiphyas postvittana* (Walker)) 및 가루깍지벌레의 제거가 상당한 비율로 이루어졌다(Whiting 등 1998a). 참다래에서 깍지벌레류는 물 분사에 앞서 열수(55-65℃)에 30초 동안 담가 2,000psi로 처리하여도 제거하기 어렵다(Whiting 등 1998b). 이 고압시스템이 해충을 제거하는데 유용하지만, 과일을 회전시키는 이 고압시스템은 다른 보다 단순한 과실 세척기보다 기술적으로 더 도전에 직면해 있고, 낮은 처리량과 높은 운영비용이 들어가는 경향이 있다.

아보카도는 고압/소량 처리가 성공적인 작물이다(Woolf 등 1998, 1999a, b; Jamieson 등 2005). 이 작업은 호주로 수출하는데 중요한 검역해충인 잎말이나방의 난괴 제거를 대상으로 하였다. 그러나 이 처리가 잎말이나방류, 총채벌레류, 응애류와 같은 모든 기어다니는 해충을 제거하는데도 매우 효과적이었다(Jamieson 등 2000). 적절한 처리는 2회의 과일 회전과 함께 약 800psi의 압력으로 1초이다.

10.7.4 공기 분사

공기 분사는 그린 키위에서 응애를 제거하는데 이용되고 있다(John White 개인 의견). 중대한 결점은 대형 압축기가 비싸다는 것이다. 부수적으로 직면한 문제는 기류의 효과가 물 분사보다 훨씬 거리에 따라 급격히 감소한다는 것이다. 즉, 과일 크기와 방향의 차이가 곤충을 제거하는데 더 영향을 미치는 것이다.

10.8 폐기 및 제거

10.8.1 처리 개요

식물위생상 폐기물의 폐기와 제거는 국외여행과 무역의 증가로 인해 급속하게 중요한 이슈가 되고 있다. 규제되는 폐기물은 농산물, 또는 물이나 흙 같은 감염된 물품, 공항이나 항구의 쓰레기들이 될 수 있다. 폐기 시스템은 지방의 시설이나 매립지에서 폐기물을 폐기하기 전에 광범위하게 감염된 물건들을 효과적으로 소독하거나 감염을 제거를 할 수 있는 국가적 프로그램 하에서 통합되고 고안되어야만 한다.

증기멸균(오토크레이브), 급속냉동, 높은 농도의 살생물제로 화학적 처리, 화학적 소화(chemical digestion)를 포함한 농산물을 처리하는데 유용한 현행의 많은 오염제거 기술들이 있다. 식물위생상 폐기물의 폐기를 위한 일차적인 방법은 소각과 매립이다.

10.8.2 폐기

소각(incineration). 공기막 소각(air curtain incineration, ACI)은 연소가 일어나는 개방된 챔버를 가로지르는 강하게 돌출시킨 공기의 막으로 실시한다. 연소 산물은 연기가 없는 배출가스를 ACI 장치 위의 공기로 중화시키기 위해 공기막 위의 공기와 섞이게 된다. 이 과정에서 생성된 강력한 공기막은 온도가 1,000℃에 도달할 수 있는 고온 지역의 막 아래에서 불연소된 입자를 포집한다.

얻어진 매우 높은 온도는 모든 생물체 및 병원체 등을 완전하게 사멸할 수 있으며, 멸균된 재를 생성하게 된다. ACI 시스템은 또한 감염 지역에서 엄청난 피해를 주는 딱정벌레류 및 기타 해충들의 확산을 저지하는데 도움을 줄 수 있다. 이 시스템은 이동 가능하여 여기저기로 운송할 수 있으며, 폐기물을 옮기는 대신에 감염지역으로 ACI를 가져가는 대안을 선택할 수 있어 검역병해충의 확산위험성을 감소시킬 수 있다.

ACI 시스템은 토지 개간, 나무 및 기타 낙엽의 소각, 산림 유지 및 소독, 산불 방지, 산불 후 잔재 정리에 사용되고 있다. 그들은 강풍, 홍수 등과 같은 사건으로 생긴 폐기물들의 제거 및 폐기를 위해 긴급하게 청소하는데 이용되고 있다. ACI는 폐목재의 폐기를 위해 미국의 임업에서 폭 넓게 이용되고 있다. 그들은 소각로의 펜을 돌리는 휘발유 또는 디젤 엔진으로 구성된다. 기류는 상부를 지나 해자 또는 갱도, 소각로를 향해 꺾여 내려간다(그래서 "공기막(air curtain)"). 불에 공급되는 산소의 증가 및 더 큰 공기 격랑으로 인해 소각 효과와 연소 효율을 증가시킴으로써 공기막이 갱도로 소용돌이친다. 이 과정은 노천 소각보다 4-6배 더 빠른 연소 효율을 제공하며, 1,000-2,000℃의 온도에 도달한다. 공기막은 배출물(연기와 악취)이 최소화되도록 한다. 소각로는 개봉하지 않은 사체 전체를 소각할 수 있다. 그들은 숙련된 운용자, 정확한 규모의 갱도, 외부의 연료공급원(예를 들어 목재나 석탄)을 필요로 한다.

장소는 다음의 요건을 따라야만 한다.

- 장비, 연료, 폐기물을 접근할 수 있는 양호한 날씨;
- 장비, 연료 저장고, 사체를 적재할 수 있는 충분한 공간;
- 장소와 민감한 이웃과의 적절한 격리거리(적어도 200m);
- 장소로 이용하는데 필요한 승인 획득;
- 10m 아래에 지하수가 있고, 미래에 함몰가능성이 없는 곳.

매립(Burial). 검역 폐기물의 깊은 매립은 다른 방법(증기멸균 또는 소각과 같은)이 가용하지 않거나 적절하지 않거나 비용 면에서 제약이 있을 때 감염되거나 금지된 식물질과 선박과 항공기에서 제거된 폐기물을 폐기하는 하나의 방법이다. 대부분의 매립 장소는 지방정부의 쓰레기 매립지 내에 포함되어 있거나 적어도 관련된 기관으로부터 승인을 받은 곳이다. 매립 장소로 운반하는 동안 주의가 필요하다; 그 물품들은 또한 환경에 유출 또는 노출을 막기 위하여 안전한 방법으로 적재되고, 운송되며, 하역되어야만 한다.

오염된 물품들은 그 물품의 부피를 수용할 수 있는 충분한 크기의 구덩이에 매립되어야 한다. 느슨한 물품은 때때로 부피가 압축된 중량의 2배로 되는 것에 주의해야 한다. 매립 장소는 적어도 깊은 뿌리를 가진 식물체와 수로에서 20m 이상 떨어져야만 한다; 구덩이의 바닥은 지하수 수위보다 위에 있어야 한다. 하역 후 동물이나 사람에 의한 확산 및 훼손으로부터 병원균 포자나 곤충, 잡초 종자를 막기 위하여 적어도 2m 이상으로 가능한 빨리 그 물품을 덮어야만 한다.

장비는 폐기물을 쏟아버린 후 곧바로 매립 장소에서 세척하고 오염을 제거해야 한다. 처음에 물로 씻어내고, 이어서 적당한 소독제로 헹궈야 한다.

매립 장소는 이전에 매립된 물품의 위에 추가로 매립하는 정상적인 작업을 제외하고, 훼손되지 않도록 하여야 한다. 장소의 위치는 향후 참고를 위하여 정확하게 기록되어야 한다.

10.8.3 오염 제거/해충 구제

분쇄 및 증기멸균(Shredding and Steam Sterilization). 이 폐기 방법은 생물적으로 오염된 식물성 산물을 분쇄하고, 이어서 증기처리를 하는 것이다. 1995년 이후 이 방법은 병원, 실험실, 의료 폐기물의 오염을 제거하기 위한 상업적인 처리시설에서 이용되고 있다(그림 10.19). 이 시스템의 기본 개념은 모든 물품을 균일한 입자로 분쇄하여 오염물질과 생물적인 폐기물이 완전히 증기에 직접적으로 노출되도록 처리하는 것이다(그림 10.20). 그 입자들은 매우 빠르게 물의 끓는점(100℃)까지 가온되며, 60분 동안 그 온도에서 머물게 된다. 믹서기/증열기 시스템은 폐기물질의 적절한 처리량에서 허용되는 연속적인 공급 시스템(일괄처리 시스템이 아닌)이다.

그림 10.19 분쇄 및 증기 살균기(이미지 제공 CPHST, APHIS, USDA)

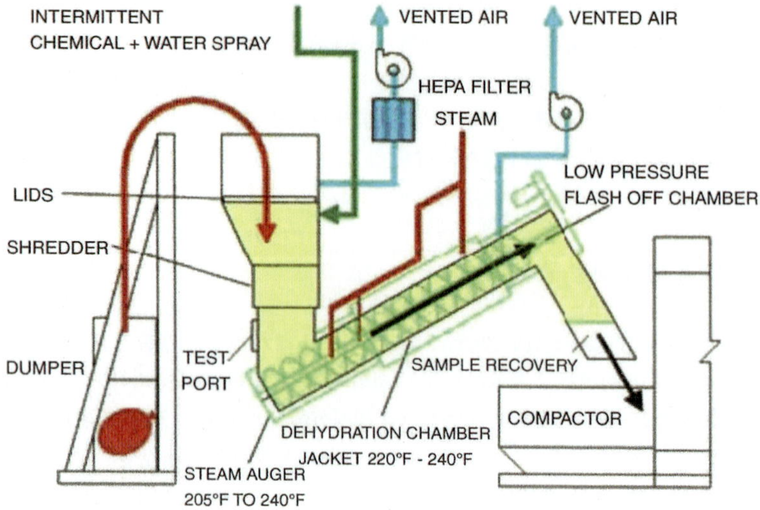

그림 10.20 분쇄 및 증기 살균기의 모식도(이미지 제공 CPHST, APHIS, USDA)

믹서기/증열기 시스템은 몇 가지 잇점이 있다. 첫째, 증기 발생 및 처리가 상대적으로 적은 탄소발자국을 남긴다. 둘째, 처리방법이 전통적인 오토크레이브와 일반적으로 관련된 다중 장벽(밀폐주머니, 상자 등)을 통과하는 습한 열기의 전도나 대류에 의존하지 않기 때문에 이 처리방법은 높은 미생물적 효과가 있다. 마지막으로, 모든 폐기물과 용기를 작은 입자로 갈아 버리기 때문에 증기가 쉽게 침투하여 대상 물품을 적절한 처리 온도로 빠르게 올릴 수 있으며, 처리시간의 요구를 수정할 수 있다. 2010년에 USDA-APHIS는 건초의 분쇄 및 증기 처리가 처리하지 않은 건초 시료와 비교했을 때 콜로니형성 단위로 6-log까지 감소하는 결과를 보였다. 또한 이 연구를 하는 동안에 종자발아시험이 이루어져 증기 처리된 종자와 대조구 종자에서 각각 평균 0%와 36%의 평균 발아율을 보였다.

화학적 소화(Chemical Digestion). 화학적 소화제의 이용은 완벽한 생물적 비활성화가 필요한 매우 높은 위험성을 가지거나 죽이기 어려운 병원체에 요구되는 선호적인 멸균 방법으로 급속히 부상하고 있다. 염기성 소화제는 완벽하게 산물을 액화시키기 위해 수산화칼슘이나 수산화나트륨, 고온(150℃), 고압, 강력한 펌프를 이용한다.

APHIS-PPQ는 종자 파괴와 미생물 멸균을 위한 염기성 소화제의 효율을 시험하고 있다. 몇 가지 종류의 단단한 껍질을 가진 종자에 대한 소화 시험은 소화제를 처리한 종자와 처리하지 않은 종자에서 각각 0%와 74%의 발아율을 나타내었다.

소화제의 잠재적인 결점은 운송비용(이것은 다른 처리 유형에 있어서도 사실이지만), 일괄 처리 용량의 한계, 소화제 채택의 높은 초기 비용, 처리된 폐기물의 폐기 문제를 포함하고 있다. 소화제 시스템의 이용 면에서 잇점은 대부분 높은 감염력을 가진 죽이기 어려운 생물체 및 토양과 물을 포함하여 처리될 수 있는 다양한 오염물질에 대하여 완벽하게 멸균을 시킨다

그림 10.21 장비의 화학적 오염제거(이미지 제공 CPHST, APHIS, USDA)

는 것이다. 추가로, 보통 그런 시설에 대한 규제 제한이 거의 없으며, 폐기물은 생물연료로 전환될 수 있거나 전력생산에 이용될 수 있다.

화학적 오염제거(Chemical Decontamination). 현장 장비, 농장 기계, 응급처치용 장비, 군사 장비, 여가용 차량(보트, ATV 등), 화물 컨테이너, 차량과 트럭은 병해충의 중요한 확산 기작으로 대표되고 있다(Fleming 2008). 화학적 소독은 대량의 장비를 세척하는데, 특히 다양하고 지저분한 현장 조건에서 선호되는 방법이다. 알코올, 알데히드, 산화에틸렌, 할로겐(염소, 요오드 등), 금속, 오존, 산화제, 페놀, 제4기 암모니아 화합물을 포함한 몇 가지 등급의 소독제가 이용될 수 있다.

과산화수소와 이산화염소 같은 산화제는 적용범위가 넓은 살생물제이지만, 일반적으로 소독제로 등록되어 있다. 예를 들어, 이산화염소는 5ppm의 물속 농도에서 얼룩홍합(Zebra mussel, *Dreissena polymorpha* Phallas)을 방제할 수 있을 것이며(Matisoff 등 1996); 7%의 과산화수소는 만약 잎에 살포한다면 대부분의 초본성 식물을 죽일 것이다(Ramsey, 미발표). 산화제 소독제의 주요 잇점은 짧은 반감기, 넓은 적용범위, 낮은 위생상 위험, 물질의 안전성을 포함하고 있다. 결점은 제한된 표면 잔류 활성, 제한된 활성 후 기간, 오염된 표면에 섞인 유기조직이나 유기물 찌꺼기와 부가 반응을 포함하고 있다.

현장 장비의 효과적인 오염제거는 고압의 세척기로 사전 세척에 이어 고농도의 소독제/살생물제로 완벽하게 처리하는 것이 포함되어야 한다(그림 10.21). 최근 상업용 이동식 압력 세척기가 산불진압장비로부터 원하지 않는 생물체를 제거하기 위하여 고안되었다. 하나의 세척기 시스템은 모든 세척수를 모을 수 있는 옆면을 가진 커다란 팽창형 매트를 포함하고 있으며,

T110-b Treatment: T110-b — Quick Freeze for Destruction

> T110-b may ONLY be used with permission from CPHST Treatment Quality Assurance Unit.
>
> Contact 919-855-7450 for official approval.

Important

1. Initially, lower the commodity's temperature to 0 °F (-17.77 °C) or below.
2. Hold the commodity's temperature at 20 °F (-6.66 °C)or below for at least 48 hours.

   The commodity may be transported during the 48-hour treatment period, but at no time may the commodity's temperature rise above 20 °F (-6.66 °C) prior to release.
3. After treatment, transport the commodity to a landfill for deep burial.

This treatment is considered an acceptable method of destroying most commodities in lieu of returning them to the country of origin, with the exceptions listed in the **Figure 5-2-8 on page-5-2-87** at the beginning of this treatment schedule.

그림 10.22 처리 일람표(Treatment schedule) T110-b. 열대/아열대 지역 병해충의 사멸을 위한 급속냉동

10μ까지 입자를 제거하는 삼중 필터를 통과하게 된다. 그 다음 걸러진 물은 재사용되고, 200 갤론의 수조에 저장된다(Divittorio 등 2010; Fleming 2008).

급속냉동(Quick Freeze). 미국에서 냉동처리는 열대와 아열대 지역에서 기원한 상품에 대하여 적용하고 있다. 낮은 온도가 많은 상품에 피해를 줄 수 있거나 온대지역의 해충에 대하여 효과가 없을 수 있기 때문에 이것은 고도의 조절되는 처리방법이다(그림 10.22).

10.9 시스템적 접근

병해충 위험관리를 위한 종합적 조치방법의 이용(또는 "시스템적 접근(systems approaches)"으로 언급)은 보다 전통적인 단일 접근방식의 식물위생적 처리의 대안으로 국가식물보호기구(NPPO)들로부터 많은 주목을 받고 있다. 병해충 위험관리의 한 가지 방법으로서 시스템적 접근을 발선시키는데 3가지 요인들이 흥미를 끌고 있다. 첫째, 많은 국가에서 특정 화학적 처리(예, 메칠브로마이드)의 사용을 줄이거나/없애는 노력을 하고 있다. 둘째, 세계적으로 거래되는 상품의 유형 (및 관련된 병해충)이 다양성 면에서 증가하고 있다. 전통적인 처리방법이 항상 가용하지 않을 수 있거나 효과적이지 않을 수 있거나 자료가 효과를 제시하는데 부족할 수 있다. 마지막으로 국가들이 병해충의 위험성을 관리하는 유용한 전략으로, 특히 통관 후 보다 원산지에서 병해충의 위험성을 관리하는 함으로써 생산라인을 통해 조치를 적용하는 것이 이익이라고 인식하고 있다(Jang & Moffitt 1994; Liquido 등 1997; Heather & Hallman 2008a).

"시스템적 접근(Systems Approaches)"은 "적어도 두 가지의 독립적으로 작용하고, 규제병

해충에 대하여 적절한 보호수준을 누적적으로 달성하는 서로 다른 위험관리 조치의 종합"으로 정의된다(IPPC, 2009). 시스템적 접근방법은 하나의 조치(특정한 식물위생적 처리와 같은)가 가용하지 않은 경우나 적절한 식물위생적 보호수준을 달성할 수 없을 것 같은 경우나 수입금지가 유일한 다른 대안인 경우에 일반적으로 적용된다. 독립적인 조치들의 조합으로 누적적이고 때로는 상승효과가 다른 대안이 가용하지 않은 곳에서 필요한 식물위생적 보호수준을 규칙적으로 제공할 수 있다.

시스템적 접근은 전형적으로 독립적인 조치, 중복, 긴급수입제한을 포함한다. 독립적으로 각각 작용하는 조치를 조합하는 것은 만약 어떤 하나의 방법이 실패하더라도 전체 시스템이 높은 수준의 효과를 유지하는 잇점을 가지고 있다. 또한, 중복(반복) 조치를 포함하는 것은 만약 생산라인의 특정 지점에 적용되는 하나의 조치가 실패하더라도 같은 지점에 지정된 또 다른 조치가 여전히 위험성을 완화하는 것을 보장할 것이다. 마지막으로, 병해충의 유행을 필수적으로 감소시키지는 못하지만, 그 체계로 유입되고 있는 새로운 위험을 차단할 목적을 가진 조치를 "보호조치(safeguards)"라고 부른다(IPPC, 1999; Follett & Neven, 2006).

시스템적 접근에 적용되는 조치의 유형은 재식 전과 수확 전부터 상품의 유통 및 최종 사용의 모든 과정을 통해 생산라인의 어디서든 일어날 수 있다(그림 10.23). 많은 다른 조치들이 상품을 선적하기 전부터 최종 도착지까지 위험을 관리하는데 적용할 수 있다. 그러므로 시스템적 접근의 주요 잇점은 위험성이 일차적으로 원산지에서 관리되어 수입국에 대한 위험 수준과 도착지 처리 요건을 감소시키는 것이다. 시스템적 접근은 또한 상품에 정상적으로 관련되지 않은 병해충(예, 편승자 또는 오염된 병해충)이나 병해충위험분석과정에서 접하지 않은 병해충(미지의 병해충)의 위험성을 완화하는데 이용될 수 있다(MAF, 2008).

시스템적 접근에 적용된 조치들은 매우 단순한 조합(예, 훈증과 조합된 낮은 수준의 병해충 발생과 같은 두 가지의 독립적인 조치)으로부터 고도의 복잡한 "제어점(control point)" 체계까지 범위를 이룰 수 있다(IPPC 1999, 2002). 이것은 다음 사항들에 달려있다:

- 수반된 위험수준;
- 가능한 조치의 비용, 실현가능성, 효과;
- 위험성을 관리하기 위해 주어진 관리대안의 적합성;
- 병해충과 관련 상품에 대한 정보의 유용성;
- 적절한 보호수준(또는 수용 가능한 위험수준).

일반적으로 시스템적 접근의 이용은 생산현장, 대상 병해충의 생태, 기주와 관련성, 수확 후 관리에 관한 매우 훌륭한 지식을 요구한다. 많은 경우에 효과에 관한 특정 자료가 부족하더라도, 시스템적 접근은 적용되는 조치의 수와 유형(적어도 두 가지 조치가 독립적으로 작용하는 한)에서 매우 유연할 수 있다. 자주는 아니지만, 생산라인의 대부분 또는 모든 특정 지점이 잘 구분될 수 있고, 위해성과 완화가 측정될 수 있으며, 각 지점이 제어될 수 있으며, 마지막으로 각 완화 단계의 효과가 검증되고 기록될 수 있다. 이러한 경우에 "제어점(control point)" 체계가 적용될 수 있으며, 식물위생적 위험관리를 위해 이용된 가장 엄격한 유형의 시

수확 전	수확	수확 후 취급	선적	유통	최종 사용
병해충 무발생 지역 또는 저발생 지역	특정한 시기에 수확	수확 후 처리(예, 농약, 가열, 왁싱, 솔 세척 등)	수송 중 처리(예, 저온처리)	반입항에서 제한	최종 사용의 제한
저항성 품종	감염된 산물 골라내기	검사	운송 속도 및 형태	연중 한 시기를 제한	반입 후 가공
건전한 재식용 식물체	포장 위생	골라내기	위생	격리재배	포장*
인증 체계	수확 기술	선과장 검사	선적 전 검사	반입 후 검사	
검사	포장에 농약 처리	포장 방법*	포장 형태*	반입 후 처리	
보호되는 조건*	포장 감시	선별*		포장*	
	방수포 덮기*	위생*			

그림 10.23 시스템적 접근에 적용될 수 있는 조치들의 예

스템적 접근이 되는 것이다(IPPC 1999).

2010년 이후, 시스템적 접근은 많은 국가에 의하여 한 범주의 병해충과 상품에 대하여 적용되고 있다. 열대지역의 과실파리류(*Ceratitis capitata*, *Anastrepha* spp., *Bactrocera* spp.)는 파파야, 망고, 아보카도, 감귤, 기타 열대/아열대성 과일과 같은 상품에 시스템적 접근의 잦은 대상이다(Podleckis 2007). 시스템적 접근을 통해 관리되는 다른 병해충이나 상품의 몇 가지 예로는 다른 상품에 대하여 나비목에 속하는 종(Follett & Neven 2006; Grove 등 2010), 다양한 식물병원균(NPB 2002), 곡물 및 기타 저장산물의 병해충(Robbins 2006), "편승(hitchhiking)" 및 오염된 병해충(MAF 2008)이 포함된다.

NPPO는 무역을 통해 움직이는 병해충의 위험성에 의해 계속 도전받게 되고, 시스템적 접

근에 있어서 더 많은 경험을 얻게 된다. 시스템적 접근의 역할은 중요성이 증가할 것이고, 시스템적 접근을 통해 관리되는 병해충과 상품의 유형은 계속 확장될 것이다. 처리와 같은 개별적인 식물위생조치로써 규제적인 결정을 지원하기 위한 과학적인 자료의 필요성이 모든 국가들에게 매우 중요한 도전으로 남게 된다.

10.10 요약

식물위생 소독처리는 생물안보의 연속체에 있어서 필수적인 조치이다. 그들은 식물과 그 식물성 산물에 있어서 국제교역의 효과적인 관리 및 촉진을 위해 매우 중요하다. 식물위생상 처리는 절화류 및 초목, 생과일 및 채소, 식물 번식체, 저장산물과 같은 상품과 관련된 원하지 않는 병해충 또는 오염물과 관련된 위험성을 완화시킨다.

식물위생 소독처리는 단순한 한 단계의 과정일 수 있거나 적용이나 운용상 복잡하고 시간이 들게 될 수 있다. 처리는 원산지 국가에서, 수입국가로 운송하는 동안에, 또는 목적지에 도착하여 이루어질 수 있다. 다중요소의 처리방법은 때때로 복합된 "시스템적 접근(Systems Approaches)"에서 종합적인 일련의 활동 및 과정으로 이루어진다. 시스템적 접근 활동은 재식 전, 포장/농장의 재배, 수확, 가공, 수송, 목적지 국가에 도착하는 동안에 일어날 수 있다. 단일처리 또는 시스템적 접근과 관련된 다중 과정은 효율적인 요건에 부합되어야 하며, 품질이나 저장기간과 관련된 상품이 훼손되거나 심각하게 손상되지 않아야 한다.

특정 산물에 대하여 규제당국은 의무적인 선적 전 과정(이 지점에 앞서 어느 단계에서 시작할 수 있는)으로 수행되는 특정한 처리를 요구할 수 있지만, 다른 많은 경우에 검출된 병해충에 대하여 긴급적인 박멸 처리로서 수행된다(수입국에서 도착지 검사에 따라).

빈번하게 새로운 또는 개정된 소독처리 방법이 국가적인 기준으로 이용되며, 그 다음 IPPC에 제출하기 전에 지역식물보호기구를 통해 지지를 얻게 된다. 그러한 경향은 IPPC를 통해 국제적으로 폭넓게 인정될 수 있는 처리를 만들기 위함이며, 가이드라인은 규제당국이 확증 과정을 통하여 새로운 처리과정을 제출할 수 있도록 한다. 이것은 기존에 존재하는 처리방법을 대체하거나 보완함으로써 새로운 처리의 세계적인 이용을 위하여 투명성, 일관성, 정렬된 승인방법을 제공하고 있다. 마지막으로 새로운 소독처리 방법 및 기존 방법이 가용할 수 있는 이러한 접근방법은 일관되게 이용될 수 있으며, 검사, 확증, 과학적 검증 후에 새로운 기주식물 및 식물성 산물로 적용이 확장될 수 있다.

참고문헌

ASTM (2004) Standards on dosimetry for radiation processing, 2nd edn. ASTM International, West Conshohocken. ASTM Stock Number: RADPR2004

ASTM (2006) Standard guide for irradiation of fresh agricultural produce as a phytosanitary treatment. ASTM

International, West Conshohocken. Designation: F 1355-06

Bai J, Mielke EA, Chen PM, Spotts RA, Serdani M, Hansen JD, Neven LG (2006) Effect of high-pressure hot-water washing treatment on fruit quality, insects, and disease in apples and pears : Part I. System description and the effect on fruit quality of 'd'Anjou' pears. Postharvest Biol Technol 40(3): 207-215

Baker AC (1939) The basis for treatment of products where fruit flies are involved as a condition of entry into the United States, vol 551, Circular (United States. Department of Agriculture). U.S. Department of Agriculture, Washington, DC

Couey HM, Hayes CF (1986) Quarantine procedure for Hawaiian papaya using fruit selection and a two-stage hot-water immersion. J Econ Entomol 79: 1307-1314

Denlinger DL, Lee RE (1998) Physiology of cold sensitivity. In: Hallman GJ, Denlinger DL (eds) Temperature sensitivity in insects and application in integrated pest management. Westview Press, Boulder, pp 55-95

Divittorio J, Grodowitz M, Snow J (2010) Inspection and cleaning manual for equipment and vehicles to prevent the spread of invasive species. Technical Memorandum No. 86-68220-07-05, US Department of the Interior, Washington, DC

FAO (Food and Agriculture Organisation) (2002) ISPM no. 14 The use of integrated measures in a systems approach for pest risk management. FAO, Rome

FAO (Food and Agriculture Organisai ion) (2003) ISPM no. 18 Guidelines for the use of irradiation as a phytosanitary measure. FAO, Rome

FAO (Food and Agriculture Organisation) (2004) ISPM no. 11 Pest risk analysis for quarantine pests including analysis of environmental risks and living modified organisms. FAO, Rome

FAO (Food and Agriculture Organisation) (2009) ISPM no. 5 Glossary of phytosanitary terms. FAO, Rome

Fields PG, White NDG (2002) Alternative to methyl bromide treatments for stored-product and quarantine insects. Annu Rev Entomol 47: 331-359

Fleming J (2008) Comparison of relocatable commercial vehicle washing systems. Bulletin No. 0851-1809-SDTDC, USFS Tech and Dev Prog, Washington, DC

Follett PA. Mcquate GP (2001) Accelerated development of quarantine treatments for insects on poor hosts. J Econ Entomol 94: 1005-1011

Follett PA, Neven L (2006) Current trends in quarantine entomology. Annu Rev Entomol 51: 359-385

Grove T, De Beer MS, Joubert PH (2010) Developing a systems approach for *Thaumatotibia leucotreta* (Lepidoptera: Tortricidae) on 'Hass' Avocado in South Africa. J Econ Entomol 103(4): 1112-1128

Hallman G (2004) Ionizing radiation quarantine treatment against oriental fruit moth (Lepidoptera: Tortricidae) in ambient and hypoxic atmospheres. J Econ Entomol 97(3): 824-827

Heather N, Hallman G (2008a) Systems approaches to pest risk management. In: Pest management and phytosanitary trade barriers. CAB International, Wallingford, pp 47-70

Heather N. Hallman G (2008b) Pest management and phytosanitary trade barriers. CAB International, Wallingford

Heather N, Hallman G (2008c) Phytosanitation with ionizing radiation. In: Pest management and phytosanitary trade barriers. CABI International, Wallingford, pp 132-152, Chapter 9

Honiball F, Giliomee JH, Randall JH (1979) Mechanical control of red scale (*Aonidiella auranti* Mask) on harvested oranges. Citrus Subtrop Fruit 1549: 17-18

IPPC (1999) IPPC Secretariat discussion paper: systems approaches for pest risk management. Food and Agriculture Organisation of the United Nations, Secretariat of the International Plant Protection Convention (IPPC), Rome

IPPC (2002) ISPM 14: the use of integrated measures in a systems approach for pest risk management. Food and Agriculture Organisation of thc United Nations, Secretariat of the International Plant Protection Convention (IPPC), Rome

IPPC (2003) International standards for phytosanitary measures, no 18. Guidelines for the use of irradiation as a phytosanitary measure. International Plant Protection Convention of the Food and Agriculture Organisation, https://www.ippc.int/file_uploaded/1146658925161_ISPM18.pdf

IPPC (2009) ISPM 5: Glossary of phytosanitary terms. Food and Agriculture Organisation of the United Nations, Secretariat of the International Plant Protection Convention (IPPC), Rome

Jamieson L, Whiting DC, Woolf AB, White A, McDonald RM (2000) Water-blasting avocados to remove leafroller eggs. N Z Plant Prot 53: 371-374

Jamieson L, Dentener PR, Krishna H, Martin, N (2005) Effectiveness of treatments for mite eggs - a literature review. In: Jamieson LE, Dentener PR, Krishna H, Martin N (eds) Effectiveness of treatment for mite eggs - a literature review, and preliminary experiments. Client Report. No. 17509

Jamieson LE, Meier X, Page B, Zulhendri F, Page-Weir N, Brash D, McDonald RM, Stanley J, Woolf AB (2009) A review of postharvest disinfestation technologies for selected fruits and vegetables. Sustainable Farming Funding Project

Jang EB, Moffitt HR (1994) The systems approach to achieving quarantine security. In: Sharp JL, Hallman GJ (eds) Quarantine treatments for pests of food plants. Westview Press, Boulder, pp 225-237

Johnson JA, Hansen JD (2008) Evidence for the non-pest status of codling moth on commercial fresh sweet cherries intended for export. Crop Prot 27(11): 1415-1420

Liquido NJ, Griffin RL, Vick KW (1997) Quarantine security for commodities: current approaches and potential strategies. USDA Publication Series 199-04. Washington, DC

MAF (2008) *Import risk analysis*: Fresh Coconut (*Cocos nucifera*) from Tuvalu: *draft for public consultation*. MAF Biosecurity. Wellington, 127 pp

Mangan RL, Hallman GH (eds) (1998) Temperature sensitivity in insects and application in integrated pest management. Westview Press, Boulder

Mangan RL, Frampton ER, Thomas DB, Moreno DS (1997) Application of the maximum pest limit concept to quarantine security standards for the Mexican fruit fly. J Econ Entomol 90: 1433-1440

Matisoff G, Brooks G, Bourland BI (1996) Toxicity of chlorine dioxide to adult zebra mussels. Am Water Works Assoc J 88(8): 93-106

Miller CE, Green AS, Harabin V, Stewart RD (1995) Risk management analysis: a systems approach for Mexican avocado. USDA, APHIS, Riverdale

NPB (2002) Preventing the introduction of plant pathogens into the United States: the role and application of the "systems approach". A scientific review conducted by the National Plant Board for the United States Department of Agriculture Animal and Plant Health Inspection Service Plant Protection and Quarantine. USDA, APHIS, Washington, DC

Patterson MF, Ledward DA, Rogers NN (2006) High pressure processing. In: Brennan JG (ed) Food processing handbook. Wiley-VCH, Weinheim, pp 173-197

Paull RE, Armstrong JW (eds) (1994) Insect pests and fresh horticultural products: treatments and responses. CAB International, Wallingford

Podleckis EV (2007) Systems approach as phytosanitary measures: techniques and case studies. In: Vreysen MJB, Robinson AS, Hendrichs J (eds) Area-wide control of insect pests from research to field implementation. Springer, Dordrecht, pp 417-423

Powell MR (2003) Modeling the response of the Mediterranean fruit fly (Diptera: Tephritidae) to cold treatment. J Econ Entomol 96(2): 300-310

Robbins M (2006) Sanitary and phytosanitary measures: an Australian perspective. In: Lorini I, Bacaltchuk B, Becket H, Deckers D, Sundfeld E, dos Santos JP, Biagi JD, Celaro JC, Faroni LRD'A, de OF Bortolini L, Sartori MR, Elias MC, Guedes RNC, da Fonseca RG, Scussel VM (eds) Proceedings of the 9th international working conference on stored product protection, 15-18 October 2006, Campinas, Sao Paulo. Brazilian Post-harvest Association - ABRAPOS, Passo Fundo, 2006

Schortemeyer M, Thomas K, Haack RA, Uzunovic A, Hoover K, Simpson JA, Grgurinovic CA (2011) Appropriateness of Probit-9 in the development of quarantine treatments for timber and timber commodities. J Econ Entomol 104(3): 717-731

Sharp JL, Hallman GH (eds) (1994) Quarantine treatments for pests and food plants. Westview Press, Boulder

Sommers C, Fan X (eds) (2006) Food irradiation research and technology. Blackwell, Ames, 317pp

Stevens P, McKenna C (1997) The effectiveness of two brushing systems for postharvest disinfestation of kiwifruit. Client Report. No. 97/327 ZESPRI International Ltd

Tang J. Mitcham E, Wang S, Lurie S (eds) (2007) Heat treatments for postharvest pest control: theory and practice. CAB International, Wallingford

Vincent C, Hallman G, Panneton B, Fleurat-Lessard F (2003) Management of agricultural insects with physical control methods. Annu Rev Entomol 48: 261-281

Walker G, Morse N, Arpaia ML (1996) Evaluation of a high-pressure washer for postharvest removal of California red scale (Homoptera: Diaspididae). J Econ Entomol 89(1): 148-155

Walker GP, Zareh N, Arpaia ML (1999) Effect of pressure and dwell time on efficiency of a high-pressure washer for postharvest removal of California red scale (Homoptera: Diaspididae) from citrus fruit. J Econ Entomol 92: 906-914

Wang S, Tang J (2001) Radio frequency and microwave alternative treatments for insect control in nuts: a review. Agric Eng J 10: 105-120

Whiting DC, Hoy LE, Maindonald JH, Connolly PG, McDonald RM (1998a) High-pressure washing treatments to remove obscure mealybug (Homoptera: Pseudococcidae) and lightbrown apple moth (Lepidoptera: Tortricidae) from harvested apples. J Econ Entomol 91(6): 1458-1463

Whiting D, Hoy LE, Connolly PG (1998b). Insect removal by the high-pressure apple washer: verification trial. Project HR97P03-07. Client Report. No. 98/72 ENZAFRUIT New Zealand (International)

Whiting D, Hoy LE, Connolly PG, McDonald RM (1998c) Effects of high-pressure water jets on armoured scale insects and other contaminants of harvested kiwifruit. In: Proceedings of the 51 st New Zealand plant protection conference. Hamilton, pp 211-215

Woolf A, McDonald RM, Whiting DC, Hoy LE, Connolly PG, White A (1998) Assessing the feasibility of water and air blasting of Avocados. Client Report. No. 98/120 Technology for Business Growth Project (TAP 1975034) involving OPAC The Avocado Industry Council and HortResearch

Woolf A, Jamieson LE, Whiting DC, McDonald RM, Connolly PG, Davy M, Cox K, Stevenson B. White A (1999a) Water-blasting avocados postharvest for the enhancement of export and domestic market value by the removal of surface contaminants including insect pests. Client Report. No. 2000/7652 Technology for Business Growth Project involving OPAC Far North Packers the Avocado Industry Council and HortResearch

Woolf AB, Jamieson LE, Whiting DC, McDonald RM, Connolly PG, Davy M, Cox K, Stevenson B, White A

(1999b) Water-blasting avocados postharvest for the enhancement of export and domestic market value by removal of surface contaminants including insect pests No. 2000/121 HortResearch
Yahia EM (2006) Effects of insect quarantine treatments on the quality of horticultural crops. Stewart Postharvest Rev 2(1): 43-61

제11장
식물의 생물안보에서 감시활동 방법 및 기술의 역할
The Role of Surveillance Methods and Technologies in Plant Biosecurity

Tom Kalaris, Daniel Fieselmann, Roger Magarey, Manuel Colunga-Garcia, Amy Roda, Darryl Hardie, Naomi Cogger, Nichole Hammond, P.A. Tony Martin, and Peter Whittle
번역: 홍기정(순천대학교)

11.1 서론

국가들은 침입외래종으로부터 그들의 동물, 식물, 환경자원을 보호하기 위해 생물안보체계를 고안하고 있다. 국가들은 무역을 안전하게 관리하고, 수많은 이입 경로를 통해 침입병해충(곤충, 병, 잡초)의 유입을 막기 위한 식물안보체계를 유지하고 있다.

식물의 생물안보 프로그램들은 외래생물종들이 농작물, 정원식물, "자연(natural)"지역에 정착되는 것으로부터의 배제를 추구하고 있다. 이입 장벽이 없다면, 침입 생물종들은 그들의

T. Kalaris (✉) · D. Fieselmann · A. Roda
U.S. Department of Agriculture, Animal Plant Health Inspection Service, Plant Protection and Quarantine, Center for Plant Health Science and Technology, Raleigh, NC 27606, USA
e-mail: Tom.M.Kalaris@aphis.usda.gov

R. Magarey
Center for IPM, North Carolina State University, Raleigh, NC, USA

M. Colunga-Garcia
Center for Global Change and Earth Observations, Michigan State University,
1405 S. Harrison Rd., East Lansing, MI 48823, USA

D. Hardie · N. Hammond · P.A.T. Martin
Department of Agriculture and Food Western Australia, Baron-Hay Court, South Perth, Western Australia 6151, Australia

Plant Biosecurity Cooperative Research Centre, LPO Box 5012, Bruce, ACT 2617, Australia

N. Cogger
Massey University, Tenndent Drive, Palmerston North 4474, New Zealand

P. Whittle
Queensland University of Technology, 2 George St, Brisbane, Qlds 4000, Australia

분포범위를 넓힐 수 있고, 새로운 영역에서 집단을 이룰 수 있으며, 상당한 경제적 · 환경적 피해를 일으킬 수 있다(Magarey 등 2009). 원하지 않는 생물체들의 이동을 최소화하는데 있어 국가의 시도를 설명할 때, 공간적으로 한 나라의 생물안보 노력은 "국경 이전(pre-border)", "국경(border)", "국경 이후(post-border)"로 범주화될 수 있다. 국가들은 이러한 외래침입종들에 직면한 상호 생물안보 활동의 범위에서 국제적으로 협력하고 있다. 감시활동(surveillance)은 그 연속체의 주요 성분이다.

국제식물보호협약(IPPC)은 감시활동을 조사 또는 모니터링, 다른 절차들에 의해 병해충의 발생이나 부재에 관한 데이터를 수집하고 기록하는 공적인 과정으로 정의하고 있다. 감시활동은 아래와 같은 다양한 목적을 포함하고 있다.

- 병해충의 박멸이나 관리를 촉진하기 위한 조기탐지(early detection)를 증진하며;
- 병해충 무발생 지역이나 병해충 저발생 지역을 입증함으로서 무역을 지원하며;
- 이미 존재하는 위험한 생물체의 분포 및 발생을 기술하며;
- 탐지된 침입에 뒤따르는 병해충 개체군의 전체 범위를 정하며;
- 생물안보 시스템의 성공을 측정하며;
- 관리 및 비용편익의 의사결정을 가능하게 하며;
- 한 지역에 존재하는 병해충이나 기주들의 목록을 개발하며;
- 병해충 박멸 캠페인의 진행상황을 모니터하며;
- 다른 조직에 보고를 가능케 한다.

국가식물보호기구(NPPO) 및 다른 검역규제기관은 이러한 요구들을 충족시키기 위해 여러 형태의 조사 프로그램을 수행하고 있다. 부가적으로, 이들 식물보호기관은 종종 병해충 탐지를 보고하는 파트너의 수동적으로 감시하는 봉사활동에 의존하고 있다. 예를 들어, 뉴질랜드에서 대부분의 새로운 병해충 탐지는 산업체, 연구자, 수신자부담전화번호를 통한 대중들에 의해 보고되었다(Froud 등 2008).

식물보호 프로그램들의 성공은 병해충을 탐지하기 위한 능력에 의존하고 있다. 조사를 수행하기 위해서는 많은 수의 연관된 도구들과 기술들이 필요하게 된다(그림 11.1). 일부 도구나 기술은 통계학, GIS, 데이터 관리, 위험성 지도를 수반하며, 이 장에서 논의될 것이다. 그러나 효율적인 감시활동 도구들과 기술들이 자주 부족하다. 효율적인 곤충 트랩이나 미끼가 없을 때 검역관은 육안조사에 의존해야만 한다. 식물병을 탐지하는 것은 종종 더 큰 도전을 주고 있다. 고비용과 부적당한 기술의 조합은 최적 이하의 조사 프로그램들을 이끌게 된다. 결과적으로, 병해충은 자주 침입되며, 시간적으로 탐지하기 전에 정착되게 된다. 침입병해충의 발견에 있어 지연으로 박멸 가능성은 감소하는 반면, 방제나 관리, 박멸 비용은 극적으로 증가한다.

그림 11.2는 감시활동의 계층 및 정보의 흐름을 나타내고 있다. 정보의 흐름은 현장의 채집지점에서 시작한다. 그 지점으로부터 정보가 통합되고, 다양한 최종 사용자의 요구에 맞추게 된다. 과실파리 트랩핑의 예를 들면, 검역관들은 과실파리 돌발 상황의 방제에 이용하기 위해

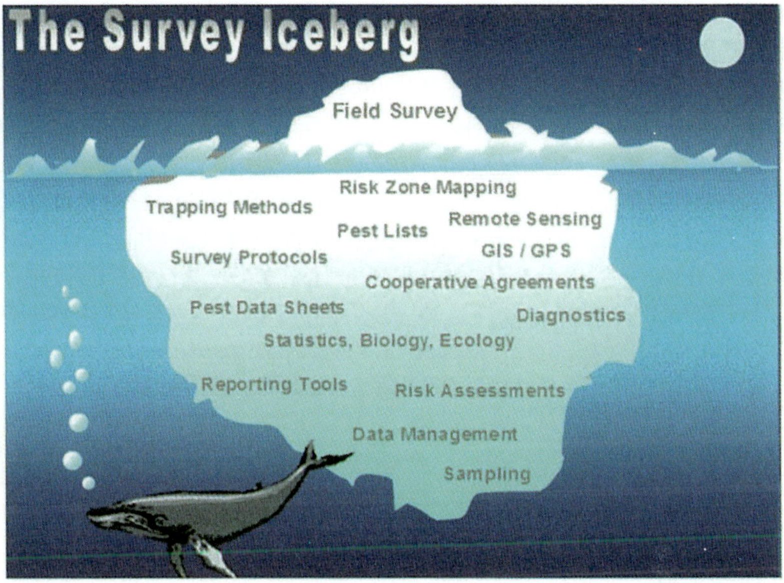

그림 11.1 감시활동 프로그램을 지원하기 위한 도구들 및 기술들의 요구를 도식화한 "조사 빙산(survey iceberg)" (이미지 제공 · Dan Fieselmann)

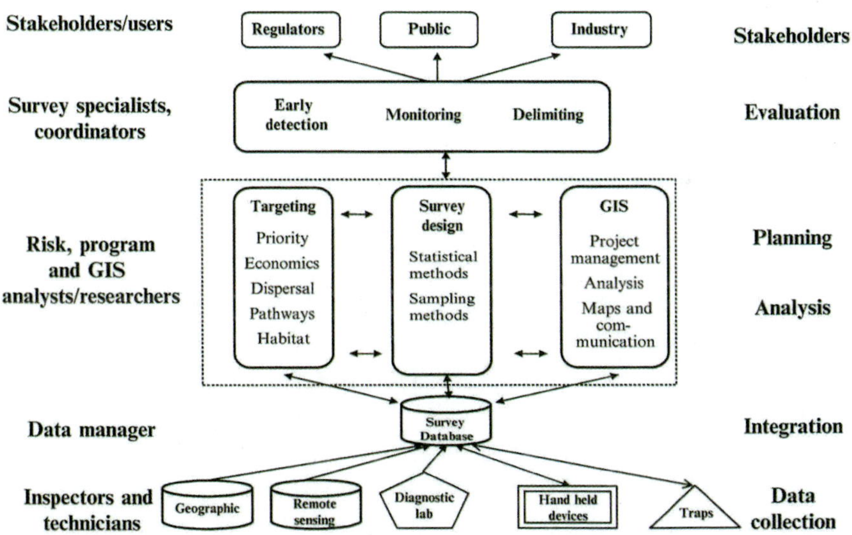

그림 11.2 감시활동을 위한 정보 시스템 구성(Magarey 등 2009). 화살표는 정보의 직접적인 흐름을 나타낸다.

채집하고, 청소하며, 관리자를 위해 조사 데이터를 편집한다(15장). 또 다른 적용으로 산업체가 매일 상업적인 운용의 일부분으로 조사 데이터를 수집한다. 그 다음 이 데이터는 산업체가 우화하는 병해충의 이동이나 식물위생과 관련된 병해충을 이해하는데 도움을 줄 수 있는 예측 모델을 실행하는 기초로서 사용된다(9장). 동일 데이터는 또한 감시활동이나 박멸에 관한 지원 조치를 취하기 위해 재배자들이나 검역관에 의해 이용될 수도 있다.

이 장은 조사 활동의 유형을 설명하고, 조사 설계의 검토, 정보 관리, 데이터 종합, 모델링, GIS를 제공한다. 조사는 높은 결과의 대상 병해충 중심으로 구성 할 수 있다. 또 다른 조사들은 상품들에 집중할 수 있고, 발견될 수 있는 외래 병해충의 조사는 그 상품과 관련된다. 여전히 또 다른 조사들은 고위험 지역을 대상으로 할 것이다. 미농무부 동식물위생검사청 식물보호・검역부의 농작물병해충합동조사(Cooperative Agricultural Pest Survey; CAPS)가 실제로 각종 감시활동의 개념을 보여주는 넓은 감시활동 프로그램의 일례로 기능한다.

11.2 조사 활동

11.2.1 탐지 조사

탐지 조사의 목표는 그의 개체군이 수적으로 작고 지리적으로 한정될 때 침입종을 발견하는 것이다. 조기탐지 조사는 한 지역에서 정착하는 과정에 있는 종의 위치를 찾아내는 것이다. 예를 들어, 조기탐지 조사는 토착종이 아닌 달팽이들이 각종 수송기관의 컨테이너 야적장에 존재하는지 여부를 결정할 수 있다.

표적탐지조사는 새로운 병해충의 침입이 경험적으로 훨씬 가능성 있는 지역에 집중한다. 표적조사들은 비상조치 공지나 병해충 검출 데이터와 같은 식물위생 데이터에 바탕을 둔다. 미국에서 고위험(또는 "핫존(hotzone)") 프로그램은 CAPS 프로그램이 미국 내에서 고위험지역 및 감시장소를 확인하고 표적을 찾는 능력을 조장하기 위해 고안되었다. 고위험 조사에 대한 방법론은 찾고자 하는 종이나 고위험 경로 또는 조사가 집중되어야하는 지역에 따라 결정한다. 프로그램에서 고위험 장소의 3가지 유형으로는 주요, 2차 및 3차로 확인되었다(Watkins and Messineo, 개인 의견).

주요 위험장소는 침입 생물종이나 병해충이 확인된 기록이나 최근 관련성을 지닌 무역의 목적지나 중간지점으로 기능하는 사업이나 기관, 운영, 지역을 포함한다. 이들 장소는 병해충의 높은 침입이나 정착 가능성을 가지며, 따라서 조사 노력에 대해 가장 높은 우선 순위를 가져야 한다. 주요 위험장소들은 집중적인 모니터링을 요구한다. 예를 들어, 넓은 대도시 지역에서(특별히 국가간 대량의 무역이나 여행이 존재하는 곳), 주요 핫존은 국제공항이나 항구 및 그들 주변, 대외 무역 지대, 컨테이너 야적장, 트럭터미널과 같은 곳을 포함할 것이다.

2차 위험장소는 주요 위험장소와 유사한 물리적인 성상이나 특성을 가지지만, 침입생물종이나 병해충 검출이나 침입의 기록이 알려져 있지 않다. 이 구역의 주요 특성은 주요 핫존에서 직접적이나 간접적으로 최근에 잠재적으로 감염된 상품을 받아들인 것으로 기록되어 있다는 것이다. 2차 핫존들은 중간 정도의 위험성을 내포하며, 상태가 변화할지 여부를 평가하기 위해 일상적인 모니터링할 필요가 있다.

3차 위험장소는 알려진 핫존과 무역이나 무역과 관련된 활동들에서 유사성을 공유하며, 침입생물종이나 병해충 검출, 병해충 침입에 관한 기록이 알려지지 않는다. 이 핫존의 주요 특성은 주요 핫존이나 2차 핫존에서 최근에 잠재적으로 감염된 상품을 받아들인 것으로 기록되어 있지 않는 것이다. 3차 핫존은 아직 의심스런 위험성이 확인되지 않았으며, 따라서 상태의 변화에 대한 평가를 위해 주기적인 모니터링을 할 필요가 있다. 이것은 위험장소에 대한 4단계 분류체계와 관련된 호주에서 개발된 제도와 유사하다(Self & Kay 2005).

11.2.2 모니터링 조사

식물위생조치에 관한 국제기준(ISPM) 5는 모니터링 조사를 병해충 개체군의 특성을 확인하기 위한 진행 중인 조사로 정의한다. 이 정의에 의해 모니터링 조사는 병해충이 존재되는 것으로 알려진 곳에 적용되며, 그 조사는 병해충의 발생과 시간이 지남에 따라 병해충의 발생에 변화와 같은 병해충 개체군의 양상을 조사하기 위해 계획된다(Evans & McMaugh 2005). 모니터링 조사를 이용하는 2가지 이유는 병해충 관리를 지원하고, 병해충 저발생 지역(Area of Low Pest Prevalence; ALPP) 상태의 지역을 개발하고 유지하기 위함이다. 전자의 한 가지 실례는 캘리포니아에서 매미충 일종인 Glassy Winged sharpshooter (GWSS, *Homalodisca vitripennis* (Germar))에 대한 동식물위생검사청 식물보호 · 검역부의 광역 병해충 관리 프로그램이다. GWSS는 포도에 심각한 피해를 주는 피어스병(*Xylella fastidiosa* Wells et al.에 의해 유발되는)의 매개체이다. 감귤은 GWSS의 보유원이며, 그래서 포도에 피해를 일으킬 수 있을 정도의 GWSS 개체군의 밀도형성을 막기 위해 감귤 과수원에 농약을 살포할 때를 결정하는데 모니터링이 이용된다(Hix 등 2003). 또 다른 실례는 미국에서 아시아콩녹병(*Phakopsora pachyrhizi* Syd. & P. Syd.에 의해 유발되는)에 대한 모니터링이 관계한다(Isard 등 2007).

감시구역들은 초기에 콩 재배 벨트 전체에 걸쳐, 나중에는 대개 남부 주들에 배치되었다. 감시구역들은 정부와 산업체에 의해 자금이 지원되었으며, 대학 산학협력 전문가들에 의해 유지되었다. 남부 주들에서 감시구역들은 북부 주의 생산자들(대부분의 콩이 재배되는 곳)에게 살균제 살포를 피하도록 경고시스템을 제공하였다.

11.2.3 한계설정 조사

한계설정 조사는 병해충의 감염이나 병해충의 무발생을 고려한 지역의 경계를 설정하는데 이용되는 조사의 또 다른 유형이다(ISPM 6 IPPC 1997을 보라). 한계설정 조사들은 병해충의 침입에 관한 범위 및 분포를 결정하고, 그 병해충을 박멸할 수 있을지를 결정하기 위해 수행된다. 한계설정 조사의 좋은 실례는 플로리다에서 감귤 그린병(HLB; '*Candidatus Liberibacter*' spp.에 의해 유발되는)의 돌발상황에 관한 범위를 결정하는데 이용된 조사이다. 플로리다주의 플로리다시에서 HLB의 발견은 즉시 감염의 한계설정을 위한 조사로 촉발되었다(Gottwald 등 2007). HLB의 북쪽 분포범위를 결정하기를 시도함에 있어 동서 횡단지역이 플로리다시에서 북쪽으로 매 5마일씩 조사되었다. 횡단지역 내 양성반응 탐지는 북쪽으로 횡단 5마일의 인접한 지역에서 즉시 조사를 촉진하였다. HLB의 분포는 최초 탐지지역으로부터 북쪽으로 120마일(193km) 떨어진 포트피어스 주거지역까지 퍼져있음이 빠르게 확인되었다.

11.2.4 병해충 무발생지역

이 장의 목적을 위한 병해충 무발생지역(Pest-free Area; PFA)의 정의는 이 넓은 지역을 포함하는 IPPC 사무국 및 관련된 ISPMs에 의해 정해진 지역이다. 모든 병해충 무발생지역과 시스템적 접근(Systems Approaches)은 "공식적으로 관리되고" 집중적인 비용과 관리가 투여될 수 있는 일반적으로 검역규제가 상당히 이루어지는 과정이다. 병해충 무발생지역들은 가치가 높은 식물에 바탕을 둔 상품들이 무역될 수 있도록 특정병해충에 대해 발생지역 밖이나 발병지역 내로부터 신뢰성 있게 저위험 경로를 제공할 수 있다(ISPM 10, IPPC 1999를 보라). 이론적으로 이들 접근방법은 잔류 문제, 생산물에 생리적 변화, 상품의 저장기간 감소를 일으킬 수 있는 훈증제 같은 과감한 최종 조치의 요구 없이도 질 좋은 상품을 배송할 수 있도록 한다.

병해충 무발생지역의 접근방법은 병해충이 설정된 지역/구역 내 (또는 발생율이 규정된 수준 이상으로) 나타나지 않는다는 것을 보여주는데 이용될 수 있으며, 이들은 무역의 목적을 위해서 확인될 필요가 있다. 반대로 병해충 무발생지역은 병해충이 정해진 지역 내에 존재하지 않는다는 것을 의미하지는 않는다. 오히려, 무역을 허락하는 감시활동이나 시료추출을 인정한 수준에서 병해충이 탐지되지 않거나 될 수 없음을 의미한다.

위생 및 식물위생 협정은 적정보호수준(Appropriate Level of Protection; ALOP)을 그의 영역 내에서 인간이나 동물, 식물의 생명이나 건강을 보호하기 위해 위생이나 식물위생 조치를 채택하는 구성원에 의해 적정하다고 생각되는 보호 수준으로 정의한다. 이 개념은 또한 "받아드릴 수 있는 위험 정도(acceptable level of risk)"로 언급된다.

병해충 무발생지역들은 일반적으로 특정 병해충에 대해 양 무역(국가나 지역) 파트너사이 과학에 바탕을 둔 협정을 통해 만들어진다. 병해충 무발생지역들은 자동적으로 다른 병해충 및 상황에 적용될 수 있는 다자간 협정이 아니다. 병해충 무발생지역들은 투명성 준수 및 감사 절차에 관해 두 파트너의 신용에 의존하고 있다. 그럼에도 불구하고, 기존 협정은 새로운 협정의 바탕으로서 이용될 수 있다.

11.2.5 병해충 무발생 상황을 지원하는 감시활동의 평가를 위한 시나리오 분지 모델링

우리는 한 지역이 어떤 병해충에 대해 무발생인지를 증명할 수 없다. 증거는 모든 민감한 개체들에 관한 검사로 완벽한 검사(오류가 없는 검사)를 필요로 하며, 그러면 단지 그 시점에서 무발생을 제공하게 될 것이다. 할 수 있는 최상은 가용할 수 있는 증거에 바탕을 두고 그 지역에 병해충이 "무발생(free)"이라는 가능성을 추정하는 것이다. 이와 관련하여 병해충으로부터 "무발생(freedom)"은 "그의 존재가 탐지할 수 있는 임계 수준 아래보다 이하인 것"으로 해석되어야 한다(Cameron & Baldock 1998; Martin 등 2007).

무발생 지역의 가능성을 추정하기 위한 증거는 다음의 두 가지 형태인 (1) 병해충의 발생 및 박멸에 관한 역사적 기록, (2) 병해충을 탐지할 목적을 가진 최근 감시활동들의 음성적 결과들로 제공된다. 종종 그러한 감시활동들은 임의적이지 않고, 존재한다면 가장 나타날 가능성이 있을 장소에서 병해충을 찾고자 설계된다. 그러한 편기된 감시활동 정보는 전형적인 조사들을 분석하는데 표준 기법을 따를 필요가 없다. 편기된 감시활동은 종종 병해충 무발생 상태에 관한 양적인 평가의 주장을 무시한다. 비슷하게 병해충이 "보이지 않는다"거나 "나타남이 알려지지 않는다"(즉, 일반적이고 수동적인 감시활동 과정에서 탐지되지 않음)는 것이 또한 무시된다.

시나리오 분지 모델링은 동물의 건강 감시활동을 평가하기 위해 설계되었고, 병해충 무발생 상태를 지원하는 증거를 평가하는데 사용될 것이다. 이러한 접근방법에서 병해충 탐지에 관한 감시활동 시스템은 병해충이 임계수준이나 그 이상으로 존재할 때 그를 탐지할 가능성을 가진 각각의 여러 구성요소를 포함한다. (그 지역에 존재할 때) 각각의 구성성분으로 생물체를 탐지하는 과정은 확률론적인 시나리오 분지 모델링을 이용하여 설명된다(Martin 등 2007). 이 모델은 구성성분의 활동으로 정의하며, 감시활동에서 그것들이 "과정이 진행되는(processed)" 것들 중에서 임의로 선발된 감시 단위(종종 구역 또는 나무, 곡물 시료)에서 병해충의 존재 및 병해충 탐지의 가능성에 영향을 주는 모든 요소들을 포함한다. 이 대표적인 단위가 양성의 결과가 주어져 가능성이 계산된다. 그러면 병해충이 임계수준에서 존재할 때 감시활동의 구성성분이 하나 이상의 양성의 결과가 주어져 그 가능성이 계산될 수 있다. 이러한 감시활동의 구성성분에 대한 민감도(sensitivity)를 계산함에 있어서, 병해충의 어떤 무리지움은 감시 단위 및 탐지 과정들에서 독립성의 부족 및 감시 단위들에서 감염 위험성의 차이에 관한 다른 원인들과 함께 확인될 수 있다. 민감도 계산은 존재하지 않는 병해충에 대한 감시활동에서 거짓 양성 결과가 수락될 수 없고, 항상 진정한 양성이나 음성으로 해결될 것이라는 가정에 바탕을 둔다(Martin 등 2007).

그러면, 감시활동의 구성성분에 관한 민감도는 감시활동 시스템의 민감도에 주어져 통합되게 된다. 이 과정은 연속적인 감시의 주기적 활동(종종 월이나 년)에 있어서 반복될 것이다. 그 지역이 병해충으로부터 "무발생(free)"일 가능성은 감시활동 민감도 및 무발생의 가능성에 관한 앞선 추정치로부터 추정될 수 있다. 연속적인 주기적 활동을 위해 이들 앞선 추정치는 병해충 무발생에 대한 예전의 감시활동 증거에 가장 바탕을 둔다. 1회 주기활동의 무발생

가능성에 대한 더 뒤쪽의 추정치는 여러 감시활동들 사이 주기활동하는 동안 병해충 침입의 가능성에 대해 조정된 다음 번 주기활동에 대한 앞선 추정치의 바탕으로 이용된다(Martin 등 2007). 즉, 과거 감시활동의 증거는 현재의 병해충 무발생 가능성을 알려주기 위해 시간이 지남에 따라 축적된다.

11.2.6 병해충 무발생 지역을 위한 통계적 검증력 접근방법

병해충 무발생에 관한 한 국가(또는 한 국가 내의 한 지역)의 증명은 다른 나라가 문제가 되는 병해충과 관련된 상품의 수입에 부과할 수 있는 무역제한을 피할 수 있게 한다. 이 증명은 국제적인 식물위생 기준에 준수해야만 하는 규정 하에서 나타날 수 있는 무역하는 양 국가간의 문제이다(IPPC 2009b).

이들 기준과 보고서는 병해충 무발생 주장을 채택하고 평가할 수 있지만, 그 주장들은 하나의 결정을 위해 어찌되었든 종합되어야만 하는 양적이고 질적인 구성성분의 복합체적 혼합이다. 필연적으로, 이 결정은 부분적으로 주관적이며, 더 경험적이고 덜 주관적인 주장의 장점을 측정하는 것이 바람직하다. 양적이고 질적인 정보의 다양한 출처와 함께 우리는 병해충 무발생에 관한 지식의 적격성에 대해 전체적인 측정을 할 수 없다.

양적인 구성성분은 ISPM 6을 준수해야만 하는 감시활동 프로그램에 의해 제공된다(IPPC 1997). 이것은 2가지 주요한 유형의 감시활동 시스템인 일반적인 감시활동(General Surveillance) 및 특정 조사(Specific Survey)로 확인된다. 일반적인 감시활동은 병해충 무발생의 주장을 추론함에 있어 뒷받침할 수 있는 많은 유형의 정보 출처로 언급된다. 특정 조사들은 병해충 상태에 관한 직접적인 데이터를 수집한다. 일반적인 감시활동으로부터 얻어진 정보는 좀처럼 병해충 무발생의 경험적 증거로 제공되지 못하지만, 감시활동 노력의 정량화 없이 "결코 관찰되지 않는 문제시 되는 병해충"의 훨씬 본질인 것이다. "병해충이 발생하지 않는 것으로 알려진다"의 형태에 경험적 증거는 정상적으로 단지 특정 조사로부터 나온다. 특정 조사는 어떤 설정된 발병률(예, 1%)에서 병해충의 어떤 신뢰도(예, 99%)를 제공해 줄 단순한 설계(예, 주어진 크기의 구역에서 시료채취되어야만 하는 나무와 과일의 특정한 수)로 되는 경향이 있다. 증거의 다른 출처(농장 컨설턴트의 관찰, 구역 실험실에서 음성의 진단 시료, 등)는 일반적인 감시활동 정보로 무시되거나 대개 제공되는 경향이 있다.

11.2.7 병해충 무발생 지역 상태를 위한 보조자로서 시스템적 접근방법

호주에서 검역관들은 특별히 먹을 수 있는 표피를 가진 상품인 원예 산물의 수확 후 처리를 위한 dimethoate 및 fenthion을 철회하고 있다. 결과적으로 식물병해충을 방제하기 위해 대체 방법들이 개발되어야만 한다. "시스템적 접근방법(Systems Approach)"이 고려될 수 있는 선택 중 하나이다. ISPM은 시스템적 접근방법을... '독립적으로 작용하는 적어도 2개의 다른 위험관리조치를 통합하여 규제병해충에 대한 적정보호수준을 누적적으로 달성한다'로 정의하고 있다(FAO 2009).

국제무역에서 널리 인정된 병해충 관리를 위한 시스템적 접근방법에 대하여, 새로운 분석 방법은 시스템에서 다중의 위험경감조치의 효과가 dimethoate 및 fenthion을 이용한 하나의 수확 후 처리와 동등함을 입증하도록 요구되었다.

시스템적 접근방법의 진전에 직면한 주요 문제는 시스템적 접근방법에서 조치의 효과가 어떻게 결정될 것인가를 결정하기 위한 요구이다. 역사적으로, 'Probit 9의 통계적 기준'(Baker 1939)은 조치의 효과를 평가하는데 있어 바탕으로 이용된다. 하나의 수확 후 조치(예, 수확 후 침지 강제 증열 처리)가 식물위생 위험을 관리하는데 이용될 때, 그들의 수락할 가능성이 기준에 대해 평가되었다. 예를 들어, 'Probit 9의 통계적 기준'은 오래동안 일부 병해충 특별히 과실파리류에 적용된 식물위생 처리의 효과를 입증하기 위해 미농무부에 의해 요구되었다(15장 3절을 보라; Baker 1939).

반대로, 'Probit 8.7'은 과실파리류에 대한 검역적 처리를 승인하기 위한 바탕으로 아시아-태평양 지역 전역에 널리 승인되었다. 시스템적 접근방법을 평가할 때 감염 수준을 결정하는 것보다 오히려 곤충의 생존 및 그의 수용가능성에 집중하기 때문에 이들 통계적 기준들 중 어느 것도 운용상 이치에 맞는 것이 없다. 정량적인 위험평가는 국제무역 및 국내무역의 목적을 위해 동등성을 입증하고, 위험경감전략 가능성을 평가하며, 연구나 정보의 요구도를 우선순위로 하는데 이용될 수 있다(5장 5절을 보라).

정량적인 위험평가는 입력 및 출력이 수적으로 표현되는 수학적 모델로 정의될 수 있다(Evans & Olson 1998). 확률론적 또는 가망론적 모델로서 언급되는 일부 정량적인 모델에서 일부 또는 모든 입력들은 확률분포이다(5장 5절을 보라; Evans & Olson 1998). 복합성 및 자원 요건들이 확률론적 모델에서 가장 중요하다. 그러나 확률론적 모델을 이용하는 이익은 변이성 및 불확실성을 탐색할 수 있는 것이다.

결론적으로, Probit 9의 조치는 시스템적 접근방법을 평가할 때 감염 수준을 결정하는 것보다 오히려 곤충의 생존 및 그의 수용가능성에 집중하기 때문에 운용상 이치에 맞는 것은 아니다. 가장 적절한 모델은 모델의 목적에 의존한다. 결과적으로, 검역관들은 하나 이상의 조치들이 시스템적 접근방법에 통합될 때 조치의 효과를 평가하기 위해 다른 접근방법들에 동의해야만 한다.

11.3 조사 계획

11.3.1 목적을 둔 감시활동의 개요

국가식물보호기구는 외래 식물병해충에 취약한 모든 작물과 산림, 자연환경에 대한 감시활동 프로그램을 수행하기 위한 자원을 가지고 있지 않다. 즉, 감시활동 프로그램은 외래 병해충들이 가장 쉽게 탐지될 구역과 지역, 위치 및 계절이나 기간을 확인하는 공간적이고 시간적 목적물이 필요하다. 공간적인 목적물은 자원을 가장 효율적인 방법에 할당되도록 할 수 있다. 시간적인 목적물은 트랩이나 인원을 병해충이 가장 활동적일 때의 기간 동안 배치되도록 할 수 있다.

적절한 조사장소들은 다음에 의해 선정된다.

- 생산 지역의 지리적 분포나 그들의 크기;
- 병해충 관리프로그램(상업적 및 비상업적 장소들), 재배품종들의 존재;
- 수확된 상품의 통합 지점(예, 유묘, 팔레트 또는 컨테이너 저장 구역, 기주가 되는 재료의 집중 지역);
- 수확된 상품 유형별 적절한 시료채취 기법;
- 예전에 기록된 병해충의 존재 및 분포;
- 병해충의 생태;
- 병해충에 대한 장소의 기후 적응성.

조사절차의 시기 택하기는 다음에 의해 결정될 수 있다.

- 병해충의 생활사;
- 병해충과 그 기주에 관한 생물기후학;
- 병해충 관리프로그램의 시기 택하기;
- 병해충이 활력적으로 성장하는 작물에서 또는 수확된 작물에서 가장 탐지될지 여부.

부가적인 사항들:

조사자들은 찾고자하는 의심스런 종이나 목적하는 종에 대한 동정 지원이 필요하다(12장). CABI 또는 EXFOR, Invasive.org 같은 웹사이트 상의 이미지들은 유용하게 될 것이다. 당신이 목적하는 종이 활동적이고 볼 수 있는 것으로 조사 간격을 선정한다.

조사자 및 조사장비의 오염을 제거하라! (식물병에 대하여 적절한 오염제거제를 활용하라). 이런 행동은 침입 병해충이 새로운 장소로 퍼지는 것으로부터 막는데 도움을 준다(18.3 및 18.4절을 보라). 당신의 지역 식물보호기관이나 국가식물보호기구에 발견내용을 보고하라.

보다 수준 높은 목적으로 하는 정보는 병해충 데이터시트, 병해충 위험지도, 병해충 모델로부터 파생된 기법과 데이터의 조합에 의해 제공될 수 있다. 목적으로 하는 정보는 서식처, 기후, 경로, 경제, 우선순위의 모델들로 만들어 질 수 있다. 서식처(기주) 모델은 침입 생물체가 적합한 기주를 찾을 수 있는 곳이나 정해진 장소에서 어떠한 기주가 적합한지를 나타낸다. 기후 모델은 침입 생물체가 생존과 번식할 수 있는 장소나 시기에 대한 정보를 제공한다. 경로 모델은 침입 생물체의 가장 가능한 유입지점을 제공한다. 경제 모델은 특정 감시활동 프로그램의 비용 및 편익을 결정하기 위해 서식처, 기후, 경로 모델들을 통합한다. 개별적인 지도나 모델들은 사용자들이 개별적인 위험 계층들을 비교 검토할 수 있도록 하는 다기준의사결정시스템(Multi Criteria Decision System; BRS, 2007)과 같은 기법을 이용하여 요약될 수 있다. 파레

토 순위결정(Pareto Ranking)은 미국과 캐나다에서 이런 목적으로 평가되고 있다(Magarey 등 2010).

우선순위는 특정 지역에서 목적으로 하는 가장 중요한 침입 생물체를 결정하는 과정이다. 여기서 우리는 서식처, 기후, 경로가 감시활동 프로그램에 있어서 가장 필수적인 구성성분이기 때문에 그것들의 모델만을 설명하고자 한다.

11.3.2 서식처 모델

이들 모델은 침입 생물체의 유입 및 정착 지점이 될 가장 가능한 지역을 결정하는데 이용된다. 서식처 모델은 작물과 산림 목록 데이터, 토지이용 데이터, 종 분포 데이터를 포함하는 많은 정보 공급원이 필요하기 때문에 구축하는데 어려울 수 있다. 중요한 작물, 산림, 환경적인 기주를 가해하는 병해충에 대한 지도를 구축하는데 데이터가 서로 다른 형식으로 될 수 있어 복잡성이 발생할 수 있다. 예를 들어, 작물의 분포 데이터는 에이커로, 산림 목록은 면적 당 종으로, 종의 분포는 지리적 위치나 관할지에 있어서 존재 유무로 될 수 있다. 우리는 차례로 데이터의 공급원들에 대해 논의하고, 그들의 한계나 이점에 관해 몇 가지를 지적하고자 한다.

토지이용 데이터베이스는 기주위험지도를 구축하는데 기본적인 데이터 공급원이다. 이 데이터 공급원은 다른 정보의 부재 시에 이용될 수 있거나 더 명확한 해상도를 위해 다른 데이터 공급원의 규모를 줄이는데 이용될 수 있다. 전형적인 토지이용 데이터베이스는 농경지, 활엽수림, 침엽수림, 혼합림, 초지, 도심지를 포함한 구분들로 설명할 것이다. 토지이용 데이터베이스들은 보통 인공위성 이미지로부터 유래된다. 결과적으로 그들은 널리 사용할 수 있다. 예를 들어, 인공위성 이미지로부터 유래된 전지구적 토지이용 데이터베이스는 현재 300m의 해상도로 사용할 수 있다(European Space Agency http://due.esrin.esa.int/prjs/prjs68.php).

미국에서 작물목록데이터는 농무부의 국립농업통계원(National Agricultural Statistic Service, NASS)에 의해 제공되며, 농업센서스프로그램(Agricultural Census Programme) 하에서 수집된다. 그 데이터는 카운티까지의 해상도로 사용할 수 있으며, 127 작물 유형에 대해 사용할 수 있다. 기주 가용성에 관한 몇 가지 다른 단위들이 면적, 생산량, 경제적 가치를 포함하여 기록된다. 데이터가 배포 전 1년 또는 그 이상 지체시간과 함께 4년에 한번(2007년이 가장 최신)으로 사용할 수 있기 때문에 이 방법의 유용성은 한정된다. 일부 품목들에 대해서, 우리는 감시활동의 최상 지역을 결정하기 위해 산업이나 상업판매 데이터베이스를 참조해야만 한다. 상업판매 데이터베이스는 정보가 지도화되기 전에 지리보정(georeferencing)을 필요로 할 수 있다. 작물 생산에 대한 공간적으로 명시적인 정보를 사용할 수 없는 국가에서 하나의 선택은 주나 국가의 생산통계와 같은 넓은 규모의 정보를 받아들여, 토지이용 데이터베이스로부터 농경지 면적에 대한 생산량을 배분한다.

미국에서 산림 데이터는 USFS의 산림목록 데이터 사이트(FIDO)에서 이용할 수 있다(http://fia.fs.fed.us/). 이들 데이터 공급원은 카운티별 개별적인 수종의 면적을 포함하고 있다. FIDO 데이터베이스는 일부 침입 생물종의 중요한 기주가 될 수 있는 식물군락의 하층에 사는 종들의 분포를 기록하지 않고 있어 이것이 한계이다.

산림과 자연환경에서, 많은 기주식물종의 분포는 국제생물다양성정보공유서비스(Global Biodiversity Information Facility; GBIF)와 같은 종 분포 데이터베이스로부터 추정할 수 있다(http://www.gbif.org). GBIF는 박물관과 표본관으로부터 세계적으로 지리보정된 종 분포 기록들을 포함하는 데이터 포털사이트이다. GBIF는 주요한 2가지 한계를 지닌 강력한 자원이다. 첫째, 그 데이터는 존재하는 것만이 확인되었을 뿐, 기주 종의 풍부도는 일반적으로 알려지지 않는다. 둘째, 알려진 종의 분포 데이터의 일부분만 GBIF에 나타나 있다. 카운티 데이터 공급원은 더 많은 기록들을 포함할 것이다. 주 기주(CABI Crop Compendium과 같은 병해충 데이터베이스에 의해 결정된 것과 같은) 및 2차 기주들이 모델에 포함되어 있다.

CAPS 프로그램에서, 요약된 기주위험지도는 우선순위목록에 있는 각각의 외래병해충에 대해 만들어졌다. 그 기주위험지도는 감수성 기주의 총 면적과 카운티의 총 면적과의 함수로 카운티 내의 기주 밀도를 추정하여 만들어졌다. 1에서 10등급으로 카운티 당 전체 기주면적의 비율을 설명하게 된다.

11.3.3 기후 모델

기후 모델은 병해충의 잠재적인 범위를 결정하는데 이용되며, 조사 활동을 위한 최적의 시간을 추정하는데 도움을 준다. 기후는 병해충의 기후생물학, 번식, 분산, 월동시 생존 및 목적하는 병해충의 결정적인 성분에 중요한 영향을 준다. 기후 기반 모델링은 날씨에 좌우되거나 습도 의존적인 병원균에 대해서 유용할 수 있지만, 넓은 조건을 가지거나 옥내 환경(예를 들어 온실)의 병해충인 병원균에 내해서 도움이 될 수 없다. 부가적으로, 독특한 미세기후에서 자라거나 관개 하에서 재배되는 작물들은 모델개발자들에게 부수적인 어려움을 준다. 기후 모델의 가장 중요한 3가지 성분은 기후 데이터베이스, 모델 선발, 해석이다.

기후 데이터베이스(전지구적 범위의 기후를 포함한)는 현재 널리 이용되고 있다. 근년에, 우리는 격자 데이터베이스로 전환하여 기지국 데이터셋에 바탕을 둔 것으로부터 벗어난 것을 알게 되었다. 데이터베이스는 변량, 해상도, 기간이란 용어로 논의될 수 있다. 현대 농업기상 데이터베이스에서 날짜는 고유한 변량을 포함하며, 데이터는 고유한 변량의 모델들로부터 파생된다. 병해충 위험 모델링에 대한 가장 중요한 변량은 온일도 및 극한온도이다. 잎의 습기(일반적으로 수집된 고유한 변량으로부터 파생될 수 있는), 상대습도, 강수량은 일부 진균 및 세균의 감염기간이나 연체동물이 활동하는 기간을 예견하는데 1차적으로 중요하다. 바람의 속도와 방향과 같은 다른 변량들은 녹병과 같은 병들의 분산을 예견하는데 중요하지만, 이것은 이 장의 범위 밖이다.

시기는 데이터베이스에 있어서 두 번째로 중요한 성분이다. 많은 위험지도들은 10년 또는 30년 기후 데이터를 이용하여 만들어졌다. 이것은 사용자가 평년에 가장 쉽게 병해충의 생태를 예견하도록 하고 있다. 낮은 공간적 해상도를 지닌 지도는 산악지방과 같은 지형학적 특성에 의해 유도된 기후의 변이성을 놓칠 수 있다. 의사결정자들은 가장 높은 가능성의 공간적 해상도를 볼 수 있기를 원하지만, 그것은 비용에 증가를 가져왔다.

기후에 바탕을 둔 몇 가지 위험지도시스템들(CLIMATE, CLIMEX, NAPPFAST, MAXENT)이 식물의 병해충위험분석에 이용되었다(Venette 2010). 기후위험지도화도구들은 연역적 또는 귀납적 지도화 방법들을 이용할 것이다(Baker 2002). 연역적 방법들(예를 들어, CLIMEX의 지역 비교, NAPPFAST)은 날씨 또는 기후 데이터로부터 병원균의 분포를 예견하는 생물학적 모델들을 만들기 위해 실험 데이터를 이용한다. 귀납적 기법들은 병원균의 생물학적 요건(예를 들어, 온일도 임계점 또는 생장을 위한 기본적인 온도, 저온 또는 열 치사 임계점, 잎의 습기, 감염을 위한 상대습도 조건 등)에 대한 가능한 적당한 정보가 있을 때 최상으로 작동된다. 많은 이들 요건은 CABI Crop Compendium과 같은 데이터베이스로부터 이용할 수 있거나, 밀접히 관련된 종으로부터 추정될 수 있다. 귀납적 기법들(예를 들어, MaxEnt, CLIMEX 기후 매칭)은 병원균의 관찰된 분포와 기후 변량의 통계학적 매칭에 바탕을 둔다.

11.3.4 경로 모델

경로위험 지도화 및 모델링은 아마도 목적하는 것의 가장 중요한 성분일 것이다. 경로위험지도들은 외래병해충의 유입에 대한 가장 위험한 장소로 정의한다. 이들 지도를 만들기 위한 데이터의 주요 공급원은 식물위생 데이터(예를 들어, 검출, 긴급대응활동, 훈증, 상품이나 묘목 수입 데이터), 무역 및 운송화물 데이터, 상품판매 데이터셋들을 포함한다. 경로위험지도를 만드는 가장 단순한 방법은 병해충 검출빈도나 긴급대응활동별 장소나 항구들을 지도화하는 것이다. 훌륭한 예로는 몇몇 새로운 (예전에 검출되지 않은) 종이나 속이 발견이 된 미농무부 동식물위생검사청 식물보호 및 검역국 CAPS 플로리다 타일창고 조사이다(Beckwith 2004). 때때로 신종이 검역규제조사에서 발견되었다. 감시활동은 또한 공항이나 철도조차장, 국립공원과 같은 다른 고위험 또는 위해 구역에서 수행될 수 있다(Self & Kay 2005).

미국에서 훨씬 최근에 화물운송분석체계(Freight Analysis Framework; FAF)의 데이터베이스를 이용하여 경로지도를 만들기 위한 기법이 개발되었다(Colunga-Garcia 등 2010a, b). FAF에서 경로는 7개의 국제적인 원산지 및 43개의 광범위한 수입상품 부문에 따라 분류되었다. 미국으로 들어오는 수입품들은 주요 대도심지, 주의 잔여지역, 국경지역을 포함한 131개 지역으로 배포되었다. 각각의 병해충에 대해서 유입경로들은 그의 국제적인 배포 및 그의 무역(HS) 수입상품 협회로부터 결정되었다. 최종 위험 부문은 병해충이 보고된 국가로부터 들어오는 잠정적으로 감염된 상품(기주)의 적재량으로 나타난다(Colunga-Garcia 등 2010a, b).

11.3.5 통계적 방법 및 시료추출

서론. 식물보호 프로그램의 성공은 병해충을 검출할 수 있는 우리의 능력에 달려있다. 그러나 종종 우리는 가능한 모든 장소나 병해충이 나타날 수 있는 어떤 지역에서 모든 기주 식물을

를 조사할 수 없다. 조사 계획 및 시료추출 방법들이 병해충이 존재하지 않거나 그 병해충 개체군에 대한 추론을 할 수 없는 신뢰수준을 제공하는데 이용되고 있다. 여기서 우리는 검출을 위한 조사 대 정보(감염 정도)를 위한 조사의 기본적 원리를 설명하고, 감시활동 프로그램을 지원할 개발 중인 시료추출 계획의 예들을 소개할 것이다.

다음과 같은 몇 가지 주요 사항들이 고려되어야만 한다:

- 신뢰수준(Confidence Level): 우리의 결과(결론)들에 있어서 우리의 정확성(신뢰) 순준. 우리가 95%의 확신으로 선적물이 "병해충 무감염(pest free)"이라고 말할 때, 우리의 주어진 방법과 가정들이 (평균적으로) 그 시기에 적어도 95%는 정확하다는 것을 의미한다. 농산물의 검역규제 활동을 위해서 신뢰수준들은 좀처럼 95% 미만이 될 수 없으며, 종종 더 높은 예를 들어 99.9%로 될 수도 있다.
- 검출수준(Detection Level) 또는 임계치(Threshold): 주어진 시료추출 노력 및 신뢰수준에서 우리가 병해충을 검출할 수 있는 가장 낮은 감염률.
- 시료단위(Sample Unit): 우리가 병해충을 찾기 위해 검사하는 기본적인 단위. 여건에 따라 이것은 나무 한 그루 또는 하나의 잎, 과일 한 상자, 꽃 한 다발이 될 수 있다.
- 시료크기(Sample Size): 검사된 시료단위의 수, 예를 들어, 야외에 설치된 트랩의 수.
- 시료추출의 효율성(Sampling Efficiency): 우리의 검사 정확성을 반영하는 비율이나 퍼센트. 만약 병해충이 하나의 시료단위(예를 들어, 하나의 과일이나 꽃다발)에 있다면, 어떻게 찾는 것이 쉬울까? 역사적으로 많은 사람들은 이것이 100%에 가깝게 될 수 있다고 가정하였지만, 많은 검사들에 있어서 이것은 사실이 아니다. 시료추출의 낮은 효율성은 진술된 어떤 결론이 올바르게 되기 위해서 시료크기를 보다 크게 해야만 한다.
- 중대한 관찰(Important Observation): 우리가 100%의 효율성으로 100%를 검사하지 않는 한 한 지역(또는 개체군)이 100% 확신적으로 병해충 무감염이라는 말을 결코 할 수 없다. 이 기준은 거의 사실이 아니다. 우리가 할 수 있는 최선의 방법은 병해충이 검출수준 이하의 개체군으로 존재한다고 확신(어떠한 신뢰수준으로)있게 말하는 것이다.

위의 모든 사항들을 어떻게 서로 맞출 것인가? 신뢰수준, 검출임계치, 시료크기는 모두 서로 관련되어 있다. 두 기능은 세 번째를 결정한다. 우리는 대부분 신뢰수준과 검출임계치로 시작하고, 적절한 시료크기를 결정하게 된다. 예를 들어, 하나의 해충에 대하여 1,000그루의 과수원을 육안으로 검사한다고 말해보자. 우리의 검사가 모두 음성인 경우, 우리는 다음과 같은 진술을 할 수 있을 것이다:

- 우리가 18그루를 검사한 경우, 우리는 95%의 신뢰수준에서 감염율이 0.16 (16%) 이하라고 말할 수 있다.
- 우리가 72그루를 검사한 경우, 우리는 95%의 신뢰수준에서 감염율이 0.04 (4%) 이하라고 말할 수 있다.
- 우리가 205그루를 검사한 경우, 우리는 95%의 신뢰수준에서 감염율이 0.01 (1%) 이하라

표 11.1 생물안보기관에 의해 수행된 시료추출의 기본적인 2가지 유형에 관한 요약

목표	정보를 위한 시료추출 감염 수준의 결정	검출을 위한 시료추출 병해충이 존재할 경우 발견
신뢰수준	사전에 명확하게 명시	종종 모호하고, 결정하는데 어렵다
시료단위	명확하게 명시, 예, 하나의 과일	보통 명확하게 명시; 때때로 모호
검출수준	명확하게 명시	종종 모호하고, 일반적으로 존재/부재
시료크기	명확하게 명시	노력의 정도를 반영. 많은 프로그램에서 그것은 트랩/지역의 수(#)

고 말할 수 있다.

- 우리가 86그루를 검사한 경우, 우리는 99%의 신뢰수준에서 감염율이 0.05 (5%) 이하라고 말할 수 있다(표 11.1).

정보를 위한 시료추출(sampling for information) 대 검출을 위한 시료추출(sampling for detection). 통계학적으로 올바른 조사를 수행하기 위해서, 시료추출 방법은 명확하게 자세히 설명되어야 하며, 그래야 무역 상대자들이 그 방법이 유효한지를 결정할 수 있다. 유효하지 않은 방법은 연구결과들에 대해 질문을 요구할 수 있는 시료추출의 오류(error)를 가져올 수 있다.

다음과 같은 일반적인 방법이 있다:

- **임의시료(sample random)**: 각각의 시료는 동등한 확률로 선정한다: 개체군은 나누어지거나 부분화되지 않는다(예: 100그루의 숲에서 4번째, 12번째, 13번째, 27번째 그루 등을 난수표를 이용하여 10그루를 선정하여 조사한다);
- **체계화(Systematic)**: 목적으로 하는 개체군은 어떤 정렬된 틀에 따라 배열되며, 그러면 시료는 정렬된 목록을 통해 규칙적인 간격으로 선정된다(예: 숲에서 모두 10번째 그루를 조사한다);
- **계층화(Stratified)**: 개체군이 뚜렷한 범주로 나누어질 수 있을 때, 그러면 시료들은 그 '계층(strata)'으로부터 임의적으로 선정된다(예: 숲이 라임, 오렌지, 자몽으로 나뉘며, 10그루는 각각의 유형으로부터 임의적으로 선정된다);
- **무리(Cluster)**: 시료는 단지 어떤 지역이나 단지 어떤 시기에만 선정된다(예: 주식회사 오렌지의 감귤류 숲);
- **간이 시료추출(Convenience sampling)** (우발적 시료추출(Accidental sampling) 또는 기회적 시료추출(Opportunity sampling): 시료가 근처에 있는 개체군의 일부에서 추출될 때이다(예: 길을 따라 감귤 나무를 조사한다). 이러한 유형의 시료는 충분하게 대표성을 나타낼 수 없기 때문에 우리는 그 시료로부터 과학적으로 전체 개체군에 관한 일반화를 이룰 수 없다. 이 시료추출 방법은 사전검사를 위해서 가장 유용하다.

조사계획(Survey Design): 검출을 위한 시료추출(Sampling for Detection). 조사는 병해충의 검출(존재/부재)을 위해 계획되거나 병해충에 관한 정보(예를 들어, 그의 풍부도)를 알기 위해 이루어진다. 검출을 위한 조사활동은 단지 병해충을 발견할 때까지 시료추출을 필요로 한다. 이러한 계획을 이용하는 조사자는 단지 얻어진 시료에 대해서만 추론을 할 수 있다. 이러한 유형의 조사는 병해충의 박멸이나 관리 활동을 촉진하거나, 병해충 무감염이나 병해충이 낮은 밀도로 발생하는 지역을 입증함으로서 무역을 지원하거나, 침입에 이은 병해충의 완전한 범위의 경계를 설정하기 위해 병해충을 조기 탐색하는데 이용될 수 있다. 병해충이 발견된 후, 병해충 개체군에 관해 결론을 내릴 목적으로 그 지역에서 병해충의 발생을 정량화하기 위해 다른 유형의 모니터링 프로그램들이 채택될 수 있다. 이러한 유형의 모니터링 프로그램은 이미 존재하는 병해충의 분포 및 발생정도를 설명하는데 이용될 수 있다.

간이 시료추출에 바탕을 둔 조사들이 일반적으로 검출 및 박멸 프로그램들에서 이용될지라도, 그것들은 결코 하나의 종이 그 지역에 없다는 것을 확인하는데 이용될 수는 없다. 그곳에 종이 있는데 검출되지 않는가, 진정으로 없는가? 그 때, 종은 그 지역에 존재할 수 있지만, 우연히 검출되지 않을 수 있다. 그러므로 검출임계치 또는 신뢰한계가 병해충이 그 지역에 존재될 것이라는 허용한계 또는 수락위험을 제공하는데 이용되고 있다.

검출임계치(Detection thresholds): 검출임계치는 주어진 시료크기, 검출방법, 조사여건에서 검출될 수 있는 병해충의 최소 수준으로 언급된다. 그것은 발생정도가 거의 0이 될 것으로 생각될 때 이용된다. 병해충이 전혀 발견되지 않을 경우조차도, 그것은 약간 또는 적은 수의 병해충이 여전히 존재할 기회인 것이다. 매우 적은 수로 있고, 피해가 나타나지 않기 때문에 그들의 존재는 허용될 수 있다. 임계치는 보통 모든 부분에 관여함으로써 과학적인 분석, 정책 결정, 위험평가에 바탕이 된다. 조사가 무역하는 상대자와 관계된다면, 검출임계치는 협상된 허용수준과 동일하게 설정될 것이다.

침입종이 박멸되었음을 선언하는 것은 보통 일정한 시간에서 연속된 음성 결과("발견 없음")에 바탕을 둔다. 예를 들어, 3년 연속의 음성인 조사 결과들이 이용될 수 있다. 그러나 이러한 방법은 특히 박멸하기 위한 노력들이 성공적으로 됨에 따라 그 종이 훨씬 드물게 될 때 한계가 있다. 그것은 또한 박멸의 조기 선언 비용에 관한 조사 비용을 고려하지 않는다.

검출의 신뢰성(Confidence of Detection): 병해충이 발견되지 않는다면, 조사나 검사가 이루어지지 않은 식물체나 지역들에 관해서 어느 정도의 불활실성이 여전히 존재한다. 통계적인 신뢰성 문제는 병해충의 실제 발생정도가 검출임계치 이상이 되지 않을 것이라는 확률로 표현한다. 예를 들어, 시료추출 후 95%의 신뢰구간에서 검출수준 0.01은 실제 발생정도가 0.01이나 그 이하임을 95%의 확률로 말하는 것이다. 신뢰성과 시료크기 사이의 관계는 단순하다. 즉, 조사된 장소가 많아지면 많아질수록 검출 결과에 관한 확실성이 훨씬 더해질 수 있다.

원칙적으로 적어도 95%의 신뢰수준이 수락 가능한 것으로 간주되지만, 일부 경우에 99.9%까지의 신뢰수준이 요구될 수도 있다. 예를 들어, 무역 상대자가 어떤 논리적이거나 재정적인 제약과는 독립적으로 조사에서 병해충이 검출될 수 있는 특정한 신뢰수준을 요구할 수 있다.

정보를 위한 시료추출(Sampling for Information): 개체군의 선정은 전체 개체군에 대한 일반화된 결론을 만드는데 이용된다. 많은 계획의 결정은 첫 번째 시료가 얻어지기 전에 이루어져야만 한다. 당신이 식물의 병해충을 찾고자 할 때, 당신은 이미 어디서 조사하고, 얼마나 많은 시료를 채취할 것이며, 어떤 유형의 데이터가 필요한지를 결정하게 된다.

시료추출 과정은 다음과 같이 몇 가지 단계를 포함하고 있다:

- 특정한 조사 목적을 명시(검출, 경계설정 또는 발생정도 결정);
- 관심대상인 개체군을 명시(국가, 병해충무발생지역, 상품)
- 측정하기 위한 시료추출 단위 또는 사건을 지정(개별 곤충, 과일 상자, 개별 식물체);
- 시료단위를 선정하기 위한 방법을 지정(임의적, 체계적, 계층적/대상적);
- 시료크기를 결정(식물체 수, 농장 수);
- 시료추출 계획의 실행;

시료추출 및 데이터 수집:

시료추출 단위(Sampling Unit). 개체군은 시료가 수집되기 전에 시료추출 단위로 나누어야만 한다. 그 단위는 전체 개체군을 포함하여야 하며, 중복되지 않아야 한다; 즉, 시료추출 단위는 상호 배타적이어야 한다. 이러한 관점에서 개체군에 모든 성분은 단지 하나의 시료추출 단위에 속해야만 한다. 때때로 시료추출 단위의 선정은 분명하다: 즉, 그 단위인 곤충 개체군은 단일종의 곤충이다. 때때로 그것에는 단위의 선택이 있다: 즉, 시료추출 단위인 국가로 들어오는 시료추출하는 상품은 개별적인 상품 단위로 될 것이다. 예를 들어, 그것을 포함하는 모든 개별 품목들의 완전한 시료인 감자, 사과 등이나 상품의 상자나 나무상자. 또한 아래 단계의 시료단위가 그 안에 포함된 선정된 선적 컨테이너가 될 수도 있다. 농작물을 시료추출함에 있어, 단위는 포장 또는 농장, 우리 맘대로 모양과 크기를 정한 토지구역이 될 수 있다.

- 시료크기(Sample size). 시료크기는 특정한 신뢰수준에서 병해충 감염의 특정한 비율을 검출하기 위해 조사가 요구되는 장소나 시료추출 단위의 수이다. 시료크기는 검출임계치, 방법의 정확성, 요구되는 신뢰성에 바탕을 둔다. 요구되는 특정한 감염 비율(검출임계치)은 당신이나 당신의 무역 상대자에 의해 설정될 수 있다. 일반적으로 시료크기가 커지면 커질수록 더 좋은 결과를 얻게 된다. 그러나 시간과 자원이 보통 시료추출될 단위의 수를 한정한다.
- 조사계획의 실행. 조사계획은 잘 설명되어야 하며, 그 결과는 실제 병해충 상태를 나타내야만 한다. 가장 중요한 것은 계획들이 물리적으로 재정적으로 허락되어야만 한다. 조사를 설계하고 실행하며, 정확한 시료의 수를 결정하는데 하나의 방법만이 있는 것은 아니다. 결과적으로, 설계 단계를 선택하는 이유는 투명해야만 한다. 가장 성공적인 조사는 생물학자, 통계학자, 다른 관련된 분야들의 밀접한 공조를 통해 설계되고 실행된다. 생물학자는 이용될 수 있는 현장기법의 진가를 발휘하도록 관심있는 종과 시스템에 관한

전문적인 지식을 가지며; 통계학자는 적절한 분석 기법에 관한 지식 및 데이터의 요구사항에 관한 인식을 가진다.

11.4 공간 분석(GIS)

11.4.1 서론

GIS라는 용어 및 기술은 25년 이전부터 존재하였으며, GIS는 여러 가지 의미를 가지고 있다. 두문자어는 원래 "지리정보시스템(Geographic Information System)"을 의미하며, 공간적 데이터를 수집, 조작, 분석, 연출할 수 있는 통합된 소프트웨어로 언급된다. 그 다음으로 사용자 및 응용프로그램의 수가 발전함에 따라, GIS는 일부 사용자들에 의해 오늘날 많은 응용프로그램들이 사용되는 것 외에 분석력 및 강력함을 강조하기 위해 "지리정보학(Geographic Information Science)"으로 정의되었다. 그들은 그러한 정의에 따라 GIS가 간단하고 정적인 지도를 만드는 것으로부터 동적이고 대화형의 응용프로그램들을 생산할 수 있는 시스템으로 성숙한 것을 알리기 위해 원격감지, 모델링, 공간 통계와 같은 GIS의 분야를 지적한다. 이 절에서 우리는 전통적인 정의(지리정보시스템)에서 GIS를 이용하지만, 훨씬 더 관련된 분석을 포함한 GIS의 응용프로그램의 예들을 나타낼 것을 희망한다.

11.4.2 사업의 관리도구로서 지리정보시스템(GIS)

모든 생물안보 데이터는 공간적인 구성성분을 가지며, 그러므로 지도상에 표현될 수 있다. 이와 같이 GIS는 생물안보기관에 의해 수행된 어떤 방제/관리/조사 프로그램에 있어 매우 중요하다. 관리도구로서 GIS의 좋은 실례는 2003-2006년 동안 플로리다의 마이애미에서 이루어진 감귤 궤양병 박멸프로그램(Citrus Canker Eradication Programme)이다(18.3절을 보라). 이 프로그램은 각각의 개별 속성을 추적하는데 필요한 결정적인 정보를 다음과 같이 포함하고 있다:

- 부지 내에 있는 감귤인가?
- 특별한 속성이 마지막으로 조사된 때는?
- 의심스런 나무가 발견되었는가?
- 발견된 궤양병이 병리학자에 의해 확인되었는가?
- 주택소유자가 나무를 제거하도록 허락했는가?
- 나무가 제거되고 소각되었는가?
- 감귤나무의 200m 내에 다른 속성들이 있는가?

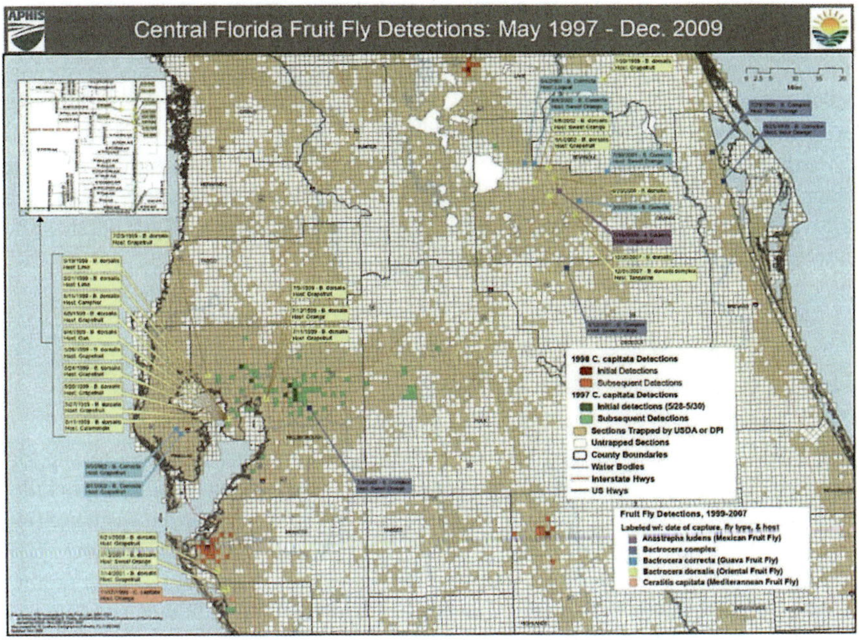

그림 11.3 플로리다 중부에서 1997-2009년 동안 과실파리 탐지상황(지도는 플로리다 식물보호 및 검역국 Nancy Leathers에 의해 작성됨)

이 프로그램은 100,000개 이상의 속성과 백만명 이상의 사람들을 포함하였다. 지도상에 데이터를 시각화하기 위해서는 관리자의 능력이 중요하다. 이 프로그램의 데이터베이스와 연결된 GIS는 다음과 같은 유형의 질문들에 답변하는데 도움을 줄 수 있다.

- 조사된 곳과 다음 조사를 필요로 하는 곳은?
- 새로운 양성반응의 탐지가 조사를 어떻게 변화시킬 것인가?
- 어떤 지역에 더 많은 인력이 필요할 것인가?
- 어떤 지역들이 예정보다 앞서거나 늦는가?
- 병해충이 어떻게 퍼져나가는가?
- 관리 절차가 어디서 작동되지 않고 있는가?
- 어느 지역이 훨씬 더 위험한가?

GIS는 데이터 관리 및 사업의 감시를 위한 효과적인 도구가 될 수 있다. GIS는 ArcPad와 같은 도구로 야외 데이터를 수집하는데 도움을 줄 수 있고, 품질보증(QA)/품질관리(QC)를 위해 이용될 수 있으며, 인력이나 장비를 관리하는데 도움을 줄 수 있다.

그림 11.3은 플로리다 중부에서 2010년 과실파리 모니터링 프로그램의 예를 보여주고 있

다. 그의 조사 활동을 통합하고, 관리하며, 보고하는데 GIS를 이용하고 있다. 이 지도는 10년 이상 과실파리의 발견된 역사를 보여준다.

플로리다 과실파리 탐지(Florida Fruit Fly Detection, FFD) 프로그램은 플로리다 농업 및 소비자 서비스국(Florida Department of Agriculture & Consumer Service, FDACS)의 식물산업과(Division of Plant Industry, DPI) 및 미농무부 동식물위생검사청 식물보호 및 검역국 사이의 협력적인 활동이다(15.6.3절을 보라). 이 프로그램은 외래의 대상이 되는 과실파리들이 정착, 번식, 확산되기 전에 새로운 침입을 탐지하기 위해 설계되었다. 주정부 및 연방정부의 조사원들은 주의 9,300 평방 마일 전역에 분산된 약 56,000개의 트랩들을 모니터한다.

트랩들은 그들이 위치한 카운티의 위험평가에 따라 2-3주 간격으로 관리하게 된다. 연방정부의 조사원들은 한 달에 평균 56,000개 이상의 트랩이 설치된 장소를 방문한다. 전지구측위시스템(Global Positioning System, GPS) 좌표는 모든 트랩의 설치된 위치를 포착하게 된다. 이 정보는 프로그램의 담당자 및 감독관에게 트랩의 공간적 분포를 알 수 있고, 측정할 수 있게 하며, 대상이 되는 고위험 지역이 충분한 수의 트랩이 설치되었는지를 보장할 수 있는 능력을 제공한다. 지리적 좌표를 포함한 과실파리 탐지 데이터는 PDA를 통해 현장에서 수집되며, 담당자, 감독관, 프로그램 운영자, 지원요원들이 접속할 수 있는 중앙 데이터베이스(ETRAP)에 저장된다.

각각의 FFD 사무실은 적어도 하나의 ArcGIS 설비를 갖추고 있으며, 그래서 지역의 요원은 GIS 소프트웨어를 작동해 본 경험이 거의 없는 사람들을 위해 개발된 맞춤형 도구를 이용하여 지도를 작성할 수 있다. 그 지도는 ETRAP 데이터베이스와 동적인 연결을 포함하며, 그래서 현재의 트랩설치 장소가 어느 때나 보여 질 수 있다.

11.4.3 분석도구로서 지리정보시스템(GIS)

GIS는 관리자 및 프로그램을 지원하기 위해 훨씬 포괄적이고 복잡한 분석을 할 수 있는 도구를 제공하고 있다. 데이터는 많은 공급원으로부터 나올 수 있으며, 다음을 포함하게 될 것이다: 점 데이터(조사 데이터); 선 데이터(강과 도로); 다각형 데이터(검역구역); 또는 원격으로 감지된 데이터(항공사진 및 위성이미지). GIS는 분석요원에게 병해충의 유입, 병해충의 확산, 최상의 검역경계구역 등을 예견하는데 도움을 줄 모델로 여러 종류의 데이터를 병합하도록 한다.

이러한 종류의 작업들 중 하나의 예가 워싱턴주와 오레곤주에서 아시아계통 매미나방(Asian Gypsy Moth, AGM)의 트랩 위치 분석이다. 이 분석의 목표는 두 주의 농업국에 의한 트랩 배치를 지원하고자 함이었다. 분석요원은 쉽게 유입될 지역을 나타내는 지도를 작성하였다. 이 "모델"은 많은 계층에 바탕을 두었으며, 워싱턴과 오레곤으로 아시아매미나방의 유입에 관한 위험도를 추정하기 위해 주민, 무역, 도로, 항구, 수로, 기주, 각종 수송시설에 관한 데이터를 조합하고 있다. 붉은 지역들이 위험성이 보다 높은 곳이다(그림 11.4).

모델로부터 이 지도는 현재(전년도의) 트랩의 위치와 비교되었다. 워싱턴과 오레곤에서 사

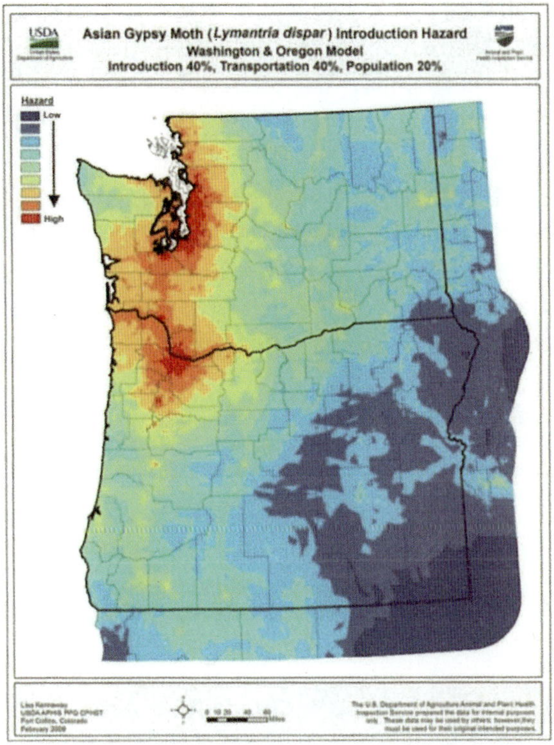

그림 11.4 아시아계통 매미나방(AGM)의 유입위험 지도(지도 및 분석은 USDA APHIS CPHST의 Lisa Kennaway에 의해 생산되었음)

업관리자들을 위해, 이것은 그들의 지도가 트랩을 배치한 것과 일치하는 곳과 서로 다른 곳을 이해하는데 귀중한 비교자료가 되었다. GIS 모델이 그들의 트랩을 배치할 곳을 관리자에게 지시하지는 않는다. 그들의 자원을 배분함에 있어 관리자들에게 도움을 주는 도구인 것이다.

11.4.4 정보교환 도구로서 지리정보시스템(GIS)

이러한 GIS의 간략한 개요에 대한 조명의 세 번째 분야는 정보교환 도구로서 지도를 이용하는 것과 관련된다. 대부분의 사람들은 이상적인 보고 및 요약 도구로 만든 지도를 읽고 해석할 수 있다. 검역구역의 법적인 설명은 다루기 어렵고 시각화하기 어렵다. 반대로, 지도는 명확하게 그 구역을 보여줄 수 있다. 지도는 또한 관리자 또는 감독관에게 조사된 지역, 양성반응 장소, 프로그램이 다음에 조사될 위치를 보여줄 수 있다.

지도는 위험도나 모델을 쉽게 이해할 수 있는 꾸러미로 요약할 수 있다. 대부분의 사람들은 그림상의 표보다 오히려 지도를 볼 것이다. 지도는 상세한 표를 대체할 수는 없지만, 구성원들이 보다 쉽게 이해할 수 있다. 핵심은 그러한 메시지를 명확하고, 간결하며, 이해할 수 있는 방법으로 나타낼 지도를 만드는 것이다.

아래에 우리는 동일한 데이터를 나타내기를 시도한 두 개의 예시 지도를 제공하고자 한다. "좋지 않은(bad)" 지도는 명확하게 빈약하지만, 일상적으로 나타내는 많은 지도들과 다르지 않다. 지도를 작성하는 많은 소프트웨어의 산물들이 상업적으로 유용하지만, 이러한 도구를 이용하면 MS Word를 이용하여 명확하게 작성된 보고서보다 그 이상 좋은 결과를 보장하지 않는다. 지도를 만드는 것은 좋은 사진을 구성하는 것과 같아야만 한다.

그림 11.5와 11.6의 두 지도를 생각해 보자. 어느 지도건 특정한 프로그램에 활동적으로 관여된 일부 사람들을 위해 만들어질 수 있지만, 그 사업에 관여하지 않은 어떠한 사람이 그림 11.5에 지도를 이해할 수 있을까? 모든 사람이 그 지역을, 관심대상인 곤충을, 그 지도가 만들어진 때와 누구에 의해 만들어졌는지 알 것인가? 대부분의 사람들은 두 번째 지도가 더 효과적으로 정보를 전달한다고 말할 것이다.

좋은 지도를 위한 지침:

- 지도의 목적은 무엇이며, 어떠한 정보가 포함되어야만 하는가?
- 어떠한 지도투영법이 가장 적합한가?
- 어떠한 특성들이 지도의 목적과 관련이 없는가?
- 지도상의 복잡성을 줄일 수 있는가?
- 지도상의 메시지를 전달하는 가장 좋은 방법은 무엇인가?

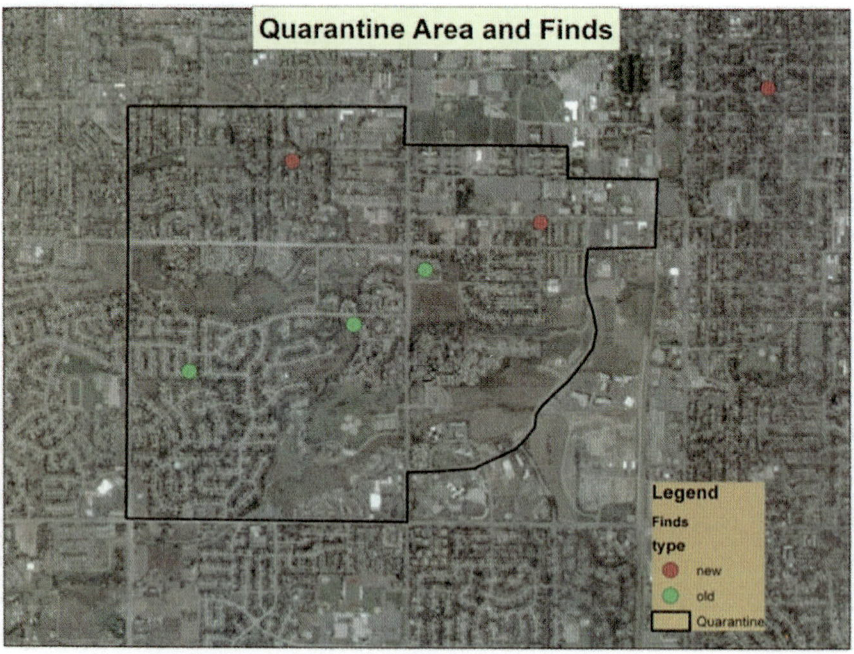

그림 11.5 지도 1-좋지 않은 지도의 예시(지도 제공 – USDA APHIS CPHST의 Lisa Kenaway)

- 데이터는 지도의 초점이다. 눈이 다른 곳보다 먼저 데이터로 끌려가는가?
- 제목은 적당한 크기/길이이며, 지도상의 데이터를 설명하는가?
- 축척, 방위표시, 범례, 부가적인 정보가 크기상 적당하며, 데이터로부터 시선을 돌리지 않게 한다.
- 참조할 위치 데이터가 지도에 포함된다(국가, 도시, 도로 등).
- 데이터의 기호화는 논리적으로 한다: 즉, 낮은 값은 녹색, 높은 값은 적색.
- 부가적인 정보가 포함된다: 즉, 제작자, 제작일, 데이터 출처, 투영법.

좋지 않은 지도의 모습:

- 데이터가 지도상에서 다른 항목들로 압도된다;
- 배경색이 데이터로부터 시선을 돌리게 한다;
- 다른 항목들이 데이터로부터 시선을 돌리게 한다(범례, 축척 등);
- 제목이나 범례 값이 모호하다(논리적이지 않음);
- 참조할 데이터가 없다.

좋은 실례: 당신이 작성된 문서에 대해 교정을 받는 것처럼, 당신의 모든 지도들의 선명도와

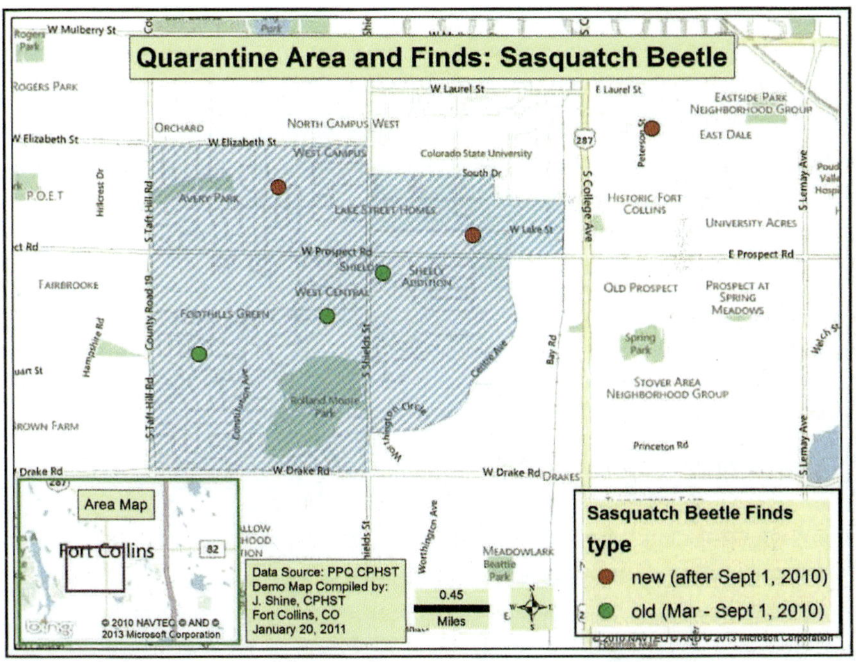

그림 11.6 지도 2-좋은 지도의 예시(지도 제공 - USDA APHIS CPHST의 Lisa Kenaway)

디자인에 관하여 다른 사람으로부터 교정을 받는다.

11.5 데이터의 통합: 사이버인프라(Cyber Infrastructure)

11.5.1 컴퓨터인프라(사이버인프라)

컴퓨터인프라(사이버인프라)는 대상으로 하는 감시활동에 요구되는 대량의 다양한 데이터 공급원을 구성할 필요가 있다. 사이버인프라는 (a) 데이터의 수집, 관리, 공유, (b) 병해충 위험 모델 및 분석을 창출, (c) 국가 및 지역의 요구에 대한 데이터 및 위험 산물을 해석, (d) 관리자, 현장요원, 이해당사자를 포함한 최종 사용자에게 정보 산물의 배포를 관리하는데 도움을 준다(그림 11.2) (Magarey 등 2009; Barrett 등 2010). 사이버인프라는 (a) 식물위생 기록과 무역 데이터, 병해충 관찰값, 병해충 생태, 기상관측소 기록, 작물 통계와 같은 표 데이터, (b) 모든 기준 정보(생-물리적이고, 행정구역상의 경계 지도), 원격 감지에 바탕을 둔 지도, 공간적 모델링 산출값(예를 들어, 기후지도)을 포함한 지도제작용 데이터에 대한 이질적인 데이터 공급원을 통합하도록 설계되어야 한다. 사이버인프라는 또한 역할기반 액세스 시스템을 통해 사람들(예를 들어, 조사원, 데이터 관리자, 위험분석요원, 프로그램 관리자, 산업이나 지도 전문가)과 그들의 책임을 지원한다. 역할기반 액세스는 사용자의 조직, 지리적 책임(예를 들어, 주, 지역), 사용자의 직책에 의해 한정된다. 역할기반 액세스는 사용자가 어떠한 데이터나 병해충 프로그램을 볼 것이며, 그들이 접속할 수 있는 어떠한 온라인 도구를 결정한다.

사이버인프라가 나타나는 예는 미농무부 동식물위생검사청의 iPHIS 시스템, NAPPFAST 시스템(Magarey 등 2009), 호주의 생물안보정보네트워크(ABIN)(http://www.abin.org.au/)를 포함한다. iPHIS 및 NAPPFAST 두 시스템은 병해충 관찰과 위험지도의 통합을 지원한다. 주 목적은 정부와 산업계, 연구자들에게 의사결정을 지원하는 데이터를 제공하는 것이다.

데이터를 공유하는 것이 사이버인프라의 개발에서 가장 어려운 것 중 하나이다. 이러한 어려움은 특히 연방정부와 주정부사이, 국가와 산업체사이 데이터 공유 프로토콜 및 기준의 결여나 복잡함으로부터 기인한다. 사이버인프라로 산업체의 병합은 산업체가 장기간 재원조달을 제공할 수 있기 때문에 특히 중요하다.

11.5.2 데이터

가장 일반적인 데이터 필드는 보통 감시활동 프로그램에서 채집물에 대해 다음 것들이 수집되거나 권장된다: 데이터 공급원 ID, 채집일자, 동정 및 확인, 위치, 병해충(학명, 과/목명, 가능할 경우 병해충 코드), 기주(학명, 가능할 경우 기주 코드), 채집수단(예를 들어, 유인트랩, 토양시료, 포충망), 시료(조사) 및 진단정보. 위치 정보는 위도와 경도, 국가, 주, 도시, 우편번호, 주소, 소유자의 연락처를 포함할 수 있다. 상세한 주소와 연락처는 개인정보보호법을 위반할 수 있기 때문에 종종 포함되지 않을 수 있다. 병해충 정보는 병해충 ID (또는 학명), 생물기후학적 발육단계, 발생양, 진단(동정) 결과를 포함할 수 있다. 조사 및 진단 정보는 또한 진단 방법, 시료 ID, 실험실 ID, 조사자 ID, 조사 또는 트랩 방법을 포함할 수 있다. 또한, 부가적인 정보, 예를 들어 기주 관계의 본질 또는 감염상태, 식물에 영향을 주는 생육단계, 온실에서만 발견, 상품에서 병해충의 발생에 관한 참고자료(있는 경우) 및 보고서들은 주석으로 포함될 수 있다.

11.6 농작물병해충합동조사(CAPS)

11.6.1 서론

미국에서 외래 식물병해충에 대한 국경 이후의 탐지는 농무부 동식물위생검사청 식물보호 및 검역국(USDA-APHIS-PPQ) 및 그의 협력자들의 책임이다(Magarey 등 2009). 여기서 미국에서 외래 식물병해충에 대한 연방 및 주 정부 공동의 병해충 탐지 프로그램인 CAPS는 중요한 역할을 수행한다(Wheeler & Hoebeke 2001).

CAPS는 연방 및 주 정부기관, 대학교, 산업체를 포함한 다양한 조직의 대표와 함께 국가 및 주 수준의 위원회로 다계층 구조를 가진다. CAPS에 의해 수행된 첫 번째 셋의 탐지활동은 또한 "핫 구역(Hotzone)" 또는 "위험지점(Risk Point)", "고위험(High Hazard)" 조사로 알려진 목적을 둔 감시활동이다(Wheeler & Hoebeke 2001). 이들 조사는 병해충 검출 및 위기대응활동들을 포함한 식물위생 데이터의 분석에 바탕을 둔 고위험 경로를 검사한다.

CAPS에 의해 수행된 두 번째 셋의 탐지활동은 병해충 및 상품 조사이다. CAPS 위원회는 연차적으로 약 50-60종의 병해충 우선순위 목록을 포함하여 여러 출처로부터 국가 및 주 정부의 조사 대상물을 선정한다. 우선순위 목록은 전문적인 학회(예를 들어, 미국식물병리학회, 미국곤충학회) 및 식물보호 및 검역국의 기록들로부터 엮은 하위 목록으로부터 개발된 보다 큰 식물보호 및 검역국의 병해충 목록으로부터 선정된다. 이러한 보다 큰 목록으로부터 우선순위 목록이 계층화분석기법(Analytical Hierarchy Process, AHP)을 이용하여 개발되었다(Saaty 1994). 전문가 견해가 각각의 병해충에 대하여 병해충 생태, 경로, 영향에 관한 질문의 답으로 이용되었다. 그 다음, 가중치 기준(criteria weights)을 이용하여 AHP에 의해 우선순위가 매겨진 병해충들은 식물보호 및 검역국의 프로그램 관리자들이나 다른 협력자들에 의해 선정되었다.

CAPS 2011 병해충 목록은 33종의 절지동물, 12종의 선충, 10종의 병원균, 3종의 연체동물, 1종의 잡초를 포함하였다(Magarey 등 2011). CAPS의 일부 대상물들은 종 수준보다 오히려 속 준순에서 선정되었다. CAPS의 국가 대상물의 예로는 아프리카왕달팽이(*Achatina fulica* Bowditch), 애모무늬잎말이나방(*Adoxophyes orana* (Fischer von Röeslerstamm)), 거짓콜롬비아뿌리혹선충(*Meloidogyne fallax* Karssen)이 있다. 최근 CAPS는 검사자가 잠재적으로 조사 과정을 개선하여 한번 방문하는 동안 여러 병해충을 시료채취할 수 있도록 상품에 바탕을 둔 조사를 실행하기 시작했다. CAPS 조사 데이터는 식물위생종합정보시스템(Integrated

Plant Health Information System, iPHIS)을 이용하여 채집되며, 또한 국가농작물병해충정보시스템(National Agricultural Pest Information System, NAPIS)로 알려진 중앙 데이터베이스에 보관된다.

미농무부 동식물위생검사청 식물보호 및 검역부(USDA-APHIS-PPQ) 식물위생과학기술센터(Center for Plant Health Science and Technology, CPHST)는 CAPS 프로그램 협력자들의 계획 조사를 돕기 위해 많은 이들 대상물들에 대하여 병해충 생태에 관한 정보, 조사 방법, 위험 분석을 제공하고 있다(Magarey 등 2010). 이들 조사는 위기대응활동 공지나 병해충 검출 데이터(전에 항구정보네트워크(Port Information Network) 또는 PIN으로 알려진 미농무부의 PESTID)와 같은 식물위생 데이터에 바탕을 둔 고위험으로 확인된 경로를 검사한다. 위기대응활동 공지는 동식물위생검사청의 조치와 규정을 적용하는데 이용되는 전자보고시스템의 일부로 생산된 문서이다.

고위험 경로가 확인될 경우, 개별적인 장소들은 정착의 유형, 식물위생의 역사, 수입경로로부터 논리적 거리, 판매 데이터와 같은 데이터 기반으로 순위매김된다(Self & Kay 2005). 예를 들어, 목적을 둔 감시활동은 플로리다의 마이애미에서 대리석 수입자들과 유통업자들에게서 수행되었다(Beckwith 2004). 마이애미에서 병해충 탐지에 관한 과거 기록들을 분석한 후, 타일 선적물을 받아들인 76개의 창고가 심층적인 조사대상으로 선정되었다. 조사는 2개의 새로운 대륙의 기록 및 몇몇 새로운 주와 카운티의 기록을 포함한 새로운 외래 절지동물 종의 탐지가 이루어졌다. 조사는 또한 미농무부의 PESTID 데이터베이스에 있지 않은 딱정벌레목과 노린재목(매미목을 포함)에 속하는 20속 이상이 발견되었다.

미농무부 동식물위생검사청 식물보호 및 검역부(USDA-APHIS-PPQ)의 밀수금지무역협정(Smuggling Interdiction and Trade Compliance, SITC)은 목적을 둔 감시활동과 활동적으로 관련된 또 다른 프로그램이다. 동식물위생검사청은 미국으로 들어오는 밀수나 부적절하게 수입된 농산물 양의 증가에 대응으로 1990년대 중반에 SITC를 설립하였다. SITC 프로그램의 임무는 외래 식물 및 동물의 병해충이 숨어들어 올 수 있는 금지 산물의 불법적인 이입 및 유통을 확인하는 것이다. SITC는 2002년에 2,007톤 이상의 금지된 물품을 압류 및 소각하였다.

11.6.2 CAPS: 미래를 향한 발견

CAPS 프로그램에 관한 미래의 향상을 위해 잠재력을 가진 두 부문은 산업체와 시민 과학자를 목표로 한다.

산업체는 일반적인 감시활동 시스템과 넓게 병합되지 않는 광범위한 데이터 수집 능력을 가지고 있다(Magarey 등 2010; Whittle 등 2009). 예를 들어, 종자회사들은 일상적으로 다음과 같은 것을 포함한 활동으로부터 데이터를 수집한다: (1) 연구와 종자생산 분야의 병해충 정찰활동, (2) 식물위생 분야의 검사, (3) 그들의 고객을 위한 병 진단 검사. 산업체의 감시활동 데이터에 관한 또 다른 출처는 작물 컨설턴트로부터의 기부가 될 것이다. 미국에서 수천명의 작물 컨설턴트들은 일상적으로 농작물 포장에서 정찰활동을 한다. 비록 많은 산업체의 관찰값들이 확인이 필요하지만, 일부 산업체의 진단실험실은 현재 국가적인 또는 국제적인 기관으로 인정되어 있다.

시민 과학자는 관찰 또는 측정, 계산과 같은 연구와 관련된 임무를 수행하거나 관리하는 개개인별 지원자들이나 지원자(특정한 과학적 훈련을 받지 않은 많은 사람들) 네트워크로 과학적 활동의 과제나 진행되는 프로그램에서 사용되는 용어이다. 시민 과학자 네트워크의 이용은 종종 과학자들에게 달리 가능한 것보다 더 실행 가능하게 연구 목적을 달성할 수 있도록 한다. 시민 과학자 프로그램은 잠재적으로 가장 협력적인 조사 프로그램 중의 하나이다. 시민 과학자들이 연갈색사과잎말이나방(*Epiphyas postvittana* Walker)과 유리알락하늘소(*Anoplophora glabripennis* Motschulsky)를 포함한 많은 중요한 외래 병해충을 처음으로 탐지하였다(16장). 연갈색사과잎말이나방(LBAM)의 경우에, 캘리포니아대학교(UC Berkeley)에서 퇴임한 곤충학 교수(나방류 분류전문가)가 2006년 7월 19일 그의 Berkeley 뒤뜰에서 LBAM을 처음으로 탐지하였다. 유리알락하늘소의 경우에, 그 하늘소들은 1996년 동안 미국 뉴욕 Brooklyn의 Greenpoint 지역에 아파트 건물의 순진한 집주인에 의해 처음 발견되었다(16.2절).

시민 과학자 프로그램은 외래 병해충에 관한 데이터를 수집하기 위해 존재하는 관찰가 네트워크, 전문적인 학회, 학교 학생들을 이용하여 만들어 질 수 있다. 외래 병해충의 탐지를 위해 공통적으로 선택될 수 있는 관찰가 네트워크의 예로는 국립생물기후학적네트워크(National Phenological Network; http://www.usanpn.org)이다. 회원들이 협력적일 수 있는 전문적인 학회의 예로는 미국곤충학회 및 미국식물병리학회를 포함한다. 동식물위생검사청은 최근 유리알락하늘소에 대한 시민 과학 프로그램의 이용을 조사 중에 있다. 시민 과학자 프로그램들은 고위험 병해충들이나 특용작물과 같은 고위험 상품들을 목적으로 할 수 있다. 최근 우리는 도심지역에서 특용작물(높은 밀도의 잠재적인 관련물품들)이 외래 병해충의 유입에 관한 높은 위험성이 있는 것으로 주목하고 있다(Colunga-Garcia 등 2010a, b). 이 장의 앞쪽에서 설명한 사이버인프라는 시민 과학자의 데이터를 수집, 통합, 분석하기 위한 시스템을 구축하기 위해 정보 기법을 제공할 수 있다.

11.7 결론

이 장은 감시활동 및 생물안보와 관련된 많은 방법들과 생각들을 소개하였으나, 급속하게 변화하는 현장에 단지 겉면만을 긁어모았을 뿐이다. 이 장이 기술되고 있을 때 조차, 상품을 실시간으로 추적하는 데이터베이스인 "탐지기(sniffer)" 기술의 발전이 있었으며, 자원의 더 좋은 모니터링을 위해 모델링 응용프로그램을 항구나 현장으로 제공할 수 있는 클라우드에 바탕을 둔(cloud-based) 기반시설의 발전이 있었다. 이들은 조직들이 어떻게 작동하느냐에 따라 급속하게 변화할 수 있다. 많은 변화들은 기술에 바탕을 둘 것이며, 미래의 경우도 계속될 것이다. 정부예산이 엄격해지는 일반적이고 세계적인 추세 및 전지구적 무역의 증가, 전통적인 패턴을 단절시키는 기후변화와 함께, 기술 제공자들은 그들의 생물안보 조직에 증가되는 압력을 국가가 따를 수 있도록 해주기를 희망한다.

참고문헌

Baker AC (1939) The basis for treatment of products where fruitflies are involved as a condition for entry into the United States, vol 551, Circular. U.S. Department of Agriculture, Washington, DC

Baker RHA (2002) Predicting the limits to the potential distribution of alien crop pests. In: Hallman GJ, Schwalbe CP (eds) Invasive arthropods in agriculture. Science Publishers, Enfield, pp 208-241

Beckwith J (2004) A survey of tile warehouses in Florida. US Department of Agriculture, Animal and Plant Health Inspection Service, Plant Protection and Quarantine, Cooperative Agriculture Pest Survey, Riverdale

Barrett S, Whittle P, Mengersen K, Stoklosa R (2010) Biosecurity threats: the design of surveillance systems, based on power and risk. J Environ Ecol Stat 17: 503-519

Biosecurity Australia (2009) Report of the assessment of northern China's fruit fly pest free areas: Hebei. Shandong and Xinjiang. Online at http://bit.ly/cCYtCe. Biosecurity Australia, Canberra

BRS (2007) Multi-criteria analysis shell, MCASS-S, Version 1.0, User Guide. Australian Government, Bureau of Rural Sciences. Canberra. Http://www.brs.gov.au

Cameron AR, Baldock FC (1998) A new probability formula for surveys to substantiate freedom from disease. Prev Vet Med 34(1): 1-17

Colunga-Garcia M. Magarey RD, Haack RA, Gage SH, Qi J (2010a) Enhancing early detection of exotic pests in agricultural and forest ecosystems using an urban gradient framework. Ecol Appl 20: 303-310

Colunga-Garcia M. Haack RA, Magarey RD, Margosian ML (2010b) Spatial establishment patterns of exotic forest insects in urban areas in relation to urban tree cover and propagule pressure. J Econ Entomol 103: 108-118

Evans G, McMaugh T (2005) Surveying for plant pests : ISPM Terminology. Association of south east asian Nations. http://www.aseanet.org/events/bogor_sept2005/sps/Relevant%20Documents/Surveying%20 Plant%20Pests-ISPM.%20Guidelin%20(G.%20Evans).doc

Evans JR. Olson DL (1998) Introduction to simulation and risk analysis. Prentice-Hall lnternational, Upper Saddle River

Froud KJ, Oliver TM, Bingham PC, Flynn AR, Rowswell Nl (2008) Passive surveillance of new exotic pests and diseases in New Zealand. In: Froud KJ. Popay A1, Zydenbos SM (eds) Surveillance for biosecurity: pre-border to pest management. New Zealand Plant Protection Society, Paihia

Gottwald TR, da Graça JV. Bassanezi RB (2007) Citrus Huanglongbing: the pathogen and its impact. Online. Plant Health Prog doi: 10.1094/PHP-2007-0906-01-RV

Hix R, Toscano N, Gispert C (2003) Area-wide management of the glassy-winged sharpshooter in the Temecula and Coachella Valleys. In: Tariq MA, Oswalt S, Blincoe P, Spencer R, Houser L. Ba A. Esser T (eds) Proceedings of CDFA Pierce's disease research symposium, 8-11 December 2003, Copeland Printing Sacramento, Coronado, pp 292-294

IPPC (1997) ISPM No. 6, Guidelines for surveillance. International Plant Protection Convention. FAO-UN, Rome. p 8

IPPC (1999) 1SPM No. 9, Guidelines for pest eradication programmes (1998 International Plant Protection

Convention, FAOUN, Rome, 10 pp

IPPC (2009a) International Standards for Phytosanitary Measures (ISPMs) 1-32. International Plant Protection Convention. FAO-UN, Rome

IPPC (2009b) Explanatory document on International Standards for Phytosanitary Measures (ISPMs) 31. International Plant Protection Convention. FAO-UN, Rome

Isard SA, Russo JM, Ariatti A (2007) The Integrated Aerobiology Modeling System applied to the spread of soybean rust into the Ohio River valley during September 2006. Aerobiologia 23: 271-282

Magarey RD, Borchert DM, Engle JS, Colunga-Garcia M. Koch FH, Yemshanov D (2011) Risk maps for targeting exotic plant pest detection programs in the United States. EPPO Bull 41: 46-56

Magarey RD, Dolezal WM, Moore TJ (2010) Worldwide monitoring systems. The need for public and private collaboration. In: Gisi U et al. (eds) Recent developments in management or plant diseases, 349 Plant Pathology in the 21st Century 1. doi: 10.1007/978-1-4020-8804-9_24, Springer Science Business Media B.V.

Magarey RD, Colunga-Garcia M, Fieselmann D (2009) Plant biosecurity in the United States: roles, responsibilities and information needs. Bioscience 59: 875-883

Martin PAJ, Cameron AR, Greiner M (2007) Demonstrating freedom from disease using multiple complex data sources: 1: a new methodology based on scenario trees. Prev Vet Med 79: 71-97

Saaty TL (1994) Fundamentals of decision making and priority theory with the analytic hierarchy process. RWS Publications. Pittsburgh, 527 pp

Self M. Kay C (2005) Development of methodology for targeted post border surveillance for exotic pest incursions. Paper presented at the workshop on post-border surveillance for exotic pests of plants hosted by the Department of Agriculture Food and Forestry; 7-8 June 2005, Canberra

USDA (2002) Alternatives for quarantine security (Agricultural Research Service, United States department of agriculture). http://www.ars.usda.gov/is/np/mba/jan97/secure.htm. Accessed 26 Sept 2008

USDA-APHIS-ppQ (2004) Smuggling interdiction and trade compliance program (11 November 2007 www.aphis.usda.gov/lpa/pubs/fsheet_faq_notice/fs_phsouthwestsitc.html)

Venette RC et al. (2010) Pest risk maps for invasive alien species: a roadmap for improvement. Bioscience 60: 349-362

Wheeler AG, Hoebeke ER (2001) A history of adventive insects in North America: their pathways of entry and programs of entry and programs for their detection. In: Detecting and monitoring invasive species, plant health conference. USDA-APHIS, Raleigh, pp 3-15

Whittle P, Barrett S, Jarrad F, Murray J, Mengersen K. Hardie D, Nietrzeba A, Stoklosa R, Parkes J. Majer J (2009) Design of detection surveillance program for non-indigenous species of terrestrial invertebrates, plants and vertebrates on Barrow Island. Report to Chevron Australia Pty Ltd. Cooperative Research Centre for National Plant Biosecurity, Bruce

제12장 식물검역에서 디지털 동정 도구 및 실제
Digital Identification Tools in Regulatory Science and Practice

G.A. Norton, T.W. Walters, J. LaForest, K. Walker, M. Taylor,
S. Winterton, and G. Kong
번역: 이원훈(농림축산검역본부) · 홍기정(순천대학교)

12.1 서론

검역현장에서 검출된 생물체를 동정하거나 그 생물체가 검역적 위험성을 가지고 있는지를 결정하는 검역관의 능력은 식물의 생물안보 전략에 있어 중요한 속성이 되고 있다. 그림 12.1은 국경이전(검역단계의 한 부분으로서)과 국경이후(감시활동의 한 부분으로서)를 포함하여 생물체의 동정이 매우 중요하다는 것을 보여주고 있다(Norton 2005).

G.A. Norton (✉) · M. Taylor
Queensland Alliance for Agriculture and Food Innovation (QAAFI),
University of Queensland, Brisbane, Australia
e-mail: G.Norton@uq.edu.au

T.W. Walters
Identification Technology Program, USDA/APHIS/PPQ-CPHST,
Fort Collins, CO, USA

J. LaForest
Center for Invasive Species and Ecosystem Health, University of Georgia,
Tifton, GA, USA

K. Walker
Museum Victoria, Melbourne, VIC, Australia

S. Winterton
California State Collection of Arthropods, California Department of Food & Agriculture, Sacramento, CA, USA

G. Kong
Plant Biosecurity Cooperative Research Centre, Canberra, Australia

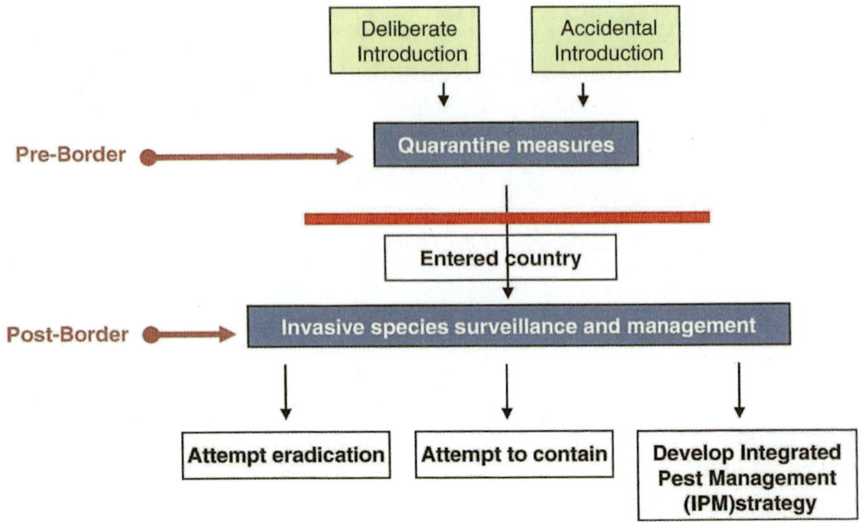

그림 12.1 식물의 생물안보에 있어서 동정의 역할

12.1.1 생물체의 해부학적 형질에 기초한 동정

과거 수백 년 동안, 동물과 식물의 동정은 시각적, 해부학적 특질/형질들에 대한 체계적인 서술에 의존하여 왔다. 최근 현대 분자생물학 기술들이 새롭게 동정에 활용되고 있으며, 일부 경우에 DNA 코드의 특정부위를 바탕으로 생물체를 동정하는 결정적인 방법이 제공되고 있다(13.1장). 미래에는 시각적인 동정 기술이 독립적으로 또는 분자생물학적 진단과 결합하여 이용될 것이며, 식물의 생물안보, 병해충관리, 생물학 연구에 있어서 중요한 도구가 될 것이다.

(식물이나 곤충의 분류학자와 같은) 전문가들의 도움 없이 생물체를 동정하기 원하는 사람들은 어떤 형태(혹은 형식)의 동정 보조물에 의존해야만 한다. 전통적인 동정 보조물은 동정해야 하는 표본의 시각적 특질들과 명명된 생물체와 관련된 특질들의 데이터베이스와 비교하여 맞추어보는(매칭시켜보는) 것이다. 하나의 전통적인 동정 보조물(휴대용 도감)은 사용자가 선택된 식물이나 동물을 동정하는데 도움이 되는 야외현장으로 가져 갈 수 있는 그림의 나열과 설명문을 수반한다. 이러한 휴대용 도감과 관련된 데이터베이스들은 종종 (모양이나 색깔, 지리적 분포와 같은) 따라하기 쉬운 형식으로 구성되어 있다. 특히, 특정 지역의 새들, 일부 침입종들과 같이 유사한 종들의 숫자가 제한되어 있는 표본들과 관련될 때, 휴대용 도감은 종을 동정하는데 매우 유용한 보조물이 될 수 있다.

반대로, 관련되거나 유사해 보이는 수백 개의 표본들이 살고 있는 지역에서 삽화가 들어간 야전 안내서를 이용하여 곤충을 동정하는데 따르는 문제점을 생각해 보자. 확실히, 동정에 대한 다른 대체방법 즉, 동정되지 않은 표본을 서술하고, 종을 묘사한 데이터베이스와 비교하는 체계적인 방법이 필요하게 된다. 동정되지 않은 곤충의 경우 – 동정되지 않은 표본이 날개를 가

글상자 12.1 곤충 목에 대한 두갈래 검색키의 한 부분

1(a) Well-developed wings present, though often folded along body and inconspicuous – 2.

1(b) Wings absent, or present only as small, functionless pads or scales – 14.

2(a) One pair of wings present – 3.

2(b) Two pair of wings present; hind wings may be concealed beneath protective forewings – 4.

3(a) Forewings membranous; hind wings reduced to tiny club-like structures (halteres) – **Diptera**

3(b) Hing wings large; membranous; forewings reduced to tiny, sharp-like structures – **Strepsiptera**

4(a) Forewings hard, opaque, in repose forming covers for hind wings; forewings entirely without branching veins or only at apex – 5.

4(b) Forewings either transparent or with branching veins over most of surface, or not forming covers over hind wings – 8.

...... Etc.

The user answers the first question by choosing the component of the couplet that correctly describes the specimen under identification. This leads to further couplets. In the example given, if couplets 1(a), 2(a) and 3(a) apply, then the specimen is identified as belonging to the Order Diptera.

This type of key is called "dichotomous" in reference to word's meaning...... "two branching". However, in practice dichotomous keys often have questions with more than two choices.

지고 있는지? 만약 그렇다면, 몇 쌍인지? ...... 만약 식물을 동정할 경우, 그것은 교목, 관목, 덩굴식물, 초본식물 중 어느 것인지? 잎의 모양은 어떤지? ...... 등의 체계적인 방법이 필요하다.

12.1.2. 두갈래(텍스트) 검색키

수백 년 동안 이용되어 온 전통적인 동정 보조물의 형식은 두갈래(dichotomous) 검색키 또는 경로(pathway) 검색키 시스템이다. 이 방법은 오늘날에도 여전히 가장 일반적으로 사용되고 있는 검색 형태로, 보통 인쇄된 형식이나 Adobe PDF 형식으로 볼 수 있다. 두갈개 검색키는 다양한 방법으로 배열할 수 있지만, 일반적으로 번호가 매겨진 일련의 질의가 "댓구(couplet)"로 배열된 형식을 이룬다. 틀 12.1은 곤충 표본이 어떠한 목(order)에 속하는지 동정하기 위해 이용되는 두갈래 검색키의 한 부분을 나타내고 있다.

두갈개 검색키는 분류학적 특징을 서술하는 전문적인 용어의 사용과 "답이 없는 댓구"의 질의가 포함되어 있는 여러 가지 문제점으로 시달리게 한다. 사용자가 식물 표본을 동정하기 위해 두갈래 검색키를 이용, 꽃 색깔과 같은 꽃의 특정 형질들을 선택해야 할 때, 후자의 문제점이 발생한다. 만약 식물 표본이 꽃이 아니라면, 대답을 구할 수 없는 댓구와 마주치게 되며, 그 시점에서 종종 동정 과정을 포기하게 된다. 댓구에서 이용되는 전문적인 용어들이 비전문가에게는 형질 상태를 구별하는데 있어 유사한 어려움이 발생하게 되며, 종종 사용자들이 동정 도구를 거부하는 결과를 낳게 한다.

최근 정보통신기술(Information Technology and Communication, ITC)의 발달은 표본의 동정에 있어서 혁신적인 접근방법을 가져왔다. 컴퓨터 하드웨어와 소프트웨어의 분석능력, 다양한 형식의 멀티미디어 개발 및 접속에 의해 제공된 기회 및 인터넷은 디지털 동정의 보조물을 고안하고, 구성하며, 또한 조사하고, 전달하며, 활용할 수 있는 새로운 방법의 개발을 가능케 하고 있다. 다음 장에서는 두 가지 형태의 디지털 동정 보조물인 디지털 검색 시스템과 디지털 이미지 데이터베이스 시스템을 검토할 것이다.

12.2 디지털 검색 시스템

두 가지 형태의 디지털 검색 시스템은 전통적인 두갈래 검색키나 경로 검색키를 바탕으로 한 점과 시스템의 핵심으로 매트릭스 데이터베이스를 사용한다는 점이다.

12.2.1 온라인 두갈래 검색키

많은 두갈래 검색키들이 현재 인터넷에서 유용하며, 다양한 형식을 가지고 있다. 이들 검색키 중 일부는 논문에서 사용되었던 검색키와 같은 텍스트 형식을 이용하고 있다. 또 다른 것들은 원래의 댓구에 보통 그림으로 나타낸 각각의 형질들을 사용자에게 보여주는 HTML 형식을 사용하고 있다. 사용자들은 그것을 클릭을 함으로서 동정하고자 하는 표본과 일치하는 형질들을 선택하고, 그 다음 단계의 관련된 댓구를 보여주는 다음 화면으로 넘어가게 되며, 최종적으로 동정된 종이나 분류군에 관한 정보를 제공하는 화면으로 넘어가게 된다. 온라인 검색키들은 이용 면에서 훨씬 접근성이 높고 쉬우며, 종종 댓구에 특질을 삽화한 이미지를 포함하고 있다. 그러나 디지털 두갈래 검색키는 여전히 "답이 없는" 댓구의 문제로 시달리게 된다.

이러한 문제를 해결하고, 디지털 두갈래 검색키를 더 쉽게 이용할 수 있도록 또 다른 특질들을 제공하기 위해서 페닉스 두갈래 검색키 시스템(Phoenix Dichotomous Key System)이 개발되었다(University of queensland 2011a). 페닉스 DKS는 두갈래 검색키 빌더(builder)와 플레이어(player)로 구성된다. 일부 출판된 두갈래 검색키는 광학 형질 인식 소프트웨어를 이용하여 디지털 형태로 스캔되고 전환될 수 있다. 그 다음 이런 디지털 파일은 피닉스 빌더로 들어

오고, 자동적으로 모든 논리적인 불일치가 검사된다. 불일치들이 해결되면, 검색키는 사용자에게 각각의 상응한 댓구를 차례로 나타내 주는 피닉스 플레이어로 전환함으로서 온라인에서 이용할 준비가 된 것이다.

답이 없는 댓구에 직면하면, 페닉스 DKS는 사용자에게 그 댓구를 건너뛰고, 검색키의 남아있는 댓구에서부터 한쪽 가지(branch)의 끝까지 선정을 계속하도록 한다. 그런 다음 검색키의 다른 쪽 가지를 따라 내려가며 작업을 계속함으로서 건너뛴 댓구로 되돌아온다. 이 방법에서, 하나의 건너 뛴 댓구로 인해 사용자는 더 탐색될 수 있을 가능성 있는 두 가지의 동정 결과로 끝이 난다. 피닉스 검색키의 예는 퀸즐랜드 대학에서 접속할 수 있다(University of Queensland 2011b).

12.2.2 매트릭스 검색키

페닉스 DKS는 특별히 사용자들이 답이 없는 댓구를 건너뛰도록 하여 인쇄된 두갈래 검색키의 일부 단점을 해결하고 있다. 하지만, 사용자는 여전히 검색키 작성자가 배열한 정보 구조 및 순서 설정을 따라야만 한다. 이것이 문제다. 매트릭스 검색키(matrix key) 또는 다중접속 검색키(multi-access key)들이 이러한 문제를 피하기 위해 개발되었고, 사용자들은 자신의 방법(먼저 구별하기 가장 쉬운 형질들을 선정)으로 검색키를 탐색하도록 하고 있다.

동정 보조물에 있어서 이러한 새롭고 기발한 접근방식은 현대적인 소프트웨어와 멀티미디어 기술을 사용함으로써 가능케 하고 있다. DELTA (Dallwitz 1980), Linnaeus (ETI BioInformatics 2011), Lucid (University of Queensland 2011c), 및 다른 것들(Dallwitz 1996)을 포함하여 몇몇 개의 동정 플랫폼(platform)들이 최근에 개발되어 있다. 다양한 소프트웨어 패키지들과 어플리케이션으로 개발된 매트릭스 검색키의 스크린샷에 대해서는 부록 1을 나와 있다. 이들 시스템의 대부분은 (1) 저자가 검색키를 구축하고, 형질들의 이미지 및 텍스트 설명문을 추가할 수 있는 검색키 빌더(key builder) 및 (2) 동정하기를 원하는 사용자를 위한 검색키 플레이어(key player)인 두 부분으로 구성된다.

매트릭스 검색키 빌더(Matrix Key Builder). 매트릭스 검색키에서 요구되는 데이터는 실체들을 설명하는데 이용될 수 있는 실체/분류군(속, 종) 목록, 특질/형질(날개, 잎 등) 목록, 형질의 상태(날개의 유/무; 잎의 알모양/손바닥모양, 등)로 구성된다. 데이터는 매트릭스에서 각각의 실체에 대한 셀(cell)에 점수화되며, 특정 실체에 적용하는 특질/상태를 지적하게 된다. 그 다음, 이미지들과 또 다른 지원하는 자료들이 사용자에게 동정 과정에서 표본에 가장 적합한 특질/상태를 결정하는데 도움을 줄 수 있도록 매트릭스에 연결될 수 있다. 매트릭스 형식은 새로운 분류군이나 새로운 특질들(지역, 서식처, 해부학적 형질을 포함한)이 새롭게 행(column)이나 점수의 열(row)을 만들어서 간단하게 추가할 수 있다. 이렇게 추가된 정보는 자동적으로 매트릭스 검색키로 병합된다.

그림 12.2의 스크린샷은 Lucid 빌더에 구축되고 있는 Lucid 매트릭스 검색키의 한 부분과 관련된 매트릭스와 점수를 보여주고 있다. 분류군을 수평축에 나타나고, 형질들

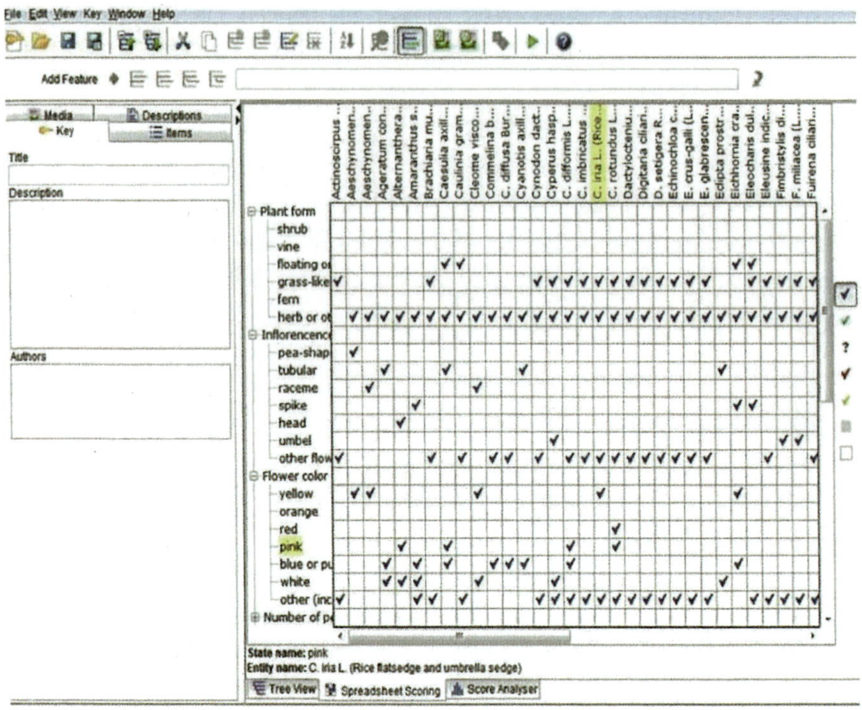

그림 12.2 Lucid Bulider에서 데이터 저장의 예

은 그들의 상태에 대해 수직축에 나타내게 된다. 매트릭스의 셀은 유/무, 흔함/귀함, 오류(misinterpretations)을 포함한 다양한 방법으로 점수가 매겨질 수 있다. 분류군이 그러한 형질 상태를 가지고 있기 때문이 아니라, 분류군이 그러한 형질 상태를 가진다고 사용자가 실수할 수 있기 때문에 형질 상태가 특정 분류군에 대해 점수화 될 때 오류가 일어난다.

매트릭스 검색키 플레이어(matrix key player). 검색키가 매트릭스 검색키 빌더에 구축되면, 그 다음 사용자들은 CD, DVD를 거쳐 매트릭스 검색키 플레이어를 통해 사용자의 인터넷 브라우저에 배치된 온라인 애플릿(applet)이나 온라인 검색키를 이용하여 그것에 접속하거나 사용할 수 있다. 또한 새로운 멀티미디어 기술은 사용자들이 특정한 형질 상태를 구별하는데 도움을 주는 라인 드로잉(line drawing)과 사진을 나열해서 보여줄 수 있도록 기회를 제공해 준다. 두 갈래 검색키와 비교하면, 매트릭스 검색키는 사용자에게 매트릭스상에서 특질들을 설명하는 순서를 결정하고, 그들에 대해 가장 쉽게 구별되는 그러한 특질/상태를 맨 먼저 선정할 수 있도록 하여 동정 과정을 통해 탐색해 나가는 새로운 방법을 제공하고 있다. 게다가, 매트릭스 검색키 플레이어는 사용자들이 "짧은 목록(short list)"의 분류군으로 줄일 수 있는 최상의 기회를 얻기 위해 다음에 조사할 최상의 특질을 계산할 수 있도록 "click on"을 할 수 있는 루틴들과 같이 동정과정을 도와줄 또 다른 특질들을 제공하고 있다.

사용자(농부, 자문가, 지역 당국/검역관)가 잡초를 동정하는데 사용할 수 있는 인터페이스

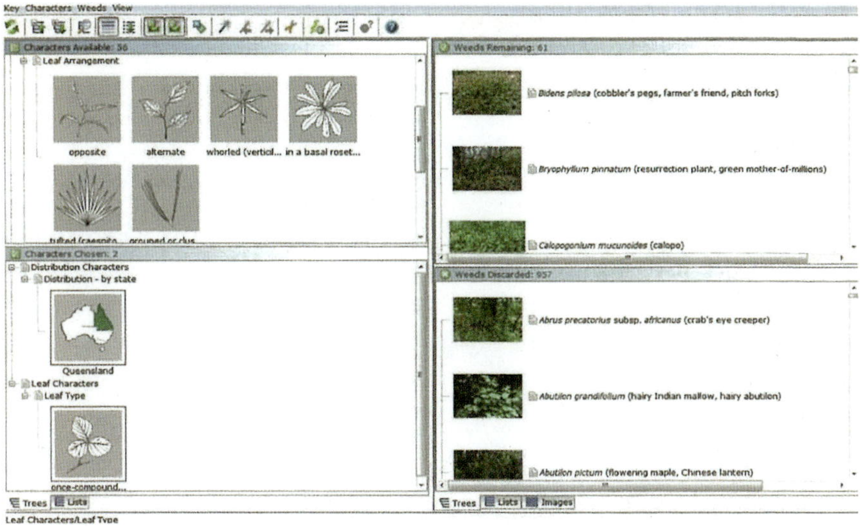

그림 12.3 호주에서 환경과 관련된 잡초에 대한 Lucid 검색키의 사용자 인터페이스(University of Queensland 2008)

(interface) 형식의 예를 그림 12.3에 나타내었다. 동정할 잡초와 관련된 형질 상태를 결정하는데 도움을 주는 이미지와 문서를 이용할 뿐만 아니라, 또 다른 특징들(잡초가 발견된 장소와 서식처)을 선택함으로서 사용자가 적절히 잡초 종의 목록을 줄여간다. 각각의 종에 대해 링크된 잡초 이미지와 도표 형식의 문서들은 사용자가 적절하게 종을 줄이고, 동정을 확인하며, 그 잡초에 대한 유용한 정보(생태, 분산기작, 관리 등)를 얻도록 해 준다.

매트릭스 검색키는 두갈래 검색키나 경로 검색키와 비교하여 동정을 훨씬 쉽게 할 수 있는 방법을 제공하지만, 매트릭스 검색키가 제공하는 다양한 범위의 옵션과 기능성을 활용하는데 약간의 지침서가 필요하다. 매트릭스 검색키로 – 특별히 Lucid 매트릭스 컴색키 – 동정하기 위한 최상의 실습 지침서를 부록 2에 나타내었다.

잡초를 매트릭스 검색키로 어떻게 동정할 것인가를 배우려면, 정원의 잡초에 대해 간단한 검색키를 이용하여 보여주는 잡초의 동정에 관한 다음의 웹사이트를 방문하시오:

http://www.cbit.uq.edu.au/UQCentenary/TryoutanIdenficationKey.aspx

12.3 디지털 이미지 데이터베이스 시스템

최근 소프트웨어와 멀티미디어의 발전은 새로운 특질들이 동정 및 병해충 진단을 지원하는데 있어 그들의 역할을 증진하기 위해 이미지 수집 시스템과 병합되도록 하였다. 이미지 수집 시스템은 (1) 이미지의 수집, (2) 그런 이미지들이 지닌 정보의 데이터베이스, (3) 사용자가 데이터베이스 상에서 적절한 이미지로 전환하여 정보를 이용할 수 있도록 하는 인터페이스인 세 가지 요소로 구성된다. 이 시스템에서 각각의 요소들은 이미지 데이터베이스의 가치와 전체적인 유용성에 직접적으로 기여한다.

12.3.1 이미지 수집

이미지는 대상의 움직이지 않는 시각적인 묘사이다. 이미지들은 삽화(illustrations), 사진(photograph), 색칠하지 않은 소묘(drawing), 또는 주석이 달린 그래픽(annotated graphics)을 의미한다. 만약 이미지가 질이 높고, 대상을 정확히 묘사한다면, 그들은 수많은 교육적인 가치를 제공할 수 있다. 이미지가 대상의 특질을 묘사하지 못하거나, 가장 두드러지게 구성하지 않으면, 사용자들이 이미지를 통하여 대상을 구별하는데 실망하게 될 것 있다. 디지털 세대의 혁신과 디지털 이미지를 생산해 내는 능력은 이미지를 얻고, 저장하며, 또한 구성하고, 검색하는 방법에 엄청난 영향을 주었다.

12.3.2 이미지 관련 데이터의 데이터베이스

데이터가 없거나, 제한적인 데이터이거나, 형편없이 구축된 데이터(예를 들어, 단지 각각의 이미지가 지닌 일련의 검색어)로 된 인상적인 이미지의 수집은 사용자의 인터페이스 상에 보여 질 때 매력적으로 보일 수도 있지만, 적절한 이미지들을 찾는데 어렵거나 사용자들에게 결과들을 불완전하게 보여주기 때문에 수집물의 잠재력을 불충분하게 이용하는 결과를 초래할 것이다. 가장 좋지 않은 경우는, 사용자가 이미지 데이터베이스보다 이미지 갤러리로 이용하게 되며, 사용자가 찾고자 하는 것에 적합한 어떤 것을 찾기 위해 이미지 화면 겹치기로 조사하도록 강요받게 된다.

12.3.3 이미지 데이터베이스의 인터페이스

그들에 관한 세세한 정보를 지닌 인상적인 이미지의 수집은 데이터가 없는 이미지처럼, 이미지들에 접속하고 정렬하는 인터페이스가 너무 느리거나, 인터페이스가 데이터베이스 상에서 정보를 효과적으로 이용하지 못하게 된다면, 사용자에게 내주는 결과를 효율적으로 좁아지도록 하는데 시간 낭비가 될 것이다. 그러한 리소스들은 초기에 사용자들이 시스템의 단점을 이해하거나 또 다른 리소스를 발견할 때까지 사용자들에게 실망을 준다.

병해충 이미지 데이터베이스들은 삽화로 찾고자 하는 분류군에 대하여 상당히 다양하다. 일부 데이터베이스들은 특정 그룹의 분류군이나 상품 그룹, 지리학상 지역에 대해 초점이 맞춰져 있다. 그 리소스들의 범위를 이해한다면, 인터넷을 둘러보거나 검색에 의해 생산된 결과들을 이해하는데 필요한 콘텐츠를 제공할 것이다. 즉, 범위가 넓어지면 넓어질수록 탐색하기

표 12.1 이미지 데이터베이스의 이미지 레이어 및 주제어 레이어에서 볼 수 있는 전형적인 데이터 요소

이미지 레이어(image layer)	주제어 레이어(subject layer)
생육단계	상위 분류
이미지 방향	분류학적 동물이명
이미지 환경(야외, 실험실, 박물관)	학명
이미지 해상도(높이 및 폭)	일반명
조망(view)	원산지
위치	검역 상태
사진을 찍은 사람 및 인용	동정 형질
다루어진 상품명	영향을 줄 수 있는 상품
이미지에 영향을 주는 기주	영향을 줄 수 있는 기주

위해 구성되어야 하는 조건은 더 커질 것이다.

이미지 레이어(image layer)와 주제어 레이어(subject layer). 검색키와 이미지 데이터베이스 사이의 중요한 차이점은 분류학적 그룹을 설명하는데 전념되어 있는 대량의 데이터들보다 특정 이미지들이 지닌 정보에 관심이 증가되어 있다. 이미지 데이터베이스(특별히 여러 분류학적 그룹들로부터 분류군을 포함하는 시스템에 대한)의 일부로 주제어 기반의 정보와 이미지 기반의 정보를 개발할 요구가 데이터들을 두 개의 레이어 즉, 이미지 레이어와 주제어 레이어로 분리하는 결과를 가져 온다(표 12.1에 각각의 레이어의 내용에 관한 예를 나타내었다).

이미지 레이어(image layer)는 사용자가 특별히 표본을 동정하는 것보다 특별한 생육단계나 서식처(예를 들어, 목화밭에 유충; 목화 식물체를 섭식하는 성충)에 있는 생물체의 이미지를 재빠르게 찾게 해 준다. 병해충에 대한 이미지에서의 생육 단계나 상품, 기주식물 또는 이미지가 찍힌 장소와 같은 정보는 내놓는 결과들을 한정하는데 도움을 줄 수 있다. 이것은 동정할 표본의 서식처나 표본의 모양을 더 맞춰 보도록 유도한다. 이미지 레이어에서의 또 다른 정보(사진을 찍은 사람 또는 인용)는 동정을 위해 필요하지 않지만, 만약 사용자가 어떠한 이미지를 출판하는데 이용하고자 한다면 중요하다. 각각의 이미지를 설명하는데 적합한 데이터가 없다면, 사용자는 관심거리에 대한 대상을 얻을 수는 있을지 몰라도, 많은 상관없는 이미지들을 통해 구분해야만 한다.

주제어 레이어(subject layer)는 이미지에 나타나 있는 주변 환경이나 생육단계, 특질과 상관없이 생물체가 직접적으로 보유한 정보를 제공하도록 고안되어 있다. 한 지역의 생물안보 위협요소로서 생물체의 대상이나 상태에 대한 완벽한 분류를 포함하는 광범위한 데이터가 주제어 레이어에 포함될 수 있다. 주제어 레이어는 또한 검색키에서 볼 수 있는 동일한 형태의 동정 수준 정보를 포함할 수도 있다. 하지만, 몇몇 이미지 데이터베이스들은 그 정보가 쉽게 통합될 수 있는 하나의 형식으로 이용할 수 없기 때문에 이러한 수준의 세부사항이 포함되어 있다. 이질적인 분류학적 그룹들에 대해서도 동정을 위해 다른 형질들을 사용하는 할 수 있게 하는데 필요한 데이터베이스 구조를 제공하는 것은 매우 힘든 도전이 될 수 있다.

비디오, 오디오 및 또 다른 형식의 미디어. 이미지 데이터베이스에 적용되는 많은 개념들은 비

디오, 오디오, 프레젠테이션 재료, 애니메이션, 3-D 모델들을 포함하는 또 다른 미디어 형태의 구성과 관련될 수 있다. 이미지 레이어에 적절한 많은 데이터 요소들이 있기 때문에 개발자들은 이러한 모든 미디어 형태들을 포함하는 하나의 데이터베이스를 구축을 시도할 수 있다. 하지만, 각각의 미디어 형식은 각 매체의 독특한 부가적인 데이터 요소를 가지고 있다. 예를 들어, 비디오는 특별한 해상력, 대상물, 창작자를 가지지만, 그들은 또한 지속시간, 오디오 언어, 자막, 인코딩코덱을 가질 수도 있다. "범용 미디어 레이어(universal media layer)"에서 이러한 요소들을 포함하는 것은 분명히 데이터베이스에 포함된 데이터 요소의 수를 증가시킬 수 있다. 이러한 접근방법은 데이터베이스의 디자인을 이해하려고 하는 사용자들에게 혼란을 야기하고, 콘텐츠의 전달 효과를 감소시킨다. 이러한 이유 때문에, 많은 다른 형식의 미디어들을 목록화하는 시스템은 각각의 미디어 형식(예를 들어, 비디오 레이어, 프레젠테이션 레이어, 등)에 대한 데이터 레이어를 병합해야만 한다. 링크하려는 미디어와 관계없이 그러한 정보가 다양하지 않기 때문에 각각의 미디어 레이어는 여전히 주제어 레이어에 정보를 활용할 수 있다.

12.3.4 사용자 인터페이스

이미지 데이터베이스의 인터페이스는 사용자에게 가장 적절한 이미지들을 내주기 위하여 정보를 처리하고 걸러낼 수 있는 능력을 제공하고 있다. 생물체를 진단하는데 이미지 데이터베이스 인터페이스의 이용은 결과가 시스템 안에 들어있는 이미지에 의존하지만, 사용자에게 그 자신의 지적 수준을 활용할 것을 요구한다. 이미지 데이터베이스에 접속하기 위한 사용자 인터페이스를 만드는 세 가지 접근 방법은 (1) 직접 검색(direct searching), (2) 탐색항로 검색(navigational searching), (3) 장면 검색(faceted searching)이다.

직접 검색(direct searching). 사용자가 데이터베이스에서 "검색어(key word)" 검색을 통해 모든 정보들을 직접적으로 찾기 위해 질의를 다듬는다. 이것은 당신이 찾고자하는 것을 안다면 빠른 결과를 제공할 수 있지만, 어떤 것을 동정하려고 시도할 때 그 사이트에서 반드시 첫 번째 선정되지는 않는다. 대부분의 시스템은 데이터베이스에서 모든 필드의 텍스트 검색을 통해 그것이 발견되는 것보다 더 정확한 결과를 생산하는데 사용될 수 있는 합리성과 구조를 가지도록 고안되었다. 또한, 사용자는 쉽게 어떠한 결과도 낼 수 없는 질의를 만들 수 있다. 많은 사용자들에 있어서 특별히 사용자가 데이터베이스가 관련될 수 있는 이미지들을 포함하는 것을 확신하지만, 효과적인 검색 용어를 만들 수 없을 때 매우 좌절하게 될 수도 있다. 직접 검색은 또한 당신이 원하는 이미지를 찾는데 있어 나오는 결과물이 체계적으로 가장 일치하는 이미지를 찾도록 제한하는 것보다 많은 이미지 화면을 통해 찾아야하는 인내심과 더 관련된 곳에서는 이미지 데이터베이스를 이미지 갤러리로 전환할 가능성을 가지고 있다.

탐색항로 검색(navigational searching). 사용자는 데이터베이스 상에서 이용 가능한 다른 데이터 요소들을 제공받게 된다. 사용자는 결과를 좁혀나가는 시도로 하나의 요소나 요소들의 계층을 따라 탐색할 수 있다. 하나의 중요한 예로 분류학적 데이터를 사용한 탐색 인터페이스가 있다. 즉, 사용자는 계(kingdom)에서 아종(subspecies)까지 어느 수준에서나 선택할 수 있으며, 쉽게 이웃하는 분류군으로 이동할 수 있다. 이것은 매우 강력할 수 있지만, 사용자가 효과적으로 이런 형식의 인터페이스를 탐색하기 위해서는 상당한 양의 배경지식을 필요로 한다.

장면 검색(faceted searching). 장면 검색은 원하는 결과를 효율적으로 내 놓도록 사용자에게 검색어를 다듬어 가장 유연성을 주어 이미지 데이터베이스에 들어 있는 모든 자료를 이용하게 된다. 장면 검색은 하나의 장면이 재고품 목록의 콘텐츠를 반영하는 e-상업용 웹사이트(eBay, Amazon, 자동차 경매 사이트, 등)에서 종종 사용된다. 잘 고안된 e-상업 웹사이트들은 결코 사용자에게 재고품 카탈로그에 없는 아이템을 요청하도록 하지 않는다(예, 막다른 곳).

이미지 레이어와 주제어 레이어로부터의 각각의 데이터 요소들은 내놓은 이미지를 거르기 위한 장면(facet)으로 사용될 수 있다. 장면 변량은 주어진 데이터 요소를 이용하는 모든 분명한 가치를 결정하거나(예를 들어, 어떤 곤충의 생육단계는 장면변량인 성충, 유충, 번데기를 포함) 사용자가 데이터 요소와 일치하는 검색어를 제공(예를 들어, "일반명(common names)"의 데이터 요소를 걸러내는데 이용되는 "딱정벌레(beetles)")하게 함으로서 만들어진다.

장면 검색의 효율성은 불필요한 형질 및 관계없는 정보를 자동적으로 제거함으로서 달성된다. 매번 사용자가 장면 변량을 선택하면, 시스템은 내놓은 결과들이 지니고 있는 그 장면만을 나타내도록 상응하는 장면과 장면 변량의 메뉴를 재구축한다. 예를 들어, 사용자가 "일반명 그룹(common name group)"인 변량 "딱정벌레(beetle)"를 선정하여 검색을 시작하면, 과학적 분류학적 계층 장면에서 "딱정벌레(beetle)"가 아닌 모든 변량은 제거될 것이다. 유사하게, 사용자가 또 다른 질의를 하기 전에 딱정벌레(beetle)와 관련 없는 다른 모든 장면에 변량들(예를 들어, "기주(host)" 또는 "분포지(distribution)", 등)이 제거된다. 사용자는 항상 그들의 검색에서 이전 단계에 바탕을 둔 상응한 선택을 제공받게 되며, 이미지가 나오지 않는 막다른 곳에 도달할 수 없다.

장면 검색은 많은 장점들을 가지고 있으며, 이용하는 것이 훨씬 쉽기 때문에 사용자가 장면 변량을 선택할 수 있다. 만약 표본이 머리나 다리가 없을 경우, 사용자는 다른 이용 가능한 장면의 형질을 선발할 수 있다. 복합 사용자 정의 질의(complex user-defined queries)는 사용자가 이전의 모든 질의 변량들로 내놓은 종과 관련이 없는 새로운 질의 용어를 선택할 수 없게 하는 진보적으로 지식이 구축될 수 있다. 장면 검색은 또한 사용자가 질의 과정을 검사할 수 있도록 한다. 불필요한 형질 및 형질 상태의 자동 제거는 다중 질의로 내놓은 종을 정확하게 설명하는 장면을 남기는 가치를 의미한다. 예를 들어, 장면 "기주(host)"로부터 "망고(mango)"를 선정한 후에 시스템은 "망고(mango)"에서 섭식하는 종과 관련된 다른 모든 기주들을 보여주기 위한 장면 변량인 "기주(host)"의 목록을 재구축한다. 이 시스템은 또한 "기주(host) = 망고(mango)"와 여전히 상응하는 것에 바탕을 둔 모든 다른 장면 변량 목록들을 재구축할 것이다. 사용자는 질의를 지속하기 전에 명백한 오류가 있는지 이들 변량을 훑어볼 수 있다. 만약 사용자가 최종적으로 나온 한 종에 도달한다면, 모든 장면의 모든 변량들은 나온 한 종과 일치하여야 한다. 이러한 특질은 형태적인 장면 변량들을 사용할 때 특히 도움이 된다.

장면 검색은 이용 가능한 모든 데이터가 검색어를 다듬어 가장 유연성있게 제공하여 사용하도록 한다. 장면 검색에 개별적인 표본 데이터를 부가함으로서, 사용자는 사용자 정의의 시·공시간적 검색으로 시작하고, 분류학적, 기주, 분포, 외적 상황의 장면과 조합하며, 그 다음 형태적 장면을 이용하여 질의 조건을 더 개선하는 것을 포함한 매우 세부적인 일련의 검색어를 만들 수 있다. 예를 들어, 사용자 정의의 공간적인 지역과 시간적인 기간 안에서 나온 어떤 종, 몇몇 기주에서 기록된 것, 지정된 국가에서 외래의 정착된 종이란 것, 그 곤충이 파란 날개를 가진다는 것. 다만, 장면 검색은 사용자가 막다른 곳에 도달하지 않는 그러한 복잡한 질의로 데이터셋을 탐험하고 탐색할 것이다. 사용자들이 도달할 수 있는 유일한 "막다른 곳(dead end)"은 그들의 형질 변량(예, 파란 날개)이 날개 색깔 장면에서 선택사항이 없는 경우일 것이다.

12.3.5 이미지 데이터베이스의 한계

이미지 데이터베이스를 사용할 때, 우리는 이미지 데이터베이스의 범위와 완성도에 바탕을 둔 그 시스템의 한계 사항들을 평가하여야만 한다. 이러한 시스템들은 이미지가 더해질수록 지속적으로 증가한다. 예를 들어, 토마토를 섭식하는 나비목 유충의 이미지들에 대한 이미지 데이터베이스를 검색하는 사용자가 표본과 일치하는 이미지를 찾을 수 없다고 생각해 보자. 이런 상황은, 표본이 반드시 새롭게 발견된 종이라는 것을 의미하지는 않는다. 그것은 단지 자문한 이미지 데이터베이스가 그 종의 이미지를 가지고 있지 않는다는 것을 의미한다. 이런 이유로, 생물체의 동정을 가능케 하고, 그 생물체가 문제인지 아닌지와 같은 가치있는 정보를 포함하기 위해서는 기관과 개인이 가능한 한 포괄적으로 이미지 수집을 구축하는데 협력하여야만 한다. 협력은 또한 관련된 시스템에 경험이 있는 새로운 사용자의 학습 곡선을 줄이기 위해서 일련의 이미지 데이터베이스에서 사용되는 용어를 표준화하는데 도움을 줄 수 있다.

12.3.6 이미지 데이터베이스의 예

생물안보 상 중요한 분류군에 특별히 초점이 맞춰진 넓은 영역에 바탕을 둔 이미지 데이터베이스의 두 가지 예는 다음과 같다: (1) 미국의 침입종 및 생태계 위생 센터(Center for Invasive Species and Ecosystem Health; CISEH, 2011)에서 운영 중인 Bugwood 이미지 데이터베이스, (2) 호주의 병해충 이미지 라이브러리(Pests and Diseases Image Library; PaDIL 2011). 그들의 접근방법은 기본적인 데이터베이스에 저장된 정보와 이런 정보들을 사용자들에 전달하기 위해 사용된 방법론과 관련해서 다르다고 할 수 있다.

PaDIL (2011)은 직접 검색과 장면 검색을 할 수 있다. PaDIL은 이미지 데이터베이스를 비전문 사용자 그룹에게 전달함에 있어서 형태분류학을 박물관 기반의 과학으로부터 정보 기반의 과학으로 전환한 예가 된다. PaDIL은 그룹의 진단형질을 캡처하는데 특별한 관심을 가지고 병해충의 표준화된 이미지를 통해 사용자가 탐색하도록 하고 있다. 또한 PaDIL은 분류학적으로 그룹의 상응한 특질에 초점을 둠으로서, 동정을 하려고 하는 표본에 대해 상응하는 모습을 찾아볼 수 있게 하여 초보 사용자들에게 직접적으로 교육 도구로 제공되고 있다. PaDIL은 특정 생물의 기주범위, 진단할 수 있는 수준의 형질 제시, 보고된 지리적 분포, 분류학적 설명을 포함한 주제어 레이어의 정보에 있어서 매우 강력하다. PaDIL은 집중화된 이미지/정보 데이터베이스인 동시에, 저자들의 개별적인 데이터셋으로 고안되고 옮겨온 분리된 고유의 웹 인터페이스를 만들도록 하고 있다. 일반적인 병해충 웹 인터페이스는 여러 그룹들과 여러 생태지역을 연계하고, 여러 기주 형태와 연계하며, 외래 및 자생 상황에 관한 여러 형식과 연계하기 위해 넓은 영역을 제공하도록 고안되었다. 하지만, 다른 라이브러리 인터페이스는 개별 국가 혹은 개별 분류군에 대해 더 목적을 둔 장면 검색을 제공하고 있다. 예를 들어, PaDIL은 태국과 뉴질랜드의 생물안보에 관한 분리된 라이브러리를 포함하고 있을 뿐만 아니라, 호주에서 발생하는 300종의 알려진 모든 자생종 및 외래종으로 구성된 호주 깜부기병균 라이브러리(Australian Smut Fungi library)를 포함하고 있다. 이들 각각의 라이브러리는 데이터셋(예를 들어, 목록 생산)의 효과적인 이용자 탐색을 할 수 있도록 가장 잘 맞는 장면을 사용자에게 제공하고 있다. 모든 장면과 데이터셋을 하나의 웹 인터페이스로 병합하기 위하여 다중의 데이터셋으로 사용자의 상호작용을 상당히 줄이게 되었다.

대조적으로, Bugwood 이미지 데이터베이스(CISEH, 2011)는 다른 사용자 그룹에 목적을 둔 웹사이트 시스템을 제공하기 위해 고안된 집중화한 이미지 데이터베이스이다(그림 12.4). 각 웹사이트는 어떻게 이미지 데이터베이스가 구성되고 기능될 것인지에 대한 그들의 관점에 맞춘 인터페이스에 의해 동일한 이미지와 콘텐츠가 뚜렷한 사용자 그룹에게 전달되도록 하기 위한 확장된 장면 검색 방법론이다(그림 12.5). 예를 들어, www.invasive.org는 북미 지역에 현재 또는 잠재적으로 침입될 수 있기 때문에 여러 기관에 의해 목록화된 생물체에 초점을 맞춰 만들어졌다. 사이트의 대상 청중은 이러한 종들을 동정하고 발생을 보고하기 위한 규제 기관이나 다른 관련된 기관에서 일하는 개인들을 포함하고 있다. 대부분의 그런 일은 새로운 위협에 관한 경각심을 고조시키기 위해 협력적인 검색 프로그램이나 홍보 노력에 대한 특정한 조사 대상물에 초점이 맞춰질 것이다. 발생한 위협들을 포함한 특정 상품에서 발견된 병해충과 관련된 농부와 작물 컨설턴트들은 만약 그들이 특정 생물체에 대한 다양한 목록, 조사 프로그램, 기주범위를 알고 있지 않다면 분명한 불이익을 가지게 될 것이다. 이들 사용자는 www.ipmimages.org 사이트가 동일한 이미지와 콘텐츠를 제공하기 때문에 이 사이트를 방문하지만, 상품 특이적 선택을 통해 탐색하게 된다. 만약 사용자가 그들의 야외포장에서 본 것이 잠정적으로 새로운 병해충의 발견임을 알게 되면, 그들은 다음 단계로 그것을 보고하기 위해 필요한 정보들을 찾아낼 수 있을 것이며, 그들의 의심을 확인하기 위하여 도움을 얻을 것이다.

CISEH 이미지 데이터베이스는 단지 생물체의 질 높은 동정 이미지들보다 오히려 한 생물체에 대한 모든 이미지들과 양상들에 초점을 맞추고 있다. 이 리소스는 사용자들에게 그들이 야외 포장에서 발생하는 피해, 방제 방법, 생육 단계, 동정할 수 있는 형질을 포함한 해충에 대한 또 다른 것들을 교육할 때 필요한 모든 이미지들을 제공하는데 초점이 맞춰져 있다. 그러한 정신에서 시스템 상에 있는 모든 이미지들이 적절히 인용된다면, 비상업적, 교육적 사용을 위하여 자유롭게 이용가능하다. 사용자에게 도움을 주는데 초점이 맞춰진 인터페이스의 고안은 출판을 위해 높은 해상력의 사본들을 사용하거나 내려받기하는 작업에 필요한 이미지를 빠르게 찾도록 한다. 특정한 사용을 위해 요구되어지는 적절한 이미지들을 찾는 사용자에게

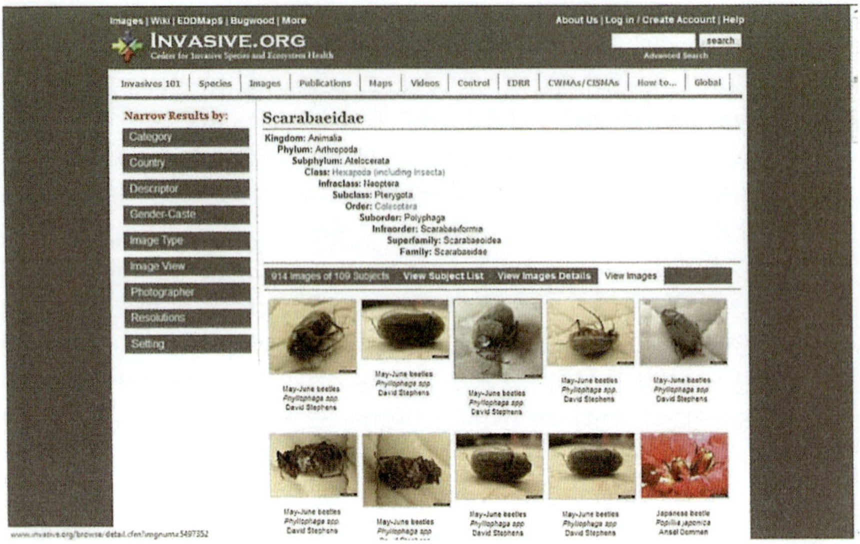

그림 12.4 왼쪽 패널에 이용 가능한 여러 필터 범주들과 함께 CISEH 이미지 수집품에서 분류학적으로 침입종에 대한 브라우징(Browsing)

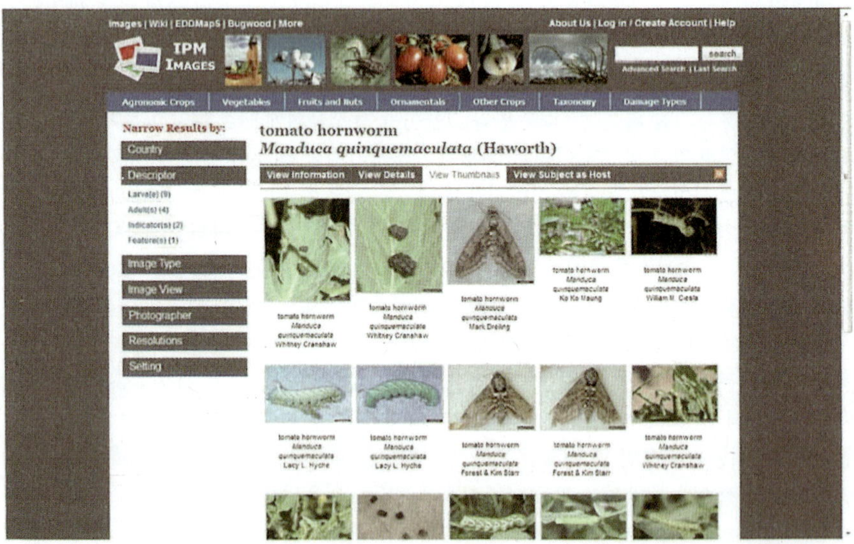

그림 12.5 국가 및 생육단계(Country and Life stage)와 같은 부가적인 필터 범주를 보여주는 CISEH 이미지 수집품에서 토마토의 박각시나방에 대한 이미지를 조사한 결과(CISEH 2011)

도움을 주는데 강한 집중은 기관에 제공하기 위한 대상물의 수준에 관한 분류학적 배경과 함께 탄탄한 이미지 정보 수준이 요구되었다. 내놓는 이미지의 수를 줄이고, 잠정적으로 생물체를 동정하기 위한 인터페이스의 유용성은 사용자들이 표본을 발견했던 상황에서 병해충의 이미지를 포함하는 시스템에 의존적이다. 예를 들어, 사용자가 옥수수 포장에서 발견한 표본을 가지고, IPM 이미지 사이트에서 옥수수 잎을 먹는 딱정벌레 성충의 모든 이미지를 둘러보기 한다면, 그들은 일치된 이미지를 발견하지 못할 수도 있다. 또한 사용자들은 오이에서 섭식하는 해충에 대해 아무런 관심이 없고, 만약 그런 작물을 둘러보거나 장면 검색의 일부분으로 그 상품을 포함하지 않는다면, 그들은 일치하는 이미지를 발견할지도 모른다. 이 문제는 사용자가 그들의 지식에 기반을 두고 만든 가정이 오류였다면 더욱 확대될 수 있다(예를 들어, 표본은 노린재였고, 딱정벌레가 아니다).

정보를 최종 사용자에게 전달하는데 차이가 나는 접근방법에도 불구하고, CISEH와 PaDIL 이미지 데이터베이스들은 최종 사용자에게 나온 결과들에 대한 콘텐츠의 이용성과 포괄성을 확장시키기 위해 이미지와 정보를 공유하도록 협력하고 있다. 그러한 모델들의 확장은 이용 가능한 정보를 협력하고 공유하여 또 다른 프로젝트를 위한 청사진으로 제공할 수 있다.

12.4 생물안보를 위한 디지털 동정 도구에 있어서 최근의 진보

생물안보를 위해 디지털 동정 도구는 세계적인 식물보호 공동체의 수요 증가를 충족하기 위해 빠른 속도로 진화하고 있다. 이것은 다음을 통해 가능하게 되었다:

- 새로운 하드웨어의 유용성(태블릿과 모바일 폰 기술);
- 디지털 카메라와 스캐너의 해상력 증대와 비용 감소;
- 새로운 소프트웨어 기술;
- 언제 어디서나 다양한 전자제품에 광역의 동정 도구를 전달할 가능성을 제공하는 어플리케이션.

공개된 소스 웹 어플리케이션의 유용성과 정보를 올리거나, 내려받거나, 보내는 처리시간을 단축시키데 따르는 웹브라우저 내의 옵션들의 증가는 World Wide Web을 경유하여 전달하기 위한 동정 도구의 고안과 개발을 이끌고 있다. 기술과 접속 속도가 개선되고, 인터넷 접근성이 널리 가능해짐으로서, 동정 도구들은 그들의 동정 과정을 지원하기 위해 현재 사용자에게 다양한 디지털 미디어(검색키, 이미지, 문서, 링크(link), 등)를 제공하고 있다. 예를 들어, 퀸즐랜드대학교의 Lucid 개발팀은 Lucid 검색키 서버를 개발하기 위하여 그들의 사용자가 더 빠른 프로세서와 인터넷 접속을 사용하도록 하고 있다. 이것은 통찰력있는 쌍방향의 사용자 경험을 제공하기 위하여 웹 2.0 기술들에서 가장 최신의 것을 사용된 Lucid 온라인 플레이어를 포함한 웹기반 스위트룸이다. 사용자들은 검색키의 다운로드를 기다릴 필요가 없이 즉각적으로 검색키를 작동하는 그들의 웹브라우저만이 필요할 뿐이다(http://idtools.org/id/

mollusc/index.php를 보라). Lucid 검색키 서버를 통해 접속된 검색키는 많은 운영 시스템과 모바일 기기에서 사용될 수 있다.

12.4.1 동정 도구의 범위 확대

매트릭스 검색키의 사용 증가와 다양한 생물안보와 관련된 동정 책임을 가진 개개인들을 위한 폭 넓은 지원에 대한 수요 증가와 함께, 현재 검색키 개발자들은 매트릭스 검색키 시스템들이 검색의 범위와 환경이 증가함에 있어서 상당한 유연성을 제공하고 있음을 배우고 있다. 매트릭스 검색키는 현재 생물안보와 병해충관리의 의사결정을 지원하기 위한 다른 방법에서 사용되고 있다. 매트릭스에 기반을 둔 검색키의 두 가지 기본형인 (분류학적 특징을 기반으로 한) 동정 검색키(identification key) 및 (증상을 기반으로 한) 진단 검색키(diagnostic keys)가 생물안보를 지원하기 위해 개발되고 있다.

분류학을 기반으로 하는 동정 검색키의 범위는 속/과 내의 모든 종들에 대한 검색키와 같이 순전히 분류학에 의해서 결정될 것이다. 동정 검색키는 또한 가장 중요한 총채벌레류에 대한 검색키나 특정 작물/상품에서 발견된 해충에 대한 검색키와 같이 다른 기준에 바탕을 둔 분류학적인 부분 장치(sub-set)가 될 수도 있다. 분류군을 기반으로 한 동정 리소스의 예들로 깍지벌레(Miller 등 2007) 및 침입 응애류 동정(Walter 2006)을 포함할 수 있다.

진단 검색키는 전형적으로 작물 또는 상품에 초점이 맞춰져 있다. 이러한 검색키는 해충이나 병의 공격에 대한 반응이나 생리적 또는 무생물적 장애로 인해 작물 또는 상품에 나타난 증상들에 바탕을 두고 있기 때문에 일반적으로 구축하기가 훨씬 어렵다.

Lucid 검색키 개발자는 또한 그들의 매트릭스 검색키를 둘러싸고 있는 전체적인 디지털 사이트들을 개발하기 위하여 웹 기반 기술들을 이용하고 있다. 동정 도구로 언급되는 이러한 사이트들은 양방향 Lucid 검색키 또는 검색키들을 병합하고, 매트릭스 특질들과 실체들이 직접적으로 결합되지 않는 또 다른 정보적인 Html 페이지로 된 홈페이지를 전형적으로 포함하고

그림 12.6 왼쪽, LBAM ID (Gilligan & Epstein 2009)의 디지털 동정 도구 홈페이지의 스크린샷. 왼쪽 메뉴에서 최종사용자가 이용할 수 있는 유용한 리소스를 제시. 가운데, LBAM ID내 한 가지 도표 형식의 문서(fact sheet; LBAM)를 스크린샷. 오른쪽, LBAM ID에서 4개의 Lucid 검색키(나비목 성충) 중 하나의 스크린샷.

있다. 이러한 도구들은 생태학, 계통학, 분류학 이미지 갤러리, 도표 형식의 문서(fact sheet), 분자생물학적 조사에 대한 정보를 지닌 페이지들을 포함할 수 있다.

다음의 3가지 예들은 디지털 동정 도구의 고안, 개발, 사용을 위해 채택된 광범위한 접근방법을 설명해 준다.

연갈색사과잎말이나방(Light Brown Apple Moth) (LBAM; *Epiphyas postvittana* (Walker) 잎말이나방과, 나비목). LBAM이 캘리포니아에서 처음 발견되었을 때, 조사, 검사, 동정, 확증에 참여한 규제기관의 직원들은 그 나방의 탐지를 지원할 수 있는 동정 도구를 요구하였다. 분류학적 전문지식, 자원, 자금은 보다 대규모적인 탐색과 동정을 진행하기 위해서는 한계가 있었다. LBAM의 탐지에 참여한 많은 직원들은 나비목, 특히 유충 동정 전문가들이 아니었다. 직원들은 또한 캘리포니아 내의 형태적으로 유사한 다른 나방으로부터 LBAM을 분리하는데 어려움을 겪었다. 트랩에서 표본을 떼어 내게 되면, 표본의 상태(일부분으로 된 표본)에 따라 표본을 확증하는데 종종 어려움이 있었다. 그 조사로 엄청나게 많은 수의 표본이 채집되었고, 전문가들이 잠정적인 LBAM 표본들에 대해서만 그들의 시간과 정력을 집중할 수 있도록 하는 것은 야외에서의 예비적인 분류작업 과정의 중요성이 곧바로 드러났다.

LBAM 조사에 참여한 모든 직원들(곤충비전문가, 나비목 연구자가 아닌 곤충전문가, 나비목 전문가를 포함)을 위한 동정 지원을 제공하기 위하여 USDA CPHST의 동정 기술 프로그램(USDA CPHST's Identification Technology Program; TIP)이 동정 도구인 *LBAM ID*를 고안하고, 개발하여 배포하였다(Gilligan & Epstein 2009).

*LBAM ID*는 4개의 Lucid 검색키(나비목 성충, 나비목 유충, 잎말이나방과 성충, 잎말이나방과 유충), 이미지 동정 비교 페이지, 관련된 모든 분류군에 대한 도표 형식의 문서(fact sheet), DNA 염기서열 검색 페이지를 포함한다(그림 12.6). *LBAM ID*는 조사하고 탐지하는 야외 인력들을 지원하고, 전문가 조사를 필요로 하는 표본의 수를 줄이는데 매우 성공적이었다. 2010년에 캘리포니아에 유럽포도잎말이나방(European Grapevine Moth, EGVM, *Lobesia botrana* Denis & Schiffermuller)이 탐지되었을 때, *LBAM ID*의 DNA 염기서열 페이지가 초기 동정에 사용되었다. *LBAM ID*의 성공 및 미국으로 들어올 수 있는 잎말이나방류의 가능성(likelihood)(다른 주에서 *LBAM ID*와 같은 지원 도구를 요구)과 함께, CPHST ITP는 미국에서 농업적으로

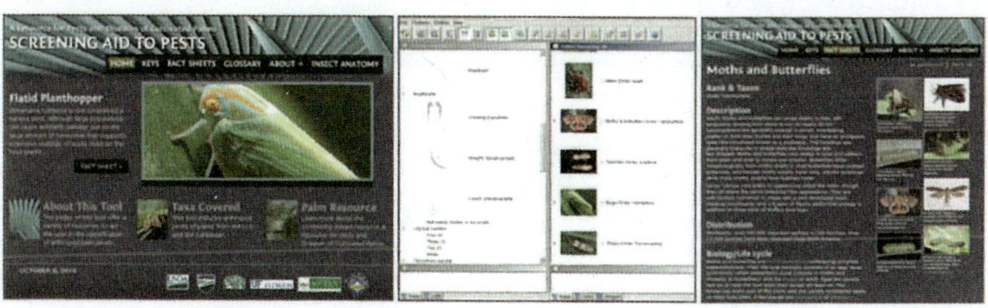

그림 12.7 왼쪽, 상품을 기반으로 한 동정 도구인 재배용 야자류 병해충에 대한 리소스: 병해충에 대한 검색 도구에 대한 홈페이지 스크린샷(Redford 등 2001). 가운데, Lucid 검색키의 스크린샷. 오른쪽, 동정 도구 내의 도표 형식의 문서(fact sheet).

중요한 잎말이나방류에 대한 동정 도구인 TortAI의 개발을 시작하였다. TortAI는 2012년에 배포되었으며, *LBAM ID*에 포함된 모든 구성요소들을 포함할 것이다.

재배용 야자류(Cultivated palms). 상품을 기반으로 한 초기 동정 도구 – 재배용 야자류 병해충에 대한 리소스: 병해충 검사 도구(A Resource for Pests and Diseases of Cultivated Palm: Screening Aid to Pests)(Redford 등 2010) –는 특별히 곤충비전문가가 사용할 수 있도록 고안되었다(그림 12.7을 보라). 이 도구는 야자류와 관련된 동정 및 진단 도구들의 연속물이나 집합체를 포함하여(Anderson 2011; Broschat 등 2010; Redford 등 2010) 현재 재배용 야자류에 대한 광범위한 동정 리소스의 한 부분이 되었다(Walters 등 2010). 이 예는 특정 상품과 관련된 병해충과 기주들을 동정하기 위해 미래에 결합되거나 개발될 수 있는 동정 도구들에 대한 방법을 설명하고 있으며, 항구나 야외에서 조사/탐지 과정을 보다 효율적으로 할 수 있게 하고 있다. 작물/상품을 기반으로 한 또 다른 도구들이 벼, 칸탈루프 멜론(cantaloupe), 감귤, 고구마를 포함하여 개발되었다.

전세계 천공성 딱정벌레(Wood-boring beetles (WBB) of the world). 2011년에 전세계 천공성 딱정벌레(WBB)의 속(屬)에 대한 온라인 포털이 배포되었다(Nearns 등 2011). 이 포탈은 비단벌레류를 포함한 9개의 과(科)에 속한 분류군 검색 및 동정을 지원하기 위해 수많은 형식의 동정 도구들을 포함하고 있다(검색키, 이미지 갤러리, 도표 형식의 문서(fact sheets), 종 설명 페이

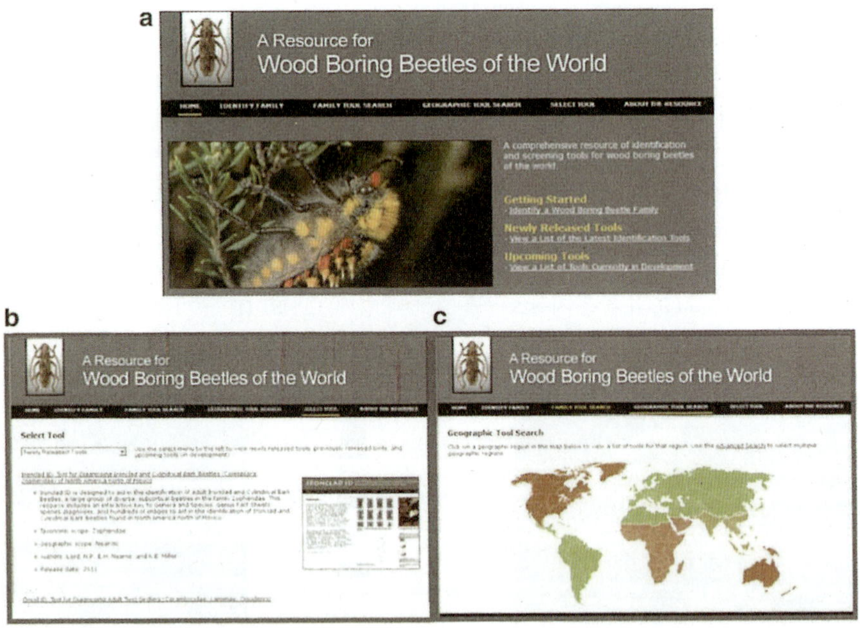

그림 12.8 위(a), 전세계 천공성 딱정벌레에 대한 리소스에 대한 홈페이지 스크린샷(Nearns 등 2011). 아래, "도구선택(select tool)" 페이지 스크린샷(b) 및 "지리 도구 검색" 페이지 스크린샷(c).

지, 등)(그림 12.8). WBB는 사용자들에게 지리 및 과(科)와 같은 다양한 검색 옵션들을 제공하여, 그들이 동정 과정에서 필요한 특정 보조물과 도구들을 빨리 찾게 할 수 있다. 만약 사용자들이 그들이 동정하고자 하는 분류군의 과(科)를 모른다면, 포털은 천공성 딱정벌레의 과(科)를 동정하기 위한 동정 도구들을 제공하고 있다. 이 포털은 딱정벌레 전문가들과 전세계 WBB 최종사용자(end-user)들이 협력하여 개발을 계속하고 있다.

최근 개발된 디지털 쌍방향 검색키의 주요 특징은 형질과 분류군의 이미지를 포함(또한 이미지 수집은 현재 상응하는 분류군/이미지에 대한 검색을 좁히기 위하여 해부학적 특질들을 사용하는 검색 기능들을 포함)하고 있기 때문에, WBB는 사용자들에게 디지털 쌍방향 검색키 및 이미지 수집의 연계를 제공하고 있다(CISEH 2011; PaDIL 2011).

12.4.2 디지털 동정 보조물에 접속하기 위한 포탈

디지털 동정 보조물은 생물안보나 식물보호 목적의 범위에서 가치있는 도움을 제공할 수 있지만, 동정 보조물이 특정 분류학적 그룹을 위해서인지, 특정 상품 그룹을 위해서 존재하는지를 알면 중요한 제약이 될 수 있다. 속(屬)의 검색 엔진이 상응한 보조물을 찾는데 효과적이지 않을 수도 있으며, 일부 보조물들은 정확한 동정을 하는데 적절치 않을 수도 있다. 미국 생물안보 공동체가 디지털 동정 도구 온라인에 보다 쉽게 접속하기 위해서, USDA/CPHST의 동정 기술 프로그램(TIP)은 식물보호 및 검역의 관심인 식물 해충, 잡초, 병 그룹들에 대한 정보 도구의 게이트웨이(gateway)인 *ID Source*를 개발하였다. *ID Source*는 동정을 쉽게 하기 위해 특별히 고안된 검색키, 도표 형식의 문서(fact sheet), 걸러내는 보조물, 이미지 갤러리, 또 다른 보조물들을 포함하고 있다. 이것은 전문화에 초점을 가지기 때문에, *ID Source*를 이용한 검색

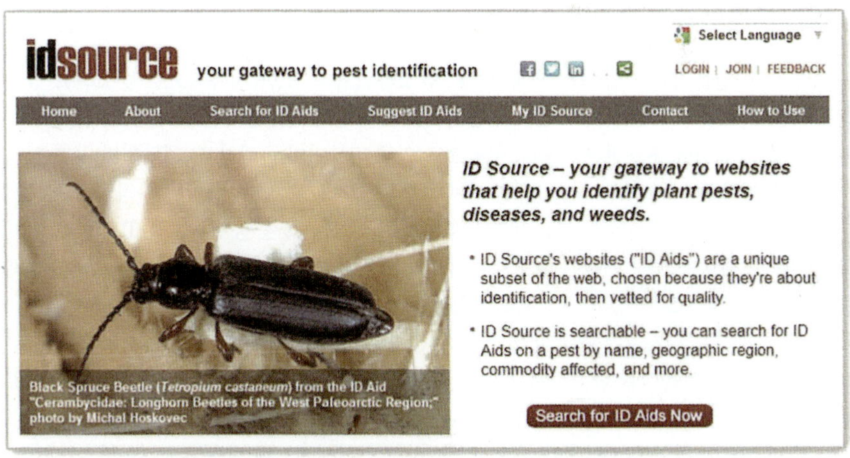

그림 12.9 ID Source의 홈페이지 스크린샷(ITP 2011)

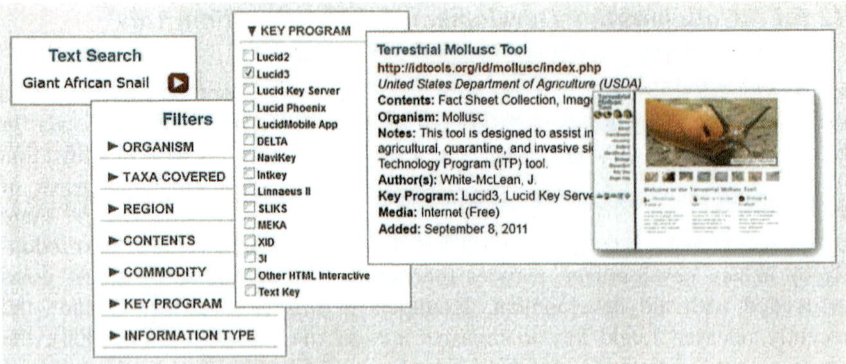

그림 12.10 검색을 위해 제공된 ID Source의 두 가지 방법. 대부분 사용자들은 병해충의 학명과 일반명인 텍스트 검색(Text Search)으로 들어간다. 사용자들은 또한 가장 일치하는 ID 보조물을 찾기 위해 7개의 걸러내기 옵션(Filter option)으로부터 값을 선택할 수 있다. "검색키 프로그램(Key Program)"의 걸러내기(Filter)는 여기서 ID Source의 ID 보조물들 사이에서 발견된 많은 형식의 검색키를 보여주기 위하여 확장된다. *Terrestrial Mollusc Tool*은 "Lucid3" 걸러내기 값의 선택으로 "아프리카왕달팽이(Giant African Snail)"에서 텍스트 검색(Text Search)한 ID 보조물 결과이다.

은 표준화된 인터넷 검색 엔진들이 제공하는 것보다 훨씬 도움이 되는 결과들을 이끌어 내고 있다(그림 12.10). *ID Source*를 경유하여 도달된 ID 보조물들은 단지 ITP와 ID Source 사용자들이 어떠한 표준화된 품질과 유용성과의 만남을 결정하는 것 뿐이다.

12.5 디지털 동정 기술의 미래

분류학적 전문지식과 능력은 세계적으로 감소하였으며, 또한 지속적으로 감소하고 있다. 분류학에 있어서 교수진 및 연구진이 부분적으로는 예산의 한계라지만 보다 중요하게는 필요한 전문적인 지식을 훈련받은 사람의 부족으로 인해 전문가가 은퇴한 후 채워지지 않고 있다. 동시에 분류학적 서비스에 대한 요구는 지속적으로 증가하고 있다. 이러한 환경 속에서 생물안보와 관련된 분류전문가는 그들의 전문분야 이외의 표본들을 동정하도록 요구받고 있다. 결과적으로 새로운 동정 기술과 소프트웨어로의 이용성과 접근성은 미래에 검출될 생물체를 정확하고 즉각적으로 동정하는데 중요할 것이다.

규제 기관의 관리자들은 분류학적 서비스 면에서 그러한 필요성과 부족을 인식하고 있지만, 예산의 제한이 옵션을 한정시키고 있다. 미래에는 지식과 전문성의 수준별로 지원된 수많은 미디어 형식들(이미지, 검색키, 삽화, 비디오, 등)을 제공하는 사용자 친화적인 디지털 동정 보조물에 접속이 침입종의 탐지와 동정을 지속하고 향상시키는데 필수적일 것이다.

12.5.1 동정 보조물의 협력적인 개발

자원과 전문성의 모음은 세계의 생물안보 기관 및 조직이 생물안보의 동정 보조물에 대한 수요 증가에 대응하는 하나의 방법이다. 예를 들어, USDA APHIS의 동정 기술 프로그램(ITP)은 호주, 캐나다, 미국, 뉴질랜드 생물안보기관의 내부팀이 진단 보조물을 협력적으로 개발하고 공유하도록 이끌었다. 그러한 협업은 분류학적 전문성을 공유하고, 검색키 개발에 있어 중복성을 제거하며, 또한 보조물을 배포하기 위한 시간을 줄이고, 보조물의 개발과 관련된 비용을 줄이게 된다. 이러한 협업의 예는 최근 배포된 태평양 지역에 침입한 개미(ants)에 대한 Lucid 검색키(Sarnat 2008), 호주와 미국에 의해 개발된 세계의 주름응애류(flat mites)에 대한 동정 도구 및 캐나다와 미국이 개발에 협력한 잡초 종자의 동정 도구를 포함할 수 있다. 호주의 Lucid 개발팀과 미국의 ITP는 디지털 동정 보조물을 사용할 때 검색키의 효율을 단순화하고 개선하며, 사용자 인터페이스 경험(디자인, 콘텐츠, 기능성, 탐색력)을 향상시키기 위한 근본적인 기술 개발을 지속해 오고 있다.

웹 사이트인 IdentifyLife (University of Queensland 2011d)는 동정 도구의 협력적인 개발과 배치를 조장하고, 지원하도록 고안되어 있다(그림 12.11). Atlas of living Australia (http://www.ala.org.au/)와 Encyclopedia of Life (http://eol.org/)와의 협업 작업인 소스 공개 프로젝트의 목적은 다음과 같다:

그림 12.11 IdentifyLife 웹 사이트 홈페이지

1. 전세계적으로 사람들에게 살아있는 생물체를 동정하는데 도움을 줄 수 있도록 다양한 범위의 동정 도구들을 조합한다.
2. 전세계의 전문가와 지지자 집단이 동정 검색키와 서술적인 정보를 저장하고, 관리하고, 보급하기 위해 IdentifyLife가 사용할 수 있는 협업 공간(MyIdentifyLife) 만든다.
3. 지구상에 살아있는 모든 생물에 대한 야심적인 검색키(Key to All Life)를 개발한다.

IdentifyLife는 생물안보의 동정 도구에 관해 세계적으로 협업적인 개발, 공유, 배포를 지원하기 위한 잠재력을 제공하고 있다.

12.5.2 컴퓨터분류학(Cybertaxonomy)

우리는 분류학적 전문성의 감소가 디지털 동정 보조물을 개발하는데 중요한 동기가 되었음을 언급하였다. Lucid 같은 매트릭스 검색키의 개발은 또한 분류 과정의 효율성을 증진할 수 있을 것이다. Lucid 검색키(그림 12.12 참조)나 IdentifyLife에서 구축된 것과 같은 형질 매트릭스는 주어진 분류군을 묘사함에 있어 그들의 가장 단순한 형식인 원자화한 셋트의 형질과 상태로 나타내고 있다. 이 정보는 분류학적 모노그래프와 도표 형식의 문서 정보를 이용하기 위해 자연 언어(natural language)의 분류학적 설명문으로 내보내는 것을 허락하는 메타데이터로 컴퓨터가 판독할 수 있는 유용한 서술적인 문장을 제공한다.

국제동물명명규약(International Code of Zoological Nomenclature) (International Commission on Zoological Nomenclature 2008)에 있어서 최근의 제안된 변화와 함께 신종의 분류학적 기재문은 전통적인 출판 형태로부터 신종의 기재문 안에 끼워 넣게 되는 정보적 리소스와 연계된 전자출판으로 움직여 가고 있다. 이러한 정보적 리소스는 이미지 데이터베이스(예, Morphbank), 명명 데이터베이스(예, Zoobank), DNA 염기서열 저장소(예, Genbank), 문헌 데이터베이스(예, Biodiversity Heritage Library), 채집 라벨 데이터를 지닌 다양한 표본 데이터베이스와 같은 온라인 데이터베이스와의 연계를 포함하고 있다. 이들 온라인 리소스를 이용하는 최근 출판물들은 Johnson 등 (2008) 및 Deans & Kawada (2008)를 포함하고 있다. Winterton (2009)은 Lucid의 형질 매트릭스로부터 자연 언어 기재문을 직접적으로 내보냄으로서 신종에 대한 상당히 표준화된 분류학적 기재문을 만들어내는데 Lucid Builder를 사용하였다. 분류학적 기재문 내의 온라인 리소스와의 그러한 링크에 관한 개정은 정적인 종이 문서를 바탕으로 한 종 기재문을 넘어서 생물다양성의 발견을 문서화함으로서 부가가치화하는 전례없는 수준을 가져오고 있다.

12.5.3 디지털 정보 출처들 사이 연계의 개발

위에서 언급했듯이, 동정 리소스들은 이미지와 검색키 모두 하나의 사이트로부터 접속될

그림 12.12 전문가가 인터넷과 연결된 원격의 현미경 하드웨어를 통해 병해충 이미지를 어떻게 입출력할 수 있는지를 보임

수 있도록 개발되고 있다. 실제로, 디지털 검색키와 검색할 이미지의 수집은 많은 공통점을 가지고 있다. 검색키 및 이미지 개발자들은 현재 그들의 특정한 보조물의 사용을 지원하기 위해 정보와 이미지를 공유하고 있다.

미래에는 웹 서비스들과 응용프로그램 인터페이스(Application Programme Interface; APIs)를 통한 이미지 데이터베이스로의 개선된 프로그램적 접속은 다른 시스템들에게 이용 후에 자동적으로 상응하는 콘텐츠들을 요구 할 것이며, 최종사용자들에게 쉽게 나타낼 수 있는 형태로 빠르게 전달되는 수단을 가지게 될 것이다. 이러한 연계(linkages)를 개발하는데 가장 큰 제한사항은 공통적인 전문용어를 받아들이는 것이다. 예를 들어, 어떤 종의 이미지를 요청하기 위해 학명을 사용하여 작업할 수 있지만, 종종 생물체의 유효명과 관련한 불일치가 계속해서 일어난다. 또한, 분류학자들이 다양한 그룹들을 개정함으로서 이름이 지속적으로 변하고 있다. 학명들에 사용되는 약어에 있어서 경미한 차이(예를 들어, "supbsp."와 "ssp."는 모두 "subspecies"를 의미함)나 종소명의 활용어미에 차이(예를 들어, *Archips argyrospilus* 대 *Archips argyrospila*)는 상응하는 모든 리소스들에 접속할 수 없는 되는 시스템을 유도하고 있다. 독특한 동정자(Life Science Identifiers (LSID) 및 개인이 운영하는 데이터베이스 동정자) 및 분류학적 동물이명을 검색할 수 있는 시스템의 이용은 일부 이런 사안들을 해결하는데 도움을 주고 있지만, 보편적인 해결책은 여전히 찾아보기 힘들다. 효과적인 연계에 관한 개발은 각 프로젝트와 관련된 사람들이 그 시스템에 관한 구조를 논의하고, 그 시스템이 공통적인 용어를 이용할 수 있도록 하기 위한 해결책을 개발하도록 요구하고 있다. 이미지와 검색키 데이터베이스 리소스의 이러한 지렛대 효과(leveraging)는 한정된 리소스를 최대화하고, 기존 리소스를 활용하기 위해 또 다른 그룹의 능력을 개선하고 있다.

12.5.4 현미경을 이용한 원격진단

여러 해 동안, 의사들은 원격의료(Telemedicine) 개념을 만들기 위해 정보전달 기술을 사용하여 왔다. 환자의 상담은 특별히 고립된 사회에 떨어져 살고 있는 사람들이나 전문가나 전문

그림 12.13 USB 현미경에 연결된 스마트폰과 휴대용 컴퓨터가 거의 어디서나 이미지를 캡처하고 공유할 수 있음

가의 의견 접근이 제한된 멀리 떨어진 지역에서부터 실행되었다. 거리 및 전문성의 제약은 분류학적 전문성과 병해충 진단자의 수가 세계적으로 감소에 직면하고 있는 우리의 식물병해충 진단과 매우 유사하다. 유입된 많은 병해충들이 지방이나 멀리 떨어진 지역에서 검출되는 반면, 전문가들은 주요 도시에 집중되어 있는 경향이 있기 때문에 진단 문제는 가장 가까운 전문가로부터 다소 떨어져 있다. 원격의료처럼, 병해충에 대해 현미경을 이용한 원격진단은 다른 지역의 전문가들에게 병해충 또는 증상, 병해충에 의해 야기되는 피해들에 대한 현미경상의 이미지를 나타내는데 인터넷과 다른 의사소통 기술들을 이용한다.

현미경을 이용한 원격진단(Remote Microscope Diagnostics; RMD)을 위한 전형적인 실험실 셋업은 현미경(해부 또는 복합), 현미경에 부착된 비디오카메라, 그래픽 인터페이스를 지닌 컴퓨터나 인터넷 서버를 포함하고 있다. 비디오카메라로부터 캡처된 이미지들은 인터넷으로 컴퓨터나 서버와 연결하여 공유될 수 있다.

현미경으로부터 컴퓨터로 그러한 이미지를 캡처하는 시스템은 인터넷 상에서 이미지를 캡처하고 공유하는 특별한 소프트웨어가 필요하다. 이 소프트웨어는 보통 이미지를 편집하고 보관하는 일을 포함하며, 컴퓨터에서 캡처된 이미지가 그들의 웹브라우저에 IP 주소를 단순히 타이핑한 인터넷 사용자들이 볼 수 있도록 고정된 IP 주소의 할당을 컴퓨터에 요구한다. 이러한 시스템의 예들은 Olympus NetCam 소프트웨어와 Leica Network LAS 모듈을 포함하고 있다. 대신에 Nikon은 현미경상의 이미지를 캡처하고, 그것을 어떤 컴퓨터 장치나 부가적인 소프트웨어 없이 곧바로 인터넷에 세공하는 그래픽 인터페이스를 지닌 DS L3 웹서버를 제공하고 있다. DS-L3는 사용자들이 그들 자신의 IP 설정을 통해 자신의 독특한 운영체계를 가지고 있다. 이것은 또한 자신들의 이미지 편집실과 간편한 작동을 위한 터치스크린뿐만 아니라 라이브 이미지들에 주석을 달고 강조하기 위한 도구들을 가지고 있다.

두 가지 형태의 시스템에서 이미지 공유는 지역 네트워크나 특정한 작업집단으로 제한될 수 있다. 만약 고정된 인터넷 IP 주소가 컴퓨터에 할당되면, 그 사이트 밖의 사용자나 해커들이 컴퓨터 운영시스템이나 다른 파일들을 감염시키거나 함부로 변경할 수 있는 가능성이 있다. 이것은 대용량의 상호접속 컴퓨터 네트워크를 가진 조직에게 중요한 보안상 위험성을 나타내며, 그래서 이런 시스템이 안전하게 작동되기 전에 IT 보안 조치가 실행될 필요가 있다.

대조적으로, Nikon 웹서버 시스템은 독특한 운영시스템을 가지며, 시스템에 파일들을 저장하지 않거나 네트워크된 어떠한 장치와 연결되지 않기 때문에 최소한의 보안 위험성을 내포하고 있다.

모바일 원격진단(RMD)용 하드웨어 및 소프트웨어. 휴대용 컴퓨터, USB 현미경, 핸드폰 카메라, 무선 광대역 및 대용량 모바일 네트워크 서비스의 개발은 현재 거의 어디서나 상당히 확대된 고해상도의 이미지를 캡처할 수 있고, 그것들을 인터넷상이나 핸드폰 네트워크를 통해 공유가 가능하져 있다(그림 12.13).

Skype와 같은 실시간 정보전달 어플리케이션은 빠른 동정 및 결정, 회신할 수 있다는 가능성을 만들어서 멀리 떨어진 지역의 전문가와 라이브 이미지를 공유하는데 이용할 수 있다. 대신에 정적인 이미지는 지난 수년간 태평양 및 동남아시아에서 해왔던 것처럼 비록 약간 느리더라고 유사한 결과를 얻기 위하여 전문가들에게 이메일로 보낼 수 있다(PestNet 2012).

PestNet (2012) http://www.pestnet.org/

많은 지역을 연결한 인터넷 사용자들이 현미경상의 라이브 이미지들을 공유할 수 있는 능력은 원격 훈련을 위한 이상적인 기회를 제공하고 있다. 인터넷상에서 현미경상의 이미지들을 공유함으로서 진단전문가들과 분류학자들은 어떻게 병해충을 동정하거나 특징 병해충의 증상이나 특징적인 형질들을 구별하는지 설명할 수 있다. 부가적인 정보전달 장치들은 토론을 할 수 있는 화상회의 환경인 "화이트보드", 채팅, 문서, 이미지와 비디오, 오디오의 캡처를 제공하는데 이용할 수 있다. 이들은 참가자가 향후 참조를 위해 접속될 수 있는 지속적인 훈련 기록을 제공하고 있다. 그 결과는 참가자들이 그들의 사무실에서 전문가와 접속하여 자신의 능력을 향상시킬 경우, 저렴하고, 효과적인 대화형 학습인 것이다.

12.5.5 모바일 기술

모바일 폰 또는 "스마트폰"은 침입종의 탐지와 동정에 중요한 영향을 줄 수 있는 또 다른 기술적 발전이다. 스마트폰은 사람들이 정보를 주고받는 중요한 도구이다. 분류학적 전문성의 상실과 생물안보기관들이 이용할 수 있는 또 다른 자원들의 감소와 함께, 우리는 대중에게 병해충의 탐지를 위한 중요한 지원을 제공할 잠재력이 증가하고 있음을 알 수 있다. 이러한 협력이 성공하기 위해서, 생물안보 공동체는 첫 번째 교육 기회를 제공해야만 하며, 농장, 숲, 자연 지역, 그 외의 환경에서 병해충을 탐지해야하는 중요성에 대해 관심을 불러 일으켜야만 한다. 동시에, 대중들은 침입종을 탐지하고 동정함에 있어 그들을 도와줄 시각적으로 흥미롭고, 비전문가적인 보조물들이 필요할 것이다. 온라인 컴퓨터를 기반으로 한 동정 도구는 작업하는데 중요한 역할을 하지만, 스마트폰 어플리케이션은 대중에게 도달할 수 있는 보다 효과적이고 효율적인 방법이 될 가능성이 있다.

동정 보조물의 개발자들은 대중과 정보를 받고 보내는 새로운 방법으로 그들의 디지털 보조물들에 대해 더욱 더 "app" 개발에서 찾고 있다. 모바일 어플리케이션들은 대화형 교육 도구들을 제공할 수 있고, 병해충에 대하여 대중에게 교육할 수 있으며, 또한 다른 상응한 어플리케이션이나 웹사이트와의 링크를 제공하고, 자생생물들로부터 의심스러운 생물체를 구별하는데 도움을 주며, 잠재적인 병해충들을 지역 사무소나 기관에 보고할 수 있게 한다. 또한, 검사와 탐지를 지원하는 모바일 어플리케이션들은 선박, 창고, 비행기, 상점을 검사하는 동안 탐지 정보들에 접속을 제공함으로써 생물안보 공동체 내의 야외 조사자들에게 가치 있게 될 것이다. 우리는 병해충의 탐지와 동정을 지원하기 위해 고안되고, 개발되어, 배포되는 수많은 모바일 어플리케이션들이 앞으로 10년 동안 극적으로 증가할 것으로 기대하고 있다.

모바일 전화기에 의한 스틸과 비디오 캡처의 빠른 향상 및 이미지 처리과정과 공유를 가능하게 하는 소프트웨어의 개선은 미래의 원격진단에 영향을 미칠 것이다. 또한, 우리는 컴퓨터 버전의 소프트웨어를 통해 이미지들을 분석하고, 한 개 또는 여러 개의 동정 가능성들을 제공하는 클라우드 데이터베이스 상으로 모바일 장치에서 캡처된 이미지들이 업로딩 될 경우 자동 동정 쪽으로의 움직임을 볼 것이다. 이러한 미래를 향한 중간 단계는 컴퓨터가 이미지를 분석한 후 사용자들에게 그것을 동정할 수 있도록 도와주는 일련의 질문들을 요청하는 지능형 질의 데이터베이스가 될 것이다. 그러나 우리는 이러한 발전이 분류학자들이 없이는 일어날 수 없다는 것을 주목해야만 한다. 즉, 이러한 디지털 시스템에 전문가들이 지식을 지속적으로 제공하도록 요구될 것이다.

Appendix 1: 다양한 소프트웨어 패키지 및 어플리케이션에서 개발된 매트릭스를 기반으로 한 디지털 검색키의 스크린샷

매미충과(Cicadellidae)의 족(tribe)에 대한 쌍방향 검색키(Dmitriev 2003)

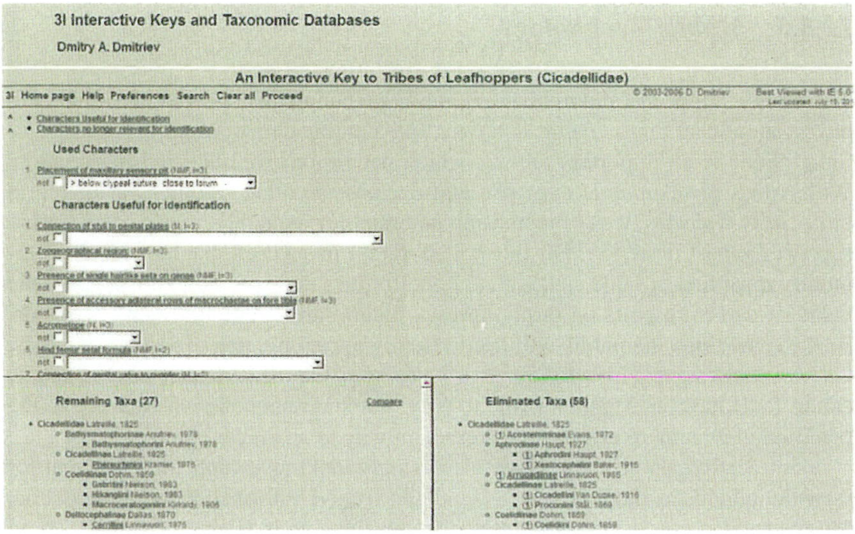

전세계의 딱정벌레 유충(Lawrence 등 1999)

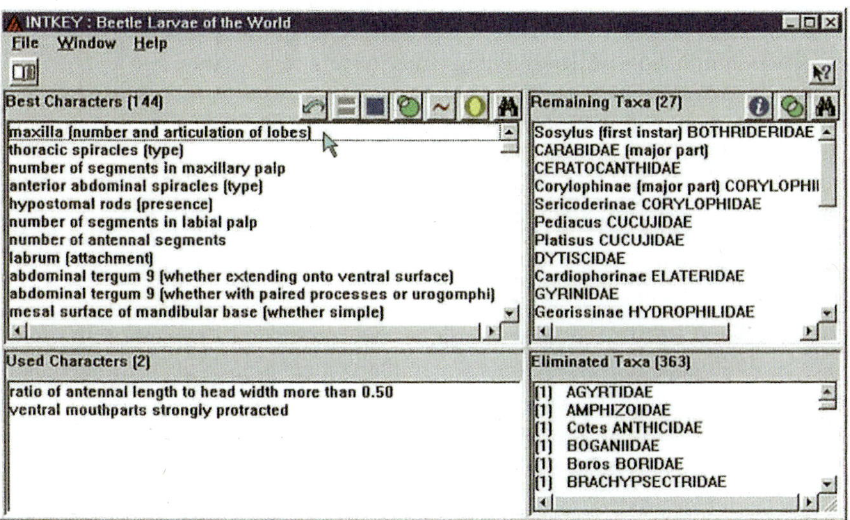

북미지역의 벌과 관련된 응애류(OConnor 2003)

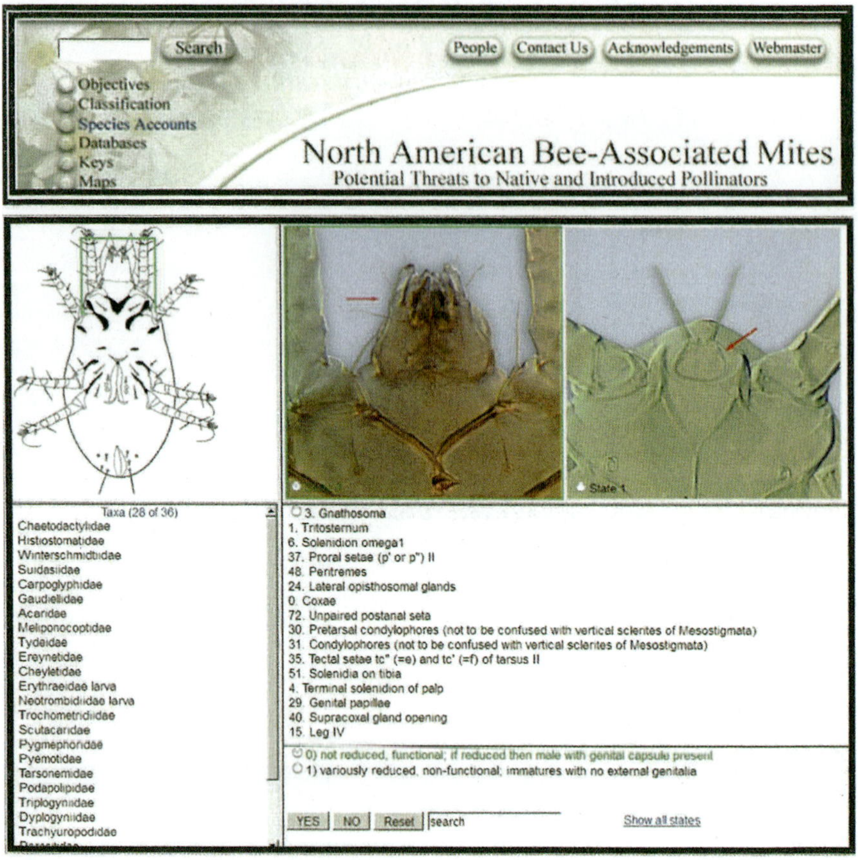

48개 주 및 캐나다 인접지역의 1,200종 잡초(Old 2011)

러시아의 유럽지역 및 구북구 북부에 흔한 딱정벌레 성충에 대한 검색키(Lovanov 2005)

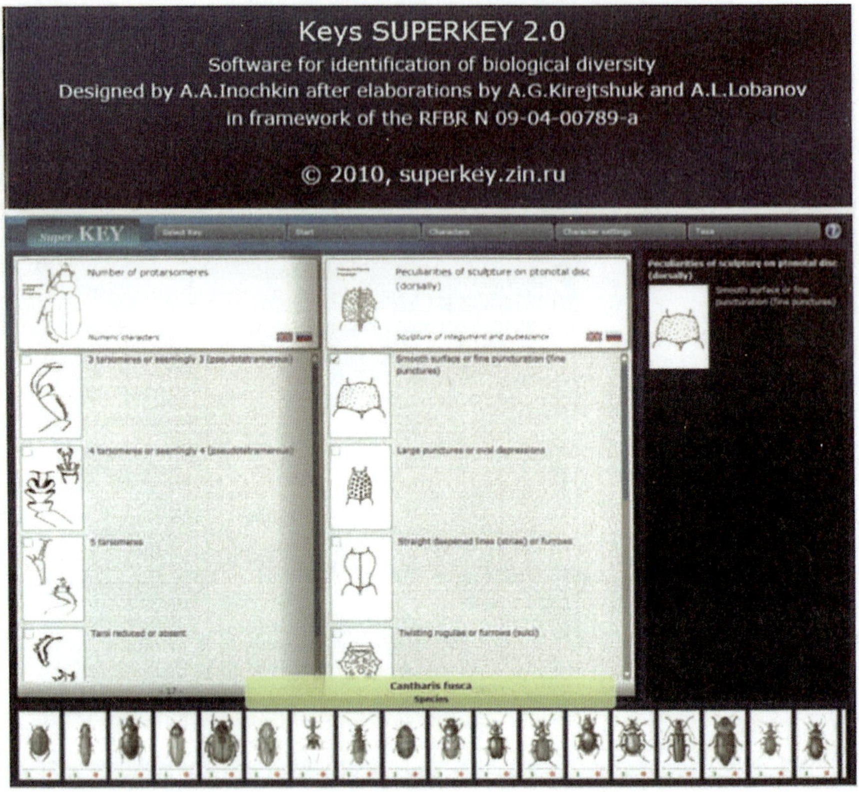

북미의 채진목속(Amelanchier)에 대한 쌍방향 검색키(Campbell 2008)

루이지애나 주의 잔디屬에 대한 시각자료(Jones 2011)

Appendix 2: 매트릭스(Lucid) 검색키를 이용하여 동정하는 최상의 실습 지침서

동정 시간 동안 Lucid는 당신에게 언제든지 그 목록에서 어떤 질문(예를 들어, 특질과 그의 상태)을 선택하도록 하지만, 체계적이고 합리적인 방법으로 검색키를 통한 "stepping"은 동정에 관한 당신의 임무를 보다 쉽게 해 줄 것이다.

표본과 익숙해지기

먼저, 당신이 동정하고자 하는 표본의 형질에 익숙해져야 한다. 또한 만약 당신이 이용할 Lucid 검색키에 익숙해진다면, 당신은 이미 표본의 많은 형질들을 알게 될 것이다. 시작하기 전에 당신이 이들을 간략하게 조사한다면, 동정을 진행해 나가는데 더 쉽게 할 것이다.

뚜렷한 특징을 주목하고 이용하라

어떤 검색키에서, 일부 분류군은 특별하게 뚜렷한 특질을 지니고 있을 것이다. 이들의 이용은 그 분류군을 매우 적은 단계에서 검색을 끝내도록 할 것이다. 적어도 선정된 첫 번째 형질 상태를 특별하게 뚜렷하거나 두드러진 특질로 시작한다면, 남아있는 실체(Entities Remaining)의 목록을 빠르게 줄일 것이다.

먼저 쉬운 특질을 대답하라

이용 가능한 특질들의 목록을 훑어보고, 먼저 쉬운 특질을 설명해라. 미리 설정된 순서로 대답해야만 하는 댓구로 된 두갈래 검색키의 원리는 대부분의 검색키 사용자들에게 매우 익숙해져 있어, 종종 이들 원리를 매트릭스 검색키에 자동적으로 적용하곤 한다. 비록 Lucid3가 열린 윈도우창에서 첫 순서로 검색키의 특질들을 목록화 할지라도, 이것은 특질들이 그 순서로 선정되어야만 한다는 것을 의미하지 않는다. 당신은 목록의 어느 위치에서든지 어떤 특질이든 선정할 수 있다. *[그러나, 긍정적인 종속성을 이용하는 일부 검색키에서는 다른 것들이 이용되기 전에 특정 질문들에 대한 답이 강요될 수 있음에 주목한다.]*

대부분의 Lucid3 검색키는 뚜렷하고 단순한 특질들을 다루는 것부터 아주 작거나 모호하거나 해석이 어려운 특질들을 다루는 것까지 폭 넓은 변이의 특질들을 가질 것이다. 첫 번째 특질에서 장애물에 갇히게 되는 것과 대조적으로, 이용 가능한 특질의 목록을 훑어보고 항상 아주 빠르게 대답할 수 있는 명백한 특질에 대하여 시작한다. Lucid는 어렵고 모호한 특질들과 관련된 문제를 해결할 수 있도록 고안되어 있다.

다중의 상태를 골라내기

특별한 표본에 대하여 올바른 하나의 상태를 골라내기가 불확실하다면 항상 다중의 상태(하나의 특질에 하나보다 많은 상태)를 골라낸다. Lucid는 어떤 하나의 특질로부터 필요한 만큼의 많은 상태를 골라낼 수 있도록 고안되어 있다. 프로그램의 논리 내에서 이들 상태는 "또는(or)" 이라는 링크로 연결될 것이다. 이것은 Lucid가 모든 분류군에 대해서 당신이 선정한 어떤 상태로 찾기 때문일 것이다. 일반적인 규칙에 따라, 당신의 표본이 2개 또는 그 이상의 상태를 가진 것이 확실하지 않다면, 그것들 모두를 골라낼 것이다. 즉, 그런 식으로 당신은 대상 분류군이 남아있는 실체(Entities Remaining)에 남아있음을 확신할 수 있다.

다음으로 설명할 수 있는 최고의 특질을 찾기

뚜렷한 특질을 모두 처리했다면, 최상으로 남겨놓는 특질을 제안하는 Lucid의 "Best" 기능을 이용하라. Lucid Player는 두 개의 "Best" 모드를 가지고 있으며, 아래를 살펴보자.

Best 찾기 및 Best 정렬하기:

Best 찾기. Lucid3 Player에서, Best 버튼을 클릭하면 Player가 최상으로 이용 가능한 특질로 움직여 열어주기 때문일 것이다. 도구상자에서 Next Best 버튼과 Previous Best 버튼은 처음 지정된 특질을 설명하는데 어려움을 있을 때 특질들의 목록을 통해 탐색하도록 한다. 만일 남아있는 실체(Entities Remaining)에서 실체의 목록이 Best가 제안한 특질을 선택한 후 변화하는 경우, 다음으로 설명할 수 있는 최상의 특질을 재계산하도록 다시 Best 버튼을 클릭해야만 한다.

Best 정렬하기. Best 정렬하기는 특질들이 가장 좋은 상태에서 가장 나쁜 상태로 정렬하기 위해 이용 가능한 특질의 목록에 순서를 다시 매길 것이다. Best 정렬하기 후에 가장 쉽게 대답할 수 있는 특질에 대한 목록의 맨 위를 훑어본다.

나무 모양으로 나타나는 특질들은 정렬할 수 없으므로 Best 정렬하기는 단지 List View를 이용하는 작업한다는 것을 주목하라.

남아있는 분류군이 없다면 어떻게 할 것인가?

이것은 한 Lucid 시간에 조만간 일어날 일이다. 실체(Entities Remaining) 윈도우에 분류군의 목록이 없다면, 데이터베이스 상에 분류군이 당신이 선정했던 상태와 일치하지 않음을 의미한다. 몇 가지 설명이 가능하며, 가장 일반적인 것 중 일부는 다음과 같다:

- 당신이 선택했던 하나 또는 그 이상의 상태에 오류가 있다. 이것은 분류군이 남아있지 않는 상황에서 가장 있을 수 있는 오류이다.
- 분류군이 기술되어 있지 않을 수 있다. 이런 경우에 그 특징은 검색키의 데이터 테이블에 나타나지 않기 때문에 Lucid는 그 표본을 동정할 수 없다.
- 검색키 작성자가 검색키를 구축할 당시 오류를 범할 수 있을 것이다. 이것은 가능성이 없지만 발생할 수 있다. 주의 깊게 모든 특질과 상태를 점검하고, 당신이 동정하려고 하는 표본을 점검하여 이 검색키에 포함될 것이 기대될 것이라면, 검색키 구축의 오류가 나타나게 될 것이다.

위의 상황들 중 어떤 것이 기대된다면, 당신이 골라낸 특질을 매우 주의 깊게 조사하여야만 하며, 불확실한 것이 어떤 것인지를 결정해야만 한다. 각각이 어떠한 효과를 가졌는지를 알아보기 위해 하나씩 하나씩 불확실한 상태를 제거해 나가라. 하나 또는 그 이상의 분류군이 실체(Entities Remaining) 윈도우로 되돌아 올 것이다. 어려운 경우에는 가장 일치하는 분류군을 찾기 위한 시도로 단계적으로 상태를 더하거나 제거하는 "play"를 필요로 할 것이다.

몇 개의 분류군이 남으면 어떻게 할 것인가?

결코 하나의 분류군이 남는 것이 항상 끝이라고 추정하지 말라. 어렵거나 모호한 특징을 이용할 때를 제외하더라도 검색키에서 어떤 분류군은 구별하는데 매우 힘들 수 있다. 때로는 모든 특질들을 설명한 후에 바로 하나의 분류군 대신에 남아있는 분류군의 짧은 목록을 가질 수 있다. 당신이 다른 방법으로 할 수 있는 것보다 동정에 이미 훨씬 가까워져 있다. 다시 관련된 정보(남아있는 분류군에 대한 설명, 이미지, 등)나 더 진전되거나 전문가의 참고 자료에 언급된 것에 대해 표본을 주의 깊게 점검해 볼 수 있다.

결과 점검하기

예비적인 동정이 이루어졌을 때, 분류군에 제공된 다른 정보(주석이나 설명, 이미지 같은)를 점검한다. 검색키로부터 분류군에 대한 가능한 이름을 얻는 것은 동정의 끝이 아니다. 오류가 있을 수 있거나, 검색키에 있지 않는 분류군이 있을 수도 있다. 이런 경우에 검색키는 잘못된 이름을 제공하기도 한다. 관련된 정보가 종종 답이 올바른지에 관해 좋은 지적을 해 줄 것이다.

참고문헌

Anderson PJ (2011) Identifying commonly cultivated palms. In: Walters TW (ed) A resource for pests and diseases of cultivated palms (http://itp.lucidcentral.org/id/palms.resource). Division of Plant Industry, Florida Department of Agriculture and Consumer Service and Identification Technology Program, Plant Protection and Quarantine, United States Department of Agriculture. http://itp.lucidcentral.org/id/palms/palm-id/. Accessed 30 June 2011

Broschat TK, Elliott ML, Maguire I (2010)Symptoms of diseases and disorders. In: Walters TW(ed) A resource for pests and diseases of cultivated palms (http://itp.lucidcentral.org/id/palms/resource). University of Florida and Identification Technology Program, Plant Protection and Quarantine, United States Department of Agriculture http:// itp.lucidcentral.org/id/palms/symptoms. Accessed 30 June 2011

Campbell C (2008) SLIKS: an interactive key to North American Amelanchier. University of Maine http://biology.umaine.edu/Amelanchier/SLIKS.html. Accessed 03 Oct 2011

CISEH (2011) Center for Invasive Species and Ecosstem Health, University of Georgia. http://www.bugwood.org/. Accessed 30 June 2011

Dallwitz MJ (1980) A general system for coding taxonomic description. Taxon 29:41-46. http://delta-intkey.com. accessed 30 June 2011

Dallwitz MJ (1996) Programs for interactive identification and information retrieval. http://delta_intkey.com/www/idprogs.htm. Accessed 30 June 2011

Deans AR, Kawada R (2008) Alobevania, a new genus of Neotropical ensign wasps (Hymenoptera: Evaniidae), with three new species: integration taxonomy with the World Wide Web. Zootaxa 1787:28-44

Dmitriev DA (2003) 3I key: an interacive key to tribes of leafhoppers (Cicadellidae), http://ctap.inhs.huhc.edu/dmitriev/key.asp?key=Cicnymph&i=1lng=En. Accessed 03 Oct 2011

ETI BioInformatics (2011) Linnaeus. http://www.eti.uva.nl. Accessed 30 June 2011

Gilligan TM, Epstein Me (2009) LBAM ID, Tools for diagnosing light brown apple moth and related western U.S. leafrollers (Tortricidae: Archipini). Colorado State University, California Department of Food and Agriculture, and. Identification Technology Program, Plant Protection and Quarantine, United States Department of Agriculture. http://itp.lucidcentral.org/id/lep/lbam.default.html. Accessed 30 June 2011

International Commission on Zoological Nomenclature (2008) Proposed amendment of the International Code of Zoological Nomenclature to expand and refine methods of publication Afr Invertebr 49(2):1-11

ITP (2011) ID Source - your gateway to pest identification. Identification Technology Program, Plant Protection and Quarantine, United States Department of Agriculture and Colorado State University. http://idsource.colostate.edu/. Accessed 30 June 2011

Johnson NF, MAsner L, Musetti L, Van Noort S, Rajmohana K, Darling DC, Guidott A, Polaszek A (2008) Revision of world species of the genus Heptascelio Kieffer (Hymenoptera: Platygastroidea, Platygastridae). Zootaxa 1776:1-51

Jones TM (2011) Visual generic grasses of Louisiana. Louisiana State University. http://www.herbarium2.lsy.edu/grass2/. Accessed 30 June 2011

Lawrence JF, Hastings AM, Dallwitz MJ, Paine T, Zurcher EJ (1999) INTKEY: Beetle Larvae of the World. CSIRO, Melbourne. http://delta-intkey.com. Accessed 03 Oct 2011

Lobanov AL (2005) WebKey-X: key to adults of beetles common in the European part of Russia and North Palaeartic, Zoological Institute of RAS. http://www.zin.ru/projects/webkey-x/superkey/. Accessed 03 Oct 2011

Miller DR, Rung AR, Venable GL, Gill RJ (2007) Scale insects. Identification Technology Program, Plant Protection and Quarantine, United States Department of Agriculture and Systematic Entomology Laboratory, Agriculture Research Services, United States Department of Agriculture. http://www.sel.barc.usda.gov/ScaleKeys/ScaleInsectsHome/ScaleInsectsHome.html. Accessed 30 June 2011

Nearns EHm REdford AJ, Walters TW, Miller KB (2011) A resource for wood boring beetles of the world. University of New Mexico and Identification Technology Program, Plant Protection and Quarantine, Unithe States Department of Agriculture. http://wbbresource.org/. Accessed 30 June 2011

Norton GA (2005) Invasive Species, databases, and decision making: critical issues, vol 561, Extenxion bulletion. Food and Feertilizer Technology Centre, Taiwan

OConnor B (2003) North American bee-associated mites. University of Michigan. http://insects.unnz.lsa.umich.edu/beemites/index.html. Accessed 03 Oct 2011

Old R (2011) XID:1200 weeds of the 48 states & adjacent Canada. XID Services, Pullman. http://xidservices.com/order/. Accessed 03 Oct 2011

PaDIL (2011) Pests and diseases image library, Department of Agriculture, Australian Goverment. http://www.padil.gov.au/. Accessed 30 June 2011

Redford AJ, Walters TW, Hodges AC, Howard FW, Trice MT (2010) Screening aid to pests. In: Walters TW (ed) A resource for pests and diseases of cultivated palms (http://itp.lucidcentral.org/id/palms/resource). Identification Technology Program, Plant Protection and Quarantine, United States

Department of Agriculture. http://itp.lucidcentral.org/id/palms/sap/index.html. Accessed 30 June 2011

Sarnat EM(2008) PIAkey: identification guide to ants of the Pacific Islands, Edition 2.0. University of California Davis and Identification Technology Program, Plant Protection and Quarantine, United States Department of Agriculture.http://www.lucidcentral.org/keys/v3/PIAkey/. Accessed 30 June 2011

University of Queensland (2008) Environmental weeds of Qustralia http://www.cbit.uq.edu.au/software/enviroweeds/example/intro.htm. Accessed 30 June

University of Queensland (2011a). Phoenix dichotomous key system. http:// www.lucidcentral.org/. Accessed 30 June 2011

University of Queensland (2011b) Examples of Phoenix keys. http://www.lucidcental.org/en-us/software/lucidphoenix/examplephoenixkeys.aspx. Accessed 30 June 2011

University of Queensland (2011c) Lucid. http://lucidcentral.org/. Accessed 30 June 2011

University of Queensland (2011d) IdentifyLife. http://www.identifylife.org/. Accessed 30 June 2011

Walter DE (2006) Invasive mite identification. Identification Technology Program, Plant Protection and Quarantine, United States Department of Agriculture and Colorado State University. http://itp.lucidcentral.org/id/mites/invasive_mite/Invasive_Mite_Identification/key/Whole_site/Home_whole_key.ktml. Accessed 30 June 2011

Walters TW, Redford AJ, Trice MT, Scher JL, Hodges AC (2010) A resource for pests and diseases of cultivated palms. Identification Technology Program, Plant Protection and Quarantine, United States Department of Agriculture and University of Florida. http://itp.lucidcentral.org/id/palms.resource/. Accessed 30 June 2011

Winterton SL (2009) Revision of the stiletto fly genus Neodialineura Mann (diptera: Therevidae): an empirical example of cybertaxonomy. Zootaxa 2157:1-33

제13장 식물의 생물안보에서 분자진단기술 및 생명공학
Molecular Diagnostic Techniques and Biotechnology in Plant Biosecurity

Laurene Levy, Patrick Shiel, Geoffrey Dennis, C. André Lévesque, Gerard Clover, Harvinder Bennypaul, Norman Barr, Amy Roda, Rodney Young, Jacek Plazinski, and Jane Moran
번역: 최현정(농학박사) · 홍기정(순천대학교)

13.1 서론 및 개요

병을 일으키는 원인체(예를 들어, "식물이나 식물성 산물에 피해를 주는 식물 또는 동물, 병원체의 종(species) 또는 계통(strain), 생태형(biotype)"- 국제식물보호협약(IPPC))를 포함한 식물 병해충의 동정은 식물의 생물안보에 있어서 가장 핵심적인 부분이며, 곤충학, 식물병리학, 잡초학이라는 학문을 이끄는 기본적인 개념이다(4장). 위험분석(risk analysis; 9장), 감시

L. Levy (✉)
USDA-APHIS-PPQ, Center for Plant Health Science and Technology (CPHST),
Unit 152, 5C03.50, 4700 River Rd., Riverdale, MD 20737, USA
e-mail: laurene.levy@aphis.usda.gov

P. Shiel · G. Dennis
USDA-APHIS-PPQ, Center for Plant Health Science and Technology (CPHST),
1730 Varsity Dr., Suite 400, Raleigh, NC 27606, USA

C.A. Lévesque
Agriculture and Agri-Food Canada, Government of Canada, KW Neatby Building,
960 Carling, Ottawa, ON K1A 0C6, Canada

G. Clover
Ministry for Primary Industries, PO Box 2095, Auckland 1140, New Zealand

H. Bennypaul
Canadian Food Inspection Agency, Government of Canada, 93 Mount Edward Road,
Charlottetown, PE C1A 5T1, Canada

N. Barr
USDA-APHIS-PPQ, Center for Plant Health Science & Technology (CPHST),
Moore Air Base Bldg. S-6414, 22675N. Moorefield Rd., Edinburg, TX 78541, USA

A. Roda
USDA-APHIS-PPQ, Center for Plant Health Science & Technology (CPHST),
Subtropical Horticulture Research Station, 13601 Old Cutler Rd, Miami, FL 33158, USA

(surveillance; 11장), 돌발 상황(outbreak)의 경감(10장)으로 표현되는 식물 생물안보 프로그램의 성패는 모두 상응하는 병해충의 정밀하고 정확한 동정에 달려있다. 동정에 이용되는 진단방법과 기술들은 분류학(taxonomy)과 병해충학(pest biology)에 의해 작동되고 있다. 그러나 어떤 프로그램에 있어서 특정한 진단법의 최종 선택과 실행은 각각의 식물보호기관이 직면하고 있는 상황에 의해 영향을 받게 된다. 사용하고 있는 진단방법과 분류나 동정에 있어서의 불확실성은 각자의 무역보호 활동을 수행함에 있어서 수입국과 수출국 사이 의견불일치의 대상이 될 수 있다. 우리의 목표는 농업과 환경을 보호하는 것이다. 우리는 또한 자유무역을 유지하면서 무역보호를 제공할 책임이 있다. 세계 각국의 정부는 이러한 두 가지 개념에 균형을 유지하기 위해 규정을 마련하고 있지만, 일부 인위적인 규정은 부주의하고 부적절한 진단법의 사용을 초래하거나, 무역장벽을 유지하는데 악용될 수 있다.

전통적으로, 식물 병해충은 명명규약(code of nomenclature)에 의해 지지되는 국제적으로 인정된 분류체계에 바탕을 둔 형태적 동정에 따라 흔적이나 증상에 대한 시각적인 탐색이 요구되고 있다(그림 13.1). 전형적으로, 정확한 형태적 형질화가 병해충의 신원을 확인하는데 이용될 수 있다. 그러나 식물 병해충의 생육단계나 표본이 적절하지 않다면, 형태적 동정은 어렵게 될 수 있다. 유용한 형태적 특징이 한정된 몇 가지 예로는 미성숙한 절지동물이나 미성숙한 연체동물, 미성숙한 선충, 잡초 종자, 곰팡이 균사체를 포함한다. 심지어 더 어렵게 하는 것은 병해충이 휴지중인 식물체의 화물에 잠복되었을 때나 형태적 동정이 사용될 수 없는 까다로운 세균과 바이러스와 같이 초현미경적인 생물체의 탐색과 동정인 것이다.

전통적인 동정기술을 보완하거나 대체하는 진단법의 실용화는 식물 병해충 동정의 정확성을 개선하는 것으로 입증되고 있다. 몇몇 규제대상 종들은 분화하는 표적 DNAs나 단백질, 휘발 성분과 같은 또 다른 생화학적 성분의 존재에 의존한 진보된 진단법을 이용해서만 달성될 수 있는 분류학적 해결책을 필요로 한다. 토착 개체군(native population)을 가질 수 있는 일부 생물체에 있어서는 아종 수준의 동정이 종종 필요하게 된다. 예를 들어, 식물 세균인 *Ralstonia solanacearum* (Smith) Yabuuchi et al.은 미국에서 특별하게 Race 3 biovar 2 만이 규제대상이다. 캐나다와 미국은 유럽 기원의 (귀화한) 매미나방(*Lymantria dispar* L.)에 대해서 규제하고 있지만, 또 다른 아시아 기원의 매미나방에 대해서 박멸을 시도하고 있다. 진보된 진단법을 내 놓은 검역규제 프로그램과 과학자들에게 있어서 여전히 가장 어려운 점은 새로운 지역에 침입되었을 때 농업에 위협을 부과하는 그런 잠재적인 새로운 생물체와 관련된다. 식물병원균인 *Phytophtora ramorum* Werres et al.의 동성이 좋은 예이다(20장). *P. ramorum*이 2002년에 공식적으로 기재되기 전에는 참나무 돌연사(Sudden Oak Death)의 원인체가 캘리포니아에서 알려지지 않았다(Werres 등 2001).

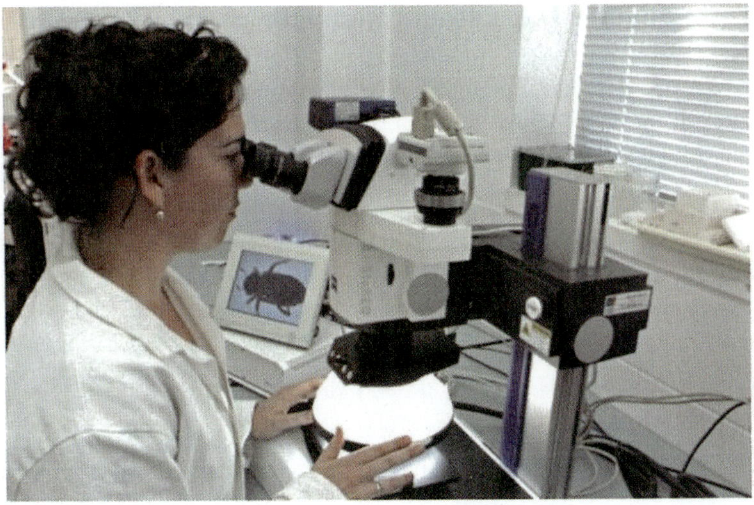

그림 13.1 뉴질랜드의 검역규제를 담당하고 있는 한 과학자가 형태적 동정을 위해 의뢰된 시료를 관찰하고 있음(이미지 제공 – Gerard Clover, MPI, Auckland, NZ)

이 장에서는 검역규제 목적의 동정 및 진단을 위해 (1) 방법의 선정과 개발, 현장으로의 이전에 관한 기준, (2) 진단 실험 결과의 적격성 관리, (3) 참조 표본의 신뢰성 및 이용, (4) 검출에 사용되는 혈청학적 방법, (5) DNA에 바탕을 둔 분자진단, (6) 휘발성분, DNA 바코드, 재조합 단크론 항체, DNA 어레이의 이용과 같은 검역규제 목적의 진단에 적합할 수 있는 새로운 기술을 포함하여 최근의 방법 개발 및 구축 체계를 이끌고 있는 구성요소들을 설명하고자 한다.

이 장에서 설명되는 많은 진보된 기술들은 임상의학, 현장진료, 생물학적 작용제의 탐색에서 농업에서 사용하기에 적합한 생체 밖(in vitro)의 진단용 개발로부터 파생되었다. 농업은 이러한 개발로부터 이익을 얻었지만, 우리는 항상 이러한 기술들의 개발 및 구축과 관련된 비용이 농업에 있어서 식물 병해충에 관한 과학과 위험성에 의해 정당화되었다는 것이 인식되어야만 한다.

이 장은 분자진단법 및 생화학적 진단법이 형태적 동정 및 시각적 동정을 보완할 뿐만 아니라 독립적으로 규제병해충의 정확한 동정을 제공할 수 있다는 것을 입증하고 있다. 이러한 진단이 어디서 어떻게 실용화될 것이며, 검역규제정책에 미치는 영향이 개발하기에 앞서 최종적으로 고려될 필요가 있다. 진단법이 의도한대로 사용되도록 맞추는데 있어서 부적절한 사용이나 실용화되었을 때 분석의 오류를 피하기 위해 가능한 많은 정보가 과학자들에게 필요하게 된다.

13.2 검역규제의 영향 및 대응

몇 가지 요소들이 규제하는 식물 병해충의 검출을 위한 진단법 개발을 이끌고 있다. 종종 대상을 둔 분석법은 먼저 검역규제 상의 이용을 위해 바탕을 제공하는 기본적인 연구들을 전문가들이 심사하는(peer-reviewed) 잡지에 기술하게 된다(EPPO 2007). 그러나 연구목적으로 개발되었고, 다량의 시료를 사용하지 않은 상태로 채택된 새롭게 출판된 분석법은 종종 관련된 종 및 관련되지 않은 종들에 대해 폭넓은 범위에서 평가되지 않았으며, 그래서 일상적으로 사용할 때 쉽게 직면하게 되는 상호관계도(matrices)를 이용한 성능이 평가되지 않을 수도 있다. 이러한 변수들로부터의 정보는 효과적인 검사를 위한 신뢰성을 제공하거나 검역규제 시료를 확증하는데 필요하게 된다. 일부 분석법들이 좁은 범위의 시료 및 구역이나 지역적으로 나타나는 관련된 종들 내에서 병해충을 검출하기 위해 채택되지만, 분석법을 혼란시킬 수 있는 넓은 지역이나 모든 국가들에 나타나는 관련된 종들을 포함하지 않는다.

일부 경우에는 적당한 진단법이 개발되어 있지 않다. 규제병해충이 침입하기 전에 진단법이 실용화될 수 있도록 준비하기 위해서 방법 개발을 책임지고 있는 규제업무를 맡은 과학자들은 잠재 병해충과 관련된 문헌을 끊임없이 검색하고, 개발되어야만 하는 분석법을 결정하기 위한 우선순위 목록이나 예상 모델을 이용하여야만 한다. 규제업무를 맡은 과학자들은 또한 (전형적으로 병해충이 토착하고 있는 지역이나 효과적인 검역규제 프로그램이 운용되는 지역으로부터) 주제와 관련된 전문가들과 전문가적인 관계를 도모하고 있다. 그래서 규제업무를 맡은 과학자들은 효과적인 검역규제 진단프로그램을 유지하는데 필수적인 외래병해충에 대한 출판되지 않은 분석법에 관한 지식을 얻게 된다. "가장 안 좋은"시나리오는 새로운 병해충에 대하여 개발된 분석법이 없고, 즉각적으로 필요한 경우이다.

진단법은 새롭게(de novo) 개발되거나, 기존의 연구로부터 채택될 수 있다. 분석법의 가장 중요한 개념은 설계 범위 내에서 목적과 실행에 합당한지 여부이다. 예를 들어, 증상이 있는 잎에서 *P. ramorum*을 검출하기 위해 개발되거나 채택된 ELISA (효소결합면역흡착분석법, Enzyme-linked immunosorbent assay) 방법은 보다 더 유효성 검사가 없이 휴지 상태에 있는 식물체의 나뭇가지에서 *P. ramorum*을 검출하는데 의존할 수 없다. 성능 특성의 평가를 통하지 않고 새로운 종류의 시료를 검사하는 것은 분석법의 설계 범위를 벗어났으며, 의도된 사용이 아니다.

이전에 개발된 분석법들은 상용하는 성능 특성을 평가하고 정량화하기 위한 실험 데이터를 만들어 냄으로써 검역규제 목적으로 채택되었다. 채택 과정에서 (1) 조사할 시료 및 대상의 물리적 · 생물적 특성, (2) 다량의 시료를 사용하기 위한 분석법의 규모화와 관련된 문제, (3) 시약의 확보나 비용, (4) 분석법이 관련된 종이나 관련되지 않은 종과 교차 반응할 가능성, (5) 저렴하거나 사용자 친화적인 기반 장비의 사용에 관하여 고려되어야만 한다. 분자진단검사는 정확한 분류학적, 계통학적, 유전학적 정보를 바탕으로 개발되어야 하며, 공개적으로 이용될 수 있어야 한다. (ELISA와 같은 혈청학적 검사에 적합한 항체(antibodies)나 실시간 중합효소연쇄반응(real-time PCR)과 같은 DNA 검사를 위한 프라이머 및 프로브와 같은) 시약의 확보 및 가용성은 생화학적 · 분자적 분석법에 있어서 매우 중요하다.

규제 목적의 사용을 위한 진단법의 개발 및 채택에 있어서 논리적이고 실현 가능 목표와 스케줄을 가진 사업계획이 구축되어만 한다. 사업계획에는 그 사업을 완성하기 위한 재정적 재원을 어떻게 조달할 것인지 뿐만 아니라 분석법의 모든 의도된 사용과 직면할 수 있는 다양한 기주와 환경조건의 이해가 포함되어야만 한다. 외래 식물 병해충은 일반적으로 얻기 어려울 뿐만 아니라 전문화된 규제시설에서 생물적 봉쇄(bio-containment)가 요구될 수 있기 때문에 진단전문가(diagnostician)는 식물 병해충의 참조표본에 대한 가용성을 평가해야만 한다. 이 사업계획은 목적을 둔 분석법 사용자, 그 분석법이 이용하게 될 곳(예를 들어, 전문실험실 또는 식물진단소나 검역현장)에 셋팅, 그 분석법의 의도된 사용을 고려해야만 한다. 사업계획은 또한 검사도구나 검역규제 활동을 시작하기 위한 확인 방법으로서 조사, 검출, 동정을 위해 분석법이 어떻게 사용될지를 명확히 해야만 한다.

전문가들이 평가한(peer-reviewed) 과학적 출판물들은 폭넓은 과학자 집단이 이들 보고서를 신뢰할 수 있다고 판단했기 때문에 규제프로그램을 위한 방법의 출처로서 검역규제기관에 의해 이용되곤 한다. 그러나 출판된 보고서는 검역규제기관에 의해 개발/채택하기 위해 필요로 하는 세부적인 정보가 불충분하곤 한다. 출판된 보고서는 종종 매우 전문전인 장비를 필요로 하거나, 그렇지 않다면 검역규제용으로 실용적이지 않다. 출판된 보고서는 보편적으로 승인된 표준(standards)/기준(criteria)이 결여되어 있기 때문에 때때로 검역규제 방법용으로 실용화되지 못하곤 한다. 국제동식물명명규약(International Codes of Zoological and Botanical Nomenclature)은 동식물의 이름을 명명하는 규칙을 제공하고 있지만, 동정의 정확성에 관한 지침을 제공하지는 않는다. 국제식물보호협약(IPPC)은 식물위생조치에 관한 국제기준(ISPM 27. 규제병해충에 관한 진단 프로토콜(Diagnostic Protocols for Regulated Pests 2006))을 출간하였으나, 현재까지 단지 3개의 부속서(곡식수시렁이(*Trogoderma granarium* Everts), 오이총채벌레(*Thrips palmi* Karny), 자두곰보바이러스(Plum pox virus))만이 특정한 분자진단 프로토콜과 함께 출판되었을 뿐이다. 우리는 앞으로 검역규제 프로그램에 있어서 중요한 생물체의 정확한 동정을 이끌어 낼 분자진단 프로토콜에 관한 엄격한 기준들이 채택될 것으로 기대하고 있다.

어떤 면에서, 검역규제기관들은 대상물에 대한 맞춤형의 분석방법을 즉각적으로 개발해야하기 때문에 새로운(de novo) 검사법의 개발은 이미 존재하고 있는 분석법의 각색보다 훨씬 빠를 수 있다. 새롭게 개발된 분석법에 직면한 문제는 과학계에 의한 승인이 전문가들이 평가하는 학술지에 출판으로 달성될 수 없을 경우인 것이다. 때때로 주제와 관련된 전문가가 개발상에 방법을 가지고 있다면 이러한 문제는 신속하게 처리될 수 있다. 그러나 소유권(ownership)의 상실, 부적절하게 사용될 경우의 책임(liability), 기관의 정책(policy), 출판 전에 데이터의 공개가 제한된 독점기술(proprietary technology) 때문에 과학자들은 종종 출판 전에 진단법의 세부사항을 제공하기를 꺼려할 수도 있다.

검역규제기관은 새로운 방법을 개발하고, 그것을 출판할 수 있으나, 무역상대국으로부터 인정받기 위해서는 분석법의 성능에 관해 보다 엄격한 증명이 요구될 것이다. 부가적으로, 시료의 결과들은 법정에서 면밀하게 조사될 수도 있다. 지난 몇 년 동안 진단 프로토콜의 복합성이 증가하고 있다. 검역규제용 진단에서 확증 검사를 하는데 단일 진단법의 사용이 검역규제의 요구사항을 충족하기 위해 2개 또는 그 이상의 분석법(예를 들어 다중 핵산 표적(multiple nucleic acid targets) 및 다른 유전자 영역의 단백질)에 의존하는 쪽으로 전환되고 있다(Roessler 등 2012).

13.2.1 분석법의 실증

진단법이 자체 개발되었거나 기존 방법으로부터 각색되었을지라도, 적절한 실증이 수행되었다면 분석법의 성공적인 실용화는 훨씬 쉬워질 것이다. "실증(validation)"이라는 용어는 여러 가지로 정의될 수 있으며, 그 중 일부는 여기에서 논의하고자 하는 생물검정의 유형에 적용되지 않는다. 검역규제 목적을 위해 분석법의 실증은 '특정한 사용에 있어서 일련의 특별한 요구사항이 충족된 객관적인 증거에 대해 시험 및 개발로 확증해가는 과정'으로 정의될 수 있다. 이러한 과정을 통해, 증명된 민감도, 특이성, 정확성, 확실성, 안정성, 정밀성(재현성 및 반복성, 중간 정밀도)과 함께 분석된 모든 연관성(감염된 식물체의 일부나 병원균 배양, 곤충의 일부와 같은)에 있어서 그 방법이 목적물(계통학적 특성이나 특정유전자의 염기서열, 단백질과 같은)을 검출하고, 동정하며, (일부 검정에서) 정량화할 수 있음을 보여주도록 데이터가 모아진다(ICH Q7 2000; ICH Q2 2005). 이러한 모든 사항들은 결과들(그림 13.2)이 검역규제 환경에서 의사결정하는데 적합하다는 것을 보증해야만 한다.

실증은 분석법의 적용범위, 그의 기작에 관한 과학적인 설명, 참조군의 시료 및 참고문헌, 실증에 앞서 이루어진 과정, 검사하는데 사용될 수 있는 방법, 분석법이 어떻게 조사될 것인가를 포함하여 어떻게 실행될 것인가의 예측들을 포함한 문서화한 프로토콜로 시작한다. 별도의 시방서(WI: Work Instruction)는 시료의 수집(collection), 준비(preparation), 보관(preservation), 실험과정(processing), 결과 분석(result analysis)을 설명한다. 이 두 가지 문서(실증서와 시방서)는 (1) 시약에 관한 설명, (2) 주요 시약에 대한 개요, (3) 분석법이 어떻게 수행되어야만 하는가에 대한 방법 제시, (4) 필요한 장비 확인, (5) 결과가 어떻게 해석되고 보고되어야만 하는지에 대한 설명, (6) 제한 사항 및 알려진 성능 특성에 존재하는 정보 목록을 포함하여야만 한다. 각색된 분석법은 저자들이 원래의 분석법을 증명하지 않았거나, 분석법을 수행하는데 필요한 신뢰 수준으로 검사되지 않았거나, 이전의 산업표준보다 개선이 나타나지 않는다면, 특별히 실증되어야만 한다(Nowatzki 등 2008). 부가적으로, 만약 새로운 연관성이 나타나거나, 기본적인 과학적 방법에서 변화가 나타나거나(교차 반응하는 종(Werres 등 2001)이나 분석 억제제(assay inhibitors)의 발견과 같은), 주요 시약이나 장비 기반이 변화된다면 재실증이 필요하게 될 것이다(EPPO 2010; OIE 2008).

진단법을 실증하는데 사용되는 성능사양서(performance specification)는 분석법의 의도된 사용, 분석 형태(양적 또는 질적), 그 분석법이 다른 실험실에서 사용될 수 있는 범위에 따라 달라질 수 있다. 양적인 분석법의 실증은 시료에서 목적물의 측정에 대한 신뢰도로 채택되며, 양적인 최소 농도(정량한계, Limit of Quantitation, LOQ), 검출한계(Limit of Detection, LOD), 민감도(sensitivity), 특이성(specificity), 정확도(accuracy), 확실성(trueness; 불확실성의 측정을

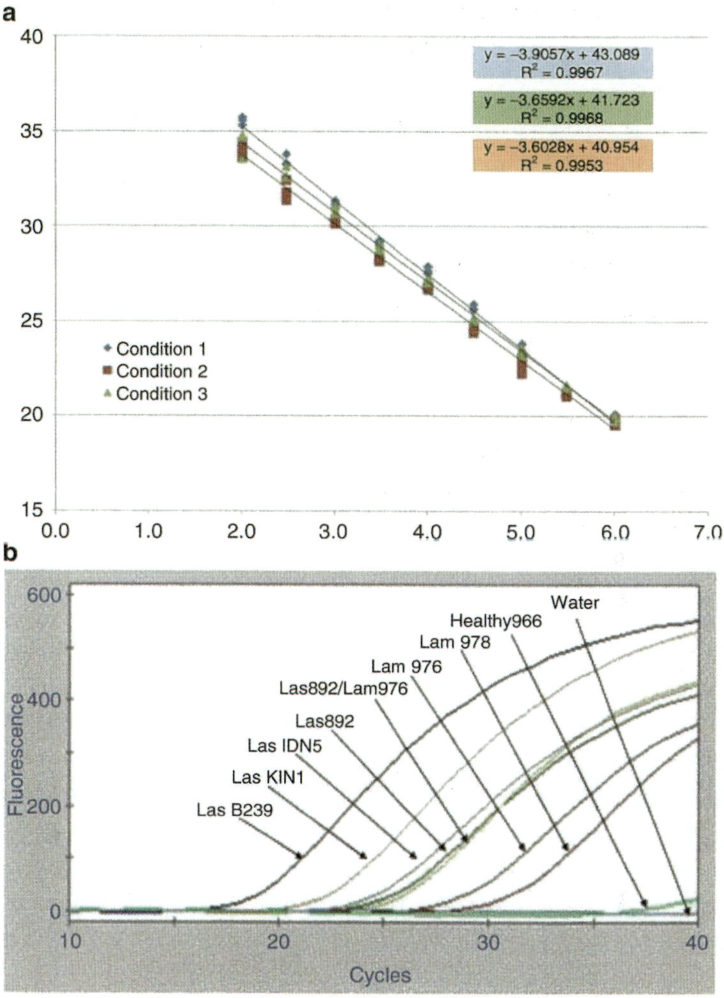

그림 13.2 (a) 정량적 중합효소연쇄반응(qPCR)을 사용하여 발생된 세 가지 서로 다른 조건에 대한 로그 수(log copies, X축)와 비교된 정량적 순환주기(quantitative cycle time, Y축; Cq는 종종 Cp 또는 순환주기로 논의됨)와 유사한 표준곡선(standard curve). 실증하는 동안, 하나의 검사가 실증적 관점의 여러 가지 방법을 이해할 수 있을 것이다. 이 검사에서, 정량화 한계(LOQ), 중간 정밀도(곡점 당 3반복), 안정성(ruggedness) 또는 특이성(specificity)이 기술된 범위(scope)와 불확실성(uncertainty)으로 검사될 수 있다. 안정성이 분석 요소의 3가지 다른 농도로 검사될 수 있거나, 특이성이 3개의 다른 대상물을 사용하여 검사될 수 있다. (b) 원하는 목적물에 대한 특이성 방법을 나타내는 HLBasampr 및 OCXfpr의 앰플리셋(ampliset)을 사용하여 동시에 검출되는 여러 종의 Ca. Liberibacter에 대해 정량적 중합효소연쇄반응(qPCR)을 이용하여 발생된 결과 신호.

포함), 정밀도(precision), 일관성(linearity), 안정성(ruggedness) 등을 포함하여야 한다.

되풀이 분석(replicate analysis)이 반복적인 운용을 통해 분석법의 정밀도의 변화를 입증할 것이며, 그 분석법의 반복성(repeatability)에 관한 정보를 제공할 것이다. 안정성(ruggedness/robustness)에 관한 데이터의 생산은 시료의 연관성이나 시약, 실험실, 분석법을 수행하는 분석자에 따른 분석 성능에 변화를 기록할 것이다. 예를 들어, 안정성 검사는 시료 추출 완충액이나 시약의 산도(pH), 사용하는 시약의 양, 필요한 실험기기의 사용에 따른 특정한 시간의 변화에 따라 염 농도의 변화를 가져올 수 있다. 이러한 측정치에 따라 분석법에 변화는 재실증을 요구할 수 있다. 이것은 실증된 프로토콜에 따라 변화된 변수로 분석법을 실행하고, 이 데이터를 실증된 분석법에서 측정된 변수를 이용하여 얻어진 결과와 비교함으로써 결정될 수 있다. 만일 성능 특성이 실증된 분석법에서 일정하다면, 새로운 변수가 실증되었고, 재실증은 필요하지 않다. 그러나 채택된 성능 특성에서 변화가 나타나고, 실증된 측정치가 범위 밖이라면, 그 분석법은 재실증이 필요하거나 더 각색되어야 할 것이다.

실증 요소 및 그들의 상호관계에 관한 완벽한 설명은 너무 복잡하여 여기에서 설명할 수 없다. 그러나 일부 실증은 적어도 분석법의 의도된 사용을 위해 요구되는 실증 수준에 적합한 적어도 목적물의 3가지 수준(높음, 중간, 낮음), 알려진 표준 참조균(양성 및 음성), 시료의 반복수, 시료 연관도, 실험자 및 실험실과 함께 목적물의 알려진 농도로 고정시킨 기대되는 시료의 연관도로부터 얻어진 결과를 측정할 것이다.

식물 병해충의 진단에 사용하기 위한 실증 기준의 개발에 있어서 최근 국제적으로 진전이 나타나고 있다. 미국 국토안보부(DHS, Department of Homeland Security)의 실험실네트워크 통합협의회(ICLN, Integrated Consortium of Laboratory Network)인 정부 이니셔티브는 실험실 진단 네트워크를 조정하고 있다. 넓은 틀에서, 화학적, 생물적, 방사선적 목적물에 대한 ICLN 방법 소모임에 의해 만들어진 지침은 4단계의 실증 절차를 사용하도록 하였다(ICLN 2008). 1단계는 단일 실험실에, 단일 목적물로, 단일 또는 그 이상의 시료연관도를 사용하는 것으로 제한되었다. 이 단계에서 실증을 수행하는 실험실은 분석법의 의도된 사용을 위해 양적 또는 질적의 어떠한 실증 변수(parameter)들이 중요한지를 결정할 것이다. 1단계의 실증은 특별히 새로운 식물병해충의 돌발 시 시기적절하게 대응하기 위한 비상시 실증의 기준으로서 중요하게 될 수 있다. 2단계는 1단계와 유사하지만, 모든 상응하는 실증 변수들이 측정되어야 할 필요가 있다. 이와는 대조적으로, 3단계 실증은 훨씬 많은 시간이 요구될 것이며, 2-7개의 실험실에서 하나 또는 그 이상의 시료연관도를 사용하여 실증 연구가 수행될 것이다. 4단계 실증은 8-10개의 실험실에서 적어도 5가지의 시료연관도를 사용하여 훨씬 큰 연구를 요구한다.

검역규제용 진단에서 사용하기 위해 실증을 표준화하고자 하는 또 다른 국제적인 노력들이 최신 지침으로 유럽식물보호위원회(EPPO, European Plant Protection Organization)에 의해 출판되었다. 식물 병해충의 진단을 위한 EPPO 지침(EPPO 2010)은 분석 특이성, 분석 민감도, 재현성, 반복성 등의 성능 기준에 관한 데이터가 방법 개발자에 의해 제시되었을 때, 그 진단법이 완전하게 실증될 수 있음을 지적하고 있다. 이 지침은 나중에 재현성과 안정성에 관한 데이터가 실험실에서 수행된 실증 및 실험실 간 비교를 통해서 모아질 수 있다고 설명하고 있다. 이 출판은 식물 병해충의 진단과 관련된 세균학, 식물학, 곤충학, 선충학, 바이러스학의 실증 과정에 관한 세부적인 지침으로 몇 가지 유용한 부속서를 포함하고 있다.

식물위생조치에 관한 국제기준 27 (ISPM No. 27)은 규제병해충에 대한 진단 프로토콜의 구조 및 내용에 관한 지침을 설명하고 있다. 그 안에는 병해충 및 분류학적 정보, 동정 요소, 탐지 절차뿐만 아니라 기록 관리에 관한 정보에 대하여 특정한 요구사항이 요약되어 있다. 이 문서는 진단 프로토콜이 "특정한 규제병해충에 대해 신뢰할 수 있는 진단을 위해서 최소한의 요구사항을 포함하고, 어떠한 상황에서나 사용하기에 적합하다는 것을 보증하기 위한 유연성을 제공"하여야 한다는 것을 지적하고 있다. 민감도, 특이성, 재현성은 진단 프로토콜에 대한 선별 기준으로서 ISPM No. 27에 명시되어 있다(https://www.ippc.int/index.php?id=13399).

13.2.2 시방서의 활용 및 기술이전

분석법 검역규제 프로그램에서 사용하기 위해 실증이 되면, 다음 단계는 기술이전 및 의도된 사용자들에 의한 분석법의 실용화이다. 이 과정은 다방면적이며, 최종사용자에게 분석법을 배포할 준비가 이루어질 수 있도록 실증 과정이 완성되기도 전에 시작된다. 세부적이고 명확한 시방서의 유용성은 여러 실험실의 성공적인 사용을 위해서 매우 중요하다. 시방서는 기준운용절차(Standard Operating Procedure, SOP)와 같지 않다. 시방서는 최종사용자에게 (1) 필요한 장비와 시약, (2) 시약을 어떻게 만들고 준비할 것인가, (3) 시약과 목적물을 어떻게 조합시킬 것인가, (4) 어떠한 물리적 조건(장비의 셋팅을 포함하여) 하에서 분석법이 수행될 것인가에 대한 규정이자 설명이다. 부가적으로 시방서는 데이터의 수집과 데이터의 해석, 결과 보고를 위한 적절한 용어(분류학적 또는 통계학적) 또는 진단의 결정에 도달하기 위해 다시 테스트하기 위한 조건을 설명하고 있다. 시방서와는 달리 관리운용규정(SOP)은 시방서의 일부분과 관련된 하나의 설명서이다. 예를 들어, SOP는 시방서와 관련되고 참조된 시약의 저장을 또는 기기의 보정을, 적용하는 실험실에 물리적 조건의 추적을 어떻게 할 것인가가 기술될 것이다.

최종이용자에게 진단분석법의 기술이전에서 경험이 얻어지는 것과 같이 종종 시방서(규정이 어떻든간에)는 진단분석법의 결과에 대한 해석이 명확하게 기술되기 위해서 최종이용자에게 부가적인 각색이 요구될 수 있다. 다이어그램(공정맵, 의사결정맵, 의사결정수상도)은 최종이용자에게 해석, 문제 해결 또는 근본 원인 분석(문제점이나 오류로부터 그 원인으로 뒤쪽을 검색하거나 그 원인들을 해석하는 분석), 결과 모니터링에서 보조적으로 이용된다. 이러한 특질은 종종 최종이용자의 요구에 더해진다.

진단분석법에 있어서 시방서의 가장 어려운 측면은 검역규제 프로그램에서 사용하기 위해 가장 최신의 버전이 진단가의 손에 있는가를 확인하는 것이다. 이것은 테스트 결과의 진실성을 위해 필요하며, 또한 최상의 품질관리시스템을 위한 신뢰성에 관한 요건이다. 개정 번호 및 권한 부여를 반영한 최신의 시방서 버전이 진단가에게 유용할 수 있도록 해야만 한다. 이러한 요건은 종종 가장 최신 버전이 가용한 웹사이트의 이용이나 내부적으로 접근할 수 있는 데이터베이스를 통해 달성될 수 있다. 시방서의 배치에 부가하여, 기술이전의 또 다른 측면은 규제하는 시료를 처리하는 사용자의 실험실에서 일어나야만 한다. 양성 및 음성 대조구에서의 참조 시료들은 생산되고 실증되어야만 하고; 진단가들에 대한 실습교육이 준비되고 실행되어야 하며; 일부 경우에 있어서 실험실은 관리, 문서 통제, 장비 및 공간, 훈련된 진단 요원이 적절한지 여부를 확인하기 위해 인증되어야만 하고; 진단가들이 직무능력검사를 필요로 할지 여부와 분석 특이적 직무능력검사지의 개발 및 배포, 최종적으로 분석법의 배포 날짜를 결정하여야만 한다.

13.3 진단 실험실 및 네트워크

미국과 세계의 일부 국가들에서 진단실험실의 환경이 2001년 9월 11일 이후 변화되었다. 미국에서 사람, 동물, 식물의 병에 대한 진단실험실을 강화하는 조치로 생물안보가 주된 우선순위로 되었다. 이러한 진단실험실들에 진단 프로토콜을 배포하기 위한 몇몇 네트워크가 구축되었다. 미농무부(USDA)가 후원한 국가동물보건실험실네트워크(National Animal Health Laboratory Network, NAHLN) 및 국가식물진단네트워크(National Plant Diagnostic Network, NPDN)의 구축은 농산물 자산에 대한 보다 강화된 생물안보를 제공함으로서 미국의 능력이 증대되었다[National Plant Diagnostic Network를 보라]. 앞서 언급 했듯이, 미국에서 모든 실험실 진단 네트워크를 위한 컨소시엄(Integrated Consortium of Laboratory Network, ICLN)이 방법들을 목록화하고 교환하며, 실증(시료추출, 직무능력검사, 실험실 인증)을 위한 공통된 언어를 개발하고, 컴퓨터 시뮬레이션(대응 시나리오 및 돌발 상황의 추적을 위한 최소 데이터 요소)을 장려하며, 급증하는 상호네트워크 용량에 대한 네트워크를 준비하여 훈련 도구들을 교환하기 위해 구성되었다. ICLN은 10개의 정부 부처와 기관들 사이 양해각서(memorandum of agreement)를 서명함으로서 2005년에 설립되었다(ICLN 2008).

> 국가식물진단네트워크(NPDN)의 설립은 식물과 관련된 문제들의 진단에 전념하는 자원들이 감소하는 추세를 반전시켰다. NPDN은 공립대학교(Land Grant University)들에서 진단의 새로운 중심과 향상을 가져왔으며, 진단실험실과 지도기관, 검역기관, 농업종사자들의 광범위한 단체들 사이 연계를 재구축하기 위한 기반시설을 제공하기 시작하였다(NPDN 5-year review Executive Summary, 2007).

NPDN의 배치는 진단요원들을 구역이나 단기적인 문제에 관한 주요한 관심으로부터 주 및 지역, 국가적으로 식물 병해충의 장기적 평가를 위한 지역적이고 국가적인 관심으로 바뀌게 하였다. 이러한 재조명은 실험실들을 급증하는 상황 하에서 그들의 지역에서 다른 주로부터 진단에 도움을 주는 네트워크로 조정하도록 개방되었고, 새로운 식물 병해충에 대한 연방정부의 검역규제 조사, 박멸 프로그램, 연중 감시로 지원이 조정되었다.

이러한 활력을 되찾은 자원을 이용함에 있어 연방정부의 어려운 점은 조정된 프로그램을 위한 검역 규제적 진단을 수행하는 NPDN 진단요원의 능력을 평가하는 것이었다. 이것은 각

실험실의 생물안보 상황과 실험실 구성원의 물적 및 인적 자원과 관련된다. 구축되고 자원이 확보되자마자, NPDN은 초기에 그의 기반시설 및 정보교환 자산을 개발하고 모으는데 집중하였다. 동식물위생검사청(APHIS)의 식물보호 및 검역부(PPQ)는 NPDN 서비스를 위한 중요한 이해당사자가 되었고, NPDN을 다른 실험실 네트워크와 공통된 품질보증 절차뿐만 아니라 장비부터 교육훈련까지 요구되는 실험실로 육성시켰다.

동식물위생검사청 식물보호 및 검역부의 국가식물보호실험실인증프로그램(National Plant Protection Lab Accreditation Program, NPPLAP)은 장비, 교육훈련, 품질보증을 포함한 진단검사의 요구들을 수행하고 개선함에 있어서 외부의 진단실험실들을 평가하기 위해 구축되었다. 진단능력분석법이 연방정부의 확증을 필요로 하는 시료의 수를 감소하고, 미국 실험실 능력을 강화하며, 농업상 유일한 식물 병해충을 대한 진단네트워크를 강하게 구축하기 위한 시도로 NPPLAP에 의해 미국 전역에 배포되었다.

현재 그 과정은 NPPLAP과 참여한 실험실 사이의 문서 교환으로 시작된다. NPPLAP은 검역규제 목적으로 유효한 진단 결정을 내리기 위한 검사목록 및 시방서들을 포함한 프로그램의 요소들을 설명한 문서를 제공한다. 참여한 실험실은 분석가들의 전문성과 실험실의 기반시설에 관한 문서를 제공한다. 이것은 실험실의 시설을 검사하고 평가하기 위해 과학자들로 구성된 NPPLAP의 조정팀의 사이트 방문이 뒤따르게 된다. 검사목록들은 실험실의 장비, 요원, 증거물, 기반시설, 장비유지보수를 조사하는데 이용된다.

검사과정의 성공적인 완성 후에 사전예고 없이 직무능력검사용시료(Proficiency Test Panel, PTP)가 NPPLAP의 승인된 실험실에 참여한 분석요원들에게 보내진다. 직무능력검사(PT)는 검역규제기관에서 일반적으로 사용되는 실험실 내 진단요원의 표준적인 지표를 만들어 실험실간 비교(Eurachem 2007; ISO/IEC 2005) 수단으로 실험실의 검사수행능력을 평가하는 것이다. 이 심사는 실험실의 분석요원에 대한 전문적인 기술에 관한 직무능력을 평가하고 실증하며, 또한 직무능력검사 데이터를 해석하고 정확하게 보고하여 실험실 및 각 요원들의 전체적인 역량을 측정하는 것이다. 직무능력검사지는 최종적인 종명결정을 위해 국가 실험실로 인계된 실제 시료를 모방하도록 설계되었다. 특정 진단 방법에 대한 인증이 요구되는 진단요원은 매년 방법-특이적 직무능력검사지를 사용하여 평가된다. 진단요원들에 대한 직무능력 평가는 또한 새로운 진단방법이 수행될 때도 이루어진다. 농도별로 관련된 목적물과 관련되지 않은 목적물을 포함한 시료의 대조구를 사용하는 직무능력 프로그램에서 검증된 방법의 사용은 평가된 실험실 요원 및 검증된 방법의 반복성과 안정성과 같은 수행 특성에 대해 데이터를 제공한다. 이 데이터는 7-10개의 실험실에 의해 수행되기 때문에 ICLN에 의해 정의된 것과 같이 보다 높은 수준의 검증 방법(3수준 및 4수준)을 달성하기 위한 요건들을 충족할 수 있을 것이다.

또한, 호주와 유럽연합(EU)도 식물 병해충 진단방법 개발과 검증, 사용에 관한 활동위원회를 가지고 있다(McGrath 등 2008). 식물위생진단기준소위원회(Subcommittee on Plant Health Diagnostic Standards, SPHDS)는 호주 전역의 식물 병해충에 대한 진단의 적격성 및 신뢰성을 유지하고 개선하는데 목적이 있다. 유럽연합은 유럽의 실험실에 대한 지침을 만드는 유럽지중해식물보호위원회(EPPO)를 두고 있다(Le Ministre Plenipotentiaire 1951).

13.4 참조가 되는 채집물 및 재료

생물 표본과 그와 관련된 재료의 채집물들은 전세계 연구 집단에게 가치있는 것이다. 과학적인 채집물들은 그들의 관리 및 유지를 개선하기 위해 노력하고 있다. 채집물들은 정부기관, 대학, 연구소, 연구자, 사설기관, 공공 및 민간 단체 등에 분산되어 있다. 2005년에 미국 백악관 과학기술정책실(Office of Science and Technology Policy, OSTP) 및 관리예산국(Office of Management and Budget, OMB)은 과학적인 채집물의 지원에 관심을 가져주기를 연방정부기관에 요청하였다. 이를 계기로, 과학적 채집물에 관한 관계기관간 작업단(Interagency Working Group on Scientific Collections, IWGSC)이 연방정부의 채집물들을 조사하기 위해 구성되었고, 스미소니언연구소(Smithsonian Institution) 및 농무부가 공동으로 맡도록 하였다(NSTCCS 2009). IWGSC는 채집물들이 다음과 같은 몇 가지 기능에 기여한다는 것에 주목하였다.

- 중요한 분석 및 관찰이 이루어진 보다 예전의 관찰 결과들을 확인(증거표본, Voucher Specimens),
- 종에 대한 앞으로의 동정 및 검증을 유지하는 참조할 수 있는 재료들에 대한 기준을 제공(생물학적으로 참조할 수 있는 기준이나 모식표본(Type-specimens)),
- 모식균주 채집물, 종자은행, 생식질과 같은 생물학적 연구를 위한 표본의 출처를 포함,
- 희귀 목적물에 대한 관리처로서의 역할,
- 교육 목적을 위해 재료를 보유하고, 표본을 연구.

이 보고서는 "본래 과학적인 채집물들은 뒤돌아보게 하고, 역사를 기록하며, 과거의 증거들을 확인하지만, 그들은 미래에게 혜택을 만들고 계속해서 유지해 갈 것이다"라고 말하고 있다. 부가적으로, 연방정부기관들은 기관의 임무를 지원하는데 필수적인 다양한 채집물들을 관리해야만 한다.

참조할 수 있는 채집물들은 검역규제기관에게 매우 가치있는 것이다. 그들은 정확한 동정이 이루어지고, 식물 병해충 특이적인 정확한 진단 프로토콜이 개발될 수 있음을 보증하고 있다. 이들 채집물의 보관조건 및 증거시료와 함께 그들을 유지하고, 관리하며, 자리를 차지하는 비용에도 불구하고, 그들의 가치는 시간이 지남에 따라 지속적으로 증가하고 있다. 일부 채집물들은 지협적으로 실험실에 보관될 수 있지만, 대부분은 자원을 보존하기 위해 중앙집중화되고 있다. 대량의 과학적인 채집물들은 호주, 뉴실랜드, 네덜란드, 영국, 벨기에, 독일, 케나다, 브라질에서 나타난다. 미국에서 채집물들은 농무부 농업연구청(USDA ARS; Beltsville, MD) 및 스미소니언연구소(Smithsonian Institution; Washington, DC), ARS의 국립농업이용연구센터(National Center for Agricultural Utilization Research; Peoria, IL), 국립유전자원보존센터(National Center for Genetic Resource Preservation; Fort Collins, CO), 미국모식균주보관소(American Type Culture Collection, ATCC), 대학교 또는 다른 교육기관를 포함한 여러 지역에서 보유하고 있다. 과학자들은 심지어 자국 이외의 국제적인 식물표본관이나 수장고로부터 채집물이나 일련의 표본을 "대여(borrow)" 받을 수 있다.

과학적인 채집물들은 육안이나 현미경으로 동정하는 연구의 참조표본으로 이용되며, 규제

하는 식물 병해충과 종자의 유전학적 동정을 위한 DNA 바코드 개발에도 이용된다. 2010년에 호주 정부는 토착종과 검역조치를 요구할 수 있는 외래종을 확인하기 위해 식물 병원균의 목록재작성(re-inventory)에 대한 사례를 제시하였다(Hyde 등 2010). 분자적 데이터에 기초하여, 과학자들은 일부 "종(species)"이 실제로 은폐종(cryptic species; 상호교잡을 할 수 없으며, 형태적으로 구별할 수 없는 2개 또는 그 이상의 생물 그룹)의 복합체였음을 발견하였다. 그러나 식물표본관의 채집물들은 이들 종의 분자적 분석 및 특성화를 위해 필요한 적격한 표본을 제공할 수 없다. 은폐종의 계속적인 동정과 훨씬 우수한 DNA의 필요성은 호주 전역에서 분자적 평가 및 참조할 수 있는 증거물들을 확보하기 위해 과학자들이 부가적인 표본을 채집해야만 한다는 것을 의미한다.

13.4.1 종자 동정을 위한 과학적인 채집물

메릴랜드주 벨츠빌(Beltsville)에 위치한 종자검사소(Seed Examination Facility, SEF) 산하 APHIS의 국립식물동정요원(National Botany Identifiers)들은 외국산이나 자국산으로부터 식물성 검출물들을 동정할 책임이 있다. 종자검사소는 검출된 것들과 비교하기 위하여 참조용 식물 채집물을 보유하고 있다. 대부분의 식물성 검출물들은 종자나 과실을 수반하고 있기 때문에 종자 채집물은 특별히 가치가 있다. 주요 채집물은 원래 미농무부 산하 농업마켓팅지원청(Agricultural Marketing Service, AMS)의 종자규제지국(Seed Regulatory Branch)에 있었으며, 1982년에 종자검사소로 이관되었다. 같은 해 유해잡초종자의 평가를 위해 외래잡초로부터 종자의 채집이 농무부 농업연구청(Agricultural Research Service, ARS)에 의해 시작되었다. 그 채집물은 현재 종자검사소가 보유하고 있는 것의 일부분이다. 종자 표본은 워싱턴 DC에 위치한 미국국립식물관(US National Herbarium)과 스미소니언연구소에서 압착된 평판 속에 넣어 보관하고 있다. 종자검사소는 또한 압착된 식물 표본을 관리하고 있다. 이 채집물은 주로 외래에서 유입된 것들로 구성되며, 식물보호 · 검역소와 주의 협력자들의 동정을 위해 종자검사소로 전달된다. 표본관은 몇몇 주와 카운티에서 기록된 일부 종들을 포함하고 있다.

검출물에 대해 새로운 동정이 이루어졌을 때 그 표본은 채집물에 추가된다. 이들의 동정은 종종 워싱턴 DC에 위치한 미국국립수목원 산하의 농무부 식물표본관이나 미국국립식물표본관에 소장된 표본들과의 비교로 검증된다. 미국국립식물표본관이나 뉴욕식물원, 미주리식물원과 같은 연구소에 분류전문가들이 때때로 새로운 표본의 동정에 관해 검증하게 된다. 이들의 종명결정은 보통 검출물의 디지털 이미지를 전문가에게 이메일로 보내서 할 수 있다. 새로운 종이 미국연방위해잡초목록에 등재될 때마다, 종자와 식물체 표본은 종자검사소와 통관항의 채집물을 위해 확보되어야 한다. 국제협력에 종사하는 사람들은 뉴질랜드, 호주, 브라질, 독일, 스위스와 같은 나라들로부터 이들 표본관으로 표본을 기부하고 있다.

동정을 위한 또 다른 가치있는 자원은 미국국립종자표본관(US National Seed Herbarium)이다. 이 표본관은 메릴랜드주 벨츠빌에 위치한 미농무부 산하 농업연구청과 협력으로 분류전문가들에 의해 세워졌으며, 현화식물의 대부분 속(屬)을 대표하는 종자 및 과실 표본을 확보하고 있다. 이 채집물로부터, 콩과 식물의 과실 및 종자에 대한 동정지침뿐만 아니라 현화식물의 과(科)별 과실 및 종자에 대한 온라인 지침이 만들어졌다. 미국국립종자표본관의 유지를 위해 재정적 지원이 되는 것처럼 전통적인 식물분류학 연구에 대한 재정지원이 점차 줄어드는 상황에서 농업연구청의 표본관은 세계의 다른 여러 표본관과 비슷하게 어려움을 겪고 있다. 결과적으로, 농업연구청은 표본관을 미국국립수목원 산하 농무부 식물표본관(USDA Herbarium)으로 재배치하였다.

13.4.2 무척추동물의 동정을 위한 과학적 채집물

식물 병해충 및 관련된 종들에 대해 참조할 수 있는 채집물들은 형태적이거나 분자적 동정도구를 개발하고, 공식적인 병해충 동정을 수행하는 요원들을 훈련하는데 중요하다. 미농무부는 식물 병해충에 대한 진단 검색키를 개발하고, 동정요원들의 훈련에 있어 도움을 주며, 새로운 종을 인지하기 위해 무척추동물 표본의 과학적인 채집물과 대학의 연구자들을 활용하고 있다. 이것은 출판의 기준을 맞추기 위해 증거가 되는 긴 역사를 가진 표본 및 국제적 연구를 지원하기 위해 설치된 생물체의 보관시설이기 때문에 가능하다(www.biorepositories.org). 표본을 관리하는 연구소의 기준과 실제 및 카탈로그를 유지하는 것이 다양할지라도, 국가식물보호기구(National Plant Protection Organizations, NPPOs)의 형태 전문가가 채집물들에 접근할 수 있도록 해야 한다. 박물관에 수장된 증거표본과 과학 문헌과 관련된 증거표본에 대해 부가적으로, 동식물위생검사청의 식물검사소(Plant Insepection Station, PIS) 및 실험실들에 보다 적은 참조할 수 있는 채집물들은 훈련 요원 및 병해충과 병해충이 아닌 종의 진단형질을 비교하는데 중요하다(그림 13.3).

미농무부 분류전문가들이 상대적으로 방대한 양의 표본이 소장된 연구소(스미소니언연구소의 과실파리 채집물 및 드렉셀대학교(Drexel University) 자연사박물관의 복족류 채집물과 같은)에 상호근무배치는 전문가들이 식물검사소의 동정결과를 검증할 수 있고, 부각되는 병해충 문제를 어떻게 검출할지 여부를 빠르게 평가할 수 있다. 다른 생물체들과 같이, 채집물의 보존방법(예를 들어, 알코올, 포름알데히드, 프로필렌글리콜, 슬라이드 표본)은 조직의 성질 및 표본의 크기에 따라 결정될 것이다. 예를 들어, 부드러운 몸체를 지닌 유충이나 민달팽이는 훨씬 단단한 조직을 지닌 많은 성충보다 낮은 농도의 알코올 용액에 보관된다. 고농도의 알코올 용액(95-100%)은 시료에 DNA를 보존하는데 가장 좋지만, 연한 조직의 구조물을 오그라들게 하거나 내부 조직의 해부를 못하게 할 수 있다. 달팽이나 민달팽이에 있어서, 올바르게 채집되고, 치사시키고, 보존되었다면, 낮은 농도 알코올 용액(70-80%)이 DNA 연구나 해부를 위해 적합하다. 참조할 수 있는 채집물은 채집자, 동정자, 채집장소(특히, GPS 정보), 채집일자, 채집환경, 관련된 기주식물을 포함한 올바른 정보를 가진 표본이어야 한다. 문서화의 일부분으로서 이러한 정보를 가진 표본을 "증거 표본(voucher specimens)"이라고 할 수 있다. 동정자와 채집자는 참조할 수 있는 표본관이나 보관소로 제출하기 전에 적절한 보존 방법과 채집 정보를 검증하기 위한 채집 매뉴얼 및 교재에 관해 언급해야 한다.

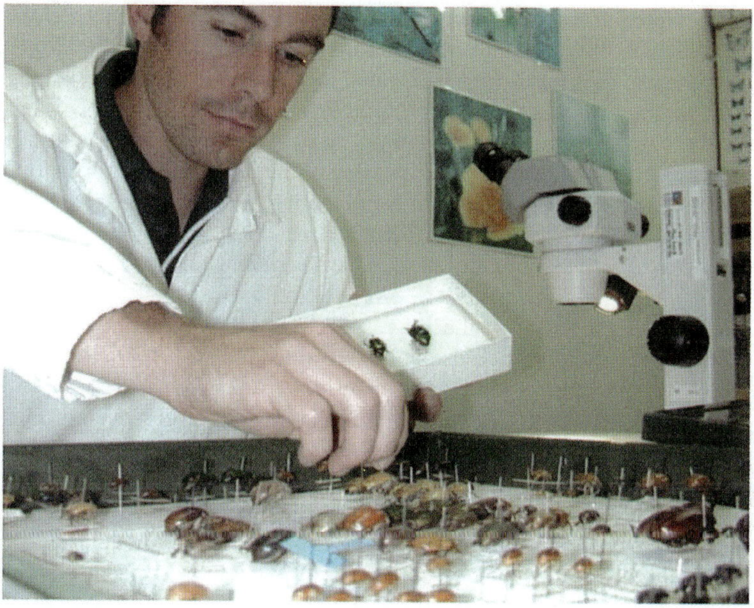

그림 13.3 분류학자와 검역담당 과학자들이 정확한 동정을 할 수 있도록 도와주는 채집물. 채집물은 또한 DNA 바코드나 PCR과 같은 진단법 개발을 위한 증거표본으로 제공됨으로서 분자생물학자들이 시료의 분자적 동정을 하는데 도움을 준다.

13.4.3 식물 병해충의 동정을 위한 DNA 채집물

생물체의 물리적인 과학적 채집물에 부가하여, DNA와 DNA 염기서열(sequences)의 채집물을 보존하기 위한 노력이 시작되었다. DNA의 장기간 안정성(Paabo 등 2004)은 그 자체가 물리적인 저장에 도움을 준다. 생물체로부터 DNA의 저장은 보다 적은 공간과 보다 적은 변이성을 지닌 저장조건을 필요로 한다. 표본에서 심지어 검증된 표본에서 DNA를 저장하기 위한 노력은 지역적인 또는 국제적인 유전자은행(DNA banks) 또는 유전자저장소(DNA repositories)에서 나타나고 있다. 예를 들어, 큐왕립식물원(Royal Botanic Gardens Kew)의 유전자은행은 약 40,000 시료의 식물 유전체(genomic) DNA를 가지고 있다. 호주의 식물유전자은행에는 자생식물 및 작물로부터 광범위한 DNA 채집물이 있다. 이러한 유전자은행은 현재 사용자에게 유용할 수 있도록 사람 이외의 DNA를 보관하기 위해 유전자은행네트워크(www.dnabank-network.org)로 연결되어 있다. 또한, 중요한 형태적 형질을 파괴하지 않고 증거 표본으로부터 DNA를 수집할 수 있는 방법들이 개발되고 있다. 예를 들어, 곤충의 몸체에 미세하게 구멍을 뚫어 DNA가 완충 용액이나 알코올로 흘러나오도록 할 수 있다(Gilbert 등 2007).

DNA 데이터는 또한 공공기반의 염기서열 데이터베이스로 개방되어 있다. 가장 잘 알려진 것이 국립보건원(National Institutes of Health, NIH)의 일부로 국립생명공학정보센터(National

Center for Biotechnology Information, NCBI)에서 관리되는 GenBank이다. 이 데이터베이스는 처음에 국립로스알라모스실험실(Los Alamos National Lab)에서 그들의 염기서열 데이터베이스로 만들어졌다. 1982년에 이 데이터베이스는 GenBank로 공개되었고, 1992년에 NCBI로 인수되었다. 최근에 염기서열분석 비용이 낮아지고, 분자생물학 연구를 수행하는 과학자들의 증가는 GenBank에 기탁하는 DNA 염기서열이 기하급수적으로 증가하게 되었다. 많은 경우에 GenBank의 정보목록(accession)이 데이터의 검증을 위한 참조균주나 증거표본으로부터 나오지 않아 과학자들은 종종 분석결과에서 잠재적인 "쓰레기 염기서열(junk sequence)"을 제거할 수 있는 분별력을 가져야만 하며, 진정으로 유익한 정보만을 이용하여야 한다(Bridge 등 2003). GenBank와 같은 DNA 염기서열 데이터베이스가 분류학과 관련된 훌륭한 염기서열 자원을 제공할지라도, 정보목록에서 염기서열의 빈약한 신뢰성에 의해서나 DNA를 제공하는 생물체의 잘못된 동정에 의해서 염기서열분석이나 편집 과정에서 포함하고 있는 기술적인 오류를 막을 수 있는 재조사 기작(review mechanism)이 없다. 오류는 어떠한 데이터베이스를 이용하건 고려되어야만 한다. 예를 들어, GenBank의 인간 미토콘드리아 염기서열 정보목록에서도 오류가 보고되었다(Foster 2003; Harris 2003). 진균에서 약 20%로 추정되는 오류가 잘못된 동정에 기인하고 있다(Nilsson 등 2006). 결정적인 분석과 관찰이 수행되고 참조되어진 증거 표본(이용된 방법이 유효하고, 문서화가 이용 가능한지와 같은)으로 DNA 데이터베이스를 구축하기 위한 노력은 검역규제활동의 보다 신뢰성 있는 진단을 위해서 이러한 데이터를 이용할 수 있도록 할 것이다(아래의 DNA 바코드에 관한 논의를 살펴보라).

13.5 혈청학적 진단

혈청학적 분석법(serological assays)은 식물 병원균의 진단을 위한 법적규제 및 인증에서 중요한 역할을 하며, 최근에 개발되어 배치된 선별검사(screening test)에 대한 기본적인 형식을 제공하고 있다(Wu 2006). 면역학적 분석법(immunoassay)에 앞서, 혈청학적 동정은 적혈구응집반응(hemagglutination)과 면역침전법(immunoprecipitation)과 같은 면역성 응집의 관찰을 요구하는 방법을 이용하여 수행되었다(Barrett 등 1960; Briner 등 1959). 면역성 응집은 보통 시각화(visualization)를 위해 항체와 항원의 중합반응(polymerization)에 의존하기 때문에, 이들 검사는 보다 최근에 개발된 분석법과 비교하여 민감도가 높지 않다. 일부 식물 바이러스는 균질성(homogeneity)있게 정제할 수 있고, 포유류에 주입하였을 때 강한 면역 반응을 일으키기 때문에, 혈청학적 분석법이 종종 식물 바이러스의 특이적인 검출을 위해 이용되었다. 이들 검사는 검역규제기관에서 일부 바이러스의 종을 동정하거나 계통을 결정하는데 이용되었다.

시각화하는 응집 없이 항체의 특이적 결합을 검출하는 혈청학적 분석법은 식물 병해충의 규제에 유용한 매우 민감한 분석법의 바탕을 제공하고 있다. 개발된 최초의 분석법 중 하나는 혈청 특이적 전자현미경법(Serologically Specific Electron Microscopy, SSEM)이었다. 투과전자현미경법(Transmission Electron Microscopy, TEM)은 식물 바이러스를 볼 수 있어 바이러스의 물리적 특성으로부터 많은 정보를 얻어 낼 수 있었다. 그러나 이 방법은 진단을 결정하는데 충분하지 않다. TEM에서 불명확하고 크고 검은 입자로 나타나는 항체가 금과 같은 금속과 결합될 수만 있다면, 바이러스에 특이적인 항체의 반응이 TEM으로 검출될 수 있다.

민감도와 처리량에서 획기적인 혈청학적 방법은 방사성 면역흡착분석법(Radioactive Immunosorbent Assay, RIA)의 개발이었으며(Berson & Yalow 1959), 이어서 변형된 효소결합면역흡착법(Enzyme-linked Immunosorbent Assay, ELISA)의 개발이었다. 이들 분석법은 임상실험(clinical test)을 위해 개발되었으나, 식물 병해충 진단에서 이용가능성이 곧 실현되었다(Clark & Adams 1977). 폴리스티렌(polystyrene)에 항원의 고정(antigen immobilization)과 비색 반응(colorimetric reaction)을 촉매하는 효소의 개발은 민감도와 처리량뿐만 아니라 분석법의 정량화 능력과 반복성을 증가시켰다.

일반적으로 뚜렷한 두 가지 형태의 면역학적 분석법인 효소결합면역흡착법(ELISA) 및 면역블롯(immunoblot (Western))이 과거에 이용되었다. ELISA 분석법은 항원(antigen)과 차단제(blocking agent), 1차 항체(primary antibody), 효소가 부착된 2차 항체 (secondary antibody)로 구성된다. 현재 ELISA의 여러 변형체가 연구, 임상, 검역규제의 목적으로 이용되고 있다(Voller 등 1978). ELISA는 검역규제상의 동정, 진단 결정, 식물체 생식질의 무병 대목 프로그램을 위한 1차 검사 방법으로 되어 있다. ELISA 기술에서 개선은 신속 검출 능력(측면유동분석법, lateral flow) 및 마이크로어레이(microarray) 체제로 유도되었다. 웨스턴블롯분석법은 시료를 어떻게 특성화시켜 원하는 결과를 얻는가에 있어서 ELISA와 다르다. 목적으로 하지 않는 물질을 기계적으로 분리해 내거나 무시하는 대신에, 웨스턴블롯팅은 다른 물질의 존재 하에서 차단제, 1차와 2차 항체를 이용한 다음 변성겔전기영동법(denaturing gel electrophoresis; SDS-PAGE)을 이용하여 목적물을 특징화하고 동정한다(MacPhee 2010).

혈청학적 분석법의 유용성은 식물 병해충에서 유래한 목적하는 분자에 특이적으로 상호작용하는 항체에 바탕을 두고 있다. 이러한 특이성은 생산된 항체의 적격성에 달려있다. 포유류는 광범위한 생물 그룹에 흔한 많은 외래 분자와 면역학적 반응을 일으킬 것이다. 과거에는 항체 생산에 있어서 오염이 없는 면역원을 제공하기 위해 목적으로 하는 분자의 정제화가 필요하였다. 식물 바이러스의 분자구조가 단순하였기 때문에 이들 병원균에 대해서는 종종 정제화가 가능하였지만, 진균이나 세균, 곤충과 같이 훨씬 복잡한 병해충에 대해서는 훨씬 덜 일반적이었다. 상당히 특이적인 다클론항체(polyclonal antibody) 조차도 목적으로 하는 분자에 대한 친화력의 범위에서 항체가 생산되었다. 부가하여, 다클론항체의 생산은 신선한 항체의 생산을 위해 주기적인 반복과정을 필요로 하는 기주가 되는 포유류의 혈청 생산 능력에 의해 한정되었다. 이러한 한계는 검역기관에서 면역학적 방법의 광범위한 채택과 장기간 사용을 위한 프로토콜을 표준화하는 능력을 감소시켰다.

단클론항체(monoclonal antibody) 생산 체계의 개발은 면역학적 진단체계의 이용에 있어 과거의 한계를 보완하는 몇 가지 이점을 제공하였다. '단클론(monoclonal)'이라는 용어가 내포하듯, 이러한 체계에 의해 생산된 항체는 목적물의 특이성(specificity)과 결합성(affinity)이란 관점에서 서로 동질이다. 항체 선발의 중요 단계는 생산과정에서 늦게 이루어지므로, 생산과정의 착수에서 초기 면역원 목적 분자의 순도가 다클론항체 생산과정만큼 중요하지 않다. 방법 개발자는 또한 항체 선발에 있어서 특이성 정도를 선택하는데 훨씬 융통성을 가진다. 예

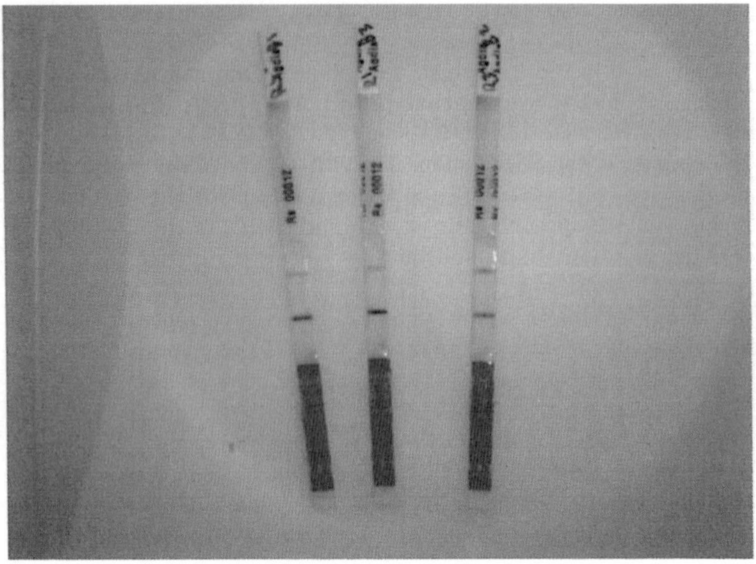

그림 13.4 Ralstonia solanacearum에 대한 면역키트(immunostrip) 검사 결과. 두 개의 선은 면역키트에서 양성대조구(positive control)가 반응된 곳(위쪽 선)과 시료에서 R. solanacearum의 존재를 지적하는 검사 시료가 반응된 곳(아래쪽 선)의 영역으로 나타난다(이미지 제공 - Laurene Levy, CPHST, APHIS, USDA).

를 들어, 감자 바이러스 Y(Potato Virus Y, PVY)에 대한 단클론항체는 개별적인 바이러스 계통(strains)의 검출과 종(species) 수준에서, 심지어는 potyvirus속(屬)에 속하는 모든 구성원의 탐지를 위해 생산되었다.

일부 경우에, 단클론항체의 생산에 의해 달성된 면역학적 특이성의 정도는 명백한 검역규제 결정을 내리는데 필요한 특이성의 정도에 도달하지 않는다. 예로는 속이나 종 수준에서 탐지할 수 있는 측면유동분석장치(lateral flow device)나 면역키트(immunostrip)로 알려진 면역크로마토그래피분석법(immunochromatographic assay, ICA)과 같은 사용자 친화적인 기술을 포함하고 있다. ICA 장치는 식물 병원균인 *Ralstonia solanacearum*을 검출하는데 이용될 수 있으나(그림 13.4), 장치에 이용된 항체의 특이성 때문에 규제대상인 감자 갈색썩음병(Potato Brown Rot)의 병원균을 동정하는데 필요한 아종 수준(race 및 biovar)을 검출할 수 없다. 이 분석법은 어 세균 종에 특이적이어서 측면유동분석장치가 이 수준에서 검역규제의 목적으로 이용되고 있다. 캐나다에서 *R. solanacearum*이 검출되지 않고 있으며, 그래서 양성반응 결과가 검역규제 대응으로 이용될 수 있다. 그러나 미국에서 Race 1 아종이 남부지역의 주들에서 흔하므로 국가 차원에서 규제되지 않는다. 다만, 내한성 아종인 Race 3의 biovar 2가 규제대상이므로 검역규제 조치를 실행하기 위한 확증적인 진단이 아종 동정의 분석법을 필요로 하고 있다. 미국에서 ICA 장치는 (*R. solanacearum*의 경우에) 예비적인 검출조사에 이용되지만, 양성반응이 발견된 시료는 PCR 및 당이용법(carbohydrate-utilization)에 바탕을 둔 부가적인 분석법을 이용하여 미농무부에서 확증하기 위해 전달되어야만 한다. 확증실험실 또는 중앙실험실에 제공되고, 추가적인 DNA 검사에 이용될 수 있는 면역크로마토그래피분석장치는 규제대상인 *R. solanacearum*의 세포를 포획하는 장점이 있다.

유사한 검사 상황이 식물의 목질부(xylem)에 서식하는 병원균인 *Xylella fastidiosa* (Wells et al.)의 검역규제에서 나타나고 있다. 이 세균을 종 수준에서 동정할 수 있는 혈청학적 분석법은 가용할 수 있지만, *Xylella fastidiosa*의 병인으로 포도 피어스병(Pierce's Disease) 및 참나무 잎마름병(Oak Leaf Scorch)을 포함한 몇 가지 병들이 미국에 발생하고 있다. 그러나 단지 감귤 얼룩무늬황백증(Citrus Variegated Chlorosis, CVC)을 일으키는 계통의 *X. fastidiosa*만이 규제대상이므로 계통에 의해 유발되는 병을 검출하기 위한 면역분석법은 존재하지 않는다. 이러한 예로, 종 수준의 면역분석법으로 검출된 양성반응 시료는 검역규제 조치가 실행되기 전에 확증을 위해 추가적인 검사를 받아야만 한다.

일부 경우에, 혈청학적 분석법은 단지 속 수준에서 생물체를 동정할 수 있다. 이러한 좋은 예는 미국과 캐나다에서 몇몇 국가적인 검역규제 프로그램, 예를 들어 참나무 역병인 *Phytophthora ramorum*에 이용되는 혈청학적 분석법이다(Werres 등 2001). 이 경우에, 혈청학적 분석법이 *Phytophthora*의 종들을 검출하는데 이용될 수 있으며, 검역규제 목적을 위해 음성반응의 결정을 내릴 수 있다. 그러나 이 분석법을 이용한 양성반응 시료는 주변 환경에 널리 퍼져있는 규제대상이 아닌 종으로부터 규제대상인 *Phytophthora*에 속하는 종을 구분하기 위해 추가적으로 검사해야만 한다.

검역규제상 진단에서 혈청학적 방법을 사용함에 있어 한계는 검역규제 프로그램을 위해 신뢰성있고 실행적인 개발 및 배치를 가져온 유용성과 비교하면 미미하다. 혈청학적 방법을 이용하여 분석하는데 필요한 식물체 시료의 준비는 보통 DNA 분석을 위해 핵산을 추출하는 것보다 덜 힘들다. 혈청학적 분석법으로 적절한 시약이 만들어지고, 적절한 방법이 검역규제상 이용을 위해 검증되었다면, 검역규제상 이용을 위한 분석법을 수행하는데 시료의 무결성과 요원의 숙련도 결정과 관련되는 비용은 흔히 이용되는 DNA 분석보다 덜 든다. 또한 네트워크 전체 규모에서 혈청학적 분석법을 배치함으로서 비용 절감이 달성될 수 있다.

상당한 영향을 줄 규제대상 병해충의 진단이 이루어질 필요가 있는 상황에서, 핵산에 바탕을 둔 진단법 결과와 혈청학적 결과의 조합은 흔하다. 두 가지를 동시에 이용함은 양성반응 결과에서 신뢰성을 증가시키기 위한 상보적인 도구로서 주어진다(Chang 등 2011). 최근 개발 중에 있는 일부 분석법들은 두 가지 방법론을 biotin과 streptavidin의 상호작용을 이용하여 올리고뉴클레오티드(oligonucleotide)에 비공유결합으로(non-covalently) 부착된 항체(Holmberg 등 2005)로 구성된 하나의 교배 체계(hybrid system)로 조합되고 있다(Darmanis 등 2011).

13.6 핵산 증폭 기술

Spot Hybridization 또는 Dot Blot Hybridization과 같은 핵산을 검출하는 기법들은 처음에

혈청학적 방법의 이용을 보완하기 위함이었다(Brandsma & Miller 1980; Oglesbee 등 1986). 이러한 기술들의 민감도는 식물 추출액이 직접적으로 사용되었을 때 대부분의 ELISA 형식들과 비슷하게 측정되었다. 그러나 식물체 시료의 복잡한 세포간질로부터 핵산이 추출되고 정제되었을 때, 대부분의 혈청학적 방법들보다 종종 훨씬 민감한 것을 발견하였다. 이 기술은 DNA (southern blot)나 RNA (northen blot)를 검출할 수 있었고, 처음에 방사성 표지 탐침(probe)을 이용하였다(Hull 1988; Owens & Diener 1981). 방사성 표지 탐침에 의존해야 하는 필요성이 진단하는데 있어 이 기술의 광범위한 이용을 방해하였다. 그러나 몇 년 뒤, 이 기술은 일상적으로 방사능을 조작하지 않는 실험실에서 접근할 수 있는 기술로 된 비방사성 표지 탐침으로 개선되었다(Gaudi 등. 1990; Holtke & Kessler 1990). Spot hybridization과 dot blot hybridization이 분석법의 민감도를 향상시킨 반면, 분석법을 실행하는데 요구되는 시간과 노력은 ELISA에서 요구되는 것보다 훨씬 막대하였다. 시료는 엄청난 조제나 완전한 핵산 추출을 필요로 했고, 이어서 고체막에 시료의 적용, 합성, 검출 탐침의 표지, 시료와 탐침의 반응, 탐침의 잔류물 세척이 뒤따르며, 이어서 며칠 후 노출된 필름의 현상에 의한 결과의 시각화(특별히 방사성 표지 탐침 이용 시) 또는 몇 시간 후 비색계 시각화(비방사성 탐침 이용 시)가 뒤따른다. 이 방법론에 의해 가져 온 민감도에 향상은 분석법 결과를 결정하는데 3-7일이 더 걸리는 결과와 균형을 이루었다.

진단요원들에게 대부분의 식물 병해충에 대한 동일함과 분류학적 동족에 관해서 알려주는 DNA 염기서열 데이터의 강력함 때문에 몇몇 DNA에 바탕을 둔 검출 방법들이 나타났다. 살

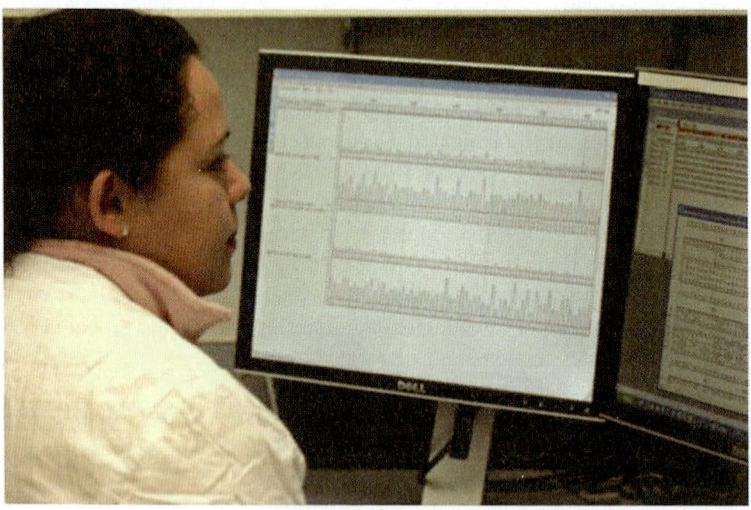

그림 13.5 과학자들이 자동으로 염기서열을 분석하는 유전자 목적물로부터 생성된 DNA 데이터를 평가하고 있다. 이런 데이터는 분류학적 나눔을 알리거나, 뚜렷하게 하거나 주장하기 위해 이용되고, 동정을 위해 일렬로 늘어놓은 유용한 유전자 목적물을 확인하는데 이용되며, qPCR과 같은 신속 진단법의 개발을 위해 이용된다(이미지 제공 – Gerard Clover, MAF, New Zealand).

아있는 생물체의 주요 분류군에서 DNA에 바탕을 둔 데이터의 폭발적으로 만들어졌고, 대부분은 보다 광범위한 범위의 학문에서 생물학 연구자들에 의해 만들어졌다. DNA 데이터의 상당한 부분이 분류학적 나눔이나 계통을 알리거나, 뚜렷하게 하거나 주장하기 위해 만들어졌으며, 검역규제의 목적으로 이용된 목적물에 대한 기반으로서 제공될 수 있다(그림 13.5). 그러나 특정한 검역규제 프로그램을 위해 고안 중인 프로토콜은 검역규제 조치가 속이나 종, 아종 수준에서 이루어질 수 있기 때문에 분류학적 깊이에 대한 요구사항에 관한 지식을 필요로 한다. 분석법 개발자는 분류군의 범위뿐만 아니라 분석 목적물로서 급속한 진화적 변화에 해당될 수 있는 것들에 대해 보존된 유전자 영역을 이용할 수 있다. DNA에 바탕을 둔 검출 방법들은 보다 값싸게 시료를 조제하고, 검증실험실이나 참조실험실을 넘어 검사실험실과 현장상황에서 첫 번째 대응자까지 훨씬 더 접근할 수 있는 방법인 사용자 친화적으로 분자적 진단을 배포하기 위한 능력을 허락하는 새로운 기술로서 빠르게 변화하고 있다.

사용자 친화적인 DNA 진단법들의 개발과 실용화는 미국에서 9/11 사건 이후 의학 연구, 임상 현장 진단과 생물안보 방어 또는 테러방지 응용프로그램에 의해 주도되었다. DNA에 바탕을 둔 방법의 광범위한 확산 배치뿐만 아니라 이들 방법으로부터 생성된 데이터의 신뢰성 증가는 DNA 분석의 일부 형태를 포함하여 현재 거의 모든 규제대상 식물 병해충에 관하여 높은 결과의 확증을 낳게 하고 있다.

정보력이 있고, 강력한 많은 기술들의 경우에서와 같이, 분자적 진단은 결과의 확대해석, 대조구에 의해 지지되지 않는 결론, 분석법의 오염에 바탕을 둔 진단 결정을 초래함으로서 쉽게 잘못 사용될 수도 있다. 이러한 우려 사항들은 식물 병해충의 진단 커뮤니티 내 성능관리 사례의 이용 및 진보된 기술의 수행능력 향상을 통해 진화하는 방법으로 끊임없이 해결될 것이다. 검역규제 현장에서 표준의 사용은 이러한 많은 사안들을 해결할 것이며, 법정에서 현재 DNA 증거로 허용되어 사용되는 것과 유사하게 될 것이다.

13.6.1 핵산 증폭을 통한 검출

중합효소연쇄반응(Polymerase Chain Reaction, PCR)은 현재까지 개발된 가장 중요한 진단기술 중 하나로 부각되어 있다. 염기서열결정(Sequencing)(Sanger 등 1977) 또는 역전사 중합효소연쇄반응(Reverse Transcriptase PCR, RT-PCR), 등온 중합효소연쇄반응(Isothermal PCR)(Bekele 등 2011; Tomlinson 등 2010), 실시간 중합효소연쇄반응(real-time PCR), 정량 중합효소연쇄반응(quantitative PCR) 등을 포함한 PCR의 변형체들은 생물학적 진단의 거의 모든 개념에서 적용되고 있다(그림 13.6). PCR의 발전은 1980년대 후반과 1990년대 초반에 사용된 다른 분석법보다 우수하게 목적물의 검출에 대해 우수한 민감도와 특이성을 지닌 진단분석법의 회송시간을 개선함으로서 신속한 분자적 진단에서의 난관을 해결하였다(Mullis 등 1986; Saiki 등 1988).

PCR에서, 핵산 목적물은 몇 개의 복제물에서 수백만 개의 복제물로 증폭될 수 있다. PCR 기술의 첫 세대는 종종 classic PCR 또는 conventional PCR로 언급되곤 한다. conventional PCR

a b

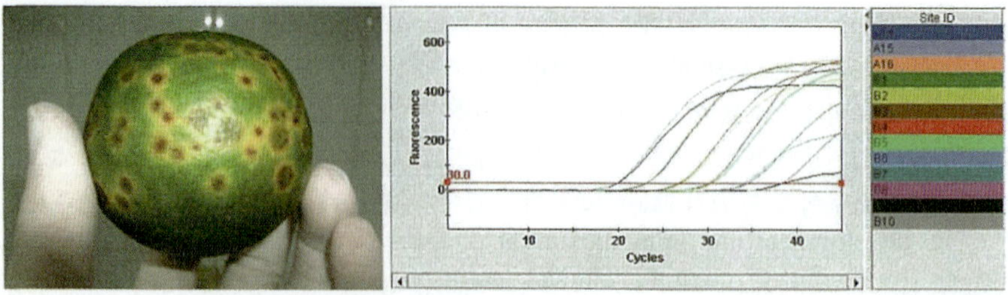

그림 13.6 (a) 정량 중합효소연쇄반응(qPCR)을 이용하여 감귤 과일에 있는 병변으로부터 Citrus Leprosis Virus의 검출, (b) 20회 순환에서 38회 순환을 통해 붉은색의 순환 임계 수평선 위로 곡선의 기하급수적 상승은 바이러스 검출의 양성반응을 나타낸다. 순환임계선 아래의 수평선은 바이러스가 없음을 나타낸다(Image of Citrus fruit with Citrus Leprosis Virus, 이미지 제공 – Abbey S. Guerra).

로부터 얻어진 결과들은 보통 알려진 기준 양으로 실행할 경우 반 정량적으로 될 수 있는 아가로오스 겔 전기영동(agarose gel electrophoresis)을 이용하여 시각화되었다. 그러나 실제적이고 검역규제상 사용하기 위해서, conventional PCR 결과들은 일반적으로 목적물의 유무를 지적하는 밴드의 유무에 바탕을 둔 정성적인 관점에서만 고려되었다(Ferre 1992). 가장 일반적인 DNA 염기서열분석 반응도 PCR에 바탕을 두고 있으나, 이 경우에 단지 하나의 프라이머(primer)와 뉴클레오티드 유사체 종결체(terminater)만이 뉴클레오티드의 위치를 확인하기 위해 첨가된다. 바이러스 유전체(genome)나 병원균의 유전자 산물에 RNA는 역전사 중합효소연쇄반응(RT-PCR)에 의해 검출될 수 있다.

실시간 중합효소연쇄반응(real-time PCR)은 conventional PCR에 바탕을 둔 검출기술이다. 증폭과정의 결말에서 겔 전기영동에 의해 시각화되는 검출 및 특성화를 위해 증폭된 산물의 성가신 조작 대신에, real-time PCR은 증폭하는 동안에 축적됨으로서 산물을 검출할 수 있는 1차 반응에서 직접적으로 첨가된 염료를 연결한 탐침이나 핵산을 이용한다. Real-time PCR은 정확한 정량 측정을 제공하며, 또한 정량 중합효소연쇄반응(qPCR)으로도 언급된다. PCR의 다른 형태인 역전사 중합효소연쇄반응(reverse transcription PCR)이 역사적으로 RT-PCR로 축약되어 real-time PCR로 언급될 때 쉽게 혼동될 수 있으므로 약어의 올바른 사용이 중요하다. qPCR의 장점에도 불구하고, 검출 장비 및 전문화된 탐침의 구입은 추가 설치 및 유지비용면에서 부담된다.

conventional PCR 산물의 검출과 달리(목적물의 존재가 순환과정(cycling process)의 끝에서 결정되기 때문에 종료지점의 검출로 알려짐), real-time PCR의 검출은 반응하는 동안에 실시간으로 증폭과정을 관찰할 수 있다. 실시간 과정이 완결될 때, 임계점(threshold; 목적물의 증폭이 일어나는 일정하게 지정된 차단지점) 및 배경잡음(background noise; 목적물의 포화도와 상관없이 증폭의 검출을 기대할 수 없는 곳에서의 순환 횟수)은 적절한 증폭 시스템에 맞게 조정될 수 있다. (임계점과 배경잡음은 조정될 수 있는 반면, 어느 지점에서 이들은 재생 가능한 결과를 유지하기 위해 영구적인 설정으로 채택되어야만 한다). qPCR에서, 검출을 위한 순환(cycle)은 존재하는 목적물의 양에 반비례하며, 양적인 순환 임계(C_q 또는 C_t) 값으로 숫자적으로 명시된다. C_t값이 25인 시료에 대한 qPCR의 결과는 C_t값이 35로 결과가 나올 때보다 목적물이 더 검출되는 것으로 해석된다(Heid 등 1996). qPCR이 정량적인 분석법이기 때문에, 우리는 또한 표준곡선(standard curve)이 측정되어 제공된다면 각 시료로부터 목적물 유전체의 복제 수를 계산할 수 있다.

염료를 삽입한 DNA의 이용은 특이성의 부재 및 증폭 저해 가능성 때문에 실시간 증폭 탐지에 있어서 문제점이 될 수 있다. 그럼에도 불구하고, (탐침보다 오히려) 염료를 삽입한 real-time PCR은 사용자 친화적으로 작동하기 때문에 진단요원들에 의해 훨씬 빠르게 받아들여졌다. 이후, 형광공명에너지전이(Förster Resonance Energy Transfer, FRET) 현상을 이용한 복합적인 검출 화학의 발전을 통해 개선이 실현되었다. qPCR에서 가장 잘 알려진 FRET 탐침은 TaqMan® probe이다. 검역규제 프로그램을 위해 개발된 대부분의 qPCR 분석법은 레이저 자극 형광염료 amadites로 5′과 3′ 끝에 표지된 목적물 특이적 올리고뉴클레오티드 탐침을 이용한다(Lee 등 1993; Livak 등 1995). 결합되지 못한 큰 염료들은 각각 하나는 제공자(방출)로 작동하고, 다른 하나는 수용자(흡수)로 작동하여 상호작용한다. qPCR 동안 DNA 목적물의 확장에서, 탐침은 그의 상보적인 염기서열과 결합하며, 염료를 잡아당겨 떼어내고, 제공자에게 그의 광자 에너지를 방출하도록 함으로써 갈라놓는다. 염기서열 특이적 탐침의 이용은 민감도 및 특이성이 훨씬 증가되었지만, 목적하는 유전자 및 고안된 그의 변이체와 관련된 많은 정보가 요구되었다. 결과적으로 증가된 처리량의 real-time PCR 및 염기서열분석 기반을 구입하는데 부가적인 비용이 초래되었다. 그러나 장비, 시약, 탐침의 증가된 비용은 PCR 반응 혼합물과 시료량, 작업공간의 크기에 감소 및 회송시간의 단축으로 상쇄되었다.

탐침 특이적 목적물 검출의 장점은 하나의 반응 혼합액에서 몇 가지 유전자 목적물의 증폭 및 검출할 수 있는 능력에 기인한다. 예로서, 2007년에 식물 바이러스 학자들이 이런 화학을 휴면 중인 감자 괴경에서 4가지 감자 병원균을 동시에 검출하는데 이용하였다(Agindotan 등 2007). Real-time PCR에 의해 제공되는 확실한 장점에도 불구하고, 진단 커뮤니티에서 conventional PCR을 완전히 교체하지 못하고 있다. 몇 가지 이유로는 부가적인 분석없이 real-time PCR이 조각난 크기로 종명을 결정할 없다는 것과 개발을 위해 요구되는 비용과 시간이 필요하다는 것이 포함될 수 있다. 그러나 모든 이러한 단점들은 증폭 반응 속도(amplification kinetics)가 조각난 크기에 의존한다는 것을 이해함으로서 극복될 수 있다. 염기서열분석 시료조제 전에 겔 정제화(gel purification)가 필요하지 않게 되고, 복합 분석법(multiplex assay)으로부터 얻어진 정보가 수많은 단순화된 방법(목적상 종종 중복되는)의 개발 필요성을 사라지게 한다. 이것은 목적에 맞는 모델을 강화하고, 검증에 필요한 양을 줄이고 있다. PCR 기술이 진보됨에 따라 난관이 나오게 되었다. 그러나 PCR 분석법은 수많은 구성성분을 굉장히 다르고 끊임없이 현학적인 응용을 할 수 있는 파생물들로 변형될 수 있는 유연한 시스템이다. TaqMan® probes, Beacons, Scorpin probes, Amplifour primer를 포함한 몇 가지 탐침 방식이 형광공명에너지전이(FRET)를 이용하는 진단 현장에서 사용되고 있다는 것을 우리는 주목해야 한다. 탐침은 또한 전사중재분석법(Transcription Mediated Assay)에서 이용하는 것처럼 화학발광성(chemiluminescent)이 될 수도 있다.

빠르게 진화해가는 진단법은 전하결합소자(charge-couple device, CCD) 카메라의 도입과 같은 끊임없이 진보된 기술적 시각화 성분이 요구되었다. 종종 진단 확증 연구에서 nested PCR이나 염기서열분석과 같은 여러 가지 증폭 장치를 이용함에 있어 필요한 PCR 산물의 후반 증폭과정(amplicons)은 앞으로의 진단분석법에서 오염의 위험성이 증가한다. qPCR 결과를 분석하기 위해 요구되는 계산은 RNA 발현, 매트릭스 효과(matrix effect) 분석, 목적물의 다중화(multiplexing)를 포함한 하나의 시료로부터 기하급수적으로 증가되는 양의 데이터가 얻어짐으로서 복잡성에 증가가 계속된다.

conventional PCR 및 real-time PCR의 완결성을 보장하는데 피할 수 없는 가장 곤란한 부분은 네트워크, 기관, 실험실 간 표준화의 부재에서 기인한다. 한 실험실에 근무하는 두 연구자가 동일한 프라이머나 탐침을 다른 이름으로 표지할 수 있고, 시료 모체를 나타내는 음성 대조구 및 양성 대조구가 종종 사용되지 않을 수 있으며, 또한 보편적 내적 대조구가 쉽게 접근할 수 없거나 알려지지 않을 수도 있고, 분석법에서 불확실성을 이해함 없이 종종 정량 분석이 이루어지기도 한다. 이러한 문제점들은 적격성 관리(quality management, quality assurance, quality control) 프로그램이 필요함을 알렸다. 즉, 때때로 오류 결과를 인정하고 수정이 요구되는 작업량을 줄이는 시도하는 정책들이 실험실들에서 채택할 수 있도록 실행되었다. real-time PCR의 정량 실험에 관한 출판물의 최소 정보(Minimum Information for Publication of Quantitative real-time PCR experiment, MIQE)는 각 분석법이 수행되기 위해 반복성과 효율성이 문서화될 것을 요구하였다(Bustin 등 2009).

새로운 방법들은 PCR로 분류되지 않는 목적물을 증폭할 수 있게 하며, 복잡한 기기를 필요로 하지 않는다. 등온증폭(Isothermal Amplification, IA)은 빠르게 검사 · 개발 중인 새로운 탐지 형식의 한 예이다(Bekele 등 2011). 등온증폭은 PCR 반응의 모든 성분을 포함한다. 이 반응은 목적히는 DNA를 계속적으로 증폭할 수 있게 하는 전문화된 프라이머를 이용하여 하나의 튜브에서 (PCR에서 이용된 2-3가지 온도를 통한 순환 대신에) 한 가지 온도를 이용하여 수행된다. 그러한 기술들 중 하나가 침전물의 발생 때문에 쉽게 시각화할 수 있는 결과로 빠르게 DNA를 증폭하는 DNA의 loop-mediated IA (LAMP)이다. 결과들은 또한 침전물이 발생되자마자 측정될 수 있는 혼탁도를 발생하기 때문에 실시간으로 읽을 수 있다. 후 증폭 시각화(Post-amplification visualization)는 또한 목적하는 이중나선형 DNA에 염료를 섞어 형광을 이용하여 달성될 수 있다. 대부분의 경우에 낮은 민감도에도 불구하고, 이 기술은 real-time PCR 기기 및 탐침이 비용적으로 필요하지 않기 때문에 진난요원들 사이에서 인기를 얻고 있다.

13.6.2 핵산 어레이

검역규제 식물 병해충의 진단에 현재 일상적으로 이용되고 있는 한 종의 DNA에 바탕을 둔 검출 시스템과 달리, 다중(multiplex) 검출 및 마이크로어레이(microarray)(그림 13.7)는 다른 진단 방법과 비교하여 좀처럼 이용되지 않고 있다(Miller 등 2010). 비용이 마이크로어레이의 개발 및 실용화에 한계를 가져오는 중요한 사안이다. 어레이는 바이러스(Agindotan

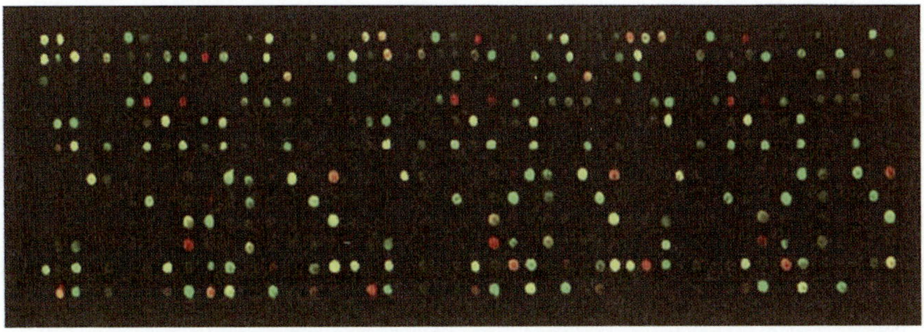

그림 13.7 DNA의 마이크로어레이 분석 이미지 결과. 증폭된 DNA는 보통 두 개의 염료인 Cy 3 (적색) 및 Cy 5 (녹색)로 표지되며, 그 다음 종종 "칩(chip)" 으로 언급되는 슬라이드글라스나 필름과 같은 고체 표면에 검출 어레이로 교배시킨다(hybridized). 컴퓨터 프로그램이 교배(hybridization)된 패턴으로부터 결과를 결정하기 위해 알고리즘을 이용한다(이미지 제공 – Laurene Levy, CPHST, APHIS, USDA).

2007), 진균 또는 난균(Lievens & Thomma 2005), 세균(Fessehaie 등 2003), 선충(Ramnathan 등 2011)에 대해 고안되어 있다. 진단요원에게 직면한 난관은 의료 분야에서 했던 것처럼, 모든 목적물들을 검사하기 위한 하나의 어레이를 개발하는 것이다(Palacios 등 2007). 예를 들어, *Rathayibacter toxicus* Sasaki et al.의 어레이는 기주 선충, 독소를 생산하는 세균, 독성 유전자를 전이할 것으로 의심되는 박테리오파지에 대한 검사를 할 수 있다(Kathy 1993).

수반된 모체의 특성상, 하나의 앰플리셋(ampliset) (단일플렉스)의 증폭 반응을 수반하는 어레이는 다중 증폭 반응을 이용하는 어레이와 비교하여 다중의 올리고뉴클레오티드(프라이머)의 상호작용 때문에 최적화하기 쉽다. 마찬가지로, 다중의 단일플렉스 증폭 반응을 수반하는 어레이는 각각의 앰플리셋이 특성화를 요구하기 때문에 하나의 앰플리셋에 의존한 어레이보다 개발하기 훨씬 어렵다. 그러나 다중 어레이는 검역규제대상인 여러 종을 검출하고 구별할 수 있거나, 정확성을 증가시켜 하나의 종을 동정할 수 있다.

마이크로어레이는 하나의 생물체에서 다중의 유전자로부터 RNA 전사(transcription)를 측정하거나 많은 양의 다른 생물체에 대해 검사하는데 이용될 수 있으며, 화합물의 잠재적인 탐지 능력을 가진 어레이로 다중화될 수 있다. 마이크로어레이는 또한 원 시료가 클 때 민감도가 감소하는 PCR에서 이용된 시료량의 감소를 완화할 수 있다. 그렇지 않으면, PCR 결과의 적절한 통계분석이 필요하게 될 것이다(Hart 등 2005). 일부 진균들에 있어서 거짓 음성 결과는 표면피복(plating)으로부터 나온 진균 생장과 비교하여 DNA 어레이를 이용하면 증가한다(Folta & Kole 2011). 예를 들어, 매우 낮은 농도에서 표면피복으로 쉽게 검출된 크랜베리의 과실 표면에 병원균은 전체 과실을 감염시키는 크랜베리 병원균보다 훨씬 거짓 음성 결과가 초래되었다. 전체 크랜베리 과실의 DNA 추출 후, PCR로 이용된 추출물 분취액(aliquot)에서는 표면 병원균의 농도가 너무 낮아서 검출할 수 없다. 검역적인 결정을 위해서는 특이성 및 민감도가 중요하다. 시료채취로 인한 신호 손실의 한계를 극복하기 위한 접근방법은 목적물 포착(biotin이 부착된 탐침, bead 포착, poly-T hybridization) 및 시료 병합(pooling)을 포함한다

(Munkvold 2009).

*Pythium*속의 대부분 종들에 대해 개발된 DNA 어레이는 흙과 식물체에서 *Pythium tracheiphilum* Matta를 검출하는데 이용되고 있다(Tambong 등 2006). 이 종은 호주에서 검역규제대상이다. 만일 검역관이 육안검사로 하나의 시료에서 난균류의 난포자를 찾았다면, 그 시료는 포자를 동정하기 위해 *P. tracheiphilum*에 대한 특정한 검사가 포함된 어레이 시스템에서 검사될 수 있다. 정책적인 적용에 있어 정확성을 증가시키기 위해서 짧은 시간에 더 많은 정보를 병원체 관리 프로그램에 제공하려면, 이론적으로 *Phytophthora ramorum*의 검사를 위해 시료를 종 수준에서 동정하고 특성화할 수 있는 마이크로어레이가 유사하게 개발될 수 있다.

차세대 염기서열분석은 기능유전체학(functional genomics)에 있어서 고밀도 올리고뉴클레오티드 어레이(high density oligonucleotide arrays)로 대체하고 있다. 진단요원에 필요한 기능에 따라, 염기서열분석은 확증시간이 고려될 때 hybridization 어레이보다 비용이 덜 드는 유전적 데이터를 제공한다. 그러나 고밀도 증폭 어레이는 유전체 복제물이나 신속 검사(rapid screening)를 측정하는데 우선이다. 검역규제 병원균에 대해 검사하는 어레이의 개발에 충분한 저밀도 마크로어레이에 대해서, 올리고뉴클레오티드 어레이 이상의 차세대 염기서열분석의 장점은 덜 분명하다. 올리고뉴클레오티드 마크로어레이는 상당히 저렴하지만, 노동집약적이 될 수 있으며, 완료하는데 24시간이 걸릴 수 있다. 의료용인 신속 저밀도 어레이를 개발하는 일부 회사들은 사업상 어려움에 머물러 있었다. 대부분의 이러한 랩온어칩(lab-on-a-chip; 칩 안에 실험실) 기반은 예전에 대부분의 사용에 있어서 너무 비쌌지만, 지금 상황은 변화하고 있다. 어떤 것을 사용할지를 결정하는데 가장 큰 걸림돌은 주어진 시장에 있어서 신속하고 비용 효율적인 기반을 구성하는 것 이상으로의 합의이다. 궁극적으로, 그러한 결정은 시료의 작업량이 관여한다. 수백 개의 시료에 대한 일상적인 정성적인 검사를 위해서 올리고뉴클레오티드 마크로어레이의 접근방법은 비용 효과적이지만, 정량적인 시료 검사 또는 발현 양상을 위해서 마이크로어레이가 훨씬 우수한 데이터셋을 제공한다. 검역규제 또는 연구 목적의 진단실험실에 있어서 필수적인 전략은 광범위한 장비 기반으로 쉽게 채택될 수 있고, 검증검사 성분을 통해 쉽게 지원될 수 있는 핵산 어레이를 보증하는 것이다.

13.6.3 정확한 유전체 정보의 중요성

진단 실험실에서 겪는 어려움은 비용과 적격성 관리만이 아니라, 진단이 이루어지는 생물체와 관련된 정확한 유전체 정보를 확보할 수 있는 능력에도 있다(그림 13.8). 보고서들은 지난 10년간 공공의 데이터베이스에서 DNA 염기서열의 약 20%가 부정확하거나 부적절하게 주해되어 있다고 지적하고 있다(Felton 2001; Schena 등 2008). 일반적으로, 메칠화된(methylated) 영역은 구아닌과 시토신이 풍부하거나(G-C rich), 분해되기 쉽거나, sRNA의 정보를 얻기 어렵다. 이러한 어려움들은 외가닥 분자 실시간 염기서열분석(single molecule real-time sequencing, SMRT) (Pacific Biosciences), Solexa (Illumina), RNeasy kits (Quiagen), pyroseqeuncing (염기서열의 변이를 정확히 정량화하는 합성반응에 의한 염기서열분석) 등과 같은 기술을 통해 극복되었다. 절대호기성 생물체의 염기서열분석은 유전체의 크기가 크고, 반복되는 영역이 많기 때문에 어려움이 있다. 염기서열이 분석된 유전체는 계통의 형(strain typing)을 탐색할 수 있는 초위성체(microsatellite) 영역에 대한 정보를 제공한다(Abbott 2010; Schena 등 2008). 하나의 유전체가 염기서열이 분석되고 주해된 후, 부가적인 계통에 대한 염기서열의 재분석은 참조용으로 원래의 염기서열과 비교할 수 있으며, 궁극적으로 계통 특이적 분석법에 대한 분석법 개발에 도움이 된다. 이것에 관한 하나의 예로는 다른 비병원성 대장균(*Escherichia coli*) 계통에는 없는 독소 생산을 책임지는 유전자를 검출할 목적인 병원성 대장균(*Escherichia coli* OH157)이다(Cebula 등 1995; Fratamico & Strobaugh 1998). 극심한 돌발 상황을 만드는 고병원성 계통(예를 들어, *Phytophthora infestans* (Montagne) de Bary)의 출현에 신속하게 인지하고 대응함에 있어서 식물 병원균의 감염 기작을 보다 명확하게 이해할 필요가 있다.

유전체의 염기서열분석은 유전자 응용력(복제 수, 뉴클레오티드 조성 등), 염기서열의 무결성, 특성화를 요하는 것과 관련된 제반사항을 포함한 종 특이적 프라이머의 제작을 위해 풍부한 데이터를 제공한다. 종 특이적 기능과 관련된 보존영역에서 단일 복제(single-copy)의 대상물은 복제 수(copy number)를 평가할 수 있는 반면, 정성적인 검출에 더 효과적일 수 있는 다중 복제(multi-copy) 마커와 비교하면 민감도가 감소할 수 있다. 예를 들어, 미토콘드리아 유전체는 특이성을 결정하는데 유용한 염기서열 데이터가 풍부하지만, 시료에서 생물체의 정량화를 어렵게 하는 복제 수에 변이가 있다. *Phytophora*속의 미토콘드리아 유전체는 염기서열의 무결성 및 특이성을 결정할 목적으로 염기서열이 분석 · 비교되고 있는 반면, 연구자들에게 정확한 정성적인 검출 옵션을 제공하고 있다(Martin 등 2007).

13.7 새로운 기법 및 기술

검역규제상 이용을 위해 새로운 기술의 요구와 개발 및 배치 비용 사이의 균형 문제가 계속적으로 충돌하고 있다. 분석법 개발의 이분법적인 요소는 앞서 비용과 검증 시간, 훈련이 늘어나는 동시에 또한 처리량 및 특성화 능력이 커지는 기반시설의 진보를 설명할 때 간략하게 논의하였다. 때때로 기존 기술의 개선이 비용을 감소시키고, 정확성 또는 처리량의 증가를 가져와 진단 능력이 서로 배타적이지 않은 윈-윈(win-win)이 일어나기도 한다. 종종 이들의 적용은 내구성 검사 전에 상당한 회의론적으로 채택(Oostingh 등 2011)되거나 착수됨으로서 느리게 된다(Percy 2003). 힘든 도전과 잠재적인 검증 문제에도 불구하고, 몇몇 분석법들이 수행되고 있는 진단검사 방법을 변경할 수 있음을 제시하고 있다. 이들 방법은 PCR, 가스크로마토그래피, 핵산 교배(nucleic-acid hybridization)로 구성된 잘 만들어진 프로토콜에 바탕을 두고 있다. 부가적으로 CANARY (Cellular Analysis and Notification of Antigen Risks and Yields)를 이용한 살아있는 세포는 현재 실시간으로 항원을 검출할 수 있다. 그러한 기술들은 잠재적인 비용 감소, 빠른 회송시간, 처리량 증가를 제공하는 반면에, 또한 최종 사용자에게 요구되는 훈련량을 줄일 수 있을 것이다. 표면 플라즈몬 공명(Surface Plasmon Resonance) 및 CANARY

와 같은 성공적으로 구현된 언뜻 보기에 간단한 분석법은 작업자의 잠재적인 실수를 줄일 뿐만 아니라 방어 할 수 있는 결과를 얻을 수 있다.

13.7.1 DNA 바코딩

광범위한 범위의 종들에 대하여 전문적으로 동정된 증거표본으로부터 얻어진 DNA 염기서열 데이터베이스와 분류가 애매한 표본에서 얻은 DNA 염기서열을 비교하여 종을 진단하는 것이 DNA 바코딩(barcoding)으로 알려진다(Hebert & Gregory 2005; Ratnasingham & Hebert 2007). 이 방법론에서, 데이터베이스상의 DNA 염기서열을 DNA 바코드라고 하며, 이 DNA 바코드는 많은 분류학적 혈통에 존재하는 진단적으로 정보가 되는 하나의 유전자로부터 만들어져야만 한다. 유전자들이 상대적으로 낮고 높은 변이의 영역을 포함할 수 있기 때문에 많은 종을 진단하는데 하나의 유전자 영역을 이용하는 것이 가능하다. 낮은 수준의 변이를 보이는 영역은 다양한 분류학적 수준에 걸쳐 많은 다른 종으로부터 목적하는 DNA를 증폭할 수 있는 보존적인 PCR 프라이머를 개발하는데 유용하다(Davison 등 2009; Folmer 등 1994). DNA 바코딩이 진단방법으로 작동하기 위해서 보존적인 프라이머의 양 쪽 사이에 위치한 영역은 종들에서 다양하여야만 한다. 종분화가 일어난 후 돌연변이적 차이는 계속적으로 축적되기 때문에 종내 변이(intra-specific variation)는 종을 갈라놓는 변이(종간 변이; inter-specific variation)보다 낮게 될 것으로 기대된다. 이들 값을 그래프 상에 그렸을 때, 우리는 "종내(within-species)" 분포와 "종간(between-species)" 분포 사이 뚜렷한 구분을 이루는 쌍봉분포(bimodal distribution)를 볼 수 있을 것이다. 그래프상에서 이러한 구분 또는 간극을 때때로 '바코드 간극(barcode gap)'이라고 부른다(Meyer and Paulay 2005). 바코드 간극의 입증은 DNA 바코드 영역이 진단할 수 있는 정보가 있음을 시사한다. 그 밖에 기술들이 또한 DNA 바코드 영역의 진단적 유용성을 검사하는데 유용하다. 비록 DNA 염기서열이 예전의 연구에서 종간의 진단 형질을 동정하고(Brunner 등 2002, Jacobson 등 2006, Simon 등 1994), 종들 사이 계통학적 유연관계를 분석하기 위해 이용되었을지라도(Virgilio 등 2008), DNA 바코드의 일반적인 개념은 정보의 공유를 용이하게 하고, 전반적인 진단 적격성을 개선하기 위해 데이터의 표준을 준수하도록 요구하는 훨씬 구조적인 동정 기술로 진화하였다(Ratnashingham & Herbert 2007, Rowley & Shulman 2007).

주요한 문(門)과 계(係)들 사이의 큰 유전적 구분 때문에 모든 생물종에 있어서 진정으로 보편적인 DNA 바코드는 존재하지 않는다(Chase 등 2005; Seifert 2009). 그러나 동물에 있어서, 650개의 염기서열로 된 하나의 조각인 미토콘드리아 유전자 cytochrome c oxidase subunit I (COI)이 처음으로 공식적인 DNA 바코드 영역으로 제안되었다(Herbert 등 2003; Roe & Sperling 2007). 이 유전자 조각은 여러 동물의 혈통을 이용하여 DNA 바코드의 유용성을 검사하는데 이용되었지만(Armstrong & Ball 2005; Hajibabaei 등 2006; Naro-Macierl 등 2010; Yancy 등 2008), 여전히 많은 분류 그룹들이 평가를 기다리고 있다. DNA 바코드로서 650개의 염기서열로 된 COI 조각의 이용은 진단 마커로서 다른 유전자나 COI의 다른 영역의 이용을 배제하고 있지는 않다(Barr 2009; Glover 등 2010; Scheffer & Wiegmann 2000; Vences 등 2005). 그러나 다른 영역을 이용한 미래의 DNA 바코드 프로젝트에 관한 설계에 대하여 유용한 예를 제공하고자 한다. 식물, 진균, 원핵생물을 바코드하는데 이용된 유전자 영역이 이 분야에서 연구가 계속됨으로서 여전히 탐구되고 있지만, 동물에서 COI을 사용하면서 배운 운영 및 이론적 교훈은 이러한 다른 생명체에도 상응해야만 한다.

식물(CBOL Plant Working Group 등 2009) 및 난균류(Robideau 등 2011)에서, 두 개의 바코드 시스템이 채택되었다. COI은 진균류에서 거절된 반면, 사실상 ITS가 국립생명공학정보센터(NCBI, National Center for Biotechnology and Information)에 의해 승인된 검사 지침에 따라 선발 마커로 나타났다(Schoch 등 2012).

DNA 바코드 영역에 있어서 COI과 같은 유전자를 선택하는 이점은 많은 분류학적 혈통에서 종내 및 종간 변이에 대하여 연구되었기 때문이다(Avise 등 2004; Simon 등 1994). 그러나 이러한 연구 결과로, 우리는 COI이 항상 종을 뚜렷하게 구별지어주지 못하며, 어떤 경우에는 올바르지 못한 동정을 이끌어 낼 수 있다는 것을 알아야 한다(Dasmahpatra 등 2010; McKay & Zink 2010). 그러므로 진단 기법의 개발 및 평가 과정은 그러한 동일한 데이터셋을 이용한 분류학적인 개정 작업으로부터 독립적으로 수행되어야만 한다(Packer 등 2009).

다른 분자생물학적 진단 기술과 같이, DNA 바코드 기술은 진단의 유용성을 평가하기 위하여 목적으로 하는 종의 시료를 적절하게 추출할 필요가 있다. 상대적으로 거리가 먼 분류군 사이의 DNA 염기서열의 분지값은 큰 '바코드 갭'을 생성하고, 시료의 크기를 크게 할 필요성을 완화해야만 할지라도, 이것은 밀접하게 관련된 종에 있어서는 맞지 않다(Funk & Omland 2003). 이전의 분류학적이나 지리학적, 생태학적 연구들로부터 추정된 유전적 다양성에 관한 사전지식 없이, 우리는 관심있는 분류군에 대한 적절한 통계학적 시료의 크기를 알 수 없다(Weir 등 1996). 또한 불완전한 분류학적 설명은 DNA 바코드를 수행하는데 부정적으로 영향을 미친다(DeSalle 등 2005; Elias 등 2007; Sundberg 등 2010). 결과적으로, DNA 바코드를 이용한 진단 프로토콜은 (1) 기법에 포함된 종을 명시적으로 진술하고, (2) 결과 해석에 대한 규칙을 제공하며, (3) 시료추출의 오류에 대하여 그 생물체에 친숙한 생물학자가 평가하는 것이 중요하다.

DNA 염기서열은 쉽게 공유되고 저장되지만, DNA 바코드의 분석은 표준화되어 있지 않다. BLAST (Basic Local Alignment Search Tool) 알고리즘을 이용하여 동정을 수행하기 위한 GenBank (Benson 등 2007)같은 DNA 염기서열 데이터베이스의 이용은 데이터의 적격성 문제 때문에 권장되지 않고 있으며(Sass 등 2007), BLAST와 같은 국부 정열(local alignment) 검색 알고리즘의 이용은 문제가 될 수 있다. BOLD (Barcode of Life Data System; www.barcodinglife.org) 시스템은 동정을 위한 대체할 수 있는 검색 엔진을 제공하며, 증거가 되는 기준표본으로 이루어지 않은 DNA 염기서열과 DNA 데이터 파일을 배제할 수 있다. 그 대신에, 검색어로 "barcode"를 이용하는 Genbank BLAST는 정확하게 증거된 표본에서, NCBI가 승인한 바코드 마커에서, 전기이동그림(electropherogram; 자동화된 염기서열분석으로부터 결과된 그림)에서만 염기서열을 검색한다. BOLD의 검색 엔진은 동정을 제공하기 위해 거리기준분석(distance-based analysis)을 이용한 몇 가지 프로그램 중 하나이다(Park 등 2008; Steinke

등 2005). 진단의 거리기준 방법은 BLAST의 e-값과 비교할 때 잘못된 해석이 줄어드는 경향이 있다. 그러나 일부 저자들은 그것들을 비판하고, 대체할 수 있는 형질에 바탕을 둔 분석방법이 제안되었다(Cameron 등 2006; Matz & Nielsen 2005; Meier 등 2006). DNA 바코드 분석에 있어서 다른 방법과 프로그램들은 각각 실행과 작동 논리에 있어서 강점과 약점을 가지고 있다. 이러한 개념들은 DNA 바코드 프로토콜이 어떻게 검역규제 프로그램에서 구현되어야 할지를 평가할 때 고려되어야만 한다.

DNA 바코딩은 하나의 분자적 프로토콜을 이용하여 하나의 표본을 수많은 종들의 명세서와 비교할 수 있기 때문에 생물안보에 있어서 중요한 기술이다. 종 수준에서의 동정이 항상 가능한 것은 아니지만, 일부 경우에 손상된 표본이나 미성숙한 표본을 속이나 종까지 동정할 수 있는 능력이 여전히 유용한 정보를 제공한다. 앞서 언급했듯이, 이 기술은 항상 각각의 특정한 검역규제적 적용을 위해 평가되어야만 한다. 비록 공용의 데이터베이스에 새로운 DNA 바코드의 추가로 시간이 지남에 따라 진단 기법의 신뢰성을 향상해야 하지만, 정확성을 위해 증가하는 데이터셋을 계속적으로 모니터하고 재평가가 필요할 것이다. 다른 conventional PCR 및 real-time PCR 진단과 비교하여, DNA 바코딩은 값이 싸거나 빠르지 않다. 새로운 DNA 염기서열분석 기술이나 DNA 바코드 처리 센터가 절감된 비용으로 시료에 대해 효율적인 서비스를 하도록 설립될 때까지 DNA 바코드 기술은 일상적인 진단에서 제한된 역할만을 할 것이다. 현재 DNA 바코딩은 분석법의 분류학적 범위(예를 들어, 동정과정에 포함된 종수)가 클 경우 시료를 진단하는데 유용한 방법이다.

13.7.2 휴대용 가스분광법(Portable Gas Spectrometry)

통관항에서 검역관들은 매년 그들이 검사하는 수백만의 식물체와 화물에서 식물 병해충의 시각적 흔적을 발견해야만 한다. 식물체의 안쪽에 숨은 식물병, 미소곤충, 병해충은 검출을 벗어날 수 있고, 새로운 국가에 잠재적으로 정착할 수 있다. 최근 개발된 휴대용 가스분광기술은 특정한 휘발성 특성을 이용하여 외래 병해충에 의해 가해받은 식물체를 검출하기 위한 방법을 제공할 수 있다. 농산물은 가스크로마토그래피(gas chromatography)로 검출할 수 있는 특징적인 화합물을 생성하는 것으로 알려져 있다(Loper & Lapioli, 1972). 또한, 곤충에 의해 가해받은 식물체는 기계적으로 손상을 받은 식물체에서 방출하는 휘발성 물질과 다른 뚜렷한 휘발성 향기를 낸다는 연구가 이루어져 있다(Engelberth 2011).

최근까지, 가장 실용적이고 자주 사용되는 검출 기법은 훈련받은 개였다. 그러나 탐지견들은 위협 가능성에 대한 잔상 때문에 검출에 한계가 있고, 24시간 또는 일주일 내내 배치할 수 없으며, 주기적인 재훈련을 필요로 한다. 또한, 전자 센서는 냄새 감지의 한정된 어레이, 형광염료의 백화현상(photo bleaching), 복잡한 사용자 작동환경(user interface), 습도에 대한 민감성, 기준선의 상승(baseline drift) 등을 포함한 단점을 가지고 있다(Pearce 등 2003).

그 대신에, 가스크로마토그래피는 모든 화합물의 특성에 바탕을 둔 냄새를 식별할 수 있다(MaFadden 등 1965). 초고속 가스크로마토그래피의 발전은 현재 패턴 인지 및 추적 검출이

초 단위로 수행될 수 있으므로 거의 실시간에 가깝게 화합물을 구별할 수 있는 기술을 사용하고 있다(Landberg 등 2009; Miresmailli 등 2010). 적용할 수 있는 하나의 시스템(전자 센서 기술의 "전자코(zNose)")은 많은 처리량의 검사 기법으로서 비판적으로 검사되었다. 전자코는 가열된 1미터 길이의 긴 미세관을 통해 목적하는 냄새를 단일 센서에 밀어 넣는 표면탄성파(surface acoustic wave, SAW) 장치이다. 전자코를 이용하여 과실파리의 가해를 받은 오렌지를 완전하게 검사하였다(Kendra 등 2011). 카리브해과실파리(Caribbean Fruit Fly, *Anastrepha suspense* (Loew))로 가해받은 과실은 가해받지 않은 과실 및 기계적으로 손상을 받은 과실과 다른 휘발성 특성을 낸다(Kendra 등 2010). 핵심적인 화합물들이 확인되었고, 가해받지 않은 과실들과 섞여 있는 가해받은 과실을 검출하는데 이용될 수 있다.

휴대용 가스크로마토그래피인 전자코 기술이 수입이 금지된 식물들에서 수입이 허가된 식물을 구별하는데 어떠한 휘발성 특성이 이용될 수 있는지를 결정하기 위해 검사되었다. 미국의 통관항에서, 분재가 화물선에서 한 달 이상 보관되기 때문에 뿌리가 나출되고, 때때로 잎이 없이 도착한다. 감귤 및 운향과(Rutaceae)에 속하는 다른 나무들은 감귤 산업에 엄청난 피해를 줄 수 있는 규제병해충이 숨어 있을 수 있으므로 수입이 금지되어 있다. 도착 시 조건으로, 수입이 허가된 감귤 분재와 수입이 금지된 감귤 분재를 확인하는 것은 어려운 일이다. 수입이 허가되어 있는 종들과는 확연히 다른 휘발성 패턴을 생산하는 감귤 및 운향과의 관련된 나무들이 지치과(Boraginaceae), 뽕나무과(Moraceae), 꼭두서니과(Rubiaceae), 느릅나무과(Ulmaceae)로부터 검사된다. 그 밖의 화합물들이 많은 과의 식물들에서 공통적으로 발견되지만, 감귤류에서 훨씬 많은 양이 나온다. 감귤류의 특이적 화합물과 공통적인 냄새 모두가 검사 프로토콜을 개발하는데 이용되었다. 이 프로토콜은 검사를 하고 있는 분재 표본들이 수입금지식물일 수도 있다는 것을 항구의 검역관들에게 경고하고자 설계되었다. 이러한 특별한 연구에서, 전자코 시스템은 낮은 검출한계(피코그램)를 제공할 뿐만 아니라, 하나의 시료를 검사하는데 단지 몇 분으로 빠르게 이루어진다. 미농무부 동식물위생검사청(USDA APHIS)의 전문가들은 기술을 이용함에 있어 즉각적인 되먹임을 할 수 있도록 가스 센서를 이용한 현장경험을 제공하여 이러한 감귤 연구를 수행하는데 도움을 주었다. 전문가들은 이 기술이 최소한의 훈련을 요구하고, 작동하기 쉬우며, 수입이 허가된 식물들로부터 금지된 감귤류가 정확하게 구별된다는 것을 알 수 있었다. 이 기술이 통관항에서 실용화될 수 있음이 확인된 후, 관리운용절차(SOP)가 개발되었고, 캘리포니아주의 산사나무식물검사소(Hawthorn Plant Inspection Station)에서 검사되었다.

가스 센서 기술들은 뚜렷하고, 특이적인 냄새에 잘 작동되며, 시료들은 식물체로부터 직접적으로 얻을 수 있다. (필요하다면, 재료들은 냄새를 농축하여 유리병에 보관될 수 있다). 그러나 이러한 관점에서 가스 센서들은 목적하는 물질의 농도 차이를 검출할 수 없고, 확실하게 보정할 수 있는 능력이 결여되어 있다(Leea 등 2010). 정밀도 및 내구성 검사가 새로운 가스 센서 검출 방법을 개발하는데 있어 중요하다. 산사나무식물검사소의 연구에서, 3개월의 시험기간 동안 분재 선적분을 전혀 받지 못하였다. 검사 기법은 다양한 식물 병해충을 검출하기 위해 통관항에 적용할 때 유용성 및 비용편익을 최적화하도록 개발되어야만 한다. 앞으로 이 기술은 곤충, 다른 식물종, 식물 병원균을 검출하기 위한 유용성을 결정하기 위해 더 평가될 것이다.

13.7.3 표면플라스몬공명(Surface Plasmon Resonance)

표면플라스몬공명(Surface Plasmon Resonance, SPR) 기술은 미생물의 검출을 위한 가장 신속하고 민감하며, 또한 특이적이고, 무표지(label-free) 방법 중의 하나이다. 1984년에 처음으로 개발된 SPR은 분석물과 리간드의 결합을 측정 가능한 신호로 변환하는 보통 서로 근접된 변환기(transducer)로 연결된 바이오센서를 포함하고 있다(Flanagan & Pantell 1984). 바이오센서는 반응 표면을 만들 수 있는 캡처 분자로 작동(예를 들어, 항체나 올리고뉴클레오티드 탐침)하는 리간드로 구성되어 있다. 금막과 같은 금속 기판은 시료가 바이오센서의 반응 표면을 가로질러 미세유동챔버를 통해 흐름으로써 분석물-리간드 복합체의 밀도에 바탕을 둔 신호 대 잡음(signal-to-noise)을 구별하기 위한 능력을 최대화한다. 시각적인 밀도를 통해 검출이 되기 때문에 SPR은 마이크로어레이 형식으로 쉽게 전환할 수 있다(Dorokhin 등 2011).

E. coli O157:H7, *Salmonella* (Mazumdar & Chen 2008), *Listeria monocytogenes* (Murray 등 1926) Pirie 1940와 같이 식중독 세균을 검출하는데 SPR을 이용한 연구들이 보고되어 있다(Nanduri 등 2007). 또한, SPR은 *Phytophthora infestans* 포자낭(sporangia)의 존재를 신속하게 판정하는데 이용되고 있다(Skottrup 등 2007). 이러한 모든 SPR 방법은 센서 표면(면역센서, immunosensor)에 결합하는 항체가 부착되어 있다. 병원균의 검출을 위한 리간드로서 항체는 분해(degradation), 활력저하(loss of activity), 비용 발생을 포함한 부정할 수 없는 단점이 있다. 그러나 목적하는 병원균에 특이적인 올리고뉴클레오티드 탐침은 안정적이고, 저렴하다. 탐침과 결합된 센서는 재생될 수 있고, 여러 번 재사용될 수 있다. 예를 들어, *E. coli*의 16S rRNA 유전자 염기서열로 상호 보완적인 올리고뉴클레오티드 DNA 탐침은 재사용될 수 있으며, *E. coli* 세포내 전체 RNA의 2$\mu g/ml$까지 일관되게 검출한다(Nelson 등 2002). *Fusarium culmorum* (Wiliam G. Sm) Sacc.에 대한 특이적인 올리고뉴클레오티드 DNA 탐침은 듀럼밀 DNA의 30ng에서 0.06pg의 진균 DNA를 검출할 수 있다(Zezza 등 2006). 휴대용 SPR 기기가 병원균 및 독소를 검출하기 위해 현장셋팅용으로 개발되어 이용되고 있다. 예를 들어, 항체가 결합된 Spreeta sensor chip을 이용하여 혈청과 분변 시료에서 포도상구균장독소(staphylococcal enterotoxin) B를 검출하였다(Soelberg 등 2009). 또한, 휴대용 SPR 기기는 항체가 결합된 센서 칩으로 ricin A chain, 노로바이러스(Norwalk virus), *Franciesella tularensis* Darmstadt-Dieburg LVS, *Bacillus subtilis* (Ehrenberg) Cohn의 포자 등 작은 분자들을 검출하는데 이용되고 있다(Chinowsky 등 2007). *Ralstonia solanacearum*과 *Xyllela fastidiosa*인 감귤 얼룩무늬황백증 계통 (CVC)과 같은 식물 병원균의 검출을 위해 SPR 기술을 채택하기 위해 미농무부 동식물위생검사청에 의해 검사가 수행되고 있다.

13.7.4 CANARY

CANARY (Cellular Analysis and Notification of Antigen Risks and Yields)는 매사추세츠 공학연구소(MIT) 링컨실험실의 과학자들에 의해 개발된 유망 기술로 측면유동기기(lateral flow)만

큼 쉽게 사용할 수 있으면서 PCR과 동등한 민감도를 달성할 수 있을 것이다. 원래, 흑사병균(*Yersinnia pestis* (Lehmann & Neumann) van Loghem), *Escherichia coli* strain O157:H7, 베네수엘라말뇌염(Venezuelan Equine Encephalitis, VEE)과 같은 낮은 농도의 생물무기 작용제를 검출하기 위해 개발된 CANARY는 생물체에서 병원균을 순환면역체계로 자연적으로 확인하는 유전적으로 조작된 포유류의 B 림프구(B lymphocytes 또는 B cells)로 구성되어 있다(Rider 등 2003). 링컨실험실은 쥐의 B 세포주를 해파리(*Aequoria victoria* (Murbach & Shearer))의 에쿼린 발광 단백질(aequorin bioluminescent protein)과 원하는 목적물의 단클론항체 유전자 염기서열로 조작하였다. 항원이 표면적으로 발현되는 항체와 교차 결합할 때, 그 결과로 형질도입한 연속체는 칼슘 발현을 촉발시킨다. 에쿼린은 단순한 광도계를 이용하여 시각화될 수 있는 칼슘 농도의 증가로 광양자(photon)를 방출한다(Tsuji 등 1986). 분석법에서 이용된 B 세포는 사용하기 하루 전에 준비되며, 한번 준비되면 상온에서 저장될 수 있고, 2일 이상 사용된다. 또한, 준비된 B 세포는 5℃에서 2주까지, −80℃로 냉동시키면 6개월까지 저장될 수 있다. Several B 세포주들를 재조작한 링컨실험실은 두 배까지 저장기간을 훨씬 늘린 수명 유전자(항사멸(anti-apoptosis), 등)로 쓸모없게 되었다.

병원균−특이적 B 세포주는 림프구에 목적하는 병원균에 대한 다양한 특정 사슬 영역을 포함한 항체의 경쇄(light chain) 및 중쇄(heavy chain)의 일정 구간을 세포감염시켜 만들었다. 그 다음, 세포감염된 B 세포주는 특이성과 민감도를 검사하였다. 병원균-특이적 B 세포주는 코 검사용 면봉으로부터 *Bacillus anthracis* Cohn의 1,000 CFU를 검출하는 것으로 나타났다. B 세포주는 병원균이 종 수준 아래로 검출될 수 있다고 논증하는 하나의 계통까지 구제역바이러스(foot-and-mouth disease virus, FMD)를 검출할 수 있도록 개발되었다(Chung and Liao, 2003). 2007년부터 링컨실험실의 과학자들과 미농무부 동식물위생검사청이 협력하여 *Ralstonia solanacearum*, *Phtophthora* spp., potyvirus 등의 검출을 위한 B 세포주를 개발하였다(20장 참조). 이들 병원균 특이적 B 세포주들은 미농무부 동식물위생검사청에서 채택되었고, 현장 시료에서 이들 병원균의 검출을 위한 평가 및 적용이 되고 있다. 예비적인 데이터는 *R. solanacearum*의 B 세포주가 현재의 qPCR 방법과 동등한 정도인 3 CFU의 검출한계를 가진다는 것을 보여주고 있다. 또한, *R. solanacearum*에 대한 검사는 다른 진단 검사에서 거짓음성 반응이 나타나는 열악한 조건에 조직으로부터 성공적으로 되고 있다. *R. solanacearum*을 목적으로 하는 B 세포주는 영국에서 강물과 같은 현장 시료를 이용하여 부가적인 검사를 할 계획이다.

분석 프로토콜은 간단하다. 정제된 병원균 특이적 B 세포를 미세원심분리 튜브의 하단에 놓는 다음 튜브 측벽에 소량의 시료를 첨가한다. 튜브는 B 세포와 시료를 섞이도록 잠시 원심분리하고, 시각화를 위해 광도계에 바로 놓는다. 7-10초에 반응이 일어나고, 1분 이내로 결과를 읽을 수 있으며, 시료 당 4분을 넘지 않는다(그림 13.8). 그러한 모든 장점에도 불구하고, 이 분석법은 단지 B 세포주를 개발하기 위해 이용된 단클론항체 정도이다. 여하튼, CANARY 기술은 결과의 신속성, 쉬운 사용법, 개발의 용이성, 완벽한 검증 능력 등 분자적 진단에 있어 상당한 강점을 수반하고 있다.

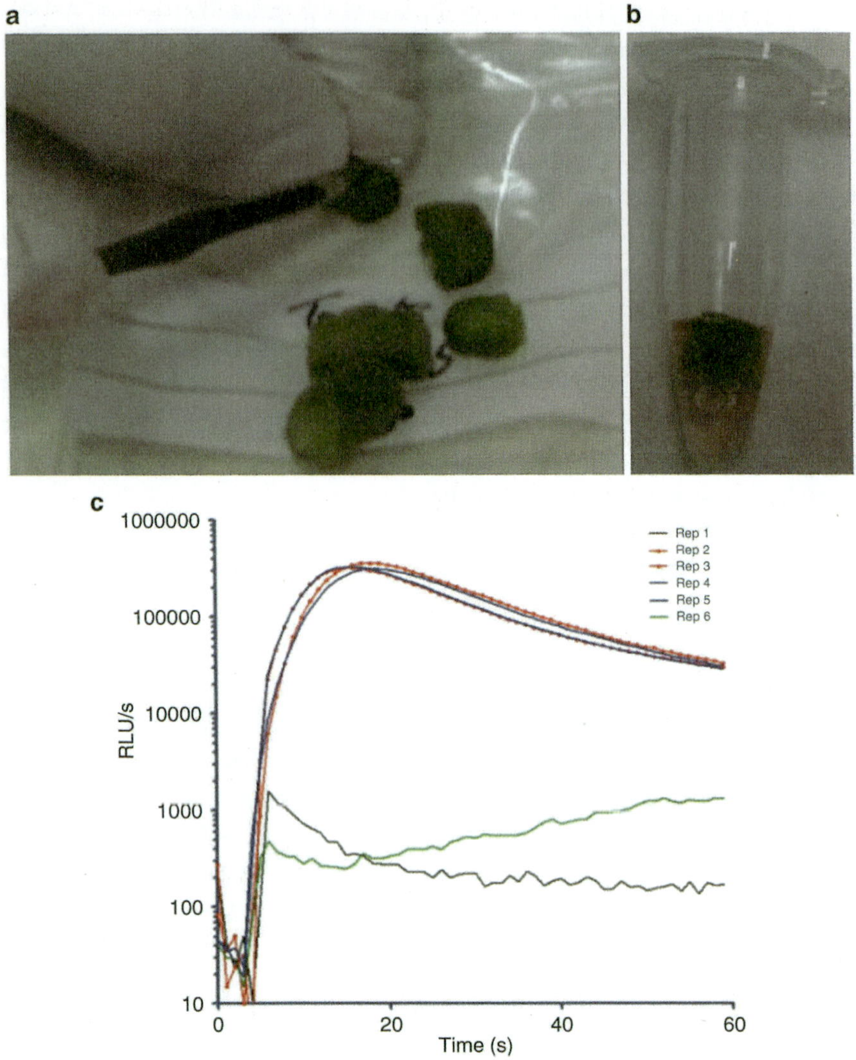

그림 13.8 CANARY 기술을 이용하여 식물체 시료에서 Ralstonia sonanacearum의 검출. (a) 시료 줄기를 잘라 다지고, (b) R. solanacearum 특이적 B 세포와 반응시키기 전 5분 동안 완충용액에 담그며, (c) 상승곡선으로 지적되는 양성반응이 B 세포와 접촉 20초 내에 나타난다. “평평한(flat)” 선들은 음성대조구를 의미한다. (이미지 제공 – Laurene Levy, CPHST, APHIS, USDA).

13.8 결론

식물의 생물안보를 제공하기 위해 찾고자 하는 프로그램의 성공은 식물 병해충을 올바르게 검출하고 동정하는 능력에 달려있다. 연관된 병해충의 동정에 관한 정밀함과 정확성은 위험분석, 감시, 돌발생황의 완화를 어떻게 나타내고, 식물의 생물안보를 제공함에 있어 그들의 효율성 조건을 좌우한다.

어떠한 프로그램에서 동정을 위해 이용되는 진단 방법 및 기술들은 각각의 국가식물보호기관에 직면한 상황에 따라 영향을 받게 된다. 이용된 진단 형태와 분류 및 동정에 있어 명명의 불확실성은 자신들의 무역보호 노력들을 구현할 때 수입국 및 수출국 사이 불일치의 대상이 될 수 있다. 목표가 농업과 환경을 보호하고자 함이지만, 무역개방을 유지하면서 또한 각자의 무역보호를 제공할 책임이 있다.

현재, 발전된 진단이 전통적인 진단 방법에 이점을 제공하는 상황을 시작으로, 검사되고 있는 상품의 가치가 발전된 진단법의 방법 개발 및 현장배치에 관한 부대비용과 상응할 경우에 진단기술에 있어 발전은 국가 식물검역 프로그램으로 병합되고 있다. 그러나 방법론이 채택될 때, 분석법의 배치 및 보고에 관한 표준안이 시행되고, 경제규모가 검사가격의 비용을 낮추도록 하여 이러한 발전된 방법론의 사용이 확산될 것이다.

검역규제 목적으로 이용되는 진단의 부수적인 조건은 새로운 기술을 통합하는 직접적인 방법 개발이 이루어져야만 한다. 계획, 성능측정 및 조건의 결정, 적절한 시방서의 작성, 규제업무 서비스를 제공하는 실험실로 방법 배치는 각 기관 내에서 나타나야만 하는 국가 생물안보 요구도를 만족하고, 진단 결정 및 활동에 직면한 문제를 견뎌내기 위한 진단 기술로 충분한 확신이 있는 활동들이다. 이러한 활동들의 일부는 산업, 의료, 수의 실험실에서 이용하고 있는 것과 유사한 적격성관리시스템(Quality Management System)을 채택함으로서 이루어지고 있다.

과거에 개발된 방법 적용이나 과학논문에 발표된 새로운 방법의 개발, 기관 내에서 새로운 방법의 개발에 대한 결정은 (1) 기술이나 방법의 출처, (2) 그의 목적에 맞게 평가할 수 있는 데이터, (3) 개발/적용 비용, (4) 그 밖에 방법 개발에서 잠재적인 문제점 등을 주의 깊게 고려하여야만 한다. 분석법의 검증이 수행되고, 성능측정이 검역규제를 위한 조건과 만나게 되므로 시방서는 진단 결과에 바탕을 둔 검역규제를 결정함에 있어 진단요원이 의도한 대로 적용할 수 있도록 주의 깊게 구성되어야만 한다.

식물의 생물안보 프로그램에 있어서 성공은 진단의 효율성에 달려있다. 병해충의 성공적인 동정은 참조 채집물의 적격성과 중대한 결과를 배제하기 위한 병해충 재료, 새로운 분류군의 조사에 달려있다. 과학적인 채집물은 육안이나 현미경적 관찰에 의한 동정 및 DNA 바코딩에 의한 동정으로 이용되는 DNA 염기서열 데이터베이스의 개발, 검역규제 식물 병해충의 탐지를 위한 신속 분석법의 개발을 위한 분류학적 참조물로서 이용된다.

혈청 반응에 바탕을 둔 진단 검사에 관한 몇몇 기법들이 검역규제 목적으로 이용되고 있다. 식물 병해충에 대해 특이적으로 반응하는 항체는 다양한 병해충의 확인 및 활동을 위한 증거로서 오랫동안 이용되었으며, 특히 식물 바이러스를 동정하는데 유용하다. 선발, 조사, 검출을 위한 혈청학적 분석법의 광범위한 사용은 현재 특정 검역규제 목적에 맞출 수 있는 ELISA의 이용으로 나타나고 있으며, 상업적인 공급자를 통해 표준화된 형식으로 활용하고 있다. 검역규제 목적으로 혈청학적 반응의 또 다른 방법은 상업적으로 또한 활용되는 면역크로마토그래피(immunochromatographic) (유동) 기기를 포함하고 있다. CANARY 같은 현재 개발 중인 몇몇 기반시스템은 시료를 공정하는 시간과 비용을 절약할 수 있도록 해주며, 국가 통관항 및 검역검사소와 같은 중요한 검역규제구역에서 할 수 있는 검사로 실험실 밖의 현장에 배치될 혈청학적 분석법이 될 것으로 보인다.

핵산의 분석은 검역규제 병해충의 진단 결정을 위한 가장 빠르게 보편화되고 있는 방법이다. 이 기술은 의료 진단, 식품 안전성, 법의학 분야에서 핵산 정보의 이용과 마찬가지이다. 핵산 분석은 현재 식물의 생물안보에서 규제 결정을 위한 광범위한 방법으로 보이고 있다. 핵산 증폭 기술(PCR 및 DNA 염기서열분석을 포함)은 검역규제 진단에 적용할 때 기회 및 도전을 제공하고 있다. 유전체 데이터는 생물다양성으로 인해 수요가 높아지며, 종의 기술에서 분자적 정보를 필요로 하고 있다. 그러나 동정 및 진단 방법 개발을 위한 표준화가 제안되고 논의될 때 검역규제 진단 결정을 위한 유전체의 이용은 일상적으로 도전되고 조사되어야 한다.

핵산 증폭 기술은 높은 민감도의 약속을 제공하고 있다. 그럼에도 불구하고, 시료의 오염에 관한 위협을 제거하기 위해 시료 관리의 모든 측면에서 주의가 필요하다. 특히, 진단이 영향이 큰 검역규제 결정을 할 때 시료의 무결성이 매우 중요하다. 부정확한 진단이나 오동정은 사업을 망칠 수 있거나 무역파트너와 분쟁이 생길 수 있거나 법정에 마주 할 수 있거나 그 밖에 검역규제 결정의 신뢰성을 손상시킨다. 종종 이들 진단에 대한 적격성관리시스템의 채택은 무역파트너나 법정에서 직면한 문제를 이겨낼 수 있는 합리적인 결과에 필요한 신뢰성을 제공 할 수 있다.

현재 진단방법에서 겪는 선별성이나 민감도에 있어서 어려움을 피하기 위해 새로운 기술들이 검역규제 진단에 방법으로 찾아지고 있다. 우리는 현장에서 더 큰 적용성을 보이며, 보다 빠르고 더 효율적인 검역규제 결정을 할 수 있는 새로운 기술들을 찾고 있다. 일부 새로운 방법들이 보다 이전의 기술보다 처리시간을 향상시키고 있다. 예를 들어, 표면플라스몬공명(Surface Plasmon Resonance) 대 형광신호전달(Fluorescence Signalling)과 CANARY 대 ELISA를 생각해 볼 수 있다. 식물 병해충 검출의 진단은 현장진료의 개발 및 시험관 내의 진단에서 다른 과학 분야의 투자 혜택을 계속해서 누리고 있다. PCR은 진단현장에서 혁신적인 변화이었다. 미래에는 현재 우리의 관심밖에 있는 진단 분자의 실체를 검출하는 가스/액체 크로마토그래피 및 다른 기술들에 의존한 새로운 방법들을 볼 수 있을 것이다. 새로운 방법들은 우리의 검역규제 도구함을 확장해 줄 것이다. 종합적 해충방제(Integrated Pest Management)와 같이 우리는 미래의 검역규제 진단 프로그램에서 채택될 새로운 기술과 상관없이 한 가지 방법에만 의존할 수 없다. 중요한 영향을 주는 검역규제 결정이 이루어질 때 이러한 기술들은 대조 분석 및 결과의 책임성에 대한 다양성을 추가하게 된다.

참고문헌

Abbott A (2010) Project set to map marks on genome. Nature 463 (7281): 596-597

Agindotan BPK (2007) Macroarray detection of plant RNA viruses using randomly primed and amplified complementary DNAs from infected plants. Phytopathotogy 97(1): 119-127

Agindotan B, Shiel P, Berger P (2007) Simultaneous detection of potato viruses, PLRV, PVA, PVX, and PVY from dormant potato tubers by TaqMan real-time PCR. J Virol Methods 142: 1-9

Armstrong K, Ball S (2005) DNA barcodes for biosecurity: invasive species identification. Philos Trans R Soc Lond B Biol Sci 360(1462): 1813-1823

Avise J, Power A, Walker D (2004) Genetic sex determination, gender identification and pseudohermaproditism in the knobbed whelk, *Busycon carica* (Mollusca: Melongenidae). Proc Biol Sci 271(1539): 641-646

Barr N (2009) Pathway analysis of *Cerartitis capitata* (Diptera: Tephritidae) using mitochondrial DNA. J Econ Entomol 102(1): 401-411

Barrett B, Wood P, Volwiler W (1960) Quantitation of gamma globulins in human serum by immunoprecipitation. J Lab Clin Med 55: 605-615

Bekele B, Hodgetts J. Tomlinson J. Boonham N. Nikolic P, Swarbrick P (2011) Use of a real-time LAMP isothermal assay for detecting 16SrII and XII phytoplasmas in fruit and weeds of the Ethiopian Rift Valley. Plant Pathol 60: 345-355

Benson D, Karsch-Mizrachi I, Lipman D, Ostell J, Sayers E (2011) GenBank. Nucleic Acids Res 39: D32-D37

Berson S, Yalow R (1959) Assay of plasma insulin in human subjects by immunological methods. Nature 184: 1648-1649

Brandsma J, Miller G (1980) Nucleic acid spot hybridization: rapid quantitative screening of lymphoid cell lines for Epstein-Barr viral DNA. Proc Natl Acad Sci USA 77(11): 6851-6855

Bridge P, Roberts P. Spooner B, Panchal G (2003) On the unreliability of published DNA sequences. New Phytol 160: 43-48

Briner W. Riddle J, Cornwell D (1959) Dies on the immunchemistry of human low density lipoproteins utilizing an hemagglutination technique. J Exp Med 110(1): 113-122

Brunner F, Rosahl S, Lee J, Rudd J, Geiler C, Kauppinen S (2002) Pep-13, a plant defense-inducing pathogen-associated pattern from Phytophthora transglutaminases. EMBO J 21(24): 6681-6688

Bustin S. Benes V, Garson J, Hellemans J. Huggett J, Kubista M (2009) The MIQE guidelines: minimum information for publication of quantitative real-time PCR experiments. Clin Chem 55(4): 611-622

Cameron S, Rubinoff D, Will K (2006) Who will actually use DNA barcoding and what will it cost? Syst Biol 55(5): 844-847

CBOL Plant Working Group, Hollingsworth PM, Forrest LL, Spouge JL. Hajibabaei M, Ratnasingham S. van der Bank M, Chase MW, Cowan RS, Erickson DL, Fazekas AJ, Graham SW, James KE, Kim K-J, Kress WJ, Schneider H, van Alphen Stahl J, Barrett SCH, van den Berg C, Bogarin D, Burgess KS, Cameron KM, Carine M, Chacón J, Clark A, Clarkson JJ, Conrad F, Devey DS, Ford CS, Hedderson TAJ, Hollingsworth ML, Husband BC, Kelly LJ, Kesanakurti PR, Kim JS, Kim Y-D, Lahaye R, Lee H-L, Long DG, Madriñán S, Maurin O. Meusnier I, Newmaster SG, Park C-W, Percy DM, Petersen G, Richardson JE, Salazar GA, Savolainen V, Seberg O, Wilkinson MJ, Yi D-K. Little DP (2009) A DNA barcode for land plants. Proc Natl Acad Sci 106(31): 12794-12797

Cebula T, Payne W, Feng P (1995) Simultaneous identification of strains of *Escherichia coli* serotype 0157:H7 and their Shig-like toxin type by mismatch amplification mutation assay-multiplex PCR. J Clin Microbiol 33(1): 248-250

Chang P, McLaughlin W, Tolin S (2011) Tissue blots immunoassay and direct RT-PCR of cucumoviruses and potyviruses from the same NitroPure nitrocellulose membrane. J Virol Methods 171(2): 345-351

Chase M, Salamin N, Wilkinson M. Dunwell J. Kesanakurthi R. Haidar N (2005) Land plants and DNA barcodes: short-term and long-term goals. Philos Trans R Soc Lond B Biol Sci 360(1462): 1889-1895

Chinowsky T, Soelberg S, Baker P. Swanson N. Kauffman P, Mactutis A (2007) Table 24-analyte surface plasmon resonance instruments for rapid, versatile biodetection. Biosens Bioelectron 22(9-10): 2268-2275

Chung W, Liao P (2003) Monitoring of FMD virus non-structural protein 3AB antibody in intensive pig farms after a severe outbreak of FMD. Vet Rec 153(9): 273-275

Clark M, Adams A (1977) Characteristics of the microplate method of enzyme-linked immunosorbent assay for the detection of plant viruses. J Gen Virol 34(3): 475-783

Darmanis S. Nong R, Vanelid J, Siegbahn A, Ericsson O, Fredriksson S (2011) ProteinSeq: high-performance proteomic analyses by proximity ligation and next generation sequencing. PLos One 6(9): 25583

Dasmahpatra K, Elias M, Hill R, Hoffman J, Maltet J (2010) Mitochondrial DNA barcoding detects some species that are real, and some that are not. Mol Ecol Resour 10(2): 264-273

Davison A, Blackie R, Scothern G (2009) DNA barcoding of stylommatophoran land snails: a test of existing sequences. Mol Ecol Resour 9(4): 1092-1101

Desalle R, Egan M, Siddall M (2005) The unholy trinity: taxonomy, species delimitation and DNA barcoding. Biol Sci 360(1462): 1905-1916

Diagnostic protocols for regulated pests (2006) ISPM No. 27 FAO, Rome (29)

Dorokhin D. Haasnoot W, Franssen M, Zuilhof H, Nielen M (2011) Imaging surface plasmon resonance for multiplex microassay sensing of mycotoxins. Anal Bioanal Chem 400(9): 3005-3011

Elias M, Hill R, Willmott K. Dasmahapatra K. Brower A, Mallet J (2007) Limited performance of DNA barcoding in a diverse community of tropical butterflies. Biol Sci 274(1627): 2881-2889

Engelberth J (2011) Selective inhibition of jasmonic acid accumulation by a small a, B-unsaturated carbonyl and phenidone reveals different modes of octadecanoid signalling activation in response to insect elicitors and green leaf volatiles in *Zea mays*. BMC Res 4: 377

EPPO (2007) Basic requirements for quality management in plant pest diagnosis laboratories. EPPO Bull 37(3): 580-588

EPPO (2010) Specific requirements for laboratories preparing for accreditation for a plant pest diagnostic activity. EPPO Bul140 41(2): 249-251

Eurachem Proficiency Testing Working Group (2007) Use of uncertainty information in compli-ance assessment

Felton M (2001) Bioinformatics: the child of success. ACS Publ 4(9): 25-26, 28

Ferre F (1992) Quantitative or semi-quantitative PCR: reality versus myth. PCR Methods 2(1): 1-9

Fessehaie A, De Boer S, Levesque C (2003) An oligonucleotide array for the identification and differentiation of bacteria pathogenic on potato. Phytopathology 93(3): 262-269

Flanagan M, Pantell R (1984) Surface plasmon resonance and immunosensors. Electron Lett 20(23): 968

Folmer O, Black M. Hoeh W. Lutz R, Vrigenhoek R (1994) DNA primers for amplification of mitochondrial cytochrome c oxidase subunit I from diverse metazoan invertebrates. Mol Mar Biol Biotechnol 3(5): 294-

299

Folta KM, Kote C (2011) In: Folta KM, Kote C (eds) Genetics, genomics and breeding of berries. CRC Press, Boca Raton, P. 200. ISBN 978-1-578-087007-5

Forster P (2003) To err is human. Ann Hum Genet 67(part 1): 2-4

Fratamico P, Strobaugh T (1998) Evaluation of an enzyme-linked immunosorbent assay, direct immunoftuorescent filter technique, and multiplex polymerase chain reaction for detection of *Escherichia coli* 0157:H7 seeded in beef carcass wash water. J Food Prot 61(8): 934-938

Funk D, Omland K (2003) Species-level paraphyly and polyphyly: frequency, causes and consequences, with insights from animal mitochondrial DNA. Annu Rev Ecol Evol Syst 34: 397-423

Gaudi S, Ponti W, Agresti A, Menerveri R, Malcovati M, Bonizzi L (1990) Detection of bovine leukaemia virus (BLV) infection by DNA probe technology. Mol Cell Probes 4(3): 163-174

Gilbert M, Morre W, Melchior L, Worobey M (2007) DNA extraction from dry museum beetles without conferring external morphological damage. PLoS ONE 2(3): 272

Glover K, Hansen M, Lien S, A1s T. Hoyheim B, Skaala O (2010) A comparison of SNP and STR loci for delineating population structure and performing individual genetic assignment. BMC Genet 11: 2

Hajibabaei M, Janzen D, Bums J, Hallwachs W, Herbert P (2006) DNA barcodes distinguish species of tropical Lepidoptera. Proc Natl Acad Sci USA 103(4): 968-971

Harris J (2003) Assisted reproductive technological blunders (ARTBs). J Med Ethics 29(4): 205-206

Hart C, Sharenbroich L, Bornstein B, Trout D, King B, Mjolsness E (2005) A mathematical and computational framework for quantitative comparison and integration of large-scale gene expression data. Nucleic Acids Res 33(8): 2580-2594

Hebert P, Gregory T (2005) The promise of DNA barcoding for taxonomy. Syst Biol 54(5): 852-859

Hebert P, Ratnasingham S. deWaard J (2003) Barcoding animal life: cytochrome c oxidase subunit I divergences among closely related species. Proc Biol Sci 7(270 Suppl 1): 596-599

Heid C, Stevens J, Livak K, Williams P (1996) Real-time quantitative PCR. Genome Res 6(10): 986-994

Holmberg A, Blomstergren A, Nord O, Lukacs M, Lundeberg J, Uhlen M (2005) The biotin-streptavidin interaction can be reversibty broken using water at elevated temperatures. Electrophoresis 26: 501-510

Holtke H, Kessler C (1990) Non-radioactive labeling of RNA transcripts in vitro with the hapten digoxigenin (DIG); hybridization and ELISA-based detection. Nucleic Acids Res 18(19): 5843-5851

Hull R (1988) Rapid diagnosis of plant virus infections by spot hybridization. Trends Biotechnol 2: 88-91

Hyde K. Chomnunti P, Crous P, Groenewald J. Damm U, Ko Ko T (2010) A case for re-inventory of Australia's plant pathogens. Persoonia 25: 50-60

ICH Q7 (2000) Good manufacturing practice guide for active pharmaceutical ingredients. In: International conference of harmonization of technical requirements for registration of pharmaceuticals for human use. Brussels, www. ICH.org

ICH Q2 (2005) Validation of analytical procedures: text and methodology. In: International conference on harmonization of technical requirements for registration of pharmaceuticals for human use. Brussels. www.ICH.org

ICLN (2008) Guidelines for comparison of validation levels between networks. International Consortium of Laboratory Networks. Washington, https://www.icln.org

ISO/IEC (2005) Ensuring the quality of test and calibration results. 17025

Jacobson A, Thompson D. Murray L, Hanson S (2006) Establishing guidelines to improve identification of fire ants *Solenopsis xyloni* and *Solenopsis incicta* J Econ Entomol 99(2): 313-322

Kathy M (1993) Association of bacteriophage particles with toxin production by *Clavibacter toxicus*, the causal agent of annual ryegrass toxicity. Phytopathology 83(6): 676

Kendra P, Epsky N. Heath R (2010) Effective sampling range of food-based attractants for female *Anastrepha suspensa* (Diptera: Tephritidae). J Econ Entomol 103(2): 533-540

Kendra P, Rodab A, Montgomerya W. Schnella E, Niogreta J, Epskya N (2011) Gas chromatog-raphy for detection of citrus infestation by fruit fly larvae (Diptera: Tephritidae). Postharvest Biol Technol 59: 143-149

Landberg R, Man P, Kamal-E1din A (2009) A rapid gas chromatography-mass spectrometry method for quantification of alkylresorcinols in human plasma. Anal Biochem 385(1): 7-12

Le Ministre Plenipotentiaire (1951) Convention for the establishment of the European and Mediternean Plant Protection Organization

Lee L, Connell C, Block W (1993) Allelic discrimination by nick-translation PCR with fluorogenic probes. Nucleic Acids Res 21(16): 3761-3766

Leea W, Alchanatisb V, Yangc C, Hirafuji M, Moshoue D, Lif C (2010) Sensing technologies for precision specialty crop production. Comput Electron Agric 74: 2-33

Lievens B, Thomma B (2005) Recent developments in pathogen detection arrays: implications for fungal plant pathogens and use in practice. Phytopathology 95(12): 1374-1380

Livak K, Flood S, Marmaro J, Giusti W, Deetz K (1995) Oligonucleotides with fluorescent dyes at opposite ends provide a quenched probe system useful for detecting PCR product and nucleic acid hybridizalion. Genome Res 4: 357-362

Loper G, Lapioli A (1972) Photoperiodic effects on the emanation of volatiles from alfalfa (*Medicago sativa* L.) florets. Plant Physiol 49(5): 729-732

MacPhee D (2010) Methodological considerations for improving Western blot analysis. J Pharmacol Toxicol Methods 61(2): 171-177

Martin F, Bensasson D, Tyler B, Boore J (2007) Mitochondrial genome sequences and compara-tive genomics of *Phytophthpra ramorum* and *P. sojae*. Curr Gcnct 51(5): 285-296

Matz M, Nielsen R (2005) A likelihood ratio test for species membership based on DNA sequence data. Philos Trans R Soc Lond B Biol Sci 360(1462): 1969-1974

Mazumdar S, Chen Q (2008) Influence of cabin conditions on placement and response of contaminant detection sensors in a commercial aircraft. J Environ Monit 10(1): 71-81

McFadden W, Teranishi R, Corse J, Black D, Mon T (1965) Volatiles from strawberries II. Combined mass spectrometry and gas chromatography on complex mixtures. J Chromatogr 18: 9-10

McGrath J. Dawson D, Thorns K (2008) National communication strategy framework. CRC70036. 37 pp

McKay B, Zink R (2010) The causes of mitochondrial DNA gene tree paraphyly in birds. Mol Phyiogenet Evol 54(2): 647-650

Meier R, Shiyang K. Vaidya G. Ng P (2006) DNA barcoding and taxonomy in Diptera: a tale of high intraspeciftc variability and low identification success. Syst Biol 55(5): 715-728

Meyer C, Paulay G (2005) DNA barcoding: error rates based on comprehensive sampling-PLoS Biol 3(12): 422

Miller D, Adam M, Aradhya S, Biesecker L, Brothman A, Carter N (2010) Consensus statement: chromosomal microarray is a first-tier clinical diagnostic test for individuals with developmen-tal disabiliries or congenital anomalies. Am J Hum Genet 86(5): 749-764

Miresmailli S. Gries R. Gries G, Zamar R, Isman M (2010) Herbivore-induced plant volatiles allow detection of *Trichoplusia ni* (Lepidoptera: Noctuidae) infestation on greenhouse tomato plants. Pest Manag Sci 66(8): 916-924

Mullis K, Faloona F, Scharf S, Saiki R (1986) Specific enzymatic amplification of DNA in vitro: the polymerase chain reaction. Cold Spring Harb Symp Quant Biol 51: 263-273

Munkvold G (2009) Seed pathology progress in academia and industry. Annu Rev Phytopathol 47: 285-311

Murray, EGD, Webb RA, Swarm MBR (1926) A disease of rabbits characterized by large mononuclear leucocytosis, caused by a hitherto undescribed bacillus *Bacterium monocytogenes* (n.sp.). J Pathol Bacterial 29: 407-439

Nanduri V. Bhunia A. Tu S, Paoli G, Brewster J (2007) SPR biosensor for the detection of *L. Monocytogenes* using phage-displayed antibody. Biosens Bioelectron 23(2): 248-252

Naro-Maciel E. Reid B. Fitzsimmons N, Le M, Desalle R, Amato G (2010) DNA barcodes for globally threatened marine turtles: a registry approach to documenting biodiversity. Mol Ecol Resour 10(2): 252-263

National Plant Diagnostic Network (n.d.) Retrieved from www.npdn.org

National Science and Technology Council Committee on Science IW (Director) (2009) Scientific collections: mission-critical infrastructure of federal science agencies office of science and technology policy [Motion Picture]

Nelson B. Liles M, Frederick K, Com R, Goodman R (2002) Label-free detection of 16S ribosomal RNA hybridization on reusable DNA arrays using surface plasmon resonance imaging. Environ Microbiol 4(11): 735-743

Nilsson R, Ryberg M, Kristiansson E, Abarenkov K, Larsson K, Koljalg U (2006) Taxonomic reliability of DNA sequences in public sequence databases: a fungal perspective. PLoS One 1: e59

Nowatzki T, Lefko S, Binning R. Thompson S, Spencer T. Siegfried B (2008) Validation of a novel resistance monitoring technique for com rootwonn (Coleoptera: Chrysomelidae) and event DAS-59122-7 maize. J Appl Entomol 132(3): 177-188

Oglesbee M, Jackwood D, Perrine K, Axthelm M, Krakowka S, Rice J (1986) In vitro detection of canine distemper virus nucleic acid with a virus-specific cDNA probe by dot-blot and in situ hybridization. J Viral Methods 14(3-4): 195-211

OIE (n.d.) (2008) Quality standards and guideline for veterinary laboratories. Retrieved from World Organisation for Animal Health:www.oie.int/

Oostingh G. Casals E. Itlaiani P. Colognato R. Stritzinger R, Ponti J (2011) Problems and challenges in the development and validation of human cell-based assays to determine nanoparticle-induced immunomodulatory effects. Part Fibre Toxicol 8(1): 8

Owens R. Diener T (1981) Sensitive and rapid diagnosis of potato spindle tuber viroid disease by nucleic acid hybridization. Science 213: 670-672

Paabo S. Poinar H, Serre D, Jaenicke-Despres V, Hebler J, Rohland N (2004) Genetic analyses from ancient DNA. Annu Rev Genet 38: 645-679

Packer L, Gibbs J, Sheffield C, Hanner R (2009) DNA barcoding and the mediocrity of morphology. Mol Ecol Resour 9(sl): 42-50

Palacios G, Quan P, Jabado O, Conlan S, Hirschberg D. Liu Y (2007) Panmicrobial oligonucleo-tide array for diagnosis of infectious diseases. Emerg Infect Dis 13(1): 73-81

Park S. Masamoto K, Hendrich K, Kanno I, Kim S (2008) Imaging brain vasculature with BOLD microscopy: MR detection limits determined by in vivo two-photon microscopy. Magn Reson Med 59(4): 855-865

Pearce T, Schiffman S, Nagle H. Gardner J (2003) Handbook of machine olfaction. Wiley-VCH, Weinheim

Percy B (2003) Grabbing technology by the Tail. THE Journal 31(1): 48

Peters I, Helps C. Hall E, Day M (2004) Real-time RT-PCR: considerations for efftcient and sensitive assay design. J Immunol Methods 286(1-2): 203-217

Ramanathan R, Varma S, Ribeiro 1, Myers T, Nolan T, Abraham D (2011) Microarray-based analysis of differential gene expression between infective and noninfective larvae of *Strongyloides stercoralis*. PLoS Negl Trop Dis 5(5): 1039

Ratnasingham S, Hebert P (2007) BOLD: the barcode of life data system. Mol Ecol Notes 7(3): 355-364

Rider T, Petrovick M, Nargi F, Harper J, Schwoebel E, Mathews R (2003) A B cell-based sensor for rapid identification of pathogens. Science 301(5630): 213-215

Robideau G, de Cock A, Coffey M, Voglamayr H, Brouwer H, Bala K (2011) DNA barcoding of oomycetes with cytochrome c oxidase subunit I and internal transcribed spacer. Mol Ecol Resour 11: 1002-1011

Roe A, Sperling F (2007) Patterns of evolution of mitochondrial cytochrome C oxidase I and II DNA and implications for DNA barcoding. Mol Phylogenet Evol 44(1): 325-345

Roessler J, Ammerpohl O, Gutwein J, Hasemeier B, Anwar SL, Kreipe H, Lehmann U (2012) Quantitative cross-validation and content analysis of the 450k DNA methylation array from Illumina. Inc BMC Res Notes 5: 210

Rowley A, Shulman S (2007) New developments in the search for the etiologic agent of Kawasaki disease. Curr Opin Pediatr 19(1): 71-74

Saiki R, Gelfund G, Soffel S, Scharf S, Horm G, Mullis K (1988) Primer-directed enzymatic amplification of DNA with DNA polymerase. Science 239: 487-491

Sanger F, Nicklen S, Coulson A (1977) DNA sequencing with chain-terminating inhibitors. Proc Natl Acad Sci USA 74(12): 5463-5467

Sass C, Little D, Stevenson D, Specht C (2007) DNA barcoding in the cycadales: testing the potential of proposed barcoding markers for species identification of cycads. PLoS One 2(11): 1154

Scheffer S, Wiegmann B (2000) Molecular phylogenetics of the holly leafminers (Diptera: Agromyzidae: Phytomyza): species imits, speciation, and dietary specialization. Mol Phylogenet Evol 17(2): 244-255

Schena L, Cardle L, Cooke D (2008) Use of genome sequence data in the design and testing of SSR markers for Phytophthora species. BMC Genomics 19(9): 620

Schoch CL, Seifert KA, Huhndorf S, Robert V, Spouge JL, Levesque CA, Chen W, The Fungal Barcoding Consortium (2012) The nuclear ribosomal internal transcribed spacer (ITS) region as a universal DNA barcode marker for fungi. Proc Natl Acad Sci USA 109(16): 6241-6246

Seifert K (2009) Progress towards DNA barcoding of fungi. Mol Ecol Resour 9(sl): 83-89

Simon A, Chulia A, Kaouadji M. Delage C (1994) Quercetin 3-[triacetylarabinosyl(1 → 6) galactoside] and chromones from Calluna vulgaris. Phytochemistry 36(4): 1043-1045

Skottrup P, Nicolaisen M, Justesen A (2007) Rapid determination of *Phytophthora infestans* sporangia using a surface plasmon resonance immunosensor. J Microbiol Methods 68(3): 507-515

Soelberg S, Stevens R, Limaye A, Furlong C (2009) Surface plasmon resonance detection using antibody-linked magnetic nanoparticles for analyte capture, purification. concentration, and signal amplification. Anal Chem 81(6): 2357-2363

Steinke D, Vences M, Salzburger W, Meyer A (2005) Philos Trans R Taxi: a software tool for DNA barcoding using distance methods. Soc Lond B Biol Sci 360(1462): 1975-1980

Sundberg P, Thuroczy Vodoti E, Strand M (2010) DNA barcoding should accompany taxonomy-the case of

Cerebratulus spp. (Nemertea). Mol Ecol Resour 10(2): 274-281

Tambong J, de Cock A, Tinker N, Levesque C (2006) Oligonucleotide array for identification and detection of Pythium species. Appl Environ Microbiol 72(4): 2691-2706

Tomlinson J, Boonham N, Dickinson M (2010) Development and evaluation of a one-hour DNA extraction and loop-mediated isothermal amplification assay for rapid detection of phytoplasmas. Ptant Pathol 59: 465-471

Tsuji F, Inouye S, Goto T, Sakaki Y (1986) Site-specific mutagenesis of the calcium-binding photoprotein aequorin. Proc Natl Acad Sci USA 83(21): 8107-8111

Vences M, Thomas M, Bonett R, Vieites D (2005) Deciphering amphibian diversity through DNA barcoding: chances and challenges. Philos Trans R Soc Lond B Biol Sci 360(1462): 1859-1868

Virgilio M, Backeljau T, Barr N, Meyer M (2008) Molecular evaluation of nominal species in the *Ceratitis fasciventris, C. anonae, C. rosa* complex (Diptera: Tephritidae). Mol Phylogenet Evol 48(1): 270-280

Voller A, Bartlett A, Bidwell D (1978) Enzyme immunoassays with special reference to ELISA techniques. J Clin Pathol 31(6): 507-520

Weir S, Lee L, Marrs C (1996) Identification of four complete type 4 pilin genes in a single *Kingetta denitrifìcans* genome. Infect Immun 64(12): 4993-4999

Werres S, Marwitz R, Man In'T Veld W, de Cock A, Bonants P, De Weerdt M (2001) Phytophthora ramorum sp. Nov., a new pathogen on Rhododendron and Viburnum. Mycol Res 105: 1155-1164

Wu A (2006) A selected history and future of immunoassay development and applications in clinical chemistry. Clin Chim Acta 369(2): 119-124

Yancy H, Zemlak T, Mason J, Washington J, Tenge B, Nguyen N (2008) Potential use of DNA barcodes in regulatory science: applications of the Regulatory Fish Encyclopedia. J Food Prot 71(1): 210-217

Zezza F, Pascale M, Mule G, Visconti A (2006) Detection of *Fusarium cutmorum* in wheat by a surface plasmon resonance-based DNA sensor. J Microbiol Methods 66(3): 529-537

제14장 침입외래종의 박멸 및 봉쇄
Insect Eradication and Containment of Invasive Alien Species

Ken Bloem, Eckehard G. Brocherhoff, Vic Mastro, Gregory S. Simmons,
John Sivinski, and David M. Suckling
번역: 이원훈(농림축산검역본부) · 홍기정(순천대학교)

14.1 곤충의 박멸활동에 관한 소개

이 장은 침입해충 개체군의 박멸을 성취하는데 필요한 전술과 전략 및 효과적인 박멸 프로그램을 배치하는데 필요한 요건들에 대한 간략한 소개를 제공하고자 한다. 이 장은 또한 박멸활동(eradication)의 한 성분이며, 뚜렷한 하나의 목표로서 해충의 봉쇄(containment)를 고려하고자 한다. 이들 대응 프로그램은 어떤 해로운 생명체의 정착과 확산이 허락되었을 때 높은 관리비용이나 환경적 비용, 직접적으로 미치는 비용을 경감하고자 하는 시도를 정당화하는 특정 생명체에 대하여 주로 이용되었다. 박멸활동은 목표가 한정되어 있다는 면에서 다른 관리전술과 차이가 있다. 일부 해충의 침입에 있어서, 관리조치의 초기 목표는 박멸이 된다. 초기에 피해를 저지하거나 해충의 확산을 한정시키는 것이 목표인 다른 프로그램에서, 관리전술의 개선이 박멸 목표로 변화될 수 있을 것이다. 그러면 "왜 박멸활동이나 공적방제를 진행

K. Bloem (✉)
USDA-APHIS-PPQ, Center for Plant Health Science and Technology (CPHST), Raleigh, NC, USA
e-mail: Kenneth.Bloem@aphis.usda.gov

E.G Brockerhoff
Scion (New Zealand Forest Research Institute), Christchurch, New Zealand

V. Mastro
USDA-APHIS-PPQ-CPHST, Buzzard Bay, MA, USA

G.S Simmons
USDA-APHIS-PPQ-CPHST, Salinas, CA, USA

J. Sivinski
USDA-ARS-Center for Medical, Agricultural and Veterinary Entomology, Gainesville, FL, USA

D.M. Suckling
New Zealand Institute for Plant & Food Research Ltd, Lincoln, New Zealand

해야 하는가?"라는 질문이 생긴다. 중요한 이유는 시장접근(market access)을 유지하거나 얻어내는 것이며, 또한 생산비를 낮추는 것이다. 또 다른 이유들로는 인간의 건강과 복지 또는 환경 영향을 포함하고 있다.

박멸 프로그램들은 해충(Walters 등 2008), 식물병(Sosnowski 등 2009), 잡초(Panetta & Lawes 2005), 연체동물(Kean 등 2009; Barker 2002)에 대하여 갖추어져 있다. 이 장의 범위는 해충에 한정되어 있다. 박멸 프로그램들에 있어서 성공적으로 대상이 된 곤충의 목(目)들은 파리목(Diptera) > 나비목(Lepidoptera) > 딱정벌레목(Coleoptera) > 벌목(Hymenoptera)이다. 훨씬 적은 빈도의 성공적인 박멸활동은 노린재목(Hemiptera)과 흰개미목(Isoptera)이 대상으로 되었다(Kean 등 2009). 비록 박멸 프로그램을 운영하는 동안에 개발된 많은 전술들이 해충관리에 적합할 수 있을지라도, 여기서의 상황은 해충 관리가 아니다. 800개 이상의 박멸 프로그램들이 현재까지 시작되었고(Kean 등 2009), 그 시작의 빈도는 시간이 지남에 따라 기하급수적으로 증가하고 있다. 박멸 프로그램에서 이러한 증가는 무역 및 여행의 증가에 따른 새로운 장소로 생물체의 이동 및 정착의 증가에 기인한다고 할 수 있다(1.2절).

"신속한 무역에서 생물안보(biosecurity at the speed of commerce)"를 뒤로 또는 무역에 불편함이 없는 전지구적 철학은 새로운 생명체의 침입 건수가 증가하고 있는 이유 중의 하나로 나타나고 있다(Knight 2008). 이러한 상황은 역동적인 체계의 관점에서 볼 필요가 있다. 새로운 침입 해충의 도착은 그 체계에 존재하고 있는 해충을 교체하지 않거나 교체하게 된다. 오히려, 그 시스템은 그들을 축적하게 된다. 확대된 해충의 복잡성은 현재의 관리 업무를 단절시키거나 무효로 할 것이며, 장기적인 병해충 관리비용을 증가시킬 것이다. 성공적인 박멸활동은 이러한 장기적인 비용과 영향을 완화할 가능성을 제공하고 있다. 유사한 방법으로, 하나의 해충에 대한 확산저지는 병해충이 아직 존재하지 않는 지역에서 가능한 한 이러한 영향들을 피하기 위한 전술이다. 이들 확산저지 프로그램은 가볍게 수행될 일이 아니다. 불행하게도, 이 프로그램의 결과물은 예견될 수 없으며, 과학적인 문헌들이 이러한 전형적인 정부 주도의 프로그램에 관한 진행 및 실행 내용을 잘 기록하지 않았다. 새로운 프로그램을 수립하고 실행하는데 있어 관리자들을 안내할 과학적인 문서의 결여는 그런 문서(보고서 및 출판물)의 중요성을 부각시키고 있다. 생명체가 보고되거나 발견된 후 감염/정착의 초기 단계 동안에 박멸할 수 있을지를 고려할 때, 일련의 의사결정 및 단계가 뒤따르게 된다. 그 순서는 다음 사항들을 포함한나: (1) 조사 및 데이터의 수집; (2) 모든 측면과 관점에서 개입을 보증할 수 있는 그럴듯한 시나리오에 관한 증거의 축적; (3) 대안을 고려하고, 성공 및 영향에 대한 가능성; (4) 목표설정 및 가용자원에 바탕을 둔 의사결정; (5) 운영상의 대응에 관한 정보교환 및 실행(Brockerhoff 등 2010). 박멸 프로그램들이 복잡하고 비용이 들기 때문에 경제적인 고려사항들은 매우 중요하게 된다(Mumford 2005).

일반적으로 정부 예산이 수반된다. 해충의 영향 또는 프로그램의 정확한 입력물과 결과물을 종종 정확하게 예견하는 것이 어렵기 때문에, 다양한 시나리오를 허락할 수 있게 비용편익분석이 가능한 한 빨리 정상적으로 개발되어야 한다. 결과적으로 이러한 경우에 비용의 범위가 정상적으로 작동된다(뉴질랜드에서 최근 산림해충의 박멸 프로그램들에 관한 비용과 편익의 비교에 관해 표 14.1 참조). 그럼에도 불구하고, 침입자에 의해 일어날 수 있는 경제적 영

표 14.1 뉴질랜드에서 산림해충의 박멸들로부터 비용 및 피할 수 없는 경제적 영향은 미화 70–700백만 달러의 피할 수 없는 순 손실로 계산됨(Brockerhoff 등 2010의 변형)

생명체	추정된 박멸 비용 (미화 백만달러)	추정된 20년 동안의 경제적 영향 (미화 백만달러)	추정된 피할 수 없는 비용 (박멸 비용을 제외한 경제적 영향
White-spotted tussock moth (*Orgyia thyellina*)(1996-1998)	9	19-133	$10-124
Gum Leaf Skeletonizer 1 (*Uraba lugens*)(1997-1998)	3	76-107	$73-104
Painted Apple Moth (*Teia anartoides*)(1999-2006)	49	44-267	-$5-218
Fall Webworm (미국흰불나방)(2003-2006)	5	14-62	$9-57
Gum Leaf Skeletonizer 2 (*Uraba lugens*)(2003)	90[a]	76-107	-$14-17[a]
Gypsy Moth (매미나방)(2003-2005)	5	2 218[b]	-$2-214

[a] 박멸이 부적합한 비용편익 분석에 의해 시도되지 않음; 박멸 비용 추정(자세한 것은 Brockerhoff 등 2010을 보라)

[b] Harris Consulting (2003)에 의해 계산된 20년 동안의 영향에 대해 나타낸 값

향과 환경적 영향, 사람에 대한 영향들은 초기 추정치보다 성공적인 박멸활동으로부터 얻게 될 수 있는 정량화할 수 없는 실질적인 편익(즉, 피할 수 없는 피해)이 훨씬 더 커질 수 있음을 나타나는 여러 가지 요소들을 일반적으로 제외하고 있다(Holmes 등 2009). 그러나 Myers 등(1998)은 이러한 주장을 지지하는데 있어 프로그램의 운용 및 결과물에 관한 세부적인 정보가 결여되어 있으며, 대부분의 박멸 프로그램들은 편익이 과대평가되고, 비용이 과소평가된 것이라 주장하고 있다.

모든 박멸 프로그램들은 전략의 일부로서 확산저지의 일부 형태를 포함하고 있다. 일부 경우에, 확산저지는 현실적으로 달성될 수 있는 유일한 목표가 될 것이다. 침입해충에 대한 확산을 저지하는 것이나 퍼짐을 느리게 하는 것과 무발생 지역을 유지하는 것은 침입되는 것으로부터 관리비용을 없게 할 것이고, 또한 무역 제한을 풀 것이며, 환경적, 위생적, 사회적 영향을 감소시킬 것이다.

박멸 프로그램에 대한 인간적 차원은 무시될 수 있다. 대부분의 박멸 프로그램들은 기주의 분포 및 종종 대상이 되는 해충의 다식성으로 인해 사유지 및 공유지를 포함하고 있다. 만일 대중이 이들 프로그램을 이해하고 지지한다면, 결정적인 비용편익 정보에 관한 단순한 정보교환을 넘어 강력한 교육적 효과에 대한 강한 욕구일 것이다. 이것은 병해충에 관한 완전한 영향을 깨닫지 못할 때, 특히 프로그램 초기에 사실이며, 운용에 대한 반응들은 불편한 조치를 포함하거나 비표적에 대한 잠재적인 영향의 원인일 것이다(예를 들어, 도심지에 대한 항공 살포나 기주식물의 제거, 검역구역의 설정). 관련된 사람들과 함께 작업하는데 있어 실패는 혼란이나 프로그램의 실패를 초래할 수 있다. 그러한 예로는 플로리다에서 감귤 궤양병(Kean

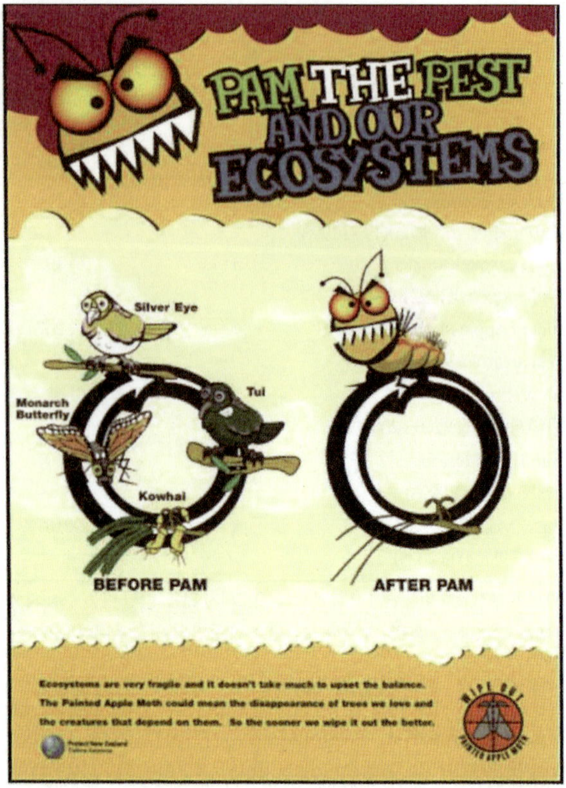

그림 14.1 독나방 일종인 Painted Apple Moth (PAM)의 박멸 프로그램을 수행하는 동안 박멸활동이나 농림부가 없다면, 나방이 적으로 될 수 있다는 여론을 이끌어내기 위해 "PAM the Pest"의 부정적인 영향들을 강조하는 교육 자료들(자료 제공 MAF, Wellington, NZ)

등 2009)(18.3절) 및 캘리포니아에서 연갈색사과잎말이나방(*Epiphyas postvittana* (Walker)) (Suckling & Brockerhoff 2010)을 박멸하기 위한 시도가 포함된다. 두 프로그램 모두 불신과 잘못된 정보에 크게 바탕을 둔 대중의 저항에 의해 방해를 받았다. 뉴질랜드 오클랜드에서 Painted Apple Moth인 *Teia anartoides* Walker에 대한 성공적인 박멸(Suckling 등 2007)에서, 예산의 약 30%가 연구비 및 운용비로 사용되었고, 나머지는 세균성 살충제 제형의 항공 살포가 180,000명의 주민들의 건강 및 복지에 영향이 없다는 것을 보증하기 위한 정보교환 및 건강 모니터링으로 사용되었다(그림 14.1). 유사하게, 1990년대 초반 동안 워싱턴, 오리건, 노스캐롤라이나 주의 박멸 프로그램인 아시아계통 매미나방(*Lymantria dispar* (Linnaeus))에 있어서 주민들의 건강 및 비표적에 대한 영향을 모니터링하는데 대규모 투자가 이루어졌다(Kean 등 2009). 또 다른 경우로, 기주의 파괴가 가장 갈등을 일으킨 지역이 되었다(Smith 등 2009). 어쨌든, 봉사활동 및 교육활동은 가장 최신의 소셜 미디어 기기뿐만 아니라 전통적인 형태의 정보교환을 이용하여야 한다(8장).

우리는 신중한 중재 전략 및 생활사 중의 목표물을 포함한 낮은 밀도에서 나타나는 개체군의 영향에 관한 역할(밀도 독립적 요인 및 밀도 의존적 요인들 사이 상호관계와 같은)을 좀 더 이해하기 위해 개체군생태학에 새롭게 관심을 보이고 있다. 작은 최초의 개체군 성장이 양

(+)으로 되는 곳에서 앨리 허용치(Allee threshold; 성장을 위해 요구되는 최소한의 개체군)를 변화하는 전술은 침입자 개체군을 절멸로 몰아가는데 도움을 주기 때문에 매우 유용하게 될 수 있다(Liebhold & Tobin 2008). 교미교란을 위한 페로몬의 방사 및 불임충 기술(SIT)과 같은 전술을 조합하여 이용하는 것은 낮은 해충 밀도에서 그들의 양(+)적인 상호관계를 통해 추가적인 결과물을 이끌어 낼 수 있다(Suckling 등 2012). 이러한 조합된 전술의 배치는 "종합적 해충 박멸"과 같은 개념의 발달을 촉진하는데 도움을 준다(14.6절을 보라). 모든 박멸활동은 광역적으로 되어야만 하고, 해충의 전체 개체군을 고려해야만 한다. 물론, 프로그램이 수행되는 동안 개체군은 확산이 저지되어야만 한다. 종종, 이것은 인위적인 확산을 느리게 하는 법적규제의 제한규정에 의해 성취되며, 개체군의 밀도억제는 감염된 지역의 확산하는/이끄는 가장자리를 따라 측정된다.

14.2 화학적 방제

살충제의 한 제형이나 또 다른 제형이 1800년대부터 모든 곤충의 박멸 프로그램에 이용되었다(Metcalf & Metcalf 1993). 초기의 박멸 프로그램들은 무기화합물인 비소제 또는 니코틴과 DDT같은 유기염소계를 포함하는 더 이상 허용되지 않는 다른 환경적으로 유해한 지속성 물질(그림 14.2)을 이용하였다. 오늘날, 정부는 유해성에 관한 대안을 고려하고 있으며, 비용편익 분석 면에서 그들의 효능에 대해 심사숙고하고 있다. 다른 성분을 지닌 다른 살충제들의 조합이 대상으로 하는 해충과 위치하고 있는 감역지역의 환경에 의존하여 이용될 수 있다. 예를 들어, 환경독성이 덜한 물질들(곤충생장조정제 같은)이 수로 가까이에 살포될 수 있거나, 생물농약 및 페로몬이 인구가 밀집된 곳에 살포될 때 허용될 수 있다. 살충제가 아닌 페로몬과 다른 유인제들은 나방과 딱정벌레들과 같은 일부 곤충 그룹을 관리하기 위한 최소 위험 등급을 지닌 화학적 도구로 대표된다(El-Sayed 2011). 이들은 이 장의 다른 곳에서도 고려되고 있다(14.3절을 보라).

그림 14.2 1920년대에 초기 매미나방 박멸활동은 식물체의 소각 및 비산연같은 화합물의 광범위한 살포가 포함되었다(사진 제공 USDA-APHIS-PPQ-CPHST, Buzzards Bay, MA)

14.2.1 살충제의 종류

살충제는 곤충의 신경계에 독으로 작용하거나 자연산물의 인위적인 유사체로 내분비 과정을 단절시키는 것을 포함하여 다른 기작으로 작용한다(Metcalf & Luckmann 1994; Metcalf & Metcalf 1993). 일부 살충제들은 직접 접촉(예를 들어, 분무)을 통해 작용하거나, 섭식하는 동안 섭취를 필요로 하며(*Bacillus thuringiensis* var. *kurstaki* 또는 *Btk*), 몇몇 살충제는 식물체를 통해 침투적으로 작용될 수 있다(neonicotinoids). 일부 살충제들은 수명이 매우 짧고(예를 들어, 생물살충제), 훨씬 더 환경적 안전성에 타협함으로서 반복적인 살포가 필요할 수 있다. 이러한 특징들이 박멸활동을 실현하면서 환경적 위험성을 관리하는 것이 고려되어야만 하는 적용 전술의 형태를 결정한다(Dubey & Patyal 2007; Plapp 1991). 표 14.2는 최근 캘리포니아에 침입한 것들에 대하여 이용을 권장하는 것들의 일부로 제형이 다른 살충제들의 예를 보여준다.

유기인계(Organophophate)는 여전히 일반적으로 사용하는 가장 오래된 살충제 종류이다(Metcalf & Metcalf 1993). 그들은 신호전달에 관여하는 효소(예를 들어, acetylcholinesterase)와 결합함으로서 곤충의 신경계를 단절하여 보통 빠르게 죽음을 일으킨다. 유기인계는 곤충에 대하여 높은 효과를 보이지만, 불행하게도 척추동물을 포함한 상대적으로 넓은 범위의 다른 생명체들에게도 영향을 미친다(Metcalf & Metcalf 1993). 유기인계와 유사하게, 카바메이트계도 곤충의 신경계에 영향을 주지만, 일반적으로 덜 지속적이며, 독성이 다소 덜 하다(Metcalf & Luckmann 1994).

피레스로이드계(Pyrethroids)는 살충제의 중요한 종류를 이루며, 식물체로부터 추출된 천연의 pyrethrin 살충제의 유사체에 바탕을 둔다(Krieger 2010; Metcalf & Metcalf 1993). 유사체는 그들의 구조에 따라 지속성과 독성에서 굉장히 다양하며, 비록 회복이 될 수 있지만 일반적으로 "넉다운(Knock-down)"을 일으켜 매우 빠르게 작용한다. 피레스로이드계는 비록 어류 및 양서류에 높은 민감성을 보이지만, 위에 명시된 살충제 종류보다 곤충에 대해 훨씬 선택적이다.

곤충생장조정제(Insect Growth Regulators, IGRs) 및 탈피호르몬 길항제(Ecdysone agonist)는 다른 중요한 종류의 살충제를 대표한다(Krieger 2010; Yu 2008; Metcalf & Metcalf 1993). IGRs는 비록 일부가 환경에 지속되지만, 매우 선택적으로 되는 경향이 있다(Krieger 2010; Yu 2008; Metcalf & Metcalf 1993). 이들 화합물은 곤충의 내분비계를 표적으로 하며, 다른 살충제들보다 느리게 작용하게 만들어 일반적으로 발육이 중단된다. 그들의 선택성 및 일반적으로 낮은 환경 위해성은 민감한 생태계에서 이용하기에 매력적이다.

네오니코티노이드계(Neonicotinoids)는 최근 합성된 황산니코틴(nicotine sulfate) 살충제의 유사체로 훨씬 낮은 포유동물 독성, 큰 지속성, 많은 것들에서 침투성을 가진다(Krieger 2010; Yu 2008). 이들은 토양에 직접적으로 전면 살포하거나 식물체의 살아있는 조직 전체로 흡수와 수송을 하도록 하는 식물체 주입을 통해 살포할 수 있다는 의미로 잎에 우수한 적용범위를 제공하며, 숨어있는 곤충에 도달할 수 있다.

박멸 프로그램을 위해서는 우수한 효능을 지닌 살충제들만이 고려되어야 할지라도, 상황에 따라서는 다른 살충제들이 고려될 수 있다. 섭식기피제, 일부 생물살충제, 다른 제품들이

표 14.2 곤충의 박멸활동을 위해 가장 사용가능한 살충제 종류를 대표하는 산물들. 적합성 및 제형은 대상에 따라 달라질 수 있음

종류	활성성분의 예	대상이 되는 생활사 단계	비고
Avermectin	Emmamectin benzoate	유충	곤충에 선택적
생물살충제	*Bacillus thringiensis*	유충	72시간 동안 약하게 활동; 매우 선택적
생물살충제	*Cydia pomonella* (코드린나방) granulovirus	유충	초선택적; 짧은 수명
생물살충제	Gypsy Moth (매미나방) Nucleopolyhedrosis Virus	유충	초선택적; 짧은 수명
카바메이트	Cabaryl	유충 및 성충, 매우 효과적	광범위 적용; 짧은 수명
탈피호르몬 길항제	Methoxyfenozide, Tebufenozide	유충만, 높은 효과로 28일 이상	중간정도 지속적
곤충생장조정제	Diflubenzuron	알; 유효성 알려진 것 없음	중간정도 지속적
곤충생장조정제	S-methoprene, Pyriproxyfen	유충	좁은 범위 적용
유충호르몬 유사체	Fenoxycarb	알과 유충	중간정도 지속적
네오니코티노이드	Acetamiprid, Thiacloprid, Imidacloprid	유충; 유효성 알려진 것 없음	좁은 범위 적용
유기인계	Chlorphyrifos, Phosmet, Diazinon, Dichlorvos, Malathion, Dimethoate, Trichlorfon	알, 유충, 성충; 우수한 방제	광범위 적용
피레스로이드	Deltamethrin, Cypermethrin, Lambda-cyhalothrin	유충 및 성충; 높은 효과	광범위 적용
Phenyl Pyrazole	Fipronil	유충	좁은 범위 적용
Spinosyn	Spinosad, Spirotetramat	유충+성충; 매우 효과적으로 10-14일	낮은 저항성; 곤충 선택적

곤충의 박멸활동에 기여할 수 있는 충분한 효능을 가지지 않을 수 있지만, 해충 관리를 위해서는 훨씬 더 적합하다. 그러나 *Bt* 및 Spinosad는 모두 매미나방(Gypsy Moth) 및 과실파리 박멸 프로그램에서 각각 효과적으로 이용된다(Hajek & Tobin 2009; Burns 등 2001). Emmamectin benzoate는 주입을 통해 살포될 경우, 아시아호리비단벌레(Emerald Ash Borer, *Agrilus planipennis* (Fairmaire))에 대하여 우수한 효능을 나타낸다.

14.2.2 살충제의 이용

대상으로 하는 생명체, 그 개체군의 크기 및 밀도, 그 기주의 특성, 물리적 주변 환경은 살충제 및 살포방법을 선택하는데 있어 모든 이유가 된다. 해당되는 지역이 클 때나 지역에 접근할 수 없을 때 살충제의 항공 살포가 필요하게 될 것이다. 예를 들어, 뉴질랜드에서 불개미 일종(Red Imported Fire Ant, *Solenopsis invicta*)의 독먹이는 작업자의 안전성을 고려하여 가파르고 위험스런 불안정한 비탈 지역에 대하여 항공기로 살포하였다(Kean 등 2009). *Bacillus thuringiensis* (Foray 48B)를 포함한 항공 살포의 제형은 최근 뉴질랜드 도심의 독나방(Tussock Moth)(매미나방 그룹)에 관한 3가지 캠페인에서 이용되었다. 가장 큰 프로그램은 12,000ha 이상에 달했고, 살포 퇴적물 모델(Richardson 등 2005)을 지원하기 위해 Foray 48B를 40회까지 항공기로 살포하였다(Suckling 등 2007). 개별적인 살포제는 살포된 잎에서 85%의 유충 사망률을 기록하였고, 이 정보는 여러 번의 살포에 대한 영향을 예측하기 위한 모델과 최종적으로는 성공적인 박멸활동을 선언하기 위한 모델에 이용되었다(Kean & Suckling 2005).

미국에서 유럽계통 매미나방(*Lymantria dispar* L.)에 대하여 크게 성공을 거둔 확산저지 프로그램에서, *Bt* 및 교미교란제가 매년 수십만 에이커에 살포되었다(Sharov 등 2002). 염습지에서 S-methoprene의 항공살포는 뉴질랜드에서 모기 일종(Southern Salt Marsh Mosquito, *Aedes camptorhynchus* (Thomson))의 성공적인 박멸에 결정적이었다(Yard 2008). 물이 든 중고차 타이어로 도착한 모기 애벌레는 이 해충의 박멸활동을 위해 필요한 가능한 경로로 밝혀졌으며, 경제적인 이익보다 잠재적으로 더 큰 위험성을 나타내는 교역(중고타이어)의 예를 나타낸다. 먹이에 바탕을 둔 유인제로서 가수분해된 단백질을 이용하는 Malathion과 NuLure 또는 Spinosad와 GF-120과 같은 살충성분이 든 독먹이의 항공 살포는 미국에서 지중해과실파리나 다른 과실파리의 침입과 맞서 싸울 때 전통적으로 불임충을 항공 살포하기에 앞서 과실파리의 개체군 밀도를 낮추는데 이용되었다(Kean 등 2009).

더 최근에, 독먹이 살포제의 이용은 환경과 건강과 관련되어 감지된 문제들 때문에 공개적인 비판을 받아왔고, 살포를 멈추도록 소송들이 제기되었다(Dyck 등 2005; Burns 등 2001). 실제로 주거지에서 일부 농약이나 페로몬, 다른 해충 관리 물질의 항공 살포는 논쟁거리가 되고 있으며, 그 이익들이 영향을 받게 되는 주민들에게 설명되어야만 한다. 앞서 언급한 바와 같이, 자원들이 공공의 봉사활동과 교육에 집중되고, 프로그램의 직접적인 해충 관리 측면에서 소비되어 건강 모니터링이 사라질 수 있다.

비록 적용지역이 문제가 될 수 있지만, 지면살포는 종종 작은 지역에서 선호된다. 농약의 지면살포는 일부 경우에 단위면적당 더 많은 물질이 살포될지라도 대중에게 더 쉽게 허용될 것으로 보인다. 그러나 일부 경우에, 사용되는 살충제가 논쟁의 관심거리이다. 뉴질랜드에서 독나방 일종인 Painted Apple Moth에 대하여 chlorpyrifos 및 deltamethrin의 지면살포는 지역사회의 압력에 대응하여 중단되었고, 반면에 의심할 여지없이 훨씬 효과적인 그 화합물들은 *Btk*의 여러 번 살포로 바뀌었다(Suckling 등 2005). 비록 독먹이의 항공 살포가 현재 미국에서 과실파리 박멸 프로그램을 위해 좀처럼 사용되지 않을지라도, 외래 과실파리의 유입에 대한 위험에 놓여있는 주요 주들은 파리가 발견된 주변에서 즉각적으로 기주식물체(예를 들어, 산란, 교미, 휴식처)에 처리를 허락하는 특징지역의 요구(Special Local Needs, SLN) 하에서 여전히 정기적으로 지면살포로 이용하고 있다. 부가적으로, 감염된 장소의 기주 나무 밑에서 감염된 과일에 남아있을 수 있거나 감염된 과일로부터 떨어진 유충이나 번데기를 죽이기 위하여 살충제가 토양관주로 살포된다. 최근에 이러한 목적에서 사용할 수 있는 유일하게 효과적인 농약은 diazinon같은 유기인계이며, 그들의 사용은 현재 크게 제한되어 있어 긴급한 위기대응시에 면제가 요구된다.

수간주입은 미국에서 최근 침입된 해충의 분포범위에 대하여 도심 숲의 정서적 가치가 높게 될 수 있는 곳에서 사용되고 있다(Kean 등 2009). 다양한 제형의 imidacloprid로 수간주입은 유리알락하늘소(Asian Longhorn Beetle, *Anoplophora glabripennis* (Motschulsky)) 프로그램에서 감염이 알려진 나무 가까이에 있는 나무에 처리하게 위해 정기적으로 사용된다. 감염이 알려진 나무들은 제거되고, 파쇄되지만, 새롭게 공격받은 나무들은 나무를 잘 타는 경험이 풍부한 사람에 의해 조사될 때조차 탐지하기 어렵다. 주변을 둘러 싼 나무들의 처리는 형성층에서 여전히 섭식하고 있는 유충을 죽이거나 처리된 나무의 잎에서 섭식하는 우화한 성충을 죽이는 것으로 일부 잔류하는 개체군을 제거하는 역할이다.

14.3 페로몬 및 다른 통신물질(Semiochemicals)

페로몬 및 다른 방향제는 종내 및 종간 정보전달에 있어 중요한 역할을 가진다(Howse 등 1998; El-Sayed 2011). 잘 알려진 예로는 식식성 곤충들이 기주의 위치를 찾는데 식물체의 휘발성 물질을 이용하며, 암컷의 성 페로몬으로 수컷 나방을 유인한다. 이러한 것들과 다른 "통신물질(semiochemicals)"들은 종종 높은 종 특이성이 있기 때문에, 그들은 침입종의 박멸 및 그와 관련된 활동을 위해 매우 가치있는 도구들이 될 수 있다. 그런 유력한 유인제들은 박멸 프로그램의 결정적인 모든 요소들인 탐지(즉, 침입자의 존재를 발견하는 것), 경계설정(즉, 지리적 분포범위를 결정하는 것), 개체군 모니터링(즉, 상대적인 풍부도를 평가하는 것)에 흔히 이용된다. 통신물질들은 또한 대단위 트랩운용, 유살, 교미교란과 같은 기법으로 개체군의 방제를 위해 직접적으로 이용될 수 있다. 마지막으로 이름 붙여진 이들 기법이 아직 박멸 프로그램의 주요 구성성분은 아닐지라도, 우리는 농약에 의존하는 전통적인 방제 기법을 대체하는 '환경보호제(greener)'로서 그들의 응용성에 대한 상당한 잠재력을 알게 될 것이다(Brockerhoff 등 2010).

14.3.1 탐지, 경계설정, 모니터링을 위한 트랩운용

초기 탐지는 성공적인 교육이 필수적인 전제조건이고(Myers & Hosking 2002), 반면, 침입자의 분포가 여전히 제한적이며, 광역적인 방제를 받아들여야 한다. 페로몬과 다른 유인제를 넣은 독먹이 트랩은 어떤 해충의 피해가 뚜렷하게 되기 전에 잠재적으로 훌륭하게 초기 개체군을 탐지하는데 상당히 효과적일 수 있다. 비록 일부 트랩이 다른 기작(특정한 색/파장으로 유인 또는 비행차단 트랩과 같은)에 의존할지라도, 그들은 보통 유인제 독먹이 트랩보다 덜 강력하다(Howse 등 1998). 페로몬과 다른 유인제들은 많은 종에서 알려져 있고(El-Sayed 2011), 그들은 합성화합물로 구입할 수 있다. 그러나 많은 다른 종에 있어서는 그런 유인제들이 발견되기를 기다리고 있으며, 일부 분류군에 있어서는 적합한 장거리 유인제가 존재하지 않을 수 있다. 가장 광범위한 탐지 프로그램의 일부는 주로 참나무류 및 다른 활엽수의 상당히 침략적인 식엽해충인 아시아매미나방을 대상으로 하고 있다. 미국의 크고 광범위한 여러 기관의 확산저지 및 배제 프로그램에서(매미나방 프로그램 교본 – http://www.aphis.usda.gov/plant_health/plant_pest_info/gypsy_moth/index.shtml), 대략 90,000개의 트랩들이 2010년에 유럽 계통의 확산을 모니터하기 위해 확산저지(Slow-the-Spread) 지역에 설치되었다. 2010년 동안, 248,500개의 추가적인 트랩들이 유럽 계통이 감염되지 않은 지역을 조사하기 위해 배치되었고, 아시아 계통의 유입을 탐지하기 위해 항구에 배치되었다(USDA-FS STS 국가 프로그램 관리자인 Leonard 및 USDA-APHIS-PPQ 매미나방 프로그램 관리자인 Spaulding, 각각의 개인의견). 서부와 남부 주들에서 유럽 계통의 매미나방에 대한 새로운 고립된 감염지역을 탐지하기 위하여 이러한 대규모 활동은 1970년대 말부터 진행되고 있다.

APHIS는 1990년대 초기 아시아매미나방의 침입지역을 찾기 위해 항구들과 다른 고위험 장소들에서 모니터하기 시작했다(Mastro의 개인의견). 매미나방에 목적을 둔 유사한 프로그램들이 캐나다와 뉴질랜드에서 수행되고 있다(Ross 2005; Régnière 등 2009). 페로몬과 기주 유인제들을 이용한 탐지 트랩운용 프로그램들이 또한 몇몇 국가들에서 천공성 유충들 및 나무좀류를 대상으로 시행되고 있다(Brockerhoff 등 2006; Rabaglia 등 2008). 초기 탐지의 중요성이 인식되면서, 미 농무부는 우려스러운 400종의 이상의 해충을 추적하기 위한 전국적인 시스템을 정착시켰다. 병해충들의 목록은 매년 재조사되고, 우선순위가 재조정되고 있다. 이 농작물병해충합동조사(Cooperative Agricultural Pest Survey, CAPS) 프로그램은 파트너로 대학교와 산업계, 자연자원 보호기구와 함께 USDA-APHIS 및 주 농업국에 의해 협력적으로 관리되고 있다(http://www.aphis.usda.gov/plant_health/plant_pest_info/pest_detection/pestlist.shtml).

침입종이 탐지될 경우, 트랩들이 종종 영향을 받은 지역의 경계를 설정하는데 이용되고, 개체군의 경향을 모니터하기 위해 이용된다. 이러한 목표를 위해, 트랩의 수와 밀도는 탐지용 트랩운용보다 훨씬 많게 될 것이다. 장거리 유인제가 알려지지 않는다면, 케이지에 넣은 살아있는 곤충(예를 들어, 암컷 나방)이 이런 목적으로 이용될 수 있다. 이 절차는 뉴질랜드에서 독나방 일종인 Painted Apple Moth를 박멸하는 동안에 적용되었고(Suckling 등 2005), 미국에서 선인장명나방(Cactus Moth, *Cactoblastis cactorum* Berg)에 대한 확산저지(Slow-the-Spread) 프로그램에서 페로몬 바탕의 유인제가 동정될 때까지 초기에 적용되었다(Bloem 등 2003)(그림 14.3).

탐지 및 경계설정 트랩운용 프로그램의 흥미로운 변화가 뉴질랜드의 오클랜드에서 느릅나무 입고병(Dutch Elm Disease)에 대한 박멸 캠페인을 벌이는 동안에 시행되었다(Gadgil 등 2000). 유럽느릅나무좀(Elm Bark Beetle, *Scolytus multistriatus* (Marsham))의 페로몬을 넣은

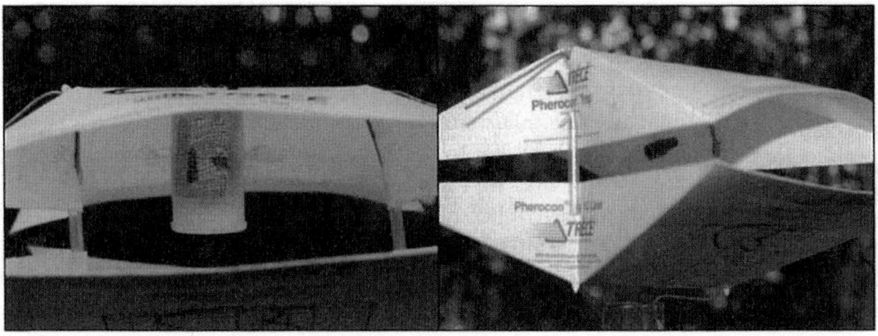

그림 14.3 침입된 선인장명나방(Cactus Moth, *Cactoblastis cactorum*)에 대한 조사를 위해 페로몬에 바탕을 둔 미끼가 개발되기 전까지 살아있는 암컷들과 함께 독먹이로 된 바닥에 끈끈이 판넬이 있는 날개형 트랩들. 살아있는 암컷들은 3-5일 간격으로 교체하며; 현재 미끼는 4-6주 간격으로 교체한다(이미지 제공 USDA-ARS-CMAVE, Tallahassee, FL)

200개 이상의 독먹이 트랩들이 곰팡이의 절대적인 매개체인 이 나무좀으로부터 분리된 곰팡이 포자에 의해 느릅나무 시들음병을 일으키는 곰팡이(*Ophiostoma ulmi* (Buisman) Nannf.)의 존재를 결정하는데 이용되었다. 때때로 장거리 유인제가 가용하지 않을 경우, 트랩들은 기주 식물체의 냄새 및/또는 다른 행동학적 실마리에 의존하는데 이용된다. 미국의 서울호리비단벌레 프로그램에서 기주 식물체의 휘발성 물질을 넣은 시각적으로 유인하는 독먹이 트랩에 의존하는 것이 그런 경우이다. 트랩이 일부 페로몬 독먹이 트랩만큼 효과적이지 않을지라도, 그 프로그램은 효과적인 탐지 조사 및 경계설정 조사를 수행하도록 하였다(Crook 등 2008).

14.3.2 대단위 트랩운용

해충 방제를 위한 대단위 트랩운용은 매우 재미있는 개념이며, 박멸활동과 관련하여 일부 의도적인 것을 받아들이고 있다(El-Sayed 등 2006). 그러나 개체군 방제를 위한 대단위 트랩운용을 하는데 중요한 한계점은 종에 관한 개체군생태학에 근거한다(Howse 등 1998; Yamanaka 2007). 침입자의 개체군 크기를 감소시킴에 있어서 효과적이기 위해서는 개체군의 90% 또는 그 이상이 제거되어야만 할 것이다. 유인제들은 종종 수컷에만 가용하기 때문에(예를 들어, 암컷의 성 페로몬에 반응하는 나방 수컷), 특히 수컷들이 여러 번 교미할 수 있는 종에서는 산란할 수 있는 암컷의 능력에 관한 효과가 덜 뚜렷하다. 결과적으로 대단위 트랩운용은 트랩수가 개체수에 근접할 때만 효과적일 수 있다. 그러므로 대단위 트랩운용은 비현실적으로 많은 수의 트랩들이 배치될 필요가 있다. 매미나방에 관한 출판되지 않은 연구결과에서, 낮은 개체군 밀도의 모의실험으로 짝짓기를 제거하는데 최소 ha당 25개의 트랩이 필요하였다(Schwalbe 등 1984). 그러나 더 작은 초기 개체군들은 특히 다른 전술과 함께 대단위 트랩운용으로 방제될 수 있다(El-Sayed 등 2006).

14.3.3 유살

유살(lure-and-kill) 전술은 접촉성 살충제와 점성의 담체 물질(일반적으로 반죽물 또는 젤, 왁스)로 페로몬이나 다른 유인제와 조합하는 것을 포함한다. 여기서, 목표는 처리 지역에서 적당한 매질에 살포되는 제제의 큰 물방울에 유인되어 접촉 직후 사망에 이르게 하여 대상종을 방제하는 것이다(Brockerhoff & Suckling 1999; El-Sayed 등 2009). 이 전술은 대단위 트랩운용과 비슷하지만, 작은 물방울들이 많은 수로 쉽게 살포될 수 있기 때문에 유살은 대규모의 광역 방제에 훨씬 더 적합하며, 대단위 트랩운용보다 비용 면에서 훨씬 효율적이다. 유살은 현재 해충 방제로 인정되어 있으나(예를 들어, 과수원에서 – Suckling & Brockerhoff, 1999), 박멸활동에는 자주 사용되지 않고 있다(El-Sayed 등 2009). 그러나 과실파리류(주로 *Bactrocera* spp.) 및 목화꽃바구미(Boll Weevil, *Anthonomus grandis* Boheman)의 박멸활동을 위해 이용하였을 때 상당히 성공적이었다(El-Sayed 등 2009). 비록 이 전술이 살충제의 살포를 수반할지라도, 제제와 접촉할 가능성이 있는 종(대상종 이외에)이 거의 없고, 다른 살충제의 살포(살포제와 같이)보다 상당히 낮은 비율로 살포되기 때문에 많은 다른 전술보다 훨씬 수용적이다.

살충제나 다른 처리를 수반하는 몇몇 다른 관련된 접근방식들이 고려되고 있다. 예를 들어, 나무좀류는 페로몬 독먹이 트랩에 유인될 수 있으며, 그 나무들은 살충제를 처리한 다음 어린 벌레의 우화를 막기 위해 태우거나 잘게 자르는 것으로 박피되거나 폐기된다. 유사하게, 독먹이 살포제가 과실파리 박멸 프로그램에서 광범위하게 사용되고 있다. 그러나 모든 유살 접근방식은 침입자의 개체군이 크고 널리 퍼져 있을 경우에 일반적으로 박멸 처리로서 가능성이 적다.

14.3.4 교미교란

교미교란(mating disruption)은 보통 낮은 밀도의 개체군에서 이용하기 위한 전술로 고려되고 있으며, 해충의 침입 후 개체군이 증가하기 전에 사용하여야 이상적이다. 교란제는 또한 전통적인 살충제를 처리하여 해충의 밀도를 감소시킨 후에 사용될 수 있다. 수컷 곤충이 '구애하는(calling)'암컷을 더 이상 찾을 수 없는 효과를 달성하고, 그로 인해 알의 수정을 막기 위해 합성 페로몬 제제들이 야외에 살포될 수 있다(Howse 등 1998). 이 방법은 그들의 페로몬 수용체와 중추신경계의 둔감화 때문에 페로몬의 대기 중 농도가 방향설정을 불가능하게 하도록 페로몬의 방출 방법이 요구된다(Cardé 2007).

종종 '거짓 발자국(false trails)'으로 언급되는 또 다른 기작은 수컷이 '구애하는(calling)' 암컷에 의해 방출되는 그것보다 오히려 합성 페로몬 물질의 꽁지나 발자국을 따르는 경우에 나타날 수도 있다. 만일 페로몬이 방출되는 지점의 수(암컷의 수에 대하여)가 훨씬 많다면, 암컷과 맞닥뜨릴 수컷의 가능성은 감소된다. 교미교란은 상대적으로 작은 양의 페로몬이 수반되며(일반적으로 독성이 없고, 상당히 대상물에 특이적임), 가장 친환경적인 해충 방제방법 중의 하나로 간주되고 있다. 교미 교란은 나방류를 필두로 수많은 해충의 방제를 위한 선택적인 방법으로 잘 확립되어 있다(Cardé & Minks 1995; Cardé 2007).

최근에 살충제의 이용이 점점 논란을 일으키면서(특히, 항공 살포의 경우), 교미교란이 점점 효과적인 대체방법으로 고려되고 있다. 교미교란은 대규모인 광역적으로 살포를 할 수 있으며, 감염지역의 확장하는 가장자리를 따라 유럽 계통 매미나방의 지역적 박멸을 달성하기 위해 미국 동부와 중부의 매우 넓은 지역에서 사용되고 있다. 이러한 "확산저지(Slow-the-Spread)" 프로그램에서, 매미나방 페로몬인 'disparlur'의 항공 살포는 2000년부터 주요한 수단이 되었으며, 2010년경에는 1.4백만 ha 이상이 처리될 것이다(USFS 2009). 최근 다른 전술과 조합한 교미교란이 목화다래뿔나방(Pink Bollworm, *Pectinophora gossypiella* (Saunders)) 개체군의 광역적인 박멸활동에 이용되고 있다(Walters 등 2000; Tabashnik 등 2010).

캘리포니아에서 연갈색사과잎말이나방(Light Brown Apple Moth, *Epiphyas postvittana* (Walker))을 박멸하기 위한 최근 활동은 주요한 처리방법으로 교미교란을 이용하여 조사하였다(Suckling & Brocherhoff 2010). 넓은 지역을 포함하며, 일부 장소를 접근하는데 어려움이 있어, 페로몬의 항공 살포가 실행가능한 유일한 방법이었다(Suckling & Brocherhoff 2010). 교미교란의 단점은 페로몬 살포 후 일정 기간 동안 모니터링을 위한 페로몬 트랩들이 비효과적이란 것이다. 그러나 매미나방의 교미교란 지역에서 트랩은 짝짓기 성공의 간접적인 측정을 제공하고 있다. 대부분 수컷의 포획이 완료된 곳에서 조차 처리가 전체적으로 효과적이지 않은 지역으로 이야기될 수 있다. 실제로 이것이 효율성의 지표이지만, 프로그램 관리자들이 트랩 운용 정보에 관습화되는 것이 걱정이다.

14.4 불임충 기술(SIT)

SIT는 세계적으로 수많은 해충들에 대한 확산저지 및 박멸 프로그램에서 중요한 역할을 하고 있다(Klassen & Curtis 2005). SIT는 국제식물보호협약(IPPC)에서 다음과 같이 "...... 동일종인 야외 개체군의 수정 능력을 줄이기 위해 불임충의 광역적인 대량 방사를 이용하여 해충을 방제하는 방법"이라고 정의한다(FAO 2005). 해충 방제에 운용하는 방법으로 이용되기 위한 SIT에 있어서는 몇몇 요구사항이 충족되어야만 한다. 이들은 대상해충에 대한 경제적이고, 효과적인 대량생산 방법의 적용, 효과적인 불임화 방법과 선량, 불임충에 대한 효율적인 취급 방법과 방사 방법을 포함하고 있다(Dowell 등 2005; Hendrichs 등 2005).

야외 개체군의 방제를 이루기 위해서, 시간이 지나면서 반복된 방사로 수정 능력이 있는 짝짓기의 가능성을 줄여 자식이 생산되지 않고, 지역의 해충 개체군이 제거되도록 야생충에 대한 불임충의 효과적인 과잉방출(over-flooding) 비율이 달성되어야만 한다(Hendrichs 등 2005). 이 목표를 이루기 위해서, 방사된 불임충은 야생의 당사자들과 경쟁하고, 성공적으로 교미해야만 하며, 효과적인 과잉방출(over-flooding) 비율이 합리적이고 경제적인 방사 비율로 달성될 수 있도록 해충 개체군의 밀도가 낮아져야만 한다. 불임충이 야생의 대상으로 하는 해충에 대하여 잘 수행되어야만 하기 때문에, 불임충의 품질 관리시스템이 프로그램의 관리를 위한 결정적인 요소이다(Calkins & Parker 2005; Simmons 등 2010). 교미교란과 같이, 주변 지역들로부터 이입 효과를 최소화하기 위해서 처리된 지역은 충분히 넓거나 고립되어 있어야 한다(Barclay 등 2011).

SIT는 독립적인 박멸 수단이 아니다. 그러나 방제 전술로서 SIT의 이용은 종 특이성 및 교미교란, 생물적 방제, 화학적/기계적 방제, 농약의 이용과 같은 대부분의 다른 방제 전술의 이용과의 호환성을 포함하여 많은 장점들을 지닌다(Klassen 2005; Carpenter 2000). 이러한 방법들이 광역적인 면에서 함께 이용될 경우, SIT는 박멸활동 및 장기적 밀도억제를 위해 성공적이고 지속적으로 이용될 수 있는 매우 강력한 접근방법을 위한 토대를 마련할 수 있다(Hendrichs 등 2007; Pimental 2007).

14.4.1 전략

식물보호 도구를 만들기 위해 SIT에서 4가지 전략이 이용된다. 이들 전략은 예방(prevention), 봉쇄(containment), 밀도억제(suppression), 박멸(eradication)이다(Hendrichs 등 2005). 이러한 모든 전략들은 다양한 성공 수준과 함께 광역적인 방제 프로그램 접근방식에서 SIT의 이용과 호환되는 다른 해충종합관리(IPM)의 전술들과 함께 이용된다(Hendrichs 등 2005).

예방(Prevention): 예방적 방사 전략 또는 프로그램(PRP)은 침입 위험이 높은 곳에서 해충 무발생 지역에 적용될 수 있다. 예를 들어, 해충의 정착과 발육을 위해 적합한 조건을 지닌 농경지 또는 환경이 고려된다(Hendrichs 등 2005). 캘리포니아에서 로스앤젤레스 분지는 과실파리류의 침입 위험성이 높은 곳이다(Barinaga 1991). 기후가 따뜻하고, 많은 잠재적인 기주 식물들이 분지에 자라고 있으며, 감염될 수 있는 과일을 들여오는 매우 많은 국제항공편 여행자(로스앤젤레스 국제공항; LAX)들과 함께 매우 바쁜 항구(Long Beach)가 있다. 지중해과실파리(Mediterranean Fruit Fly, *Ceratitis capitata* (Wiedemann) 공동 배재 프로그램은 1996년부터 이 지역에서 운용되고 있으며, 2,155mile^2 지역에 연중 주당 250백만 마리 이상의 파리를 방사하고 있다(CDFA http://www.cdfa.ca.gov/phpps/pdep/prpinfo/index.html, Enkerlin 2005). 이 프로그램의 편익은 방제, 법적규제, 검역업무 수행, 시장 손실로 요구될 수 있는 비용 면에서 추정된 연간 절약액이 13-19억 달러이다(Enkerlin 2005).

확산저지(Containment): 확산저지 프로그램은 감염된 지역과 감염되지 않은 지역 사이에 불임충의 방어벽이나 완충지역을 제공함으로서 정착된 해충이 감염되지 않은 지역으로 확산을 막기 위해 불임충 방사를 이용한다(Hendrichs 등 2005). 이 전술은 박멸 프로그램에서 이루어진 이득을 통합할 수 있거나(Hendrichs 등 2005), 침입의 위험에 있는 지역으로 해충이 들어오는 것을 막을 것이다. Darien Gap에 있는 파나마 지역의 방어벽 구역이 하나의 예로 들 수 있다. 파나마의 박멸된 구역으로 재침입을 막기 위해 불임된 검정파리 일종인 New World Screwworm이 방사되고 있다. 이렇게 운용되는 박멸 프로그램은 현재 유지단계에 들어가 있다(Hendrichs 등 2005; Vargas-Teran 등 2005).

훨씬 오랫동안 운용되고 있는 확산저지 프로그램 중의 하나는 캘리포니아 남부에 감염된 목화 생산지로부터 목화다래뿔나방(Pink Bollworm)의 확산을 멈추기 위해 40년 이상 캘리포니아 Central Valley의 넓은 목화 생산지에서 불임인 목화다래뿔나방을 방사하고 있다(Hendrichs 등 2005; Bloem 등 2005). 프로그램이 운용되는 동안, 확산저지 지역의 남쪽 끝에서 모니터링 트랩으로 야생의 목화다래뿔나방에 관한 정기적인 검출 결과는 이 해충의 침입 및 정착을 막기 위해 SIT를 이용하는 것에 관한 효율성을 증명하였다(Tabashnik 등 2010). 현재, 목화다래뿔나방 박멸 프로그램의 성공으로 이러한 확산저지에 관한 요구는 감소할 것이다.

밀도억제(Suppression): 밀도억제를 위해서, SIT는 경제적 허용 수준 아래로 해충을 유지하기 위한 방제 전술로 이용된다. 첫 번째 SIT의 활동은 주로 박멸활동의 전술로 여겨졌으며, 정기적인 방제 전술로서 비용 효과적이라고 생각되지는 않았다. 그러나 사육기술의 개선, 시장의 힘, 무농약 과일에 대한 소비자 요구, 일부 농약의 사용 제한은 해충 방제에 있어서 SIT의 일상적인 이용을 실행 가능한 경제적 대안으로 만들었다(Hendrichs 등 2005). 현재 이러한 방법으로 다음과 같은 중동, 남아프리카공화국, 스페인에서 지중해과실파리(Cayol 등 2004; Hendrichs 등 2005; Enkerlin 2005) 및 태국에서 귤과실파리(*Bactrocera dorsalis* (Hendel))(Orankanok 등 2007)에 관한 몇몇 프로그램뿐만 아니라 캐나다 브리티쉬콜롬비아의 사과에서 코드린나방(*Cydia pomonella* (L.))(Bloem 등. 2007b); 남아프리카공화국의 감귤에서 유사코드린나방(*Cryptophlebia leucotreta* (Meyrick))(Carpenter 등 2007); 캘리포니아 남동부 사막계곡의 목화에서 목화다래뿔나방(Walters 등 2000; Bloem 등 2005)과 같은 나방류에 관한 몇몇 프로그램 등 많은 프로그램들에서 SIT를 이용하고 있다. 양호하게 개발된 사육법 및 방사 시스템은 목화다래뿔나방 프로그램의 확장을 용이하게 하였고, 북미에서 이 해충의 박멸로 목표를 전환하는데 도움이 되었다(아래 참조).

박멸(Eradication): SIT를 이용한 성공적인 박멸 활동은 몇몇 호환적인 기술들이 적용되는 곳에서 불임충 사육 및 방사 비용이 터무니없게 되지 않도록 해충 개체군을 감소시키는 조화로운 광역 방제 프로그램의 운용을 요구하고 있다. 식물 해충들에 대하여 몇몇 성공적인 박멸 캠페인이 주요 전술 중의 하나로 SIT가 이용하고 있다(Hendrichs 등 2005). 검정파리 일종인 New World Screwworm (*Cochliomyia hominivorax* (Coquerel))은 소에 대한 주의 깊은 검사 및 처리와 조합한 SIT를 이용하여 북미에서 제거되었다(Vargas-Teran 등 2005). 캘리포니아, 멕시코, 플로리다, 일본의 다양한 농경지에서 몇몇 과실파리 종들과, 또한 몇몇 나방 종들이 성공적으로 박멸되었다(Kean 등 2009; Suckling 등 2007; Hendrichs 등 2005; Enkerlin 2005; Bloem 등 2005). 목화다래뿔나방에 대하여 10년 동안 광역적인 대규모 캠페인은 4개의 주 및 멕시코 북부의 남과 서를 잇는 목화 재배벨트에서 이 해충을 감지할 수 없는 수준으로 만들었다(그림 14.4). 이 프로그램은 *Bt* 독소를 발현하는 유전자 변형 목화를 지역의 넓은 면적에 심기, SIT, 교미교란, 재배적 방제 방법을 포함한 전술들의 조합을 이용하고 있다(Tabashnik 등 2010). 뉴질랜드에서 독나방 일종인 Painted Apple Moth의 훨씬 작은 감염지에 대하여 종합적인 광역 전술과 조합한 SIT의 유사한 적용은 프로그램 운용 2년 후 이 종을 박멸시켰다(Suckling 등 2007).

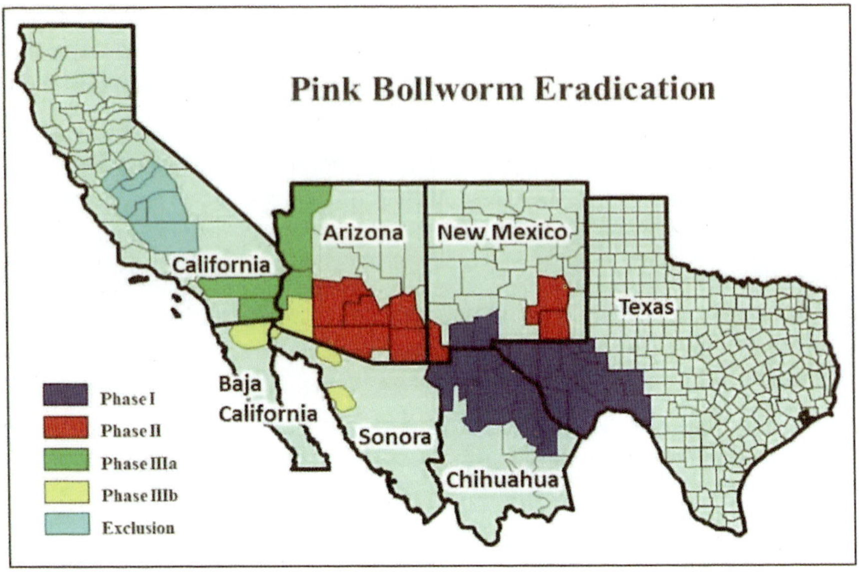

그림 14.4 목화다래뿔나방(PBW)에 대한 국제적인 박멸 프로그램의 증가 단계. 이 프로그램은 *Bt*-목화, 불임충 기술(SIT), 교미교란, 재배적 방제를 포함한 전술들의 조합을 이용하고 있다. SIT 성분은 박멸을 성공하는데 최종적인 방제 조치로 특히 중요하게 고려되고 있다. 캘리포니아의 San Joaquin 계곡에서 PBW의 정착을 막기 위한 배제 활동들은 1968년부터 진행되고 있다. 박멸 프로그램의 *I 단계*는 텍사스 서부의 El Paso 및 Trans Pecos 지역에서 2001년에 시작되었다. 뉴멕시코의 남중부 및 멕시코의 Chihuahua주에서 운용은 2002년에 시직되있다. *II 단계*는 애리조나 남부뿐만 아니라 뉴멕시코 남서부 및 남동부의 목화 재배지에서 추가로 2006년에 시작되었다. *IIIa단계*는 애리조나 서부 및 캘리포니아 남부의 목화 재배지에서 추가로 2007년에 시작되었다. *IIIb단계*는 애리조나 Yuna 카운티, 멕시코 Sonora, 멕시코 Baja California의 San Luis 및 Mexicali에서 추가로 2008년에 시작되었다. 2011년 12월 경, *I 단계* 및 *II 단계*는 99% 완성되었고(즉, PBW 개체군이 사전 프로그램의 수준에 비해 상대적으로 99% 감소되었음), 재정착을 막기 위해 대부분의 영역에 걸쳐 불임된 나방의 방사와 함께 박멸에 대해 모니터되고 있다. *III 단계*는 거의 98% 완성되었고, 모니터되고 있으며, *Bt*-목화, 교미교란, 트랩 포획이 번식하는 개체군을 암시하는 SIT를 이용하어 처리 중에 있다(지도 및 정보는 애리조나 Phoenix APHIS-PPQ-CPHST의 Walters 2011 및 메릴랜드 Riverdale APHIS-PPQ의 El-Lissy 2009에 의해 현황화 됨)

SIT를 이용한 박멸 캠페인은 호환적인 기술이 적절하게 이용되고, 불임충 자원이 효과적으로 이용될 수 있도록 조화로운 모양새로 잘 구성되고, 운용되어야만 한다(Hendrichs 등 2005). 어떤 운용 프로그램에서나 마찬가지로, 포괄적인 모니터링과 데이터 관리는 프로그램 관리자들에게 "의사결정(decision making)"을 위한 시의 적절한 정보가 전달되도록 하는 것이 매우 중요하다(Brockerhoff 등 2010).

14.4.2 전략 선정

방제 프로그램에서 SIT의 이용에 관한 직 · 간접적 편익은 Enkerlin (2005) 및 Hendrichs 등 (2005)에 의해 요약되어 있다. 이들은 감소된 피해로 인한 과일이나 상품의 품질과 수확량에 있어서 증가, 농약 사용량의 감소, 생산비의 감소, 해충의 무발생 구역 유지로 증가된 시장접근과 같은 직접적인 편익을 포함하고 있다. 어떤 전략을 이용할 것인가에 관한 선정은 경제적인 것과 정착된 개체군의 크기, 감염된 지역의 접근성, 해충의 생태와 같은 다른 요소들에 의존할 것이다(Hendrichs 등 2005). 가장 비용 효율적인 대안은 정착된 뒤의 해충의 방제나 박멸 비용과 비교하여 보면 예방인 것이다(Hendrichs 등 2005; Enkerlin 2005). 해충이 이미 정착되었다면, 비싸기는 하지만 박멸이란 대안이 밀도억제나 확산저지의 장기적인 대안보다 상대적으로 가장 편익으로 돌아올 것이다(Enkerlin 2005). 수출농산물의 잃어버린 기회비용과 결합되어 운용하고 있는 영구적인 검역 활동 및 모니터링 활동의 비용과 같은 요소들이 또한 전략을 선정할 경우에 고려되어야만 한다.

14.5 생물적 방제

두 가지 형태의 생물적 방제(고전적 및 첨가형/과잉형)가 박멸 프로그램에서 잠정적인 역할을 하게 된다. 고전적 생물적 방제(Classical Biological Control)는 보통 침입종인 대상해충의 밀도를 감소하는데 도움을 주는 외래 천적의 도입을 신중하게 시도하고 있다(Hoddle & Syrett 2002). 고전적 생물적 방제 프로그램들은 생물적 방제 인자들이 방사되기 전에 3-5년 또는 그 이상 걸릴 수 있는 과정을 설명해야 한다. 그러므로 그들은 보통 박멸 도구로 고려되지 않는다. 사실상 오랫동안, 생물적 방제는 박멸활동이 더 이상 가능하지 않다고 판단될 때까지 검역규제기관들에 의해 새로운 외래 해충에 대한 관리 대안으로 조사되지 않았다. 생물적 방제에 관한 초기의 관심은 규제기관들이 박멸에 대하여 진지하게 생각하지 않고 있으며, 재배자들이 이미 그 해충과 함께 생활할 계획을 하고 있다는 잘못된 메시지를 무역파트너에게 보낼 수 있다는 전통적인 지식에 사로 잡혀 있었다.

14.5.1 고전적 생물적 방제

박멸을 시도하는데 있어서 고전적 생물적 방제는 성공이 새로운 천적과 현재 덜 막대하지만 제거되지 않는 대상 해충과의 사이에서 안정되고 자체적으로 유지하는 균형만을 초래할 것이라는 전통적인 가정 때문에 또한 기각되었다. 그러나 도입된 절지동물의 천적들이 때때로 지역적인 곤충 및 식물의 절멸을 일으키는 것으로 나타나고 있다(Murdoch 등 1985). 이런 경우에, 박멸 지역의 밖으로부터 재침입하기 때문에 그 해충은 광역적으로 지속되고 있다. 예를 들어, 활엽수의 식엽성 해충으로 침입한 물결자나방 일종인 European Winter Moth

(*Operophtera brumata* (L.))를 방제하기 위해 Nova Scotia에 2종의 기생봉이 도입되었다. 마지막으로 도입된 해에 그 나방은 활엽수림에서 완전히 사라졌지만, 사과원과 녹음수에서는 여전히 나타나고 있었다. 또 다른 경우로, Manitoba에서 잎벌 일종인 Larch Sawfly (*Pristophora erichsonii* (Hartig))의 기생봉 도입에 이어 광범위한 시료추출 결과는 지역적인 절멸 및 재침입의 양상을 제시하였다. 아마도 지역적인 절멸은 종합적인 해충 박멸 프로그램의 일부로서 효과적으로 모니터되고 확장될 수 있을 것이다. 확실하게, 침입 생명체에 의한 미국 밤나무(*Castanea dentata* (Marsh.) Borkh.)와 같은 종의 부주의한 대량 파괴는 천적이 자유롭게 증식하는데 잠재적인 영향을 나타내고 있다.

아마도, 박멸 활동에서 고전적 생물적 방제의 보다 가능한 역할은 다른 기술들이 보다 실용적으로 이용될 수 있는 시점까지 해충 개체군의 밀도를 단순하게 억제하는 것이다. 예를 들어, 기생봉의 정착을 통해 과실파리 개체군을 낮추는 것이 미래의 SIT 박멸 프로그램을 훨씬 효과적이고 저렴하게 만들 수 있을 것이라고 반복적으로 주장되고 있다(Hendrichs 등 2005). 가장 극적인 예로, 귤과실파리(*Bactrocera dorsalis* (Hendel))의 하와이 개체군이 알에서 전용까지 기생하는 고치벌인 *Fopius arisanus* (Sonan)의 도입으로 거의 90%까지 가파르게 감소되었다(Haramato & Bess 1970; Newell & Haramato 1968). 그러한 감소의 원인이 정말로 천적에 의한 것인지 최근에 타이티에서 해충과 기생봉을 재회시켜 확인하였다. 다시 파리의 수는 가파르게 떨어졌다(Vargas 등 2007).

천적의 정착은 또한 다른 기술로 세워진 장벽을 유지하는데 도움을 줄 수 있다. 예를 들어, 미국 남동부의 해안선을 따라 선인장이 풍부한 서쪽 주들로, 궁극적으로는 멕시코로 침입하는 선인장나방의 확산을 막기 위해 SIT/기주 제거 장벽을 만들기 위한 다국적인 시도가 있다(Bloem 등 2007). 이 장벽이 세워질 수 있다면, 그러면 아마도 해충 개체군의 압력이 감염된 국경지역에서 더 낮아질 경우에는 훨씬 효과적이고 훨씬 값싸게 유지될 수 있을 것이다. 유사하게, 1996년부터 APHIS와 뉴욕, 일리노이, 뉴저지의 주 및 시 협력자, 미국 산림청이 규제지역 설정, 확인된 지역 주변의 조사활동 및 방제활동 수행, 감염된 나무의 제거, 나무가 제거된 지역을 복구하기 위한 나무 식재로 유리알락하늘소에 대한 박멸 활동을 수행하였다(USDA APHIS ALB 공동 박멸 프로그램 전략 계획 http://www.aphis.usda.gov/plant_health/plant_pest_info/asian_lhb/index.shtml). 비록 그 프로그램은 일부 지역에서 규제가 해제되었을지라도, 프로그램 활동은 적어도 2020년까지 계속될 것으로 기대되고 있다. 생물적 방제가 이 곤충에 대해 유용하다면, 긴 박멸 과정 동안 확산을 최소화하고, 제거되는 나무의 수를 감소시키는데 이용될 수 있을 것이다.

14.5.2 첨가형(augmentative)/과잉형(inundative) 생물적 방제

첨가형/과잉형 생물적 방제(기주 특이적인 기생봉이나 포식자의 수를 인위적으로 증가시키는 것)는 실행 가능한 박멸 기법 또는 광역적인 해충 관리 기법(Knipling 1992), 특별히 고부가가치 작물의 해충을 다루는 방법으로 빈번하게 제안되고 있다. 첨가형은 절화류와 같은 작물의 재배자들이 해충의 수가 매우 낮거나 존재하지 않는 것을 선호하는 유리온실에서 광범위하게 이용된다. 다양한 모델들이 대상물의 박멸 가능성을 예견하며, 일부는 천적 개체군의 계절적 성장이 그 대상물의 성장 뒤로 지연되는 경향이 있기 때문에 계절 초반의 대량 방사가 자연적으로 나타날 수 있는 것보다 훨씬 높은 사망률을 나타낼 것이라는 생각에 의존한다. 이런 방향에서, 초기 해충의 낮은 수는 아마도 절멸 지점까지 훨씬 낮게 이끌 수 있다(Liebhold & Tobin 2008).

실제적인 목적을 위해, 첨가형 생물적 방제를 통한 박멸 시도는 먼저 몇 가지 중요한 문제를 해결해야만 한다. 첫 번째는 대상물의 공격받기 쉬운 점이다. 해충이 공격으로부터 안전한 "피난군락(refugia)"의 서식처가 존재한다면, 박멸이 쉽지 않게 된다. 예를 들어, 과실파리 유충의 기생봉(가장 긴 산란관을 지닌 기생봉조차)은 큰 과일의 과육 깊은 곳에서 섭식하는 기주에 도달하는데 어려움이 있다. 큰 과일이 많을 때나 장소에 기생봉의 방사는 작은 과일이 있는 서식처에 방사하는 것보다 효과가 덜할 것이다. 다행히 일부 과실파리 해충들은 알에 산란하는 기생봉의 공격을 받으며(예를 들어, 앞에서 언급된 상당히 성공적인 *F. arisanus*), 기주의 알은 일반적으로 유충보다 과일의 표면에 훨씬 더 근접되어 있다.

두 번째 문제는 천적의 방사율을 결정하는 것이다(Parrella 등 1992). 이것은 종종 실험적으로 특히 야외에서 생태적으로 실제적인 조건하에서 성취하는데 쉽지 않다. 큰 야외 케이지에 넣은 해충과 천적은 다른 처리 수준으로 훨씬 많은 반복 기회를 제공할 수 있으나, 이러한 비교는 천적의 분산을 막는 것과 같은 그 자체적인 어려움을 지니고 있다.

세 번째 문제는 천적의 사육, 수송, 방사 비용이다. 대량 사육된 천적의 비용이 높아질 수 있지만, 대체 방법과 비교되어야만 한다. 예를 들어, 칠레이리응애(*Phytoseiulus persimilis* Athias-Henriot)의 방사를 통한 딸기에서 점박이응애(*Tetranychus urticae* Koch)에 관한 첨가형 생물적 방제는 살충제 저항성뿐만 아니라 일부 화학적 방제의 손실, 기타 비용의 상승이 널리 사용하도록 수년 전에 가능하게 하였다(Parrella 등 1992). *Diachasmimorpha longicaudata* (Ashmead)와 같은 과실파리 기생봉의 첨가형 방사는 카리브해과실파리(*Anastrepha suspensa* (Loew)를 95% 정도까지 밀도를 억제하였다. 그러나 경제적이고 실질적이 되기 위해서는 기생봉의 부가적인 사육비용이 정당화될 수 있도록 대체방법인 불임충보다 우수하여야만 한다(Sivinski 등 1996). 이런 경우에, 기생봉의 효과적인 방사율은 불임 수컷을 이용한 방사보다 더 낮아야 될 것이다. 또한, 기생봉에 노출하여 대량 사육된 암컷 파리 유충을 수확하기 위한 성적인 이형 발육율 활용, 암컷 파리로의 우화를 막기 위한 기주에 방사선을 조사하는 절차, 암컷 기생봉만을 생산하기 위해 내부공생세균인 *Wolbachia*로 기생봉의 성비를 조작함으로서 사육비용을 감소하기 위한 방법이 개발될 수 있다.

첨가형 생물적 방제는 SIT와 연대하여 쉽게 이용될 수 있다(Gurr & Kvedaras 2010). 예를 들어, 독나방 일종인 Australian Painted Apple Moth (*Orgyia anartoides* (Walker)는 뉴질랜드에서 곤충병원균인 *Bt*의 살포 및 불임 수컷의 살포를 조합하여 박멸하였다(Suckling 등 2007). 절지동물 천적과 SIT을 함께 이용하는 것은 방제 전술이 상호 보완될 수 있기 때문에, 박멸 기술로서 특별히 효과적일 것이다(Knipling 1992). 이것은 곤충 기생봉의 공격율이 종종 밀도에 양성(+)적으로 의존하기 때문이다. 기주탐색의 효율성은 기주 개체군의 밀도가 높을 때 가장 높으며, SIT의 유효성은 밀도에 음성(-)적으로 의존한다. 과잉방출(overflooding)은 대상 개체군의 낮은 밀도에서 훨씬 쉽게 달성된다. 즉, 기생봉의 성공은 SIT를 더 유력하게 만든다. 모델들은 이들 2개의 조합이 상승효과를 낼 것으로 예측한다. 즉, 해충 개체군을 방제하기 위한 그들의 합한 능력은 그들의 개별적인 기여의 총합보다 훨씬 크다. 상승효과는 아메리카잎굴파리(*Liriomyza trifoli* (Bugress))를 방제하기 위해 기생봉과 SIT 및 그들의 조합된 능력을 비교한 온실 실험에서 입증되었다(Kaspi & Parrella 2006). 대량 사육된 기생봉과 불임 수컷에 대한 사육시설과 방사수단이 종종 유사하고, 구분되는 기반시설이 요구되지 않기 때문에 경제적인 보너스가 일부 조합된 방사 프로그램에서 부여되고 있다.

SIT+첨가형 기생봉 방제에서 최근 관심은 과실파리류의 밀도억제에 집중되고 있다. 이것은 부분적으로 침입된 개체군을 박멸하기 위해서와 지중해과실파리의 북쪽으로 확산을 막는 멕시코-과테말라의 국경을 따라 방벽을 유지하기 위해서 진행 중인 실질적인 SIT+살충제 독먹이 살포 활동을 개선하고자 하는 욕구에서 기인하고 있다. 과실파리 기생봉+SIT와 그러한 기술들 중 하나와의 효율성을 비교하는 실험들은 혼재된 결과를 얻었다.

선구적인 하와이의 야외 연구는 불임의 지중해과실파리와 유충 기생봉인 *Diachasmimorpha tryoni* (Cameron)의 조합이었다. 이 연구는 두 가지 기술들이 상호 적용될 때 가장 효과적이었음이 제시되었다(Wong 등 1992). 수년 동안, 멕시코는 파리 무발생 지역 및 저발생 지역을 만들고 유지하기 위한 그들의 활동에서 불임 *Anastrepha*류에 *D. longicaudata*를 함께 성공적으로 방사하였다. 야외의 케이지를 씌운 커피(*Coffea arabica* L.)에서 발육하는 지중해과실파리 개체군들은 비록 단독의 첨가형 기생봉 방제가 또한 종종 SIT보다 훨씬 효과가 있었을지라도, SIT 단독보다 SIT+*F. arisanus*에 의해 유의성있게 훨씬 밀도를 억제하였다(Rendon 등 2006). 이러한 결과들을 바탕으로, 멕시코-과테말라 국경을 따라 이루어지는 MOSCAMED 과실파리 밀도억제 프로그램은 현재 지중해과실파리에 특이적이며, 생태적으로 유사한 종인 *F. ceratitivorus* Wharton의 첨가형 방사를 포함하고 있으며(Lopez 등 2003), 위험 지역과 독먹이 살포가 문제가 되는 지역에서 대량 사육으로 더 쉬워진다(그림 14.5). 또한, 작물이 아닌 감염원에 방사된 불임의 오이과실파리(*Bactrocera curcurbitae* (Coquillett))는 이어서 우화하는 성충 파리의 수를 억제함에 있어서 대량 방사된 유충 기생봉(*Psyttalia fletcheri* (Silvestri))보다 우수하였다. 그러한 다양한 결과물들은 해충, 기생봉, 환경의 특성이 첨가형을 포함한 생물적 방제 활동의 결과에 모두 영향을 주기 쉽다는 것을 강조한다.

과실파리 방제에 부가하여, 고무적인 실험들은 불임 나방과 기생봉의 조합이다. 예를 들어, 수정이 가능한 코드린나방의 수컷과 암컷을 넣은 케이지에서 과일의 피해는 불임 수컷과 알기생봉인 *Trichogramma platneri* Nagarkatti를 함께 넣었을 때 가장 낮았다(Bloem 등 1998). 이런 경우에, 불임 나방의 양쪽 성 모두를 방사하는 것은 산란되는 불임 알이 풍부하게 될 것이며, 그러면 알기생봉의 과잉형 방사를 통해 그것을 이용할 수 있게 된다. 즉, 기생봉의 야외 개체군들은 더 일정하고, 더 많은 수로 유지될 수 있을 것이며, 부가적인 방제가 제공될 것이다. 또한, 유사코드린나방의 불임 알에 대한 *Trichogrammatoidea cryptophlebiae* Nagaraja의 기생의 수용성 및 적합성을 결정하기 위해 실험실 및 야외 케이지에서 유사한 실험들이 수행되었다(Carpenter 등 2004).

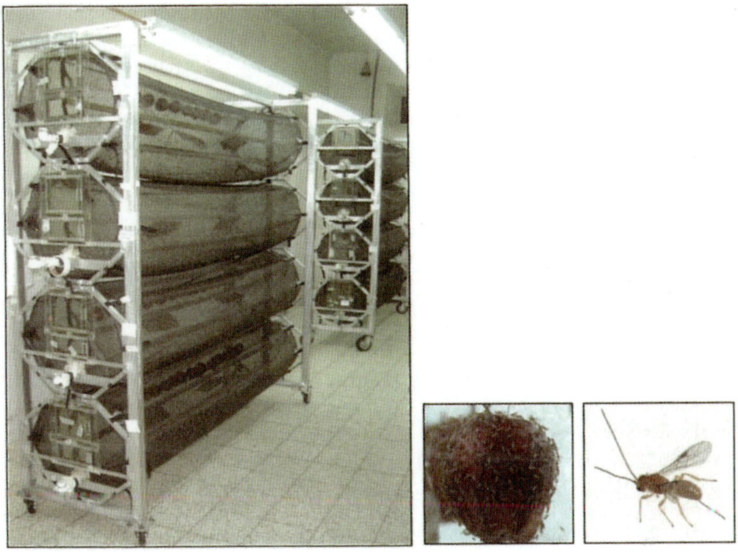

그림 14.5 과테말라에서 MOSCAMED 프로그램은 지중해과실파리를 방지하는데 도움을 주기 위해 알기생봉인 *F. ceratitivorus*를 대량사육하고 있다. 산란을 받기 위해 사과에 먼저 상처를 내고, 지중해과실파리 성충에 노출시킨 다음, 기생봉에 노출시키기 위해 소맷자락이 있는 큰 케이지로 옮겨 놓는다. 2011년에 과테말라 남서부의 커피 생산지에서 주기적으로 발생하는 지중해과실파리의 발견을 없애는 데 도움을 주고자 위험지역에 주당 대략 1.0–1.5백만 마리의 기생봉이 방사되었다(이미지 제공 과테말라의 과테말라시 USDA–APHIS–PPQ–CPHST)

14.6 종합적 해충 관리 및 박멸

유엔 식량농업기구(FAO)는 "종합적 해충 관리(IPM)가 해충 개체군의 발육을 방해하고, 경제적으로 정당화될 수 있는 수준의 살충제 및 다른 개입들을 유지하며, 인류의 건강과 환경에 대한 위험성을 감소하거나 최소화하는 모든 가용한 해충 방제 기술의 주의 깊은 고려 및 이후의 적절한 조치의 종합을 의미하며, 또한 IPM은 농생태계에서 최소한의 붕괴와 함께 건전한 작물의 생장을 강조하고 있으며, 자연적인 해충 방제 기작을 장려하고 있다"고 말한다(www.fao.org/agriculture/crops/core-themes/theme/pests/ipm/en/). 그러므로 IPM은 해충의 출생율을 감소시키고, 사망률을 증가시키는 상호보완적인 전술을 이용함으로서 환경 및 생태계 서비스에 혼란을 최소화하는 방법을 선호하는 생태적인 기반을 둔 해충 방제 전략이다. IPM에서 널리 이용되는 전술들은 선택적이거나 좁은 범위의 살충제, 페로몬, 생물적 방제(고전적 또는 과잉적, 보존적), 기주식물 저항성, 서식처의 변경과 같은 재배적 관리 전략, 예측 및 의사결정의 지원을 위한 모델링, 다른 지식에 바탕을 둔 접근방법들을 포함한다(Maredia 등 2003). IPM 프로그램에서는 비록 몇몇이 관건해충(key pest)이 될 수 있지만, 종종 많은 해충들이 존재한다.

IPM은 개입들로부터 비표적 영향을 최소화하는 한편, 정착된 해충을 관리하기 위한 시스템적 접근이 "최상의 전략"으로 떠오르고 있다. 야외에서 IPM은 또한 야외 및 수확으로부터 수확 후 취급이나 검역 절차(예를 들어, Jang 1996)를 통해 즉, 시장 접근을 가능하게 하는 각 단계에서 해충 발생의 위험성에 감소를 고려함으로서 과일이나 다른 영향을 받는 상품의 수출에서 수확 후 시스템적 접근으로 종합될 수 있다. 이들 시스템적 접근은 대기로 방출될 때 오존층 파괴를 일으키며, 몬트리올 의정서에 따라 단계적으로 사용을 줄이고 있는 메칠브로마이드로 훈증의 요구를 대체하기 위해 고안되었다(UNEP 2006)(10장 참조).

무역하는 국가들 사이 "저발생 지역"또는 "해충 무발생 지역"에 관한 협상을 통한 수용의 증가는 지속적인 감시활동에서 포획이 없음(예를 들어, 지속적으로 0인 페로몬 또는 파리 트랩 운용 프로그램)에 관한 인증된 증거가 수확 후 훈증의 요구없이 어떤 해충의 무발생 시장으로 수출할 수 있다는 것을 의미한다(Follett & Neven 2006). 이러한 접근에 바탕을 둔 과일 상품에 대한 대안적인 전술은 저온 및 대기조절과 같은 조합, 방사선 조사뿐만 아니라 낮은 감염 위험성을 나타낼 수 있는 기주 범위 및 이용성의 측정을 포함한다. 이들 시스템은 박멸이 불가능하지만, 해충 관리 비용이 지속적으로 추가되는 곳에서 무역을 활성화하는데 도움을 주기 위해 고안되었다. 그런 지속적인 해충 관리 비용은 박멸을 지지하는 비용편익의 경우에 대한 기준을 개발하는데 고려되고 있다.

해충들이 널리 분포하는 곳에서는 이입을 감소하거나 막기 위한 완충지역에 의해 지지된 해충 밀도억제 지역이 있을 수 있다. 그런 상황에서, 확산저지 지역은 "rolling carpet" 접근방법을 이용하여 밀도억제가 진행 중인 곳에서 점차 확장될 것이다(Hendrichs 등 2005). 이러한 접근은 Screwworm, Pink Bollworm, 과실파리 프로그램에서 성공적으로 이용되고 있다.

"종합적 해충 박멸(IPE)"라는 용어는 박멸 프로그램의 대상이 될 수 있는 침입종에 관하여 이렇게 잘 정립된 철학적인 접근을 구축하고, 유사체의 경우를 다룰 수 있도록 확장할 것을 제안하였다. 이러한 접근의 예는 유충을 대상으로 하는 살충제 및 성충 시기에 대한 교미교란을 위한 SIT 또는 페로몬과 같이 다른 생육시기에 대한 상호 보완적인 전술을 이용하는데 목적이 있을 수 있다. 개별적인 전술의 특성은 프로그램의 수준에서 고려되어야만 한다. 그 특성은 가용성, 등록 및 승인, 비용, 신뢰성 및 효율성, 상호간 호환성, 사회적 수용성, 확장성을 포함한다. 불행하게, 일부 낮은 영향의 전술은 해충 생태 때문에 생물체의 모든 목(目)에 이용되지 못한다. 일부 경우에, 진술은 이상적이고, 상승 효과적으로 작용할 수 있다. 하나의 예가 앞에서 논의된 SIT 및 기생봉의 첨가형 방사와의 조합이다(14.5절을 참조).

박멸의 목표는 관여되는 어떠한 지형과 관계없이 대상구역의 어느 곳에서나 나타날 수 있는 자신을 유지하는 개체군의 정착을 막는데 관여하기 때문에 지속적인 해충 관리보다 내재적으로 훨씬 더 도전적인 해충 관리이다. 매우 낮은 개체군 밀도는 자기 혼자서 절멸해 갈 것이기 때문에 가장 마지막 개체를 죽일 필요가 없는 앨리효과(Allee Effect)(Liebhold & Tobin 2008)가 해충 개체군의 절멸에 유용하게 기여할 수 있다. 낮은 해충 밀도에서 더 잘 작용하는 SIT나 교미교란과 같이, 일부 반대의 밀도 의존적 전술은 이러한 약점을 악용한다.

박멸활동이나 확산저지 활동의 대응을 위한 경제적 허용 수준은 높은데, 이들 프로그램이 전형적으로 수백만 달러의 많은 비용이 지불되고, 몇 년 정도 지속되기 때문이다. 비용과 지속기간은 보통 정부 차원에서만 성취되는 조정의 정도를 의미한다. 부문별 해충에 미치는 영향의 주의 깊은 요약은 부당한 박멸활동들이 수행되지 않도록 보장한다. 기주 특이적 식물병해충(식물병원균 포함)은 감시활동 및 박멸활동을 위한 유용한 도구들이 있을 때조차도, 이 기준에서 박멸활동의 대응을 일으킬 가능성이 적다.

몇몇 기본적인 조건들이 박멸 캠페인의 성공을 위해 필수적이다. 대상 생명체의 개체군을 모니터하고, 방제하기 위해 이용될 수 있는 도구들이 유용하여야만 하며, 침입자의 분포가 여전히 한정되고, 알려지며, 급속하게 퍼지지 않아야만 한다. 공공의 지원 및 적절한 재원 또한 중요하다(Myers & Hosking 2002; Brockerhoff 등 2010).

해충 관리는 전형적으로 생산자가 도시민보다도 살충제 및 다른 개입들을 훨씬 수용하는 농업 또는 산림, 원예 생산 시스템에 적용되기 때문에, 박멸활동을 위한 유용한 도구들이 또한 해충 관리의 도구들보다 훨씬 한정될 수 있다. IPM은 전형적으로 사유지에 적용되는 반면, 박멸활동은 공용지와 사유지 모두의 해충 개체군을 대상으로 하여야만 한다. 비용편익 분석이 원하지 않는 생명체의 박멸활동으로부터 경제적으로 양호한 성과를 지적할지라도, 토지 소유자들은 정부 프로그램에 동의하지 않을 수 있다.

아이러니하게도, 원하지 않는 생명체들이 종종 도심지에서 먼저 발견된다. 따라서 사회적 태도는 특히, 시나 다른 민감한 생태계들에서 박멸활동의 지속성에 관하여 직접적으로 영향을 줄 수 있다. 정서적으로 상징적인 식물 및 수목에 대한 공공의 태도가 또한 고려되어야만 한다. 다른 박멸 전술에 대하여 공공의 태도에 차이가 밝혀져야만 한다. 이 분야에서 뿐만 아니라 새로운 도구들의 개발에서 더 많은 활동이 요구되고 있다.

14.7 도전과 전망

박멸을 위해 유용한 도구들의 개발 및 적용, 종합에서 의미있는 진전이 이루어졌으며, 이것은 최근 박멸 프로그램의 증가된 성공률에서 뚜렷하다. 전지구적으로 증가된 여행 및 무역에 인해 새로운 생명체의 침입 비율이 가속화됨에 따라, 높은 영향을 주는 해충에 의한 확산과 비용의 비율에서 유사한 경향이 기대될 수 있다. 그러한 예로는 정부가 확산저지나 박멸활동이 가능하다면 시도할 가능성이 있는 불개미 일종(Red Imported Fire Ant)과 모기류를 포함하고 있다. 이것은 호주의 독나방 일종인 Australian Tussock Moth (뉴질랜드의 오클랜드 도심에서 Painted Apple Moth로 부름)에 관하여 최근 45백만 달러를 들여 박멸하는 동안 "밑 빠진 독에 물 붓기(ambulance at the bottom of the cliff)" 식처럼 논의되는 현상을 피하기 위하여, 정부가 이 분야에 투자를 늘려야 한다고 주장한다. 다른 전술과 함께 *Btk*를 40회까지 항공 살포되었다(Brockerhoff 등 2010).

호주 정부는 다음과 같은 방법으로 박멸로 이익을 얻는 사람과 비용을 지불해야하는 사람에 관한 문제를 주도적으로 다루기를 시도하였다. 해충이 단지 공공의 관심거리라면, 명백하게 연방정부가 이해당사자이고, 프로그램을 위해 비용을 지불할 것이다. 또한, 농업이 큰 관심을 가진다면(추측컨대, 원하지 않는 생명체가 알려진 위협이 있기 때문에), 비용은 이러한 정보에 바탕을 둔 처방서에 따라 정부와 공유될 것이다. 공유된 관심에 관한 이러한 인식을 가지지 않는다면, 아마도 박멸활동 영역으로 박멸되지 않을 수 있는 해충을 들여오도록 도울 것이다. 예로는 좁은 기주 범위를 지닌 구역 특이적인 해충들일 것이다.

생명체로부터 위험에 처한 부분이 생명체가 발견된 곳의 처리에 의해 직접적으로 영향을 받는 대중과 지리적으로 같지 않을 수 있기 때문에 동등성에 관한 또 다른 문제가 박멸 프로그램 동안에 발생한다. 이런 경우에 정보교환, 필요하다면 사회적으로 허용 가능한 해결책에 많은 투자를 하는 것이 도움이 된다. 뉴질랜드에서, 영향을 받는 주민들로부터 높은 수준의 지지를 나타내는 정기적인 조사로부터 얻어진 결과에 관한 출판물은 오클랜드 도심과 근교의 30,000에이커를 포함하는 Painted Apple Moth의 박멸 프로그램이 운용되는 동안 영향을 받는 지역에 소재한 소수 시위대의 극렬한 반대를 다루는데 있어 정부에게 도움을 주었다.

일부 경우에, 박멸활동은 정부, 영향을 받는 지역, 대중에게 뚜렷하게 원하는 결과가 가능하며, 정당하게 될 수 있다. 박멸활동에 필요한 실질적인 비용과 헌신, 노력은 침입자의 예상되는 영향 및 박멸 가능성을 포함한 실질적인 비용편익 분석을 요구하고 있다(Brockerhoff 등 2010). 박멸활동의 비용과 편익에 관한 이해는 상당한 진전을 이루게 되었으며, 최근의 많은 프로그램들은 정서적(amenity) 가치에 관한 영향과 같은 비시장적 가치를 약하게 고려함에도 불구하고, 중요한 재정적 편익을 제공하고 있다. 그럼에도 불구하고, 그런 프로그램에 대한 대중의 관심 증가 및 경우에 따라 강한 반대를 포함한 제약들이 있다. 관심이나 영향을 받는 부분으로부터 인터넷에 호스트 된 라이브러리의 동영상과 같은 새로운 미디어가 그런 프로그램의 반대자들에 의해 이용되고 있으며, 그런 경우 개입의 지지를 나타내는데 있어 정부의 큰 도전으로 나타나고 있다.

많은 박멸 프로그램들이 종종 항공기를 이용하여 최상으로 달성될 수 있는 넓은 지역에 대한 비용 효율적 처리방법을 개발하는 도전에 직면해 있다. 그러나 수십 년 이전에 캘리포니아에서 과실파리에 대해 이용된 넓은 적용범위를 지닌 살충제의 항공 살포(Barinaga 1991)는 이제 일반적으로 더 이상 수용할 수 없다. 페로몬의 항공 살포는 미국 동부에서 매미나방의 확산을 지연하기 위해 몇 년 동안 이용되었으나(http://da.ento.vt.edu), 이 전술조차 연갈색사과잎말이나방에 대한 최근 박멸 프로그램에서 마이크로캡슐화된 페로몬의 이용이 대중의 반대에 부딪친 후 캘리포니아 정부에 의해 철회되었다(www.cdfa.ca.gov - 연갈색사과잎말이나방 프로젝트, CEQA 의무적 조사 결과 03/22/10). 이러한 예는 대중의 태도 변화가 도시화의 증가 및 식량 생산에 있어서 해충 관리의 필요성에 대한 사회적 이해심의 감소 때문에 나타날 수 있음을 지적한다. 또한, 대중이 해충의 영향과 살충제의 항공 살포에 관한 위험성과 편익을 이해할 때(예를 들어, 미국 동부에서 매미나방의 밀도억제를 위한 *Btk*), 그 전술이 수용될 수 있을 것이며, 프로그램에 자금을 지원될 때 논쟁이 철회될 것이다.

우리는 일부 침입종에 의해 부과된 위협 및 박멸하지 않기로 한 결정 또한 대중에게 부정적으로 영향을 줄 수 있음을 대중들에게 인식시키고 이해시켜야만 한다. 불행하게도, 박멸활동에 대한 효과적인 사회적 수용 도구의 결여가 종종 중요한 제한사항이 되고 있다. 이러한 격차를 메우기 위해 비표적 영향이 거의 없는 도구에 관한 많은 연구들이 요구되고 있다. 미래의 중요한 요구조건은 모델링과 다른 의사결정 지원 도구뿐만 아니라 비용 효율적인 감시활동 및 박멸활동을 위한 방법의 확장된 도구 키트를 포함한 침입에 대한 생태 및 관리의 증진된 이해인 것이다. 상당히 뚜렷한 유형의 생명체에 대해 일반적인 비용편익 분석으로 강하게 지지하는 경향(표 14.1 참조)은 이런 응용생태학 분야의 활동 및 지식을 훨씬 더 요구하고 있다. 그러므로 새로운 침입 생명체 문제가 펼쳐짐에 따라 틀림없이 법적규제 문제에 관심을 가진 새로운 졸업생의 고용 전망은 밝다. 더 나아가 단지 그대로의 상태(*status quo*)를 유지하기 위해 자원에 대한 수요 증가를 다루는 정부가 직면한 정책적 도전들을 우리는 과소평가할 수 없다.

참고문헌

Barclay HJ, Matlock R, Gilchrist S, Suckling DM, Reyes J, Enkerlin WR, Vreysen MJB (2011) Assessing the minimum size area for an area-wide integrated pest management program: a conceptual model involving sterile releases and a case study. Int J Agron 409328:12. doi:10.1155/2011/409328

Barinaga M (1991) A new buzz in the medfly debate. Science 253: 1351

Barker GM (ed) (2002) Molluscs as crop pests. CABI Publishing, Wallingford, 468 pp

Bloem S. Bloem KA, Knight AL (1998) Oviposition by sterile codling moths and control of wild populations with combined releases of sterile moths and egg parasitoids. J Entomol Soc BC 95: 99-109

Bloem S, Carpenter JE, Bloem KA (2003) Performance of sterile *Cactoblastis cactorum* (Lepidoptera: Pyralidae) females in luring males to traps. Fla Entomol 86: 395-399

Bloem KA, Bloem S, Carpenter JE (2005) Impact of moth suppression/eradication programmes using the sterile insect technique or inherited sterility, pp 677-700. In: Dyck VA, Hendrichs J, Robinson AS (eds) Sterile insect technique. Principles and practice in area-wide integrated pest management. Springer, Dordrecht, p 787

Bloem K, Bloem S, Carpenter J, Hight S, Floyd J, Zimmermann H (2007a) Development of a binational plan to stop the spread of the cactus moth, Cactoblastis cactorum, in North America, pp 337-344. In: Vreysen MJB, Robinson AS, Hendrichs J (eds) Area-wide control of insect pests. From research to field implementation. Springer, Dordrecht, 789 pp

Bloem S, McCluskey A, Fugger R, Arthur S, Wood S, Carpenter J (2007b) Suppression of the codling moth *Cydia pomonella* in British Columbia, Canada using an area-wide integrated approach with an SIT component, pp 591-601. In: Vreysen MJB, Robinson AS, Hendrichs J (eds) Area-wide control of insect pests. From research to field implementation. Springer, Dordrecht, p 789

Brockerhoff EG, Suckling DM (1999) Development of an attracticide against Light Brown Apple Moth (Lepidoptera: Tortricidae). J Econ Entomol 92: 853-859

Brockerhoff EG, Jones DC, Kimberley MO, Suckling DM, Donaldson T (2006) Nationwide survey fnr invasive wood-boring and bark beetles (Coleoptera) using traps baited with pheromones and kairomones. For Ecol Manage 228: 234-240

Brockerhoff EG, Liebhold AM, Richardson B, Suckling DM (2010) Eradication of invasive forest insects: concept, methods, costs and benefits. NZ J Sci 40(suppl): Sl17-S135

Burns RE, Harris DL, Moreno DS, Eger JE (2001) Efficacy of Spinosad bait sprays to control Mediterranean and Caribbean fruit flies (Diptera: Tephritidae) in commercial citrus in Florida. Fla Entomo1 84: 672-678

Calkins CO, Parker AG (2005) Sterile insect quality. pp 269-296. In: Dyck VA, Hendrichs J, Robinson AS (eds)

Sterite insect technique. Principles and practice in area-wide integrated pest management. Springer, Dordrecht, p 787

Cardé RT (2007) Using pheromones to disrupt mating of moth pests, pp 122-169. In: Kogan M, Jepson P (eds) Perspectives in ecological theory and integrated pest management. Cambridge University Press, Cambridge

Cardé RT, Minks AK (1995) Control of moth pests by mating disruption: successes and constraints. Annu Rev Entomol 40: 559-585

Carpenter JE (2000) Area-wide integration of lepidopteran Fl sterility and augmentative biological control, pp 193-200. In: Tan KH (ed) Proceedings: area-wide control of fruit flies and other insect pests. International conference on area-wide control of insect pests, and the 5th international symposium on fruit flies of economic importance, 28 May-5 June 1998, Penang. Penerbit Universiti Sains Malaysia, Pulau Pinang

Carpenter JE, Bloem S, Hofmeyr JH (2004) Acceptability and suitability of eggs of false codling moth (Lepidoptera: Tortricidae) from irradiated parents to parasitism by *Trichogrammatoidea cryptophlebiae* (Hymenoptera: Trichogrammatidae). Biol Control 30: 351-359

Carpenter JE, Bloem S, Hofmeyr H (2007) Area-wide control tactics for the False Codling Moth *Thaumatotibia leucotrera* in South Africa: a potential invasive species, pp 351-360. In: Vreysen MJB. Robinson AS, Hendrichs J (eds) Area-wide control of insect pests. From research to field implementation. Springer, Dordrecht, p 789

Cayol JP, Rössler Y, Weiss M, Bahdousheh M, Oman M, Hamalawi M, Almughayyar A (2004) Fruit fly control and monitoring in the Near East: shared concern in a regional transboundary problem. In: Barnes BN (ed) Proceedings 6th international symposium on fruit flies of economic importance, 6-10 May 2002, Stellenbosch. Isteg Scientific Publications, Irene, pp 155-171

Charles JG, Allan DJ, Chhagan A. Jamieson LE (2005) Effectiveness of Foray 48B over time after application against the painted apple moth. NZ Plant Prot 58: 12-16 www.nzpps.org/jouynal.php

Crook DJ, Khrimian A, Francese JA, Fraser I, Poland TM, Sawyer AJ, Mastro VC (2008) Development of a host-based semiochemical lure for trapping emerald ash borer *Agrilus planipennis* (Coleoptera: Buprestidae). Environ Entomol 37: 356-365

Dowell RV, Worley J, Gomes PJ (2005) Sterile insect supply, emergence and release, pp 297-324. In: Dyck VA, Hendrichs J, Robinson AS (eds) Sterile insect technique. Principles and practice in area-wide integrated pest management. Springer, Dordrecht, p 787

Dubey JK, Patyal SK (2007) Chemistry of pesticides, pp 67-74. In: Pimentel D (ed) Encyclopedia of pest management. vol II. CRC Press, Boca Raton, 728 pp

Dyck VA, Regidor Fernández EE, Reyes Flores J, Teruya T, Barnes B, Gómez Riera P, Linquist D, Reuben R (2005) Public relations and political support in area-wide integrated pest manage-ment programmes that integrate the sterile insect technique, pp 547-559. In: Dyck VA, Hendrichs J, Robinson AS (eds) Sterile insect technique. Principles and practice in area-wide integrated pest management. Springer, Dordrecht, p 787

El-Lissy M (2008) pink bollwonn eradication. http://www.aphis.usda.gov/plantpestinfo/cottonpest/index.shtml

El-Sayed AM (2011) The Pherobase: datahase of insect pheromones and semiochemicals. http://www.phcrobase.com

El-Sayed AM, Suckling DM, Wearing CH, Byers JA (2006) Potential of mass trapping for long-term pest management and eradication of invasive species. J Econ Entomol 99(5): 1550-1564

El-Sayed AM, Suckling DM, Byers JA, Jang EB, Wearing CH (2009) Potential of 'lure and kill'for long-term pest management and eradication of invasive species. J Econ Entomol 102(3): 815-835

Enkerlin WR (2005) Impact of fruit fly control programmes options using the sterile insect technique, pp 651-676. In: Dyck VA, Hendrichs J, Robinson AS (eds) Sterile insect technique. Principles and practice in area-wide integrated pest management. Springer, Dordrecht, p 787

FAO (2005) Glossary of phytosanitary terms. Secretariat of The International Plant Protection Convention/ Food And Agriculture Organization Of The United Nations. Rome

Follett PA, Neven LG (2006) Current trends in quarantine entomology. Anna Rev Entomol 51: 359-385

Gadgil PD, Bulman LS, Dick MA, Bain J (2000) Dutch elm disease in New Zealand, pp 189-199. In: Dunn CP (ed) The etms: breeding, conservation, and disease management. Kluwer Aca-demie, Boston

Gurr G, Kvedaras O (2010) Synergizing biological control: scope for sterile insect technique, induced plant defenses and cultural techniques to enhance natural enemy impact. Biol Control 52: 198-207

Hajek AE, Tobin PC (2009) North American eradications of Asian and European gypsy moth, pp 71-89. In: HaJek AE, Glare TR, O'Callaghan M (eds) Use of microbes for control and eradication of invasive arthropods. Springer, Dordrecht, p 366

Haramoto FH, Bess HA (1970) Recent studies on the abundance of the oriental and Mediterranean fruit flies and the status of their parasites. Proc Haw Entomol Soc 20: 551-566

Harris Consulting (2003) Asian gypsy moth, assessment of potential economic impacts. Report for the Ministry of Agriculture and Forestry, Policy Dept., Wellington

Hendrichs J, Vreysen MJB, Enkerlin WR, Cayol JP (2005) Strategic options in using sterile insects for area-wide integrated pest management, pp 563-600. In: Dyck VA. Hendrichs J. Robinson AS (eds) Sterile insect technique. Principles and practice in area-wide integrated pest management. Springer, Dordrecht, p 787

Hendrichs J, Kenmore P, Robinson AS, Vreysen MJB (2007) Area-wide integrated pest manage-ment (AW-IPM): Principles, practice and prospects, pp 3-33. In: Vreysen MJB, Robinson AS, Hendrichs J (eds) Area-wide control of insect pests. From research to field implementation. Springer, Donlrecht, p 789

Hoddle MS, Syrett P (2002) Realizing the potential of classical biological control. In: Hallman GJ, Schwalbe CP (eds) Invasive arthropods in agriculture - problems and solutions. Science Publishers, Enfield, pp 395-424

Holmes TP, Aukema JE, Von Holle B, Liebhold A. Sills E (2009) Economic impacts of invasive species in forests past, present, and future. The year in ecology and conservation biology. Ann NY Acad Sci 1162: 18-38

Howse PE, Stevens IDR, Jones OT (1998) Insect pheromones and their use in pest management. Chapman and Hall, London

Jang EB (1996) Systems approach to quarantine security: postharvest application of sequential mortality in the Hawaiian grown 'Sharwil' avocado system. J Econ Entomol 89: 950-956

Kaspi R, Parrella MP (2006) Improving the biological control of leafminers (Diptera: Agromyzidae) using the sterile insect technique. J Econ Entomol 99(4): 1168-1175

Kean JM, Suckling DM (2005) Estimating the probability of eradication of painted apple moth from Auckland. NZ Plant Prot 58: 7-11. www.nzpps.org/journal.php

Kean JM, Tobin PC, McCullough DG, Stringer LD, Herms DA, P1uess T, Suckling DM, Lee DC, Yamanaka T(2009) Database of pest eradications. http://b3.net.nz/gerda/index.php. Accessed 3 Oct 2011

Klassen W (2005) Area-wide integrated pest management and the sterile insect technique, pp 39-68. In: Dyck VA, Hendrichs J, Robinson AS (eds) Sterile insect technique. Principles and practice in area-wide integrated pest management. Springer, Dordrecht, p 787

Klassen W, Curtis F (2005) History of the sterile insect technique, pp 3-36. In: Dyck VA, Hendrichs J, Robinson AS (eds) Sterile insect technique. Principles and practice in area-wide integrated pest management. Springer, Dordrecht, p 787

Knight B (2008) Biosecurity "at the speed of commerce". Biosecurity Magazine, MAF Biosecurity New Zealand, Issue 88, December, p 6

Knipling EF (1992) Principles of insect parasitism analyzed from new perspectives: practical implications for regulating Insect populations by biological means, vol 693, Agriculture handbook. USDA, Washington, DC, 337 pp

Krieger R (ed) (2010) Hayes'handbook of pesticide toxicology, 3rd edn. Elsevier, New York, 1198 pp

Liebhold AM, Tobin PC (2008) Population ecology of insect invasions and their management. Annu Rev Entomol 53: 387-408

Lopez M. Sivinski J, Rendon P, Holler T, Bloem K, Copeland R, Trostle M, Aluja M (2003) Colonization of *Fopius ceratitivorus*, a newly discovered African egg-pupal parasitoid (Hymenoptera: Braconidae) of *Ceratitis capitata* (Diptera: Tephritidae). Fla Entomol 86: 53-60

Maredia KM, Dakouo D, Mota-Sanchez D (eds) (2003) Integrated pest management in the global arena. CABI Publishing, Wallingford

Metcalf RL, Luckmann WH (1994) Introduction to insect pest management. 3rd Edn. Wiley, New York, 650 pp

Metcalf RL, Metcalf RA (1993) Destructive and useful insects: their habitats and control, 5th Edn. McGraw-Hill, New York, 1200 pp

Mumford JD (2005) Application of benefit/cost analysis to insect control using the sterile insect technique, pp 481-498. In: Dyck VA, Hendrichs J, Robinson AS (eds) Sterile insect technique. Principles and practice in area-wide integrated pest management. Springer. Dordrecht, p 787

Murdoch W, Chesson J. Chesson P (1985) Biological control in theory and practice. Am Nat 125: 344-366

Myers JH, Hosking G (2002) Eradication. In: Hallman GJ, Schwalbe CP (eds) Invasive arthropods in agriculture-problems and solutions. Science Publishers, Enfield, pp 293-307

Myers JH, Savoie A, van Randen E (1998) Eradication and pest management. Ann Rev Entomol 43: 471-491

Newell IM, Haramoto FH (1968) Biotic factors influencing populations of *Dacus dorsalis* in Hawaii. Proc Hawaii Entomol Soc 20: 81-139

Orankanok W, Chinvinijkul S, Thanaphum S, Sitilob P, Enkerlin WR (2007) Area-wide integrated control of oriental fruit fly *Bactrocera dorsalis* and guava fruit fly *Bactrocera correcta* in Thailand, pp 517-526. In: Vreysen MJB, Robinson AS, Hendrichs J (eds) Area-wide control of insect pests. From research to field implementation. Springer, Dordrecht, p 789

Panetta FD, Lawes R (2005) Evaluation of weed eradication programs: the delimitation of extent. Divers Distrib 11(5): 435-442

Parrella M, Heinz K, Nunney L (1992) Biological control through augmentative releases of natural enemies: a strategy whose time has come. Am Entomol (Fall) 38: 172-179

Pimentel D (2007) Area-wide pest management: environmental, economic and food issues, pp 35-47. In: Vreysen MJB, Robinson AS, Hendrichs J (eds) Area-wide control of insect pests. From research to field implementation. Springer, Dordrecht, p 789

Plapp FW (1991) The nature, modes of action and toxicity of insecticides, pp 447-460. In: Pimentel D (ed) Handbook of pest management in agriculture, vol II, 2nd edn. CRC Press, Boca Raton, p 784

Rabaglia R, Duerr D, Acciavatti R, Ragenovich I (2008) Early detection and rapid response for non-native bark and ambrosia beetles. USDA-Forest Service, Forest Health Protection

Régnière J, Nealis V, Porter K (2009) Climate suitability and management of the gypsy moth invasion into Canada. Biol Invas 11: 135-148

Rendon P, Sivinsksi J, Holler T, Bloem K, Lopez M, Martinez A, Aluja M (2006) The effects of sterile males and two braconid parasitoids, Fopius arisanus (Sonan) and *Diachasmimorpha krausii* (Fullaway) (Hymenoptera), on caged populations of Mediterranean fruit flies, Ceratitis capitata (Wied.) (Diptera: Tephritidae), at various sites in Guatemala. Biol Control 36: 224-231

Richardson B, Kay MK, Kimberley MO, Charles JG, Gresham BA (2005) Evaluating the benefits of dose-response bioassays during aerial pest eradication operations. NZ Plant Prot 58:17-23. www. nzpps.org/journal.php

Ross MG (2005) Response to a gypsy moth incursion within New Zealand. Wellington: Ministry of Agriculture and Forestry. IUFRO conference, Hanmer, 2004

Schwalbe C, Mastro V, Lance D (1984) Mass trapping. Otis Methods Development Center Progress Report. USDA. APHIS, ppQ, pp 40-44

Sharov AA, Leonard D, Liebhold AM, Roberts EA, Dickerson W (2002) "Slow the Spread" a national program to contain the gypsy moth. J For 100: 30-36

Simmons GS, Carpenter JE, Suckling DM, Addison M, Dyck VA, Vreysen MJB (2010) Improved quality management to enhance the efficacy of the sterile insect technique for lepidopteran pests. J Appl Entomol 134(3): 261-273

Sivinski JM, Calkins CO, Baranowski R, Harris D, Brambila J, Diaz J. Bums RE. Holler T. Dodson G (1996) Suppression of a Caribbean Fruit Fly (Anastrepha suspensa (Loew) Diptera: Tephritidae) population through augmented releases of the parasitoid Diachasmimorpha longicaudata (Ashmead) (Hymenoptera: Braconidae). Biol Control 6: 177-185

Smith MT, Turgeon JT, De Groot P, Gasman B (2009) Asian longhormed beetle *Anoplophora glabripennis* (Motschulsky): lessons learned and opportunities to improve the process of eradication and management. Am Entomol 55: 21-25

Sosnowski MR, Fletcher JD, Daly AM, Rodoni BC, Viljanen-Rollinson SLH (2009) Techniques for th tment, removal and disposal of host material during programmes for plant pathogen eradiation. Plant Pathol 58: 621-635

Suckling DM, Brockerhoff EG (1999) Control of light brown apple moth (Lepidoptera: Tortricidae) using an attracticide. J Econ Entomol 92: 367-372

Suckling DM, Brockerhoff EG (2010) Invasion biology, ecology, and management of the light brown apple moth (Tortricidae). Annu Rev Entomol 55: 285-306

Suckling DM, Charles J, Allan D, Chhagan A, Barrington A, Bumip GM. El-Sayed AM (2005) Performance of irradiated *Teia anartoides* (Lepidoptera: Lymantriidae) in urban Auckland, New Zealand. J Econ Entomol 98: 1531-l538. DOI http://dx.doi.org/10.1603/0022-0493-98.5.1531

Suckling DM, Barrington AM, Chhagan A, Stephens AEA, Burnip GM, Charles JG, Wee SL (2007) Eradication of the Australian Painted Apple Moth *Teia anartoides* in New Zealand: trapping, inherited sterility, and male competitiveness, pp 603-615. In: Vreysen MJB, Robinson AS, Hendrichs J (eds) Area-wide control of insect pests. From research to field implementation. Springer, Dordrecht, p 789

Suckling DM, Tobin PC, McCullough DG, Herms D (2012) Combining tactics to exploit allee effects for eradication of alien insect populations. J Econ Entomol 105(1): 1-13

Tabashnik BE, Sisterson MS, Ellsworth PC, Dennehy TJ, Antilla L. Liesner L, Whitlow M, Staten RT, Fabriek JA, Unnithan GC, Yelich AJ, Ellers-Kirk C, Harpold VS, Li X, Carriere Y (2010) Suppressing resistance to Bt cotton with sterile insect release. Nat Biotech 28: 1304-1307

UNEP (2006) Handbook for the Montreal protocol on substances that deplete the ozone layer, 7th edn. Ozone Secretariat, United Nations Environment Programme. UNON, Kenya

USFS (United States Forest Service) (2009) The gypsy moth digest http://www.na.fs.fed.us/fhp/gm

Vargas R, Leblanc L, Putoa R, Eitam A (2007) Impact of introduction of *Bactrocera dorsalis* (Diptera: Tephritidae) and classical biological control releases of *Fopius arisanus* (Hymenoptera: Braconidae) on economically important fruit flies in French Polynesia. J Econ Entomol 100: 670-679

Vargas-Teran M, Hofmann HC, Tweddle NE (2005) Impact of screwworm eradication programmes using sterile insect technique. pp 629-650. In: Dyck VA, Hendrichs J, Robinson AS (eds) Sterile insect technique. Principles and practice in area-wide integrated pest manage-ment. Springer, Dordrecht, p 787

Walters ML, Staten RT, Roberson RC (2000) Pink bollworm integrated management using sterile insects under field trial conditions, Imperial Valley, pp 201-206. In: Tan KH (ed) Area-wide control of fruit flies and other insect pests: Joint Proceedings of international conference in area-wide control of insect pests and the 5th international symposium on friut flies of economic importance, 1998. Penerbit Universiti Sains Malaysia, Penang

Walters ML, Sequeira R. Staten R, El-Lissy O, Moses-Gonzales N (2008) Eradication: strategies and tactics, pp 298-308. In: Radcliffe EB, Hutchins RW, Cancelado RE (eds) Integrated pest management: concepts, tactics, strategies and case studies. Cambridge University Press, Cambridge, 550 pp

Wong TT, Ramadan MM, Herr JC, McInnis DO (1992) Suppression of a Mediterranean fruit fly (Diptera: Tephritidae) population with concurrent parasitoid and sterile fly release in Kula, Maui, Hawaii. J Econ Entomol 85: 1671-1681

Yamanaka T (2007) Mating disruption or mass trapping? Numerical simulation analysis of a control strategy for lepidopteran pests. Popul Ecol 49: 75-86

Yard D (2008) Update: southern saltmarsh mosquito eradication programme on track for eradication. Biosecur NZ 82: 8-9

Yu SJ (2008) The toxicology and biochemistry of insecticides. CRC Press. Boca Raton, 276 pp

제15장
식물의 생물안보에서 침입 곤충: 사례연구 – 지중해과실파리
Invasive Insects in Plant Biosecurity: Case Study – Mediterranean Fruit Fly

D. R. Lance, W. M. Woods, and M. Stefan
번역: 최현정(농학박사) · 홍기정(순천대학교)

15.1 서론

지중해과실파리(Mediterranean Fruit Fly, *Ceratitis capitata* (Wiedemann))는 매우 해롭고 악명 높은 농업 해충 가운데 하나이다(Jackson & Lee 1985). 경제학자들의 분석에 따르면, 미국 캘리포니아 주에서만 지중해과실파리의 정착으로 인해 연간 10억 달러 이상의 손해를 보고 있다고 한다(Siebert & Cooper 1995). 지중해과실파리는 다식성(polyphagous)으로 총 200여 종 이상의 과일을 기주로 삼는다고 알려져 있다(Liquiodo 등 1991). 그들은 감귤, 이과류, 핵과류를 포함한 주요 작부체계에서 다양한 상품들을 쉽게 가해한다. 이 목록에는 위에서 언급된 것들 외에 수많은 열대과일이 포함되어 있고, 대부분 소량으로 무역되고 있기는 하지만, 여전히 검역규제 면에서 우려되고 있다. 예로는 많은 다른 것들 중에서 파파야(*Carcia papaya* Linnaeus), 비파(*Eriobotrya japonica* Lindl.), 구아바(*Psidium* spp.), 여지(*Litchi chinensis* Sonn. Mill)를 포함한다. 커피(*Coffea arabica* Linnaeus)는 오래전부터 지중해과실파리의 잠재적인 기주로 여겨져 왔으며(Prokopy 등 1997), 지중해과실파리는 커피 재배지에서 매우 높은 밀도를 형성할 수도 있다. 하지만, 지중해과실파리의 유충이 종자보다는 오히려 주로 과육을 섭식하기 때문에 지중해과실파리는 커피의 주요 해충으로 여겨지지 않는다.

현재, 지중해과실파리의 지리적 분포범위는 아프리카, 유럽 남부, 중앙아메리카, 하와이, 남아메리카 일부 지역, 호주 서부를 포함하고 있다(Diamantidis 등 2008). 이 종은 아프리카의 사하라 사막 이남 지역에서 진화되었을 것이며, 지난 2세기동안 주로 인간의 과일 수송을 통

D.R. Lance (✉)
USDA-APHIS-PPQ-CPHST Otis Laboratory, 1398 W. Truck Rd., Buzzards Bay, MA 02542, USA
e-mail: David.R.Lance@aphis.usda.gov

W.M. Woods
Department of Agriculture and Food Western Australia, 3 Baron-Hey Court, South Perth, WA 6151, Australia

M. Stefan (Retd)
USDA-APHIS-PPQ-CPHST, 1730 Varsity Dr., Raleigh, NC 27606, USA

그림 15.1 교미하고 있는 지중해과실파리(medfly, *Ceratitis capitata*)의 암컷과 수컷 쌍들(이미지 제공 – David Lance CPHST, APHIS, USDA).

해 그의 분포범위의 나머지 지역들로 확산되었다(Bonizzoni 등 2004; Malacrida 등 1998). 새로운 지역에 집단을 이루는 이러한 증명된 능력 때문에, 지중해과실파리는 그 자체로 심각한 농업해충이며, 한국, 중국, 일본, 미국과 같이 감염되지 않는 많은 국가들에 의해 검역이 이루어지는 규제해충이다(Bergsten 등 1999). 이들 국가들은 지중해과실파리뿐만 아니라 다른 과실파리 해충의 유입을 정기적으로 검출하고 있다(Li 등 2009; Liebhold 등 2006). 이러한 노력들에도 불구하고, 지중해과실파리의 초기 개체군들이 주기적으로 나타나며, 따라서 개체군을 빠르게 탐지하고 효과적으로 박멸을 보장할 수 있는 강력한 프로그램이 요구되고 있다(Bergsten 등 1999).

지중해과실파리의 암컷은 과일 속에 알을 낳고, 그 애벌레(구더기)는 굴을 파 피해를 일으켜 썩음을 조장하면서 과일을 섭식한다. 성숙한 애벌레는 땅속에서 번데기가 되기 위해 과일에서 떠나게 된다. 일반적인 집파리보다 약간 작은 지중해과실파리 성충은 여러 가지 색으로 무늬를 이룬 날개가 있다(그림 15.1). 완전한 생활사는 온도와 가용한 기주식물에 따라 한 달 내에 완성된다. 지중해과실파리는 귤과실파리(Oriental Fruit Fly, *Bacterocera dorsalis* (Hendel)), 멕시코과실파리(Mexican Fruit Fly, *Anastrepha ludens* Loew), 사과과실파리(Apple Maggot, *Rhagoletis pomonella* (Walsh))와 같은 많은 다른 심각한 농업해충들을 포함하는 과실파리과(Tephritidae)의 한 구성원이다. 지중해과실파리는 혹독한 겨울에 생존할 수 없으며, 결과적으로 보다 따뜻한 온대지방을 통해 열대지방으로 제한되어 있다(De Meyer 등 2008; Papadopoulos 등 2001a).

그림 15.2 지중해과실파리 수컷이 그의 복부 끝에서 성페로몬 및 집합페로몬을 분비(이미지 제공 David Lance CPHST, APHIS, USDA)

15.2 행동과 화학생태

지중해과실파리의 성충은 풍부한 행동학적 레퍼토리를 보이는데, 이는 이 해충의 관리 수단들을 개발하는데 이용되어 왔다. 그러한 특성들은 짝, 먹이, 산란장소를 찾는 방법을 포함하며, 모니터링 도구(예를 들어, 트랩과 미끼), 화학적 방제 방법(독먹이 살포 및 다른 유살 방법), 불임충 기법(Sterile Insect Technique, SIT)의 개발에 이용되었다.

15.2.1 짝짓기 행동

지중해과실파리의 짝짓기 행동은 주로 SIT와 관련하여 광범위하게 연구되었다(아래에 자세하게 논의). 간략하게 말하면, 지중해과실파리 수컷은 많은 연구자들이 일부 척추동물의 구애 행동(lek behaviour)과 동일하다고 하는 일반적으로 작은 느슨한 집합체로 잎 뒷면에서 쉬고 있다(Prokopy & Hendrichs 1979). 수컷은 (처녀 암컷을 위한) 성유인 페로몬 및 추측컨대 (수컷을 위한) 집합페로몬으로 기능하는 냄새를 만들어 방출한다(Jang 등 1989)(그림 15.2). 암컷이 수컷에 접근할 때, 수컷은 빠르게 "머리 흔들기(head shaking)"와 페로몬의 지속적인 방출과 함께 맥동치는 날개 부채질을 포함한 복잡한 구애 의식(courtship ritual)을 시작한다. 만일 암컷이 관심을 보이면, 수컷은 올라타기를 시도하며, 이후 짝짓기가 성공하거나 성공하지 못할 수도 있다. 그 다음, 암컷들은 적극적으로 짝을 선택하며, (더 자주는 아니지만) 구애 과정 동안 어느 순간 떠나 구혼자를 거부한다(Lance 등 2000). 짝짓기 이후에, 암컷들은 수컷들에게 상대적으로 냉담해지며, 산란을 위한 과일을 찾는 것으로 그들의 관심을 돌리게 된다(Jang 등 1999).

이 종에 관한 방대한 양의 연구 및 암컷을 포획하여 개체군의 밀도를 억제하는데 수컷이 생산하는 성 유인물질을 이용할 수 있다는 이론적 가능성이 주어졌음에도 불구하고, 지중해과실파리의 페로몬과 관련된 행동은 충분하게 이해되지 않고 있다. 100여개 이상의 화합물을 포함하고 있는 수컷이 생산하는 냄새의 복잡성(Jang 등 1989; Mavraganis 등 2008)이 페로몬 구성 요소와 그들의 행동학적 효과들의 특성이 완전하게 밝혀지는 것을 방해하고 있다. 여러 구성요소들의 혼합물들은 후각계(olfactometre)로의 실험에서 암컷을 유인할 것이고(Landolt 등 1992; Light 등 1999), 트랩의 포획을 향상시키기 위해 어떤 능력을 보여 줄 것이며(Baker 등 1990; Heath 등 1991), 수컷들의 추출물은 트랩에서 암컷과 수컷의 포획을 향상시킴을 보여주고 있다(Mavraganis 등 2008). 그러나 페로몬의 실질적인 적용은 개발되어 있지 않다.

15.2.2 섭식 및 먹이와 관련된 유인제

지중해과실파리 성충은 에너지 및 알 생산을 위해 먹이를 필요로 하며, 과일 주스, 새의 배설물, 잎 표면에 있는 다른 물질들과 같은 다양한 기질들을 먹는다(Hendrichs & Hendrichs 1990; Hendrichs 등 1991). 누루어(nulure, 옥수수의 가수분해물) 및 토룰라(torula) 효모의 현탁액과 같은 단백질성 용액은 지중해과실파리 뿐만 아니라 다른 많은 과실파리류를 유인하는 것으로 알려져 있으며(Heath 등 1994), 추측컨대, 지중해과실파리가 성충의 잠재적인 먹이원으로부터 나오는 냄새에 접근하기 때문이다. 단백질성 용액의 유인하는 특성들이 미끼 트랩으로 이용되거나 "미끼 살포제"를 만들기 위해 살충제와 혼합하여 이용되고 있다. 많은 섭식 유인제가 성충의 먹이로부터 나오는 냄새에 바탕을 두고 있는 반면(Heath 등 1994, 1995b), 지중해과실파리는 또한 애벌레 먹이의 시각적 및 후각적 실마리(즉, 산란장소)의 반응으로 나타나고 있다. 짝짓기를 한 암컷은 과일 냄새를 발산하는 모형 과일을 찾을 것이나(Jang 등 1999). 먹이와 기주의 냄새에 대한 반응들은 색에 의해 영향을 받을 수 있으며, 파란색과 흰색보다 노란색과 녹색을 더 선호한다(Epsky 등 1996; Katsoyannos 1987). 커피 열매는 애벌레의 먹이일 뿐 만 아니라 성충의 먹이이기도 하다는 논란거리가 있기도 하지만, 특히 으깬 열매의 냄새는 지중해과실파리의 암컷을 유인한다(Prokopy 등 1997; Warthen 등 1997b).

15.2.3 수컷 유인제

과실파리류의 일부 그룹에서, 그들의 생태와 뚜렷하게 관련이 없는 특정 화합물이 적어도 발견된다면, 그것을 이용하여 수컷을 유인할 수 있다. 더 구체적으로 말하자면, 이들 화합물들은, 비록 일부가 식물에서 유래된 화합물이거나 식물에서 유래된 화합물과 구조적으로 유사할지라도, 곤충에 의해 생산되지 않고, 먹이나 산란 기주와 뚜렷하게 관련되어 있지 않다(Metcalf 1990). 이들 유인제는 "유사페로몬(parapheromones)"으로 언급되어 왔으며, 비록 일부 학자들이 엄격하게 인위적인(anthropogenic; 즉, 자연에 나타나지 않는) 화합물에 관하여 그 용어를 따로 부여할지라도, 많은 경우에 곤충의 실제 페로몬의 구성성분의 유사체이다 (Renou & Guerrero 2000). 과실파리류 중에서 몇몇 수컷의 미끼는 현재 페로몬 성분이나 페로몬 성분의 전구체, 수컷의 교미 경쟁력을 강화하는데 관여하는 다른 방법으로 알려져 있다 (Hee & Tan 1998; Nishida 등 1997; Shelly 1999, 2001).

지중해과실파리에 대해 알려진 수컷 유인제는 Trimedlure와 관련된 화합물 및 α-copaene과 유사한 화합물을 포함한다(Flath 등 1994a, b). Trimedlure인 tertbutyl 4- (및 5-) chloro-trans-2-methylcyclohexane-1-carboxylate는 지중해과실파리 특이적(실제로 *Ceratitis*속-특이적)인 포획을 위한 표준 유인제로 현재까지도 인정되고 있다(Warthen 등 1995). 요오드 유사체인 ceralure는 훨씬 강력한 유인제이지만, 저렴한 생산 방법이 뒤따르지 않고 있다(Avery 등 1994; Leonhardt 등 1996). Sequiterpene α-copaene 또한 높은 유인력이 있지만, 합성하는데 매우 어렵고(비싸고), 오히려 생강이나 *Angelica*에서 추출한 정유같은 자연적인 성분에서 얻는 것이 더 현실적이다(Nishida 등 2000; Shelly 2001; Warthen & McInnis 1989).

수컷의 여러 미끼에 의해 유도된 행동들은 다소 다를 수 있다; 예를 들어, 지중해과실파리 수컷은 α-copaene 성분에서 집단을 형성하고, 비교적 가만히 앉아 있는 자세를 유지하나, 이런 행동은 trimedlure에 의해 유도되지 않는다(Shelly & Villalobos 2004). trimedlure나 α-copaene에 수컷이 노출된 후 짝을 얻는 수컷의 능력이 증가하는 것처럼, 몸이 늘어나는 증거는 또한 이러한 화합물 또는 그 유사화합물들이 지중해과실파리의 교미에 역할을 할 것이라는 견해를 뒷받침하고 있다(Shelly 2001; Shelly 등 1996).

15.3 관리 도구

외래 침입 병해충의 유입으로부터 한 지역을 보호하는데 목적을 둔 활동들은 이 교과서의 다른 곳에서 설명한 것과 같이, 국경 이전(pre-border; 5장), 국경(border; 6장), 국경 이후 (post-border; 7장)로, 또는 기능적으로 배제(exclusion; 전형적으로 국경 이전 및 국경), 탐지 (detection), 완화(mitigation)로 구분될 수 있다.

15.3.1 배제 도구

사람들에 의한 감염된 과일의 운반은 과실파리류가 그들의 지리적 분포지역 밖으로 이동되는 가장 일반적인 방법이다(Reid & Malumphy 2009). 과일에서 과실파리류의 감염은 항상 뚜렷하지 않으며, 따라서 감염되지 않는 국가에서 일반적인 전략은 단순하게 감염된 지역으로부터 기주가 되는 물품의 수입을 금하는 것이다(6장). 이것은 많은 상품의 국제적인 무역에 장벽이 될 수 있기 때문에, 이들 물품이 해충의 무감염(또는 거의 그러함)임을 보증하기 위한 몇 가지 방법들이 개발되었다(Follett & Neven 2006 및 5장 참조). 과일의 해충인 경우에, 가장 기본적인 방법은 있을 수 있는 어떤 해충을 제거하기 위해 선적 전에 과일을 단순하게 처리하는 것이다. 과실파리류를 제거하는데 승인된 처리방법들은 역사적으로 3.2×10^{-5} (Probit-9) 또는 그 이하의 처리 후 생존율을 요구하고 있지만, 이 조건은 특정 조건 하에서 완화될 수 있다(아래 시스템적 접근방법(Systems approaches)을 보라).

다른 몇몇 처리방법들이 과일에서 과실파리의 미성숙 충태를 죽이는데 이용되고, 승인되어 있다. 예를 들어, 미국은 과일의 유형과 원산지에 따라 메칠브로마이드(Methyl Bromide) 훈증, 열처리(온탕침지(water immersion) 또는 강압의 고온 증기(forced hot air), 증열(vapor) 등), 저온처리, 저온과 훈증제의 복합처리, 방사선처리가 명시되어 있다(USDA-APHIS-PPQ 2010). 대부분의 경우에, 처리계획서는 상품과 해충의 특정한 조합에 대하여 적용하는 강도(예를 들어, 온도, 훈증제의 농도)에 따른 요구되는 처리시간이 명시되어 있다. 다른 처리방법은 훨씬 일반적이다; 예를 들어, 150Gy의 이온화 방사선은 모든 상품에서 모든 과실파리에 대해 인정된 처리방법이다. 인정된 처리방법은 지중해과실파리를 치사시킬 수 있어야 할 뿐만 아니라, 과일의 품질을 상당히 떨어뜨리지 말아야만 한다(Armstrong 1990; Obenland 등 1999; Schirra 등 2006). 부가적인 상품들에 대한 처리계획서 및 훈증제의 대체제 또는 열 기작(예를 들어, 마이크로파, 고주파), 조절된 대기조성과 같은 다른 물리적 기작과 관련된 다른 처리방법들을 제공하게 위해 연구가 계속되고 있다(Alonso 등 2005; Armstrong & Follett 2007; Powell 2003; Torres-Rivera & Hallman 2007).

처리되지 않은 과일의 수입을 금지하는 법적 규제는 일반적으로 국경에서 조사 및 검사를 통해 실행되고 있다. 이러한 활동들은 반입 전 또는 반입 후 몇몇 조치들을 통해 증대될 수 있다. 또한 전자적 이미지 및 화학적 감지에 있어서 새로운 기술들이 수화물 및 화물에서 규제된 물품들을 탐지하는데 적용되고 있다. 검사견을 포함한 예전의 "기술들" 또한 이용이 증가하고 있다. 검역 및 검사 활동이 지중해과실파리의 유입에 대한 방어의 최전선이지만, 지중해과실파리에 대하여 특이적인 것이 아니기 때문에 여기서 논의하지 않는다.

15.3.2 탐지 및 조사 도구

과실파리 성충에 대해 유인제를 넣은 먹이 트랩은 지중해과실파리의 개체군을 조사하는데 있어 가장 보편적으로 이용되는 도구이다. 그 시간에 프로그램은 체계적으로 애벌레나 알을 찾기 위해 과일을 절개하거나, 애벌레가 자라 탈출하여 번데기가 되도록 과일을 보관하기 위한 과일을 시료로 채취할 것이다(USDA-APHIS-PPQ 2003). 과일을 시료로 채취하는 것은 지역적으로 번식하는 개체군들의 존재를 확인하거나 부가적인 시료채취 방법으로 실시될 수 있다. 그러나 트랩을 이용하는 것과 비교하여, 시료를 채취하는 것은 훨씬 덜 민감하며, 훨씬 노동 집약적인 방법이다. 지중해과실파리에 대해 몇 가지 유형의 트랩들이 이용되고 있다.

수컷 미끼에 바탕을 둔 트랩. 지중해과실파리의 탐지를 위해 가장 보편적으로 사용되는 트랩과 미끼는 잭슨 트랩(Jackson Trap)으로 알려진 trimedlure를 미끼로 한 "델타(delta)" 모양의 트랩이다(그림 15.3a). 이 트랩은 플라스틱으로 코팅된 보드지에 철사로 된 고리로 구성되며, 저렴하고 설치하는데 간편하다(FAO/IAEA 2003; USDA-APHIS-PPQ 2003). trimedlure (일반적으

그림 15.3 지중해과실파리의 트랩들 예시 (a) 바닥에 끼운 끈끈이 판과 유인제인 trimedlure를 방출하는 폴리머 마개를 넣은 통이 있는 *잭슨 트랩(Jackson Trap)*. (b) *버킷 트랩(Bucket Trap)*. 이들 트랩은 지역적으로 크기와 모양뿐만 아니라 들어가는 구멍의 수와 직경이 다양할 수 있다. 일부 모델에서, 들어가는 구멍은 파리가 떠나가지 못하도록 함입되어 있다. (c) 바닥이 함입된 유리수저인 *맥파일 트랩(McPhail Trap)*은 먹이 냄새가 미끼로 작용하는 단백질성 용액을 이용한다. (d) 맥파일 트랩의 몇몇 플라스틱 변형 중 하나인 *다중 미끼 트랩(Multi-Lure Trap)*은 합성된 것뿐만 아니라 전통적인 먹이 미끼를 이용할 수 있다. 지중해과실파리에 대해 다양한 다른 트랩들이 또한 이용된다(FAO/IAEA 2003) (이미지 제공 – David Lance CPHST, APHIS, USDA)

로 2g)는 트랩 안쪽에 플라스틱 통으로 걸게 되는 대개 폴리머 형태의 마개로 만들어지며, 일부 프로그램들에서는 여전히 미끼로 솜으로 된 치과용 심지에 trimedlure를 적셔서 이용하기도 한다. 파리들이 트랩에 들어오고, 트랩의 바닥면을 덮는 교체 삽입이 가능한 끈끈이 판에 부착되게 된다.

다른 트랩들이 또한 수컷 미끼와 함께 이용된다. 버킷 트랩(Bucket-Trap; 그림 15.3b)은 적어도 잭슨 트랩만큼 수행할 있으며, 잭슨 트랩의 끈끈이 판이 파리들로 포화될 수 있는 고밀도의 개체군이 형성된 곳을 모니터링하는데 적합하다(Cowley 등 1990; Katsoyannos 1994). 이들 트랩은 일반적으로 (뚜껑이 있는) 플라스틱 용기로 만들어, 그의 위쪽 경계부 주위로 몇 개의 구멍을 내며, 여러 가지 변형된 모형이 다른 이름들 중에서 Nadel, Lynfield, Harris 트랩으로 언급된다. 또 다른 스타일은 양 끝의 마개에 입구가 있는 수평의 플라스틱 원통인 스테이너 트랩(Steiner Trap)이다(Nakagawa 등 1978). 이들 형태의 트랩에 들어간 파리들은 훈증 작용을 하는 살충제(일반적으로 DDVP 또는 Naled (상품명 Bromex, Dibrom))에 의해 죽게 된다. 테프리 트랩(Tephri Trap)은 버킷 트랩의 옆 구멍들과 맥파일 트랩(McPhail Trap; 먹이 미끼를 넣은 트랩을 보라)의 함입된 바닥을 병합하였으며, 파리들을 함정에 빠져 익사하도록 살충제나 용액을 담아 이용될 수 있다(FAO/IAEA 2003). 황색판(Yellow panel) 트랩 또한 이용될 수 있으며, 잭슨 트랩보다 훨씬 효율적으로 될 수 있으나, 조작하는데 다소 어려움이 있고, 목적으로 하지 않는 생물체들이 더 포획되는 경향이 있다. 가장 단순한 형태로, 판 트랩은 반쪽 면 사이에 끈끈이 물질을 바른 반으로 접은 플라스틱 코팅된 한 장의 보드지이다. 설치 시 트랩은 양면에 끈끈이 물질을 바른 판을 형성하여 주름을 따라 접혀져 있다. 예전에 trimedlure를 끈끈이 물질과 직접 섞어 이용했으나, 최근에 보드판에 구멍을 내고, 유인제를 포함한 웨이퍼(wafer)가 트랩의 두 면 사이에 위치한다("ChamP" trap). 넓은 폴리머 판으로 된 방출 장치의 양 쪽 두 개의 끈끈이 판을 합체한 "C&C" 트랩과 같이 다른 모양의 판 트랩이 또한 평가되었다(FAO/IAEA 2003; Leonhardt 등 1994; Warthen 등 1997a).

먹이 미끼를 넣은 트랩. 먹이와 관련된 냄새가 지중해과실파리를 포함한 과실파리류를 포획하는데 광범위하게 이용되고 있다. 역사적으로, 먹이의 냄새를 이용한 미끼는 맥파일 트랩(McPhail Trap)의 저장소에 넣는 단백질성 용액이다(Nakagawa 등 1971). 이들은 바닥에 함입된 구멍이 있는 종 모양의 트랩이다(그림 15.3c). 본래 맥파일 트랩은 유리로 된 수공품이었으며, 플라스틱 제조품들이 또한 사용 가능하다(USDA-APHIS-PPQ 2003). 미끼에 유인된 파리들은 구멍으로 들어가 용액에 빠져 익사한다. 용액 미끼를 이용한 유리 형태를 포함한 맥파일 트랩은 여전히 과실파리의 많은 일반적인 조사 프로그램에서 사용되며, 일부 프로그램에서 *Anastrepha*속 과실파리를 탐지하는데 이용되는 주요한 트랩 형태이다. 지중해과실파리에 대하여, 그들은 암컷뿐만 아니라, 수컷도 유인하는 장점을 가진다. 가장 흔히 이용되는 미끼 용액은 Nulure (또는 옥수수 산물인 PIB-7; protein insect bait no. 7)와 torula 효모의 현탁액이다(FAO/IAEA 2003). 이 효모 미끼는 일반적으로 큰 펠렛으로 트랩에 직접 물과 함께 넣는다(USDA-APHIS-PPQ 2003). 이들 펠렛은 또한 용액(과 잡힌 파리의)의 야외 수명을 증진하고, 단백질성 미끼의 뚜렷한 유인 효과를 가질 수 있게 적당한 pH를 유지하기 위해 붕산을 첨가한다(Heath 등 1994). 그 밖에도, 몇몇 다른 가수분해성 고체형 상품도 상품명으로 Buminal, Pinnacle, Solbait와 같은 이름으로 이용되고 있다(Fabre 등 2003).

지난 20년 동안, 인공적인 먹이 미끼를 개발할 수 있도록 단백실성 먹이에서 활성성분이 분리되고, 확인되었다(Epsky 등 1999; Heath 등 1995a). 이들 미끼는 일반적으로 아세트산 암모늄(ammonium acetate)과 푸트레신(putrescine)이 포함되어 있고, 세 번째 성분인 트리메칠아민(trimethylamine)이 더해질 수 있으며, 일반적으로 지중해과실파리의 포획을 향상시킬 수 있다(Epsky 등 1999). 전반적으로, 두 가지 성분 미끼 대 세 가지 성분 미끼뿐만 아니라 인공합성 미끼 대 단백질성 용액의 상대적인 효율은 실험이나 과실파리 종에 따라 다양하였다. 합성 미끼는 맥파일과 같은 플라스틱 트랩(그림 15.3c)이나 테프리(Tephri) 트랩, 끈끈이가 끼워진 바닥이 열려진 트랩의 두 가지 조합에서 이용되었다(Epsky 등 1999; Health 등 1996; FAO/IAEA 2003). 이렇게 만들어진 트랩/미끼 시스템은 야외에서 운용하기가 훨씬 용이하고, 용액 미끼를 이용하는 전형적인 맥파일 트랩에 비하여 유인제의 방출이란 관점에서 훨씬 표준화되었다. 프로그램에 따라, 트랩들은 파리를 죽이기 위해 방출이 조절된 스트립 형태의 DDVP를 이용한 건식이나 파리가 수용액에 빠져 익사하는 습식으로 사용될 수 있다. 이 용액에는 일반적으로 증발과 포획된 곤충의 부패를 지연하는 저독성의 부동액(일반적으로 5-10%의 프로필렌 글리콜(propylene glycol))을 첨가한 습윤제로서 거품이 생기지 않게 세제 몇 방울을 넣는다. 먹이 미끼를 넣은 트랩은 대부분의 경우에 Trimedlure 트랩과 비교할 때, 시간이 지남에 따라 보다 전체적으로 적은 수의 지중해과실파리를 포획하지만, 다양한 목적에 따라 이러한 두 포획 방법의 상대적인 효율성은 아직 논의의 대상으로 남아있다(예를 들어, Broughton & de Lima 2002; Papadopoulos 등 2001b).

15.3.3 밀도억제 도구

많은 밀도 억제 도구들이 다음과 같이 검역규제 프로그램에서 이용될 수 있다:

화학적 방제 방법(Chemical control methods). 역사적으로, 지중해과실파리 개체군의 밀도를 억제하는데 가장 널리 사용된 방법은 독먹이 살포이다. 먹이 미끼를 넣은 트랩에서 논의된 전형적인 단백질 가수분해물 중 하나인 유인제를 넣은 용액은 살충제와 섭식 자극제(예를 들어, 설탕) 및 다른 적절할 보조제들과 혼합된다. 이 물질을 잎에 살포할 경우, 매우 낮은 농도의 활성성분이 이용될 때조차도 응축된 물방울에 유인되어 섭식하게 되어 살포제가 효과를 내게 된다. 유기인계(특히, 말라치온(Malathion))는 수십 년 동안 독먹이 살포에 사용되어 왔으나, 최근 몇 년 전부터 Spinosads와 같은 환경적으로 "보다 안전한(softer)" 살충제들이 활성성분으로 선택되고 있다(Mangan 등 2006; Vargas 등 2001). 독먹이 살포는 손을 이용한 살포기부터 항공기를 이용한 살포기까지 전통적인 살포 장비를 이용하여 이루어지며, 지중해과실파리의 종합적 해충관리(IPM) 및 검역규제적(박멸) 관리 활동에서 중요한 구성요건이 되었다(Braham 등 2007; Jackson & Lee 1985; Leza 등 2008; McQuate 등 2005; Vargas 2004).

개체군 밀도가 높게 형성된 지중해과실파리의 관리 지역에서, 종종 "전면 살포(cover spray)"로 언급되는 훨씬 더 전통적인 살충제 살포방법이 이용될 수 있다. 현재까지, 이러한 살포는 일반적으로 유기인계 살충제가 사용되고 있다(아래 호주의 지중해과실파리에서 논의함).

박멸 사업에서, 때때로 토양관주(soil drench)가 보조적인 방제 방법으로 이용된다(USDA-APHIS-PPQ 2003). 다이아지논(diazinon)과 같은 스펙트럼이 넓고, 상대적으로 지속성인 살충제로 나무 밑둥부터 빗물이 떨어지는 곳(drip line)까지 기주가 되는 나무 아래 부분에 살포한다. 이러한 처리방법들은 일반적으로 지중해과실파리가 발생한다고 알려진 지역의 바로 근처 및 특히, 지중해과실파리의 미성숙 충태가 발견된 과일이 달린 나무 아래에서만 사용된다.

과일 절개(Fruit stripping). 과일 절개라는 위생처리 방법이 때때로 탐지된 지역의 인근 주변에서 지중해과실파리의 알이나 애벌레 단계를 제거하기 위해 박멸활동을 하는 동안에 사용된다(USDA-APHIS-PPQ 2003). 지중해과실파리의 미성숙 충태를 찾기 위해 과일의 전부 또는 일부를 잘라서 보는 일은 개체군을 경계설정하거나 모니터링하기 위한 포획의 보조적인 방법으로 사용될 수 있다. 보다 넓은 지역의 과일을 절개하면, 암컷 파리가 산란 장소를 찾기 위해서 먼 거리로 분산하도록 하는 문제 때문에 과일을 절개하는 지역은 일반적으로 크기가 한정된다. 절개된 과일은 훈증되거나 깊게 파묻게 된다(USDA-APHIS-PPQ 2003).

유살 방법(Attract-and-kill methods). 몇 가지의 대량 포획 및 독먹이 설치 방법이 지중해과실파리의 밀도억제를 위해 고려되고 평가되어 왔다. 이 전략은 파리들이 유인 물질로 접근할 때 개체군으로부터 제거된다는 것에서 독먹이 살포와 유사하지만, 독먹이 살포는 광범위하게 이루어지는 반면, 유살 방법은 환경에 따라 개별적으로 분포하는 유인 물질의 수는 적지만 더 농축된 것에 의존한다는 점에서 이 둘의 차이가 있다. 수컷의 미끼가 이용될 때, 그 기술은 일반적으로 "수컷을 전멸시키기(male annihilation, MA)"라 부르며, 개체군을 직접적으로 감소시키는 것보다 오히려 교미를 감소시키는 기능이다. 한 마리 수컷이 많은 암컷과 교미할 수 있기 때문에, MA의 성공 여부는 매우 높은 밀도의 수컷이 성적으로 성숙하는 바로 그 시간 또는 도달한 후 곧 제거되어야 할 필요가 있다. MA는 1960년대 이후 *Bactrocera*속 파리(특히, 귤과실파리(Oriental fruit fly, *B. dorsalis*)에 대하여 성공적으로 이용되고 있다(Knight 2003; Steiner 등 1965). 그 효율성은 성적 성숙에 도달하기 전에 반응을 하게 되는 귤과실파리의 수컷에 대한 유인제로서 methyl eugenol의 효능에 의한 것이다(Steiner 등 1965). 반대로, MA가 지중해과실파리의 가능한 방제 수단으로 제안되고는 있지만(Avery 등 1994), 개체군을 밀도억제하거나 박멸하는데 이용하기에는 충분한 효과를 보이지 않는다.

개선된 먹이 유인제의 이용성은 지중해과실파리 암수를 모두 목적으로 하는 유살 방법의 개발을 이끌었다. 대량 포획은 가장 일반적으로 먹이에 미끼를 넣은 트랩에서 언급한 트랩과 미끼가 관여된다(Navarro-Llopsis 등 2008). 비록 관리지역 밖으로부터 이입되는 높은 밀도의 파리들로 이 지역에서 보충적인 방제가 필요할지라도(McQuate 등 2005), 개체군의 밀도억제는 지중해 지역에서 지중해과실파리에 대한 종합관리 계획에 대량 포획을 병합하도록 하는데 충분하였다(Cohen & Yuval 2000; Leza 등 2008). 파리를 포획하는데 단순화된 또 다른 방법은 척추동물에는 안전하지만, 곤충의 화학적 불임제로 기능하는 Lufenuron같은 곤충생장조절제 성분으로 유인하는 것이다(Bachrough 등 2008; Navarro-Llopis 등 2007). 오늘날, 먹이-미끼에 바탕을 둔 유살 방법은 지중해과실파리의 박멸에 잠재적으로 이용하기 위해 명백하게 평가되지 않았다.

불임충 기술(Sterile Insect Technique, SIT). 불임충 기술은 방사된 수컷이 목적으로 하는 개체군에 야생 암컷과 교미되도록(즉, 번식을 막음) 생식적으로 불임인 다수의 곤충을 방사하는 것과 관련된다. SIT는 곤충의 대량사육, 불임화, 방사방법뿐만 아니라 곤충의 특성 및 프로그램의 효율성에 관한 모니터링이 관여되기 때문에 오늘날 이용에 있어 아마도 가장 복잡한 곤충 밀도억제 방법일 것이다. 곤충 행동학, 곤충 생리학, 유전학 및 생태학에 관한 성분들이 미생물학, 식품공학, 핵물리학, 항공 공학, 대중 홍보까지 다양한 부가적인 학문과 함께 개입된다(Dyck 등 2005). 그러나 방제방법으로서 불임충 기술은 종 특이적이며, 독소나 잠재적으로 비표적 효과를 가지는 생물적 방제인자의 이용을 수반하지 않기 때문에 광역 차원의 지중해과실파리 프로그램에서 끊임없이 선호되고 있다. 현재, 지중해과실파리를 목적으로 하는 SIT 프로그램은 아마도 범위와 소비된 자원 측면에서 다른 곤충을 관리하는 것으로 확장되고 있다.

불임된 지중해과실파리들은 대규모의 공장같은 시설에서 생산된다. 알 또는 갓 깨어난 애벌레들을 반고체형의 먹이가 담겨있는 납작한 상자 위에 접종시키는데, 먹이는 일반적으로 식물성 충전제(예를 들어, 사탕수수 찌꺼기 또는 거친 밀가루, 옥수수 속 알갱이)에 영양원(예를 들어, 효모, 설탕, 보충적인 성분), 물, pH 및 미생물 생장 조절 성분이 혼합되어 있다. 성숙한 애벌레는 7-11일 후에 먹이로부터 옮겨져, 용화가 잘 되도록 하는 모래, 미세한 버미큘라이트 또는 다른 배지가 담긴 용기에 놓이게 된다. 성충으로 우화하기 며칠 전, 배지를 체로 쳐서 번데기를 골라낸다. 우화하기 1-2일 전에 생식적으로 불임을 만들기 위해 방사선을 조사한다. 방사선 조사에 앞서, 번데기를 형광색소인 Day-Glo로 분의처리한다.

고등 파리류는 위용의 껍질을 찢고 나오기 위해 그들의 이마주머니(ptilinum; 그들의 머리에 있는 액이 들어 찬 주머니)을 이용한다. 이마주머니는 우화 후 머리로 오그라들며, Day-Glo 가루의 일부가 그곳에 묻어 야생의 파리와 불임된 파리를 구별하는데 이용되는 영구적인 표식을 만들게 된다. 방사선 조사 및 이어진 우화 시설로 이동하는 동안, 번데기는 저산소 상태하에 놓이게 된다. 저산소증은 그들이 들어있는 용기를 질소로 충진(back-flushing)하거나 비

그림 15.4 지중해과실파리의 대량사육 시설관리자 Stuart Stein (좌측)과 미 농무부 – 농업연구청 소속 곤충학자 Eric Jang (우측)이 Waimanalo에 위치한 예전의 하와이 과실파리 사육시설에서 애벌레 먹이가 담겨진 트레이를 들고 서로 의견을 나누고 있다(이미지 제공 – Scott Bauer ARS USDA).

닐 봉지같은 밀폐된 용기에 파리를 봉함으로서 달성된다. 저산소증은 방사선 조사 동안 체세포 조직에 피해를 최소화함으로서 불임된 파리의 활력을 개선하는데 도움을 주며, 사육 공장으로부터 수백 또는 수천 km가 될 수 있는 우화시설로 가는 도중에 우화하지 않도록 발육을 지연한다(Bakri 등 2005).

방사선 조사는 대부분의 SIT 시설에서 동위원소(^{60}Co 또는 ^{137}Cs)를 이용하여 실시한다. 저에너지 엑스레이(x-ray) 시스템이 이와 같은 목적을 위해 개발 중에 있다 (Mehta 2008, ISO/ASTM 2013). 지중해과실파리를 불임화하기 위한 선량은 일반적으로 145-160Gy이며, 최소요구선량 또는 중앙목표선량(예를 들어, 중앙값)으로 표현하지만, 전자가 표준이 되고 있다(ISO/ASTM 2013 참조). 유전적으로 성별이 구분된 계통을 이용할 경우 (및 요구되는 안전성의 수준에 따를 경우), 다소 낮은 선량은 불임충의 행동을 개선하는데 이용될 수 있다 (Robinson 2002)(그림 15.4).

우화 및 방사 시설에서 불임충을 야외로 살포하기 위해 준비된다. 간단한 방사 방법은 처리할 지역 전체에 번데기가 들어있는 용기를 놓고, 파리가 직접 주변으로 우화하도록 한다. 대개, 중앙 시설에서 불임된 지중해과실파리를 우화시켜, 그 다음 성충으로 방사한다. 번데기는 PARC 상자(번데기-성충 사육 용기)와 같은 우화 용기나 다량의 칸막이 트레이로 살포하며, 수분와 설탕을 제공한다(Shelly 등 2006b). 대부분의 파리는 우화한지 2일째가 될 때, (냉장되어) 움직이지 않으며, 방사할 용기로 옮겨 담는다. 대부분의 대규모 프로그램은 파리를 비행기로 방사한다: 성충을 냉장된 상자에 넣은 후, 컨베이어 시스템(conveyor system) 또는 나사식 시스템(auger system)을 이용하여 비행기 밖으로 방출시킨다. 또한, 유사한 시스템을 지면방사(ground release)용으로 트럭에 장착할 수 있다. 항공 방사를 위해서 GPS 추적 시스템이 항공기를 안내하고, 비행 자료를 기록하며, 파리의 방사를 모니터하는데 이용된다.

초기의 지중해과실파리 SIT 사업에서는 암컷과 수컷 모두가 방사되었으나, 1990년대에 유전적으로 성이 구별되는 계통의 개발은 현재 수컷만을 방사하도록 하고 있다. 수컷만을 방사하는데 몇 가지 장점이 있다. 첫째, 야외 시험 결과는 불임된 지중해과실파리의 수컷만을 방사하는 것이 암컷과 수컷 모두를 방사할 때의 동일한 수의 수컷을 방사하는 것보다 훨씬 효율적임이 나타났다(McInnis 등 1994; Rendón 등 2004). 둘째, 불임된 암컷은 알을 낳지 않지만, 여전히 과일에 "찌르기(sting)"를 함으로서 흠집과 병원균이 유입 가능한 통로를 만들게 된다 (Hendrichs 등 1995). 셋째, 수컷만을 방사하는 것이 사육, 방사선조사, 선적, 방사하는데 보다 적은 수의 곤충이 필요하게 되기 때문에, 적어도 잠정적으로 비용 면에서 훨씬 효율적일 것이다. 현재, 지중해과실파리의 성을 구별하기 위한 세계적인 기준은 먹이로 접종하기 전에 알을 34℃에서 24시간 동안 항온 배양함으로서 암컷을 죽게 하는 성과 연관된 온도에 민감한 치사("tsl") 형질이다(Franz 2005; Hendrichs 등 1995). "여과(filter)"로 알려진 전문화된 집단의 유지 절차가 대량사육의 환경 하에서 성과 연관된 *tsl* 형질을 유지하도록 하였다(Caceres 2002; Fisher & Caceres 2000)(그림 15.5).

성공적인 SIT 활동을 위해서, 불임된 수컷 파리는 목적으로 하는 개체군에서 야생 파리들과 짝짓기 경쟁을 해야만 한다. 공장 환경과 인공사료에서 사육된 곤충은 공장 환경에 적응하면서 집단의 표현형에 직접적인 영향 및 유전적 변화에 의해서 야생의 파리들과 행동학적으로 생리학적으로 차이가 나타날 수 있다(Briceño & Eberhard 2000; Lance & McInnis 2005). 또한, 불임화, 이동, 방사 과정들은 불임충의 활력을 저하시킬 수 있다. 결과적으로, 불임된 지중해과실파리는 크기, 우화율, 생존율, 비행력, 야생형의 암컷과 교미하는 것을 포함한 짝짓기 능력과 같은 특성들에 대하여 일상적으로 모니터링되고 있다(Calkins & Parker 2005; IAEA 2003).

교미 경쟁력에 관한 문제는 암컷이 짝을 선택하는 교미 시스템과 복잡한 수컷의 교미행동의 조합 때문에 불임된 지중해과실파리에 있어서 특히 중요하다: 생산 과정에서 교미행동이 조금이라도 변경된다면, 야생 암컷은 잠재적으로 불임된 수컷을 거절하는 경향을 보일 수 있다(Hendrichs 등 2002). 실제로, 야생의 지중해과실파리 암컷은 일반적으로 그 자신들의 개체군 내 수컷을 받아들이는 것보다 몇 배나 적게 불임된 수컷을 받아들이는 것으로 나타나 방사의 효율성이 감소한다(Lance 등 2000; Rendón 등 2004). 하나의 예로, 야생의 지중해과실파리 암컷이 불임된 수컷보다 야생의 수컷을 선택하는 능력은 방사 기간이 길어짐에 따라 SIT에 대한 저항성의 진화를 유도하였다(McInnis 등 1996).

실제로, 지중해과실파리의 SIT 프로그램은 종종 "과도한(overflooding)"(불임:야생) 비율인 100:1이나 그 이상을 목표로 하지만(Jackson & Lee 1985), 이것도 일부 조건 하에서 여전히 야

그림 15.5 지중해과실파리의 대량사육 지중해과실파리 애벌레는 카트나 손수레에 쌓인 먹이가 채워진 큰 트레이에서 사육되며(우측), 환경적으로 조절된 큰 방에 놓아둔다. 성숙한 애벌레는 먹이로부터 이동하여(일부는 좌측에 트레이의 가장자리에서 볼 수 있음), 대부분의 사육시스템에서 물로 떨어진다. 물이 이동과 성장을 막아, 용화 및 이어진 수확의 동시성을 증진케 한다(이미지 제공 – David Lance CPHST, APHIS, USDA).

생 개체군에 높은 수준의 불임화를 시키는데 충분하지 못 할 수도 있다(Rendón 등 2004). 수컷만의 계통으로 전환됨에 따라, 불임된 지중해과실파리의 경쟁력을 증진시키기 위한 노력으로 성충의 먹이 개선(Shelly 등 2006a; Yuval 등 2007), 관련된 미생물의 변경(Niyazi 등 2004), 높은 교미 경쟁력 및 생존력을 지닌 파리들의 선별 육종(McInnis 등 2002), 유인제에 수컷의 노출(또는 방향요법(aromatherapy); Shelly 1999, 2001)을 포함한 몇 가지 방법들이 시도되었다. 그 중에서, 특히 α-copaene을 지닌 오일을 이용한 방향요법이 지속적으로 교미 성공을 증가시켜, 지중해과실파리 SIT 프로그램에 병합되었다(Shelly 등 2007).

15.4 검역규제 프로그램에 있어서 관리 전략

지중해과실파리의 괴멸적인 본성이 감염되지 않는 국가들에게 이 곤충이 배제되도록 설계된 프로그램을 개발하도록 자극하였다. 가장 일반적으로 감염된 지역산의 기주에 검역을 부과하며, 지중해과실파리의 기주체에 대한 화물 및 승객의 수하물같은 반입하는 물품을 검사함으로서 검역규제기관이 검역을 강화한다(5.2절 참조). 과거 농산물 검사과정에서 감염된 과일이 나올 때, 경우에 따라서 발생할 수 있는 초기 개체군을 탐지하고 (일반적으로) 박멸하기 위해 그러한 장소에 종종 부가적인 프로그램이 준비되게 된다. 다양한 전략과 전술이 이러한 검역규제 프로그램의 실행과 실천에 이용되고 있다.

15.4.1 대응적(탐지 후 박멸) 전략

대응적 프로그램은 광범위한 탐지용 트랩의 운용 활동에 바탕을 둔다(아래의 지중해과실파리용 트랩운용 프로그램을 위한 설계를 참조). 지중해과실파리가 포획되면, 개체군의 존재와 그들의 범위 및 크기를 확인하기 위해 최초로 포획된 지점에서 증설된 "경계설정용(delimitation)" 트랩운용으로 이어진다. 만약 하나 또는 그 이상의 "유발(trigger)"이 있다면, 그 지역은 감염된 것으로 간주하고, 검역규제조치 및 박멸조치가 시작된다(USDA-APHIS-PPQ 2003). 전형적인 유발은 주변에서 교미한 암컷이나 미성숙 단계의 번식을 발견하거나 특정한 시간과 지역 내에서 다량의 수컷을 포획하는 것을 포함한다. 적용된 완화(mitigation; 일반적으로 박멸(eradication)) 방법은 프로그램 운용지역에서 가용성뿐만 아니라 자금, 환경적 제약, 발견당시 개체군의 크기, 사회적 · 정치적 토지 이용의 형태를 포함한 몇 가지 요인들에 의존할 것이다. 살충제 및 다른 화합물의 사용에 대해 공공의 우려 때문에, 완화 프로그램은 지난 20년 이상 끊임없이 불임충의 사용을 신뢰하게 되었다.

감염된 과일의 이동을 통한 개체군의 지역 내 확산 위험성을 줄이고, 국내 거래 및 국제 교역을 통해 들어오는 것으로부터 감염된 과일을 막도록 검역규제조치가 시행된다. 일반적으로 검역은 프로그램 지역 밖으로 처리되지 않은 기주 과일의 수송을 금지하는 곳에서 실시된다. 미국에서는 과일 도매상, 소매상, 가공업자들이 감염된 품목들을 판매하거나 이동하는 것에 대해 안전 조치를 할 수 있도록 하는 협정을 준수하도록 한다(USDA-APHIS-PPQ 2003).

15.4.2 예방적 방사 프로그램(Preventive Release Program, PRP)

지중해과실파리의 유입 및 정착에 대한 고위험 지역에서, 예방적 방사 프로그램(Preventive Release Program, PRP)이 대응적 탐지 후 박멸 프로그램을 대신한다. PRP는 파리 성충이 활동할 수 있는 기간 동안(대부분의 경우 연중) 불임된 파리를 위험지역에 계속적으로 방사하는 광역 전술이다. 이 이론은 새롭게 유입된 지중해과실파리 암컷이 존재하고 있던 불임 수컷과 교미하게 하여 탐지될 가능성이 있는 크기에 도달되기 전에 대부분의 감염을 억누르는 것이다(Dowell 등 2000; Dowell 등 1999). PRP 하에서 방사율(단위 면적 당 불임된 파리의 수)은 일반적으로 전통적인 SIT 박멸 프로그램에서 이용하는 것과 비교하여 절반 또는 그 이하이다. PRP는 미국(캘리포니아와 플로리다)과 호주 남부에서 지중해과실파리의 관리를 위해 이용되고 있다(Dowell 등 1999; Shelly 등 2006c; Smallridge & Hopkins 2004)(그림 15.6).

역사적인 증거로 예측할 수 있는 것은, 지중해과실파리의 감염은 PRP 하에서도 간헐적으로 여전히 발생할 것이지만, 동일지역에서 박멸 활동에 대한 횟수와 양은 대응적 관리 전략 하

그림 15.6 방사선 조사에 의한 생식능력의 불임화 과테말라에서 지중해과실파리의 번데기가 담긴 봉지들이 자급식인 건식 저장 방사선 조사기의 "상자(drawer)"속으로 적재되고 있다. 이 상자는 매우 일정한 선량의 감마선으로 번데기에 노출하는 코발트-60이 포함된 고리모양으로 배열된 수직봉의 중앙으로 내려간다. 이 방사선 조사기는 차폐된 납이 작업자를 방사선으로부터 보호할 필요가 있기 때문에 4톤 이상이 나간다. 적색의 번데기(좌측에 카트 위에 봉지)는 불임된 파리를 표지하기 위해 이용된 Day-Glo로 분의처리되었기 때문이다(이미지 제공 - David Lance CPHST, APHIS, USDA).

에서 경험했던 것보다 훨씬 적게 될 것이라는 것이다(Dowell 등 1999). PRP 하에서 탐지된 감염은 일반적으로 감염 주변에 불임된 파리의 방사율을 일시적으로 증가하여 제거될 수 있다. 이런 경우에 SIT는 종종 탐지 지점에서 상당히 국지적인 독먹이 살포의 이용을 늘려 효과를 증대하게 된다.

대응적(reactive) 전략에서 적극적(proactive) 전략(PRP)으로의 전환을 결정하는 것은 적어도 경제적인 부분에 바탕을 둔다. 지중해과실파리의 탐지가 자주 일어날 때, PRP 하에서 박멸 활동의 감소는 불임된 파리를 계속적으로 사육, 방사, 확인(트랩에 잡힌 것)하는데 드는 비용에도 불구하고, 전통적인 대응적 지중해과실파리 프로그램보다 시간이 지남에 따라 상당히 저렴한 전략이 될 수 있다. 대규모 박멸 프로그램들은 많은 지역에서 대중에게 큰 인기를 끌지 못하기 때문에, 정책입안자와 정치인들은 PRP의 실시로 박멸 활동이 감소하는 것을 좋게 판단하는 경향이 있다. 또한, 빈번하거나 지속적인 박멸 활동은 전체적인 생물안보 프로그램의 효율성 면에서 무역 상대국 및 대중의 신뢰를 무너뜨릴 수 있다. 불임충에 대한 요구의 폭넓은 변화에 맞추기 위해(노동력, 수요 등에 따라) 때때로 생산을 늘리거나 줄이는 대응적 탐지 후 박멸 프로그램과 비교하여 PRP 하에서 파리에 대한 요구는 상대적으로 일정하므로 사육시설의 관리 또한 단순화된다.

15.5 지중해과실파리의 트랩 운용 프로그램 설계

지중해과실파리의 검역규제를 위한 트랩 운용 프로그램은 다음과 같은 몇 가지 다른 목표들로 짜여 져 있다: (1) 감염되지 않은 지역에서 초기 개체군의 탐지(detecting), (2) 새롭게 탐지된 개체군의 경계설정(delimiting; 범위와 크기를 결정), (3) 야생 또는 불임 파리 개체군의 모니터링(monitoring), (4) 박멸 "확인(confirming)", (5) 식물검역의 안보를 위한 시스템적 접근(systems approach) 또는 파리 무발생 지역(fly-free-zone)의 유지에 필요한 자료 제공.

15.5.1 탐지(Detection)

탐지용 트랩 운용은 지중해과실파리가 나타나지 않는 것으로 알려진 위험지역 중에서 실시되며, 모든 해충 감시활동 중에서 가장 광범위하고, 값비싼 것들의 일부를 포함하고 있다. 탐지 프로그램은 원하는 완화조치가 수행될 수 있도록 하는 초기 개체군을 발견할 수 있도록 설계되어야 한다. 지중해과실파리의 경우에, 원하는 완화조치란 종종 박멸이다. 이론적으로, 더 많은 활동(=비용)이 탐지에 투여될수록, 초기 개체군이 더 이른 시간에 더 작은 발육 단계에서 발견될 것이다. 이것은 그것들을 박멸하는데 더 쉽고 값싸게 할 것이다. 그러나 대규모 박멸 프로그램과 같이 매우 광범위한 트랩이용 프로그램은 매우 많은 비용이 든다. 이상적으로, 우리는 조합된 모든 프로그램의 비용이 최소화되도록 이들 개체군을 박멸하는데 기대되는 연평균 비용에 대하여 탐지용 트랩 운용의 비용과 균형을 맞춰야 한다. 탐지용 트랩 운용은 탐지 시 개체군의 실질적 크기가 우연한 것으로 인해 상당히 다를 수 있다는 의미로 확률론적이다(Lance & Gates 1994). 그러면, 지중해과실파리 탐지 시스템들은 또한 탐지 시 개체군의 예상된 최대 크기에서 조차 박멸이 실행 가능하고, 신중한 선택이 될 수 있도록 설계되어야 한다. 개체군이 탐지 이전에 또 다른 장소로 퍼짐(사람들의 운반에 의한 것 포함) 가능성이 또 다른 고려사항이다.

많은 요인들이 탐지용 트랩 운용과 완화 활동의 결과 사이에 비용의 균형을 맞추는데 영향을 준다. 예를 들어, 유입되고 정착하는 개체군의 위험성(빈도)은 직접적으로 연평균 박멸 비용에 영향을 줄 것이다. 많은 침입종에 있어서, 유입 및 초기 정착의 위험성은 이러한 사건들이 상대적으로 흔하지 않기 때문에 추정하기 어렵다. 그러나 역사적인 프로그램 데이터를 이용하여 적어도 고위험 지역에서 지중해과실파리에 대하여 합리적으로 정확한 수치들이 개발될 수 있다.

지중해과실파리 개체군의 밀도를 억제할 수는 도구들 또한 박멸 비용과 가능성에 영향을 준다. 지중해과실파리는 일반적으로 사람들이 운송하는 과일에 의해 감염되지 않은 지역으로 이동되게 되며, 따라서 대부분의 초기 개체군 탐지는 인구 밀도가 높은 지역(도시 및 근교)에서 나타난다. 대중의 우려 때문에, 도심지에서 실시되는 프로그램들은 일차적인 박멸 전략으로 살충제보다는 오히려 SIT에 점점 더 의존하고 있다. 이것은 초기 단계에서 개체군을 탐지하는데 부가적인 비용이 발생한다. 결과적으로, 지중해과실파리 검출 프로그램은 도시화된 지역들에서 대개 km^2당 2-4개 장소에 트랩을 배치한다(FAO/IAEA 2003).

이 트랩들은 보통 수컷 미끼(일반적으로 Trimedlure) 트랩과 먹이 미끼 트랩을 조합하여 배치한다(USDA-APHIS-PPQ 2003). 지중해과실파리의 정착 위험성은 그의 기주가 상업적으로 재배되는 지역에서는 상대적으로 낮으며, 그래서 그러한 지역에서 탐지용 트랩은 수 km^2마다 하나 정도로 드문드문 배치될 것이다(USDA-APHIS-PPQ 2006b). 이것은 처음에 직관적으로 보일지 모르지만(그 프로그램이 궁극적으로 보호하는 것이 상품 생산지), 농촌의 농작물 재배지에서 지중해과실파리의 유입율은 낮게 될 것이며(그것들을 들여오는 사람들이 보다 적음), 그래서 독먹이의 항공 살포와 같은 고밀도의 지중해과실파리 개체군을 넉다운시키기 위한 전술의 이용도 여전히 실행 가능할 것이다.

실제, 탐지 프로그램은 일반적으로, 조사되는 모든 지역에 다소 균일하게 트랩을 배치한다. 예를 들어, 캘리포니아의 도심지에서 2.6km^2의 각 블록(1평방마일)은 5개의 동일한 구역으로 나누게 된다. PRP 하의 지역에서 하나의 trimedlure 미끼 트랩이 각 구역에 배치된다. 이 전략은 경관적으로 하나의 트랩으로부터 수백 미터 이상 떨어진 지역에 없음을 보장한다. 하나의 트랩에서 한 마리의 파리를 포획할 확률은 파리와 트랩 사이의 거리에 상당히 의존적일 것이다. 트랩으로부터 수백 미터 떨어져 집중되어 있는 개체군은 탐지되기 전에 잠재적으로 높은 밀도로 성장할 수 있다(예를 들어, 한 마리 또는 그 이상의 파리가 포획됨)(Lance & Gates 1994).

과실파리 탐지 프로그램은 또한 계획된 일정에 따라(예를 들어, 6주마다), 시간이 지나면서 재배치 트랩에 포획된 파리 개체군으로부터 최대 거리를 최소화할 수 있다. 탐지용 트랩 운용 격자에 의한 컴퓨터 시뮬레이션은 재배치가 매우 작은 개체군을 탐지할 가능성에 영향을 미치지 않지만, 개체군이 발견되기 전에 수락할 수 없을 정도의 큰 밀도로 성장할 수 있는 기회를 감소시킨다고 지적한다(DRL, 미출판). 재배치는 또한 프로그램에 가능한 한 잘 익은 과일이 달린 나무에 트랩을 배치할 기회를 제공하여, 파리들이 빈번하게 나올 가능성이 있는 지역에 트랩을 놓게 될 것이다.

15.5.2 경계설정(Delimitation)

파리가 탐지용 트랩에 포획된 후 주변지역에 감염의 존재를 확인하고, 개체군의 크기와 점유할 지역을 결정하는데 필요한 고해상도의 정보를 제공하기 위하여 보다 촘촘한 간격으로 배치된다. 이 정보는 완화 조치를 효율적으로 수행하는데 있어서 매우 중요하다. 최초로 발견된 지점에서 반경 약 1km 이내의 경계설정(delimitation)한 지역에서 트랩은 일반적으로 km^2당 20-50개를 설치한다(FAO/IAEA 2003; USDA-APHIS-PPQ 2003). km^2당 400개 트랩의 촘촘한 배열이 이용되기도 하였다(Lance & Gates 1994). 경계설정용 트랩 설치는 일반적으로 중심 지역 밖으로도 수 km를 넘어 계속해서 설치 거리를 늘려 밀도를 줄여가며 이루어져, 최초 포획된 파리가 원 개체군에서 1마일 또는 그 이상 퍼지거나 운송된 경우인지 아닌지를 확인할 수 있게 한다(USDA-APHIS-PPQ 2003). 박멸 활동에 이어서, 번식하는 개체군이 프로그램 지역에 남아있지 않다는 것을 보증하는데 도움을 주기 위해 경계설정 프로토콜에서의 밀도와 비슷한 간격으로 수 세대 동안 배치된다.

15.5.3 지중해과실파리 배제를 위한 시스템적 접근(Systems Approach)

검역적 안전성을 위한 시스템적 접근(Systems Approach)은 감염되지 않는 지역으로 병해충의 이동에 대한 보호조치로 설계된 일련의 단계들로 구성되어 있다. 그러한 단계들의 어느 것도 개별적으로는 적절한 보호조치를 제공할 수 없지만, 서로 합침으로서 그들의 누적적인 효과가 높은 수준에서 병해충이 배제될 수 있다는 보장을 제공하는 것이다. 시스템적 접근은 일반적으로 수출국과 수입국의 협력을 통해 개발되게 된다.

지중해과실파리의 배제를 위한 시스템적 접근의 한 예로, 스페인과 미국 사이 클레멘타인(만다린 오렌지 품종인 *Citrus reticulata* Blanco)의 교역을 허락하는 협정을 볼 수 있으며, 그 내용은 Livingston 등 (2008)에 의해 요약되었다. 미국으로 그들의 작물을 수출하기를 원하는 스페인의 재배자들은 특정한 프로토콜에 따라 적어도 수확 6주 전에 지중해과실파리에 대한 트랩을 설치해야 한다. 만약 지중해과실파리가 채택된 임계치를 초과하여 채집되면, 그 과수원에 독먹이 살포 처리가 요구된다. 선적하기 전에, 미 농무부 동식물위생검사청(USDA-APHIS) 소속 검역관이 살아있는 지중해과실파리(모든 발육단계)가 존재하는지에 대해 초기하학적 시료추출법(hypergeometic sampling)과 선적물의 양에 근거하여 무작위로 수백 개의 클레멘타인 시료를 추출하며, 한 마리의 곤충이라도 발견이 되면 선적을 거부하는 이유가 된다. 미국으로 이동하는 동안, 선적물은 그 시점에서 생존할 수 있지만, 탐지 될 수 없었던 대부분의 지중해과실파리에 대해 사멸시킬 수 있는 저온처리(cold treatment)를 받는다. 미국에서 동식물위생검사청 소속 검역관들은 특정한 시간 및 온도 기준이 합당한지를 확인하기 위해 저온처리 데이터를 조사하며, 또한 살아있는 지중해과실파리의 생육단계가 존재하는지에 대해 과일을 다시 시료를 추출한다. 최종적인 수준의 안전성은 파리의 양성생식 기작으로부터 교미와 번식을 위해 두 마리가 시공간적으로 충분히 가까이에서 살고 우화할 가능성이 매우 낮게 되는 즉, 과일 속에 살아있는 과실파리의 수를 최소화되게 된다.

15.5.4 파리의 무발생지역(Fly-Free zones)

지중해과실파리 개체군이 정착한 국가들은 하나 혹은 그 이상의 농업 지역을 지중해과실파리의 무발생 지역으로 유지하여, 적어도 그 지역으로부터 생산된 과일이 지중해과실파리와 관련해서 자유롭게 수출될 수 있도록 선정하기도 한다. 이 전략은 칠레나 호주와 같이 특정 생산 지역들이 지리적으로 지중해과실파리의 감염지역과 멀리 떨어져 있거나, 생태적으로 곤충에 적합하지 않은 넓은 면적의 사막이거나 다른 서식처에 의해 격리되어 있는 국가에서는 더 할 나위없이 가장 적합한 방법이다(Gonzalez & Troncoso 2007; 또한 아래 호주의 지중해과실파리 참조). 지중해과실파리의 무발생 지역을 유지하기 위한 프로그램들은 일반적으로 지중해과실파리가 무발생인 국가들에서 운용하는 검역, 탐지용 트랩 운용, 병해충 무발생 구역에서 탐지에 대해 신속하게 대응하는 프로토콜 및 시스템을 포함한 국가적 프로그램들과 유사할 것이다. 대응적 전략(reactive strategy) 및/또는 예방적 방사 전략(preventive-release strategy)이 수행될 수 있다(Gonzalez & Troncoso 2007).

그림 15.7 "El Pino"의 사육시설 El Pino의 시설(Barbarena, 과테말라)은 세계에서 가장 큰 과실파리 사육시설이다. 최초로 지어진 4개의 사육동(그림에서 좌측)과 증축된 2개의 사육동(그림에서 우측)은 약 10,000m^{2}의 사육공간과 주당 3억 마리 이상의 지중해과실파리 불임 수컷을 생산할 수 있는 능력을 제공한다(이미지 제공 – David Lance CPHST, APHIS, USDA)

15.5.5 해외의 위험-경감 활동(Offshore Risk-Reduction Efforts)

현재 무감염인 국가들은 지중해과실파리의 유입위험성을 줄이기 위해 수출국이나 주변 국가들과 사전 예방적으로 협력할 것이다. 의미있는 예로는 30년 이상 동안 미국, 멕시코, 과테말라의 협력 사업인 Moscamed program이다(USDA-APHIS-PPQ 2006a). 비록 이 프로그램의 단기적인 운용 목표가 과테말라에서 지중해과실파리의 개체군을 감소시켜, 북쪽의 멕시코로 확산을 멈추도록 하는 것이었지만, 궁극적인 목표는 멕시코와 과테말라에서 지중해과실파리를 박멸하는 것이다. 현재, 이 프로그램은 멕시코와 과테말라의 국경 지역에서 개체군을 모니터링하고, 멕시코의 다른 곳들에서 개체군을 탐지하기 위해 트랩을 운용하여 수행하고 있다. 이 프로그램의 방제 활동들은 기본적으로 불임충에 의존하고 있으며; 독먹이 살포 및 생물적 방제들이 또한 이용되고 있다. Moscamed는 주당 수십 억 마리의 번데기를 생산하는 현재 세계에서 가장 큰 과실파리 공장인 El Pino (과테말라)의 사육시설을 운영하고 있다(USDA-APHIS-PPQ 2006a)(그림 15.5). El Pino는 Moscamed의 방제활동과 외부 사용자 중에서는 미국의 예방적 방사 프로그램(PRP) 및 위기대응 프로그램 사용자들을 위해 불임충을 제공하고 있다(USDA-APHIS-PPQ 2006a)(그림 15.7).

15.6 미국의 지중해과실파리 프로그램

15.6.1 미국 내 지중해과실파리의 역사

하와이를 제외한 미국은 일반적으로 지중해과실파리로부터 감염되어 있지 않다. 그러나 1929년 이후, 수많은 지중해과실파리의 감염이 미 대륙 내에서 발견되었다. 그로 인해, 지중해과실파리 무발생 국가를 유지하기 위한 프로그램들이 플로리다, 텍사스, 캘리포니아에서 박멸사업으로 이어졌다. 이들 프로그램은 일반적으로 미 농무부와 각 주의 기관들 - 상세하게 말하면, 플로리다 농업 및 소비자 서비스국(Florida Department of Agriculture and Consumer Service) 또는 캘리포니아 식품 및 농업국(California Department of Food and Agriculture, CDFA)에 의해 협력적으로 운용되었다. 이들 프로그램은 일부 매우 큰 비용과 논쟁을 일으키는 활동을 포함하고 있으며, 해충 위험도(유입률), 활용 가능한 기법, 환경 규제, 대규모 곤충 방제 사업을 바라보는 여론, 이전의 박멸 프로그램으로부터 얻어진 경험의 변화에 대응하면서 수년에 걸쳐 진화하여 왔다.

15.6.2 플로리다의 1929-1930년

1929년 4월에 자몽에서 구더기의 발견은 플로리다 중부에서 매우 넓은 지중해과실파리 감염지역의 발견으로 이어졌다. 그로 인한 박멸 프로그램은 결국 4백만 ha에서 이루어지면서 약 6백만 명이 고용되었다(Ayers 1957. Clark & Weems 1989). 방제 조치들은 일차적으로 알려진 감염지역 반경 1마일 이내의 모든 과일, 심지어 일부 식물체들을 뿌리째 뽑아 제거하는 활동 및 지상 장비를 사용하여 살포하는 원료형태의 독먹이 살포의 조합으로 구성되었다. 가장 보편적으로 사용되었던 독먹이는 원래 다른 침입해충인 매미나방(Gypsy Moth)에 이용하기 위해 개발된 살충제로 흑설탕, 당밀(molasses), 물, 비산연(lead arsenate)의 혼합물이었다. 보도에 따르면 135,000kg 이상의 비산연이 이 활동에서 살포되었다(Clark & Weems 1989). 맥파일 트랩(McPhail traps, 12,000개 이상)이 감염 지역을 탐지하고, 프로그램의 진척사항을 모니터링하기 위하여 과일의 시료채취와 함께 사용되었다. 트랩은 지중해과실파리 수컷을 유인하는 kerosene을 미끼로 하였다(Clark & Weems 1989). 또한, 규제 조치는 주 방위군(National Guard)을 동원하여 도로를 차단하는 것을 포함하여, 그 지역에서 프로그램 지역 밖으로 과일의 반출을 막도록 하였다(Rohwer 1958). 이 프로그램은 1930년 말에 7백만 달러 이상의 비용으로 종료되었고, 이후 27년까지 플로리다에서 지중해과실파리 개체군이 다시 보이지 않았다(Ayers 1957; Clark & Weems 1989).

15.6.3 플로리다의 1956–1958년

플로리다에서 지중해과실파리 침입의 두 번째 발견은 1956년 4월에 마이애미 지역에서 나타났다. 그 당시, 해충의 조사와 방제에 대한 기법이 상당히 진전되어 있었고, 프로그램을 운용하는 동안 진전이 계속되었다. 비산염 살충제는 낮은 살포비율에도 불구하고, 상대적으로 훨씬 효과적인 유기인계(특히, 말라치온(malathion))로 대체되었다. 단백질 가수분해물(protein hydrolysates)은 유인력이 덜한 당밀과 설탕을 대체하였고, 독먹이는 일차적으로 지상 장비보다 훨씬 더 효율적으로 뿌려지는 항공기로 살포되었다. 총 300,000ha 이상의 면적에 살포되었고, 대부분 여러 번 살포되어 거의 2.5백만ha에 처리한 것으로 집계되었다(Clark & Weems 1989; Rohwer 1958). 이와 함께, 과일 제거의 역할은 1929년의 프로그램과 비교하여 중요시 되지 않았다(Ayers 1957; Clark & Weems 1989). 플라스틱 "스테이너(Steiner)"트랩이 프로그램 초기의 팩파일(McPhail) 트랩을 상당히 대체하였다(Steiner 등 1961). 이들은 처음에 수컷 미끼 성분인 *α*-copaene이 포함되어 있음을 알게 된 안젤리카(*Angelica*)속 종자의 기름을 미끼로 사용하였고(Jacobson 등 1987), 이후에 Trimedlure 및 Ceralure의 개발을 이끈 구조 활성에 관한 연구결과에 기초하여 만든 "Siglure"로 명명된 합성유인제를 미끼로 사용하였다(Beroza 등 1961; Warthen 등 1994).

플로리다의 두 번째 지중해과실파리 박멸 사업은 1958년 2월에 약 11백만 달러의 비용을 들이면서 종료되었다(Clark & Weems 1989). 비록 1956년의 프로그램이 1929년의 활동보다 적은 면적에서 실행되었지만, 여전히 현대적인 기준에서는 대규모였다. 1956년부터 1958년까지 이 프로그램은 54,000개 트랩에서 거의 12,000마리의 지중해과실파리를 포획하였으며(Clark & Weems 1989), 이는 캘리포니아의 모든 지중해과실파리 프로그램에서 잡힌 야생의 지중해과실파리 총수보다 훨씬 많은 수였다(Carey 1996; K. Hoffman (CDFA)의 개인의견). 이 프로그램의 한 가지 성과로, 이후의 박멸 프로그램들이 더 작아진 이유는 집약적인 트랩 운용 프로그램들이 플로리다와 미국의 다른 위험한 지역에서 외래 과실파리들의 초기 개체군들을 탐지하기 위해 설치되었다는 것이다(Rohwer 1958).

15.6.4 캘리포니아의 1975-1982년

지중해과실파리가 캘리포니아에서 1975년에 처음 탐지되었고, 그 이후의 박멸 활동은 지중해과실파리 박멸에 첫 번째로 불임 파리들을 이용한 것으로 주목을 받는다(Cunningham 등 1980). 이 프로그램은 또한 지상 장비를 이용하여 기주가 되는 나무에 독먹이 살포 및 제한된 과일 절개(fruit stripping)를 포함하였지만, SIT가 근본적인 방제 방법으로 고려되었다(Jackson & Lee 1985). 총 77마리의 야생 파리가 1975년에 포획되었으나, 1980년 6월 4일까지 추가적인 포획이 없었으며, 또 다른 유사한 경우로 캘리포니아 남부의 작은 감염지에 대해서 박멸 활동이 시작되었다(Carey 1991).

또한, 1980년 6월 5일에 2마리의 지중해과실파리 수컷이 샌프란시스코 만 남부에 위치한 Santa Clara 카운티의 트랩에서 발견되었다(Jackson & Lee 1985). 이 탐지는 캘리포니아 역사상 가장 논쟁과 논란거리의 곤충 프로그램이 되었다. 그 지역에서 트랩 운용은 최소로 하였고, 그 프로그램은 더디게 시작하였다. 방제 활동은 SIT, 지면 독먹이 살포, 토양관주, 일부 과일 절개로 구성되었으나, 개체군을 능가하기에 충분하지 않았다. 1980년 12월경, 미 농무부는 독먹이의 항공 살포를 시작하라고 캘리포니아 주지사(Jerry Brown)를 압박하기 시작했다(Jackson & Lee 1985). 말리치온(Malathion)을 항공 살포하려는 생각은 Santa Clara 카운티 주민들로부터 심한 냉대가 있었고, 체계적인 과일 절개같은 다른 전략들이 1981년 6월까지 대체되었다. 그 시점에서, 그 해의 초만 하더라도 낮아졌던 탐지건수가 갑작스럽게 증가되었다. 몇몇 과학자들은 그러한 증가가 적절하게 방사선 조사가 이루어지지 않은 1회 사용분의 페루산 "불임"파리의 방사로부터 기인되었다고 믿었다(Marshall 1981). 그것은 결론적으로 결코 입증되거나 반박되지 않은 주장이다. 그 와는 관계없이, 그 해 7월 10일 Brown 주지사는 미 농무부의 권고안을 받아들여 항공 살포를 허가하였다. 탐지용 트랩 운용 시스템도 프로그램의 절정기에 7개 카운티를 가로지르는 거의 10,000km^{2}의 규제 지역을 탐지토록 하여, 그 당시 상당히 개선되었고, 거의 4,000km^{2}의 면적에 정기적으로 계획된 독먹이 살포를 할 수 있게 되었다. 독먹이 살포는 1981년 가을철에 줄어들었지만, 1982년 6월까지 일정 수준으로 지속되었으며, 그 해 9월에 마지막 지역이 규제 하에서 벗어나게 되었다. 1980년 및 1981-82년에 로스앤젤레스 카운티의 보다 작은 박멸 활동을 포함한 모든 프로그램은 거의 1억 달러의 비용이 들었다(Jackson & Lee 1985).

캘리포니아 중부의 지중해과실파리 프로그램은 몇 가지 변화를 가져왔다. 신속하게 위기상황에 대응하고, 위기대응 활동의 재원조달에 관해 미 농무부의 능력을 증강하는 법률안이 통과되었다. 추가적으로, 연방정부의 식물병해충 법률(Federal Plant Pest Act)이 개정되어, 실제로 이들 권한이 거의 사용되지는 않았지만, 농무부 장관이 상품의 주내 이동 규제, 박멸 프로그램의 개시, 사유지 출입의 규제에 관한 위기상황의 권한을 행사할 수 있게 하였다. 고위험지역(예를 들어, 주거지역)에서 탐지 간격인 트랩의 밀도는 초기 개체군을 포획하기 위해 km^2당 0.4개(또는 더 적음)에서 2–4개까지 증가된 반면, 그들은 쉽고 빠르게 옮길 수 있도록 작아졌다(Jackson & Lee 1985).

15.6.5 캘리포니아의 1987년부터 1990년대 중반까지

1981년 이후, 1마리의 지중해과실파리가 1982년, 1984년, 1986년에 각각 포획되었다. 그러나 1987년을 시작으로 캘리포니아 남부의 여러 중심지에서 보통 매년 감염이 일어났다. 각각의 감염지는 추가적인 지면 독먹이 살포 및 감염된 것으로 알려진 나무 밑의 국부적 토양관주와 함께 점점 SIT에 바탕을 둔 박멸 프로그램이 시행되었다. 이러한 활동에도 불구하고, 지중해과실파리의 발견 패턴과 빈도는 그들의 출처에 관해 다음과 같은 논란으로 이어졌다: 각각의 감염지는 미 농무부와 캘리포니아 식품 및 농업국(CDFA)가 제안한 것처럼 독립적인 유입의 결과인가? 아니면, 캘리포니아 남부가 한 시역이나 또 다른 지역에서 때때로 증가하여 탐지할 정도의 지중해과실파리 개체군으로 보통 감염되어 있는가? 어느 쪽이든, 수행한 프로그램은 고비용적이고, 그들의 범위나 빈도는 연방정부의 규제병해충 프로그램에 있어서 대중, 주 정부, 미국 교역 상대국의 신뢰를 떨어뜨리게 하였다. 1996년에 캘리포니아 남부의 지중해과실파리 프로그램은 대응적(reactive) 전략에서 적극적(proactive) 전략인 예방적 방사 프로그램(Preventive Release Program)으로 전환되었다(Dowell 등 1999). 이 프로그램으로 탐지된 감염 수가 연당 수건에서 연당 1건 미만으로 줄어들었으며(PRP 지역 밖에서는 많이 탐지됨), 전반적인 프로그램 비용도 감소되었다(Dowell 등 1999; Dowell 등 2000).

15.6.6 현재 미국의 지중해과실파리 프로그램

미국은 하와이를 제외하고, 지중해과실파리 무발생인 모든 감수성 지역을 유지하기 위한 프로그램이 운용되고 있다. 배제하기 위한 활동은 일차적으로 법적규제, 검사, 사전허가 조치, 기주가 되는 과일의 배제나 여러 조치들에 바탕을 둔 병해충 무감염의 인증에 대한 벌금부과 등의 조합(5장과 6장 참조)을 통해 실시되는 국경의 식물위생 프로그램(phytosanitary program)에 의존하고 있다. 그리고, 과테말라와 멕시코에서 Moscamed 프로그램 및 스페인의 클레멘타인 프로그램과 같은 지중해과실파리를 차단하는데 있어 몇몇 특정 프로그램들은 앞에서 자세하게 다루었다.

미 농무부는 주 정부 및 일부 경우에 카운티의 기관들과 함께 지중해과실파리의 초기 개체군을 탐지하기 위해 광범위한 트랩 운용 프로그램을 지속적으로 운영하고 있다(USDA-APHIS-PPQ 2003, 2006b). 트랩 운용 비율은 고위험 지역(주거지 및 도심지)에 배치되어 있는 km^2당 약 2-4개의 트랩으로 위험도에 기반을 두고 있다. 파리의 포획은 경계설정을 위한 트랩 운용 프로토콜이 뒤따라 실시되며, 만일 유발(trigger)할 수 있는 수준이 충족된다면, 박멸 활동이 실시된다. 대부분의 탐지는 인구가 밀집된 지역에서 나타나며, 그러한 지역에서 박멸은 현재 일차적으로 불임 파리의 방사에 의존하고 있다(USDA-APHIS-PPQ 2003, 2006a). SIT 활동은 파리가 발견된 곳 주변에 독먹이의 지면 살포와 일부 경우에 미성숙한 지중해과실파리가 있을 것으로 의심되는 나무 밑에 살충제의 토양관주를 보조적으로 실시한다. 독먹이 살포에서 유기인계 성분은 2000년대 초부터 선택독성을 가진 스피노사드(Spinosad)인 "보다 안전한(softer)" 살충제로 대체되었다.

앞에서 언급했듯이, 로스앤젤레스 카운티의 대부분 지역(약 5,400km^2)이 1996년에 예방적 방사 프로그램(Preventive Release Program) 하에 놓여 졌고, 불임충의 방사가 이 원고를 쓰는 순간까지도 계속되고 있다. PRP의 대상면적도 1998년에 감염이 나타난 Orange 카운티 및 Riverside 카운티의 일부를 포함하던 것에서 2000년에 6,400km^2 이상으로 증가되었다(K. Hoffman (CDFA)의 개인의견). 캘리포니아는 1996년 이후 대략 10개의 지중해과실파리 박멸 프로그램을 진행하였고, 그 중 거의 절반이 PRP 지역 안에서 발견된 것이었다. 이것은 1980년대 후반과 1990년대 초기 이후로 박멸 프로그램의 빈도가 상당히 떨어짐을 보여주는 것이다(Dowell 등 1999). 최근에 시행된 프로그램은 일반적으로 아주 작은 규모로, 1998년 당시 PRP 지역이 아니었던 Riverside 카운티(75마리)를 제외한 모든 경우에서 30마리 이하의 야생 파리가 포획되었다.

플로리다에서 지중해과실파리는 1998년 동안에 Tampa 지역에서 발견되었고, 이어진 경계 설정은 개체군이 탐지 전에 분포지역 및 파리의 수 모두에서 바람직하지 않게 커져 있음이 결정되었다. 뒤따라 시행된 광범위한 박멸 사업에서, 불임 파리의 우화 및 방사를 위해 개발된 기반시설이 그 지역에 남아있었고(나중에 철수되기는 했지만), 그 사업은 PRP 프로그램으로 전환되었다. 플로리다 남부의 일부 지역(마이애미 지역) 또한 PRP 프로그램 하에 놓여졌다. 지중해과실파리는 2010년에 Boca Raton에서 발견될 때까지 플로리다에서 다시 탐지되지 않았다. 플로리다 남부에서 실시한 PRP는 프로그램 지역과 Dade, Broward, Palm Beach 카운티와 병합하기 위해 점차 북쪽으로 확장되었다. 텍사스, 애리조나 및 다른 남부 주들의 일부를 포함한 미국의 다른 지중해과실파리 감수성 지역은 캘리포니아와 플로리다의 저위험 지역과 함께 대응적 지중해과실파리 프로그램 하에 남아 있다.

15.6.7 지중해과실파리가 캘리포니아에 정착했는가?

1991년에 Davis에 위치한 캘리포니아대학교의 곤충학자인 James Carey 박사는 *Science* 학술지에 지중해과실파리가 로스앤젤리스(LA)의 훨씬 넓은 지역에 정착하였다고 주장하는 논문을 발표하였다(Carey 1991, 1996). 이것은 각각의 새로운 감염지가 성공적으로 박멸되었다는 미 농무부(USDA)와 캘리포니아 식품 및 농업국(CDFA)의 발표 내용을 정면으로 반박하는 것이었다. Carey 박사의 가설은 다음과 같은 몇 가지 요소를 근거로 하였다: (1) 지중해과실파리 개체군은 1986년 이후 해마다 캘리포니아 남부 보통 여러 지역에서 발견되었다; (2) 전년도에

파리가 탐지된 지역 주변을 중심으로 탐지되고 있으며, 탐지된 곳에서 바깥쪽으로 퍼져나가는 경향을 보인다; (3) 의도적으로 측정할 수 있는 경로(항공편 수화물과 같은)에서 미 농무부에 의해 검출된 병해충에 관한 조사 데이터는 유입율이 너무 낮아 발견된 감염지의 수를 설명할 수 없다고 지적하였다; (4) LA 지역에서 지중해과실파리의 탐지는 지중해과실파리의 서식처로 적합한 미국의 다른 지역에서 탐지보다 비균형적으로 더 높다(뿐만 아니라 다른 외래 과실파리의 탐지보다 비균형적으로 더 높다); (5) 개체군들이 탐지할 수 있는 트랩 운용 시스템의 능력보다 낮은 밀도로 오랜 기간 동안 존재할 수 있다는 가정이다. 이 논쟁이 대중 매체로 흘러나와 대중에게 이미 상실한 캘리포니아 지중해과실파리 프로그램에 대한 신뢰를 더욱 떨어뜨렸으며, 주의 무역 상대국들에게 실망을 안겨 주었다. 적어도 캘리포니아 산물을 수입하는 두 국가에서 미국의 과실파리 프로그램을 재검토하기 위하여 전문가를 보내도록 반응하였다.

Carey 박사의 1991년과 1996년 논문이 발표된 후, 지중해과실파리가 캘리포니아로 여러 차례 유입되었다는 증거로 DNA 분석 결과가 제시되었고(Meixner 등 2002), 이어서 해충의 검출 데이터에 관한 조사는 Carey 박사가 미국으로 유입되고 있는 지중해과실파리의 비율을 상당히 과소평가하였음을 제기하였다(Liebhold 등 2006). 이러한 사실들은 캘리포니아에 정착된 지중해과실파리 개체군의 가능성을 배제하지 않았지만, 또 다른 설명이 있을 수 있다는 상황을 남겨 두었다. 또한, 지중해과실파리 탐지용 트랩 운용 시스템의 감도(sensitivity)에 관한 데이터(Lance & Gates 1994)는 캘리포니아 남부에 걸쳐 다중의 연속적인 세대가 탐지를 완전하게 벗어날 정도의 소개체군(sub-population)으로 존재한다는 것을 상상할 수 없게 한다(예를 들어, 2000년이나 2003년, 2006년에 캘리포니아에서 지중해과실파리가 한 마리도 포획되지 않음; K. Hoffman (CDFA)의 개인의견). 도매상 농산물이 불법적으로 미국으로 들어오면서 단속되는 비율을 고려할 때, 밀수되는 상업적 과일이 중요한 역할을 할 것이라는 것이 캘리포니아에서 지중해과실파리의 발견 패턴에 관한 보다 함축적인 설명일 것이다(USDA-APHIS-PPQ 2006c). 그럼에도 불구하고, 논란은 계속되고 있다(Carey 2010; Liebhold 등 2010).

15.7 호주의 지중해과실파리

15.7.1 호주에서 지중해과실파리의 발견과 확산

지중해과실파리는 서호주(WA)에서 1890년대 후반에 정착되었고(Sproul 2001), 아마도 감염된 감귤 과일을 통해서 유입된 것으로 보인다. 같은 시기에 지중해과실파리는 현재는 박멸된 시드니(Sydney) 근처와 태즈매니아(Tasmania)에서 발견되었다. 뉴사우스웨일스(NSW)에 지중해과실파리가 정착되었으나, 아마도 퀸즐랜드과실파리(*Bactrocera tryoni* (Froggatt))의 분포범위가 팽창한 결과로 1940년대에 없어질 때까지 중요한 해충으로 남아있었다(Hely 등 1982; Waterhouse & Sands 2001). 지중해과실파리는 또한 가장 최근인 1953년에 멜버른에서의 대발생과 함께 빅토리아에 정착되었다(R. Mapson의 개인의견). 북부 지방의 Alice Springs에서 1976년과 1982년 동안의 대발생은 박멸되었다(Allwood 등 1979). 지중해성 기후와 유사한 서호주(WA)에서 감염은 2-3년 마다 탐지되었고(Madge 등 1997), 최근 10년 동안의 대발생은 Adelaide에서 2000년, 2002년, 2006년, 2010년에 나타났다. 지중해과실파리 개체군이 지난 50년간 다른 주에서는 보고되지 않았다. 아마도 토착종의 과실파리 곤충상이 커서 경쟁 때문에 지중해과실파리는 퀸즐랜드에 정착되지 못한 것으로 보인다.

Perth에서는 최초 감염지로부터 지중해과실파리가 감염된 과일을 통해 확산되었고, 현재 남부 해안에 위치한 Esperance에서 아열대 지역의 북쪽 Derby까지 마을과 재배지에 정착되어 있다. 지중해과실파리는 도심지에 많은 인구가 살고 있는 주도인 Perth시 주변의 재배지에서 가장 유해한 해충이다. 서늘한 날씨의 Manjimup 지방에서 지중해과실파리는 그다지 심각하지 않은 해충이며, 먼 북부 지방의 Kununurra에 가까운 Ord 강 간척지는 지중해과실파리 무발생 지역으로 유지되고 있다. 그 지역은 지중해과실파리의 생존에 부적합한 우기에 고온 다습한 극심한 열대 기후를 가진다.

서호주의 관목림지대 대부분에서 토종이거나 야생의 지중해과실파리 기주는 없다. 몇몇 야생 기주가 남서부의 수계를 따라 자라는 반면, 몇몇 토종 기주가 북부의 열대기후대에서 자라지만, 과일이 맺는 생물기후학적인 면에서 단절은 지중해과실파리가 사람의 거주지로부터 떨어져서는 살 수 없다는 것을 의미한다. 호주의 서부와 동부 사이의 사막지대는 지중해과실파리가 동쪽으로 확산하는데 자연적인 장벽 역할을 한다.

지중해과실파리는 호주에 정착된 *Ceratitis*속의 유일한 종이다. 지중해과실파리 성충은 *Bactrocera*속의 종들이 대부분을 차지하는 다른 유해한 호주의 과실파리 해충과 쉽게 구별된다(White & Elson-Harris 1992). 애벌레의 검색키를 활용할 수 있으며(Dadour 등 1992), allozyme을 이용한 방법(M. Adams의 개인의견)이 지중해과실파리의 애벌레를 퀸즐랜드과실파리의 애벌레와 구별하는데 이용될 수 있다.

15.7.2 호주에서의 기주범위

서호주(WA)에서 발간된 문헌을 조사하여 Sproul (2001)은 69종의 기주를 보고한 반면, Hancok 등 (2000)은 기주로 23개 과(科)에 속하는 53종을 명시하였다. 주요 상업적 기주로는 감귤(citrus), 핵과(stone fruits), 이과(pome fruit)를 포함한다. 감귤은 월동하는 중요 기주이다. 도심지에서 비파(loquat)와 금귤(kumquat; 광의적으로 *Citrus*)이 중요한 기주인 반면, 식용 포도(table grapes, *Vitis vinifera* L.)와 올리브(*Olea europaea* L.) 또한 가해 받을 수 있다. Perth에서 북쪽으로 1,000km 떨어진 Carnavon에서 지중해과실파리는 감귤, 망고(*Mangifera indica* L.)를 가해하며, 수확 후 남은 과숙한 고추류(*Capsicum annuum* L.)를 가해한다. Perth에서 북쪽으로 2,000km 떨어진 Broome 마을에서 기주로 18종의 과일이 조사되었다(Woods 등 2005). 풍부도, 과일이 맺는 생물기후학, 기주 적합성에 바탕을 둔 가장 중요한 기주로는 망고, 금귤, Barbados cherry (*Malpighia glabra* L.), 오렌지자스민(*Murraya paniculata* (L.) Jack), 구아바(guava), Pacific almond (*Terminalia catappa* L.), "블랙베리"(종이 확인되지 않음), yellow oleander (*Cascabela thevetia* (L.) Lippold) 였다.

15.7.3 호주에서 박멸 프로그램

2001년에 서호주 농업국(Department of Agriculture in Western Australia)은 호주 정부로부터 지중해과실파리의 박멸에 관한 비용편익 분석(cost benefit analysis)에 대한 권한을 가지게 되었다(Mumford 2005). 그 분석은 독먹이 살포에 이어 불임충의 방사를 이용한 6년 동안의 박멸은 높은 성공 확률을 보장할 수 있고, 미화 3.5백만 달러의 비용이 소요될 것이며, 만약 그 지역이 20년 동안 2배로 원예작물이 식재된다면, 현재의 가치수준에서 순이익이 발생할 것이라고 평가하였다.

15.7.4 토착지역에서 지중해과실파리의 관리를 위한 도구

독먹이 살포(Bait sprays). 1950년대 후반에 침투성 유기인계 살충제의 전면 살포가 나타나기 이전에, 과수원의 양호한 위생관리와 조합된 독먹이 살포가 과실파리 방제의 버팀목이었다. 독먹이 살포는 특히 매주 독먹이 살포로 양호한 방제 상태를 유지할 수 있는 감귤 과수원에서 여전히 중요한 방제 도구이다. 핵과류같은 감수성 작물들이 재배되고, 높은 밀도를 형성한 지역에서 독먹이 살포는 살충제의 전면 살포로 보완해야만 한다.

과실파리의 밀도가 높다면, 일주일에 두 번씩 독먹이 살포가 필요하다. 단백질 가수분해물인 독먹이는 살충제인 Malathion (호주에서는 Maldison으로 알려짐)이나 Trichlorofon과 조합하여 가장 널리 이용되고 있다. Spinosad는 유기성분으로 적절하게 대체한 것이지만, 가격이 비싸 유기농 재배자들과 도심지의 일부 지역공동체의 독먹이 살포 계획을 제외하고는 거의 사용되지 않는다. 후자의 경우에, 비록 일부 지역공동체의 독먹이 살포 계획이 여전히 단백질 먹이/유인인계 혼합물에 의존할지라도 Spinosad의 저독성 및 홍보 혜택으로 추가비용을 정당화할 수 있다.

지역공동체의 독먹이 살포 계획은 연 6-12개월 동안 한 마을과 그 주변의 원예작물 재배지에서 모든 과수류에 먹이 혼합물을 살포하는 것이다. 제대로 관리된다면, 지중해과실파리 개체군을 피해가 없는 수준으로 유지할 수 있다. 지방세 납부자들은 일반적으로 소유지당 나무의 수에 기초하여 수수료를 납부하고 있으며, 주 정부의 참여(shire involvement)는 장기적인 지속가능성에 있어서 매우 중요하다. 수년에 걸쳐 이러한 계획을 유지하는 것은 재원이나 인력 문제로 많은 계획들이 중단되는 것과 함께 어려운 일임이 입증되었다.

살충제의 전면 살포(Cover sprays). 유기인계 살충제인 fenthion 및 dimethoate를 포함한 침투성 살충제의 전면 살포를 도입한 것은 서호주(WA)의 과실파리 방제에 있어서 혁명적이었다. 그것들은 특히 고위험 지역의 감수성이 높은 작물에서 여전히 널리 사용되고 있다. 이들 지역은 과실파리 개체군이 매우 높은 밀도에 도달할 수 있는 도심지에 종종 접해 있다. 구더기가 과일을 가해하면, 전면 살충제의 살포가 재배자들에게 남아있는 유일한 효과적인 방법이다. 이러한 살충제들의 이용에 대하여 가까운 미래에 제한될 가능성이 있으며, 그렇게 될 경우, 일부 지역에서의 과일 생산은 경제성이 없을 수 있다.

대단위 트랩 운용(Mass trapping). 앞에서 언급했듯이, 효율적인 암컷 미끼는 적어도 10년 동안 이용하여 왔지만(Heath 등 1996), 호주의 재배자들은 단지 최근에 실험적으로 대단위 트랩 운용을 시작하였다. 아마도 많은 작은 과수원들이 도심지나 관리하는 않고 방치된 과수원과 인접해 있고, 고밀도로 발생한 지역에서는 대단위 트랩 운용을 단독으로 수행하는 것은 효과적인 방제를 이룰 수 없을 것이다.

생물적 방제(Biological Control). 서호주(WA)에서 야외에서 채집된 애벌레의 기생율은 단지 사육된 토종의 *Bactrocera*속 기생봉인 *Diachasmimorpha kraussii* (Fullaway)로 매우 낮다(I. Lacey의 개인의견). 1950년대에 다른 기생봉을 정착시키기 위한 시도는 성공하지 못하였다(Waterhouse & Sands 2001). *Fopius arisanus* (Sonan)가 하와이에서 지중해과실파리에 대해 상당한 사망율을 나타내기 때문에 퀸즐랜드에서 *Bactrocera*속의 종에 정착되었고, SIT와 조합하여 대량방사(inundative release)로 이용이 가능하다(Rousse 등 2005). *Fopius ceratitivorus* Wharton는 고전적인 생물적 방제의 가장 유력한 후보자이었으나(Lopez 등 2003), 호주에서 방사에 대한 승인이 이루어지기 전에 토종의 과실파리 종에 대하여 특이성 검토(specificity testing)를 거쳐야만 한다.

불임충 기술(Sterile Insect Technique, SIT). SIT는 서호주에서 야외 방제를 위해 이용되지 않고 있다. 과수원들이 일반적으로 소규모이고, 혼재된 다양한 과수들을 포함할 수 있으며, 종종 도심지에 접해있어 SIT의 이용에 있어 광역적인 관리를 하는데 어려움을 주게 된다. 그러나 SIT는 남호주의 지중해과실파리 무발생 유지를 위한 프로그램에 있어서 매우 중요한 부분이다.

주간 이동(Interstate movement). 지중해과실파리 실행규정(The Medfly Code of Practice; Anon 2008)은 지중해과실파리의 관리에 적용되는 책임과 절차를 기술하고 있으며, 호주의 주간 무역에 관한 식물위생요건을 명시하고 있다. 이 문서의 초안이 지속적으로 검토 중에 있으며, 처리방법들은 국제적인 기준과 다를 수 있다. 이 규정은 병해충 무발생 지역에 관한 요건, 병해충 저발생 지역에 관한 요건, 생산지 및 감염지의 병해충 무발생에 관한 요건을 명시하고 있다. 정착지의 무발생을 위한 감시활동 절차(예를 들어, 트랩 형태, 트랩 수, 트랩 위치, 조사횟수)가 명시되어 있다. 완충지역, 이동제한, 감수성 기주의 처리에 관한 위험관리가 논의되어 있다. 해제(suspension) 및 해제지역의 임계치가 명시되어 있다. 부록은 농산물의 감수성, 감염배제를 위해 승인된 처리, 무발생 지역을 상실한 후의 회복 일자를 명시하고 있다.

검역적 장애물(Quarantine barriers). Perth와 남호주의 Adelaide를 잇는 유일한 포장 도로 및 24시간 운영하는 검역 검문소는 남호주의 경계지대 가까이에 있는 Ceduna에서 운영하고 있다. 모든 차량들은 멈추어 적하목록을 확인하고, 개인차량들은 과실파리의 기주가 있는지 검사를 받는다.

주간 증명서 발급(Interstate Certification Assurance, ICA). 이것은 품질관리 원리에 바탕을 둔 식물위생증명(plant health certification) 체계이며, 모든 호주의 주 및 영역에 의해 집행되는 국가적 시책이다(Anon 2013). 인증을 받기 위해서 사업자는 주내 또는 주간 농산물시장으로 위탁하는 산물이 특정한 식물검역요건을 충족함을 보증하는데 있어 효과적인 내부 절차를 가지고 있음을 입증해야만 한다. 주간 증명서 발급 제도(ICA)는 호주 전역의 사업자들의 감사 및 인증에 대한 조화로운 접근방식을 제공하는 것으로 보인다. 훨씬 많은 비용으로 정부 공무원이 관여하는 것보다 ICA 프로토콜 하에서 사업자들은 주간 무역을 승인하는 식물위생증명서를 발급할 수 있다. ICA의 증명서를 발급하는 사업체는 정부기관으로부터 정기적으로 감사를 받는다. 지중해과실파리와 관련된 ICA의 증명서는 ICA-04: 메칠브로마이드를 이용한 훈증(Fumigating with methyl bromide), ICA-07: 저온처리(Cold treatment), ICA-16: 푸른 상태의 익은 바나나에 관한 인증서(Certification of mature green condition of bananas), ICA-23: 무발생지역 및 사유지(Area or property freedom), ICA-30: 지중해과실파리에 대한 아보카도의 경화조건(Hard condition of avocado for Mediterranean Fruit Flies) 등을 포함한다.

감염배제(Disinfestation). 실행 규정은 다른 주로 반입되기 위해 감염배제의 처리를 요구하는 식물이 100종 이상 명시되어 있다. 이 중 15종은 운향과(Rutaceae)의 감귤속 식물(*Citrus* spp.)이며, 13종은 장미과(Rosaceae)의 복숭아속 식물(*Prunus* spp.)이다. 아보카도(*Persea americana* Mill.), 바나나(*Musa acuminata* Colla), 라임(*Citrus* spp.), 올리브, 파파야, 딸기류(*Fragaria* spp.)는 성숙한 푸른색으로 수확되지 않는 한 처리되어야만 한다. 두리안(*Durio zibethinus* Murr.), 여지(또한 리치로도 부름), 망고스틴(*Garcinia mangostana* L.), 패션푸르트(*Passiflora edulis* f. *flavicarpa*), 석류(*Punica granatum* L.), 람부탄(*Nephelium lappaceum* L.)은 까피가 손상되지 않은 상태라면 처리할 필요가 없다. 기주로 명시된 가지과 채소들 중에 서, 고추류(capsicums)는 과숙할 때 가해받을 수 있고, 토마토(*Lycopersicum esculentum* L.)는 과숙할 때조차 가해받기가 매우 어려우며, 가지(*Solanum melongena* L.)의 기주 상태는 확인될 필요가 있다.

지중해과실파리에 대한 감염배제 처리를 요구하는 서호주(WA)로부터 생산된 일부 산물의 목록은 사과(*Malus domestica* L.), 살구(*Prunus armeniaca* L.), 블랙베리(*Rubus fruiticosus* L.), 블루베리(*Vaccinium corymbosum* L.), 칼라몬딘(×*Citrofortunella mitis* (Bunge) Wijnands), 고추, 카람볼라(*Averrhoa crambola* L.), 체리(*Prunus avium* L.), 칠리고추(chili, *Capsicum* spp.), 시트론(*Citrus medica* L.), 가지, 훼이조아(*Acca sellowiana* (O. Berg) Burret; 파인애플구아바), 무화과(*Ficus carica* L.), 포도, 자몽(*Citrus* ×*paradisi* Macfad.), 키위(*Actinidia* spp.), 금귤(kumquat), 레몬(*Citrus limon* (L.) Burm.), 라임, 비파(*Eriobotrya japonica* (Thunberg) Lindle.), 여지, 만다린(*Citrus reticulata* Blanco), 망고, 뽕(*Morus* spp.), 동양배(*Pyrus pyrifolia* (Burm. Nak.)), 승도복숭아(nectarine; *Prunus persica* (L.) Batsch var. *nucipersica* (Suckow) C. K. Schneid), 올리브, 오렌지(*Citrus* ×*sinensis* (L.) Osbeck), 파파야, 복숭아(*Prunus persica* (L.) Batsch), 배(*Pyrus* spp.), 감(*Diospyros* spp.), 서양자두(plum; *Prunus domestica* L.), 석류, 마르멜로(quince; *Cydonia oblonga* Mill.), 나무딸기(raspberry; *Rubus* spp.), 딸기, 타마릴로(tamarillo), 탄젤로(*Citrus* ×*tangelo* J. Ingram & H. E. Moore), 토마토를 포함하고 있다.

감염배제 방법(Disinfestation methods). 과실파리의 감염을 배제하기 위한 일반적인 방사선조사 선량을 인지하고 있음에도 불구하고, 서호주에는 상업적인 방사선 처리시설이 없어서 이 방법은 가능하지 않다. 또한, 열수처리(hot water treatment), 고온 강압 증기(high temperature forced air), 증열처리(vapor treatment) 또한 서호주에서 지중해과실파리의 감염배제를 위해 사용되지 않는다. 저온처리(cold treatment)가 가장 보편적인 감염배제를 위한 처리이며, 온대성 작물에 널리 이용되고 있다. 다양한 상품에 대해 여러 온도에서 가장 효율적임이 서호주에서 입증되었다(F. DeLima의 개인의견). 메칠브로마이드 훈증은 장기적으로 등록이 취소될 가능성이 있음에도 불구하고, 최후의 처리 수단으로 남아있으며, 여전히 널리 이용되고 있다. 수확물의 살충제 침지(dipping) 및 살충제가 흘러내릴 정도로 살포(flood spraying)가 한때 널리 이용되었으나, 이들 처리는 잔류 우려 때문에 철회될 가능성이 높다.

광역관리 및 시스템적 접근(Area-wide management and Systems Approaches). 현재 시스템적 접근방법은 지중해과실파리가 감염될 수 있는 산물의 수출을 위해서 인정되지 않고 있다(Jessup 등 2007). 시스템적 접근에 관한 ICA 초안이 개발 중에 있다. 부적합한 기후 및/또는 기주 식물의 부재로 해충의 발생이 낮은 서호주의 일부 지역들(예를 들어, 중서부 내륙지역의 Manjimup)은 해충 저발생 지역을 병해충 무발생 생산지와 조합하는 프로토콜 하에서 호주 동부로 과일을 수출할 수 있을 것이다. 현재까지 서호주에서는 해충 저발생 지역이 공식적으로 인정받지 못하고 있다.

15.7.4.1 과실파리 무발생 지역(Fly-Free Zones)

서호주의 무발생 지역(Area freedom in Western Australia). 서호주에서 지중해과실파리가 없는 지역은 주의 북쪽에 위치한 Ord 강 주변의 간척지에서 유지되고 있다. Kununurra 마을에서는 400m 간격으로, 재배지에서는 1km 간격으로 대략 100개의 트랩을 설치하여 대발생이 가능할 때(4월-10월) 일주일마다, 그 외의 기간에는 2주일마다 점검한다. 트랩은 양동이 형태(bucket-type)의 Lynfield trap이며(Wijesuriya & De Lima 1995), Capilure®(야외에서 사용기간을 늘리기 위한 연장제로 Trimedlure의 상업적인 혼합물; Hill 1987)를 치과용 심지에 적셔 넣고, 파리나 개미 같은 해충을 죽이기 위해 트랩 안에 살충제인 Dichlorvos Pest Strip의 작은 조각($1cm^2$)을 넣어둔다. 트랩은 2-3개월 마다 유인제와 pest strip를 교체한다. 과거에 대발생은 독먹이 살포, 과일 절개, 살충제 전면 살포의 조합으로 박멸하였다. 앞으로 박멸은 독먹이 살포와 제한된 과일 제거와 함께 SIT를 이용할 것이다.

남호주의 무발생 지역(Area freedom in South Australia). 남호주는 과실파리가 없는 지역으로, 미국으로 감귤 과일을 수출하기 위해 내륙의 Riverland 지역에 대규모의 원예 산업을 지원하고 있다. 지중해과실파리의 대발생이 Adelaide 지방에서 규칙적으로 일어나고 있으며, 또한 박멸되고 있다. 박멸 프로그램은 기본적으로 과일 절개 다음에 유기인계 살충제의 독먹이 살포와 전면 살포를 포함한 처리에서 2001년부터 유기계 살충제의 독먹이 살포, 최소화한 과일 절개, 불임충의 방사를 포함한 종합적인 접근방식으로 변화하였다.

Lynfield Trap (Cowley 등 1990)이 Capilure®와 dichlorvos 살충제를 치과용 심지에 적셔 넣어 침입 개체군을 탐지하는데 이용되고 있다. 이들은 도심지에서 400m 간격으로, 재배지에서 1km 간격으로 배치되어 있다. 트랩은 대발생이 가능한 계절에는 일주일 간격으로, 그 외 기간에는 2주일에 한 번씩 조사되고 있다. 집중적인 트랩 운용에도 불구하고, 이 지역에서 지중해과실파리의 감염은 종종 트랩에서 발견되기 전에 주민들의 정보제공에 의해 과일 속에 애벌레로 발견되고 있다(D. Cartwright의 개인의견). 구더기의 가해를 받은 과일에 대한 정보제공을 정기적인 방송 캠페인을 통해 독려하고 있다. 대발생이 발견되었을 때, 추가적인 트랩이 설치된다. 암컷과 수컷을 유인하는 트랩 모두가 사용된다. 암컷을 유인하는 트랩은 맥파일 형태(McPhail-type)로 세 가지 성분의 합성 먹이 미끼를 사용한다(Broughton & de Lima 2002).

대발생 신고가 접수되면, 파리의 수를 무시할 수 있는 수준으로 낮추기 위해 초기 2-4주 동안 Spinosad를 함유한 독먹이가 살포된 후 불임 파리의 방사가 이어진다. 불임 파리의 방사는 독먹이 살포가 중단된 후 일반적으로 10주 동안 계속된다. 그러나 만약 겨울철 기후가 그 시기에 밀려오면, 불임충 방사는 미뤄질 것이고, 봄철에 다시 시작될 것이다.

서호주의 Perth 남부에 위치한 서호주 농업식품국(Department of Agriculture and Food, Western Australia)의 시설에서 생산된 불임 과실파리는 남호주에서의 대발생을 박멸하는데 이용하고 있다. 파리는 국제품질기준에 합당하거나 그 이상이어야 한다(IAEA 2003). 비엔나 7/99 "잡종(mix)" 계통은 1999년 이후 꾸준히 생산되어 왔고, 생산량 수준은 주당 1.5백만 마리 이상을, 대발생하는 동안에 주당 10백만 마리까지 유지된다. 비엔나 7/99는 *tsl* (온도에 민감한 치사인자) 유전자에 의한 성구별이 가능한 계통이며, 여과 사육 시스템(filter rearing system)은 해로운 재조합형(deleterious recombinant)의 정도가 최소화되는 것을 보장하는데 이용되고 있다(Fischer & Caceres 2000). 파리는 세균의 오염을 최소화하기 위하여 끓는 물을 이용하여 밀기울을 바탕으로 한 먹이에서 사육한다. 애벌레는 물에 수집되고, 용화를 위해 질석(vermiculite) 위에 펼쳐 놓으며, 번데기의 품질과 비행 능력을 최대화하기 위해 손으로 선별된다. 우화 이틀 전에, 번데기는 Gamma cell 220 방사선 조사기에서 160Gy의 중앙 선량값으로 조사된다. 번데기는 방사선 조사 전 10분 동안과 조사하는 동안 질소로 씻어 낸다. 금속용기(canister)가 조사되었는지를 시각적으로 확인하기 위해 방사선 감지용 탐지기(Sterin badge)가 각각의 금속용기에 놓여진다(ISO/ASTM 2013).

방사선이 조사된 번데기는 염색 후, 비닐봉지에 넣고 열로 밀봉되며, 남호주로 야간에 운송하기 위해 Techni ice®와 함께 스티로폼 채소 상자에 넣게 된다. 남호주에서 14.5g의 번데기를 51개의 두꺼운 종이통에 넣고, 5일 동안 우화실에 둔다. 교미 경쟁력을 증진해 주는 생강 뿌리 기름(GRO, α-copaene의 원료)에 우화실에서 종이통이 노출하도록 옆쪽에 끼운 2개의 그물망을 가진다(Shelley 등 2007). 공기가 순환하도록 선풍기를 이용하고, 천장에 매단 적신 솜에서 나오는 GRO에 노출하기 위해 5일째 된 파리가 분리된 저온실로 옮겨진다. 파리는 유틸리티 차량의 뒤쪽에서 특수 목적으로 제작된 방사용 유선형 용기로부터 방사된다. 하나의 종이통이 대략 100m 마다 방사된다. 일단 해당 지역에 충분한 수의 파리가 도달되면 낮은 수준으로 유지하기 위해 방사하는 양을 낮추기 전에는 초기 방사율이 상당히 높다. 야생이나 불임 파리의 확인은 전자-형광 현미경으로 수행되며, 확증은 이마주머니(ptilinum)의 해부로 이루어진다.

해제 지역(Suspension zones). 이것은 남호주의 대발생 데이터를 분석한 결과에 근거한다(Meats 등 2003). 만일 임신한 암컷이나 애벌레가 발견되면, 대발생 중심부로부터 반경 7.5km 이내를 대발생 지역으로 선언한다. 만일 수컷 한 마리가 포획되면, 아무런 조치도 요구되지 않는다. 수컷 두 마리가 포획되면, 애벌레 찾기가 요구되고, 16개의 추가적인 수컷 유인용 트랩이 200m 구역 안에 설치될 것이다. 만일 추가적인 트랩이 설치되지 않고, 3마리의 수컷이 1km 내에서 14일 안에 포획된다면, 대발생 지역이 선언되어야 한다. 만일 추가적인 트랩이 설치되면, 대발생이 선언되기 전의 유발(trigger) 수준은 다섯 마리로 바뀌게 된다. 그러나 7.5km 구역에 대한 과학적인 증거에도 불구하고, 퀸즐랜드는 최소 15km 구역을, 태즈매니아는 80km 구역을 인정하고 있다.

병해충 무발생의 회복(Reinstatement of pest freedom). 야생의 지중해과실파리가 한 세대와 28일 동안이나, 마지막 애벌레나 야생의 지중해과실파리가 트랩에서 채집된 후 12주 동안, 그 둘 중 긴 것의 기간 동안 감시활동 프로그램에서 포획되지 않았다는 사실이 제공되면 지중해과실파리의 침입에 이은 박멸활동에 속하는 해제지역의 병해충 무발생 상태가 복원될 수 있다. 회복 날짜는 호주 정부의 기상청 자료로부터 계산될 수 있으며, 실행규정의 부록에 표로 만들어져 있다(Anon 2008).

15.8 결론

지중해과실파리는 지구상의 열대 및 좀 더 따뜻한 온대 지역의 전역에 걸쳐 두려움을 주는 농업해충으로 남아 있다. 많은 과수 작물에서 상당한 농가의 손실을 일으킬 수 있는 반면, 상품을 통하여 감염되지 않은 지역으로 이동할 수 있는 곤충의 능력이 그의 대부분에 불명예를 이끌어냈다. 지중해과실파리는 세계적으로 가장 많이 연구된 곤충 중의 하나이며, 이 해충을 탐지하고 방제하기 위한 활동들은 곤충 유인제 및 탐지, 방제 방법, 법적규제 절차와 같은 분야에서 폭넓은 혁신을 이끌어 냈다. 이 곤충을 물리치고 저지하기 위한 프로그램의 개발은 법적규제 곤충학(regulatory entomology)에 있어서 지중해과실파리가 가장 훌륭한 연구 사례가 되어 세계 각지의 법적규제 프로그램의 폭넓은 발전에 모범이 되었다.

참고문헌

Allwood AJ, Pearce G, Bubb J (1979) Plans for eradication of fruit fly in the Northern Territory Department of Primary Production. Division of Agriculture & Stock, Darwin, 39 pp

Alonso M, Del Rio MA, Jacas JA (2005) Carbon dioxide diminishes cold tolerance of third instar larvae of *Ceratitis capitara* Wiedemann (Diptera: Tephritidae) in 'Fortune' mandarins: implications for citrus quarantine treatments. Postharvest Biol Tech 36: 103-111

Anon (2008) Draft national code of practise for the management of Mediterranean fruit fly, Ceratitis capitata (Wiedemann). Australia. Interstate Plant Health Regulatory Working Group (1996) Draft Code of practise for management of Mediterranean fruit fly. Standing Committee on Agriculture and Resource Management, Agriculture Fisheries and Forestry Australia, Canberra

Anon (2013) Interstate certification assurance (ICA). Domestic Quarantine & Market Access working group (Australia) http://domesticquarantine.org.au/ica-database

Armstrong JW (1990) High-temperature forced-air quarantine treatments for fresh fruits infested by tephritid fruit flies. Acta Hort 57: 449-451

Armstrong JW, Follett PA (2007) Hot-water immersion quarantine treatment against Mediterra-nean fruit fly and oriental fruit fly (Diptera: Tephritidae) eggs and larvae in litchi and longan fruit exported from Hawaii. J Econ Entomol 100: 1091-1097

Avery JW, Chambers DL, Cunningham RT, Leonhardt BA (1994) Use of ceralure and trimedlure in Mediterranean fruit fly (Diptera: Tephritidae) mass-trapping tests. J Entomol Sci 29: 543-556

Ayers EL (1957) The two medfly eradication programs in Florida. Proc Fla State Hort Soc 52: 67-69

Bachrouch O, Mediouni-Ben Jemâa J, Alimi E, Skillman S, Kabadou T, Kerber E (2008) Efficacy of the lufenuron bait station technique to control Mediterranean fruit fly (medfly) *Ceratitis capitata* in citrus orchards in northern Tunisia. Tunis J Plant Prot 3: 35-45

Baker PS, Howse PE, Ondarza RN, Reyes J (1990) Field trials of synthetic sex pheromone components of the male Mediterranean fruit fly (Diptera: Tephritidae) in southern Mexico. J Econ Entomol 83: 2235-2245

Bakri A, Mehta K, Lance DR (2005) Steritizing insects with ionizing radiation. In: Dyck VA, Hendrichs J, Robinson AS (eds) Sterile Insect Technique: principles and practise in area-wide integrated pest management. Springer. Dordrecht, pp 233-268

Bergsten D, Lance D, Stefan M (1999) Mediterranean fruit flies and their management in the U.S.A. Pestic Outlook 10: 207-212

Beroza M, Green N. Gertler SI. Steiner LF, Miyashita DH (1961) New attractants for the Mediterranean fruit fly. J Agric Food Chem 9: 361-365

Bonizzoni M, Guglielimino CR, Smallridge CJ, Gomulski M, Malacrida A, Gasperi G (2004) On the origins of medfly invasion and expansion in Australia. Mol Ecol 13: 3845-3855

Braham M, Pasqualini E, Ncira N (2007) Efficacy of kaolin, spinosad and malathion against *Ceratitis capitata* in Citrus orchards. Bull lnsectol 60: 39-47

Briceño RD, Eberhard WG (2000) Possible fisherian changes in female mate-choice criteria in a mass-reared strain of *Ceratitis capitata* (Diptera: Tephritidae). Ann Entomol Soc Am 93: 343-345

Broughton S, de Lima CPF (2002) Field evaluation of female attractants for monitoring *Ceratitis capitata* (Diptera: Tephritidae) under a range of climatic conditions and population levels in Western Australia. J Econ Entomol 95: 507-512

Caceres C (2002) Mass rearing of temperature sensitive genetic sexing strains in the Mediterra-nean fruit fly (*Ceratitis capitata*). Genetica 116: 107-116

Calkins CO, Parker AG (2005) Sterile insect quality. In: Dyck VA, Hendrichs J, Robinson AS (eds) Sterile insect technique: principles and practise in area-wide integrated pest management. Springer, Dordrecht

Carey JR (1991) Establishment of the Mediterranean fruit fly in California. Science 253: 1369-1373

Carey JR (1996) The incipient Mediterranean fruit fly population in California: implications for invasion biology? Ecology 77: 1690-1697

Carey JR (2010) The Mediterranean fruit fly (*Ceratitis capitata*). Amer Entomol 56: 158-163

Clark RA, Weems HVJ (1989) Detection, quarantine, and eradication of fruit flies invading Florida. Proc Fla State Hort Soc 102: 159-164

Cohen H, Yuval B (2000) Suppressing mednfly populations by using the mass trapping strategy in apple orchards located at the northern region of Israel. Alon Hanotea 54: 212-216

Cowley JM, Page FD, Nimmo PR, Cowley DR (1990) Comparison of the effectiveness of two traps for *Bactrocera tyroni* (Froggatt) (Diptera: Tephritidae) and implications for quarantine surveillance systems. J Aust Entotnol Soc 29: 171-176

Cunningham RT, Routhier W, Harris EJ, Cunningham G, Johnson L, Edwards W. Vettel WG (1980) Eradication of medfly by sterile-male release. Citrogr 65: 63-69

Dadour IR, Yeates DK, Postle AC (1992) Two rapid diagnostic techniques for distinguishing Mediterranean fruit fly from *Bactrocera tyroni* (Froggatt) (Diptera: Tephritidae). J Econ Entomol 85: 208-211

De Meyer M, Robertson MP, Peterson AT, Mansell MW (2008) Ecological niches and potential geographical distributions of Mediterranean fruit fly (*Ceratitis capitata*) and Natal fruit fly (*Ceratitis rosa*) J Biogeogr 35: 270-281

Diamantidis AD, Carey JR, Papadopoulos NT (2008) Life-history evolution of an invasive tephritid. J Appl Entomol 132: 695-705

Dowell RV, Siddiqui IA, Meyer F, Spaugy EL (1999) Early results suggest sterile flies may protect S. California from medfly. Calif Agric 53: 28-32

Dowell RV, Siddiqu IA, Meyer F, Spaugy EL (2000) Mediterranean fruit fly preventative release programme in Southern California. In: Tan K-H (ed) Area-wide control of fruit flies and other insect pests. Joint proceedings of the international conference on area-wide control of insect pests and the Fifth International Symposium on Fruit Flies of Economic Importance, June, 1998. Penerbit Universiti Sains Malaysia, Pulau Pinang, pp 369-375

Dyck VA, Hendrichs J, Robinson AS (2005) Sterile insect technique: principles and practise in area-wide integrated pest management. Springer, Dordrecht

Epsky ND. Heath RR, Uchida G, Guzman A, Rizzo 1, Vargas R, Jeronimo F (1996) Capture of Mediterranean fruit flies (Diptera: Tephritidae) using color inserts in trimedlure-baited Jackson traps. Environ Entomol 25: 256-260

Epsky ND. Hendrichs J, Katsoyannos BI, Vásquez LA, Ros JP, Zümreoglu A, Pereira R, Bakri A, Seewooruthun SI, Heath RR (1999) Field evaluation of female-targeted trapping systems for *Ceratitis capitata* (Diptcra: Tephritidae) in seven countries. J Econ Entomol 92: 156-164

Fabre F, Ryckewaert P, Duyck PF, Chiroleu F, Quilici S (2003) Comparison of the efficacy of different food attractants and their concentration for melon fly (Diptera: Tephritidae).J Econ Entomol 96: 231-238

FAO/IAEA (2003) Trapping guidelines for area-wide fruit fly programmes. International Atomic Energy Agency, Vienna

Fisher K, Caceres C (2000) A filter system for mass reared genetic sexing strains of Mediterranean fruit fly (Diptera: Tephritidae). In: Tan K-H (ed) Area-wide control of fruit flies and other insect pests. Penerbit USM, Penang, pp 543-550

Flath RA, Cunningham RT, Mon TR, John JO (1994a) Additional male Mediterranean fruitfly (*Ceratitis capitata* Wied.) attractants from angelica seed oil (*Angelica archangelica* L.). J Chem Ecol 20: 1969-1984

Flath RA, Cunningham RT, Mon TR, John J0 (1994b) Male lures for Mediterranean fruitfly (*Ceratitis capitata* Wied.): structural analogs of a-copaene. J Chem Ecol 20: 2595-2609

Follett PA, Neven LG (2006) Current trends in quarantine entomology. Ann Rev Entomol 51: 359-385

Franz G (2005) Genetic sexing strains in Mediterranean fruit fly, an example for other species amenable to large-scale rearing for the sterile insect technique. In: Dyck VA, Hendrichs J, Robinson AS (eds) Sterile insect technique: principles and practise in area-wide integrated pest management. Springer, Dordrecht

Gonzalez J, Troncoso P (2007) The fruit fly exclusion program in Chile. In: Vreysen MJB, Robinson AS, Hendrichs J (eds) Area-wide control of insect pests: from research to field implementation. Springer, Dordrecht, pp 641-651

Hancock DL, Hamacek EL, Lloyd AC, E1son-Harris MM (2000) The distribution and host plants of fruit flies

(Diptera: Tephritidae) in Australia. Queensland Department of Primary Industries, Brisbane

Heath RR, Landolt P, Tumlinson JH, Chambers DL, Murphy RE, Doolittle RE, Dueben BD, Sivinski J. Calkins CO (1991) Analysis, synthesis, formulation and field testing of three major components of male Mediterranean fruit fly pheromone. J Chem Ecol 17: 1925-1940

Heath RR, Epsky No, Bloem S, Bloem K, Acajabon F, Guzman A, Chambers D (1994) pH effect on the attractiveness of a com hydrolysate to the Mediterranean fruit fly and several *Anastrepha* species (Diptera: Tephritidae). J Econ Entomol 87: 1008-1013

Heath RR, Epsky No, Guzman A, Dueben B, Manukian A, Meyer WL (1995a) Development of a dry plastic insect trap with food-based synthetic attractant for the Mediterranean and Mexican fruit flies (Diptera: Tephritidae). J Econ Entomol 88: 1307-1315

Heath RR, Epsky No, Guzman A, Dueben B, Manukian A, Meyer WL (1995b) Development of a dry plastic insect trap with food-based synthetic attractant for the Mediterranean and Mexican fruit flies (Diptera: Tephritidae). J Econ Entomol 88: 1307-1315

Heath RR, Epsky No, Dueben BD, Meyer WL (1996) Systems to monitor and suppress *Ceratitis capitata* (Diptera: Tephritidae) populations. Fla Entomol 79: 144-153

Hee AK, Tan KH (1998) Attraction of female and male *Bactrocerra papayae* to conspecific males fed with methyl eugenol and attraction of females to male sex pheromone components. J Chem Ecol 24: 753

Hely PC, Pasfield G, Gellately JG (1982) Insect pests of fruit and vegetables in NSW. Inkata Press, Melbourne

Hendrichs J, Hendrichs MA (1990) Mediterranean fruit fly (Diptera: Tephritidae) in nature: location and diet pattern of feeding and other activities on fruiting and nonfruiting hosts and nonhosts. Ann Entomol Soc Am 83: 632-641

Hendrichs J, Katsoyannos BI, Papaj DR, Prokopy RJ (1991) Sex differences in movement between natural feeding and mating sites and tradeoffs between food consumption, mating success and predator evasion in Mediterranean fruit flies (Diptera: Tephritidae). Oecologia 86: 223-231

Hendrichs J, Franz G, Rendon P (1995) Increased effectiveness and applicability of Sterile Insect Technique through male-only releases for control of Mediterranean fruit flies during fruiting seasons. J Appl Entomol 119: 371-377

Hendrichs J, Robinson AS, Cayol JP, Enkerlin W (2002) Medfly areawide Sterile Insect Technique programmes for prevention, suppression or eradication: the importance of mating behavior studies. Fla Entomol 85: 1-13

Hill AR (1987) Comparison between trimedlure and Capilure-attractants for male *Ceratitis capitata* (Wiedemann) (Diptera: Tephritidae). J Aust Entomol Soc 26: 35-36

IAEA (2003) FAO/IAEA/USDA Manual for product quality control and shipping procedures for sterile mass-reared tephritid fruit flies, Version 5.0. International Atomic Energy Agency, Vienna

ISO/ASTM (2013) Standard guide for dosimetry for sterile insect release programs. American Society for Testing and Materials, West Conshohocken

Jackson DS, Lee BG (1985) Medny in California 1980-1982. Bull Entomol Soc Am 31: 29-37

Jacobson M, liebel EC, Lusby WR, Waters RM (1987) Optical isomers of a-copaene derived from several plant sources. J Agric Food Chem 35: 798-800

Jang EB, Light DM, Flath RA, Nagata JT, Mon TR (1989) Electroantennogram responses of the Mediterranean fruit fly, *Ceratitis capitata* to identified volatile constituents from calling males. Entomol Exp Appl 50: 7-19

Jang EB, McInnis DO, Kurashima R. Carvalho LA (1999) Behavioural switch of female Mediter-ranean fruit fly, *Ceratitis capitata*: mating and oviposition activity in outdoor field cages in Hawaii. Agric For Entomol 1: 179-184

Jessup AJ, Dominiak B, Woods B, Lima CPFD, Tomkins A, Smallridge CJ (2007) Area-wide management of fruit flies in Australia. Area wide control of insect pests: from research to field implementation. Springer. Dordrecht

Katsoyannos BI (1987) Effect of color properties of spheres on their attractiveness for *Ceratitis capitata* (Wiedemann) flies in the field. J Appl Entomol 104: 79-85

Katsoyannos BI (1994) Evaluation of Mediterranean fruit-fly traps for use in sterile-insect-technique programmes. J Appl Entomol 118: 442-452

Knight SA (2003) Oriental fruit fly cooperative eradication program. Ontario/Chino, San Bernardino County, California: environmental assessment. U.S. Department of Agriculture, Animal and Plant Health Inspection Service, Riverdale

Lance DR, Gates DB (1994) Sensitivity of detection trapping systems for Mediterranean fruit flies (Diptera: Tephritidae) in southern California. J Econ Entomol 87: 1377-1383

Lance DR, McInnis DO (2005) Biological basis of the sterile insect technique. In: Dyck VA, Hendrichs J, Robinson AS (eds) Sterile insect technique: principles and practise in area-wide integrated pest management. Springer, Dordrecht

Lance DR, Mcinnis DO, Rendon P, Jackson CG (2000) Courtship among sterile and wild *Ceratitis capitata* (Diptera: Tephritidae) in field cages in Hawaii and Guatemala. Ann Entomol Soc Am 93: 1179-1185

Landolt PJ, Heath RR, Chambers DL (1992) Oriented night responses of female Mediterranean fruit flies to calling males, odor of calling males, and a synthetic pheromone blend. Entomol Exp Appl 65: 259-266

Leonhardt BA, Cunningham RT, Chambers DL, Avery JW. Harte EM (1994) Controlled-release panel traps for the Mediterranean fruit fly (Diptera: Tephritidae). J Econ Entomol 87: 1217-1223

Leonhardt BA, Cunningham RT, Avery JW, Demilo AB, Warthen JD (1996) Comparison of ceralure and trimedlure attractants for the male Mediterranean fruit fly (Diptera: Tephritidae). J Entomol Sci 31: 183-190

Leza MM, Juan A, Capllonch M, Alemany A (2008) Female-biased mass trapping vs. bait application techniques against the Mediterranean fruit fly, *Ceratitis capitata* (Dipt., Tephritidae). J Appl Entomol 132: 753-761

Li B, Ma J, Hu X, Liu H. Zhang R (2009) Potential geographical distributions of the fruit flies *Ceratitis capitata, Ceratits cosyra*, and *Ceratitis rosa* in China. J Econ Entomol 105: 1781-1790

Liebhold AM, Work TT, McCullough DG, Cavey JF (2006) Airline baggage as a pathway for alien insect species invading the United States. Amer Entomol 52: 49-52

Liebhold AM, Work TT, Mcutlough DG, Cavey JF (2010) Response to Carey (2010). Amer Entomol 56: 164-165

Light DM, Jang EB, Binder RG, Flath RA, Kint S (1999) Minor and intermediate components enhance attraction of female Mediterranean fruit flies to natural male odor pheromone and its synthetic major components. J Chem Ecol 25: 2757-2777

Liquido NJ, Shinoda LA, Cunningham RT (1991) Host plants of the Mediterranean fruit fly (Diptera: Tephritidae): an annotated world review. Misc Publ Entomol Soc Am 77: 1-52

Livingston M, Osteen C, Roberts D (2008) Regulating agricultural imports to keep out foreign pests and disease. Amber Waves 6: 16-23

Lopez M, Sivinski J, Rendon P, Hotter T (2003) Colonization of *Fopius ceratitivorus*, a newly discovered

African egg-pupa parasitoid (Hymenoptera: Braconidae) of *Ceratitis capitata* (Diptera: Tephritidae). Fla Entomol 86: 53-60

Madge P, Mobbs P, Bailey P, Perepelicia N (1997) Fifty years of fruit fly eradication in South Australia. Primary Industries and Resources SA, Adelaide

Malacrida A, Marinoni F, Torti C. Gomutski LM, Sebastiani C, Bonvicini G. Gasperi G. Guglielmino CR (1998) Genetic aspects of the worldwide colonization process of *Ceratitis capitata*. J Hered 89: 501-507

Mangan RL, Moreno DS, Thompson GD (2006) Bait dilution, spinosad concentration, and efficacy of GF-120 based Fruit fly sprays. Crop Prot 25: 125-133

Marshall E (1981) Man versus medfly: Some tactical blunders. Science 213: 417-418

Mavraganis VG, Liaropoulos C, Papadopoulos NT. Kouloussis NA, Broumas T (2008) Whole body extract of Mediterranean fruit fly males elicits high attraction in virgin females. Entomol Exp Appl 127: 20-29

Mcinnis DO, Tam S, Grace C, Miyashira D (1994) Population suppression and sterility rates induced by variable sex ratio, sterile insect releases of *Ceratitis capitata* (Diptera: Tephriridae) in Hawaii. Ann Entomol Soc Am 87: 231-240

McInnis DO, Lance DR, Jackson CG (1996) Behavioral resistance to the Sterile Insect Technique by Mediterranean fruit fly (Diptera: Tephritidae) in Hawaii. Ann Entomol Soc Am 89: 739-744

McInnis DO, Shelly TE, Komatsu J (2002) Improving male mating competitiveness and survival in the field for medfly, *Ceratitis capitata* (Diptera: Tephritidae) SIT programs. Genetica 116: 117-124

McQuate GT, Sylva CD, Jang EB (2005) Mediterranean fruit fly (Dipt., Tephritidae) suppression in persimmon through bait sprays in adjacent coffee plantings. J Appl Entomol 129: 110-117

Meats AW, Clift AD, Robson MK (2003) Incipient founder populations of Mediterranean and Queensland fruit Ries in Australia : the relation of trap catch to infestation radius and models for quarantine radius. Aust J Exp Agric 43: 397-406

Mehta K (2008) Radiation sources supporting the use of natural enemies for biological control of agricultural pests. Biocontrol Sci Technol 19: 35-362

Meixner MD, Mcpheron BA, Silva JG, Gasparich GE, Sheppard WS (2002) The Mediterranean fruit fly in California: evidence for multiple introductions and persistent populations based on microsatellite and mitochondrial DNA variability. Mol Ecol 11: 891-899

Metcalf RL (1990) Chemical ecology of Dacinae fruit flies (Diptera: Tephritidae). Ann Entomol Soc Am 83: 1017-1030

Mumford JD (2005) Application of benefit/cost analysis to insect pest control using the sterile insect technique. In: Dyck VA, Hendrichs J, Robinson AS (eds) Sterile Insect technique: principles and practise in area-wide integrated pest management. Springer. Dordrecht

Nakagawa S. Chambers DL, Urago T, Cunningham RT (1971) Trap-lure combinations for surveys of Mediterranean fruit flies in Hawaii. J Econ Entomol 64: 1211-1213

Nakagawa S. Urago T. Harris EJ (1978) Plastic dog-nea collar strips used in traps to kill Mediterranean fruit fly in Hawaii. J Econ Entomol 71: 339-340

Navarro-Llopis V. Sanchis J. Primo-Milla 1, Primo-Yúfera E (2007) Chemosterilants as control agents or *Ceratitis capitata* (Diptcra: Tepbritidae) in field trials. Bull Entotnol Res 97: 359-368

Navarro-Llopis V. Alfaro F, Dor7linguez J, Sanchis J, Primo1 (2008) Evaluation of traps and lures for mass trapping or Mediterranean fruit fly in citrus groves. J Econ Entomol 101: 126-131

Nishida R, Shelly TE, Kaneshiro KY (1997) Acquisition of female-attracting fragrance by males of oriental fruit 11y from a Hawaiian lei flower, *Fagraea berteriana*. J Chem Ecol 23: 2275-2285

Nishida R, Shelly TE, Whittier TS, Kaneshiro KY (2000) α-Copaene, a potential rendezvous cue for the Mediterranean fruit fly, *Ceratitis capitata*? J Chem Ecol 26: 87-100

Niyazi N, Lauzon CR. Shelly TE (2004) Effect of probiotic adult diets on fitness components of sterile male Mediterranean fruit flies (Dipter: Tephritidae) under laboratory and field cage conditions. J Econ Entomol 97: 1570-1580

Obenland DM, Arpaia ML, Aung LH (1999) Quality of nectarine cultivars subjected to forced-air heat treatment for Mediterranean fruit fly disinfestation. J Hortic Sci Biotechnol 74: 553-555

Papadopoulos NT, Katsoyannos Bl, Carey JR, Kouloussis NA (2001a) Seasonal and annual occurrence or the Mediterranean fruit fly (Diptera: Tephritidae) in Northern Greece. Ann Entomol Soc Am 94: 41-50

Papadopoulos NT, Katsoyannos BI, Kouloussis NA, Hendrichs J, Carey JR. Heath RR (2001b) Early detection and population monitoring of *Ceratitis capitata* (Diptera: Tephritidae) in a mixed-fruit orchard in Northern Greece. J Econ Entomol 94: 971-978

Powell MR (2003) Modeling the response of the Mediterranean fruit fly (Diptera: Tephritidae) to cold treatment. J Econ Entomol 96: 300-310

Prokopy RJ, Hendrichs J (1979) Mating behavior of *Ceratitis capitata* on a field-caged host coffee tree. Ann Entomol Soc Am 72: 642-648

Prokopy RJ, Phillips TW, Vargas RI, Jang EB (1997) Defining sources of coffee plant odor attractive to *Ceratitis capitata* flies. J Chem Ecol 23: 1577-1587

Reid S, Malumphy C (2009) Fruit flies (Diptera: Tephritidae) intercepted on plant produce imported into England and Wales. Entomol Mon Mag 145: 213-226

Rendón P, McInnis D, Lance D, Stewart J (2004) Medfly (Diptera: Tephritidae) genetic sexing: large-scale field comparison of males-only and bisexual sterile fly releases in Guatemala. J Econ Entomol 97: 1547-1553

Renou M, Guerrero A (2000) Insect parapheromones in olfaction research and semiochemical-based pest control strategies. Ann Rev Entomol 48: 605-630

Robinson AS (2002) Genetic sexing strains in medfly, *Ceratitis capitata*. Sterile Insect Technique programmes. Genetica 116: 5-13

Rohwer GG (1958) The Mediterranean fruit fly in Florida - past, present, and future. Fla Entomol 41: 23-25

Rousse P, Harris EJ, Quilici S (2005) *Fopius arisanus*, an egg-pupal parasitoid of Tephritidae. Overview. Biocont News Inf 26: 59-69

Schirra M, Mulas M, Mignani r (2006) Quality of blood oranges after cold or heat treatment for Mediterranean fruit fly (*Ceratitis capitata*) disinfestation. Italus Hortus 13: 33-37

Shelly TE (1999) Trimedlure and the mating competitiveness of irradiated male Mediterranean fruit flies (Diptera: Tephritidae). Environ Entomol 28: 780-786

Shelly TE (2001) Exposure to a-copaene and a-copaene-containing oils enhances mating success of male Mediterranean fruit flies (Diptera: Tephritidae). Ann Entomol Soc Am 94: 497-502

Shelly TE, Villalobos EM (2004) Host plant influence on the mating success of male Mediterranean fruit flies: variable effects within and between individual plants. Anim Behav 68: 417-426

Shelly TE, Whittier TS, Villalobos EM (1996) Trimedlure affects mating success and mate attention in male Mediterranean Fruit flies. Entomol Exp Appl 78: 181-185

Shelly TE, Edu J, Pahio E (2006a) Dietary protein and mating competitiveness of sterile males of the Mediterranean fruit fly (Diptera: Tephritidae): measurements of induced egg sterility in large field enclosures. Fla Entomol 89: 277-278

Shelly TE, Holler TC, Stewart JL (2006b) Mating competitiveness of mass-reared males of the Mediterranean fruit fly (Diptera: Tephritidae) from eclosion towers. Fla Entomol 89: 380-387

Shelly TE, Holler TC, Stewart JL (2006c) Mating competitiveness of mass-reared males of the Mediterranean fruit fly (Diptera: Tepbritidae) from eclosion towers. Fla Entomol 89: 380-387

Shelly T, Edu J, Smith E, Hoffman K, War M, Santos R, Favela A, Garagliano R, Ibewira B, McInnis D (2007) Aromatherapy on a large scale: exposing entire adult holding rooms to ginger root oil increases the mating competitiveness of sterile males of the Mediterranean fruit fly in field cage trials. Entomol Exp Appl 123: 193-201

Siebert JB, Cooper T (1995) Embargo on California produce would cause revenue, job loss. Calif Agric 49: 7-12

Smallridge CJ, Hopkins DC (2004) Preventative sterile fly release for the management of a Mediterranean fruit fly outbreak in South Australia. In: Proceedings of the 6th international symposium on fruit fly of economic importance, Stellenbosch. 6 10 May 2002. 2004; 213 215. Isteg Scientific Publications, Irene

Sproul A (2001) The fight against fruit flies in Western Australia. Department of Agriculture. Western Australia/Perth

Steiner LF, Lee RKS (1955) Large-area tests of a male-annihilation method for oriental fruit fly control. J Econ Entomol 48: 311-317

Steiner LF, Rohwer GG, Ayers EL, Christenson LD (1961) The role of attractants in the recent Mediterranean fruit fly eradication program in Florida. J Econ Entomol 54: 30-35

Steiner LF, Mitchell WC, Harris EJ, Kozuma TT, Fujimoto MS (1965) Oriental fruit fly eradica-tion by male annihilation. J Econ Entomol 58: 961-964

Torres-Rivera Z, Hallman GJ (2007) Low-dose irradiation phytosanitary treatment against Medi-terranean fruit fly (Diptera: Tephritidae). Fla Entomol 90: 343-346

USDA-APHIS-PPQ (2003) Mediterranean fruit fly action plan. USDA-APHIS-PPQ, Riverdale

USDA-APHIS-PPQ (2006a) Exotic fruit fly strategic plan, FY 2006-2010. USDA-APHIS-PPQ, Riverdale

USDA-APHIS-PPQ (2006b) Review of fruit fly surveillance programs in the United States. USDA-APHIS-PPQ Fruit Fly Programs, Riverdale

USDA-APHIS-PPQ (2006c) Smuggling, interdiction, and trade compliance program, APHIS fact sheet. USDA-APHIS-PPQ, Riverdale

USDA-APHIS-PPQ (2010) Treatment manual. USDA-APHIS-PPQ, Riverdale

Vargas R (2004) Flying start to area wide IPM in Hawaii. Biocontrol News Inf 25: 41-43

Vargas RI, Peck SL, McQuate GT, Jackson CG, Stark JD, Armstrong JW (2001) Potential for areawide integrated management of Mediterranean fruit fly (Diptera: Tephritidae) with a braconid parasitoid and a novel bait spray. J Econ Entomol 94: 817-825

Warthen JD Jr, McInnis DO (1989) Isolation and identification of male medfly attractive components in *Litchi chinensis* stems and *Ficus* spp. stem exudates. J Chem Ecol 15: 1931-1946

Warthen JD Jr, Cunningham RT, Demilo AB, Spencer S (1994) Trans-ceralure isomers: differences in attraction for Mediterranean fruit fly, *Ceratitis capitata* (Wied.) (Diptera: Tephritidae). J Chem Ecol 20: 569-578

Warthen JD Jr, Schmidt WF, Doolittle RE, Cunningham RT (1995) Structure-activity relationship observations of trans-trimedlure enantiomers. J Chem Ecol 21: 69-79

Warthen JD, Cunningham RT, Leonhardt BA, Cook JM, Avery JW, Harte EM (1997a) Improved controlled-release formulations for a new trap design for male Mediterranean fruit flies: the C&C trap. J Chem Ecol

23: 1471-1486

Warthen JD, Lee CJ, Jang EB, Lance DR, McInnis DO (1997b) Volatile, potential attractants from ripe coffee fruit for female Mediterranean fruit fly. J Chem Ecol 23: 1891-1900

Waterhouse DF, Sands DPA (2001) Classical biological control of arthropods in Australia. CSIRO, ACIAR, Camberra

White IM, Elson-Harris M (1992) Fruit flies of economic significance: their economics and bionomics. International Institute of Entomology, London

Wijesuriya SR, De Lima CPF (1995) Comparison or two types of traps and lure dispensers for *Ceratitis capitata* (Wiedemann) (Diptera: Tephritidae). J Aust Entomol Soc 34: 273-275

Woods B, Lacey IB, Brockway CA, Johnstone CP (2005) Hosts of Mediterranean fruit fly *Ceratitis capitata* (Wiedeman) (Diptera: Tephritidae) from Broome and the Broome Peninsula. Western Australia. Aust J Entomol 44: 437-441

Yuval B, Maor M, Levy K, Kaspi R, Taylor P, Shelly T (2007) Breakfast of champions or kiss of death? Survival and sexual performance of protein-fed, sterile Mediterranean fruit flies (Diptera: Tephritidae). Fla Entomol 90: 115-122

제16장
식물의 생물안보에서 침입 곤충: 사례연구 - 유리알락하늘소 박멸프로그램
Invasive Insects in Plant Biosecurity: Case Study – The Asian Longhorned Beetle Eradication Program

Michael Stefan, Christine Markham, Robert Benjamin, and Jeffrey Coath
번역: 홍기정(순천대학교)

16.1 서론

유리알락하늘소(Asian Longhorned Beetle, ALB, *Anoplophora glabripennis* (Motschulsky)) (딱정벌레목; 하늘소과)는 살아있거나 스트레스를 받은 기주 수목을 공격하여 죽이는 침입한 하늘소류이다. 미국 전역을 통해 ALB는 도심 및 도시, 농촌, 산림 지역에서 심각한 경제적 · 환경적 위협을 가하고 있다. ALB는 천연자원에 의존하고 있는 사람이나 산업 및 그들이 살아가고 있는 환경에 영향을 미치고 있다. 이 하늘소 유충은 미국에서 13개 속의 활엽수를 공격한다. 선호기주로는 *Acer* spp. (단풍나무, 네군도단풍) 및 *Betula* spp. (자작나무), *Ulmus* spp. (느릅나무), *Salix* spp. (버드나무), *Aesculus* spp. (마로니에, 칠엽수)를 포함하고 있다.

2009년에 미국산림청(United States Forest Service, USFS)은 미국 전역을 통해 단풍나무류 산림 서식지의 약 169백만 에이커가 ALB의 공격으로부터 취약하다고 추정하였다. ALB가 국가 도시에 미치는 잠재적인 최대 영향은 천개부 전체의 34.9% 손실 및 수목사망률 30.3% (12억 그루)로 그 손실 값이 6,690억 달러에 이를 것으로 추정되었다(Nowak 등 2001). 영향을 받는 종들의 범위를 감안할 때, 다른 잠재적이고 부정적인 영향들로는 임산물 산업(목재 및 가구) 및 묘목 산업, 단풍나무 시럽 생산, 가을철 단풍 관광을 포함하고 있다. 또한 수목의 손실로 부동산 가치가 감소하고, 심미적인 손상이 초래되며, 나무의 환경적 혜택이 줄어들게 된다. 잠재적인 환경적 영향은 광범위한 지역에서 나타나게 될 것이며, 기주 수목의 손실에 한정되지 않을 것이다. 토양과 수질에 부정적인 영향뿐만 아니라, 기주 수목에 의존하여 살아가는 멸종의 위험에 처해 있거나 멸종 위기종을 포함한 물고기 및 야생동물에도 영향을 미칠

M. Stefan · C. Markham (✉)
USDA APHIS PPQ, 920 Main Campus Drive, Raleigh, NC 27606, USA
e-mail: btlebopper@gmail.com; ckm9220@gmail.com

R. Benjamin · J. Coath
USDA APHIS PPQ, 2300 E. Devon Avenue, Suite 122, Des Plaines, IL 60018, USA

것이다. 또한 기주 수목의 손실과 관련된 생태적 기능의 손실은 천연자원의 관리활동에 영향을 미칠 것이며, 이미 다른 인공적인 요소와 자연적인 요소들에 의해 영향을 받는 산림에 추가적인 스트레스를 더하게 될 것이다. 이 하늘소가 잠재적으로 북미 지역에서 자연림의 생태적 다양성을 변경할 수도 있을 것이다(http://www.fs.fed.us/foresthealth/technology/invasive_anoplo phoraglabripenn is_riskmaps.shtml).

2010년에 미농무부 동식물위생검사청(APHIS)은 미국 북동부 산림에서 박멸이나 관리 조치 없이 ALB의 침략에 관한 잠재적인 생태적 · 경제적 영향을 결정하기 위해 펜실베이니아 주립대학 및 캐리 생태계 연구소(Cary Institute of Ecosystem Studies)와 다년간의 협력 협정을 시작하였다. 그 결과, 미국 동부의 산림에서 단풍나무(설탕단풍과 미국꽃단풍) 및 자작나무, 포플러, 느릅나무를 포함한 성숙한 수목의 45%(현재 미국 ALB 기주 목록)가 ALB의 감염 위험에 처할 수 있음을 밝혔다. 미국꽃단풍과 설탕단풍은 미국 동부에서 가장 많은 볼 수 있는 2종류의 수목이다(미네소타 남부에서 루이지애나까지 동쪽으로 모든 주). 설탕단풍은 최근까지 연속된 오래된 산림에서 생태학적으로 중요한 종이다. 미국꽃단풍은 산마루의 정상에서 늪지 환경에 걸쳐 볼 수 있다. 두 종은 미국 동부 전역에 분포하고 있다. 실제로 이 구역에 ALB의 침입에 따라 선호기주 수목의 모든 그루는 10~20년 내에 죽게 될 것으로 예상된다. 선호기주의 사라짐은 비선호기주로 대체하게 될 것이다. 그러나 미국의 많은 지역에서 ALB로부터 위험에 처한 수목을 대체할 수 있는 수목은 또 다른 침입된 해충 및/또는 병원균인 너도밤나무의 곰팡이병(Beech Bark Disease) 및 솔송나무의 솜벌레(Hemlock Woolly Adelgid, *Adelges tsugae* (Annand))에 의해 그 자체도 위협받고 있다. 적어도 향후 50년 동안은 동부 산림에서 시판할 수 있는 목재의 양이 상당히 감소하는 순효과로 나타날 것이다.

돌발 상황이 동시에 모든 곳에서 발생한다는 가정 하에서, 연구대상 전역을 통해 710억 이상의 board feet가 ALB에 의해 죽게 된다고 예상할 때 돌발 상황의 정점은 25년으로 추정된다. 이 지역에서 100년 동안 약 8,500억 feet가 ALB에 의해 죽게 될 것으로 기대된다. 목재 양의 감소는 탄소 저장의 감소를 반영하며, 동부 산림에서 CO_2의 집적 강도에 상당한 감소를 나타내게 된다(Canham, Jacobson, 2012, 개인 의견).

1980년대와 1990년대 국가간 상거래의 한 부분인 목재포장재(Solid Wood Packing Material, SWPM)로부터 수입항에서 ALB가 여러 차례 검출되었다. 첫 번째 정착된 ALB 개체군은 뉴욕시(1996)에서 발견되있고, 그 다음 시카고(1998)에서 발견되었다. 이어서 ALB는 뉴욕시 가까운 뉴저지(2002), 뉴저지의 Middlesex/Union County (2004), 매사추세츠의 Worcester (2008), 매사추세츠의 보스턴(2010) 및 최근에 오하이오의 Bethel (2011)에서 발견되고 있다. 1999년 3월 9일 미국 농무장관은 공식적으로 ALB의 발견을 비상사태로 선포하여 목재포장재(SWPM)의 경로를 해결하고, 돌발 상황을 제어하며, 미국에서 발견될 수 있는 곳에서 ALB를 박멸하기 위한 자금을 마련하는데 길을 열었다.

확인되지 않은 돌발 상황으로부터 잠재적인 손실은 크다. 그러나 ALB의 생태 및 현재 감염된 범위, 가용한 처리 방안이 제공되면 박멸이 가능하다

아시아호리비단벌레(Emerald Ash Borer, *Agrilus planipennis* Fairmaire)와 같은 다른 산림 해충과 비교하여 ALB는 산란율이 낮고, 자연적으로 먼 거리로 확산하지 못한다. 또한 미국에

서 최근 감염된 지역이 상대적으로 작고, 효과적인 방제 방법이 있다. 그러나 그것들은 비용이 많이 들고, 감염된 수목의 벌채 및 노출된 기주 수목에 살충제 처리를 포함한다.

일리노이와 뉴저지 및 뉴욕의 일부 지역에서 박멸 활동은 성공적이었다. 미농무부 동식물위생검사청(APHIS)의 박멸 활동이 진행 중인 뉴욕의 다른 지역에서도 몇 년 내로 유사한 결과들이 기대되고 있다. 성공적인 박멸은 이해관계자의 강력한 지원 및 효과적인 박멸 활동을 수행하기 위한 충분한 자원을 포함한 많은 요소들에 의존하게 된다. 여기서 우리는 1998년부터 2008년 동안 일리노이의 시카고에서 중심이 된 성공적인 박멸프로그램에서 중요한 요소들을 중점으로 ALB의 협력적인 국가 박멸프로그램을 보고하고자 한다. 박멸 활동은 뉴욕 및 매사추세츠, 오하이오에서 진전이 계속되고 있다.

16.2 생태

ALB는 주로 중국과 한국에 분포하는 동아시아 지역의 고유종으로 몸이 큰 하늘소이다(Yan 1985; Peng & Liu 1992; Wu & Jiang 1998; Lingafelter & Hoebeke 2002). 이 하늘소는 큰 크기(길이 2~3cm)와 색(대부분 검은색에 불규칙한 흰점을 지님), 흰색과 검은색으로 띠를 이룬 긴 더듬이(길이 10cm까지)로 눈에 잘 띈다(그림 16.1a, b). 기다란 발은 어린 성충에서 백청색의 윗면과 함께 검다. 암컷 성충은 기주 수목의 가지와 줄기를 따라 나무껍질의 오목한 부분을 씹고, 산란부위 당 1개의 알을 낳는다(그림 16.2a, b). 알은 1~2주 내에 부화하며, 어린 유충은 나무껍질 바로 밑의 체관부를 먹는다. 일반적으로 암컷은 일생동안 25~40개의 알을 낳는다(Haack 등 1997; Becker 2000; Smith 2000). 건전하거나 스트레스를 받은 모든 연령의 기주 수목에 암컷이 알을 낳고, 유충은 그곳에서 성장한다. 처음 3개 영기의 유충은 나무의 체관부와 형성층 조직을 통해 갱도를 내 성장과 순환계를 교란시킨다. 3령 말기와 4령 초기의 유충은 목질부로 파고 들어가 나무의 물리적 구조를 약하게 한다(그림 16.5). ALB는 알 또는 알 내에서 발육한 유충, 유충, 번데기로 월동할 수 있다. 새롭게 발육한 성충은 줄기와 가지에서 나무껍질을 씹어 직경 ~1.5cm인 둥근 탈출공을 만들어 우화한다(그림 16.7 및 16.8). 성충은 일반적으로 5월에서 10월까지 활동하며, 잔가지와 엽병의 나무껍질과 형성층, 잎의 맥을 먹는다. 수목을 가해하는 하늘소의 수가 증가하면 결국 그 나무는 죽게 된다.

16.2.1 생활사

이 하늘소는 완전변태류로 알, 유충, 번데기 및 성충의 발육단계를 겪는다.

알 발육단계(그림 16.3): 알은 회색을 띤 백색이며, 타원형으로 길이가 5~7mm이다. 양 끝은 약간 오목하다(Peng & Liu 1992). **유충 발육단계**(그림 16.4): 성숙한 유충은 길이가 50mm이다. 앞가슴에 갈색 무늬가 있다. 무늬 앞쪽에 갈색의 가장자리가 없다(Peng & Liu 1992). **번데기 발육단계**(그림 16.6): 번데기는 회색을 띤 백색이고, 길이는 30~33mm이며, 폭은 11mm이

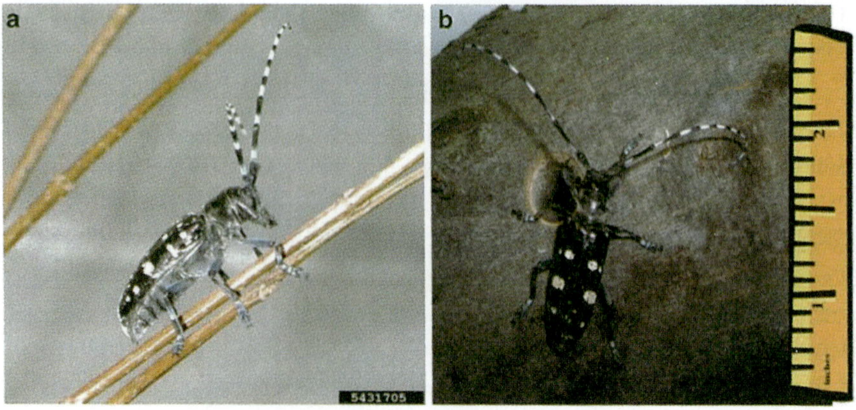

그림 16.1 (a) ALB 성충(M. Keena, USFS 이미지 제공); (b) 새롭게 우화한 암컷 ALB 및 탈출공(A.J. Sawyer, APHIS USDA 이미지 제공)

그림 16.2 (a) (왼쪽) 설탕단풍에 산란부위(M. Keena, USFS 이미지 제공); (b) (오른쪽) 미국꽃단풍에 ALB 산란부위(Linden, NJ). 작은 유충은 일부 장소에서 나무부스러기를 내 지면에 모임(A.J. Sawyer, APHIS USDA 이미지 제공)

다. 복부 8번째 마디에 돌출된 구조가 있다(Peng & Liu 1992). 성충 발육단계(그림 16.1a, b): 성충은 길이가 20~35mm이고, 폭이 7~12mm이며, 흰 점과 함께 칠흑색이다. 더듬이는 11마디로 기부는 청흑색을 지닌 흰색이다. 수컷의 더듬이는 몸길이의 2.5배이며, 암컷의 더듬이는 몸길이의 1.3배이다. 앞날개의 기부는 과립모양을 가지지 않는다. 각각의 앞날개는 약 20개의 흰점이 있다(Peng & Liu 1992).

그림 16.3 나무껍질 밑의 ALB 알(M. Keena, USFS 이미지 제공)

그림 16.4 알에서 부화 후 ALB 유충은 나무속으로 파고 들어가며 섭식(A.J. Sawyer, APHIS USDA 이미지 제공)

그림 16.5 뉴저지 Linden에서 미국꽃단풍의 피해받은 가지 및 횡단면(A.J. Sawyer, APHIS USDA 이미지 제공)

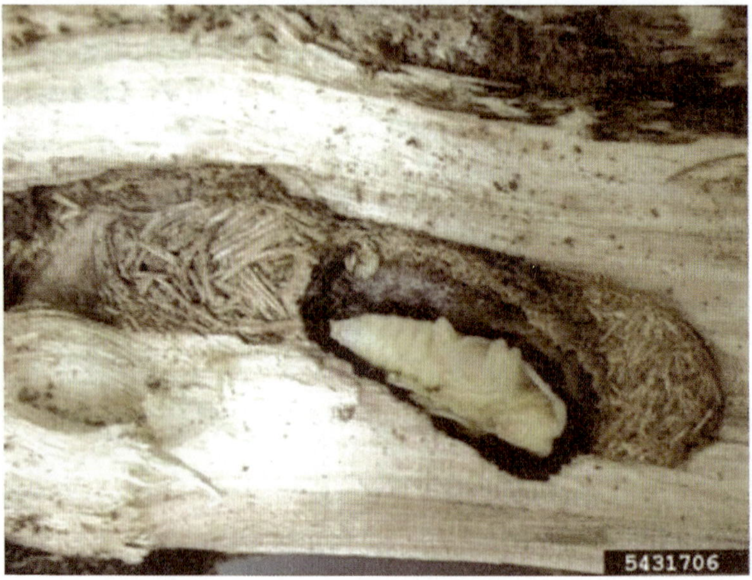

그림 16.6 ALB 번데기(Image courtesy M. Keena, USFS 이미지 제공)

그림 16.7 성충이 우화한 10센트 동전 크기의 둥근 탈출공(A.J. Sawyer, APHIS USDA 이미지 제공)

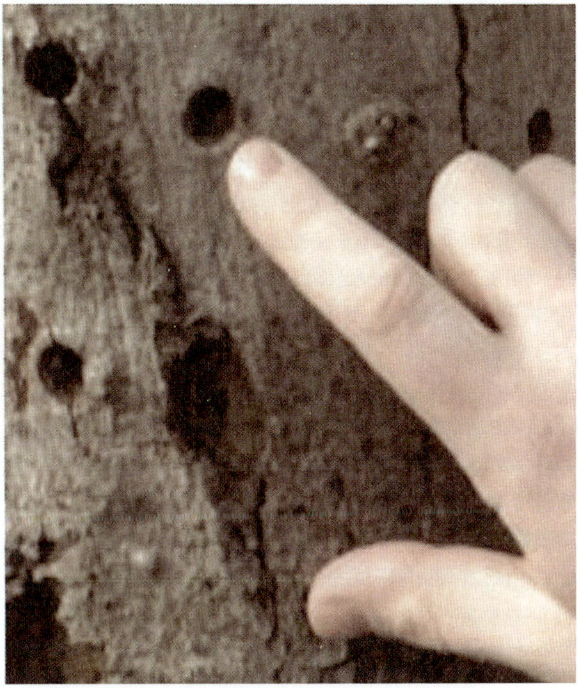

그림 16.8 다수의 탈출공이 있는 기주 수목(A.J. Sawyer, APHIS USDA 이미지 제공)

16.2.2 성공적인 관리를 위해 중요한 생물학적 관점

ALB는 그의 생태에 있어 성공적으로 규제하고 박멸하는데 다음과 같이 (1) 한정된 자연적인 확산속도, (2) 알에서 성충까지 연간으로 긴 발육기간, (3) 일반인들이 쉽게 식별할 수 있는 크고 화려한 모양으로 유리한 3가지 관점을 가지고 있다. ALB의 자연적 확산은 상대적으로 느리다. 연구자들은 일반적으로 주변 상황과 기주의 밀도에 따라 연 1.5마일 이하로 확산된다고 추정하고 있다(Sawyer, Smith, 2000, 개인 의견). ALB는 완전한 생활사를 완성하기 위해서는 적어도 1년을 필요로 한다. USFS에서 이루어진 연구는 ALB의 완전한 발육 생활사는 그의 발육단계에 따라 온도 의존적임을 나타내었다. 한 해에 필요한 적산온일도를 채우지 못하면 ALB의 발육 생활사를 완성하기 위해서는 1년 이상이 걸릴 것이다(Keena 등 2010). 그러나 이렇게 연장된 발육기간이 미국의 돌발지역에서 직접적으로 관찰되지는 않고 있다. 2012년까지 ALB를 탐지하기 위한 효과적인 트랩과 유인물질은 없다. 수년 동안 과학자들은 ALB 성충에 대한 미끼를 연구 · 개발하고, 정제하였으며, 중국과 미국의 ALB가 감염된 지역 내에서 가능성 있는 미끼와 트랩을 검증하였다. 그 결과가 가능성을 보이고 있어 미농무부 동식물위생검사청(APHIS)은 산림청(USFS)과 함께 ALB 박멸프로그램에 운용하기 위한 효율적인 트랩과 미끼를 결정 중에 있다. 그러나 크기가 크고, 색이 뚜렷하며, 긴 더듬이는 어린이와 어른들 모두에게 관심을 쏠리게 하고 있다. 미국의 각 돌발지역은 기민하고 호기심 많은 시민에 의해 처음으로 보고되었다.

16.3 국가 협력 ALB 박멸프로그램의 개발

농무장관의 비상사태 선포 후 미농무부 동식물위생검사청(APHIS)은 다음과 같이 (1) 유입경로를 폐쇄하여 더 이상의 ALB 침입과 돌발을 막을 것, (2) 미국에서 ALB의 돌발을 박멸할 것인 2개의 목표를 수립하였다.

16.3.1 배제

박멸을 성취하기 위한 노력은 미국으로 ALB의 추가적인 유입을 막기 위한 단계를 취하지 않고는 결실을 맺을 수 없을 것이다. 1998년 12월 17일 미농무부 동식물위생검사청(APHIS)은 원목, 제재목 및 기타 가공되지 않은 목재 물품의 수입에 대한 규정을 홍콩을 포함한 중국으로부터 수입되는 목재포장재(SWPM)에 대하여 처리의 부기와 문서 요구로 개정하였다(USDA APHIS 1998). 이러한 변화는 중국으로부터 미국으로 수입된 목재 파렛트, 나무상자, 짐 깔개 및 기타 목재포장재(SWPM)들이 열처리 또는 훈증, 방부제 처리가 되어야 하고, 중국에서 출발 전과 미국으로 들어오기 전에 중국 정부에 의해 인증되어야 함이 요구되었다.

이 규정의 공포 후 중국과 홍콩으로부터 목재포장재(SWPM)에서 침입종의 검출이 극적으로 감소하였지만, 세계의 다른 지역으로부터 감염된 목재포장재(SWPM)를 통해 해로운 침입 해충 및 병원균의 검출이 계속적으로 증가하였다. 목재포장재(SWPM)를 통한 이러한 병해충의 유입과 관련된 병해충의 위험에 대한 대처가 국제무역의 확장 및 환경에 대한 잠재적인 영향과 함께 점점 중요한 쟁점이 되었다(USDA, APHIS 1994). 미국은 위협을 제거하기 위해 어떠한 것을 더 해야만 하는 것이 명백해졌다.

미농무부 동식물위생검사청(APHIS)은 식물보호협약(IPPC)의 "국제무역에서 규제하는 목재포장재에 대한 지침(Guidelines for Regulating Wood Packing Material in International Trade)"에 포함된 식물위생기준을 채택하였다(IPPC 2000). 국제식물보호협약(IPPC)은 식물과 식물성 산물의 병해충 확산 및 유입을 막고, 그들의 방제를 위한 적절한 조치를 증진하기 위한 활동을 보장하는 식물위생에 관한 국제적인 조약이다(2장). 최근까지 177개국이 협정에 서명하였다. 국제식물보호협약(IPPC)의 지침은 모든 국가들에게 목재포장재(SWPM)로부터 위험을 완화하기 위해 이용할 수 있는 효과적이고 공정하며 균일한 기준(규정된 처리, 증명절차, 표준화된 표식)을 제공하였다. 식물위생조치에 관한 국제기준(International Standards for Phytosanitary Measures, ISPM)의 "국제무역에서 규제하는 목재포장재에 대한 지침(Guidelines for Regulating Wood Packing Material in International Trade)"(ISPM 15)은 국제식물보호협약에 의해 채택된 몇 가지 식물위생조치에 관한 국제기준 중 하나이다. ISPM 15는 많은 나라에서 목재포장재 규정의 바탕이 된 기준이다.

2006년 7월 5일에 미국 및 북미로 들어오는 목재포장재(SWPM)에 대해 완전한 시행이 시작되었다. 규정을 따르지 않은 목재포장재를 포함한 선적물은 미국으로 반입이 허락되지 않았다(USDA, APHIS 2004). 규정을 따르지 않은 물품이 확인될 때에는 곧 바로 검역이 이루어졌고, 규정이 준수될 때까지 지체 없이 수출국으로 반송되었다. 감염된 포장재가 발견된다면, 대부분의 경우에 감염된 물품은 수입된 다른 산물과 구별되어야 하며, 즉각 폐기되어야 한다.

16.3.2 국가적 조사 및 박멸

조기 탐지는 외래 병해충을 성공적이고 효과적으로 박멸하는데 필수적이다. 감염 범위가 작을 때 병해충을 발견하는 것은 전술과 방제 방법을 선택하는 관리자에게 보다 더 유연성을 허락하며, 박멸이 성공할 수 있는 기회를 훨씬 크게 제공하게 된다. 발견하자마자 병해충을 제거하기 위한 즉각적이고 적극적인 활동은 보다 짧고 비용이 덜 드는 박멸프로그램이 될 것이다. 2000년에 미농무부 동식물위생검사청(APHIS)은 ALB 및 다른 목재천공성 외래해충의 초기 감염이 있는지 여부를 결정하기 위해 미국 전역의 수입된 고위험 정착지에서 ALB에 대한 국가적 조사를 수행하였다. 오늘날 알려져 있는 것과 같이 외래 목재천공성 해충 및 나무좀에 대한 국가적 조사는 다음을 목적으로 한다: (1) 고위험 지역에서 경로분석, 검사, 덫을 이용한 포획 활동을 수행하고, (2) 시의적절한 보고서 제출의 중요성에 역점을 두며, (3) 목재 병해충에 관한 공공의 인식을 형성한다.

미국에서 첫 번째 감염이 탐지되었을 때에 ALB의 생태와 생활사 및 이 침입종을 박멸할 전략에 대해 거의 알지 못하였다. 연방, 주, 시카고 및 뉴욕의 시 공무원에 의한 초기 활동은 기주 수목의 육안조사를 통해 감염 수목의 제거 및 감염지역을 둘러싼 검역구역의 설정과 감염된 지역 밖으로 해충이나 기주의 이동을 규제함으로써 부가적인 확산을 막는 것에 집중하였다. 초기 규제 지역과 대응은 곤충의 확산 가능성에 대해 거의 알지 못했기 때문에 즉시 감염지역을 둘러싸는 것에 집중하였다.

미농무부 동식물위생검사청(APHIS)은 과학적 원리에 바탕을 둔 현장 활동을 조정하고, 프로그램을 수행하기 위한 재원을 확보하며, 미국에서 ALB를 박멸하기 위한 전략의 개발을 위해서 국가적인 관리 조직을 설치할 필요성을 인지하였다. ALB의 돌발이 보고되었을 때 취해야 할 일관되고 균일한 절차 및 행동요령을 제공하기 위해 2000년 4월에 유리알락하늘소(*Anoplophora glabripennis*)의 새로운 해충 대응 지침(New Pest Response Guidelines)이 개발되었다. 이 문서는 ALB 박멸프로그램의 구성요소를 수행하는데 필요한 전문적이고 일반적인 정보를 포함하고 있다. 새로운 해충 대응 지침에 기술된 절차는 ALB의 박멸에 직접적으로 관여한 미농무부 동식물위생검사청(APHIS), 주정부의 식물검역 공무원 및 과학자들의 자문을 통해 개발되었다. 2008년 8월에 ALB에 대한 새로운 해충 대응 지침은 박멸 대응에 있어 개선사항, 효율성 및 절차를 반영하여 업데이트되었다(USDA APHIS PPQ 2008).

2000년 9월 동안, 뉴욕과 일리노이에서 ALB의 박멸을 위한 전략 계획이 완성되고 수행되었다. 그 계획은 미농무부 동식물위생검사청을 비롯하여 산림청(USFS), 뉴욕주 농업 및 시장부, 뉴욕시 공원 및 휴양부, 시카고 시, 거리 및 위생부, 임업국(BoF), 일리노이 농업부(IDA), 뉴욕주 환경보존부에서 주요 협력자들이 투입되어 작성되었다. 그 목표는 미국에서 ALB를 제거하는 것이었다. 그렇게 하려면, 이 계획이 다음과 같은 (1) 해충의 확산을 막기 위한 규제활동, (2) 육안조사, (3) 기주 수목 제거 및 농약살포를 통한 방제, (4) 공공의 봉사활동, (5) 제거된 수목의 비기주 수목으로 재식, (6) 연구 활동을 종합하여 박멸을 위한 지역 차원의 종합적인 해충 관리전략으로 이용하게 된다. 이 계획은 역할 및 규제 완화를 위한 요구사항, 박멸이 정의되었고, 각 돌발 지역에서 박멸을 수행하기 위한 일정표와 행동요령이 제공되었으며, 성과 평가가 수립되었다. 협력적 ALB 박멸 전략 계획은 ALB 박멸을 달성하기 위해 수행 할 수 있는 명확한 청사진이 협력자, 이해관계자 및 대중들에게 제공되었다. 그 계획의 도움으로 미농무부 동식물위생검사청(APHIS)은 이 프로그램을 수행하기 위해 긴급자금으로 49백만 달러를 확보할 수 있었다. 이 전략 계획은 2005년 12월에 뉴지지의 돌발 상황에 대한 박멸 계획을 포함하고, 뉴욕과 일리노이에서 박멸을 위한 행동요령과 일정표를 개선하기 위해 업데이트되었다(USDA APHIS PPQ 2005).

16.3.3 미국에서 ALB 감염의 현재 상태

새로운 침입 병해충이 흔히 그렇듯이, 이러한 침입자에 대해서 정보가 거의 알려져 있지 않거나 거의 유용하지 않다. 미농무부 동식물위생검사청(APHIS)의 과학자들은 즉시 그의 생태 및 그 해충을 탐지하고 관리할 수단을 알기 위해 중국의 협력자들과 일을 시작하였다. 몇 가지 살충제와 적용 방법이 평가되었고, 미농무부 동식물위생검사청(APHIS) 대응 프로그램에서 성공적으로 실행되었다. 서로 밀접하게 연구한 프로그램 관리자와 과학자의 노력을 통해, ALB는 일리노이와 뉴저지 및 뉴욕의 Islip 지역에서 박멸되고 있다. 처리는 확실하였고, 최종 확증 조사가 Manhattan과 Staten Island를 포함한 뉴욕에서 돌발한 부가적인 지역에서 박멸을 달성 중인 것으로 나타나고 있다. 매사추세츠의 보스턴에서 돌발 상황은 공공의 봉사활동 및 관찰력 있고 부지런한 사람에 의해 탐지되었으며, 단지 여섯 그루의 기주만 ALB에 감염된 것으로 매우 조기에 탐지되었다. 감염된 수목을 경계로 한 넓은 지역에서 3년 연속 살충제 살포가 이루어졌고, 2010년 7월에 처음 발견된 이후 추가적으로 감염된 수목이 탐지되고 있지 않다. 가장 최근에 매사추세츠 Worcester와 오하이오 Clermont County에서의 더 넓은 돌발 상황은 경계설정(delimitation) 단계 및 봉쇄(containment) 단계, 억제(suppression) 단계에 있다.

16.4 위기대응프로그램의 구성요소

대부분의 박멸프로그램과 유사한 협력적 ALB 박멸프로그램은 해충의 확산 방지를 포함한 규정 및 관리 활동을 지도하기 위하여 해충이 존재하는지를 결정하기 위한 조사 및 해충 개체군을 억제하고 제거하기 위한 방제를 포함한 몇 가지 요소들로 구성된다. 또한 ALB 프로그램은 기주를 제거함으로 인해 직접적으로 영향을 받은 이들 지역에서 수목의 손실을 완화하기 위한 ALB의 기주가 아닌 수목을 다시 심어 영향을 받은 일정 지역을 복원하고자 한다. 공공의 봉사활동은 영향을 받은 지역사회의 박멸 활동에 관한 지원을 장려하며, 의심스러운 감염지역을 찾아 보고하도록 지역사회를 교육시킨다. 연구는 성공적인 박멸을 위한 방법들을 개발하고 향상시키며, 운영의 효율성을 증진시키기 위해 박멸 전략 중 중요한 요소이다.

16.4.1 규제

정착된 감염지역으로부터 운송수단의 도움을 받아 사람을 통한 확산을 막기 위해서 검역지역 밖으로의 이동이 규제된 물품을 제어하도록 국내검역이 제정되어 있다. 규제된 경계지역은 일반적으로 감염지역을 중심으로 적어도 반경 $1\frac{1}{2}$마일로 설정되어 있다. 이 경계지역은 연구결과에 근거하여 ALB의 자연적 확산거리로 결정되었다(Sawyer 2006; Smith 등 2004). 그러나 이 경계지역은 감염지역의 크기와 범위 및 그 지역에서 기주의 밀도 및 분포에 따라 조정될 수 있다(Sawyer & Panagakos 2009).

ALB에 대한 연방정부의 검역은 박멸프로그램에 관한 7 CFR 301.51 및 목재포장재에 관한 7 CFR 319.40를 포함하고 있다. 그러나 이러한 규정 하에서 미농무부 동식물위생검사청(APHIS)은 주 전체보다 작은 지리적 영역을 검역할 수 없다. 결과적으로 영향을 받은 주정부의 식물검역기관은 주정부 내의 지리적 영역에서 규제 활동을 촉진하기 위해 ALB에 대한 주정부 내 검역규정을 제정해야만 한다.

ALB의 규제대상 물품은 다음과 같이 (가) ALB의 모든 생육단계; (나) 장작(모든 활엽수종), 신선한 재목 및 살아있거나 죽었거나 잘리거나 쓰러진 기타 자재, 유묘대목 포함, 원목, 그루터기, 뿌리, 가지 및 다음 속의 직경 0.5 인치 이상의 잔재물: *Acer* (단풍나무), *Aesculus* (칠엽수), *Albizia* (자귀나무), *Betula* (자작나무), *Celtis* (팽나무), *Cercidiphyllum* (계수나무), *Fraxinus* (물푸레나무), *Koelreuteria* (모감주나무), *Platanus* (플라타너스), *Populus* (포플러), *Salix* (버드나무), *Sorbus* (마가목), *Ulmus* (느릅나무); (다) 기타 물품이나 산물, 검사자가 ALB의 확산 위험을 가진 것으로 결정했으나 (가)에 포함되지 않은 운송수단이 포함된다. 미국 내 또는 중국 내의 야외에서 ALB가 생활사 발육을 완전하게 끝낸 부가적인 속이나 종이 발견되면, 이들 속이나 종을 미국 기주목록(http://www.aphis.usda.gov/plant_health/plant_pest _ info/asian_lhb/downloads/hostlist.pdf.)에 추가하기 위해 미농무부 동식물위생검사청(APHIS)에 의해 평가될 것이다.

규정을 잘 준수하기 위하여 미농무부 동식물위생검사청(APHIS)과 주정부의 식물검역기관들은 규제 물품을 다루는 공공기관과 준수할 것을 계약하였다. 이것은 ALB의 생태 및 피해증상에 관한 공공기관을 교육하고 및 규제지역 밖으로 기주 물품의 운송을 방지하기 위해 따라야 하는 절차를 수반하고 있다.

16.4.2 조사 및 탐지

탐지 활동은 프로그램에서 몇 가지 목적을 가지고 있다. 초기에 모든 기주에 대한 광범위한 육안조사는 돌발된 해충의 크기 및 범위를 결정하게 된다. 이 정보는 해충을 제거하기 위한 최상의 전술을 결정하고, 전략을 개발하는데 필수적이다. 프로그램이 작동하는 동안 지속적인 모니터링 조사는 해충의 분포와 발생량에 있어 진전 상황을 측정하고, 변화를 확인하게 된다. 마지막으로 광범위한 확인조사는 그 지역에 해충이 더 이상 존재하고 있지 않다는 것을 검증하게 된다.

2012년 현재, 프로그램에는 ALB를 찾는데 이용할 수 있는 유용한 트랩이나 화합물 유인제, 페로몬이 없다. 조사는 검역지역에서 기주가 되는 모든 수목에 대한 육안검사를 통해 이루어진다. 그러나 경미하게 감염된 지역에서는 특히, 지상에서 수목을 조사할 때 탐지하기 어렵다. 수목의 감염 상태나 수목을 좀 더 확인할 필요가 있을 때 이 프로그램은 "활선(bucket)" 트럭과 나무를 잘 타는 사람을 수용하였다. 감염지역을 경계로 한 기주 수목의 조사와 함께 공식적인 조사는 감염지역에서 규제 물품으로 작업하는 업체(예를 들어 나무관리회사, 조경회사)들이 위치한 주변의 감염지역 밖에서 실시하였다. 감염된 물품의 운송을 돕는 사람이 나타날 수 있으며, 규정을 따르지 않을 경우 감염 중심부로부터 위성적인 감염부가 초래될 수 있다.

16.4.3 방제

방제활동은 기주의 제거와 살충제 처리로 구성되며, 별개로 또는 조합하여 수행된다. 전술은 일반적으로 감염된 나무로부터 적어도 직경 0.5마일(0.8km)에 적용하지만(Saywer 2006; Smith 등 2004), 이 거리는 그 지역의 감염된 수목의 밀도, 감염수준, 분포 및 적용 목적에 따라 달라질 수 있다(Saywer 등 2012). 나무의 목질부에 도달하는 늦은 유충시기에는 살충제 처리가 미치지 않기 때문에 감염된 수목이 알려지면 항상 제거한다. 불완전한 조사 활동에 의해 경미한 감염을 놓칠 가능성을 줄이기 위해 감염된 수목 가까이에 있는 기주가 되는 수목은 고위험으로 간주되어 종종 제거된다. 기주의 제거는 한 지역으로부터 해충을 제거하는 가장 확실한 방법이다. 그것은 즉각적인 확산을 제한하기 위해 전체 해충의 초기 개체군을 "녹다운(knockdown)"시키는 효과로 이용될 수 있으며, 감염되지는 않았으나 돌발지역에 근접되어 있어 감염에 노출될 수도 있는 기주 수목에 전략적으로 이용되는 후속적인 살충제 처리의 성공을 향상시킬 수 있다.

감염수준과 또 다른 요인에 따라 대량의 고위험 제거가 수행될 것이다. 제거할 수 없는 방제가 요구되는 시역 내의 수목은 침투성 살충제인 이미다클로프리드(imidacloprid)를 이용하여 예방적으로 살포하거나, 운송을 쉽게 할 수 있는 곳에서는 뿌리가 흡수하도록 나무 기부의 토양에 관주하거나 지면에서 12인치 이내 주간의 나무껍질 바로 밑에 직접 관주한다(Wang 등 2001). 매년 봄에 처리한다. 방제를 최적화하기 위해서는 최소 3년간의 연속적인 처리가 필요하다. 조사 결과가 긍정적이라면 부가적인 처리가 요구될 것이다.

16.4.4 봉사활동

봉사활동은 프로그램의 성공에 결정적이다. 지역의 공무원들은 프로그램에 대한 협력과 지원을 증진하고, 시민들의 관심거리를 해결하는데 도움을 주기 위해 탐지 내용 및 가능한 활동을 즉시 공지한다. 그러한 활동들이 공공 및 개인의 재산에서 수행되기 때문에, 일반 대중이 직접 영향을 받게 될 것이다. 봉사활동은 어떻게 하늘소나 증상을 관찰하여 발견하고 보고할 것이며, 일반인들이 확산을 막기 위해 할 수 있는 것이 무엇인지 등, 하늘소의 잠재적인 영향에 대한 일반인들의 인식을 증가시키는데 중점을 두고 있다. 훌륭한 봉사활동 캠페인은 자신의 재산에 대해 지속적인 프로그램 활동을 수행하도록 하는 공공적 지원 및 수용, 허락을 만들어 내는 것이다. 각 주에서 초기 발견은 일반인들에 의해 미농무부 동식물위생검사청(APHIS)에 보고되었다(USDA APHIS PPQ 2012).

16.4.5 재식

이 프로그램은 제거된 수목의 영향을 완화하기 위해 비기주 수목을 심는 것이다. 일반적으로 경관수나 가로수는 재식할 권한이 있다. 그러나 일대일로 이루어지지는 않는다. 재식 프로그램은 지역사회의 계속적인 지원을 용이하게 한다. 미국 산림청(USFS)은 주정부의 임업부와 함께 이러한 노력들을 지역사회 및 기관과 같이 하면서 주도하고 있다.

16.4.6 연구

ALB 프로그램은 과학에 기반을 두고 있다. 이 프로그램의 새로운 해충 대응 지침 및 광역적인 전략은 초기 및 지속적으로 연구 및 방법개발에 기반을 두고 있다. 지속적인 연구는 프로그램의 효율을 계속적으로 증진시키는데 필요하다. 개체군 동태, 확산, 조사 및 처리 방법, 또 다른 사항에 관한 새로운 정보가 프로그램이 보다 효과적이고 효율적으로 되게 할 것이다.

16.4.7 성과측정 및 품질보증, 자료관리

ALB 프로그램은 박멸을 위한 프로그램의 효율성과 진전을 모니터링하기 위해 품질보증 활동 및 자료관리, 지리정보시스템(GIS)을 이용한다. 일상적인 작업 계획과 수행 및 계약된 개발 및 모니터링의 지원과 함께, 긍정적이건 부정적이건 모든 조사 및 처리 데이터의 수집은 다양한 전술과 자금 조달 시나리오를 이용하여 장기 전략 계획 및 예산을 수립할 수 있게 한다.

16.5 일리노이: 교훈과 성공의 열쇠

ALB는 발견 후 10년인 2008년 4월에 일리노이에서 박멸을 선언하였다. 가장 많이 발생했을 때 이 침입해충의 규제지역이 35평방 마일이었다. ALB는 1998년 7월에 시카고의 Ravenswood 인근에서 처음 발견되었다. 이어서 이 하늘소는 시카고 내의 Loyola, Kilboun Park, Oz Park 및 시카고 근교지역의 Summit, Addison, Park Ridge, Bensenville (O'Hare 국제공항, 그림 16.9) 등 여러 지역에서 탐지되었다. 미농무부 동식물위생검사청(APHIS)과 시카고시의 임업국(BoF), 기타 영향을 받은 지자체 사이 협력적인 활동은 모든 지역의 규제를 해제하였고, 2008년에 박멸이 선언되었다. 연방정부와 주정부, 지역의 관련기관들 사이 협력이 프로그램을 성공으로 이끌었다.

16.5.1 모든 단계에서 강력하고 헌신적인 대표

일리노이에서 ALB의 박멸 프로그램이 상대적으로 빠르게 성공할 수 있었던 것은 프로그램 활동의 구현에 있어 중요한 역할을 담당하는 모든 단계의 정부(연방, 주, 시)에 상근 전담

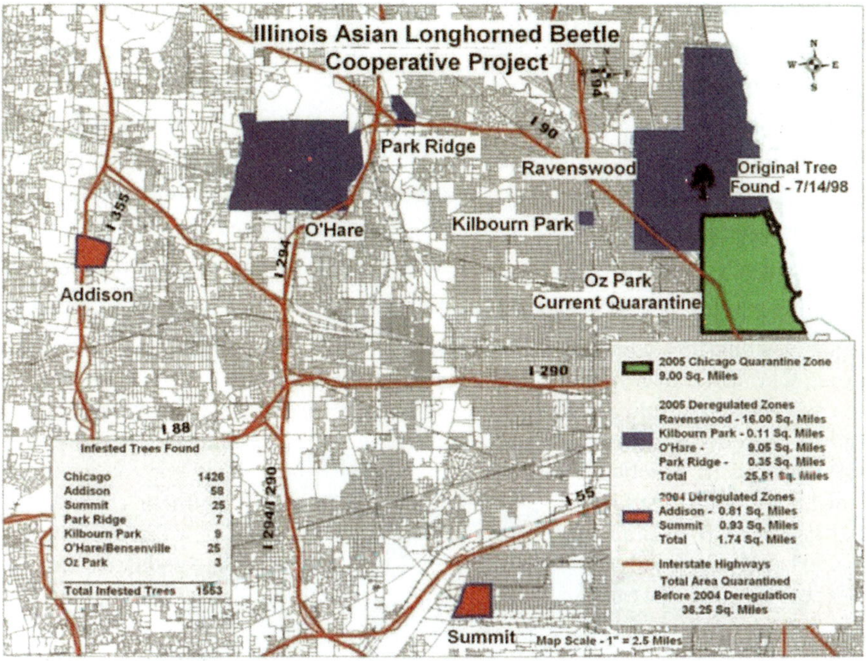

그림 16.9 2005년 동안 일리노이의 규제관련 이력(APHIS USDA 이미지 제공)

조직을 형성한 것이 큰 부분을 차지하였다고 할 수 있다. 미농무부 동식물위생검사청(APHIS)은 프로그램을 구현할 국가 상근 관리자(director), 재원과 지원을 얻기 위한 국가 상근 조정관(coordinator), 주 및 지방 정부 공무원들과 매일 연락을 수행하고, 일상적인 작업을 실행하는 현장 감독자(manager)를 제공하였다. 주 정부는 (1) 높은 수준의 기술적 지원, (2) 기주 수목의 제거 및 살충제 처리에 대한 권한, (3) 규제활동의 수행을 위한 전용 인사권을 제공하였다. 미국 산림청(USFS)은 나무를 타며 조사하기 위한 프로그램 운영에 산림소방낙하대원의 임시 고용을 가능케 조정해 줌으로써 조사활동을 지원하였다.

또한 미국 산림청(USFS)은 ALB 박멸 활동의 지원에 있어 지역 및 국가의 공공정보를 제공하였다. 시카고 시의 지도부는 ALB의 박멸을 위해 전적으로 헌신적이었다. 시장의 높은 관심과 지시 하에 시는 동식물위생검사청(APHIS) 및 주 정부 관리자의 상대자인 시 정부의 임업국 수석 삼림감독관에게 조사를 지원하기 위한 다용도 차량 및 인원을 제공하였고, 수목보호전문가 및 조경관리사들이 준수해야 할 몇 가지 사전 규제 정책을 내놓았다.

시 정부는 대략적인 수목의 위치를 기록한 데이터베이스 및 유지보수내역을 공유토록 하였으며, 지리정보시스템(GIS)을 지원해 주었다. 시 정부는 또한 감염된 지역 내와 인근에서 작업하는 도급업체, 수목관리사, 녹색산업전문가에 관한 연락처 정보를 공유토록 하였다. 이것은 미농무부 동식물위생검사청(APHIS)과 주 정부 관리자가 감염지역 내에서 기주 물품을 대상으로 사업하는 회사들을 빠르게 확인하고 규제할 수 있도록 하였다. 부가적으로 시 정부는 언론과의 긍정적인 관계를 구축하였다. 각 정부 단계에서 이러한 핵심 감독자들과 관리자들은 의사결정을 하고, 활동계획을 개발하며, 프로그램에서의 역할, 자원, 인력을 배분할 수 있는 권한을 부여받았다.

돌발 상황에 대응하기 위해 전담조직이 만들어졌지만, ALB 지도부는 목적과 목표를 조명하고, 그것들을 어떻게 달성할 것인가에 관한 전략적인 계획의 필요성을 인식하게 되었다. 미 농무부 동식물위생검사청(APHIS)이 다른 식물병해충의 박멸프로그램에 대한 경험을 가지고 있었기 때문에 대표를 맡게 되었다.

관련된 문제의 전문가 및 과학자들이 자문을 주었고, 가능한 최상의 과학에 기초하여 전술이 고안되었으며, 경계를 이룬 지역 내의 전체 해충 개체군을 관리하기 위해 몇 가지 다른 방

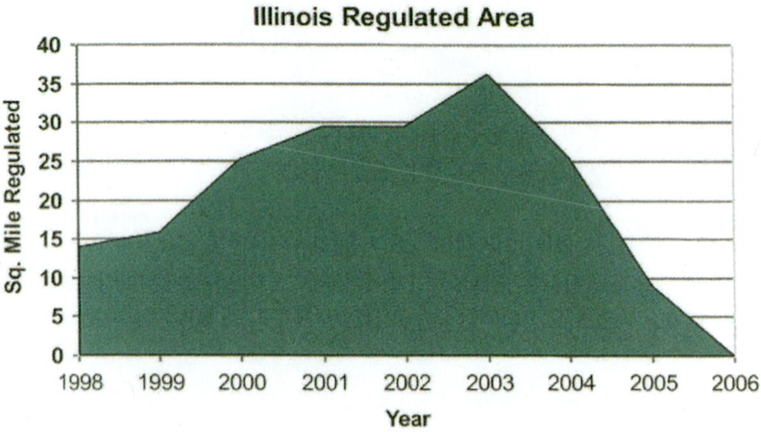

그림 16.10 평방마일로 나타낸 일리노이의 ALB 규제지역(1998~2006)

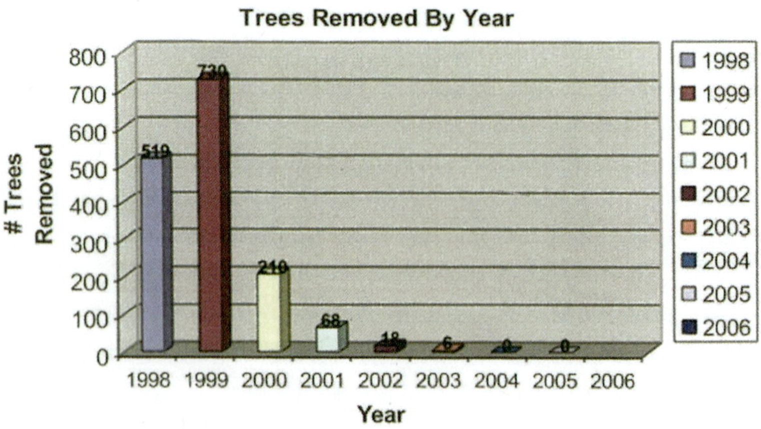

그림 16.11 일리노이에서 매년 제거된 기주 수목의 수

제 전략들을 통합한 광역망 해충 종합관리에 기초하여 장기 계획이 수립되었다(Hendrichs 등 2007). 계획이 세워지기 전에 시카고 및 뉴욕의 대응활동은 반발이 있었고, 해충이 발견된 특정지역에서만 적용되었으며, 해충이 여전히 존재할 가능성이 있는 곳에서는 이루어지지 않았다. 어디서, 언제, 어떻게 다양한 전술을 적용할 것인가에 관해 현장관리자에게 명확한 지침을 제공하였을 뿐만 아니라, 그 계획서도 이해하기 쉬운 문서로 제공하여 높은 지위의 기관장, 프로그램의 재원을 마련해 줄 공공 및 정치 지도자, 언론매체, 다른 이해관계가 있는 기관들에게 프로그램에 대한 "마켓팅"으로 이용되었다.

거의 대부분의 정부 지도자와 관리자들은 동시적으로 몇 가지 프로젝트 및 프로그램을 해결해야 할 책임이 있었다. 전담조직을 가지게 되면서 ALB 관리자들은 프로그램에 자신들의 시간을 100% 집중토록 하였으며, 또한 성공이건 실패건 책임지게 하였다. 전략 계획은 프로그램의 목표와 목적을 달성하기 일정표를 계획하였으며, 성과측정을 설정하였다. 많은 새로운 전술들은 설정된 조사구역, 처리구역, 규제구역으로부터 자연적인 확산거리 및 살충제 처리의 효과와 같은 그것들을 지지하기 위한 기술적인 자료로 한정되었다. 지도부는 그것들을 믿고, 새로운 아이디어를 기꺼이 받아들였으며, 위험을 감내하였다. 진행상황을 모니터하고 성공을 보장받기 위해서 시도부는 기주의 정보(흉고직경(d.b.h)으로 측정된 수목의 크기, 수목의 종류, 수목의 위치), 처리가 완료된 기주 수목의 조사 및 처리에 관한 기록, 탐지된 모든 감염 수목과 제거된 기주 수목에 관한 기록, 규제물품으로 사업하는 모든 회사에 관한 기록 및 작업이 정확하게 완료되었는가를 점검하고, 검증한 품질보증활동을 포함하여 광범위한 자료의 수집을 요구하였다.

"탐지되고 제거된 감염된 수목의 수" 및 "규제지역의 면적"과 같은 넓은 측정치는 전반적인 프로그램의 진행을 측정하는데 이용하였다. 또한, 조사와 처리가 이루어지는 동안 수집된 자료는 관리자가 연간 목표를 달성하기 위한 진행상황을 모니터하고, 작업을 조정하며, 박멸을 선언하는데 필요한 조건을 보장하였다.

16.5.2 정보교환

동료들 사이 협업과 협력은 박멸프로그램의 성공을 위해 절대적으로 중요하였다. ALB의 초기 발견으로부터 연방, 주 및 지방 정부의 공무원들은 해충의 박멸을 위해 최선을 다하였다. 지속적인 정보교환을 통해 그들이 사소한 장애물과 분쟁을 극복하기 위한 지휘팀이 허용되어 협력과 신뢰, 상호 존중의 작업환경을 만들었다. 의사결정이 포함되었다. 날마다 의사결정을 활성화하고, 기관 간 정보교환을 간소화하기 위해 현장관리자를 함께 배치하였다.

그러한 활동들은 기관의 소속감을 흐리게 하여 미디어와 대중에게 통합된 협력적 ALB 박멸프로그램 팀으로 보이게 하였다. 각 정부기관 지도부는 정기적으로 계획된 모임이나 복잡한 문제의 해결과 높은 수준 차이를 해소하기 위해 소집된 회의에 참석하였다. 박멸을 성취하려는 공통의 목표가 손안에 있는 문제가 되어 성공적으로 해결하게 하였다. 미농무부 동식물위생검사청(APHIS)에 의해 입안되었을지라도 국가적 대응 지침 및 전략 계획은 운용 가능성

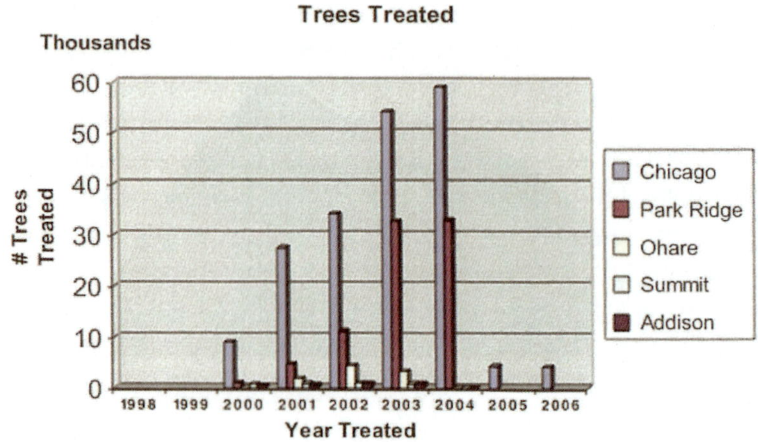

그림 16.12 매년 감염된 수목에 대한 처리된 나무의 수

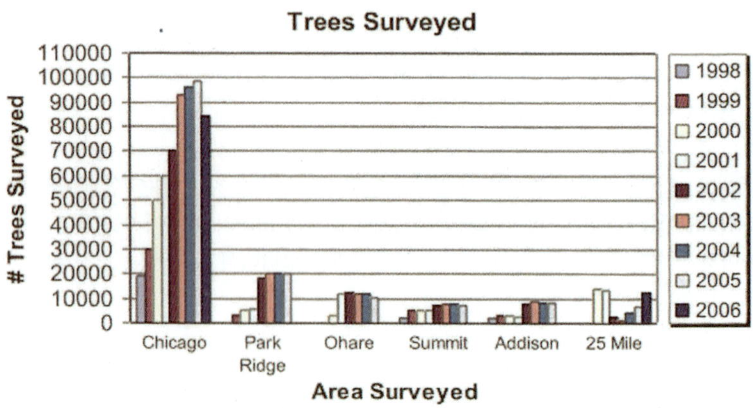

그림 16.13 매년 각각의 감염된 지역 내에서 조사된 기주 수목의 수

과 정치 · 사회적 수용을 보장하기 위해 원칙적으로 협력자, 미국산림청과 같은 동료, 선출직 관료들과 수많은 토론을 거쳤다.

언론매체와 대중과의 정보교환은 신중하게 계획되고 모니터되었다. 모든 단계의 정부은 자신의 고용주를 홍보하기를 열망하는 홍보직원이 메시지를 "통제"하였다. 프로그램 초기에 ALB 대표는 통일된 내용을 제시하기로 결정하였다. 가능하면 세 가지 원칙 하에서 협력자가 TV와 라디오 인터뷰에 참여하는 것이었다. 주안점은 중립적으로 만들고, 검토하였다. 보도 브리핑 및 신문 기사와 사설은 배포하기 전에 모두 검토하였다. 모두가 이해하였고, 시 정부가 지역 언론매체와 작업을 주도할 것을 동의하였다. 시카고 시민들은 선출된 지역관료들로부터 더 편안하게 정보를 얻고, 그들로부터 나온 정보가 더 믿을 수 있다고 생각하였다. 또한,

시장과 박멸 활동을 적극적으로 지원한 지역의 정치 관료들은 그들의 선거인단에게 직접적으로 설명해야 할 의무가 있었다. 지역 언론매체는 ALB 프로그램과 시청자들이 참여하는 프로그램을 통해 정보교환을 유지하였으며, 일반인들에게 알려 도움을 될 처리, 검역법 개정, 조사 진행 상황 및 기타 프로그램 관련 주제에 대해 이야기를 기꺼이 실행하였다.

집중적으로 조명한 긍정적인 메시지를 만드는 언론매체와 함께, ALB 프로그램 팀은 교육을 받은 지지적인 공공의 지역사회를 활용할 수 있었다. 또한, 경각심을 높이고 지원을 얻기 위해 살충제 처리와 같은 주요한 프로그램의 활동에 대한 공개회의가 정기적으로 사전에 영향을 받을 지역에서 개최되었다. 각 공개회의에서 프로그램은 선출된 지역관료들에게 지역관료가 그 진행과정에 개입하고, 공공의 목소리를 대변하는 회의를 열고 촉구하도록 요청하였다. 이들 회의는 공공의 참여와 제안이 적극적으로 쏟아졌다. 이러한 활동의 결과로 ALB는 빠르게 모든 사람들의 공공의 적이 되었다. 시민, 세입자, 집주인, 자영업자, 기자, 시의 노동자, 선출된 관료, 종교지도자 또는 자원봉사자 누구든 ALB가 적이 되었으며, 모두를 망라한 "우리(WE)"는 시카고 시에서 그 침략자를 제거하기 위해 함께 작업을 진행하였다. 사유재산에 접근하여 조사 및 처리 작업을 완료해야 하는 필수적인 임무는 거의 문제가 되지 않았다. 집주인들은 ALB의 상황에 매우 걱정하였으며, 보호하고 있는 사유재산에 속한 기주 수목에 쉽게 접근할 수 있도록 제공하였다. 조사요원과 처리 도급업체는 사유재산에 있는 거의 모든 ALB의 기주 수목에 접근 할 수 있었다. 조사되지 않은 한 그루의 나무가 남게 되면 알 수 없는 감염으로 이어질 수 있기 때문에 이러한 곳에 접근은 매우 중요하였다.

훌륭한 정보교환을 통해 ALB의 협력자와 이해관계자들 사이에 성숙된 파트너십은 프로그램의 진화로 이어졌다. 프로그램 운용에서 언론매체와의 관계까지 박멸 활동에 참여했던 협력자들은 프로그램 개발에 강한 의지와 참여가 이어졌다. 언론매체는 때때로 ALB 및 앞으로 일어날 수 있는 다른 침입종에 대한 경각심의 메시지 전달을 계속하였으며, 공식적인 박멸행사까지 ALB 문제를 지속적으로 보도하였다. 시카고에서 ALB에 대응하는 동안 개발된 많은 파트너십은 특히 그 지역에서 다른 침입 병해충을 지속적으로 관리하고자 할 때 미농무부 동식물위생검사청(APHIS)에게는 상당한 혜택이 될 것이다. 이러한 침입병해충 중 일부는 다른 관리 전략이 필요하겠지만, 종종 지방정부단위 사이와 작업 관계를 개발하는데 있어서 동일한 전략이 필요할 것이다.

16.5.3 강력한 규제프로그램

시카고에서 ALB 프로그램에 대한 규제프로그램은 시작부터 협력적이었다. 미농무부 동식물위생검사청(APHIS)의 식물병해충에 대한 규제 권한은 기본적으로 병해충이 발견된 주 전체를 검역하며, 규제물품의 주간 이동을 제한하는 것이다. 그러나 주 정부의 주간 규정이 연방 정부의 규정과 동일하다면, 연방 정부의 규정이 주 정부의 더 작은 부분에까지 적용될 수 있다. 1998년에 미농무부 동식물위생검사청(APHIS), 일리노이 농업부(IDA) 및 시 정부의 임업국은 ALB에 감염된 수목이 발견된 곳의 인근 지역만을 경계로 설정할 규정과 규제구역의 상호 합의를 이루기 위해 함께 작업하였다. 이 지역은 ALB의 자연적 확산에 관한 과학적 자료에 기초하여 결정되었다.

미농무부 동식물위생검사청(APHIS) 직원, 일리노이 농업부(IDA) 검역관 및 임업국 산림전문관들 사이의 협력체는 규제지역 내에서 사업하거나 위치한 기업들을 모니터하고 규제하는 것이 성공을 달성하는데 필수적이었다. 이들 기업은 수목회사, 조경업자, 건설회사, 폐기물관리회사, 지붕수리사, 목재재활용회사, 장작판매상, 묘목소매상, 지자체를 포함하고 있다. 규제물품은 2차원의 1인치(25.4mm) 이하로 잘게 부수지 않고는 ALB 검역구역에서 이동할 수 없다(이 크기로 나무를 잘게 부수는 것은 그것을 섭식으로 유충의 발육이 완성되지 않음을 보증함) (Wang 등 2000).

산업계의 부담을 줄이기 위해 규제지역 내에서 사업하는 많은 기업들은 미농무부 동식물위생검사청(APHIS)과 일리노이 농업부(IDA)와 함께 준수협약을 체결하였다. 기업에게 준수협약을 허가하기 위해 연방정부 및 주정부의 검역관들은 기업이 ALB의 규정에 따라 조치를 취하는지를 여부를 확인하기 위한 현장방문을 실시하였다. 검역구역 내나 인근에서 사업하는 모든 기업들을 적극적으로 찾아 준수협약을 하였지만, 일리노이 농업부(IDA)의 정책에 따라 이들 협약은 본질적으로 상당히 자발적이었다. 준수협약은 ALB 프로그램과 규제물품을 재배하거나 또는 취급하거나 이동에 관여하는 사람들 사이 규정의 조항을 준수한다는 협약서를 작성하였다. ALB 규정을 따른다고 협약에 서명한 사람들은 검사를 기다리지 않고 규제지역 밖으로 규제물품을 이동할 수 있었다. 준수협정에 따라 사업하는 기업들은 연방 및 주 정부의 공무원들에 의해 준수하는지를 확인하는 정기적이고 불시적인 검사대상이었다. 총 248개의 준수협약서가 발급되었다.

미농무부 동식물위생검사청(APHIS) 직원, 일리노이 농업부(IDA) 검역관 및 시 임업국 산림전문관들은 수목 작업을 수행하는 기업들을 모니터하고 규제하는 것이 성공을 달성하는데 필수적이었다. 시 당국은 수목치료전문가와 수목관리사들의 대규모 네트워크 사이에서 규제에 대한 인식 및 준수를 촉진하기 위해 미농무부 동식물위생검사청(APHIS) 규제직원과 긴밀하게 작업하였다. 시 당국은 규정 준수를 해결하기 위해 몇 가지 독특한 사전예방조치를 취하였다. 도시경관 및 유지보수 요원은 날마다 검역구역의 안이나 밖을 완전하게 구별하여 그 곳을 지키는 작업할당을 부여받았다. 시 당국은 또한 검역구역의 경계부에 포함되거나 인접한 일부 지역사회에서 ALB의 기주가 되는 수목을 심는 것을 제외한 나무심기 정책을 시작하였다. 부가적으로 시 당국은 모든 도급업체의 나무심기 일정을 검토하였으며, 그 일정이 전체 작업일 동안 검역구역에서 작업할 것인지, 하루 종일 밖에 머무를 것인지에 대해 요구하였다.

규제지역 밖으로 이동하는 상당량의 목재 잔재물에 대한 관리는 빠르게 ALB 규제프로그램에서 문제로 되었다. 규제지역 내에서 사업하는 많은 업체들은 그 지역을 떠나기 전에 목재를 잘게 잘라야 하는 요구조건을 충족할 수 없는 작은 회사나 개인이었다. 1999년 6월 미농무부 동식물위생검사청(APHIS)과 시카고 시 정부는 협력 계약을 통해 ALB 프로그램의 운영을 위한 규제지역 내에 주둔할 원통형 분쇄기(tub grinder)를 구입하였다(그림 16.14). 시 당국의 직원이 원통형 분쇄기를 운영하고, 관리하기로 하였다. 규제지역 내의 시 당국 및 개인적인 수목회사에 의해 제거된 경감되지 않은 규제된 모든 목재물품은 이 원통형 분쇄기로 무료로 잘게 부셔 처

그림 16.14 시카고 시의 원통형 분쇄기(APHIS USDA 이미지 제공)

리하였다. 규제받는 업체들은 매립지에서 폐기비용을 피하기 위해 열성적으로 이행하였다. 목재 잔재물 폐기 프로그램은 준수를 촉진시켰고, 회사들이 규제지역 밖으로 규제물품의 폐기물 투기를 방지함으로써 이러한 침입해충의 확산을 돕는 사람들을 방지하였다. 시카고에서 ALB의 감염을 봉쇄한 성공의 일부는 이 목재 폐기 프로그램에 기인했다고 볼 수 있다. 녹색산업을 위한 편리한 폐기 방법을 가진 것이 준수하도록 하는데 중요한 요소가 되었다.

시 당국은 검역구역에서 수목 작업을 수행하는 모든 기업은 원통형 분쇄기의 설치장소 및 운영에 관한 "검역증명서"를 받는 것이 필요하였다. 시에서 발급한 이러한 검역증명서는 회사명, 작업장소의 주소, 수종과 크기, 작업한 수목이 시 재산인지 사유 재산인지를 표기하였다. 작업한 수목이 시 재산이었다면, 시 당국은 추가적으로 시카고 시의 허가를 필요로 하였다. ALB 프로그램의 원통형 분쇄기 시설에서 원목을 폐기하려면 수목회사는 원통형 분쇄기 시설이 있는 현장에 위치한 시 당국의 직원에게 이러한 증명서를 제출하도록 하였다. 이러한 증명서 및 허가증은 시 당국 데이터베이스와 ALB 프로그램 규제 데이터베이스에 모두 입력되었다.

도시 근교의 검역구역 또한 목재 폐기 절차가 있었다. Park Ridge에서의 검역은 수목 작업이 쉽지 않은 비거주 지역에 주로 국한되어 있었기 때문에 수목 작업을 실시하는 회사는 현장의 모든 기주 수목의 목재를 잘게 부셔야만 했다. 비슷한 정책이 Addison 도시 근교에서 재현되었다. Addison 검역구역에서 작업하는 수목회사는 목재 폐기물 장소가 설치되어 있지 않았기 때문에 현장에서 모두 잘게 부셔야만 했다. Villages of Summit 및 Bensenville은 각 검역구역에서 작업하는 회사가 무료로 기주의 목재류를 폐기할 수 있는 곳으로 그들의 공공작업시설에 원목 폐기 장소를 설치하였다.

시카고 ALB 프로그램을 위한 규제 작업은 검역지역 안과 주변에서 상당한 감시가 있었다. 검역구역에 천막을 친 규제관리자는 그 지역에서 수목작업을 수행하는 회사에 대해 상세한 기록을 유지하였다. 관리자는 작업자 및 작업자 대표와 이야기를 나눴고, ALB 정보를 배포했으며, 준수협약서를 발급하였으며, 제거 및 적절한 폐기를 요구하는 기주 목재에 대해서는 시 당국에 통지하였다.

연방 및 주 정부 관료들은 일반적으로 ALB 감염의 확산과 관련된 심각한 위험에 대해서 자율적인 준수를 선호하고, 기업에 교육을 통해 규정을 준수할 수 있도록 하고 있다. 때때로 일부 기업이 규제에 따르지 않았고, 벌금이 부과되었다. 공식적인 첫 번째 검역위반이 2001년 7월에 Ravenswood 검역지역에서 기주 원목을 제거하는 수목회사에게 발급되었다. 총 4건의 공식적인 위반이 발급되었다. 그 위반 중 3건은 검역지역에서 기주 원목을 제거하는 나무회사에게 발급되었고, 1건은 검역구역에서 나온 기주 원목을 받아들인 목재재활용회사에게 발급되었다. 위반서의 발급은 이행을 위한 바람직한 방법은 아니지만, 연방 및/또는 주 정부의 규정에 대한 위반의 심각성을 입증함으로써 규제물품과 함께 작업하는 모든 기업에 규정 준수를 달성하는데 긍정적인 효과를 가지게 되었다.

16.5.4 공공참여

ALB 성충은 나무속에서 우화한 후 줄기와 가지에 쉽게 확인할 수 있는 탈출공을 남기는 크고 화려한 하늘소이다. 결과적으로 사람들은 그들의 마당에서 작업하거나 동네를 거니는 동안 그들의 수목이나 재산에서 성충이나 그의 존재를 쉽게 알 수 있다. 뉴욕, 뉴저지, 매사추세츠와 오하이오의 돌발 상황뿐만 아니라 일리노이의 돌발 상황에서도 호기심이나 관심을 가진 시민이 관찰하고, 그들의 존재에 관해 당국에 통보한 것으로 처음은 일반인에 의해서 확인되었다. ALB 프로그램의 지도부는 성충을 찾는데 도움을 받고, 프로그램에서 수행되는 지속적이고 체계적인 조사를 확장하고 집중하기 위해 일반인들이 참여할 수 있는 기회를 모색하였다.

일반적인 공공봉사활동 캠페인은 경각심을 증가시키고, 어떻게 성충을 발견하고 보고할 것인가에 초점이 맞춰졌다. 신문광고, TV 및 라디오 안내방송, 포스터, 자동차 범퍼 스티커, 지역사회 모임, 브로셔, 팜플렛, 문걸이, 모든 언론매체의 발표는 성충을 찾아 보고할 수 있도록 일반인이 되새길 수 있는 메시지를 포함하였다(그림 16.15).

2004년 여름에 미농무부 동식물위생검사청(APHIS)은 ALB가 감염된 기주 수목을 조사하기 위해 지역의 “환경(green)” 단체 및 관련 시민들로부터 자원한 봉사자들로 자원봉사자 조사 프로그램을 구성하여 관리하는 단체와 계약하였다. 참가자들은 훈련을 받았고, 그들이 만나는 사람들에게 알려 줄 성충에 대한 정보를 제공받았으며, 정기적으로 성충의 존재를 찾기 위한 프로그램 운용에 의해 확인된 대상지역 내에서 그들이 담당할 영역을 할당받았다. 그들이 수목을 관찰하는 동안 안전을 위해 인도에 머물도록 지시하였고, 그들의 활동을 기록한 간단한 보고서를 작성하도록 하였다. 참가자들은 그러한 활동을 위해 T-셔츠 및 냉장고자석, 쓰레기봉투, 열쇠고리와 같은 또 다른 ALB의 홍보물을 받았다. 넓은 지역의 조사에서 프로그램의

그림 16.15 파괴자 ALB 성충의 포스터(APHIS USDA 이미지 제공)

검역관은 격년으로 일부 지역만 조사하게 되었다. 자원봉사활동이 박멸을 선언하기 위한 조사의 필요조건으로 충족되어야 한다고 생각하지는 않았지만, 관리자에게 어느 정도의 위안을 제공하였으며, 프로그램 조사지 할당에서 우선순위를 매길 때 자원봉사자가 맡지 않은 지역에 중점을 두게 되는 직접적인 도움을 주었다.

ALB 프로그램 관리자는 성충을 찾는데 도움을 받고, 어릴 적부터 침입종의 개념을 알려주기 위해 어린이들의 참여를 원했다. 학교의 교과과정 개발에서 전문적인 주제를 컨설팅하는 회사와 기본적인 예로 ALB를 이용한 침입종에 대한 교안을 개발하는 계약을 체결하였다. 교안의 일부에는 ALB에 관한 토론에 부모들이 참여하여 아이들이 자신의 마당과 동네에 있는 수목을 조사하는데 도움을 줄 것을 요청하였다. 계약자는 시카고 교육시스템에서 교안으로 사용할 수 있도록 교육위원회에서 필요한 승인을 얻었으며, 관심을 가진 교사들에게 교안 및 재료들을 제공하였다. 부가적으로 시카고 인근 공원에서 아이들이 참가하는 여름캠프의 카운셀러에게 공원의 나무를 조사하면서 침입종에 대해 학습할 수 있도록 교안의 일부가 제공되었다. 시카고 교육과정에서 성공함으로써 미농무부 동식물위생검사청(APHIS)은 이어서 전국의 관심을 가진 학교와 사람들이 이용할 수 있는 국가 ALB 교육과정을 계약하고 개발하였다. 미농무부 동식물위생검사청(APHIS)을 통해 이용할 수 있는 ALB 교육과정이 ALB 웹사이트로 개발되었다: http://asianlonghornedbeetel.com.

또한 ALB 프로그램은 "파괴자 하늘소(Beetle Busters)" 웹사이트(www.beetelbusters.info; 2013년에 http://asianlonghornedbeetel.com.로 업데이트됨)를 개발한 마케팅 회사와 계약하

그림 16.16 파괴자 ALB 성충의 포스터(APHIS USDA 이미지 제공)

여 미국에서 일반인들이 박멸 활동에 대한 가장 최신의 정보를 얻을 수 있도록 ALB 정보에 관한 중심적인 사이트를 제공하고 있다. 이 웹사이트는 하늘소의 생태, ALB 피해의 징후 및 증상, 박멸 노력의 현재 상황, 성충의 존재를 어떻게 발견하고, 어떻게 보고할 것인가의 방법에 대한 정보를 포함하고 있다(그림 16.16).

프로그램의 일상적인 제공의 일환으로 시민이 참여하는 또 다른 기회는 ALB 현장 직원과 일반인이 날마다 만남을 가졌다. 조사 및 규제 현장의 방문은 종종 ALB를 찾는 활동에 기여하고 싶은 일반인에게 정보공유의 장으로 발전하였다. 시카고 ALB 프로그램의 활선차량(bucket truck) 조사팀은 시내 거리에서 매우 눈에 띄는 차량이었다. 주택소유자는 조사요원들이 자신의 동네를 매년 여러 번 조사하기를 기대하였다. 각 조사요원들은 호기심이 있는 일반인에게 배포할 인쇄홍보물로 꽉 채워졌다. 일반적인 질문들에 대한 대답으로 조사상황, 새롭게 입증된 발견, 살충제 처리 계획 등이 포함되었다. 조사요원은 현장에서 주민들과 만나는 시간을 활성화하였고, 이러한 상호관계는 조사요원이 그 지역을 떠난 후에도 시민들 스스로 발견한 것을 보고하도록 유도하였다. 의심되는 모든 시민의 보고는 곧 바로 해결하고, 필요에 따라 추적 관찰하였다.

시카고에서 구축된 활동과 함께 미농무부 동식물위생검사청(APHIS)은 ALB에 관한 홍보 및 교육에 대한 요구를 해결하기 위한 포괄적인 광고 활동을 유지하고 있다. ALB 감염과 싸우고 있는 매사추세츠, 뉴욕, 오하이오에서와 같이 정부는 성충을 발견하기 위해 시민들에게 "활동 요청(call to action)"을 계속하고 있다. 모든 캠페인의 목표는 사람들에게 ALB을 인지하고, 감염의 징후를 보고하도록 촉구하는 것이다. 이 계획은 영화관의 핫코너, 대중교통 광고, 라디오 공익광고(PSA), 케이블 방송국에서 공익광고 알림, 모바일 게시판, 거리 광고판, 신문광고, 중앙 ALB 웹사이트, 이메일, 인터넷 문자메시지를 통해 "문자 내보내기(getting the word out)"를 포함하고 있다.

16.5.5 재식

수목 제거 및 분쇄가 ALB에 감염된 수목에 대한 유일한 방제 방법이다. 시카고의 감염 지역 중심부는 많은 거리에서 한 줄로 늘어선 가로수들이 ALB의 감염으로 헐벗은 채 모든 기주 수목을 잃었다(그림 16.17 및 16.18). 일리노이에서 1,551그루의 기주 수목이 ALB의 박멸을 위해 제거되었다. 도심 경관 내 수목의 잃음을 완화하기 위해 시 정부는 ALB의 비기주 수목 2,645그루를 다시 심었다. Village of Addison은 37그루의 비기주 수목을 받았다. 도심 경관에 2인치 직경의 수목을 다시 심는 것이 ALB로 잃은 그늘을 만들어 준 성숙한 나무에 비할 수는 없었지만 지역사회에 울타리와 편안함을 제공하였다(그림 16.19). 많은 사람들은 나무로부터 출생을 상징하거나 사랑하는 것들의 사라짐에 대해, 평온함이나 야생동물의 서식처, 시원한 그늘을 통한 단순 에너지의 절감을 제공한다는 감정적 애착을 가지고 있다.

16.5.6 혁신

ALB 프로그램의 지도부는 앞으로 프로그램을 작동하기 위해 새로운 아이디어를 모았고, 잠재적으로 계산된 위험을 감내할 용의가 있었다. 이미 언급한 예들로 규정의 준수를 개선하기 위해 원통형 분쇄기의 구입과 작동 및 조사를 확대하였고, 침입종의 경각심을 높이기 위해 자원봉사 조사자 및 학교 교과과정의 개발이 포함되어 있다. 시카고 프로그램은 다른 기존의 돌발 프로그램과 현재 통합된 몇 가지 다른 중요한 혁신기술의 완성을 유도하였고, 개발에 도움을 주었다.

초기에 프로그램 조사자들은 쌍안경으로 지상에 서서 각각의 수목에 대한 ALB의 징후를 시각적으로 조사하였다. 크레인과 부속물(양동이, bucket)이 달린 소형 트럭이 시카고 프로그램에 도입되었을 때 수목에서 ALB를 감지할 능력이 크게 개선되었다(그림 16.20). 그 후 조사자는 지상에서가 아닌 천개 수준에서 수목을 검사할 수 있었다. 탐지를 개선하기 위해 보

그림 16.17 진행 중인 ALB 기주 수목의 제거(Wolcott Avenue, 시카고, 일리노이) (시카고 시 임업국 이미지 제공)

그림 16.18 Wolcott Avenue (시카고, 일리노이)에서 ALB의 감염된 수목을 제거하기 전(좌)과 후(우) (APHIS USDA 이미지 제공)

다 좋은 조사자의 위치확보에 대한 개념은 훈련된 수목등반가와 ALB의 징후를 인지(산란장소, 탈출공, 가루부스러기)를 병합하도록 이끌었다(그림 16.21). 수목등반가는 천개를 통해 이동할 수 있었으며, 대부분의 면에서 줄기와 가지를 볼 수 있었다. 미농무부 동식물위생검사청(APHIS)의 과학자들의 연구에 따르면 지상에서 검사를 통한 조사는 경미하게 감염된 나무를 검출하는데 약 30%의 효과가 있다고 하였다. 등반에 의한 조사는 경미한 감염의 탐지효율을 약 60%로 증가시켰다(Sawyer, 2000, 개인 의견). 지면 조사는 특히 철저하게 바닥부터 조사될

그림 16.19 재식 후의 시카고 시 거리(APHIS USDA 이미지 제공)

수 있는 보다 작은 기주 수목을 조사할 때와 지면으로부터 쉽게 관찰되는 높은 수준으로 감염된 수목을 탐지할 때 프로그램 운용에서 역할이 지속되었다. 또한, 지면 조사는 감염의 중심부의 일반적인 경계를 설정하기 위해 지역 전체를 빠르게 감시할 수 있는 비용 면에서 가장 효율적인 조사 방법이다.

시카고에서 대부분 조사는 도시 또는 도시근교에 설정되었지만, 규제지역 내 위치한 삼림보존지역은 높은 밀도의 기주 수목으로 인해 조사 프로토콜을 변형할 필요가 있었다. 프로그램이 환경에 직면하게 되어 기존의 지침을 적용할 수 없다는 것을 깨달은 첫 번째였다. 시카고 직원은 삼림지역을 조사하기 위한 지침을 개발하고 구체화하기 위해 미농무부 동식물위생검사청(APHIS) 대표 및 과학자와 함께 일하였다.

또한 시카고 직원은 조사와 처리 활동에 관한 품질 보증 활동을 수행하기 위한 절차와 지침을 개발하는데 프로그램의 지도부로 참여하였다. 조사 및 조사방법의 효율성을 추정하기 위해 프로그램의 조사자들에 앞서 등산가 팀에 의해 임의의 나무에 거짓 탈출공 및 산란장소가 만들어졌다. 시카고와 미농무부 동식물위생검사청(APHIS)의 대표와 과학자들은 데이터를 분석하였고, 음성정보를 기반으로 운영상 가능한 품질관리를 위한 지침과 절차를 설정하였다. 시카고 운영팀 및 미농무부 동식물위생검사청(APHIS) 지도부 및 과학자들 사이 협력은 (1) 처리의 효과를 측정하기 위해 처리된 나무로부터 살충제 잔류 시료추출, (2) 시용량을 검증하기

그림 16.20 활선차량(bucket truck)을 이용한 ALB 조사(APHIS USDA 이미지 제공)

그림 16.21 산란부위에서 흘러나오는 나무부스러기(A.J. Sawyer, APHIS USDA 이미지 제공)

위한 살충제 탱크 혼합물의 시료추출, (3) 프로그램의 살충제 처리로부터 사람과 환경에 잠재적인 영향을 측정하기 위한 환경조사 요건을 충족하기 위한 시료추출 체계, (4) 모니터링 조사 및 처리 품질을 위한 지침을 포함한 또 다른 프로그램의 활동을 위해 반복되었다. 작동 시 결함이 탐지되면, 즉각적으로 되먹임(feedback)이 작업을 수행하는 현장 검역관에게 제공되었다. 이러한 품질보증검사는 작업을 수행한 현장 검역관의 기술적 능력을 개선하는 결과를 초래하여 훈련 도구로 제공되었다.

ALB 프로그램 지도부는 프로그램 활동의 과학적 기반을 제공하기 위해 미농무부 동식물위생검사청(APHIS)의 과학자들에게 크게 의존하였다. 높은 개체군의 ALB가 있는 중국에서 연구가 즉각적으로 시작되었다. 이들 연구는 미국에서 수행된 상당한 작업을 보완하였다. 앞에서 언급하였듯이 조사구역 및 규제구역, 처리구역을 결정하는 확산 거리의 추정은 주로 시카고의 감염된 수목 자료로부터 도출되었다(Sawyer 2006). 그러나 ALB에 대한 살충제 처리의 개발 및 실행(Wnag 등 2001, 2003, 2005a; Lewis 등 2005)은 시카고 프로그램이 역할을 하는데 가장 중요한 혁신이 되었을 것이다.

살충제 처리가 ALB 국가 대응 지침에 추가되었고, 2000년 동안 ALB 박멸 전략이 필수적인 요소가 되었다. 이러한 지침 하에서 농약인 이미다클로프리드(imidacloprid)는 나무껍질을 통해 드릴로 구멍을 뚫고 나무의 기부 및 체관부로 주입되었다. 그 후 낮은 압력의 캡슐이 구멍에 끼워졌다. 투여량을 달성하기 위해 필요한 캡슐의 수는 나무의 크기에 의존하였다. 초기 살충제 처리는 뉴욕시를 대상으로 하였다. 그러나 뉴욕시 공무원들은 공공의 수용과 시용방법에 따른 나무의 영향을 우려하여 처리를 거부하였다. 그러나 시카고 관료들은 시카고의 넓은 지역에서 기주 수목을 제거할 수 없다고 믿고, 해충을 제거하는데 농약을 이용할 기회를 받아들였다. 첫 번째 처리는 2000년 봄 시카고의 한정된 지역에서 수행되었다.

나무의 기부에서 캡슐이 눈에 잘 띄었고, 수목이 농약을 최대로 흡수하기 위해서는 캡슐이 4시간 동안 수목에 남아 있어야하기 때문에 프로그램 관리자 및 관료들은 어린이나 애완동물이 캡슐을 건드릴 것을 우려하였다. 프로그램은 공공의 안전을 보장하기 위해 처리의 일부로 "감시자(watcher)"를 계약하였다. "감시자"는 캡슐과 살충제를 건드릴 가능성이 있는 호기심 많은 사람과 애완동물을 막기 위해 현장에서 처리된 모든 나무를 지켜보는 임무를 부여받았다. 이러한 복잡한 문제에 의해 처리 비용이 유발되었고, 결과적으로 처리지역은 비용과 물류 탓으로 연간 기준에서 크기가 제한되었다. 이러한 제한에도 불구하고 뉴욕은 2001년 동안 그들의 박멸 활동에 살충제 처리를 채택하였다.

부수적인 과제가 곧바로 실현되었다. 국가 지도부는 신속하게 처리의 적용을 단순화하기 위한 시급성을 실현하고, "시"친화적인 적용 방법을 개발하도록 미농무부 동식물위생검사청(APHIS)의 과학자들에게 강하게 촉구하였다. 개선된 처리기술로는 직접적인 기부 토양주입(Lewis 2006) 및 "감시자"의 필요성을 없애고, 처리 비용을 줄이는 직접적인 저압수관주입(Wang 등 2005b) 등이 개발되었다. 위험을 감수하면서 궁극적으로 그것을 작동시키려는 ALB 지도부의 의지는 사회 · 정치적으로 허용 가능한 도구를 제공하였으며, 지역 전체를 기반으로 박멸의 문에 들어서는데 이용될 수 있었다.

16.5.7 자료관리

전략 계획은 잇따르는 관리자들에게 뚜렷한 청사진을 제공하였다. 이 계획은 지역의 규제 완화 및 박멸 선언을 위한 “방아쇠(trigger)”로 설정되었다. 연간 처리된 모든 기주 및 부정적인 결과를 지닌 완벽한 기주 조사에 관한 특정 수치들은 목표를 도달하는데 필요하였다. 긍정적인 효과를 보인 나무의 수와 위치의 수집 및 벽면에 꾸며진 지도에 색칠된 프로그램 담당자가 조사한 지역은 효과나 효율성을 측정하는데 적당하지 않았다. 여러 해 동안 광역망 해충관리통합시스템을 구현하기 위해 관리자가 진행상황과 수행상황을 측정하고, 프로그램을 더 잘 관리할 수 있도록 긍정적이거나 부정적인 모든 조사 결과를 포함한 강력한 데이터관리시스템이 필요하였다.

완벽한 시스템의 개발이 몇 년 안에 이루어졌고, 조사, 처리, 수목제거, 규제, 공공의 봉사활동, 품질보증활동을 관리하기 위한 모듈이 포함되었다. 관계형 데이터베이스는 개별적인 모듈의 자료를 서로 묶는 시스템을 뒷받침하고 있다. 감염을 정착시키고, 성공적인 박멸을 위태롭게 할 수 있는 빼먹음이나 무효가 없이 광역 활동이 완성되었음을 확인하는데 모든 기주 수목에 대한 방제 및 조사 이력과 기주 특성들이 필요하였다. 기본적으로 날마다 직접 작동되도록 고안되었지만, 이 시스템은 또한 장단기 계획 및 프로그램의 상태와 정당성에 관한 높은 수준의 관리로 이용 면에서 요약된 정보를 제공하고 있다. 미농무부 동식물위생검사청(APHIS)의 과학자들은 또한 시간이 지남에 따라 시스템에 저장된 ALB 기주의 밀도, 분포와 선호도, ALB의 확산과 개체군 동태를 분석한 가치가 있는 정보 자산을 발견하였다. 국가시스템의 개발과 검증을 통해 ALB 프로그램은 그들의 절차와 과정을 철저하게 조사하는데 강력하였다. 그들은 프로그램을 작동하고 성공을 보장하는 프로그램의 자료들을 더 잘 이용하기 위해 새로운 방법 및 비즈니스 사례를 소개하는 기회로 이용되었다.

16.6 요약

모든 운영기술의 진전과 개선을 통해 미농무성 동식물위생검사청(APHIS)과 주 정부 및 시정부 협력자들은 일리노이와 뉴저지에서 ALB 감염을 성공적으로 박멸하였다. 시카고에서 습득한 성공은 미국 내에서 탐지된 뉴욕과 잇따르는 감염지역인 뉴저지, 매사추세츠, 가장 최근의 오하이오에서 통합되고 개선되었다. 넓은 지역의 기주 제거는 처음으로 뉴저지의 감염지역 주변에서 실행되었고, 그 상태에서 감염이 빠르게 제거되었다. 이런 적극적인 방제 조치의 결과로 초기 발견으로부터 2년 내에 감염된 나무들이 추가적으로 탐지되지 않았다. 그러나 넓은 지역의 기주 제거를 적용할 수 있는 곳은 제한되어 있다. 환경과 경제, 사람에 미치는 영향들이 결정되어야만 하고, 특정 환경에 맞는 박멸 전략이 필요하다. 박멸 전략에 대한 계속적인 개선 및 성공적인 박멸을 나아가기 위한 새로운 발견은 특히 자원이 한정되었을 때 필요하다.

미국에서 ALB 박멸 전략을 위해 만들어진 진보기술들이라도 성공을 실현하기 위해 여전히 여러 해 동안 프로그램의 실행이 필요하였다. ALB 감염에 대한 조기 탐지는 박멸에 필요한 자원을 최소화할 수 있다. 그러나 조사가 육안검사로 한정되어 있었기 때문에 조기 탐지가 어려웠으며, 개체군을 육안검사로 쉽게 알 수 있기 전까지 개체군 밀도가 기주 수목에서 형성되기 위해서 3~5년이 소요되었다. 조사 기술을 개선하기 위해 지속적으로 연구되었다. 미농무성 동식물위생검사청(APHIS)은 나무에서 나무로의 조사 대신에 한 지역에서 ALB 감염을 탐지하기 위해 ALB 탐지견을 훈련시키고 검증하고 있다. 미국 산림청(USFS)과 펜실베이니아 주립대학의 과학자들은 탐지 트랩에 이용되는 ALB 유인제를 개발하고 정제하는데 협력하고 있다. 이들은 넓은 지역의 조사 도구이며, 성공적이면 침략을 탐지하고 박멸을 확인하는데 나무에서 나무로의 조사를 없애거나 줄일 수 있을 것이다.

미국에서 ALB의 박멸은 우선순위로 계속되고 있다. ALB가 전국으로 확산될 경우 환경적·경제적 영향은 엄청날 것이다. 데이터로 개발된 보다 효율적인 기술이라도 ALB를 박멸하는데 시간과 자원의 집약적 과정이 되고 있다. 자원의 할당에 대한 지속적인 지원이 성공적으로 ALB를 박멸하기 위해 필요하다. 이것은 연방, 주, 지방 정부, 이해관계자 및 일반 대중의 강력한 지원이 필요하다.

참고문헌

Becker H (2000) Asian longhorned beetles. Agric Res 48: 18-20

FAO. International Plant Protection Convention (IPPC) (2002) International standards for phytosanitary measures: guidelines for regulating wood packing material in international trade. In: Secretariat of the international plant protection convention.

FAO/UN Rome March 2002 12 p. Web site: https://www.ippc.int/file_uploaded/1323945454_ISPM_15_2009_En_2011-11-29_Refor.pdf

Haack RA, Law KR, Mastro VC, Ossenbruggen HS, Raimo BJ (1997) New York's battle with the Asian longhorned beetle. J Forestry 95: 11-15

Hendrichs J, Kenmore P, Robinson AS, Vreysen MJB (2007) Area-wide integrated pest management (AWIPM): principles, practice and prospects. In: Vreysen MJB, Robinson AS, Hendricks J (eds) Area-wide control of insect pests. Springer, Dordrecht, pp 3-33

Keena MA, Moore PM (2010) Effect of temperature on *Anoplophora glabripennis* (Coleoptera: Cerambycidae) larvae and pupae. Environ Entomol 39(4): 1323-1335

Lewis PA, Molongoski JJ, Hagan J (2005) Method for the extraction and analysis of Imidacloprid residues in plant material by Enzyme-Linked Immunosorbent Assay (ELISA). In: Gottschalk KW (ed) Proceedings, 16th U.S. Department of Agriculture interagency research forum on gypsy moth and other invasive species 2005; 2005 January 18-21; Annapolis, General technical report NE-337. U.S. Department of Agriculture, Forest Service, Northeastern Research Station, Newtown Square, 56 p

Lewis PA (2006) Efficacy of basal soil injection at different water volumes and landscape settings for Asian longhorn beetle control. In: Gottschalk KW (ed) Proceedings, 17th U.S. Department of Agriculture interagency research forum on gypsy moth and other invasive species, 2006; 2006 January 10-13; Annapolis, General technical report NRS-P-10. U.S. Department of Agriculture, Forest Service, Northern Research Station, Newtown Square, 117 p www.nrs.fs.fed.us/pubs/2330

Lingafelter SW, Hoebeke ER (2002) Revision of *Anoplophora* (Coleoptera: Cerambycidae). Entomological Society of Washington, Washington, DC

Nowak DJ, Pasek J, Sequeira R, Crane DE, Mastro V (2001) Potential effect of *Anoplohora glabripennis* (Coleoptera: Cerambycidae) on urban trees in the United States. J Econ Entomol 94(1): 116-122

Peng J, Liu Y (1992) Iconography of forest insects in Hunan, China. Human Forestry Department, Insitiute of Zoology, Academia Sinica, Changsha

Sawyer AJ (2006) Infestation dynamics of the Asian longhorned beetle in the United States. In: Gottschalk KW (ed) Proceedigs, 17th U.S. Department of Agriculture interagency resaearch forum on gypsy moth and other invasive species, 2006; 2006 January 10-13; Annapolis, General technical report NRS-P-10. U.S. Department of Agriculture, Forest Service, Northern Research Station, Newtown Square. 117 p www.nrs.fs.fed.us/pubs/2330

Sawyer AJ, Panagakos WS (2009) Spatial dynamics of the Asian longhorned beetle: Carteret, NJ, to Staten Island, NY, in nine years? In: MCManus KA, Gottschalk KW (eds) Proceedings, 9th U.S. Department of Agricultue iteragency research form on invasive species 2008; 2008 January 8-11; Annapolis. General technical report NRS-P-36. U.S. Department of Agriculture, Forest Service, Northern Research Station, Newtown Square

Sawyer AJ, Panagakos WS, Audra E, Freeman KJ (2001) Asian longhorned beetle, over the river and throught the woods: habitat-dependent population spread. In: McManus KA, Gottschalk KW (eds) Proceedings of 21st U.S. Department of Agriculture interagency research forum on invasive species 2010; 2010 January 12-15; Annapolis. General technical report NRS-P-75. U.S. Department of Agriculture, Forest Service, Northern Research Station, Newtown Square

Smith MT (2000) Biological control and IPM for the Asian longhorned beetles. IPM Pract 22: 1-5

Smith MT, Trobin PC, Bancroft J, Li G, Gao R (2004) Dispersal and spatiotemporal dynamics of Asian longhorned beetle (Coleoptera: Cerambycidae) in China. Environ Entomol 33: 435-442

U.S. Department of Agriculture, Animal and Plant Health Inspection Service (USDA APHIS) (1994) Importation of logs, lumber, and other unmanufactured wood articles, environmental impact statement. USDA APHIS, Hyattsville, 86 p

U.S. Department of Agriculture, Animal and Plant Health Inspection Service (USDA APHIS) (1998) Interim rule on solid wood packing material from China. Federal Register: December 17, 1998. (Volume 63, Number 242)

U.S. Department of Agriculture, Animal and Plant Health Inspection Service (USDA APHIS) (2004) Final rule o importation of wood packing material. Fedral Register: September 16, 2004 (Volume 69, Number 179)

U.S. Department of Agriculture, Animal and Plant Health Inspection Service, Palnt Protection and Quarantine (USDA APHIS PPQ) (2005) Asian longhorned beetle cooperative eradication program strategic plan, December 2005. USDA APHIS PPQ, Riberdale, 25 p. http://www.aphis.usda.gov/plant_health/plant_pest_info/asian-lhb/index.shtml

U.S. Department of Agriculture, Animal and Plant Health Inspection Service, Palnt Protection and Quarantine (USDA APHIS PPQ) (2008) New pest response uidelines: ASIAN LONGHORNED BEETLE *Anoplophora glabrienniis* USDA APHIS PPQ, Riberdale, 37 p. http://www.aphis.usda.gov/plant_health/plant_pest_info/asian-lhb/index.shtml

U.S. Department of Agriculture, Animal and Plant Health Inspection Service, Palnt Protection and Quarantine (USDA APHIS PPQ) (2012) Road map to 2015: a strategic plan for plant protection nd quarrantine. Overarching goal 1: Outreach http://www.aphis.usda.gob/plant_health/downloads/

PPQStrategicPlan2015.pdf

Wang B, Mastro BC, McLane WH (2000) Impacts of chipping on surrogates for the longhorned beetle *Anoplophora glabripennis* (Coleoptera: Cerambycidae) in logs. J Econ Entomol 93(6): 1832-1836

Wang B, Gao R, Mastro BC, McLane WH, Reardon RC (2001) Toxicity and efficacy of imidacloprid to *Anoplophora glabripennis* (Coleoptera: Cerambycidae). Abstract prepared for USDA interagency research forum on gypsy moth and other invasive species (January 16-19, 2001 Annapolis, Maryland)

Wang B, Gao R, McLane WH, Cowan DM, Mastro VC, Reardon RC, Poland TM, Haack RA (2003) Evaluation of insecticides for controlling the Asian longhorn beetle, *Anoplophora glabripennis* - a synthesis presentation. In: Fosbroke SLC, Gottschalk KW (eds) Proceedings of the US Department of Agriculture interagency research forum on gypsy moth and other invasive species 2002, Annapolis, 15-18 Jan 2002. General technical report NE-300. USDA Forest Service, North eastern Research Station, Newton Square, pp 97-99

Wang B, Gao R, Mastro BC, Reardon RC (2005a) Toxicity of four systemic neonicotinoids to adults of *Anoplophora glabripennis* (Coleoptera: Cerambycidae). J Econ Entomol 98(6): 2292-2300

Wang B, Mastro BC, Gao R, Reardon RC (2005b) Update on the efficacy of selected systemic insecticides for the control of the Asian longhorned beetle. In: Gottschalk KW (ed) Proceedings, XV U.S. Department of Agriculture interagency research forum on gypsy moth and other invasive species 2004; 2004 January 13-16; Annapolis. General technical report NE-332. U.S. Department of Agriculture, Forest Service, Northeastern Research Station, Newtown Square, pp 81-82

Wu W, Jiang S (1998) The glabripennis species group of the genus *Anoplophora* in China. Acta Entomol Sin 41: 248-290

Yan JJ (1985) Research on distribution of basicosta whitespotted longicorn in east China. J North-East Forest Coll China 13: 62-69

유리알락하늘소에 관한 더 많은 정보를 얻고자 할 때 방문할 곳

http://asianlonghornedbeetle.com

http://www.aphis.usda.gov/newsroom/hot_issues/alb/alb.shtml

http://www.aphis.usda.gov/plant_health/plant_pest_into/asian_lhb/index.shtml

http://na.fs.fed.us/fhp/alb/

http://www.mortonarb.org/tree-plant-advice/article/758/asian-longhorned-beetle-anoplophora-glabripennis.html

제17장 식물기생성 선충: 위험성과 규제방안
Phytoparasitic Nematodes: Risks and Regulations

Eric L. Davis and David K. Nendick
번역: 신현경(농림축산검역본부)

17.1 서론

선충(무척추동물 중 '회충')은 지구상에 가장 많은 다세포성 동물이며(Poinar 1983), 곤충(절지동물) 다음으로 많은 종이 기재되어 있다. 전체 선충의 약 3% 정도가 동정 및 연구되어 있는 것으로 추산되고 있다. 선충은 크기가 미세하고 눈에 띄지 않는 서식처 내에서 사는 경향이 있기 때문에 곤충에 비해 간과되거나 상대적으로 덜 알려져 있는 경우가 많다. 대부분의 선충은 평균 길이가 1mm 미만이지만 동물에 기생하는 일부는 8m에 달하기도 한다! 1입방피트의 토양에는 수많은 분류군에 속하는 수백만 마리의 선충이 들어 있을 수 있다. 선충은 종에 따라 무척추동물과 척추동물(사람을 포함) 뿐만 아니라, 조류(algae), 세균, 곰팡이, 고등식물을 섭식한다. 선충은 광범위한 스트레스에 대해 저항성을 갖추어 온대부터 열대의 토양, 건조한 사막, 담수와 염수, 온천, 극지방 등 모든 육지와 수생 환경을 포함하여 지구상에서 상상할 수 있는 다양한 서식처에 성공적으로 정착하였다(Nickle 1991; Shurtleff & Averre 2000).

모든 선충은 선충문(Phylum Nematoda)에 속하며(Decraemer & Hunt 2006), 수서성이다(따라서 반드시 비생물적 환경에서는 액체와 연계하여, 또는 기주생물의 체내에서 살아야 함). 체형은 삼배엽성(triploblastic; 세 개의 배아조직 층에서 기원), 무체절, 무체강(의체강), 좌우대칭형의 회충이다(그림 17.1). 모든 선충은 알 내부에서 배아 발달이 진행되어 벌레형(vermiform)을 띠게 된다. 하지만 일부 종은 성충기에 체형이 부풀어 오르거나(서양배형, pyroform), 곡선형으로 발달하기도 한다(그림 17.2). 선충의 몸은 외부 체벽과 내부 소화기로 구성된 "튜브 속의 튜브" 체제로서(Hirschmann 1971), 유연한 체벽에 대한 체강액(pseudocoelmic fluid)의 압력을 통해 체형이 유지된다(수압에 의한 외골격). 모든 식물기생성

E.L. Davis
Department of Plant Pathology, North Carolina State University, Raleigh, NC, USA

D.K. Nendick (✉)
Biosecurity and Environment Group, Plants, Food and Environment Directorate,
Ministry for Primary Industries, Wellington, New Zealand
e-mail: dave.nendick@mpi.govt.nz

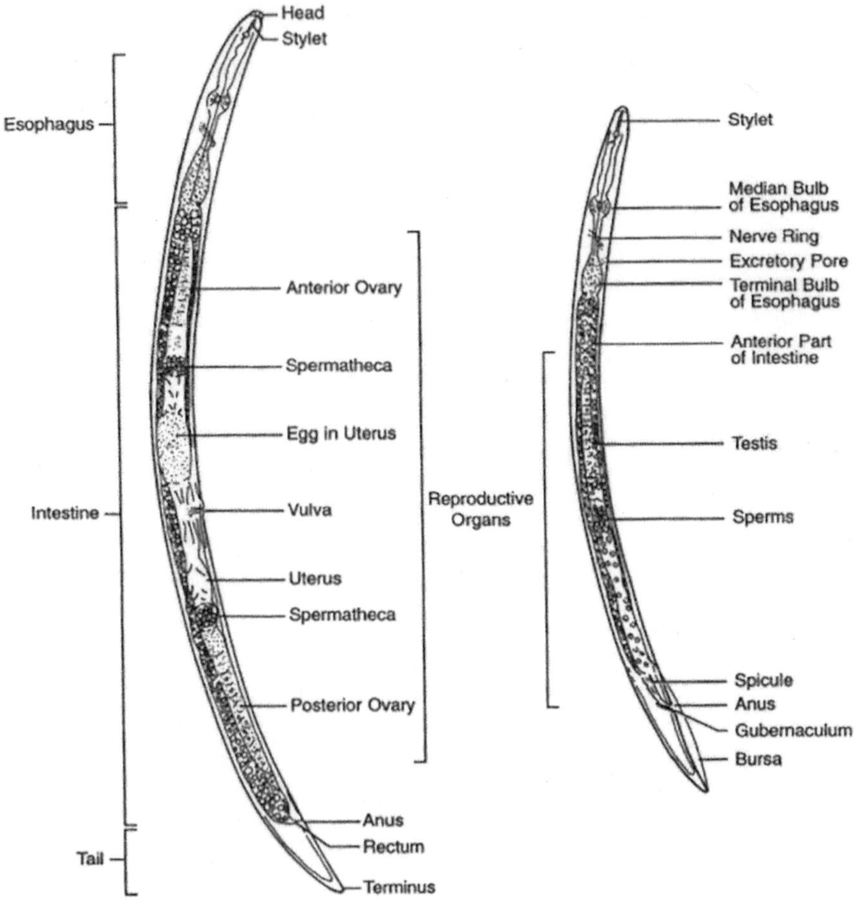

그림 17.1 식물기생성 선충의 일반적인 형태. 식물 세포로부터 섭식하는데 사용되는 구침, 중부 식도(metacorpus) 등 식도의 세부형태, 암컷의 난소와 음문, 수컷의 정소와 교미침(spicule)에 유의할 것(Shurtleff & Averre 2000로부터 허락을 받아 재구성함).

(phytoparasitic) 선충(다른 선충 종에서는 극소수임)의 소화계 입구에는 섭식을 위해 식물의 세포벽을 관통하는데 사용되는 바늘 모양의 피하 구조물인 “구침(stylet)”이 있다(Agrios 2005; Shurtleff & Averre 2000). 모든 선충은 유생형(juvenile)이 성장하여 생식 가능한 성충으로 성숙하기까지 외부 큐티클을 4번 탈피하게 된다. 이러한 4번의 유생형 단계를 “유충(larvae)”으로 부르기도 한다. 모든 선충은 골격계, 근육계, 배설계, 소화계, 신경계, 생식계를 가지고 있으나, 순환계나 호흡계는 가지고 있지 않다. 대부분의 선충은 투명하고 색이 없으며, 대개 자웅이체(각각의 수컷과 암컷이 교미함)이다.

선충의 체형, 크기, 내부기관을 관찰하기 위해서는 현미경을 사용한다. 현미경 검경은 선

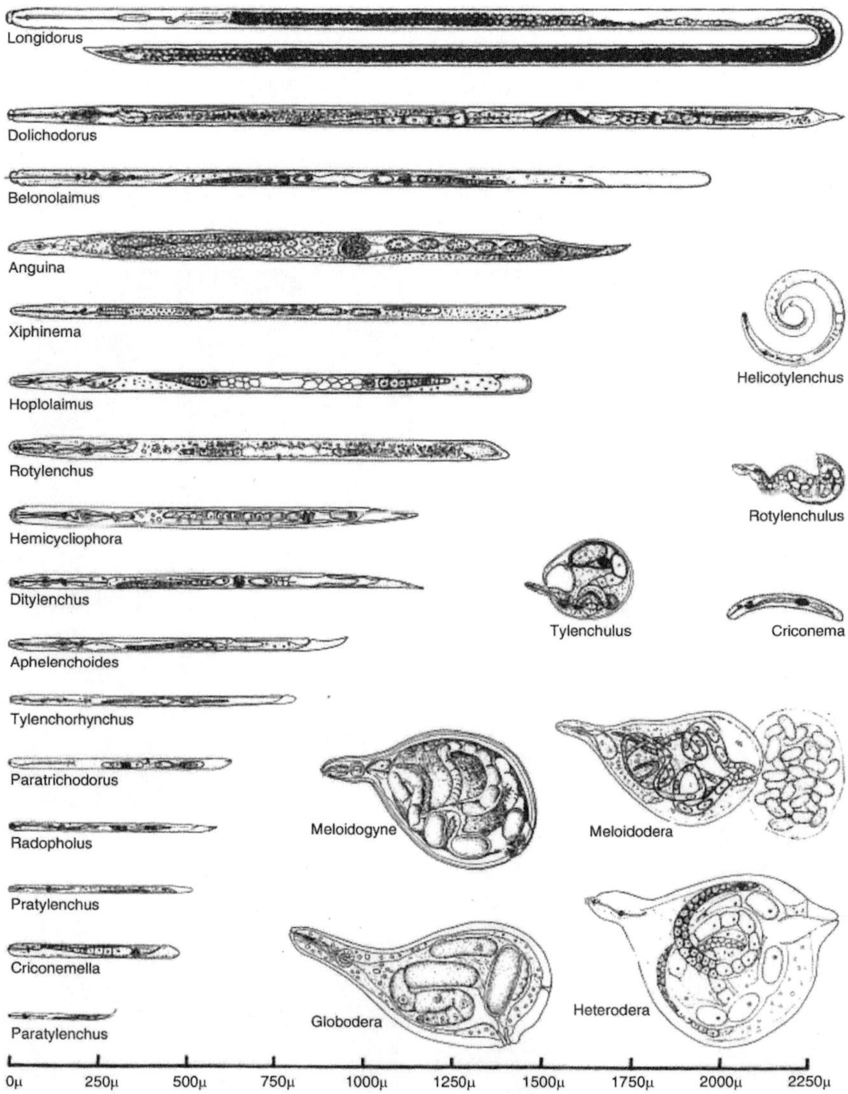

그림 17.2 식물기생성 선충 주요 속들의 상대적 크기와 형태. 일생동안 벌레형(vermiform)으로 남아 있는 속들은 왼쪽에, 번식 가능한 성충기에 부풀어 오르는 서양배형(pyroform)은 오른쪽에 비교하였음(Shurtleff & Averre 2000로부터 허락을 받아 재구성함).

충을 분류하고 동정하는데 전통적으로 사용되어온 방법이다(Mai 등 1996; Shurtleff & Averre 2000). 좀 더 최근에는 DNA 염기서열 데이터를 토대로 선충을 분류하고 있다(De lay & Blaxter 2004). 진단 목적으로 선충의 실용적 동정을 위해 분자생물학적 기법을 사용하는 것은 제한적으로 이루어지고 있다(Subbotin & Moens 2006). 하지만 최근 기술이 발달하면서 하나의 토양 시료에서 식물기생성 선충들의 전체 DNA를 직접 추출한 후, 종 특이적인 real-time PCR 프라이머를 사용한 다중 검정을 실시하여 여러 개별 종들을 동정해 내는 방법 등 여러 유망한 새로운 접근방법들이 제시되고 있다(Ophel-Keller 등 2008). 토양 시료(또는 어떤 비생물적인 선충의 서식처) 안에 존재하는 모든 선충이 기생성인 것은 아니다. 대부분의 선충 종들은 동물이나 식물에 기생하지 않는다. 전체 선충의 약 50%는 동물성 플랑크톤으로 해양 환경에 서식하며, 이들 중 상대적으로 적은 수만이 기생성이다. 전체 선충의 약 25%는 호수, 강, 토양, 개

그림 17.3 (a) 옥수수의 뿌리 내부에서 푹신산(acid fuchsin)으로 붉게 염색된 이주성의 내부기생 뿌리썩이선충류(*Pratylenchus* spp.) 개체들의 현미경 사진(100×); (b) 건강한 샐러리의 섬유모양 뿌리(좌)와 많은 뿌리혹선충류(*Meloidogyne* spp.)에 감염되어 심하게 혹이 형성된 뿌리(우); (c) 담배 뿌리의 씨스트선충인 *Globodera tabacum*의 둥글고 갈색인 암컷 현미경 사진(40×); (d) 기주식물의 뿌리에서 추출되어 다양한 씨스트 성숙 상태를 보여주는 *G. tabacum*의 암컷의 현미경 사진(100×). 흰색(어린 암컷)부터 노란색, 갈색(성숙한 씨스트); (e) 잎선충류(*Aphelenchoides* spp.)에 감염된 국화의 잎. 특징적인 잎맥간 황백화, 괴사 및 각진 반점이 나타남; (f) 소나무재선충(*Bursaphelenchus xylophilus*)에 감염되어 광범위한 피해를 받은 일본의 소나무 숲

울 등의 담수에 서식한다. 이들 중 대부분의 종들은 미생물을 섭식하여 생태계의 먹이사슬과 영양분 순환에 복잡한 역할을 수행한다(Poinar 1983). 예쁜꼬마선충(*Caenorhabditis elegans* Maupas)은 세균을 섭식하는 토양 선충의 한 종류로, 동물의 행동, 발달, 유전체학(genomics), 약리학 연구에 있어서 최고의 생물학적 모델로 사용되고 있다(Bird 등 1999).

나머지 25%의 선충은 기생성인 종들로, 이중 15%는 동물에 기생한다(Poinar 1983). 무척추동물(절지동물의)에 기생하는 일부 선충은 농업 해충에 대한 상업적인 방제제로 개발되고 있다. 나머지 10%의 기생성 선충들은 약 200개 속의 4,000여종(Nickle 1991)으로 식물에 기생한다. 식물기생성 선충으로 인한 연간 작물의 생산 손실량은 대략 미화 1,000억 달러정도로 추산되고 있다(Chitwood 2003). 하지만 선충의 피해로 인해 식물에 나타나는 증상은 비특이적이고, 선충에 의한 것으로 인식되지 않는 경우가 많기 때문에 식물기생성 선충의 영향력은 훨씬 더 강력할 것이며, 이 수치는 과소평가된 것일 수 있다. 화학적 방제(살선충제), 저항성 품종, 기주식물과 비기주식물의 윤작 등 농부가 식물기생성 선충의 피해를 줄이기 위해 어떤 수준의 관리를 사용할지를 결정하기 위해서는 경제적, 환경적, 실제적 측면에서 고려하게 된다. 인간이 개발한 지역, 산림, 평원 등에서 식물에 피해를 주는 선충병의 경우, 식물기생성 선충 개체군을 피해를 주지 않는 수준으로 낮추는데 있어서는 더 많은 관리상의 문제가 존재한다. 식물기생성 선충에 감염된 이후, 감염지역에서 선충이 박멸되는 경우는 거의 없다. 식물기생성 선충이 정착하거나 새로운 지역으로 유입되는 것을 방지하기 위한 단 한 가지 최선의 전략은 배제(exclusion)와 위생관리(sanitation)이다(Hockland 등 2006).

이 장에서는 좀 더 피해가 큰 식물기생성 선충 종들과 이들에 대한 국제적 규제에 관하여 다루고 있는데, 이를 위해서 기생하는 서식처에 따라 식물기생성 선충을 다음과 같이 구분하였다(Agrios 2005; Hussey & Grundler 1998; Pery & Moens 2006): (1) 기주 식물체 조직의 외부로부터 구침을 사용해 섭식하는 **외부 기생성(Ectoparasites)**; (2) 기주 식물체 조직의 내부를 관통하여 그 안에서 섭식하는 **내부 기생성(Endoparasites)**; (3) 한 기주의 세포에서 비교적 짧은 기간 동안 섭식한 후 다른 기주의 세포로 이동하는 **이동성(Migratory)**; (4) 기주 식물 조직의 한 지점에서 장기간(1일 또는 그 이상) 섭식하는 **정주성(Sedentary)**. 대부분의 식물기생성 선충은 토양에 서식하면서 기주식물의 뿌리에서 섭식하는 종들이다. 하지만 몇몇 중요한 식물기생성 선충 종은 식물의 꽃, 종자 또는 새순 조직에 감염하여 섭식하기도 한다(Nickle 1991; Pirone 1978).

17.2 외부기생성 선충

17.2.1 창선충류(Dagger Nematodes, *Xiphinema* spp.)

창선충은 기본적으로 목본식물(작은 나무와 과일나무)의 외부기생성 선충이지만, 옥수수, 콩, 일부 곡류와 같은 한해살이 작물이나 다년초 식물을 가해할 수도 있다(Decraemer & Geraert 2006). 예를 들어, *Xiphinema*는 포도 부채잎바이러스(Grapevine Fanleaf (GVFL)

Virus)를 유입 및 확산(매개체)시킬 수 있기 때문에, 전세계 모든 포도 재배지역에서 중요한 병해충으로 간주되고 있다. 또한 *Xiphinema*는 미국 북동부 지역의 복숭아에 발생하는 핵과류 괴사원형반점바이러스(Prunus Necrotic Ringspot Virus)와 같은 다른 NEPO 바이러스(Comoviridae)의 매개체이기도 하다. 창선충은 뿌리 끝이나 근처에서 섭식하여 그 부분에 약하게 혹을 형성하고 괴사시켜 식물에 직접적인 피해를 준다. 창선충은 비교적 크기가 큰(길이 1.5~4.5mm) 식물기생성 선충으로 세 개의 basal flanges가 있는 치설돌기(odontophore)가 달린 odontostylet, 뚜렷한 'guiding ring', 그리고 두 부분으로 구성된 식도(esophagus)(중부식도는 없음)를 가지고 있다. 암컷은 음문의 위치에 따라 1개 또는 2개의 난소를 가지고 있고; 암컷의 꼬리 모양은 원추형부터 끝부분에 작고 뚜렷한 못(peg) 모양의 돌출부(가시돌기, Mucro)가 있는 좀 더 둥근 형태까지 다양하다. 수컷은 일부 종에서 드물게 나타나는데 교접낭(bursae)이 없고, 통통한 교접침(spicules)과 함께 유사한 체형을 가진다. 보고되어 있는 60여 종 중에서 농업에서 가장 중요한 3종은 다음과 같다.: (1) *X. americanum* Cobb – 미국에서 흔한 종으로 여러 종의 복합체일 가능성이 있음; (2) *X. index* Thorne and Allen – 대부분 자연기주인 포도와 함께 발견됨; (3) *X. diversicaudatum* Micoletsky – 가장 크기가 큰 종(길이 4.3mm)으로 딸기에 매우 피해가 큼.

*Xiphinema*속 선충의 섭식장소는 종에 따라 다른데, 대부분 뿌리 끝에서 외부기생성으로 섭식하며, 어떤 식물에서는 약하게 혹을 생성한다. 창선충류들은 구침이 매우 길어서 뿌리 조직을 깊숙이 섭식할 수 있다. 이들은 같은 장소에서 비교적 오랜 기간 섭식하기도 하므로 정주성 외부기생선충으로 간주되기도 한다. 섭식 후 12시간 이내에 뿌리 끝이 부풀어(혹) 오르며 뿌리의 성장이 중지되는데, 식물 바이러스도 대부분 이 기간 동안 전파된다. 섭식한 자리의 괴사된 세포 주위로 여러 개의 핵이 있는 비대세포가 둘러싸는 경우가 많은데, 선충이 정주하여 섭식하는 기간 동안 먹이원으로 작용하게 된다.

17.2.2 위축선충류(Sting Nematodes, *Belonolaimus* spp.)

위축선충류은 가장 파괴적인 선충이라고 할 수 있다(Smart & Nguyen 1991). 기주로는 농작물(옥수수, 목화, 땅콩, 대두), 과수, 초본 및 목본식물 등이 있다. 위축선충류는 대개 미국 남부와 카리브해의 일부 섬에서 발견된다. 또한, 위축선충류는 미국 남동부의 해안 평야지와 같은 사질 토양을 선호한다. 플로리다에서는 위축선충류가 잔디의 가장 중요한 해충이며, 캘리포니아에서는 비교적 최근에 발견되었다. 농업에서 가장 중요한 종은 *B. longicaudatus* Rau.이다. 위축선충류는 다른 식물기생성 선충에 비해 길이가 길고(>2mm), 둥근 머리, 작은 마디가 달린 매우 긴 구침, 중간정도의 체환을 가지고 있으며, 식도는 복부로 약간 중첩한다. 암컷은 2개의 난소를 갖고 꼬리는 둥근형인데, 수컷은 길고 끝으로 갈수록 좁아지는 형태의 교접낭(bursae)를 갖는다.

위축선충류는 뿌리 끝에서 이동성 외부기생자로 섭식하며, 뿌리에 심각한 피해를 준다. 위축선충류의 긴 구침이 피층과 때로는 관다발 조직까지 깊숙이 침투하는데, 뿌리의 정단 분열

조직에서 세포괴사를 일으키고, 뿌리의 생장을 저지(stunting)하여 "변변찮은 근계(coarse root system)"를 이루는 경우도 많다. 뿌리는 성장을 중단하고 병반과 괴사가 나타나기도 한다. 아주 소량(토양 100cc당 10마리 이하)의 위축선충류로도 식물체, 특히 묘목과 잔디에 큰 피해를 줄 수 있다. 지상부에서는 심각한 생장저지, 잎의 백화현상 등의 증상이 나타나며, 심지어 묘목이 죽기도 한다.

17.2.3 궁침선충류(Stubby-Root Nematodes, *Trichodorus* and *Paratrichodorus* spp.)

궁침선충류의 섭식활동은 뿌리 끝을 파괴하여 근계(root system)을 짧고, 성기고 뭉툭하게 만든다(Decraemer 1991). 궁침선충류는 전세계에 분포하며, 배수가 잘되는 사질 토양을 선호한다. 기주범위는 클로버, 옥수수, 감자 등의 작물과 잔디, 많은 채소작물 등 매우 넓다. 궁침선충류는 뿌리에 직접적인 피해를 줄 뿐만 아니라, 식물의 NETU 바이러스(Tobraviruses)를 매개할 수도 있다. 궁침선충류가 매개하는 바이러스 중, 한 종은 감자 괴경에 "코르크고리반점병(corky ringspot)"을 일으킨다. *Trichodorus*속과 *Paratrichodorus*속에 속하는 종들 모두 길이 0.5mm의 시가 모양 체형으로, basal knobs나 flanges가 없고 등 쪽으로 휘어진 onchiostylet을 가지고 있으며, 식도는 두 부분으로 구성되어 있다. 이런 종류의 구침은 이빨 모양을 닮았고, 속이 비어있기 보다는 홈이 있는 형태로 매우 특이한 것이다! 이 두 속 모두 암컷은 이난소식(amphidelphic)으로 2개의 난소를 갖는다. *Paratrichodorus*속에는 약 20종, *Trichodorus*속에는 약 50종이 있으며, 농업에서 가장 중요한 종은 *Paratrichodorus minor* (Colbran) Siddiqi이다.

궁침선충류는 근계 전체에서 이주성 외부기생자로 섭식하지만, 주로 섭식하는 곳은 뿌리 끝의 표피세포이다. 불과 수 분 사이에 식물 조직에 구침을 통과시켜 소화시키는데, 이렇듯 신속하게 섭식이 이루어지는 동안에도 식물 바이러스가 전파될 수 있다. 기주 식물체는 섭식에 반응하여 섭식한 지점에 측원근기(lateral root initials)를 생성하기도 하는데, 근계를 뭉툭한 나뭇가지 형태로 만드는 다른 궁침선충류는 이런 측원근기를 즉각 공격할 수 있다. 지상부에서는 영양분 스트레스, 심각한 생장저지, 수분 스트레스 등의 증상이 나타날 수 있으며, 극심한 경우에는 식물체가 죽을 수도 있다.

17.3 내부기생성 선충

17.3.1 뿌리혹선충류(Root-Knot Nematodes, *Meloidogyne* spp.)

뿌리혹선충류는 식물기생성 선충 중에서 세계적으로 가장 많은 피해를 주는 속이다(Eisenback & Triantaphyllou 1991). 이들은 전세계의 농업지대에 분포하며, 1,700종 이상의 식물에 기생한다(Agrios 2005). 뿌리혹선충의 제2유충(J2)은 식물체의 뿌리를 완전히 침투해 들어가 정교한 섭식장소를 만든다. 섭식장소가 완성되면 J2가 섭식을 시작하고, 정주성으로 되면서 탈피를 통해 성충으로 부풀어 오른다. 감염된 뿌리에는 섭식으로 인해 뚜렷한 혹(knot)이 생성된다(그림 17.3b). 뿌리혹선충의 J2는 길이 0.4-0.6mm로 짧고 약한 구침을 갖고 있으며, 식도의 선세포(gland cells)들이 복부 밑으로 중첩해 있고, 항문주위에 투명한 부분과 둥글고 뭉툭한 꼬리를 갖고 있다. 둥근 형태의 암컷은 직경이 1.0mm 정도이다. 암컷의 음문과 항문 주위에 나타나는 큐티클성 줄무늬 형태(뚜렷한 회음부 무늬와 함께)는 종을 동정하는데 전통적으로 사용되어 왔다. 뿌리혹선충류 중에서 세계적으로 가장 중요한 4종(Sasser 1980)은 땅콩뿌리혹선충(*M. arenaria* Chitwood), 당근뿌리혹선충(*M. hapla* Chitwood), 고구마뿌리혹선충(*M. incognita* (Kofoid & White) Chitwood), 자바니카뿌리혹선충(*M. javanica* (Treub) Chitwood)이다. 이들 *Meloidogyne*속의 종들의 전세계 분포지역에서 규제에 대한 관심이 최소한도로 감소되었긴 하지만, 이들로 인한 전체 연간 작물 손실액은 미화 100억 달러 규모이다(Chitwood 2003). 하지만, 감자의 *M. chitwoodi* Golden, O'Bannon, Santo & Finley와 *M. fallax* Karssen, 또는 커피에서의 *M. exigua* Goeldi 같이 보다 지역적인 분포를 보이는 종들은 여전히 규제대상으로 관리되고 있다.

뿌리혹선충의 암컷은 자신이 생성한 혹의 표면에 젤라틴 덩어리에 싸인 수백 개의 알을 낳는다. 다른 식물기생성 선충과 마찬가지로 J1은 알 속에서 탈피하고, J2가 토양 속으로 부화한다. J2는 토양 속에서 이동하다가 기주식물의 뿌리 끝 뒤편으로 신장된 부분에 침투한다(Hussey & Grundler 1998). J2는 구침으로 밀치고 세포벽을 느슨하게 하는 효소를 분비하면서 뿌리 속 세포 사이로 이동하여 관다발 조직에 도착한다. 그러면 식도의 분비세포에서 생성된 기생 작동체 단백질(effector parasitism protein)이 구침을 통해 뿌리의 관다발 세포에 주입되고, 이 세포는 '거대세포(giant-cells)'라고 하는 섭식세포로 변형된다(Davis 등 2008).

거대세포의 크기는 정상적인 식물 세포의 100배에 달할 수 있으며, 여러 개의 핵을 가지고 있고, 세포질이 조밀하며, 세포벽이 강화되어 있다(Hussey & Grundler 1998). 섭식장소 주변으로는 국부적인 뿌리의 세포분열이 일어나서 *Meloidogyne*속의 종 감염을 육안으로 확인할 수 있는 뿌리혹을 생성한다. 섭식을 하는 유충 단계에서 3차례 더 탈피를 거치고 나면, 좀 더 부풀어 올라(서양배 모양, pyroform) 둥근 형태의 번식력 있는 성충이 된다. 서양배 모양의 암컷은 혹 속에 묻혀 있다가 뿌리혹 표면에 젤라틴 덩어리에 싸인 알을 낳는다. 식물체 한 주에 수백 또는 수천 마리의 뿌리혹선충이 기생하기도 하는데, 식물체에 부담을 주고 뿌리 관다발계가 손상되어 영양과 수분 부족을 초래함으로써 생장저지, 시들음, 수확량의 대폭적인 감소로 이어지게 된다.

17.3.2 씨스트선충류(Cyst Nematodes, *Globodera* and *Heterodera* spp.)

씨스트선충류는 서양배 모양의 성숙한 암컷이 죽은 뒤 세포벽이 단단해지고 색이 변하면서 알을 감싸서 보호하는 "씨스트(cyst)"를 형성하는 특징이 있다(Baldwin & Mundo-Ocampo 1991). 뿌리혹선충류와 다르게 씨스트선충류는 뿌리에 혹을 형성하지 않으며, 부풀어 오른 암컷은 뿌리 외부로 노출된다. 씨스트선충류는 머리만 뿌리에 파묻어 섭식한다. 씨스트선충류는 주요 작물에서 뿌리혹선충류 다음으로 경제적으로 중요한 선충이라고 할 수 있다. 뿌리혹선충류와 달리 씨스트선충류의 기주범위는 매우 제한되어 있다. 하지만 씨스트선충류의 알은 씨스트 내에서 보호되어 토양 속에서 수년 간 살아있을 수 있기 때문에 기주식물에 대대로 지대한 영향을 미치게 된다. 씨스트선충류는 (더 추운) 온대 지방의 농업(예를 들어, 감자, 맥류)에 매우 중요한 병해충이지만, 따뜻한 기후대의 주요 작물(예를 들어, 사탕수수, 벼)에서 발견되는 종들도 있다. 씨스트선충류의 J2는 뿌리혹선충과 비슷하게 보이지만, 약간 더 크고(길이 0.6~0.8mm) 구침은 더 뚜렷하며(길이 25㎛) 더 무거운 마디가 달려 있다. 씨스트선충아과(Heteroderinae)에 17개 속이 포함되어 있는데, 농업적으로 가장 중요한 속은 *Globodera* (둥근 모양의 시스트)(그림 17.3c, d)와 *Heterodera* (레몬 모양의 시스트)이다.

씨스트선충류의 중요한 종으로는 사탕무씨스트선충(*H. schachtii* A. Schmidt), Cereal Cyst Nematodes (*H. avenae* Wollenweber), 감자씨스트선충(주요 2종인 감자흰씨스트선충(Pale Cyst Nematode, *G. pallida* (Stone) Behrens)과 감자씨스트선충(Golden Nematode, *G. rostochiensis* (Wollenweber) Behrens)을 포함), 콩씨스트선충(*H. glycines* Ichinohe), Tobacco Cyst Nematode (*G. tabacum* Lownsbery & Lownsbery)이다. 이들 주요 씨스트선충의 대부분은 각각의 기주에서 심각한 경제적 피해를 준다. 하지만 뿌리혹선충에 비하여 분포가 제한적이고, 국제적으로 엄격한 규제 및 증명요건이 적용되고 있다.

씨스트선충의 생활사는 뿌리혹선충과 유사하지만 몇 가지 중요한 차이점이 있다. 씨스트선충의 알은 기주식물 뿌리의 삼출물에 자극을 받아 부화하기 때문에 대부분의 씨스트선충 종은 알이 기주식물 근처에 있어야 한다. J2가 식물체의 뿌리를 관통해 들어가면 뿌리의 관다발 조직까지 세포 사이를 이동해 가는데, 이 과정에서 뿌리 세포가 파괴된다(Hussey & Grundler 1998). 또한 씨스트선충은 인접한 뿌리 관다발 세포들 간의 세포벽이 용해되면서 "합포체(syncytium)"라고 하는 다핵성 섭식장소의 형성을 유도하는 작동체(effector)를 분비한다(Davis 등 2008). 뿌리혹선충과 마찬가지로 섭식장소가 형성되고 난 후 J2는 부풀어 올라서 정주성이 되고, 3번 더 탈피를 거친 후 성충이 된다. 뿌리혹은 생성되지 않으며, 부풀어 오른 암컷은 몸속에 대부분의 알을 품은 채 뿌리 밖으로 거의 돌출한다(결과적으로 뿌리에서 떨어져 보호 작용을 하는 씨스트가 됨). 뿌리혹선충의 경우처럼 수백 또는 수천 마리의 선충이 기생하는데 따른 부담과 뿌리의 손상으로 인해 기주식물에 심각한 병을 일으켜 작물 손실로 이어진다.

17.3.3 나선선충 일종(Reniform Nematode, *Rotylenchulus reniformis* Linford & Oliveira)

나선선충은 열대 및 아열대 지역에 널리 분포한다(Jatala 1991). 기주범위는 30개 과의 식물에 걸쳐 최소 140종 이상으로 아주 넓다. 열대지방에서의 주요 기주로는 바나나, 감귤류, 커피, 생강, 파인애플, 차 등이 있고, 아열대지방에서의 주요 기주로는 면화, 동부콩, 고구마, 콩 등이 있다. 이 선충의 중요성은 지난 20년간 지속적으로 증가해 왔으며(Robinson 2007), 따뜻한 기후대에서 분포지역이 확장되어 온 것으로 보인다. 나선선충은 미국 내 여러 지역, 특히 뿌리혹선충류와 씨스트선충류의 문제 때문에 상대적으로 나선선충을 소홀히 관리했던 남동부 지역에 분포하고 있다. 나선선충 개체군들의 병원성은 각각 다르며, 개체군 밀도가 높아도 상대적으로 피해가 적은 경우도 있다. 하와이의 경우 나선선충 개체군의 밀도가 상당히 막강하며, 파인애플 산업의 성패는 나선선충을 적절하게 관리하는데 달려있다. 나선선충의 J2는 비교적 작고(길이 약 0.5mm), 입술 주변이 둥글게 경화되어 있으며, 나선선충과(Hoplolamidae)의 다른 선충과 마찬가지로 꼬리가 뾰족하다. 나선선충의 유충은 토양 속에서 섭식하지 않는 상태로 J3/J4의 기간 동안 중첩 탈피(superimposed molts)를 하는데, 미성숙한 암컷이 뿌리를 관통하여 뿌리의 관다발계 내피를 따라 합포체(syncytium)를 형성한다. 암컷은 정주성 내부기생자 상태로 합포체에서 섭식하고, 콩팥 모양으로 부풀어 올라 감염된 뿌리에서 돌출되는 것이 이 종의 특징이다. 현재 *R. reniformis*에 대해 특별한 규제 조치를 취하고 있지는 않지만(일반적인 식물위생적 방제는 제외), 지리적 분포의 빠른 확장, 상대적으로 높은 토양 내 밀도, 넓은 기주범위와 결합하여 식물에 피해를 줄 가능성 등을 고려할 때 우려대상 식물기생성 선충으로 검토해야 할 것이다.

17.3.4 False Root-Knot Nematode (*Naccobus aberrans* (Thorne) Thorne & Allen)

*Naccobus aberrans*는 정주성 내부기생성 선충으로 감염된 뿌리에 섭식장소도 생성한다(Jatala 1991). 이 선충의 분포지역과 농업에 미치는 피해는 제한적이지만, 미국 중부와 남부에서는 감자에 문제가 되고 있다. 이 선충은 감자에 감염되어 큰 피해를 줄 수 있지만, 현재 분포지역이 제한되어 있어 엄격한 규제조치가 적용되고 있다. *Naccobus aberrans*는 유타 주에서 최초로 발견되었고 주로 미국에서 발견되고 있다. 명아주과, 십자화과, 박과, 콩과, 가지과 등 넓은 기주범위를 갖는다. 이 선충은 기주식물의 뿌리에 *Meloidogyne*속과 유사한 혹을 생성하기 때문에 "유사뿌리혹선충(false root-knot nematode)"이라는 이름을 갖게 되었다. *Naccobus aberrans*는 뿌리썩이선충과(Pratylenchidae)에 속한다. 유충은 비교적 작고(길이 0.4~0.5mm), 입술 부분에 납작하게 경화된 부분이 있으며, 구침이 강하고, 꼬리는 둥글다. J2, J3, J4 상태에서 식물체의 뿌리를 관통하여 이동성 내부기생자로 섭식하다가 미성숙 암컷이 되면 합포체를 만들어(거대세포는 만들지 않음) 정주성 내부기생자로 섭식한다. 암컷은 부풀어 올라 둥글게 되고, 자라는 암컷 주위에 혹이 하나 생긴다. 하지만 이 혹은 뿌리의 측면으로(한쪽 방향으로만) 생성된다는 점에서 뿌리의 모든 방향으로 혹이 생기는 뿌리혹선충의 혹과 비교된다.

17.3.5 뿌리썩이선충류(Lesion Nematodes, *Pratylenchus* spp.)

이 그룹의 선충은 넓은 기주범위, 파괴적인 기생 습성 때문에 뿌리혹선충과 씨스트선충에 이어 경제적으로 세 번째로 중요한 속으로 간주된다(Duncan & Moens 2006). 딸기뿌리썩이선충(*Pratylenchus penetrans* (Cobb) Filipjev & Schuurmans)의 경우 미국 북동부 지역에서 경제적으로 가장 중요한 선충으로 간주되고 있다. *Pratylenchus*속에 70여 종이 보고되어 있는데, 이들은 지리적 분포 및 기주식물의 선호도는 다양하고 서로 겹치기도 한다(Loof 1991). 일생 동안 벌레형(vermiform)이고, 길이 0.3~0.9mm, 입술에 납작하게 경화된 부분이 보이며, 꼬리는 둥글고, 식도의 분비샘은 복부 쪽으로 중첩되어 있다. 이 속의 모든 종들은 일생을 식물체의 지하부(뿌리, 꼬투리, 괴경 등)에서 이동성 내부기생자로 생활한다. 이들이 섭식하고 세포 사이를 이동하는 과정에서 식물조직이 심각하게 괴사한다. 좀 더 중요한 종으로는: (1) 딸기뿌리썩이선충(*P. penetrans*) – 기주범위가 매우 넓음(줄뿌림 작물(row crop)로부터 과수류까지 400종 이상의 식물); (2) 사과뿌리썩이선충(*P. vulnus* Allen & Jensen) – 중요 기주작물로 과수, 관상식물 등이 있음; (3) *P. brachyurus* (Godfrey) Filipjev & Schuurmans Stekhoven – 중요 기주 작물로 땅콩, 콩 등이 있음; (4) *P. zeae* Graham – 옥수수가 가장 중요한 기주작물임; (5) 커피뿌리썩이선충(*P. coffeae* (Zimmermann) Filipjev &Schuurmans Stekhoven) – 중요 기주작물로 바나나, 감귤류, 커피, 딸기 등이 있음; (6) *P. scribneri* Steiner – 미국에서 가장 널리 분포하는 뿌리썩이선충임. 뿌리썩이선충류는 세계적으로 널리 분포하기 때문에 이들에게 적용되는 규제조치는 제한적이다. 그러나 이들은 따뜻한 기후대에서 극도의 파괴력을 갖는 종들이며, 커피뿌리썩이선충(*P. coffeae*)과 같은 종들은 지리적으로 확산될 가능성으로 상당히 우려되고 있다.

17.3.6 바나나뿌리썩이선충(Burrowing Nematode, *Radopholus similis* (Cobb) Thorne)

바나나뿌리썩이선충은 식물체 지하부의 이동성 내부기생자로서 뿌리썩이선충류와 형태 및 기생 습성이 매우 유사하고 연관되어 있다(Duncan & Moen 2006). *Radopholus*속을 *Pratylenchus*속과 구분하는 중요한 특징은 식도의 분비세포가 등쪽으로 중첩되어 있고, 수컷의 성적이형(sexual dimorphism)이 강하게 나타난다는 점이다(Loof 1991). 이 선충은 플로리다의 감귤 농장에서 "spreading decline"을, 중미와 남미에서 바나나의 "toppling disease"를, 인도네시아에서 "pepper yellows"를 일으키는 중요한 해충이다. 바나나뿌리썩이선충(*Radopholus similis*)은 열대 아프리카, 중미와 남미의 일부, 호주, 유럽의 일부 관상식물 업계, 인도네시아 군도, 미국의 플로리다와 하와이에서 발견된다. 엄격한 검역조치는 이들이 발견된 국가 내에서, 그리고 세계의 다른 지역으로 확산되는 것을 제한하는데 도움이 되었다. 하지만 이 선충의 넓은 기주범위(약 250종)와 지대한 파괴능력 때문에 이 종은 발생지역에서 중요한 해충이고, 새로운 지역으로 확산될 위험성이 상존하고 있다(Duncan & Moens 2006; Hockland 등 2006).

17.4 새순에 기생하는 선충(Shoot Parasites)

이 그룹에 속하는 식물기생성 선충들은 새순, 꽃의 시원체(floral primodia), 잎, 종자, 줄기 등 식물체의 지상부 조직을 섭식한다(Agrios 2005; Horst & Nelson 1997; Pirone 1978). 하지만 일부 종들은 식물체의 지하부 조직을 섭식하기도 하고, 특히 대부분의 종들은 구침을 사용하여 곰팡이를 대신 섭식할 수도 있다. 이 그룹의 선충들은 주로 이주성 내부기생자이지만, 일부는 생활사 중 일부 기간 동안 외부기생 생활을 하기도 한다. 이 그룹에 속하는 선충의 종 수는 비교적 제한적인데, 이는 아마도 지상부의 환경조건이 불리하고 상대적으로 변동이 심하기 때문일 것이다. 이 그룹에 속하는 대부분의 선충들은 특히 "건조(dry-down)"(탈수가사(anhydrobiosis)라 불리는 과정)에서 장기간(몇 년에서 수십 년!)의 생존 단계("dauer"로 불리기도 함)로 진입했다가, 수분이 공급되면 살아날 수 있는 능력과 같이 불리한 환경조건에 대한 극도의 적응력을 진화시켜 왔다.

17.4.1 줄기구근선충류(Stem and Bulb Nematodes, *Ditylenchus* spp.)

*Ditylenchus*속의 종들은 다양한 생태적 서식처(niches)에 존재한다(Sturhan & Brzeski 1991). 이들은 식물기생성 선충 중에서 가장 다양한 섭식 습성을 가진 속으로, 곰팡이, 뿌리, 구근, 줄기 등을 섭식한다. 이 선충들은 세계적으로 분포하지만, 온대지방에서 가장 많은 피해를 주고 있다. 암 · 수의 몸은 매우 길고(1~2mm) 가늘며, 입술의 평평한 부분은 경화되거나 분지되지 않았고, 구침은 가늘고 짧으며 작은 마디가 달렸고, 식도의 분비샘들은 중첩없이 둥근 모양이며, 암컷은 1개의 난소를 갖는다. 이 종들은 대개 새순 안에서 이동성 내부기생을 하는데, 지하부를 통해 감염된 뒤 새순으로 이동하여 섭식하기도 한다. 경제적으로 가장 중요한 종으로는: (1) 마늘줄기선충(*D. dipsaci* (Kühn) Filipjev) – 80여 종으로 구성된 "종 복합체(species complex)"로 세계적으로 경제적 영향이 가장 큼. 여기에 속하는 분류군들은 500종 이상 기주식물의 꽃, 잎, 줄기에 기생함. 이 그룹은 종내 변이(intra-specific variation)가 매우 심하게 나타나는데(염색체 수가 다른 것을 포함, 약 20개의 기주 계통), 심하게 감염될 경우 60-80%의 작물 손실을 유발할 수 있음; (2) 감자썩이선충(*D. destructor* Thorne) – 감자 건부병(Potato Dry Rot)을 일으킴. 식물체 지하부의 이주성 내부기생자로 곰팡이의 균사를 섭식할 수도 있음. 미국과 다른 온대지역에만 제한적으로 분포함; (3) *D. myceliophagus* Goodey – 상업적인 버섯 농장에서 균사를 섭식하는 해충임.

*Ditylenchus*의 J4 단계에서는 생존력 및 감염력이 있다(Sturhan & Brzeski 1991). 마늘줄기선충(*D. dipsaci*)은 줄기의 유조직(parenchymous) 내에서 이동, 섭식하며, 지하부로 이동하여 뿌리나 구근 등의 저장기관을 침입할 수도 있고, 모든 감염부위를 변형, 괴사, 뒤틀리게 한다. 수 세대동안 번식하고 난 후, J4는 감염된 부위(주로 구근 등 저장기관의 표면 또는 내부)에서 "선충 양모(nema wool)"라고 하는 수천 마리의 유충으로 구성된 건조한 덩어리를 형성한다. 감자썩이선충(*D. destructor*)에 의해 감자에 생성된 심한 건부병 병변에는 건조 상태로 응집된

J4 유충도 포함되어 있다. 미국의 재배지에서 감자썩이선충의 감염을 낮추기 위한 위생 프로그램은 최근까지만 해도 비교적 성공적이었지만, 미국 내 일부 재배지역에서는 다시 증가하고 있는 것으로 보인다(Hafez 등 2010). 마늘줄기선충과 감자썩이선충은 지역적/세계적 분포와 파괴력, 생존력으로 인해 지속적으로 국제적인 규제대상이 되고 있다.

17.4.2 씨알선충류(Wheat (Cereal) Gall Nematodes, *Anguina* spp.)

*Anguina*속 선충들은 *Ditylenchus*속과 유사한 지상부(지하부는 아님) 기생 습성을 가지고 있지만, 주로 자라나는 새순과 꽃의 시원체(floral primodia)의 내부 또는 표면에서 섭식하면서 감염된 종자 속에서 많은 수로 번식하는 곡류 종자의 정상부에서 집단을 이룬다(Krall 1991). 밀알선충(*A. tritici* (Steinbuch) Filipjev)은 밀의 종자 대신 탈수가사(anhydrobiotic) 상태의 선충이 수천 마리나 들어있는 어두운 색의 "주름(cockles)"을 만드는데, 이것은 30년간 활력이 유지된다. 파종될 밀 종자에서 감염된 cockles를 제거하는 위생프로그램은 주요 밀 생산지역에서 밀알선충(*A. tritici*)을 사실상 제거하는데 매우 효과적이었다. 전세계 밀 생산지역에서는 이 선충이 식물위생 방제조치의 대상으로 남아있다. *Anguina funesta* Price, Fisher & Kerr와 다른 *Anguina* 종들(예를 들어, 이전에 보고된 *A. agrostis* (Steinbuch) Filipjev)은 호밀과 기타 곡물의 종자의 정상부(seedhead)를 공격한다. 호주에서는 이들 *Anguina* 종들이 박테리오파지와 함께 감염될 수 있는 세균인 *Rathayibacter toxicus* Sasaki, Chijimatsu & Suzuki (Riley & Ophel) (이명 *Clavibacter toxicus*, *Corynebacterium toxicus*)를 매개하는 것으로 보고되었다. 이들 그룹은 자라나는 종자의 정상부(seedhead)에서 강력한 신경독(corynetoxin)을 생성하여 방목가축의 중요한 질병인 "이탈리안라이그라스 독성(annual ryegrass toxicity)"을 유발하며, 치사량의 독을 생성하는 경우도 종종 있다. 이 그룹의 선충들은 국제적인 식물위생 상 규제대상이기도 하다.

17.4.3 잎선충류(Foliar Nematodes, *Aphelenchoides* spp.)

이 속의 선충들은 기본적으로 잎 조직과 새순에서 내부기생을 하는데, 소수의 일부 종은 곰팡이를 섭식하기도 한다(Duncan & Moen 2006; Nickle & Hooper 1991). 이들은 제한적으로 분포하며, 온대기후(미국과 유럽)를 선호한다. 이들 종이 관상식물을 생산하는 양묘장에 감염되면 경제적으로 심각한 위협이 될 수 있다. 가장 중요한 종으로는; (1) 딸기잎선충(*A. fragariae* (Ritzema Bos) Christie)은 딸기에서 "봄철 곱슬머리(Spring crimp)"를 일으키며, 베고니아(*Begonia*)속, 고사리류, 옥잠화(*Hosta*)속 등의 관상식물을 포함한 최소 250여종의 식물이 기주임; (2) 국화잎선충(*A. ritzemabosi* (Schwartz) Steiner & Buhrer)은 *Chrysanthemum* sp. (국화), *Fragaria* sp. (딸기) 등의 국화과 및 기타 여러 기주식물에서 중요한 병해충임; (3) 벼잎선충(*A. besseyi* Christie)은 따뜻한 기후를 선호하며, 딸기의 "여름철 곱슬머리(summer crimp)"와 벼의 "잎끝이 말라 하얗게 변하는(white tip)" 병을 유발함. 180종이 넘는 모든 *Aphelenchoides* 종들은 중부식도가 뚜렷한 사각형이고, 길이가 길고(1mm), 구침은 짧고 가늘며 자루가 달려 있고, 입술 부위가 융기되어 있으며, 식도 분비선이 등쪽으로 중첩하여 있다.

잎선충류는 땅위에서 부식중인 경엽 속에서 월동하는 경우가 많으며, 이례적으로 토양에는 감염되지 않는다(Agrios 2005; Duncan & Moens 2006). 발아하는 식물체에서 솟아나는 새순을 감염시킬 수 있고, 잎의 시원체에 외부기생하며 섭식할 수 있다. 수분막을 통해 식물체의 새순을 기어오를 수 있고, 대개 기공을 통해 잎으로 들어간다. 잎선충류는 엽육의 유조직에서 섭식하며, 세포를 파괴시켜 잎에 반점을 생성한다(그림 17.3e). 감염된 잎은 처음엔 갈색으로, 다음엔 검은색으로 변하는데, 이러한 착색현상은 주로 잎맥을 따라(각이 진 형태로) 나타나게 된다. 맥간 괴사 현상이 흔하게 일어나며, 심하게 감염된 경우 과도한 낙엽을 유도하여 식물체의 성장과 모양이 나빠진다. 잎선충의 생활사는 비교적 짧고(2주) 여러 세대가 발생하여, 한 개의 잎에서 15,000마리의 선충이 나타나기도 한다! 식물체의 병징은 선충이 상당 수준 감염된 후에야 나타나기 때문에, 특히 관상식물 업계에서는 잎선충의 확산이 증가해 오고 있다(McCuiston 등 2007).

17.4.4 소나무재선충(Pinewood Nematode, *Bursaphelenchus xylophilus* (Steiner & Buhrer) Nickle)

소나무재선충(*Bursaphelenchus xylophilus*)은 이 속에서 경제적으로 가장 중요한 종이다(Duncan & Moens 2006). 이 종은 곤충에 의해서 매개되고, 식물의 세포뿐만 아니라, 기주식물과 연관된 곰팡이를 함께 섭식한다는 점에서 중요한 의미를 갖는 2종의 식물기생성 선충 중 하나이다. 이 종은 원래 소나무 시들음병(pine wilt disease)을 유발하는 원인체로 보고되었으나, 이 선충과 함께 몇몇 다른 연관 생물체와 식물의 독성분이 함께 작용하여 pine wilt disease complex (PWDC)를 유도하는 것으로 생각되고 있다. 이 선충은 일본에서 미국으로 유입되었을 것으로 보이는데, 고유의 유전형을 가진 일본의 소나무에는 이들이 파괴적인 병원체로 작용하였다(그림 17.3f). 하지만 미국에 주로 분포하는 소나무 종과 다른 기주식물은 일본의 소나무처럼 PWDC에 감수성을 보이지 않았다(예를 들어, 유행병으로 번지지는 않았으나 미국 내 일부 지역에서 국소적으로 문제가 되었음). 소나무재선충도 중부식도가 확연히 발달해 있으며, 길고(0.4~0.5mm) 가는 몸체에 입술 부위는 높이 분지되어 있으며, 작은 마디가 있는 짧고 가는 구침, 중부식도구 후방으로 분비공, 가늘고 약하게 발달된 식도 분비샘을 가지고 있다(Nickle & Hooper 1991).

소나무재선충은 하늘소류(*Monochamus* sp.)에 의해 매개되기 때문에 이들과 유사한 생활사를 갖는다. 이 선충은 식물세포와 함께 주로 곰팡이를 섭식하는 것으로 보인다. 이 선충에 감염된 나무에서는 항상 청색균(*Ceratocystis* spp.)이 같이 발견되며, 잿빛곰팡이병(*Botrytis cinerea* (De Bary) Whetzel) 등 다른 진균도 종종 발견되어 이 선충의 먹이가 되고 있다. 소나무재선충의 생활사는 본질적으로 두 가지로 관찰된다: (1) "새로 감염된(newly infected)" 나무에서 왕성하게 섭식하는 기간에는 식물체 물관의 상피조직(epithelial)과 피질(cortex)에서 섭식하며, 생활사는 4.5일 정도로 짧고(수명은 15일, 80개의 알을 생산) 많은 세대를 영위한다. 감염된 나무의 경엽은 퇴색(회색)되고 잎은 유지되는 것이 보통이다(보통은 낙엽됨). 처음에는 나무들 사이에 탈색과 시들음 증상이 불규칙한 패턴으로 발생하며, 이 시점에서 청색균에 의한 증상도 확연히 나타난다. 또한 나무는 식물독소(phytotoxin)를 생성(방어 반응으로)하는데 이것이 전신에 작용하여(systemic) 실질적으로는 나무 자신에 피해를 주게 된다. 결국 나무 전체가 퇴색 및 시들어 죽고 만다. (2) 분산기(dispersal cycle)는 월동 후, 이미 죽은 또는 죽어 가는 나무에서 선충이 주로 연관된 곰팡이를 섭식하는 시기에 발생하는 것으로 보인다. 선충은 탈피하여 두꺼운 큐티클과 저장된 먹이(지질과 글리코겐)를 비축하고 있는 저항성이 있는 제3기 영속유충(dauer-larvae)이 된다. 제3기 영속유충은 그 나무를 침입한 하늘소의 번데기방(pupal chamber)으로 이동한 후 다시 탈피하여 제4기 영속유충이 되고, 어린 하늘소 성충의 호흡기(기문)로 들어간다.

우화된 하늘소 성충 한마리가 평균 15,000~20,000마리(하늘소에 해를 주지는 않음)의 영속유충을 매개하여 건강한 나무를 섭식할 때 전파시킬 수 있다. 이 선충은 나무와 하늘소 모두에 존재하기 때문에 확산 가능성과 규제 필요성 더 심각해진다. 규제 필요성은 운송에 사용되는 포장새를 포함하여 감염된 나무에서 유래된 모든 목재 산물로 확장되어 적용되게 된다. IPPC의 식물검역 관련 국제기준 No. 15 (ISPM No. 15)는 목재 제품의 국제적인 이동을 통해 산림병해충이 유입될 우려 때문에 개발된 것이다(https://www.ippc.int). 이 국제기준(2006년 제정, 2010년 개정)으로 인해 원목, 제재목, 목제품에서 소나무재선충이나 목재를 가해하는 해충을 제거하기 위한 열처리, 선적 전 훈증과 같은 중요한 보호 장치가 대폭 증가하게 되었다.

유사한 종인 *Bursaphelenchus cocophilus* (Cobb) Baujard (이명. *Radinaphelenchus cocophilus*)는 야자나무에서 유사한 생활사를 가지고 있다(Duncan & Moens 2006). 이 선충은 야자왕바구미(*Rhynchophorus*)에 의해 매개되며, 중미, 남미 및 카리브 지역의 야자 및 관상용 야자수에서 중요한 병해충이다. 이 선충은 야자나무의 경엽에서 시작하여 최종적으로 줄기(수간)에 감염되며, 감염된 나무의 수간을 횡으로 절단하면 볼 수 있는 특징적인 "red ring" 병을 형성한다. 소나무재선충과 마찬가지로 관다발의 수송기능을 파괴하여 결국 식물체를 죽게 만들고, 바구미를 통해 새로운 나무로 매개된다.

17.5 식물기생성 선충의 검출 및 관리

병해충을 검출하는데 있어서 가장 중요한 것은 시료를 효과적으로 채취하는 것이며, 이는 식물기생성 선충에 있어서도 마찬가지이다(Barker & Davis 1996; Been & Schomaker 2006). 선충에 대한 규제 관리는 다음 장에서 다루고 있으므로, 여기서는 재배자들이 사용할 수 있는 식물기생성 선충의 시료채취, 검출 및 분류동정에 대해서 간략하게 설명하고자 한다. 선충은 죽은 조직으로부터 살아있는 식물 조직을 감염시키기 위해 이동하게 되므로, 진단 목적의 시료채취에서는 병에 걸린 지역의 가장자리에서 토양 및/또는 식물체(뿌리 또는 새순)를 채취하게 된다. 선충에 감염된 적이 있고, 자문을 구하기 위한 목적일 경우에는 재배지 전체에서 평균 개체군 밀도를 알아낼 수 있도록 조직적인 패턴을 사용해야 한다. 채취한 시료는 적시에 인증된 선충검정실험실에 보내서 선충을 추출하고 동정 및 정량화하도록 한다.

선충검정실험실들의 유형(공공 또는 사설)은 지역에 따라 다르고, 심지어 미국 내의 주 별로도 다르다(Barker & Davis 1996). 다양한 부유법(flotation method)을 사용하여 토양시료에서 선충을 분리하고(Barker & Davis 1996; Shurtleff & Averre 2000), 떠오른 선충은 고운 체(구멍 크기 25~50㎛)를 사용하여 즉시 포획한다. 식물 조직(때로는 토양시료)에서 선충을 추출하기 위해서는 선충이 식물 조직으로부터 이동해 나오도록 자극하거나, 단순히 기주 조직을 물에 불려 선충이 빠져나오면 체를 사용해 건져내기도 한다. 이후, 선충실험실에서는 고도로 훈련된 전문가들이 현미경을 사용하여 동정(대개 속 수준만)하고, 시료에 존재하는 선충의 양을 알아낸 뒤 적절한 선충 관리방안을 제시하게 된다(Shurtleff & Averre 2000). 앞에서도 언급하였듯이, 진단과 자문의 목적으로 식물기생성 선충을 신속하고 실용적으로 동정(종 수준까지)하는데 있어서 분자생물학적 도구가 조만간 널리 사용되게 될 것이다(Ophel-Keller 등 2008; Subbotin & Moens 2006).

식물기생성 선충의 피해를 받을 가능성을 줄이기 위한 관리대안은 몇 가지 요소에 의해 결정되는데, 가장 중요한 것은 존재하는 선충의 종류와 개체군 밀도, 작물의 재배이력과 향후 작부체계(cropping system), 그리고 적절한 관리전략의 예상되는 비용-효과이다. 살선충제는 지난 수십 년간 고부가가치 작물에서 선충을 방제하는데 주로 사용된 방법이었지만, 많은 살선충제들이 고비용, 내재 독성, 환경에 피해를 줄 가능성 등을 가지고 있어 제한적으로 사용되어 왔다(Haydock 등 2006). 메칠브로마이드(Methyl Bromide), Telone II (1, 3 dichloropropene), Vapam (methylisothiocyanate (MITC) 방출체), Basamid (dazomet), Tear gas (chloropicrin)과 같은 토양훈증제들은 작물을 심기 전 선충의 밀도를 대폭 낮추어 작물을 보호하는 효과가 있다. 하지만 최근 메칠브로마이드가 오존층 파괴 물질로 등재됨에 따라 공식적인 선적 전 처리 또는 검역 목적 및 기타 예외적으로 허용된 경우를 제외하고는 전세계에서 상업용으로 메칠브로마이드를 사용하는 것은 사실상 사라지게 되었다(http://ozone.unep.org/Publications/MP_Handbook/Section_1.1_The_Montreal_Protocol/ Article_2H.shtml; Schneider 등 2003).

유기인계의 Nemacur (fenamiphos), Counter (terbufos), Mocap (ethoprop), 또는 카바메이트계의 Temik (aldicarb), Vydate (oxamyl), Furadan (carbofuran)과 같이 훈증제가 아닌 과립형 및 액체형 살선충제는 일반적으로 신경독성(acetylcholinesterase 저해제)이 있다. 이러한 비훈증 화합물들은 작물을 심은 후에 사용할 수 있으며, 대개 식물체 내 전신에서 작용한다. 하지만 고비용, 지하수 오염 우려, 포유동물에 대한 독성 때문에 사용 승인이 대폭 제한되고 있다.

살선충제에 대한 실질적인 대안으로는 식물기생성 선충에 유전적 저항성을 갖는 작물 품종을 사용하는 것이다. 목화, 콩, 토마토 등 주요 작물들에서 특정 식물기생성 선충에 저항성이 있는 품종이 육종되어 작물보호와 수확량에 상당한 효과를 보고 있다(Starr 등 2002). 하지만 한 선충 종 내에서 이러한 저항성을 돌파하는 계통이 선택될 위험성, 다른 작물 종과 다른 선충 종에 대해 저항성이 확인된 것이 부족하다는 점에서 새로운 선충-저항성 작물 품종을 시급히 개발할 필요성이 있다.

비기주 작물과의 윤작은 식물기생성 선충의 개체군 밀도를 경제적 피해 한계수준 이하로 낮추기 위한 효과적인 경작 관행이다(Noe 1998). 이 방법은 실용적이고 경제적으로 실행 가능한 윤작 작물이 있는 경우 기주작물의 범위가 제한되어 있으며 장기간의 생존전략을 갖고 있지 않은 선충에 감염되었을 때 효과적이다. 윤작에 더하여 선충 저항성 품종을 함께 사용하게 되면, 일부 선충 감염에 대해 장기간 효력이 유지되는 관리전략이 될 수 있다.

17.6 식물기생성 선충의 국제적인 생물안보 상 규제

17.6.1 서론

여기서는 국제무역에서 식물기생성 선충의 관리 또는 규제와 관련된 생물안보(검역/식물위생)에 대한 기본사항을 설명하고자 한다. 따라서 식물 및 식물성 산물의 무역과 상업을 통해 선충이 확산되는 것을 방지하거나 억제하는 것과 관련된 역사적 사건, 국제협정, 법령, 식물위생요건, 기술 등에 대해 설명할 것이다. 선충은 검출하는 것이 어렵고, 쉽게 간과되는 경우가 많기 때문에 효과적인 규정을 마련하는 것이 매우 중요하다. 실제로 선충의 존재를 알고 있지 못한 사람들도 많이 있다.

농업과 원예에서 선충의 중요성은 곤충 등 다른 병해충에 비해 일반 대중에게 덜 알려져 있다. 선충은 크기가 매우 작고, 식물체의 뿌리나 토양 속에 존재하여 선충의 병징, 검출방법에 대한 지식 및/또는 훈련 없이는 육안으로 볼 수 없기 때문에, 발견되지 못하고 넘어가는 경우가 많다. 토양 속, 식물체의 뿌리 및 지하부뿐만 아니라 줄기, 꽃, 종자, 목재 등 식물체의 지상부에 감염하기도 한다(Agrios 2005; Duncan & Moens 2006; Hockland 등 2006; Shurtlef & Averre 2000; Taylor 1971).

17.6.2 무역을 통한 선충의 확산 사례

효과적인 생물안보 규제가 없다면, 식물기생성 선충은 식물과 식물성 산물의 무역을 통해 새로운 지역/국가로 쉽게 확산될 수 있다. 또한 식물성 물질이나 토양으로 오염된 농기구, 농기계 또는 컨테이너와 연관되어 확산되기도 한다(Agrios 2005; MAF Biosecurity New Zealand(MAFBNZ) 2009a; Norton & Niblack 1991; Shurtleff & Averre 2000). 이런 식으로 유입된 선충은 농업에 심각한 결과를 초래하는 경우가 많이 있었다. 선충의 확산은 수입 전 또는 새로운 지역에서 탐지 된 이후 적용되는 특별한 식물위생조치 등 효과적인 생물안보 규제에 의해서만 중단 또는 제한된다(Cotten & Van Riel 1993; Hockland 등 2006).

식물기생성 선충의 분포 및 정착은 기후 조건에 의해서도 크게 영향을 받는다. 예를 들어 열대지역에 사는 선충 종들은 온대지방에서는 대개 제대로 살지 못하며, 반대의 경우도 마찬가지이다. 기주범위가 좁은 선충들 역시 정착하는데 어려움이 있다(Noe & Sikora 1990). 초기

문헌에 보고된 식물기생성 선충의 예로는 Needham이 Wheat Seed Gall Nematode (밀알선충)를 최초로 관찰한 내용(1743); Schmidt가 유럽의 "황폐화 된(exhausted)" 사탕무 재배지에서 *Heterodera schachtii* (사탕무씨스트선충)를 동정한 것(1850); Cobb이 피지에서 식물과 연관된 선충들을 보고한 것(1891); Treub가 인도네시아에서 *Meloidogyne javanica* (자바니카뿌리혹선충)를 동정한 것(1885); Prayer가 이집트에서 바나나의 선충병을 기술한 것(1901) 등이 있다(El-Sharif 1997; Luc 등 1990; Thorne 1961).

1941년 뉴욕에서 발견된 감자씨스트선충(*Globodera rostochiensis*)은 제1차 세계대전 후 미국으로 돌아오는 군 장비 및 차량과 연관이 있는 것으로 알려져 있다. 이로 인해 미 농무부는 이 선충이 더 확산되는 것을 방지하기 위해 수백만 불을 지출하게 되었으며, 미국으로 식물을 반입하기 위한 요건이 강화되는 결과를 가져왔다(Brodie & Mai 1989; Cotten & Van Riel 1993; Hockland 등 2006). 하지만 강화된 규제와 감시활동에도 불구하고, 감자씨스트선충은 북미의 다른 지역에서도 검출되고 있다.

감자씨스트선충에 대해 엄격한 검역규제가 실시되면서 감자흰씨스트선충(*G. pallida*)이 2006년에서야 아이다호 주의 여덟 개 농장에서 검출되었다(Skantar 등 2007). 뉴질랜드(1983)와 호주(1986)에서도 감자씨스트선충과 감자흰씨스트선충이 유사하게 발견된 것으로 볼 때, 국제적으로 엄격한 생물안보 규제를 도입하는 것은 단지 확산 속도를 늦출 뿐, 다른 규제 조치를 반드시 이행해야 한다는 점을 보여준다(Cotten & Van Riel 1993; Marshall 1998; Stanton 1986; Wood 등 1983).

17.6.3 선충에 관한 식물위생 협정 및 규제의 국제적 기반

식물기생성 선충의 유입 또는 정착을 방지하기 위해 가장 중요한 도구 또는 전략은 효과적인 생물안보 규제를 통해 배제(exclusion)하는 것이다. 식물기생성 선충이 새로운 지역이나 국가로 유입되면 대부분 상당한 기간 동안 초기 감염 상태를 인지하지 못하기 때문에 이를 박멸하는 경우는 거의 없다. 이로써 선충은 감염된 농기계, 식물체, 토양, 작업도구, 차량의 바퀴자국 또는 물이나 바람에 의해 최초 유입지점으로부터 더 확산될 시간과 기회를 얻게 된다. 국제무역에서 식물성 산물에 대한 생물안보(검역) 규제를 통한 차단은 식물기생성 선충의 이동을 제한하는 가장 효과적인 방법임에 틀림없다(Barker 1997; Hockland 등 2006).

규제는 대개 IPPC의 후원 하에 협조를 통해 이루어진다(2.2절 참조). 앞서 설명되었듯이, IPPC는 식물 병해충을 관리하는데 있어 국제적인 협력을 증진 및 관리하기 위해 1951년 설립되었다(http://www.ippc.int/). IPPC는 CPM (식물위생조치에 관한 위원회)이 관리하는데, CPM은 병해충의 유입과 확산으로부터 세계의 작물 및 자연의 식물환경을 보호하기 위해 회원국들 간의 협력을 증진하는 한편, 국제무역과 인간의 이동에 대한 개입을 최소화하는 것을 목적으로 하고 있다(제2장). IPPC는 1997년에 개정되었으며; 현재 177개 서명국들이 식물위생 관련 정보의 적시 교환과 식물위생 관련 국제기준의 사용에 동의하고 있다. 수출 및 수입에 관한 식물위생 지침을 포함, 34개의 식물위생조치에 관한 국제기준(ISPM)이 개발되어 있는데, 예를 들어 ISPM No. 1은 "국제무역에서 식물위생조치의 적용과 식물보호를 위한 식물위생의 기본원칙"이다(http://www.ippc.int)(제2장). 또한, 세계 각 지역에서는 지역식물보호기구(RPPOs)가 협력의 기능을 수행하고 있는데, 예를 들어 Pacific Plant Protection Organization (태평양식물보호기구)은 1994년에 설립되어 태평양 지역의 27개 국가//준주(territories)가 가입되어 있으며, IPPC에 의해 인증을 받았다(http://www.ippc.int/index.php?id=pppo).

17.6.4 선충에 관한 국가나 지역의 특이적인 규제

규제 성격의 수입요건을 부과하는 국가에서는 규제대상 병해충이 발생하지 않는 것이 일반적이다. 식물기생성 선충에 대한 생물안보 규제는 식물 병원체(세균, 진균, 바이러스 등)에 대한 것과 유사한 방식으로 적용되고 있다. IPPC에서는 규제(생물안보 상태의) 선충을 "그 지역에 잠재적인 경제적 중요성이 있으며, 그 곳에 아직 존재하지 않거나 또는 존재하더라도 널리 분포하지 않고 공식적으로 방제되는 병해충"이라고 규정하고 있다(http://www.ippc.int). 생물안보 상태의 선충은(다른 병해충과 마찬가지로) 국가식물보호기구(NPPO) 또는 이와 동등한 규제기구에서 위험분석이나 위험평가를 실시한 후 확인 또는 결정된다(제5장). 예를 들어, 뉴질랜드에서는 MAFBNZ가, 호주에서는 DAFF-AQIS가, 미국에서는 USDA-APHIS가 이런 업무를 수행한다. 또한 유럽 및 지중해 연안 지역에 대한 European Plant Protection Organization (유럽식물보호기구)과 같은 지역식물보호기구(RPPOs)들도 더 넓은 지역을 대상으로 하는 병해충 목록과 생물안보 전략을 개발하기도 한다. 국가나 지역기구들은 우려병해충의 도입을 방지하기 위해 IPPC의 지침을 사용하여 수입 경로에 대해 생물안보 요건을 결정하고 부과하게 된다(Cotten & Van Riel 1993; Hockland 등 2006; Mathys & Smith 1984; https://ippc.int). 여기서는 MAFBNZ의 규제 활동을 한 가지 예로 살펴보고자 한다.

17.6.5 선충에 관한 수입규제를 위한 식물위생요건의 개발

뉴질랜드의 MAFBNZ는 특정 병해충 목록을 가지고 있는 수입 식물 및 식물성 산물에 대해 위험분석을 실시하고, 수입위생기준(Import Health Standards; IHSs)을 개발하는 한편, 일반 및 표적 수입요건을 설정(IPPC 지침에 따라)하는 업무를 담당하고 있다. IHS는 일반적으로 정기적인 검토를 실시하여 새로운 병해충으로 인한 위험성과 새로 정착이 확인된 병해충(IPPC의 지침에 따라 새로운 병해충을 보고하는 것에 더해서)에 대한 사항을 반영하도록 주기적으로 개정된다. 대부분의 선충 종에 대한 규제와 관련된 IHS로는 번식 가능한 식물 및 식물성 산물에 대한 것 - IHS for Nursery Stock: 155.02.06 Importation of Nursery Stock (MAF Biosecurity New Zealand 2010a; http://www.biosecurity. govt.nz/files/ihs/155-02-06.pdf)이 있다. 또한 MAFBNZ는 웹사이트에 원치 않는 생물체(Unwanted Organisms)의 목록을 등재하고 있다(MAF Biosecurity New Zealand 2010b; http://biosecurity.govt.nz/pests/registers/uor).

여기에는 뉴질랜드에 경제적 또는 환경적으로 심각한 피해를 줄 가능성이 있는 생물체 368종이 등재되어 있다. 세계적으로 가장 중요한 식물기생성 선충인 *Aphelenchoides besseyi* (벼잎선충), *Aphelenchoides bicaudatus* ((Imamura) Filipjev & Schuurmans Stekhoven) (Foliar Nematode), *Belonolaimus longicaudatus* (위축선충과 다른 한 종), *Bursaphelenchus xylophilus* (소나무재선충), *Ditylenchus dipsaci* (뉴질랜드에 분포하지 않는 마늘줄기선충 계통), *Heterodera cruciferae* Franklin (Cabbage Cyst Nematode), *H. glycines* (콩씨스트선충), *Hoploaimus columbus* Sher (Columbia Lance Nematode), *H. galeatus* (Cobb) (Crown-headed Lance Nematode), *Longidorus* spp. (바늘선충 및 25개 종), *Meloidogyne chitwoodi*, (Columbia Root-Knot Nematode 및 다른 14개 뿌리혹선충 종), *Naccobus aberrans* (False Root Knot Nematode), *Paralongidorus* spp., (바이러스를 매개하고 발육을 저해하는 선충, 총 3종), *Paratrichodorus* spp. (Stubby Root Nematode, 총 4종), *Pratylenchus brachyurus* (Root Lesion Nematode), *P. indicus* Siddiqi (Root Lesion Nematode), *P. scribneri* Steiner (Scribner's Root Lesion Nematode 및 기타 12종), *Radopholus similis* (바나나뿌리썩이선충 및 기타 3종), *Rotylenchulus reniformis* (나선선충 및 기타 3종), *Trichodorus* spp. (Stubby Root Nematode, 총 8종), *Tylenchorhynchus* spp. (Stunt Nematode, 총 16종) 및 *Xiphinema index* (창선충 및 기타 34종)이 있다.

대부분의 다른 국가에서와 마찬가지로, MAFBNZ는 수입된 식물이 수출국에서 적절한 공식 절차에 따라 검사 및/또는 소독을 실시하여 육안으로 검출할 수 있는 규제병해충이 존재하지 않으며, 뉴질랜드의 수입요건에도 부합함을 공식적으로 입증하는 식물위생증명서(Phytosanitary Certificate, PC)를 첨부하도록 요구하고 있다. 식물체 전체(뿌리까지)를 수입하는 경우에는 PC에 다음의 부기사항이 기재되어 있어야 한다: (1) "이 식물은 흙과 접촉하지 않도록 용기 안에서 흙이 없는 재배매체에서 종자/삽수로부터 재배되었음"또는 (2) "이 식물의 뿌리는 물 1리터 당 유효성분 1.6g 이상의 fenamiphos (유기인계의 살선충제)에서 30분간 침지되었음".

MAFBNZ는 검사 후 공식 증명서를 발급받는 것 이외에도 선충을 규제하기 위해 특정 농약으로 처리할 것을 요구하고 있다. 이러한 요건은 다양한 수입 기주식물 종에 일괄 적용된다. 휴면상태의 구근인 경우, 선충 방제를 위해 훈증이나 온탕침지 및 fenamiphos 침지가 다음과 같이 요구된다(처리 방법은 PC의 소독처리 란에 기재되어야 함):

(1) 메칠브로마이드 훈증: 약량(g/m^3)과 온도(℃)의 다음 조합들 중 한 가지 방법으로 상압에서 2시간 동안 훈증

약량(g/m^3)	온도(℃)
48	10−15
40	16−20
32	21−27
28	28−32

또는 온탕침지: 24℃로 유지되는 온탕에 2시간 동안 침지시킨 후, 45℃로 유지되는 온탕에서 4시간 침지(예열시키는데 소요되는 시간은 처리시간에서 제외함), 그리고 (2) 화학처리: fenamiphos에 1시간 침지(1리터 중 1g의 유효농도로).

미 농무부(USDA)의 경우, 수입된 식물 및 식물성 산물과 연관된 규제 병해충 목록을 가지고 있다. 이 목록은 미 연방규정(7 CFR 300-399)에 제시된 병해충 자료, 미국 국경에서 수입된 물품에서 발견된 병해충에 관한 자료, 미 동식물위생검사청(APHIS)과 미국의 이해당사자들이 경제적 또는 환경적으로 중대한 피해를 줄 가능성이 있는 것으로 판정한 병해충에 관한 자료들을 이용하여 만들어진 것이다(http://www.aphis.usda.gov/import_export/ plants/plant_imports/regulated_pest_list.shtml; United States National Archives & Records Administration 2008).

이 목록에는 미 농무부가 미국 내로 반입하거나 미국 내 정착지역에서 다른 지역으로 확산되는 것을 엄격하게 규제하는 감자씨스트선충(*Globodera pallida*와 *G. rostochiensis*)이 포함되어 있다. 미국의 연방 국내검역(Domestic Quarantine) 요건은 http://ecfr.gpoaccess. gov/cgi/text/text-idx?c=ecfr&rgn=div5&view=text&node=7:5.1.1.1.2&idno=7에서 찾아볼 수 있다. 특히 *Globodera pallida*와 *G. rostochiensis*의 국내검역 요건에 관한 정보도 여기서 확인할 수 있다. 감자씨스트선충의 경우 원산지인 남미 안데스로부터 전세계의 감자 재배지역으로 널리 확산된 중요한 경제적 병해충의 아주 좋은 예이다. 농산물의 국제무역에서 감자의 중요성 때문에 이들 선충은 현재도 엄격하게 규제 및 관리되고 있다. 현재 *Globodera pallida*는 55개 국가에서, *G. rostochiensis*는 106개 국가에서 특별히 규제되고 있다(Hockland 등 2006; Jones & Kempston 1982; Skantar 등 2007).

뉴질랜드로 감자(*Solanum tuberosum* L.)의 재식용 식물을 수입하기 위한 요건은 매우 까다로워 수입허가를 받은 개인이나 기관들이 조직배양 상태로만 수입할 수 있다. 조직배양체는 두 가지 방법으로 수입할 수 있는데: (1) 정해진 생산기준 및 병해충 미감염/위생 기준을 충족하는 것으로 MAFBNZ의 인증을 받은 시설로부터 수입. 당해 조직배양체는 지정된 병원체/해충, 육안으로 검출할 수 있는 병원체/해충에 감염되어 있지 않음을 증명하는 공식 증명서가 첨부되어야 하며, 뉴질랜드 반입 시 검사를 받지만 격리재배(post-entry quarantine)는 하지 않음. (2) MAFBNZ의 인증을 받지 않은 시설로부터 수입. 당해 조직배양체는 지정된 병원체/해충, 육안으로 검출할 수 있는 병원체/해충에 감염되어 있지 않음을 증명하는 공식 증명서가 첨부되어야 하며, 뉴질랜드 반입 시 검사를 받은 후 격리재배 시설에서 최소 3개월간 격리되어야 함(MAF Biosecurity New Zealand 2010a; http://www.biosecurity.govt.nz/files/ihs/155-02-06pdf). 감자와 연관된 병해충 목록에 선충이 특별히 언급되어 있지는 않지만(감자씨스트선충 및 감자썩이선충(*Ditylenchus destructor*)이 뉴질랜드에 발생하고, 완전한 생물안보 이동제한 대상이 아니기 때문에), 감자와 연관된 다른 선충들이 조직배양체가 거치는 검사와 검정 과정을 피해나갈 가능성은 없을 것이다.

17.6.6 수출용 식물 및 식물성 산물에 대한 식물위생관리

뉴질랜드는 농산물과 원예작물의 주요 수출국가로서 수입국들이 요구하는 식물위생 요건 또한 충족해야 한다. MAFBNZ는 새로운 병해충이 뉴질랜드로 유입되는 것을 방지하는 동시에 뉴질랜드에서 발생하는 병해충이 수출품을 통해 다른 국가로 확산되는 것을 방지할 책임이 있다. 감자 수출과 관련된 수출증명프로그램(export certification program, ECP) 중에는 식물기생성 선충을 대상으로 하는 것이 있다. 이 프로그램은 대만으로 수출되는 식용 감자에 대해 매우 엄격한 ECP를 제공하는 것으로, MAFBNZ가 운영하고 있다(다른 국가 수출용에 적용될 수도 있음). 이 프로그램의 구체적인 내용은 http://www.biosecurity.govt.nz/files/regs/exports/plants/potatoes /potato-pcn.pdf에서 찾아볼 수 있다. 이 프로그램은 수입되는 감자에 대해 *Globodera pallida*와 *G. rostochiensis* (및 감자 암종병(*Synchytrium endobioticum* (Schilbersky) Percival))의 무감염을 요구하는 대만의 식물위생요건을 충족하기 위한 목적으로 뉴질랜드 감자수출위원회의 협조를 받아 개발되었다. 이 ECP에서는 수출자, 재배자, 독립인증기관(Independent Verification Agencies)(수출증명 업무를 수행하도록 MAFBNZ의 승인을 받은 IVAs), 선과장 운영자, 저장시설 운영자들이 준수해야 할 MAFBNZ의 요건들이 제시되어 있다. 이 프로그램의 요건은 다음과 같이 요약할 수 있다.

1. 생산 요건: 수출을 희망하는 재배자가 반드시 준수해야 할 사항
   - 준수동의서에 서명하여 ECP에 제시된 조건에 동의
   - 감자씨스트선충(및 감자 암종병)이 발생한 전력이 없는 생산장소만 사용
   - 생산장소를 공식 승인받아 등록(IVA를 통해 MAFBNZ의)
   - 인증된 씨감자 사용(입증자료 요구됨)
   - 생산에 관련된 기록 보존
   - 감자씨스트선충이 유입되지 않도록 생산지로 반입되는 농기계의 청결과 이동 관리
   - 수확 시 발아억제제 처리 또는 수확 후 처리 과정에서 발아억제제 처리 보장

2. 선과장 및 보관시설에 대한 요건
   - IVA를 통해 MAFBNZ에 등록
   - ECP 요건을 숙지하고 있는 전문 직원을 배치
   - MAFBNZ의 특정 코드번호를 통해 감자를 식별할 수 있도록 보장
   - 대만 수출용 감자는 다른 국가 수출용과 분리하여 집하, 선별/포장하도록 보장}
   - 특정 수출 병해충이 확인된 경우 MAFBNZ에 즉시 통보

3. 수출자에 대한 요건
   - Horticulture NZ에 등록
   - MAFBNZ에 등록, 및 이력추적과 검사 후 보안을 제공
   - MAFBNZ의 최종 검사를 받는 곳에서 인증된 IVA 또는 MAFBNZ의 승인을 받은 기구

가 이력추적 및 검사 후 보안을 유지하도록 보장

MAFBNZ의 승인을 받아 ECP에 참여하는 모든 기구는 반드시 등록되어 MAFBNZ의 관련 기준을 준수해야 한다. ECP와 기타 기준들은 MAFBNZ의 수출 식물위생증명시스템의 일부를 구성한다. 이러한 기준에서는 MAFBNZ가 인증된 IVAs와 기타 승인된 기구들에게 증명 및 MAF 식물검역증명서 발급과 관련된 업무를 수행하도록 권한을 위임하는 내용이 담겨있다. 예를 들어, 감자씨스트선충 시료채취는 반드시 MAFBNZ의 승인을 받은 사람이 승인된 시료채취 방법을 사용해서 실시되어야 한다. 토양/식물체 시료는 MAFBNZ의 요건인 Plant Exports Operations Pest Identification Requirements (MAF Biosecurity New Zealand 2009b; http://www.biosecurity.govt.nz/exports/plants/certification/peo-pir.htm)을 충족하여 MAFBNZ 승인을 받은 실험실에서 분류동정을 위해 처리된다. 이 실험실들에서 특정 선충류들을 동정하기 위해서는 반드시 (MAFBNZ의 승인을 받은) 서면으로 된 실험실 관리시스템을 준수해야 한다. 마지막으로, MAFBNZ는 MAFBNZ의 감사관들과 선충전문가를 활용하여 선충동정실험실 관리시스템에 대한 감사를 주기적으로 실시한다. MAFBNZ는 대만(및 기타 국가들)의 수입요건을 충족하고, 감자씨스트선충이 추가로 확산되는 것을 방지하기 위해 ECP의 요건들이 완벽하게 이행되었음을 보장하는데 극도의 신중함을 기하고 있다.

17.6.7 선충을 검출하고, 차단하며, 소독하기 위한 식물위생적 방법

선충은 식물의 표면 및 내부 또는 토양에서 식물과 관련되어 가장 흔하게 발견되기 때문에 식물위생적 측면에서의 규제 관리는 식물체(재식용 식물, 번식 부위, 일부 종자)와 토양에 중점을 두게 된다. 재식용 식물과 식물의 번식 부위를 수입하기 위한 요건에는 식물위생적으로 가능한 다양한 조치들이 포함된다. 이러한 조치들은 원산국에서 실행(특정한 시료채취 또는 ECP 운영 등)되는 것도 있고, 도착지 국가에서 수입 시 적용되는 것도 있다. 규제 목적(수입 또는 수출 식물위생요건의 충족)의 선충 검출은 대부분 시료채취에 달려있다. 여기에는 일반적으로 포장이나 생산 장소에서 선충의 병징을 찾아보고, 분석을 위해 토양 및/또는 식물(선충의 유형에 따라 뿌리 또는 새순)의 시료를 채취하는 것이 포함된다.

시료채취의 최적기를 알아내기 위해서는 식물체 부위와 토양에서 선충의 생활사 및 습성에 관한 지식이 매우 중요하다. 토양시료는 토양에 습기가 있되 젖거나 건조하지 않았을 때 채취해야 하며, 대개 포장을 가로질러 체계적으로 채취하게 된다. 시료는 가능한 한, 선충이 집약적으로 모여 있는 기주식물 주변이나 기주식물이 자라고 있는 곳에서 중점적으로 채취해야 한다. 하지만 시료채취의 성공 여부는 기주식물, 선충의 유형, 시료채취 깊이, 토양의 유형 등 많은 요소에 의해 결정된다(Barker & Davis 1996; Been & Schomaker 2006; Fortuner 1991; Shurtleff & Averre 2000).

어떤 지역에 선충이 최근 유입되거나 및/또는 어떤 특정 시기에 평상시 검출 수준보다 낮은 수준으로 발생하였을 경우에는 심각한 문제가 발생할 수 있다. 이런 경우 식물체와 토양에서 체계적으로 시료를 채취하여 적절한 분석과 동정 절차를 수행했더라도 대상 포장이나 작물에서 대상 선충종이 거짓 음성반응으로 나타날 가능성이 있다. 또한 시료의 수분이 증발하여 품질이 저하될 수도 있고 선충의 활력이 감소하기도 하기 때문에, 적합한 선충 전문가에게 적시에 시료를 보내는 것도 역시 중요하다. 선충을 추출하고 동정하는 전세계 연구소 간에는 많은 차이가 있기 때문에 정부의 공식적인 인증 및/또는 국제기준에 부합하는 시설을 선택하는 것이 바람직하다(Barker & Davis 1996; Luc 등 1990; MAF Biosecurity New Zealand 2009).

토양시료에서 선충을 추출하는 방법은 몇 가지 표준화된 것들이 있다(Barker & Davis 1996; Fortuner 1991; Shurtleff & Averre 2000). 반면, 식물체(대부분 뿌리) 시료에서 선충을 추출하는 방법은 매우 다양한데, 선충이 식물의 조직을 떠나도록 자극하는 방법도 개발되어 왔다. 예를 들어, 분무 챔버(mist chamber) 안에서 식물체 추출물을 비이커 위 깔때기에 놓아두면 선충이 점진적으로 밖으로 이동해 나오도록 자극하게 된다. 다른 방법으로는 식물체 조직을 거칠게 분쇄해서 선충이 빠져나오면 고운 체를 사용하여 회수하는 방법도 있다. 그런 다음 실험실에서 선충 전문가들(과학자 및 테크니션)이 현미경을 사용하여 시료에서 추출된 선충을 속 단위까지 동정하고, 그 양을 측정하게 된다. 동정된 선충에 대한 보고서는 생물안보나 규제 관련 의사결정에 사용된다(Cotten & van Riel 1993; Fortuner 1991; Shurtler & Averre 2000). 또한, 분자생물학적 기법이 지속적으로 발달하면서 규제 및 식물위생 목적의 동정을 보다 정확하고(종 단위까지) 신속하게 실시하는데 도움이 될 것이다(Ophel Keller 등 2008; Subbotin & Moens 2006).

어떤 지역 또는 어떤 식물이나 식물성 물질에서 식물기생성 선충이 문제가 되는 것으로 밝혀지면, 이를 박멸하기 위해 다른 기법을 사용할 수도 있다. 이러한 기법에는 구근, 근경, 기타 식물체 부위 및 종자에 살선충제 침지, 특정 약량 및 온도에서의 훈증, 온탕침지 등 지정된 생물안보 상의 소독처리를 실시하는 것 등이 있다(Bridge 등 1990; Cotten & Van Riel 1993; Hockland 등 2006; MAF Biosecurity New Zealand 2010). 수입된 물품을 관리하여 선충을 차단하는 방법도 흔히 사용되는데, 여기에는 수확 후 또는 수출 전 검사, 기주식물이나 특정 유형의 기주식물체에 대한 수입금지, 식물의 재배물질이나 토양의 수입금지 및 수입되는 식물이 인공적인 재배매체에서 재배되었음을 증명하는 것 등이 있다(Barker 1997; Cotten & Van Riel 1993; Hockland 등 2006). 이러한 전략들에는 식물위생 상의 소독처리가 포함되는 경우가 자주 있으며, 중요하거나 부가가치가 높은 식물체에 대해서는 격리재배를 요구하게 될 수도 있다.

참고문헌

Agrios GN (ed) (2005) Plant diseases caused by nematodes. In: Plant pathology, 5th edn. Academic Press, New York

Baldwin JG, Mundo-Ocampo M (1991) Heteroderinae, cyst-and non-cyst-forming nematodes. In: Nickte WR (ed) Manual of agricultural nematology. Marcel Dekker, New York

Barker KR (1997) Opportunities for integrated management of plant parasitic nematodes in the Near East. In: Maqbool MA, Kerry B (eds) Plant nematode problems and their control in the Near East region. FAO Plant Production and Protection paper 144, Rome, Italy

Barker KR, Davis EL (1996) Assessing nematode infections and infestations. In: De Boer SH (ed) Advances in botanical research, vol 23, Pathogen indexing techniques. Academic, London

Been TH, Schomaker CH (2006) Distribution patterns and sampling. In: Perry RN, Moens M (eds) Plant nematology. CABI, Wallingford, Oxfordshire. UK

Bird DM, Opperman CH, Jones SJM, Baillie DL (1999) The *Caenorhabditis elegans* genome: a guide in the post genomics age. Ann Rev Phytopathol 37: 247-265

Bridge J, Luc M, P1owright RA (1990) Nematode parasites of rice. In: Luc M, Sikora RA, Bridge J (eds) Plant parasitic nematodes in subtropical and tropical agriculture. CAB International, Oxfordshire

Brodie BB, Mai WF (1989) Control of the golden nematode in the United States. Ann Rev Phytopathol 27: 443-461

Chitwood DJ (2003) Research on plant-parasitic nematode biology conducted by the United States Department of Agriculture-Agricultural Research Service. Pest Manage Sci 59: 748-753

Cotten J, Van Riel H (1993) Quarantine: problems and solutions. In: Evans K, Trudgill DL, Webster JM (eds) Plant parasitic nematodes in temperate agriculture. CAB International, Oxfordshire

Davis EL, Hussey RS, Mitchum MG, Baum TJ (2008) Parasitism proteins in nematode-plant interactions. Curr Opin Plant Biol 11: 360-366

De Ley P, Blaxter ML (2004) A new system for Nematoda: combining morphological characters with molecular trees, and translating clades into ranks and taxa. In: Cook R, Hunt DJ (eds) Proceedings of the fourth international congress of nematology: nematology monographs and perspectives 2. Brill, Leiden

Decraemer W (1991) Stubby root and virus vector nematodes. In: Nickte WR (ed) Manual of agricultural nematology. Marcel Dekker, New York

Decraemer W, Geraert E (2006) Ectoparasitic nematodes. In: Perry RN, Moens M (eds) Plant nematology. CAB International, Oxfordshire

Decraemer W. Hunt DJ (2006) Structure and classification. In: Perry RN, Moens M (eds) Plant nematology. CAB International, Oxfordshire

Duncan LW, Moens M (2006) Migratory endoparasitic nematodes. In: Perry RN, Moens M (eds) Plant nematology-CAB International, Oxfordshire

Eisenback JD, Triantaphyllou HH (1991) Root-knot nematodes: Meloidogyne species and races. In: Nickle WR (ed) Manual of agricultural nematology. Marcel Dekker, New York

El-Sharif M (1997) Egypt. In: Maqbool MA, Kerry B (eds) Plant nematode problems and their control in the Near East region. FAO Plant Production and Protection paper 144, pp 145-152, Rome, Italy

Fortuner R (1991) Methods for collection and preparation of nematodes. In: Nickte WR (ed) Manual of agricultural nematology. Marcel Dekker, New York

Hafez SL, Handoo ZA, Siddiqi MR (2010) Occurrence and distribution of nematodes in Idaho crops. Int J Nematol 20: 91-98

Haydock ppJ, Woods SR, Grove IG, Hare MC (2006) Chemical control of nematodes. In: Perry RN, Moens M (eds) Plant nematology. CAB International, Oxfordshire

Hirschmann H (1971) Comparative morphology and anatomy. In: Zuckerman BM, Mai WF, Rohde RA (eds) Plant parasitic nematodes, vol 1. Academic, New York

Hockland S, Inserra RN, Millar L, Lehman PS (2006) International plant health - putting legislation into practise. In: Perry RN, Moens M (eds) Plant nematology. CAB International, Oxfordshire

Horst RK, Nelson PE (eds) (1997) Compendium of chrysanthcmum diseases. APS Press, St. Paul

Hussey RS, Grundler FMW (1998) Nematode parasitism of plants. In: Perry RN, Wright DJ (eds) The physiology and biochemistry of free-living and plant-parasitic nematodes. CABI, Wallingford. Oxfordshire. UK

International Plant Protection Convention. The Pacific Plant Protection Organisation. https://www.ippc.int/?id-pppo, 22 March 2012

Jatala P (1991) Reniform and false root-knot nematodes. In: Nickte WR (ed) Manual of agricul-tural nematology. Marcel Dekker, New York

Jones FGW, Kempston RA (1982) Population dynamics, population models, and integrated control. In: Southey JF (ed) Plant nematology. Reference Book 407. Ministry of Agriculture, Fisheries and Food, 3rd edn. Her Majesty's Stationary Office, London

Krall EL (1991) Wheat and grass nematodes: Anguina, Subanguina. In: Nickle WR (ed) Manual of agricultural nematology. Marcel Dekker, New York

Loof PAA (1991) The family Pratylenchidae Thorne, 1949. In: Nickte WR (ed) Manual of agricultural nematology. Marcel Dekker, New York

Luc M, Bridge J, Sikora RA (1990) Reflections on nematology in subtropical and tropical agriculture. In: Luc M, Sikora RA, Bridge J (eds) Plant parasitic nematodes in subtropical and tropical agriculture. CAB International, Oxfordshire

MAF Biosecurity New Zealand (2009a) Sea container hygiene system. An equivalence system information pack. http://www.biosecurity.govt.nz/files/regs/cont-carg/sea-container-hygiene-system.pdf

MAF Biosecurity New Zealand (2009b) Plants export operations pest identification requirements. http://www.biosecurity.govt.nz/exports/plants/certification/peo-pir.htm

MAF Biosecurity New Zealand (2010a) The import health standard for nursery stock: 155.02.06-importation of nursery stock. Http://www.biosecurity.govt.nz/files/ihs/155-02-06.pdf

MAF biosecurity new zealand (2010b) http://www.biosecurity.govt.nz/pests/registers/uor

Mai WF, Mullin PG, Lyon HH. Loeffler K (1996) Pictorial key to genera of plant-parasitic nematodes. Cornell University Press, Ithaca

Marshall JW (1998) Potato cyst nematodes (*Globodera* species) in New Zealand and Australia. In: Brodie BB, Marks RJ (eds) Potato cyst nematodes: biology, distribution and control. CAB International, Wallingford

Mathys G, Smith IM (1984) Regional and global plant quarantine strategies with special references to developments within EPPO. EPPO Bull 14(2): 83-95

McCuiston JL, Hudson LC, Subbotin SA, Davis EL, Warfield CY (2007) Conventional and PCR detection of *Aphelenchoides fragariae* in diverse ornamental host plant species. J Nematol 39: 343-355

Nickte WR (ed) (1991) Manual of agricultural nematology. Marcel Dekker, New York

Nickte WR, Hooper DJ (1991) The Aphelenchina: bud, leaf, and insect nematodes. In: Nickte WR (ed) Manual of agricultural nematology. Marcel Dekker, New York

Noe JP (1998) Crop-and nematode-management systems. In: Barker KR, Pederson GA, Windham GL (eds) Plant nematode interactions. ASA, CSSA, SSSA Press, Madison

Noe JP, Sikora RA (1990) Effects of tropical climates on the distribution and host-parasitic relationship of plant parasitic nematodes. In: Luc M, Sikora RA, Bridge J (eds) Plant parasitic nematodes in subtropical and tropical agriculture. CAB International, Oxfordshire

Norton DC, Niblack TL (1991) Biology and ecology of nematodcs. In: Nickte WR (ed) Manual of agricultural nematology. Marcel Dekker, New York

Ophel-Keller K, McKay A, Hartley D, Curran H, Curran J (2008) Development of a routine DNA-based testing service for soilbome diseases in Australia. Australas Plant Pathol 37: 243-253

Perry RN, Moens M (eds) (2006) Plant nematology. CAB International, Oxfordshire

Pirone PP (1978) Diseases & pests of ornamental plants, 5th edn. Wiley, New York

Poinar GO (1983) The phylum Nematoda. In: The natural history of nematodes. Prentice Hall, New Jersey

Robinson AF (2007) Reniform in U.S. cotton: when, where, why, and some remedies. Annu Rev Phytopathol 45: 263-288

Sasser JN (1980) Root-knot nematodes: a global menace to crop production. Plant Dis 64: 36-41

Schneider SM, Rosskopf EN, Leesch JG, Chellemi DO, Bull CT, Mazzola M (2003) United States Department of Agriculture-Agricultural Research Service research on alternatives to methyl bromide: pre-plant and post-harvest. Pest Manage Sci 59: 814-826

Shurtleff MC, Averre CW (2000) Diagnosing plant diseases caused by nematodes. APS Press, St. Paul

Skantar AM, Handoo ZA, Carta LK, Chitwood DJ (2007) Morphological and molecular identification of Globodera pallida associated with potato in Idaho. J Nematol 39(2): 133-144

Smart GC, Nguyen KB (1991) Sting and awl nematodes: *Belonolaimus* spp. In: Nickle WR (ed) Manual of agricultural nematology. Marcel Dekker, New York

Stanton JM (1986) First record of potato cyst nematode in Australia. Aust Plant Pathol 15: 87

Starr JL, Cook R, Bridge J (2002) Plant resistance to parasitic nematodes. CAB International, Wallingford

Sturhan D, Brzeski MW (1991) Stem and bulb nematodes, *Ditylenchus* spp. In: Nickte WR (ed) Manual of agricultural nematology. Marcel Dekker, New York

Subbotin SA, Moens M (2006) Structure and classification. In: Perry RN, Moens M (eds) Plant nematology. CAB International, Oxfordshire

Taylor AL (1971) Introduction to research plant nematology. An FAO guide to the study and control of plant-parasitic nematodes, Revth edn. Food and Agriculture Organisation of the United Nations, Rome

Thotne G (1961) Principles of nematology. McGraw-Hill, New York

United Nations Environment Programme. Ozone Secretariat Handbook. http://ozone.unep.org/Publications/MP_Handbook/Section_1.1_The_Montreal_Protocol/Article_2H.shtml

United States Department of Agriculture (2007) plant import regulated pest list. http://www.aphis.usda.gov/import_export/plants/plant_imports/regulated_pest_list.shtml

United States National Archives and Records Administration (2008) Code of federal regulations. http://www.gpoaccess.gov/cfr/index.html

Wood FH, Foot MA, Dale PS, Barber CJ (1983) Relative efficacy of plant sampling and soil sampling in detecting the presence of low potato cyst nematode infestations. N Z J Exp Agric 11: 271-273

제18장
식물의 생물안보에서 침입 병원균: 사례연구 – 감귤의 생물안보
Invasive Pathogens in Plant Biosecurity: Case Study – Citrus Biosecurity

P. (Broadbent) Barkley, T. Schubert, G.C. Schutte, K. Godfrey,
V. Hattingh, G. Telford, G.A.C. Beattie, and K. Hoffman
번역: 홍기정(순천대학교)

18.1 서론

감귤류(운향과). 운향과(Rutaceae; 무환자나무목(Sapindales))는 다양성의 중심 근거지로 아프리카 남부 및 호주에 널리 분포되어 있다(Bayer 등 2009). 감귤류를 분류하는데 있어서 Swingle & Reece (1967) 및 Tanaka (1977)의 분류체계가 가장 널리 이용되고 있다. 감귤속(*Citrus*)의 많은 종들은 여전히 야생의 식물체이거나 거의 바뀌지 않은 원시 품종으로 자연계에 존재한다. 이런 야생종들은 오늘날 알려진 감귤류 품종의 다양성을 증가시키고 있다. 감귤속(*Citrus*) 특히, 재배형의 분류(Bayer 등 2009)는 긴 재배 역사와 종간의 넓은 교잡친화성

P. Barkley (✉)
Citrus Australia Ltd, PO Box 46, Mulgoa, NSW 2745, Australia
e-mail: pat.barkley@bigpond.com

T. Schubert
Florida Department of Agriculture & Consumer Services, Division of Plant Industry,
PO Box 147100, Gainesville, FL 32614-7100, USA

G.C Schutte
Citrus Research International, PO Box 28, Nelspruit 1200, South Africa

K. Godfrey
Contained Research Facility, University of California-Davis, 555 Hopkins Road, Davis, CA 95616, USA

V. Hattingh
Citrus Research International, Department of Conservation Ecology and Entomology, Stellenbosch University, PO Box 2201, Matieland 7602, South Africa

G. Telford
Department of Agriculture, Fisheries & Forestry, Biosecurity Queensland,
PO Box 1241, Oxley, QLD 4075, Australia

G.A.C. Beattie
University of Western Sydney, Locked Bag 1797, Penrith, New South Wales 2751, Australia

K. Hoffman
California Department of Food and Agriculture, Pest Detection and Emergency Projects, 1220 N Street, Sacramento, CA 95814, USA

에 의해 복잡해져 있다(Mabberley 2004). 최근 연구는 *Eremocitrus, Fortunella, Microcitrus, Poncirus*속들이 *Citrus*속으로 재통합(Mabberley 1998)된 것을 포함하여 감귤속(*Citrus*)은 약 25종을 포함한다고 제안하고 있다(Mabberley 2004). 분자생물학적 분석(Bayer 등 2009)으로 감귤속(*Citrus*)은 *Oxanthera* Montrouz 및 *Feroniella* Swingle 속을 포함하여 확대되었다. 다른 언급이 없으면, 이 장에서 식물체의 분류는 Mabberley (1997, 1998, 2004, 2008), Scott 등 (2000), Samuel 등 (2001), Bayer 등 (20009)에 바탕을 두고자 한다.

상업적인 감귤은 히말라야 산기슭 지역과 중국, 말레이시아 서부가 원산지인 야생종에서 파생되었다. 주요한 감귤 산업의 설립 역사에 대해서는 Tolkowsky (1938); Webber 등 (1967); Ramón-Laca (2003)를 참조한다.

현재 세계 감귤 생산은 약 1억 2천만 톤으로, 58%는 현지에서 소비되고, 38%는 가공되며, 12%는 수출되고 있다(Imbert 2010). 각 나라별 감귤 산업의 통계는 http://faostat.fao.org/site/339/default.aspx에서 활용하거나, 선택된 나라들의 생산, 공급, 유통은 미 농무부의 http://www.fas.usda.gov/htp/2011_jan_Citrus.pdf.에서 감귤의 세계시장과 무역을 참고한다.

14.2 감귤 병원균들의 국제적 이동

초기의 행운적인 조합과 몇 년 뒤의 현명한 선택이나 검역이 공진화한 많은 천적(해충과 병원균)들을 작물들로부터 성공적으로 떨어지게 하였다. 대부분 주요한 생산 지역들이 그들의 원산지 중심 밖에 있을 정도로 식물체의 적합성이 증가하였고, 병해충의 압력으로부터 자유롭게 하였다. 그럼에도 불구하고, 지난 150년 동안의 세계화로의 발전은 공진화된 병해충들이 그들의 기주 식물체와 재결합된다는 것을 의미하며, 종종 사회-경제적으로 참담한 결과로 나타나고 있다(Evans & Waller 2010). 이러한 위험성은 감귤을 단일작물로 재배함으로서 두드러지게 되었다(Arora 2000). 게다가, 일부 '새롭게 맞닥뜨리는(new-encounter)' 병원균은 감귤과 공진화하지 않았다. 이들은 남아메리카의 감귤 병원균(leprosis를 일으키는 citrus leprosis virus, 감귤 얼룩무늬황백증을 일으키는 *Xylella fastidiosa*), stubborn의 원인균인 *Spiroplasma citri* (지중해 유역과 캘리포니아의 일부에 한정된), 일부 지중해연안 국가의 말세코병(mal secco, *Phoma tracheiphila*), exocortis와 악액질(cachexia)를 일으키는 바이로이드, 잘 알려지지 않은 중국 기원의 품종에서의 2가지 병을 포함하고 있다.

불가피하게, 생식질 이동은 기주식물체와 관련된 생물안보적인 병해충의 우발적인 유입위험성을 수반하고 있다(13장). 일부 병원균(예를 들어, 접목전염 바이러스)은 일부 기주에서 증상이 없이 특별한 위험을 지니고 있다. 이 위험을 최소화하기 위해 효과적인 검정(지표화) 절차가 유통되는 재료들이 검역병해충으로부터 무감염임을 보장할 필요가 있다(13.5절). 감귤 생식질의 안전한 이동(Safe Movement of Citrus Germplasm)에 관한 FAO/IBPGR의 기술적인 지침(Technical Guidelines; http://ecoport.org/Resources/Refs/IPGRI/citrus.pdf)은 생식질의 이용, 감귤 종자와 눈접용 접가지의 채집 및 취급, 치료 절차와 지표화 전략에 관한 일반적인 권고사항을 제공하고 있다.

국가들은 눈접용 접가지의 도입, 병원균 검정, 유통을 다루는 프로그램을 도입하였다. 예를 들어, 미국에서 캘리포니아대학교 감귤 클론 보호 프로그램(Cirtus Clonal Protection Program), (플로리다주) 감귤 생식질 도입 프로그램(Citrus Germplasm Introduction Program), (플로리다주) 감귤 눈접용 접가지 등록 프로그램(Citrus Budwood Registration Program)이 고려되고 있다. 애리조나와 텍사스는 이러한 프로그램으로부터 병원균이 검정된 감귤의 눈접용 접가지를 얻고 있으며, 유통증명 프로그램을 통해 그들의 산업계에 눈접용 접가지를 관리하고, 재검정하며, 유통하고 있다(Krueger 등 2010). 호주에서 농수산임업국(Department of Agriculture, Fisheries and Forestry, DAFF)은 수입되는 감귤 눈접용 접가지에 대하여 격리재배검역을 수행하는 한편, 사단법인 호주 감귤 번식체 협회(Australian Citrus Propagation Association Inc.; Auscitrus로 무역하고 있음)가 감귤 눈접용 접가지 및 종자의 공급을 맡고 있다(http://www.auscitrus.com.au).

감귤 병원균은 다양한 확산 수단을 통하여 국제적으로 확산되고 있다. 예방에도 불구하고, 개개인은 여전히 감귤 번식체를 불법적인 수입과 생물안보 체계를 우회함으로서 새롭거나 개선된 품종들을 통해 이득을 추구하고 있다(6장). 드물기는 하지만 또한 병해충들이 부석낭하게 검정되거나 소독되거나 검사된 식물체로 침입되고 있다. 하와이에서 신선한 커리 식물체(*Bergera koenigii*)의 잎에 아시아귤나무이(Asitic Citrus Psyllid, ACP, *Diaphorina citri* Kuwayama)가 붙어 캘리포니아로 침입된 예가 있다(Wilkinson 2007). 항공기로 곤충의 수동적인 수송 및 대기이동(예를 들어, 사이클론, 제트기류, Gottwald 등 2007; Sakamaki 등 2005; Aubert 1987a; Beattie & Barkley 2009)을 통한 ACP의 수동적인 수송은 대륙 간 확산의 한 방법으로 제안되어 있다. 특히, 미국과 멕시코의 국경을 따라 특별히 국경 주민들에서 신선한 절단된 잎이나 비상업적인 과일의 이동은 새로운 병해충의 유입 경로이다. 국가 또는 지역 내의 구역 간 이동하는 대량 선적된 과일(잎이 부착되어 있거나 없거나, Halbert 등 (2008, 2010)은 매개 곤충(예를 들어, ACP)이나 감귤 궤양병(*Xanthomonas citri* subsp. *citri* Schaad et al.)과 같은 병원균의 확산 방법이 될 수 있다. 감귤과 오렌지자스민(*Murraya exotica* L.) 식물체의 전자상거래는 플로리다(궤양병 및 아시아귤나무이와 함께)로부터 미국의 다른 지역으로 감귤의 가능성 있는 수송 경로가 되고 있다. 황룡병(Huanglongbing, '*Candidatus* Liberibacter' spp.)의 종자 전염과 관련하여 의심의 여지가 남아 있지만(Hartung 등 2010, Albrecht & Bowman 2009), 다른 감귤 병원균들 예를 들어, Citrus Leaf Blotch Virus (Guerri 등 2004), 감귤 얼룩무늬황백증을 일으키는 *Xylella fastidiosa* subsp. *pauca* subsp. nov (*Xf*) Schaad 등 (Li 등 2003), Citrus Tatter Leaf Virus (Tanner 등 2011)는 종종 종자 전염을 한다. 감귤류 종자를 통한 Citrus Exocortis Viroid (CEV)의 전염 기록은 없지만, CEV가 아프리카봉선화(*Impatiens walleriana* Hook. f.) 및 *Verbena*의 교잡종 종자를 통해 전염된다(Singh 등 2009).

18.2.1 Phytophthora

감귤 병해충의 확산은 종종 감귤 생산 기술의 변화를 가져오는 괴멸적인 결과들을 가져오고 있다. 예를 들어, 19세기에 *Phytophthora*의 유행 및 1930년대에 시작된 tristeza의 유행은 상호 문화적 변화들로 이어졌다. 감귤 수지병(citrus gummosis, 의심할 여지없이 *Phytophthora*에 의함)의 첫 번째 기록(1832)은 아조레스(Azores)에서 이다. 그 병은 1800년대 중반에 아조레스로부터 지중해연안 국가들로 확산되었고, 이어서 호주의 뉴사우스웨일스(1867), 캘리포니아(1875), 플로리다(1876)에서 나타났다(Fawcett 1936; Fraser 1949). 이러한 Phytophthora root rot의 세계적인 유행은 그 자신의 뿌리에서 자라는 감귤로부터 또는 rough lemon과 sweet orange같은 대목에서 자라는 감귤로부터 *Phytophthora* 내성의 광귤나무(sour orange) 대목을 이용으로 것으로 배양에 변화를 일으켰다. 그러나 이후에 감귤 갈색줄무늬오갈병(Citrus Tristeza Virus, CTV)의 유입은 "비참한 병(sad disease)"이나 tristeza로 이름 붙여진 광귤나무 대목에서 자란 오렌지와 만다린의 죽음('급성 쇠약증(quick decline)')을 일으켰다.

18.2.2 갈색줄무늬오갈병(Tristeza)

감귤 갈색줄무늬오갈병(Citrus Tristeza Virus, CTV)는 아마도 상업적인 감귤의 원산지에서 처음 나타났으며, 19세기 말에 다른 기후와 환경 조건 하에서 새로운 기주 품종 및 대목/접수의 조합들이 상호작용하는 다른 대륙으로 감염된 식물체에 의해 확산되었다(Moreno 등 2008). 일부 CTV 계통은 급성 쇠약증을 일으키는 반면, 다른 계통들은 고접병(stem pitting)을 일으킨다. 20세기 초반 이후 CTV에 감염된 묘목이나 눈접용 접가지의 상업적인 대규모 이동(때때로 *Toxoptera citricida* (Kirkaldy)를 포함한 매개 진딧물과 함께)은 예를 들어, 1930년에 남아프리카공화국으로부터 아르헨티나로(Wallace 1956), 1933년에 호주에서 아르헨티나로(Fraser & Broadbent 1979), 1970년대와 1980년대 초에 일본으로부터 페루로(Roistacher 1988)와 같이 국가와 대륙 간에 나타나고 있다. tristeza의 가장 괴멸적인 유행은 Roistacher (2004) 및 Moreno 등 (2008)에서 기술되었다. 일부 국가에서 감귤 생산은 오직 CTV 내성인 대목의 이용과 순화 계통(mild strain)의 교차보호를 통해서만 가능해지고 있다(Moreno 등 2008).

18.2.3 Leprosis 및 감귤 얼룩무늬황백증(Citrus Variegated Chlorosis)

괴멸적인 영향을 주며 확산되는 새롭게 맞닥뜨린 병원균의 예는 leprosis 및 citrus variegated chlorosis (CVC)를 포함하고 있다. Leprosis는 두 바이러스(CiLV-C, CiLV-N)에 의해 일어나고, 남미에서 감귤을 재배하는 국가들에 나타나는 *Brevipalpus*속의 애응애류(tenuipalpid mites)에 의해 매개되며, 중미와 멕시코를 통해 북쪽으로 확산 중에 있다. 확산의 대부분은 바이러스에 감염된 식물체나 식물체에 존재하는 보독하고 있는 응애류를 통해 나타날 수 있다. 게다가, 응애는 바람에 의해 분산된다. CiLV는 병변이 국부적이므로 감염된 눈접용 접가지에 의한 전염은 매우 가능성이 낮다. 유입원을 결정하는 것은 많은 지역에서 어려웠으며; 연구자들은 그 병이 오랜 기간 동안 이들 지역에서 주목되지 않은 상태로 나타났었다고 가설을 세우고 있다. 많은 국가들은 그 증상이 동정되었을 때 박멸활동을 시작함으로서 성공이 없는 leprosis 박멸을 시도하였으나, 그 단계에서 그 병은 이미 널리 퍼지게 되었다(Bastianel 등 2010).

CVC는 *Xylella fastidiosa* subsp. *pauca* subsp. nov (*Xf*)가 원인이다. 주요한 상업적인 감귤 재배종의 아시아 기원은 *Xf*가 신대륙의 생명체인 것처럼 CVC의 최근 진화를 남미로 제안하고 있다(Chen 등 2002). CVC 계통은 유전적으로 매우 균일하다. CVC는 브라질의 상파울로주에서 풍토병이며, 아르헨티나, 파라과이, 코스타리카에서도 발생한다. CVC는 1987년에 브라질에서 처음 관찰되었고, 2005년경 상파울로주의 스위트오렌지 2억 그루 중 43%가 감염되었으며, 국가의 모든 감귤 재배지에 존재하였다(Bové & Ayres 2007). 이들 그룹의 *Xf* 계통들 사이 계통학적 유연관계는 CVC와 관련된 세균이 coffee leaf scorch (CLS)의 원인인 *Xf* 계통으로부터 직접적으로 진화했다는 생각을 지지하고 있다(Li 등 2001). 브라질에서 현재 재배되는 감귤 과수원의 대부분 지역은 이전에 커피 농장으로 이용되었으며, 커피나무에서 흡즙하는 CVC 매개충의 보고들이 있다(Li 등 2001). CVC를 관리하기 위한 방제 전략은 매개충 방충망 하에서 유묘의 생산, CVC 무감염 눈접용 접가지 및 종자의 사용, 접종원을 제거하기 위한 증상이 있는 나무 부분을 전정하는 것을 포함하고 있다. 매미충인 sharpshooter의 매개충을 방제하는 것은 매우 어렵다. 2003년에 상파울로주는 이 심각한 병의 확산을 방지하기 위한 노력으로 야외 묘목장에서 생산된 감귤 대목 및 감귤 식물체의 판매와 운송을 금지하였다(Gonçalves 등 2011).

*Xf*는 감귤의 종자를 통해 묘목으로 전염될 수 있다(Li 등 2003). 브라질에서 병에 걸인 감귤과 커피로부터 분리된 *Xf*의 계통들은 7개의 상업적 포도 품종에 기계적인 접종 후 피어스병(pierce's disease) 증상을 나타내었다. 즉, *Xf*의 일부 CVC 계통의 유입은 또한 포도 산업에 위협이 될 수 있을 것이다(Li 등 2002). 미국으로 CVC의 유입을 막기 위해, CVC가 존재하는 국가로부터 몇몇 운향과 속 종자의 수입을 제어하는 규정이 제정되었다(연방관보: 2010년 4월 6일자 075권 65호 17289-17295페이지). 호주에서 *Xf*가 있는 국가로부터 수입된 감귤 종자는 열수로 침지 처리되거나 최소 2년 동안 격리재배 검역시설에서 (모든 계통의) *Xf*에 대하여 PCR이나 ELISA로 후대 검정을 하면서 종자를 재배한다(ICON 데이터베이스 참조 http://www.aqis.gov.au/icon32/asp/ex_casecontent.asp?intNodeId=8867801&intCommodityId=3321&Types=none&WhichQuery=Go+to+full+text&intSearch=1&LogSessionID=0).

18.2.4 말세코병(Mal Secco)

이 병원균은 지중해 연안 주변의 일부 국가에서 발생하며, 전세계의 레몬에 위협을 주고 있다. 원인 진균인 *Phoma tracheiphila* (Petri) Kantchaveli & Gikachvili (이명 *Deuterophoma tracheiphila* Petri)는 아마도 주로 바이러스 병과 관련된 감귤 번식체의 이동에 관한 심각한 제약 때문에 지중해 연안의 감귤 재배지 전역에 나타나지는 않는다(OEPP/EPPO 2007). 기후적 요인이나 재배적 요인이 감염되지 않은 지역에서 말세코(mal secco)의 정착 가능성을 제한하는지 명백하지 않다(Migheli 등 2009). 감염된 과일들은 보통 수확 전에 땅으로 떨어진다. 종피가 감염될 수는 있지만, 오염된 종자를 50℃의 물에 10분간 소독처리하면 *P. tracheiphila*에 대해 효과적이다(Ippolito 등 1987). 결과적으로 병의 확산원으로서 감염된 과일의 가능성은 낮다.

18.2.5 황룡병(Huanglongbing)과 귤나무이

황룡병(HLB)은 체관부에 한정된 세균인 '*Candidatus* Liberibacter' spp.가 원인이 된다고 여겨지며, 감귤의 매우 괴멸적인 병이다. 감귤의 병들에 관한 초기 기록은 HLB가 1700년대 중반에 인도에서 나타났을 것이라고 주장하는 반면(Capoor 1963), 다른 기록들은 이 병이 1800년대와 1900년도 초에 인도의 다른 지역에 나타났다고 주장하고 있다(Beattie 등 2008). Husain & Nath (1927)는 HLB를 암시하는 증상을 처음으로 기술하였다. 인도와 중국 남부에서 관찰된 기록은 직·간접적으로 1920년대 후반이나 1930년대 초반에 인도에서 중국으로 아시아에서 이 병과 그의 나무이 매개충의 동쪽으로 이동을 주장하고 있다(Beattie 등 2008). 아시아를 통한 HLB와 ACP의 확산에 대한 추가적인 정보는 Beattie & Barkley (2009)를 참조하라. *Trioza erytreae* (del Guercio)에 매개되는 HLB는 1928년/1929년에 남아프리카공화국에서 처음 보고되었으며, 감염된 재식용 식물체와 함께 확산되었다(le Roux 등 2006a).

HLB에 의한 손실은 주로 ACP 매개충의 활동에 때문에 단일 작물로 재배되는 감귤에서 늘어났다. Aubert (1988)는 아프리카귤나무이인 *T. erytreae*와 대조적으로 아시아에서 *D. citri*는 넓은 범위의 운향과 대체기주에서 대규모로 집단을 이룰 수 없다고 하였다. '*Ca*. L. africanus'에 대한 몇몇 대체기주가 아프리카에서 확인되었다(van den Berg 등 1991-1992; Korsten 등 1996; Moran 1968).

비록 운향과(감귤류 포함)를 흡즙하는 다른 나무이들이 기술되어 있지만, ACP는 아시아에서 HLB의 유일한 알려진 매개충이다(Mathur 1975; Yang & Li 1984; Inoue 등 2006; Fang & Yang 1986; Lahiri & Biswas 1980; Osman & Lim 1990). 최근, '*Ca*. L. asiaticus'의 존재가 부탄에서 채집된 *Diaphorina communis* Mathur (Donovan 등 2011) 및 중국에서 채집된 *Cacophylla* (*Psylla*) *citrisuga* Yang & Li에서 확인되었다(Cen 등 2012). 그러나 우리는 이 나무이가 '*Ca*. Liberibacer' spp.를 매개할 수 있는지 알 수 없다.

ACP는 약 1940년부터 브라질에 있었으며(Halbert & Núñez 2004), 2004년에 '*Ca*. L. americanus' 및 '*Ca*. L. asiaticus' 모두가 브라질의 같은 지역 과수원에서 처음으로 발견되었다(Lopes 등 2008). '*Ca*. L. americanus'는 감귤에서 초기에 만연한 종이었지만, 추측컨대 보다 높은 획득률 및 매개율 때문에 '*Ca*. L. asiaticus'로 대체되었다(Gasparoto 등 2010). 반대로, ACP는 1998년에 플로리다에서 처음 발견되었으며(Halbert & Núñez 2004), '*Ca*. L. asiaticus'는 2005년에 발견되었다(Halbert 등 2008). 계통지리학적 연구들은 *D. citri* 개체군들이 남미에서 북미로 침입하지 않았음을 제안하고 있다(de Leon 등 2011).

D. citri 개체군에 있어서 존재하고 번성하기 위한 잠재력은 고도 및 위도의 증가(저지대 선

호성과 함께 800m 이하 지역에 의존)와 높은 포화부족도(낮은 상대습도를 지닌 따뜻하거나 매우 더운 기후)함께 감소하며, 고지대 및 낮은 포화부족도(높은 상대습도를 지닌 따뜻하거나 더운 기후)를 선호하게 된다(Aubert 1987b, 1990; Yang 등 2006; Beattie & Barkley 2009). ACP는 낮은 주변 온도(Xie 등 1988)와 50℃ 정도의 높은 온도에 내성을 가진다(Husain & Nath 1927). 반대로 *T. erytreae*는 덥고 건조한 지역에 정착할 수 없다. 그러나 성충은 극단적인 날씨에 상당한 내성을 가지고 있다(Samways 1990; Aubert 1987b). *Trioza erytreae*는 봄철에 산란하고 유충이 발육하는 기간으로, 다른 계절에 성충으로 생존하면서 지중해연안 지역에서 집단을 이룰 수 있다. 이 나무이의 유충은 잎 뒷면의 벌레혹에 살며, 먼 거리로의 이동은 뿌리가 있는 재식용 식물체에서 나타날 수 있다. 그러면, 상당히 훌륭한 비행능력을 지닌 성충이 새롭게 오염된 지역에서 종을 퍼뜨릴 것이다(Aubert 2009).

'*Ca*. L. africanus'는 '*Ca*. L. asiaticus'보다 덜 침략적이며, 아프리카형 HLB의 증상도 덜 심각하다. 온도 내성에 근거하여 2가지 형으로 구별할 수 있다(le Roux 등 2006a; Schwarz 1968; Schwarz & Green 1972). '*Ca*. L. americanus'와 '*Ca*. L. asiaticus' 사이 다른 차이점은 높은 온도에 대한 민감성(Lopes 등 2009b)과 매개율을 포함한다(Lopes 등 2009a; Barbosa 등 2011). 이러한 요인들은 브라실에서 '*Ca*. L. americanus'로부터 '*Ca*. L. asiaticus'로 발병에 있어서 전환을 설명할 수 있다.

미국에서 ACP의 확산. ACP는 자연적인 확산 및 감염된 어린 식물체, 특히 오렌지 자스민(*Murraya exotica*로 보통 *M. paniculata* (L.) Jack으로 인용됨)의 이동을 통해 플로리다 및 텍사스의 도심 및 감귤 생산지 전역으로 빠르게 확산되고 있으며(Lopes 등 2010; French 등 2001; Manjunath 등 2008를 참조), 사우스캐롤라이나, 조지아, 앨라배마, 미시시피, 루이지애나로 확산되고 있다(Bech 2008; NAPIS 2008). ACP는 2008년 7월에 멕시코의 티후아나(Tijuana)에 도달하였고, 2008년 8월에 캘리포니아 남부에서 처음 발견되었으며, 2009년에 멕시코 국경에서 가까운 애리조나에서 발견되었다(Bech 2009).

HLB 또는 ACP의 탐지를 위한 대응. 감귤 및 다른 운향과의 어린 대목의 주간 이동은 아래 소개된 프로토콜과 부합되어 이동하지 않는 한 미국에서 HLB와 ACP에 대해 검역이 이루어지는 지역으로부터 금지되어 있다(2011년 4월). http://www.aphis.usda.gov/plant_health/plant_pest_info/citrus/downloads/interstate-mvmnet-protocol.pdf.

2008년에 멕시코의 티후아나(Tijuana)에서 ACP의 탐지에 대한 대응으로 "*D. citri*의 탐지 및 경계설정, 조치 지침"이 캘리포니아에서 탐지 및 강화된 조사 프로토콜을 포함하여 입안되었다(http://www.cdfa.ca.gov/plant/pdep/Insect_Trapping_Guide/itg_sections_acp-am.pdf).

이 나무이의 밀도는 새로운 지역에서 집단을 이룰 수 있거나 탐지되지 않는 HLB가 감염된 나무로부터 HLB를 얻는 ACP의 수를 가능한 한 낮게 줄여야만 한다. 캘리포니아의 검역 지역에서 감귤에 대한 개정된 조치 지침은 http://www.ipm.ucdavis.edu/EXOTIC/diaphorinacitri.html에 소개되어 있다.

2012년 1월 13일, 미 농무부는 텍사스의 상업적 감귤 과수원에서 증상을 보이는 나무로부터 채집된 조직 시료에서 '*Ca*. L. asiaticus'의 존재를 확인하였다. 텍사스 농업국은 임시적인 비상조치의 검역(5마일/8km)을 시행하였다. 텍사스의 검역 구역에 관한 정보는 http://www.

aphis.usda.gov/plant_health/plant_pest_info/citrus_greening/index.shtml.에서 찾을 수 있다.

2012년 3월에 로스앤젤레스 카운티에서 CDFA에 의해 채집된 3마리의 ACP 성충 시료가 '*Ca*. L. asiaticus'에 대하여 양성 반응을 보였다. 또한 동일한 사유지의 감귤 나무가 감염되었음이 확인되었고, 제거되었다. CDFA는 조사 및 박멸 프로그램에 착수하였다. ACP의 조치 반경은 800m 였고, 검역 구역(반경 5마일/8km)이 실행되었다. 더 많은 정보는 http://www.cdfa.ca.gov/plant/acp/index.html에서 이용 가능하다. 감염된 지역의 집주인과 공무원, 소매 묘목상, 대형 직판장, 정원사 대표, 전통적이고 사회적인 미디어에 초점을 두고 인식과 협력을 이끌어내기 위해 공공의 봉사활동 프로그램이 실행되었다.

박멸. 감귤 궤양병의 유입 시 ACP가 호주의 Northern Territory에서 기록되었으며(1915년), 아시아에서 감귤 식물체의 도입으로부터 발생한 것으로 추정되고 있다. ACP는 감귤 궤양병에 대한 1916-1922년 박멸 캠페인을 벌이는 동안에 우연히 박멸되었다(Bellis 등 2005). 이것이 ACP의 유일한 박멸 기록이다.

남아프리카에서 1960년대에 효과적인 방제 조치로 감염된 나무의 발병률에 있어서 38%에서 2006년에 1%로 감소되었을지라도, HLB의 박멸에 관해 인용될 수 있는 사례는 없다(Buitendag & von Broembsen 1993; le Roux 등 2006b). Ke and Xu (1990)는 중국 남부의 아열대 해안 지역에서 HLB와 ACP의 성공적인 방제를 보고하였다. 브라질에서 HLB가 개인 농장에서 많은 요인들의 관리를 통해 성공적으로 방제되었다(Belasque 등 2010). 방제에 대한 모든 시도에도 불구하고, HLB는 플로리다와 브라질에서 확산이 계속되고 있다(Belasque 등 2010, http://cssrc.us/publications.aspx?id=7878). 전세계의 성공적인 프로그램에 대한 분석은 몇몇 조치들의 실행에 의해 HLB의 효과적인 관리가 성취될 수 있음을 보여주고 있다(Beattie & Barkley 2009).

18.3 플로리다에서 감귤 궤양병

18.3.1 개요

플로리다에서 감귤궤양병의 대발생에 관한 몇몇 조사 결과들이 출판되었다(Stall & Seymour 1983; Civerolo 1984; Schubert 등 2001; Brown 2001; Gottwald 등 2002a; Graham 등 2004). 이 책은 미국 플로리다에서 지난 세기에 궤양병을 다룬 것을 반영하고 있다. 역사적인 설명에 따라서 플로리다에서 궤양병의 경험으로부터 도출된 관찰, 주장, 질의, 결론, 개념들을 모은 것이다.

감귤 궤양병의 아시아 계통은 적어도 3번에 걸쳐 플로리다에 성공적으로 정착하였다. 첫 번째는 플로리다주 거의 전체와 미국 남동부의 감귤 재배지 전역에 존재하게 된 1910년이다. 두 번째는 1986년이고, 가장 최근은 1995년이다. 후자의 두 사건은 주거지의 감귤에서 시작하여 결국에 상업적인 감귤의 감염으로 확산하였다. 이러한 각각의 중요한 사건들은 주거지 및 상업적인 감귤의 정기적인 감시활동에 의해 발견되었다. 각각의 경우에 비록 여전히 확산을 관리할 수 있을지라도, 이 병은 뚜렷하게 일정 시간동안 아마도 몇 년 동안 국지적으로 활동하였다. 병원균의 유입 경로는 가장 최근의 경우에 명확하게 알아낼 수 없었지만, 최초의 대발생은 병에 걸린 어린 수입 대목과 매우 강하게 연관되어 있다(Berger 1914). 나머지 2가지에 대해서는 가장 오래된 감염이 주거지 경관에서 나타났기 때문에 비상업적인 원예가에 의해 번식체를 불법적으로 들어온 것으로 의심되고 있다. 처음 2번의 유입이 2006년 1월에 마지막 대발생으로 박멸을 끝냄으로서 성공적으로 박멸되었다. 감귤 궤양병은 주 저지대의 2/3분에 해당하는 많은 지역에 나타남으로서 현재 플로리다에서 풍토병으로 되고 있다. 감귤 궤양병은 황룡병과 동일한 지리적 범위에서 감염되어 있다.

감귤 궤양병은 20세기 초에 플로리다의 습한 아열대 기후에서 막대한 피해를 일으켰다. 결과적으로 플로리다에서 감귤 궤양병의 유입은 다음과 같은 이유에서 박멸해야 할 좋은 후보자이다:

1. 훌륭한 식품과 경제적 가치를 지닌 작물
2. 중간 정도 속도의 자연적인 확산
3. 매개충의 부재
4. 병을 쉽게 알아볼 수 있는 증상
5. 운향과에 제한된 병원균의 기주범위
6. 기주가 없을 경우, 병원균의 변변치 않은 생존 가능성

감귤 궤양병은 박멸의 시도를 정당화하기 위한 모든 중요한 과학적 판단 기준을 명확하게 충족하는 주요 식물병의 몇몇 예들 중 하나이다(IPPC 1998). 지중해과실파리(15장)와 같은 몇몇 다른 동시에 발생하는 병해충들과 함께, 궤양병의 발병력 및 공격성은 미국에서 처음으로 상호보완적인 연방 및 주의 식물보호 법안들을 제정하였다(Loucks 1934; Dopson 1964; 미 농무부 식물검역법 1912 http://www.archive.org/detail/plantquarantinea00unit).

플로리다의 감귤 산업이 발전함으로서 대목에 대한 요구가 빠르게 공급을 초과하였다. 1910년경 수요를 충족하기 위해 일본으로부터 탱자나무 유묘들이 도입되었다. 대목용 유묘가 유통된 일부 지역에서 나중에 아시아 계통의 감귤 궤양병으로 동정된 쇠약해지는 scab-like disease가 나타났다. 생산자들이 궤양병과 수익성 있는 감귤재배가 플로리다에서 공존할 수 없다는 합의에 도달하기까지는 몇 년이 지난 뒤였다. 그 후 생산자협회는 박멸을 수행하는데 지원해 줄 것을 주 및 연방 농업국에 요구하였다. 1972년경 이 병은 체계적인 검사와 감염된 감귤의 폐기로 결국 제거되었다(Dopson 1964). 루이지애나와 텍사스의 비상업적인 감귤에 남아있는 감염에 관하여 광범위한 소탕 작업 이후, 궤양병은 1940년대 후반에 미국 남동부 전역에서 박멸되었음이 결정되었다.

1984년에 빠르게 성장하는 대목용 유묘와 눈접용 식물체에 중요한 피해를 일으키는 궤양병과 유사한 *Xanthomonas*에 의해 유발되는 병이 플로리다 중부의 몇몇 감귤 묘목에서 나타났다. 이 증후군은 아시아 계통의 감귤 궤양병과 닮았지만, 원인 세균의 군집은 과수원의 성숙한 감귤류에서 문제가 될 수 있을 정도의 침입력과 피해 가능성이 부족하였다. 이 병은 현

재 citrus bacterial spot (*Xanthomonas alfalfae* subsp. *citrumelonis*가 원인임)으로 알려져 있다 (Gottwald 등 1988; Graham & Gottwald 1990).

citrus bacterial spot에 대한 규제 대응이 진행되는 동안, 아시아 계통의 감귤 궤양병의 대발생이 1986년에 발견되었다. 주거지의 감염이 주변의 상업적 감귤로 확산되었다. 감염된 감귤의 제거와 125ft (38.1m) 이내에 노출된 감귤의 제거 또는 '전지(hatracking)'를 합해 주기적인 검사를 이용하여 박멸을 향한 견실한 진전이 달성되었다. 아르헨티나에서 노출 반경은 경험적으로 결정되었다(Stall 등 1980). '전지(hatracking – 성숙한 목질부가 갈색으로 된 노출된 나무를 베어내기)' 절차는 병원균이 보다 오래된 감귤 조직을 감염할 수 없다는 가정에 기초하였다. 비록 '전지된(hatracked)' 나무가 종종 궤양병에 감염되어 있었지만, 그 실행은 한정된 규모 안에서 성공적이고 유용하였다. 궤양병은 7년 만에 탐지할 수 없는 상태로 감소하였고, 2년 후에 박멸됨을 선언하였다.

1995년에 세 번째로 궤양병이 나타났다. 마이애미공항 근처의 주거지에서 감귤에 정착된 감염상태로 발견되었다. 분자생물학적 증거는 1985년의 병원균과 다른 유전자형임을 드러냈다. 이러한 발견은 주거지에서 조차 병의 조기탐지를 위한 광범위하고 지속적인 감시활동의 필요성이 강화되었고, 성공적인 법적 식물병해충 관리로 매우 중요하다.

1995년에 이 병이 처음 탐지되었을 때, 14mile^2 (36.3km^2)의 감염지역 내 모든 감귤을 제거하는 방법이 고려되었다. 이 방법은 너무 극단적이고 정치적으로 이치에 맞지 않아 미래의 모든 규제 활동을 위험에 빠뜨리게 할 가능성이 있어 홍보 관점에서 거절되었다. 엄밀하게 생물학적 관점에서 생각해 보면, 그러한 조치는 성공되었을 수도 있다. 그러나 일반대중은 규제 조치에 강하게 반응하였고, 명시되지 않은 기간의 법적 금지명령을 야기하였다. 대중의 지지 없이는 이 프로그램이 성공을 거두기 어려웠다.

감염된 나무들은 실질적인 면에서 빠르게 제거되었다(그림 18.1). 125피트(38.1m) 내에서 노출된 기주들은 초기에 '전지(hatracked)'를 하였다. 이후 18개월 동안의 방제 활동은 사유지의 접근에 제약 때문에 대규모 지역에 걸쳐 체계적이고 균일하게 진행되지 못하였으며, '전지(hatracked)'한 나무의 새로운 생장부가 순식간에 자주 감염되었다. 부가하여, 1993년에 플로리다에서 처음 탐지된 감귤의 새로운 외래해충인 귤굴나방(*Phyllocnistis citrella* Stainton)이 또한 궤양병을 조장하였다. 1997년 초에 노출된 나무들의 제거가 보편적으로 채택되었으며, '전지(hatracking)' 작업의 실행은 중단되었다.

이 프로그램의 이듬해는 새로운 지역으로 이 병의 진전을 막으려는 시도로 보냈다. 1998년 2월경 농업위원회는 이 프로그램에 대한 공공의 환멸감을 누그러뜨리기 위해 노출된 나무들의 베어내기를 1년간 유예하기로 선언하였다. 그 당시에 이 프로그램은 단지 주거지의 감귤에 영향을 주었으며, 상업적인 감귤 재배자들은 보호하려는 활동을 매우 찬성하였다.

이 유예기간 동안, 규제기관은 플로리다의 도심지 환경 조건에서 궤양병의 역학에 대해 연구할 수 있는 기회를 가지게 되었다. 현재 박멸 활동에서 해고된 다수의 숙련된 노동력이 설정된 연구 지역에서 많은 집중적인 예비조사 활동 및 자료 수집의 수행을 자유롭게 하였다. 플로리다 남동부의 도심지에서 궤양병의 진전에 관한 지리정보의 시공간적 분석을 수행하고자 하는 제안이 빠르게 고안되었고, 막대한 조사를 수행하기 위한 재원은 미 농무부 및 플로리

그림 18.1 주거지에서 궤양병이 감염되어 감귤과 노출된 감귤이 체인 톱으로 제거되고, 길가로 옮겨져 위생적인 매립지로 폐기되거나 전기 열병합 발전소의 연료로 태우기 위해 밀폐된 트럭 베드에서 잘게 부셔진다. 주거지의 박멸 활동은 건조한 날씨에만 수행되었다(이미지 제공 – 플로리다 농업 및 소비자 지원국의 식물산업과(FDACS-DPI)).

다주에서 제공되었다(11.4절).

감귤 궤양병이 이전에 프로그램의 정책을 소개하는데 이용되었던 것보다 알려진 감염지로부터 훨씬 더 먼 거리에 정착할 수 있음이 조사 결과에서 나타났다(Gottwald 등 1992; Gottwald 등 2002). 이러한 추가적인 정보는 시간적으로 95-99%인 약 30-60일 기간에 앞서 이 병에 관한 모든 새로운 감염지를 막기 위해 노출된 나무를 제거하려는 반경이 125피트(38.1m)에서 1,900피트(579.1m)로의 증가를 의미하였다. 이 연구로부터 추가적인 주요한 발견은 다음과 같다:

1. 귤굴나방에 의한 상처가 새로운 감염지의 정착에 매우 도움이 된다;
2. 귤굴나방은 새로운 감염지의 집단 정도에 감소를 초래한다(Christiano 등 2007);
3. 설정된 기간 동안 설정된 새로운 감염지의 비율을 아우르는 거리는 이전에 증상이 드러나지 않은 감귤 개체군으로부터 얻어진 시공간적 데이터의 결합으로부터 유도 될 수 있다;
4. 감염된 감귤나무의 반경 내에 "노출된(exposed)" 개체군은 유능한 육안검사로 쉽게 탐지할 수 없는 감염된 식물체를 포함하고 있다;
5. 은폐적으로 감염된 나무들은 결국 검사로 확인되었다;

6. 보편적인 노출된 반경지역이 궤양병 박멸 활동에서 존재하지 않지만, 지속적으로 정기적인 조사와 잘 선정된 노출된 반경을 결합하여 기주 제거를 위해 신속하게 적용하면, 궁극적인 박멸의 좋은 기회를 가지게 된다.

이러한 발견에 기초하여, 새로운 박멸 기준이 마련되었고, 2000년 초에 실행으로 옮겨졌다. 이즈음, 감염된 지역의 완전한 크기가 나중에 이미 심각하게 감염된 핵심 지역으로 되돌아가려는 의도와 함께 감염이 진행되는 가장자리에 집중하기 위한 몇 가지 전략 프로그램의 실행을 좌우하였다.

개정된 박멸 지침이 이후 몇 년에 걸친 혼합된 성공으로 끝났다. 거주지의 사유지 소유자는 그 지역의 조사활동에 대해 통보받게 되었다. 지도화 기술이 훨씬 정교하게 되면서, 주민들은 감염이 확인된 곳이 어디이며, 노출된 지역의 경계에 해당하는 곳이 어디인지 정확하게 정보를 얻게 되었다. 만약 사유지가 부분적으로 노출된 구역에 해당된다면, 그 사유지는 나무를 제거하지 않고 감시활동 하에 놓이게 되었다. 시료의 양과 선적 비용이 심각하게 감염된 지역에서 진단 작업을 구분하고 분담하는데 도움을 주기 위해 위성 진단 실험실을 개설할 필요가 있을 때까지 모든 진단은 중앙실험실에서 수행되었다. 실험실 기술은 현미경 관찰, 병원성 검정, 미생물학적, 혈청학적, 분자생물학적 기술의 이용으로 기본적인 병의 인지가 포함되었다(13.6, 13.7, 13.8절).

주거지역에서 감염되고 노출된 나무들이 제거되었으며, 잔재물들은 잘게 부셔졌다. 잘게 부셔 모은 모든 쓰레기들은 밀봉하여 매립지로 안전하게 운송되었다. 그루터기에서 싹이 돋아나는 것을 방지하기 위해 초기에는 제초제가 이용되었지만, 대중들의 민감한 반응으로 인해 그루터기의 기계적인 연마 작업으로 전환하게 되었다. 상업용 나무를 제거할 때는 뿌리 채 뽑아 현장에서 더미를 만들어 태우게 된다(그림 18.2).

이어진 조사에서 18-24개월 동안 궤양병의 활동이 없는 것으로 나타나면 검역활동이 해제되었다. 발견되었던 규제된 지역에서 모든 감귤을 보장하기 위해 기준이 되는 24개월의 기주가 없는 기간이 일반적으로 지정되었으며, 1,900피트(579m) 내에서 양성반응을 보인 나무가 있다면 제거되거나 검역구역 내에서 반복적인 조사가 이루어져 음성이 되었다. 검역 구역의 경계지역은 보통 감염이 알려진 곳으로부터 모든 방향으로 1마일(1.61km)을 확장하였고, 지도상에서 경계지역(도로, 운하, 등)을 편리하게 식별할 수 있도록 하였다. 플로리다 남동부에서 지속적인 지연과 이 병의 높은 이동률이 전체 카운티들이 검역 구역에 속하게 되었으며, 이 병의 확산을 멈추는데 진전이 거의 없었다. 소송과 금지명령에 의해 실행이 방해받지 않고, 감염이 보다 작은 상업지 및 주거지에서 박멸을 향한 의미있는 꾸준한 진전이 이루어졌다.

몇몇 중요한 열대 폭풍의 발생이 프로그램에 문제를 발생시켰지만(1995-2004년), 각각의 차질은 관리될 수 있었다. 그러한 행운은 역사적으로 전례가 없었던 2004-2005년에 다하였으며, 되풀이되는 극심한 열대 기후의 발생이 플로리다의 남부 및 중부에서 반복적으로 나타났다. 폭풍이 지나간 후 접종원의 가능한 확산에 대한 분석은 플로리다에서 궤양병의 박멸이 더 이상 실현가능하지 않다는 기를 꺾는 결과를 주도하였다(Irey 등 2006; Gottwald & Irey 2007). 이 프로그램이 재앙수준의 폭풍에 의한 접종원의 확산 가능성을 고려하지 않았다는 것을 비

그림 18.2 감귤 궤양병에 감염된 감귤나무나 노출된 상업적인 감귤나무는 트랙터의 뿌리 갈퀴를 이용하여 제거되고, 현장에서 더미를 만들어 태웠으며, 때때로 연소를 잘 되게 하고 촉진시키기 위해 송풍기의 도움을 받았다(이미지 제공 – 플로리다 농업 및 소비자 지원국의 식물산업과(FDACS–DPI)).

판받게 되었다. 사실상, 이 박멸 프로그램은 재앙수준의 폭풍 발생에 의해 영향을 받지 않은 약 7년 동안 진전을 이루었지만, 소송과 금지명령들이 그 진전에 영향을 주었다. 플로리다의 박멸 프로그램에 관한 회고적인 사례 연구는 상당한 영향력을 가진 침입 외래 병원균을 박멸하기 위해 시도하는 앞으로의 규제 활동에 알려줄 수 있는 몇 가지 아이디어가 제안되었다(Centner & Ferreira 2012). 두 가지의 중요한 제안으로는 (1) 박멸활동에서 가능성 있는 장애물을 예상하고, 멈추게 할 수 있는 점들이 무엇이고, 어디서, 언제 일어날 수 있는지를 사전에 결정하며, 대체할 수 있는 전략과 전술로 전환하도록 준비되어야 한다; (2) 대중에게 활동의 근거를 알리기 위한 일련의 전략적인 홍보활동을 이용하고, 그것에 관하여 충분한 대중의 지지를 얻어야 한다.

감귤 궤양병은 1년에 약 15마일(24.14km)의 속도로 다수의 감염 중심지로부터 확산을 지속하고 있다. 확산 거리는 중첩되기 시작하여 해석을 어렵게 하고 있다. 궤양병의 확산은 주의 남부와 중부 지역에서 가장 극심한 반면, 보다 북쪽의 감귤 생산지들은 이 병으로부터 덜 고통받고 있다. 2006년에 박멸 프로그램이 중단된 이후, 주거지 및 감귤 생산지에서 추가적으로 1,045mile^2 (2,706km^2)이상의 구역이 궤양병의 활력적인 감염을 이루었다. 남동부의 많은 마을에서 주거지의 감귤 재배는 1980년대 중반에 사유지에 감귤이 있는 가정이 30-40%로 높았으나 현재는 5%로 감소하였다.

진전된 계획과 조직이 프로그램에 도움을 주었다. 감귤 궤양병의 활동 계획은 1980년대 초에 준비되었고, 병에 관한 새로운 정보가 이용 가능하게 될 때마다 정기적으로 개정되었다. 프로그램의 조직과 실행에 대한 사고지휘체계(Incident Command System)의 접근 방식은 조사, 지도화, 실험실 진단, 작업 공간, 장비 조달, 운송, 고용, 감독, 급여, 일일 파견, 기록 유지 및 보고, 훈련 등을 포함한 특정 임무의 배분과 인력의 조합을 촉진시켰다.

http://www.fema.gov/emergency/nims/IncidentCommandSystem.shtm

플로리다의 주거지나 상업지에서 궤양병의 대발생에 대해 일반적인 위험평가로 병합한 그 기준은 다음과 같은 속성을 고려하였다: 사유지의 유형(상업지 또는 주거지), 감귤 품종, 품종 감수성, 나무의 크기 및 연령, 블록의 크기, 나무 간격, 재배 조건, 나무의 분포, 나무의 밀도, 방풍림, 식물체와 사람의 이동 요인, 감염(병변) 연령, 기주에서 병변의 분포, 병 발생정도, 잎/줄기/과일 조직에 감염, 병원균의 계통, 아시아계통 귤굴나방 피해의 존재/정도, 다른 걸리기 쉬운 상처, 프로그램의 자원, 조사를 위한 접근의 용이성, 규정준수 수준, 방제활동의 적시성, 사유지의 보안, 지역에서 원예와 병해충 관리의 실제, 구제/오염원 제거의 실제, 가까이에 기주가 있는 다른 사유지의 존재, 가까이에 감염된 기주가 있는 다른 사유지, 연대순의 데이터, 지도, 소유주와 구두의/필기된 정보교환.

규제적인 병해충 대응 프로그램의 준비는 잘 개발된 활동 계획과 계획을 실행하기 위한 사고지휘체계보다 더 많은 것을 수반한다. 재원은 신속하게 대응하기 위해 즉각적으로 이용할 수 있어야만 한다.

18.3.2 교훈

앞으로의 박멸 활동은 개인 및 지역사회의 문제에 아주 조심스럽게 끼어들어야 한다. 즉, 개인의 사유지에서 감귤 기주의 최소한 손실이라는 박멸의 궁극적인 목표를 향해 꾸준히 움직이도록 너무 관여하는 것은 피하지만, 충분히 공격적으로 관여한다. 상업지의 감귤 재배자들은 지역적으로 병해충을 관리한다는 개념을 받아들이는 반면, 일반적인 지역사회는 병해충 문제를 개개의 나무에 바탕을 두고 접근하려는 경향이 있다.

감귤 궤양병 프로그램은 중요한 의문이 제기되었다. 즉, 규제기관은 합리적이고 논리정연하며 일관성 있는 위기대응 프로그램을 수행하는데 필요한 필수적인 과학적인 정보를 어디서 조달해 갈 것인가?

이렇게 시도된 박멸은 궤양병 프로그램이 필요로 하는 만큼의 크고 광범위한 일부 규제 활동이 유연성을 지니고 있음을 나타내었다. 프로그램 관계자들은 일관성 없는 조치에 바탕을 둔 소송을 피하기 위해 낡은 정책들을 제거해야만 한다. 새로운 과학적 정보를 무시하는 프로그램 활동은 심지어 훨씬 더 법적 적발을 야기한다.

분명하게, 주거지에서 일부 규제 프로그램을 수행하는 것은 해결책들이 한정되어 있어 어려움을 제기하고 있다. 정기적인 주거지의 병해충 조사에 바탕을 둔 초기 중재는 대응 범위가 제한될 수 있기 때문에 하나의 좋은 해결책이지만, 이러한 조사는 상업지 감귤에서의 유사한 노력보다 훨씬 복잡하고 비용이 든다. 도심지에서 처음 외래 감귤 병해충 검출은 플로리다의 상업지 감귤에서 처음 탐지된 유일한 병해충인 감귤 검은무늬병(*Phyllosticta citricarpa* Kiely)으로 규칙적으로 나타나고 있다. 주거지에서 병해충 감시활동은 높은 우선순위이다.

공공의 참여는 중요하며, 병해충 전문가들은 의사결정자들이 잘못된 이해를 피할 수 있도록 주의깊게 종종 충고해야만 한다. 박멸 프로그램의 실행을 위한 협력은 상업지 감귤에서 매우 바람직하였다. 협력은 일반적으로 바람직하였지만, 실행은 제한된 접근과 법적인 장해물 때문에 주거지 감귤에 있어서 훨씬 비용이 들고, 도전적이며, 불완전하다. 심지어 플로리다와 남아프리카공화국, 뉴질랜드, 호주에서 몇몇의 성공적인 박멸 사례가 존재할지라도, 프로그램 반대자들은 때때로 박멸이 불가능하였으며, 그래서 처음에 경솔하였다고 주장한다. 숫자적으로는 적지만 반대자들은 박멸 활동을 덜 효과적으로 만들 수도 있거나 심지어 그것을 실패로 만들 수 있다(Simberloff 2003).

많은 장애물들이 박멸 프로그램을 수행함에 있어 맞닥뜨리게 된다. 병해충을 박멸하는 과정에 들어간 사유지는 병들거나 노출된 상태 때문에 규제기관에 의해 보상을 받을 수 없는 것으로 간주되었다. 그러나 몇몇 카운티에서 집단 소송은 노출된 나무의 제거가 법적으로 보상받을 수 있는 것으로 최근에 판결되었다.

노출이라는 개념은 비전문가가 이해하기 어렵거나 받아들일 수 없었으며, 앞으로 건강해질 수 있는 나무를 폐기한다는 것으로 인식하였다. 그 후 그러한 의문은 노출된 지역이 존재하는지 여부가 아니라 그것을 어떻게 규정할 것인가이다. 노출된 개개의 기주들을 제거하지 않은 그런 상태(유묘나 과수원, 주거지)에서 감귤 궤양병을 박멸하는 것은 불가능하다. 감염이 진전되는 가장자리는 확인할 수 없다. 즉, 그것은 단지 경험적인 전염병학적 데이터에 기초하여 추정될 수 있다. 가장 최근의 플로리다 궤양병 박멸 프로그램은 노출된 나무들을 본질적으로 없애는 것으로 간주되었고, 그들의 제거가 박멸 활동을 성공시키는데 필수적이었다.

장기간의 중요한 지연은 주민 원고소송의 대하여 순회법원(Circuit courts)에 의해 금지명령의 형태로 나타났다. 그들의 중요한 불만사항은 이 병의 확산을 막기 위해 노출된 나무를 제거할 필요성을 수용하는데 대해 본질적으로 마음이 내키지 않거나 거절이었다. 하나의 형태나 또 다른 형태의 금지명령이 2000년 11월부터 2004년 4월까지 만연하여 결국 박멸 활동을 실패로 돌아가게 하였고, 프로그램의 비용을 상당히 증가시켰다. 프로그램에 대해 다음 2가지의 다른 주요한 장애물들이 있었다. 즉, 농작물의 검사를 위해 개인 사유지에 들어가기 위한 조사영장(search warrant)이 일부 재판관들에 의해 의무적으로 간주되었다(플로리다 역사에서 처음으로). 법원이 필요한 영장을 항상 기꺼이 또는 적시에 내주지 않았다. 이것은 금지명령에 앞서 박멸 프로그램에서 두 번째의 주요한 지연이었다. 영장을 확보하기 위한 대책으로 이 프로그램은 필요하다고 느껴진 약 75–80%의 사유지가 검사 및 법적 조치들이 이루어지는 것을 허락하도록 사유지 주인으로부터 면제를 얻는 노력이 배가 되었다. 많은 사유지 주인들은 면제 요구에 대해 전혀 반응이 없었으며, 그래서 그러한 사유지에서는 조치가 이루어질 수 없었다. 부정확한 진단에 관한 시민의 의혹과 근거없는 주장은 한 재판관에게 규제조치가 진행되기 전에 궤양병으로 진단된 각각의 시료들이 양성반응의 병원성 검정 결과가 필요함을 판결하도록 부추겼다. 이러한 조치는 훨씬 많은 비용과 시간을 야기하였다.

법원이 법적 문제를 고려하는 동안, 대규모 박멸 프로그램의 시작과 중지는 매우 부담을 주고, 시간이 많이 소요되며, 비용을 많이 들게 한다.

18.3.3 보상

부동산 가치의 감소는 손실을 보상하기 위한 좋은 기초자료로 법원에 의해 받아들여진다. 그러나 사유지 전문 감정인들은 감귤나무의 제거(그의 건강성과는 관계없이)가 영향을 받은 사유지의 가치에 아무런 영향이 없다고 보고하고 있다. 플로리다 남동부의 카운티 법원에서 이루어진 피해 실험에서 보상을 위한 나무의 가치는 그의 크기와 상태에 의해 각 나무별로 평가하고, 그 다음 대체할 수 있는 대형의 컨테이너에 넣어 수송하는 감귤에 대한 유묘 재고를 찾아 계산되었다. 소송인에 의한 일부 개별적인 나무의 평가에서 나무의 미래 건강성 또는 적합성에 대한 공식적인 할인 요인은 없었다. 박멸 프로그램으로 나무를 잃은 주민에 대한 지불금은 제거된 식물체에 대한 보상이 아니라, 프로그램의 목적에 협력을 장려할 인센티브로 규정되어야만 한다. 병든 식물체 및 노출된 식물체는 경제적인 가치가 없으며, 인근의 모든 다른 기주체를 위협하게 된다. 박멸의 근본 목표가 더 이상 달성될 수 없을 때조차도 박멸은 그 프로그램이 중요한 공공적 가치를 지니는 확산저지 프로그램으로 옮겨 갈 수 있다.

18.3.4 궤양병의 영향

궤양병은 수확량을 감소시키고, 신선한 과일의 품질을 떨어뜨리며, 신선한 과일의 가치를 심각하게 감소시키는 외형적인 결함을 발생시킨다. 일반적으로 신선한 과일의 가치는 가공된 과일보다 7-40배 더 높다. 생산비는 높은 외관 기준 때문에 신선한 과일에 있어서 훨씬 높다. 감귤 산업에서 자몽의 재배 비율이 다른 상업적 감귤보다 훨씬 민감하기 때문에 줄어들고 있다. 역사적으로 대부분의 자몽은 껍질의 흠집이 심각한 손해를 가져오는 신선한 과일 시장으로 출하되었다. 즉, 오렌지의 약 95%가 가공되었다. 이것이 플로리다에서 감귤 재배면적이 감소하는 주원인이다. 더욱이, 자몽의 심각한 감수성은 인근에 자라는 덜 감수성인 감귤로 과잉의 접종원이 옮겨갈 수 있어 어렵게 만들고 있다. 궤양병은 묘목업자에게 이식용 묘목에서 꽃눈 형성의 심각한 실패를 일으킬 수 있다.

궤양병이 상당한 수확량의 감소를 일으킬 수 있지만, 이 병이 신선한 과일로 전염된다고 알려진 위험 때문에 상당한 경제적 영향은 시장의 손실에 있다. 이러한 경로로 궤양병이 전염한다는 것에 대한 관심사는 몇몇 상대적으로 쉽고 간편한 단계의 실행으로 제거될 수 있다(Gottwald 등 2009). 무역에서 신선한 과일의 이동에 관한 규제는 이 병의 확산에 대한 두려움 때문에 신선한 과일이 무역을 통해 궤양병의 발생이 없는 지역으로 들어가는 것이 허가될 수 없다는 가정에서 시작되었다. 과일은 번식을 위해서가 아닌 소비를 위해 유통되고 있다. 즉, 이것은 위험평가과정에서 첫 번째로 고려할 사항이다. 더 나아가, 병원균 접종원의 완전한 제거는 자연적인 수단에 의한 새로운 병의 발생을 막는데 생물학적으로 필요하지 않다. 침투 과정을 돕는 신선한 상처가 있을 경우에 조차도 100-1,000cfu/ml 정도 양의 접종원(Goto 1962)이 감염을 일으키는데 필요하다. 궤양병의 손상을 받은 과일을 줄이기 위해 과일의 등급 매기기가 첫 번째 단계이다. 또 다른 보호 수준은 과일의 표면 살균에 의해 제공된다. 처리 후 과일은 승인된 왁스로 코팅되며, 왁스를 말리기 위해 58℃에서 60−150초 동안 열풍 건조 과정에 노출시킨다. 즉, 이들 온도는 노출된 세균에 치명적이다.

Bonn 등 (2010) 및 Schubert & Bonn (2010)으로부터 보고된 병의 전염에 바탕을 두고, 미 농무부는 2010년 10월 궤양병이 발생하는 생산지로부터 신선한 과일에 대한 이동금지를 해제하였다.

궤양병의 박멸 비용은 궁극적으로 납세자와 감귤 소비자로 전달되었다. 플로리다에서 궤양병이 풍토병이 됨으로서 상업적 재배자의 비용은 초 · 중반 시즌에 가공된 발렌시아 오렌지 및 신선한 자몽에 대하여 연간 107-181백만$로 계산되었다(Muraro 등 2001; Florida Agricultural Statistics (플로리다주 농업통계) 2002). 박멸 프로그램을 포기함으로서 상업적 재배자의 연간 비용 추정치는 모든 감귤류가 고려되었을 경우 연간 342백만$에 달하였다(Keck 2001). 비교를 위해, 1997-2003년 동안 박멸 캠페인을 수행한 비용은 플로리다와 미 농무부사이 나눈 비용으로 연간 8백만$에서 80백만$이었다.

http://www.nass.usda.gov/Statistics_by_State/Florida/Publications/Citrus/cs/2000-01/cs0001.pdf.

18.3.5 결론

Simberloff (2003)는 성공적인 박멸 프로그램을 위해 필수적인 특성 5가지를 확인하였다: (1) 자원과 노력이 충분해야 한다; (2) 권한의 명확한 범위가 설정되어야 한다; (3) 병해충의 생태가 잘 특징화되어야 하고, 박멸에 적합해야 한다; (4) 병해충이 낮은 수준에서 탐지될 수 있어야 한다; (5) 이후 시스템의 집중관리(복원 계획과 같은)가 요구될 수 있다. 감귤 궤양병에 대한 플로리다의 박멸 계획에서 이러한 모든 요구 사항들이 박멸을 가능하게 할 수 있을 정도로 충족되었다. 두 가지 부족함이 그것을 포기하게 하였다. 먼저, 자원이 적당하였을지라도, 특별히 프로그램의 범위가 커질 때 그들이 항상 시의적절하지 않았다. 노출된 개체군을 정의하고, 확인하며, 제거하는데 집중된 문제에 관한 장기간의 소송의 결과로서 프로그램의 지연은 법원을 재방문토록 하였다. 그러한 문제의 일부는 지금까지도 해결되지 않고 남아있다. 열대 폭풍우 사건에 힘입은 병의 자연적 확산이 이 프로젝트를 판정하는데 있어서 오랫동안 지연되도록 하였다. 교육 프로그램을 통한 대중의 지지를 모으고, 장애물에 의한 중단 사항들의 사전 인식을 조언하기 위한 Centner & Ferreira (2012)의 프로그램에 대한 회고록 평가는 확실하게 어느 정도 도움이 되고 있다. 그러나 실제로 프로그램이 진행되는 동안 성공을 위해서 얼마나 많은 대중의 지지가 필요한지를 확인하거나, 장애물의 크기를 정확하게 평가하거나, 그들의 가능한 해결력의 타이밍을 예측하기 위한 유용한 기술이 여전히 부족하다.

외래 병해충의 침입을 다루는데 3가지 대안이 존재한다. 즉, 박멸이나 확산저지, 무대응이다(Sosnowski 등 2009). 플로리다에서 앞으로 어떤 외래 병해충의 침입에 대한 박멸이라는 대안은 가장 최근의 실패한 궤양병 박멸 프로그램에 의해 현재 먹구름이 드리워져 있다. 많은 관점에서, 새로운 병해충에 대한 결정적인 박멸 접근방식이라는 대안은 가능한 규제대응 목록에서 실제적으로 제거되어 있다.

18.4 호주에서 감귤 궤양병

18.4.1 호주 Emerald에서 감귤 궤양병의 박멸

감귤 궤양병은 호주에 외래종이며, 일부 지역에서 그의 탐지는 자국 및 수출 시장의 손실, 생산 손실, 감염된 나무 및 과일의 폐기를 초래할 수 있다. 호주의 넓은 감귤 생산지에서 감귤 궤양병의 최초 주요한 감염은 2004년 6월 퀸즐랜드(QLD) Emerald 감귤 과수원의 네이블 오렌지에서 보고되었다. Emerald 감귤 생산지는 상대적으로 고립되어 있고, 남쪽의 가장 가까운 주요 감귤 생산지로부터 대략 500km 떨어져 있다. Emerald는 만다린이 주요품종으로 2004/2005년의 퀸즐랜드 감귤 생산의 8.9%를 차지하였으며, 그 중 35%가 수출되었다. 퀸즐랜드의 생산량은 호주 감귤 산업의 14%를 차지하였다(Australian Citrus Growers Annual Report (호주의 감귤 재배자 연차보고서) 2005).

18.4.2 호주의 외래 식물병해충 대응 체계

호주의 식물 산업에 악영향을 줄 수 있는 (외래)식물병해충에 대한 시기적절하고 효과적인 위기대응을 보장하기 위해 호주는 식물병해충 위기대응 행동요령(Emergency plant pest response deed, Deed)을 마련하고 있다. 궤양병의 탐지할 당시에 행동요령(Deed)이 비준되지 않았었지만, 소유자의 보상 규정을 제외하고 Deed의 일반적인 지침 내에서 대응을 관리하기 위한 원칙적인 합의가 이루어졌다. 감귤 궤양병의 탐지에 대한 대응은 호주의 식물병해충 위기대응 계획인 PLANTPLAN에 바탕을 두고 있다(http://www.planthealthaustralia.com.au). PLANTPLAN에 따르면, 국가 식물병해충 비상자문위원회(CCEPP) 및 국가관리단(NMG)이 선도 대응기관인 퀸즐랜드의 1차 산업 및 어업국(DPI&F)에 병해충 탐지에 대해 적절하게 대응하기 위한 전략적 의사결정 및 자문구조를 제공하도록 설립되었다. CCEPP는 의사결정 구조를 지원하고, 대응과 방제, 박멸 대안들에 관해 CCEPP에게 충고하도록 기술전문가들로 구성된 국가과학자문패널(Scientific Advisory Panel, SAP)을 설립하였다.

감귤 궤양병에 관한 비상계획 초안(2004)은 CCEPP 및 NMG에 의해 유입에 대한 특별한 대응계획이 승인될 때까지 궤양병의 방제 및 박멸을 위한 초기 조치 과정을 제공하였다.

18.4.3 박멸 시도를 위한 비용편익 분석

비용편익 분석에 바탕을 두고, 궤양병이 검역구역 밖에 존재하지 않는다는 가정 하에서 박멸과 관련된 이익이 대체적으로 비용을 초과하며, 박멸이 호주의 다른 지역으로 확산을 막을 수 있다는 것이 관련된 이해당사자들에 의해 결정되었다. Emerald의 감귤 과수원 100%가 감염되어 폐기된다고 추정하면, 성공적인 박멸의 순이익은 현재의 순가치로 100.5백만 호주달러로 추정되었다. 박멸과 관련된 추정된 비용은 정부의 박멸 및 감시활동 프로그램의 직접적인 비용과 12개월 후 감귤을 다시 심어야 한다는 가정 하에 과수원의 폐기로 발생한 생산가치의 손실을 포함하였다. 과수원을 폐기하는 비용은 4,000호주달러/ha로 추정되었으며, 감시활동 비용은 500호주달러/ha로 추정되었다. 만일 과수원의 50%가 폐기되고, 감시활동의 진행이 5년 동안 수행된다면, 직접적인 비용은 약 3백만 호주달러가 될 것이며, 성공적인 박멸로 인한 순이익은 104.5백만 호주달러로 추정되었다(Beare 등 2005).

18.4.4 위험 지역의 결정

2004년 7월에 이 병의 존재가 의심되는 한 소유지(IP-1)가 검역활동에 들어갔다. 의심스런 증상의 보고가 된지 1주일 이내에 감귤 궤양병의 초기 진단은 아시아계통의 감귤 궤양병인 *Xanthomonas citri* subsp. *citri* (Xcc.)로 부가적으로 독립된 2곳의 실험실에 의해 확증되었다. 이러한 확증은 2004년 7월에 소유지의 50km 이내 3개의 샤이어(shires)를 둘러 싼 병해충 검역구역의 선언이 채택되어 훨씬 넓게 확산저지 및 방제 조치를 할 수 있도록 하였다(그림 18.3).

2004년 7월에 관리자들은 이동제한을 실행하고, 병해충 무발생 지역(PFA) 상태를 확증하

그림 18.3 일반인들이 감귤을 이동하지 않도록 하는 요구사항을 이해하고 참여하도록 하는 핵심 도구로 대로변의 표지판을 이용하였음(이미지 제공 – 퀸즐랜드 농림수산국).

기 위한 감시활동의 경계설정을 수행할 목적으로 퀸즐랜드를 3개의 검역위험지역으로 분할할 수 있도록 결정하였다. 즉, Emerald 병해충 검역지역(PQA), Gayndah Mundubbera 관리구역(GMMZ), 나머지 퀸즐랜드구역(RoQ). 이들 구역은 각 지역에 적용되는 다른 특성의 위험성을 인식하여 설정되었다. GMMZ는 퀸즐랜드의 감귤이 생산되는 대부분의 지역을 포함하고 있으며, 상업적 감귤 생산을 위한 양묘장이 포함되어 있다. GMMZ 구역은 전년도에 PQA의 많은 상업적 감귤 사유지에서 GMMZ 구역의 42개 사유지로 식물체를 유통한 감귤 양묘장까지 감귤 번식체의 이동이 추적조사를 통해 확인되었기 때문에 RoQ에 비해 훨씬 위험한 구역으로 인식되었다. 그 후 그러한 양묘장들에 대한 조사에서 감귤 궤양병의 증거를 발견하지 못하여 그 경로를 통한 확산의 위험성은 다소 완화되었다. 추적 조사는 PQA와 RoQ의 사유지들 사이에서 기주 식물체의 어떠한 이동이나 궤양병의 다른 잠재적인 경로를 확인하지 못하였다.

구역체계는 PQA 안과 밖에서 궤양병의 이동 및 확산과 관련된 위험성에 대처하기 위해 설정되었으며, 다음의 다섯 구역으로 구성되어 있다:

1. **폐기 구역(Destruction Zone)**: 궤양병의 탐지가 확증된 주변 반경 600m. 모든 기주 식물체들의 폐기. 장비의 이동 제한. 다시 생장하는 것에 대한 집중적인 감시활동.
2. **검역 구역(Quarantine Zone)**: 폐기 구역 주변 반경 3.2km. 모든 기주 식물체와 과일의 이동 금지. 장비의 이동 제한. 모든 기주 식물체에 대한 집중적인 감시활동.
3. **완충 지역(Buffer Zone)**: 검역 구역 주변 3.2km. 모든 기주 식물체의 이동 금지. 과일과 장비의 이동 제한. 모든 상업용 감귤나무 및 주거지와 야생의 일부 감귤나무에 대한 집중적인 감시활동.
4. **제한 구역(Restricted Zone)**: PQA의 나머지 지역. 모든 기주 식물체의 이동 금지. 과일과 장비의 이동 제한.
5. **방제 구역(Control Zone)**: PQA 밖의 퀸즐랜드 지역(GMMZ 및 RoQ를 포함하는 비검역 지역). 궤양병의 '자연 기주'로 간주되는 기주 식물체와 그들의 과일을 포함한 이동의 제한. 번식체의 이동을 통해 PQA로 연결되는 모든 사유지, 감귤 생산 양묘장, 상업용 감귤 사유지 및 주거지, 야생의 일부 감귤나무에 대한 감시활동(그림 18.4).

기주 식물체, 과일, 장비 등에 대한 이동 제한에 부가하여, **식물보호 및 (궤양병)검역 공지 2004**는 PQA 내의 토지소유자에게 다음과 같이 요구하였다: (가) 폐기 구역(Destruction Zone) 내 기주 식물체에 즉각적인 동제(copper) 기반의 농약을 처리하고, 그들을 소각할 것, (나) 폐기 구역(Destruction Zone) 내 감귤의 다시 생장하는 부위를 즉각적으로 처리할 것, (다) 폐기 구역(Destruction Zone)의 500m 내 모든 기주 식물체에 대하여 격주로 동제 기반의 살포제를 처리할 것, (라) 검사자의 승인 없이 기주 식물체를 다시 심지 않을 것.

감염된 식물체의 600m 내 기주 식물체를 폐기하기로 한 결정은 플로리다에서 1999년 말에 실행된 "1,900피트 규정"(약 600m)에 근거를 두었다. Gottwald 등 (2001) 및 Gottwald 등 (2002)은 감귤 궤양병의 일반적인 확산 거리가 30일 동안 579m로 나타났다고 하였다.

그림 18.4 퀸즐랜드의 Gayndah에서 PQA 밖에 감귤 궤양병이 없음을 확증하기 위한 경계설정 조사의 일환으로 과수원을 조사하기 위해 준비하고 있는 감시활동팀(이미지 제공 – 퀸즐랜드 농림수산국).

PQA에서 감염된 나무를 폐기할 때까지 확산을 막기 위해 동제 처리가 초기에 요구되었으나, 나중에 동제 퇴적물이 폐기 구역(Destruction Zone)의 500m 내 나무의 증상 관찰을 방해함으로서 그 요구가 철회되었다.

2004년 7월에 추가된 조항은 폐기 구역(Destruction Zone) 내 식물체의 처리 및 폐기에 대한 책임을 검역당국에 주었으며, PQA 밖 퀸즐랜드의 모든 지역 내 기주의 추가적인 이동 제한을 적용하였다. 2004년 8월에 PQA는 Emerald 지구, Emerald 도심, 그러한 지역 주변 최소 10km 완충지역의 모든 상업용 감귤 사유지를 둘러 싼 보다 작은 지역으로 감소되었다. 2009년 2월에 궤양병에 대한 박멸이 선언될 때까지 남아있던 개정된 PQA는 3,146km^{2}를 차지하였다.

18.4.5 궤양병의 확산범위 경계설정

감염의 범위를 설정하기 위해 경계설정하는 감시활동이 PQA에서 2004년 7월에 10ha의 블록 당 600주의 비율로 처음 수행되었다(95%의 신뢰한계에서 1%의 병 발병을 탐지할 수 있으며, 감시활동의 민감도는 50%로 추정하였음). '조사블록(survey block)'은 다음과 같이 정의하였다: "나무의 그룹은 동일 품종의 감귤로 지속적으로 관리되었고, 그 지역 내 일부에서 약간 또는 인위적인 장벽이 있을 수 있다". 조사는 궤양병의 감염이 확증된 블록에서 시작되었으며, 사유지의 모든 지역이 조사될 때까지 확증된 탐지 장소로부터 밖으로 이동해 나갔다. 이어서 600m의 폐기 구역 밖에 남아있던 그런 지역들은 높은 수준의 강도로 재조사되었다.

2004년 8월 말경 생산지 블록 IP-1의 80% 이상에서 감염이 확인되었으며, 사유지의 모든 기주 식물체는 600m 폐기 구역 내에서 봉인되었다. 폐기에 앞서 사유지에서는 매우 적은 수(약 2%)의 나무만이 검사되었다.

사유지에서 감염 시기 및 원인을 결정하기 위해 제한된 역학 연구가 사유지 내 감염된 3개 블록에서 수행되었다. 이 연구는 이 병이 2004년 이전에 아마도 빠르면 2002년에 사유지에 발생하였다고 지적하였다. 이 병은 또한 사유지의 양묘장에서 탐지되었다(Gambley 등 2009). 사유지에서 이루어진 관행 조사는 약제 살포, 과일 솎기, 울타리치기, 우듬지 치기가 이 병을 더 확산하도록 할 수 있음을 지적하였다. 물방울의 튀김으로 인한 확산은 각각의 나무 내 및 서로 인접한 나무들 사이로 접종원의 확산을 초래한다(Serizawa 등 1969).

감시활동의 경계설정은 또한 Emerald의 도심지와 선발된 농촌의 사유지에서 수행되었으며, 일차적으로 사람들의 이동을 통해 감염된 사유지와 연결된 주거지의 사유지가 대상이 되었다.

식물학자들은 PQA에 나타나는 운향과 식물의 모든 종을 동정하였다. Emerald 지역의 고유종인 데저트라임(*Citrus glauca* (Lindl.) Burkill)이 감귤 궤양병의 기주라는 것이 기주목록에서 확인되었다. Peltier & Frederich (1920)는 데저트라임(*Eremocitrus glauca*로 인용)이 앨라배마의 야외조건에서 감수성이었다고 보고하였다. 이어서 Emerald에서 재배되는 데저트라임 및 다른 잠정적인 기주들은 Emerald 분리주의 *Xcc*에 대하여 감수성으로 평가되었다(Hailstones 등 2005).

이동제한(Restriction on movement). 7월 7일 퀸즐랜드로부터의 기주식물 및 감귤 과일의 무역에 대한 전면적인 금지가 호주의 모든 주(state) 및 준주(territory)에서 시행되었다. 각각의 검역위험지역에서 감시활동의 경계지역이 완성되었고, 병해충 무발생지역(PFA) 상태가 확인되는 동안 무역을 조장하기 위해 PQA 밖으로부터 감귤 식물체의 주내 이동 및 주간 이동을 위한 프로토콜이 이해당사자들과 협상되었다. 2004년 7월 19일 모든 주 및 준주는 감귤 궤양병의 '자연기주(natural hosts)'로 분류된 속/종을 제외하고, PQA 밖에서 재배된 운향과 식물에 관한 이동제한을 해제하는데 동의하였다. 이들 기주는 사유지의 무감염, 소독처리, 검사, 증명을 포함한 조건들의 동의 하에 비검역 지역 내나 밖으로 이동이 허가되었다. 식물보호 및 (궤양병) 검역 공지 2004의 개정을 통해 퀸즐랜드는 주의 비검역 지역에서 기주 식물체 및 기주 과일의 이동제한을 시행하였다. 기주 과일에 관한 제한은 퀸즐랜드 내 이동에 앞서 검역관의 감독이나 사유지의 무감염 증명 하에서 소독처리, 검사, 증명이 포함되었다.

2004년 7월 21일 궤양병의 탐지가 확인된 주변 6.4km 밖의 PQA에서 재배된 감귤 과일은 일부 국제시장으로 수출을 위해 브리즈번 항으로 이동이 허락되었다. 사유지의 무감염, SOPP (sodium o-phenylphenate) 또는 염소(chlorine) 처리, 검사, 증명, 공인된 화물 취급자에 의한 승인된 경로를 통한 안전이 보장된 수송, 안전이 보장된 저장 및 궤양병에 민감하지 않는 시장으로 직접적인 수출에 관해 협정된 프로토콜 하에서 이동하게 하였다. 6.4km의 배제 지역에 처한 곳을 제외하고 이들 조건은 2005년에도 유지되었다. 유기농으로 재배된 과일은 SOPP나 염소 대신에 과산화초산(peroxyacetic acid) 및 과산화수소(hydrogen peroxide)의 혼합물을 이용하여 동일한 프로토콜에 따랐다.

퀸즐랜드의 연결된 모든 45개 사유지 및 다른 생산지역에서 초기 경계설정을 위한 조사를 완료된 다음인 2004년 7월 23일에 남호주(SA)를 제외한 모든 주 및 준주는 동의한 프로토콜에 따라 검사, 소독처리, 증명된 위탁화물로 GMMZ 및 RoQ에서 재배된 감귤 과일의 시장접근에 관한 금지를 해제하는데 동의하였다. 남호주는 2006년 2월까지 퀸즐랜드로부터 감귤이 재배되고 있는 Riverland 구역으로 감귤 과일의 이동에 관한 금지를 유지하였다.

2004년 12월에 선언된 RoQ에 대한 병해충무발생지역(PFA) 상태가 조사를 통해 확증되었고, (남호주를 제외한) 감귤의 이동에 관한 모든 제한은 2005년 1월 중순경에 해제되었다. GMMZ에서 2번째 조사(첫 번째 조사 후 6개월)가 PQA로 추적이 가능한 눈접용 접가지나 나무를 받아들인 모든 감귤 블럭에서 수행되었다. 궤양병의 증거가 전혀 없음으로 인해 2005년 2월에 GMMZ에 대해 확증할 수 있는 병해충무발생지역 상태로 되었다. 퀸즐랜드는 2005년 2월에 이동에 관한 제한을 해제하였고, 남호주를 제외한 모든 주들은 2005년 7월에 감귤의 이동에 관한 제한을 없앴다.

호주의 모든 감귤 재배자들은 감귤 궤양병이 없는 주나 지역, 사유지를 설정하기 위한 검역적인 조사가 이루어질 때까지 뉴질랜드로 과일을 수출하기 전보다 엄격한 검역검사를 받을 필요가 있었다 유럽연합은 병해충무발생 상태가 모든 지역에서 설정될 때까지 호주로부터 감귤 수입을 멈춘 반면, 다른 시장, 특별히 아시아에서 궤양병이 발병된 시장으로 수출은 제한을 받지 않았다.

Emerald PQA에서 기주 식물체의 도입과 이동을 막기 위한 규정준수 모니터링 활동을 통해 PQA지역으로 법규를 위반하며 들여 온 약 200kg의 과일과 2개의 기주 식물체를 탐지하여 압류하고 폐기하게 되었다.

2차 상업 과원에서 감귤 궤양병의 탐지(Detection of citrus canker on a second commercial orchard). 2004년 10월에 IP-1에서 궤양병의 탐지를 위한 경계설정 조사가 이루어진 약 3개월 후에 PQA의 2차 상업 과수원(IP-2)으로 피벗 관개를 하는 감귤 블록(매 48시간 관개)에서 궤양병이 확증되었다. 과수원은 IP-1의 북쪽으로 약 9km에 위치하였다. 과수원 주인의 탐지는 IP-1에서 마지막 감귤나무를 제거한 약 1개월 후인 2004년 9월에 나타났다.

사람의 도움을 받았다는 확산의 명백한 증거가 없어서 Dalla Pria 등 (2006), Gottwald 등 (2002), Serizawa 등 (1969), Graham 등 (1992a, b)에 의해 출판된 연구에 기초하여, 2004년 초(가을)의 중요한 기상 사건에 의한 접종원의 전이가 가능한 유입원인으로 간주되었다 (Gambley 등 2009).

IP-1으로부터의 배수인지, 여과되지 않는 피벗 관개 시스템으로 하류의 역류인지에 관한 논쟁이 나타날 수 있다. Doidge (1918)는 남아프리카공화국에서 홍수가 감염된 과수원으로부터 부분적으로 물에 잠긴 나무들이 감염된 하류의 농장으로 병을 옮겼다고 보고하였다.

피벗 블록에서 적용된 감시활동 전략은 피벗관개시설의 이동형 기중기의 진로를 따라 나무별로 조사하였다(그림 18.5). 각각의 피벗 관개 블록에서 하나의 나무들이 이 병의 진원지로 확인되었고, 통계분석은 이 병이 피벗관개시설 장치에 의해 이들 지점으로부터 기계적으로 전파되었다는 결론을 지지하였다(Gambley 등 2009).

IP-2의 일부 블록 내에서 병의 확산 거리 및 방향은 바람을 동반한 비에 감염의 원인이 될 수 있음을 제안하였다. 반대로 또 다른 IP-2 블록으로 확산된 병은 우점적으로 천개의 한쪽 면

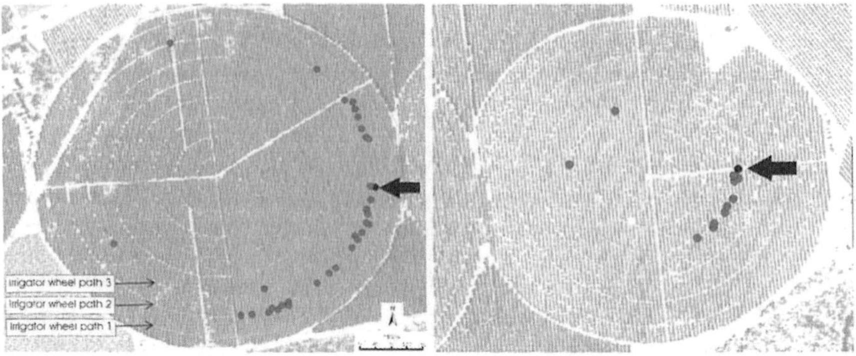

그림 18.5 IP-2의 7번과 8번 블록에서 피벗관개시설의 진로를 따라 분포된 궤양병에 감염된 나무들(Gambley 등 2009로부터 얻어짐. 퀸즐랜드 농림수산국의 이미지 제공).

을 따라 대개 열을 이루었으며, 비교적 균일하게 열의 양측에 분포하였다. 나무의 천개부분 돌출부와 열 사이의 공간과 결합된 이러한 병의 진전은 아마도 열을 따라 움직이는 장비에 의한 것임을 제안하고 있다(Gambley 등 2009).

2005년 4월 동안, 퀸즐랜드는 사유지의 무발생 증명, 검사, 승인된 과일의 소독처리 및 국가 감귤 궤양병 박멸프로그램을 지속한다는 조건 하에서 Emerald 감귤 과일에 대한 내수시장접근이 회복될 수 있음을 권고하였다. 이 권고안은 다른 호주 정부들에 의해 지지받지 못하였다.

IP-2에서 감귤 궤양병의 탐지 후, 조사지역 내 훨씬 낮은 병해충 발생상황에서 병을 탐지할 수 있는 훨씬 높은 신뢰도를 제공하기 위해 보다 집중적인 감시활동이 2004년 12월에 수행되었다. PQA에 여전히 많은 수의 감귤나무가 존재하고 있으며, 각각의 나무를 조사하는데 걸리는 시간 때문에 접근방법은 병이 확실하게 존재하는 지역을 확인하기 위해 통계적인 시료채취에 기초하여 수행되었고, 감염지의 600m 이내 모든 나무들이 제거되었다. 그 다음, 보다 집중적인 감시활동이 훨씬 적게 남아있는 나무들에 대하여 수행되었다.

이러한 접근방법은 IP-1에서 이루어진 접근방법을 반영하였다. 궤양병의 탐지가 확증된 반경 1,200m 내 베어진 하나의 블록에서 600m인 폐기 구역 밖의 모든 나무들이 조사되었다. 경계설정을 위한 지속적인 감시활동으로 결정된 다른 지역들은 5ha당 600그루 즉, 매 5그루당 1그루가 조사되는 강도로 개정되었다. 감시활동 요원에 의한 나무들의 궤양병 조사는 일반적으로 큰 나무(높이 2m 이상)에 대해서는 한 사람이 한쪽 면을 관여하였고, 반면에 보다 작은 나무(높이 2m 이하)는 한 사람이 사방을 조사하였다. 궤양병에 대한 탐지 감도는 감귤 궤양병을 검출하는데 훈련된 유능한 사람에 있어서 큰 나무에서 42%, 중간크기(높이 1.5-2m)에서 55%, 작은 나무에서 75%로 계산되었다. 감귤 궤양병과 황룡병(HLB) 탐지를 위해 브라질에서 이용되었던 것과 같은 고소작업차(aerial platform)는 이용되지 않았다.

IP-2에서 탐지된 이후의 경계설정을 위한 조사는 2004년 10월부터 2005년 4월까지 PQA의 상업적/비상업적인 모든 감귤에 대하여 완료되었다. IP-2에서 다른 4개의 감귤 블록이 이 조사기간 동안에 궤양병에 감염된 것으로 밝혀졌다. 사유지 내 이 병의 확산에 근거하여 IP-2의 폐기 구역 내에 포함되지 않았던 적은 수로 남아있던 기주식물체들이 감염되어 폐기되어야 한다는 것을 동의하였다.

3차 상업 과원에서 감귤 궤양병의 탐지(Detection of citrus canker on a third commercial orchard). 3회차의 보다 집중적인 감시활동(100% 검사)이 2005년 5월에 PQA의 남아있는 상업적 감귤 사유지에서 시작되었으며, 3번째 사유지가 감염된 것으로 확인되었다(IP-3). IP-2 및 IP-3에서 병이 정착된 4개의 모든 지점은 2004년 가을 동안 진전된 것으로 나타났으며, IP-1에서 북에서 북서쪽으로 모두 9–11km에 있었음이 분산의 한 기작으로 제안되었다(Gambely 등 2009).

넓은 지역의 기주식물체를 폐기하기 위한 결정(A decision of the area-wide destruction of host plants). 2005년 6월에 관료들은 PQA내 상업적/비상업적인 모든 감귤 및 상업적 감귤 과원의 600m 이내와 Emerald 도심의 모든 야생의 감귤이 폐기되어야 한다는 것을 동의하였다. 관료들은 또한 경계설정을 위한 감시활동이 상업적 감귤에서 멈추고, 미래의 감시활동이 PQA의 비상업적 기주식물체 및 야생의 감귤에 집중되어야 함에 동의하였다(그림 18.6).

이러한 접근방식이 고려된 것이 처음은 아니었다. 2004년 10월 초순에 IP-2에서 이 병이 처음 탐지된 후, 사유지의 소유자는 PQA에 모든 상업적 감귤을 폐기하도록 제안서를 제출하였다. 이 제안서의 핵심은 정부가 PQA에 남아있는 모든 상업적 감귤나무들을 폐기하기 위해 재배자에게 16백만 호주달러를 지불(폐기 그루 당 50호주달러 지불)하는 것이었다. 감귤 산업계는 이것이 궤양병의 확산을 감소할 수 있을 것이고, 그래서 2년 후 그 지역에 다시 심을 수 있을 것으로 생각하였다. 산업계의 계획에 담긴 논리적 근거는 만약 현재의 박멸 프로그램이 그 지역에서 완전하게 이 병을 제거하는데 실패할 경우, 지속적인 대발생으로 인해 재배자들이 오랜 시간 동안 시장 밖으로 내몰릴 것이란 것이었다. 시행되었다면, 선제적인 폐기 제안서는 재배자들에게 과수원의 재 조성 및 시장 접근에 대한 확신을 제공했을 것이다. 폐기 후, 재배자들은 그 땅을 다음 2년 동안 휴경하게 될 것이고, 다시 심어 5년 내지 6년에 완전한 생산으로 되돌릴 수 있다고 제안되었다. 이 제안은 지역 및 국가 감귤 산업계의 지지를 받았으나, 퀸즐랜드 전역의 경계설정을 통한 감시활동이 완료되기에 앞서 이루어진 제안은 법적 근거에 바탕을 두고 지원될 수 없었거나, PQA의 비상업적 기주나 야생 기주의 폐기를 포함하지 않았거나, 박멸 및 병해충무발생 상태의 복귀에 관한 선언 이후를 지원하는 대발생을 경계설정하기 위한 지속적인 감시활동을 포함하지 않았기 때문에 정부 당국에 의해 거절되었다.

경계설정을 위한 2회차 순회조사는 폐기에 앞서 PQA의 모든 비상업적 감귤에서 수행되었다. 경계설정을 위한 1회차 순회조사는 IP-1의 폐기된 감귤 블록의 반경 1,800m 내, IP-2의 폐기된 감귤 블록의 반경 1,200m 내, Emerald 도심부에 위치한 비상업적 감귤의 반경 600m 내의 모든 야생 감귤에서 수행되었다. 이러한 순회조사 동안 확인되고 검사된 약 350,000그루의 야생 감귤에서 감귤 궤양병이 탐지되지 않았다.

2005년 7월에 **식물보호법 2002(Plant Protection Regulation 2002)**가 PQA에서 궤양병과 관련된 모든 기주 식물체의 폐기를 위한 검사자의 조항이 개정되었다(*Plant Protection Amendment Regulation No. 4 2004*). 이에 앞서서는 법에 따라 단지 감염된 것으로 보이는 기주 식물체에 대해서만 폐기가 명령되었다. 개정된 법률은 또한 검사자의 승인없이 PQA에서 궤양병의 기주를 소유하거나 심는 것을 법규위반으로 만들었다. 폐기는 5가지의 범주로 기주식물체에 대

그림 18.6 Emerald 감귤 궤양병 박멸의 일환으로 뒤뜰의 감귤나무 제거. 나무들은 지면에서 베어졌으며, 그루터기는 재 생장을 막기 위해 제초제가 처리되었음(퀸즐랜드 농림수산국의 이미지 제공)

해 명령되었다: 상업적 감귤, 비상업적 감귤과 다른 비상업적 기주식물체, PQA 내 고위험 완충지역의 야생 기주식물체, 폐기된 기주식물체의 재성장 부위, 법적요건을 위반하여 PQA로 들여온 것이 확인된 기주식물체.

모든 상업적 감귤의 현장 폐기는 2004년 9월에 IP-1에서, 2005년 8월 초순에 IP-2에서, 2005년 8월 하순에 IP-3에서 완료되었다. 나머지 상업적 감귤 과원의 감귤나무들은 2005년 10월 이전에 폐기되었다. PQA에서 4,235그루의 비상업적 기주식물체의 검사, 제거, 폐기는 2006년 3월경에 완료되었다. 이 폐기에 앞서 어떤 비상업적 기주식물체에서도 궤양병 증상이 탐지되지 않았다.

2005년 5월과 11월 사이, IP-1의 반경 1,800m 내, IP-2의 반경 1,200m 내, IP-3의 반경 600m 내, 나머지 상업적 과원, Emerald 도심지에 위치한 346,734그루의 야생 데저트라임(desert lime) 식물체가 가능성 있는 병 증상에 대하여 검사되었다. PQA의 어느 곳에서도 데저트라임에서 궤양병이 확인되지 않았다. 그럼에도 불구하고, 제초제의 현장살포가 IP-1에서 반경 1,200m 내, IP-2 및 IP-3의 반경 600m 내 야생의 데저트라임 식물체를 폐기하는데 이용되었다. 약 95%가 각 군생체의 근계로부터 나온 가지로 자라는 키 40cm 이하의 작고 가시가 있는 식물체들이었다. 나머지 4개의 감염되지 않은 상업적 감귤 사유지 주변 반경 600m의 저위험 지역 내에서 확인된 부가적인 30,000그루의 야생 감귤 식물체의 폐기가 또한 완료되었다. 그 위에, 2006년 7월과 2007년 6월 사이에 IP-1의 주변 지역은 제초제 처리로 생존할 수 있는 일부 나머지 데저트라임 식물체를 제거하기 위해 태워졌다. PQA의 야생 감귤 및 비상업적 감귤에서 수행된 광범위한 조사는 Emerald 도심지 600m 내의 야생 감귤 식물체를 폐기할 필요가 없다는 것을 정당화하기에 충분한 것으로 간주되었다.

18개월의 기주가 없는 기간(Eighteen month host-free period). 기주가 없는 동안(2007년 1월–2008년)에, 비상업적 기주 식물체가 폐기된 IP-1, IP-2, IP-3 및 모든 사유지에서 90일 간격으로 기주식물체의 재 생장에 관한 검사가 계속되었다. 기주가 없는 기간에 앞서서 폐기된 기주식물체의 재 생장에 관한 검사는 2007년 9월까지 모든 사유지에서 계속되었고, 그 다음 일부 예전에 감염된 상업적 사유지 및 재 생장이 탐지되지 않은 3번의 연속적인 명확한 조사가 이루어지지 않은 일부 주거용 사유지에 지시되었다. 상업적 사유지에서 재 생장의 마지막 탐지는 2008년 3월이었으며, 비상업적 사유지에서 재 생장의 마지막 탐지는 2008년 6월이었다. 전체 10,715그루의 재 생장 식물체가 PQA에서 탐지되었다. 이들 중 5,065그루의 재 생장 식물체는 기주가 없는 기간 이전에 탐지되고 폐기되었으며, 나머지 5,650그루의 식물체는 기주가 없는 기간의 시작 이후에 탐지되었다.

고위험 폐기 구역 밖의 저위험 지역에 위치한 모든 야생의 감귤 식물체에 대한 계속된 검사는 2006년 1월부터 2007년 9월까지 이루어졌다. IP-1 및 IP-2 주변 야생 감귤 폐기 구역의 경계로부터 600m 내에 위치한 각 식물체는 비정상적인 반점이나 병변에 대하여 검사되었다. 그 지역에서 병이 없다는 증거를 제공하기 위해 이 시간동안 90일 간격으로 전체 499,550건의 검사가 수행되었다.

18개월의 병해충무발생 확인 기간(Eighteen month pest-free verification period). 18개월의 기주가 없는 기간이 지난 다음에 상업적 감귤나무가 검사자의 승인 하에서 PQA에서 다시 심어졌다. 이것은 PQA로 그들의 이동에 앞서 90일 이내에 궤양병에 관한 검사가 요구되었다. PQA에서 다시 심겨진 모든 나무들은 병이 없다는 증거를 제공하기 위해 18개월의 감시활동기간에 90일 마다 검사되었다.

궤양병 세균은 감염을 위해 충분한 밀도 수준으로 몇 주 동안 토양 속에서만 생존할 수 있다는 증거가 다른 나라로부터 나타났다(Goto 1992; Leite & Mohan 1984; Graham 등 1989). *Xcc*는 적어도 몇 개월 동안 몇몇 초본류에서 생존할 수 있지만, 감귤이 아닌 식물체와 관련된 *Xcc*의 수명 및 착생된 생존력은 식물체의 유형에 의존할 것이다(Goto 1992).

18.4.6 박멸선언

18개월의 감시활동기간 동안 다시 심겨진 감귤에서 감귤 궤양병이 탐지되지 않았으며, 2009년 1월 23일 박멸이 선언되었다.

박멸 프로그램의 비용, 즉 전국적으로 주와 연방 정부 사이의 비용 분담은 모든 감시활동, 폐기, 준수 비용이 포함된 17.8백만 호주달러였다. 부수적으로 9백만 호주달러가 영향을 받은 재배자들에게 지원하기 위해 호주 정부 및 퀸즐랜드 정부에 의해 위로금으로 지불되었다. Alam & Rolfe (2006)는 만약 모든 감귤나무가 Emerald에서 제거되었다면 재배자들의 연간 수익손실액은 31.95백만 달러가 될 것으로 추정하였다. 1,100ha 이상에 심겨진 약 495,000그루의 상업적 감귤나무가 1,283개의 주거용 사유지에서 자란 감귤나무 4,235그루와 함께 폐기되었다. 약 150,000그루의 야생 데저트라임 식물체가 또한 폐기되었다. 감귤 궤양병의 국가적 대발생을 피하는 데에 대한 경제적 이익은 Alam & Rolfe (2006)에 의해 410백만 호주달러로 추정되었다.

요약하면 이 병을 빠르게 인지하고, 법률 개정과 자원이 신속하고 결정적으로 조치를 취할 수 있도록 충분하게 제공된다면, 감귤 궤양병과 함께 살아가는 것과 비교하여 박멸은 가치있는 선택이다. 다음의 일정표는 사건들을 시간 순으로 요약한 것이다:

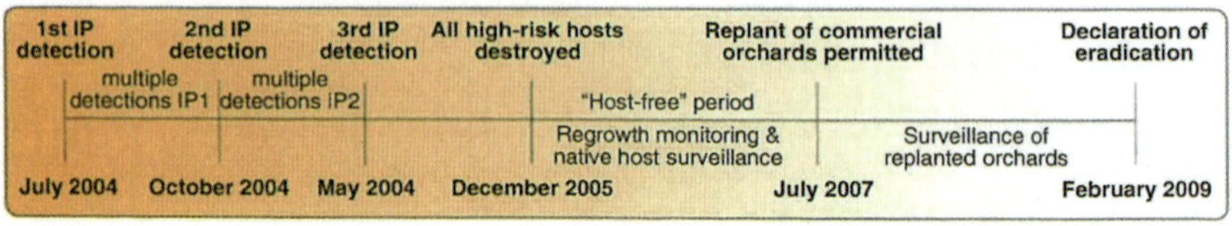

18.4.7 감귤 궤양병의 유입경로로서 감귤 과일

위에서 언급했듯이, 전지구적으로 감귤에 있어 가장 심각한 생물안보 중 하나는 *Xcc*에 의해 유발되는 궤양병이다. Peltier & Frederick (1926)은 감귤 궤양병이 세계의 모든 감귤 재배지역에서 재배시즌 중에 때때로 발병할 수 있다고 주장했다. 기온 상승과 강수량의 증가는 기주의 빠른 성장을 자극하고, 궤양병 발병에 양호한 감수성을 증가시키는 조건들을 제공하고 있다. 이 병은 평균온도가 27℃나 그 이상의 가장 많은 개월 수를 가진 장소에서 가장 심각하다. Dalla Pria 등 (2006)은 최적온도 25-35℃ 에서 100% 유발을 일으키기에 충분한 최소기간으로 4시간 동안 잎이 젖어 있음과 함께 24시간 동안 잎이 젖어 있을 때 가장 심각한 궤양병이 나타남을 확인하였다. Borchert 등 (2007)은 *Xcc*가 감귤이 재배되는 지역 어디서나 정착될 수 있지만, 병의 잠재적인 강도는 확산 사건의 빈도, 온도, 강우 시기, 기주 감수성, 귤굴나방의 발생에 의해 영향을 받게 된다는 것에 동의하였다(Hall 등 2010).

*Xcc*의 장거리 전파에 대한 주요 경로는 유묘나 눈접용 가지이다. 상업적으로 무역되는 과일에서 Xcc가 수확 후 처리로 생존할 수 있는 능력을 가지는지, 또한 감수성인 기주체로 전파될지에 관한 관심이 남아있다. 미 농무부는 감귤 궤양병의 유입경로로서 과일에 관한 최신의 병해충위험평가(USDA 2009a) 및 보충적인 위험관리분석(USDA 2009b)을 발간하였다. Gottwald 등 (2009) 및 Shiotani 등 (2009)에 기초한 평가에서 미 농무부는 상업적으로 포장되고 소독처리된 과일이 감귤 궤양병을 전파하고 정착시키는데 있어 역학적으로 중요한 경로가 아니라고 결론지었다.

식물위생에 관한 유럽위원회의 과학자 패널(European Commission Scientific Panel)은 감귤 과일의 이동, 특히 잠복 감염된 과일과 수확 시 외부 증상이 보이지 않는 과일이 궤양병 무발생지역으로 *Xcc*의 유입 경로에 해당한다고 결론지었다(EFSA 2006). 유럽연합 국가들은 감귤 궤양병이 발생하지 않으며, 유럽연합 법안에 따르면(Anonymous 2000) 궤양병이 발생하는 국가로부터 감귤 과일은 구제되어야만 한다. 2011년에 식물위생에 관한 패널은 유럽연합으로 수입되는 감귤 과일이 식물체 생장의 마지막 생활환을 시작하면서부터 생산지 및 그 바로 주변에서 감귤 궤양병의 증상이 관찰되지 않는 과수원에서 생산되어야 한다는 현재 유럽연합의 요건을 철회하라는 요구를 지원함에 있어서 미 농무부에 의해 제공된 위험분석 문서에 관한 과학적 견해를 전달했다. 패널은 그러한 변화가 새로운 지역으로 *Xcc*의 유입 가능성을 증가시킬 수 있을 것으로 결론지었다(EFSA 2011).

수확 후 살세균제를 처리한 식물위생증명서가 첨부된 국제적으로 상업적으로 무역된 신선한 과일에서 관찰된 병변으로부터 활력있는 *Xcc*가 분리되었다(Golmohammadi 등 2007; Scuderi 등 2010; Al-Saleh & Ibrahim 2010; Bonn 등 2010). *Xcc* 개체군을 제거하는데 있어 수확 후 처리에 관한 연구는 pH, 살균제의 농도, 유기물질의 존재, 살균용액의 갱신 빈도를 포함한 여러 요인에 의존하여 살균제의 처리효과에 있어 다양한 결과를 나타내고 있다(Verdier 등 2008; Gottwald 등 2009; Canteros 등 2000; Stapleton 1968; Dychdala 1983; Brown & Schubert 1987; Al-Saleh & Ibrahim 2010; Schubert 등 2000). 상처를 통한 침입 및 *Xcc*의 증식은 궤양병 외부 증상의 진전과는 독립적으로 보이며(Fulton & Bowman 1929), 과일에서 늦은 감염 증상은 항상 전형적이지 않고(Koizumi 1972), 성숙한 과일의 잠복기간이 증상을 나타내는데 너무 길어 수확 전에 나타나지 않으며(Graham 등 1992b, 2010), *Xcc*가 세포 밖의 다당류(Goto 1992; Cubero 등 2011) 또는 생체막(Rigano 등 2007)의 두터운 매트릭스에 묻혀있기 때문에 포장하는 과정에서 과일을 선별하는 것으로 감염된 모든 과일을 제거할 수는 없을 것이다.

식물위생에 관한 과학자 패널의 견해(EFSA 2006)는 "감염된 과일 조각조차 적합한 서식처로 선적된다면, 역학적으로 의미가 있을 수 있는 작은 접종수준이다"라고 진술하고 있다. Graham 등 (2008)은 블록에서 5% 이상의 과일이 감염되면 유럽연합 시장으로의 수출에 있어서 수락할 수 없는 위험이 있다고 지적하였으며, Ritenour 등 (2008)은 감귤 궤양병이 존재하는 곳에서 신선한 과일의 선적을 위한 많은 필수적인 문제들을 항목화하였다. 확산 및 정착 위험성이 낮다는 주장에도 불구하고, Gottwald 등 (2009)는 포장이 아닌 과정에서 선별된 과일 더미에서 바람이 불어가는 쪽으로 식물체가 감염된 경우 및 매달린 감염된 과일로부터 물방울에 튀겨 *Xcc*가 재생된 경우를 감염된 과일에서 건전한 식물체로의 *Xcc*의 확산에 관한 가능한 증거로 제공하였다. 반대로 Schubert & Bonn (2010)은 감염된 상업적으로 포장된 자몽으로부터 인접한 감수성인 자몽 묘목으로 *Xcc*를 옮기는데 실패하였다.

호주 정부의 농림수산국은 소송 사건 APHIS-2009-0023 감귤 궤양병에 대한 자신들의 의견에서 검역 지역으로부터 과일의 이동(http://www.regulations.gov/#!docketDetail;rpp=10;po=40;D=APHIS-2009-0023)은 "우리의 견해로 Gottwald 등 (2009)에 의해 수행된 선별 더미의 전염 실험은 과일에서 나무로의 전염에 관한 위험성이 중요하지 않다는 결정적인 증거를 제공하지 않는다"라고 진술하였다.

역학적인 관점에서 *Xcc*의 대발생은 전염원을 더 분산시키고, 전염을 더욱 악화시키는 다중의 기후학적 기계적 사건들의 조합과 함께 *Xcc*가 기주 개체군으로 처음 유입하는 전염원의 불연속적인 일련의 경향으로 구성된다. 그러나 분산 사건들은 분산되는 전염원의 거리 및 양에 따라 매우 다양하다(Irey 등 2006). Smith 등 (1997)은 감귤 궤양병균의 역학에 있어서 병든 과일이 역할을 수행한다는 입증된 기록이 없다고 진술하고 있다. 수확 후 처리된 과일에서 *Xcc*가 감염을 일으킬 수 있다는 실질적인 과학적 증거가 있을 때까지, 궤양병이 있는 나라로부터 과일을 수입하는데 있어 위험성은 논란으로 남게 될 것이다. *Xcc*는 많은 국가에서 여전히 검역병해충이다.

18.5 감귤 검은무늬병(Citrus Black Spot)

18.5.1 원인균 및 그의 동정

감귤 검은무늬병(Citrus black spot, CBS)는 감귤류의 과일과 잎에 생기는 병이다. 검은무늬병(black spot)을 일으키는 병원균의 잠복성(latent)이거나 내생균적인(endophytic) 성질이 Cobb (1897)에 의해 알려졌으며, 곰팡이의 무성세대(asexual form)는 McAlpine (1899)에 의해 호주에서 증상을 보이는 감귤 과일로부터 *Phoma citricarpa* McAlpine로 기재하였다. *Phyllosticta citricarpa* van der Aa가 현재 무성세대로 인정된 이름이다(Van der Aa 1973; Van der Aa & Venev 2002). 완전세대(teleomorph)는 Kiely (1948b)에 의해 호주에서 감귤의 낙엽으로부터 *Guignardia citricarpa* Kiely로 기재되었다. spermatial state 또는 synanamorph는 *Leptodothiorella*이며, 종은 기재되어 있지 않다(Van der Aa 1973; Baayen 등 2002).

*G. citricarpa*의 지리적 분포, 내생균적인 성질, 기주범위에 대하여 상당한 혼란이 존재하였다(Kotzé 1981; Kiely 1948b). 그러한 혼란은 형태적으로 유사하지만(McOnie 1964a, c), 유전적으로 뚜렷한 2개의 종(Meyer 등 2001; Baayen 등 2002; Everett & Rees-George 2006)으로 동정함으로서 해결되었다고 생각되었다. 한 종(*G. citricarpa*)은 감귤에서 CBS를 일으키며, 다른 종(*G. mangiferae* A.J. Roy [무성형 *Phyllosticta capitalensis*])은 넓은 기주범위와 관련된 세계 공통종이지만 전형적인 CBS 증상들을 일으키지 않는다. 그러나 최근 연구들(Glienke 등 2011; Wang 등 2011)은 감귤에서 흔한 내생균적 종인 *P. capitalensis*의 완전세대가 *G. mangiferae*가 아니라는 결론을 지지하고 있다. 두 종의 *Phyllosticta* spp.는 감귤의 잎, 가지, 과일에 증상을 나타내거나 나타내지 않으면서 동일한 감귤 조직에 동시에 콜로니를 형성할 수 있으며(McOnie 1964a, c; Baayen 등 2002; Bonants 등 2003), 하나의 검은무늬병(black spot) 병변에 공존하는 것으로 기록되어 있다(Baldassari 등 2008). Wulandari 등 (2009)는 아시아의 포멜로 과일에서 유일한 "citrus tan spot"와 관련된 신종인 *Phyllosticta citriasiana* Wulandari, Crous & Gruyter를 기재하였다. 중요하지 않은 불규칙한 점과 관련된 *Phyllosticta citrichinaensis* X.H. Wang, K.D. Hyde & H.Y. Li가 중국에서 감귤속(*Citrus*) 4종의 잎과 과일로부터 분리되었다(Wang 등 2011). 앞으로 연구들은 기주범위, 지리적 분포, 병의 상태, 생물안보적 중요성을 밝히는 것이 필요하다. 2009년 OEPP/EPPO의 PCR 진단 프로토콜을 이용하여 *P. citricarpa*는 *P. citriasiana* 또는 *P. citrichinaensis*와 구별할 수 없다(Wang 등 2011). *Phyllosticta citribraziliensis*는 브라질의 감귤에 나타나는 내생균적인 종으로 신종으로 기재되었다(Glienke 등 2011).

*G. citricarpa*의 기주범위는 감귤속(*Citrus*)에 한정된다(Meyer 등 2001; Baayen 등 2002). 레몬은 특별히 감수성이지만, 상업적으로 재배되는 모든 감귤속(*Citrus*)은 광귤(sour orange), 그의 잡종, rough lemon을 제외하고 감수성이다(Wager 1952; Kotzé 1981; Baldassari 등 2008).

Tahiti lime은 증상이 없지만, *G. citricarpa*와 *G. mangiferae* 모두 이 기주의 잎과 과일에서 공존하며, 이들 모두는 브라질에서 Tahiti lime의 잎을 부패시키는 활력있는 자낭포자를 생산할 수 있다(Baldassari 등 2008). CBS가 감귤 생산지에서 처음으로 발견되었을 때, 다른 형태의 감귤이 영향을 받기 전에 보통 레몬에서 관찰되었다(Kiely 1948b). 남아프리카공화국에서 CBS가 전염병적인 비율에 도달하는데 5-30년이 걸렸다는 연구가 있다(Kotzé 1981).

CBS는 동남아시아에서 기원되었지만(Smith 등 1997), 증상은 호주의 뉴사우스웨일스 연안 지역에서 기원한 감염된 sweet orange의 과일로부터 처음 기재되었다(Benson 1895). 남아프리카에서 CBS에 관한 첫 기록은 Pietermaritzburg 인근 지역에서 1929년이었다(Doidge 1929). CBS는 세계적으로 여름철 강우를 겪는 지역에 한정되며, 지금까지 겨울철 강우 지역에서는 정착하는데 실패하였다(Baayen 등 2002; Paul 등 2005). 따라서 무더운 여름과 겨울철 강우를 가지는 남아프리카와 호주의 주요 감귤 생산지는 CBS 무발생지로 남아있다. 유럽, 중앙아메리카 카리브 해 지역, 칠레, 일본, 뉴질랜드, 미국 대부분 지역에서 생산하는 감귤에서 CBS가 기록되어 있지 않다(European Union 2000; Baayen 등 2002; Paul 등 2005). 최근에 미국 플로리다에서 탐지되었다(Schubert 등 2010, 2012).

호주에서 CBS의 유입 경로 및 초기 정착은 보고되어 있지 않지만(Benson 1895), 남아프리카에서 잠복된 감염원을 지닌 유묘의 유통이 1930년부터 확산의 출처로 매우 의심받고 있다(Wager 1952). 감염된 잔가지가 접종원의 원인이 될 수 있으며(Kiely 1948b; McOnie 1964b; Whiteside 1967), 곰팡이의 잠복감염은 감염된 접목을 통하여 건전한 식물체로 전이될 수 있다(Sueda 1941; Schuepp 1961). Marchionatto (1928)는 호주에서 아르헨티나로 수입된 레몬의 눈접용 가지에서 CBS의 확산을 기술하였다.

18.5.2 식물위생상 규제

병해충의 분포를 경계설정하는 것은 병의 확산을 막고 생산지의 병해충 무발생 상태를 유지하며, 차례로 수입국이 CBS가 나타난 지역으로부터 수입에 제한을 부과할 때 수출을 조장할 목적으로 자국의 규제를 실행하기 위한 선결조건이다(IPPC 2006). 남아프리카공화국과 호주 내의 CBS 분포는 국가의 일부 지역을 CBS 무발생 지역으로 공식적으로 인정할 수 있도록 수년 동안 광범위한 야외조사를 통해 이루어졌다(le Roux 등 2007; Carstens 등 2012; Broadbent 1995).

남아프리카공화국 내의 감귤 과일의 이동에 관하여 CBS가 나타나는 국가의 일부 지역들로부터 국가 내 CBS 무발생 지역으로의 과일 이동을 포함하여 제한이 없다. 감귤 과일의 이동을 제한하는 자국의 규제가 없음은 감귤 과일의 무역이 이 병의 확산 경로가 아니라는 규제적 관점을 반영하고 있다. 과일의 이동과는 반대로, 감귤 번식체는 남아프리카공화국 내 CBS가 나타나는 국가의 일부 지역에서 CBS 무발생 지역 및 병의 발생이 낮은 지역으로 이동할 수 없다. 특히 남아프리카공화국에서 CBS가 처음 기록된 때인 1929년과 1983년 사이 아무런 제한이 존재하지 않았다. 기후가 그 생물체의 분포에 중요한 제약요인이라는 주장을 지지하듯이

CBS는 남아프리카공화국의 일부 지역에서 정착하는데 실패하였다(Paul 등 2005).

호주에서 감귤 과일 및 번식체의 이동은 CBS의 관점에서 특별히 제한되지 않는다(Plant Health Australia 2009). 남호주로 들어가는 상업적 과일은 CBS에 대한 증상이 없어야 하는 반면, 비상업적 과일은 금지되어 있다. 호주 자국내 CBS의 공적방제가 없음에도 불구하고, 그 생물체의 분포는 호주의 일부 생산지에 제한되어 있는 반면, 나머지는 CBS 무발생 지역으로 남아있다.

2010년에 미국 플로리다의 일부에서 *G. citricarpa*의 발견(Schubert 등 2012)은 비상조치 공지(Emergency Action Notification)와 이어서 국내검역 명령(Domestic Quarantine Order) DA-2911-03을 배포하였다(APHIS 2010). 플로리다의 2개 카운티 지역은 검역 및 규제지역으로 지정되었다. 이들 지역으로부터 감귤 과일의 주간 이동에 관한 조건으로 과일은 APHIS와 준수협정 하에서 운용하는 상업적 선과장에서만 포장되어야 했다. 선과장의 절차는 세척, 구제, 소독처리, 왁스처리를 포함하고 있다. 더욱이 과일은 잎이나 다른 식물체가 없어야만 하며, 공식적인 허가가 있어야 했다. 영향을 받는 주 내에서 가공시설로의 이동은 전달 후 차량 및 장비의 적절한 청소와 함께 차량이 적절하게 밀폐될 것을 요구하고 있다. 그러한 과일을 받아들이는 과정은 APHIS의 준수협약 하에서 작동해야만 하고, 그 부산물은 소독되어야만 한다. 그러나 플로리다에서 CBS의 첫 발견에 관한 최근의 특성 및 검은무늬병(black spot)이 과일에 증상이 나타나기 전에 과수원에 정착되었다는 보고(Kiely 1949)를 감안할 때, 이러한 초기 규제가 현재 상태로 지속될 것 같지는 않다. 그러므로 보고서들은 APHIS가 CBS가 새로운 지역으로 확산할 수 있는 경로로 과일이 아니라는 결론의 병해충위험평가 초안을 만들 것을 제안하고 있다(Ritenour & Dewdney 2010). 이러한 발견이 최종 PRA에서 지지될 경우에 이러한 규제의 완화를 기대할 수 있을 것이다.

미국은 감귤 과일에 대하여 제한적인 CBS 수입요건을 유지하고 있다. 미국으로 수입되는 감귤 과일은 CBS 무발생 국가에서 생산된 것이거나 CBS가 발생하는 국가 내 CBS 무발생 지역에서 생산된 것이어야만 한다. 그러한 병해충 무발생 지역의 채택은 병해충의 무발생을 증명하기 위해 공식적으로 통제하는 조사를 수행할 필요가 있다. 부가적으로 미 농무부는 그러한 조사 결과를 인정하기 전에 그 지역의 현장방문을 실시하고 있다. 이것은 병해충 무발생 지역으로부터 과일의 수입을 허가하기 위한 연방정부의 규제 개정을 채택하도록 하였다. 호주(Riverland, Sunraysia, Riverina) 및 남아프리카공화국(Northern Cape Province, Western Cape Province의 남서부, North West and Free State Province의 일부)의 CBS 무발생 지역산 과일만이 미국으로 수출될 수 있다(APHIS 2010). 남아프리카공화국에서 미국으로 감귤 과일을 수출할 경우, 남아프카공화국은 CBS가 발생하는 지역으로부터 CBS 무발생 지역으로 감귤 번식체의 이동을 금지하고, 이들 지역이 CBS의 무발생으로 남기 위한 검증이 지속되는 그런 공식적인 규제 보호가 적용되도록 더욱 강요하고 있다.

2007년 8월에 APHIS는 아르헨티나 북서부로부터 수입되는 레몬의 위험성을 평가한 PRA 초안을 발간하였다. 평가서는 *G. citricarpa* 병원체의 위험 가능성이 "최악의 경우에 가정을 기초로 하여" 중간(medium) 정도이지만, 모든 것이 낮은 유입가능성에 의해 매우 한정된다고 결론지었다. 매우 낮은 병 발생이 가끔 과일에 증상을 나타날 수 있을지라도, 이 병이 과일을 경로로 정착할 가능성이 거의 없다는 증거가 다음에 나타나 있다:" http://www.aphis.usda.gov/plant_health//plant_pest_info/citrus/downloads/black_spot/DA-2010-47-FO.pdf

일본은 CBS가 발생하는 나라들로부터 감귤 과일의 수입과 관련되어 미국보다 덜 제한적이다. 남아프리카공화국에서 일본으로 감귤 과일의 수출은 남아프리카공화국 식물보호기구(NPPO)에 생산지를 등록할 것을 요구하며, 이러한 등록이 생산자에게 적절한 수확 전 관리조치를 실현하도록 하는 조건부가 되고 있다(SA DAFF 2011). 또한 수출 과일은 선적물에 CBS 증상의 과일이 없다는 것을 보증하기 위해 선적 전에 공식적인 검사를 요구하고 있다.

1990년 유럽연합 회원국들 사이의 식물위생 규제의 조화에 앞서, 비록 이탈리아가 허가 하에 자몽의 수입을 허락하였을지라도 스페인, 그리스, 이탈리아로 감귤 과일의 수입이 유럽 밖의 나라들로부터 허락되지 않았다. CBS가 발생하는 국가들로부터 유럽의 나머지 국가들로의 감귤 수출은 CBS와 관련된 식물위생적 제한을 시행하지 않았다. 그러나 유럽연합이 조화로운 식물위생 규제를 채택하였을 때, 유럽연합 전체로의 감귤 과일 수출은 CBS의 제한을 엄격하게 적용받았다.

CBS와 관련하여 유럽연합 이사회 지침(EU Council Directive 2000/29/EC)에 따르면(European Union 2000), 감귤 과일은 *G. citricarpa*의 무발생이 공식적으로 인정된 국가에서 왔거나; *G. citricarpa*의 무발생이 공식적으로 인정된 지역에서 왔거나; 생산현장과 식생의 최종 생활환의 시작 이후 바로 인근에서 CBS의 증상이 관찰되지 않고, 적절한 공식적인 조사에서 생산현장에서 수확된 과일에 이 생물체의 증상이 보이지 않거나; *G. citricarpa* (감귤에 병원성을 지닌 모든 계통)에 대한 적절한 소독처리를 한 생산현장에서 나온 과일로 적절한 공식적인 조사에서 생산현장에서 수확된 과일에 이 생물체의 증상이 보이지 않아야만 한다.

감귤 과일과 관련된 유럽연합의 수입 규제에 관한 기술적인 정당성은 남아프리카공화국에 의해 이의가 제기되었다(EFSA 2008). 2000년에 남아프리카공화국은 자국으로부터 유럽연합으로 신선한 감귤 과일의 수출에 관한 PRA를 수행하였다. 위험을 완화하는 고려사항들의 조합은 매우 멀리 떨어진 유럽연합에서 상업적인 과일 무역이 CBS의 정착 및 지속성에 대한 경로를 제공할 가능성을 만든다고 그 PRA는 결론지었다. 결과적으로 유럽연합의 규제가 과도하게 제한적인 무역장벽이며, IPPC 원칙의 관점에서 요구되는 기술적인 정당성이 없다고 결론지어졌다(IPPC 2006). 유럽 위원회는 PRA의 관련된 부분을 명확히 하기 위해 특정 연구의 실행을 포함하여 남아프리카공화국과 유럽연합 사이의 광범위하게 이어지는 교류로 야기되는 PRA의 결과로 이의를 제기하였다(EFSA 2008). 유럽연합과 남아프리카공화국 사이 협정없이, 남아프리카공화국은 2010년에 IPPC에 중재 및 해결의 촉구를 요구하였고, 이 절차의 개시가 2010년 10월 모임의 WTO SPS에서 국제적으로 선언되었다(WTO 2010).

감귤 번식체가 새로운 지역으로 CBS의 유입 경로임을 감안할 때, CBS가 발생하는 지역으로부터 병해충 무발생 지역으로 그런 번식체의 이동을 규제하는 것은 적절하다. 식물체에서 은폐적인 성질의 CBS 증상이 검역절차를 회피함으로서 한 지역으로 CBS가 유입될 수 있는 위험성을 증가시키고 있다. 감귤 종자는 CBS의 확산경로가 아니며, 많은 나라에서 상업적인 양의 종자 수입을 허가하고 있지만, 특정한 위험 완화 조치에 따라 수행되고 있다.

CBS 특이적인 규제 제한이 없는 곳에서 조차 심각하게 감염된 과일의 국제적인 이동은 그런 과일의 보기 흉한 모습 때문에 일어나기 어렵다. 선과장에서 "등외(grading out)" 증상의 과일을 골라내는 유효성은 검사시점에서 사람의 수를 증가하고, 선과 라인을 통해 이동하는 과일의 비율을 감소함으로써 개선될 수 있다. 그러나 이러한 조치는 가끔 증상이 있는 과일을 누락할 가능성을 일관적으로 제거할 수 없다. 그러므로 증상의 발현 전에 잠복 감염된 과일의 발생은 수출화물로부터 감염된 과일을 제거하기 위한 수출 전 검사의 유효성을 제한하고 있다.

현재 단일의 처리나 취급 절차는 CBS가 전염병적인 수준에 도달되는 지역에서 수출할 때 CBS에 감염된 모든 과일을 일관되고 안정적으로 제거할 수 없다. 그러나 CBS에 감염된 과일의 발병을 감소할 수 있는 위험완화 절차는 효과적인 포장 소독처리, 포장 모니터링, 과수원의 평가 및 선발, 선과장 등급매기기, 수확 후 취급, 검사 절차를 포함하고 있다. 이들 중, 예방적인 포장 소독처리 및 낮은 온도(8℃ 이하)에서 과일 저장만이 수확 후 CBS의 진전을 일관되게 감소시킨다(Agostini 등 2006). Strobilurin 제제가 CBS의 방제에 이용되고 있지만(Schutte 등 1996, 2003; Miles 등 2004), CBS가 Strobilurin에 대해 저항성이 발달할 가능성은 10월과 1월에 Strobilurin의 살포 전과 후 mancozeb의 부가적인 2회 살포의 병합을 정당화하고 있다(Nel 등 2003).

감수성 기간 동안 팽창이 일어나므로 과일의 크기를 보장하기 위해 분생포자(pycnidiospore)의 접종원을 감소시키고, 나무의 활력과 살균제의 침투력을 증진하기 위한 전정(Loest 1968) 및 낙엽들로부터 자낭포자(ascospore)의 유리를 억제하기 위해 잔재물을 멀칭하는 건초의 시용(Miles 등 2008)으로 살균제 살포와 조합하여 검은무늬병(black spot) 방제가 개선될 수 있음을 실험이 보여주었다. 브라질에서 영향을 받는 과수원에서 멀칭의 이용과 잔재물의 제거(Spósito 등 2011)는 다중의 불규칙한 개화로부터 과일에서 분생포자(conidia)의 출처로 되기 때문에 CBS를 억제하는데 불충분하였다(Baldassari 등 2009). 선과장의 다양한 소독처리가 처리시간에 존재하는 분생포자(pycnidiospore)를 사멸하는데 효과적이지만, 그 뒤의 포자 생산을 막지는 못하고 있다(Korf 등 2001).

새로운 지역에 CBS의 정착은 단발적이거나 주기적인 감염 사건뿐만 아니라 연속적인 세대에서 생활사의 완성을 위해서 감수성인 기주체의 존재, 적당한 접종원, 호적한 환경조건을 필요로 한다. *G. citricarpa*의 자낭과(ascocarp)는 과일에서 발견되지 않으며, 그래서 분생포자(pycnidiospore)만이 CBS 무발생 지역으로 감염된 상업적 과일의 유입 후 첫 번째 가능성 있는 감염 사건의 관점과 관련이 있다. Kiely (1948a)는 "물을 매개로 접종원을 제공하므로 땅 위에 감염된 과일의 중요성은 실제적으로 없다"라고 진술하였다. 분생포자(pycnidiospore)는 빠르게 그의 활력을 잃으며, CBS가 감염된 과일에서 생산된 분생포자(pycnidiospore)는 가능성이 있는 감염 사건이 일어나기 위해서 물의 존재 하에서 감수성인 기주체(어린 과일의 부착과 새로운 잎의 싹틈)가 매우 근접되어야만 한다(Kiely 1948b; Wager 1952). 붙어있지 않은 잎과 잎 잔재물은 감염에 감수성이 아니다(Truter 등 2007). 잎의 감염은 잎의 탈락과 탈수까지 주로 잠복되어 있다(Kotzé 1996).

감염 사건이 새로운 지역에서 반드시 생명체의 영구적인 정착을 야기하지는 않는다. 정착은 생활환의 성공적이고 반복적인 완성을 전도하는 기후 조건에 노출된 지역에서 적당한 기주체의 존재를 필요로 한다. 싸늘하고 습한 겨울철과 건조하고 무더운 여름철을 경험하는 겨울철 강우가 있는 지역은 CBS가 정착하는데 효과적인 장벽이다(Paul 등 2005). Magarey 등 (2009)은 유럽에서 *G. citricarpa*가 상업적인 감귤 생산과 관련된 지역에서 영향을 미치지 않을 것으로 예상되지만, 플로리다의 감귤 생산지와 걸프만의 낮은 지대 생산지에 위협적일 것이며, 캘리포니아에서 문제가 될 것 같지는 않다고 결론지었다. 반대로 EFSA (2008)는 그들의 모델링으로부터 유럽연합의 어느 해 일부 장소에서의 기후가 병의 진전에 적합하다고 결론지었다. 그러나 이 지역은 정착과 정반대로 감염 사건에 초점을 맞춘 논의에 크게 바탕을 두었다.

세계의 중요한 감귤 생산지는 CBS의 무발생으로 남아있다. 그런 구역이 CBS의 정착에 적합한 지역으로 나타나는 곳은 법적 방제가 CBS의 유입으로부터 그런 지역을 보호할 필요가 있다. 감염된 감귤 번식체의 이동이 CBS를 확산시키는 수단이 될 수 있음을 감안하면, CBS의 유입위험에 관한 관리계획이 이 경로 상에 중점적으로 배치되어야 한다. 감귤 번식체의 적법한 국제적 이동은 엄격하게 규제되고 있으며, 많은 국가들은 집행조치를 엄격하게 시행하고 있다. 그러나 많은 다른 생물안보의 위험성과 마찬가지로 일차적인 위험경로는 여행자 수하물이다. 이입항에서 공공의 인식 및 규정의 적용은 위험관리 수준의 중요한 결정요인이 된다.

사사 저자들은 Emerald에서 감귤 궤양병의 박멸에 관한 부문의 검토 및 건설적인 비평을 해 주신 Rodney Turner (캔버라 Plant Health Australia의 프로그램 매니저), Mike Ashton (퀸즐랜드 농림어업국의 Plant Biosecurity and Product Integrity), Fiona Macbeth (전 캔버라 호주 정부 농림어업국의 식물보호책임자)에게 감사를 드린다. 호주에서 감귤 궤양병의 성공적인 박멸을 위해 지원과 헌신을 해 주신 호주 정부 농림어업국, 퀸즐랜드 농림어업국, 모든 다른 호주 주 정부의 농업국, 호주의 감귤 재배자, 관련 단체들에게도 감사를 드린다.

참고문헌

Agostini JP, Mackenzie SJ, Adaskaveg JE (2006) Effect of fungicides and storage conditions on postharvest development of citrus black spot and survival of *Guignardia citricarpa* in fruit tissues. Plant Dis 90(11): 1419-1424

Alam K, Rolfe J (2006) Economics of plant disease outbreaks. Agenda 13(2): 133-146

Albrecht U, Bowman KD (2009) Candidatus Liberibacter asiaticus and huanglongbing effects on citrus seeds and seedlings. HortScience 44(7): 1967-1973

Al-Saleh MA, Ibrahim YE (2010) Population dynamics of *Xanthomonas citri* subsp. *citri* on symptomless citrus fruits under Saudi Arabia conditions and effect of post-harvest treatments on survival of the bacteria. J Plant Pathol 92(3): 601-605

Anonymous (2000) Council directive 2000/29/EC on protective measure against the introduction into the community of organi는 harmful to plants or plant products and against their spread within the community. Off J Euro Union L 169: 1-159

APHIS (2010) Designated pest free areas that meet APHIS requirements for pest-free areas listed in 7 GFR 319.56-5. www.aphis.usda.gov/import_export/plants/manuals/ports/downloads/DesignatedPestFreeAreas.pdf. Accessed7 Feb 2011

Arora RK (2000) In situ conservation of biological diversities in citrus. In: Proceedings of the Global Citrus Germplasm Network. http://www.crec.ifas.ufl.edu/societies/ISC/gcgn/Appendix_7.PDF

Aubert B (1987a) Epidemiological aspects of the greening (huanglungbin) disease in Asia. In: The FAO-UNDP project coordinator in Fuzhou (ed) Regional workshop on citrus greening huanglungbin disease, Fuzhou, 5 pp, 6-12 Dec 1987

Aubert B (1987b) *Trioza erytreae* Del Guercio and *Diaphorina citri* Kuwayama (Homoptera: Psylloidea) the two vectors of citrus greening disease: biological aspects and possible control stratgies. Gruits 42: 149-162

Aubert B (1988) Management of the cirus greening disease in Asian orchards. In: Aubert B, KE C, Gonzales C (eds) Proceedings of the second Asian/Pacific regional wokshop on citrus greening, Lipa, pp 51-52, 20-26 Nov 1988. UNDP-FAO, Rome

Aubert B (1990) Intergrated activities for the control of huanglongbing-greening and its vector *Diaphorina citri* Kuwayama in Asia. In: Auber B, Tontyaprn S, Buanguwon D (eds) Proceedings of the fourth international Asia Pacific conference on citrus rehabiliation, Chiang Mai, 4-10 Feb 1990, pp. 133-144. FAO UNDP, Rome

Aubert B (2009) A new threat to Mediterranean citrus. Huanglongbing (HLB) in 16 questions and answers. FruiTrop 168: 2-7

Baayen RP, Bonants PJM, Verkley G, Carroll GC, Van der As HA, De Weerdt M, Van Brouewershaben IR, Schutte GC, Maccheroni W, Glienke de Blanco C, Azevedo JL (2002) Nonpathogenic isolates of the citrus black spot fungus, *Guignardia citricarpa*, identified as a cosmopolitan endophyte of woody plants, *G. mangiferae* isolated from *citrus* spp. Eur J Plant Pathol 120: 103-110

Baldassari RB, Reis RF, de Goes A (2009) A new method for inoculation of fruit with *Guignardia citricarpa*, the causal agent of citrus black spot. Eur J Plant Pathol 123: 1-4

Barbosa JC, Eckstein B, Belasque Jr J, Bergamin Filho A (2011) Preliminary study of comparative acquisition of *Candidatus* Liberibacter asiaticus and *Ca.* L. *americanus* by *Diaphorina citri* under different temperatures. Poster 3.10. In: Abstracts of 2nd international research confer-ence on huanglongbing, Orlando, 10-14 Jan 2011

Bastianel M, Novelli VM, Kitajima EW, Kubo KS, Bassanezi RB, Machado MA, Freitas-Astúa J (2010) Citrus leprosis: centennial of an unusual mite-virus pathosystem. Plant Dis 94: 284-292

Bayer RS, Mabberley DJ, Morton C, Miller C, Sharma I, Pfeil B, Rich S, Hitchocock R, Sykes S (2009) A Molecular phylogeny of the orange subfamily (Rutaceae: Aurantioideae) using nine cpDNA sequences. Am J Bot 96(3): 668-685

Beare S, Elliston L, Abdalla A, Davidson A (2005) Biosecurity systems: a coast-benefit framework for assessing incursion, Management decisions. ABARE eReport 05.10 Prepared for the Victorian. Department of Primary Industries

Beattie GAC, Barkley P (2009) Huanglongbing and its vectors. A pest-specific contingency plan for the citrus and nursery and garden industries. Horticulture Australia Ltd. Project CT02005

Beattie GAC, Holford P, Mabberley DJ, Haigh AM, Broadbent P (2008) On the origins of *citrus*, Huanglongbing, *Diaphorina citri* and *Trioza erytreae*. International research conference on huanglongbing, Orlando 2008. Plant management network. http://www.plantmanagementnetwork.org/proceedings/irchlb/2008/presentations/IRCHLB.K.2.pdf

Bech R (2008) Confirnation of Asian citrus psyllid in Tijuana. DA-2008-28. United States Department of Agriculture, Animal and Olant Health Inspection Service, Plant Protection and Quarantine

Bech R (2009) First detection of Asian citrus psyllid in Arizona and new detection sites within California resulting in the expansion of the federal quarantine area. DA-2009-63. United States Department of Agriculture, Animal and Plant Health Inspection Service. Plant Protection and Quarantine

Belasque J Jr, Bassanezi RB, Yamamoto PT, Ayres AJ, Tachibana A, Violante AR, Tank A Jr, Di Giorgi F, Tersi FEA, Menezes GM, Dragone J, Jank RH Jr, Bové JM (2010) Lessons from huanglongbing management in São Paulo State, Brazil. J Plant Pathol 92(2): 285-302

Bellis G, Hollis D, Jacobson S (2005) Asian citrus psyllid, *Diaphorina citri* Kuwayama (Hemiptera: Psyllidae), and huanglongbing disease do not exist in the Stapleton Station area of the Northern Territory of Australia. Aust J Entomol 44: 68-70

Benson AH (1895) Black spot of the orange. Agric Gaz New South Wales 6: 249

Berger EW (1914) Citrus canker in the Gulf coast country, with notes on the extent of citrus culture in the locatlties visited. Proc Fla state Hortic Soc 27: 120-127

Bonanats PJM, Carroll GC, De Weert M. Van Brouwershaven IR, Baayen RP (2003) Development and validation of a fast PCR-based detection method for pathogenic isolates of the citrus black spot fungus, *Guignardia citricarpa*. Eur J Plant Pathol 109: 503-513

Bonn G, Taylor E, Riley T, Gottwald T, Schubert T (2010) Survival of *Xanthomonas citri* subsp. *citri* on symptomatic fruit under prolonged ambient and cold storage conditions. Phytopathology 100: S172

Borchert D, Magarey R, Brown L, Thayer C, Jones N (2007) NAPPFAST-GIS model for citrus canker Ad-Hoc project report. USDA-APHIS-PPQ-CPHST-PERAL. http://www.nappfast.org/caps_pests/maps/Documentation/pdfs/NAppFAST_GIS%20Model%20Citrus%20Canker%20Final.pdf

Bové JM, Ayres AJ (2007) Etiology of three recent diseases of citrus in São Paulo State: sudden death. variegated chlorosis and huanglongbing-IUBMB Life 59(4-5): 346-354

Broadbent P (1995) Quarantine in relation to Australian citrus imports and exports. Aust Plant Pathol 24: 145-156

Brown K (2001) Florida fights to stop citrus canker. Science 292(5525): 2275-2276. doi: 10.1126/science

Brown GE, Schubert TS (1987) Use of *Xanthomonas campestris* pv. *vesicaroria* to evaluate surface disinfectants for canker quarantine treatment of citrus fruit. Plant Dis 71: 319-323

Buitendag CH, von Broembsen LA (1993) Living with citrus greening in South Africa. In: Moreno P. da Graça JV, Timmer LW (eds) Proceedings of the twelfth conference of the international organization of citrus virologists, New Delhi, 23-27 Nov 1992. International Organization of Citrus Virologists, University of California, Riverside, pp 269-273

Canteros BI, Naranjo M, Rybak M (2000) Production of fruit free of *Xanthomonas axonopodis* pv. *citri* in selected plots in areas of endemic canker in Argentina. In: Proceedings of the IX congress of international society of citriculture, Orlando 2000, pp 1136-1137

Capoor SP (1963) Decline of citrus in India. Bull Nat Inst Sci India 24:48-64, 3 plates

Carstens E, le Roux HF, Holtzhausen MA, Van Rooyen L, Coetzee J, Wentzel R, Laubscher W, Dawood Z, Venter E, Schutte GC, Fourie PH, Hattingh V (2012) Citrus black spot is absent in the Western Cape, Northern Cape and Free State Provinces. S Afr J Sci 108: 56-61

Cen Y, Zhang L, Xia Y, Guo J, Deng X, Zhou W, Sequeira R, Gao J, Wang Z, Yue J, Gao Y (2012) Detection of '*Candidtus* Liberibacter asiaticus'in *Cacophylla* (*Psylla*) *citrisuga* (Hemiptera: Psyllidae). Fl Entomol 95(2): 304-311

Centner TJ, Ferreira S (2012) Ability of governments to take actions to confront incursions of diseases - a case study: citrus canker in Florida. Plant Pathol 6l: 821-828

Chen J, Hartung JS, Chang CJ, Vidaver AK (2002) An evolutionary perspective of pierce's disease of grapevine, citrus variegated chlorosis, and mulberry leaf scorch diseases. Curr Microbiol 45: 423-428

Christiano RSC, Dalla Pria M, Jesus WC Jr. Parra JRP, Amorim L, Bergamin Filho A (2007) Effect of citrus leaf-miner damage, Mechanical damage and inoculum concentration on severity of Asiatic citrus canker in Tahiti lime. Crop Prot 26: 59-65

Civerolo EL (1984) Bacterial canker disease of citrus. Rio Grande Valley Hortic Assoc 37: 127-146

Cobb NA (1897) Letters on the diseases of plants: black spot of the orange. Agric Gaz NSW 8: 229-231

Cubero J, Gelli, Johnson EG, Redondo A, Graham JH (2011) Unstable green fluorescent protein for study or *Xanthomonas citri* subsp. *citri* survival on citrus. Plant Pathol 60: 977-985

Dalla Pria M, Christiano RCS, Furtado EL, Amorim L, Bergamin Filho A (2006) Effect of temperature and leaf wetness duration on infection of sweet oranges by Asiatic citrus canker. Plant Pathol 55: 657-663

de Leon JH, Setamou M, Gastaminza GA, Buenahora J, Caceres S, Yamamoto PT, Bouvet JP, Logarzo GA (2011) Two separate introductions of Asian citrus psyllid populations found in the American continents. Ann Entomol Soc Am 104(6): 1392-1398

Doidge EM (1918) The characteristics of citrus canker and its eradication. Union of South Africa. Department of Agriculture bulletin no. 3. 9 pp, 13 figs

Doidge EM (1929) Some diseases of citrus prevalent in South Africa. S Afr J Sci 26: 320-325

Donovan NJ, Beattie GAC, Chambers GA, Holford P, Englezou A, Hardy S, Wangdi D-P, Om T-N (2011) First report of '*Candidatus* Liberibacter asiaticus'in *Diaphorina communis*. Aust Plant Dis Notes. doi: 10.1007/s13314-011-003 1-9

Dopson RN (1964) The eradication of citrus canker. Plant Dis Rep 48: 30-31

Dychdala GR (1983) Chapter 19: chlorine and chlorine compounds. In: Block EE (ed) Disinfection, sterilization and preservation, 3rd edn. Lea and Febiger, Philadelphia, pp 157-162

EFSA (European Food Safety Authority) (2006) Scientific opinion of the panel on plant heath on a request from the commission on an evaluation of asymptomatic citrus fruit as a pathway for the introduction of citrus canker disease (*Xanthomonas axonopodis* pv. *citri*) made by the US Animal and Plant Health Inspection Service. EFSA 1439: 1-41

EFSA (European Food Safety Authority) (2008) Scientific opinion of the panel on plant health on a request from the European Commission on *Guignardia citricarpa* Kiely. EFSA J 925: 1-108

EFSA Panel on Plant Health (2011) Scientific opinion on the request from the USA regarding export of Florida citrus fruit to the EU. EFSA J 9(12): 2461 (99pp). www.efsa.europa.eu/efsajounal

European Union (2000) Council directive 2000/29/EC, on preventative measures against the introduction into the Community of organisms harmful to plants or plant products and against their spread within the Community. Off J L 169, 7 Oct 2000

Evans HC, Waller JM (2010) Globalisation and the threat to biosecurity. In: Strange RN, Gullino ML (eds) The role of plant pathology in food safety and food security. Springer, Berlin. pp 53-71

Everett KR, Rees-George J (2006) Reclassification of an isolate of *Guignardia citricarpa* from New Zealand as *G. mangiferae* by sequence analysis. Plant Pathol 55: 194-199

Fang SJ, Yang CJ (1986) Psylloidea of Taiwan (Homoptera: Sternorrhyncha) supplement. Taiwan Mus Spec Publ Ser 6: 119-176

Fawcett HS (1936) Citrus diseases and their control, 2nd edn. McGraw-Hill. New York/London. 656 pp

Florida Agricultural Statistics (2002) citrus summary 2000-200l. http://www.nass.usda.gov/Statistics_by-State/Florida/Publications/Citrus/cs/2000-01/cs000l.pdf. Accessed 25 Jan 2011

Fraser L (1949) A gummosis disease of citrus in relation to its environment. Proc Linn Soc NSW lxxiv: 5-17

Fraser LR, Broadbent P (1979) Virus and related diseases of citrus in New South Wales. Surrie Beattie & Sons Printers, 77 pp

French JV, Kahlke CJ, da Graqa JV (2001) First record of the Asian citrus psylla, *Diaphorina citri* Kuwayama (Homoptera: Psyllidae) in Texas. Subtrop Plant Sci 53: 14-15

Fulton HR, Bowman JJ (1929) Infection of fruit of citrus by *Pseudomonas citri*. J Agric Res 39: 403-426

Gambley CF, Miles AK, Ramsden M, Doogan V, Thomas JE, Parmenter K, Whittle PJL (2009) The distribution and spread of citrus canker in Emerald, Australia. Austr Plant Pathol 38: 547-557

Gasparoto MCG, Bassanezi RB, Amorim L, Montesino LH, Lourenco SA, WulfF NA, Bergamin Filho A (2010) Comparative epidemiology between '*Candidutus* Liberibacter asiaticus'and '*Candidatus americalnus*' under screenhouse conditions. Abstract 31. XVIII conference of international organisation of citrus virologists, Sao Paulo

Glienke C, Pereira OL, Stringari D, Fabris J, Kava-Cordeiro V, Galli-Terasawa L, Cunnington J, Shivas RG, Groenewald JZ, Crous PW (2011) Endophytic and pathogenic *Phllosticta* species, with reference to those associated with citrus black spot. Persoonia Mol Phylogen Evol Fungi 26(1): 47-56

Golmohammadi M, Cubero J, Peñalver J, Quesada JM, López MM. Llop P (2007) Diagnosis of *Xanthomonas axonopodis* pv. *cilri*, causal agent of citrus canker, in commercial fruits by isolation and PCR-based methods. J Appl Microbiol 103(6): 2309-2315

Goncalves FP, Stuchi ES, da Silva SR, Reiff ET, Amorim L (2011) Role of nursery plants in orange yield during eight years of citrus variegated chlorosis epidemics. Sci Hortic 129: 343-345

Goto M (1962) Studies on citrus canker. Bull Facul Agric Shizuoka Univ 12: 2-72

Goto M (1992) Citrus canker. In: Kumar J. Chaube HS, Singh US, Mukhopadhyay AN (eds) Plant diseases of international importance, vol III, Diseases of fruit crops. Prentice Hall. Englewood Cliffs. pp 170-208

Gottwald TR, Irey M (2007) Post-hurricane analysis of citrus canker II: predictive model estimation of disease spread and area potentially impacted by various eradication protocols following catastrophic weather events. Plant Health Prog. doi: 10.1094/PHP-2007-0405-01-RS

Gottwald TR, Civerolo EL, Garnsey SM, Brlansky RH, Graham JH, Gabriel DW (1988) Dynamics and spatial distribution of *Xanthomonas campestris* pv. *citri* group E strains in simulated nursery and new grove situations. Plant Dis 72: 781-787

Gottwald TR, Graham JH, Egel DS (1992) Analysis of foci of Asiatic citrus canker in a Florida citrus orchard. Plant Dis 76: 389-396

Gottwald TR, Hughes G, Graham JH, Sun X, Riley T (2001) The citrus canker epidemic in Florida: the scientific basis of regulatory eradication policy for an invasive species. Phytopa-thology 91:30-34

Gottwald TR, Graham JW, Schubert TS (2002a) Citrus canker: the pathogen and its impact. Plant Health Prog. doi: 10.1094/PHP-2002-0812-01-RV

Gottwald TR, Sun X, Riley T, Graham JH, Ferrandino F, Taylor EL (2002b) Geo-referenced spatiotemporal analysis of the urban citrus canker epidemic in Florida. Phytopathology 92: 361-377

Gottwald TR, da Graca JV, Bassanezi RB (2007) Citrus huanglongbing: the pathogen and its impact. Plant Health Prog. doi: 10.1094/PHP-2007-0906-01-RV

Gottwald TR, Graham J, Bock C, Borm G, Civerolo E, Irey M, Leite R, Mccollum G, Parker P, Ramallo J, Riley T, Schubert T, Stein B, Taylor E (2009) The epidemiological significance of post-packinghouse survival of *Xanthomonas citri* subsp. *citri* for dissemination of Asiatic citrus canker via infected fruit. Crop Prot 28(6): 508-524

Graham JH, Gottwald TR (1990) Variation in aggressiveness of *Xanthomonas campestris* pv. *citrumelo* associared with citrus bacterial spot in Florida citrus nurseries. Phytopathotogy 80: 190-196

Graham JH, Gottwald TR, Civerolo EL, McGuire RG (1989) Population dynamics and survival of *Xanthomonas campestris* in soil in citrus nurseries in Maryland and Argentina. Plant Dis 73: 423-426

Graham JH, Gottwald TR, Riley TD, Achor D (1992a) Penetration through leaf stomata and growth of strains of *Xanthomonas campestris* in citrus cultivars varying in susceptibility to bacterial diseases. Phytopathology 82: 1319-1325

Graham JH, Gottwald TR, Riley TD, Bruce MA (1992b) Susceptibility of citrus fruit to bacterial spot and citrus canker. Phytopathology 82: 452-457

Graham JH, Gottwald "Gottwald TR, Cubero J, Achor DS (2004) *Xanthomonas axonopodis* pv. *citri*: factors affecting successful eradication of citrus canker. Mol Plant Pathol 5: 1-15. doi: 10.1046/J.1364-3703.2003.00197.X

Graham JH, Stein B, Leite RP (2008) Management challenges posed by citrus canker for production of highly susceptible grapefruit in Florida. In: Xiuxin Deng, Juan Xu, Shimin Lin, Rui Guan (eds) Proceedings of the international society of citriculture, 11th international citrus congress, vol II, Wuhan, 26-30 Oct 2008, pp 1053-1059

Graham JH, Dewdney MM Myers ME (2010) Streptomycin and copper formulations for control of citrus canker on grapefruit. Proc Fl St Hortic Soc 123: 92-99

Guerri J, Pina JA, Vives MC, Navarro L, Moreno P (2004) Seed transmission of citrus leaf botch virus: implications in quarantine and certification programs. Plant Dis 88: 906

Hailstones DL, Weinert MP, Smith MW, Ghalayini A, Gambley CF (2005) Evaluating potential alternative hosts of citrus canker. In: Gottwald TR, Dixon WN, Graham JH, Berger P (eds) Proceedings or the 2nd international citrus canker and huanglongbing research workshop, vol 1. Orlando, 7-11 Nov 2005, P 71, Citrus Mutual

Halbert SE, Núñez CA (2004) Distribution of the Asian citrus psyllid, *Diaphorina citri* Kuyayama (Rhynchota: Psyllidae) in the Caribbean basin. Fl Entomol 87: 401-402

Halbert S, Manjunath K, Roka F, Brodie M (2008) Huanglongbing (citrus greening) in Florida, 2008. In: Ku TY. Pham THH (eds) Proceedings of FFTC-ppRI-NIFTS joint workshop on management of citrus greening and virus diseases for the rehabilitation of citrus industry in the ASPAC, Plant Protection Research Institute, Hà Nôi, 8-12 Sept 2008, pp 58-67

Halbert SE, Manjunath KL, Ramadugu C, Brodie MW, Webb SE, Lee RF (2010) Trailers transporting oranges to processing plants move Asian cirrus psyllids. Fl Entomol 93: 33-38

Hall DG, Gottwald TR, Bock CH (2010) Exacerbation of citrus canker by citrus leafminer *Phyllocnistis citrella* in Florida. Fl Entomol 93(4): 558-566

Hartung JS, Halbert SE, Pelz-Stelinski K, Brlansky RH. Chen C, Gmitter FG (2010) Lack of evidence for transmission of '*Candidatus* Liberibacter asiaticus'through citrus seed taken from affected fruit. Plant Dis 94: 1200-1205

Husain MA, Nath D (1927) The citrus psylla (*Diaphorina citri* Kuw.) [Psyllidae: Homoptera]. Memoirs Depart Agric India Entomol Ser 10(2): 5-27

Inoue H, Shinohara K, Okumura M, Ikeda K, Ashihara W, Ohira Y (2006) Occurrence of *Psylla evodiae* Miyatake (Hemiptera: Psyllidae) on the cultivated orange jasmine, *Murraya paniculata* (Rutaceae) in Kyushu and on Yakushima Island. Jpn J Appl Entomol Zool 50: 66-68

IPPC (1998) International standards for phytosanitary methods no. 9. Guidelines for pest eradica-tion programmes. Secretariat of the international plant protection convention. FAO, Rome

IPPC (2006) International standards for phytosanitary methods no. 1, phytosanitary principles for the protection of plants and the application of phytosanitary measures in international trade. Secretariat of the international plant protection convention. FAO, Rome

Ippolito A, De Cicco V, Cutuli G, Salerno M (1987) The role of infected citrus fruits and seeds in the spread of mal secco disease. In: Proceeding of the congress mediterranean phytopathology. Union 7th, Granada, pp 166-167

Irey M, Gottwald TR, Graham JH, Riley TD, Carlton G (2006) Post-hurricane analysis of citrus canker spread and progress towards the development of a predictive model to estimate disease spread due to catastrophic weather events. Plant Health Prog. doi: 10.1094/PHP-2006-0822-01-RS

Ke C, Xu CF (1990) Successful integrated management of HLB disease in several farms of Guangdong and Fujian by combining early eradication with targeted spraying. In: Aubert B, Tontyaporn S, Buangsuwon D (eds) Proceedings of the fourth international Asia Pacific conference on citrus rehabilitation, Chiang Mai, 4-10 Feb 1990. FAO UNDP, Rome, pp 145-148

Keck KO (2001) Industry costs of living with canker: the legal. public policy and dollar implications of halting the eradication effort. A report by Florida Citrus Mutual, Lakeland: 8 pp

Kiely TB (1948a) *Guignardia citricarpa* (n.Sp.) and its relationship to the black spot disease of citrus in the coastal orchards of New South Wales. J Aust Inst Agric Sci 14: 81-83

Kiely TB (1948b) Preliminary studies of *Guignardia citricarpa* n. sp. the ascigerous state of *Phoma citricarpa* McAlp. and its relation to black spot of citrus. Proc Linn Soc NSW 73: 249-292

Kiely TB (1949) Black spot of citrus in New South Wales coastal orchards. Agric Gaz NSW 60: 17-20

Koizumi M (1972) Studies on the symptoms of citrus canker formed on Satsuma mandarin fruit and existence of causal bacteria in the affected tissues. Bull Hort Res Sta Jpn Ser B 12: 229-244

Korf HJG, Schutte GC, Kotzé JM (2001) The effect of packhouse procedures on the viability of *Phyllosticta citricarpa*, anamorph of the citrus black spot pathogen. Afr Plant Prot 7: 103-109

Korsten L, Jagoueix S, Bové JM, Garnier M (1996) Huanglongbing (greening) detection in South Africa. In: da Graqa JV, Moreno P, Yokomi RK (eds) Proceedings of the thirteenth conference of the international organization of citrus virologists, Fuzhou, 16-23 Nov 1995. International organization of citrus virologists, University of California, Riverside, pp 395-398

Kotzé JM (198l) Epidemiology and control of citrus black spot in South Africa. Plant Dis 65: 945-950

Kotzé JM (1996) History and epidemiology of citrus black spot in South Africa. Proc Int Soc Citricult 2: 1296-1299

Krueger RR, Lee RF, Bash JA, Vidalakis G (2010) Citrus quarantine, certiftcation, and registration programs in the USA. P. 42. Abstracts. XV111 conference of the international organization of citrus virologists, Campinas

Lahiri AR, Biswas S (1980) Observations on the relative intensity of infection on three species of cultivated citrus plants by *Psylla murrayi* Mathur (Homoptera: Psyllidae) at Shillong, Meghalaya. Bull Zool Sur India 2: 123-127

le Roux HF, van Vuuren SP, Manicom BQ (2006a) Huanglongbing in South Africa. In: Proceedings of the huanglongbing-greening international workshop, Ribeirão Preto, 16-20 July 2006. Fundecitrus, Araraquara. S3, pp 5-6

le Roux HF, van Vuuren SP, Pretorius MC, Buitendag CH (2006b) Management of huanglongbing in South Africa. In: Proceedings of the huanglongbing-greening international workshop, Ribeirão Preto, 16-20

July 2006. Fundecitrus, Araraquara. S19, pp. 43-44

le Roux HF, Kotzé JM, Carstens E, Hattingh V (2007) A proposed new system to gain access for citrus to international markets. In: Abstracts from the 45th congress of the Southern African society for plant pathology, Benoni, 21-24 Jan 2007, p 58

Leite RP, Mohan SK (1984) Survival of *Xanthomonas campestris* pv. *citri* (Hasse) Dye in soil and in association with some gramineous plants. Proc Int Soc Citricult 1: 365-368

Li W-B, Pria D, Teixeira DC Jr, Miranda VS, Ayres AJ, Franco CF, Costa MG (2001) Coffee leaf scorch caused by a strain or *Xylella fastidiosa* from citrus. Plant Dis 85: 501-505

Li W-B, Zhou C-H, Pria WD, Teixeira DC, Miranda VS, Pereira EO, Ayres AJ, He C-X. Costa MG, Hartung JS (2002) Citrus and coffee strains of *Xylella fastidiosa* induce pierce's disease in grapevine. Plant Dis 86: 1206-1210

Li W-B, Pria WD, Lacava PM, Qin X, Hartung JS (2003) Presence of *Xylella fastidiosa* in sweet orange fruit and seeds and its transmission to seedlings. Phytopathotogy 93: 953-958

Loest FC (1968) Influence of pruning citrus trees on the efficacy of control of black spot (*Guignrdia citricarpa* Kiely). S Afr Citrus J 419: 15

Lopes SA, Bassanezi RB, Belasque J Jr, Yamamoto PT (2008) Management of citrus huanglongbing in the State of São Paulo-Brazil. In: Ku TY, Pham THH (eds) Proceedings of FFTC-ppRI-NIFTS joint workshop on management of citrus greening and virus diseases for the rehabititation of citrus industry in the ASPAC, Plant Protection Research Institute, Hà Nôi, 8-12 Sept 2008, pp 107-117

Lopes SA, Bertolini E, Frare GF, Martins EC. Wulff NA, Teixeira DC, Fernandes NG, Cambra M (2009a) Graft transmission efficiencies and multiplication of '*Candidatus* Liberibacter americanus'and '*Ca*. L. asiaticus'in citrus plants. Phytopathology 99: 301-306.

Lopes SA, Frare GF, Bertolini E. Cambra M, Fernandes NG, Ayres AJ, Marin DR, Bové JM (2009b) Liberibacters associated with citrus huanglongbing in Brazil: '*Candidatus* Liberibacter asiaticus'is heat tolerant, 'Ca. L.: americanus'is heat sensitive. Plant Dis 93: 257-262.

Lopes SA, Camargo LEA, Frare GF, Wulff NA, Teixeira DC, Bassanezi RB, Beattie GAC, Ayres AJ (2010) Liberibacters associated with orange jasmine in Brazil: incidence in urban areas and relatedness to citrus liberibacters. Plant Pathol 59: 1044-1053

Loucks KW (1934) Citrus canker and its eradication in Florida. Florida Department of Agriculture and Consumer Services, Division of Plant Industry, Gainesville, 111 pp (Unpublished manuscript)

Mabberley DJ (1997) A classification for edible citrus. Telopea 7: 167-172

Mabberley DJ (1998) Australian Citreae with notes on other Aurantioideae (Rutaceae). Telopea 7: 333-344

Mabberley DJ (2004) *Citrus* (Rutaceae): a review of recent advances in etymology, systematics and medical applications. B1umea 49: 481-498

Mabberley DJ (2008) Mabberley's plant book: a portable dictionary of plants, their classification and uses, 3rd edn. Cambridge University Press, New York

Magarey R, Chanelli S, Holtz T (2009) Validation study and risk assessment: *Guignardia citricarpa*, (citrus black spot). NAPPFAST. USDA-APHIS-PPQ-CPHST-PERAL/NCSU. http://www.nappfast.org/pest%20 reports/guignardia_citricapia.pdf

Manjunath KL, Halbert SE, Ramadugu C. Webb S, Lee RF (2008) Detection of '*Candidatus* Liberibacter asiaticus'in *Diaphorina citri* and its importance in the management of citrus huanglongbing in Florida. Phytopathology 98: 387-396

Marchionatto JB (1928) *Phoma citricarpa* Mc Alp. Fitoparásitos de la Argentina nuevos o poco conocidos II.

Phys Buenos Aires 9(32): 21-23

Mathur RN (1975) Psyllidae of the Indian subcontinent. Indian Council of Agricultural Research, New Delhi, 429 pp

McAlpine D (1899) Fungus diseases of citrus trees in Australia and their treatment. Robert S. Brain. Government Printer, Melbourne, 132 pp

McOnie KC (1964a) Apparent absence of *Guignardia citricarpa* Kiely from localities where citrus black spot is absent. S Afr J Agric Sci 7: 347-354

McOnie KC (1964b) Source of inoculum of *Guignardia citricarpa*, the citrus black spot pathogen. Phytopathology 54: 64-67

McOnie KC (1964c) The latent occurrence in citrus and other hosts of a *Guignardia* easily confused with *G. citricarpa*, the citrus black spot pathogen. Phytopathology 54: 40-43

Meyer L, Slippers B, Korsten L, Wingfield JM (2001) Two distinct *Guignardia* species associated with citrus in South Africa. S Afr J Sci 97: 191-195

Migheli Q, Cacciola SO, Balmas V, Pane A, Ezra D, di San M, Lio G (2009) Mal secco disease caused by *Phoma tracheiphila*: a potential threat to lemon production worldwide. Plant Dis 93: 852-867

Miles AK, Willingham SL, Cooke AW (2004) Field evaluation of strobilurins and a plant activator for the control of citrus black spot. Austr Plant Pathol 33: 371-378

Miles AK, Wyatt P, Kopittke R, Eelkema M, Missenden B, Hamacek E, Shivas M, Drenth A (2008) Integrated disease management of citrus black spot (*Guignardia citricarpa* Kiely) in Queensland, pp 1070-1076. In: Xiuxin Deng, Juan Xu, Shimin Lin, Rui Guan (eds) Proceedings of the international society of Citriculture, vol II. 11th international citrus congress. Wuhan, 26-30 Oct 2008, p. 203

Moran VC (1968) The development of the citrus psylla, *Trioza erytreae* (Del Guercio) (Homoptera: Psyllidae), on *citrus limon* and four indigenous host plants. J Entomol Soc S Afr 31: 391-402

Moreno P. Ambrós S, Albiach-Marti MR, Guerri J. Peña L (2008) CTV diseases and the citrus industry. Mol Plant Pathot 9(2): 251-268

Muraro RP, Roka FM, Spreen TH (2001) Grower costs of having citrus canker in Florida. University of Florida-Institute of Food and Agricultural Sciences EDIS Document 286, Gainesville, 5 pp

NAPIS (2008) Asian citrus psyllid. pest tracker. http://pest.certis.purdue.edu

Nel A, Krause M, Khelawanlall N (2003) A guide for the control of plant diseases, 2nd edn, Directorate: agricultural production inputs. National Department of Agriculture, Pretoria OEPP/EPPO (2007) Diagnostics. *Phoma tracheiphila*. Bull OEPP/EPPO Bull 37: 521-527

Osman MS, Lim WH (1990) *Phoma tracheiphila* Math. (Fam. Psyllidae) on *Murraya koenigii* Spreng. (Fam. Rutaceae), a new pest record for W. Malaysia. In: Aubert B, Tontyaporn S, Buangsuwon D (eds) Proceedings of the fourth international Asia Pacific conference on citrus rehabilitation, Chiang Mai, 4-10 Feb 1990. FAO UNDP, Rome, pp 212-213

Paul I, van Jaarsveld AS, Korsten L, Hattingh V (2005) The potential global geographical distribution of citrus black spot caused by *Guignardia citricarpa* Kiely: likelihood of disease establishment in the European Union. Crop Prat 24: 297-308

Peltier GL, Frederick NJ (1920) Relative susceptibility to citrus canker of different species and hybrids of the genus citrus including the wild relatives. J Agric Res 19: 339-362

Peltier GL, Frederick NJ (1926) Effect of weather on the world distribution and prevalence of citrus canker and citrus scab. J Agric Res 32: 147-164

Plant Health Australia (2009) Industry biosecurity plan for the citrus industry. Version 2.0, Plant Health

Australia, Canberra. www.planthealthaustralia.com.au/. Accessed 7 feb 2011

Ramón-Laca L (2003) The introduction of cultivated citrus to Europe via Northern Africa and the Iberian Peninsula. Econ Bot 57: 502-514

Rigano LA, Siciliano F, Enrique R, Sendin L, Filippone P, Torres PS, Qüesta J, Dow JM, Castagnaro AP, Vojnov AA, Marano MR (2007) Biofilm formation, epiphytic fitness, and canker development in *Xanthomonas axonopodis* pv. *citri*. Mol Plant Microbe Interact 20: 1222-1230

Ritenour MA, Dewdney M (2010) Fresh citrus issues: black spot, canker and MRLs. citrus industry, October 2010, pp 18-19

Ritenour M, Graham J, Narciso J (2008) Managing citrus canker for the fresh fruit industry. Citrus Ind 89(10): 20-22

Roistacher CN (1988) Observation on the decline of sweet orange trees in coastal Peru caused by stem pitting tristeza. FAO Plant Prot Bull 36: 19-26

Roistacher CN (2004) Diagnosis and management of virus and virus-like diseases of citrus. In: Naqvi SAMH (ed) Diseases of fruit and vegetables. vol 1. Kluwer Academic, London, pp 109-190

SA DAFF (2011) South African Department of Agriculture, Forestry and Fisheries, Protocol for the export of citrus to Japan. www.nda.agric.za/doaDev/sioeMenu/plantHealth/Japancitrusprotocol.htm. Accessed 9 Feb 2011

Sakamaki Y (2005) Possible migration of the Asian citrus psyllid, *Diaphorina citri* Kuwayama (Homoptera: Psyllidae) between and within islands. Occasional Papers of the Kagoshima University Research Center 42: 121-125

Samuel R, Ehrendorfer F, Chase MW, Greger H (200l) Phylogenetic analyses of Aurantioideae (Rutaceae) based on non-coding plastid DNA sequences and phytochemical features. Plant Biol 3: 77-87

Samways MJ (1990) Biogeography and monitoring outbreaks of the African citrus psylla, *Trioza erytreae* (Del Guercio). In: Aubert B, Tontyaporn S, Buangsuwon D (eds) Proceedings of the fourth international Asia Pacific conference on citrus rehabilitation, Chiang Mai, 4-10 Feb 1990. FAO UNDP, Rome, pp 188-197

Schubert T, Bonn G (2010) Attempting to transmit citrus canker from diseased ripe grapefruit to healthy grapefruit saplings under field conditions. Phytopathology 100: Sl16

Schubert TS, Graham JH, Timmer LW (2000) 2000 Florida citrus pest management guide: citrus canker. univeristy of Florida. IFAS. Extension. http://www.freshfromflorida.com/pi/canker/pubs/2000ifas_cc-mgmnt_guide.pdf

Schubert TS, Rizvi SA, Sun X, Gottwald TR, Graham JH, Dixon WN (2001) Meeting the challenge of eradicating citrus canker in Florida-again. Plant Dis 85: 340-356

Schubert T, Sutton B, Jeyaprakash A (2010) Citrus black spot (*Guignardia citricarpa*) discovered in Florida. Florida Department of Agriculture and Consumer Services, Pest Alert DACS-P-01723

Schubert TS, Dewdney MM, Peres NA, Palm ME, Jeyaprakash A, Sutton B, Mondal SN, Wang N-Y, Rascoe J (2012) First report of citrus black spot caused by *Guignardia citricarpa* sweet orange [*citrus sinensis* (L.) Osbeck] in North America. Plant Dis 96(8): 1225

Schuepp H (1961) Untersuchungen über *Guignardia citricarpa* Kiely, den erreger der schwarzfleckenkrankheit auf citrus. Phytopathol Z 40: 258-271

Schutte GC, Tollig B, Mansfield RI, Kotzé JM (1996) Effect of kresoxim-methyl and azoxystrobin for the control of a benzimidazole resistant strain of citrus black spot. Proc Int Soc Citricult 8: 345-350

Schutte GC, Mansfield RI, Smith H, Beeton KV (2003) Application of azoxystrobin for control of benomyl-resistant *Guignardia citricarpa* on 'Valencia'oranges in South Africa. Plant Dis 87: 784-788

Schwarz RE (1968) Greening disease. In: Childs JFL (ed) Indexing procedures for 15 virus diseases of citrus. USDA Agricultural Research Services handbook 333, pp 87-90

Schwarz RE, Green GC (1972) Heat requirements for symptom suppression and inactivation of the greening pathogen. In: Price WC (ed) Proceedings of the fifth conference of the international organization of citrus virologists, Tokyo, 30 Oct-8 Nov 1969. University of Florida Press, Gainesville, pp 44-51

Scott KD, McIntyre CL, Playford J (2000) Molecular analyses suggest a need for significant rearrangements of Rutaceae subfamilies and a minor reassessment of species within *Flindersia*. Plant Systemat Evol 223: 15-27

Scuderi G, Golmohammadi M, Cubero J, Lo'pez MM, Cirvilleri G, Llop P (2010) Development of a simplified NASBA protocol for detecting viable cells of the citrus pathogen *Xanthomonas citri* subsp. *citri* under different treatments. Plant Pathol 59: 764-772

Serizawa S, Inoue K, Goto M (1969) Studies on citrus canker. I. Dispersal of the citrus canker organism. Bull Schizuoka Pref Citrus Exp Stn 8: 81-85

Shiotani H, Uematsu H, Tsukamoto T, Shimizu Y, Ueda K, Mizuno A, Sato S (2009) Survival and dispersal of *Xanthomonas citri* pv. *citri* from infected Satsuma mandarin fruit. Crop Prot 28(1): 19-23

Simberloff D (2003) Eradication-preventing invasions at the outset. Weed Sci 51: 247-253

Singh RP, Dilworth AD, Ao X, Singh M, Baranwal VK (2009) *Citrus exocortis viroid* transmission through commercially-distributed seeds of *Impatiens* and *Verbena* plants. Eur J Plant Pathol 124: 691-694. doi: 10.1007/s10658-009-9440-4

Smith IM, McNamara DG, Scott PR, Holdemess M (1997). Quarantine pests of Europe. 2nd edn. Data sheets on quarantine pests for the European Communities and for the European and Mediterranean Plant Protection Organisation. CABI International, University Press. Oxford

Sosnowski MR, Fletcher JD, Daly AM, Rodoni BC, Viljanen-Rollinson SLH (2009) Techniques for the treatment, removal and disposal of host material during programmes for plant pathogen eradication. Plant Pathol 58: 621-635. doi: 10.1111/j.1365-3059.2009.02042.x

Spósito MB, Amorim L, Bassanezi RB, Yamamoto PT, Felippe MR, Czermainski ABC (2011) Relative importance of inoculum sources of *Guignardia citricarpa* on the citrus black spot epidemic in Brazil. Crop Prot 30: 1546-1552

Stall RE, Seymour CP (1983) Canker. a threat to citrus in the Gulf-coast states. Plant Dis 67:581-585

Stall RE, Miller JW, Marco GM, Canteros de Echinique BI (1980) Population dynamics of *Xanthomonas citri* causing cancrosis in Argentina. Proc Fl St Hortic Soc 93: 10-14

Stapleton JJ (1986) Effects of postharvest chlorine and wax treatments on surface microflora of lime fruit in relation to citrus bacteriosis disease. Plant Dis 70: 1046-1048

Sueda H (1941) Experimental studies on the parasitism of the black spot fungus of citrus. Trans Nat Hist Soc Formosa 31: 416-452

Swingle WT, Reece PC (1967) The botany of citrus and its wild relatives of the orange subfamily. In: Reuther W, Webber HJ, Batchelor LD (eds) The citrus Industry. Revised 2nd ed, vol 1, History, world distribution, botany, and varieties. University of California, Berkeley. pp 190-430

Tanaka T (1977) Fundamental discussion of *citrus* classification. Studia Citrologia 14: 1-6

Tanner JD, Kunta M, Da Grace JV, Skaria M. Nelson SD (2011) Evidence of low rate of seed transmission of citrus tatter leaf virus in citrus. Phytopathology 101: S175

Tolkowsky S (1938) Hesperides. A history of the culture and use of citrus fruits. John Bale, Sons and Curnow, London, p 371

Truter M, Labuschagne PM, Kotzé JM, Meyer L, Korsten L (2007) Failure of *Phtllosticta citricarpa* pycnidiospores to infect Eureka lemon leaf litter. Aust Plant Pathol 36: 87-93

USDA (2009a) An updated evaluation of citrus fruit (*citrus* spp.) as a pathway for the introduction of citrus canker disease (*Xanthomonas citri* subsp. *citri*). USDA-APHIS-PPQ-CPHST-PERAL

USDA (2009b) Movement of commercially packed citrus fruit from citrus canker disease quarantine area. Supplemental risk management analysis. USDA-APHIS-PPQ-CPHST-PERAL

van den Berg MA, van Vuuren SP, Deacon VE (1991-1992) Studies on greening disease transmission by the citrus psylla. *Trioza erytreae* (Hemiptera: Triozidae). Israel J Eentomol 25-26: 51-56

Van der Aa HA (1973) Studies in *Phyllosricta* 1. Stud Mycol 5: 1-110

Van der Aa HA, Vanev S (2002) A revision of the species described in Phyllosticta. Centraalbureau voor Schimmelculturen, Utrecht

Verdier E, Zefferrino E, Me'ndez S (2008) Survival of *Xanrhomonas citri* subsp. *citri* on the surface of citrus fruit after post harvest treatment. Fitopatologia 43: 24-31

Wager VA (1952) The black spot disease of citrus in South Africa. Union S Afr Depart Agric Sci Bull 303: 1-52

Wallace JM (1956) Tristeza disease of citrus, with special reference to its situation in the United States. FAO Plant Prot Bull 4: 77-87

Wang X, Chen G, Huang F, Zhang J, Hyde KD, Li H (2011) *Phyllosticta* species associated with citrus diseases in China. Fungal Diver. doi: 10.1007/513225-011-0140-y

Webber HJ, Reuther W, Lawton HW (1967) History and development of the citrus industry. In: The citrus industry, Revised edn., vol 1. University of California. Division of Agricultural Sciences, pp 1-39

Whiteside JO (1967) Sources or inoculum of the black spot fungus, *Guignardia citricapa*, in infected Rhodesian orchards. Rhodesia, Zambia, and Malawi. J Agric Res 5: 171-177

Wilkinson W (2007) Pest exclusion advisory 21-2007. State of California Department of Food and Agriculture, Sacramento

WTO (2010) News Items, 20-2l Oct 20i0, sanitary and phytosanitary measures. www.wto.org/english/news_e/news10_e/sps_20oct10-e.htm. Accessed 7 Feb 2011

Wulandari NF, To-anun C, Hyde KD, Duong LM, De Gruyter J, Meffert JP, Groenewald JZ, Crous PW (2009) *Phyllosticta citriasiana* sp. nov., the cause of citrus tan spot of *citrus* maxima in Asia. Fungal Divers 34: 23-39

Xie PH, Su CA, Lin ZG (1988) A study on the cold endurance of the Asian citrus psyllid in Zhejiang. In: Aubert B. Ke C, Gonzales C (eds) Proceedings of the second Asian/Pacific regional workshop on citrus greening, Lipa. 20-26 Nov 1988. UNDP-FAO, Rome, pp 18-22

Yang CK, Li FS (1984) Nine new species and a new genus of psyllids from Yunnan. Entomotaxonomia 6: 251-266

Yang YP, Huang MD, Beattie GAC, Xia YL, Ouyang GC, Xiong JJ (2006) Distribution, biology, ecology and control of the psyllid *Diaphorina citri* Kuwayama, a major pest of citrus: a status report for China. Int J Pest Manage 52: 343-352

제19장
식물의 생물안보에서 침입 병원균: 사례연구 – 참나무 역병(*Phytophthora ramorum* Werres et al.): 참나무 돌연사의 원인
Invasive Pathogens in Plant Biosecurity: Case Study – *Phytophthora ramorum* Werres et al.: Cause of Sudden Oak Death, Ramorum Leaf Blight and Ramorum Dieback

Scott C. Redlin, Sabine Werres, and Thomas Schröder
번역: 최준열(농촌진흥청 국립식량과학원)

19.1 서론

19.1.1 식물의 생물안보에서 식물 병원균의 중요성

"병해충(pest)"이란 용어는 식물이나 식물성 산물에 피해를 주는 식물, 동물, 또는 병원성 인자의 종, 계통 또는 생태형으로 정의된다(IPPC 2011). 병해충 중에서 식물에 병을 일으키는 병원성 인자들이 있다. 식물 병원균들은 농림산물의 국내외 교역에서 규제되고 있다. 외래 식물 병원균의 유입은 생태적으로나(식물과 서식처의 손실) 경제적으로나(임산물과 원예산물의 매출 손실) 비용이 많이 들며, 관리를 해야만 하는 새로운 병을 초래한다. 식물위생과 검역 규제는 병원균의 배제와 때로는 박멸의 원칙에 초점을 맞추고 있다(Waller 등 2002). 새로운 지역에 정착할 경우, 식물 병원균들은 식물병의 대발생을 유발할 수 있으며, 박멸하는데 문제가 되는 경우가 잦다. 인류 역사상 가장 피해를 끼친 식물 병원균의 하나가 감자 역병의 원인균으로서 아일랜드의 감자 기근을 유발한 감자 역병(*Phytophthora infestans* (Mont.) de Bary)이다(Schumann 1991). *Phytophthora*속은 전에는 곰팡이로 분류되던 여러 식물 병원성 난균(Oomycetes) 중 하나이나, 지금은 Chromista계(界; Kingdom)의 유사곰팡이류(pseudofungi)로 간주되고 있다(Agrios 2005).

초본식물에 대한 식물병의 발생 이외에, 수많은 병원균들이 목본식물에 병을 발생시킨

S. C. Redlin (✉)
USDA-APHIS/Plant Protection and Quarantine, CPHST PERAL, Raleigh, NC 27606, USA
e-mail: Scott.C.Redlin@aphis.usda.gov

S. Werres · T. Schröder
Julius Kühn-Institut-Federal Research Center for Culticated Plants (JKI), Institute for Plant Protection in Horticulture and Forestry, Messeweg 11/12, 38104 Braunschweig, Germany

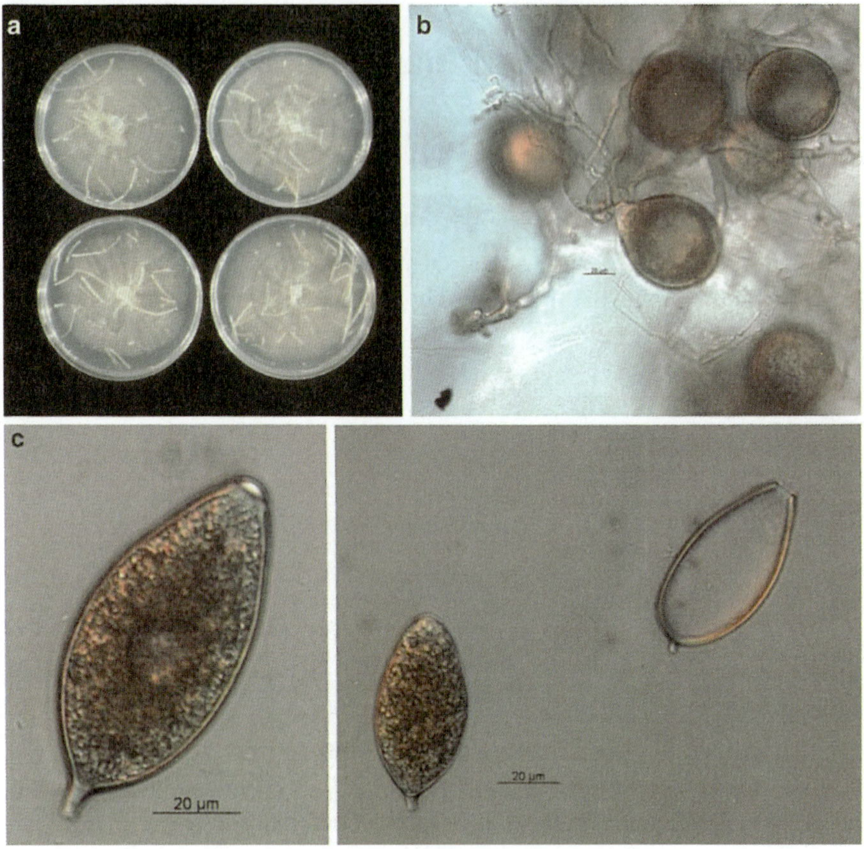

그림 19.1 참나무 역병균(*Phytophthora ramorum*)의 형태. (a) 당근 조각 한천에서의 콜로니; (b) 후막포자(중앙: 발아하는 후막포자); (c) 포자낭(오른쪽: 유주자를 방출한 뒤의 빈 포자낭)

다. 수목류의 발병 사례로는 다음과 같은 것들이 있다: *Cryphonectria parasitica* (Murrill) M. E. Barr에 의한 참나무과의 밤나무 줄기마름병(Chestnut Blight); *Ophiostoma ulmi* (Buisman) Nannf.에 의한 느릅나무과의 느릅나무 시들음병(Deutch Elm Disease); *Gremmeniella abietina* (Lagerb.) M. Morelet에 의한 소나무과의 스클레로데리스 가지마름병(Scleroderris Canker); *Cronartium ribicola* J. C. Fisch에 의한 소나무과의 잣나무 털녹병(White Pine Blister Rust); *Phytophthora kernoviae*에 의한 버즘나무과의 마름병(Canker Stain), 측백나무과의 마름병(Seridum Canker), 자작나무과의 감퇴(Alder Decline), 진달래과와 참나무과의 동고병(Bleeding Canker)(Brasier 등 2004b, 2005; Manion 1990; Wagener 1928).

*Phytophthora*속의 신종인 *Phytophthora ramorum* Werres, De Cock and Man In't Veld Werres (참나무 역병균)에 의해 일어나는 참나무 돌연사(Sudden Oak Death)를 발견하기 수년 전부터 캘리포니아의 참나무과에서 병징이 목격되어 왔었다(Werres 등 2001). "Ramorum Leaf

그림 19.2 참나무 역병(*Phytophthora ramorum*)의 병징. (a) 마취목속(*Pieris*)에서, 왼쪽: 시들고 갈색으로 변한 잎들, 오른쪽: 탈색된 가지; (b) 진달래속(*Rhododendron*)에서, 왼쪽: 시들고 갈색으로 변한 잎들, 오른쪽: 탈색된 가지와 순; (c) 가막살나무속(*Viburnum*)에서, 줄기 기부에 나타난 형성층의 괴사. 더 많은 병징은 www.suddenoakdeath.org 및 http://www.eppo.fr/QURANTINE/Alert_ List/fungi/PHYTRA.htm 에서 볼 수 있음

그림 19.3 (a) 캘리포니아 Marin County에서 집 울타리 나무에 감염된 참나무 역병(*Phytophthora ramorum*)의 병징(이미지 제공: Marin County 소방서). (b) 캘리포니아 Marin County에서 tanoak (*Lithocarpus densiflorus*)에 나타난 참나무 역병(*Phytophthora ramorum*)의 병징(이미지 제공: 태평양 연안 남서 지구, 미 농무부 산림청 산림위생보호과)

그림 19.4 Tanoak (*Lithocarpus densiflorus*)에 나타난 참나무 역병(*Phytophthora ramorum*)의 병징, 왼쪽: 나무 밑둥의 동고병(bleeding canker)은 나무껍질의 틈이나 곤충에 의한 피해와 관련이 없다(이미지 제공: Berkeley 소재 캘리포니아대학교 Garbelotto 연구실); 가운데: 껍질 외부의 나무진이 흐르는 부위에 말라붙은 삼출물; 오른쪽: 껍질 내부, 궤양과 궤양의 가장자리를 드러내기 위해 제거된 껍질 외부(이미지 제공: 미 농무부 산림청 Bruce Moltzan)

그림 19.5 참나무 역병(*Phytophthora ramorum*)의 병징 (a) 참나무 역병(*P. ramorum*)의 자연 기주인 캘리포니아월계수(*Umbellularia californica*); 기주는 죽지 않고 단지 잎마름이 발생(이미지 제공: 미 농무부 산림청의 Joseph O'Brien); (b) 가운데와 오른쪽: 동백나무(*Camellia japonica*)에서 잎에 발생한 갈색 병반은 불규칙하고 대개 잎 끝쪽에 한정됨(이미지 제공: 오리건 농업부 및 캘리포니아 식량농업부 Cheryl Blomquist)

Blight"과 "Ramorum dieback" 역시 *P. ramorum*에 의해 일어난다(COMTF 2012). 그림 19.1은 *P. ramorum*의 여러 가지 형태적 특징(콜로니 형태, 후막포자, 포자낭)을 보여준다. 여러 기주에서 병원균에 의해 일어나는 병징들이 그림 19.2, 19.3, 19.4, 19.5, 19.6, 19.7에 제시되었다.

19.1.2 규제할 중요성을 지닌 병원균, 참나무 역병(*Phytophthora ramorum*)

참나무 역병(*P. ramorum*)의 막대한 경제적 타격은 감염된 묘목 더미의 판매 손실, 검사 비용, 나무 제거, 가정과 전업 조경에서 나무(본래의 나무와 덤불, 경관적인 식수)의 사망에 따른

그림 19.6 참나무 역병(*Phytophthora ramorum*)의 병징 (a) Pacific rhododendron (*Rhododendron macrophyllum*)에서, 왼쪽: 순의 잎마름 증상, 오른쪽: 나뭇잎의 마름(이미지 제공: 오리건주립대학교 Everett Hansen). (b) 산월계수(*Kalmia latifolia*)에서 나뭇잎의 마름(Ramorum Blight로도 알려짐)(이미지 제공: 워싱턴주 농업부 J. Fallacy)

a b

그림 19.7 참나무 역병(*Phytophthora ramorum*)의 병징 (a) Grand fir (*Abies grandis*)에서, 잎과 순의 마름 증상; (b) 미송(*Pseudotsuga menziesii*)에서, 잎마름 증상 (이미지 제공: 캘리포니아주 Santa Clara County 농업부 및 Davis 소재 캘리포니아대학교 David Rizzo)

부동산 가치의 감소와 관련된 금액을 포함하여 병원균이 유발하는 식물의 발병과 사망에 의해 발생한다(COMTF 2012; Garbelotto 등 2001). 이 병원균 때문에 국내외 교역에서 묘목과 임산물을 포함하여 기주식물관련 제품들이 규제되고 있다. 잎마름과 나무의 사망으로 인한 산림지역에서 참나무 역병(*P. ramorum*)의 생태적 영향은 침식으로 인한 강물의 토사 증가로 인해 물고기의 죽음과 침입 식물종의 유입 기회가 뒤따른다(COMTF 2012; Garbelotto 등 2001). 한편, 미국 서부에서 죽은 채 서 있거나 넘어진 tanoak (*Lithocarpus densiflorus* (Hook. & Arn.) Rehder) 및 참나무류(*Quercus* spp.)는 표면의 가연물질을 증가시켜 산림지역에서 산불발생의 위험이 되고 있다(Garbelotto 등 2001). 다음 단락의 유럽 관련 자료들은 유럽연합(EU) 27개 회원국들의 상황에 기초한 것이며, 유럽 전체 47개 국가를 포함하지는 않는다.

19.2 지리적 분포

19.2.1 유럽

유럽에서 참나무 역병(*P. ramorum*)의 지리적 분포는 공적 방제 중인 다음의 EU 19개 회원국이 포함되어 있다: 벨기에, 체코공화국(박멸된 묘목 발견), 덴마크, 에스토니아, 핀란드, 프랑스, 독일, 아일랜드, 이탈리아, 라트비아, 리투아니아, 룩셈부르크, 네덜란드, 폴란드, 포르투갈, 슬로베니아, 스페인(Mallorca 포함), 스웨덴, 영국(잉글랜드, 웨일즈, 스코틀랜드, 북아일랜드, Channel Islands)(Sansford 등 2009). 이 병원균은 노르웨이와 스위스에서도 기록되었으며, 가장 최근에는 그리스와 크로아티아에서도 기록되었다(EPPO 2011; Sansford 등 2009; Tsopelas 등 2011).

참나무 역병은 네덜란드에서 처음 탐지되었으며, 이후 독일에서 탐지되었다. 네덜란드는 1993년 양묘장의 병든 진달래속(*Rhododendron*) 식물에서 처음 분리되었다(Werres 등 2001). 이후 이 병원균이 1995년 독일에서 진달래속(*Rhododendron*)을 가해하는 *Phytophthora* 속의 새로운 미기록종으로 탐지되었다. 이는 양묘장 농가 주변 울타리의 오래된 진달래속(*Rhododendron*) 식물과 양묘장에서 재순환되는 관수용 물에서 발견되었다(Werres & Marwitz 1997; Werres 등 2001).

2001년 폴란드의 규제 공무원들이 양묘장에 심겨진 수입산 진달래속(*Rhododendron*) 식물에서 병원균을 탐지하였다(Orlikowski & Szkuta 2002). 이후(2002년), 유럽연합(EU) 집행위원회 결정 2002/757/EC에 의해 권고된 조사에 기초하여 EU 8개 회원국(벨기에, 덴마크, 프랑스, 아일랜드, 이탈리아, 스페인(Mallorca, Galicia), 스웨덴, 영국)이 자국에서 처음으로 참나무 역병(*P. ramorum*)을 탐지하였다(표 19.1). 병원균은 EU 회원국이 아닌 노르웨이에서도 탐지되었다. 2003년 체코공화국과 슬로베니아가 자국 내의 첫 번째 참나무 역병을 발표하였으며, 2004년에는 핀란드, 폴란드, 스위스가 뒤를 이었다. 프랑스에서 첫 번째 참나무 역병의 탐지는 2005년 보고되었으며, 포르투갈에서는 2006년에 이루어졌다. 리투아니아는 2007년 첫 탐지를 보고하였고, 세르비아와 에스토니아는 2008년에 보고했다. 최근에는 그리스(2010)와 크로아티아(2011)에서 기록되었다(EPPO 2011; Tsopelas 등 2011).

19.2.2 북미

캐나다: 브리티시 콜롬비아의 양묘장과 조경용 관상수에서 감염주들이 발견되어 제거되었다. 캐나다에서의 조사 결과는 http://www. inspection.gc.ca/english/plaveg/pestrava/

표 19.1 유럽에서 참나무 역병(*Phytophthora ramorum*)의 최초 탐지

연도	국가	기주식물	위치	출처[a]
1993	네덜란드	*Rhododendron*	양묘장	Werres 등 (2001)
1994/1995	독일	1. *Rhododendron* 2. 재순환수	1. 양묘장(수입식물), 개인 정원의 울타리 2. 양묘장	Werres & Marwitz (1997) Werres 등 (2001)
2001	독일	*Rhododendron, Viburnum*	양묘장	EPPO RS 2003/038
2001	네덜란드	1. *Rhododendron +Viburnum bodnantense* 2. *Rhododendron*	1. 양묘장 2. 공공 정원, 산림	EPPO RS 2003/014
2001	폴란드	*Rhododendron*	양묘장 컨테이너의 식물	EPPO RS 2002/040
2001	독일	*Rhododendron*	양묘장	EPPO RS 2002/078
2002	독일	*Viburnum, Rhododendron*	양묘장, 개인 정원	EPPO RS 2003/038
2002	영국	*Viburnum, Rhododendron*	양묘장	EPPO RS 2002/077
2002	스페인(Mallorca)	*Viburnum bodnantense*	양묘장	EPPO RS 2002/160 Moralejo & Werres (2002)
2002	벨기에	*Viburnum bodnantense*	양묘장	De Merlier 등 (2003)
2002	덴마크	1. *Rhododendron* 2. *Viburnum*	양묘장	EPPO RS 2003/133
2002	프랑스	*Rhododendron, Viburnum*	양묘장	EPPO RS 2003/036
2002	아일랜드	*Rhododendron, Viburnum*	양묘장, 화원	EPPO RS 2003/133
2002	이탈리아(Piedmont)	*Rhododendron yakushimanum*	양묘장	Gullino 등 (2003) EPPO RS 2004/106
2002	노르웨이	*Rhododendron*	양묘장	EPPO RS 2003/133
2002	스페인(Galicia)	*Camellia japonica*	양묘장	Pintos Varela 등 (2004)
2002	스웨덴	*Rhododendron*	양묘장	EPPO RS 2003/020
2002	영국	*Pieris ferrestii*	개인 정원	Inman 등 (2003)
2002?	Guernsey(영국)	*Rhododendron, Viburnum, Camellia, Leucothoe, Arbutus*	정원	EPPO RS 2003/133
2003	벨기에	*Rhododendron, Viburnum*	양묘장	EPPO RS 2003/019
2003	체코	*Viburnum bodnantense*	양묘장	EPPO RS 2005/159
2003	독일	*Rhododendron*	숲	EPPO RS 2004139
2003	슬로베니아	1. *Rhododendron catawbiense* 'Grandiflorum', *Viburnum farreri* 2. *Viburnum bodnantense*	화원 2. 양묘장	Zerjav 등 (2004) EPPO RS 2003/161
2003	스페인(Galicia)	*Viburnum tinus, Rhododendron, Camellia japonica*	양묘장	EPPO RS 2004/172
2003	영국(Scotland)	*Syringa vulgaris*	양묘장	Beales 등 (2004b)
2003	영국	*Camellia japonica*		Beales 등 (2004a)
2003?	영국	*Pieris formosa* var. *forrestii, P. japonica, Camellia japonica, Kalmia latifolia*	?	EPPO 2003/039
2003?	영국	*Syringa, Arbutus*	?	EPPO RS 2003/133
2003	영국(England 남서부)	*Quercus falcata*	개인 택지	EPPO RS 2003/145 (Brasier 등 2004a)
2003	영국(England 남서부)	Fagus sylvatica, Quercus ilex, Aesculus hippocastanum	개인 택지	EPPO RS 2003/162
2003	영국(Wales 남부)	*Hamamelis virginiana*	개인 정원	Giltrap 등 (2004) EPPO RS 2007/210
2003	영국	*Taxus baccata*	양묘장	Lane 등 (2004)
2004	벨기에	*Euonymus, Kalmia, Rhododendron, Viburnum*	양묘장, 공원, 개인 정원	EPPO RS 2004/171
2004	핀란드	*Rhododendron*	양묘장	EPPO RS 2005/159 (Lilja 등 2007)
2004	독일	*Pieris japonica*	숲	EPPO RS 2004/139
2004	네덜란드	*Quercus rubra*	공원	EPPO RS 2004/024
2004	노르웨이	*Pieris japonica, Kalmia, Rhododendron*	양묘장, 개인 정원	EPPO RS 2007/095
2004	폴란드	*Pieris japonica, Calluna vulgaris, Photinia* sp.	양묘장	EPPO RS 2004/086 Heininger 등 (2004)
2004	스위스	*Viburnum*	양묘장	EPPO RS 2004/105
2004	영국	*Parrotia persica*	공공 정원	(Hughes 등 2006)
2005	프랑스	*Pieris japonica*	양묘장	EPPO 2007/177
2005	아일랜드	*Rhododendron ponticum*	양묘장	O'Connor & Gosling (2008)
2005	노르웨이	*Viburnum fragans*	개인 정원	Herrero 등 (2006) EPPO RS 2007/095
2006	프랑스	*Camellia*	양묘장	EPPO RS 2007/177 Husson 등 (2007)
2006	네덜란드	*Fagus sylvatica*	?	Anonymous (2006) EPPO RS 2006/102
2006	포르투갈	*Viburnum*	양묘장	Gomes & Amaro (2008)
2007	프랑스	*Syringa, Taxus*	양묘장	EPPO 2007/177
2007	리투아니아	*Rhododendron*	양묘장	EPPO 2007/188
2007	영국	*Magnolia stellata, M. loebneri, Griselinia littoralis*		Giltrap 등 (2007)
2008	세르비아	*Rhododendron*	개인 정원	Bulajic 등 (2009) EPPO RS 2009/13
2008	에스토니아	?	화원	EPPO RS 2010/040
2009	노르웨이	*Vaccinium myrtillus*	수목원	Herrero 등 (2011)
2009	영국	*Larix kaempferi*	숲	EPPO RS 2010/033
2009/2010?	세르비아	1. *Rhododendron* 2. *Pieris*	1. 정원 2. 화원	Bulajic 등 (2010)
2010	아일랜드	*Quercus phillyraeoides, Kalmia, Michelia, Magnolia, Viburnum, Rhododendron, Pieris*	역사 정원	EPPO 2010/049
2010	아일랜드	*Larix kaempferi*	야외	EPPO 2010b
2010	그리스	*Rhododendron*	양묘장	Tsopelas 등 (2011)

회색 칸 = 수입된 것으로 알려진 식물; ? = 정보 없음

[a] EPPO Reporting Service. http://www.eppo.org/PUBLICATIONS/reporting/reporting_service.htm를 참조

phyram/sodmsce.shtml에 언급되어 있다.

미국: 2011년 캘리포니아의 14개 카운티(Alameda, Contra Costa, Humboldt, Lake, Marin, Mendocino, Monterey, Napa, San Francisco, San Mateo, Santa Clara, Santa Cruz, Solano, Sonoma)에서 참나무 역병의 정착이 확인되었으며, 오리건주 Curry County에서 이 병원균에 대하여 116mile^{2}이 검역구역으로 지정되었다. 앨라배마, 아칸소, 애리조나, 캘리포니아, 콜로라도, 코네티컷, 플로리다, 조지아, 루이지애나, 메릴랜드, 미시시피, 노스캐롤라이나, 뉴저지, 뉴멕시코, 뉴욕, 오클라호마, 오리건, 펜실베이니아, 사우스캐롤라이나, 테네시, 텍사스, 버지니아, 워싱턴의 23개 주에서 감염된 묘목 더미가 탐지되어 폐기되었다(APHIS 2005). 2005년 1월 이후, 캘리포니아, 오리건, 워싱턴 주에서 다른 주로 선적되는 모든 묘목 더미들은 참나무 역병의 이동을 방지하는데 도움을 주고자 규제되고 있다(APHIS 2004, 2007).

Tanoak (*Lithocarpus densiflorus*) 및 참나무류(*Quercus* spp.)가 마르고 전반적으로 위축되다가 죽는 증상이 1990년대 초기에 캘리포니아주 Marin County에서 목격되었으나 원인은 미상이었다. 1990년대 후반까지는 환경요인 또는 절지동물에 의한 손상이 참나무 돌연사의 원인으로 생각되었다(Garbelotto 등 2001).

증상을 보이는 나무의 궤양에서 얻은 분리주를 배양하여 *Phytophthora*속의 미기재 종을 얻었다. 영국의 식물병리학자인 Clive Brasier와 독일의 Sabine Werres, 네덜란드의 Robert Baayen이 네덜란드와 독일에서 검출한 살아있는 균주와 미국에서 얻은 균주를 비교하기 위해 2001년 미국의 Dave Rizzo를 방문하였다. 병리학자들은 *Lithocarpus*와 *Quercus*에서 순수 균주로 분리되는 생물체가 유럽의 진달래속(*Rhododendron*) 종들에서 꾸준히 분리되는 *Phytophthora*속의 종과 형태적으로 유사한 것에 주목하였다. Werres 등 (2001)에 의해 원인 생물체의 기재와 *Phytophthora*속에 속하는 이름이 발표되었다. 캘리포니아와 유럽의 연구자들이 병원균의 ITS 서열을 교환하였는데, 독일, 네덜란드와 캘리포니아에서 채집된 분리주들의 서열이 일치함을 발견하였다(Garbelotto & Rizzo 2005). 이는 북미의 생물체가 1993년 이후 유럽에서 탐지되어 분리된 분류군과 같은 종임을 확인시켜 주었다(Werres & Marwitz 1997).

조사 초기에는 병징이 있는 식물체로부터 병원균을 분리하는 것이 매우 어려웠다. 병징을 보이는 식물체에서 얻은 시료는 시료의 신선도, 시료를 추출하는 기주 식물체의 형태, 시료를 수집한 뒤에 적용된 취급 절차에 따라 음성 반응을 보이는 경우가 잦았다. 이의 제기에 대응하고자 Berkeley 소재 캘리포니아대학교 연구자들은 생물체의 생육 가능 여부에 관계없이 생물체의 존재 여부를 결정할 수 있는 연쇄중합반응기법(PCR)을 개발하였다. 이후의 정제과정을 통해 생물체의 DNA 서열을 얻을 수 있었다(Kliejunas 2010).

19.3 최초 탐지 지역

19.3.1 유럽

세 나라에서 거의 모든 첫 발견은 양묘장에서 생산된 진달래속(*Rhododendron*)과 가막살나무속(*Viburnum*)의 식물들에서 나타났다. 일부 병원균들은 두 가지 예외를 제외하고, 화원에서 탐지되었다(표 19.1). 1995년 독일에서 재순환하여 관수하는 양묘장의 진달래속(*Rhododendron*) 식물에서, 2008년에는 세르비아에서 공공 정원에 식재된 식물에서 병원균이 탐지되었다. 감염된 식물의 일부는 수입된 것이지만, 대부분의 경우에는 자세한 정보를 얻을 수 없었다.

산림지역에서의 첫 번째 감염 보고는 2002년 네덜란드의 진달래속(*Rhododendron*)에서 알려졌으며, 2004년에는 독일에서 알려졌다. 이후 몇 년 동안에 걸쳐 네덜란드에서 몇몇 나무들(*Fagus sylvatica* L.)이 감염된 채 발견되었다. 독일에서는 참나무 역병이 오직 하층에서 벌채된 진달래속(*Rhododendron*)과 마취목속(*Pieris*)에서만 분리되었을 뿐이며, 산림에 있는 다른 나무들에서는 분리되지 않았다. 양묘장 밖에서의 탐지는 대부분 유럽 대륙과 비교하여 기후 조건이 달라 유발되었을 것으로 보이는 영국에서 보고되었다.

19.3.2 북미

"참나무 돌연사(Sudden Oak Death, SOD)"로 알려진 이 병의 병징은 1995년 캘리포니아 Marin County의 Mill Valley에 있는 참나무류(*Quercus* spp.) 및 Tanoak (*L. densiflorus*)의 숲에서 처음 발견되었다. 원인 생물체는 2001년까지 공식적으로 기재되지 않았다. 산림지역 이외에, 참나무 돌연사(SOD)가 2004년에 검역되고 규제되는 지역 밖의 새로운 기주와 양묘장에서 탐지되었다(Frankel 2008). 미국과 캐나다의 산림과 양묘장에 발생한 참나무 역병의 분포, 기주, 진단에 대한 상세한 정보와 전체적인 시간적 변동은 캘리포니아 참나무 사망 대응팀(California Oak Mortality Task Force)으로부터 얻을 수 있다(Kliejunas 2010; COMTE 2012).

19.4 기주범위

19.4.1 유럽

병원균의 주요 기주들(진달래속(*Rhododendron*)과 가막살나무속(*Viburnum*)의 식물들)이 유럽 국가에서 처음 동정되었다. 이 두 속의 종들은 EU 회원국에서 수행된 참나무 역병의 연례적인 예찰에 의해 확인된 감수성인 분류군이다. 동백나무(*Camellia japonica* Linnaeus)는 2003년 스페인 Mallorca의 양묘장에서 기주로 확인되었다. 2003년 이후 참나무 역병의 기주범위가 증가하고 있다. 2003년 수목들이 기주로 처음 보고된 이후(영국의 호랑잎가시나무(*Quercus ilex* L.)), 2004년 네덜란드에서 루브라참나무(*Q. rubra* L.)가, 2006년에는 유럽너도밤나무(*Fagus sylvatica* L.)가 기록되었다. 그 밖에도 영국에서는 다른 종의 나무들이 일상적으로 감염된 채 추가적으로 발견되었지만, 네덜란드에서는 초기 발견 이후에 더 이상의 감염이 탐지되지 않았다. 2003년 영국에서 참나무 역병에 감염된 첫 번째 겉씨식물인 양주목(*Taxus baccata* L.)이 탐지되었다. 2003년 이후, 자연 감염된 수목의 종류는 증가하고 있다. 최근, 병원균이 호랑잎가시나무(*Q. ilex*), 졸가시나무(*Q. phillyraeoides* A. Gray)와 시트켄시스가문비(*Picea sitchensis* (Bong.) Carrière) (1그루)가 자연 기주로 발견된 영국(Webber 등 2010)과 아일랜드에서 일본잎갈나무(*Larix kaempferi* (Lamb.) Carr.)에서 탐지되었다(EPPO 2010a, b).

19.4.2 북미

캐나다: 브리티시 콜롬비아의 양묘장과 조경용 식물체에서 감염된 관상식물들이 탐지되어 폐기되었다. 양묘장은 수년간 반복적으로 양성 반응을 보였다. 양묘장은 온실에 많은 식물들을 빽빽하게 배치했으며, 식물체 위로 관수하였다. 캐나다식품검사원(Canadian Food Inspection Agency, CFIA)에 의해 참나무 역병과 관련된 식물체 목록에 추가된 식물종으로는 다음과 같다: 다비드단풍(*Acer davidii* Franch.), 자금우(*Ardisia japonica* Blume), 뿔남천(*Berberis diversifolia* (Sweet) Steud., (= *Mahonia aquifolium*)), 박태기나무(*Cercis chinensis* Bunge), 산딸나무(*Cornus kousa* Buerger ex Miq.), 도사물나무(*Corylopsis spicata* Siebold & Zucc.), 좀굴거리나무(*Daphniphyllum glaucescens* Blume), 미리코이데스조록(*Distylium myricoides* Hemsley), 인테르메이다풍년화(*Hamamelis* x *intermedia* (*H. japonica* x *H. mollis*)), 자주호랑가시(*Ilex purpurea* Hasskarl), 악실라이스남천(*Leucothoe axillaris* (Lam.) D. Don), 차이넨스풍년화(*Loropetalum chinense*), 카발리어리목련(*Magnolia cavalieri*), 목련속(*Magnolia*), 에르네스티목련(*M. ernestii* (= *Michelia wilsonii*)), 포베올라타초령목(*M. foveolata* (Merr. ex Dandy) Figlar), 태산목(*M. grandiflora* L.), 목련(*M. kobus* DC.), 마우디애초령목(*M. maudiae* (= *Michelia maudiae*)), 인시그린스목련(*Manglietia insignis*), 데코루스목서(*Osmanthus decorus*), 로퉁겐시스목련(*Parakmeria lotungensis*), 양국수나무(*Physocarpus opulifolius*), 포루투갈월계수(*Prunus lustianica*), 코이즈미피라칸다(*Pyracantha koidzumii*), *Rosa* spp. (교잡종 장미), 해당화(*R. rugosa*)가 있다. 캐나다에서의 조사 결과는 다음 사이트에서 제공하고 있다.

http://www.inspection.gc.ca/english/plaveg/pestrava/phyram/sodmsce.shtml

미국: 참나무 역병의 기주범위는 넓으며, 계속 확대되고 있다. 2010년 2월 20개과 45종의 식물종이 "확정기주(proven host)"로 간주되었고, 참나무 역병 때문에 규제되었다(APHIS 2010). 자연 감염된 관련 식물들은 전통적인 코흐의 가설에 따른 완성, 서류화, 검토, 수용을 통해 참나무 역병에 대해 규제될 기주식물로 간주되었다(APHIS 2010). 규제되는 기주들의 전체 목록

은 다음 웹사이트에서 제공하고 있다.

http://www.aphis.usda.gov/plant_health/plant_pest_info/pram/downloads/pdf_files/usdaprlist.pdf

(32개과 식물의 대표종을 포함한) 82개 기주로 구성된 두 번째 무리가 참나무 역병과 관련된 기주로 간주되고 있다. 이 기주식물들은 참나무 역병에 자연 감염되며, PCR을 이용하여 탐지된다. 이 관련 식물들의 각각에 대해서는 전통적인 코흐의 가설이 완성되거나 서류화되지 않았고, 검토되지도 않았다. 규제되는 기주들의 전체 목록은 다음 웹사이트에서 제공하고 있다.

http://www.aphis.usda.gov/plant_health/plant_pest_info/pram/downloads/pdf_files/usdaprlist.pdf

19.5 개체군의 다양성과 역학

19.5.1 개체군의 다양성

2001년 유럽과 미국에서 분리한 참나무 역병을 형태적으로 처음 비교하였을 때, 개체군은 동일한 것으로 보였다. 그 후, 많은 균주를 대상으로 상세하게 연구한 결과 두 개체군 사이에 일관된 형태적 차이가 나타났으며, 그들은 다른 교미형에 속하는 것으로 밝혀졌다(Brasier 2003; Werrer & Kaminski 2005; Brasier 등 2006).

유럽에서 탐지된 첫 번째 균주("EU1"으로 지정)는 "A1" 교미형 균주로 결정되었다(Werres 등 2001). 북미의 첫 번째 균주("NA1"으로 지정)는 양묘장에서 나왔건 숲에서 나왔건 상관없이 "A2" 교미형에 속하였다. A2 교미형이 2002년과 2003년에 유럽에서 탐지되었으며(Werres & De Merlier 2003; Vercauteren 등 2010), 2003년에 미국에서 탐지되었다(Hansen 등 2003). 2건은 모두 양묘장의 식물들에서 탐지되었다. 유럽에서 A2는 원산지가 알려지지 않은 벨기에로 수입된 교잡종인 올분꽃나무(*Viburnum* × *bodnantense* (*V. farreri* ×*V. grandiflorum*))에서 조사되었으며, 미국에서는 오리건 북부의 가막살나무속(*Viburnum*) 및 마취목속(*Pieris*) 식물에서 조사되었다. 2003년 이후, 유럽에서 A2 교미형의 균주들은 탐지되지 않았다. 북미에서 그 이후 많은 A1 교미형의 균주들이 동정되었다. 현재까지 미국에서 발견된 A1 교미형들은 EU1이다.

유럽산과 미국산 참나무 역병 균주들을 이용한 초기 분자생물학적 연구들서 두 가지 다른 계통들이 탐지되었다: 하나는 북미에서, 다른 하나는 유럽에서 탐지되었다(Ivorrs 등 2004). 이 계통들은 교미형과 관련되는 것으로 간주되었다. 북미 계통은 A2 교미형이었다; 유럽 계통은 A1 교미형이었다. 추가 연구를 통해 3개의 뚜렷한 계통이 확인되었다(Grünwald 등 2008; Elliot 등 2009c). Grünwald 등 (2009)은 이 계통들의 명명을 EU1, NA1, NA2로 표준화하였다(표 19.2). 현재의 명명법에 따르면, EU1 균주는 한 가지 예외를 제외하고는 모두 A1 교미형에 속한다: EU1 계통에 속하는 A2 교미형 균주 하나가 2002년 벨기에에서 탐지되었다(Ivors 등

표 19.2 참나무 역병(*P. ramorum*)의 복제 계통(Grünwald 등 2009)

복제 계통	교미형	지리적 분포	서식처
NA1	A2	북미	숲, 양묘장
NA2	A2	북미	양묘장
EU1	주로 A1; 드물게 A2	유럽과 북미	양묘장, 공공녹지, 정원

2006). 두 NA 계통들은 A2 교미형에 속한다.

하나의 계통 안에서 균주들은 유전형적 다양성을 보이고 있다(Britt & Hansen 2009a, b; Dart 등 2009; Goss 등 2009c). 하나의 국지적 계통 분포 안에서 한 유전형의 우점은 그 유전형의 공격성에 차이를 나타내고 있다. 그럼에도 불구하고, 3계통의 균주나 다른 유전형을 이용한 감염 연구들은 거의 차이가 없거나(Britt & Hansen 2009a; Elliott 등 2009a, b), 계통 간의 낮은 변이성과 계통 내의 높은 변이성을 보였다(Elliott 등 2009a). 다른 연구들은 EU1-A2와 EU1-A1 균주들이 비슷하게 공격적이며, 대조된 NA1 균주보다 훨씬 공격적임을 나타냈다(Vercauteren 등 2010).

새로운 곳으로 유입 이후에 새로운 유전형의 발달과 개체군간 유전적 치환이 일어날 수 있다(Goss 등 2009b; Prospero 등 2009). 최근 미국의 양묘장에서 A1과 A2 균주들의 동시 발생이 보고됨에도 불구하고(Hansen 등 2003; Grünwald 등 2008), 자연조건에서의 유성생식에 대한 증거는 없다(Prospero 등 2009). 유전자 부동에 근거하여, 이런 복제 계통들은 아마 수 세기동안 분리되어 왔으며, 유성생식할 수 있는 능력을 잃어버렸을 수도 있을 것으로 가정하고 있다. 체외 교접 연구에서는 유성생식이 가능한 것으로 나타났다(Boutet 등 2010). 자손들의 적응성과 공격성은 부모에 달려있다: 공격성이 높은 EU1 ×NA1의 자손들과 달리 EU1-A1 × EU1-A2 접합은 진달래속(*Rhododendron*)의 잎에서 공격성이 낮은 부적응한 자손들을 많이 낳는다(Boutet 등 2010). 새로운 기주와 환경에 적응한 뒤에 공격적인 새로운 참나무 역병(*P. ramorum*)의 유전형이 발달할 위험성을 낮추기 위해, 식물검역규제를 통해 유럽으로 두 NA 계통 및 북미로 EU1-A1 균주들의 유입을 막아야만 한다(참나무 역병(*P. ramorum*)의 계통과 유성생식에 관한 현재까지의 정보는 Grünwald의 결과를 참고한다).

19.5.2 참나무 역병(*P. ramorum*)의 기원과 분포, 경로

침입한 척추동물, 무척추동물, 잡초에서와 같이 병원균의 기원, 분포, 경로를 결정하는 것은 중요하다. 병원균의 현미경적 크기는 동정에 필요한 해부학적 기준을 심각하게 제한하고 있다. 규제 담당자들은 정확한 동정을 위해 유전적인 데이터에 의존해야만 한다(13장 참조). 참나무 역병에 관해 상세한 유전 연구는 3개의 복제 계통들이 지리적으로 떨어진 장소에서 기원하였으며, 이들은 유럽과 북미에 독립적으로 유입되었음을 제시하고 있다(Goss 등 2009a). 게다가 유럽 계통이 2개의 북미 계통보다 더 오래된 것으로 가정되고 있다(Goss 등 2009a).

EU1-A1 계통이 가장 널리 퍼진 것으로 나타나고 있다: 유럽의 양묘장 및 공공 녹지, 산림에서 뿐만 아니라 북미의 양묘장에서 탐지되었지만, 산림에서는 탐지되지 않았다. EU1-A2 계통은 벨기에에서 한 번 탐지된 것으로 보이며, 그 개체군은 박멸된 것으로 나타나고 있다(Vercauteren 등 2010). 현재의 증거는 2개의 NA 계통이 단지 북미에서만 발생하고 있는 것으로 제시하고 있다. NA1은 양묘장과 숲에서 발생하며, NA2는 양묘장에서만 발생한다.

참나무 역병 개체군의 분포에 대한 여러 가지 유전적 연구들은 (식물체의 교역을 통한) 사람들이 중개한 확산 및 자연적 확산을 포함하여 다른 이동경로가 존재함을 보여준다(Prospero 등 2007, 2009; Mascheretti 등 2008, 2009; Goss 등 2009b). 캘리포니아에서의 발병은 병원균의 부정기적인 중 · 장거리의 자연적 이동 및 국지적인 세대의 새로운 유전형에 의한 새로운 감염과 함께 역사적으로 사람들이 중개한 확산에 기초한 것으로 가정되고 있다(Mascheretti 등 2008). 미국 양묘장의 참나무 역병 개체군에 대한 이후의 연구들은 우점적인 NA1 계통의 균주들이 두 집단으로 묶어질 수 있음을 보여주었다: 한 집단은 코네티컷, 오리건, 워싱턴 주의 균주들을 포함하며, 다른 집단은 캘리포니아 및 미국의 다른 주의 균주들을 포함하고 있다(Goss 등 2009b). 이 결과들은 USDA-APHIS 식물보호 및 검역부(Plant Protection and Quarantine, PPQ)의 경로예측 분석에 들어맞았다. 경로예측 위치들은 주거지나 상업지 조경을 포함하여 감염원이 확인된 양묘장에서 잠재적으로 감염된 식물을 받아들일 장소들이었다(APHIS 2010).

워싱턴의 양묘장들에서 검출된 균주에 대한 연구에 따르면, 참나무 역병 개체군 내에서 유전적 다양성이 높은 수준이었다. 이러한 높은 다양성과 성적 재조합의 결여는 워싱턴 양묘장들에 병원균이 다중 유입하였음을 제시하고 있다(Dart 등 2009). 국지적인 참나무 역병 개체군의 유전적 다양성이 낮은 특징을 나타낸 오리건과는 상황이 다르다(Prospero 등 2007). 양묘장과 숲 개체군 사이에서 의미 있는 분화와 낮은 유전자 흐름이 탐지되었다. 두 양묘장의 유전형이 산림에서도 발견되었지만, 빈도가 낮았다. 저자들은 오리건에서의 양묘장 감염은 오리건 밖의 양묘장들로부터 새로운 유전형의 유입되어 일어난 것으로 결론지었다. 3계통 모두가 탐지된 캐나다에서 가장 많은 복제 계통은 (미국에 우점적으로 분포하는 계통인) NA1이 아니라 NA2였다(Goss 등 2011). 캐나다에서 탐지된 EU1 균주의 분석 결과는 미국과 유럽의 균주와 비슷한 유전형임을 보였지만, 이동속도의 추정치는 유럽에서 북미로의 이동이 반대인 북미에서 유럽으로의 이동보다 빠름을 제시하고 있다(Goss 등 2011).

유럽에서 참나무 역병 개체군의 초위성체를 이용한 상세한 유전형 분석이 진행 중에 있다(COST FP0801 시행령에 따른 연구들로, Heungens 등의 개인 의견).

19.6 위기대응 조치 및 규제

19.6.1 유럽연합

Werres 등 (2001)에 의해 참나무 역병이 기재된 직후, 유럽지중해식물보호기구(European and Mediterranean Plant Protection Organisation, EPPO)는 경고 목록에 참나무 역병(*P.*

ramorum)을 등재하였다. 이 목록은 EPPO의 50개 모든 국가에서 식물위생적으로 관심 있는 유해 생물체들을 포함하고 있지만, 지리적 분포나 잠재적 위협에 관한 자료를 포함하지는 않는다. 병해충 위험분석(PRA) 이후, 영국은 EU 회원국들에게 그들의 영토에서 참나무 역병의 발생과 유럽 공동체 내로의 유입 및 확산을 방지하기 위한 추가적인 조치들의 실행을 통보하였다. 마찬가지로 네덜란드와 독일은 EU 회원국들에게 참나무 역병의 발생을 통보하였다. 그 당시 참나무 역병은 EU의 검역법률안에 등재되어 있지 않았다(EU-Directive 2000/29/EC). EU 위원회는 공동체 내로의 유입 및 확산에 대응하기 위해 식물위생상 위기대응 임시조치들을 사용하였다. 이 조치들은 2002년 11월 1일 제정되었으며(위원회 결정 2002/757/EC (EU 2002)), 2004년 및 2007년에 개정되었다. 이 결정은 감수성 식물, 감수성 목재, 감수성 나무껍질의 수입 및 이동을 규제하고 있으며, 참나무 역병이 생산지역에서 발견될 경우에 식물위생 조치를 권고하고 있다. 기주식물을 생산하는 양묘장들은 국가식물보호기구(NPPO)에 등록되어야 하며, 최소한 1년에 두 번의 검사를 받아야 한다. 위원회 결정 2002/757/EC과 이의 수정사항을 포함한 세부내용은 다음을 참조하기 바란다.

http://eurlex.europa.eu/LexUriServ/LexUriServ.do?uri=CONSLEG:2002D0757:20070330:EN:PDF

기주식물의 수입이나 이동에 대한 권고 이외에, 각 EU 회원국들은 자국 내에서 참나무 시들음병(*P. ramorum*)을 연례적으로 조사해야 한다. 그 결과들은 다른 회원국들과 EU 위원회에 보고되어야 한다.

예찰은 양묘장, 공원, 삼림에서 수행되어야 한다. EU 위원회는 숲, 삼림, 휴양림, 공원과 정원에서 기주식물의 관리 및 조사 지침을 제정하였다.

2004-2007년 사이에 포괄적인 병해충 위험분석을 개발할 목적으로 유럽 연구 프로젝트(RAPRA)가 수행되었다. 보다 최근의 검토안이 RAPRA PRA에서 발견을 지원하였다(Sansford 등 2009).

19.6.2 북미

캐나다에서의 규제: 캐나다식품검사원(CFIA)은 묘목, 토양, 목재포장재, 땔감을 포함한 식물보호법 및 후속의 식물보호정책에 관한 여러 고시들(D-08-04, D-02-12, D-01-12, D-01-01, D-96-20, D-98-08, D-95-26)을 공표하였다(CFIA 2010).

미국에서의 규제: 연방규제법령(7 CFR §301.92)의 국내 규제 참나무 역병(*Phytophthora ramorum*)은 미국에서 2003년 2월 이후 규제되고 있다. 7 CFR §301.92에 기재된 규제 조항에는 다음의 것들이 포함되어 있다: 묘목, 통나무, 제재목, 목재, 나뭇조각, 나무껍질, 수집된 자연소재, 정원 쓰레기/생물자원. 식물보호 및 검역부 식물위생과학기술센터(PPQ's CPHST)의 식물역학 및 위험분석 실험실(PERAL)에서 실시한 참나무 역병(*P. ramorum*)의 병해충 위험분석(PRA)이 APHIS의 규제에 있어서 과학적 근거가 되었다(Cave 등 2007).

검역이 되고 있는 지역에서 묘목들은 참나무 역병에 의해 유발되는 병징에 대해 매년 검사되고, 시료채취되며, 검정되어야만 한다. 다른 주로의 이동에 앞서 선적 전 검사가 요구되고 있다. 또한 캘리포니아, 오리건, 워싱턴 주의 양묘장에서 생산된 묘목의 이동을 제한하는 연방긴급명령(2004.12.21.) 및 7 CFR §301.92가 캘리포니아, 오리건, 워싱턴 주에 있는 양묘장들에게 다른 주로의 선적에 앞서 기주품목에 대한 연례적인 검사 및 선적 전 검사를 요구하고 있다. 어떤 검사 과정에서라도 병원균이 탐지된다면 박멸 활동이 시작되게 된다.

숲(천연림)이나 관상용 조경 식재(원예용 식재)에서 박멸이나 규제조치는 감염된 기주의 제거와 폐기를 포함하고 있다. 이는 지리적 분포가 제한된 지역들에서 시도되었다. 그 절차로는 기주를 베어 내 폐기한 뒤에 그 장소를 재방문하여 새순들에 제초제를 처리하는 것이 포함되었다. 박멸은 포자(후막포자, 포자낭, 유주자)의 존재 여부를 파악하기 위해 토양을 채취하여 확인하였다. 잠재적으로 감염된 식물체의 기원지 및 그들의 최종 배송지나 가능한 식재 장소를 결정하는 것은 APHIS-PPQ 서부 지구와 주 협력자들의 규제기관 병해충관리 프로그램에 의해 "경로 추적" 및 "경로 예측"으로 언급되는 과정을 통하여 달성되었다(APHIS 2010).

19.7 결론 및 요약

참나무 역병균(*P. ramorum*)과 그것이 유발하는 병과 관련되어 몇 가지 도전들에 직면해 있다. 참나무 역병의 위협으로부터 유래한 몇 가지 긍정적인 결과들에는 다음과 같은 것을 포함하고 있다: (1) 규제적인 관점에서 관심있는 두 분류군(*P. kernoviae* Brasier & *P. alni* Brasier & S.A. Kirk)을 포함하여 *Phytophthora*속에 존재하는 50개의 미기록 분류군(Brasier 2009)을 확인(Brasier 등 2004b, Brasier 등 2005); (2) PCR (nested, Multipex), Realtime PCR (ITS, elicitin) (Kliejunas 2010), lab-on-a-chip 기술 (Julich 등 2011)을 포함한 진단 도구의 개발과 개선; (3) 참나무 역병과 기타 외래병해충의 경로추적에 있어서 도구가 되어온 위험도의 모델링과 지도화의 진전(Magarey 등 2007); (4) 묘목의 품질관리 조치 실행; (5) 식물위생 및 과학기술을 위한 APHIS PPQ 센터와의 협력적 협약을 통한 캘리포니아의 도미니카 대학(NORS-DUC)에 묘목의 병해충, 특히 참나무 역병을 연구하기 위한 국가관상수연구거점(National Ornamentals Research Site)의 설립; (6) 참나무 역병에 대한 최상의 양묘장 관리 기술 개발(CANG 2008) . 이런 결과들은 번식 식물체에 붙은 식물병원균을 포함하여 식물병해충들의 이동과 관련된 7 CFR §.37의 추가적인 평가에 대한 부가적인 예측성을 제공하고 있다. 세계적 생태계에서 참나무 역병균(*P. ramorum*)과 그것이 유발하는 병의 역할과 예측은 잘 알려져 있지 않으며, 독성, 공기 중 분산을 통한 환경에서의 생존과 확산, 기후 변화, 사람에 의한 기주체 및 살아있는 식물체의 이동을 포함한 수많은 요인들에 달려 있다.

참고문헌

Agrios GN (2005) Plant pathology, 5th edn. Academic, San Diego, 952 pp

Anonymous (2006) First record of *Phytopthora ramorum* in beech. Gewasbescherming 37: 258-259

APHIS (2004) Confirmed residential protocol for *Phytopthora ramorum* detections in landscaped residential or commercial settings, 8 Nov 2004. United States Department of Agriculture, Animal and Plant Health Inspection Service (APHIS), Plant Protection and Quarantine. Archived in PERAL Library, Raleigh

APHIS (2005) Program update for *Phytopthora ramorum*. United Sates Department of Agriculture, Animal and Plant Health Inspection Service (APHIS) Pest detection and management programs. http://www.aphis.usda.gov/ppq/ispm/pramorum. Accessed 10 Jan 2005

APHIS (2007) *Phytopthora ramorum*: quarantine and regulations. Rules and regulations, February 27, 2007. Fed Reg 72(38): 8585-8604

APHIS (2010) APHIS list of regulated hosts and plants proven or associated with *Phytopthora ramorum*. http://www.aphis.usda.gov/plant_health/plant_pest_info/pram/downloads/pdf_files/usdaprlist.pdf

Beales PA, Brokenshire T, Barnes AV, Barton VC, Hughes KJD (2004a) First report of ramorum leaf blight and dieback (*Phytopthora ramorum*) on *Camellia* spp. In the UK. Plant Pathol 53: 524

Beales PA, Schlenzig A, Inman AJ (2004b) First report of ramorum bud and leaf blight (*Phytopthora ramorum*) on *Syringa ulgaris* in the UK. Plant Pathol 53: 525.

Boutet X, Vercauteren A, Heungens K, Laurent F, Chandelier A (2010) Oospores progenies from *Phytopthora ramorum*. Fungal Biol 114: 369-378

Brasier CM (2003) Sudden oak death: *Phytopthora ramorum* exhibits transatlantic differences. Mycol Res 107: 258-259

Brasier CM (2009) *Phytopthora* biodiversity: how many *Phytopthora* species are there? In: Goheen EM, Frankel SJ, tech. coords. In: Proceedings of the 4th meeting of the international Union of Forest Research Organizations (IUFRO) working party S07.02.09: phytophthoras in forests and natural ecosystems. Gen. Tech. Rep. PSW-GTR-221. US Department of Agriculture, Forest Service, Pacific Southwest Research Station, Albany, pp 101-115

Brasier CM, Denman S, Rose J, Kirk SA, Hughes KJD, Griffin RL, Lane CR, Inman AJ, Webber JF (2004a) First report of ramorum bleeding canker on *Quercus falcata*, caused by *Phytopthora ramorum* Plant Pathol 53: 804-804

Brasier CM. Kirk SM, Declan J, Cooke DEL, Jung T, Man In't Veld WE (2004b) *Phyfophrhora alni* sp. nov. and its variants: designation of emerging heteroploid hybrid pathogens spreading on *Alnus* trees. Mycol Res 108: 1172-1184

Brasier CM, Beales PA, Kirk SA, Denman S, Rose J (2005) *Phytophrhora kernoviae* sp. nov., an invasive pathogen causing bleeding stem lesions on forest trees and foliar necrosis of ornamentals in the UK. Mycol Res 109: 853-859

Brasier CM, Kirk S, Rose J (2006) Adaptive differences between *Phytopthora ramorum* isolates from Europe and North America: evidence for separate subspecies? General technical report-Pacific Southwest Rescarch Station, USDA Forest Service, pp 101-103

Britt J, Hansen E (2009a) Phenotypic plasticity, fitness and multilocus genotypes of *Phytopthora ramorum* populations in southern Oregon tanoak forests. Phytopathology 99: S16-S16

Britt J, Hansen E (2009b) Trees, soils, streams and rain traps: intensive sampling leads to recovery of multiple genotypes from hosts of *Phytopthora ramorum* in Oregon forests. Phytopathology 99: S16-S16

Bulajic A, Jovic J, Krnjajic S, Djekic I, Krstic B (2009) First report of *Phytopthora ramorum* on *Rhododendron* sp. in Serbia Plant Pathol 58: 804-804

Bulajic A, Djekic I, Jovic J, Krnjajic S, Vicurovic A, Krstic B (2010) *Phytopthora ramorum* occurrence in ornamentals in Serbia. Plant Dis 94: 703-708

CANG (2008) Nursery industry best management practices for *Phytopthora ramorum* to prevent the introduction or establishment in California nursery operations. Version 1.0. California Association of Nurseries and Garden Centers. http://www.suddenoakdeath.org/pdf/cangc_bpm_FINAL.pdf

Cave GL, Randall-Schadel B, Redlin SC (2007) Risk analysis for *Phytopthora ramorum* Werres, de Cock & Man in't Veld, causal agent of sudden oak death, ramorum leaf blight, and ramorum dieback. Revision 1, 25 Jan 2007. USDA APHIS PPQ CPHST PERAL, 87 pp. http://www.aphis.usda.gov/plant_health/plant_pest_ingo/pram/duwnloads/pdf_files/pra-cphst-08.pdf

CFIA (2010) Canadian Food Inspection Agency: *Phytopthora ramorum*. http://www.inspection.gc.ca/english/plaveg/pestrava/phyram/sodmsce.shtml

COMTF (2012) California Oak Mortality Task Force web page. http://www.suddenoakdeath.org

Dart NL, Chastagner Ga, Coats K (2009) Initial assessment of genotypic diversity of *Phytopthora ramorum* associated with Washington state ornamental nurseries. Phytopathology 99: S181-S181, 3/sod

De Merlier D, Chandelier A, Cavelier M (2003) First report of *Phytopthora ramorum* on *Viburnum* bodnantense in Belgium. Plant Dis 87: 203

Elliott CR, McDonald V, Grunwald NJ (2009a) *Phytopthora ramorum*-pathogenic fitness of the three clonal lineages. Phytopathology 99: S32-S32

Elliott CR, McDonald V, Henslee KA, Grunwald NJ (2009b) Comparative epidemiology of *Phytopthora ramorum* and other *Phyrophthota* species. Phytopathology 99: S32-S32

Elliott M, Sumampong G, Varga A, Shamoun SF, James D, Masri S, Briere SC, Grunwald NJ (2009c) PCR-RFLP markers identify three lineages of the North American and European populations of *Phytopthora ramorum*. For Pathol 39: 266-278

EPPO (2010a) *Phytopthora ramorum* found on *Quercus phillyraeoides* in Ireland. EPPO reporting service 2010/149: 3

EPPO (2010b) *Phytopthora ramorum* found on Larix kaempferi in Ireland EPPO reporting service 2010/150: 4

EPPO (2011) Situation of *Phytopthora ramorum* in Croatia. EPPO global database. http://gd2.eppo.org/organism.php/PHYTRA/reporting/article1813

EU (2002) Commission decision of 19. September 2002 on provisional emergency phytosanitary measures to prevent the introduction into and the spread within the Community of *Phytopthora ramorum* Werres, De Cock & Man in't Veld sp. nov. Off J Euro Commun L 252: 37-39

EU (2004) Decision 2004/426/2004 of 29 April 2004 amending decision 2002/757/EC on provisional emergency phytosanitary measures to prevent the introduction into and the spread within the Community of (*Phytopthora ramorum* Werres, De Cock & Man in't Veld sp. nov. Off J Euro Commun L 154: 1-7

EU (2007) Commission Decision of 27 March 2007 amending decision 2002/757/EC on provisional emergency phytosanitary measures to prevent the introduction into and the spread within the Community of *Phytopthora ramorum* Werres, De Cock & Man in't Veld sp. Nov. Off J Euro Union L 90: 83-85

Frankel SJ (2008) Sudden oak death and *Phytopthora ramorum* in the USA: a management challenge.

Austral Plant Pathol 37: 19-25

Garbelotto M. Rizzo DM (2005) A California-based chronological review (1995-2004) of research on *Phytopthora ramorum*, the causal agent of sudden oak death. Phytopathol Mediterr 44: 127-143

Garbelotto MM, Svihra P. Rizzo DM (2001) New pests and diseases: sudden oak death syndrome fells 3 oak species. Calif Agric 55(1): 9-19

Giltrap PM, Inman AJ, Barton VC, Barnes AV, Lane CR, Hughes KJD, Tomlinson J, Dean ML, Izzard K (2004) First report of ramorum dieback (*Phytopthora ramorum*) on *Hamamelis virginiana* in the UK. Plant Pathol 53: 526-526

Giltrap PM, Hughes KJD, Barton VC, Hobden E, Barber P, Izzard K (2007) *Phytopthora ramorum* on three new hosts detected using on-site diagnostics. Plant Pathol 56: 728-728

Gomes MJ, Amaro PT (2008) Occurrence of *Phytopthora ramorum* in Portugal on *Viburnum* spp. Rev Cienc Agrar (Portugal) 31: 105-111

Goss EM, Carbone I, Grunwald NJ (2009a) Ancient isolation and independent evolution of the three clonal lineages of the exotic sudden oak death pathogen *Phytopthora ramorum*. Mol Ecol 18: 1161-1174

Goss EM, Larsen M, Chastagner GA. Givens DR, Grunwald NJ (2009b) Population genetic analysis infers migration pathways of *Phytopthora ramorum* in US nurseries. Plos Pathogens 5

Goss EM, Larsen M, Chastagner GA. Givens DR, Grunwald NJ (2009c) Variation within the NA1 clonal lineage of *Phytopthora ramorum* from US nurseries reveals migration pathways. Phytopathology 99: S45-S45

Goss EM, Larsen M, Vercauteren A, Werres S, Heungens K, Grünwald NJ (2011) *Phytopthora ramorum* in Canada: evidence for migration within North America and from Europe. Phytopathology 101: 166-171

Grünwald NJ, Goss EM, Larsen MM, Press CM, McDonald VT, Blomquist CL, Thomas SL (2008) First report of the European lineage of *Phytopthora ramorum* on Viburnum and Osmanthus spp. in a California Nursery. Plant Dis 92: 314-314

Grünwald NJ, Goss EM, lvors K, Garbelotto M, Martin FN, Prospero S, Hansen E, Bonants PJM, Hamelin RC, Chastagner G, Werres S, Rizzo DM, Abad G, Beales P, Bilodeau GJ, Blomquist CL, Brasier C, Brière SC, Chandelier A, Davidson JM, Denman S, Elliott M, Frankel SJ, Goheen EM, de Gruyter H, Heungens K, James D, Kanaskie A, Mcwilliams MG, Man int Veld W, Moralejo E, Osterbaucr NK, Palm ME, Parke JL, Sierra AMP, Shamoun SF, Shishkoff N, Tooley PW, Vettraino AM, Webber J, Widmer TL (2009) Standardizing the nomenclature for clonal lineages of the sudden oak death pathogen, *Phytopthora ramorum*. Phytopathology 99: 792-795

Gullino C, Garofalo MC, Moretti F, Gianetti G, Mainenti E (2003) Discovcry of *Phytopthora ramorum* on rhododendron. Inform Agrar 59: 87-89

Hansen EM, Reeser PW, Sutton W, Winton LM (2003) First report of A1 mating type of *Phytopthora ramorum* in North America. Plant Dis 87: 1267-1267

Heininger U, Theile F, Stadler B (2004) First finding of *Phytopthora ramorum* in Switzerland. Schweiz Zeitschrift für Forstwesen 155: 53-54

Herrero ML, Toppe B, Klemsdal SS, Stensvand A (2006) First report of *Phytopthora ramorum* in ornamental plants in Norway. Plant Dis 90: 1458-1458

Herrero ML, Toppe B, Brurberg MB (2011) First report of *Phytopthora ramorum* causing shoot dieback on Bilberry (Vaccinium myrtillus) in Norway. Plant Dis 95: 355-355

Hughes KJD, Giltrap PM, Barton VC, Hobden E, Tomlinson JA, Barber P (2006) On-site real-time PCR detection of *Phytopthora ramorum* causing dieback of *Parrotia persica* in the UK. Plant Pathol 55: 813-

813

Husson C, Delatour C, Frey P, Marcais B, Saurat C, Schenck N (2007) First report of *Phytopthora ramorum* on ornamental plants in France. Plant Dis 91: 1359-1359

Inman AJ. Townend VC, Barnes AV, Lane CR, Hughes KJD, Griffin RL, Eales SJ (2003) First report of ramorum dieback (*Phytopthora ramorum*) on *Pieris* in England. Plant Pathol 52: 785-785

IPPC (International Plant Protection Convention) (2011) Glossary or phytosanitary Temls, ISPM # 5. FAO, Rome

Ivors KL, Hayden KJ, Bonants PJ, Rizzo DM, Garbelotto M (2004) AFLP and phylogenetic analyses of North American and European populations of *Phytopthora ramorum*. Mycol Res 108: 378-392

Ivors KL, Garbelouo M, Vries IDE, Ruyter-Spira C, Hekkert BT, Rosenzweig N, Bonants P (2006) Microsatellite markers identify three lineager of *Phytopthora ramorum* in US nurseries, yet single lineages in US forest and European nursery populations. Mol Ecol 15: 1493-1505

Kliejunas JT (2010) Sudden oak death and *Phytopthora ramorum*: a summary of the literature. General technical report PSW-GTR-234. U. S. Department of Agriculture, Forest Service, Pacific Southwest Research Station, Albany, 181 pp

Lane CR, Beales PA, Hughes KJD, Tomlinson JA, Inman AJ, Warwick K (2004) First report of ramorum dieback (*Phytopthora ramorum*) on container-grown English yew(*Taxus baccata*) in England. Plant Pathol 53: 522-522

Lilja A, Rytkonen A, Kokkola M, Parikka P, Hantula J (2007) First report of *Phytopthora ramorum* and *P. inflata* in ornamental rhododendrons in Finland. Plan Dis 91: 1055-1055

Magarey RD, Fowler GD, Borchert DM, Sutton TB, Colunga-Garcia M, Simpson JA (2007) NAppFAST: an Internet system for the weather-based mapping of plant pathogens. Plant Dis 91: 336-345

Manion PD (1990) Tree disease concepts. 2nd edn. Prentice Hall, Englewood Cliffs, 416 pp

Mascheretti S, Croucher PJP, Vettraino A, Prospero S, Garbelotto M (2008) Reconstruction of the Sudden oak death epidemic in California through microsatellite analysis of the pathogen *Phytopthora ramorum*. Mol Ecol 17: 2755-2768

Mascheretti S, Croucher PJP, Kozanitas M, Baker L, Garbelotto M (2009) Genetic epidemiology of the sudden oak death pathogen *Phytopthora ramorum* in California. Mol Ecol 18: 4577-4590

Moralejo E, Werres S (2002) First report of *Phytopthora ramorum* on *Rhododendron* sp. In Spain. Plant Dis 86: 1052-1052

O'Connor C, Gosling E (2008) The status of *Phytopthora ramorum* in Ireland. General technical report – Pacific Southwest Research Station, USDA Forest Service, pp 209-213

Orlikowski LB, Szkuta G (2002) First record of *Phytopthora ramorum* in Poland. Phytopathol Pol 25: 69-79

Pintos Varela C, Mansilla Vazquez JP, Aguin Casal O (2004) *Phytopthora ramorum*, a new pathogen in Spain on *Camellia japonica* and *Viburnum tinus*. Boletin de Sanidad Vegetal, Plagas 30: 97-111

Prospero S, Hansen EM. Grünwald NJ, Winton LM (2007) Population dynamics of the sudden oak death pathogen *Phytopthora ramorum* in Oregon from 2001 to 2004. Mol Ecol 16: 2958-2973

Prospero S, Grunwald NJ, Winton LM, Hansen EM (2009) Migration patterns of the emerging plant pathogen *Phytopthora ramorum* on the West Coast of the United States of America. Phytopathology 99: 739-749

Sansford CE, Inman AJ, Baker R, Brasier C, Frankel S, de Gruyter J, Husson C, Kehlenbeck H, Kessel G, Moralejo E, Steeghs M, Webber J, Werres S (2009) Report on the risk of entry, establishment, spread and socio-economic loss and environmental impact and the appropriate level of management for *Phytopthora ramorum* for the EU. Deliverable report 28. EU Sixth framework project RAPRA. http://

rapra.csl.gov.uk/

Schumann GL (1991) Plant diseases: their biology and social impact. American Phytopathological Society, St. Paul, 397 pp

Tsopelas P, Paplomatas EJ, Tjamos SE, Soulioti N, Elena K (2011) First report of *Phytopthora ramorum* on *Rhododendron* in Greece. Plant Dis 95: 223-223

Vercauteren A, De Dobbelaere I, Grunwald NJ, Bonants P, Van Bockstaele E, Maes M, Heungens K (2010) Clonal expansion of the Belgian *Phytopthora ramorum* populations based on new microsatellite markers. Mol Ecol 19: 92-107

Wagener WW (1928) Coryneum canker of cypress. Science 67: 584

Waller JM, Lenne JM, Waller SJ (2002) Plant pathologist's pocketbook. CABI, Wallingford

Webber JF, Mullett M, Braisier CM (2010) Dieback and mortality of plantation Japanese larch (*Larix kaempferi*) associated with infection by *Phytopthora ramorum*. New Dis Rep 22: 19

Werres S, De Merlier D (2003) First detection of *Phytopthora ramorum* mating type A2 in Europe. Plant Dis 87: 1266-1266

Werres S, Kaminski K (2005) Characterisation of European and North American *Phytopthora ramorum* isolates due to their morphology and mating behaviour in vitro with heterothallic *Phytopthora* species. Mycol Res 109: 860-871

Werres S, Marwitz R (1997) Triebsterben an *Rhododendron*-Unbekannte *Phytopthora*. Deutscher Gartenbau 21: 1166-1168

Werres S, Marwitz R, Veld WAMI. De Cock AWAM, Bonants PJM, De Weerdt M, Themann K, Ilieva E, Baayen RP (2001) *Phytopthora ramorum* sp. Nov., a new pathogen on *Rhododendron* and *Viburnum*. Mycol Res 105: 1155-1165

Zerjav M, Munda A, Lane CR. Barnes AV, Hughes KJD (2004) First report of *Phytopthora ramorum* on container-grown plants of *Rhododendron* and *Viburnum* in Slovenia. Plant Pathol 53: 523-552

제20장 식물의 생물안보에서 잡초의 중요성
The Importance of Weeds in Plant Biosecurity

Andy W. Sheppard, Anthony L. Koop, and Richard Hill
번역: 최현정(농학박사)

20.1 서론

생물안보(biosecurity)란 잡초와 해로운 침입식물(harmful invasive pest plant)을 포함한 유해 생물체(IPPC 2009)의 침입 위험성과 그로 인한 영향을 분석하고 관리하는데 사용되는 일련의 연구와 규제 전략이라고 할 수 있다(Meyerson & Reaser 2002b). 잡초는 매우 해로운 영향을 주는 식물 종(Esler 1988; IPPC 2009)에서부터, 원하지 않는 장소에 자라는 등 단순히 바람직하지 못한 특성을 가진 종에까지 광범위하게 정의된다. “잡초(weed)”라는 용어는 일반적으로 의미가 통하지만, 특정한 영향에 있어서는 주관적으로 사용될 수도 있다. ‘침입 식물종’(invasive plant species)이라는 개념은 보다 최신이고 과학적이지만, 그 정의는 다양하다. 생태적인 관점에서 침입식물이란 귀화(naturalize), 확산(spread) 및 지속(persist)(집단서식; colonize)하는 외래종(alien species)을 의미한다. 응용적인 측면과 규제적 입장에서 볼 때, 이러한 정의에는 서식하고 있는 종이나 생물다양성을 억제하거나 및/또는 생태계의 기능과 작용을 교란시키는 밀도에 도달함으로써 생성되는 영향력도 포함되어 있다. 잡초와 침입식물이라는 용어는 다소 다른 개념으로 적용된다(Rejmanek 1994). 이 장에서는 잡초와 침입식물이라는 용어를 혼용해서 사용하고 있는데, 그 이유는 두 용어 모두 국제식물보호협약(IPPC)에 명시되어 있는 식물 해충(plant pest)의 정의(IPPC 2009)와 관련이 있기 때문이다. 국가식물보호기구(NPPO, National Plant Protection Organizations)와 관련 부서에서는 법령과 규정에 따라 잠재적 피해 가능성, 현재 분포, 풍부도 및 영향에 근거하여 잡초를 분류하는데, 각각의 범주에 대해 각기 다른 규제 조치를 발동하게 된다. “유해 잡초(noxious weed)”라는 용어는 흔히

A.W. Sheppard (✉)
CSIRO Ecosystem Sciences, GPO Box 1700, Canberra, ACT 2601, Australia
e-mail: Andy.Sheppard@csiro.au

A.L. Koop
USDA-APHIS-PPQ-CPHST, 1730 Varsity Drive, Suite 300, Raleigh, NC 27606-5202, USA

R. Hill
Richard Hill & Associates, Private Bag 4704, Christchurch, New Zealand

규제 조치가 필요한 잡초에 대해 사용되지만, 정확한 정의는 기관별로 차이가 있다.

많은 경우에 있어서 잡초는 사회적, 경제적, 환경적으로 가장 많은 비용을 수반하는 생물안보상의 위협 요인이다 (Pimental 등 2000; Hulme, 1장). 미국에서 잡초로 인한 직 · 간접적 손실은 연간 200~340억 달러에 이르는 것으로 추산되고 있다(Gunn & Ritchie 1988; Pimental 등 2000; Westbrooks 1988). 호주에서는 매년 잡초로 인해 농업 및 산림에서 35~45억 달러 이상의 손실액이 발생하고 있다(Sinden 등 2004). 캐나다에서는 58개 작물에서 연간 총 10억 달러의 경제적 피해가 발생하고 있다(Swanton 등 1993). 일반적으로 여기에는 사회적, 환경적 영향력이 포함되어 있지 않기 때문에 이러한 비용들은 저평가된 것이라고 할 수 있다. 병해충과 침입종에 연관된 장기적 영향력과 비용 때문에 생물안보 전략에서는 침입을 방지하는데 최우선순위를 두는 경우가 많다(Meyerson & Reaser 2002a; Pimentel 등 2000; White & Schwarz, 1988).

인간사회의 세계화에 따라 모든 종류의 병해충(잡초와 침입 식물 포함)으로 인한 생물안보적 위협 요소들은 계속해서 증가하고 있다(Julme 2009; Meyrson & Reaser 2002a). 보다 많은 사람들이 세계를 여행하면서 국가 간에 교역되는 상품의 종류와 양이 폭증하고 있다(Hulme 2009). 이렇듯 국제 무역이 증가한 것은 세계 인구가 증가하고, 소득이 상승하였으며, 운송 수단이 현대화된 것(Hulme 2009) 뿐만 아니라, 부당한 무역장벽이 철폐되고 자유무역협정이 체결되었기 때문이다(Perrings 등 2005). 일부 전문가들은 세계화와 그에 따른 생물 종들의 이동 증가로 인하여 세계적으로 제 3단계(인간의 영향으로 인한; anthropogenic) 생물학적 침입(biological invasion)이 발생하고 있다고 말하고 있다. 생물다양성의 세계화는 지구가 인류세(anthropocene)에 들어섰음을 입증하는 증거로 간주되기도 한다(Ellis 등 2012).

이 장에서는, 먼저 식물 침입(plant invasion)의 가장 원천적인 요인, 즉, 인간에 의한 의도적인 도입(intentional introduction)에 대해서 먼저 짚어보고자 한다. 그 다음 식물이 새로운 지역으로 도입되는 경로에 대해서 살펴본 후, 잡초와 침입식물이 농업과 자연 생태계 환경에 미치는 영향을 알아볼 것이다. 특정 식물 종이 야기하는 위협은 도입 전과 도입 후로 나누어 살펴볼 수 있기 때문에, 잡초에 대한 다양한 생물안보 전략을 살펴볼 것이다. 마지막으로, 이 장에서 설명한 개념들의 이해를 돕기 위하여, 과거 식물이 어떻게 문제를 일으켰으며, 규제기관은 어떻게 대응하였는지에 대한 사례들을 소개하였다.

20.2 식물 침입의 원동력

생물안보적 측면에서 식물은 병원체, 절지동물 및 척추동물과 비교하여 다른 방식으로 문제를 일으킨다. 사람들은 다른 분류군에서 볼 수 있는 수준을 한참 뛰어넘는 수준으로 식물을 원래의 서식지 밖으로부터 의도적으로 들여오고, 육성하고, 교배하고, 재배한다. 이는 인간 사회에서 식물이 중요성과 다양성을 갖고 있음을 의미한다. 식물은 인간이 섭취하는 식품, 가축의 사료, 가정의 연료, 건축자재, 섬유, 그리고 물품 제조에 사용되는 화학물질(종이나 포장재, 직물, 의약품 생산)로 사용된다. 또한 인간의 문화와 장식품에서도 중요한 상징이다(Simpson

& Conner-Ogorzaly 1986). 해외 식물 탐사, 도입, 식물체 전체나 일부 또는 식물성 산물(예: 목재 또는 목제품)을 교역하는 것은 식물 침입의 중요한 원동력이 되어 왔다(Dosmann & Del Tredici Fairchild 1938, Whyte 1959).

초기 문명시기에 농업이 발달하고 확산되면서 가치 있는 식물 종들이 이동되었다. 침입을 연구하는 대부분의 생물학자들은 유럽의 탐사 시대부터 식물의 국제무역이 시작되었다고 보고 있다. 다른 대륙에 유럽의 식민지들이 생기면서 가치 있는 많은 새로운 작물(초본류와, 뿌리채소들)과 임업 수종(소나무, 단풍나무, 유칼립투스)들이 발견, 경작 및 수출되게 되었다(Mack & Lonsdale 2001). "새로운 종"이 유럽으로 도입되면서 유럽의 종들도 식민지로 이동되어, 그 지역에서의 수요를 충족시키고 지역의 농업경제를 일으키게 되었다. 중세시대가 끝난 이후로 국제 무역과 운송은 꾸준히 증가해 왔다(Hulme 2009, Pysek 등 2011). 원예와 관상용으로 새롭고 이국적인 식물들의 수요가 증가하면서 식물이 제한 없이 대량으로 세계를 이동하게 되는데 일조하였다(Mack 1991, Mack & Lonsdale 2001). 지난 수 백 년 동안 수 만 종의 식물이 새로운 지역으로 도입되었다. 예를 들어, 유관속식물은 전 세계적으로 30만~35만 종이 분포하는데, 약 2만 여종이 호주의 고유종이다(호주식물목록, http://www.cpbr.gov.au/apni/index.html). 그러나 지난 2백년 간, 2만 6천 종이 호주로 유입되었고, 그 중 2만 5천 종이 현재 호주에서 재배되고 있는데(Randall, 2007), 이는 전 세계 식물의 약 7.4~8.7%에 해당된다. 이런 상황은 뉴질랜드에서도 동일하며, 아마도 다른 선진국에서도 마찬가지일 것이다. 그러나 재배되고 있는 외래 식물은 개인의 수집품인 경우가 많고, 다른 국가들은 도입 식물과 경작 식물에 대한 중앙 데이터베이스를 갖추고 있지 않기 때문에 현재로서는 신뢰할 수 있는 자료가 존재하지 않는다. 30~40년 전부터 국가 간의 식물 종 이동을 규제하기 시작하였으나, 이는 몇몇 국가에만 한정된 것이었다.

식물상 연구 결과, 지역 식물상의 상당 부분이 외래 귀화종과 침입종으로 구성된 것으로 나타났다. 예를 들어, 호주, 뉴질랜드, 캐나다, 미국에는 각각 3천, 2천4백, 천2백, 5천여 종의 귀화된 외래 식물들이 분포하고 있다(Howell & Sawyer 2006; Randall 2007; CFIA 2008; NRCS 2012). 외래종의 비율이 25~50%에 달하는 경우도 많다(FNA editorial committee 2003; Wagner 등 1999). 규제가 없는 곳에서는 새로운 식물종이 지속적으로 도입되어 귀화되고 있다. 자료를 기록하고 있는 곳(호주와 뉴질랜드)의 경우, 매년 10종 이상의 새로운 식물종이 귀화되고 있는 것으로 나타났다(Bourdot 등 2007, CFIA 2008, Groves & Hosking 1997, Williams & Newfield 2002). 도입된 종의 약 1%는 탈출하여 주변 경관지에 정착하게 되며, 이 중 0.1%는 문제성 잡초가 된다(Williamson & Fitter 1996). 식물의 침입에는 장기간의 시간차가 있기 때문에, 오늘 도입된 침입종은 향후 수 십 년 동안 발견되지 않거나 침입자로 인식되지 않을 수 있다(Crooks 2005, Kowarik 1995). 미래에 해로운 침입식물이 될 식물 종들은 이미 도입되어 귀화되어 있는 경우가 많다. 따라서 이미 도입되었거나 귀화된 외래종들 중에서 잠재적으로 유해한 잡초를 구분해 내는 것은 생물안보 담당 기관이 직면하고 있는 중요한 과제이다(Pheloung 등 1999; Cunningham 등 2003, Virtue 등 2006).

20.3 도입 경로

경로(pathway)란 병해충의 침입(entry)이나 확산(spread)이 일어나는 모든 수단을 뜻한다(IPPC, 2009). 효과적인 생물안보 전략, 정책, 규정과 법령을 만들기 위해서는 생물종들이 새로운 지역으로 도입될 수 있는 방법을 이해하는 것이 매우 중요하다. Hulme 등(2008)은 육상 및 수상 생태계에서 모든 유형의 병해충에 대한 침입경로를 단순화된 체계를 사용하여 제시하였다. 이들은 6개의 도입 경로, 즉, 방사(release), 탈출(escape), 오염(contaminant), 밀항(stowaway), 회랑(corridor), 자력(unaided)으로 구별하고, 각 경로의 위험성을 최소화하기 위한 잠재적인 규제 접근방식을 제시하였다. 표 20.1에는 각각의 경로에 대한 정의와 식물의 예를 보여주고 있다. 여기서는 식물의 도입에 가장 중요한 4가지 경로에 초점을 두어 설명하였다.

다른 유형의 유해 생물체들과는 대조적으로, 대부분의 귀화 식물종들은 농업, 입업, 원예, 또는 관상용으로 의도적으로 도입된 것들이다(Cook & Dias 2006; Groves & Hosking 1997; Hulme 등 2008; Mack 1991). 캐나다(CFIA 2008), 호주(Groves & Hosking 1997), 뉴질랜드(Howell 2008), 미국(Reichard 1997)에서 연구된 바에 의하면, 각각 58%, 90%, 66%, 그리고 82%의 귀화식물이 의도적으로 도입되었다. 의도적으로 도입된 식물은 정착하여 확산되도록 환경에 직접 방사되거나(Lonsdale 1994), 또는 식물원, 개인 소장품, 가정의 뒤뜰에서 탈출하기도 한다(Groves 등 2005).

잡초와 침입식물의 또 다른 중요한 경로는 교역 상품에 오염되는 것이다(Mack 등 2000; CFIA 2008: Hulmes 등 2008). 작물의 종자에 오염된 잡초 종자는 작물 종자와 마찬가지로 성장에 유리한 환경에 놓이기 때문에 고 위험 경로가 된다. 잡초는 동물, 양털, 목초에 오염되는 등 다른 농업적 경로뿐만 아니라 수입된 관상용 식물, 화훼 전시품에 붙어서, 새 모이에 섞여서, 또는 깨끗하지 않은 목재와 수입 장비에 붙어서 유입될 수도 있다. 예를 들어, *Acaena novae-zealandiae* Kirk(장미과의 포복성 식물)는 뉴질랜드산 양털과 함께 영국으로 도입되었는데, 19세기에 정착하여 현재에도 영국에서 계속 확산되고 있다. 오염의 경로는 환경 잡초보다는 농업 잡초에서 훨씬 더 중요하다. 이 경우 잡초는 유사한 경작 시스템을 사용하는 농업 공동체간에 무역을 통해서 이동하게 된다. 뉴질랜드에서 농업 잡초는 대부분이 오염물로 도착하였는데, 1900년대 이전에 최고조에 도달하여 그 중 대부분은 1950년대 이전에 귀화하였으며, 이 당시 농업 잡초는 환경 잡초의 거의 두 배에 달하였다(Williams 등 2010).

식물의 경우 운송 수단에 붙어서 또는 운송 수단 내부를 통해 비의도적으로 도입되는 경로(밀항)는 중요성이 덜하다(Hulme 등 2008). 그러나 많은 해양 식물이 선체에 붙어서 군집을 형성하거나 선박의 평형수를 오염시키기 때문에 해양 식물에 있어서는 가장 중요한 도입경로이다(Carlton 1989; Davidson & Simkanin 2012). 무역과 관련이 없는 운송 수단(예: 군대의 이동 또는 선박 평형수) 역시 식물의 도입과 확산 경로로 작용 할 수 있다(Hulme 등 2008; Ruiz & Carlton 2003). 어떤 종들의 종자는 운송장비(Whinam 등 2005), 의류 (Waterkeyn 등 2010), 차량(Lonsdale & Lane 1994; Von Der Lippe & Kowarik 2007), 컨테이너(Hulme 2008) 등에 쉽게 달라붙을 수 있다. 진흙은 많은 식물 종자를 품고 있기 때문에 종자가 무언가에 붙어서 이동하는 방식으로는 아마도 최적의 경로가 될 것이지만(c.f. Waterkeyn 등 2010), 이것만이 유

표 20.1 병해충의 도입 경로 및 잡초와 침입식물종의 예(분류와 정의는 Hulme 등 2008년 논문에서).

경로	정의	예
방사(Release)	환경에서의 방사/증식을 위한 의도적인 도입	*Pueraria montana*는 1900년대 초기 미국에서 토양 유실을 줄이기 위해 의도적으로 식재되었다. 정부는 총 8천 5백만 개 이상의 묘목을 개인 토지 소유자에게 제공하였다 (Forseth & Innis 2004) 70년 이상 동안(1980년대까지), 호주 정부는 8천2백종 이상의 식물 종에 대한 14만 5천건의 도입을 지원하였다. 여기에는 2천2백여종의 포아풀과 초본류들과 2천2백여종의 콩과 식물이 포함되어 있었는데, 이는 호주에 분포하던 포아풀과와 콩과 토종 식물의 종 수에 약 두 배에 달하였으며, 그 과에 속하는 전 세계 종의 약 22%와 18%에 해당하였다.도입 목적은 가축산업을 위해 사료를 개선하는 데 있었다. 이 중 감바풀(Gamba Grass)은 식재된 지역에서 탈출하여 호주 대초원의 식물상을 변화시켰다 (Rossiter-Rachor 등 2008).
탈출(Escape)	상품으로 의도적으로 도입되었으나, 의도치 않게 탈출	*Mimosa pigra*는 다윈 식물원에 호기심의 대상으로서 도입되었으나, 화단으로 탈출하여 확산되면서, 8만 헥타르의 호주 북부 습지의 자연 식생을 대체하였다(Parsons & Cuthbertson 2001). 그 밖에도 여러 이국 식물종들이 상업, 원예, 관상용으로 반입되었는데, 이는 식물의 중요한 침입경로가 되었다. 대표적인 예로서는 가시금작나무(*Ulex europaeus*), 금작화(*Cytisus*, *Genista* spp.)와 올리브나무(*Olea europaea*)가 있다.
오염 (Contaminant)	특정 화물과 함께 의도치 않게 도입됨	메귀리(*Avena fatua*)의 종자는 약 300여년전에 종자와 사료에 묻어 캐나다로 도입된 것으로 여겨진다 (Sharma & Born 1978) 호주남부와 뉴질랜드의 초지에 분포하는 대부분의 잡초는 양털, 목초 종자나 긴급 사료 화물에 오염되어 도입되었다. 이렇게 오염된 잡초에는 엉겅퀴류(*Cirsium*, *Carduus*, *Onopordum*, *Carthamus*), 야생국화류(*Centaurea* spp.)와 개쑥갓류 (*Senecio* spp.)가 있다(Parsons & Cuthbertoson 2001).
밀항 (Stowaway)	운송 수단에 붙어서 또는 운송수단 안에서 비의도적으로 도입	한국, 일본, 중국 일부지역에 자생하는 해양 조류인 미역(*Undaria pinnatifida*)은 선체 아래쪽에 붙어서 또는 선박 평형수와 함께 뉴질랜드에 오게 되었을 가능성이 크다 (Hay & Luckens 1987) 남극으로 가는 화물 장비와 컨테이너에서는 다양한 식물종의 번식체(propagules)가 발견된다. 이와 유사하게 원정대의 장비와 의류(특히 벨크로)에서도 번식체가 발견된다(예: *Acaena novae-zelandiae*, *Bidens pilosa*, *Plantago coronopus*)(Whinam 등 2005).

(계속)

표 20.1 (계속)

회랑(Corridor)	예전에는 연결되지 않았던 지역들이 인간에 의해 연결되면서 비의도적으로 도입	도로, 수로, 철도는 미국에서 *Polygonum cuspidatum*과 *Artemisia vulgaris*가 뉴질랜드에서 양골담초(scotch broom)가 확산되는 것을 촉진하였다(Syrett 등 1999).
자력(Unaided)*	외래종이 정치적 경계선을 넘어서 자연적으로 확산되면서 비의도적으로 도입	*Oeceoclades maculata*는 아프리카와 남미에 자생하는 난의 한 종류이다. 이 종을 제외한 이 속의 모든 종은 아프리카에만 자생한다. 약 200년 전 이 종이 브라질에서 처음 발견된 이후, 북쪽으로 빠르게 이동하여 미국 플로리다까지 퍼져나갔다(Stern 1988).

* 대륙 간 긴 거리를 바람을 타고 이동하는 종 또는 자연적인 원인에 의해 바다의 긴 거리를 일상적으로 확산된다고 알려져 있는 식물종(예: *Ipomoea* spp.)으로서 유해한(즉, 잡초성을 띤) 종들은 포함되지 않음(Mack & Lonsdale 2001).

일한 방법은 아니다. 예를 들어 식물의 번식체가 냉장 컨테이너의 흡입구에 빨려 들어올 수도 있다(Fowler 2010).

위에서 설명된 잡초의 모든 침입 경로는 모두 적절한 국경 전(pre-border) 및 국경에서의(at border) 생물안보 조치를 통해 관리할 수 있다(5, 6장 및 아래 참조). 도입이 예고된 종에 대해서는 위험평가를 통해 침입 가능성을 걸러낼 수 있다. 오염이나 밀항의 위험성은 다양한 위험관리 전략(예: 소독)을 통해 관리할 수 있다. 이러한 조치들은 특히 호주와 뉴질랜드에서 효과적이다(Williams & West 2000).

20.4 잡초와 외래 식물의 영향: 사례 검토

식물 자원을 보호하는데 있어서 잡초와 외래식물의 영향과 잠재적인 영향을 이해하는 것은 매우 중요하다. 이러한 이해들은, (1) 규제기관이 항구와 국경에서 어떤 종들을 배제하고 관리할 것인지 판단하는 것을 도와주고; (2) 토지 관리자들이 어떤 종을 우선으로 박멸이나 관리할 것인지 평가하는 것을 도와주며; (3) 과학자들이 잡초 관리 프로그램을 구상하는데 도움을 준다. 다른 유형의 병해충과 마찬가지로, 병해충으로서의 식물은 자연과 인간이 관리하는 생태경관에 다양한 범주의 직·간접적인 영향을 미친다. 직접적인 영향과 간접적인 영향의 개념(그리고 이들을 어떻게 구분하는지)은 다양하지만(IPPC 2009; Pimentel 등 2000; Vila 등 2011), 여기에는 병해충을 관리하고 병해충으로 인한 영향을 경감시키는 비용, 그리고 관리 그 자체로 인한 영향과 연관된 비용까지 포함되어 있다.

작물 생산 시스템에서 잡초는 물, 빛, 영양분을 두고 작물과 경쟁하여 작물의 생산량을 감소시키게 된다. 캐나다에서 58개 작물에 대한 연구한 결과, 생산량의 약 10%가 잡초로 인해 손실되는 것으로 추산되었으며, 이들 작물에서만 연간 약 십억 달러에 이르는 것으로 보고되었다(Swanton 등 1993). 미국과 호주에서는 이러한 잡초와 병해충 관리 비용으로 인해 소매

가격의 최대 20%에 달하는 수십억 달러의 손실이 매년 유사하게 보고되고 있다(Pimental 등 2000; Sinden 등 2004). 다른 직접적인 영향으로는 수확을 방해하고 곡물을 오염시키는 것이 포함된다(Smith 등 2000). 목축 시스템에서는 잡초가 유용 식물과 경쟁하고, 가축의 접근을 방해하여 목초지의 생산성을 떨어트리고, 불쾌한 맛이 나고 독성이 있는 잡초를 통해 가축의 건강을 해치게 된다(Buordot 등 2007; Smith 등 2000). 농업에서 잡초로 인한 경제적 손실은 잡초 방제를 위한 간접적인 비용까지 고려하면 깜짝 놀랄 만큼 커질 수 있다. 여기에는 잡초 관리를 위한 제초제와 인건비, 그리고 상품에 잡초가 오염되어 발생하는 시장 가치 및 시장 접근성의 변화까지 포함된다(Bridges 1994, Sinden 등 2004).

잡초가 자연환경에 미치는 영향은 금전적 가치로 표현하기 어렵고, 자연적인 시스템은 매우 복잡하므로 정량화하여 표현하기가 훨씬 더 어렵기 때문에 이를 평가하는 것은 훨씬 더 어렵다. 자연계에서는 잡초를 일반적으로 침입식물(invasive plant)이라고 하는데, 그 이유는 이들이 자연 경관을 통해 확산하여 귀화하기 때문이다. 침입종들은 다양한 영향을 유발하는데, 가장 뚜렷한 것으로는 토종 식물종들을 대체하고, 식물 개체군의 구성을 변화시키는 것이다(Coutts-Smith & Downey 2006). 침입 식물종들은 영양 상호작용을 통해 화분 매개자, 초식자(herbivores), 과일 섭식자(frugivores), 포식자 등 다른 모든 종들의 개체군에 간접적인 영향을 주게 된다. 일부 학자들이 "트랜스포머"라고 부르는 가장 최악의 침입종은 조밀한 개체군을 쉽게 형성하여 생물적 다양성을 감소시키고, 서식처의 물리적 구조를 변화시키며, 생태계 절차를 변경시킨다(Richardson 등 2000; Vila 등 2011, Vitousek 등 1987). 생물적, 물리적 환경을 변화시키는 과정에서 침입종들은 토착종들과 교잡되거나(Vila 등 2000), 그들이 영향을 주는 종들의 진화과정을 바꾸기도 한다(Mooney & Cleland 2001). 생물학적 침입자들은 서식처 상실과 기후변화 뿐 만 아니라, 세계 환경변화의 원인이 되기도 한다(Mooney & Hobbs 2000; Pysek & Richardson 2010; Vitousek 등 1996).

잡초는 도시, 그리고 사람이 식물 및 환경과 상호 작용하는 다른 공공장소에서도 다양한 영향을 미친다. 잡초의 사회적 영향은 인구 밀도가 높은 곳에서 더 세간의 집중을 받는다. 예를 들어, 대부분의 사람들은 서양 민들레(*Taraxacum officinale* Wigg)를 일반적으로 잡초라고 여긴다. 잔디밭이나 정원을 가지고 있는 주택 소유자들은 잡초가 잔디밭을 망치고 정원의 식물들과 경쟁한다는 데 동의할 것이이며, 그 결과 제초제와 기타 잡초 방제 제품을 사는데 많은 비용을 들이게 된다. 또한 잡초는 계절적인 알러지를 유발하고(Wopfner 등 2005), 산불의 빈도를 증가시키며(D'Antonio & Vitousek 1992), 사람과 애완동물에 독성이 있어(Burrows & Tyrl 2001; Derraik 2007) 건강과 안전상의 위험성을 갖기도 한다. 어떤 종들(특히 수생 잡초)은 수영, 낚시, 사냥활동에 방해가 되기도 하며(Pieterse & Murphy 1990), 또는 성가신 존재(nuisance)가 되기도 한다(CFIA 2008).

뚜렷하게 나타나지는 않지만 잡초가 유발하는 다른 영향으로는 다음과 같은 것들이 있다. 잡초는 교통과 유틸리티의 통행을 차단하여 해당 회사들의 업무 수행을 어렵게 만들기도 한다. 폭풍우가 치는 동안 어떤 식물들은 배수로를 따라 자라서(예: Alligator weed) 지하 배수로나 도시의 배수 시스템을 막거나 파손시킨다(Bossard 등 2000). 개발도상국이나 농촌지역에서는 잡초가 마을 전체의 생계를 위협하기도 한다(Pieterse & Murphy 1990; Wilson 등 2007).

이웃 간에 잡초에 대한 태도와 관리가 상이할 경우 잠재적인 분쟁과 스트레스를 유발할 수도 있다(예: 미국의 침입성 대나무, 뉴질랜드의 Chilean needle grass).

잡초가 항상 한 분야에만 한정적으로 영향을 주는 것은 아니며, 두세 가지 시스템에 영향을 주는 경우도 많이 있다(표 20.2). 예를 들어, *Ulex europaeus* Linn.는 가축이 목초지에 접근하는 것을 막는 한편, 토착 식물 개체군을 억제하고, 자연 생태계에서 통행로와 수로에 접근하는 것을 억제한다(Richardson & Hill 1998; Parsons & Cuthbertson 2001). 다른 많은 잡초들이 이와 유사하게 여러 방면에 걸쳐 영향을 주는데(예: *Lygodium*과 *Rubus* 종들)(Ferriter 2001; Parsons & Cuthbertson 2001), 이런 종들은 대부분 잡초 위험도평가와 채점 시스템에서 높은 점수를 받아 방제와 관리의 표적이 된다. 표 20. 2에서는 이와 같이 여러 방면에 피해를 주는 잡초의 예를 소개하고 있다.

표 20.2 잡초와 침입식물이 자연, 농업 생산, 그리고 인간이 개입하는 환경에 미치는 영향

농업생산환경 (농지, 방목지, 목초지, 육묘장, 농장 등)

1. 목초지와 방목지의 가치가 감소하여 경제적 손실이 발생함
   Euphoribia esula (Leistriz 등 2004), 엉겅퀴류(Parson & Cuthbertson 2001), *Prosopis* spp. (Scanlan 등 1991), *Opuntia* sp. (Grice 2006), *Nassella trichotoma* (Campbell & Vere 1995).
2. 농작물의 생산량을 떨어뜨림
   Cyperus rotundus (William & Warren 1975), *Imperata cylindrica* (Chikoye 등 2007), *Lolium rigidum* (Paynter & Hills 2009), *Raphanus raphanistrum* (Eslami 등 2006)
3. 소와 기타 가축들에게 독성이 있음
   Senecio sp. (Johnson 등 1989), *Echium* spp. (Piggin & Shippard 1995), *Solanum* spp. (Buck 등 1960), *Lantana* spp. 등 기타 관목류
4. 산림 생산량을 떨어뜨리고 방제 비용을 증가시킴
   Pueraria montana var. *lobata* (Forseth & Innis 2004), *U. europaeus* (Richardson & Hill 1998),
5. 관개를 방해하고, 용존산소와 빛의 양을 떨어뜨리며, 증산량을 증가시킴
   Eichhornia crassipes, *Salvinia molesta*, *Pistia stratiotes* 및 기타 수생 잡초(Abdeen 2008; Mathur & Mathur 2006).
6. 타감작용(allelopathic)을 하는 광엽 초본류가 목초지에서 질소 고정을 저해하고, 목초지에서 고유 식생을 억제함
   Carduus nutans (Wardle 등 1998)
7. 작물 병해충의 저장소(대체기주 또는 이차기주)로 작용
   Echinochloa crus-galli Beauv (Tindall 등 2004)

자연 생태환경 (국립공원, 자연환경 보호 구역, 야생동물 보호 구역 등)

1. 산불 빈도와 피해를 높임
   Bromus tectorum (Knapp 1996), *Imperata cylindrica* (Lippincott 2000), *Andropogon gayanus* (Rossiter-Rachor 등 2008), gorse (Richardso & Hill 1998)
2. 생태계 내 질소와 인의 순환과 생태계 발전을 변화시킴
   Myrica faya (Vitousek 등 1987), *Asparagus asparagoides* (Turner 등 2011), *Cytisus scoparius* (Fogarty & Facelli 1999), *Tradescantia fluminensis* (Standish 등 2001)

(계속)

표 20.2 (계속)

3. 생태계 내 물의 이용과 증산작용을 변화시킴
   Acacia mearnsii (Dye & Jarmain 2004)
4. 식물의 서식처를 다른 유형으로 전환시킴(예: 초원을 산림으로, 늪지를 초지로)
   Melaleuca quinquenervia (Rayamajhi 등 2009; Schmitz 등 1997), *Spartina anglica* (Nehring & Hesse 2008), *Agrostis stolonifera* (Gremmen 등 1998), *Pinus* spp. (Richardson 1998)
5. 토종 동식물의 생존과 번식을 방해함
   Lythrum salicaria (da Silva & Sargent 2011; Grabas & Laverty 1999), *Chromolaena odorata* (Leslie & Spotila 2001), *Cryptostegia grandiflora* (Tomley 1995)
6. 토종 식물이 빛을 받을 기회를 줄여 잘 자라지 못하게 함
   Nymphoides peltata (Kelly & Maguire 2009), *Syzygium jambos* (Avalos 등 2006), *Tradexcantia fluminensis* (Standish 등 2001), *Miconia calvescens* (Meyer 1996)
7. 식물 종 다양성을 감소시킴
   Pennisetum clandestinum (Heyligers & Adams 2004), *Miconia clavescens* (Meyer & Florence 1996), *Ageratina riparia* (Fröhlich 등 1999)
8. 영양 상호작용을 통해 토종 동식물의 분포와 풍부도를 변화시킴
   Mimosa pigra (Braithwaite 등 1989), *Hymenachne amplexicaulis* (Houston & Duivenvoorden 2002)

인간 사회와 문화에 대한 영향

1. 산림 저수지에 확보되는 물의 양이 감소함
   Hakea species (Le Maitre 1996; van Wyk 1987)
2. 마을의 전력 공급을 방해하고 철로를 위태롭게 함
   Pueraria montana var. *lobata* (Forseth & Innis 2004; McNeely 2001)
3. 자연경관을 변화시켜 미관과 생태관광에 영향을 줌
   Hakea gibbosa (Le Maitre 1996), *Spartina anglica* (Kriwoken & Hedge 2000), *Pinus* spp. (Richardson)
4. 인간에게 심한 피부병을 일으킴
   Heracleum mantegazzianum (Derraik 2007)
5. 보트타기, 낚시, 하이킹, 사냥 등 취미 여가 생활을 하는 장소에 접근하는 것을 제한함
   Nymphoides peltata (Countryman 1970), *Eichhornia crassipes* (Wolverton & McDonald 1979)
6. 정원과 경관조림을 위해 심은 식물들과 경쟁하고 이들을 대체함
   Lonicera japonica (Daves Garden 2011)
7. 잔디나 목초지의 미관을 해침
   Taraxacum officinale (Holm 등 1997)
8. 집이나 건물에 피해를 줌
   Hedera helix (Daves Garden 2011)

알레르기 유발물질들

Ambrosia artemisifolia 와 *Lolium* spp. (Léonard 등 2010; Freidhoff 등 1986)

주민들의 정신적, 문화적 가치를 훼손

Cenchrus pennisetiformis (Marshall 등 2011)

어떤 곳에서는 유용하지만 다른 곳에서는 피해를 주는 잡초도 있다. 예를 들어, 1947년에서 1985년 사이 호주로 도입된 463종의 열대성 목초 중 17종은 목초지에서 사료로 가치가 있지만 다른 곳에서는 잡초성을 갖는 것으로 보고되었다(Lonsdale 1994). Caulerpa는 해양 수족관에서 관상용으로 사용되기 때문에 경제적으로 중요한 속이지만(Frisch & Murray 2002; Walters 등 2006), 해양 생태계에서는 환경과 경제에 부정적인 영향을 주기 때문에 높은 침입성을 갖는다(Levi & Francour 2004; Muller 2000; Relini 등 1998). 유용성과 유해성을 모두 갖는 식물이 어떤 국가에 도입되어 정착하게 되면 분쟁이 생기고, 규제 당국은 서로 다른 입장(즉, 규제 또는 비규제)을 갖는 이해단체들로부터 압력을 받게 된다. 이렇게 논란이 되는 종들에 대해서는 아래에서 다시 다루고 있다.

20.5 생물안보의 범주 내에서 위험평가와 관리

잡초의 관리는 다양한 접근방법을 아우르고 있다. 다른 병해충과 마찬가지로, 그 종이 해당 지역에 분포하는지 또는 분포하지 않는 지에 따라 접근방식이 결정된다. 식물을 의도적으로 도입하여 재배하고자 하는 사람들의 열렬한 갈망은 특히 잡초를 관리하는 사람에게 어려움이 되고 있으며, 잡초 관리의 접근방식을 복잡하게 만든다. 여기서는 이러한 어려움들을 살펴보고, 잡초의 위험평가와 관리에서 사용되는 일반적인 접근방식에 대해 알아보고자 한다.

20.5.1 협약(conventions), 법령(legislation), 정책(policy)과 규정(regulations)

잡초의 위험성을 관리하기 위한 전략은 국제협약/조약, 국가 법령, 지역의 법규와 기관의 정책/책임에 의해서 결정된다. 국제협약은 인류에 대한 위협을 관리하는데 있어서 범세계적인 원칙과 지침의 기본이 된다. 병해충에 대한 어떤 협약들은 도입(우연한 또는 의도적인) 위험과 영향을 최소화하는데 목표를 두고 있는데, 이런 목표는 다음의 세 가지 메커니즘을 통해 달성된다.

1. 국제 조약과 협정 (예: 도입 방지, 적절한 경우 박멸 조치, 및 환경적 영향 감소 - 즉, 생물다양성 협정 (Convention on Biological Diversity), 제 8조 (h) 항, 결정문 XI/23, 결정문 X/31, 및 전략 계획 2011-2020에서 Aichi 제 9 목표, www.cbd.int/decision/cop/?id=7197.
2. 규제적 접근 (예: 국제 해양 기구의 평형수 조약 및 지역별 생물안보 체계, globallast.imo.org/index.asp?page=mepc.htm.)
3. 위험평가를 위한 체계와 지침(예: 국제식물보호협약 (IPPC; International Plant Protection Convention)의 수입 위험평가 (IRA, Import Risk Assessment, www.wto.org/english/tratop_e/sps_e/spsagr_e.htm 및 기타 무역과 관련된 위험성)

침입종의 영향은 유엔을 통한 세계의 지속가능한 개발이라는 큰 전제아래 그동안 큰 관심을 받지는 못하였다(예, 유엔의 리오 선언과 리오+20 선언)

잡초가 농업에 미치는 경제적 영향 때문에 국가 차원에서의 잡초 관련 법령과 규제 책임은 국가와 주정부의 농업부에서 담당하게 된다. 하지만 최근 잡초가 환경에 미치는 영향이 인식되면서 자연 환경과 수자원(예: 남아공의 the Working for Water 프로그램)을 위해 정부가 잡초 관리에 보다 큰 역할을 하도록 요구되고 있다. 법령에서는 일반적으로 국경을 넘기 전 유해 잡초의 수입, 그리고 국경을 넘은 후 방제와 관리에 대해 다루고 있다. 이런 법령에서는 하나같이 수입되거나 국경을 넘어 이동시킬 수 없는 종들을 기재한 블랙리스트 또는 금지 목록을 채택하고 있으며, 이외의 종에 대해서는 식물 병해충을 포함, 다른 규제요건을 충족하는 경우 제한 없이 반입을 허용하고 있다. 이런 접근방식이 효과적이기 위해서는 목록을 만들기 전 수입될 가능성이 있는 모든 식물 분류군을 분석해야만 한다. 미국과 캐나다의 경우 금지목록을 가지고 있으며, 국가식물보호기관이 이 목록에 대한 책임을 지고 있다. 바다로 둘러싸인 일부 국가(호주, 뉴질랜드)에서는 환경보호 관련 법령에서 화이트리스트 또는 허용된 종의 목록을 갖는 접근방식을 채택하기도 한다(Sheppard 등 2003, Roberts 등 2011). 이런 접근방식은 보다 사전 예방적이며, 어떤 식물에 대한 수입 요구가 있을 때 그 종에 대한 평가를 실시하게 된다. 화이트리스트의 접근방식에서는 분포하고 있는 종에 대한 지식이 규명되어 있기 때문에, 새로 도착하여 검출된 종들을 빠르게 동정할 수 있다.

이 두 가지는 근본적으로 서로 다른 접근방식이다. 궁극적으로, 수입이 허용된 종의 목록을 가지고 있는 접근방식이 생물안보 측면에서 보다 안전하지만, 식물 수입업자들로부터는 보다 많은 저항을 받게 된다.

어떤 잡초가 국가에 정착하게 되었을 때 취해지는 규제절차는 국가별로 거의 유사하다. 대개 분포, 풍부도, 영향에 따라 잡초의 범주를 정하게 된다. 각 범주의 잡초에 대해서는 박멸, 방제, 관리, 또는 제한 등 구체적인 규제요건을 적용하게 된다. 효과적으로 규제하는 것이 어려울 정도로 너무 널리 퍼져버린 잡초에 대해서는 "널리 퍼진 잡초(widespread weeds)" 또는 이와 비슷한 상태로 구분하여 규제를 해제하게 된다. 하지만 이들이 아직 존재하지 않거나 흔하지 않은 지역에서는 지역의 법령과 법규에 따라 계속 규제할 수도 있다.

침입종들의 영향을 방지, 관리하기 위한 국제 협약, 국가 법령, 정책, 규제절차는 잡초의 위험성과 영향에 대한 새로운 이해와 발전된 절차를 반영하고, 변화된 사회적 가치를 반영하기 위해 항상 변화하고 있다.

20.5.2. 국경 이전(pre-border): 1 온스의 예방은 1 파운드의 치료만큼 가치 있다.

경제학자나 생물안보 관리자들은 침입종을 지속적으로 관리하는 것 보다 침입종의 도입을 방지하는 것이 훨씬 더 효율적이라는 점에 대해서 이견이 없다 (Leung 등 2002: Pimental 등 2005; Thomas 2001; Westbrooks 1991). 국경 이전(pre-border) 생물안보 전략의 일차적인 목표는 병해충의 유입(entry)과 정착(establishment)을 방지하는 것이다. 방지 전략에서는 잠재적인 위험성을 갖고 있는 해외 잡초를 구별하고, 이들의 유입을 방지하기 위해 목록을 만드는 체계가 필요하다.

잡초위험도평가(WRA, Weed Risk Assessment)는 식물 종의 도입 및 확산 가능성, 그리고 그 종이 정착하였을 때 나타날 수 있는 잠재적인 결과를 평가하는데 사용하는 절차이다. 다른 병해충위험평가와 마찬가지로 WRAs는 규제당국과 관리자들이 정보에 입각한 결정을 내리도록 하여 잡초와 침입성 식물로 인한 미래의 경제적, 생태적 피해를 줄이도록 해주는 도구이다. 위험평가의 개념은 사업, 재정, 보건 분야에서 오래전부터 사용되어 왔다(제9장 참조). 식물의 병해충과 잡초에 대해서는 20년 전부터 사용되고 있는데(Esler 1988; Forcella & Wood 1984; Hazard 1988), 침입성이 있는 식물을 구별하거나 걸러내는데 사용되는 WRA를 pre-border WRA라고 한다. 최초의 WRA 툴은 1980년대 후반 수입 식물에 대한 침입성을 심사하기 위해 개발되었다(Hazard 1988). 그 이후, 추가적인 WRA 시스템이 개발되었는데, 작은 지리적 구역을 대상으로 한 것(Jefferson 등 2004, Widrlechner 등 2004), 특정 식물 분류군 또는 생태적 그룹을 대상으로 한 것(Richard & Hamilton 1997, Rejmának & Richardson 1996, Tucker & Richardson 1995), 더욱 광범위한 적용범위를 갖는 것(Champion & Clayton 2000; Lehtonen 2001, Panetta & Mitchell 1991, Pheloung 등 1999) 등이 있다.

국경 전 심사 도구로 가장 널리 쓰이는 것은 호주식 WRA인데, 이것은 대상 종의 특징과 다른 지역에서의 상태에 관한 49개의 예/아니오 질문으로 구성되어 있다(Pheloung 등 1999). 이 질문들을 통해서 그 종이 잡초종이나 침입종의 전형적인 특징을 가지고 있는지 평가하는데, 위험도 점수가 높게 나올수록 그 지역에서 침입종이 될 가능성이 높다는 것을 의미한다. 호주식 WRA는 세계 약 12개 지역에서 사용될 수 있도록 변환, 검증되어 왔는데, 각각의 경우에 있어서 대상 종이 그 지역의 기후와 환경에서 정착할 수 있는지를 규명할 수 있도록 기후 적합성에 대한 질문이 정비되었다. 전반적으로, 이 방법은 침입성 잡초를 일관적으로 구별해 낼 수 있는 것으로 입증되어 왔지만(Daehler 등 2004, Gordon & Gantz 2008, Nishida 등 2009), 침입종이 아닌 것을 구별하는 것 보다는 중요한 침입자를 구별해 내는데 더 효과적이다(예: 평균 약 90% vs. 70%의 정확성, Gordon 등 2008).

미국 농무부(USDA) 산하 식물보호 및 검역부(PPQ)의 과학자들은 최근 미국에 적합한 WRA 모델을 개발하고 실효성을 입증하였다. 이 방법(호주식 WRA를 기초로 사용)은 주요 침입종에 대한 정확성을 94%대로 유지하면서 비침입종에 대한 정확성을 97%까지 끌어올렸다(Koop 등 2002). 이 방법은 로지스틱 회귀 모델(logistic regression model)을 사용하여 어떤 식물종이 침입성일 가능성을 평가하는데, 결과를 저위험(low risk), 추가 평가(evaluate further), 고위험(high risk)으로 표현한다. 이 방법의 특징은 최종 위험도 점수에서 불확실성(uncertainty)이 미치는 결과를 평가하는 것에 있다. 즉, 이 방법에서는 각각의 질문에서 불확실성의 정도에 따라 약간 다르게 대답했을 경우 위험도 점수가 어떻게 나올 것인가를 평가하게 된다. 위험성을 구성하고 있는 요소에 대해 우리가 가지고 있는 지식은 결코 완벽한 것이 아니기 때문에, 불확실성은 위험도에 있어서 반드시 고려해야 할 근본적인 요소이다 (National Research Council 2009).

잡초로서의 잠재적 위험도를 평가하기 위한 심사 도구를 사용하는 것은 매우 보편적인 것

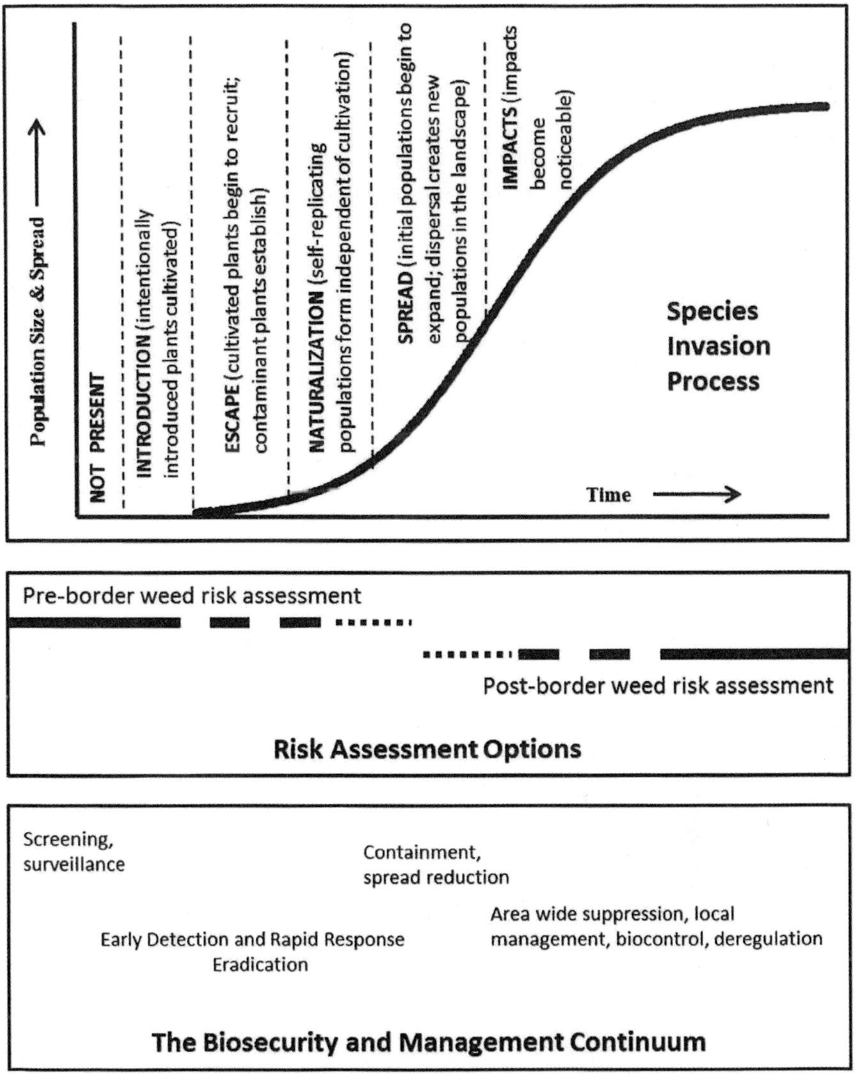

그림 20.1 위험평가, 생물안보 및 관리방안과 종의 침입과정과의 관계

이 되었고, 국가의 생물안보 전략에서도 중요한 부분으로 받아들여지고 있다(그림 20.1). 모든 정보를 보유하고 있다고 가정한다면, WRAs를 쉽게 실시하여 규제 정책에 접목시킬 수 있을 것이다. 하지만, 일부 저자들은 대부분의 WRAs가 다소 지나치게 단순화되었고, 종의 특징에 일차적으로 집중하고 있기 때문에 침입성을 실제로 예측할 수는 없다고 주장하고 있다(Noble 1989). 이들은 어떤 종이 도입된 결과는 여러 가지 유형(종의 특징, 환경 요소, 침입압력(propagule pressure), 우연한 사건(chance event), 생물 상호작용(biotic interactions), 인간의

간섭작용(anthropogenic factors)의 요인 간에 발생하는 복잡한 상호작용에 의해 결정된다고 덧붙이고 있다(Daehler & Strong 1993, Kolar & Lodge 2001; Lodge 1993; Mack 2005). 또한, 유입된 잡초가 침입성이거나 잡초성일 확률은 원래 낮기 때문에(즉, 확률 상의 기저율), 드문 사건의 예측에 대한 신뢰성은 당연히 낮을 수밖에 없다(Caley & Kuhnert 2006; Hulme 2011). 이는 WRAs에 과학적 엄격성이 결여되어 있으며, 잡초에 대한 생물안보 패러다임에 변화가 필요하다는 논란을 불러왔지만(Hulme 2011), 규제당국들이 WRAs를 널리 채택하는 것을 막지는 못했다.

기후에 따른 생물종의 분포 변화를 분석하는 프로그램(climate matching program)과 생물적 적소 모델링(biological niche modelling)은 어떤 종이 갖는 잠재적 위험성의 한 요소인, 해당 지역의 서식처 적합도(habitat suitability)를 평가하는데 사용할 수 있는 도구이다(Lindgren 2011). 이러한 접근방식에서는 원래의 분포지에서 어떤 종의 분포와 연관된 환경 및 기후 변수들을 규명한 후, 이 종이 침입할 수 있거나 현재 침입하고 있는 다른 지역에 이 변수들을 대입하게 된다(Peterson 2003). 그 결과, 생태적으로 그 종의 침입이 적합한 장소를 나타내는 위험지도(risk map)를 작성하게 된다. 사용하는 구체적인 방법이나 가정은 달라도, 수많은 생태적 적소 모델링이 개발되어 왔는데(예, BIOCLIM, GARP, MAXENT 등), 이들은 모두 오늘날 인터넷에서 쉽게 찾을 수 있는 발생여부 또는 존재/미존재 데이터(예: the Global Biodiversity Information Facility, http://data.gbif.org)를 사용하고 있다(Elith 등 2006; Peterson 2003). 하지만 적합한 기후를 통해 어떤 종의 잠재적 분포를 추정하는 것은 매우 단순한 방법이기 때문에, 이런 모델링을 통해 얻어진 결과들은 매우 신중하게 취급되어야 한다(Kriticos & Randall 2001). 보다 정교한 모델(예: CLIMEX/DYMEX)에서는 토양 유형, 단면, 식생, 및 기타 변수들에 대한 GIS layer를 사용하여 특정 잡초의 서식처와 번식 요건까지 포함시키고 있다(Kristicos & Randall 2001). 기후 대조를 통해 농업이나 생물다양성에 대한 미래의 잠재적인 생물지리적(biogeographic) 영향을 예측하고, 시간과 공간에서 생물-경제적 영향을 추정하는 것이 가능하다고 입증될 수 있을 것이다(Venette 등 2010). 더 나아가, 비슷한 기후조건을 가진 지역들을 찾아내어 침입종의 잠재적인 근원지를 규명하는 데에도 기후 대조를 사용할 수 있다(Thuiller 등 2005, Kriticos 2012). 이것은 특히 국경에서 생물안보를 담당하며, 한정된 자원을 가장 위험성이 높은 경로에 우선적으로 배분해야 하는 공/항만의 당국자들에게 유용하게 활용될 것이다.

20.5.3. 국경 후(post-border)의 전략

잡초와 침입식물의 유입을 막기 위해 최대한의 노력을 기울인다 해도, 몇몇은 항상 국경을 넘기 마련이다. 따라서 종합적인 생물안보 체제에서는 국가 내에서 새로운 식물이 발견되거나 진행 중인 침입을 다루기 위한 국경 후(post border) 전략이 필요하다. 이것은 특히 식물에 있어서 중요한데, 많은 종(해가 없을 것으로 생각된)들이 의도적으로 도입되어 적합한 환경에서 재배되기 때문이다. 때로는 귀화, 확산의 증거나 영향력이 나타나기 전까지 수십 년 동안

"얌전하게" 지내는 경우도 있는데(Crooks 2005; Groves 2006), 이를 침입 지연기(lag phase of invasion)라고 한다(Crooks 2005). 안타깝게도, 어떤 침입종을 인지하게 된 시점에는 이들이 너무 널리 확산, 귀화되어서 박멸이나 제한 등의 조치를 취하기는 이미 늦어버린 경우가 많다(Forcella 1985).

잡초 관리에는 많은 비용이 들기 때문에 침입종 관리를 위한 체계로 조기탐지 및 신속대응(EDRR; Early Detection Rapid Response)이라는 전략이 나타나게 되었다(FICMNEW 2003; Westbrooks 2004). 이 전략에서는 귀화 초기단계에 있는 잡초종이 이미 넓은 면적에 퍼진 종보다 효과적으로 박멸(박멸이 목표인 경우)될 수 있다는 것을 기본 전제로 삼고 있다(Harris & Timmins 2009; Simberloff 2003). EDRR은 무역을 제한하지 않기 때문에 비용 대비 효과적이고 친환경적인 접근방식이다. EDRR은 귀화된 종만을 대상으로 하며, 초기에 시행한다면 방제조치로 인한 영향을 최소화 시킬 수 있다(Westbrooks 2004). 또한 귀화된 개체군의 크기가 작을 때 박멸하는 것이, 이들의 장래 위험성이 불확실하다 할지라도, 보다 확실하게 정착하여 분포할 때까지 기다리는 것보다 비용 대비 효과적이다(Harris & Timmins 2009). EDDR식 관리선략은 다음과 같은 요소로 구성되어 있다: (1) 소기 발견과 보고; (2) 종의 확인과 vouchering; (3) 위험 평가; (4) 계획; (5) 요구되는 경우, 신속한 대응; (6) 모니터링과 검토(Westbrooks 2004; Wotton & Hewitt 2004). EDDR 대응체계가 효과적이기 위해서는 새로운 침입이 발생했을 때 어떻게 대응할 것인지 설명해 주는 계획이 마련되어 있어야 한다. 이 설명에는 어떤 수단을 사용하여 대응할 것인지, 이러한 대응을 수행하기 위해 어떤 능력(capacity)과 자원(resource)이 필요한지가 포함되어 있어야 한다(Wotton & Hewitt 2004).

EDRR에 있어서 가장 어려운 것은 중앙집권화 된 의사소통 기구와 보고 체계를 정립하는 것, 그리고 기본적인 식물 동정 기술을 보유하고 있으면서 침입 위험이 있는 지역을 정기적으로 조사할 인원을 확보하는 것이다. EDRR의 의사소통 및 데이터베이스 네트워크에서는 사용자들이 (1) 새로 관찰된 병해충을 기록하고, (2) 자세한 정보, 사진, 지리 정보를 업로드하며, (3) 새로운 기록을 관련 당국 및 동정자에게 자동으로 보고하고, (4) 지도에 분포/비분포가 표시되도록 해야 한다(Bowen 2007; Simpson 등 2009). 이러한 네트워크의 가장 중요한 특징은 EDDR 체계의 구성요소인 관련 기관과 전문가 그룹(예: 주정부의 농업부, 지역 공원 관리자, 국내 식물학회, 정원 동호회, 과학 박물관, 분류학자, 농업 지도사)이 지속적으로 참여한다는 점이다(Lambert 2004). 침입식물 검출 네트워크에서는 훈련받은 시민 자원 봉사자들에게 그 지역을 정기적으로 모니터링 하도록 할 수도 있다(예: The Invasive Plant Atlas of New England, http://nbii-nin.ciesin.columbia.edu /ipane/). 작업자와 자원봉사자들이 EDDR 네트워크에 정보를 제출하는 것을 돕기 위해 위치, 사진 및 기타 정보를 기록하는 스마트폰 어플리케이션(앱)도 개발되었다(글상자 20.1). 미국에서도 여러 개의 네트워크가 만들어 졌으나, 대부분 지역적 사용에 중점을 두고 있다(Simpson 등 2009). 미국 농무부 동식물위생검사청(USDA/APHIS)의 후원으로 개발된 농작물병해충합동조사(CAPS)는 전국적인 사용에 중점을 두고 있지만 연방정부와 주정부의 농업부만을 대상으로 하고 있다(http://pest.ceris. purdue.edu). 호주에서는, 국가 전체 및 지역별로 합의된 잡초 경고 목록(즉, 국가나 지역에서 발견될 가능성이 높은 것으로 간주되지만 아직 검출되지는 않은 새로운 잡초 http://www.weeds.

gov.au/weeds/lists/aleart.html)을 토대로, 잡초 예찰을 담당하는 주정부 또는 지방 기관이 이런 네트워크를 운영한다.

일단 새로운 잡초가 발견되면, 그 종의 잠재적 위험성을 결정하기 위한 평가가 실시되어야 한다. 국경 이후의 잡초위험분석(post border WRAs)은 국경 이전의 WRAs만큼이나 다양하다(DPI 2008, Hiebert & Stubbendieck 1993; Morse 등 2004; Virtue 등 2006, Crossman & Bass 2008). 국경 이후의 WRAs에서는 국경 이전의 WRAs에서 다루는 것과 동일한 식물의 특징과 위험 요소를 대부분 검토하지만, 다른 지역에서의 행동방식, 유입 가능성, 정착가능성에 대해서는 작게 다루면서 대신 영향력, 현재 분포지역과 잠재적인 분포지역 간의 비율, 방제 가능성에 보다 중점을 둔다. 평가가 완료되면, 관리자들은 각 사례별로 어떤 조치나 관리방안이 적절할 것인지를 결정할 수 있게 된다. 관리방안으로는 박멸, 제한, 억제, 무대응(no action) 등이 있다. 호주의 경우, 국가에서 지정한 위험성 잡초가 최초로 발견되면 주정부나 국가 차원에서 대응하는데, 박멸프로그램으로 시작하는 경우가 많다(Panetta 등 2011).

종들의 분포에 대한 야외 조사 자료는 관리자의 결정에 영향을 미치기 때문에 정책 결정자들에게 중요하다(Dewey & Andersen 2004). 하지만, 지역 내 경작지들이 주변 경관으로의 재침입 원천으로 작용할 수 있기 때문에, 경작지 범위에 대한 자료 역시 매우 중요하다. 모든 종을 관리할 만큼 자원이 충분한 것은 아니기 때문에, 어떤 종에 대한 잠재적 위험성이 밝혀지면 관리자는 특정 종이나 그 종의 특정 개체군에 관리 우선순위를 두게 될 수도 있다.

어떤 종을 영구적으로 관리하기보다는 완전히 박멸하는 것이 매력적인 대안이 될 수 있을 것이다(Simberloff 2003). 하지만 박멸은 결코 단순하지 않으며, 번식성이 있는 모든 개체와 잠재적으로 생존 가능한 번식체를 지역 내에서 완전히 제거해야한다는 것을 의미한다(Regan 등 2006). 박멸 캠페인이 성공하기 위해서는 상당한 예산 지원, 장기간의 노력, 토지 소유자를 포함한 모든 관련 당국의 협조가 있어야한다(Gardener 등 2010; Myers 등 2000; Regan 등 2006). 예를 들어, 갈라파고스 군도에서 실행된 30개의 시험적 박멸 프로그램 중 단 4개만이 성공하였는데, 박멸된 4종의 식물은 모두 1 헥타르 이내의 면적에서, 한 사람이 소유한 땅에서만 발생하였으며, 종자는 장기간 휴면하는 성질을 가지고 있지 않았다(Gardener 등 2010). 관리자들은 비교적 제한적으로 분포(즉, 1000 헥타르 이내)하는 종들이 박멸에 적합한 것으로 보고 있다(Rejmanek & Pitcairn 2002). 그러나, 넓은 면적에 감염된 것도 성공적으로 박멸시킬 수 있다. 호주에서 성공한 잡초 박멸 프로그램은 몇 개에 불과하지만, 호주에서 잡초 경고종이 새로 발견되면 EDDR 전략에는 박멸 프로그램이 포함되는 것이 일반적이다.

박멸이 실행가능하지 않은 경우, 관리자들은 제한, 확산 저지, 범지역적인 억제(area wide suppression)(Myers 등 2000), 또는 자산 보전 (asset protection) (Grice 2009) 등 다른 광범위한 수단들을 추구하게 할 것이다. 다시 한 번 강조하건데, 최선의 전략은 다양한 요인들, 즉, 대상종의 생태, 확산 가능성, 자연적 및 정치적 경계선과 연관된 현재 분포 상태, 관리 전략의 효율성, 예산 · 실행 · 정책적 뒷받침, 위협을 받는 자원 등에 따라 결정된다. 침입 초기 단계에 잡힌 종은 분포를 억제하거나 최소한 확산을 늦출 수 있을 것이다(그림 20.1). 이런 경우, 침입성이 가장 강한 개체군(즉, source population)을 규명하여 제거하는 것이 가장 효과적인 접근방식이 될 것이다(Maxwell 등 2009). 보다 널리 확산된 종의 경우, 영구적인 개체군 억제/방제가 남아있는 유일한 방안일 수 있는데, 대부분 비경제적일 것이다. 이런 전략은 대개 지역의 자원 관리자나 농업단체(농업인, 양묘장)가 수행하는 경우가 많은데, 물리적, 화학적, 생물적 방제를 결합하여 식물 개체군을 관리하게 된다. 가장 큰 위협이 되는 식물 종과 개체군을 규명하여, 이들을 우선적으로 관리할 수도 있다(Grice 2009, Skurka Darin 등 2011). 호주에서는, 지역 전체에서 억제하는 것이 불가능할 것으로 생각될 경우, 지역이나 국가적으로 희귀하거나 위협을 받고 있는 종이나 지역사회가 존재하는 등 자산 가치가 높은 지역에만 잡초 관리를 강구하고 있다.

글상자 20.1. 미저리강 유역 환경연대의 휴대폰 어플리케이션

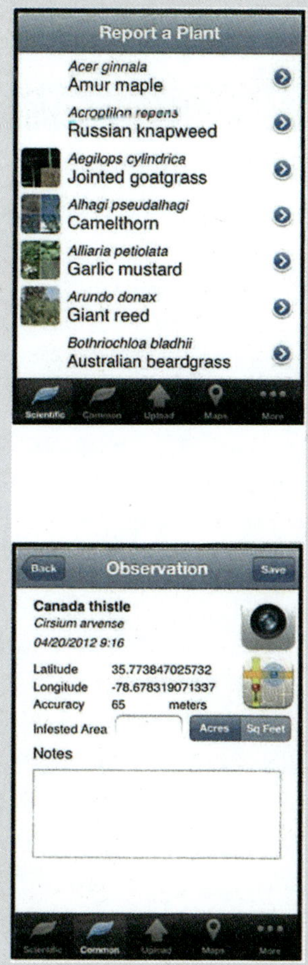

(계속)

글상자 20.1. (계속)

휴대폰 어플리케이션을 활용하여 EDRR을 강화할 수 있음.
이러한 어플리케이션을 설치하면 휴대폰으로 다음과 같은 작업을 수행할 수 있음

- 현장 지침서에 나와 있는 정보를 보여줌
- 중앙 데이터베이스에 저장된 정보에 접근
- 식물 분류동정을 위한 다양한 도구를 제공
- 식물과 주변 경관의 사진을 촬영
- 내장된 GPS 장치를 사용하여 식물체의 위치(예: 위도, 경도)를 파악하고 기록
- 현장 정보를 기록하기 위한 템플릿을 제공
- 발생 정보를 무선으로 중앙 네트워크에 송신
- 관련 당국 및 전문가의 연락처 제공

이러한 스마트폰 어플리케이션들온 현장에서 일하는 잡초 관리자들에게 중요한 자원으로서 업무 수행을 대단히 향상시켜준다. 하지만, 잡초 관리분야에서 일하지 않는 일반 시민들 역시 EDRR 네트워크에 참여할 수 있게 해 준다. 최근 더 많은 일반 시민들이 잡초 관리자들보다 자연보호와 침입종에 관심을 가지고 있을 수 있기 때문에 이 점이 특히 중요하다. 스마트폰 어플리케이션을 통해 시민과학자들과 환경보호 활동가들이 침입종 검색 네트워크에서 필수적인 요소가 되고 있다.

현장에서 식물종을 검출, 동정 및 보고하는 것을 돕기 위한 여러 스마트폰 어플리케이션들이 개발되어 있는데, 여기서는 미국 미주리 강 유역 환경연대 (Missouri River Watershed Coalition; MRWC)에서 사용하고 있는 것을 소개하고자 한다. MRWC는 미주리강 유역에 대한 관리 책임이 있는 6개 주의 여러 기관으로 구성되어 있다. 이 어플리

(계속)

글상자 20.1. (계속)

케이션은 조지아 대학의 침입종 및 생태계 건전성 센터(Center for Invasive Species and Ecosystem Health)와 몬타나 주립대학 보즈먼 (Bozeman) 캠퍼스의 침입식물 관리 센터(Center for Invasive Plant Management)에서 공동으로 개발하였다. 이 어플리케이션에서는 학명이나 일반명으로 잡초의 정보를 찾아볼 수 있고(맨 위 그림), 사용자들이 Early Detection & Distribution Mapping System(EDDMapS)에 관찰한 잡초를 기록하거나 자료를 업로드 할 수도 있다(중간 그림). 위치 정보는 휴대폰에서 자동으로 생성되기도 하고, 구글 지도를 사용하여 직접 입력할 수도 있으며, 사진도 첨부할 수 있다. 또한 EDDMapS의 데이터베이스에서 지도 형태로 된 분포 정보를 받아 볼 수도 있다(맨 아래 그림).

20.5.4 생물적 방제와 종합적 잡초 관리

잡초 관리에 있어서 생물적 방제란 생물적인 수단(화학물질 보다는)을 이용하여 잡초를 관리한다는 넓은 개념이다. 예를 들면, 화학 제초제처럼 단 한 번의 처리로 잡초를 제거할 수 있는 진균 제초제(mycoherbicide)를 사용하는 것이 있다. 잡초에 대한 전통적인 생물적 방제는 원래 분포지역에서 잡초의 천적을 도입하여 방사하는 것으로, 긴 역사를 가지고 있으며 대체적으로 성공적이었다. 잡초의 전통적인 생물적 방제는 "외래 잡초는 원래 살던 지역의 토착 천적으로부터 벗어났기 때문에 침입성을 가지게 된다"는 생태적 이론을 근간으로 한다(Maron & Vila 2001, Keane & Crawley 2002). 생물적 방제가 성공적인 경우, 방사된 천적이 침입 잡초를 낮은 수준 또는 영향력이 없는 밀도로 억제하여 자체적으로 지속되며(self-sustaining), 비용 대비 효율적이고, 위험성이 적은 잡초 관리 방법이다.

전통적인 생물적 방제는 100년도 넘게 실행되어 왔다. 호주, 남아프리카공화국, 뉴질랜드, 하와이, 모리셔스 섬에서 완료된 프로그램에 대한 검토 결과, 75%이상(50~80%)의 잡초가 현저하게 또는 영구적으로 방제된 것으로 나타났다(Myers & Bazely 2003). 방제의 성공가능성은 대상 잡초의 생활사 전략이나 유전적 다양성(Chaboudex & Sheppard 1995) 및 기후조건(Julien 등 1984)에 특별히 제약을 받지는 않는다.

잡초에 있어서 생물적 방제방법은 효력이 광범위하고 영구적이기 때문에 다른 방법들 보다 효과적이다. 방제된 잡초는 더 이상 사회의 근심거리가 되지 않는다. 방사된 생물적 방제 매개체(대개 고도로 특이적인 곤충이나 식물 병원체)는 자연적인 확산이나 의도적인 배포 프로그램을 통해 넓은 지역에 대한 방제 효과를 낸다. 생물적 방제는 매우 낮은 추가 비용만으로 효과적이고 장기간의 방제효과를 낼 수 있는 유일한 방법이다. 단점으로는 초기 연구 개발에 막대한 비용이 든다는 점이다. 대부분의 생물적 방제 프로그램은 최초로 성공을 가늠할 수 있는 증거를 발견하기까지 10~20년이 소요된다. 이 방법은 빠르지는 않지만 영구적인 해결책을 제공한다. 제초제와 달리 생물적 방제법은 온전히 목표종만을 특이적으로 제거하기 때문에, 다른 잡초(때로는 더 심한 것)로 대체되는 삐딱한 결과가 나오는 일도 빈번하다. 어떤 종을 방제하기 위해 외래 생물체를 도입하는 것의 생태적인 위험성도 종종 논란거리가 되고 있다(Louda 등 2003). 하지만 지난 100년 이상의 자료들을 통해 볼 때, 혜택이 위험성을 크게 앞선다는 것을 알 수 있다. 의도하지 않은 모든 직접적인 영향은 국제적으로 통용되는 위험분석 방법을 활용하여 고도로 예측할 수 있다. 생물적 방제가 이루어졌던 지역에서는 방사를 허용할 것인지를 독립적인 의사결정 과정을 통해 승인하였다(Sheppard 등 2003).

이러한 모든 이유 때문에, 생물적 방제는 외래 침입식물의 영향을 감소시키는데 있어서 보편적이고 영구적인 방법으로 유일하게 남아있다. 또한 종자 생산을 제한하여 잡초의 확산을 늦추기 위한 효과적인 전략으로도 사용되어 왔다(Paynter 등 1996). 생물적 방제는 그 잡초가 어떤 생장 단계에 있든, 어떠한 생활사를 가지든, 농업-산림에 영향을 주던, 자연환경 영향을 주던 지에 상관없이 성공적으로 사용되어 왔다. 수생잡초는 육지성 잡초보다 더욱 효과적으로 방제되었지만, 몇몇 연구에서는 생물적 방제프로그램의 장기적인 효과를 제한하는 주된 이유가 투자의 수준과 지속기간 때문이라고 지적하였다(Fowler 2000). 즉, 효과를 달성하는 것은 혜택 대비 비용에 대한 단순한 계산으로 정리할 수 있다.

많은 연구에서 잡초의 생물적 방제 효과를 긍정적으로 평가하였다(Myers & Bazely 2003). 부정적인 영향이 표제로 붙은 경우에도 농업에 대한 경제적 혜택과 자연 생태계에서 식물의 침입에 대한 관리 역량이 완화되었다는 것이 더 중요하게 인정되었다(Meyer 등 2012). 여러 외래 식물 중 한 종류의 농업이나 환경 내 한 장소에만 영향을 주는 한 종만을 목표로 하는 경우에는 생물적방제가 덜 효과적이다. 잡초에 대한 전통적인 생물적 방제 프로그램은 이를 실시한 모든 대륙에서 성공적으로 나타났다. 여기에는 전 세계에 걸친 prickly pear cactus, 전 세계 습지에 번졌던 water hyacinth 방제, 목초지의 엉겅퀴류와 국화류 잡초들, 플로리다의 paperbark tree 등 20개 이상의 사례들이 있다(Mayers & Bazely 2003). 화학 제초제에 대한 저항성이 계속 보고되고 제초제의 등록 취소가 이어지면서, 생물적 방제는 특히 자연생태계에서, 널리 퍼진 잡초의 장기적 방제를 위한 가까운 장래까지의 핵심적인 관리 도구로 지속되고 있다. 생물적 방제가 원하는 방제 수준을 독립적으로 달성하기 못하는 경우에는 다른 잡초 관리 프로그램과 결합하여 사용할 수도 있다. 생물적 방제는 재래식 잡초 방제 방법(화학물질, 기계적, 또는 전략적 방목 등)이 효과를 보일 수 있는 수준까지 경쟁력이나 종자 생산 능력을 감퇴시킴으로써 특성 잡초의 침입성을 억제할 수 있다. 특히 영향력이 큰 잡초나 다른 관리전략에 민감한 서식처에서는 생물적 잡초 방제를 방해하지 않는 전략을 구상함으로써 요구되는 방제 수준을 달성할 수 있을 것이다(Huwer 등 2005).

20.5.5 이해관계의 충돌이 발생하는 종 (conflict species)

외국으로부터 도입된 특정 식물종의 해로운 영향과 혜택에 대한 의견은 분분하다. 이러한 애매모호함은 식물을 의도적으로 도입하여 의도된 긍정적 영향과 의도되지 않은 부정적 효과를 불러 온 것에 내재된 결과이다. 해로운 외래 식물이 경제적 혜택도 창출하는 경우, 효과적이고 영구적인 방제 조치(예: 생물적 방제)에 대해 이해관계의 충돌(conflict-of-interest)이 발생하게 되고, 지속적으로 제기될 것이다(Friedel 등 2010). 이것은 잡초 관리자와 규제자의 입장에서 보면 정말 심각한 문제가 아닐 수 없다. 대부분의 침입식물들이 농업, 임업, 원예, 관상의 혜택을 위해 의도적으로 도입되었다(Groves & Hosking 1997). 하지만 의도했던 혜택이 실현되지 않는 경우가 빈번하며; 때로는 이런 종들이 생태계에 부정적인 영향을 미치는 경우도 종종 있다. 원래 의도했던 분야(예: 농업)에서는 혜택이 발생하지만, 다른 분야(즉, 자연 생태계)에서는 피해가 나타날 때 갈등이 발생하게 된다. 이러한 예는 일부 소나무류, 낙엽성 관목, 초본류에서 자주 찾아볼 수 있다. 특히 주목을 끄는 사례로는 호주가 아프리카에서 사료식물로 도입한 버플 그래스(Buffle grass; *Cenchrus ciliaris* Linn.)를 들 수 있다. 버플 그래스는 호주 중앙부로 아무런 방해 없이 방대하게 진출하여, 호주 원주민들의 식량 작물과의 경쟁에서 우위를 차지하고 있다. 게다가, 버플 그래스의 직립성 바이오매스로 인해 자연 경관의 모습이 바뀌고, 산불의 위험성도 유발하고 있다. 그러나, 원래 의도했던 목초지에서는 제대로 관리만 한다면 영양가가 높으면서 신속하게 자라고 가축의 방목에 내성이 큰 사료작물로 높게 평가되고 있다(Marshall 등 2011). 또 다른 예로는 호주산 침입성 아카시아와 소나무를 들 수 있는데, 이들은 각각 남아프리카와 뉴질랜드에서 목재 생산으로 높이 평가되고 있다. 따라서, 우리는 이런 종들의 혜택을 이용하는 동시에 부정적 영향을 관리하기 위한 효과적인 규제 방안 모색을 해야 한다.

유감스럽게도, 묘목으로 이상적인 종은 훌륭한 침입자이기도 하다. 작물의 육종은 식물종이 보다 살기 힘든 환경에서 버티고 증식하는 형질을 강화하는 방향으로 이루어지고 있다(Blum 1988). 세계적인 에너지 부족 사태와 이와 관련된 녹색 경제의 발전(특히 바이오 연료와 바이오팩토리 식물)은 우리 땅에 "새로운" 작물을 심도록 밀어붙이고 있다. 여기에서, 우리는 반드시 과거 열대성 초본식물과 임업/원예용 나무를 도입하면서 경험했던 실패를 되풀이하지 않도록 해야 한다. 새로운 유전형을 도입해서 심을 때에는 반드시 미래 환경에 대한 모든 부정적인 영향을 회피하는 방식으로 해야 한다(Sheppard 등 2011). 미래의 잠재적인 위험성을 관리하기 위한 스마트한 규제절차가 필요하며, 이것이 없다면 우리 사회는 세계 환경 지속성에 대한 주도권을 잃어버리게 될 것이다. 국제적으로는 새로운 작물의 육종과 수입 및 재배에 대해 인정된 행동강령(code of conduct)이 필요할 것이다.

20.6 요약 및 결론

이 장에서는 무엇이 잡초이고, 어떤 요인과 경로를 통해 식물의 침입이 발생하는지를 살펴보았으며, 잡초의 영향을 여러 가지 예와 함께 살펴보았다(표 20.2). 마지막으로, 국가 내에 분포하는, 또는 분포하지 않으나 다양한 침입 단계에 있는 잡초들에 대한 생물안보 체계에 대해 다양하게 살펴보았다. 규제/관리되고 있는 침입식물에 대해 선택할 수 있는 방안들과 잡초가 다른 유해 생물체에 비해 왜 특히 문제가 되는 지를 살펴보았다. 그리고 각기 다른 생물적 특징을 가지고 있으며, 다른 침입단계에서, 서로 다른 피해 양상을 보이며, 서로 다른 관리 전략(박멸부터 지역 내 관리까지)이 요구되는 다양한 과거 잡초 사례들을 살펴보는 것으로 마무리하였다. 여기에는 경제적 또는 환경적 혜택으로 인해 논란이 되는 잡초 사례들도 포함되었다.

잡초는 고의적으로 도입되는 경향이 있고, 사회에 혜택을 주기도 하기 때문에 다른 침입생물체와 비교하여 생물안보적 측면에서 까다롭고 어려운 대상이다. 규제 당국은 어떤 도입된 식물에 대해 잡초와 침입종으로서의 잠재적 영향과 함께, 그 식물이 주는 잠재적인 혜택을 함께 고려해야 한다. 어떤 관리자들은 도입을 찬성하는 사람들과 반대하는 사람들 양쪽 모두로부터 고소를 당하지 않으면 왠지 일을 제대로 하고 있지 않은 듯한 느낌이 든다고 토로하기도 한다. 위험평가자와 관리자들은 다른 지역에 도입된 적이 없는 식물에 대해 특히 어려움을 느끼는데, 이는 이런 식물들은 침입 잠복기(invasion lag phase) 때문에 평가가 어렵기 때문이다. 어떤 식물은 원래 분포지에서는 얌전하다가, 이들을 규제하는 생물체로부터 벗어나 다른 지역으로 도입되었을 때에는 문제가 되는 경우도 있다. 따라서, 조기탐지 및 신속대응(EDRR, Early Detection and Rapid Response) 프로그램이 매우 중요하다. 하지만, 현재 많은 규제 시스템에 있어서 새로운 식물이 검출되었을 때 동일한 EDRR을 적용하고 있지는 않은데, 이는 아마도 새로운 잡초의 영향력이 천천히 나타나기 때문일 것이다. 장기적으로 볼 때 잡초에 의한 경제적, 사회적, 환경적 영향은 병해충에 의한 영향을 훨씬 넘어서는 경우가 많기 때문에(Pimental 등 2000), 확산이 느리다는 이유로 잡초에 대한 전략적 대응을 지연시키는 것은 역효과를 불러오게 될 것이다. 한 가지 잘못된 인식은 잡초가 훨씬 더 시간적 여유를 가지고 대응할 수 있다고 생각하는 것이다. 실제로는 잡초(예: *Striga* and *Orobanche* spp.)를 박멸할 수 있는 시간적 기회가 다른 병해충에 비해 짧을 수 있다(Parsons & Cuthbertson 2001). 따라서 잡초는 영향력과 방제 수월성에 대한 사회의 인식 때문에 생물안보적인 측면에서 특별한 어려움이 있다.

어떤 사람들은 식물의 이동을 매우 엄격하게 규제할 것을 주장하지만, 이는 보편적인 사회적 요구와는 거리가 있다. 식물을 수입하여, 길들이고, 재배하는 것은 여러 가지 이유에서 사회적으로 중요하다. 그렇다고 해서 잠재적인 결과를 고려하지 않은 채 무차별적으로 새로운 식물을 수입해서도 안 된다. 규제 메커니즘을 사용하면 잠재적인 잡초와 침입종을 우연히, 또는 의도적으로 수입하는 것으로 인한 위험성을 낮출 수 있는데, 이 장에서는 가장 널리 사용되는 규제방안들을 살펴보았다. 과학을 더 잘 활용하면 이런 방안들과 의사결정 절차의 효과를 개선할 수 있는 여지도 많이 존재하는데(Hulme 2009), 이러한 예로는 생태적, 생물지리적 및 기후 모델링을 통해 잡초 예측 도구를 개선하는 것을 들 수 있다(Kriticos 2012). 증거에 입각한 과학적 접근방식을 통해 개발된 "화이트 리스트"도 더욱 폭넓게 사용될 수 있을 것이다. 목표 잡초의 생태적 지식을 토대로 보다 간편한 국경에서의 종 검색 및 감염 제거 메커니즘과 최적의 국경 이후 예찰 전략도 개발할 수 있을 것이다.

이러한 추세는 새로운 잡초의 위협에 대응하는데 있어서 한정적인 자원을 최적의 효율로 사용하기 위해서 반드시 지속되어야 한다. 또한, 어떤 식물에 대한 최적의 위험 관리 전략을 검토함에 있어서 반드시 과학과 과학에 기반한 절차를 사용해야 한다. 많은 국가에서 제초제가 새로 개발되는 것보다 더 빠른 속도로 제초제의 등록이 취소되고 있기 때문에 잡초 관리 방안은 끊임없이 변화하고 있는 실정이다. 이에 더하여 잡초의 제초제 저항성이 증가하면서, 제초제에 의존하지 않고 로봇에 의한 기계적인 방제나 새로운 생물적 방제 전략 등 다른 방법에 기초한 새로운 시스템이 요구되고 있다.

식물의 침입에 관한 과학적 지식은 빠르게 늘어나고 있다. 현재와 미래의 잡초를 다루기 위해 과학에 기반한 새로운 생물안보 접근방식이 지속적으로 개발, 향상되고 있다. 과학자들은 정책가들에게 정보를 제공하고, 단지 학문적인 지식이나 비실용적인 아이디어가 아니라 정책과 연관되고 규제에 바로 사용할 수 있는 도구를 제공해야 한다. 현재 침입식물 과학에 있어서 부족한 부분은 생물 안보상의 요구에 대한 실용적인 해결책 분야에 집중되어 있다. 규제당국이 이 학문이 주는 혜택을 보지 못한다면 추측에 근거하거나 개중 쓸 만한 것을 고르는 식의 정책 도구를 계속해서 적용하게 될 것이다.

Appendix. 사례 연구

여기서는 다양한 범위의 잡초에 대해, 그들이 가진 특징을 살펴보고 이들을 관리하는 접근방식에 대해 논의하고자 한다. 여기서 언급된 종들이 세계에서 가장 최악이거나 가장 심각한 잡초 또는 침입종은 아니며, 다양한 생활형태, 유입경로, 영향력, 침입 상태, 관리전략의 예로서 선발한 것이다.

A.1. *Andropogon gayanus* Kunth (Poaceae): Gamba Grass 감바그래스

이 식물은 경제 개발을 위해 의도적으로 도입되었지만, 나중에 심각한 침입자가 된 좋은 사례이다. 감바그래스는 호주에서 열대 방목산업의 생산성을 향상시키기 위해 열대성 목초로 의도적으로 도입되었다. 감바그래스는 생육이 빠르고, 바이오매스가 높기 때문에 방목지에서 제대로 관리한다면 가축 생산을 크게 향상시킨다. 하지만 이 종의 부정적인 영향은 잠재적인 혜택을 능가하였다. 감바그래스는 특히 호주의 북부 열대 지역에서 최악의 생태계 교란 잡초가 되었다(Rossiter- Rachor 등 2008). 이 종은 최근 국가적 차원에서 관리 전략이 요구되는 국가중요잡초(Australian Weed of National Significance)로 선포되었다.

감바그래스는 호주 북부 열대 사바나 지역의 자연적 산불 주기를 변화시켜, 본래의 생태군락 구조를 바꾼다. 호주의 열대 사바나 지대는 원래 수목이 우점하는 지역으로, 건기 중 낮은 강도로 발생한 자연 산불이 짧은 초지층을 따라 빠르게 퍼져나가면서 수목에는 피해를 주지 않는다. 감바그래스는 우기 중에 급속히 자라 키가 수 미터에 달하고, 바이오매스가 토종 초본식물의 몇 배에 달하게 된다. 건기가 되면 이 건조된 키 큰 초지층이 산불의 강도 지수를 8로 증가시키고 나무의 수관부(canopy)에까지 화염을 전달하여 나무를 죽인다. 그 결과 나무가 없고 바이오매스가 높은 초본이 우점하는 사바나로 생태계가 바뀌어 토착종들은 적응할 수 없게 된다. 높아진 산불의 열은 생태계 내의 영양, 물, 탄소 순환 또한 교란시켜서, 식물체에 저장되는 탄소의 양은 감소하고 공기 중에 배출되는 이산화탄소의 양은 증가하게 된다(Rossiter 등 2003). 이러한 효과는 스케일이 커서 관리하기가 극도로 어려우며, 토지 관리기관에서는 새로운 지역으로 감바그래스가 확산되는 것을 방지하기 위해 거의 모든 자원을 쏟아

붓게 된다. 감바그래스는 대개 수로를 따라 확산되는데, 특별한 방제 전략 없이는 영향 받은 지역을 복구하는 것이 거의 불가능하다. 현재 생물적 방제를 검토하고 있지만, 이 종을 유익한 것으로 보고 있는 호주 북부의 대규모 가축회사들로부터 강한 반발을 받게 될 것이다.

A.2. *Asphodelus fistulosus* L. (백합과): Onion Weed

병해충의 상태는 결코 고정된 것이 아니라 종이 확산하여 지역 환경과 상호작용하면서, 추가적인 정보가 이용 가능해 지면서, 그리고 사람들이 그 병해충을 바라보는 관점과 가치에 따라 바뀌게 된다. Onion weed는 초본성 한두해살이 식물로서, 키가 75cm까지 자라면서 양파처럼 생긴 잎이 조밀한 덤불을 형성한다(Parsons 1973). 이 식물은 지중해 지역의 건조지대를 시작으로 동쪽으로는 중앙아시아까지 자생하며, 미국, 호주 등 여러 나라로 도입되었다(NGRP 2012). 이 식물은 건조한 개활지에서 특히 잘 적응하는데, 바람, 물, 동물, 농기계로 쉽게 전파되는 종자를 생산한다 (Parsons 1973).

Onion weed는 뿌리가 얕게 뻗는 식물이 많은 곳에서는 토양 표면의 수분에 대한 경쟁으로 잘 정착하지 못하지만, 교란된 환경에서는 쉽게 정착한다(Parsons 1973). 일단 이 식물이 정착하면 특히 이미 풀을 뜯어 먹은 방목지는 가축이 좋아하지 않기 때문에 그 지역을 우점할 수 있다. 호주 남부의 많은 건조한 방목지의 수용능력은 이 종 때문에 약 75%가 고갈되었다. 또한 이 종은 생물 다양성을 위협한다(Coutts-Smith & Downey 2006).

Onion weed는 호주에서 주요잡초로 인식되었으나(Parsons 1973), 최근 자료에서는 그렇게 중요하지는 않은 것으로 나타나고 있다(Pitt 등 2006). 이러한 지위 변화는 침입 식물의 행동양식에 대한 초기 관찰을 따라가는 것의 중요성과 활발한 과학적 연구로 인한 영향력을 강조한다. 미국에서는 Onion weed를 새롭고 잠재적으로 중요한 잡초로 보고 있는데(Holm 등 1991), 모니터링 조사 결과를 보면 현재 미국에서 확산되고 있는 것으로 보인다(Craig Ramsey, unpublished). 이 식물은 미국 연방 정부의 유해 잡초 목록(7 CFR, § 360, 2012)에 등재되어 있다. 널리 귀화된 대부분의 잡초가 그러하듯이, 국가적인 차원에서 이 종을 박멸하거나 방제하기 위한 노력은 하지 않고 있으며, 지방의 관리기관에 방제를 맡기고 있다. 다행스럽게도, Onion weed는 적절한 조건하에서 쉽게 관리할 수 있다(Parsons & Cuthbertson 2001).

A.3 *Caulerpa taxifolia* (M. Vahl) C. Agardh 1817 (깃털말목): Caulerpa

수생 애완동물과 수족관의 무역은 해양 조류(algae)를 포함한 많은 침입성 수생 잡초의 중요한 원인이 되고 있다. 일부 국가에서는 국가식물보호기구(NPPOs)의 규제 범위에 조류가 포함되지 않는 곳도 있지만, 조류는 국가의 자원에 심각한 영향을 줄 수도 있다. *Caulerpa*는 전세계 열대 및 아열대 해양 서식처에 분포하는 대형 녹색 조류(macrophytic green algae)(Guiry & Rindi 2005)이다. 이 식물은 해양 수족관 업계에 중요한 종으로, 가정이나 상업적 수족관용으로 소매점에서 판매되고 있다(Frisch 2003). *Caulerpa taxifolia*는 플로리다, 카리브해, 하와이와 기타 태평양 도서를 비롯하여 전 세계적으로 분포하고 있다(Guiry & Rindi 2005). 이 종의 분류학적 위치는 혼동 상태에 있는데(Chisholm 등 1995; Meusnier 등 2002; Olsen 등 1998), 형태적으로 큰 변이를 보이는 복잡한 자매종(sibling species)들과 아종(subspecies)의 문제는 유전적, 형태적, 및 통상적인 원예학적 접근등을 통하여 풀어야 할 것이다 (Benzie 등 2000, Chisholm 등 1995, Meusnier 등 2002, Olsen 1998).

토종 개체군과 달리 지중해 계통(strain)의 개체군은 무성생식을 통해 번식하며, 침입성 *C. taxifolia*로 가장 널리 알려져 있다. 이 계통은 조밀한 단일특이적(monospecific) 초원을 형성하여 생물다양성을 떨어뜨리며, 서식지의 구조와 어류 군집을 변화시킨다(Levi & Fancour 2004). 분자생물학적인 연구결과, 이 종의 지중해 계통은 호주의 해안에서 기원한 것으로 나타났다(Meusnier 등 2001, 2002). 이 계통은 1984년 모나코의 해양박물관 앞에서 불과 몇 제곱미터의 면적에서 자라고 있는 것이 최초로 발견되었는데(Meinesz & Boudouresque 1996), 당시에 박멸했더라면 방제를 위한 수많은 비용을 절약하고 전체 개체군이 전락하는 것을 방지할 수 있었을 것이다. 하지만 안타깝게도, 관리조치는 지연되고 말았다(Simberloff 2003). *C. taxifolia*는 2001년까지 몇몇 지중해 연안 국가로 확산하여 스페인, 프랑스, 이탈리아, 크로아티아, 튀니지아 등의 3만2천 에이커의 해저를 잠식하였다(Williams & Grosholz 2002).

1998년에는 100여명의 과학자가 미국 내무부에 *C. taxifolia*의 잠재적 위협에 대해 경고하였으며, 이에 대해 어류 및 야생동물 당국 (Fish & Wildlife Service)에서는 위험평가 초안을 작성하였다. 1999년 3월, *C. taxifolia*의 침입성 지중해 계통은 미국 연방정부의 유해 잡초 목록에 등재되어 미국으로의 반입과 이동이 금지되었다(7 CFR § 360, 2006년 1월 1일). 미국 연방정부의 유해 잡초는 연구 목적 등으로 허가받은 경우를 제외하고 해외에서 수입되거나 주(洲)간에 이동시킬 수 없다(미국 식물보호법 2000). 2000년 여름 캘리포니아 남부해안에서는 *C. taxifolia*의 두 개체군이 발견되었는데(SCAAT 2005), 유입된 개체군은 신속히 처리되어 2002년 이후로 캘리포니아에서 추가로 발견되지 않았다(Anderson 2005). *C. taxifolia*의 지중해 계통을 수입하고 주(洲)간에 이동시키는 것은 법률로 금지되었으나, 다른 분류군으로 오인되거나 표시가 잘못되어 미국으로 교역될 가능성은 여전히 존재한다(Walters 등 2006).

A.4 *Eichhornia crassipes* (Mart.) Solms (물옥잠과 Pontederiaceae): Water Hyacinth

담수성 수생잡초가 자연과 인간 사회에 미치는 영향력은 전 세계적으로 잘 알려져 있다. 이들은 수족관이나 실내 수조의 장식용으로 널리 판매되기 때문에 이해관계의 충돌이 발생하는 좋은 예가 된다. 어떤 종들은 번식을 위해 공공 수역에 의도적으로 방출된 후 수족관 업체에서 수확해 가기도 한다. *Eichhornia crassipes* (water hyacinth)는 오스트랄라시아(Australasia)와 미국 남부지역을 포함한 모든 열대/아열대 지역에서 문제가 되고 있는 부유성 수생잡초이다. 이 종은 꽃이 왕성하게 피기는 하지만 주로 영양번식체를 생성하여 번식하기 때문에 바람과 물의 흐름에 따라 쉽게 이동하는 거대한 부유체(floating mat)를 형성하게 된다. Water hyacinth는 물의 혼탁도를 높이고, 물속으로 투과되는 빛의 양과 용존 산소량을 감소시켜 물의 질을 떨어뜨려서 토착 수생 식물의 정착과 지속성을 감소시킨다. 또한 식물체가 부식되면서 산소 수준이 더욱 낮아지고, 어류의 사망을 유도하며, 전체적인 수생 생태계를 붕괴시킨다(Julien 등 2012).

Water hyacinth는 음용수의 수질을 악화시키고, 낚시나 세탁을 위해 물에 접근하는 것을 저해하고, 관개수로나 펌프를 막히게 하여 인간 사회에도 영향을 준다. 이들은 토사의 침전 속도를 증가시키고 유속을 느리게 하여, 물이 정체됨에 따라 결국 질병을 옮기는 모기나 민달팽이 발생이 증가하게 된다. 특히 건조한 지역의 댐에서는 이 잡초의 증산 속도가 자연적인 증발 속도보다 월등히 빠르기 때문에 댐에 공급되는 물이 고갈되고, 관개나 비축을 위해 물을 공급하는 것이 어려워진다(Julien 등 2012). 부영양화가 고도로 진행된 수로나 운하에서는 식물 개체군이 정상 상태에서보다 더 왕성하기 때문에 이러한 문제의 심각성이 한층 더 커진다.

재래식 기법으로 Water hyacinth를 관리하는 것은 어렵고 비용도 많이 소요된다. 일반적으로 수역에서는 제초제 사용이 금지되어 있고, 기계적인 제거는 비용이 많이 들면서 단기간의 처방이 될 뿐이다. 다행히도 Water hyacinth와 기타 많은 수생 잡초들은 생물적 방제를 통해 성공적으로 관리되어 왔다. 전 세계적으로 Water hyacinth를 방제하기 위해서 바구미의 일종인 *Neochetina eichhorniae* Warner와 *N. bruchi* (Hustache)가 주로 도입되어 왔다. 이 두 종의 바구미는 신속히 정착하여 수년 내에 효과적인 방제를 달성하는데(Cilliers 1991), 기온이 낮고 오염된 환경에서는 효과가 떨어졌다. 다른 생물적 방제 매개체도 사용되고 있지만 이들 바구미만큼 효과적이지는 않았다. Water hyacinth는 세계 거의 모든 열대 및 아열대 지역에서 우선순위가 높은 유해 잡초로 선포되었다.

A.5 *Imperata cylindrica* (L.) Beav, (Poaceae): Cogongrass

국가식물보호기관은 국가 내에 존재하지 않거나, 제한적으로 분포하면서 박멸이나 제한을 시킬 수 있는 병해충에 중점을 두는 것이 일반적이다. 하지만 때로는 보다 널리 확산되어 있지만 예외적으로 문제가 되고 있는 종을 대상으로 규제 및 관리 프로그램을 개발하고 유지해야하는 경우도 있다. Cogongrass는 전 세계의 100대 최악의 침입종 중 하나로, 열대/아열대 초본류로서 미국 동남부의 십만 헥타르와 전 세계 73개 국가에서 5억 헥타르 이상의 토지를 침입한 것으로 추정되고 있다(Bryson & Carter 1993; Ramsey 등 2003). Cogongrass는 전 세계에서 가장 관리하기 힘든 침입종으로 인식되고 있으며(Ramsey 등 2003), 작물과 토종 초본성 관목 및 수목 종들을 쉽게 대체한다. 이 종은 척박한 땅에서 극도의 내성을 가지고 있으며, 고지대 산림의 다양한 토양 조건에서도 잘 적응한다. Cogongrass는 산림, 목초지, 들판, 시설물, 도로 주변과 자연 지역 등을 쉽게 침입하는데, 방목지, 제초한 곳, 벌목한 곳, 산불이 났던 곳이나 허리케인 등이 지나간 곳과 같이 식생이 교란된 후에 전형적으로 침입한다(Lippincott 1997).

Cogongrass의 일차적인 적응 전략은 광합성으로 얻은 자원을 지하부 생산에 보다 많이 투입하는 것으로서, 지하부 생산량은 300~1,100g/m^{2}에 달한다. 반면 shoot/root의 비율은 낮은데, 바이오매스의 75%가 근계를 구성하고 있다. 지하부의 바이오매스에 투자를 함으로써 지상부가 교란되었을 경우 뿌리줄기가 다시 생육하여 신속하게 대응할 수 있는 등 경쟁에서 이로운 점이 있다. 이러한 적응능력 때문에 Cogongrass는 새로운 지역에서 공격적으로 성장하는 한편, 새로운 교란에 대해 고도의 내성을 갖게 된다.

2008년에 플로리다와 앨라배마에서 26개의 Cogongrass 개체군을 대상으로 실시한 공간 분석 결과를 보면, 이 종이 얼마나 공격적으로 퍼져나가는 지를 잘 보여준다(Craig Ramsey, 미출판 자료). 이 연구에서는 한 지점을 매 초마다 기록할 수 있는 GPS 장치를 사용하여 연구기간 동안 개체군 가장자리의 위치를 여러 차례 매핑하였다. 그 결과 얻어진 분포지도를 사용하여 시간에 따른 개체군의 크기 변화를 예측하였다. 우거진 산림 아래에 있는 Cogongrass 개체군은 평균 15ft^2/day의 속도로 성장하였으며 연구기간 동안 19%가 증가하였다. 개활지에 있는 개체군은 25ft^2/day의 속도로 143% 증가하였다(Craig Ramsey, 미출판 자료). Cogongrass는 공격적인 성장속도 뿐만 아니라 타감성(allelopathic) 성질로 인하여 토종 식물과의 경쟁에서도 우위를 차지한다(Bryson & Carter 1993). 현재, Cogongrass는 미국 동남부의 여러 주에 널리 분포하고 있으며, 안타깝게도 박멸을 하기에는 너무 광범위하다(http://plants.usda.gov/java/). 미농무부(USDA)에서는 Cogongrass가 더 이상 번지지 않도록 제한하기 위해 국가 유해 잡초 목록에 등재하였다. 한편, Cogongrass가 존재하는 일부 주에서는 이를 주의 유해 잡초로 정해서 규제하고 있으며, 일부 기관들은 어떤 자원이 위험에 처해있는 지에 따라 이 잡초를 지역적으로 박멸하거나 방제하려는 시도를 계속하고 있다(Bryson & Carter 1993; Ramsey 등 2003).

A.6 *Miconia calvescense* DC (Melastomataceae): Miconia

Miconia (Velvet tree 또는 Bush currant) 역시 "지구상에서" 가장 최악의 침입종 중의 하나로 간주되는데, 관상용으로 의도적으로 확산되어 왔다. 이 종은 중남미의 열대 우림이 원산지로서, 잎이 넓고 빠르게 자라는 수종이다. 보라색과 녹색이 섞여 있는 넓은 잎 때문에 태평양 인근의 많은 국가에서 원예용으로 수입하였다. 이 식물은 성장 속도가 빠를 뿐만 아니라 새가 퍼뜨리는 작은 종자를 많이 생산하여 폐임관 산림(closed canopy forest) 아래에서 종자 은행(seed bank)으로 지속할 수 있다. 크게 자란 Miconia 한 그루에서는 연간 약 5천만 개의 종자를 생산 할 수 있다. Miconia는 호주, 태평양의 모든 큰 섬과 대부분의 작은 섬들에 도입되었다. 1937년 타히티에 도입된 이후, 타히티와 모리아의 섬 산림에 침입하여 거의 70%의 토착 산림에 Miconia 단일 수종이 조밀하게 대체하게 되었다(Meyer & Florence 1996). 이들 섬에서 토착 생물적 다양성이 억제되었다는 관점에서 이것은 경이적인 영향력으로서, 이 종을 도입한 태평양 주변 많은 국가에서는 이 잡초에 대해 우려하게 되었다. 미코니아는 진정한 식생의 개조자라 할 수 있다. Miconia는 토착 산림을 넘어서 자라나 넓은 잎으로 폐쇄형 임관(closed canopy)을 형성하여 토착 산림의 회복을 방해하고, 숲의 천이를 효과적으로 변경시키기 때문에 탁월한 변형자(transformer)이다. 원래의 서식처에서는 폐쇄형 임관을 형성하지 않기 때문에 이러한 습성은 극적이면서도 혼란스럽게 느껴진다.

*M. calvescens*에 대한 우려 때문에 이 잡초를 박멸하기 위해 연간 백만 불 이상을 지출하고 있는 하와이에서 오직 Miconia에 관한 큰 국제회의가 두 차례 개최되었다(www.hear.org/miconia/1997conference/,www.hear.org/miconia2009/proceedings/).

호주 등의 다른 섬에서는 이 잡초가 너무 널리 확산되어 박멸할 수 없기 때문에 높은 비용을 들여 지속적인 봉쇄(containment) 전략을 진행하고 있다. Miconia의 종자는 과일을 먹는 동물에 의해 널리 퍼지고, 빽빽한 숲속에서 새로 자라나는 개체들을 찾아내는 것이 어렵기 때문에 관리에 많은 주의가 요구된다. 교란되지 않은 토착 산림을 이런 식으로 침입하여 교란시킬 수 있는 잡초는 거의 없다.

Miconia 피해지역에서는 이 종에 대한 지역사회의 인식이 높은 편이다. 박멸이 불가능한 지역에서는 타히티와 하와이의 정부기관, 그리고 중남미 연구자들의 공조를 통해 생물적방제 프로그램이 착수되었다. 이러한 노력의 일환으로 1997년 브라질에서 Miconia를 특이적으로 가해하는 것으로 발견된 병원성 진균인 *Colletotrichum gloeosporiodes* f. sp. *miconiae* Killgore and L. Sugily (Melanconiales, Coelomycetes, Deuteromycetinae)를 타히티에 도입하게 되었다. 이 병원체는 Miconia의 잎에 병반(lesion)을 형성해서 폐쇄형 임관 아래로 빛이 투과하도록 하여, 억눌렸던 토착 식생이 다시 성장하도록 도와준다(Meyer & Fourdrigniez 2011; Meyer 등 2012). 이 병원체들은 Miconia가 만든 그늘을 파괴하고 토착종에 대한 영향을 감소시키기 시작하였다. 이로 인해 토착 수종들이 Miconia보다 크게 자라나서 이들을 자연적인 통제 상태에 둘 수 있을 것으로 기대되고 있다. 하와이의 미국임업연구청(US Forest Service)에서도 Miconia 방제에 더욱 효과적인 생물적 방제 매개체를 찾고 있다.

A.7 *Striga asiatica* (L.) Kuntze (현삼과 Scrophulariaceae): witchweed

기생성 잡초가 전체 잡초 가운데 차지하는 비율은 낮지만, 기주 식물에 직접적으로 미치는 영향 때문에 쉽게 주목을 끈다. 여기서 우리는 미국 농무부에서 가장 장기간 실시한 잡초 박멸 프로그램의 대상인 기생성 잡초에 대해서 살펴보기로 한다. Witchweed는 다른 식물에 절대적(obligate), 반기생(hemiparasitic)하면서 약 30~40 cm 크기로 자라는 초본식물이다(CABI 2012). 주로 벼과 식물(주로 C4 종들)에 기생하지만, 다른 과 식물에 기생하는 것도 보고된 바 있다(Cochrane & Press 1997). 주요 작물 가운데 기주가 되는 것에는 수수, 옥수수, 사탕수수, 수크령(pearl millet), 손가락조(finger millet), 그리고 쌀이 있다(CABI 2012). *S. asiatica*의 종자는 기주 식물의 뿌리에서 나오는 화학물질의 자극을 받아야 발아가 된다. 땅속의 유묘는 일차 흡수근(primary haustorium)을 생성하여 기주 식물 뿌리를 침투하여 물관부로 들어간다. 기생자가 자라면서 더 많은 흡수근이 생성되고, 마침내, 밝은 주홍색 꽃과 함께 연두색 새싹이 자라나게 된다. 이 잡초는 자가수정으로 약 0.3 mm 정도 길이의 종자를 천여 개 생산하는데, 이 종자는 토양에서 14년간 생존할 수 있다(CABI 2012).

*S. asiatica*는 기주 식물의 잎을 시들게 하고, 잘 자라지 못하게 하거나 타들어가 말라 죽게 하는데(CABI 2012), 이러한 병징은 이 잡초가 토양에서 모습을 드러내기 전부터 나타난다. 강수량이 적거나, 토질이 좋지 않은 곳에서는 작물의 피해가 더욱 심각하다. $1m^2$에 *S. asiatica* 한 개체가 존재할 경우 생산량이 약 1% 감소하는 것으로 추정되고 있다. 심하게 감염된 경우에는 21~28 %의 작물 손실이 보고된 바 있다(CABI 2012). Witchweed는 발견이 어렵고, 주요 곡물에 미치는 영향 때문에 선진국에서도 중요한 병해충으로 간주되고 있다(Patterson 등 1982).

이 기생성 식물은 1956년 미국 노스캐롤라이나 주립 대학의 식물 병 진료소에 동정을 위해 식물체 시료가 도착한 것이 최초의 발견으로 기록되고 있다(Eplee 1992). 이 잡초가 미국 곡물 생산에 주는 위협 때문에 미 농무부와 노스캐롤라이나와 사우스캐롤라이나주의 농업부에서는 영향을 받은 지역 주변으로 검역조치를 내렸다. 검출과 경계설정 조사 결과, 두 개 주의 해안가 작은 지역에 약 17만5천 헥타르의의 들판이 감염된 것으로 나타났다(Iverson 등 2011). 미농무부가 즉시 박멸방법을 개발하기 위한 연구실을 조직한 결과, 여러 가지 혁신적인 방법과 창의적인 관리 방안이 개발되었다(Eplee 1992). 미국의 witchweed 프로그램은 미국에서 가장 오래전부터, 가상 장기간 동안 실행되어오고 있는 박멸프로그램으로서 거의 완료단계에 와 있다. 2011년 당국은 모든 감염지점의 99%에서 witchweed가 제거되었다고 발표하였다(Inversion 등 2011). 그 후로도 완벽한 박멸을 위한 작업은 계속되고 있으며, 최근 호주에서도 처음으로 이 잡초가 발견되었다.

A.8 *Vitex rotundifolia* L. f. (마편초과 Verbenaceae): Beach Vitex 순비기나무

이 식물은 Beach Vitex, Chasteberry, Roundleaf Chasteberry, Monk's pepper 등 다양한 이름으로 불린다. 국가식물보호기관이 관리하는 대부분의 병해충 규제 프로그램은 정부나 식물보호 의무가 있는 업계의 대표에 의해 시작되지만, 시민들의 관심과 우려에 의해 시작되는 경우도 있다. 순비기나무는 낮게 자라는 낙엽성 관목으로 가지가 아래로 늘어지고 옆으로 누운 듯 뻗은 것이 특징이다. 일반적으로 높이 1m 정도까지 자라지만 바람으로부터 보호받으면 2m까지 자라기도 한다. 덩굴과 비슷한 포복성 가지는 마디를 따라 뿌리가 내리면서 10m 길이까지 자라기도 한다(Cousins 등 2010). 순비기나무는 서부 태평양의 해안지대에 자생하며, 한국과 일본으로부터 남쪽으로는 열대 기후의 동남아 국가들을 지나 북쪽으로는 호주, 뉴칼레도니아, 피지 등에서 서식하고 있으며(USDA-ARS, 2005), 하와이에도 자생한다. 순비기나무는 1989년 허리케인 휴고가 미국 노스캐롤라이나와 사우스캐롤라이나의 해안 지역을 강타한 후, 그 지역 모래 언덕의 사방 공사용으로 도입되었지만 그로부터 10년 후, 침입성이 매우 높다는 것이 알려지게 되었다(USDA-NRCS 2005).

순비기나무는 빽빽하게 자라고 타감작용을 일으키는 화합물을 방출하는 성질 때문에 시오트(sea oat) 등 토종 식생과의 경쟁에 앞서고 있다(Cousins 등 2010, Gresham & Neal 2005). 순비기나무의 잎과 열매에는 큐티클성 알칸(alkane)성분을 함유하고 있는데, 이것이 모래땅으로 스며들어(Cousins 등 2009) 모래의 소수성(hydrophobicity)을 증가(발수성)시켜 오랜 기간 동안 유지되게 하여 토종 식물들이 자리 잡고 자라는 것을 방해한다 (Cousins 등 2009, Gresham & Neal 2005). 사람들은 이 식물의 줄기와 뿌리가 조밀하게 자라는 것을 보고 멸종위기종인 바다거북들이 미국 남동부 해안 모래언덕에 알을 낳으러 찾아오는 것을 저해하게 될 것이라고 우려하게 되었다(Dorell 2009). 과도한 개발로 극도로 단절되어 이미 위협 받고 있는 해안가에서는 "해안가의 칡"이라 불리는 순비기나무로 인해 또다시 위협을 받고 있다. 생태계에 주는 영향뿐만 아니라, 순비기나무는 해안 방문객들이 아끼는 모래 언덕의 경관도 망가뜨린다.

대부분의 다른 잡초나 침입종과는 달리, 순비기나무에 대한 관리 필요성은 "아래로부터"올라온 것이었다. 사우스캐롤라이나의 주택 소유자들은 조직적인 관리와 조치를 위해 순비기나무 대책본부(Beach Vitex Task Force)를 구성하였다 (http:// www.beachvitex.org/). 이러한 풀뿌리 시민운동으로 많은 지역에서는 순비기나무를 금지하는 조례를 통과하게 되었다. 2009년에는 노스캐롤라이나 주에서는 순비기나무가 유해 잡초 목록에 등재되었으며(Cousins 등 2010), 버지니아에서는 순비기나무가 발생한다고 알려진 몇몇 지역 주변으로 검역지대를 선포하였다. 일부 잡초 전문가들은 USDA-APHIS에 이 나무를 국가 유해 잡초로 등재할 것을 요구하였다. APHIS는 이 종에 대해 잡초위험평가를 준비하고 있지만, 미국 내 일부지역에서는 자생하고 있는 이 식물종을 어떻게 규제할 것인지 해결방안을 마련하기 위해 노력하고 있다.

A.9 *Ulex europaeus* L.와 *Cytisus scoparius* (l.) Link (콩과): 가시금작화와 금작화

이미 널리 확산되어 버린 잡초에 대해서 박멸의 희망을 가질 수는 없지만 끊임없는 억제 정책을 통해 부정적인 영향을 최소화시켜야 한다. 이런 잡초들은 생물적 방제 프로그램에 딱 적합하다. 너구리콩족(Tribe Genisteae)에 속하는 이 유럽산 콩과 관목들은 온대-지중해성 기후지대에서 가장 악명 높은 잡초로서 북미와 남미, 오스트랄라시아와 일부 섬들에 침입하였다. 이 잡초들은 화려한 노란색 꽃을 피우며, 엄청난 양으로 생산되는(약 3만개/m^2) 종자로 번식한다. 두 식물 모두 생울타리용(가시금작화), 모래언덕의 사방용(금작화) 등 원예용을 포함한 여러 가지 이유로 미국에 도입되었다 (Richardson & Hill 1998; Syrett 등 1999).

이 식물들이 의도된 식재지역으로부터 확산되어 나가자 목축과 임업에 큰 타격을 주게 되었다. 뉴질랜드의 양봉농가에서는 가시금작화와 금작화를 꿀벌의 화밀과 화분의 공급원으로서 평가하고 있는데, 이런 혜택이 인식되면서 국지적인 의견 충돌이 발생하기도 하였다. 그러나 연구 결과 금작화나 가시금작화를 제거하여도 양봉 산업에 미치는 영향은 거의 없을 것으로 밝혀졌다. 방목에 내성이 강한 질소고정자인 이들 잡초는 침입한 곳의 토양 영양상태를 토착종들에게 해롭도록 변화시키는 경우가 자주 있다. 이들이 자연 생태계내로 유입, 확산된 것은 아마도 가축, 채굴 작업, 혹은 자연적인 "강 아래쪽으로 퍼지는" 현상에 의한 것이었을 것이다. 이들은 특히 소나무 조림지와 같은 상업적 조림지뿐만 아니라 교란되거나 방목된 초지, 언덕, 자연 산림에서 중요한 잡초가 되었다. 이들을 아무 조치 없이 방치해 두면 단일 수종으로 빽빽하게 자라나서 가축의 접근을 방해하고 토종 초지 식물을 억누르며, 삼림지대의 자연적인 재생을 늦추거나 방해할 수도 있다. 또한 토양의 질소 수준을 변경시킬 뿐만 아니라 자연적으로 발생하는 산불의 빈도와 강도에도 영향을 줄 수 있다.

가시금작화와 금작화는 잡초관리에 있어서 오랜 동안 커다란 관심거리였다. 베기(slashing), 피복(mulching), 갈아엎기(ploughing), 염소 풀어놓기, 불 놓기, 제초제 등을 통한 종합적 관리 전략 (Integrated management strategies)이 개발되었지만, 두껍게 피복하거나 피복작물을 과도하게 파종해서 무성하게 자라지 않는 한 번번이 땅 속에 남아 있던 종자가 다시 싹을 틔워 실패로 돌아갔다. 내구성이 긴 종자까지 제거하기 위해서는 장기간의 노력이 필요하만 이들이 피해를 주는 농산업의 가치보다 방제 비용이 더 큰 경우가 많아 경제적으로 타당하지 못하다. 북미와 오스트랄라시아에서는 이 두 종에 대해 생물적 방제 프로그램을 실시하였다. 몇몇 생물적 방제 매개체들이 방사되어 종자 생산을 줄이는 등 성과를 보이는 듯하였으나, 성공이라고 하기에는 미미한 성과였다. 오스트랄라시아에서 방사된 혹응애(gall mite)는 현재 금작화에 대해 가능성을 보이고 있다. 이들 잡초가 정착한지 20년이 지나면 노쇠(senesce) 단계에 접어들어 토양 내 병원성 미생물이 축적되면서 새로운 유묘가 자라는 것을 막게 된다. 하지만 이러한 효과도 산불이나 갈아엎기와 같은 교란이 발생하면 무력화된다. 가시금작화와 금작화는 호주 정부가 지정한 국가 중요 잡초 32종에 포함되어 따라서 국가적인 관심과 관리의 대상이 되고 있다.

참고문헌

7 CFR §360 (2006) Code of federal regulations, title 7, part 360, (7 CFR §360-Noxious weed regulations). United States Government, 1 Jan 2006

7 CFR §360 (2012) Code of federal regulations, title 7, part 360. (7 CFR §360-Noxious weed regulations). United States Government

Abdeen MAM (2008) Predicting the impact of vegetations in open channels with different distributaries' operations on water surface profile using artificial neural networks. J Mech Sci Technol 22(9): 1830-1842

Anderson LWJ (2005) California's reaction to *Caulerpa taxifolia*: a model for invasive species rapid response. Biol Invasions 7(6): 1003-1016

Avalos G, Hoell K, Gardner J, Anderson S, Lee C (2006) Impact of the invasive plant *Syzigium jambos* (Myrtaceae) on patterns af understory seedling abundance in a tropical premontane forest, Costa Rica. Rev Biol Trop 54(2): 415-421

Barney JN (2006) North American history of two invasive plant species: phytogeographic distribution, dispersal vectors, and multiple introductions. Biol Invasions 8(4): 703-717

Benzie JA. Ballment HE, Chisholm JRM, Jaubert JM (2000) Genetic variation in the green alga *Caulerpa taxifolia*. Aqua Bot 66(2): 131-139

Blum A (1988) Plant breeding for stress environments. CABI International, Wallingford

Bossard CC, Randall JM, Hoshovsky MC (eds) (2000) Invasive plants of California's wildlands. University of California Press, Berkeley, 360 pp

Bourdôt GW, Fowler SV, Edwards GR, Kriticos DJ, Kean JM, Rahman A, Parsons AJ (2007) Pastoral weeds in

New Zealand: status and potential solutions. New Zeal J Agri Res 50(2): 139-161

Bowen B (2007) Southeast exotic pest plant council (SE-EPPC): a regional approach to invasive exotic pest plant issues. Nat Area J 27(3): 214-217

Braithwaite RW, Lonsdale WM, Estbergs JA (1989) Alien vegetation and native biota in tropical Australia: the impact of *Mimosa pigra*. Biol Conserv 48: 189-210

Bridges DC (1994) Impact of weeds on human endeavors. Weed Technol 8(2): 392-395

Bryson CT, Carter R (1993) Cogongrass, *Imperata cylindrica*, in the United States. Weed Technol 7(4): 1005-1009

Buck WB, Dollahite JW, Alien TJ (1960) Solanum elaeagnifolium, silver-leafed nightshade, poisoning in livestock. J Am Vet Med Assoc 137: 348-351

Burrows GE, Tyrl RJ (2001) Toxic plants of North America. Iowa State University Press. Ames, 1342 pp

CABI (2012) Crop protection compendium, online database. CAB International (CABI). Http://www.cabi.org/cpc/. Archived at PERAL

Caley P, Kuhnert PM (2006) Application and evaluation of classification trees for screening unwanted plants. Austral Ecol 31(5): 647-655

Campbell MH, Vere DT (1995) *Nasella trichotoma* (Nees) Arech. In: Groves RH, Shepherd RCH, Richardson RG (eds) The biology of Australian weeds. R. G. and F. J. Richardson, Melbourne, pp 189-202

Carlton JT (1989) Man's role in changing the face of the ocean: biological invasions and implications for conservation of near-shore environments. Conserv Biol 3(3): 265-273

CFIA (2008) Invasive alien plants in Canada-technical report. Canadian Food Inspection Agency

Chaboudez P, Sheppard AW (1995) Are particular weeds more amenable to biological control? A reanalysis of mode of reproduction and life history. In: Delfosse ES, Scott RR (eds) Biological control of weeds, proceedings of the VIIIth international symposium on biological control weeds. CSIRO, Melbourne, pp 95-102

Champion PD, Clayton JS (2000) Border control for potential aquatic weeds (Science for conservation 141). Department of Conservation, Wellington, 48 pp

Chikoye D, Ellis-Jones J, Avav TR, Kormawa PM, Udensi UE, Tarawali G, Nielsen OK (2007) Promoting integrated management practices for speargrass (*Imperata cylindrica* (L.) Raeusch.) in soybean, cassava and yam in Nigeria. J Food Agri Environ 5(3-4): 202-210

Chisholm JRM, Joubert JM, Giaccone G (1995) *Caulerpa taxifolia* in the northwest Mediterranean: introduced species or migrant from the Red Sea? (Abstract). Comptes Rendus De L'Academie Des Sciences-Sciences De La Vie 318(12): 1219-1226

Cilliers CJ (1991) Biological control of water hyacinth, *Eichhornia crassipes* (Pontederiaceae), in South Africa. Agric Ecosyst Environ 37: 207-217

Cochrane V, Press MC (1997) Geographical distribution and aspects of the ecology of the hemiparasitic angiosperm *Striga asiatica* (L.) Kuntze: a herbarium study. J Trop Ecol 13(3): 371-380

Cook GD, Dias L (2006) It was no accident: deliberate plant introductions by Australia government agencies during the 20th century. Aust J Bot 54: 601-625

Countryman WD (1970) 7-he history, spread and present distribution of some immigrant aquatic weeds in New England. Hyacinth Control J 8(2): 50-51

Cousins MM, Gresham CA, Riley MB, Whitwell T (2009) Beach dune sand hydrophobicity due to the presence of Beach Vitex (*Vitex rotundifolia* L. f.). J Agric Food Chem 57(2): 409-415

Cousins MM, Briggs J, Gresham C, Whetstone J, Whitwell T (2010) Beach vitex (*Vitex rotundifolia*): an invasive coastal species. Invasive Plant Sci Manage 3(3): 340-345

Coutts-Smith AJ, Downey PO (2006) Impact of weeds on threatened biodiversity in New South Wales. CRC for Australian Weed Management, Adelaide, 98 pp

Crooks JA (2005) Lag times and exotic species: the ecology and management of biological invasions in slow-motion. Ecoscience 12(3): 316-329

Crossman ND, Bass DA (2008) Application of common predictive habitat techniques for postborder weed risk management. Divers Distrib 14: 213-224

Cunningham DC, Woldendorp G, Burgess MB, Barry SC (2003) Prioritising sleeper weeds for eradication: selection of species based on potential impacts on agriculture and feasibility of eradication. Bureau of Rural Sciences, Canberra. http://adl.brs.gov.au/data/warehouse/brsShop/data/12919_sleeperweeds03.pdf

D'Antonio CM, Vitousek PM (1992) Biological invasions by exotic grasses, the grass/fire cycle, and global change. Annu Rev Ecol Syst 23: 63-87

da Silva EM, Sargent RD (2011) The effect of invasive *Lythrum salicaria* pollen deposition on seed set in the native species *Decodon Verticillatus*. Botany 89(2): 141-146

Daehler CC, Strong DR (1993) Prediction and biological invasions. Trends Ecol Evol 8: 380

Daehler CC, Denslow JR, Ansari S, Kuo HC (2004) A risk-assessment system for screening out invasive pest plants from Hawaii and other Pacific Islands. Conserv Biol 18(2): 360-368

Daves Garden (2011) Plant flies database. Dave's garden. hup://davesgarden. com/guides/pf/go/1764/. Archived at PERAL

Davidson IC, Simkanin C (2012) The biology of ballast water 25 years later. Biol Invasions 14: 9-13

Derraik JGB (2007) *Heracleum mantegazzianum* and *Toxicodendron succedaneum*: plants of human health significance in New Zealand and the National Pest Plant Accord. N Z Med J 120(1259)

Dewey SA, Andersen KA (2004) Distinct roles of surveys, inventories, and monitoring in adaptive weed management. Weed Technol 18(Spec. Issue 1): 1449-1452

Dorell O (2009) Invasive vines assault East Coast beaches. USA Today, 16 Oct 2009

Dosmann M, Del Tredici P (2003) Plant introduction, Distribution, and survival: a case study of the 1980 Sino-American botanical expedition. Bioscience 53(6): 588-597

DPI (2008) Victoria weed risk assessment (WRA) method. Department of Primary Industries (DPI), Victoria, 44 pp

Dye P, Jarmain C (2004) Water use by Black Wattle (Acacia mearnsii): implications for the link between removal of invading trees and catchment streamflow response. S Afr J Sci 100: 40-44

Elith J, Graham CH, Anderson RP, Dudík M, Ferrier S, Guisan A, Hijmans RJ, Huettmann F, Leathwick JR, Lehmann A, Li J, Lohmann LG, Loiselle BA, Manion G, Moritz C, Nakamura M, Nakazawa Y, McC M, Overton J, Townsend Peterson A, Phillips SJ, Richardson K, Scachetti-Pereira R, Schapire RE, Soberón J, Williams S, Wisz MS, Zimmermann NE (2006) Novel methods improve prediction of species' distributions from occurrence data. Ecography 29(2): 129-151

Ellis EC, Antill EC, Kreft H (2012) All is not loss: plant biodiversity in the Anthropocene. PLoS One 7(1): e30535. doi: 10.1371/journal.pone.0030535

Eplee RE (1992) Witchweed (*Striga asiatica*): an overview of management strategies in the USA, Crop Prot 11(1): 3-7

Eslami SV, Gill GS, Bellotti B, Mcdonald G (2006) Wild radish (*Raphanus raphanistrum*) interference in wheat. Weed Sci 54: 749-756

Esler AE (1988) The naturalisation of plants in urban Auckland, New Zealand 6. Alien plants as weeds. New Zeal J Bot 26: 585-619

Fairchild DG (1938) The world was my garden: travels of a plant explorer. C. Scribner's Sons, New York, 494 pp

Ferriter A (2001) *Lygodium* management plan for Florida: a report from the Florida exotic pest plant council' s *Lygodium* task force, 1st edn. Florida Exotic Pest Plant Council, Florida, 59 pp

FICMNEW (2003) A national early detection and rapid response system for invasive plant species in the United States: conceptual design. Federal Interagency Committee for the Management of Noxious and Exotic Weeds, Washington, DC, 24 pp

FNA Editorial Committee (2003) Flora of North America, vol 1, Introduction. Oxford University Press, New York, 372 pp

Fogarty G, Facelli JM (1999) Growth and competition of *Cytisus scoparius*, an invasive shrub, and Australian native shrubs. Ptant Ecol 144: 27-35

Forcella F (1985) Final distribution is related to rate of spread in alien weeds. Weed Res 25(3): 181-191

Forcella F, Wood JT (1984) Colonisation potentials of alien weeds are related to their 'native'distributions: implications for plant quarantine. J Aust Inst Agr Sci 50: 35-41

Forseth IN, Innis AF (2004) Kudzu (*Pueraria montana*): history, physiology, and ecology combine to make a major ecosystem threat. Crit Rev Plant Sci 23(5): 401-413

Fowler SV (2000) Trivial and political reasons for the failure of classical biological control of weeds: a personal view. In: Spencer NR (ed) Proceedings of the X international symposium on biological control of weeds. Montana State University, Bozeman, pp 169-172

Fowler L (2010) Target analysis for inspection of pests on maritime refrigerated containers, 16 pp

Freidhoff LR, Ehrlich-Kautzky E, Grant JH, Meyers DA, Marsh DG (1986) A study of the human immune response to *Lolium perenne* (rye) pollen and its components, Lol P 1 and Lol p 2 (rye and rye 2). J Allergy Clin Immunol 78(1190): 201

Friedel MH, Grice AC, Clarkson JR, Ferdinands K, Setterfield SA (2010) How well are we currently dealing with contentious plants? In : Zydenbos SM (ed) 17th Australasian weeds conference proceedings. New Zealand Plant Protection Society. pp 470-473

Frisch S (2003) Taxonomic diversity, geographic distribution, and commercial availability of aquarium-traded species of *Caulerpa* (Chlorophyta, Caulerpaceae) in southern California, USA. Master's thesis, State University of California, Fullerton

Frisch SM, Murray SN (2002) The diversity and availability of *Caulerpa* species found in retail aquarium outlets in Southern California, USA. J Phycol 38(Sl): 11

Fröhlich J, Fowler SV, Gianotti AF, Hill RL, Killgore EM, Morin L, Sugiyama LS, Winks C (1999) Biological control of mist flower (*Ageratina riparia*, Asteraceae) in New Zealand. In : O'Callaghan (ed) Proceedings of the 52nd New Zealand plant protection conference. The New Zealand Plant Protection Society, Auckland. pp 6-11

Gardener MR. Atkinson R, Rentería JL (2010) Eradications and people: lessons from the plant eradication program in Galapagos. Restoration Ecol 18(1): 20-29

Gordon DR, Gantz CA (2008) Screening new plant introductions for potential invasiveness: a test of impacts for the United States. Conserv Lett 1: 227-235

Gordon DR, Onderdonk DA, Fox AM, Stocker RK (2008) Consistent accuracy of the Australian weed risk assessment system across varied geographies. Divers Distrib 14: 234-242

Grabas GP, Laverty TM (1999) The effect of purple loosestrife (*Lythrum salicaria* L.; Lythraceae) on the pollination and reproductive success of sympatric co-flowering wetland plants. Ecoscience 6(2): 230-242

Gremmen NJM, Chown SL, Marshall DJ (1998) Impact of the introduced grass *Agrostis stolonifera* on vegetation and soil fauna communities at Marion Island, sub-Antarctic, Biol Conserv 85: 223-231

Gresham CA, Neal A (2005) An evaluation of the invasive potential of beach vitex (*Vitex rotundifolia*). Clemson University, Georgetown, 22 pp

Grice AC (2006) The impacts of invasive plant species on the biodiversity of Australian rangelands. Rangel J 28: 27-35

Grice AC (2009) Principles of containment and control of invasive species. In: Clout MN, Williams PA (eds) Invasive species management: a handbook of principles and techniques. Oxford University Press, Oxford, pp 61-76

Grice AC, Clarkson JR, Calvert M (2011) Geographic differentiation of management objectives for invasive species: a case study of *Hymenachne amplexicaulis* in Australia. Environ Sci Policy 14: 986-997

Groves RH, Boden R, Lonsdale WM (2005) Jumping the garden fence: invasive garden plants in australia and their environmental and agricultural impacts. CSIRO report prepared for WWF-Australia, WWF-Australia, Sydney

Groves RH (2006) Are some weeds sleeping? Some concepts and reasons. Euphytica 148(1-2): 111-120

Groves RH, Hosking JR (1997) Recent incursions of weeds to Australia 1971-1995. Cooperative Research Centre for Weed Management Systems, Technical Series #3, Glen Osmond, South Australia, 68 pp

Guiry MD, Rindi F (2005) AlgaeBase version 3.0. World-wide electronic publication. National University of Ireland, Galway. Last accessed 23 Aug 2005 http://www.algaebase. org

Gunn CR, Ritchie CA (1988) Identification of disseminules listed in the federal noxious weed act (Technical bulletin number 1719.). United States Department of Agriculture, Agricultural Research Service, 313 pp

Harris S, Timmins SM (2009) Estimating the benefit of early control of all newly naturalised plants. Sci Conserv 292: 1-25

Hay CH, Luckens PA (1987) The Asian kelp *Undaria pinnatifida* (Phaeophyta: Laminariales) found in a New Zealand harbour. New Zeal J Bot 25 (2): 329-332

Hazard WHL (1988) Introducing crop, pasture and ornamental species into Australia-the risk of introducing new weeds. Aust Plant Intro Rev 19: 19-36

Heyligers PC, Adams LG (2004) Flora and vegetation of Montagu Island-past and present. Cunninghamia 8(3): 285-305

Hiebert RD, Stubbendieck J (1993) Handbook for ranking exotic plants for management and control. U. S. Department of Interior, National Park Service, Denver, 30 pp

Holm LG, Pancho JV, Herberger JP, Plucknett DL (1991) A geographical atlas of world weeds. Krieger, Malabar. 391 pp

Holm L, Doll J, Holm E, Rancho J, Herberger J (1997) World weeds: natural histories and distribution. Wiley, New York, 1129 pp

Houston WA, Duivenvoorden LJ (2002) Replacement of littoral native vegetation with the ponded pasture grass Hymenachne amplexicaulis: effects on plant, macroinvertebrate and fish biodiversity of backwater in the Fitzroy River, Central Queensland, Australia. Mar Freshw Res 53: 1235-1244

Howell C (2008) Consolidated list of environmental weeds in New Zealand. Research, Development & Improvement Division, Department of Conservation. Wellington, 42 pp

Howell CJ, Sawyer JWD (2006) New Zealand naturalised vascular plant checklist. New Zealand Plant

Conservation Network. Wellington, 60 pp

Hulme PE (2008) Phenotypic plasticity and plant invasions : is it all Jack? Funct Ecol 22(1): 3-7

Hulme PE (2009) Trade, transport and trouble: managing invasive species pathways in an era of globalization. J Appl Ecol 46(1): 10-18

Hulme PE (2011) Weed risk assessment: a way forward or a waste of time? J Appl Ecol 49: 10-19

Hulme PE, Bacher S, Kenis M, Klotz S, Kühn I, Minchin D, Nentwig W, Olenin S, Panov V, Pergl J, Pyšek P, Roques A, Sol D, Solarz W, Vilà M (2008) Grasping at the routes of biological invasions: a framework for integrating pathways into policy. J Appl Ecol 45(2): 403-414

Huwer RK, Briese DT, Dowling P, Lonsdale WM, Michalk DL, Kemp D, Neave M. Sheppard AW, Woodburn TL (2005) Can an integrated management approach provide a basis for longterm prevention of weed dominance in Australian pasture systems? Weed Res 45: 175-192

IPPC (2009) International standards for phytosanitary measures. International Plant Protection Convention (IPPC)/The Food and Agriculture Organization of the United Nations, Rome, pp 1-32, 432 pp

Iverson RD, Westbrooks RG, Eplee RE, Tasker AV (2011) Overview and status of the witchweed (*Striga asiatica*) eradication program in the Carolinas. In: Leslie AR, Westbrooks RG (eds) Invasive plant management issues and challenges in the United States: 2011 overview: ACS symposium series, vol 1073. American Chemical Society, pp 51-68

Jefferson L, Havens K, Ault J (2004) implementing invasive screening procedures: the Chicago Botanic Garden model. Weed Technol 18(5): 1434-1440

Johnson AE, Molyneux RJ, Ralphs MH (1989) *Senecio*: a dangerous plant for man and beast. Rangelands 11(6): 261-264

Julien MH, Kerr JD, Chan RR (1984) Biological control of weeds: an evaluation. Protect Ecol 7: 3-25

Julien M, McFadyen R, Cullen J (2012) Biological control of weeds in Australia. CSIRO,Melbourne, p 620

Keane RM, Crawley MJ (2002) Exotic plant invasions and the enemy release hypothesis. Trends Ecol Evol 17(4): 164-170

Kelly J, Maguire CM (2009) Fringed water lily (*Nymphoides peltata*) invasive species action plan. Northern Ireland Environment Agency and National Parks and Wildlife Service. 12 pp

Knapp PA (1996) Cheatgrass (*Bromus tectorum* L) dominance in the great basin desert. History, persistence, and influences to human activities. Glob Environ Chang 6(1): 37-52

Kolar CS, Lodge DM (2001) Progress in invasion biology: predicting invaders. Trends Ecol Evol 16(4): 199-204

Koop A, Fowler L, Newton L, Caton B (2012) Development and validation of a weed screening tool for the United States. Biol Invasions 14 (2): 273-294

Kowarik I (1995) Time lags in biological invasion with regard to the success and failure of alien species. In: Pyšek P, Prach K, Rejmánek M, Wade M (eds) Plant invasions-general aspects and special problems. SPB Academic, Amsterdam, pp 15-38

Kriticos DJ (2012) Regional climate-matching to estimate current and future sources of biosecurity threats. Biol Invasions 14: 1533-1544

Kriticos DJ, Randall RP (2001) A comparison of systems to analyze potential weed distributions. In : Groves RH, Panetta FD. Virtue JG (eds) Weed risk assessment. CSIRO, Melbourne, pp 61-79

Kriwoken LK, Hedge P (2000) Exotic species and estuaries: Managing *Spartina anglica* in Tasmania. Australia. Ocean Coastal Manage 43(7): 573-584

Lambert C (2004) Prevention, early detection and rapid response to invasive plants. Weed Technol 18(spec.

Issue 1): 1182-1184

Le Maitre DC (1996) Invasive plants and water resources in the Western Cape Province, South Africa: modelling the consequences of a lack of management. J Appl Ecol 33(1): 161-172

Lehtonen pp (2001) Pest risk assessment in the United States: guidelines for qualitative assessments for weeds. In: Groves RH, Panetta FD, Virtue JG (eds) Weed risk assessment. CSIRO, Collingwood, pp 117-123

Leistritz FL, Bangsund DA, Hodur NM (2004) Assessing the economic impact of invasive weeds: the case of leafy spurge (*Euphorbia esula*). Weed Technol 18(spec. Issue 1): 1392-1395

Léonard R, Wopfner N, Pabst M, Stadlmann J, Petersen BO, Duus JO, Himly M, Radauer C, Gadennaier G, Razzazi-Fazeli E, Ferreira F, Altmann F (2010) A new allergen from ragweed (*Ambrosia artemisiifolia*) with homology to art v 1 from mugwort. J Biol Chem 285: 27192-27200

Leslie AJ, Spotila JR (2001) Alien plant threatens Nile crocodile (*Crocodilus niloticus*) breeding in Lake St. 1. Lucia, South Africa. Biol Conserv 98: 347-355

Leung B, Lodge DM, Finnoff D, Shogren JF, Lewis MA. Lamberti G (2002) An ounce of prevention or a pound or cure: bioeconomic risk analysis of invasive species. Proc R Soc. Lond B Biol Sci 269(1508): 2407-2413

Levi F, Francour P (2004) Behavioural response of *Mullus surmuletus* to habitat modification by the invasive macroalga *Caulerpa taxifolia* (Abstract). J Fish Biol 64(1): 55-64

Lindgren CJ (2011) Biosecurity policy and the use of geospatial predictive tools to address invasive plants : updating the risk analysis toolbox. Risk Anal 32: 9-15

Lippincott CL (1997) Ecological consequences of *Imperata cylindrica* (cogon grass): invasion in Florida Sandhill. University of Florida, Botany Department, Gainesville

Lippincott CL (2000) Effects of *Imperata cylindrica* (L.) Beauv. (Cogongrass) invasion on fire regime in Florida Sandhill (USA). Nat Area J 20(2): 140-149

Lodge DM (1993) Biological invasions: lessons for ecology. Trends Ecol Evol 8(4): 133-137

Lonsdale WM (1994) Inviting trouble : introduced pasture species in northern Australia. Aust J Ecol 19: 345-354

Lonsdale WM, Lane AM (1994) Tourist vehicles as vectors of weed seeds in Kakadu National Park, Northern Australia Biol Conserv 69(3): 277-283

Louda SM, Pemberton RW, Johnson MT, Follett PA (2003) Nontarget effects-the Achilles'heel of biological control? Retrospective analyses to reduce risk associated with biocontrol introductions. Annu Rev Entomol 48: 365-396

Mack RN (1991) The commercial seed trade : an early disperser of weeds in the United States. Econ Bot 45: 257-273

Mack RN (2005) Predicting the identity of plant invaders : future contributions from horticulture. HortScience 40(5): 1168-1174

Mack RN, Lonsdale WM (2001) Humans as global plant dispersers: getting more than we bargained for. Bioscience 51(2): 95-102

Mack RN, Simberloff D, Lonsdale WM. Evans H, Clout M, Bazzaz FA (2000) Biotic invasions: causes, epidemiology, global consequences and control. Ecol Appl 10: 689-710

Maron JL, Vilà M (2001) When do herbivores affect plant invasion? Evidence for the natural enemies and biotic resistance hypotheses. Oiko 95: 361-373

Marshall NA, Friedel M, van Klinken RD, Grice AC (2011) Considering the social dimensions of invasive species: the case of buffet grass. Environ Policy Manage 14: 327-338

Mathur SM, Mathur P (2006) Aquatic weeds and its impact on environment with special reference to water hyacinth. Ecol Environ Conserv 12(3): 535-542

Maxwell BD, Lehnhoff E, Rew LJ (2009) The rationale for monitoring invasive plant populations as a crucial step for management. Invasive Plant Sci Manage 2(1): 1-9

McNeely JA (ed) (2001) The great reshuffling : human dimensions of invasive alien species. IUCN -The World Conservation Union, Gland/Cambridge, UK

Meinesz A, Boudouresque CF (1996) On the origin of *Caulerpa taxifolia* in the Mediterranean Sea (Abstract). Comptes Rendus De L Academie Des Sciences-Sciences De La Vie 319(7): 603-613

Meusnier I, Olsen JL, Stam WT, Destombe C, Valero M (2001) Phylogenetic analyses of *Caulerpa taxifolia* (Chlorophyta) and of its associated bacterial microflora provide clues to the origin of the Mediterranean introduction. Mol Ecol 10(4): 931-946

Meusnier I, Valero M, Destombe C, Gode C, Desmarais E, Bonhomme F, Stam WT, Olsen JL (2002) Polymerase chain reaction-single strand conformation polymorphism analyses of nuclear and chloroplast DNA provide evidence for recombination, multiple introductions and nascent speciation in the *Caulerpa taxifolia* complex. Mol Ecol 11(11): 2317-2325

Meyer J-Y (1996) Status of *Miconia calvescens* (Melastomataceae), a dominant invasive tree in the Society Islands (French Polynesia). Pac Sci 50: 66-76

Meyer J-Y, Florence J (1996) Tahiti's native nora endangered by the invasion or *Miconia calvescens* DC. (Melastomataceae). J Biogeogr 23: 775-781

Meyer J-Y, Fourdrigniez M (2011) Conservation benefits of biological control: the recovery of a threatened plant subsequent to the introduction of a pathogen to contain an invasive tree species. Biol Conserv 144: 106-113

Meyer J-Y, Fourdrigniez M, Taputuarai R (2012) Restoring habitat for native and endemic plants through the introduction of a fungal pathogen to control the alien invasive tree *Miconia calvescens* in the island of Tahiti. Biocontrol 57: 191-198

Meyerson LA, Reaser JK (2002a) Biosecurity : moving towards a comprehensive approach. Bioscience 52: 593-600

Meyerson LA, Reaser JK (2002b) A unified definition of biosecurity. Science 295(5552): 44

Mooney HA, Cleland EE (2001) The evolutionary impact of invasive species. Proc Natl Acad Sci USA 98(10): 5446-5451

Mooney HA, Hobbs RJ (2000) Invasive species in a changing world. Island Press, Washington, DC. 457 pp

Morse LE, Randall JM, Benton N, Hiebert R, Lu S (2004) An invasive species assessment protocol: evaluating non-native plants for their impact on biodiversity, vol 1. NatureServe, Arlington, 42 pp

Muller S (2000) Invasive plant species in France-status of knowledge and proposals for action (Abstract). Revue D'Ecologie-La Terre Et La Vie (Suppl. 7): 53-69

Myers JH, Bazely D(2003) Ecology and Control of introduced plants. CUP, Cambridge, UK

Myers JH, Simberloff D, Kuris AM. Carey JR (2000) Eradication revisited: dealing with exotic species. Trends Ecol Evol 15(8): 316-320

National Research Council (2009) Science and decisions: advancing risk assessment. The National Academic Press, Washington, DC, 403 pp

Nehring S, Hesse K-J (2008) invasive alien plants in marine protected areas: the *Spartina anglica* affair in the European Wadden Sea. Biol Invasions 10(6): 937-950

NGRP (2012) Germplasm resources information network (GRIN). United States Department of Agriculture, Agricultural Research Service, National Genetic Resources Program (NGRP). http://www.ars-grin.gov/cgi-bin/npgs/html/index.pl?language=en. Archived at PERAL

Nishida T, Yamashita N, Asai M, Kurokawa S, Enomoto T, Pheloung PC, Groves RH (2009) Developing a pre-entry weed risk assessment system for use in Japan. Biol Invasions 11(6): 1319-1333

Noble IR (1989) Attributes of invaders and the invading process: terrestrial and vascular plants. In: Drake JA, Mooney HA, di Castri F, Groves RH, Kruger FJ, Rejmánek M, Williamson M (eds) Biological invasions: a global perspective, Wiley, Chichester, pp 301-313

NRCS (2012) The PLANTS database. United States Department of Agriculture, Natural Resources Conservation Service (NRCS), The National Plant Data Center. http://plants.usda.gov/cgi_bin/. Archived at PERAL

Olsen JL, Valero M, Meusnier I, Boele-Bos S, Stam WT (1998) Mediterranean *Miconia calvescens* and C. *Mexicana* (Chlorophyta) are not conspecific. J Phycol 34(5): 850-856

Panetta FD, Mitchell ND (1991) Homoclime analysis and the prediction of weediness. Weed Res 31(5): 273-284

Panetta FD, Csurhes S, Markula A, Hannan-Jones M (2011) Predicting the cost of eradication for 41 Class 1 declared weeds in Queensland. Plant Prot Q 26: 42-46

Parsons WT (1973) Noxious weeds of Victoria. Inkata Press, Melbourne, 300 pp

Parsons WT, Cuthbertson EG (2001) Noxious weeds of Australia. 2nd edn. CSIRO. Collingwood

Patterson DT, Musser RL, Flint EP, Eplee RE (1982) Temperature responses and potential for spread of Witchweed (Striga lutea) in the United States. Weed Sci 30(1): 87-93

Paynter BH, Hills AL (2009) Barley and rigid ryegrass (*Lolium rigidum*) competition is influenced by crop cultivar and density. Weed Technol 23: 40-48

Paynter Q, Fowler SV, Hinz HL, Memmott J, Shaw R, Sheppard AW, Syrett P (1996) Are seed feeding insects or use for the biological control of broom? In: Moran VC, Hoffmann JH (eds) Proceedings or the IXth international symposium on biological control of weeds. University of Cape Town, Cape Town, pp 495-502

Perrings C, Dehnen-Schmutz K, Touza J, Williamson M (2005) How to manage biological invasions under globalization. Trends Ecol Evol 20(5): 212-215

Peterson AT (2003) Predicting the geography of species'invasions via ecological niche modeling. Q Rev Biol 78(4): 419-433

Pheloung PC, Williams PA, Halloy SR (1999) A weed risk assessment model for use as a biosecurity tool evaluating plant introductions. J Environ Manage 57: 239-251

Pieterse AH, Murphy KJ (1990) Aquatic weeds : the ecology and management of nuisance aquatic vegetation. Oxford University Press. New York. 593 pp

Piggin CM, Sheppard AW (1995) *Echium plantagineum* L. In: Groves RH, Shepherd RCH, Richardson RG, Richardson FJ (eds) The biology of Australian weeds, vol 1. Melbourne. pp 87-110

Pimentel D, Lach L, Zuniga R, Morrison D (2000) Environmental and economic costs of nonindigenous species in the United States. Bioscience 50(1): 53-65

Pimentel D, Zuniga R. Morrison D (2005) Update on the environmental and economic costs associated with alien-invasive species in the United States. Ecol Econ 52: 273-288

Pitt JL. Virtue JG, Feuerherdt LJ (2006) Onion weed pest or perception? In: Preston C, Watts JH, Crossman ND (eds) 15th Australian weeds conference proceedings. Weed Management Society of South Australia,

Adelaide, pp 454-457

Pyšek P, Richardson DM (2010) Invasive species, environmental change and management, and health. Annu Rev Environ Res 35: 25-55

Pyšek P, Jarošík V, Pergl J (2011) Alien plants introduced by different pathways differ in invasion success: unintentional introductions as a threat to natural areas. PLoS One 6(9): e24890

Ramsey CL, Jose S. Miller DL, Cox J, Portier KM. Shilling DG, Merritt S (2003) Cogongrass [*Imperata cylindrica* (L) Beauv.] response to herbicides and disking on a cutover site and in a mid-rotation pine plantation in southern USA. For Ecol Manage 179(1-3): 195-207

Randall JM (2007) The introduced flora of Australia and its weed status. CRC for Australian Weed Management, Department of Agriculture and Food. Western Australia, 528 pp

Rayamajhi MB, Pratt PD, Center TD, Tipping PW, Van TK (2009) Decline in exotic tree density facilitates increased plant diversity : the experience from *Melaleuca quinquenervia* invaded wetlands. Wetlands Ecol Manage 17(5): 455-467

Regan TJ, Mccarthy MA, Baxter PWI, Dane Panetta F, Possingham HP (2006) Optimal eradication: when to stop looking for an invasive plant. Ecol Lett 9(7): 759-766

Reichard SH (1997) Prevention of invasive plant introductions on national and local levels. In : Luken JA, Thieret JA (eds) Assessment and management of plant invasions. Springer, New York, pp 215-227

Reichard SH, Hamilton CW (1997) Predicting invasions of woody plants introduced into North America. Conserv Biol 11(1): 193-203

Rejmánek M (1994) What makes a species invasive? In : Pyšek P, Prach K, Rejmánek M, Wade PM (eds) Plant invasions. SPB Academic, Amsterdam. pp 3-13

Rejmánek M, Pitcairn MM (2002) When is eradication of exotic pest plants a realistic goal? In: Veitch CR, Clout MN (eds) Turning the tide: the eradication of invasive species (Proceedings of the international conference on eradication of island invasives): occasional paper of the IUCN Species Survival Commission No. 27. The World Conservation Union (IUCN), SSC Invasive Species Specialist Group, Auckland. pp 249-253

Rejmánek M, Richardson DM (1996) What attributes make some plant species more invasive? Ecology 77(6): 1655-1661

Relini G, Relini M, Torchia G (1998) Fish biodiversity in a *Caulerpa taxifolia* meadow in the Ligurian Sea (Abstract). Italian J Zool 65: 465-470

Richardson DM (1998) Forestry trees as invasive aliens. Conserv Biol 12: 18-26

Richardson RG, Hill RL (1998) Biology of Australian weeds 34. *Ulex europaeus* L. Plant Prot Q 13: 46-59

Richardson DM, Pyšek P, ReJmánek M, Barbour MG, Panetta FD, West CJ (2000) Naturalization and invasion of alien plants : concepts and definitions. Divers Distrib 6: 93-107

Roberts W, Harrod O, Mitterdorfer B, Pheloung P (2011) Regulating invasive plants and use of weed risk assessments. Curr Opin Environ Sustain 3(1-2): 60-65

Rossiter NA. Setterfield SA, Douglas MM, Hutley LB (2003) Testing the grass-fire cycle: alien grass invasion in the tropical savannas of northern Australia. Divers Distrib 9: 169-176

Rossiter-Rachor NA, Setterfield SA, Douglas MA, Hutley LB, Cook GD (2008) *Andropogon gayanus* (Gamba Grass) invasion increases fire-mediated nitrogen losses in the tropical savannas of Northern Australia. Ecosystems 11: 77-88

Ruiz GM, Carlton JT (2003) Invasive species : vectors and management strategies. Island Press, Washington, 518 pp

Scanlan JC, Wilson BJ, Anderson ER (1991) Sustaining productive pastures in the tropics. 2. Managing woody vegetation in grazing lands. Trop Grasslands 25: 85-90

SCCAT (2005) *Caulerpa taxifolia* surveillance and eradication in southern California. Southern California Caulerpa Action Team, CA. http://www.sccat.net/index.php. Last accessed 26 sept 2005

Schmitz DC, Simberloff D, Hofsteuer RH, Hatter W. Sutton D (1997) The ecological impact or nonindigenous plants. In : Simberloff D, Schmitz DC, Brown TC (eds) Strangers in paradise. Island Press, Washington, DC, pp 3-17

Sharma MP, Born WHV (1978) The biology of Canadian weeds: 27. *Avena fatua* L. Canadian J Plant Sci 58(1): 141-157

Sheppard AW, Hill R, DeClerck-Floate RA, McClay A, Olckers T, Quimby PC, Zimmermann HG (2003) A global review of risk-benefit-cost analysis for the introduction of classical biological control agents against weeds: a crisis in the making? Biocontrol News Inform 24: 91N-108N

Sheppard AW, Raghu S, Begley C, Genovesi P, DeBarro P, Tasker A, Roberts W (2011) Biosecurity as an integral part of the new bioeconomy: a path to a more sustainable future. Curr Opin Environ Sustain 3: 105-111

Simberloff D (2003) Eradication-preventing invasions at the outset. Weed Sci 51(2): 247-253

Simpson BB, Conner-Ogorzaly M (1986) Economic botany : plants in our world. McGraw-Hill, New York, 640 pp

Simpson A, Jarnevich C, Madsen L, Westbrooks R, Fournier C, Mehrhoff L, Browne M, Graham J, Sellers E (2009) Invasive species information networks: collaboration at multiple scales for prevention, early detection, and rapid response to invasive alien species. Biodiversity 10(2-3): 5-13

Sinden J, Hester RJS. Odom D, Kalisch C, James R, Cacho O (2004) The economic impact of weeds in Australia. CRC for Australian Weed Management, Adelaide, 55 pp

Skurka Darin GM, Schoenig S, Barney JN, Panetta FD, DiTomaso JM (2011) WHIPPET: a novel tool for prioritizing invasive plant populations for regional eradication. J Environ Manage 92(1): 131-139

Smith DT, Baker RV, Steele GL (2000) Palmer amaranth (*Amaranthus palmeri*) impacts on yield, harvesting, and ginning in dryland cotton (*Gossypium hirsutum*). Weed Technol 14(1): 122-126

Standish RJ, Robertson AW, Williams PA (2001) The impact of an invasive weed *Tradescantia jluminensis* on native forest regeneration. J Appl Ecol 38: 1253-1263

Stern WL (1988) The long-distance dispersal of *Oeceoclades maculata*. Am Orchid Soc Bull 57(9): 960-971

Swanton CJ, Harker KN, Anderson RL (1993) Crop losses due to weeds in Canada. Weed Technol 7(2): 537-542

Syrett P, Fowler SV, Coombs EM, Hosking JR, Markin GP, Paynter QE, Sheppard AW (1999) The potential for biological control of Scotch broom (*Cytisus scoparius* (L.) Link) and related weedy species. Biocontrol News Inform 20: 17-34

Thomas PA (2001) Weed risk assessment and the prevention in Hawaii : status and practicalities. In: Groves RH, Panetta FD, Virtue JG (eds) Weed risk assessment. CSIRO, Collingwood, pp 176-181

Thuiller W, Richardson DM, Pyšek P, Midgley GF, Hughes GO, Rouget M (2005) Niche-based modelling as a tool for predicting the risk of alien plant invasions at a global scale. Glob Chang Biol 11(12): 2234-2250

Tindall KV, Stout Ml, Williams BJ (2004) Effects of the presence of barnyardgrass on rice water weevil (Coleoptera : Curculionidae) and rice stink bug (Hemiptera: Pentatomidae) populations on rice. Environ Entomol 33: 720-726

Tomley AJ (1995) The biology of Australian weeds 26. *Cryptostegia grandiflora* R. Br. Plant Prot Q 10(4): 122-130

Tucker KC, Richardson DM (1995) An expert system for screening potentially invasive alien plants in South African fynbos. J Environ Manage 44: 309-338

Turner PJ, Whiffen LK, Hamilton MA, Downey PO (2010) Managing weeds for biodiversity conservation using an asset-based approach. In : Zydenbos SM (ed) 17th Australasian weeds conference proceedings. New Zealand Plant Protection Society, p 462

Turner PJ, Scott JK, Spafford H (2011) Bridal Creeper (*Asparagus asparagoides*) - invaded sites with elevated levels of available soil nutrients: barrier to restoration? Invas Plant Sci Manage 4: 212-222

van Wyk DB (1987) Some effects of afforestation on streamflow in the Western Cape Province, South Africa. Water Sa 13(1): 31-36

Venette RC, Kriticos DJ, Magarey RD, Koch FH, Baker RHA. Worner SP, Gómez Raboteaux NS, McKenney DW, Dobesberger EJ, Emshanov D, De Barro PJ, Hutchison WD, Fowler G, Kalaris TM, Pedlar J (2010) Pest risk maps for invasive alien species: a roadmap for improvement. Bioscience 60: 349-362

Vilà M, Weber E, D'Antonio CM (2000) Conservation implications of invasion by plant hybridization. Biol Invasions 2: 207-217

Vilà M, Espinar JL, Hejda M, Hulme PE, Jarošík V, Maron JL, Pergl J, Schaffner U, Sun Y, Pyšek P (2011) Ecological impacts of invasive alien plants: a meta-analysis of their effects on species, communities and ecosystems. Ecol Lett 14: 702-708

Virtue J, Cunningham D, Hanson C, Hosking J, Miller I, Panetta D, Pheloung P, Randall R, Timmins S, Walton C, Weiss J, Williams P (2006) National post-border weed risk management protocol. HB 294. Standards Australia and Standards New Zealand, Sydney/Wellington

Vitousek PM, Walker LR, Whiteaker LD, Mueller-Dombois D, Matson PA (1987) Biological invasion by *Myrica faya* alters ecosystem development in Hawaii. Science 238(4828): 802-804

Vitousek PM, D'Antonio CM, Loope L, Westbrooks R (1996) Biological invasions as global environmental change. Am Sci 84: 468-478

Von Der Lippe M, Kowarik I (2007) Long-distance dispersal of plants by vehicles as a driver of plant invasions. Conserv Biol 21: 986-996 (La Dispersión de Plantas a Larga Distancia por Vehículos como un Agente de Invasiones de Plantas. Conserv Biol 21(4): 986-996)

Wagner WL, Herbst DR, Sohmer SH (1999) Manual of the flowering plants of Hawai'i (Rev ed. vols 1 & 2). University of Hawaii Press & Bishop Museum Press, Hawaii, 1919 pp

Walters LJ, Brown KR, Stam WT, Olsen JL (2006) E-commerce and *Caulerpa*: unregulated dispersal of invasive species. Front Ecol Environ 4 (2): 75-79

Wardle DA, Nilsson M-C, Gallet C, Zackrisson O (1998) An ecosystem-level perspective of allelopathy. Biol Rev 73(3): 305-319

Waterkeyn A, Vanschoenwinkel B, Elsen S, Anton-Pardo M, Grillas P, Brendonck L (2010) Unintentional dispersal of aquatic invertebrates via footwear and motor vehicles in a Mediterranean wetland area. Aquat Conserv Mar Freshw Ecosyst 20(5): 580-587

Westbrooks RG (1991) Plant protection issues: a commentary on new weeds in the United States. Weed Technol 5: 232-237

Westbrooks RG (1998) Invasive plants: changing the landscape of America. Federal Interagency Committee for the Management of Noxious and Exotic Weeds, Washington, DC, 109 pp

Westbrooks RG (2004) New approaches for early detection and rapid response to invasive plants in the

United States. Weed Technol 18(Spec. Issue 1): 1468-1471

Whinam J, Chilcott N, Bergstrom DM (2005) Subantarctic hitchhikers: expeditioners as vectors for the introduction of alien organisms. Biol Conserv 121(2): 207-219

White PS, Schwarz AE (1998) Where do we go from here? The challenges of risk assessment for invasive plants. Weed Technol 12(4): 744-751

Whyte RO (1959) International approach to plant exploration and introduction. Euphytica 8(3): 196-208

Widrlechner MP, Thompson JR, Iles JK, Dixon PM (2004) Models for predicting the risk of naturalization of non-native woody plants in Iowa. J Environ Hortic 22(1): 23-31

William RD, Warren GF (1975) Competition between purple nutsedge and vegetables. Weed Sci 23(4): 317-323

Williams E, Grosholz E (eds) (2002) International *Caulerpa taxifolia* conference proceedings (31 Jan-1 Feb 2002, San Diego). California Sea Grant College Program, University of California, La Jolla, 247 pp

Williams PA, Newfield M (2002) A weed risk assessment system for new conservation weeds in New Zealand, science for conservation 209. New Zealand Department of Conservation, wellington. http://www.doc.org.nz/upload/documents/science-and-technical/Sfc209.pdf

Williams JA, West C (2000) Environmental weeds in Australia and New Zealand: issues and approaches to management. Austral Ecol 25: 425-444

Williams PA, Popay I, Gatehouse HAW (2010) New Zealand biosecurity legislation and the naturalization of exotic weeds. Plant Prot Q 25: 95-98

Williamson M, Fitter A (1996) The varying success of invaders. Ecology 77(6): 1661-1666

Wilson JRU, Ajuonu O, Center TD, Hill MP, Julien MH, Katagira FF, Neuenschwander P, Njoka SW, Ogwang J, Reeder RH, Van T (2007) The decline of water hyacinth On Lake Victoria was due to biological control by *Neochetina* spp. Aqua Bot 87(1): 90-93

Wolverton BC, McDonald RC (1979) The water hyacinth : from prolific pest to potential provider. Ambio 8(1): 2-9

Wopfner N, Gadermaier G, Egger M, Asero R, Ebner C, Jahn-Schmid B, Ferreira F (2005) The spectrum of allergens in ragweed and mugwort pollen. Int Arch Allergy Immunol 138(4): 337-346

Wotton DM, Hewitt CL (2004) Marine biosecurity post-border management: developing incursion response systems for New Zealand. N Z J Mar Freshw Res 38(3): 553-559

제21장 기후변화와 식물의 생물안보: 정책에 미치는 영향
Climate Change and Plant Biosecurity: Implications for Policy

Jo Luck, Ian D. Campbell, Roger Magarey, Scott Isard,
Jean-Philippe Aurambout, and Kyla Finlay
번역: 홍기정(순천대학교)

21.1 서 론

기후변화는 전지구적인 농업과 임업 생산에 주요한 위협일 뿐만 아니라 또한 잡초, 해충, 병원균(weeds, pests & pathogens, WPP)의 효과적인 관리를 위한 위험요인으로 고려될 것이다. 식물을 기반으로 하는 산업이 기후변화에 취약하다는 것은 잘 알려져 있지만, 놀랍게도 WPP와 관련된 위험이 어떻게 변화할 것인가에 대해서는 연구가 한정되어 수행되고 있다. 이러한 위협을 이해하는 것은 산업계 및 검역기관이 그러한 증가된 위험에 더 잘 준비하고 적응할 수 있게 할 것이다. 예를 들어, 병해충위험분석에 기후변화의 예측된 효과를 포함시키는 것은 검역대상지역, 확산저지 전략, 위협 목록, 산업적 생물위험 계획, WPP의 관리전략 및 비

J. Luck (✉) · K. Finlay
Biosciences Research Division, Department of Environment and Primary Industries, Victoria AgriBio, 5 Ring Rd, La Trobe University, Bundoora, 3083 Victoria, Australia

Plnat Biosecurity Cooperative Research Centre, Innovation Centre, University of Canberra, Bruce, ACT 2617, Australia
e-mail: jo.luck@pbcrc.com.au

I.D. Campbell
Integrated Natural Resources Division, Agriculture and Agri-Food Canada,
1341 Baseline Rd., Ottawa, ON K1A 0C5, Canada

R. Magarey
North Carolina State University and Co-operator with USDA-APHIS-PPQ-CPHST PERAL, 1730 Varsity Drive, Suite 300, Raleigh, NC 27606, USA

S. Isard
Departments of Plant Pathology and Meteorology, Pennsylvania State University,
205 Buckhout Lab, University Park, PA 16802, USA

J.-P. Aurambout
Plant Biosecurity Cooperative Research Centre, Innovation Centre, University of Canberra, Bruce, ACT 2617, Australia

Future Farming Systems Research, Department of Primary Industries Victoria, PO Box 4166, Parkville, VIC 3052, Australia

상계획, 감시활동, 통관 후 검역지침을 미리 선정해야 할 필요가 있는 새롭게 등장한 생물안보의 위험 및 변화를 강조할 것이다.

기후변화 및 증가된 기후의 변이성은 작물의 수확과 분포 및 작물에 영향력이 있을 수 있는 WPP가 변경될 가능성이 있다. 온도 및 습도 같은 기후조건이 변화할 때 일어나는 이상발생(outbreak)은 성장, 발육, 생존, 전파를 위해서 가장 양호하다. 이러한 기후변화는 WPP가 그들의 정상적인 분포범위를 새로운 환경으로 확장하는 원인이 될 수 있으며, 잠재적으로 농업적 손실이 확대될 것이다.

새로운 WPP의 상호작용은 기존의 무해한 병해충을 주요한 문제병해충로 등장하게 하는 원인으로 나타날 수 있거나, 유입된 WPP가 정착할 수 있는 조건을 제공할 수 있다. 곤충과 병원균, 기주식물, 환경(모든 생물적 및 무생물적 환경) 사이 긴밀한 상호작용은 WPP 자체의 생태(biology) 뿐만 아니라 WPP가 상호작용하는 시스템에서 기후변화의 효과를 조사할 필요가 있다(Luck 등 2011). 이러한 상호작용의 복잡성은 의사결정을 위한 정확한 정보를 제공하는데 있어 중요한 도전이다. 별개로 기후에 대한 WPP의 반응에 대한 분석은 기후변화의 결과로써 기주식물과 서식지에서 및 기주와 해충/병원균 관계에서 일어날 수 있는 중대한 변화가 무시되었다. 이러한 상호작용에 대한 기후변화의 효과를 이해하는 것은 식물의 생물안보에 부과된 기후변화의 위협에 관해 이해하는데 필수적이다(Aurambout 등 2006).

미래의 기후 동향에 관한 예측은 기후 변화의 본질, 범위, 강도가 공간적으로도 일시적으로도 모두 심하게 변할 것임을 지적하고 있다. 이러한 변화에 대한 WPP의 반응은 종-특이적 및 지역-특이적이 될 것이며, 그들의 상호작용 및 상호의존성에 의해 더 복잡하게 될 것으로 예상된다. 또한 기후변화는 전지구적 생산과 무역의 양상을 변경할 것이고, 대기온실가스를 줄이려는 것과 같은 정책을 초래할 것이며, 더 나아가 생산과 무역뿐만 아니라 보다 직접적으로 식물의 건강 위험을 방지하는데 이용되는 도구에 영향력이 있을 것이다. 복잡성 때문에, 경험에 근거한 일반적인 규칙이 식물의 생물안보에 대한 기후변화의 영향을 밝히는데 쉽게 진전될 수 없지만, 컴퓨터 모델의 개발은 이러한 과정의 이해를 증진하는데 도움이 될 것이며, 잠재적으로 특정 사례의 결과를 평가하거나 WPP의 상품, 지역, 범주에 대한 일반적인 경향을 추출하는데 도움을 될 것이다.

위험평가에 관해 앞선 9장에서 정의한 것처럼, 생물안보의 잠재적인 위협에 관한 분석은 4단계를 포함한다고 이해할 수 있다: 식물위생조치에 관한 국제기준(ISPM) No. 11에 의해 정의된 것과 같이 (1) 병해충 범주화, (2) 유입, 정착 및 확산 가능성의 평가, (3) 그 영향의 평가, (4) 위험을 추정하기 위한 확률의 조합(FAO 2006). WPP의 잠재적인 위협에 관한 가능한 경제적, 환경적, 사회적 영향을 평가하는 것은 관리방안을 명확히 하는데 도움이 된다. WPP가 반응할 것이라는 범위가 종종 알 수 없는 것처럼 기후변화는 특별히 복잡성의 새로운 층을 나타낸다(Aurambout 등 2006). 향후, 기후변화는 일부 병해충에서는 더 심각하게 되고, 다른 병해충에서는 덜 위협적이 되는 결과를 초래하는 WPP의 생태(biology) 및 분포에 영향을 미칠 가능성이 있다. 이러한 잠재적인 새로운 반응을 이해하는 것은 위협의 우선순위 재조정 및 만일의 사태에 대비한 계획의 변경과 같은 생물안보관리에서 새로운 방향을 결정할 것이다(그림 21.1).

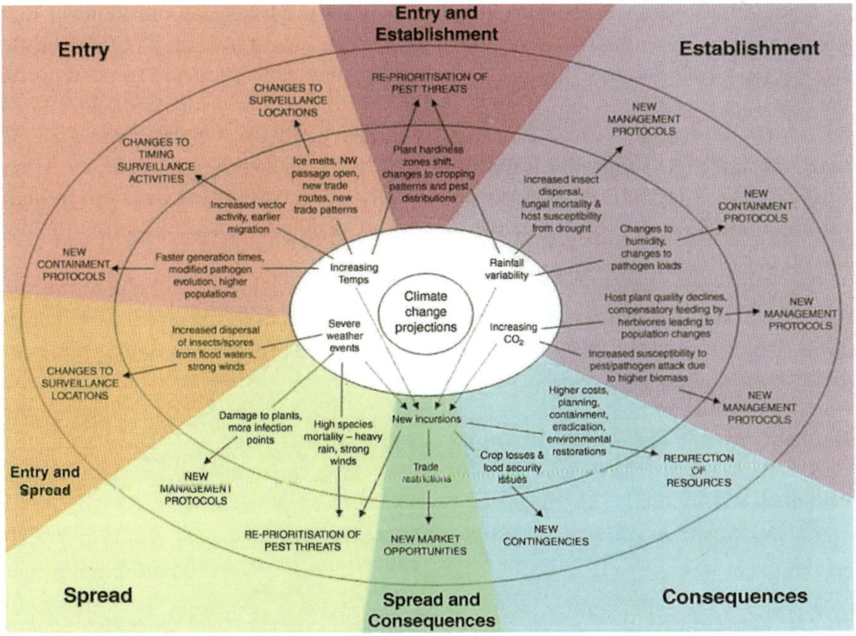

그림 21.1 생물안보정책에서 잠재적인 영향을 지닌 WPP의 유입, 정착, 확산 및 그 영향에 관한 기후변화의 가능성 있는 효과를 요약.

여기에서는 침입종에 관한 가능성이 있는 기후변화의 효과를 설명하고, 두 가지 사례 연구를 이용하여 이들 효과를 조명하고자 한다. 어떤 연구나 정책의 격차를 해소하기 위한 권고로 생물안보정책에 대한 잠재적인 영향을 설명하기 위해 이들 효과를 추론하고자 한다.

21.2 기후변화에 관한 정부간 패널(IPCC)의 전지구적 예측

기후변화에 관한 정부간 패널의 4차 평가보고서(IPCC 4AR)에서 상세한 전지구적 기후 예측은 전지구적 대기 및 해양의 평균기온 상승, 바다와 얼음의 광범위한 용해, 전지구적 평균 해수면의 상승으로 증명된 것과 같이 부인할 수 없는 기후온난화를 지적하고 있다(Meehl 등 2007). 전지구적 평균기온에서 이러한 관찰된 변화들은 온실가스배출, 특히 관찰된 이산화탄소의 농도(2011년 3월 현재 392ppm, http://co2now.org)의 증가로 인한 가능성이 매우 높다. 대기 중 이산화탄소의 농도는 배출시나리오(배출시나리오에 관한 특별보고서(Nakicenovic & Swart 2000) 참조) 및 피드백 시스템에 따르면, 2100년경 500~900ppm으로 증가할 것으로 예상하고 있다.

대기-해양이 결합된 일반적인 순환 모델의 결과는 전지구적 평균 온난화가 비록 직선이 되지는 않을지라도, 다음 20년 동안 10년에 평균 약 0.2℃의 비율로 지속될 것으로 예상된다고 지적하고 있다. 배출시나리오에 따라 낮은 수준(B1)의 배출시나리오인 +1.8℃에서, 높은 수준(A1F1)의 배출시나리오인 +4.0℃에 이르기까지 최선의 추정치로 2090년에서 2099년의 전지구적 대기 표면의 평균온도는 1980년에서 1999년보다 1.1-6.4℃ 더 따뜻해 질 가능성이 있다. 온난화는 지구상에서 여러 가지 다른 양상으로 될 것이다: 육상 및 북위도가 높은 곳에서 가장 크게, 남반구 해양 및 북대서양 북부에서 가장 작게 될 것이다(Meehl 등 2007).

보다 따뜻해진 바다에 의한 열의 팽창은 IPCC 배출시나리오의 전체 범위에서 1980~1999년과 2090~2099년 사이 0.18~0.59m (1.5~9.7mm/년)의 비율로 예상되는 해수면 상승에 기여하는 가장 중요한 요소이다. 남반구 해양에서 평균상승보다 더 적게, 북극 및 대서양 남부와 인도양을 걸쳐서는 예상되는 평균상승보다 더 크게 높아질 지리적 변이성이 있다. 북극과 남극 모두의 빙하는 미래의 기후에서 줄어 들 것으로 예상하고 있다; 북극의 늦여름 빙하는 21세기의 후반부 동안에 사라질 것이라는 지적이 있다.

평균온도의 상승에 따라, 극한 저온에 의한 위험의 감소를 동반한 극한 고온에 의한 위험은 더 커진다. 특히 서부 유럽, 지중해, 미국의 남동부 및 서부에서는 일제히 더 오랫동안 지속되고 더 강렬한 열파의 위험이 증가할 것으로 예상되고 있다.

연평균강수량은 아열대지방에서 감소가 예상됨과 함께 열대지역, 특히 열대 태평양 및 고위도 지역에서 증가할 것으로 예상된다. 전체적인 평균 수증기, 증발량, 강수량이 증가할 것으로 예상된다. 강수량의 강도가 증가하는 사건은 모든 지역에서 예상되지만, 특히 평균강수량이 증가하는 열대와 고위도 지역에서 뚜렷할 것이다. 이러한 증가는 매우 습한 겨울의 가능성이 더 높아짐과 함께 홍수의 위험이 더 커질 것이다. 또한, 최대 풍속이 더 커지고, 폭우의 빈도가 더 많아지는 강도를 지닌 열대 사이클론(태풍과 허리케인)이 증가할 것으로 예상된다. 모델은 북반구와 남반구 모두에 대하여 이러한 폭풍의 궤도가 극쪽으로 위치전이(shift)하는 것으로 예측하고 있다. 폭우 사이의 긴 건조기간이 또한 예상되며, 그러므로 여름철 건조가 더 커질 수 있는 중앙 대륙 지역에서는 강수량이 증가할 가능성에도 불구하고 더 큰 가뭄의 위험이 있을 것으로 지적되고 있다. 이것은 재배시즌의 보다 따뜻해진 온도로 인한 증발산의 증가로 많은 지역에서 악화될 수 있다. 추운 지역에서는 겨울철 눈으로 뒤덮인 들판(snowpack)이 겨울철 증가된 강수량 및 겨울철 보다 따뜻해진 온도의 균형에 따라 증가하거나 감소할 것이며; 눈으로 뒤덮인 들판(snowpack)의 변화는 봄철의 홍수 및 지하수 및 지표수의 재충전에 영향력이 있을 것이다.

21.3 생물안보에 영향력 있는 잡초, 해충, 병원균, 기주식물에 관한 기후변화의 직접적인 영향

21.3.1 기온 상승

기온 상승은 WPP의 분포에 변화를 불러 올 것으로 예상되고 있다(Cannon 1998; Root 등 2003). 온대에 서식하는 종은 보다 높은 위도와 고도로 자신의 분포지를 확장할 가능성이 있는 반면, 추위에 적응된 종은 제한된 분포지를 경험하게 될 것이다(Bale 2002). 예를 들어, 코드린나방(*Cydia pomonella*)과 콜로라도잎벌레(*Leptinotarsa decemlineata*)의 북쪽으로 위치전이(shift)는 노르웨이로 예상되고 있다(Rafoss & Sæthre 2003). 남반구에서, 모델은 기온의 상승과 함께 퀸즐랜드과실파리(*Batrocera tryoni*)가 남쪽으로 분포범위를 확장할 것으로 예측하고 있다. 호주에서 노랑초파리(*Drosophilia melanogaster*)의 남부지역 개체군은 아마도 보다 따뜻하고 건조한 기후에 대해 유전적 적응을 나타내어 4℃ 위도로 위치변이(shift)에 상응하는 개체군 유전이 변화되었다(Umina 등 2005).

기온은 직접적으로 성장과 발육, 생존, 생식력, 섭식행동, 분포범위 및 풍부도와 같은 곤충 생활사의 변수들에 영향을 준다(Bale 2002). 기온이 상승하는 조건하에서는 비록 그 반응이 곤충 그룹에 따라 달라질 수 있고(예: Masters 등 1998), 그 효과가 종 특이적이 될 가능성이 있다고 지적하지만, 곤충은 발육시간이 더 빨라지고, 생활사가 더 짧아지는 반응을 나타낼 것이다(Harrington 등 2001; Bale 2002). 연중 온대에 서식하는 종에 있어서는 활발하게 성장하는 동안 보다 높은 기온은 취약한 약충 및 유충시기로 보내는 시간이 짧아짐으로써 발육이 빨라지고, 포식활동이 감소할 수 있다. 보다 빨라진 발육시간과 함께 기온의 상승은 나비목, 딱정벌레목, 노린재목과 같은 일부 곤충분류군에서 기록된 것과 같이 시즌 당 세대수에 증가를 유도할 수 있다(Kiritani 2006; Gomi 등 2007; Jönsson 등 2007).

보다 높아진 겨울철 기온은 보다 따뜻해진 기온에서 겨울철 생존율이 증가하고, 보다 높은 개체군 밀도를 보이는 복숭아혹진딧물(*Myzus persicae*)과 같이 휴면조건이 필요 없도록 종에 영향을 미칠 수 있다(Bale 등 1988). 일부 다화성(multivoltine) 종들에 있어서 휴면은 일본에서 남쪽풀색노린재(*Nezara viridula*)에서 찾아진 것과 같이 기온상승에 따라 보다 길어진 광기간이 휴면반응을 유발하지 않을 수 있는 것과 같이 또 다른 환경의 실마리에 대한 반응으로 나타난다(Musolin 2007).

기온 상승은 일부 환경에서 식물체에 광범위하게 유리할 수 있다. 예를 들어, C_4의 광합성 경로를 이용하는 식물체는 C_3의 광합성 경로를 이용하는 식물체보다 따뜻하고 건조한 조건에 보다 잘 적응되며, 따라서 C_4 목초류는 일부 온대성 생태계에서 훨씬 더 공격적인 침입자가 될 수 있다(Ehleringer 등 1997; White 등 2001). 기후변화와 관련된 빈도와 정도 모두에서 감소할 것으로 기대되는 겨울철의 극한 저온 사건은 일부 WPP를 방제할 수 있을 것이다. 스위스에서는 최근 수십 년 동안 서리가 없는 재배시즌의 증가로 이미 일부 지역에 침입한 외래 활엽수 종의 정착이 상당히 증가하는 결과를 초래하고 있다(Walther 2002).

기온 상승은 생활사의 성공적인 완성에 영향력 있는 기주식물의 생물기후학과 초식곤충 사이 동시성 활동을 단절할 수 있으며, 화분매개나 곤충의 가해의 감소와 같은 예상하지 못한 반응이 유도될 것이다(Root 등 2003). 관련된 비동시성은 기주식물의 발아와 출현 사이 매우 밀접한 관련성을 가지는 일부 종에서는 불리할 수 있으며(Straw 1995), 보다 오랜 기간 성장하는 종에서는 유익할 수 있다(Zhou 등 1995). 영국에서 예측한 모델링은 연평균기온이 2℃ 상승하면, 일부 곤충의 생활사가 2~3주 일찍 완성될 수 있다고 제안하고 있다(Dewar & Watt 1992). 또한, 온대지역에 서식하는 곤충 종의 번식주기에 대한 메타 분석(meta-analysis)은 영국에서 10년 동안 5.1±0.1일 더 일찍 시작하는 주기를 나타내었다(Cannon 1998).

종의 이주 및 이동은 기온 상승으로 발육 및 비행을 위한 임계온도가 교란되는 영향을 받게 될 수 있다. 예를 들어, 보다 따뜻해진 기후는 진딧물과 나방에서 찾아진 것과 같이 임계비행 온도가 보다 일찍 도달하고, 이주가 일찍되고 아마도 오랫동안 지속되는 결과를 초래할 것이다(Zhou 등 1995; Woiwod 1997). 이것은 더 자주 도달되는 보다 높은 임계온도에 의해 비행의 제한을 해소할 수 있을 것이다.

식물 병원균은 그들의 분산 능력과 상대적으로 짧은 세대기간을 고려해 볼 때 기후변화에 특별하게 반응할 것이며(Brown & Hovmøller 2002; Scherm & Coakley 2003), 검토를 위해서는 다음을 참조한다(Manning & Tiedemann 1995; Chakraborty 등 1998; Chakraborty 2005). 보다 온화한 겨울철은 흰가루병(*Erysiphe grammis*), 갈색잎녹병(*Puccinia hordei*), 줄기녹병(*Puccinia striiformis*)과 같은 병원균에게 유리한 것을 알 수 있고, 매우 더운 날씨와 관련된 보다 온화한 겨울철은 cercosporea leaf spot disease (*Cercosporea beticola*), 흰가루병(*Erysiphe betae*), rizomania disease (*Rizomania*)의 발육을 촉진할 수 있다(Chakraborty 등 1998; Patterson 등 1999). 또한, 따뜻하고 습한 조건은 보다 강하고 보다 이른 감자 역병(*Phytophthora infestans*)의 이상발생을 유도하는 반면, 덥고 건조한 여름철은 rhynchosporium leaf blotch (*Rhynchosporium secalis*)와 septoria leaf spot diseases (*Septoria tritici* 및 *S. nodorum*)를 포함한 많은 진균병의 감염이 감소된다(Patterson 등 1999). 기온 상승은 또한 기주-병원체간 상호작용에 영향을 미칠 가능성이 있으며(Chakraborty 등 1998), 작은 기온 상승조차도 병 저항성을 유지하기 위한 적절한 임계값 이상의 열 합계를 증가시킬 수 있다고 경고한다. 보다 따뜻해진 겨울철과 보다 높아진 전반적인 기온은 병원균의 겨울철 생존에 유리할 것이며, 병원균과 매개체의 생활사를 가속화할 것이다(Harvell 등 2002).

마지막으로, 보다 높아진 기온은 또한 식물체의 구조적 변화, 즉 병원체의 감염에 대한 기주 저항성 및 보호를 부여할 수 있는 목질화의 증가와 관련될 수 있다(Chakraborty 등 2000a; Fuhrer 2003). 반대로, 보다 높아진 온도 변화에서 감염은 기주식물체의 방어 반응이 감소하는 것으로 표현될 수 있다. 예를 들어, 감염의 증가된 심각성은 온도에 민감한 저항성 유전자를 지닌 세균성 점무늬병의 저항성 고추(Padgett 등 1997; de Jong 등 2002; Romero 등 2002) 및 *Puccina graminis avenae*가 원인인 귀리 줄기녹병에 대한 저항성 귀리 품종의 저항성 감소(Chakraborty 등 1998)에서 알 수 있었다.

21.3.2 대기 중 이산화탄소(CO_2) 농도의 증가

식물-초식동물의 상호작용에 대한 상승된 이산화탄소(CO_2)의 영향에 관한 정보는 아직 비교적 드물다. 초식성 곤충은 질소에 대한 탄소(C/N)의 높은 비율에 대한 보상을 위해 "보상적 섭식"이나 음식소비율의 증가로 상승된 이산화탄소(CO_2) 농도 하에서 재배된 식물체에 대한 반응을 보인다(M Hunter 2001). 이러한 효과는 몇몇 곤충분류군인 나비목(Roth & Lindroth 1995; Lindroth 등 1997; Goverde 등 1999; Agrell 등 2000), 잎벌레류(Veteli 등 2002), 잎벌류(Williams 등 1997), 메뚜기류(Johnson & Lincoln 1991)에서 관찰된다. 식물체의 영양이 낮은 품질은 초식동물의 성장 속도를 감소시키고, 발육기간이 연장될 수 있다(Lawler 등 1996; Smith & Jones 1998; Johns & Hughes 2002; Goverde & Erhardt 2003; Coll & Hughes 2008).

품질이 낮은 음식에 적응하는 능력을 지닌 종은 기후변화에 보다 쉽게 적응할 수 있다(Bale 2002). 상승된 이산화탄소(CO_2) 농도가 발육을 느리게 하였다면, 초식동물은 천적(또는 보다 높은 비율의 병원성 세균 및 바이러스)에 대한 노출 시간을 늘어남으로 영향을 받게 될 것이며, 그러한 섭식을 통해 궁극적으로 초식동물 풍부도의 감소를 유발할 수 있다(Stiling 등 1999; Kopper & Lindroth 2003). 그러나, 그 효과는 각각의 곤충-식물 시스템에 대해 상당히 특이적이며, 곤충 그룹들 사이에서도 다양하다(Coviella & Trumble 1999).

상승된 이산화탄소(CO_2) 농도로 기주 저항성의 증가는 다음과 같은 수많은 식물의 생리적 · 형태적 변화에 기인한다: 저항성 활동에 부분적으로 활용할 보다 많은 광합성산물을 유도하는 순광합성량(net photosynthesis)의 증가, 잎에서 기공 유통성 탄수화물 축적의 감소, 앞의 보다 많은 왁스, 표피세포의 여분 층(layer), 섬유 성분의 증가, 보다 많은 엽육 세포, 페놀화합물의 생합성 증가(Bowes 1993; Hibberd 등 1996; Hartley 등 2000; Fuhrer 2003).

이산화탄소(CO_2) 농도의 증가로 인한 작물 구조의 변화는 천개 안에 습도의 증가 및 병원균 생존에 보다 유리한 조건을 유도할 수 있다(Chakraborty & Datta 2003). 이산화탄소(CO_2) 농도가 상승된 수준에서 광합성의 증가율은 곤충과 병원균이 보다 일찍 대량 발생할 수 있게 재배시즌에서 보다 일찍 식물체가 성장하도록 유도할 수 있으며, 그 다음에 식물체의 생체량 증가는 병원균의 대량 발생 및 증식을 위한 보다 넓은 전염원(병소)을 초래할 것이다. 상승된 이산화탄소(CO_2) 농도에서 콩과 목초인 *Stylosanthes scabra*의 병원균인 *Erysiphe graminis* 및 anthracnose pathogen *Colletotrichum gloeoporioides*에 있어서 증식력의 증가가 밝혀졌으며, 기주 저항성은 와해될 수 있다. 상승된 이산화탄소(CO_2) 농도 하에서 식물체 성장의 증가와 관련된 *Stylosanthes scabra*의 확장된 천개는 천개 내의 미세기상 중 습도가 증가하는 것을 알 수 있고, 차례로 포자의 수가 더 높아지고, 탄저병의 감염율이 증가하며(Coakley 등 1999)(Chakraborty 등 2000b; Pangga 등 2004), 호적한 미세기상에서 증식력의 증가는 병원균의 진화를 가속화할 수 있다(Chakraborty & Datta 2003).

병원균의 공격성인 기주 내에서 침입, 피해, 증식하는 능력(Shaner 등 1992)은 상승된 이산화탄소(CO_2) 농도 하에서 *Stylosanthes scabra*의 저항성 품종에 대한 *Colletotrichum gloeoporioides*이 25회 이상의 연속적인 감염주기로 증가하는 것이 밝혀졌다(Chakraborty & Datta 2003). 감염주기의 횟수가 증식력의 증가나 보다 빠른 생활사에 의해 증가된다면, 저항성 작물의 견고성에 대해 명백한 영향이 있는 것이다(Coakley 등 1999).

21.3.3 강수량 패턴의 변경

강수량 및 증발산량의 변화는 이미 불충분한 강우로 인해 잦은 실패를 경험한 천수답 영농지역에서 보다 큰 영향을 미칠 가능성이 있다. 호주 남부의 변화하는 기후조건하에서 비록 이산화탄소(CO_2)의 비옥효과에 의해 부분적으로 상쇄될 수 있을지라도 강우가 현저히 감소한다면, 특별히 건조한 지역에서 영농은 생육할 수 없게 될 가능성이 있다. 호주 북부에서 영농은 서리 위험의 감소 및 잠재적으로 수확량의 증가가 지속될 것으로 예측되고 있다(Howden 2002).

식물체는 특정한 생리적 온도 및 습도/강수량의 임계값을 가지기 때문에 기후변화는 식물의 분포에 영향을 미칠 것이다. 큰 나무들은 생물기후의 변화에 적응이 느리게 될 것이며, 빠르게 적응하는 해충 및 병에 취약한 나무들은 사라질 것이다. 예를 들어, 호주의 약 1/4을 차지하는 유칼립투스는 온도 1℃의 변동(shift) 또는 강우량에 20% 이상의 변화에 견디지 못할 것이다(Hughes 등 1996). 작물이 아닌 식물체에서 이러한 변동(shift)은 작물의 WPP, 화분매개곤충, 작물병해충의 천적의 적합한 대체기주의 적합성에 대한 효과를 통한 작물체가 반응한 결과일 것이다.

느린 반응을 나타내는 나무 및 다른 수명이 긴 종은 "전환기의 생물군계"란 용어로 표현될 수 있는 기후적으로 교란되고 불균형적인 식물체 관계의 광범위한 발생을 초래할 수 있다. 호주의 산불이 나기 쉬운 유칼립투스 산림이나 북미 북서부의 침엽수 산림과 같이 일부 생물군계는 빈번하고 넓은 지역의 교란에 적응되어 있는 반면, 또 다른 생물군계는 넓은 지역의 교란을 빈번하게 경험하지 못하였고, 그들에 잘 적응되지도 못하고 있다. 그런 광범위한 교란은 광범위한 토지의 이용 전환이나 유입된 병해충과 같은 인간의 영향에 대한 반응으로 넓은 지역이나 거의 대륙적인 규모로 일어날 수 있다. 산림의 우점종인 eastern hemlock (*Tsuga canadensis*)의 90%가 제거된 BC 3000년경의 북미 동부에 산림 병원균의 파괴적인 급속한 확산(Allison 등 1986)이나 캐나다 서부에 현재의 기후변화가 사주한 Mountain Pine Beetle (*Dendroctonus ponderosae*)의 파괴적인 급속한 확산(Carroll 등 2003)과 같은 드문 자연적인 사건 또한 광범위한 불균형적인 식물체 조합이 원인일 수 있다. 잘 인정되지는 않지만, 급속한 기후 변동은 또한 캐나다 동부의 소빙하기(Little Ice Age)에 나타났던 것 같은 넓은 불균형의 결과를 가져 올 수 있다(Campbell & McAndrews 1993). 다가오는 기후변화는 소빙하기(Little Ice Age)보다 더 빠르고 진폭 면에서 더 넓게 될 것으로 예상되며, 따라서 전지구적 생물군계의 평형에 대해 상응한 더 광범위한 영향을 미칠 수 있다. 이러한 환경에서 침입외래종(IAS)은 덜 교란된 경관에서는 나타나지 않는 정착 및 확산을 위한 기회를 찾게 될 것이다.

21.3.4 극한 사건들(허리케인, 가뭄, 홍수, 극심한 더위)

극한 기후의 빈도가 증가하는 것은 현재 평균적인 변화보다 잠재적으로 농업에 더 많은 피해를 줄 것으로 생각된다. 관행농업에 있어서 심각한 피해 및(또는) 심각한 붕괴로 장기적인 수확량은 영향을 받게 될 것이다(Porter & Semenov 2005). 가뭄 빈도의 증가는 시들음 및 사망에 이르는 가뭄이 든 해들 사이에 나무가 회복할 수 있는 능력이 감소될 수 있다. 또한 폭풍우 및 사이클론의 증가로 나무와 산림의 임분구조에 대한 직접적인 피해를 통해서 수목은 영향을 받게 될 가능성이 있다. 얕은 근계를 지닌 관개하는 수목들은 예측된 심한 폭풍우의 증가로 더 죽게 될 위험에 놓여 있을 수 있다. 따라서 보다 깊은 근계를 지닌 수목들은 강우량의 감소 및 증가된 폭풍우 사건에 생존하기 위해 보다 잘 적응될 것이다. 산림의 풍도목 증가는 또한 교란된 서식지를 증가할 것이다.

가뭄 및 동반하는 나무의 스트레스는 보다 높은 온도와 조합될 때, 특별히 해충의 공격에 대해 일부 식물체 기주가 더 감수성이 되는 원인인 식물생리에 영향을 준다(Rosenzweig 등 2001; Fuhrer 2003). 예를 들어 건조한 조건과 따뜻한 기온으로 인한 곤충매개개체군(예: 진딧물)의 증가는 식물 바이러스의 전파를 도울 수 있다(Rosenzweig 등 2001). 반대로, 가뭄은 발육을 위해 물이나 습도를 필요로 하는 일부 병원균의 발생을 줄일 수 있다(Chakraborty 2005).

바람의 증가와 휘몰아치는 비는 WPP를 광범위하게 분산시킬 수 있어, 예전에 감염되지 않은 지역으로 새로운 침입을 초래하고, 감염(정착)과 생존율을 촉진할 수 있다(Rosenzweig 등 2001; Anderson 등 2004). 예를 들어, 감귤궤양병의 세균은 이슬이나 비, 관개수와 관련된 자유수분이 존재하는 병변으로부터 스며나온다(Pruvost 등 2002; Mavrodieva 등 2004). 플로리다에서 허리케인 윌마(Wilma)와 관련된 바람은 상업적 과수원 170,000에이커의 과수(산업의 1/3)를 폐허에 이르게 하는 감귤궤양병의 세균을 널리 확산시켰다(Gottwald & Irey 2007). 사막풀무치(Desert locusts)는 역사적으로 대서양을 횡단하는 장거리 비행을 위해 필요로 하는 대기의 고도별 맞닥뜨리는 차가운 온도와 다양한 바람에 의해 아메리카 대륙으로 도달되는 것을 막아 왔다; 그러나 허리케인 조안(Joan) 및 열대요란 18 (Tropical Disturbance Eighteen)과 관련된 바람과 따뜻한 기온은 1988년에 남미와 카리브해에 풀무치가 도달되도록 허락하였다(Richardson & Nemeth 1991; Rosenberg & Burt 1999; Lorenz 2009).

또한 극한 기후적 사건과 관련된 또 다른 자연적 교란은 복잡한 방식으로 기후변화에 의해 영향을 받게 될 수 있다. 예를 들어, 화재가 일어난 산림상의 반응은 연료의 유형(아마도 건조한 침엽수림을 개방된 공원이나 초원으로 변환하게 되면)뿐만 아니라 화재가 날 극단적인 기후의 증가를 일으키는 기후변화의 직접적인 영향에 따라 달라 질 것이다(Campbell & Flannigan 2000). 침입외래종은 화재와 복잡한 상호관계를 가지며, 화재는 침입자인 종자/알/포자를 죽게 할 것이며, 번식체/유충생육단계는 화재에 견딜 수 없겠지만, 교란 그 자체가 침입을 위한 빌미를 제공할 수 있다(Keeley 등 2003). 또한 곤충과 병은 화재로 피해를 받은 임분에 대량 서식할 수 있고, 그들은 쇠약해지는 임분과 죽은 목재 연료의 생산으로 스스로 화재를 촉진할 수 있다(Fleming 등 2002). 그러한 순효과(net effect)는 복잡할 것이며, 지역에 따라서 및 종에 따라서 다양할 것이다.

21.4 병해충위험분석에 대한 생물안보의 영향

21.4.1 병해충위험분석 과정

호주의 검역시스템은 위생 및 식물위생조치(SPS 협정)의 적용을 위해 세계무역기구(WTO)에 의해 설정된 국제기준 및 협정과 식물병해충에 대해 국제식물보호협약(IPPC)에 의해 개발된 여러 지침과 기준에 의해 뒷받침되어 있다. ISPM No. 11 (FAO 2006)은 병해충이 산업에 중

대한 위협이 있는지 여부 및 또한 병해충위험분석과정을 계속할지 여부에 따라 가능한 경제적, 환경적, 사회적 영향 및 범주화를 위한 병해충의 초기단계 평가를 수반하는 병해충위험분석의 위험평가단계로 정의한다. 어떤 병해충이 우선순위가 높은 병해충으로 고려된다면, 원산지 국가로부터 목적지로의 많은 문서화된 경로 및 잠재적인 경로의 분석을 통해 유입가능성을 평가하고, 원산지에서 고려되어야만 하는 그러한 경로와 관련되는 병해충의 가능성을 평가한다. 정착 및 확산 가능성은 병해충이 생존하고, 기주에서 성공적으로 번식한 다음, 다른 적당한 기주로 분산할 가능성과 관련된 요인들을 조사하는 것을 수반한다. 마지막으로 직·간접적인 영향의 평가는 고려되어진 경제적, 환경적, 사회적 요인들에 의해 일어날 수 있는 피해의 가능성과 범위에 관한 분석을 통해 이루어진다. 직접적인 영향의 기준은 식물체의 수명과 건강뿐만 아니라 또 다른 환경적 변수에 대한 피해를 포함한다. 간접적인 기준은 해충이나 병의 위협과 관련된 경제적, 환경적, 사회적 비용으로 언급된다. 이 변량들의 평가 및 계량화는 외래병해충의 가능성 있는 침입에 대한 관리방안을 결정할 것이다. 그러나 자주 간과되면서 혼란스런 요인은 WPP가 변화하는 기후에 대해 어느 정도 반응할 것인지를 알 수 없다(Aurambout 등 2006). 위에서 설명되고, 보통 실행되는 것과 같은 과정은 역사적인 병해충 분포범위, 선적시 병해충의 유입 및 검출에 관한 역사, 과거의 영향들에 관한 역사를 포함한 역사적인 데이터에 높은 의존도를 보인다. 이러한 모든 역사는 어느 정도 기후-의존적이며, 또한 변화된 기후 하에서 미래의 잠재성에 대해 신뢰할 수 없는 지침이기도 하다.

여기에서는 PRA에 관한 3가지의 일반적인 유형인 상품의 위험평가, 잡초의 위험평가, 종 수준(또는 경로)의 위험평가에 기후 변화의 잠재적인 영향을 논의하고자 한다. 또한 기후변화 시나리오를 위험평가과정에 병합하기 위한 몇 가지 일반적인 권고사항을 만들 것이다.

상품의 병해충 위험평가에서는 예비적인 병해충 목록에서 확인된 일반적으로 다수의 병해충이 있게 될 것이다. 이 목록으로부터 경로를 따를 가능성이 있고, 또한 검역적인 중요성이 있는 병해충이 분석을 위해 선발된다. 현재 병해충의 미국에 정착 가능성을 분석하는데 USDA-APHIS 시스템상의 식물의 내한성 지대가 이용되고 있다.

식물의 내한성 지대 접근법은 특별히 제한된 분포나 발육 데이터를 가진 병해충을 분석하는데 신속하고 실질적인 방법이다. 위험분석담당자는 병해충의 현재 분포상태로 점령하고 있는 식물 내한성 지대와 미국에서 나타나는 식물 내한성 지대를 비교할 것이다. 이러한 분석을 지원하기 위해, 전지구적 식물 내한성 지대가 10년과 30년의 기후자료를 나타내는 기상대의 역사적 기록으로부터 만들어졌다. 또한, 최근에는 이들 식물 내한성 지대가 IPCC B1 시나리오를 기반으로 향후 90년 후에 어떻게 변화가 예상되는가를 보여주는 지도가 만들어졌다(http://www.nappfst.org). 이러한 시나리오들은 대기 온실가스의 증가가 낮음에서 보통으로 추정되었고, 따라서 기후변화의 속도가 낮음에서 보통으로 예상된다. 이 지도는 십년의 증가분으로 나타내었고, 내한성 지대가 극쪽으로 이동을 보이고 있다(그림 21.2).

잡초의 위험평가 과정은 번식용으로 수입된 식물의 잡초화를 평가하기 위해 개발되고 있다(Pheloung 등 1999). 그 과정은 식물체를 잠재적인 침입자나 비침입자 또는 추가적인 분석이 필요한 것으로 분류하기 위해 많은 주관적인 질문을 이용한다. 일반적으로 포함된 질문 중 하나는 지리적 잠재성이나 기후 적합성과 관련된다. 대부분의 식물 종(그 밖의 해충

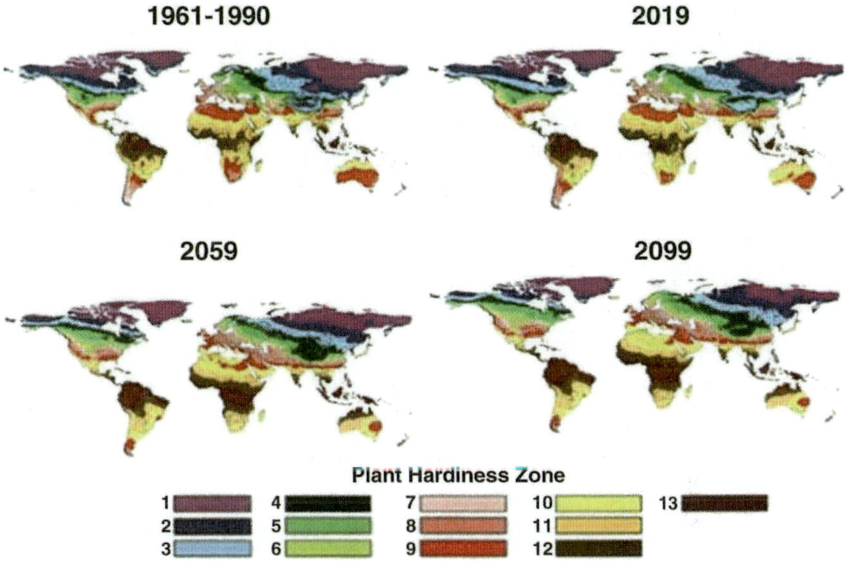

그림 21.2 기후변화 시나리오 B1 (IPCC)을 기반으로 한 1961-90, 2019, 2059, 2099년의 전 지구적 식물 내한성 지대. 식물 내한성 지대의 정의는 Magarey 등 (2008)에 기술되었음.

및 병원균과 달리)은 보통 기후대 일치성(climate matching)이나 환경생태적 지위 모델링(environmental niche modelling)을 포함한 종의 분포 모델링을 지지하기 위해 세계적인 식물 표본관 및 박물관으로부터 지리와 관련된 많은 수의 관찰 자료를 가지고 있다. 이러한 모델링 기법은 현재의 분포지와 환경적 변량(예: 기후) 사이의 수학적인 관계로부터 식물 종의 잠재적인 분포지를 추론할 수 있다(Venette 등 2010). 이러한 접근방식은 기후변화 시나리오와 병합하기 쉽고, 이 접근방식에 관한 가능성을 보이는 많은 연구들이 출판되고 있다(Pheloung 등 1996; Kriticos 등 2003; Thuiller 등 2005). 잡초의 침입이 상당수 증가할 수 있다는 것은 기후변화에 관한 몇 가지 잠재적인 암시이다. 예전에 너무 추웠었던 기후대에 열대 식물 종의 유입에 대한 수요가 증가 될 것이다. 두 번째 과소평가된 영향은 기후가 따뜻해짐에 따라 생물 연료의 생산이 증가할 것이며, 이것은 또한 탈출과 침입의 잠재성을 지니는 유전적으로 변형된 계통을 포함한 새로운 작물 종의 유입을 초래할 것이다(Sheppard 등 2011).

종의 위험평가에서, 병해충에 적합한 PRA 지역에 관해 기후학적으로 보다 세부적인 분석을 수행하는 것은 분석가에게 보다 넓은 영역이 된다. 절지동물 및 병원균에 대하여, 종의 분포 모델을 만들기 위해서는 지리와 관련된 관찰 자료가 불충분한 경우가 종종 있다. 실험적인 데이터가 유용하다면, 감염일, 온일도(degree days), 사망임계값, 생장지수와 같은 유용한 데이터를 기반으로 모델을 만들 것이 그 대안이다. 또한 이러한 유형의 모델들은 기후변화의 연구에 잘 받아들여질 수 있고, Karnal bunt (*Tilletia indica*), 콜로라도잎벌레(*Leptinotarsa decemlineata*), 지중해과실파리(*Ceratitis capitata*), Prickly Acacia (*Acacia nilotica*)를 포함한 병해충에 대해 문헌상에 많은 예가 있다(Baker 등 2000; Scherm 등 2000; Rafoss & Sæthre 2003).

병해충의 침입에 대한 기후변화의 잠재적인 경제적 영향을 조사하기 위한 방법이 기후변화의 영향이 보통 포함되지 않을지라도, 유용한 침입 관리의 비용편익 모델링 프레임워크(cost-benefit modelling framework)를 포함하여(Beare 등 2005) 적용할 수 있다(Ackerman & Finlayson 2006; Ha 등 2010). 그들이 신뢰할 수 있게 계량화되어 있는지를 결정하는 것은 병해충위험평가의 각 단계에서 잠재적인 기후변화의 영향을 확인하는데 유용하게 될 수 있다.

21.4.2 감시 대응

외래종은 무역 및 여행과 같은 인위적인 경로를 통하거나, 주로 바람을 매개로 한 자연적인 분산을 통해 침입한다. 침입종이 자연적인 수송을 통해 국가나 주의 경계를 넘을 가능성이 있는 곳을 인지하는 것은 생물안보의 감시에서 이용되는 곤충트랩(insect traps), 감지식물(sentinel plants), 탐색 프로토콜(detection protocols)의 배치가 중요하다. 국경을 넘는 식물병해충의 확산에서 대기 경로가 병해충(Aurambout 등 2006) 및 잠재적인 침입 생물체(Isard 등 2005)의 유입 및 확산을 결정하는 중요한 요인이라는 상당한 증거에도 불구하고, 자연적인 분산의 역할은 대부분 탐구 중에 있다. 좋은 예는 아시아콩녹병(ASR)인 *Phakospora pachyrhizi* 이다(아래쪽에서 삽화됨). 풍속이 증가되고, 보다 높은 강도를 지닌 사이클론 및 허리케인은 미래의 기후, 감시위치, 유입지점에서 증가가 예측되므로 보다 긴밀하게 모니터링되고, 정기적으로 개정되어야 할 필요가 있을 것이다.

기후변화에 따른 증가된 위험에 관한 지식은 외래식물병해충의 대상물을 개선할 것이며, 감시활동을 위해 '고위험'인 위치를 우선순위로 하는데 지원할 것이다. 탐지가능성이 높아진 시간과 장소에 감시활동이 더 중점이 될 수 있다면, 직면한 위협에 더 효과적으로 자원을 배치할 수 있다.

감시활동 네트워크를 위해, 기주나 서식처의 가용성 및 기후적 변량이 생물체의 생태(biology)에 관한 지식과 통합된다면, 병해충의 도착을 예견할 수 있다. 국립해양대기관리청(National Oceanic and Atmospheric Administration)의 HYSPLIT (hybrid single-particle Lagrangian integrated trajectory) 모델과 같은 대기생태학적 적용을 위한 대기수송모델(atmospheric transport models)은 지역간 이동을 정확하게 추적할 수 있다(Isard 등 2006; Kuparinen 2006; Cardwell & Hoffman 2009; Shamoun-Baranes 등 2010). HYSPLIT 모델은 병해충의 생태(biology)가 예상되는 궤도를 따라 수송에 어떻게 영향을 미칠 것인가를 이해하기 위한 해석을 필요로 한다. 이것은 포자의 생산, 천개로부터 탈출, 난기류에 의한 수송, 생존, 내려앉기를 포함한 대기생물학적 과정에 관한 이해를 포함하고 있다(Isard 등 2005).

21.4.3 침입 관리

침입종이 국경을 돌파하면, 병해충을 억제하기 위해 침입된 중앙지점 주위로 적절한 경계

지역을 설정하는 것이 침입 관리의 측면에서 중요하다. 이러한 "검역구역(quarantine zone)"은 미래의 기후에서 침입종의 행동에 기초하여 선제적으로 증가되거나 감소되어야 할 필요가 있다. 무발생지역이나 봉쇄(containment)는 비용적으로 만일의 사태에 대비한 계획의 개발 및 실행에 관한 것이며, 모니터링, 진단능력, 조사의 범위설정, 감염된 기주식물의 폐기, 해충/병원균에 감염되지 않은 재료의 이동규제, 농약살포, 저항성을 회피하기 위한 살충제의 이용에 관한 관리, 생물적 방제 연구, 인지 및 탐색 교육, 인지 및 정보전달 전략의 개발을 포함한 WPP를 관리하기 위한 조건을 구체화하는 것이다. 더욱이 침입한 사건에 있어서, 결정은 종종 빠르게 이루어져야 하며, 비록 비용이 영구적으로 전문가를 이용하기 위해 영구적으로 수반될지라도, 침입에 있어서 지식의 출처에 관한 혜택은 귀중한 것이다.

심각한 날씨로 결과로써 생물안전의 대비 및 미래 정책에 대한 변화의 예가 2005년에 플로리다에서 일어났다. 허리케인 윌마(Wilma)와 관련된 바람이 감귤궤양병을 급속하게 확산시켜, 상업적 과원의 170,000에이커(산업의 1/3)의 과수를 폐허로 만들었다. 이 세균의 이동은 감귤궤양병 관리를 위한 장소로 미리 구획된 579m (1,900 feet)의 검역구역을 돌파했다. 윌마(Wilma)에 앞서, 감귤궤양병을 박멸하거나 확산을 저지하는 것조차도 경제적으로 더 이상 실현가능하지 않은 지점으로 허리케인이 이 병을 확산시킴으로써 박멸프로그램은 그 장소에서 중단되었다. 예전의 확산저지 전략에 심각한 기후 사건은 고려되지 않았었다(Irey 등 2006; Gottwald & Irey 2007). 이러한 사건의 강도가 기후변화와 함께 증가될 것으로 예측되기 때문에, 바람을 매개로 한 주요 침입종에 대한 현재의 확산저지구역을 조정할 필요가 있을 것이다.

21.4.4 무역 및 시장 접근

자연적 이주에 의하지 않을 때의 해충 및 병의 침입은 주로 무역에 의해 일어날 것이다. 전지구적인 무역의 큰 부분을 차지하는 기후에 의존성이 높은 두 산물인 농산물 및 임산물의 무역 패턴은 다양한 방법으로 기후변화에 영향을 받게 될 것으로 예상할 수 있다. 이들은 전지구적인 식량의 생산 및 소비 패턴의 변화, 무역 루트의 변화, 보다 직접적인 지정학적인 기후변화 효과 및 기후변화를 완화하기 위해 개발될 수 있는 덜 직접적인 온실가스 감소정책의 효과인 두 가지에 의한 무역의 또 다른 변화를 포함할 것이다.

전지구적 생산 및 소비 패턴의 변화. 전지구적인 식량의 생산 및 소비 패턴은 정치지리학 및 기후뿐만 아니라 경제지리학에 의존한다. 기후변화로 세계의 일부 지역은 온도 및 강수량의 변화로 인해 그들의 전통적인 작물 생산의 실행이 덜 유용하게 되겠지만, 또 다른 지역은 전지구적인 경쟁우위의 변화로 인해 작물의 변화를 발견할 것이다. 작물을 생산하는 그들의 능력은 기후변화에 의해 부정적으로 영향을 받지는 않을 수 있지만, 만일 또 다른 나라가 같은 작물의 생산성을 증가시킨다면, 그들 자체의 생산은 전지구적인 시장에서 경제성이 덜하게 될 수 있다.

기후 변화의 순효과(net effect)가 대부분의 개발도상국의 식량-수입 의존도가 증가할 것이라는 단지 "중간에서 낮은 정도의 확신"을 가질지라도, IPCC (2007b)는 중요한 적응 조치가 취해지지 않으면 식량 생산에 있어서 가장 중요한 감소를 보일 가능성이 있는 지역으로 아시아 남부 및 아프리카 남부를 선정하였다. 또한 IPCC는 동일한 수준의 확신으로 식량과 임산물의 전지구적인 무역이 증가할 가능성이 있다고 결론지었다. 무역의 증가는 일반적으로 IAS를 위한 기회의 증가를 의미한다. 즉, 개발도상국과 식량 교역의 증가는 개발도상국과 선진국 간 IAS의 전파를 위한 기회의 증가를 의미한다.

전지구적인 생산 패턴의 중요한 변화를 경험할 것으로 예상되는 특정 상품은 아프리카 남부에서 생산의 상당한 감소를 경험할 가능성이 있는 콩과 밀 및 아프리카 중부에서 생산의 감소를 경험할 가능성이 있는 수수를 포함한다(Lobell 등 2008). 세계의 또 다른 지역에서, 농작물 생산의 변화는 덜 극적이지만, 그럼에도 불구하고 무역 패턴에 영향을 미칠 수 있다. 예를 들어, 캐나다는 밀의 생산이 더 증가할 것으로 예상되므로(Lobell & Burke, 2010; Sanderson & Ahmadi-Esfahani, 2010), 생산이 감소할 것으로 예상되는 그러한 국가들로 수출이 늘어날 것이다.

무역루트의 변화. 기후변화로 폭풍우의 증가가 크게 예상된다(IPCC WG I, 2007). 이것은 침입외래종(IAS)의 잠재적인 유입 및 정착의 영향과 함께 일부 무역루트가 일부 시즌에 약간 더 위험하거나 더 비싸게 운용되어 원양항로 무역에 영향을 줄 것이다. 예를 들어, 캐나다의 뉴펀들랜드(Newfoundland) 섬은 대부분의 동물사료 공급을 위해 본토와 연결된 연락선에 의존한다; 겨울철에 북대서양 폭풍우는 연락선 연결의 신뢰성을 감소할 수 있으며, 잠재적으로 더 길고 더 자주 단절되는 수송기간을 견뎌내기 위해 섬에 더 넓은 선적 능력과 저장 능력이 증가될 필요가 있다는 영향력을 가지게 된다(AAFC 2011). IAS에 미치는 가능한 영향이 긍정적일 수도 있다: 해마다 선적되는 수의 감소로 인한 유입 기회가 감소될 수 있음; 한편으론 남아있는 선적물이 더 커지고, 더 오랜 기간 동안 저장되게 될 것임.

무역루트의 가능성 있는 더 중요한 변화는 고위도의 북국에서 만년 해빙이 급속하게 사라짐으로 일어날 수 있다. 북서항로(그림 21.3)는 서유럽과 동아시아 사이 수천 km의 여행거리를 줄이는 잠재적인 무역루트이며, 더욱이 파나마 운하("Panamax"로 알려진)를 항해할 수 있는 선박의 크기를 제한하지 않는다는 이점이 있다. 조합된 이러한 장점들은 극적으로 북대서양 지역과 북부 태평양 지역 사이의 교역을 증가할 가능성을 가진다. 이것은 종종 IAS를 수반하는 부패하기 쉬운 물품의 무역에 있어 특히 그리하다. 상당한 상업적인 선적물에 대해 북서항로가 아직 열려있지는 않지만, 최근 몇 년간 예상보다 빠른 속도로 해빙이 사라지고 있고, 상업적으로 이 항로의 첫 번째 임시적인 이용이 있었다. 비록 역사적인 기록에서 예전에 이 항로가 나타나진 않았지만, 예전의 따뜻한 기후 기간 동안에 이 항로가 나타났었고(Fisher 등 2006), 2030년경에는 이 항로가 계절적으로 상당히 안정적으로 얼음이 없게 될 수 있거나 그렇게 될 것이다(Stroeve 등 2008).

항로의 개통으로 대신하게 되는 무역에 훨씬 더 의존함으로써 북서항로의 개통에 의한 영향은 전지구적 IAS에 대해 뚜렷하지 않을 수 있다. 그러나 예전에는 선박이 파나마 운하를 지나가서 캐나다에 접근하지 않았으나, 대신해서 캐나다 수로를 지나갈 것이고, 캐나다를 목적지로 하지 않더라도 캐나다 항구에서 급유하거나 다른 이유로 머무르게 될 것이므로 예전보다 IAS에 더 노출되게 되기 쉽다. 한편 우려하는 대부분의 IAS의 정착에 기후조건이 호의적이

그림 21.3 파나마 운하를 경유하는 유럽과 아시아 사이의 전형적인 화물선 항로(빨간 선)는 24,000km 이상을 항해하는데 22~23일이 소요되고 있으나, 북서항로(파란 선)를 이용하면 15,000km 이하의 거리를 항해하는데 14~15일정도 소요될 수 있어 상당한 시간과 연료를 절약할 수 있다. 환승하는 육지가 다르고, 환승지의 날씨가 다르며, 보다 짧은 여행기간에 의해 침입외래종(IAS)의 위험에 상당한 차이가 있을 것이다.

지 않을 가능성이 있는 고위도의 북극에서 상당히 증가된 IAS에 대한 노출이 나타날 것이다. 그러나 북극 환경은 어떤 유형의 교란에 매우 민감하고, 지구상에서 자연적으로 가장 낮은 생물다양성이 나타나는 지역 중 하나이므로 북극에 정착된 IAS는 이 지역의 생태에 있어 특별한 관심거리가 될 수 있다.

항로 개통의 긍정적인 효과는 파나마 운하를 통한 운송을 줄이는 것이다. 이것은 북대서양 영역과 북태평양 영역 사이의 루트로 들어 올 침입외래종(IAS)의 가능성을 줄일 수 있다; 매우 낮은 생물다양성을 지닌 지역인 캐나다의 북극은 다른 지역의 여러 우려하는 침입외래종(IAS)의 출처가 아니다. 또한 여름철 조차도 북극 통로에서 맞닥뜨릴 수 있는 추운 날씨가 추위에 적응되지 않은 많은 침입외래종(IAS)의 생존을 감소시킬 것이며, 따라서 목적지에서 정착 가능성을 줄일 가능성이 있다. 한편, 북대서양과 북태평양 사이에 감소된 운송시간은 생존을 증가시킬 수 있다. 캐나다에서는 약간 부정적일 가능성이 있을지라도, 전지구적 침입외래종(IAS)에 대한 전반적인 영향은 평가하기 쉽지 않다.

무역에서의 또 다른 변화. 기후변화는 종종 해수면 상승과 사막화를 통해 세계의 일부 지역에 잠재적으로 황폐화 효과를 가짐으로써 난민의 대량이동과 주요한 경제적 재배치를 유도하는 것으로 설명되고 있다(IPCC 2007). 이러한 시나리오들이 발생하는 여부에 상관없이, 기후변화는 일부 지정학적 변화를 가져올 것이고, 차례로 무역 패턴에 영향을 줄 가능성이 있을 것으로 기대할 수 있다.

보다 중요한 것은, 대기온실가스를 줄이기 위해 개발될 정책들이 농업과 임업 산물의 무역에 매우 중대한 영향을 미칠 수 있다. 탄소발자국이 확산되어, 예를 들어 "100마일 다이어트"와 같은 로컬푸드 운동을 통해 무역에 영향을 주기 시작한다면, 현지생산의 다양화(즉, 침입외래종(IAS)에 공격받기 쉬운 어떤 정해진 지역에서 작물의 수를 증가)하고, 이국적인 열대 농산물의 선진국으로 이동을 가능한 줄여 현지에서 생산된 식품의 중요성이 증가될 수 있다.

일부 작물의 생산기술은 경작지의 감소 및 실제로 탄소고정능력을 선호하게 되는 또 다른 변화와 함께 변경될 수 있다; 이러한 변화된 실행은 식물 해충과 병에 대해 알 수 없는 영향을 미칠 수 있다. 예를 들어 무경운 재배는 그것이 제공하는 토양의 탄소저장 혜택으로 부분적으로 점점 증진될 것이나; 그러나 윤작이나 다른 실행방법에서 또한 변화가 있지 않는 한, 일부 해충 및 병의 풍부도가 증가할 수 있는 반면, 다른 것들에서는 감소할 것이다(Anderson 2008). 또한 온실가스와 같이 이미 규제 중인 메칠브로마이드와 같은 일부 해충의 방제조치는 점점 선호하지 않게 될 수 있다. 동등한 저비용과 효과가 있으며, 보다 대기친화적인 대체방법이 발견되지 않는 한, 메칠브로마이드가 예방적인 조치로 요구되는 국가 간 상품의 무역에 영향을 미칠 수 있다.

21.5 사례연구

검역정책 및 생물안보의 운용에서 잠재적인 영향에 관한 기후변화의 예측되는 효과를 알기 위해서, 외래해충인 (침입된다면) 호주에서의 아시아귤나무이 및 외래진균병원체인 미국에서의 아시아콩녹병의 생태(biology) 및 잠재적인 분포에 관한 효과분석을 제시한다.

21.5.1 아시아귤나무이, *Diaphorina citri* Kuwayama (Hemiptera: Psyllidae)

아시아귤나무이인 *Diaphorina citri* Kuwayama (노린재목: 나무이과)의 해충 상태의 순위가 높게 매겨져 있는 것은 huanglongbin (HLB) 또는 감귤그린병으로 알려진 감귤을 쇠약하게 만드는 세균병을 매개하는 2종의 매개충 중 한 종이기 때문이다(Aubert 1987; da Graça 1991; Halbert & Manjunath 2004). HLB는 "*Candidatus* Liberibacter spp." (Proteobacteria)인 체관부에 한정된 세균의 수많은 계통에 의해 원인이 되며, 감염으로 인해 황백화, 끝부분의 마름, 잎의 감소, 결국 나무가 쇠약해 져 시장성이 없는 작고, 균형이 잡히지 않은 쓴맛의 변색된 과일을 생산하게 된다(Barkley & Miles 2006; Bové 2006; Stokstad 2006).

*D. citri*와 HLB는 세계의 감귤재배지 전역에 널리 분포한다(Aurambout 등 2009; Beattie & Barkley 2009, 그 안에 참고문헌들을 참조). *D. citri*는 또한 1915년에 호주 북부에서 보고되었으나, 북부 지역에 이상발생한 감귤궤양병을 제거하기 위한 캠페인을 벌인 1916~1922년 동안 우연히 박멸되었다(Bellis 등 2005). *D. citri* 및 HLB의 재유입은 호주의 감귤 산업에서 호주달러로 매년 466백만 달러 가치의 심각한 영향을 주고 있다(Johns 2004; Australian Citrus Growers 2007). 실제로 HLB는 호주의 감귤 산업을 위협하는 가장 우선순위의 외래 병원균 중 하나로 간주되고 있다(Dempsey 등 2002).

호주의 기후는 광대하게 넓은 지역에서 상당히 다양하며, 혹서(적도), 열대, 아열대, 온대를 포함한 수많은 기후대로 나누어진다. 기후변화의 영향은 또한 *D. citri*의 성장, 발육, 행동, 아마도 바이러스 매개능력에 직접적으로 영향을 주어 공간적으로 이질적이 되기 쉽다. *D. citri*는 또한 기주식물의 변화에 따라 간접적으로 기후변화의 영향을 받을 수 있다. 이 사례 연구는 *D. citri*의 미래 생물안보 위험도 상태에 관한 기후변화의 잠재적인 영향을 서술할 것이다.

유입가능성. *D. citri*와 HLB의 호주로 유입에 대한 높은 위험도를 지닌 경로는 이 병과 매개체가 존재하는 이웃 국가인 특히 뉴기니, 인도네시아, 동티모르(Timor Leste)로부터 감염된 감귤 식물체나 나무이의 유입을 통한 경로이며(Weinert 등 2004), 특별히 파푸아뉴기니와 호주를 구분하는 토러스해협(Torres Strait)으로 알려진 지역은 200개 이상의 섬들을 포함하며, 호주에서 가장 가까운 지점은 단지 150km에 있다. 호주 북부에서 보다 강력한 열대 사이클론 및 예측된 풍속의 증가는 침입에 도움이 되는 바람의 매개 가능성이 증가할 수 있다. 호주 북부로 leucaena psyllid (*Heteropsylla cubana*)의 유입은 아마도 열대 사이클론인 Winifred와 관련된 서태평양 지역으로부터의 대기 흐름에 의한 것으로 간주되고 있다(Bray & Sands 1986). 더욱이 *D. citri*에 있어서 허리케인과 관련된 장거리 이동(90~145km)이 플로리다에서 급속한 병의 확산의 근거로 가설을 세우고 있다(Gottwald 등 2007).

북쪽에서 극심한 강우 사건은 기주의 직접적인 사망과 유용성의 두 관점에서 *D. citri* 개체군의 성장이 불리하게 될 수 있는 여름철과 가을철에 더 확산될 것으로 예측된다(CSIRO & BoM 2007).

정착 및 확산가능성. 재배되는 감귤은 타즈마니아를 제외한 호주의 모든 주에서 상업적으로 생산된다. 호주 남동부(빅토리아, 뉴사우스웨일즈, 사우스오스트레일리아의 포함하는 지역) 및 퀸슬랜드의 남동부인 2개의 주요 감귤 재배지역이 있다. 또한 소소한 재배지역이 퀸슬랜드, 뉴사우스웨일즈, 호주 북부 및 서부에 존재한다(CAL 2009). 예비적인 생물기후 매칭 프로그램인 CLIMEX™ (Sutherst & Maywald 1985)는 *D. citri*가 빅토리아의 북서부 및 뉴사우스웨일즈의 남부의 일부를 제외하고, 호주의 감귤재배지 대부분에서 생존할 수 있다고 지적하고 있다(Beattie 2002).

*D. citri*는 6종의 호주 자생 감귤을 포함한 수많은 감귤(Aurantioideae)의 종과 품종에서 쉬고, 섭식하거나, 그의 발육을 완성하는 것이 관찰되고 있다. 결과적으로 호주 국경을 넘어 들어온다면, 적합한 기주에서 *D. citri*의 발견 가능성은 높다. 몇몇 종의 호주 자생 감귤은 재배되

는 감귤이 없는 갭 지역을 채우고 있어 호주의 북부 및 북동부 해안선을 우아하게 하고 있다(Sykes 1997; Mabberley 1998; AVH 2009). 더욱이 운향과인 오렌지자스민(*Murraya paniculata*)의 자생형은 호주의 북부 해안선을 따라 광범위하게 분포하고 있으며(Mabberley 1998; AVH 2009), 재배형(*M. paniculata* var *exotica*)은 호주의 공원, 정원, 뒤뜰에서 흔히 볼 수 있는 정원수이다(Mabberley 1998).

호주에서 *D. citri*의 행동, 분포, 생식능력에 관한 기후변화의 잠재적인 영향을 검정하기 위해, 그의 감귤 기주와 연관되어 그들의 생태(biology)를 병합하는 모델이 개발되었다(Aurambout 등 2009). 모델은 기준선(1990년), "중간범위"의 방출시나리오(A2)를 이용한 2030년 및 2070년의 예측된 온도로 3개의 시간 프레임을 적용하였다(Nakicenovic & Swart 2000). 온도의 상승이 *D. citri*의 섭식 및 산란에 결정적인 식물체의 새로운 생장부위의 출현일 및 출현기간에 영향을 준다는 사실을 알게 되었다(Husain & Nath 1927; Lin 등 1973). 호주에서 감귤이 싹트는 주기는 잘 알려져 있지 않으며, 공간적으로도 다양하다. 모델은 호주 남동부의 감귤 주요 재배지에서 자라는 발렌시아 오렌지 나무에 대한 물 이용의 효율성에 관한 연구로부터 싹트는 주기의 날짜를 근거로 하였다. 여기서는 일반적으로 주요한 한번이 봄철에 있고, 이어서 여름철과 가을철에 보다 소규모의 싹틈이 있는 매년 3번의 싹틈이 있다(Hutton 2004). 온도의 상승과 함께, 3번 모두의 싹틈은 해마다 보다 일찍 일어날 것이고, 그 기간도 더 짧아질 것이다(그림 21.4). 또한 3번 모두의 싹틈의 더 짧아진 기간이 점차적으로 남쪽으로 확장이 될 것이며, 여름철과 가을철 싹틈이 일어날 수 있는 지역의 관점에서 지리적인 팽창이 될 것이다(Aurambout 등 2009). 간략하게, 호주의 남동부는 점진적으로 기후적으로 훨씬 더 적합하게 될 것이며, 온도의 상승으로 여름철과 가을철 싹틈의 기간이 보다 길어짐을 경험할 것이다. 이러한 발견의 영향 중 하나는 *D. citri*의 잠재적인 침입을 탐색하기 위한 감시활동이 온도

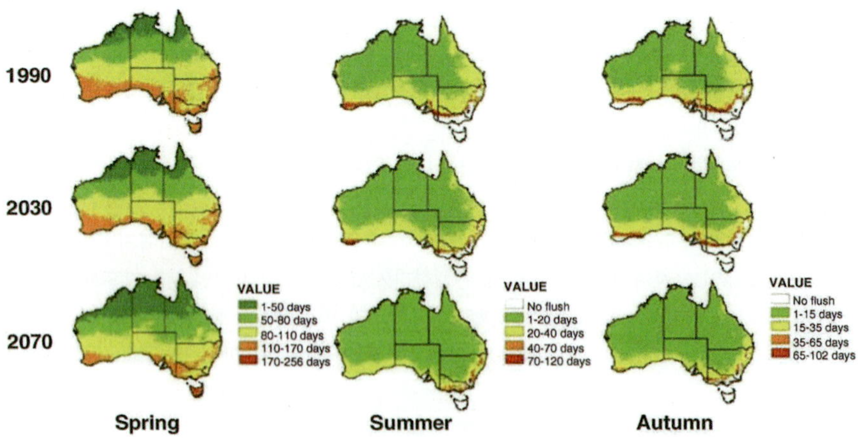

그림 21.4 1990년, 2030년, 2070년에 있어서 첫 번째(봄철), 두 번째(여름철), 세 번째(가을철) 싹틈이 나타날 때의 날 수(Aurambout 등 2009).

가 증가함에 따라 해마다 점진적으로 보다 일찍 시작해야만 한다는 것이다.

모델은 생식활동을 하기에 적합한 어린 싹들의 기간이 짧아짐으로 인해 부분적으로 집중되어 온도의 상승이 나무이의 발육기간이 짧아지게 유도한다고 지적했다. 전반적으로 모델은 *D. citri*의 반응이 온도 상승과 보다 따뜻해진 기후변화 시나리오와 관련된 호주 전체를 통해 성공적인 세대수의 일반적인 감소와 함께 공간적으로 이질적이 되는 것으로 나타났으며(그림 21.5 및 21.6), 특별히 호주의 보다 동쪽과 북쪽 절반부에서 *D. citri*의 성공적인 생식활동에 매우 중대한 감소를 유도하는 것으로 나타났다. 성충 단계에 성공적으로 도달하는 *D. citri*의 세대수에서 이러한 감소는 나무이 개체군의 전반적인 감소를 유도하는 섭식을 위해 유용한 싹들의 기간이 짧아진 것으로 설명될 수 있다(그림 21.5 및 21.6). 각각의 기후변화 시나리오 조사는 *D. citri*의 성공적인 세대수에 그리 심하지 않은 감소가 모든 시나리오를 통해 2030년경에 웨스턴오스트레일리아의 북쪽에서 기대될 수 있을 것으로 나타났다(그림 21.5).

모든 시나리오가 호주의 북부지역에서 *D. citri*의 생식활동의 성공(A1F1 시나리오 하에서 부분적으로 뚜렷한)에 있어 심한 감소를 보인 2070년경에 기후변화의 영향은 더 뚜렷하게 되었다(그림 21.6). 모델은 온도의 상승으로 북쪽 해안선을 따라 성공적인 세대수에서 점진적으로 더 큰 감소를 보였으며, 호주의 남서부 및 남동부가 나무이의 정착에 더 적합함을 보였다.

또한 봄철 싹틈의 개시가 빨라짐과 함께 온도의 상승으로 호주의 남쪽부분에서 보다 일찍 출현하고, 더 밀도가 높은 개체군 쪽으로 점진적인 경향이 될 것임을 지적했다. 공간적으로 적용된 모델의 이점은 높은 위험지역 및 기간을 확인함으로써 동시에 대규모의 감시계획을 수립하여 다수의 지역에 대하여 조사할 있는 것이다.

온도는 *D. citri*의 발육(Liu & Tsai 2000)과 그의 분포(Yang 등 2006)를 조절하는 가장 중요한 환경적 변량 중 하나이며, 모델은 온도의 상승에 따른 나무이의 행동 및 지리적 분포의 예측된 변화를 확인시켜 준다(Aurambout 등 2009). 그러나 몇몇 눈에 띄지 않는 지역에 감귤 산업이 존재하고 있음을 고려해 볼 때, 전체적으로 산업에 대한 위험도를 결정하는 것은 또 다른 기후 변량에 대한 반응으로 감귤의 생물기후학 및 분포의 잠재적인 변화로 간주되어야만 한다. 호주 남동부의 주요 감귤재배지에서, 연중 강수량은 2030년경에 특히 겨울철과 봄철에 2~5%, 2070년경에 10%까지 감소할 것으로 예측된다. 결과적으로 가뭄은 또한 호주의 대부분 지역에서 2030년경 예측으로 가뭄이 있는 달이 20%이상, 2070년경 예측으로 40%까지 증가할 것으로 기대된다(CSIRO & BoM 2007). 예를 들어, Murray Darling 유역에서 물에 대한 사람들의 소비와 환경적인 요구의 경쟁으로 작물에 대한 관개는 그 지역에서 감귤의 재식을 상당히 감소시킬 수 있고, 잠재적인 높은 위험이 위협적이다. 그러나 보다 더 남쪽 지역은 더 따뜻해지므로, 그들은 또한 기후적으로 감귤의 생장에 더 적합하게 될 수 있고, 지역적인 감귤 산업의 발전을 보게 될 수도 있다.

정착의 영향. 세계 어디에서나 이 병의 존재는 중요한 생산 손실과 함께 감귤의 기대수명을 극적으로 감소시킬 수 있다(Halbert & Manjunath 2004). 실질적으로 호주에 *D. citri*의 정착으로부터 위험은 감소되거나 활력을 잃은 생산, 시장성이 없는 과일, 방제 조치와 관련된 비용을 통해 감귤 산업 전체의 심한 몰락이나 손실인 것이다. 그 영향은 이상발생된 지역 및 만족스러울 만하게 억제될 수 있는지에 다소 의존적이 될 것이다. 북쪽 국경을 통해 호주로 들어 올

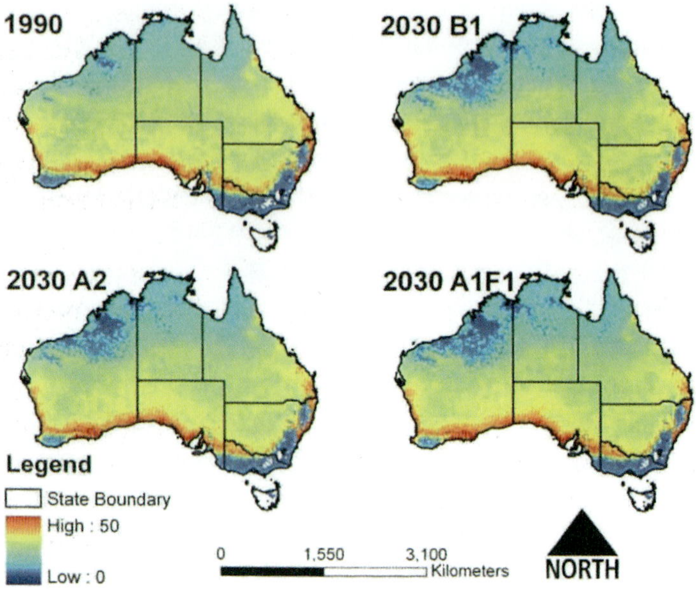

그림 21.5 3개의 기후변화 시나리오에서 2030년에 성충단계(3년 시뮬레이션 후)에 성공적으로 도달하는 *D. citri*의 세대수.

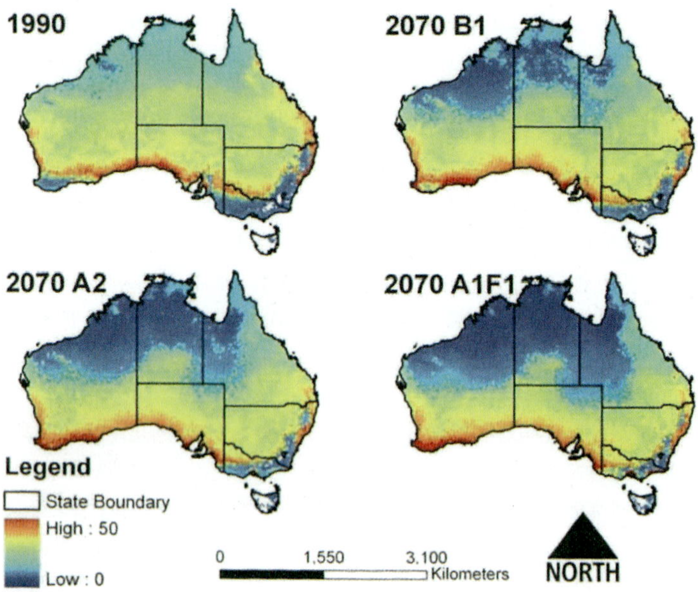

그림 21.6 3개의 기후변화 시나리오에서 2070년에 성충단계(3년 시뮬레이션 후)에 성공적으로 도달하는 *D. citri*의 세대수.

*D. citri*의 가능성은 미래 기후에서 더 커질 것이지만, 감귤원에 정착은 호주 남동부에서보다 훨씬 덜 할 것이라는 지적들이 있다.

지역 규모에서 농부는 즉각적인 검역 규제에 속하게 될 것이며, 과수원의 폐원 비용을 감내해야만 할 것이다. 또한 재배자의 소득 손실로 취급되는 감귤나무의 다시 식재와 열매를 열리는 사이의 긴 선행시간이 있다(Beare 등 2005). 영향을 받은 지역으로부터 주간 무역의 제한은 재배 상에서 손실과 수출 수익의 중요한 손실을 유사하게 취급할 것이다. 전체 생산가치의 절반 정도를 대표하는 호주 감귤의 약 25%가 해외로 수출되며(PHA 2009), 비록 세계적으로 HLB의 높은 유행에 의해 무역이 멈출 가능성은 없지만, "청정녹색"의 공급자로써의 호주 이미지에 손상을 입힐 수 있다.

또한 호주의 가치있는 자생 감귤의 유전자원이 위험에 처해진다(Finlay 등 2009). 6종의 호주 자생종은 절멸한 모든 감귤 종의 50%까지 포함할 수 있다고 제안하는 감귤 계통분류학의 최신 개정서(Guerra 등 2000; Samuel 등 2001; Mabberley 2004; Zhang 등 2008; Bayer 등 2009)와 함께 호주는 감귤에 대한 풍부한 생물다양성의 중심지 중 한 곳이다(Mabberley 2004). 전 지구적으로 가장 중요한 35개의 식량작물(FAO 2009) 중 하나로 인식되고 있는 *Citrus*속 식물의 유전적 다양성을 보존하고 유지하는데 높은 우선순위를 두고 있다. 호주의 야생 *Citrus*속 식물은 열대 강우림에서부터 사막까지 다양한 생태적 조건에서 생태적으로 적응되어 새로운 품종을 육성하기 위한 대목으로 유용한 중요한 유전적 변이성을 지닌다(Sykes 1997). 유전적 다양성의 손실은 자연환경에 대해 예기치 않은 비용이 될 수 있으며, 유전자 조작을 위한 자원을 잃음으로써 전지구적 군집에 상당히 큰 효과를 가져 올 수 있다.

또한 호주는 약 1,200종의 광범위한 자생 운향과 식물상을 가지며(ABRS 2005), 그 중 환경보호 및 생물다양성 보존법 하에 심각한 절멸위기종으로 2종이, 28종이 절멸위기종으로, 38종이 절멸에 노출되어 있는 종으로 목록되어 있다(Anon 2009). 퀸슬랜드의 북동부 습한 열대지역에서 9종의 운향과(자생의 *Citrus inodora*를 포함) 식물이 보존가치가 있는 것으로 목록되어 있다(Anon 2005). 만약 이들 식물이 HLB 및 이를 매개할 수 있는 *D. citri*에 감수성이라면, 호주의 식물상 및 곤충상의 생물다양성에 관한 역효과가 상당하게 될 것이다. 감귤 및 관상용 운향과 식물 모두 호주에서 흔히 재배된 정원 식물들이다. 뒤뜰에 자라는 나무들의 의무적인 소각은 비용적으로 뿐만 아니라 논리적으로도 어려움이 있을 것이며, 나무와 과일의 손해로 소유주-재배자로부터 사회적 · 정치적 반발이 될 수도 있다.

21.5.2 아시아콩녹병(ASR)

미국으로 유입되기 전에, *Phakopsora pachyrhizi*가 원인인 아시아콩녹병은 미국에서 콩(*Glycene max*)에 잠재적으로 영향을 줄 수 있는 가장 심각한 잎의 병으로 간주되었다(Sinclair & Hartman 1996). 예를 들어 2003년 동안, *P. pachyrhizi*는 브라질에서 759백만 달러 가치의 수확손실과 함께 콩 포장의 90%에서 검출되었고, 부가적으로 이 병을 방제하기 위해 살균제 살포로 544백만 달러가 소비되었다(Yorinori 등 2005). *P. pachyrhizi*는 생존과 번식을 위해서 살아있는 조직을 필요로 하는 활물기생체(obligate parasite)이다(Bromfield 1984). 미국에 유입된 이후, 이 병원균은 걸프해안 지역을 따라 좁은 지리대의 칡(*Pureria montana* var. *lobata*)에서 월동하며, *P. pachyrhizi*의 urediniospores가 바람에 날려 매년 북중부의 콩 생산지역으로 확산된다(USDA 2011). 지금까지 이러한 확산은 재배시즌의 후반부에 나타나므로, 북미의 콩 산업에서 콩녹병의 영향은 예견했던 것보다 덜하다. 그 이유로 ① 대기이동시스템의 빈도와 경로 및 ② 월동 개체군의 지리적 분포가 재배시즌 동안 이 병원균의 대기확산 시간 및 범위에 있어서 확연한 효과를 가지기 때문이며, 콩녹병은 북미지역에서 그의 지리적 분포가 기후변화에 의한 영향을 받기 쉬운 병해충의 예인 것이다.

유입가능성. 2004년 11월 6일 콩녹병이 북미 대륙에서 발견되었다(Schneider 2005). *P. pachyrhizi*는 일본에서 20세기 초에 동정되었고, 세기 중반에 동남아시아, 호주, 인도의 콩생산지로 확산되었다(Bromfield 1984). 1990년대 중반 동안 콩녹병은 중앙아프리카에서 보고되었고, 5년 후에 대륙의 콩재배지 전역으로 확산되었다. 2001년경 이 병은 남미의 Rio Parana valley의 콩 포장을 감염함으로써 대서양을 횡단하였다(Miles 등 2003). 이 병은 그 후 3년 동안 남반구에 남아있었으나, 2004년 6월 콜롬비아의 적도 북쪽에서 콩잎이 이 병원균에 대해 양성으로 반응하였다(Isard 등 2005).

콩녹병의 바람에 의한 수송을 조사하고, 북미로 확산 위험을 평가하기 위해 연구자들은 대기생물학종합모델링시스템(Integrated Aerobiology Modelling System; IAMS)을 개발하였다(Isard 등 2005). IAMS는 식물체 천개로부터 포자의 탈출과 방출을 위한 후보 모델, 대기수송, 태양광선에 노출로 인한 사망률, 포자의 습윤 및 건조상태에서 내려앉음, 출발지 및 목적지에서 기주 발육, 이들 기주에서 병의 진전을 포함한다. 대기생물학모델을 통한 시뮬레이션은 콩녹병의 포자가 2004년 9월에 허리케인 Ivan과 관련된 바람에 의해 남미의 북서부에서 미국의 남동부로 날아왔다고 제안하였다(Isard 등 2005). 활력있는 포자가 강우로 내려앉을 수 있는 지역에 관해 IAMS의 예견을 보여주는 지도가 이 병의 야외정찰계획 지침으로 2004년 11월 초에 미농무부 콩녹병신속대응팀에 제공되었다. 탐색 개시 3주 이내에 IAMS에 의해 많은 포자가 내려앉을 것으로 예견된 지역 및 바로 인접한 여러 지역의 "자원병"인 콩 식물체 및 칡의 병든 식물체 조직에서 *P. pachyrhizi*가 확인되었다(그림 21.7). 이듬해 이 병원균은 미국 남부에서 처음으로 칡으로부터 상업적 콩 포장으로 확산되었고, 그 다음 2007년에 온타리오와 같은 훨씬 북쪽의 콩에 감염을 일으킨 것과 같이 북미의 대륙 안쪽으로 확산되었다(USDA 2011).

콩녹병은 열대 및 중위도의 사이클론을 경유하여 대륙 간 이동을 논증하는 바람에 의해 매개되는 병원균의 예로 제공된다. *P. pachyrhizi*는 아프리카에서 남미로, 그 다음 뒤에 허리케인 Ivan에 의해 북미로 적도기압골과 관련된 대기 장해로 쉽게 날아가게 되었다. 보다 큰 진폭의 풍속과 보다 심한 강우를 지닌 보다 강력한 열대성 사이클론의 예측을 감안한다면, 미국으로 유입될 가능성은 증가한다(CCSP 2008). 다른 중요한 식물병원균이나 새로운 병원형이 처음 아프리카에서 남미 대륙 또는 카리브해 연안의 섬들로 대서양을 횡단하고, 그 다음 북쪽인 미국으로 이동한 사탕수수녹병의 원인체인 *Puccinia melanocephala* (Purdy 등 1985) 및 콩녹병이 이용한 대기경로를 따를 것이라는 이러한 확인은 중요한 의미를 지닌다.

그러한 대기경로를 따르는 병해충의 가능성을 평가하는데 하나의 접근방식은 대기생물학

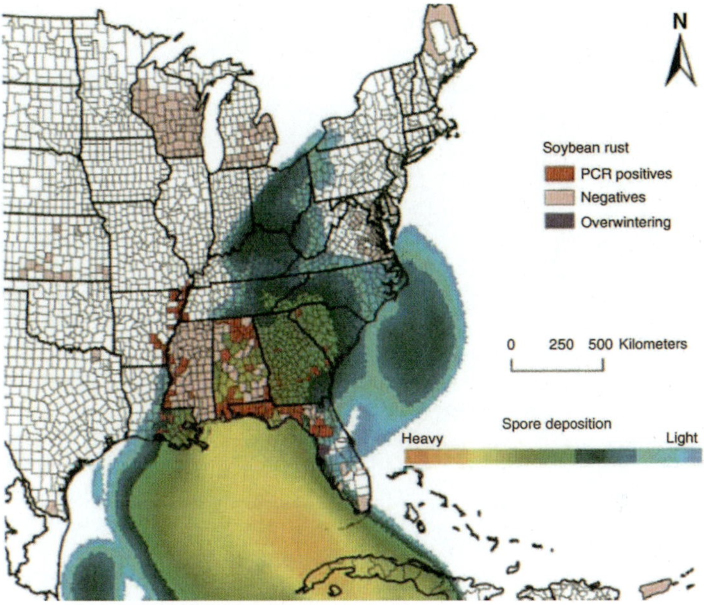

그림 21.7 IAMS 모델로부터 콩녹병 포자의 가라앉음이 예견된 패턴 및 PCR분석으로부터 관찰(Isard 등 2005).

과정을 4가지의 성분지수인 출원지의 강도, 수송, 기주의 분포, 유행의 가능성으로 나누는 것이다. 콩녹병이 미국으로 들어오기 가장 쉬운 곳과 때를 예측하기 위해 병원균의 침입에 앞서 이러한 접근방식이 이용되었다(그림 21.8) (Isard & Magarey, 미출판 자료). 이것의 적용에서 출원지의 강도 지수는 가능성 있는 출원지에서 감수성인 기주의 면적에 기초로 한다. 또한 1년을 6으로 나눈 2개월 간격으로 접종원의 생산에 관한 계절성을 병합한다. 이러한 첫 번째 기준은 연구자들에게 재빨리 북미로 콩녹병의 직접적인 수송을 위한 잠재적인 출원지로 아프리카를 제외하도록 하였다. 아프리카의 가장 넓은 생산자인 나이지리아는 6천 ha의 콩이 재배되는 반면, 남미는 30백만 ha 이상의 콩이 재배되며(FAO 2002), 2003년에는 상당한 비율의 콩녹병이 감염되었다(Miles 등 2003). IAMS의 분석결과가 수송 지수를 만드는데 이용되었다. 이 평가는 각각의 잠재적인 출원지로부터 10개의 미국 농업지대 각각으로 활력있는 포자를 운반할 가능성을 가진 예전 10년 동안의 일별 수송 사건의 수를 기록하여 작성되었다. 감수성 기주 지수는 수확된 면적(에이커)과 식재일 및 수확일을 포함한 농업센서스자료를 고려하여 참고로 각 지역 및 2개월 기간을 편집하였다. 유행 가능성은 NAPPFAST인 병해충예보시스템의 감염모델을 이용하여 진열된 각 지역 및 2개월 기간을 평가하였다(Magarey 등 2007). 겨울철의 시작 전에 발육하는 것은 유행을 위한 시간이 부족하기 때문에 유행 가능성은 시즌이 진행됨에 따라 감소한다. 최종 위험평가를 만들기 위해서 각 지수는 0과 1사이로 크기를 조정하였고, 서로 곱하였다. 최종위험지수 (그림 21.8에 나타내지 않음)는 정찰할 곳과 때를 제안하는 가장 높은 위험지역(아팔라치아 및 남동부) 및 시즌(6월 및 7월)을 나타내었다. 위에서 지적한

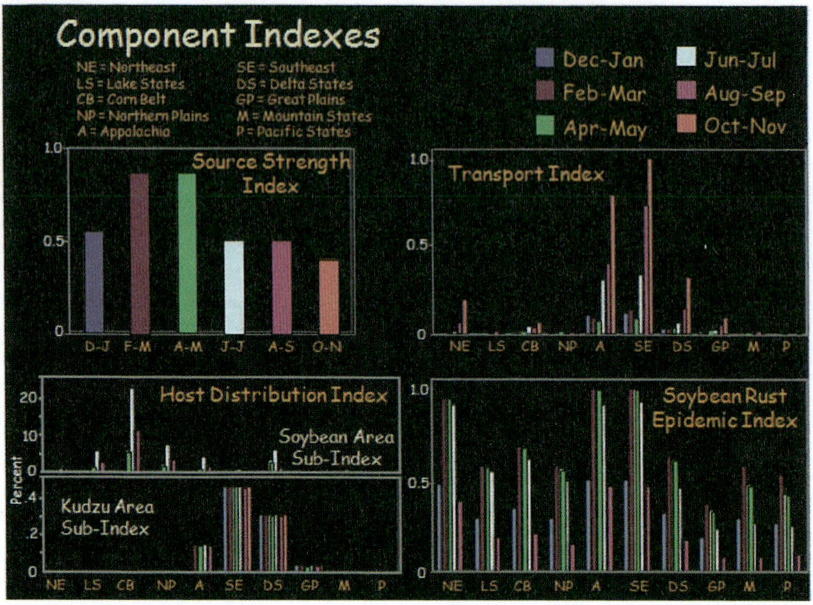

그림 21.8 콩녹병이 미국으로 유입될 때와 지역을 예견하기 위한 위험성분지수(Isard & Magarey, 미출판된 자료).

바와 같이 2004년에 유행을 시작하기에는 재배 시즌상 너무 늦은 시간임을 예측한 그 지수처럼, 콩녹병은 미국 남동부의 농업지역에 9월 말에 도착하여 들어왔다.

정착가능성. 비록 병원체가 많은 대체기주를 가진다고 알려졌을지라도, *P. pachyrhizi*는 미국에서 콩과 칡에서만 우점적으로 발견된다(USDA 2011). 결과적으로 겨울철 동안 콩녹병은 칡이 잎을 지니고 있는 곳이나 콩이나 jicama (*Pachyrhizus erosus*로 멕시코에서 흔하게 자라는 대체 기주)가 연중 재배되는 멕시코의 걸프만과 경계를 이루는 주의 해안지역 및 카리브해 연안, 멕시코, 중미의 지역으로 제한된다(Isard 등 2007; USDA 2011). 북미에서 수확량의 중대한 손실을 일으키기 위해서는 *P. pachyrhizi*의 uridiniospores가 이들 지역으로부터 작물체이 이 병에 대해 감수성일 때인 5월 초순 이후 및 9월 이전에 대륙 안쪽의 주요 콩 생산지로 이동하여야만 한다(Livingston 등 2004).

CLIMEX 소프트웨어(Sutherst & Maywald 1985) 및 장기적인 자료셋을 이용하여 미국에서 *P. pachyrhizi*에 대한 월동지역의 평가(Pivonia & Yang 2004)는 콩 생산이 가장 적은 플로리다와 텍사스의 중부와 남부에서만 그 병원균이 월동할 수 있음을 제안하였다(USDA Plant Hardiness Zone 10, 그림 21.2 참조). 지금까지 이 평가는 타당하다. 과거 6번의 겨울철을 지나면서, 콩녹병은 이들 지역 및 때로는 Zone 10의 밖이지만 걸프해안 주 내인 루이지애나 해안 및 몇몇 도시열섬을 따라 칡에서 월동하였다(USDA 2011). 온도 및 강수량 모두의 변화가 미국 콩 생산지에서 콩녹병의 증가를 가능하게 할 수 있음이 조사되었다(Li 2010). 세기말경에

IPCC A1B 시나리오에 따라 텍사스 및 플로리다 남부에서 뿐만 아니라 루이지애나, 미시시피, 앨라배마, 조지아에서 콩녹병의 월동에 적합한 넓은 지역이 있을 수 있다. 이런 후자의 주들은 최근 대략 1.6백만 ha의 콩을 재배하며, 미래에는 상업적인 콩의 넓은 면적(에이커)이 감염된 칡의 바로 가까이에서 재배될 수 있다. 이들 주에서 재배 초기 시즌에 습하고 따뜻한 곳의 상업적 포장에서 급속하게 증식된 콩녹병은 콩 주요 생산지의 작물체가 이 병으로부터 수확량의 손실에 감수성을 보일 때에 북쪽인 미국 중부로 장거리 대기수송을 위한 넓은 접종원으로 제공될 수 있다.

정착의 영향. 북미의 내륙은 세계에서 콩녹병을 경험할 가장 마지막 주요 콩 생산지였다. 병원균이 대서양을 횡단하고, 남미에서 발판을 마련하자마자, 미국으로의 유입에 대비하기 위한 미농무부의 기관들, 여러 주의 농업국, 대학, 산업계, 재배자 조직 사이 전례없는 수준의 협력이 있었다. 2004/2005년 겨울철 동안 미농무부의 콩녹병 정보시스템은 콩녹병 모니터링, 데이터베이스 활용, IAMS의 분석결과, 이해당사자와의 정보교환을 종합화하는 최첨단의 사이버 기반시설을 구축하였다(Isard 등 2006). 이러한 노력의 일부분으로 미국 35개주 및 캐나다 5개 지방을 연결하는 700개 이상의 콩녹병 감시지점의 모니터링 네트워크가 구축되었다. 대다수의 지점들은 콩이 재배되었고, 10%가 칡, 나머지 5%로 다른 콩과 작물이 채택되었다(Giesler 2006). 그 이후에 많은 지점들은 이 병의 분포와 확산에 대해 지식을 쌓은 지도전문가로 인해 감소되었다(USDA 2011). 2007년경 이 네트워크는 멕시코의 지점을 포함하여 확대되었다. 재배종, 재식일, 정찰 빈도는 미농무부의 감시지점 프로토콜에 따라 도처의 네트워크를 통해 다양하였다(USDA 2011). 각각의 주에서 첫 번째 양성반응뿐만 아니라 많은 부가적인 양성의 확인이 미농무부 국립식물진단네트워크실험실에 의해 확인되었다(Harmon 등 2005). 이 감시지점네트워크는 이 병으로부터 위협을 받는 지역에서 활동하는 정찰대에 의해 증가되었다. 2006년에 모니터링 활동의 규모로 미국과 캐나다 남부 전역을 통해 2,000개의 여러 지리적 지점에서 대략 18,000건의 관찰치가 국립콩녹병 데이터베이스로 제출되었다(USDA 2011).

콩녹병을 관리하기 위한 시도로 공동대응의 영향은 막대하였다. 2005년에 수확된 후, 미농무부 경제연구소는 불필요한 살균제가 살포되었을 수도 있는 미국의 수백만 ha의 콩 생산지가 이러한 공중생물학 및 병해충종합관리(IPM)의 진보된 IT기술의 적용으로 콩녹병에 대해 살포되지 않았다. 미농무부의 콩녹병정보시스템을 통한 정보의 전파가 2.6백만달러와 5백만달러 정도의 비용으로 미국 콩생산자에게 11백만달러와 299백만달러 정도의 이익을 증가시켰다고 보고되었다(Roberts 등 2006). 2006년에 미농무부의 콩녹병정보시스템은 지도 및 교육을 위한 병해충종합관리(IPM)의 병해충정보시스템(ipmPIPE)로 이름을 바뀌었으며, 몇 년 후에 콩진딧물(*Aphis glycines*), 강낭콩의 병, 오이 노균병, pecan nut caseborer (*Acrobasis nuxvorella*), southern corn rust에 중점을 둔 모니터링 프로그램을 포함하여 점차 확장하였다. 이 전체 기간을 통해 생산자, 작물컨설턴트, 지도전문가, 관리자(공무원)에 의한 인터넷 플렛폼의 이용이 높아졌고, 특히 2009년에는 2개국 언어(스페인-영어)로 된 소개가 이루어졌다. 플렛폼의 SBR 성분에 관한 재배자의 이용만으로 2007년에 살균제 살포비용을 207백만달러(Giesler & Hershman 2007) 및 2008년과 2009년에 대략 년 200백만달러(Hershman 2010) 절약하였다고 지도전문가들의 분석은 지적하고 있다. 2008년에 조사에 응대한 361명의 인증받은 작물재배 advisors의 90% 이상은 콩녹병 ipmPIPE 및 감시지역네트워크가 가치가 있으며, 그들로부터 얻어진 정보에 대해 "어느 정도"에서 "매우" 확신한다고 지적하였다(Bradley 등 2010).

콩녹병은 미국에서 이해당사자들이 초기에 기대했던 수준의 영향을 미치지 못하였다. 정착한 이후, 콩녹병은 대부분의 재배시즌 동안 미국 남동부에만 있다가, 이 병으로부터 콩 작물의 수확량 손실에 더 이상 감수성이 없게 된 후에 주요 생산지로 확산되게 된다(Isard 등 2007; USDA 2011). 콩녹병의 지역적인 확산은 기주의 생식적인 발육이 취약한 시기 동안에 콩에 이 병이 정착할 수 있는 짧은 기간이 조합된 한 해의 전반기 동안에 칡에서 병의 느린 진전에 의해 한정될 수 밖에 없다(Christiano & Scherm 2007). 남부에서 이 병의 효과적인 관리는 마찬가지로 그 지역에 상업적인 콩 포장에서 접종원의 형성을 지연함으로써 도움을 받은 것으로 보인다. 만일 콩녹병이 칡에서 보다 큰 병원성으로 발육한다면, 이 병의 영향은 시간이 지남에 따라 증가할 것으로 조사된다. 기후변화는 카리브해 연안에 열대 폭풍의 빈도를 증가시킬 것이며, *P. pachyrhizi*의 지리적인 월동 지대를 현재 보다 북쪽인 넓은 면적(에이커)의 콩을 생산하는 지역으로 확대할 것이다. 이러한 여러 요소들은 미국 남부의 상업적인 콩 포장에서 보다 빠르게 접종원의 형성을 초래할 것이며, 아마도 북미의 대륙 안쪽의 콩 주요 생산지로 병원균의 더 잦은 수송이 일어날 것이다.

21.6. 결론

잡초나 해충, 병원체가 기후변화의 효과를 통해 그의 지리적 기주 범위를 위치전이(shift)할 수 있다고 제안하는 모델 예측치 또는 야외조사를 기반으로 한 기록치는 이러한 종들의 미래 분포에 대해 의심할 여지없이 유용한 정보를 제공할 것이다. 종의 생태 및 종의 분포 변화에 대한 영향을 예측하는 모델링은 미래의 의사결정을 지원하는 보다 객관적이고 덜 역사의존적인 방식이다. 모델에 기후변화의 예측치를 병합하는 것은 IPCC에 의해 결정된 것과 같이 가장 최근의 포괄적인 과학을 반영할 것이다. 대부분의 경우, 이러한 예측치(A1FI)가 현재의 경향을 가장 잘 대표하므로 높은 방출시나리오를 이용하기를 권하고 있다.

감시 활동은 예를 들어 온도 상승 또는 극한 기후 사건과 같은 기후변화의 영향에 관한 새로운 지식을 지닌 주요종에서 재조명될 수 있다. 이것은 "유입가능성(probability of entry)"과 관련되므로 국경 이전의 감시활동 및 국경에서의 감시활동에 영향을 미칠 것이다. 감귤나무이의 사례연구는 전지구적 온도 상승이 이 종에 대한 감시활동을 전개할 타이밍에 영향을 줄 수 있는 보다 빨라진 감귤의 신초생장(growth flush)의 타이밍과 보다 빨라진 *D. citri*의 도착이 맺어지는 결과를 초래할 것이라는 증거를 제공하고 있다.

기후변화의 결과로써 종의 생태(biology) 및 "침입성"에 대한 변화 및 기주 및 대체기주의 분포 및 생태(biology)에 대한 효과에 관한 지식은 특정한 WPP의 "정착가능성(probability of establishment)"에 관한 결정을 뒷받침할 것이다.

IAMS 및 HYSPLIT와 같은 대기수송모형의 이용은 미국에서 아시아콩녹병의 침입에서 입증되었듯이 "확산가능성(probability of spread)"과 관련되므로 미래의 기후 하에서 종의 이동을 결정하는데 필수적이 될 것이다.

기후변화에 대한 반응으로 농업 경관이 쉽게 변경될 수 있다는 것을 고려해 볼 때, 병해충위험분석(PRA) 또한 상품에 기반을 둔 산업에 대한 변화를 결정해야 하며, 지속적으로 주변지역에서의 생산 전망을 평가해야 한다. 특별히 완화 조치가 더 이상 유용하지 않는 새로운 지역이 특정 작물에 대한 생산지로 더 적합하게 되는 것으로 확인될 수도 있다. 예를 들어, 호주 남동부의 보다 건조한 작물재배지역에서 물의 가용성에 지속적인 감소는 이러한 작물재배지역의 후퇴 및 더 습한 북쪽에 정착을 초래할 것이다. 그 대신에, 토지관리 및 토지이용의 변형적인 변화가 변화하는 기후에 적응할 수 없는 일부 지역의 일부 산업에서 나타날 수 있다. 각 사례에, 새로운 해충/병원체 및 기주식물의 상호작용 또는 그와 관련된 부족함은 병해충위험도에 대한 변화를 결정하기 위한 평가가 이루어질 필요가 있으며, 위험도의 우선순위를 다시 결정하도록 할 것이다.

WPP에 대한 기후변화의 효과는 그것을 지지할 증거가 있다면, 병해충위험분석(PRA)에서 고려되어야 할 것이다. 고려된 병해충위험분석(PRA) 지역의 크기의 감소와 함께 기후변화의 영향은 더 커진다. 예를 들어 뉴질랜드나 영국 또는 지방 또는 주 관할권과 같은 상대적으로 작은 국가들은 상대적으로 적은 기후대를 가진다. 결과적으로, 기후변화는 그 관할권에 더해질 수 있는 부가적인 기후대를 초래할 수 있고, 병해충이 예전에 부적당한 지역에 정착할 기회를 초래할 수 있다. 병해충위험분석(PRA)의 정기적인 개정이 IPCC에 의해 배포된 새로운 전지구적 평가보고서와 관련하여 요구될 것이다. 각 사례에서, 나타나고 있거나 현재의 기후 사건의 관점에서 병해충위험분석(PRA)의 개정이 요구될 수 있다. 예를 들어 심각한 폭풍우 사건은 기후에 민감한 WPP에 대하여 기존의 병해충위험분석(PRA)을 개정할 것을 정당화 할 수 있다.

또한, 전지구적 기후 예측은 보다 긴 범위의 예측과 반대로, 예를 들어 2020~2030년의 적정한 시간동안 이러한 의사결정과정에 적용되기를 권고한다. 우리는 다음과 같은 이유에서 30년 시나리오의 이용을 권고한다; ① 이것은 병해충이 유입, 정착, 확산을 측정 할 수 있는 병해충의 수에 대한 가능성 있는 시간프레임을 나타낼 것이다; ② 보다 긴 시간프레임은 실질적인 방출과 기후변화의 두 관점에서 보다 큰 불확실성을 가진다; ③ 정치, 무역, 식물위생의 조건과 실행에 있어서 변화는 30년보다 더 긴 기간의 기후변화요소보다 더 클 가능성이 있다. 이러한 불확실성의 최소화는 산업 및 검역기관이 미래 기후로 인한 증가된 검역적 위험도에 더 잘 준비하고 적응할 수 있도록 할 것이다. 비록 기후변화의 영향이 무역과 같은 다른 변화보다 더 작게 될지라도, 기후변화의 많은 영향들은 훨씬 더 불확실하고 예견할 수 없다. 이러한 불확실성을 고려해 볼 때, 우리는 미래 연구를 위해 다음 사항을 권고하고자 한다.

1. 중요한 열대 폭풍우 및 허리케인을 따라 WPP의 침입에 관해 시간적으로 예견할 수 있는 대기수송모델 및 그와 관련된 병해충 및 작물분포 자료셋을 개선
2. 기후변화에 의해 가장 영향을 받는 관할권에서 새롭운 WPP의 위협과 기존 WPP의 위협에 대한 확인 및 우선순위 결정

3. 비정상적인 무역이나 작물재배 패턴을 초래할 수 있는 기후변화의 영향을 확인, 결과적으로 WPP의 유입을 확인
4. 병해충위험분석(PRA) 및 위기대응과 같은 다른 검역정책의 지침에 기후변화를 병합할 지침의 개발
5. 최근에 이용된 병해충 작동 모델에 기후변화 시나리오를 병합함으로 인한 병해충의 상태에 관한 기후변화의 영향을 평가

잡초, 해충, 병원체의 유입, 정착, 확산은 의심할 여지없이 기후변화에 의해 영향을 받게 될 것이다. 새로운 지식을 얻게 되면, 규제기관은 이러한 변화의 가능한 결과를 기존의 정책 프레임워크에 병합하고, 전지구적 무역, 검역, 식품안전에 대한 이것의 영향을 고려하는 것이 필요하다.

참고문헌

AAFC (2011) Agriculture and Agri-Food Canada. Climate change adaptation workshop report, 26pp

ABRS (2005) Australian biological resources study-flora of Australia online. Rutaceae Department of Environment, Heritage, Water and the Arts. http://www.environment.gov.au/biodiversity/abrs/online-resources/flora/main/index.html.23/06/2009

Ackerman F, Finlayson I (2006) The economics of inaction on climate change: a sensitivity analysis. Global Development and Environment Institute working paper no. 06-07. Tufts University, Medford

Agrell J, McDonald E, Lindroth R (2000) Effects of CO_2 and light on tree phytochemistry and insect performance. Oikos 88: 259-272

Allison TD, Moeller RE, Davis MB (1986) Pollen in laminated sediments provides evidence for a mid-Holocene forest pathogen outbreak. Ecology 67: 1101-1105

Anderson P, Cunningham A, Patel N, Morales F, Epstein P, Daszak P (2004) Emerging infectious diseases of plants: pathogen pollution, climate change and agrotechnology drivers. Trends Ecol Evol 19: 535-544

Anderson R (2008) Diversity and no-till: keys for pest management in the US Great Plains. Weed Sci 56: 141-145

Anon (2005) Rare and threatened wet tropics plant species wet tropics management authority. http://www.wettropics.gov.au/st/rainforest_explorer/Resources/Document/4to7/RareandThreatenedPlantSpeciesList.pdf.23/06/2009

Anon (2009) Environment Protection and Biodiversity Conservation (EPBC) Act list of threatened flora. Department of the Environment, Water, Heritage and the Arts, Canberran, ACT. http://www.environment.gov.au/cgi-bin/sprat/public/publicthreatenedlist.pl?wanted=flora

Aubert B (1987) *Trioza erytreae* Del Guercio and Diaphorina citri Kuwayana (Homoptera Psylloidea), the two vectors of citrus greening disease: biological aspects and possible control strategies. Fruits 42: 149-162

Aurambout J-P, Constable F, Finlay K, Luck J, Sposito V (2006) The impacts of climate change on plant biosecurity-literature review published by the Victorian Government Department of Primary Industries,

Landscape Systems Science and Primary Industries Research Victoria, 42 pp

Aurambout J-P, Finlay K, Luck J, Beattie G (2009) A concept model to estimate the potential of the Asiatic citrus psyllid (*Diaphorina citri* Kuwayama) in Australia under climate change-a means for assessing biosecurity risk. Ecol Model 220: 2512-2524

Austratian Citrus Growers (2007) 59th annual report, Mildura. http://www. australiancitrusgrowers.com.au/gen_pdfs/AnnualReport2007.pdf

AVH (2009) Australian virtual herbarium. Centre for Plant Biodiversity Research, Australian National Herbarium. http://www.anbg.gov.au/avh/. Accessed l5 June 2009

Baker R, Sansford C, Jarvis C, Cannon R, MacLeod A, Walters K (2000) The role of climatic mapping in predicting the potential geographical distribution of non-indigenous pests under current and future climates. Agric Ecosyst Environ 82: 57-71

Bale J (2002) Herbivory in global climate research: direct effects or rising temperature on insect herbivores. Glob Chang Biol 8: 1-16

Bale J, Harrington R, Clough M (1988) Low temperature mortality of the peach-potato aphid *Myzus persicae*. Ecol Entomol 13: 121 129

Barkley B, Miles P (2006) Report on Huanglongbing. Greening international workshop, Ribeirao Preto

Bayer RS, Mabberley DJ, Morton C, Miller C, Sharma I, Pfeil B, Rich S, Hitchcock R, Sykes S (2009) A molecular phylogeny of the orange subfamily (Rutaceae: Aurantioidea) using nine cpDNA sequences. Am J Bot 96: 668-685

Beare S, Elliston L, Abdalla A, Davidson A (2005) Improving plant biosecurity systems. A costbenefit framework for assessing incursion management decisions. ABARE eReport 05. 10. Prepared for the Victorian Department of Primary Industries. Canberra

Beattie GAC (2002) Huanglongbing and Asiatic citrus psyllid in Asia and Austratasia: overview, research objectives and incursion management. Background paper: Citrus industry biosecurity planning workshop. Department of Agriculture, Fisheries and Forestry-Australia, Canberra, p 24

Beattie GAC, Barkley P (2009) Huanglongbing and its victors. a pest specific contingency plan for the citrus and nursery and garden industries. Version 2: 10 Feb 2009. Horticulture, Australia, Sydney, p 271

Bellis G, Hollis D, Jacobson S (2005) Asian citrus psyllid, *Diaphorina citri* Kuwayama (Hemiptera: Psyllidae), and huanglongbing disease do not exist in the Stapleton station area of the Northern Territory of Australia. Aust J Entomol 44: 68-70

Bo J, Hall A, Qu X (2009) September sea-ice cover in the Arctic Ocean projected to vanish by 2100. Nat Geosci 2(5): 341. doi:10.1038/ngeo467

Bové JM (2006) Huanglongbing: a destructive newly emerging, century-old disease of citrus. J Plant Pathol 88: 7-37

Bowes G (1993) Facing the inevitable: plants and increasing atmospheric CO_2. Annu Rev Plant Biol 44: 309-332

Bradley C, Allen T, Dorrance A, Dunphy E, Giesler L, Hershman D, Hollier C, Horn V, Wrather J (2010) Evaluation of the soybean rust pest information platform for extension and education (PIPE) public website's impact on certified crop (Online). Plant Health Prog. doi: 10.1094/PHP-2010-0701-01-RS

Bray R, Sands D (1986) Arrival of the Leucaena psyllid in Australia: impact, dispersal and natural enemies. Leucaena research reports (EUA); Special 7, 1987

Bromfield K (1984) Soybean rust monograph, vol 11. American Phytopathological Society, St Paul

Brown J, Hovm ø ller M (2002) Aerial dispersal of fungi on the global and continental scales and its consequences for plant disease. Science 297: 537-541

CAL (2009) Citrus Australia Limited. http://www.australiancitrusgrowers.com.au, http://www.austratiancitrusgrowers.com.au

Campbell I, Flannigan M (2000) Long-term perspectives on fire-climate-vegetation relationships in the North American boreal forest. In: Kasischke E, Stocks B (eds) Fire, climate change, ana carbon cycling in the boreal forest. Springer-Verlag, New York, pp 151-172

Campbell ID, McAndrews JH (1993) Forest disequilibrium caused by rapid Little Ice Age cooling. Nature 366: 336-338

Cannon R (1998) The implications of predicted climate change for insect pests in the UK, with emphasis on non-indigenous species. Glob Chang Biol 4: 785-796

Cardwell KF, Hoffman WJ (2009) Early detection and diagnosis of high consequence plant pests in the United States. Wiley handbook of science and technology for homeland security. 1-33. doi: 10.1002/9780470087923.hhs9780470087385

Carroll AL, Taylor SW, Régnière J, Safranyik L (2003) Effects of climate change on range expansion by the mountain pine beetle in British Columbia. Natural Resources Canada, Canadian Forest Service, Pacific Forestry Centre, Information report BC-X-399, Victoria. In: Shore T, Brooks J, Stone J (eds) Mountain pine beetle symposium: challenges and solutions. Kelowna, pp 223-232

CCSP (2008) Climate change science program. Weather and climate extremes in a changing climate: regions of focus: North America, Hawaii, Caribbean, and US Pacific Islands. A report by the U.S. climate change science program and the subcommittee on global change research. In: Karl T, Meehl G, Miller C, Hassol S, Waple A, Murray W (eds) Department of Commerce, NOAA's National Climatic Data Center, Washington, DC, p 164

Chakraborty S (2005) Potential impact of climate change on plant-pathogen interactions. Aust Plant Pathol 34: 443-448

Chakraborty S, Datta S (2003) How will plant pathogens adapt to host plant resistance at elevated CO_2 under changing climate? New Pathol 159: 733-742

Chakraborty S, Murray G. Magarey P, Yonow T, O'Brien R, Barbetti M, Old K, Dudzinski M, Penrose L. Emmett R (1998) Potential impact of climate change on plant diseases of economic significance to Australia. Aust Plant Pathol 27: 15-35

Chakraborty S, Pangga I, Lupton J, Hart L, Room P, Yates D (2000a) Production and dispersal of *Colletotrichum gloeosporioides* spores on *Stylosanthes scabra* under elevated CO_2. Environ Pollut 108: 381-387

Chakraborty S, Tiedemann AV, Teng PS (2000b) Climate change: potential impact on plant diseases. Environ Pollut 108: 317-326

Christiano R, Scherm H (2007) Quantitative aspects of the spread of Asian soybean rust in the southeastern United States, 2005 to 2006. Phytopathology 97: 1428-1433

Coakley S, Scherm H, Chakraborty S (1999) Climate change and plant disease management. Annu Rev Phytopathol 37: 399-426

Coll M, Hughes L (2008) Effects of elevated CO_2 on an insect omnivore: a test for nutritional effects mediated by host plants and prey. Agric Ecosyst Environ 123: 271-279

Coviella C, Trumble J (1999) Review : effects of elevated atmospheric carbon dioxide on insect plant interactions. Conserv Biol, pp 700-712

CSIRO, BoM (2007) Commonwealth Scientific and Industrial Research Organisation and the Bureau of

Meterology. Climate change in Australia: technical report 2007, CSIRO, Canberra, 148 pp

da Graça JV (1991) Citrus greening disease. Annu Rev Phytopathol 29: 109-136

de Jong C, Takken F, Cai X, de Wit P, Joosten M (2002) Attenuation of Cf-mediated defense responses at elevated temperatures correlates with a decrease in elicitor-binding sites. Mol Plant Microbe Interact 15: 1040-1049

Dempsey S, Evans G, Szandala E (2002) A target list of high risk pathogens of citrus. Department of Agriculture, Fisheries and Forestry, Office of the Chief Plant Protection Officer, Canberra, 36 pp

Dewar R, Watt A (1992) Predicted changes in the synchrony of larval emergence and budburst under climatic warming. Oecologia 89: 557-559

Ehleringer J, Cerling T, Helliker B (1997) C_4 photosynthesis, atmospheric CO_2 and climate. Oecologia 112: 285-299

FAO (2002) Food and Agricultural Organisation. FAOSTAT agricultural data website. http://faostat.fao.org/

FAO (2006) International standards for phytosanitary measures ISPM no. 11. Pest risk analysis for quarantine pests including analysis of environmental risk and living modified organisms (2004). Food and Agricultural Organisation and Secretariat of the International Plant Protection convention. https://www.ippc.int/file_uploaded/1146658377367_ISPM11.pdf

FAO (2009) international treaty or plant genetic resources for food and agriculture. http://www.planttreaty.org/, ftp://ftp.fao.org/docrep/fao/011/i051oe/i051oe.pdf

Finlay K, Yen A, Aurambout J-P, Beattie G, Barkley P, Luck J (2009) Consequences for Australian biodiversity with establishment ar the Asiatic citrus psyllid, *Diaphorina citri* under present and future climates. Biodiversity 10: 25-32

Fisher D, Dyke A, Koerner R, Bourgeois J, Kinnard C, Zdanowicz C, De Vernal A, HillaireMarcel C, Savelle J, Rochon A (2006) Natural variability of Arctic sea ice over the Holocene. Eos 87: 273-280

Fleming RA, Candau JN, McAlpine RS (2002) Landscape-scale analysis of interactions between insect defoliation and forest fire in central Canada. Clim Change 55: 251-272

Fuhrer J (2003) Agroecosystem response to combinations of elevated CO_2, ozone, and global climate change. Agric Ecosyst Environ 97: 1-20

Giesler L (2006) Overview of soybean rust in North America in 2006. In: 2nd National Soybean Rust Symposium, American Phytopathology Society. St. Louis. http://www.plantmanagementnetwork.org/infocenter/topic/soybeanrust/2006/presentations/Giesler.pdf. Accessed 12 Sept 2007

Giesler L, Hershman D (2007) Overview and value of sentinel plots for 2007. In: 3rd National Soybean Rust Symposium, American Phytopathology Society, Louisville. http://www.plantmanagementnetwork.org/infocenter/topic/soybeanrust/2007/presentations/Giesler.pdf. Accessed 24 July 2010

Gomi T, Nagasaka M, Fukuda T, Hagihara H (2007) Shifting of the life cycle and life-history traits of the fall webworm in relation to climate change. Entomol Exp Appl 125: 179-184

Gottwald T, Irey M (2007) Post-hurricane analysis of citrus canker II: predictive model estimation of disease spread and area potentially impacted by various eradication protocols following catastrophic weather events. Plant Health Prog. doi: 10.1094/PHP-2007-0405-01-RS

Gottwald TR, da Graça JV, Bassanezi RB (2007) Citrus huanglongbing: the pathogen and its impact. Plant Health Prog. doi: 10.1094/PHP-2007-0906-01-RV

Goverde M, Bazin A, Shykoff JA, Ehhardt A (1999) Influence of leaf chemistry of *Lotus corniculatus* (Fabaceae) on larval development of Pot *Polyommatus icarus* (Lepidoptera: Lycaenidae): effects of elevated CO_2 and plant genotype. Funct Ecol 13: 801-810

Goverde M, Erhardt A (2003) Effects of elevated CO_2 on development and larval food-preference in the butterfly *Coenonymqha pamphuis* (Lepidoptera, Satyridae). Glob Chang Biol 9: 74-83

Guerra M, dos Santos KGB, e Silva ARB, Ehrendorfer F (2000) Hetrochromatin banding patterns in Rutaceae - Aurantioideae - a case of parallel chromosomal evolution. Am J Bot 87: 735-747

Ha A, Larson K, Harvey S, Fisher B, Malcolm B (2010) Benefit-cost analysis of options for managing fruit fly in Victoria. Evaluation report series no. 11. Economic and Policy Research Branch, Policy and Strategy Group, DPI VIC

Halbert S, Manjunath K (2004) Asian citrus psyllids (Sternorrhyncha: Psyllidae) and greening disease of citrus: a literature review and assessment of risk in Florida. Florida Entomol 87: 330-353

Harmon P, Momol M, Marois J, Dankers H, Harmon C (2005) Asian soybean rust caused by Phakopsora pachyrhizi on soybean and kudzu in Florida. Plant Health Prog. doi: 10.1094/PHP-200-0613-01-RS

Harrington R, Fleming R, Woiwod I (2001) Climate change impacts on insect management and conservation in temperate regions: can they be predicted? Agr Forest Entomol 3: 233-240

Hartley SE, Jones CG, Couper GC, Jones TH (2000) Biosynthesis of plant phenolic compounds in elevated atmospheric CO_2. Glob Chang Biol 6: 497-506

Harvell CD, Mitchell CE, Ward JR, Altizer S, Dobson AP, Ostfeld RS, Samuel MD (2002) Climate warming and disease risks for terrestrial and marine biota. Science 296: 2158-2162

Hershman D (2010) Changes in 2010 sentinel plot system. Paper presented at the 3rd national soybean rust symposium, American Phytopathology Society, New Orleans. http://www.plantmanagementnetwork.orginfocenter/topic/soybeanrust/2009/presentations/Hershman.pdf Accessed 22 Jan 2010

Hibberd J, Whitbread R, Farrar J (1996) Effect of elevated concentrations of CO_2 on infection of barley by *Erysiphe graminis*. Physiol Mol Plant Pathol 48: 37-53

Howden SM (2002) Potential global change impacts on Australia's wheat cropping systems. In: Doering O, Randolph J, Southworth J, RA P (eds) Effects of climate change and variability on agricultural production systems. Kluwer, Sydney, pp 219-247

Hughes L, Cawsey E, Westoby M (1996) Climatic range sizes of *Eucalyptus* species in relation to future climate change. Glob Ecol Biogeogr Lett 5: 23-29

Hunter M (2001) Effects of elevated atmospheric carbon dioxide on insect plant interactions. Agr Forest Entomol 3: 153-159

Husain MF, Nath D (1927) The Citrus Psylla (*Diaphorini citri*, Kuw.) [Psyllidae: Homoptera] Memoirs of the Department of Agriculture in India, 10: 5-27

Hutton RJ (2004) Effects of cultural management and different irrigation regimes on tree growth, production, fruit quality and water relations of sweet orange *C. sinensis* (L.) Osbeck. Ph. D. Department of Crop Sciences, The University of Sydney, Sydney. 271 pp

IPCC (2007a) Summary for policymakers. In Solomon S, Qin D, Manning M, Xhen Z, Marquis M, Averyt K, Tignor M, Miller H (eds) Climate change 2007: the physical science basis. Contribution of Working Group I to the Fourth Assessment Report of the Intergovernmental Panel for Climate Change. Cambridge University Press, Cambridge/New York

IPCC (2007b) Summary for policymakers. In climate change 2007: impacts, adaptation and vulnerability. Contribution of working group II to the Fourth assessment report of the intergovernmental panel for climate change In: Parry M, Canziani O, Palutikof J, van der Linden P, Hansen C (eds) Cambridge University Press, Cambridge/New York

Irey M, Gottwald T, Graham J, Riley T, Carlton G (2006) Post-hurricane analysis of citrus canker spread and progress towards the development of a predictive model to estimate disease spread due to catastrophic weather events. Plant Heatth Prog. doi: 10.1094/PHP-2006-0822-01-RS

Isard SA, Gage SH, Comtois P, Russo JM (2005) Principles of the atmospheric pathway for invasive species applied to soybean rust. Bioscience 55: 851-861

Isard SA, Russo J, Dewolf E (2006) The establishment of a national pest information platform for extension and education. Plant Health Prog, Online: doi: 10.1094/PHP-2006-0915-01-RV. http://www.ceal.psu.edu/Isard06.pdf. Accessed l2 Dec 2006

Isard SA, Russo JM, Ariatti A (2007) The integrated aerobiology modeling system applied to the spread of soybean rust into the Ohio River valley during September 2006. Aerobiologia 23: 271-282

Jagouiex S, Bové JM, Garnier M (1994) The phloem-limited bacterium of greening disease of citrus is a member of the α subdivision or the proteobacteria. Int J Syst Bacteriol 44: 379-386

Johns C (2004) National citrus industry biosecuriry plan pest risk review Huanglongbing (Citrus greening). Plant Health Australia, Canberra

Johns C. Hughes L (2002) Interactive effects of elevated CO_2 and temperature on the leaf-miner *Dialectica scalariella* Zeller (Lepidoptera: Gracillariidae) in Paterson's Curse, *Echium plantagineum* (Boraginaceae), Glob Chang Biot 8: 142-152

Johnson R, Lincoln D (1991) Sagebrush carbon allocation patterns and grasshopper nutrition: the influence of CO_2 enrichment and soil mineral limitation. Oecologia 87: 127-134

Jönsson A, Harding S, Bärring L, Ravn H (2007) Impact of climate change on the population dynamics of *Ips typographus* in southern Sweden. Agr Forest Meteorol 146: 70-81

Keeley JE, Lubin D, Fotheringham C (2003) Fire and grazing impacts on plant diversity and alien plant invasions in the southern Sierra Nevada. Ecol Appl 13: 1355-1374

Kiritani K (2006) Predicting impacts of global warming on population dynamics and distribution of arthropods in Japan. Popul Ecol 48: 5-12

Kopper B, Lindroth R (2003) Responses of trembling aspen (*Populus tremuloides*) phytochemistry and aspen blotch leafminer (*Phyllonorycter tremuloidiella*) performance to elevated levels of atmospheric CO_2 and O_3. Agri Forest Entomol 5: 17-26

Kriticos D, Sutherst R, Brown J, Adkins S, Maywald G (2003) Climate change and the potential distribution of-an invasive alien plant: *Acacia nilotica* spp. *indica* in Australia. J Appl Ecol 40: 111-124

Kuparinen A (2006) Mechanistic models for wind dispersal. Trends Plant Sci 11: 296-301

Lawler I, Foley W, Woodrow I, Cork S (1996) The effects of elevated CO_2 atmospheres on the nutritional quality of Eucalyptus foliage and its interaction with soil nutrient and tight availability. Oecologia 109: 59-68

Li X, Esker P, Pan Z, Dias A, Xue L. Yang X (2010) The uniqueness of the soybean rust pathosystem : an improved understanding of the risk in different regions of the world. Plant Dis 94: 796-806

Lin SJ, Ke YF, Tao CC (1973) Bionomics observation and interfrated control of citrus psylla, *Diaphorina citri* Kuwayama. J Hortic Soc China 19: 234-242

Lindroth RL, Roth S, Kruger EL, Volin JC, Koss PA (1997) CO_2-mediated changes in aspen chemistry: effects on gypsy moth performance and susceptibility to virus. Glob Chang Biol 3: 279-289

Liu YH, Tsai JH (2000) Effects of temperature and biology on life table parameters of the Asian citrus Psyllid, *Diaphorina citri* Kuwayama (Homoptera: Psyllidae). Ann Appl Biol 137: 201-206

Livingston M, Johansson R, Daberkow S, Roberts M, Ash M, Breneman V (2004) Economic and policy implications of wind-borne entry of Asian soybean rust into the United States. Electronic outlook report from the U.S. Department of Agriculture Economic Research Service, OCS-04D-02. http://www.ers.usda.gov/publications/OCS/APR04/OCS04D02/. Accessed 12 Sept 2007

Lobell DB, Burke MB, Tebaldi C, Mastrandrea MD, Falcon WP, Naylor RL (2008) Prioritizing climate change adaptation needs for food security in 2030. Science 319: 607

Lorenz M (2009) Migration and trans-Atlantic night of locusts. Quat Int 196: 4-12

Luck J, Spackman M. Freeman A, Trębicki P. Griffiths W, Finlay K. Chakraborty S (2011) Climate change and diseases of food crops. Plant Pathol 60: 113-121

Mabberley DJ (1998) Australian Citreae with notes on other Aurantioideae (Rutaceae). Telopea 7: 333-344

Mabberley DJ (2004) *Citrus* (Rutaceae): a review of recent advances in etymology, systematics and medical applications. Blumea 49: 481-498

Magarey R, Borchert D, Schlegel J (2008) Global plant hardiness zones for phytosanitary risk analysis. Scientia Agricola 65: 54-59

Magarey R, Fowler G, Borchert D, Sutton T, Colunga-Garcia M, Simpson J (2007) NAPPFAST: an internet system for the weather-based mapping of plant pathogens. Plant Dis 91: 336-345

Manning W, Tiedemann A (1995) Climate change: potential effects of increased atmospheric carbon dioxide (CO_2), ozone (O_3), and ultraviolet-B (UV-B) radiation on plant diseases. Environ Pollut 88: 219-245

Masters G, Brown V. Clarke t, Whittaker J, Hollier J, Clarke W (1998) Direct and indirect effects of climate change on insect herbivores: Auchenorrhyncha (Homoptera). Ecol Entomol 23: 45-52

Mavrodieva V, Levy L, Gabriel DW (2004) Improved sampling methods for real-time polymerase chain reaction diagnosis of citrus canker from field samples. Phytopathology 94: 61-68

Meehl G, Stocker T, Collin W, Friedlingstein P, Gaye A, Gregory J, Kitoh A, Knutti R, Murphy J, Noda N, Raper S, Watterson I, Weaver A, Zhao Z-C (2007) The physical science basis. In : Solomon S, Qin D, Manning M, Chen Z, Marquis M, Averyt K, Tignor M. Miller H (eds) Contribution of working group I to the fourth assessment report of the intergovernmental panel on climate change. Cambridge University Press, Cambridge. UK/New York

Miles M. Hartman G, Frederick R (2003) Soybean rust: is the U.S. soybean crop at risk? American Phytopathological Society. http://apsnet.org/online/feature/rust. Accessed 3 July 2004

Musolin D (2007) Insects in a warmer world: ecological, physiological and life-history responses of true bugs (Heteroptera) to climate change. Glob Chang Biol 13: 1565-1585

Nakićenović N, Swart R (2000) Special report on emissions scenarios a special report of working group III of the intergovernmental panel on climate change. Cambridge University Press, Cambridge, UK/New York

Padgett HS, Watanabe Y, Beachy RN (1997) Identification of the TMV replicase sequence that activates the N gene-mediated hypersensitive response. Mot Plant Microbe Interact 10: 709-715

Pangga I, Chakraborty S, Yates D (2004) Canopy size and induced resistance in *Stylosanthes scabra* determine anthracnose severity at high CO_2. Phytopathology 94: 221-227

Patterson D, Westbrook J, Joyce R, Lingren P, Rogasik J (1999) Weeds, insects, and diseases. Clim Change 43: 711-727

PHA (2009) Plant Health Australia. Industry biosecurity plan for the citrus industry. Version 2.0. Plant Health Australia, Canberra

Pheloung P, Scott J, Randall R (1996) Predicting the distribution of *Emex* in Australia. Plant Prot Quart 11: 138-140

Pheloung P, Williams P, Halloy S (1999) A weed risk assessment model for use as a biosecurity tool evaluating plant introductions. J Environ Manage 57: 239-251

Pivonia S, Yang X (2004) Assessment of the potential year-round establishment of soybean rust throughout the world. Plant Dis 88: 523-529

Porter JR, Semenov MA (2005) Crop responses to climatic variation. Philos Trans Roy Soc B Biol Sci 360: 2021

Pruvost O, Boher B, Brocherieux C, Nicole M, Chiroleu F (2002) Survival of *Xanthomonas axonopodis* pv. *citri* in leaf lesions under tropical environmental conditions and simulated splash dispersal of inoculum. Phytopathology 92: 336-346

Purdy L, Krupa S, Dean J (1985) Introduction of sugarcane rust into the Americas and its spread to Florida. Plant Dis 69: 689-693

Rafoss T, Sæthre M (2003) Spatial and temporal distribution of bioclimatic potential for the codling moth and the Colorado potato beetle in Norway: model predictions versus climate and field data from the 1990s. Agr Forest Entomol 5: 75-86

Richardson CH, Nemeth DJ (1991) Hurricane-borne African locusts (*Schistocerca gregaria*) on the Windward Islands. Geojoumal 23: 349-357

Roberts M, Schimmelpfennig D, Ashley E, Livingston M (2006) The value of plant disease earlywarning systems: a case study of USDA's soybean rust coordinated framework. Economic research report no.18 United States Department of Agriculture, Economic Research Service

Romero A, Kousik C, Ritchie D (2002) Temperature sensitivity of the hypersensitive response of Bell Pepper to *Xanthomonas axonopodis* pv. *vesicatoria*. Phytopathology 92: 197-203

Root T, Price j, Hall K, Schneider S, Rosenzweig C, Pounds J (2003) Fingerprints of global warming on wild animals and plants. Nature 421: 57-60

Rosenberg J, Burt PJA (1999) Windborne displacements of desert locusts from Africa to the Caribbean and South America. Aerobiologia 15: 167-175

Rosenzweig C, Iglesias A, Yang X, Epstein P, Chivian E (2001) Climate change and extreme weather events; implications for food production. plant diseases and pests. Glob Chang Hum Health 2: 90-104

Roth S, Lindroth R (1995) Elevated atmospheric CO_2: effects on phytochemistry, insect performance and insect-parasitoid interactions. Glob Chang Biol 1: 173-182

Samuel R, Ehrendorfer F, Chase MW, Greger H (2001) Phylogenetic analyses of Aurantioideae (Rutaceae) based on non-coding plastid DNA sequences and phytochemical features. Plant Biol 3: 77-87

Scherm H, Coakley SM (2003) Plant pathogens in a changing world. Aust Plant Pathol 32: 157-165

Scherm H, Sutherst RW, Harrington R, Ingram JSI (2000) Global networking for assessment of impacts of global change on plant pests. Environ Pollut 108: 333-341

Schneider R, Hollier C, Whitam H, Palm M, McKemy J, Hernandez J, Levy L, DeVries-Paterson R (2005) First report of soybean rust caused by Phakopsora pachyrhizi in the continental United States. Plant Dis 89: 774

Shamoun-Baranes J, Leyrer J, van Loon E, Bocher P, Robin F, Meunier F, Piersma T (2010) Stochastic atmospheric assistance and the use of emergency staging sites by migrants. Proc Royal Soc B Biol Sci 277: 1505-1511

Shaner G, Stromberg EL, Lacy GH, Barker KR, Pirone TP (1992) Nomenclature and concepts of pathogenicity and virulence. Annu Rev Phytopathol 30: 47-66

Sheppard A, Gillespie I, Hirsch M, Begley C (2011) Biosecurity and sustainability within the growing global Bioeconomy. Curr Opin Environ Sustain 3: 4-10

Sinclair J, Hartman G (1996) Soybean rustworkshop, 9-II Aug 1995, National Soybean Research Laboratory

Publication No. 1. College of Agriculture, Consumer. And Enviromnental Sciences, Urbana

Smith P, Jones T (1998) Effects of elevated CO_2 on the chrysanthemum leaf-miner, *Chromatomyia syngenesiae* : a greenhouse study. Glob Chang Biol 4: 287-291

Stiling P, Rossi AM, Hungate B, Dijkstra P, Hinker CR, Knott WM, Drake B (1999) Decreased leaf-miner abundance in elevated CO_2: reduced leaf quality and increased parasitoid attack. Erol Appl 9: 240-244

Stokstad E (2006) New disease endangers Florida's already-suffering citrus tree. Science 312: 523-524

Straw N (1995) Climate change and the impact of green spruce aphid, *Clatobium abietinum* (Walker), in the UK. Scott Forestry 49: 134-145

Stroeve J, Serreze M, Drobot S, Gearheard S, Holland M, Maslanik J, Meier W, Scambos T (2008) Arctic sea ice extent plummets in 2007. Eos 89: 13-14

Sutherst R, Collyer B, Yonow T (2000) The vulnerability of Australian horticulture to the Queensland fruit fly, *Bactrocera (Dacus) tryoni*, under climate change. Aust J Agr Res 51: 467-480

Sutherst RW, Maywald GF (1985) A computerised system for matching climates in ecology. Agric Ecosyst Environ 13: 281-299

Sykes SR (1997) Citrus germplasm in Australia with special reference to indigenous members of the sub-family Aurantioideae. In : Broadbent P, Sykes SR, Bevington KB, Hailstones D (eds) Proceedings citrus germplasm conservation workshop, 6-7 Oct 1997. Brisbane, pp 76-84

Thuiller W, Richardson D, Pyšek P, Midgley G, Hughes G, Rouget M (2005) Niche-based modelling as a tool for predicting the risk of alien plant invasions at a global scale. Glob Chang Biol 11: 2234-2250

Umina PA, Weeks AR, Kearney MR, McKechnie SW, Hoffmann AA (2005) A rapid shift in classic clinal pattern in *Drosophila* reflecting climate change. Science 308: 691-693

USDA (2011) United States Department of Agriculture. Integrated pest management-pest information platform for extension and education-soybean rust. http://sbr.ipmpipe.org/cgibin/sbr/public.cgi. Accessed 2 Feb 2011

Venette R, Kriticos D, Magarey R, Koch F, Baker R, Worner S, Gomez Raboteaux N, McKenney D, Dobesberger E, Yemshanov D (2010) Pest risk maps for invasive alien species: a roadmap for improvement. Bioscience 60: 349-362

Veteli T, Kuokkanen K, Julkunen-Tiitto R, Roininen H, Tahvanainen J (2002) Effects of elevated CO_2 and temperature on plant growth and herbivore defensive chemistry. Glob Chang Biol 8: 1240-1252

Walther GR (2002) Weakening of climatic constraints with global warming and its consequences for evergreen broad-leaved species. Folia Geobot 37: 129-139

Weinert MP, Jacobson SC, Grimshaw JF, Bellis GA, Stephens PM, Gunua TG, Kame MF, Davis RI (2004) Detection of Huanglongbing (citrus greening disease) in Timor-Leste (East Timor) and in Papua New Guinea. Aust Plant Pathol 33: 135-136

White T, Campbell B, Kemp P, Hunt C (2001) Impacts of extreme climatic events on competition during grassland invasions. Glob Chang Biol 7: 1-13

Williams R, Lincoln D, Norby R (1997) Effects of elevated CO_2, soil nutrient levels, and foliage age on the performance of two generations of *Neodiprion lecontei* (Hymenoptera : Diprionidae) feeding On loblolly pine. Environ Entomol 126: 1312-1322

Woiwod I (1997) Detecting the effects of climate change on Lepidoptera. J Insect Conserv 1: 149-158

Yang Y, Huang M, Beattie A, Xia Y, Ouyang G, Xiong J (2006) Distribution, biology, ecology and control of the psyllid *Diaphorina citri* Kuwayama, a major pest of citrus : a status report for China. Int J Pest Manage 52: 343-352

Yorinori J, Paiva W, Frederick R, Costamilan L, Bertagnolli P, Hartman G, Godoy C, Nunes J Jr (2005) Epidemics of soybean rust (*Phakopsora pachyrhizi*) in Brazil and Paraguay from 2001 to 2003. Plant Dis 89: 675-677

Zhang DX, Hartley TG, Mabberley DJ (2008) Rutaceae. In : Wu ZY, Raven PH, Hong DY (eds) Flora of China, vol 11, Oxalidaceae through Aceraceae. Science Press/Missouri Botanical Garden Press, Beijings/St. Louis, pp 51-97

Zhou X, Harrington R, Woiwood I, Perry J, Bale J, Clark S (1995) Effects of temperature on aphid phenology. Glob Chang Biol 1: 303-313

제22장 식물검역의 미래
The Future of Regulatory Plant Science

Robert Griffin
번역: 홍기정(순천대학교)

문명의 여명기 전부터 시작된 인류와 곤충의 싸움은 현재까지도 끊임없이 계속되고 있으며, 인류가 지속되는 한 의심할 여지없이 계속될 것이다. 인류와 일부 곤충 모두가 끊임없이 동 시간대에 동일한 것을 원하고 있기 때문인 것이다......그들의 관심과 우리의 관심이 극히 반대되는 곳에서조차 싸움은 여전히 계속될 것이며, 어느 쪽이건 최종 승리를 거머쥘 수는 없을 것이다. 그들이 우리의 작물을 원한다면, 그들은 여전히 그것들을 제멋대로 먹어 치울 것이다......우리는 실제로 곤충의 세계와 싸워 이길 수 없다는 사실뿐만 아니라, 더 나가서 우리의 농업 방식과 사업의 확장, 문명의 발전과 연계된 또 다른 수단을 통해 실제적으론 종종 그들과의 경쟁에서 가장 효율적으로 그들을 돕고 있다고 말할 수 있을 것이다.

(Forbes 1915)

22.1 서론

인류의 역사는 수천 년 동안 식물과 식물성 산물의 재배와 무역으로 특징지울 수 있다. 고대의 소비자들은 멀리 떨어진 지역에서 외래품종의 식물체나 양념류, 그 밖의 농산물을 갈망하였지만, 현대의 도시민들은 세계의 어느 곳에서나 생산된 방대한 양의 신선 농산물이 지역 수퍼마켓에 출시될 것에 대해 당연하게 받아들이고 있다. 실제로 식량의 가용성은 역사를 통해서 문명의 성쇠에 중요한 요소가 되었으며, 식물과 식물성 산물의 무역은 경제적 안정의 주춧돌 및 수많은 산업의 엔진이 되고 있다(Anonymous 1958; Cox & Large 1960; Ullstrup 1972).

R. Griffin (✉)
Director, Plant Epidemiology and Risk Analysis Laboratory, Plant Protection and Quarantine, APHIS, USDA, Raleigh, NC 27606, USA
e-mail: Robert.L.Griffin@aphis.usda.gov

충분하고 안전하며 영양가 있는 식량의 확보는 식량안보 개념의 핵심이다. 동시에 식물과 식물성 산물에 있어 무역할 수 있는 능력은 상업의 기본이며, 많은 국가경제의 필수이다. 유엔(United Nations)은 세계인구가 2011년 70억 명에서 세기 말경에 100억 명으로 증가할 것이라고 추정하고 있다(UN 2011a, b). 최근 생산성 증가에도 불구하고, 세계의 식량공급은 가까스로 수요를 유지하고 있다(FAO 2011a). 급성장하는 세계 인구를 먹여 살리기 위해서는 식량생산이 앞으로 몇 십 년 내에 적어도 70%가 증가해야만 한다(FAO 2011b). 현재의 경향에 근거하여 생활수준의 기대 상승은 또한 시장에서 큰 다양성과 질 높은 농산물에 대한 요구에서 상응한 증가가 일어날 것으로 예상된다(Hall 1975).

과거의 근본적인 현실은 미래의 근본적인 현실과 같다. 즉, 식량은 기본적인 필수품이며, 무역이 일어난다. 농업생산과 농산물 무역은 역사 및 가까운 미래에 대해 불가분하게 관계되어 있다. 앞으로의 차이는 소비자들이 기대하는 농산물의 양과 질, 다양성을 제공하기 위해 미래 세대에게 있어 급격한 속도의 변혁과 막대한 도전인 것이다.

생산성 증가를 위한 전략은 생산 분야를 확장하고, 생산성의 강도를 증가시키며, 병해충과 폐기로 의한 손실을 감소시키는데 한정된다. 과학기술에 있어 과거와 현재의 진전은 생산성을 증가시킬 뿐만 아니라 손실을 감소시키는 도전에 대처할 수 있도록 해 주었다. 20세기는 농업생산성에 있어 거대한 긍정적 영향과 함께 유전학 및 공학, 화학에 있어 굉장한 진보를 보였다. 수송, 취급, 저장에 있어 진보는 유통 가능성이 크게 개선되었고, 폐기가 감소하였다. 또한 병해충 방제 전략 및 방법은 재배과정 및 수확 후 과정 모두에서 사람과 물자의 이동이 새로운 환경에서 해가 될 수 있는 병해충의 유입경로가 되는 곳을 포함하여 손실을 감소시키는 유사한 효과를 가진 과학 기술의 도약으로부터 이익을 얻게 되었다. 이것은 출처에 따라 식물보호 또는 식물위생의 후원 하에서 나온 식물검역의 전통적인 법규 아래서 무역의 규제적 관점과 과학기술이 만나는 접점인 것이다.

21세기의 중요한 도전은 생산성 증진을 위한 농업정책의 골격을 채택하는 일이며, 또한 한편으로 농산물의 품질을 증진하고, 이용성을 확장하기 위한 요구를 수용하는 무역환경을 조성하는 일이다. 농업생산성을 신장시키기 위한 노력은 경작지 감소 및 물 부족, 농약의 효과와 수용성 감소, 지구온난화를 포함한 전례가 없는 전지구적 도전에 의해 이미 복잡해져 있다(Brown 2004). 또한 몇몇 생산자들과 기업농의 영향력 증가는 농업에 관한 정치적 발언권에 변화를 암시하는 반면, 세계화는 농업무역을 과거 세대가 상상할 수 없는 수준으로 가속화하고 거대화하고 있다.

병해충 위험에 대한 법적인 대응 및 그런 대응의 과학적 뒷받침과의 관계는 식물검역에 대한 법적인 학문의 미래 역할로 정의된다. 복잡한 전지구적 도전 및 위협적인 불확실성과 결합된 변혁의 어지러운 상황은 결코 예전에 없었던 식물검역학을 검증하도록 약속하고 있으며, 새로운 세기에 식물위생분야로부터 가능한 한 가장 높은 수준의 노력과 협력, 배려를 요구하고 있다.

22.2 국가식물보호기구의 변혁

국가식물보호기구(National Plant Protection Organization, NPPO)는 정확하게 생산과 무역의 교차점에 놓여 있으며, 식물검역학에 있어 새로운 시대의 언저리에 놓여 있다. 이러한 상대적으로 작은 규제기관은 무역을 통해 유입될 수 있는 병해충을 포함한 병해충의 유입 및 확산으로부터 국가의 식물자원을 보호하고, 또한 한편으론 무역상대국과 함께 수입을 승인하고, 수출을 촉진시키는 외견상 상반된 임무를 수행하는 거의 모든 나라에 존재하고 있다.

오늘날의 국가식물보호기구는 밀 검은줄기녹병을 방제하기 위해 매발톱나무(*Berberis vulgaris*)를 폐기하기 위한 입법화를 프랑스에서 승인함으로써 식물위생관리에서 규제조치를 가장 처음 적용한 1660년을 시작으로 3세기 이상 동안 변혁의 결과인 것이다(Large 1940). 국가적인 입법화에서 국경협력으로의 중요한 도약으로 프랑스와 다른 유럽 국가들은 1878년에 유럽의 포도농장에서 괴멸적인 결과를 가져온 북미로부터 들어온 해충인 포도뿌리혹벌레(*Viteus vitifolia*; 전에는 *Phylloxera vasatrix*로 알려짐)의 침입에 대응한 식물보호 관련 첫 번째 다국적인 노력이 이루어졌다. 국가 정부에게 공통된 목적을 향해 국경협력 위한 사무실 및 공무원, 승인, 정책을 설립할 것이 요구되었기 때문에 다국적인 협력을 향한 단계로 오늘날의 국가식물보호기관 전구체가 중요하였다.

다른 병해충들에 대한 국가적인 입법화가 영국과 다른 유럽 국가들에서 뒤따랐다. 1912년경 1세기 이상 동안 새로운 식물종을 적극적으로 수입한 미국은 수입에 관한 검역활동뿐만 아니라 국내 병해충 방제 및 박멸 프로그램에 대한 승인을 제공할 목적으로 식물검역법을 수립하였다(Weber 1930). 이러한 초기의 법적인 노력들은 식물보호를 전담하는 첫 번째 국가기관을 탄생시켰다. 역시 이것은 표면상으로 국경의 문제에 관해 일을 하는 동일한 기관이 또한 자국의 문제를 관리할 책임이 있었기 때문에 중요하였다. 오늘날 당연한 것으로 여겨지는 정상적이고 논리적인 접근방식으로 보일 수 있지만, 그러나 이러한 합의는 가장 높은 정치적 수준에서 시작하는 국내 및 무역이나 외교적 문제에 관한 일을 하는 권한과 기관을 구분하는 정부의 전통적이고 보다 일반적인 접근방식과 대조를 이루고 있다. 이러한 논리가 국제식물보호협약(International Plant Protection Convention, IPPC)으로 넘겨졌고, 오늘날 대부분의 국가들에서 이어졌기 때문에 그러한 점은 중요하다.

20세기 초반은 불황의 세계경제 및 1차 세계대전으로 인해 규제적인 식물보호에 있어 보다 느린 진전을 보였다. 1929년경 식물보호에 관한 다국적 협력에 관심이 되살아났고, 식물의 보호에 관한 국제 협약이 로마에서 국제농업연구소가 주최한 일련의 전문가 회의를 통해 채택되었다(Rogers 1914). 세계경제가 다시 침체되고, 2차 세계대전으로 관심이 쏠리면서 이러한 노력은 가라앉게 되었다. 농업을 포함한 국가 건설에 있어 대규모 투자와 함께 새로운 번영을 가져온 전쟁의 끝 무렵까지 식물검역의 변혁은 크게 침체되었다. 또한 세계관이 고립주의에서 세계화로 이동함으로써 유엔은 대규모 농업 정책에 대한 평화로운 협력을 위한 강력한 국제적 지원을 정착시켰다. 지속적인 평화의 길이 세계화의 여정에서 보호무역주의의 경제 정책에서 자유무역으로 전환으로 나타나는 것과 같이 1947년에 관세 및 무역에 관한 일반협정(General Agreement on Tariffs and Trade, GATT)의 형성은 변화의 또 다른 중요한 지표가 되었다. 10년 후 이러한 세상을 바꾸는 철학은 국가식물보호기구들의 역할을 바꾸는 중요한 길에서 식물검역의 변혁으로 수렴되었다(WTO 1999).

1945년경 유엔의 식량농업기구(FAO)가 국제농업연구소를 대체하였고, 국제식물보호협정 초안을 마련하기 위한 일련의 노력을 포함한 "복수 국가간(plurilateral)" 왕성한 활동이 시작되었다. 이러한 노력은 1951년 9월에 국제식물보호협약(IPPC)이 된 최종안에 관한 협정으로 절정을 이루었다(Ebbels 2003). 원 협약은 수 년 동안 안정적이었고, 광범위하게 수용되었지만 활동적인 하부조직 없이 얼룩 투성이로 실행되었다. 1977년에 이 협약은 식물위생증명서와 관련된 작은 변화를 겪었다. 위생 및 식물위생 조치의 적용에 관한 협정(Agreement on the Application of Sanitary and Phytosanitary Measures, SPS Agreement)을 포함한 농업에 관한 협정 및 국제무역기구(World Trade Organization)를 채택한 GATT의 우루과이라운드(UR) 협상 이듬해인 1997년에 보다 실질적인 변화가 합의되었다.

1952년에 시작으로부터 IPPC는 국가식물보호기구의 역할과 책임을 수립하였고, 대부분의 정부들은 특히 한 국가에 정착된 식물 병해충 및 또한 교역을 통하거나 자연확산으로 정착될 수 있는 식물병해충을 이중적으로 조명한 협약에 의해 설명된 일반원칙과 설계를 따랐다(IPPC 1997). 자국의 식물병해충 관리 및 무역으로부터 병해충의 침입과 확산을 막는 것을 연결하기 위해 이 협약에 의해 만들어진 연계는 국가식물보호기구에 대한 기능이 정의되었고, 많은 현대 국가식물보호기구에 대한 패러다임이 계속되고 있지만, 국제식물보호협약으로부터 적어도 2개의 다른 고안된 요소들이 빈번하게 간과되었다. 이 협약의 항상 중심적인 기능이 되는 개념 중 하나는 지역적인 병해충의 돌발에 대응하기 위한 다국적인 협력이다(예를 들어 사막메뚜기). 실제로 그런 프로그램은 IPPC에 의하거나 IPPC의 후원 하에 정부들의 협력을 통해 직접적으로 다루지 않고, 오히려 FAO 및 다른 국제기구나 국가 또는 국제원조기구에 의해 다루고 있다.

중요성이 퇴색된 IPPC에서 또 다른 중요한 점은 응용범위이다. IPPC는 결코 농업에 한정되지 않고, 재배조건과 비재배조건 모두 및 산림, 도심환경, 민물수계시스템의 보호를 포함한 모든 식물류로 확장된다. 이러한 관점에 한정되었다는 인식을 벗어나 정부가 농업과 농산물 무역에 있어 역사적으로 IPPC의 적용에 우선권을 주었다는 것이 문제이다. 최근 10년사이 환경운동이 성장한 것 같이 IPPC는 식물위생과 보호의 환경적 문제에 있어 중요한 활동가로써 과대평가되었다. 사실상 IPPC는 농업과 무역의 밀접한 연관성에 의해 환경 악화의 촉진자 및 생물다양성에 대한 적대자인 반대자로써 매우 종종 캐스팅 되었다. FAO에서 IPPC를 위한 강력한 기반구조의 부족 및 국가식물보호기구의 소심함은 IPPC에서 병해충과 위험분석의 확고하고 실천적인 개념과는 대조적으로 환경단체에서 나온 침입종 및 사전예방원칙과 같은 모호한 새로운 개념이 일반적으로 상황을 주도하였다. 결과적으로 정부는 종종 갈등이 존재한다는 것을 깨닫지 못하고 자체적으로 환경 및 농업을 대표하는 부처들로부터 다양한 국제적 포럼에서 매우 다양한 분야를 대표하는 관계자들을 찾는다.

IPPC의 영역에 있어 현재 및 가까운 미래에 대한 계획의 변화가 없을지라도, 무역과 식물위생조치에 관한 국제적 기준들(International standard for phytosanitary measures, ISPMs)의 구현과 관련된 기술역량의 구축에 관한 관심의 증가와 함께 조화에 대한 관심의 증가로 사멸이 캐스팅 된 것으로 나타난다. 무역에 IPPC의 적용에 관한 현재의 중시 및 SPS 협정에서 IPPC에 할당된 역할의 결과로써 조화에 헌신한 엄청난 노력은 1951년에는 예상할 수 없었지만, 이러한 노력들의 토대로 식물위생증명체제가 마련되었다. 사실상 SPS 협정에 부합될 수 있는 매력적인 기준설정기관으로 IPPC를 둔 식물위생 커뮤니티의 조화로움에서 식물위생증명과 그의 전지구적인 인정이었다.

GATT가 1947년부터 1995년 사이 8차례의 협상을 진행한 것과 같이 무역 자유화를 향한 전지구적인 노력이 처음에 자유로운 무역(관세철폐), 그 다음 공정한 무역(비관세 및 기술장벽 철폐), 마지막으로 안전한 무역(SPS 협정)을 중요시하는 단계로 진화되었다. 같은 기간 동안 식물검역에 나타나는 변혁의 크기는 같지 않았으나, 국가가 "인간이나 동물, 식물의 생명이나 위생"을 보호하기 위한 조치를 넣도록 허락한 GATT의 개정안인 조항 XX:b가 농업과 관련된 협상 중 규정의 핵심 영역으로써 우루과이라운드에서 인정되었을 때 충돌의 불가피한 상황이 놓이게 되었다. 신중하게 만들어지고, 섬세하게 균형잡은 SPS 협정이 그 결과였다. SPS 협정의 채택으로부터 국가식물보호기관에 대한 2가지 핵심 결과는 첫째, 기준설정을 통한 국제적 조화에 집중과 이러한 서비스를 제공하기 위한 구체적인 식별조직의 구성 및 둘째, 의무적인 분쟁해결기구 설치이다(WTO 1998, 1999). 두 가지 모두는 식물위생 커뮤니티에 심오한 노력을 하도록 하였고, 정계 및 산업계 전반에 국가식물보호기구의 역할에 관한 새로운 중요성이 빠르게 생겨났다.

1952년에 최초의 협약이 효력을 발생하였을 때 채택된 식물위생증명을 별도로 하고, IPPC는 기준설정의 내력 및 WTO에 의해 인정되어야 하는 기준의 채택을 향한 국제적인 협력에 대한 기작을 가지고 있지 않았다. 이것은 기준설정을 위한 SPS 협정에서 지정된 다른 2가지 기구인 식품안전에 관한 국제식품규격위원회(Codex Alimentarius) 및 국제수역사무국(International Organization for Animal Health, OIE)과 극명한 대조를 이루었다. OIE는 1924년부터, Codex Alimentarius는 1963년부터 기준을 만들어 왔다. IPPC가 SPS 협정에서 물려받을 수 있는 역할과 기준설정 자매기관과 어느 정도 동등하게 설립하기 위한 거대한 도전을 인지한 후, 식물위생 커뮤니티는 사무국을 설치하기 위해 FAO을 설득하는데 지역식물보호기구 전문가 협의체의 노력으로 주도되었다. 기준설정은 1992년에 본격적으로 시작되었고, 1995년경 협약을 개정하기 위한 과정이 진행 중이었다. 갑자기 맹렬한 기세가 FAO에 사무국과 함께 1997년경 실질적으로 개정된 협약을 도출하였고, 위원회가 SPS 협정의 조화로운 기대감에 초점을 둔 많은 전문가 위원회 및 실무진으로부터 나온 기준의 채택을 위해 매년 회의를 주재하였다.

많은 곳에서 SPS 협정은 국가식물보호기구들에게 농업부에서 보조자로써의 소극적인 역할로부터 빠르게 돌아가고 중대한 이해관계가 얽혀있으며, 강력한 정치력을 지닌 전지구적 상거래에서 중심적인 역할을 수행하도록 충격을 주었다. 국가식물보호기관들이 최종 산물을 이해하고 실행할 뿐만 아니라 국제기준설정 과정의 일부분으로 이동한 것과 같이 프로파일의 변화는 강조와 노력에 있어 상당한 변화와 상응하였다. 그러나 전지구적 무역의 장으로 도약은 일부 불편함이 없이는 되지 않았다. 역사적으로 불신과 최악의 경우를 가정한 위치에서 규제적 판정을 시작한 커뮤니티는 조화에 자체적으로 대처하고, 제한적인 조치를 정당화하기 위해 증거와 분석의 필요성을 인정하기 위한 시도를 찾게 되었다. 오랜 역사적 의사결정 및 정책은 재검토해야만 하며, 한편으론 또한 현재와 미래의 정책을 새로운 전지구적 프레임워크에 적합화하기 위한 시도가 있어야만 한다. 과거에 여러 가지로 이해되고 다양하게 해석되었던 개념과 원리는 무역 상대자와의 분규로 인한 잠재적인 문제 때문에 사업을 하기 위한 새로운 규칙으로 재빠르게 고정되시키고, 국가식물보호기구와 정치인 모두가 좀 더 심각하게 받아들일 필요가 있다. 보호 및 무역사이 균형이 역사적으로 보호 쪽으로 더 기울어졌던 쪽에서("의심된다면 그것을 폐기하라"), SPS 협정은 다른 방향인 세계화 및 제한조치에 대한 방어적인 기술적 정당화를 보다 크게 강조하는 쪽으로 변화하였다.

국가식물보호기구들의 분석적 능력이 증진되고, 정당하지 않은 식물위생조치에 관한 문제로부터 선례들이 축적함으로써 평형에 관한 더 나은 이해가 개발될 것으로 기대되었다. 그 사이에 이러한 평형을 찾기 위한 의욕은 구속력 있는 결과로 분쟁의 가능성이 지속될 것이다. 균형이 잡힌 동기부여는 그들이 할 수 있는 어느 곳에서나 보호무역의 장점을 즐기기를 선호하는 이들의 상업적인 이해관계에서 나온다. 국가식물보호기구에 대한 문제는 정치를 탐색하고, 전지구적 규제 프레임워크 안에 머무르기 위해 역사적 모멘툼을 극복하는 것이며, 분규없이 활동적으로 그의 개선에 기여하는 것이다.

WTO에서 구속력 있는 문제의 해결을 위한 개정은 정부가 진지하게 자신에게 WTO의 의무를 부담하는 전례가 없는 동기부여를 만들어냈다. 이러한 경우는 SPS 협정에서 적지 않으며, SPS 분쟁에 관한 최근의 역사적 판결은 국제무역정책을 둘러 싼 조화 및 원리의 프레임워크가 어떻게 현실세계의 의사결정에 영향을 미치는가를 이해하는데 관심이 있는 국가식물보호기관을 위해 많은 중요한 교훈을 포함하고 있다. 마찬가지로 그것은 잘못되었음을 느낄 때 문제를 빠르게 알려야 한다는 민간 부문에 대한 교훈이지만, 그들 정부가 원하지 않는 결과의 가능성이 있는 공식적인 분쟁을 탑재하는데 필요한 비용과 노력에 직면했을 때 종종 싸움에 대한 그들의 열정을 누그러뜨리게 한다. 실제로 심지어는 WTO의 분쟁에서 명백한 "승리(win)"가 예상했던 만큼으로 피해받은 부문에 혜택을 주지 못할 수도 있다. 패소한 당사자가 잘못된 조치를 변경할 경우에 예전의 손해에 대한 보상규정이 없다. 패소한 당사자가 그러한 조치를 변경하지 않는 경우에 보상이 피해를 받은 산업이 아닌 정부에게 지급된다. 피해를 받은 부문에 대한 분쟁에서 승리한 일차적인 몫은 실제로 협정의 적용에 관한 구체적인 해석으로부터 신례를 구축함으로써 "올바른 기록을 설정"하는 것이다.

IPPC 및 WTO-SPS가 식물위생 커뮤니티의 역할과 모든 국가에 안정적이고 예측 가능한 무역의 중요성을 중심으로 구축된 광범위한 구조이기 때문에 국가식물보호기구의 전통적인 모습과 기능은 특히 무역에 있어 식물위생조치의 적용과 관련되는 만큼 예견할 수 있는 미래에도 지속될 가능성이 높다. 앞으로의 중요한 차이점은 조화와 복수국간의 협력에 있어 지역식물보호기구(RPPO)의 강화된 역할과 일반적으로 정책입안에 관한 전례가 없는 전지구적 문제인 것이다. 분석능력 증강 및 분쟁방지, 정책 업데이트와 같은 또 다른 조정은 각 국가가 그들에게 주어진 정치적 의지와 우선순위에 따라 작업해야만 하는 시간과 자원의 문제인 것이다. 예를 들어 소비자 문제가 최근 정책결정에 있어 점점 더 중요한 역할을 하고 있으며, 또한 이것은 라벨링 및 역추적, 유기농인증, 품질기준, 잔류 및 오염 우려와 같은 문제로 식물위생 커뮤니티에 영향을 미치는 것이 분명하다. 개발도상국에서 이러한 문제의 중요성이 국내생산이나 수입보다는 수출에서 더 있을 수 있어 선진국은 부유하고 정치적으로 극렬한 소비자들에 대한 대응으로 이러한 문제에 대한 조치를 이끌어 내고 있다.

지난 20년간의 변혁이 어떠한 징후라고 한다면, 앞으로 국가식물보호기구에 직면한 문제는 대량으로 빠른 이동이 될 것으로 예상할 수 있다. 이것은 변화를 포용하고 그 비용과 예기치 못한 문제에 신속하고 효과적으로 대응하는 민첩한 조직을 주장한다. 준비하는 하나의 방법은 현재의 경향을 고려하는 것이다.

22.3 선별된 경향

22.3.1 연속적인 접근방식

협약에 바탕을 둔 국가식물보호기구(NPPO)의 개념화는 그들의 특별한 요구와 상황에 대해 각 나라가 채택한 요소들의 집합체인 것이다. 오랜 시간동안 국가식물보호기구들(NPPOs)은 일반적이고 기본적인 요소와 국가마다 상당히 다양할 수 있는 또 다른 요소들이 있음을 발견하였다. 이 책은 생물안보가 연속적, 즉 서로 다른 부분들의 집합체보다 오히려 식물검역의 전체적인 또는 체계적인 접근이라는 전제를 중심으로 설계되어 있다. 식물검역의 종합적인 접근방식이 가장 효과적이라는 것이 점점 더 대중적이고 현대적으로 전망되고 있다. 몇 가지에서 각각의 요소가 서로를 지원하고, 전체가 부분의 합보다 더 되기 위해서 모든 식물위생 프로그램이 포괄적이고 연속적으로 될 것을 기대하는 것이 합리적인 것처럼 보일 수 있다. 실제로 이것은 아직 세계적으로 널리 보급된 철학이 아니지만, 국가식물검역기구가 성과를 입증하기 위해 더 나은 방법을 찾을 때까지 최근에 부상하고 있는 하나이다. 예를 들어 국경검역을 "최후의 방어선"으로 정하고, 국내감시를 국경검역의 "실패"에 대한 대응으로 보는 것은 드문 일이 아니다. 연속성에 있어서 이 시스템은 지원하는 각 요소들과 함께 해외기능에서 국경기능과 최종적으로 국내기능으로 옮기는데 있어 최대 효율성이 신중하게 결합되고, "조정된(tuned)" 연속적인 기능들로 볼 수 있을 것이다. 이 시나리오에서 검사효율에 대한 현실적인 수준은 그 다음의 국내감시가 가지는 자체적인 효율수준에 상응하는 수준이 요구될 것으로 기대된다. 전체적인 프로그램은 허용될 수밖에 없는 어떠한 실패수준을 가질 것이지만, 또한 한정된 자원 내에서 효율성과 효과를 더 높이기 위해 시스템을 개선하는 피드백으로 이용될 것이다.

연속적인 접근방식의 핵심은 프로그램을 서로 단순하게 조종하는 것이 아니라 오히려 설계에 대한 분석적인 배경인 것이다. 예를 들어 과실파리가 우려된다면, 해외에서 처리는 국경에서의 검증과 국내의 트랩조사가 어느 수준으로 지원될 것인가가 필요하게 될 것이다. 전체적인 목적과 가장 효과적으로 되는데 필요한 요소들의 조합과 강도를 각각 어떻게 잘 지원될 것인가를 이해하기 위해서 결정적으로 처리의 유효성과 곤충 탐지 및 동정, 트랩조사 과정에 대한 유용한 기반시설이 조사되어야만 한다.

22.3.2 전자장비 및 대용량 빠른 데이터(실시간 의사소통 체계 구축)

모든 국가들은 분석능력에 대한 다양한 요구를 가지게 되겠지만, 모든 국가들이 "연결되는(be connected)" 것이 필수일 것이다. 빠르게 진보하는 디지털 혁명과 함께 민간부문과 정부는 전자통신 및 자료의 수집 · 저장 · 분석 · 배포, 인터넷에 의존한 진행과 절차, 정책을 채택하려고 시도하고 있다. 인터넷은 매우 한정된 자원을 가진 국가에 대한 분야의 평등화에 있어 가장 큰 평형장치 중 하나가 될 수 있다. 예를 들어 병해충위험분석은 국가농업도서관에서와 같이 인터넷이 연결된 휴대용 컴퓨터로 거의 할 수 있다. 또 다른 예는 식물위생증명서로 전자정보처리가 인증을 수월하게 할 뿐만 아니라 문서보안을 단순화시켰으며, 데이터 수집, 보고, 공지와 무수히 많은 다른 정보, 분석 및 소통 요구에 대한 가능성을 크게 향상시켰다.

현세대의 많은 식물위생 공무원은 과도기에 힘들어 한 반면, 다가오는 세대는 디지털 기술과 대용량의 데이터를 관리함으로써 풍부한 교양을 갖추고, 전적으로 편안하게 될 것으로 기대된다. 이러한 과도기가 가져올 수 있는 변화의 정도는 상상하기 어렵지만, 최근의 경향에 기초하여 한 가지는 식물위생과 관련된 세계가 극적으로 변화될 것이라고 짐작할 수 있다.

22.3.3 병해충 동정: 新舊

병해충 동정은 실제적으로 식물검역의 거의 모든 분야인 해외감시, 국경검출, 국내탐지 모두에서 이들 작업을 지원하기 위해 분류학적 전문지식을 필요로 하는 중심적이고 결정적인 기능이다. 역사적으로 병해충 동정은 그들의 전문영역에 전문가인 분류학자에 의존하고 있으며, 동정을 위해 주로 형태적 형질들을 이용한다. 두 가지 경향이 이 패러다임을 크게 변화시키고 있다. 첫 번째는 전통적인 분류학자가 줄어드는 것이다. 젊은 세대에게 그러한 직업은 매력적이지 않으며, 경험을 가진 동정자들이 빠르게 역사 속으로 사라져 가고 있다. 동시에 분자생물학적 진단 분야가 많은 추종자들을 매료시키고 있으며, 최근에 기하급수적으로 늘어나고 있다.

현재 상황은 근본적으로 여전히 전통적인 동정 방법에 의존하고 있는 반면, 분자생물학적 기법의 중요성이 증가하고 있으며, 규제 프로그램에서 점점 더 큰 역할을 차지하고 있다. 예전에 동정할 수 없었거나 단지 부분적으로만 동정된 생명체나 생활사로부터 정확하게 동정을 할 수 있는 능력과 종을 구별하고 신종을 발견할 가능성은 식물위생과 관련된 세계에서 긍정과 부정의 의미를 모두 가지고 있다. 긍정적인 면에서 분자생물학적 기법은 상당히 더 정확성을 제공하며, 다른 방법으로 불가능했었던 것을 차이가 나도록 해 주었다. 부정적인 면에서 그 기법은 돈이 많이 들며, 운영상황에서 항상 실현가능하지 않은 전문화된 장비 및 전문지식을 필요로 하고 있다. 부가적으로 유전자형의 차이는 때때로 형태학적으로나 표현형적으로 차이가 없는 "새로운(new)" 생명체를 야기하고 있으며, 실제적인 입장에서 보면 실제로 식물위생상의 목적을 위한 차이가 아니며, 기술적으로 "새로운(new)" 해충이 될 것으로 생각될 수 있다.

더 심각한 문제는 얼마나 많은 유전자형의 차이가 새로운 종으로 되고, 이러한 결정에 있어서 표현형적 형질요소가 어떠한가를 결정하기 위한 방법이 국제적으로 동의된 것이 없다. 이러한 기술적 관점 중에서 유용한 수준의 조화가 있을 때까지 그 결과들이 규제적인 의사결정에 이용될 때마다 남용과 오해의 가능성이 항상 있을 수 있다.

22.3.4 편익-비용

SPS 협정은 실제로 성취하기 어렵다고 판명된 상당히 특이한 연관관계를 나타내는 생물학과 경제학의 결합을 고대하고 있다. 식물위생 커뮤니티에서 이루어지는 전형적인 경제성 분석의 수준은 상대적으로 단순한 회계정도이며, 과거의 요구에 있어서는 적당하였다. 예를 들어 보면 IPPC에서 검역병해충의 정의를 "잠재적인 경제적 영향"으로만 언급하는 있다는 것입이다. 모든 생명체가 병해충이 되기 위해서는 "잠재적인"영향을 가져야만 자격이 될 수 있다는 것이다. 또한, IPPC가 모든 결과를 고려하여 경제적인 것에 다소 소극적인 반면, SPS는 생물적인 결과와 경제적인 결과를 모두 인식함으로써 더 진취적인 것으로 보인다(WTO 1994).

실무차원에서 국가식물보호기구들은 전형적으로 1온스의 예방이 1파운드의 치료적 가치가 있다는 속담을 들어 하나의 괴멸적인 병해충의 침입을 방지하여 막대한 부정적 영향을 피할 수 있다는 것을 지적함으로써 자신의 존재를 정당화하고 있다. 틀림없이 식물검역에 작은 투자는 재해를 피할 수 있음이 정당화하고 있지 않은가! 틀림없이 산업을 보호하기 위한 박멸비용은 그 프로그램에 대한 투자를 정당화하고 있지 않은가! 그러한 예들은 광범위하며, 또한 직감적으로 이러한 비교는 논리적이고 방어적으로 보인다. 그러나 예산의 5% 감소가 어느 정도의 보호 수준을 줄일 수 있을 것인지 또는 재배자가 이미 유사한 병해충에 대해 방제하고 있으며, 무역에 아무런 영향이 없다면 병해충의 박멸이 필요한지 여부를 결정하고자 할 때 문제가 발생한다. 결론적으로, 미래는 훨씬 더 정교한 경제성 분석, 특히 국가식물보호기구들이 진정으로 의미가 있게 방어할 수 있는 방법으로 우선순위를 정하고 평가하는데 도움을 줄 비용편익분석을 요구하고 있다.

22.4 고찰

식물 검역의 미래 변혁은 현재 경로의 궤적을 시작으로 우리가 가장 멀리 볼 수 있는 수평선까지 확장되고 있다. 지난 20년은 식물검역학의 역사에서 이전의 어느 시기와 달리 변형적인 변화를 볼 수 있었다. 변화의 속도와 많은 직면한 문제가 미래에 감소할 것이라는 확신은 없다. 실제로 전망은 위협적이지만, 무역 및 기술, 농업에 있어서 대세(mega-trends)는 이러한 작고 독특한 커뮤니티가 지닌 역할의 중요성이 지속될 것이라는 점을 우리에게 말해주고 있다. 조화와 과학이라는 망치로 불신의 벽을 허무는 것은 오히려 정치적 풍향계에 따라 무역과 보호 사이에서 지속적으로 진동하는 것보다 안전한 무역을 지원하는 미래 관계로의 발전이 필수적일 것이다. 분석능력은 점차 정치적 비중을 정책의 견인차로 교체하여야 하며, 국가는 상대적인 입장에서 도전하는 것보다 공통의 이해관계를 개발하는데 더 많은 노력을 기울여야 한다는 것을 배워야한다. 과학은 점점 더 중요한 역할을 차지할 것이며, 더 큰 관심은 더 많은, 더 나은, 더 빠른 자료를 기반으로 한 성과측정과 조직의 설계를 연결하는데 전력해야 할 것이다. 국가식물보호기구들이 생물안보의 연속체에서 과거의 가정들로부터 벗어나 미래의 식물보호를 재발견하기 위해 노력하는 만큼 경제전문가들은 분석도구상자에서 그의 정당한 역할을 수행할 것이다.

참고문헌

Anonymous (1958) Crop pests make history. World Crop 10(2): 52-57

Brown LR (2004) Outgrowing the Earth: the food security challenge in an age of falling water tables and rising temperatures. W.W. Norton, New York

Cox AE, Large EC (1960) Potato blight epidemics throughout the world, USDA agriculture handbook No. 174. Agricultural Research Service, U.S. Dept. of Agriculture, Washington, DC

Ebbels DL (2003) Principles of plant health and quarantine. CABI, Wallingford

FAO (201la) Food outlook: global market analysis no. 4. Food and Agriculture Organization of the United Nations, Rome

FAO (2011b) FAO in the 2lst century : ensuring food security in a changing world. Food and Agriculture organization of the United Nations, Rome

Forbes SA (1915) The insect, the farmer, the teacher, the citizen, and the state. Illinois State Laboratory of Natural History, Urbana

Hall R (1995) Challenges and prospects of integrated pest management. In: Reuveni R (ed) Novel approaches to integrated pest management. Lewis, Boa Raton, pp 1-19

IPPC (1997) International plant protection convention (new revised text). FAO, Rome Large EC (1940) The advance of fungi. Jonathan Cape, London

Rogers AG (1914) The international phytopathological conference. Ann Appl Biol 1: 113-117

Ullstrup AJ (1972) The impacts of the southern corn leaf blight epidemics of 1970-1971. Annu Rev Phytopathol 10: 37-50

UN (2011a) World population to reach 10 billion by 2100 if fertility in all countries-converges to replacement level. Press Release, 3 may 2011. United Nations Department of Economic and Social Affairs, Population Division

UN (2011b) The state of world population 2011. United Nations Population Fund, New York

Weber GA (1930) The plant quarantine and I control administration: its history, activities and organization. Institute for Government Research, Service Monographs of the United States Government, No. 59

WTO (1994) Agreement o the application of sanitary and phytosanitary measures. WTO, Geneva

WTO (1998) Trading into the future: introduction to the WTO. WTO, Geneva

WTO (1999) GATT 1994 and 1947. The WTO agreement series. WTO, Geneva

영문 색인

I

S

국문 색인

ㅇ

역자소개

대표역자 **홍 기 정** (Ki-Jeong Hong; curcul@sunchon.ac.kr)
서울대학교 대학원 농학박사
러시아과학원 동물연구소 박사후 연수
(전) 농림축산검역본부 연구관
(현) 순천대학교 부교수

역 자 **이 종 호** (Jong-Ho Lee; acarologist@korea.kr)
서울대학교 대학원 농학박사
Pest Risk Analysis Program & Emergency Response Training Program, APHIS, USDA
(현) 농림축산검역본부 연구사

신 현 경 (Hyunkyung Shin; orchid7@korea.kr)
서울대학교 대학원 농학석사
World Trade & International Management Program, University of British Columbia
(현) 농림축산검역본부 검역관

최 준 열 (June-Yeol Choi; scelio@korea.kr)
서울대학교 대학원 농학박사
헝가리 자연사박물관 박사후 연수
(현) 농촌진흥청 국립식량과학원 연구관

최 현 정 (Hyun Jung Choe; wisencalm@hotmail.com)
서울대학교 대학원 농학박사
Veterinary Homeland Security Graduate Program, Purdue University 수료

이 원 훈 (Wonhoon Lee; wonhoon80@korea.kr)
서울대학교 대학원 농학박사
일본 홋카이도대학교 박사후 연수
(현) 농림축산검역본부 연구사

이 흥 식 (Heung-Sik Lee; lhsgo@korea.kr)
서울대학교 대학원 농학박사
농촌진흥청 국립농업과학원 박사후 연수
(현) 농림축산검역본부 연구사

생물안보 핸드북
- 식물위생 -

2016년 3월 15일 1판 1쇄 인쇄
2016년 3월 25일 1판 1쇄 발행

역 자 • 홍기정
이종호, 신현경, 최준열
최현정, 이원훈, 이홍식

발행인 • 주희완
발행처 • 도시출판 아카데미서직
135-120 서울특별시 강남구 학동로 323
대표전화 • 02-516-3131 팩스 • 02-542-9254

e-mail • aca97@daum.net

ISBN 978-89-7616-518-3 93520

정가 45,000원